线性代数习题
精选精解

主　编　张天德　宫献军
主　审　刘建亚　吴　臻
副主编　吕洪波　王忠梅

XIANXINGDAISHUXITIJINGXUANJINGJIE

山东科学技术出版社

图书在版编目(CIP)数据

线性代数习题精选精解/张天德，宫献军主编. —济南：山东科学技术出版社，2009(2016.重印)
ISBN 978-7-5331-5422-6

Ⅰ.线… Ⅱ.①张… ②宫… Ⅲ.①线性代数—高等学校—解题 Ⅳ.O151.2—44

中国版本图书馆CIP数据核字(2009)第187470号

线性代数习题精选精解

主编　张天德　宫献军

主管单位：山东出版传媒股份有限公司
出 版 者：山东科学技术出版社
地址：济南市玉函路16号
邮编：250002　电话：(0531) 82098088
网址：www.lkj.com.cn
电子邮件：sdkj@sdpress.com.cn
发 行 者：山东科学技术出版社
地址：济南市玉函路16号
邮编：250002　电话：(0531) 82098071
印 刷 者：济南继东彩艺印刷有限公司
地址：济南市二环西路11666号
邮编：250022　电话：(0531)87160055

开本：720mm×1020mm　1/16
印张：24
版次：2009年11月第1版　2016年3月第8次印刷

ISBN 978-7-5331-5422-6
定价：35.00元

目录
MULU

目 录

MULU

前 言

QIANYAN

2007年，我们编写了高等数学同步辅导及考研复习用书——Б. П. 吉米多维奇《高等数学习题精选精解》。此书出版后，得到了广大读者的喜爱，许多同行都告诉我们，他们那里的学生几乎人手一册，成为许多高校“指定”的必备参考书。短短八年的时间就重印了15次。

线性代数是理工类专业的一门重要基础课，也是硕士研究生入学考试的重点科目。许多读者与我们联系，希望也能编写一本线性代数的辅导书。为帮助读者更好学习线性代数这一科目，我们编写了《线性代数习题精选精解》作为Б. П. 吉米多维奇《高等数学习题精选精解》的姊妹篇。本书涵盖了线性代数的知识要点、典型习题、考研真题以及难度稍大的综合习题，汇集了线性代数的基本解题思路、方法和技巧，融入了编者多年讲授线性代数的经验和体会。相信本书会成为读者学习线性代数的良师益友。

本书共分六章，每章分若干节，在章节划分和内容设置上与最新版硕士研究生入学考试大纲完全一致。每章除最后一节外每节包括两大部分内容：

知识要点：简要对每节涉及的基本概念、定理和公式进行了系统梳理；

基本题型：对每节常见的基本题型进行了归纳总结，便于学生理解、掌握，可作为学生学习线性代数课的同步练习或习题使用，有利于提高学生的解题能力和数学思维水平。

每章最后一节是**综合提高题型**。这一节的题目综合性较强、有一定难度，特别是有相当一部分是考研真题。通过本节的学习可以提高读者的思维能力和分析问题、解决问题的能力，把握知识重点、掌握考查规律，了解考研动向、培养数学素养。

本书由山东大学张天德、吕洪波主编，宫献军、于宝副主编。山东大学刘建亚教授、吴臻教授对全书作了仔细的校审，并对部分习题提出了更为精妙的解题思路。本书可作为在校大学生同步学习的优秀辅导书，也可作为广大教师的教学参考书，还可以为毕业生考研复习和众多成人学员自学提供富有成效的帮助。读者使用本书时，宜先独立求解，然后再与本书作比较，这样一定会获益匪浅，掌握更多的有用知识。

本书出版六年来受到好评，本次经过认真修订，改正了原书中的部分错误，对部分内容加以调整，使之更加完善，不当之处，恳请指正。

编　者

2015 年 7 月

第一章 行 列 式

§1. 行列式的定义

知识要点

1. n 级排列 由 $1,2,\cdots,n$ 组成的一个有序数组称为一个 n 级排列，通常记为 $i_1i_2\cdots i_n$.

逆序 在一个排列中，如果一对数的前后位置与大小顺序相反，即前面的数大于后面的数，则它们称为一个逆序.

逆序数 一个排列中的逆序总数，通常记为 $\tau(i_1i_2\cdots i_n)$.

奇(偶)排列 逆序数为奇数(偶数)的排列.

对换 把一个排列中某两个数的位置互换，而其余的数不动，就得到另一个排列，这样的一个变换称为一个对换.

2. n 级排列的性质

(1) 任意一个排列经过一个对换后，奇偶性改变；

(2) n 级排列共有 $n!$ 种，奇偶排列各占一半.

3. n 阶行列式 $\begin{vmatrix} a_{11} & a_{12} & \cdots & a_{1n} \\ a_{21} & a_{22} & \cdots & a_{2n} \\ \cdots & \cdots & \cdots & \cdots \\ a_{n1} & a_{n2} & \cdots & a_{nn} \end{vmatrix}$ 是所有取自不同行不同列的 n 个元素的乘积 $a_{1j_1}a_{2j_2}\cdots a_{nj_n}$ 的代数和，这里 $j_1j_2\cdots j_n$ 是一个 n 级排列. 当 $j_1j_2\cdots j_n$ 是偶排列时，该项前面带正号；当 $j_1j_2\cdots j_n$ 是奇排列时，该项前面带负号，即

$$\begin{vmatrix} a_{11} & a_{12} & \cdots & a_{1n} \\ a_{21} & a_{22} & \cdots & a_{2n} \\ \cdots & \cdots & \cdots & \cdots \\ a_{n1} & a_{n2} & \cdots & a_{nn} \end{vmatrix} = \sum_{j_1j_2\cdots j_n} (-1)^{\tau(j_1j_2\cdots j_n)} a_{1j_1}a_{2j_2}\cdots a_{nj_n},$$

其中 $\sum\limits_{j_1j_2\cdots j_n}$ 表示对所有 n 级排列求和.

n 阶行列式有时简记为 $|a_{ij}|_n$，而且有如下另外两种类似的定义：

$$|a_{ij}|_n = \sum_{i_1i_2\cdots i_n} (-1)^{\tau(i_1\cdots i_n)} a_{i_11}a_{i_22}\cdots a_{i_nn}$$

和
$$|a_{ij}|_n = \sum_{\substack{i_1i_2\cdots i_n \\ \text{和} j_1j_2\cdots j_n}} (-1)^{\tau(i_1i_2\cdots i_n)+\tau(j_1j_2\cdots j_n)} a_{i_1j_1}a_{i_2j_2}\cdots a_{i_nj_n}.$$

由 n 级排列的性质可知，n 阶行列式共有 $n!$ 项，其中冠以正号的项和冠以负号的项(不算元

素本身所带的负号）各占一半.

4. 常见行列式

(1) 二阶行列式：$\begin{vmatrix} a_{11} & a_{12} \\ a_{21} & a_{22} \end{vmatrix} = a_{11}a_{22} - a_{12}a_{21}$.

(2) 三阶行列式：

$$\begin{vmatrix} a_{11} & a_{12} & a_{13} \\ a_{21} & a_{22} & a_{23} \\ a_{31} & a_{32} & a_{33} \end{vmatrix} = a_{11}a_{22}a_{33} + a_{12}a_{23}a_{31} + a_{13}a_{21}a_{32} - a_{13}a_{22}a_{31} - a_{12}a_{21}a_{33} - a_{11}a_{23}a_{32}.$$

(3) 上三角、下三角、对角行列式：

$$\begin{vmatrix} a_{11} & & & * \\ & a_{22} & & \\ & & \ddots & \\ O & & & a_{nn} \end{vmatrix} = \begin{vmatrix} a_{11} & & & O \\ & a_{22} & & \\ & & \ddots & \\ * & & & a_{nn} \end{vmatrix} = \begin{vmatrix} a_{11} & & & O \\ & a_{22} & & \\ & & \ddots & \\ O & & & a_{nn} \end{vmatrix} = a_{11}a_{22}\cdots a_{nn}.$$

(4) 副对角线方向的行列式：

$$\begin{vmatrix} * & & & a_{1n} \\ & & a_{2,n-1} & \\ & \ddots & & \\ a_{n1} & & & O \end{vmatrix} = \begin{vmatrix} O & & & a_{1n} \\ & & a_{2,n-1} & \\ & \ddots & & \\ a_{n1} & & & * \end{vmatrix} = \begin{vmatrix} O & & & a_{1n} \\ & & a_{2,n-1} & \\ & \ddots & & \\ a_{n1} & & & O \end{vmatrix}$$

$$= (-1)^{\frac{n(n-1)}{2}} a_{1n}a_{2,n-1}\cdots a_{n1}.$$

(5) 范德蒙行列式：

$$\begin{vmatrix} 1 & 1 & \cdots & 1 \\ a_1 & a_2 & \cdots & a_n \\ a_1^2 & a_2^2 & \cdots & a_n^2 \\ \cdots & \cdots & \cdots & \cdots \\ a_1^{n-1} & a_2^{n-1} & \cdots & a_n^{n-1} \end{vmatrix} = \prod_{1 \leqslant j < i \leqslant n} (a_i - a_j).$$

基本题型

题型1：计算排列的逆序数和奇偶性

方法与技巧：排列 $i_1 i_2 \cdots i_n$ 的逆序数 $\tau(i_1 i_2 \cdots i_n)$ 等于：

i_1 后面比 i_1 小的数的个数 $+ i_2$ 后面比 i_2 小的数的个数 $+ \cdots + i_{n-1}$ 后面比 i_{n-1} 小的数的个数.

【1.1】 求下列排列的逆序数.

(1)217986354　(2)134782695　(3)987654321

解 (1)$\tau(217986354) = 1+0+4+5+4+3+0+1 = 18$.

(2)$\tau(134782695) = 0+1+1+3+3+0+1+1 = 10$.

(3)$\tau(987654321) = 8+7+6+5+4+3+2+1 = 36$.

【1.2】 求下列排序的逆序数，并确定奇偶性.

(1)$n(n-1)\cdots 21$　(2)$13\cdots(2n-1)24\cdots(2n)$

解 (1)$\tau(n(n-1)\cdots 21)=(n-1)+(n-2)+\cdots+2+1=\dfrac{n(n-1)}{2}$.

当 $n=4k$ 或 $4k+1$ 时，$\dfrac{n(n-1)}{2}$ 为偶数，从而所给排列为偶排列；

当 $n=4k+2$ 或 $4k+3$ 时，$\dfrac{n(n-1)}{2}$ 为奇数，从而所给排列为奇排列.

(2) 排列中前 n 个数 $1,3,\cdots,(2n-1)$ 之间不构成逆序，后 n 个数 $2,4,\cdots,(2n)$ 之间也不构成逆序，只有前 n 个数和后 n 个数之间才构成逆序，

$$\tau(13\cdots(2n-1)24\cdots(2n))=0+1+2+\cdots+(n-1)=\frac{n(n-1)}{2}.$$

奇偶性讨论与(1) 相同.

【1.3】 如果排列 $x_1x_2\cdots x_n$ 的逆序数为 k，问：排列 $x_nx_{n-1}\cdots x_2x_1$ 的逆序数是多少？

解 显然，$x_1,x_2,\cdots,x_n$ 中任意不同的 x_i 与 x_j，必在排列 $x_1x_2\cdots x_n$ 或 $x_nx_{n-1}\cdots x_2x_1$ 中构成逆序，而且只能在一个中构成逆序. 因此，这二排列的逆序数的和，即为从 n 个元素中取两个不同的元素的组合数 $C_n^2=\dfrac{n(n-1)}{2}$. 但由于 $x_1x_2\cdots x_n$ 的逆序数为 k，故 $x_nx_{n-1}\cdots x_2x_1$ 的逆序数为

$$\frac{n(n-1)}{2}-k.$$

【1.4】 选择 i 与 k，使

(1)$1274i56k9$ 成偶排列；

(2)$1i25k4897$ 成奇排列.

解 (1) 在排列 $1274i56k9$ 中缺数码 3,8，于是

令 $i=3,k=8$ 得：

$\tau(127435689)=4+1=5$；

令 $i=8,k=3$ 得：

$\tau(127485639)=4+1+3+1+1=10$.

所以，当 $i=8,k=3$ 时成偶排列.

(2) 在排列 $1i25k4897$ 中缺数码 3,6，于是

令 $i=3,k=6$ 得：

$\tau(132564897)=1+1+1+1+1=5$；

令 $i=6,k=3$ 得：

$\tau(162534897)=4+2+1+1=8$.

所以，当 $i=3,k=6$ 时成奇排列.

点评：对于含参数的排列，要对参数进行讨论来确定前后数的大小关系.

题型 2：关于行列式的定义

【1.5】 选择 i 与 k，使 $a_{1i}a_{32}a_{4k}a_{25}a_{53}$ 成为五阶行列式中一个带负号的项.

解 将给定的项改写成行标为自然顺序，即

$$a_{1i}a_{25}a_{32}a_{4k}a_{53}.$$

列标构成的排列 $i52k3$ 中缺 1 和 4.

令 $i=1,k=4,\tau(15243)=3+1=4$,故该项带正号.

令 $i=4,k=1,\tau(45213)=3+3+1=7$,故该项带负号.

所以,$i=4,k=1$.

【1.6】 求 $f(x)=\begin{vmatrix} 2x & x & 1 & 2 \\ 1 & x & 1 & -1 \\ 3 & 2 & x & 1 \\ 1 & 1 & 1 & x \end{vmatrix}$ 中 x^4 与 x^3 的系数.

解 根据行列式定义,只有对角线上的元素相乘才出现 x^4,而且这一项带正号,即 $2x^4$. 故 $f(x)$ 的 x^4 的系数为 2.

同理,含 x^3 的项也只有一项,即

$$x\cdot 1\cdot x\cdot x=x^3.$$

而且其列标所构成的排列为 2134. 但是

$$\tau(2134)=1,$$

故 $f(x)$ 的含 x^3 的项为 $-x^3$,它的系数为 -1.

【1.7】 仅用行列式定义,证明:

$$D=\begin{vmatrix} a_1 & a_2 & a_3 & a_4 & a_5 \\ b_1 & b_2 & b_3 & b_4 & b_5 \\ c_1 & c_2 & 0 & 0 & 0 \\ d_1 & d_2 & 0 & 0 & 0 \\ e_1 & e_2 & 0 & 0 & 0 \end{vmatrix}=0.$$

证 除去符号的差异外,行列式 D 的一般项可表示为

$$a_ib_jc_kd_se_t,$$

其中 $ijkst$ 为 1,2,3,4,5 的任意一个排列,而且 $c_r,e_r,d_r(r=3,4,5)$ 都是 0.

由于 k,s,t 为 1,2,3,4,5 中的三个不同的数,故至少要取到 3,4,5 中的一个数. 就是说,在 D 的展开式的每一项中至少有一个因子 0. 从而 D 的每项都是零,故 $D=0$.

【1.8】 证明:一个 n 阶行列式中等于零的元素的个数如果比 n^2-n 多,则此行列式必等于零.

证 n 阶行列式共有 n^2 个元素. 如果 D 是 n 阶行列式,而且其中等于零的元素的个数比 n^2-n 多,则不等于零的元素的个数比

$$n^2-(n^2-n)=n$$

少. 这样,D 的展开式中每一项至少有一个因子 0,从而 $D=0$.

【1.9】 利用定义计算下列行列式.

(1) $D_n=\begin{vmatrix} 0 & \cdots & 0 & a_{1n} \\ 0 & \cdots & a_{2,n-1} & a_{2n} \\ \cdots & \cdots & \cdots & \cdots \\ a_{n1} & \cdots & a_{n,n-1} & a_{nn} \end{vmatrix}$; (2) $D_n=\begin{vmatrix} 0 & 0 & \cdots & 0 & a_1 & 0 \\ 0 & 0 & \cdots & a_2 & 0 & 0 \\ \cdots & \cdots & \cdots & \cdots & \cdots & \cdots \\ 0 & a_{n-2} & \cdots & 0 & 0 & 0 \\ a_{n-1} & 0 & \cdots & 0 & 0 & 0 \\ 0 & 0 & \cdots & 0 & 0 & a_n \end{vmatrix}$.

解 (1) 由行列式的定义，D_n 中的一般项为

$$\tau^{(j_1 j_2 \cdots j_n)} a_{1j_1} a_{2j_2} \cdots a_{nj_n}.$$

因为 D_n 中第一行除 a_{1n} 外全为零，所以 a_{1j_1} 取为 a_{1n}.

而第二行中除 $a_{2,n-1}$ 和 a_{2n} 外全为零，故 a_{2j_2} 取为 $a_{2,n-1}$.

同理，a_{3j_3} 取为 $a_{3,n-3}$，…，a_{nj_n} 取为 a_{n1}，即 D_n 只有一项 $a_{1n}a_{2,n-1}\cdots a_{n1}$. 而这一项的列标构成的排列的逆序数为

$$\tau(n\ (n-1)\ \cdots\ 2\ 1) = \frac{n(n-1)}{2}.$$

故 $D_n = (-1)^{\frac{n(n-1)}{2}} a_{1n}a_{2,n-1}\cdots a_{n1}$.

(2) 由行列式的定义，第一行取 a_1，第二行取 a_2，…，第 n 行取 a_n，即 D_n 只有一项 $a_1 a_2 \cdots a_n$. 而这一项的列标构成的排列为：$(n-1)\ (n-2)\ \cdots\ 1\ n$，所以逆序数为

$$\tau((n-1)\ (n-2)\ \cdots\ 1\ n) = \frac{(n-1)(n-2)}{2}.$$

故 $D_n = (-1)^{\frac{(n-1)(n-2)}{2}} a_1 a_2 \cdots a_n$.

§2. 行列式的性质

知 识 要 点

行列式的性质

性质 1　行列式 D 与它的转置行列式 D^T 相等.

性质 2　互换行列式的两行(列)，行列式变号(交换 r_1 行和 r_2 行，记为 $r_1 \leftrightarrow r_2$；交换 c_1 列和 c_2 列，记为 $c_1 \leftrightarrow c_2$).

性质 3　行列式的某一行(列) 中所有的元素都乘以同一数 k，等于用数 k 乘此行列式.

推论　行列式中某一行(列) 的所有元素的公因子可以提到整个行列式的外面.

性质 4　行列式中如果有两行(列) 元素成比例，则此行列式等于零.

性质 5　若行列式的某一列(行) 的所有元素都是两数之和，例如第 i 列的元素都是两数之和，即

$$D = \begin{vmatrix} a_{11} & a_{12} & \cdots & (a_{1i} + a'_{1i}) & \cdots & a_{1n} \\ a_{21} & a_{22} & \cdots & (a_{2i} + a'_{2i}) & \cdots & a_{2n} \\ \vdots & \vdots & & \vdots & & \vdots \\ a_{n1} & a_{n2} & \cdots & (a_{ni} + a'_{ni}) & \cdots & a_{nn} \end{vmatrix},$$

则 D 等于下列两个行列式之和：

$$D = \begin{vmatrix} a_{11} & a_{12} & \cdots & a_{1i} & \cdots & a_{1n} \\ a_{21} & a_{22} & \cdots & a_{2i} & \cdots & a_{2n} \\ \vdots & \vdots & & \vdots & & \vdots \\ a_{n1} & a_{n2} & \cdots & a_{ni} & \cdots & a_{nn} \end{vmatrix} + \begin{vmatrix} a_{11} & a_{12} & \cdots & a'_{1i} & \cdots & a_{1n} \\ a_{21} & a_{22} & \cdots & a'_{2i} & \cdots & a_{2n} \\ \vdots & \vdots & & \vdots & & \vdots \\ a_{n1} & a_{n2} & \cdots & a'_{ni} & \cdots & a_{nn} \end{vmatrix}.$$

性质 6　把行列式的某一行(列)的各元素乘以同一数然后加到另一行(列)对应的元素上，行列式不变.

例如以数 k 乘第 j 列加到第 i 列上(记作 c_i+kc_j)，有

$$\begin{vmatrix} a_{11} & \cdots & a_{1i} & \cdots & a_{1j} & \cdots & a_{1n} \\ a_{21} & \cdots & a_{2i} & \cdots & a_{2j} & \cdots & a_{2n} \\ \vdots & & \vdots & & \vdots & & \vdots \\ a_{n1} & \cdots & a_{ni} & \cdots & a_{nj} & \cdots & a_{nn} \end{vmatrix} \xlongequal{c_i+kc_j} \begin{vmatrix} a_{11} & \cdots & (a_{1i}+ka_{1j}) & \cdots & a_{1j} & \cdots & a_{1n} \\ a_{21} & \cdots & (a_{2i}+ka_{2j}) & \cdots & a_{2j} & \cdots & a_{2n} \\ \vdots & & \vdots & & \vdots & & \vdots \\ a_{n1} & \cdots & (a_{ni}+ka_{nj}) & \cdots & a_{nj} & \cdots & a_{nn} \end{vmatrix} (i\neq j)$$

(以数 k 乘第 j 行加到第 i 行上，记作 r_i+kr_j).

基本题型

题型 1：直接利用性质计算行列式

【2.1】 如果 $D=\begin{vmatrix} a_{11} & a_{12} & a_{13} \\ a_{21} & a_{22} & a_{23} \\ a_{31} & a_{32} & a_{33} \end{vmatrix}$，$D_1=\begin{vmatrix} 2a_{11} & 2a_{12} & 2a_{13} \\ 2a_{21} & 2a_{22} & 2a_{23} \\ 2a_{31} & 2a_{32} & 2a_{33} \end{vmatrix}$，则 $D_1=$ ______.

(A)$2D$　(B)$-2D$　(C)$8D$　(D)$-8D$

解　根据行列式的性质 3 及其推论，

$$D_1=2\times 2\times 2D=8D.$$

故应选(C).

【2.2】 计算 $D=\begin{vmatrix} -2 & 5 & -1 & 3 \\ 1 & -9 & 13 & 7 \\ 3 & -1 & 5 & -5 \\ 2 & 8 & -7 & -10 \end{vmatrix}$.

解　$$D\xlongequal{r_1\leftrightarrow r_2}-\begin{vmatrix} 1 & -9 & 13 & 7 \\ -2 & 5 & -1 & 3 \\ 3 & -1 & 5 & -5 \\ 2 & 8 & -7 & -10 \end{vmatrix} \xlongequal[r_4-2r_1]{\substack{r_2+2r_1\\ r_3-3r_1}} -\begin{vmatrix} 1 & -9 & 13 & 7 \\ 0 & -13 & 25 & 17 \\ 0 & 26 & -34 & -26 \\ 0 & 26 & -33 & -24 \end{vmatrix}$$

$$\xlongequal[r_4+2r_2]{r_3+2r_2}-\begin{vmatrix} 1 & -9 & 13 & 7 \\ 0 & -13 & 25 & 17 \\ 0 & 0 & 16 & 8 \\ 0 & 0 & 17 & 10 \end{vmatrix} \xlongequal{r_4-\frac{17}{16}r_3}-\begin{vmatrix} 1 & -9 & 13 & 7 \\ 0 & -13 & 25 & 17 \\ 0 & 0 & 16 & 8 \\ 0 & 0 & 0 & \frac{3}{2} \end{vmatrix}$$

$$=-(-13)\times 16\times\frac{3}{2}=312.$$

点评：利用行列式的性质，将行列式化为三角形行列式，这是最常见的计算行列式的一种思路.

【2.3】 计算 $D=\begin{vmatrix} a_0 & 1 & 1 & \cdots & 1 & 1 \\ 1 & a_1 & 0 & \cdots & 0 & 0 \\ 1 & 0 & a_2 & \cdots & 0 & 0 \\ \cdots & \cdots & \cdots & \cdots & \cdots & \cdots \\ 1 & 0 & 0 & \cdots & a_{n-1} & 0 \\ 1 & 0 & 0 & \cdots & 0 & a_n \end{vmatrix}$ $(a_i\neq 0, i=1,2,\cdots,n)$.

解 把行列式中第二列$\times(-\frac{1}{a_1})$,第三列$\times(-\frac{1}{a_2})$,…,第$(n+1)$列$\times(-\frac{1}{a_n})$加至第一列,可把行列式化为上三角行列式,从而得其值.即

$$D=\begin{vmatrix} a_0-\sum\limits_{i=1}^{n}\frac{1}{a_i} & 1 & 1 & \cdots & 1 \\ 0 & a_1 & 0 & \cdots & 0 \\ 0 & 0 & a_2 & \cdots & 0 \\ \cdots & \cdots & \cdots & \cdots & \cdots \\ 0 & 0 & 0 & \cdots & a_n \end{vmatrix}=a_1a_2\cdots a_n(a_0-\sum_{i=1}^{n}\frac{1}{a_i}).$$

【2.4】 计算 $D=\begin{vmatrix} 0 & a & b & a \\ a & 0 & a & b \\ b & a & 0 & a \\ a & b & a & 0 \end{vmatrix}$.

解 $D\xlongequal[c_1+c_4]{\substack{c_1+c_2\\c_1+c_3}}\begin{vmatrix} 2a+b & a & b & a \\ 2a+b & 0 & a & b \\ 2a+b & a & 0 & a \\ 2a+b & b & a & 0 \end{vmatrix}=(2a+b)\begin{vmatrix} 1 & a & b & a \\ 1 & 0 & a & b \\ 1 & a & 0 & a \\ 1 & b & a & 0 \end{vmatrix}$

$$\xlongequal[r_4-r_1]{\substack{r_2-r_1\\r_3-r_1}}(2a+b)\begin{vmatrix} 1 & a & b & a \\ 0 & -a & a-b & b-a \\ 0 & 0 & -b & 0 \\ 0 & b-a & a-b & -a \end{vmatrix}\xlongequal{c_2+c_3}(2a+b)\begin{vmatrix} 1 & a+b & b & a \\ 0 & -b & a-b & b-a \\ 0 & -b & -b & 0 \\ 0 & 0 & a-b & -a \end{vmatrix}$$

$$\xlongequal{r_3-r_2}(2a+b)\begin{vmatrix} 1 & a+b & b & a \\ 0 & -b & a-b & b-a \\ 0 & 0 & -a & a-b \\ 0 & 0 & a-b & -a \end{vmatrix}\xlongequal{c_3+c_4}(2a+b)\begin{vmatrix} 1 & a+b & a+b & a \\ 0 & -b & 0 & b-a \\ 0 & 0 & -b & a-b \\ 0 & 0 & -b & -a \end{vmatrix}$$

$$\xlongequal{r_4-r_3}(2a+b)\begin{vmatrix} 1 & a+b & a+b & a \\ 0 & -b & 0 & b-a \\ 0 & 0 & -b & a-b \\ 0 & 0 & 0 & -2a+b \end{vmatrix}$$

$=b^2(b^2-4a^2)$.

题型 2:利用性质证明行列式

【2.5】 证明：$\begin{vmatrix} ax+by & ay+bz & az+bx \\ ay+bz & az+bx & ax+by \\ az+bx & ax+by & ay+bz \end{vmatrix} = (a^3+b^3)\begin{vmatrix} x & y & z \\ y & z & x \\ z & x & y \end{vmatrix}$.

证 左端 $=\begin{vmatrix} ax & ay+bz & az+bx \\ ay & az+bx & ax+by \\ az & ax+by & ay+bz \end{vmatrix} + \begin{vmatrix} by & ay+bz & az+bx \\ bz & az+bx & ax+by \\ bx & ax+by & ay+bz \end{vmatrix}$

$= a\begin{vmatrix} x & ay+bz & az \\ y & az+bx & ax \\ z & ax+by & ay \end{vmatrix} + b\begin{vmatrix} y & bz & az+bx \\ z & bx & ax+by \\ x & by & ay+bz \end{vmatrix}$

$= a^3\begin{vmatrix} x & y & z \\ y & z & x \\ z & x & y \end{vmatrix} + b^3\begin{vmatrix} y & z & x \\ z & x & y \\ x & y & z \end{vmatrix}$

$= (a^3+b^3)\begin{vmatrix} x & y & z \\ y & z & x \\ z & x & y \end{vmatrix} =$ 右端.

点评：本题利用性质 5 将行列式拆分成简单的行列式的和的形式，这也是常见的计算行列式的方法.

【2.6】 证明：$\begin{vmatrix} a^2 & (a+1)^2 & (a+2)^2 & (a+3)^2 \\ b^2 & (b+1)^2 & (b+2)^2 & (b+3)^2 \\ c^2 & (c+1)^2 & (c+2)^2 & (c+3)^2 \\ d^2 & (d+1)^2 & (d+2)^2 & (d+3)^2 \end{vmatrix} = 0$.

证 左端 $\xlongequal[c_4-c_1]{\substack{c_2-c_1\\ c_3-c_1}} \begin{vmatrix} a^2 & 2a+1 & 4a+4 & 6a+9 \\ b^2 & 2b+1 & 4b+4 & 6b+9 \\ c^2 & 2c+1 & 4c+4 & 6c+9 \\ d^2 & 2d+1 & 4d+4 & 6d+9 \end{vmatrix} \xlongequal{\substack{c_3-2c_2\\ c_4-3c_1}} \begin{vmatrix} a^2 & 2a+1 & 2 & 6 \\ b^2 & 2b+1 & 2 & 6 \\ c^2 & 2c+1 & 2 & 6 \\ d^2 & 2d+1 & 2 & 6 \end{vmatrix} = 0$.

【2.7】 如果 n 阶行列式 $D_n = |a_{ij}|$ 满足 $a_{ij} = -a_{ij}(i,j=1,2,\cdots,n)$，则称 D_n 为反对称行列式. 证明：奇数阶反对称行列式为零.

解 设 D_n 为反对称行列式，且 n 为奇数，由定义知 $a_{ii} = -a_{ii}$，于是有 $a_{ii} = 0(i=1,2,\cdots,n)$，所以

$$D_n = \begin{vmatrix} 0 & a_{12} & a_{13} & \cdots & a_{1n} \\ -a_{12} & 0 & a_{23} & \cdots & a_{2n} \\ -a_{13} & -a_{23} & 0 & \cdots & a_{3n} \\ \vdots & \vdots & \vdots & \vdots & \\ -a_{1n} & -a_{2n} & -a_{3n} & \cdots & 0 \end{vmatrix} \xlongequal{\text{行列式转置}} \begin{vmatrix} 0 & -a_{12} & -a_{13} & \cdots & -a_{1n} \\ a_{12} & 0 & -a_{23} & \cdots & -a_{2n} \\ a_{13} & a_{23} & 0 & \cdots & -a_{3n} \\ \vdots & \vdots & \vdots & \vdots & \\ a_{1n} & a_{2n} & a_{3n} & \cdots & 0 \end{vmatrix}$$

$$\xlongequal{\text{各列提出}(-1)}(-1)^n\begin{vmatrix} 0 & a_{12} & a_{13} & \cdots & a_{1n} \\ -a_{12} & 0 & a_{23} & \cdots & a_{2n} \\ -a_{13} & -a_{23} & 0 & \cdots & a_{3n} \\ \vdots & \vdots & \vdots & \vdots & \\ -a_{1n} & -a_{2n} & -a_{3n} & \cdots & 0 \end{vmatrix}\xlongequal{n\text{为奇数}}-D_n,$$

于是 $D_n=0$.

点评：本题利用行列式的性质1和性质3先证明 $D_n=-D_n$，从而 $D_n=0$，这是证明行列式为零的常用方法.

【2.8】 证明元素为0，1的三阶行列式的值只能是 $0,\pm1,\pm2$.

证 设 $D=\begin{vmatrix} a_{11} & a_{12} & a_{13} \\ a_{21} & a_{22} & a_{23} \\ a_{31} & a_{32} & a_{33} \end{vmatrix}$，$a_{ij}$ 取值0或1.

若 D 的某一列元素全为零，则 $D=0$，结论成立. 否则，第一列中至少有一个非零元素，不失一般性，设 $a_{11}=1$，当 a_{21} 或 a_{31} 不全为零时，通过减去第一行，可把 D 化为

$$D=\begin{vmatrix} 1 & a_{12} & a_{13} \\ 0 & b_{22} & b_{23} \\ 0 & b_{32} & b_{33} \end{vmatrix}=b_{22}b_{33}-b_{32}b_{23},$$

其中 $b_{ij}=a_{ij}$ 或 $b_{ij}=a_{ij}-a_{1j}$，因此 $|b_{ij}|\leqslant1$，故 $|D|\leqslant2$.

§3. 行列式按行(列)展开

知 识 要 点

1. 余子式 在 n 阶行列式 $D=|a_{ij}|$ 中，去掉元素 a_{ij} 所在的第 i 行和第 j 列后，余下的 $n-1$ 阶行列式，称为 a_{ij} 的余子式，记为 M_{ij}.

代数余子式 $A_{ij}=(-1)^{i+j}M_{ij}$ 称为 a_{ij} 的代数余子式.

k 阶子式 在 n 阶行列式 $D=|a_{ij}|$ 中，任意选定 k 行 k 列 $(1\leqslant k\leqslant n)$，位于这些行列交叉处的 k^2 个元素，按原来顺序构成一个 k 阶行列式，称为 D 的一个 k 阶子式.

2. 按一行(列) 展开

(1) 行列式等于它的任一行(列) 的各元素与其对应的代数余子式乘积之和，即

按第 i 行展开 $D=a_{i1}A_{i1}+a_{i2}A_{i2}+\cdots+a_{in}A_{in}\ (i=1,2,\cdots,n)$；

按第 j 列展开 $D=a_{1j}A_{1j}+a_{2j}A_{2j}+\cdots+a_{nj}A_{nj}\ (j=1,2,\cdots,n)$.

(2) 行列式某一行(列) 的元素与另一行(列) 的对应元素的代数余子式乘积之和等于零，即

$a_{i1}A_{j1}+a_{i2}A_{j2}+\cdots+a_{in}A_{jn}=0, i\neq j$ 或 $a_{1i}A_{1j}+a_{2i}A_{2j}+\cdots+a_{ni}A_{nj}=0, i\neq j$.

3. 按 k 行(k 列) 展开 拉普拉斯定理：在 n 阶行列式中，任意取定 k 行(k 列)$(1\leqslant k\leqslant n-1)$，由这 k 行(k 列) 组成的所有的 k 阶子式与它们的代数余子式的乘积之和等于行列式的值.

基本题型

题型1:关于代数余子式和余子式

【3.1】 若$\begin{vmatrix} 1 & 0 & 2 \\ x & 3 & 1 \\ 4 & x & 5 \end{vmatrix}$中代数余子式$A_{12}=-1$,则$A_{21}=$______.

解 $A_{12}=(-1)^{1+2}\begin{vmatrix} x & 1 \\ 4 & 5 \end{vmatrix}=4-5x=-1$,故$x=1$,所以,$A_{21}=(-1)^{2+1}\begin{vmatrix} 0 & 2 \\ 1 & 5 \end{vmatrix}=2$.

故应填2.

【3.2】 设四阶行列式D_4的第三行元素为$-1,0,2,4$.

(1) 当$D_4=4$时,设第三行元素所对应的代数余子式分别为$5,10,a,4$,求a.

(2) 设第四行元素对应余子式分别$5,10,a,4$,求a.

解 (1) 由行列式按一行(列)展开公式,

$$(-1)\times 5+0\times 10+2\times a+4\times 4=4.\text{故 } a=-\frac{7}{2}.$$

(2) 由定义,第四行元素对应的代数余子式分别为

$$(-1)^{4+1}\times 5,(-1)^{4+2}\times 10,(-1)^{4+3}\times a,(-1)^{4+4}\times 4,$$

所以,$(-1)\times(-1)^{4+1}\times 5+0\times(-1)^{4+2}\times 10+2\times(-1)^{4+3}\times a+4\times(-1)^{4+4}\times 4=0$.

故$a=\frac{21}{2}$.

点评:注意代数余子式A_{ij}和余子式M_{ij}之间的转换,即

$$A_{ij}=(-1)^{i+j}M_{ij},\qquad M_{ij}=(-1)^{i+j}A_{ij}.$$

【3.3】 设行列式$D=\begin{vmatrix} 3 & 0 & 4 & 0 \\ 2 & 2 & 2 & 2 \\ 0 & -7 & 0 & 0 \\ 5 & 3 & -2 & 2 \end{vmatrix}$,求第四行各元素余子式之和.

解 $M_{41}+M_{42}+M_{43}+M_{44}=-A_{41}+A_{42}-A_{43}+A_{44}$

$$=\begin{vmatrix} 3 & 0 & 4 & 0 \\ 2 & 2 & 2 & 2 \\ 0 & -7 & 0 & 0 \\ -1 & 1 & -1 & 1 \end{vmatrix}\xlongequal{\text{按第三行展开}}(-7)\times(-1)^{3+2}\begin{vmatrix} 3 & 4 & 0 \\ 2 & 2 & 2 \\ -1 & -1 & 1 \end{vmatrix}$$

$$=14\begin{vmatrix} 3 & 4 & 0 \\ 1 & 1 & 1 \\ -1 & -1 & 1 \end{vmatrix}=-28.$$

点评:利用行(列)展开构造新的行列式,即用$A_{41},A_{42},A_{43},A_{44}$的系数$-1,1,-1,1$替换$D$中的第四行元素.本题为2001年考研真题.

【3.4】 (1) 设 $D_5=\begin{vmatrix}1&2&3&4&5\\1&1&1&3&3\\3&2&5&4&2\\2&2&2&1&1\\4&6&5&2&3\end{vmatrix}$， 求 $1°\ A_{31}+A_{32}+A_{33}$； $2°\ A_{34}+A_{35}$.

(2)设 $D_4=\begin{vmatrix}1&-1&2&-1\\1&1&1&1\\0&1&2&1\\2&0&0&4\end{vmatrix}$，求 $1°\ A_{41}+A_{42}+A_{43}+A_{44}$； $2°\ A_{41}+2A_{42}+3A_{43}+4A_{44}$.

解 (1) 将 D_5 中第三行换成 1,1,1,3,3，行列式的值等于 0，按第三行展开，则有：

$$(A_{31}+A_{32}+A_{33})+3(A_{34}+A_{35})=0. \qquad ①$$

同理，将 D_5 中第三行的元素换成第四行的对应元素，按第三行展开，则有：

$$2(A_{31}+A_{32}+A_{33})+A_{34}+A_{35}=0. \qquad ②$$

解 ①，② 联立方程组，得 $1°\ A_{31}+A_{32}+A_{33}=0$； $2°\ A_{34}+A_{35}=0$.

(2)1° 由第二行元素与第四行对应元素的代数余子式乘积之和为 0，所以

$$1\cdot A_{41}+1\cdot A_{42}+1\cdot A_{43}+1\cdot A_{44}=0,$$

即 $A_{41}+A_{42}+A_{43}+A_{44}=0$.

2° 用 1,2,3,4 替换 D_4 的第四行元素，得 $D_4^*=\begin{vmatrix}1&-1&2&-1\\1&1&1&1\\0&1&2&1\\1&2&3&4\end{vmatrix}$，于是

$$A_{41}+2A_{42}+3A_{43}+4A_{44}$$

$$=D_4^*\xlongequal[r_4-r_2]{r_1-r_2}\begin{vmatrix}0&-2&1&-2\\1&1&1&1\\0&1&2&1\\0&1&2&3\end{vmatrix}\xlongequal{\text{按第一列展开}}-\begin{vmatrix}-2&1&-2\\1&2&1\\1&2&3\end{vmatrix}=10.$$

点评：解此类问题，通常是利用行列展开的相关结论构造新的行列式，构造方程从而解之.

【3.5】 设 $D_n=\begin{vmatrix}1&1&\cdots&1\\0&2&\cdots&2\\\cdots&\cdots&\cdots&\cdots\\0&0&\cdots&n\end{vmatrix}$，则 D_n 中所有元素的代数余子式之和为______.

(A)0 (B)$n!$ (C)$-n!$ (D)$2n!$

解 因第一行元素与其对应的代数余子式乘积之和等于行列式的值，所以

$$1\cdot A_{11}+1\cdot A_{12}+\cdots+1\cdot A_{1n}=D_n=n!.$$

因第一行元素与第 i 行($i\geqslant 2$) 对应元素的代数余子式乘积之和等于零，所以

$$1\cdot A_{i1}+1\cdot A_{i2}+\cdots+1\cdot A_{in}=0.$$

故所有元素代数余子式之和为 $n!$

故应选(B).

题型 2:按一行(列)展开计算行列式

【3.6】 求 $D_n = \begin{vmatrix} a & b & 0 & \cdots & 0 & 0 \\ 0 & a & b & \cdots & 0 & 0 \\ 0 & 0 & a & \cdots & 0 & 0 \\ \cdots & \cdots & \cdots & \cdots & \cdots & \cdots \\ 0 & 0 & 0 & \cdots & a & b \\ b & 0 & 0 & \cdots & 0 & a \end{vmatrix}$.

解 按第一列展开,得

$$D_n = a\begin{vmatrix} a & b & \cdots & 0 & 0 \\ 0 & a & \cdots & 0 & 0 \\ \cdots & \cdots & \cdots & \cdots & \cdots \\ 0 & 0 & \cdots & a & b \\ 0 & 0 & \cdots & 0 & a \end{vmatrix} + b(-1)^{n+1}\begin{vmatrix} b & 0 & \cdots & 0 & 0 \\ a & b & \cdots & 0 & 0 \\ 0 & a & \cdots & 0 & 0 \\ \cdots & \cdots & \cdots & \cdots & \cdots \\ 0 & 0 & \cdots & a & b \end{vmatrix}$$

$$= aa^{n-1} + (-1)^{n+1}bb^{n-1} = a^n + (-1)^{n+1}b^n.$$

【3.7】 求 $D_n = \begin{vmatrix} 2 & 1 & 0 & \cdots & 0 & 0 \\ 1 & 2 & 1 & \cdots & 0 & 0 \\ 0 & 1 & 2 & \cdots & 0 & 0 \\ \cdots & \cdots & \cdots & \cdots & \cdots & \cdots \\ 0 & 0 & 0 & \cdots & 2 & 1 \\ 0 & 0 & 0 & \cdots & 1 & 2 \end{vmatrix}$.

解 将 D_n 按第一列展开得:$D_n = 2D_{n-1} - D_{n-2}$,

因此有:$D_n - D_{n-1} = D_{n-1} - D_{n-2} = \cdots = D_2 - D_1$.

又

$$D_1 = 2, D_2 = \begin{vmatrix} 2 & 1 \\ 1 & 2 \end{vmatrix} = 3,$$

所以 $D_n = D_{n-1} + 1 = D_{n-2} + 2 = \cdots = D_1 + (n-1) = n+1$.

点评:行列式 $\begin{vmatrix} a & b & 0 & \cdots & 0 & 0 \\ c & a & b & \cdots & 0 & 0 \\ 0 & c & a & \cdots & 0 & 0 \\ \cdots & \cdots & \cdots & \cdots & \cdots & \cdots \\ 0 & 0 & 0 & \cdots & a & b \\ 0 & 0 & 0 & \cdots & c & a \end{vmatrix}$ 称为三对角行列式.

计算此类行列式通常采用递推法,即:根据行列式的行列展开,找出 D_n 与 D_{n-1} 或 D_n 与 D_{n-1}、D_{n-2} 之间的关系,利用递推关系求出行列式.

题型 3:利用拉普拉斯定理求解行列式

【3.8】 求 $D_4=\begin{vmatrix}2&3&0&0\\1&2&3&0\\0&1&2&3\\0&0&1&2\end{vmatrix}$.

解 由拉普拉斯定理,按第一行和第二行展开

$$D_4=\begin{vmatrix}2&3\\1&2\end{vmatrix}\times(-1)^{1+2+1+2}\begin{vmatrix}2&3\\1&2\end{vmatrix}+\begin{vmatrix}2&0\\1&3\end{vmatrix}\times(-1)^{1+2+1+3}\begin{vmatrix}1&3\\0&2\end{vmatrix}$$

$$+\begin{vmatrix}3&0\\2&3\end{vmatrix}\times(-1)^{1+2+2+3}\begin{vmatrix}0&3\\0&2\end{vmatrix}=1-12+0=-11.$$

【3.9】 求 $D_4=\begin{vmatrix}a_1&0&0&b_1\\0&a_2&b_2&0\\0&b_3&a_3&0\\b_4&0&0&a_4\end{vmatrix}$.

解 $D_4=\begin{vmatrix}a_1&b_1&0&0\\0&0&a_2&b_2\\0&0&b_3&a_3\\b_4&a_4&0&0\end{vmatrix}=\begin{vmatrix}a_1&b_1&0&0\\b_4&a_4&0&0\\0&0&a_2&b_2\\0&0&b_3&a_3\end{vmatrix}=\begin{vmatrix}a_1&b_1\\b_4&a_4\end{vmatrix}\begin{vmatrix}a_2&b_2\\b_3&a_3\end{vmatrix}$

$$=(a_1a_4-b_1b_4)(a_2a_3-b_2b_3).$$

点评:根据行列式的性质把行列式化为块对角行列式,然后使用拉普拉斯定理计算.本题为1996年考研真题.

【3.10】 行列式 $\begin{vmatrix}0&a&b&0\\a&0&0&b\\0&c&d&0\\c&0&0&d\end{vmatrix}=$______.

(A)$(ad-bc)^2$ (B)$-(ad-bc)^2$ (C)$a^2d^2-b^2c^2$ (D)$b^2c^2-a^2d^2$

解法一 $\begin{vmatrix}0&a&b&0\\a&0&0&b\\0&c&d&0\\c&0&0&d\end{vmatrix}\xlongequal{\text{按第 4 行展开}}c(-1)^{4+1}\begin{vmatrix}a&b&0\\0&0&b\\c&d&0\end{vmatrix}+d(-1)^{4+4}\begin{vmatrix}0&a&b\\a&0&0\\0&c&d\end{vmatrix}$

$$=-c\cdot b(-1)^{3+2}\begin{vmatrix}a&b\\c&d\end{vmatrix}+d\cdot a(-1)^{2+1}\begin{vmatrix}a&b\\c&d\end{vmatrix}$$

$$=bc(ad-bc)-ad(ad-bc)=(ad-bc)(bc-ad)=-(ad-bc)^2.$$

解法二 $\begin{vmatrix}0&a&b&0\\a&0&0&b\\0&c&d&0\\c&0&0&d\end{vmatrix}=-\begin{vmatrix}a&0&0&b\\0&a&b&0\\0&c&d&0\\c&0&0&d\end{vmatrix}=-\begin{vmatrix}a&b&0&0\\c&d&0&0\\0&0&d&c\\0&0&b&a\end{vmatrix}$

$$=-(ad-bc)(ad-bc)=-(ad-bc)^2.$$

故应选(B)

点评：本题为 2014 年考研真题. 本题的特点是每行和每列最多只有 2 个非零元素，故可利用按一行(列)展开求解，即解法一. 而解法二是利用行列式的性质将行列式化为块对角形，从而利用拉普拉斯定理求解.

再请同学们仔细观察一下，本题不正是【3.9】题，即 1996 年考研真题的翻版吗?!或许这正是本书的价值之一吧!

【3.11】 证明 $\begin{vmatrix} x & y & z & w \\ a & b & c & d \\ d & c & b & a \\ w & z & y & x \end{vmatrix} = \begin{vmatrix} x+w & y+z \\ a+d & b+c \end{vmatrix} \begin{vmatrix} x-w & y-z \\ a-d & b-c \end{vmatrix}.$

证 记左端的行列式为 D.

$$D \xlongequal[c_2+c_3]{c_1+c_4} \begin{vmatrix} x+w & y+z & z & w \\ a+d & b+c & c & d \\ d+a & c+b & b & a \\ w+x & z+y & y & x \end{vmatrix} \xlongequal[r_3-r_2]{r_4-r_1} \begin{vmatrix} x+w & y+z & z & w \\ a+d & b+c & c & d \\ 0 & 0 & b-c & a-d \\ 0 & 0 & y-z & x-w \end{vmatrix},$$

根据拉普拉斯定理得

$$D=\begin{vmatrix} x+w & y+z \\ a+d & b+c \end{vmatrix} \begin{vmatrix} b-c & a-d \\ y-z & x-w \end{vmatrix} = \begin{vmatrix} x+w & y+z \\ a+d & b+c \end{vmatrix} \begin{vmatrix} x-w & y-z \\ a-d & b-c \end{vmatrix} = \text{右端}.$$

§4. 行列式的计算

知识要点

行列式的计算方法有很多种，大致有以下几种思路：

思路 1：利用行列式的定义；

思路 2：利用行列式的性质；

思路 3：利用行列式的行列展开.

基本题型

下面我们给出几种常见的方法和技巧.

方法 1：利用行列式的定义.

【4.1】 按行列式的定义，计算以下各 n 阶行列式.

$$(1)\begin{vmatrix} 0 & 0 & \cdots & 0 & 1 \\ 0 & 0 & \cdots & 2 & 0 \\ \cdots & \cdots & \cdots & \cdots & \cdots \\ 0 & n-1 & \cdots & 0 & 0 \\ n & 0 & \cdots & 0 & 0 \end{vmatrix},\quad (2)\begin{vmatrix} 0 & 1 & 0 & \cdots & 0 \\ 0 & 0 & 2 & \cdots & 0 \\ \cdots & \cdots & \cdots & \cdots & \cdots \\ 0 & 0 & 0 & \cdots & n-1 \\ n & 0 & 0 & \cdots & 0 \end{vmatrix},\quad (3)\begin{vmatrix} 0 & \cdots & 0 & 1 & 0 \\ 0 & \cdots & 2 & 0 & 0 \\ \cdots & \cdots & \cdots & \cdots & \cdots \\ n-1 & \cdots & 0 & 0 & 0 \\ \cdots & \cdots & \cdots & \cdots & \cdots \\ 0 & \cdots & 0 & 0 & n \end{vmatrix}.$$

解 用 $\tau(i_1 i_2 \cdots i_n)$ 表示排列 $i_1 i_2 \cdots i_n$ 的逆序数，并且用 D 表示所给的行列式.

(1) 根据行列式的定义，行列式展开后每项都是 n 个元素相乘，且这 n 个元素要位于 D 中不同的行和不同的列，因此，D 除去有零的项外，只有一项，即

$$1\ 2\ \cdots\ (n-1)\ n = n!.$$

这一项的行标为自然顺序，列标构成的排列为 $n(n-1)\cdots 21$.

而其逆序数为 $\frac{n(n-1)}{2}$. 所以，$D = (-1)^{\frac{n(n-1)}{2}} n!$.

(2) 根据同样的道理，有

$$D = (-1)^{\tau(23\cdots n1)} n! = (-1)^{n-1} n!.$$

(3) 根据同样的道理，有

$$D = (-1)^{\tau(n-1,n-2,\cdots,1,n)} n! = (-1)^{\frac{(n-1)(n-2)}{2}} n!.$$

点评：行列式中零元素较多而非零元素较少，以至于按定义展开后，非零项很少，此种情形可用定义法计算行列式.

方法 2：直接利用行列式的性质.

【4.2】 设$D = \begin{vmatrix} a_{11} & a_{12} & \cdots & a_{1n} \\ a_{21} & a_{22} & \cdots & a_{2n} \\ \cdots & \cdots & \cdots & \cdots \\ a_{n1} & a_{n2} & \cdots & a_{nn} \end{vmatrix} = d$，求下列 n 阶行列式的值.

$$D_1 = \begin{vmatrix} a_{21} & a_{22} & \cdots & a_{2n} \\ \cdots & \cdots & \cdots & \cdots \\ a_{n1} & a_{n2} & \cdots & a_{nn} \\ a_{11} & a_{12} & \cdots & a_{1n} \end{vmatrix},\quad D_2 = \begin{vmatrix} a_{n1} & a_{n2} & \cdots & a_{nn} \\ a_{21} & a_{22} & \cdots & a_{2n} \\ \cdots & \cdots & \cdots & \cdots \\ a_{11} & a_{12} & \cdots & a_{1n} \end{vmatrix}.$$

解 将 D_1 的最后一行逐次与上一行交换，一直交换到第一行，共交换 $n-1$ 次，即得行列式 D. 故

$$D_1 = (-1)^{n-1} D = (-1)^{n-1} d.$$

将 D_2 的最后一行逐次与上一行交换，一直交换到第一行，共交换 $n-1$ 次，设所得的行列式为 A_1；再将 A_1 的最后一行(即 D_2 中原来的倒数第二行) 与其上面的 $n-2$ 行，自下而上逐次交换，共交换 $n-2$ 次，设所得的行列式为 A_2. 如此继续下去，一直得到 D 为止. 共交换

$$(n-1)+(n-2)+\cdots+2+1 = \frac{n(n-1)}{2}$$

次. 故

$$D_2 = (-1)^{\frac{n(n-1)}{2}} d.$$

【4.3】 计算行列式 $\begin{vmatrix} 1 & 2 & 3 & \cdots & n \\ -1 & 0 & 3 & \cdots & n \\ -1 & -2 & 0 & \cdots & n \\ \vdots & \vdots & \vdots & & \vdots \\ -1 & -2 & -3 & \cdots & 0 \end{vmatrix}$ 的值.

解 将第一行分别加到以后各行,有

$$\begin{vmatrix} 1 & 2 & 3 & \cdots & n \\ 0 & 2 & 6 & \cdots & 2n \\ 0 & 0 & 3 & \cdots & 2n \\ \vdots & \vdots & \vdots & & \vdots \\ 0 & 0 & 0 & \cdots & n \end{vmatrix},$$

所以原行列式的值是 $n!$.

【4.4】 计算行列式 $\begin{vmatrix} x+a_1 & a_2 & a_3 & \cdots & a_n \\ a_1 & x+a_2 & a_3 & \cdots & a_n \\ a_1 & a_2 & x+a_3 & \cdots & a_n \\ \vdots & \vdots & \vdots & & \vdots \\ a_1 & a_2 & a_3 & \cdots & x+a_n \end{vmatrix}$ 的值.

解 将第一行的(-1)倍加到以后各行,有

$$\begin{vmatrix} x+a_1 & a_2 & a_3 & \cdots & a_n \\ -x & x & 0 & \cdots & 0 \\ -x & 0 & x & \cdots & 0 \\ \vdots & \vdots & \vdots & & \vdots \\ -x & 0 & 0 & \cdots & x \end{vmatrix},$$

再将前 $n-1$ 列分别加到第一列上,有

$$\begin{vmatrix} x+\sum_{i=1}^{n} a_i & a_2 & a_3 & \cdots & a_n \\ 0 & x & 0 & \cdots & 0 \\ 0 & 0 & x & \cdots & 0 \\ \vdots & \vdots & \vdots & & \vdots \\ 0 & 0 & 0 & \cdots & x \end{vmatrix} = x^{n-1}(x+\sum_{i=1}^{n} a_i).$$

点评:首先仔细观察行列式的行列排列规律,然后利用性质化为容易求解的行列式,通常为三角行列式,进而求得行列式.

由行列式的性质,还可得到下列两种常见的方法和技巧.

方法 3:各行(列)加到同一行(列)上去.

【4.5】 计算 n 阶行列式 $D_n=\begin{vmatrix} a & b & b & \cdots & b \\ b & a & b & \cdots & b \\ b & b & a & \cdots & b \\ \vdots & \vdots & \vdots & & \vdots \\ b & b & b & \cdots & a \end{vmatrix}$.

解 每列元素都是一个 a 与 $n-1$ 个 b,故可把每行均加至第一行,提取公因式 $a+(n-1)b$,再化为上三角行列式,即

$$D_n=\begin{vmatrix} a+(n-1)b & a+(n-1)b & a+(n-1)b & \cdots & a+(n-1)b \\ b & a & b & \cdots & b \\ b & b & a & \cdots & b \\ \vdots & \vdots & \vdots & & \vdots \\ b & b & b & \cdots & a \end{vmatrix}$$

$$=[a+(n-1)b]\begin{vmatrix} 1 & 1 & 1 & \cdots & 1 \\ b & a & b & \cdots & b \\ b & b & a & \cdots & b \\ \vdots & \vdots & \vdots & & \vdots \\ b & b & b & \cdots & a \end{vmatrix}$$

$$=[a+(n-1)b]\begin{vmatrix} 1 & 1 & 1 & \cdots & 1 \\ 0 & a-b & 0 & \cdots & 0 \\ 0 & 0 & a-b & \cdots & 0 \\ \vdots & \vdots & \vdots & & \vdots \\ 0 & 0 & 0 & \cdots & a-b \end{vmatrix}$$

$$=[a+(n-1)b](a-b)^{n-1}.$$

【4.6】 计算 n 阶行列式

$$D_n=\begin{vmatrix} 0 & 1 & 1 & \cdots & 1 & 1 \\ 1 & 0 & 1 & \cdots & 1 & 1 \\ 1 & 1 & 0 & \cdots & 1 & 1 \\ \cdots & \cdots & \cdots & \cdots & \cdots & \cdots \\ 1 & 1 & 1 & \cdots & 0 & 1 \\ 1 & 1 & 1 & \cdots & 1 & 0 \end{vmatrix}.$$

解 把行列式的第 2,3,…,n 行都加到第 1 行上,并从第 1 行提取公因子,得

$$D_n=\begin{vmatrix} n-1 & n-1 & n-1 & \cdots & n-1 & n-1 \\ 1 & 0 & 1 & \cdots & 1 & 1 \\ 1 & 1 & 0 & \cdots & 1 & 1 \\ \cdots & \cdots & \cdots & \cdots & \cdots & \cdots \\ 1 & 1 & 1 & \cdots & 0 & 1 \\ 1 & 1 & 1 & \cdots & 1 & 0 \end{vmatrix}=(n-1)\begin{vmatrix} 1 & 1 & 1 & \cdots & 1 & 1 \\ 1 & 0 & 1 & \cdots & 1 & 1 \\ 1 & 1 & 0 & \cdots & 1 & 1 \\ \cdots & \cdots & \cdots & \cdots & \cdots & \cdots \\ 1 & 1 & 1 & \cdots & 0 & 1 \\ 1 & 1 & 1 & \cdots & 1 & 0 \end{vmatrix}$$

$$=(n-1)\begin{vmatrix} 1 & 1 & 1 & \cdots & 1 & 1 \\ 0 & -1 & 0 & \cdots & 0 & 0 \\ 0 & 0 & -1 & \cdots & 0 & 0 \\ \cdots & \cdots & \cdots & \cdots & \cdots & \cdots \\ 0 & 0 & 0 & \cdots & 0 & -1 \end{vmatrix}=(-1)^{n-1}(n-1).$$

点评:本题为 1997 年考研真题.

【4.7】 计算 $D=\begin{vmatrix} 1 & -1 & 1 & x-1 \\ 1 & -1 & x+1 & -1 \\ 1 & x-1 & 1 & -1 \\ x+1 & -1 & 1 & -1 \end{vmatrix}$.

解 将各列加到第一列后,再提出第一列的公因子 x,按第一列展开,得

$$D=\begin{vmatrix} x & -1 & 1 & x-1 \\ x & -1 & x+1 & -1 \\ x & x-1 & 1 & -1 \\ x & -1 & 1 & -1 \end{vmatrix}=x\begin{vmatrix} 1 & -1 & 1 & x-1 \\ 0 & 0 & x & -x \\ 0 & x & 0 & -x \\ 0 & 0 & 0 & -x \end{vmatrix}=x^4\begin{vmatrix} 0 & 1 & -1 \\ 1 & 0 & -1 \\ 0 & 0 & -1 \end{vmatrix}=x^4.$$

点评:当行列式各行(列)诸元素之和相等时,先求和,再提公因子,然后再运用其他方法求解.

方法 4:拆分法.

【4.8】 设 $abcd=1$,计算 $D=\begin{vmatrix} a^2+\frac{1}{a^2} & a & \frac{1}{a} & 1 \\ b^2+\frac{1}{b^2} & b & \frac{1}{b} & 1 \\ c^2+\frac{1}{c^2} & c & \frac{1}{c} & 1 \\ d^2+\frac{1}{d^2} & d & \frac{1}{d} & 1 \end{vmatrix}$.

解 由行列式的性质 5 知

$$D=\begin{vmatrix} a^2 & a & \frac{1}{a} & 1 \\ b^2 & b & \frac{1}{b} & 1 \\ c^2 & c & \frac{1}{c} & 1 \\ d^2 & d & \frac{1}{d} & 1 \end{vmatrix}+\begin{vmatrix} \frac{1}{a^2} & a & \frac{1}{a} & 1 \\ \frac{1}{b^2} & b & \frac{1}{b} & 1 \\ \frac{1}{c^2} & c & \frac{1}{c} & 1 \\ \frac{1}{d^2} & d & \frac{1}{d} & 1 \end{vmatrix}=abcd\begin{vmatrix} a & 1 & \frac{1}{a^2} & \frac{1}{a} \\ b & 1 & \frac{1}{b^2} & \frac{1}{b} \\ c & 1 & \frac{1}{c^2} & \frac{1}{c} \\ d & 1 & \frac{1}{d^2} & \frac{1}{d} \end{vmatrix}+(-1)^3\begin{vmatrix} a & 1 & \frac{1}{a^2} & \frac{1}{a} \\ b & 1 & \frac{1}{b^2} & \frac{1}{b} \\ c & 1 & \frac{1}{c^2} & \frac{1}{c} \\ d & 1 & \frac{1}{d^2} & \frac{1}{d} \end{vmatrix}$$

$=0$.

【4.9】 计算 $D=\begin{vmatrix} x_1+1 & x_1+2 & \cdots & x_1+n \\ x_2+1 & x_2+2 & \cdots & x_2+n \\ \cdots & \cdots & \cdots & \cdots \\ x_n+1 & x_n+2 & \cdots & x_n+n \end{vmatrix}$.

解 当 $n=2$ 时，$D=\begin{vmatrix} x_1+1 & x_1+2 \\ x_2+1 & x_2+2 \end{vmatrix}=x_1-x_2$.

当 $n>2$ 时，

方法 1：将 D 的第一列乘 (-1) 后加到其余各列，则得：

$$D=\begin{vmatrix} x_1+1 & 1 & 2 & \cdots & n-1 \\ x_2+1 & 1 & 2 & \cdots & n-1 \\ \cdots & \cdots & \cdots & \cdots & \cdots \\ x_n+1 & 1 & 2 & \cdots & n-1 \end{vmatrix}=0.$$

方法 2：把 D 拆成两个行列式相加

$$D=\begin{vmatrix} x_1 & x_1+2 & \cdots & x_1+n \\ x_2 & x_2+2 & \cdots & x_2+n \\ \cdots & \cdots & \cdots & \cdots \\ x_n & x_n+2 & \cdots & x_n+n \end{vmatrix}+\begin{vmatrix} 1 & x_1+2 & \cdots & x_1+n \\ 1 & x_2+2 & \cdots & x_2+n \\ \cdots & \cdots & \cdots & \cdots \\ 1 & x_n+2 & \cdots & x_n+n \end{vmatrix}=0+0=0.$$

利用行列式的行列展开可得到以下两种方法和技巧.

方法 5：递推法.

【4.10】 计算 $D_5=\begin{vmatrix} 1-a & a & 0 & 0 & 0 \\ -1 & 1-a & a & 0 & 0 \\ 0 & -1 & 1-a & a & 0 \\ 0 & 0 & -1 & 1-a & a \\ 0 & 0 & 0 & -1 & 1-a \end{vmatrix}$.

解 把行列式按第一行展开，有 $D_5=(1-a)D_4+aD_3$，则

$$D_5-D_4=-a(D_4-D_3)=a^2(D_3-D_2)=-a^3(D_2-D_1)=-a^5, \qquad ①$$

$$D_5+aD_4=D_4+aD_3=D_3+aD_2=D_2+aD_1=1. \qquad ②$$

① $\times a+$ ② 得 $(a+1)D_5=1-a^6$.

故 $a\neq-1$ 时，$D_5=\dfrac{1-a^6}{a+1}=1-a+a^2-a^3+a^4-a^5$；

$a=-1$ 时，由 ② 式得：

$$D_5=D_4+1=D_3+2=D_2+3=D_1+4=6$$
$$=1-(-1)^1+(-1)^2-(-1)^3+(-1)^4-(-1)^5.$$

所以 $D_5=1-a+a^2-a^3+a^4-a^5$.

点评：本题为 1996 年考研真题.

【4.11】 计算 $D_n=\begin{vmatrix} \alpha+\beta & \alpha\beta & 0 & 0 & \cdots & 0 & 0 \\ 1 & \alpha+\beta & \alpha\beta & 0 & \cdots & 0 & 0 \\ 0 & 1 & \alpha+\beta & \alpha\beta & \cdots & 0 & 0 \\ \cdots & \cdots & \cdots & \cdots & \cdots & \cdots & \cdots \\ 0 & 0 & 0 & 0 & \cdots & \alpha+\beta & \alpha\beta \\ 0 & 0 & 0 & 0 & \cdots & 1 & \alpha+\beta \end{vmatrix}$.

解 按第一行展开，有

$$D_n=(\alpha+\beta)D_{n-1}-\alpha\beta D_{n-2},$$

由此可得下面两个关系式

$$\begin{cases}D_n-\alpha D_{n-1}=\beta(D_{n-1}-\alpha D_{n-2}),\\ D_n-\beta D_{n-1}=\alpha(D_{n-1}-\beta D_{n-2}).\end{cases} \quad ①$$

则有

$$\begin{cases}D_{n-1}-\alpha D_{n-2}=\beta(D_{n-2}-\alpha D_{n-3})\\ D_{n-1}-\beta D_{n-2}=\alpha(D_{n-2}-\beta D_{n-3})\end{cases},\cdots\cdots,\begin{cases}D_3-\alpha D_3=\beta(D_2-\alpha D_1),\\ D_3-\beta D_2=\alpha(D_2-\beta D_1).\end{cases}$$

把以上各式依次代入 ① 式,得

$$\begin{cases}D_n-\alpha D_{n-1}=\beta^{n-2}(D_2-\alpha D_1),\\ D_n-\beta D_{n-1}=\alpha^{n-2}(D_2-\beta D_1).\end{cases}$$

又因为 $D_2-\alpha D_1=\beta^2$, $D_2-\beta D_{n-1}=\alpha^2$,

于是,若 $\alpha\neq\beta$,则 $D_n=\dfrac{\alpha^{n+1}-\beta^{n+1}}{\alpha-\beta}$,若 $\alpha=\beta$,则 $D_n=(n+1)\alpha^n$.

点评:对于典型的三对角行列式,通常用递推法.

【4.12】 计算 $D_n=\begin{vmatrix}x & -1 & 0 & \cdots & 0 & 0\\ 0 & x & -1 & \cdots & 0 & 0\\ 0 & 0 & 0 & \cdots & x & -1\\ a_n & a_{n-1} & a_{n-2} & \cdots & a_2 & x+a_1\end{vmatrix}$.

解 按第一列展开,则得到递推公式 :$D_n=xD_{n-1}+a_n$. 所以

$$D_n=x(xD_{n-2}+a_{n-1})+a_n=\cdots=x^n+a_1x^{n-1}+\cdots+a_{n-1}x+a_n.$$

方法 6:升阶法.

【4.13】 计算 $D=\begin{vmatrix}1+x & 1 & 1 & 1\\ 1 & 1-x & 1 & 1\\ 1 & 1 & 1+y & 1\\ 1 & 1 & 1 & 1-y\end{vmatrix}$.

解 将 D 添加一行,一列,化为五阶行列式

$$D=\begin{vmatrix}1 & 1 & 1 & 1 & 1\\ 0 & 1+x & 1 & 1 & 1\\ 0 & 1 & 1-x & 1 & 1\\ 0 & 1 & 1 & 1+y & 1\\ 0 & 1 & 1 & 1 & 1-y\end{vmatrix}=\begin{vmatrix}1 & 1 & 1 & 1 & 1\\ -1 & x & 0 & 0 & 0\\ -1 & 0 & -x & 0 & 0\\ -1 & 0 & 0 & y & 0\\ -1 & 0 & 0 & 0 & -y\end{vmatrix}.$$

当 $xy\neq0$ 时,

$$D=\begin{vmatrix}1+\frac{1}{x}-\frac{1}{x}+\frac{1}{y}-\frac{1}{y} & 1 & 1 & 1 & 1\\ 0 & x & 0 & 0 & 0\\ 0 & 0 & -x & 0 & 0\\ 0 & 0 & 0 & y & 0\\ 0 & 0 & 0 & 0 & -y\end{vmatrix}=x^2y^2.$$

当 $xy=0$ 时，显然 $D=0$，所以 $D=x^2y^2$.

点评：在原行列式中添加一行，一列，且保持原行列式不变或与原行列式有某种巧妙的联系，常见的升阶法是：

$$D_n=\begin{vmatrix} a_{11} & a_{12} & \cdots & a_{1n} \\ a_{21} & a_{22} & \cdots & a_{2n} \\ \cdots & \cdots & \cdots & \cdots \\ a_{n1} & a_{n2} & \cdots & a_{nn} \end{vmatrix}=\begin{vmatrix} 1 & b_1 & b_2 & \cdots & b_n \\ 0 & a_{11} & a_{12} & \cdots & a_{1n} \\ 0 & a_{21} & a_{22} & \cdots & a_{2n} \\ \cdots & \cdots & \cdots & \cdots & \cdots \\ 0 & a_{n1} & a_{n2} & \cdots & a_{nn} \end{vmatrix}.$$

【4.14】 计算 $D=\begin{vmatrix} a+b+2c & a & b \\ c & b+c+2a & b \\ c & a & c+a+2b \end{vmatrix}$.

解 $D=\begin{vmatrix} 1 & c & a & b \\ 0 & a+b+2c & a & b \\ 0 & c & b+c+2a & b \\ 0 & c & a & c+a+2b \end{vmatrix}=\begin{vmatrix} 1 & c & a & b \\ -1 & a+b+c & 0 & 0 \\ -1 & 0 & a+b+c & 0 \\ -1 & 0 & 0 & a+b+c \end{vmatrix}$.

当 $a+b+c\neq 0$ 时，

$$D=\begin{vmatrix} 1+\dfrac{c+a+b}{a+b+c} & c & a & b \\ 0 & a+b+c & 0 & 0 \\ 0 & 0 & a+b+c & 0 \\ 0 & 0 & 0 & a+b+c \end{vmatrix}=2(a+b+c)^3.$$

当 $a+b+c=0$ 时，$D=\begin{vmatrix} c & a & b \\ c & a & b \\ c & a & b \end{vmatrix}=0$.

故 $D=2(a+b+c)^3$.

我们再给大家介绍几种常见方法.

方法 7：利用范德蒙行列式.

【4.15】 设 a,b,c 互不相同，$D=\begin{vmatrix} a & b & c \\ a^2 & b^2 & c^2 \\ b+c & c+a & a+b \end{vmatrix}$，

则 $D=0$ 的充要条件是 $a+b+c=0$.

证 将 D 的第一行加到第三行后调整行的顺序，得

$$D=(a+b+c)\begin{vmatrix} 1 & 1 & 1 \\ a & b & c \\ a^2 & b^2 & c^2 \end{vmatrix}.$$

因为 a,b,c 互异，所以，$D=0$ 的充要条件是 $a+b+c=0$.

【4.16】 计算 $D_n=\begin{vmatrix}1&1&1&\cdots&1\\2&2^2&2^3&\cdots&2^n\\3&3^2&3^3&\cdots&3^n\\ \cdots&\cdots&\cdots&\cdots&\cdots\\n&n^2&n^3&\cdots&n^n\end{vmatrix}$.

解 从各行中提取公因式,得

$$D_n=n!\begin{vmatrix}1&1&1&\cdots&1\\1&2&2^2&\cdots&2^{n-1}\\1&3&3^2&\cdots&3^{n-1}\\ \cdots&\cdots&\cdots&\cdots&\cdots\\1&n&n^2&\cdots&n^{n-1}\end{vmatrix}=n!\begin{vmatrix}1&1&1&\cdots&1\\1&2&3&\cdots&n\\1&2^2&3^2&\cdots&n^2\\ \cdots&\cdots&\cdots&\cdots&\cdots\\1&2^{n-1}&3^{n-1}&\cdots&n^{n-1}\end{vmatrix}$$

$$=n!(2-1)(3-1)\cdots\cdots(n-1)(3-2)(4-2)\cdots\cdots(n-2)\cdots\cdots(n-(n-1))$$

$$=n!(n-1)!(n-2)!\cdots\cdots2!1!.$$

【4.17】 计算 $D_n=\begin{vmatrix}1&1&\cdots&1\\x_1+1&x_2+1&\cdots&x_n+1\\x_1^2+x_1&x_2^2+x_2&\cdots&x_n^2+x_n\\ \cdots&\cdots&\cdots&\cdots\\x_1^{n-1}+x_1^{n-2}&x_2^{n-1}+x_2^{n-2}&\cdots&x_n^{n-1}+x_n^{n-2}\end{vmatrix}$.

解 将第 i 行 $\times(-1)$ 加到第 $i+1$ 行,$i=1,2,\cdots,n-1$ 可得

$$D_n=\begin{vmatrix}1&1&\cdots&1\\x_1&x_2&\cdots&x_n\\x_1^2&x_2^2&\cdots&x_n^2\\ \cdots&\cdots&\cdots&\cdots\\x_1^{n-1}&x_2^{n-1}&\cdots&x_n^{n-1}\end{vmatrix}=\prod_{n\geqslant i>j\geqslant 1}(x_i-x_j).$$

方法 8:数学归纳法.

【4.18】 用数学归纳法证明

$$D_n=\begin{vmatrix}a&b&b&\cdots&b&b\\c&a&b&\cdots&b&b\\c&c&a&\cdots&\cdots&\cdots\\ \cdots&\cdots&\cdots&\cdots&\cdots&\cdots\\c&c&c&\cdots&a&b\\c&c&c&\cdots&c&a\end{vmatrix}=\frac{c(a-b)^n-b(a-c)^n}{c-b}\quad(c\neq b).$$

解 $D_n=\begin{vmatrix}a&b&b&\cdots&b&b\\c&a&b&\cdots&b&b\\c&c&a&\cdots&\cdots&\cdots\\ \cdots&\cdots&\cdots&\cdots&\cdots&\cdots\\c&c&c&\cdots&a&b\\c+0&c+0&c+0&\cdots&c+0&c+(a-c)\end{vmatrix}$

$$
=\begin{vmatrix} a & b & b & \cdots & b & b \\ c & a & b & \cdots & b & b \\ c & c & a & \cdots & \cdots & \cdots \\ \cdots & \cdots & \cdots & \cdots & \cdots & \cdots \\ c & c & c & \cdots & a & b \\ c & c & c & \cdots & c & c \end{vmatrix} + \begin{vmatrix} a & b & b & \cdots & b & b \\ c & a & b & \cdots & b & b \\ c & c & a & \cdots & b & b \\ \cdots & \cdots & \cdots & \cdots & \cdots & \cdots \\ c & c & c & \cdots & a & b \\ 0 & 0 & 0 & \cdots & 0 & a-c \end{vmatrix}
$$

$$
=\begin{vmatrix} a-b & 0 & \cdots & 0 & 0 \\ c-b & a-b & \cdots & 0 & 0 \\ \cdots & \cdots & \cdots & \cdots & \cdots \\ c-b & c-b & \cdots & a-b & 0 \\ 1 & 1 & \cdots & 1 & 1 \end{vmatrix} + (a-c)D_{n-1}
$$

$$
= c(a-b)^{n-1} + (a-c)D_{n-1}. \qquad ①
$$

当 $n=1$ 时，$D_1 = a = \dfrac{c(a-b)-b(a-c)}{c-b}$ 成立；

当 $n=2$ 时，$D_2 = \begin{vmatrix} a & b \\ c & a \end{vmatrix} = a^2 - bc = \dfrac{c(a-b)^2 - b(a-c)^2}{c-b}$ 成立.

假设 $n=k-1$ 时，结论成立，即 $D_{k-1} = \dfrac{c(a-b)^{k-1} - b(a-c)^{k-1}}{c-b}$ 成立，则由 ① 得

$$
\begin{aligned}
D_k &= c(a-b)^{k-1} + (a-c)D_{k-1} \\
&= c(a-b)^{k-1} + (a-c)\,\frac{c(a-b)^{k-1} - b(a-c)^{k-1}}{c-b} \\
&= \frac{c(a-b)^{k-1}[(c-b)+(a-c)] - b(a-c)^k}{c-b} \\
&= \frac{c(a-b)^k - b(a-c)^k}{c-b}.
\end{aligned}
$$

因此对一切自然数 n，结论成立.

方法 9：析因子法.

【4.19】 计算 $D = \begin{vmatrix} 1 & 1 & 2 & 3 \\ 1 & 2-x^2 & 2 & 3 \\ 2 & 3 & 1 & 5 \\ 2 & 3 & 1 & 9-x^2 \end{vmatrix}$.

解 当 $x=\pm 1$ 时，第一，二行对应元素相同，所以 $D=0$，可见 D 中含有因子 $(x-1)(x+1)$；当 $x=\pm 2$ 时，第三，四行对应元素相同，所以 $D=0$，可见 D 中含有因式 $(x-2)(x+2)$. 由于 D 是 x 的 4 次多项式，因此设

$$
D = m(x-1)(x+1)(x-2)(x+2), \qquad ①
$$

而 D 中含有 x^4 的项为

$$
1\cdot(2-x^2)\cdot 1\cdot(9-x^2) - 2\cdot(2-x^2)\cdot 2\cdot(9-x^2). \qquad ②
$$

比较 ①、② 中 x^4 的系数，得 $m=-3$，故

$$
D = -3(x-1)(x+1)(x-2)(x+2).
$$

点评:如果行列式 D 中有一些元素是变量 x 的多项式,则可将 D 当作一个多项式 $f(x)$,将 $f(x)$ 进行因式分解(即求出 D 的因式),然后通过比较 x 的某些次方的系数求解行列式.

方法 10:换元法.

【4.20】 证明 $D=\begin{vmatrix} x_1 & a & \cdots & a \\ b & x_2 & \cdots & a \\ \cdots & \cdots & \cdots & \cdots \\ b & b & \cdots & x_n \end{vmatrix}=\dfrac{af(b)-bf(a)}{a-b}$.

其中 $f(x)=(x_1-x)(x_2-x)\cdots(x_n-x)\ (a\neq b)$.

证 令 $D(x)=\begin{vmatrix} x_1+x & a+x & \cdots & a+x \\ b+x & x_2+x & \cdots & a+x \\ \cdots & \cdots & \cdots & \cdots \\ b+x & b+x & \cdots & x_n+x \end{vmatrix}$,

可见 $D(-a)=f(a)$, $D(-b)=f(b)$.

$$D(x)\xlongequal{\text{后一行减去前一行}}\begin{vmatrix} x_1+x & a+x & \cdots & a+x \\ b-x & x_2-a & \cdots & 0 \\ \cdots & \cdots & \cdots & \cdots \\ 0 & 0 & \cdots & x_n-a \end{vmatrix}.$$

由行列式定义知 $D(x)$ 是关于 x 的一次多项式,因此设 $D(x)=cx+d$,其中 c,d 为待定常数,而又知 $d=D(0)=D$.故由

$$\begin{cases} D(-a)=-ca+D=f(a), \\ D(-b)=-cb+D=f(b) \end{cases}$$

得 $D=\dfrac{af(b)-bf(a)}{a-b}$.

点评:本题证明中关键的一步是把行列式的每一元素 a_{ij} 变换为 $a_{ij}+x$,从而 D 变成 $D(x)$,进而借助于 $D(x)$ 证得结论.这种方法称为换元法.其基本思路为:令 $b_{ij}=a_{ij}+x$,于是

$$D=D(x)-x\sum_{i,j=1}^{n}A_{ij},$$

其中 A_{ij} 为 D 的元素 a_{ij} 的代数余子式,这样即可设法通过计算 $D(x)$ 及 A_{ij} 求得 D 的值.

§5. 克莱姆法则

知识要点

1.克莱姆法则 如果含 n 个未知量 n 个方程的线性方程组

$$\begin{cases} a_{11}x_1+a_{12}x_2+\cdots+a_{1n}x_n=b_1, \\ a_{21}x_1+a_{22}x_2+\cdots+a_{2n}x_n=b_2, \\ \cdots\cdots \\ a_{n1}x_1+a_{n2}x_2+\cdots+a_{nn}x_n=b_n \end{cases}$$

的系数行列式不等于零，即

$$D=\begin{vmatrix} a_{11} & \cdots & a_{1n} \\ \vdots & & \vdots \\ a_{n1} & \cdots & a_{nn} \end{vmatrix} \neq 0,$$

则方程组有唯一解

$$x_1=\frac{D_1}{D},\quad x_2=\frac{D_2}{D},\quad \cdots\quad ,\quad x_n=\frac{D_n}{D},$$

其中 $D_j(j=1,2,\cdots,n)$ 是把系数行列式 D 中第 j 列的元素用方程组右端的常数项代替后所得到的 n 阶行列式，即

$$D_j=\begin{vmatrix} a_{11} & \cdots & a_{1,j-1} & b_1 & a_{1,j+1} & \cdots & a_{1n} \\ \vdots & & \vdots & \vdots & \vdots & & \vdots \\ a_{n1} & \cdots & a_{n,j-1} & b_n & a_{n,j+1} & \cdots & a_{nn} \end{vmatrix}.$$

2. 含 n 个未知量 n 个方程的齐次线性方程组

$$\begin{cases} a_{11}x_1+a_{12}x_2+\cdots+a_{1n}x_n=0, \\ a_{21}x_1+a_{22}x_2+\cdots+a_{2n}x_n=0, \\ \cdots\cdots\cdots\cdots\cdots\cdots \\ a_{n1}x_1+a_{n2}x_2+\cdots+a_{nn}x_n=0 \end{cases}$$

只有零解的充分必要条件是系数行列式 $D\neq 0$；有非零解的充分必要条件是 $D=0$.

基本题型

题型1：求解线性方程组

【5.1】 用克莱姆法则求下列方程组的解.

$$\begin{cases} x_2-3x_3+4x_4=-5, \\ x_1-2x_3+3x_4=-4, \\ 3x_1+2x_2-5x_4=12, \\ 4x_1+3x_2-5x_3=5. \end{cases}$$

解 $$D=\begin{vmatrix} 0 & 1 & -3 & 4 \\ 1 & 0 & -2 & 3 \\ 3 & 2 & 0 & -5 \\ 4 & 3 & -5 & 0 \end{vmatrix}=24,$$

$$D_1=\begin{vmatrix} -5 & 1 & -3 & 4 \\ -4 & 0 & -2 & 3 \\ 12 & 2 & 0 & -5 \\ 5 & 3 & -5 & 0 \end{vmatrix}=24,\quad D_2=\begin{vmatrix} 0 & -5 & -3 & 4 \\ 1 & -4 & -2 & 3 \\ 3 & 12 & 0 & -5 \\ 4 & 5 & -5 & 0 \end{vmatrix}=48,$$

$$D_3=\begin{vmatrix} 0 & 1 & -5 & 4 \\ 1 & 0 & -4 & 3 \\ 3 & 2 & 12 & -5 \\ 4 & 3 & 5 & 0 \end{vmatrix}=24,\quad D_4=\begin{vmatrix} 0 & 1 & -3 & -5 \\ 1 & 0 & -2 & -4 \\ 3 & 2 & 0 & 12 \\ 4 & 3 & -5 & 5 \end{vmatrix}=-24,$$

所以，$x_1=\frac{D_1}{D}=1$，$x_2=\frac{D_2}{D}=2$，$x_3=\frac{D_3}{D}=1$，$x_4=\frac{D_4}{D}=-1$.

点评：直接利用克莱姆法则.

【5.2】 解线性方程组

$$\begin{cases}x_1+2x_2+3x_3+4x_4=1,\\3x_1-x_2-x_3=1,\\x_1+x_3+2x_4=-1,\\x_1+2x_2-5x_4=10.\end{cases}$$

解 该方程组的系数行列式为

$$D=\begin{vmatrix}1&2&3&4\\3&-1&-1&0\\1&0&1&2\\1&2&0&-5\end{vmatrix}=24\neq0,$$

$$D_1=\begin{vmatrix}1&2&3&4\\1&-1&-1&0\\-1&0&1&2\\10&2&0&-5\end{vmatrix}=24,\quad D_2=\begin{vmatrix}1&1&3&4\\3&1&-1&0\\1&-1&1&2\\1&10&0&-5\end{vmatrix}=48,$$

$$D_3=\begin{vmatrix}1&2&1&4\\3&-1&1&0\\1&0&-1&2\\1&2&10&-5\end{vmatrix}=0,\quad D_4=\begin{vmatrix}1&2&3&1\\3&-1&-1&1\\1&0&1&-1\\1&2&0&10\end{vmatrix}=-24,$$

所以，方程组的解是：$x_1=1$，$x_2=2$，$x_3=0$，$x_4=-1$.

【5.3】 解下列线性方程组

$$\begin{cases}x_1+a_1x_2+a_1^2x_3+\cdots+a_1^{n-1}x_n=1,\\x_1+a_2x_2+a_2^2x_3+\cdots+a_2^{n-1}x_n=1,\\\cdots\cdots\cdots\cdots\cdots\cdots\\x_1+a_nx_2+a_n^2x_3+\cdots+a_n^{n-1}x_n=1,\end{cases}$$

其中 $a_i\neq a_j(i\neq j,i,j=1,2,\cdots,n)$.

解 该方程组的系数行列式是范德蒙行列式的转置行列式，有

$$D=\begin{vmatrix}1&a_1&a_1^2&\cdots&a_1^{n-1}\\1&a_2&a_2^2&\cdots&a_2^{n-1}\\\cdots&\cdots&\cdots&\cdots&\cdots\\1&a_n&a_n^2&\cdots&a_n^{n-1}\end{vmatrix}=\prod_{1\leqslant j<i\leqslant n}(a_i-a_j)\neq0,$$

于是由克莱姆法则知方程组有唯一解.由行列式的性质易知 $D_1=D,D_2=\cdots=D_n=0$，所以

$$x_1=\frac{D_1}{D}=1,\ x_2=\frac{D_2}{D}=0,\cdots,\ x_n=\frac{D_n}{D}=0.$$

题型 2：求线性方程组中的参数

【5.4】 已知齐次线性方程组

$$\begin{cases}(3-\lambda)x_1+x_2+x_3=0,\\(2-\lambda)x_2-x_3=0,\\4x_1-2x_2+(1-\lambda)x_3=0\end{cases}$$

有非零解，求 λ 的值.

解 因齐次线性方程组有非零解，故其系数行列式为零，有

$$\begin{vmatrix}3-\lambda & 1 & 1\\0 & 2-\lambda & -1\\4 & -2 & 1-\lambda\end{vmatrix}=\begin{vmatrix}3-\lambda & 3-\lambda & 0\\0 & 2-\lambda & -1\\4 & -2 & 1-\lambda\end{vmatrix}=\begin{vmatrix}3-\lambda & 0 & 0\\0 & 2-\lambda & -1\\4 & -6 & 1-\lambda\end{vmatrix}$$

$$=(3-\lambda)[(2-\lambda)(1-\lambda)-6]=(3-\lambda)(\lambda-4)(\lambda+1)=0,$$

所以 λ 为 3,4 或 -1.

点评：利用齐次线性方程组有非零解的判定条件.

【5.5】 如果齐次线性方程组

$$\begin{cases}\lambda x_1+x_2+x_3=0,\\x_1+\lambda x_2+x_3=0,\\x_1+x_2+\lambda x_3=0\end{cases}$$

有非零解，试求 λ.

解 因方程组有非零解，故其系数行列式等于零. 方程组的系数行列式

$$D=\begin{vmatrix}\lambda & 1 & 1\\1 & \lambda & 1\\1 & 1 & \lambda\end{vmatrix}=\begin{vmatrix}\lambda+2 & \lambda+2 & \lambda+2\\1 & \lambda & 1\\1 & 1 & \lambda\end{vmatrix}$$

$$=(\lambda+2)\begin{vmatrix}1 & 1 & 1\\1 & \lambda & 1\\1 & 1 & \lambda\end{vmatrix}=(\lambda+2)\begin{vmatrix}1 & 1 & 1\\0 & \lambda & 0\\1 & 1 & \lambda\end{vmatrix}=(\lambda+2)\begin{vmatrix}1 & 1 & 1\\0 & \lambda-1 & 0\\0 & 0 & \lambda-1\end{vmatrix}$$

$$=(\lambda+2)(\lambda-1)^2=0,$$

所以 $\lambda=-2$ 或 $\lambda=1$，即当方程组有非零解时，λ 只可能取 -2 或 1.

§6. 综合提高题型

题型 1：含参数行列式

【6.1】 若 $\begin{vmatrix}\lambda-3 & -2 & 2\\k & \lambda+1 & -k\\-4 & -2 & \lambda+3\end{vmatrix}=0$，则 $\lambda=$ ______.

解 把第三列加至第一列，第一列有公因式 $\lambda-1$.

$$\begin{vmatrix}\lambda-3 & -2 & 2\\k & \lambda+1 & -k\\-4 & -2 & \lambda+3\end{vmatrix}=\begin{vmatrix}\lambda-1 & -2 & 2\\0 & \lambda+1 & -k\\\lambda-1 & -2 & \lambda+3\end{vmatrix}=\begin{vmatrix}\lambda-1 & -2 & 2\\0 & \lambda+1 & -k\\0 & 0 & \lambda+1\end{vmatrix}$$

$$=(\lambda-1)(\lambda+1)^2=0.$$

所以 λ 为 $1,-1,-1$.

故应填 $1,-1,-1$.

【6.2】 若 $\begin{vmatrix} \lambda-a & -1 & -1 \\ -1 & \lambda-a & 1 \\ -1 & 1 & \lambda-a \end{vmatrix}=0$,则 $\lambda=$ ______.

解 把第二行加至第一行，第一行有公因式 $\lambda-a-1$.

$$\begin{vmatrix} \lambda-a & -1 & -1 \\ -1 & \lambda-a & 1 \\ -1 & 1 & \lambda-a \end{vmatrix}=\begin{vmatrix} \lambda-a-1 & \lambda-a-1 & 0 \\ -1 & \lambda-a & 1 \\ -1 & 1 & \lambda-a \end{vmatrix}$$

$$=\begin{vmatrix} \lambda-a-1 & 0 & 0 \\ -1 & \lambda-a+1 & 1 \\ -1 & 2 & \lambda-a \end{vmatrix}=(\lambda-a-1)\begin{vmatrix} \lambda-a+1 & 1 \\ 2 & \lambda-a \end{vmatrix}$$

$$=(\lambda-a-1)^2(\lambda-a+2)=0.$$

所以 λ 为 $a+1,a+1,a-2$.

故应填 $a+1,a+1,a-2$.

题型 2:行列式的计算

【6.3】 计算行列式 $\begin{vmatrix} 1 & 2 & 3 & \cdots & n \\ 1 & x+1 & 3 & \cdots & n \\ 1 & 2 & x+1 & \cdots & n \\ \vdots & \vdots & \vdots & & \vdots \\ 1 & 2 & 3 & \cdots & x+1 \end{vmatrix}$.

解 将第一行的(-1)倍加到以后各行,有

$$\begin{vmatrix} 1 & 2 & 3 & \cdots & n \\ 0 & x-1 & 0 & \cdots & 0 \\ 0 & 0 & x-2 & \cdots & 0 \\ \vdots & \vdots & \vdots & & \vdots \\ 0 & 0 & 0 & \cdots & x-n+1 \end{vmatrix}=(x-1)(x-2)\cdots(x-n+1).$$

点评:利用行列式的性质化成三角行列式.

【6.4】 计算 $D_n=\begin{vmatrix} -a_1 & a_1 & 0 & 0 & \cdots & 0 & 0 \\ 0 & -a_2 & a_2 & 0 & \cdots & 0 & 0 \\ 0 & 0 & -a_3 & a_3 & \cdots & 0 & 0 \\ \cdots & \cdots & \cdots & \cdots & \cdots & \cdots & \cdots \\ 0 & 0 & 0 & 0 & \cdots & -a_{n-1} & a_{n-1} \\ 1 & 1 & 1 & 1 & \cdots & 1 & 1 \end{vmatrix}$.

解 将行列式中第 i 列加到第 $i+1$ 列$(i=1,2,\cdots,n-1)$,则

$$D_n=\begin{vmatrix}-a_1 & 0 & 0 & \cdots & 0 & 0\\ 0 & -a_2 & 0 & \cdots & 0 & 0\\ 0 & 0 & -a_3 & \cdots & 0 & 0\\ \cdots & \cdots & \cdots & \cdots & \cdots & \cdots\\ 0 & 0 & 0 & \cdots & -a_{n-1} & 0\\ 1 & 2 & 3 & \cdots & n-1 & n\end{vmatrix}=(-1)^{n-1}na_1a_2\cdots a_{n-1}.$$

【6.5】 计算以下 $n+1$ 阶行列式：

$$D_{n+1}=\begin{vmatrix}x & a_1 & a_2 & \cdots & a_{n-1} & 1\\ a_1 & x & a_2 & \cdots & a_{n-1} & 1\\ a_1 & a_2 & x & \cdots & a_{n-1} & 1\\ \cdots & \cdots & \cdots & \cdots & \cdots & \cdots\\ a_1 & a_2 & a_3 & \cdots & x & 1\\ a_1 & a_2 & a_3 & \cdots & a_n & 1\end{vmatrix}.$$

解 从第一行起逐行相减再按最后一列展开得

$$D_{n+1}=\begin{vmatrix}x-a_1 & a_1-x & 0 & \cdots & 0 & 0\\ 0 & x-a_2 & a_2-x & \cdots & 0 & 0\\ 0 & 0 & x-a_3 & \cdots & 0 & 0\\ \cdots & \cdots & \cdots & \cdots & \cdots & \cdots\\ 0 & 0 & 0 & \cdots & x-a_n & 0\\ a_1 & a_2 & a_3 & \cdots & a_n & 1\end{vmatrix}$$

$$=(x-a_1)(x-a_2)\cdots(x-a_n).$$

【6.6】 计算以下 $n+1$ 阶行列式：

$$D_{n+1}=\begin{vmatrix}a & ax & ax^2 & \cdots & ax^{n-1} & ax^n\\ -1 & a & ax & \cdots & ax^{n-2} & ax^{n-1}\\ 0 & -1 & a & \cdots & ax^{n-3} & ax^{n-2}\\ \cdots & \cdots & \cdots & \cdots & \cdots & \cdots\\ 0 & 0 & 0 & \cdots & a & ax\\ 0 & 0 & 0 & \cdots & -1 & a\end{vmatrix}.$$

解 从第 $n-1$ 列开始，每列都乘 $-x$ 往下一列加，得

$$D_{n+1}=\begin{vmatrix}a & 0 & 0 & \cdots & 0 & 0\\ -1 & a+x & 0 & \cdots & 0 & 0\\ 0 & -1 & a+x & \cdots & 0 & 0\\ \cdots & \cdots & \cdots & \cdots & \cdots & \cdots\\ 0 & 0 & 0 & \cdots & a+x & 0\\ 0 & 0 & 0 & \cdots & -1 & a+x\end{vmatrix}=a(a+x)^n.$$

【6.7】 计算以下 $n+1$ 阶行列式：

$$D_{n+1}=\begin{vmatrix}1 & x & x^2 & \cdots & x^{n-1} & x^n\\ a_{11} & 1 & x & \cdots & x^{n-2} & x^{n-1}\\ a_{21} & a_{22} & 1 & \cdots & x^{n-3} & x^{n-2}\\ \cdots & \cdots & \cdots & \cdots & \cdots & \cdots\\ a_{n-1,1} & a_{n-1,2} & a_{n-1,3} & \cdots & 1 & x\\ a_{n1} & a_{n2} & a_{n3} & \cdots & a_{nn} & 1\end{vmatrix}.$$

解 从第 $n-1$ 列开始,每列都乘 $-x$ 往下一列加,得

$$D_{n+1}=\begin{vmatrix}1 & 0 & 0 & \cdots & 0 & 0\\ a_{11} & 1-a_{11}x & 0 & \cdots & 0 & 0\\ a_{21} & a_{22}-a_{21}x & 1-a_{22}x & \cdots & 0 & 0\\ \cdots & \cdots & \cdots & \cdots & \cdots & \cdots\\ a_{n-1,1} & \cdots & \cdots & \cdots & 1-a_{n-1,n-1}x & 0\\ a_{n1} & \cdots & \cdots & \cdots & \cdots & 1-a_{nn}x\end{vmatrix}$$

$$=\prod_{i=1}^{n}(1-a_{ii}x).$$

【6.8】 计算 n 阶行列式 $D_n=|a_{ij}|$,其中 $a_{ij}=|i-j|\quad(i,j=1,2,\cdots,n)$.

解

$$D_n=\begin{vmatrix}0 & 1 & 2 & \cdots & n-2 & n-1\\ 1 & 0 & 1 & \cdots & n-3 & n-2\\ 2 & 1 & 0 & \cdots & n-4 & n-3\\ \vdots & \vdots & \vdots & \vdots & \vdots & \vdots\\ n-2 & n-3 & n-4 & \cdots & 0 & 1\\ n-1 & n-2 & n-3 & \cdots & 1 & 0\end{vmatrix},$$

第 $n-1$ 行的 (-1) 倍加至第 n 行,第 $n-2$ 行的 (-1) 倍加至第 $n-1$ 行,…,第一行的 (-1) 倍加至第二行,有

$$D_n=\begin{vmatrix}0 & 1 & 2 & \cdots & n-2 & n-1\\ 1 & -1 & -1 & \cdots & -1 & -1\\ 1 & 1 & -1 & \cdots & -1 & -1\\ \vdots & \vdots & \vdots & \vdots & \vdots & \vdots\\ 1 & 1 & 1 & \cdots & -1 & -1\\ 1 & 1 & 1 & \cdots & 1 & -1\end{vmatrix}$$

$$\xlongequal[\text{第 }1,2,\cdots,n-1\text{ 列}]{\text{将第 }n\text{ 列分别加到前边}}\begin{vmatrix}n-1 & n & n+1 & \cdots & 2n-3 & n-1\\ 0 & -2 & -2 & \cdots & -2 & -1\\ 0 & 0 & -2 & \cdots & -2 & -1\\ \vdots & \vdots & \vdots & \vdots & \vdots & \vdots\\ 0 & 0 & 0 & \cdots & -2 & -1\\ 0 & 0 & 0 & \cdots & 0 & -1\end{vmatrix}$$

$$=(-1)^{n-1}(n-1)2^{n-2}.$$

点评:此行列式相邻两行对应元素大小相差1,利用逐行相减法,先将第n行减去第$n-1$行,其次第$n-1$行减去第$n-2$行,依次进行下去,直至第二行减去第一行,此时,除第一行外,其余元素全是1或-1,然后化为三角行列式.

【6.9】 计算行列式 $\begin{vmatrix} 1 & 2 & 3 & \cdots & n \\ 2 & 3 & 4 & \cdots & 1 \\ \vdots & \vdots & \vdots & & \vdots \\ n-1 & n & 1 & \cdots & n-2 \\ n & 1 & 2 & \cdots & n-1 \end{vmatrix}$.

解 依次将第n行减第$n-1$行,第$n-1$行减第$n-2$行,…,第二行减第一行,再将各列加到第一列,

$$\begin{vmatrix} 1 & 2 & 3 & \cdots & n \\ 1 & 1 & 1 & \cdots & -n+1 \\ \vdots & \vdots & \vdots & & \vdots \\ 1 & 1 & -n+1 & \cdots & 1 \\ 1 & -n+1 & 1 & \cdots & 1 \end{vmatrix}$$

$$= \begin{vmatrix} \frac{n(n+1)}{2} & 2 & 3 & \cdots & n \\ 0 & 1 & 1 & \cdots & -n+1 \\ \vdots & \vdots & \vdots & & \vdots \\ 0 & 1 & -n+1 & \cdots & 1 \\ 0 & -n+1 & 1 & \cdots & 1 \end{vmatrix}$$

$$= \frac{n(n+1)}{2} \begin{vmatrix} 1 & 1 & \cdots & -n+1 \\ \vdots & \vdots & & \vdots \\ 1 & -n+1 & \cdots & 1 \\ -n+1 & 1 & \cdots & 1 \end{vmatrix}$$

$$= \frac{n(n+1)}{2} \begin{vmatrix} -1 & 1 & \cdots & -n+1 \\ \vdots & \vdots & & \vdots \\ -1 & -n+1 & \cdots & 1 \\ -1 & 1 & \cdots & 1 \end{vmatrix} = \frac{n(n+1)}{2} \begin{vmatrix} -1 & 0 & \cdots & -n \\ \vdots & \vdots & ⋰ & \vdots \\ -1 & -n & \cdots & 0 \\ -1 & 0 & \cdots & 0 \end{vmatrix}$$

$$= \frac{n(n+1)}{2}(-1)^{n-1+1}(-n)^{n-2} = \frac{n^{n-1}(n+1)}{2}.$$

【6.10】 计算$2n$阶行列式

$$D_{2n}=\begin{vmatrix} a & & & & & & & b \\ & a & & & & & b & \\ & & \ddots & & & ⋰ & & \\ & & & a & b & & & \\ & & & c & d & & & \\ & & ⋰ & & & \ddots & & \\ & c & & & & & d & \\ c & & & & & & & d \end{vmatrix}.$$

解 对 D_{2n} 按第一行展开，得

$$D_{2n}=a\begin{vmatrix} a & & & & & b & 0 \\ & \ddots & & & ⋰ & & \\ & & a & b & & & \\ & & c & d & & & \\ & ⋰ & & & \ddots & & \\ c & & & & & d & 0 \\ 0 & & & & & 0 & d \end{vmatrix}-b\begin{vmatrix} 0 & a & & & & & b \\ & & \ddots & & & ⋰ & \\ & & & a & b & & \\ & & & c & d & & \\ & & ⋰ & & & \ddots & \\ 0 & c & & & & & d \\ c & 0 & & & & & 0 \end{vmatrix}$$

$$=ad\,D_{2(n-1)}-bc\,D_{2(n-1)}=(ad-bc)D_{2(n-1)}.$$

据此递推下去，可得

$$D_{2n}=(ad-bc)\,D_{2(n-1)}=(ad-bc)^2\,D_{2(n-2)}=\cdots=(ad-bc)^{n-1}\,D_2$$
$$=(ad-bc)^{n-1}(ad-bc)^n=(ad-bc)^n.$$

所以 $D_{2n}=(ad-bc)^n$.

【6.11】 计算 $2n$ 阶行列式：

$$D_{2n}=\begin{vmatrix} a+b & & & & & a-b \\ & a+b & & & a-b & \\ & & \ddots & ⋰ & & \\ & & a+b & a-b & & \\ & & a-b & a+b & & \\ & ⋰ & & & \ddots & \\ & a-b & & & a+b & \\ a-b & & & & & a+b \end{vmatrix}.$$

解法一 按第一行展开，得

$$D_{2n}=(a+b)\begin{vmatrix} a+b & & & & a-b & 0 \\ & \ddots & & ⋰ & & \vdots \\ & & a+b & a-b & & \\ & & a-b & a+b & & \vdots \\ & ⋰ & & & \ddots & \vdots \\ a-b & & & & a+b & 0 \\ 0 & & \cdots & & 0 & a+b \end{vmatrix}$$

$$+(a-b)(-1)^{1+2n}\begin{vmatrix} 0 & a+b & & & & a-b \\ \vdots & & \ddots & & ⋰ & \\ \vdots & & & a+b & a-b & \\ & & & a-b & a+b & \\ \vdots & & ⋰ & & & \ddots \\ 0 & a-b & & & & a+b \\ a-b & 0 & & \cdots & & 0 \end{vmatrix}$$

$$=(a+b)^2D_{2(n-1)}-(a-b)^2D_{2(n-1)}=4abD_{2(n-1)},$$

即 $D_{2n}=4abD_{2(n-1)}$.

以此递推公式,得 $D_{2n}=(4ab)^n$.

解法二 分别将第 $1,2,\cdots,n$ 行加到第 $2n,2n-1,\cdots,n+1$ 行,得

$$D_{2n}=\begin{vmatrix} a+b & & & & & & a-b \\ & a+b & & & & a-b & \\ & & \ddots & & ⋰ & & \\ & & & a+b \quad a-b & & & \\ & & & 2a \quad 2a & & & \\ & & ⋰ & & \ddots & & \\ & 2a & & & & 2a & \\ 2a & & & & & & 2a \end{vmatrix}.$$

第 1 列减第 $2n$ 列,第 2 列减第 $2n-1$ 列,$\cdots$,第 n 列减第 $n+1$ 列,得

$$D_{2n}=\begin{vmatrix} 2b & & & & & & a-b \\ & 2b & & & & a-b & \\ & & \ddots & & ⋰ & & \\ & & & 2b \quad a-b & & & \\ & & & 2a & & & \\ & & & & \ddots & & \\ & & & & & 2a & \\ & & & & & & 2a \end{vmatrix}=(4ab)^n.$$

【6.12】 计算 $n(n\geqslant 2)$ 阶行列式

$$D_n=\begin{vmatrix} 1 & 2 & 3 & \cdots & n \\ n+1 & n+2 & n+3 & \cdots & 2n \\ 2n+1 & 2n+2 & 2n+3 & \cdots & 3n \\ \cdots\cdots & \cdots\cdots & \cdots\cdots & \cdots & \cdots \\ (n-1)n+1 & (n-1)n+2 & (n-1)n+3 & \cdots & n^2 \end{vmatrix}.$$

解 当 $n=2$ 时,$D_2=\begin{vmatrix} 1 & 2 \\ 3 & 4 \end{vmatrix}=-2$;

当 $n\geqslant 3$ 时,将 D_n 的第一行乘 -1 后分别加到其余各行,得

$$D_n = \begin{vmatrix} 1 & 2 & \cdots & n \\ n & n & \cdots & n \\ 2n & 2n & \cdots & 2n \\ \cdots & \cdots & \cdots & \cdots \\ (n-1)n & (n-1)n & \cdots & (n-1)n \end{vmatrix} = 0.$$

【6.13】 计算

$$D_n = \begin{vmatrix} 1+x_1y_1 & 1+x_1y_2 & \cdots & 1+x_1y_n \\ 1+x_2y_1 & 1+x_2y_2 & \cdots & 1+x_2y_n \\ \cdots & \cdots & \cdots & \cdots \\ 1+x_ny_1 & 1+x_ny_2 & \cdots & 1+x_ny_n \end{vmatrix}.$$

解 当 $n=2$ 时，

$$D_2 = \begin{vmatrix} 1+x_1y_1 & 1+x_1y_2 \\ 1+x_2y_1 & 1+x_2y_2 \end{vmatrix} = \begin{vmatrix} 1 & 1+x_1y_2 \\ 1 & 1+x_2y_2 \end{vmatrix} + \begin{vmatrix} x_1y_1 & 1+x_1y_2 \\ x_2y_1 & 1+x_2y_2 \end{vmatrix}$$

$$=(x_2-x_1)y_2+y_1\begin{vmatrix} x_1 & 1 \\ x_2 & 1 \end{vmatrix}=(x_2-x_1)(y_2-y_1);$$

当 $n\geqslant 3$ 时，

$$D_n = \begin{vmatrix} 1 & 1+x_1y_2 & \cdots & 1+x_1y_n \\ 1 & 1+x_2y_2 & \cdots & 1+x_2y_n \\ \cdots & \cdots & \cdots & \cdots \\ 1 & 1+x_ny_2 & \cdots & 1+x_ny_n \end{vmatrix} + \begin{vmatrix} x_1y_1 & 1+x_1y_2 & \cdots & 1+x_1y_n \\ x_2y_1 & 1+x_2y_2 & \cdots & 1+x_2y_n \\ \cdots & \cdots & \cdots & \cdots \\ x_ny_1 & 1+x_ny_2 & \cdots & 1+x_ny_n \end{vmatrix} = 0+0=0.$$

【6.14】 求五阶行列式的值：

$$D_5 = \begin{vmatrix} a & b & 0 & 0 & 0 \\ c & a & b & 0 & 0 \\ 0 & c & a & b & 0 \\ 0 & 0 & c & a & b \\ 0 & 0 & 0 & c & a \end{vmatrix}.$$

解 把行列式按第一行展开得：

$$D_5=aD_4-bcD_3,\quad D_4=aD_3-bcD_2,$$

$$D_3=aD_2-bcD_1=a\begin{vmatrix} a & b \\ c & a \end{vmatrix}-bca=a^3-2abc.$$

把 D_2,D_3 的结果代入 D_4，得

$$D_4=a(a^3-2abc)-bc(a^2-bc)=a^4-3a^2bc+b^2c^2,$$

把 D_3,D_4 的结果代入 D_5，得

$$D_5=a(a^4-3a^2bc+b^2c^2)-bc(a^3-2abc)=a^5-4a^3bc+3ab^2c^2.$$

【6.15】 计算行列式

$$D_4=\begin{vmatrix} a_1^3 & a_2^3 & a_3^3 & a_4^3 \\ a_1^2 b_1 & a_2^2 b_2 & a_3^2 b_3 & a_4^2 b_4 \\ a_1 b_1^2 & a_2 b_2^2 & a_3 b_3^2 & a_4 b_4^2 \\ b_1^3 & b_2^3 & b_3^3 & b_4^3 \end{vmatrix},\quad a_i\neq 0\ (i=1,2,3,4).$$

解 第 i 列提取公因子 $a_i^3\,(i=1,2,3,4)$，可得范德蒙行列式，再利用范德蒙行列式的结果，得

$$D_4=a_1^3\,a_2^3\,a_3^3\,a_4^3\begin{vmatrix} 1 & 1 & 1 & 1 \\ \frac{b_1}{a_1} & \frac{b_2}{a_2} & \frac{b_3}{a_3} & \frac{b_4}{a_4} \\ \left(\frac{b_1}{a_1}\right)^2 & \left(\frac{b_2}{a_2}\right)^2 & \left(\frac{b_3}{a_3}\right)^2 & \left(\frac{b_4}{a_4}\right)^2 \\ \left(\frac{b_1}{a_1}\right)^3 & \left(\frac{b_2}{a_2}\right)^3 & \left(\frac{b_3}{a_3}\right)^3 & \left(\frac{b_4}{a_4}\right)^3 \end{vmatrix}$$

$$=a_1^3\,a_2^3\,a_3^3\,a_4^3\prod_{1\leqslant j<i\leqslant 4}\left(\frac{b_i}{a_i}-\frac{b_j}{a_j}\right)=\prod_{1\leqslant j<i\leqslant 4}(a_jb_i-a_ib_j).$$

【6.16】 利用范德蒙行列式计算：

$$(1)\,D_{n+1}=\begin{vmatrix} a^n & (a-1)^n & \cdots & (a-n)^n \\ a^{n-1} & (a-1)^{n-1} & \cdots & (a-n)^{n-1} \\ \cdots & \cdots & \cdots & \cdots \\ a & a-1 & \cdots & a-n \\ 1 & 1 & \cdots & 1 \end{vmatrix};$$

$$(2)\,D_n=\begin{vmatrix} 1 & 1 & 1 & \cdots & 1 \\ x_1 & x_2 & x_3 & \cdots & x_n \\ x_1^2 & x_2^2 & x_3^2 & \cdots & x_n^2 \\ \cdots & \cdots & \cdots & \cdots & \cdots \\ x_1^{n-2} & x_2^{n-2} & x_3^{n-2} & \cdots & x_n^{n-2} \\ x_1^n & x_2^n & x_3^n & \cdots & x_n^n \end{vmatrix}.$$

解 (1)将第$(n+1)$行依次与前面各行交换到第一行(共交换了 n 次)，再将新的行列式的第$(n+1)$行依次与前面各行交换到第二行(共交换了 $n-1$ 次)，……这样继续做下去，共经过交换 $n+(n-1)+(n-2)+\cdots+2+1=\frac{n(n+1)}{2}$ 次后，就可得到一个范德蒙行列式

$$D_{n+1}=(-1)^{\frac{n(n+1)}{2}}\begin{vmatrix} 1 & 1 & \cdots & 1 \\ a & a-1 & \cdots & a-n \\ \cdots & \cdots & \cdots & \cdots \\ a^{n-1} & (a-1)^{n-1} & \cdots & (a-n)^{n-1} \\ a^n & (a-1)^n & \cdots & (a-n)^n \end{vmatrix}$$

$$=(-1)^{\frac{n(n+1)}{2}}\prod_{0\leqslant j<i\leqslant n}[(a-i)-(a-j)]$$

$$=(-1)^{\frac{n(n+1)}{2}}\prod_{0\leqslant j<i\leqslant n}(j-i)=(-1)^{\frac{n(n+1)}{2}}\prod_{k=1}^{n}(-1)^k\,k!$$

$$= (-1)^{\frac{n(n+1)}{2}}(-1)^{1+2+\cdots+n}\prod_{k=1}^{n}k! = \prod_{k=1}^{n}k!.$$

(2) 考虑 $n+1$ 阶范德蒙行列式

$$f(x)=\begin{vmatrix} 1 & 1 & 1 & \cdots & 1 & 1 \\ x_1 & x_2 & x_3 & \cdots & x_n & x \\ x_1^2 & x_2^2 & x_3^2 & \cdots & x_n^2 & x^2 \\ \cdots & \cdots & \cdots & \cdots & \cdots & \cdots \\ x_1^{n-2} & x_2^{n-2} & x_3^{n-2} & \cdots & x_n^{n-2} & x^{n-2} \\ x_1^{n-1} & x_2^{n-1} & x_3^{n-1} & \cdots & x_n^{n-1} & x^{n-1} \\ x_1^{n} & x_2^{n} & x_3^{n} & \cdots & x_n^{n} & x^{n} \end{vmatrix}$$

$$=(x-x_1)(x-x_2)\cdots(x-x_n)\prod_{1\leqslant j<i\leqslant n}(x_i-x_j),$$

显然行列式 D_n 就是辅助行列式 $f(x)$ 中元素 x^{n-1} 的余子式 $M_{n,n+1}$，即

$$D_n=M_{n,n+1}=(-1)^{n+(n+1)}A_{n,n+1}=-A_{n,n+1}.$$

又由 $f(x)$ 的表达式知，x^{n-1} 的系数为

$$A_{n,n+1}=-(x_1+x_2+\cdots+x_n)\prod_{1\leqslant j<i\leqslant n}(x_i-x_j).$$

注意到：x^{n-1} 只在 $(x-x_1)(x-x_2)\cdots(x-x_n)$ 中出现，并且 $\prod\limits_{1\leqslant j<i\leqslant n}(x_i-x_j)$ 与 x 无关. 于是

$$D_n=(x_1+x_2+\cdots+x_n)\prod_{1\leqslant j<i\leqslant n}(x_i-x_j).$$

【6.17】 计算 n 阶行列式

$$D_n=\begin{vmatrix} 1+a_1 & 1 & \cdots & 1 \\ 1 & 1+a_2 & \cdots & 1 \\ \cdots & \cdots & \cdots & \cdots \\ 1 & 1 & \cdots & 1+a_n \end{vmatrix},$$

其中 $a_1a_2\cdots a_n\neq 0$.

解法一(利用性质化三角行列式)

$$D_n \xlongequal[\substack{r_3-r_1\\ \cdots \\ r_n-r_1}]{r_2-r_1} \begin{vmatrix} 1+a_1 & 1 & 1 & \cdots & 1 \\ -a_1 & a_2 & 0 & \cdots & 0 \\ -a_1 & 0 & a_3 & \cdots & 0 \\ \cdots & \cdots & \cdots & \cdots & \cdots \\ -a_1 & 0 & 0 & \cdots & a_n \end{vmatrix}$$

$$\xlongequal{\text{提公因子}} a_1a_2a_3\cdots a_n \begin{vmatrix} \frac{1+a_1}{a_1} & \frac{1}{a_2} & \frac{1}{a_3} & \cdots & \frac{1}{a_n} \\ -1 & 1 & 0 & \cdots & 0 \\ -1 & 0 & 1 & \cdots & 0 \\ \cdots & \cdots & \cdots & \cdots & \cdots \\ -1 & 0 & 0 & \cdots & 1 \end{vmatrix}$$

$$\xlongequal{c_1+(c_2+c_3+\cdots+c_n)} a_1a_2a_3\cdots a_n\begin{vmatrix} \frac{1+a_1}{a_1}+\sum\limits_{i=2}^{n}\frac{1}{a_i} & \frac{1}{a_2} & \frac{1}{a_3} & \cdots & \frac{1}{a_n} \\ 0 & 1 & 0 & \cdots & 0 \\ 0 & 0 & 1 & \cdots & 0 \\ \cdots & \cdots & \cdots & \cdots & \cdots \\ 0 & 0 & 0 & \cdots & 1 \end{vmatrix}$$

$$= a_1a_2a_3\cdots a_n\left(1+\sum_{i=1}^{n}\frac{1}{a_i}\right).$$

解法二(升阶法) 将 D_n 加一列、一行,成 $n+1$ 阶行列式

$$D_n = \begin{vmatrix} 1+a_1 & 1 & \cdots & 1 \\ 1 & 1+a_2 & \cdots & 1 \\ \cdots & \cdots & \cdots & \cdots \\ 1 & 1 & \cdots & 1+a_n \end{vmatrix}$$

$$= \begin{vmatrix} 1 & 1 & 1 & \cdots & 1 \\ 0 & 1+a_1 & 1 & \cdots & 1 \\ 0 & 1 & 1+a_2 & \cdots & 1 \\ \cdots & \cdots & \cdots & \cdots & \cdots \\ 0 & 1 & 1 & \cdots & 1+a_n \end{vmatrix}$$

$$\xlongequal[r_{n+1}-r_1]{\substack{r_2-r_1\\ r_3-r_1\\ \cdots}} \begin{vmatrix} 1 & 1 & 1 & \cdots & 1 \\ -1 & a_1 & 0 & \cdots & 0 \\ -1 & 0 & a_2 & \cdots & 0 \\ \cdots & \cdots & \cdots & \cdots & \cdots \\ -1 & 0 & 0 & \cdots & a_n \end{vmatrix}$$

$$\xlongequal{\text{提公因子}} a_1a_2\cdots a_n\begin{vmatrix} 1 & \frac{1}{a_1} & \frac{1}{a_2} & \cdots & \frac{1}{a_n} \\ -1 & 1 & 0 & \cdots & 0 \\ -1 & 0 & 1 & \cdots & 0 \\ \cdots & \cdots & \cdots & \cdots & \cdots \\ -1 & 0 & 0 & \cdots & 1 \end{vmatrix}$$

$$\xlongequal{c_1+(c_2+\cdots+c_{n+1})} a_1a_2\cdots a_n\begin{vmatrix} 1+\sum\limits_{i=1}^{n}\frac{1}{a_i} & \frac{1}{a_1} & \frac{1}{a_2} & \cdots & \frac{1}{a_n} \\ 0 & 1 & 0 & \cdots & 0 \\ 0 & 0 & 1 & \cdots & 0 \\ \cdots & \cdots & \cdots & \cdots & \cdots \\ 0 & 0 & 0 & \cdots & 1 \end{vmatrix}$$

$$= a_1a_2\cdots a_n\left(1+\sum_{i=1}^{n}\frac{1}{a_i}\right).$$

解法三(拆成两个行列式之和,再用递推法)

$$D_n=\begin{vmatrix}1+a_1 & 1 & 1 & \cdots & 1 & 1\\ 1 & 1+a_2 & 1 & \cdots & 1 & 1\\ 1 & 1 & 1+a_3 & \cdots & 1 & 1\\ \cdots & \cdots & \cdots & \cdots & \cdots & \cdots\\ 1 & 1 & 1 & \cdots & 1+a_{n-1} & 1\\ 1 & 1 & 1 & \cdots & 1 & 1\end{vmatrix}$$

$$+\begin{vmatrix}1+a_n & 1 & 1 & \cdots & 1 & 0\\ 1 & 1+a_2 & 1 & \cdots & 1 & 0\\ 1 & 1 & 1+a_3 & \cdots & 1 & 0\\ \cdots & \cdots & \cdots & \cdots & \cdots & \cdots\\ 1 & 1 & 1 & \cdots & 1+a_{n-1} & 0\\ 1 & 1 & 1 & \cdots & 1 & a_n\end{vmatrix}.$$

前一个行列式中，前 $n-1$ 行分别减第 n 行，得

$$\begin{vmatrix}a_1 & 0 & 0 & \cdots & 0 & 0\\ 0 & a_2 & 0 & \cdots & 0 & 0\\ \cdots & \cdots & \cdots & \cdots & \cdots & \cdots\\ 0 & 0 & 0 & \cdots & a_{n-1} & 0\\ 1 & 1 & 1 & \cdots & 1 & 1\end{vmatrix}=a_1a_2a_3\cdots a_{n-1}.$$

后一个行列式，按第 n 列展开，得 a_nD_{n-1}，故

$$D_n=a_1a_2a_3\cdots a_{n-1}+a_nD_{n-1}.$$

依此类推，得

$$D_{n-1}=a_1a_2a_3\cdots a_{n-2}+a_{n-1}D_{n-2},$$

$$D_{n-2}=a_1a_2a_3\cdots a_{n-3}+a_{n-2}D_{n-3},\ \cdots,$$

$$D_2=\begin{vmatrix}1+a_1 & 1\\ 1 & 1+a_2\end{vmatrix}=a_1+a_2+a_1a_2,$$

因此

$$\begin{aligned}D_n&=a_1a_2a_3\cdots a_{n-1}+a_nD_{n-1}\\ &=a_1a_2a_3\cdots a_{n-1}+a_n(a_1a_2a_3\cdots a_{n-2}+a_{n-1}D_{n-2})\\ &=a_1a_2a_3\cdots a_{n-1}+a_1a_2a_3\cdots a_{n-2}a_n+a_{n-1}a_nD_{n-2}\\ &=a_1a_2a_3\cdots a_{n-1}+a_1a_2a_3\cdots a_{n-2}a_n+a_{n-1}a_n(a_1a_2a_3\cdots a_{n-3}+a_{n-2}D_{n-3})\\ &=a_1a_2a_3\cdots a_{n-1}+a_1a_2\cdots a_{n-2}a_n+a_1a_2\cdots a_{n-3}a_{n-1}a_n+a_{n-2}a_{n-1}a_nD_{n-3}\\ &=\cdots\cdots\\ &=a_1a_2\cdots a_{n-1}+a_1a_2\cdots a_{n-2}a_n+\cdots+a_1a_2a_4\cdots a_n+a_3a_4\cdots a_nD_2\\ &=a_1a_2\cdots a_{n-1}+a_1a_2\cdots a_{n-2}a_n+\cdots+a_1a_2a_4\cdots a_n+a_3a_4\cdots a_n(a_1+a_2+a_1a_2)\\ &=a_1a_2\cdots a_n+(a_1a_2\cdots a_{n-1}+a_1a_2\cdots a_{n-2}a_n+\cdots+a_1a_2a_4\cdots a_n+a_1a_3a_4\cdots a_n\\ &\quad+a_2a_3\cdots a_n).\end{aligned}$$

等式右边共有 $n+1$ 项，其中括号内子项分别缺因子 $a_n,a_{n-1},a_{n-2},\cdots,a_1$，故

$$D_n=a_1a_2\cdots a_n\left(1+\frac{1}{a_1}+\frac{1}{a_2}+\cdots+\frac{1}{a_n}\right)=a_1a_2\cdots a_n\left(1+\sum_{i=1}^{n}\frac{1}{a_i}\right).$$

解法四(数学归纳法)

当 $n=2$ 时,

$$D_2=\begin{vmatrix}1+a_1 & 1\\ 1 & 1+a_2\end{vmatrix}=(1+a_1)(1+a_2)-1$$

$$=a_1a_2+a_1+a_2=a_1a_2\left(1+\frac{1}{a_1}+\frac{1}{a_2}\right)=a_1a_2\left(1+\sum_{i=1}^{2}\frac{1}{a_i}\right).$$

设 $n=k$ 时,$D_k=a_1a_2\cdots a_k\left(1+\sum_{i=1}^{k}\frac{1}{a_i}\right)$成立,则 $n=k+1$ 时,由解法三知,

$$D_{k+1}=a_1a_2\cdots a_k+a_{k+1}D_k$$

$$=a_1a_2\cdots a_k\,a_{k+1}\frac{1}{a_{k+1}}+a_1a_2\cdots a_ka_{k+1}\left(1+\sum_{i=1}^{k}\frac{1}{a_i}\right)$$

$$=a_1a_2\cdots a_{k+1}\left(1+\sum_{i=1}^{k+1}\frac{1}{a_i}\right)$$

成立,因此

$$D_n=a_1a_2\cdots a_n\left(1+\sum_{i=1}^{n}\frac{1}{a_i}\right).$$

解法五(将 D_n 化成行和相等的行列式)

$$D_n=\begin{vmatrix}1+a_1 & 1 & 1 & \cdots & 1\\ 1 & 1+a_2 & 1 & \cdots & 1\\ 1 & 1 & 1+a_3 & \cdots & 1\\ \cdots & \cdots & \cdots & \cdots & \cdots\\ 1 & 1 & 1 & \cdots & 1+a_n\end{vmatrix}$$

$$\xlongequal[\substack{\cdots\\ c_n\text{ 提公因子 }a_n}]{\substack{c_1\text{ 提公因子 }a_1\\ c_2\text{ 提公因子 }a_2}}a_1a_2\cdots a_n\begin{vmatrix}1+\frac{1}{a_1} & \frac{1}{a_2} & \cdots & \frac{1}{a_n}\\ \frac{1}{a_1} & 1+\frac{1}{a_2} & \cdots & \frac{1}{a_n}\\ \cdots & \cdots & \cdots & \cdots\\ \frac{1}{a_1} & \frac{1}{a_2} & \cdots & 1+\frac{1}{a_n}\end{vmatrix}$$

$$\xlongequal{c_1+(c_2+c_3+\cdots+c_n)}a_1a_2\cdots a_n\begin{vmatrix}1+\sum_{i=1}^{n}\frac{1}{a_i} & \frac{1}{a_2} & \cdots & \frac{1}{a_n}\\ 1+\sum_{i=1}^{n}\frac{1}{a_i} & 1+\frac{1}{a_2} & \cdots & \frac{1}{a_n}\\ \cdots & \cdots & \cdots & \cdots\\ 1+\sum_{i=1}^{n}\frac{1}{a_i} & \frac{1}{a_2} & \cdots & 1+\frac{1}{a_n}\end{vmatrix}$$

$$= a_1 a_2 \cdots a_n \left(1+\sum_{i=1}^{n}\frac{1}{a_i}\right)\begin{vmatrix} 1 & \frac{1}{a_2} & \cdots & \frac{1}{a_n} \\ 1 & 1+\frac{1}{a_2} & \cdots & \frac{1}{a_n} \\ \cdots & \cdots & \cdots & \cdots \\ 1 & \frac{1}{a_2} & \cdots & 1+\frac{1}{a_n} \end{vmatrix}$$

$$= a_1 a_2 \cdots a_n \left(1+\sum_{i=1}^{n}\frac{1}{a_i}\right)\begin{vmatrix} 1 & \frac{1}{a_2} & \cdots & \frac{1}{a_n} \\ 0 & 1 & \cdots & 0 \\ \cdots & \cdots & \cdots & \cdots \\ 0 & 0 & \cdots & 1 \end{vmatrix}$$

$$= a_1 a_2 \cdots a_n \left(1+\sum_{i=1}^{n}\frac{1}{a_i}\right).$$

题型 3:证明题

【6.18】 证明 $\begin{vmatrix} 1 & 1 & \cdots & 1 \\ 1 & C_2^1 & \cdots & C_n^1 \\ 1 & C_3^2 & \cdots & C_{n+1}^2 \\ \cdots & \cdots & \cdots & \cdots \\ 1 & C_n^{n-1} & \cdots & C_{2n-2}^{n-1} \end{vmatrix} = 1.$

证

$$左边=\begin{vmatrix} 1 & 1 & 1 & \cdots & 1 \\ 1 & C_2^1 & C_3^1 & \cdots & C_n^1 \\ 1 & C_3^2 & C_4^2 & \cdots & C_{n+1}^2 \\ \cdots & \cdots & \cdots & \cdots & \cdots \\ 1 & C_n^{n-1} & C_{n+1}^{n-1} & \cdots & C_{2n-2}^{n-1} \end{vmatrix}$$

$$\xlongequal{\text{从最后一行开始依次减去其前面一行}}\begin{vmatrix} 1 & 1 & 1 & \cdots & 1 \\ 0 & C_2^1-1 & C_3^1-1 & \cdots & C_n^1-1 \\ 0 & C_3^2-C_2^1 & C_4^2-C_3^1 & \cdots & C_{n+1}^2-C_n^1 \\ \cdots & \cdots & \cdots & \cdots & \cdots \\ 0 & C_n^{n-1}-C_{n-1}^{n-2} & C_{n+1}^{n-1}-C_n^{n-2} & \cdots & C_{2n-2}^{n-1}-C_{2n-3}^{n-2} \end{vmatrix}$$

$$=\begin{vmatrix} C_1^1 & C_2^1 & \cdots & C_{n-1}^1 \\ C_2^2 & C_3^2 & \cdots & C_n^2 \\ \cdots & \cdots & \cdots & \cdots \\ C_{n-1}^{n-1} & C_n^{n-1} & \cdots & C_{2n-3}^{n-1} \end{vmatrix}$$

$$\xlongequal{\text{重复上面的步骤}}\begin{vmatrix} C_1^1 & C_2^1 & \cdots & C_{n-1}^1 \\ 0 & C_3^2-C_2^1 & \cdots & C_n^2-C_{n-1}^1 \\ \cdots & \cdots & \cdots & \cdots \\ 0 & C_n^{n-1}-C_{n-1}^{n-2} & \cdots & C_{2n-3}^{n-1}-C_{2n-4}^{n-2} \end{vmatrix}$$

$$=\begin{vmatrix} C_2^2 & \cdots & C_{n-1}^2 \\ \cdots & \cdots & \cdots \\ C_{n-1}^{n-1} & \cdots & C_{2n-4}^{n-1} \end{vmatrix}=\cdots=\begin{vmatrix} 1 & C_{n-1}^{n-2} \\ 1 & C_n^{n-1} \end{vmatrix}=1=\text{右边}.$$

点评:逐行(或列)相减,从最后一行开始依次减去前面一行,再利用组合公式 $C_n^k-C_{n-1}^{k-1}=C_{n-1}^k$,逐渐化简行列式.

【6.19】 由 $D_n=\begin{vmatrix} 1 & 1 & \cdots & 1 \\ 1 & 1 & \cdots & 1 \\ \cdots & \cdots & \cdots & \cdots \\ 1 & 1 & \cdots & 1 \end{vmatrix}=0$,证明:奇偶排列个数各为$\dfrac{n!}{2}$.

证 由行列式的定义,

$$D_n=\sum_{i_1\cdots i_n}(-1)^{\tau(i_1\cdots i_n)}=0,$$

故 1 和 -1 个数相同,即奇偶排列个数相同,均为$\dfrac{n!}{2}$.

题型 4:关于克莱姆法则

【6.20】 已知 $a^2\neq b^2$,试证方程组

$$\begin{cases} ax_1+bx_{2n}=1, \\ ax_2+bx_{2n-1}=1, \\ \cdots\cdots\cdots\cdots \\ ax_n+bx_{n+1}=1, \\ bx_n+ax_{n+1}=1, \\ bx_{n-1}+ax_{n+2}=1, \\ \cdots\cdots\cdots\cdots \\ bx_1+ax_{2n}=1 \end{cases}$$

有唯一解,并求解.

解 由 6.10 知,方程组的系数行列式为

$$D=\begin{vmatrix} a & & & & & b \\ & a & & & b & \\ & & \ddots & \iddots & & \\ & & a & b & & \\ & & b & a & & \\ & & \iddots & \ddots & & \\ & b & & & a & \\ b & & & & & a \end{vmatrix}=(a^2-b^2)^n.$$

由于 $a^2 \neq b^2$，故 $D \neq 0$. 由克莱姆法则知该方程组只有唯一解. 将方程组改写成

$$\begin{cases} ax_1 + bx_{2n} = 1, \\ bx_1 + ax_{2n} = 1, \\ ax_2 + bx_{2n-1} = 1, \\ bx_2 + ax_{2n-1} = 1, \\ \cdots\cdots\cdots\cdots \\ ax_{n-1} + bx_{n+1} = 1, \\ bx_{n-1} + ax_{n+1} = 1, \end{cases}$$

从而原方程组的解为

$$x_i = \frac{1}{a+b}\ (i = 1,2,\cdots,2n).$$

【6.21】 线性方程组

$$\begin{cases} x_1 + x_2 + x_3 + x_4 = 1, \\ a_1x_1 + a_2x_2 + a_3x_3 + a_4x_4 = b, \\ a_1^2x_1 + a_2^2x_2 + a_3^2x_3 + a_4^2x_4 = b^2, \\ a_1^3x_1 + a_2^3x_2 + a_3^3x_3 + a_4^3x_4 = b^3 \end{cases}$$

有唯一解的条件是什么?并求唯一解.

解 方程组的系数行列式为

$$D = \begin{vmatrix} 1 & 1 & 1 & 1 \\ a_1 & a_2 & a_3 & a_4 \\ a_1^2 & a_2^2 & a_3^2 & a_4^2 \\ a_1^3 & a_2^3 & a_3^3 & a_4^3 \end{vmatrix}$$

$$= (a_4 - a_1)(a_4 - a_2)(a_4 - a_3)(a_3 - a_1)(a_3 - a_2)(a_2 - a_1).$$

由克莱姆法则可知，当 $D \neq 0$ 时，即 $a_i \neq a_j\ (i \neq j)$ 时方程组有唯一解. 此时

$$x_1 = \frac{1}{D}\begin{vmatrix} 1 & 1 & 1 & 1 \\ b & a_2 & a_3 & a_4 \\ b^2 & b_2^2 & a_3^2 & a_4^2 \\ b^3 & a_2^3 & a_3^3 & a_4^3 \end{vmatrix}$$

$$= \frac{(a_4 - b)(a_4 - a_2)(a_4 - a_3)(a_3 - b)(a_3 - a_2)(a_2 - b)}{(a_4 - a_1)(a_4 - a_2)(a_4 - a_3)(a_3 - a_1)(a_3 - a_2)(a_2 - a_1)}$$

$$= \frac{(a_4 - b)(a_3 - b)(a_2 - b)}{(a_4 - a_1)(a_3 - a_1)(a_2 - a_1)},$$

$$x_2 = \frac{1}{D}\begin{vmatrix} 1 & 1 & 1 & 1 \\ a_1 & b & a_3 & a_4 \\ a_1^2 & b^2 & a_3^2 & a_4^2 \\ a_1^3 & b^3 & a_3^3 & a_4^3 \end{vmatrix} = \frac{(a_4 - b)(a_3 - b)(b - a_1)}{(a_4 - a_2)(a_3 - a_2)(a_2 - a_1)},$$

$$x_3 = \frac{1}{D}\begin{vmatrix} 1 & 1 & 1 & 1 \\ a_1 & a_2 & b & a_4 \\ a_1^2 & a_2^2 & b^2 & a_4^2 \\ a_1^3 & a_2^3 & b^3 & a_4^3 \end{vmatrix} = \frac{(a_4-b)(b-a_1)(b-a_2)}{(a_4-a_3)(a_3-a_1)(a_3-a_2)},$$

$$x_4 = \frac{1}{D}\begin{vmatrix} 1 & 1 & 1 & 1 \\ a_1 & a_2 & a_3 & b \\ a_1^2 & a_2^2 & a_3^2 & b^2 \\ a_1^3 & a_2^3 & a_3^3 & b^3 \end{vmatrix} = \frac{(b-a_1)(b-a_2)(b-a_3)}{(a_4-a_1)(a_4-a_2)(a_4-a_3)}.$$

题型5:综合例题

【6.22】 记 $\begin{vmatrix} x-2 & x-1 & x-2 & x-3 \\ 2x-2 & 2x-1 & 2x-2 & 2x-3 \\ 3x-3 & 3x-2 & 3x-5 & 3x-5 \\ 4x & 4x-3 & 5x-7 & 4x-3 \end{vmatrix}$ 为 $f(x)$,则 $f(x)=0$ 的根的个数为_____.

(A)1　　(B)2　　(C)3　　(D)4

解 行列式 $f(x)$ 的第一行分别乘以 $-2,-3,-4$ 加到第二、三、四行上去,得

$$f(x) = \begin{vmatrix} x-2 & x-1 & x-2 & x-3 \\ 2 & 1 & 2 & 3 \\ 3 & 1 & 1 & 4 \\ 8 & 1 & x+1 & 9 \end{vmatrix}.$$

根据行列式的定义,$f(x)$ 为二次多项式.所以,$f(x)=0$ 的根的个数为 2.

故应选(B).

点评:本题为 1999 年考研真题.由于行列式中各项均含有 x,若直接展开非常繁琐.应先使用行列式的性质作恒等变形,然后结合行列式的定义进行判定,不能错误地认为 $f(x)$ 一定是 4 次多项式.

【6.23】 方程 $\begin{vmatrix} a_1 & a_2 & a_3 & a_4+x \\ a_1 & a_2 & a_3+x & a_4 \\ a_1 & a_2+x & a_3 & a_4 \\ a_1+x & a_2 & a_3 & a_4 \end{vmatrix} = 0$ 的根为_____.

(A)a_1+a_2, a_3+a_4　　(B)$0, a_1+a_2+a_3+a_4$

(C)$a_1a_2a_3a_4, 0$　　(D)$0, -a_1-a_2-a_3-a_4$

解 记方程左端的行列式为 D,本题的关键是求 D 的值,此行列式的计算可使用升阶法.

$$D = \begin{vmatrix} 1 & a_1 & a_2 & a_3 & a_4 \\ 0 & a_1 & a_2 & a_3 & a_4+x \\ 0 & a_1 & a_2 & a_3+x & a_4 \\ 0 & a_1 & a_2+x & a_3 & a_4 \\ 0 & a_1+x & a_2 & a_3 & a_4 \end{vmatrix} = \begin{vmatrix} 1 & a_1 & a_2 & a_3 & a_4 \\ -1 & 0 & 0 & 0 & x \\ -1 & 0 & 0 & x & 0 \\ -1 & 0 & x & 0 & 0 \\ -1 & x & 0 & 0 & 0 \end{vmatrix}.$$

当 $x=0$ 时,$D=0$.

当 $x \neq 0$ 时,

$$D = \begin{vmatrix} 1+\dfrac{a_1+a_2+a_3+a_4}{x} & a_1 & a_2 & a_3 & a_4 \\ 0 & 0 & 0 & 0 & x \\ 0 & 0 & 0 & x & 0 \\ 0 & 0 & x & 0 & 0 \\ 0 & x & 0 & 0 & 0 \end{vmatrix} = \left(1+\frac{a_1+a_2+a_3+a_4}{x}\right)x^4.$$

从而方程 $D=0$ 的根为 $0,-a_1-a_2-a_3-a_4$.

故应选(D).

【6.24】 设 $f(x) = \begin{vmatrix} 1 & 1 & 1 \\ 3-x & 5-3x^2 & 3x^2-1 \\ 2x^2-1 & 3x^5-1 & 7x^8-1 \end{vmatrix}$,

证明:可以找出数 $q(0<q<1)$,使 $f'(q)=0$.

证 由题意可知

$$f(0) = \begin{vmatrix} 1 & 1 & 1 \\ 3 & 5 & -1 \\ -1 & -1 & -1 \end{vmatrix} = 0,\quad f(1) = \begin{vmatrix} 1 & 1 & 1 \\ 2 & 2 & 2 \\ 1 & 2 & 6 \end{vmatrix} = 0,$$

由罗尔定理可知,存在一个 $q \in (0,1)$,使 $f'(q)=0$.

【6.25】 求 $\dfrac{\mathrm{d}^2}{\mathrm{d}x^2}\begin{vmatrix} a_{11}+x & a_{12} & a_{13} \\ a_{21} & a_{22}+x & a_{23} \\ a_{31} & a_{32} & a_{33}+x \end{vmatrix}$.

解 记行列式为 $D_3(x)$,由行列式的定义,则 $D_3(x)$ 可表示为

$$D_3(x) = (a_{11}+x)(a_{22}+x)(a_{33}+x)+\varphi(x),$$

其中 $\varphi(x)$ 为一次多项式.所以

$$\frac{\mathrm{d}D_3(x)}{\mathrm{d}x} = (a_{22}+x)(a_{33}+x)+(a_{11}+x)(a_{33}+x)+(a_{11}+x)(a_{22}+x)+\varphi'(x),$$

$$\begin{aligned}\frac{\mathrm{d}^2D_3(x)}{\mathrm{d}x^2} &= (a_{33}+x)+(a_{22}+x)+(a_{33}+x)+(a_{11}+x)+(a_{11}+x)+(a_{22}+x)+\varphi''(x) \\ &= 2(a_{11}+a_{22}+a_{33})+6x.\end{aligned}$$

【6.26】 设 $f(x) = C_0+C_1x+C_2x^2+\cdots+C_nx^n$,证明:若 $f(x)$ 有 $n+1$ 个不同的根,则 $f(x)$ 是零多项式.

证 令 $a_0,a_1,\cdots,a_n$ 是 $f(x)$ 的 $n+1$ 个不同的根,即 $a_i \neq a_j,(i \neq j,i,j=0,1,2,\cdots,n)$.因为 $f(a_i)=0,(i=0,1,2,\cdots,n)$,所以有线性方程组

$$\begin{cases} C_0+C_1a_0+C_2a_0^2+\cdots+C_na_0^n=0, \\ C_0+C_1a_1+C_2a_1^2+\cdots+C_na_1^n=0, \\ \cdots\cdots\cdots\cdots\cdots\cdots\cdots\cdots\cdots\cdots \\ C_0+C_1a_n+C_2a_n^2+\cdots+C_na_n^n=0, \end{cases}$$

其系数行列式为

$$D_{n+1}=\begin{vmatrix}1 & a_0 & a_0^2 & \cdots & a_0^n\\ 1 & a_1 & a_1^2 & \cdots & a_1^n\\ \cdots & \cdots & \cdots & \cdots & \cdots\\ 1 & a_n & a_n^2 & \cdots & a_n^n\end{vmatrix}=\prod_{0\leqslant j<i\leqslant n}(a_i-a_j).$$

由于当 $i\neq j$ 时，$a_i\neq a_j$，所以 $D_{n+1}\neq 0$.

由克莱姆法则，方程组只有零解，即 $C_0=C_1=\cdots=C_n=0$，

所以 $f(x)=0$.

【6.27】 求经过点 $A(1,1,2)$，$B(3,-2,0)$ 和 $C(0,5,-5)$ 三点的平面方程.

解 由空间解析几何知识，可设平面方程为：

$$ax+by+cz+d=0.$$

由于 A、B、C 三点在平面上，故点的坐标满足平面方程，即

$$\begin{cases}a+b+2c+d=0,\\ 3a-2b+d=0,\\ 5b-5c+d=0.\end{cases}$$

设 (x,y,z) 是平面上任一点，则有齐次线性方程组

$$\begin{cases}ax+by+cz+d=0,\\ a+b+2c+d=0,\\ 3a-2b+d=0,\\ 5b-5c+d=0.\end{cases}$$

因为 a,b,c,d 不全为零，即上述齐次线性方程组有非零解，所以系数行列式为零，即

$$\begin{vmatrix}x & y & z & 1\\ 1 & 1 & 2 & 1\\ 3 & -2 & 0 & 1\\ 0 & 5 & -5 & 1\end{vmatrix}=0.$$

整理可得：$29x+16y+5z-55=0$.

所以平面方程为 $29x+16y+5z-55=0$.

点评：根据题设条件构造方程组，再利用克莱姆法则转化为行列式的计算.

【6.28】 已知 1998，2196，2394，1800 都能被 18 整除，不计算行列式的值，证明行列式

$$D_4=\begin{vmatrix}1 & 9 & 9 & 8\\ 2 & 1 & 9 & 6\\ 2 & 3 & 9 & 4\\ 1 & 8 & 0 & 0\end{vmatrix}\quad 能被 18 整除.$$

证
$$D_4=\begin{vmatrix}1 & 9 & 9 & 8\\ 2 & 1 & 9 & 6\\ 2 & 3 & 9 & 4\\ 1 & 8 & 0 & 0\end{vmatrix}\xlongequal[c_4+1000c_1]{c_4+10c_3,\ c_4+100c_2}\begin{vmatrix}1 & 9 & 9 & 1998\\ 2 & 1 & 9 & 2196\\ 2 & 3 & 9 & 2394\\ 1 & 8 & 0 & 1800\end{vmatrix}.$$

因 1998，2196，2394 和 1800 都能被 18 整除，所以行列式的第四列可提出公因子 18，即 $D_4=18m$，这里 m 显然是一个整数，故 D_4 能被 18 整除.

【6.29】 计算 $f(x+1)-f(x)$，其中

$$f(x)=\begin{vmatrix} 1 & 0 & 0 & 0 & \cdots & 0 & x \\ 1 & 2 & 0 & 0 & \cdots & 0 & x^2 \\ 1 & 3 & 3 & 0 & \cdots & 0 & x^3 \\ \cdots & \cdots & \cdots & \cdots & \cdots & \cdots & \cdots \\ 1 & n & C_n^2 & C_n^3 & \cdots & C_n^{n-1} & x^n \\ 1 & n+1 & C_{n+1}^2 & C_{n+1}^3 & \cdots & C_{n+1}^{n-1} & x^{n+1} \end{vmatrix}.$$

解 $f(x+1)-f(x)$

$$=\begin{vmatrix} 1 & 0 & 0 & 0 & \cdots & 0 & x+1 \\ 1 & 2 & 0 & 0 & \cdots & 0 & x^2+2x+1 \\ 1 & 3 & 3 & 0 & \cdots & 0 & x^3+3x^2+3x+1 \\ \cdots & \cdots & \cdots & \cdots & \cdots & \cdots & \cdots \\ 1 & n & C_n^2 & C_n^3 & \cdots & C_n^{n-1} & x^n+nx^{n-1}+C_n^2x^{n-2}+\cdots+1 \\ 1 & n+1 & C_{n+1}^2 & C_{n+1}^3 & \cdots & C_{n+1}^{n-1} & x^{n+1}+(n+1)x^n+C_{n+1}^2x^{n-1}+\cdots+1 \end{vmatrix}$$

$$-\begin{vmatrix} 1 & 0 & 0 & 0 & \cdots & 0 & x \\ 1 & 2 & 0 & 0 & \cdots & 0 & x^2 \\ 1 & 3 & 3 & 0 & \cdots & 0 & x^3 \\ \cdots & \cdots & \cdots & \cdots & \cdots & \cdots & \cdots \\ 1 & n & C_n^2 & C_n^3 & \cdots & C_n^{n-1} & x^n \\ 1 & n+1 & C_{n+1}^2 & C_{n+1}^3 & \cdots & C_{n+1}^{n-1} & x^{n+1} \end{vmatrix}$$

$$=\begin{vmatrix} 1 & 0 & 0 & 0 & \cdots & 0 & 1 \\ 1 & 2 & 0 & 0 & \cdots & 0 & 2x+1 \\ 1 & 3 & 3 & 0 & \cdots & 0 & 3x^2+3x+1 \\ \cdots & \cdots & \cdots & \cdots & \cdots & \cdots & \cdots \\ 1 & n & C_n^2 & C_n^3 & \cdots & C_n^{n-1} & nx^{n-1}+C_n^2x^{n-2}+\cdots+1 \\ 1 & n+1 & C_{n+1}^2 & C_{n+1}^3 & \cdots & C_{n+1}^{n-1} & (n+1)x^n+C_{n+1}^2x^{n-1}+\cdots+1 \end{vmatrix}$$

$$\xlongequal{c_{n+1}+(-c_1-xc_2-x^2c_3-\cdots-x^{n-1}c_n)}\begin{vmatrix} 1 & 0 & 0 & 0 & \cdots & 0 & 0 \\ 1 & 2 & 0 & 0 & \cdots & 0 & 0 \\ 1 & 3 & 3 & 0 & \cdots & 0 & 0 \\ \cdots & \cdots & \cdots & \cdots & \cdots & \cdots & \cdots \\ 1 & n & C_n^2 & C_n^3 & \cdots & C_n^{n-1} & 0 \\ 1 & n+1 & C_{n+1}^2 & C_{n+1}^3 & \cdots & C_{n+1}^{n-1} & (n+1)x^n \end{vmatrix}$$

$=(n+1)!x^n$.

点评：此例的特点是 $f(x+1)$ 与 $f(x)$ 的前 n 列是完全相同的. 所以两个行列式之差可以写成一个行列式，这个行列式的前 n 列与 $f(x)$ 的前 n 列相同，第 $n+1$ 列的元素为 $f(x+1)$ 与 $f(x)$ 第 $n+1$ 列相应元素之差.

第二章 矩 阵

§1. 矩阵的运算

知识要点

1. 矩阵的概念 由 $m\times n$ 个数 $a_{ij}\,(i=1,2,\cdots,m;\ j=1,2,\cdots,n)$ 按一定次序排成的 m 行 n 列的矩形数表

$$\begin{bmatrix} a_{11} & a_{12} & \cdots & a_{1n} \\ a_{21} & a_{22} & \cdots & a_{2n} \\ \cdots & \cdots & \cdots & \cdots \\ a_{m1} & a_{m2} & \cdots & a_{mn} \end{bmatrix}$$

称为 $m\times n$ 矩阵(m 行 n 列矩阵). a_{ij} 叫做矩阵的元素,矩阵可简记为

$$\mathbf{A}=(a_{ij})_{m\times n} \quad 或 \quad \mathbf{A}=(a_{ij}).$$

当 $m=n$ 时,即矩阵的行数与列数相同时,称 $\mathbf{A}$ 为 n 阶方阵;

当 $m=1$ 时,矩阵只有一行,称为行矩阵,记为

$$\mathbf{A}=(a_{11},a_{12},\cdots,a_{1n}),$$

这样的行矩阵也称为 n 维行向量;

当 $n=1$ 时,矩阵只有一列,称为列矩阵,记为

$$\mathbf{A}=\begin{bmatrix} a_{11} \\ a_{21} \\ \vdots \\ a_{m1} \end{bmatrix},$$

这样的列矩阵也称为 m 维列向量.

矩阵 $\mathbf{A}$ 中各元素变号得到的矩阵叫做 $\mathbf{A}$ 的负矩阵,记作 $-\mathbf{A}$,即

$$-\mathbf{A}=(-a_{ij})_{m\times n}.$$

如果矩阵 $\mathbf{A}$ 的所有元素都是 0,即

$$\mathbf{A}=\begin{bmatrix} 0 & 0 & \cdots & 0 \\ 0 & 0 & \cdots & 0 \\ \cdots & \cdots & \cdots & \cdots \\ 0 & 0 & \cdots & 0 \end{bmatrix},$$

则 $\mathbf{A}$ 称为零矩阵,记为 $\mathbf{0}$.

2. 矩阵的运算

(1)矩阵的相等 设

$$\boldsymbol{A}=(a_{ij})_{m\times n},\quad \boldsymbol{B}=(b_{ij})_{m\times n},$$

如果 $a_{ij}=b_{ij}(i=1,2,\cdots,m;\ j=1,2,\cdots,n)$,则称矩阵 $\boldsymbol{A}$ 与 $\boldsymbol{B}$ 相等,记作 $\boldsymbol{A}=\boldsymbol{B}$.

(2)矩阵的加、减法　设

$$\boldsymbol{A}=(a_{ij})_{m\times n},\quad \boldsymbol{B}=(b_{ij})_{m\times n},\quad \boldsymbol{C}=(c_{ij})_{m\times n}$$

其中 $c_{ij}=a_{ij}\pm b_{ij}(i=1,2,\cdots,m;\ j=1,2,\cdots,n)$.

则称 $\boldsymbol{C}$ 为矩阵 $\boldsymbol{A}$ 与 $\boldsymbol{B}$ 的和(或差),记为 $\boldsymbol{C}=\boldsymbol{A}\pm\boldsymbol{B}$.

(3)数与矩阵的乘法　设 k 为一个常数,

$$\boldsymbol{A}=(a_{ij})_{m\times n},\quad \boldsymbol{C}=(c_{ij})_{m\times n},$$

其中 $c_{ij}=ka_{ij}(i=1,2,\cdots,m;\ j=1,2,\cdots,n)$,

则称矩阵 $\boldsymbol{C}$ 为数 k 与矩阵 $\boldsymbol{A}$ 的数量乘积,简称数乘,记为 $k\boldsymbol{A}$.

(4)矩阵的乘法　设 $\boldsymbol{A}=(a_{ij})_{m\times s}$, $\boldsymbol{B}=(b_{ij})_{s\times n}$, $\boldsymbol{C}=(c_{ij})_{m\times n}$, 其中

$$c_{ij}=\sum_{l=1}^{s}a_{il}b_{lj}\quad(i=1,2,\cdots,m;\ j=1,2,\cdots,n),$$

则称矩阵 $\boldsymbol{C}$ 为矩阵 $\boldsymbol{A}$ 与 $\boldsymbol{B}$ 的乘积,记为 $\boldsymbol{AB}$,即 $\boldsymbol{C}=\boldsymbol{AB}$.

(5)方阵的幂运算　对 n 阶方阵 $\boldsymbol{A}$,定义

$$\boldsymbol{A}^k=\underbrace{\boldsymbol{A}\cdot\boldsymbol{A}\cdot\cdots\cdot\boldsymbol{A}}_{k\text{个}},\text{称为}\boldsymbol{A}\text{的}k\text{次幂}.$$

(6)矩阵的转置　把矩阵 $\boldsymbol{A}=(a_{ij})_{m\times n}$ 的行列互换而得到的矩阵 $(a_{ji})_{n\times m}$ 称为 $\boldsymbol{A}$ 的转置矩阵,记为 $\boldsymbol{A}^T$(或 $\boldsymbol{A}'$).

(7)方阵的行列式　方阵 $\boldsymbol{A}$ 的元素按原来的位置构成的行列式,称为方阵 $\boldsymbol{A}$ 的行列式,记为 $|\boldsymbol{A}|$.

若 $|\boldsymbol{A}|=0$,称 $\boldsymbol{A}$ 为奇异矩阵,否则称为非奇异矩阵.

3. 矩阵的运算公式

关于矩阵的加法运算公式

(1) $\boldsymbol{A}+\boldsymbol{B}=\boldsymbol{B}+\boldsymbol{A}$;　　(2) $(\boldsymbol{A}+\boldsymbol{B})+\boldsymbol{C}=\boldsymbol{A}+(\boldsymbol{B}+\boldsymbol{C})$;

(3) $\boldsymbol{A}+(-\boldsymbol{A})=\boldsymbol{0}$;　　(4) $(\boldsymbol{A}-\boldsymbol{B})=\boldsymbol{A}+(-\boldsymbol{B})$.

关于数乘运算的公式

(1) $(kl)\boldsymbol{A}=k(l\boldsymbol{A})$;　　(2) $(k+l)\boldsymbol{A}=k\boldsymbol{A}+l\boldsymbol{A}$;

(3) $k(\boldsymbol{A}+\boldsymbol{B})=k\boldsymbol{A}+k\boldsymbol{B}$.

关于矩阵的乘法运算的公式

(1) $(\boldsymbol{AB})\boldsymbol{C}=\boldsymbol{A}(\boldsymbol{BC})$;　　(2) $k(\boldsymbol{AB})=(k\boldsymbol{A})\boldsymbol{B}=\boldsymbol{A}(k\boldsymbol{B})$;

(3) $\boldsymbol{A}(\boldsymbol{B}+\boldsymbol{C})=\boldsymbol{AB}+\boldsymbol{AC}$; $(\boldsymbol{B}+\boldsymbol{C})\boldsymbol{A}=\boldsymbol{BA}+\boldsymbol{CA}$;　　(4) $\boldsymbol{EA}=\boldsymbol{AE}=\boldsymbol{A}$;

(5) $(\lambda\boldsymbol{E})\boldsymbol{A}=\lambda\boldsymbol{A}=\boldsymbol{A}(\lambda\boldsymbol{E})$;　　(6) $\boldsymbol{A}^k\boldsymbol{A}^l=\boldsymbol{A}^{k+l}$;　　(7) $(\boldsymbol{A}^k)^l=\boldsymbol{A}^{kl}$;

(8) 矩阵的乘法一般不满足交换律,即 $\boldsymbol{AB}$ 有意义,但 $\boldsymbol{BA}$ 不一定有意义;即使 $\boldsymbol{AB}$ 和 $\boldsymbol{BA}$ 都有意义,两者也不一定相等.

(9)两个非零矩阵相乘,可能是零矩阵,从而不能从 $\boldsymbol{AB}=\boldsymbol{0}$ 必然推出 $\boldsymbol{A}=\boldsymbol{0}$ 或 $\boldsymbol{B}=\boldsymbol{0}$.

(10)矩阵的乘法一般不满足消去律,即不能从 $\boldsymbol{AC}=\boldsymbol{BC}$ 必然推出 $\boldsymbol{A}=\boldsymbol{B}$.

关于矩阵的转置运算的公式

(1) $(A^T)^T=A$; (2) $(A+B)^T=A^T+B^T$; (3) $(kA)^T=kA^T$; (4) $(AB)^T=B^TA^T$.

关于方阵的行列式的公式

若 A、B 是 n 阶方阵,

(1) $|A^T|=|A|$; (2) $|\lambda A|=\lambda^n|A|$;

(3) $|AB|=|A||B|$; (4) $|AB|=|BA|$.

4. 几类特殊矩阵

(1)单位矩阵 主对角线上元素都是 1,其余元素均为零的方阵称为单位矩阵,记为 E(或 I),即

$$E=\begin{bmatrix}1&0&\cdots&0\\0&1&\cdots&0\\\cdots&\cdots&\cdots&\cdots\\0&0&\cdots&1\end{bmatrix}.$$

(2)对角矩阵 主对角线上元素为任意常数,而主对角线外的元素均为零的矩阵.若对角矩阵的主对角线上的元素相等,则称为数量矩阵.

(3)三角矩阵 主对角线下方元素全为零的方阵称为上三角矩阵;主对角线上方元素全为零的方阵称为下三角矩阵;上、下三角矩阵统称为三角矩阵.

(4)对称矩阵 如果 n 阶方阵 $A=(a_{ij})$ 满足 $a_{ij}=a_{ji}(i,j=1,2,\cdots,n)$,即 $A^T=A$,则称 A 为对称矩阵.

(5)反对称矩阵 如果 n 阶方阵 $A=(a_{ij})$ 满足 $a_{ij}=-a_{ji}(i\neq j)$,$a_{ii}=0(i,j=1,2,\cdots,n)$,即 $A^T=-A$,则称 A 为反对称矩阵.

(6)正交矩阵 对方阵 A,如果有 $A^TA=AA^T=E$,则称 A 为正交矩阵.

(7)幂零矩阵 对方阵 A,如果存在正整数 m,使 $A^m=0$,则称 A 为幂零矩阵.

(8)幂等矩阵 满足 $A^2=A$ 的方阵 A 称为幂等矩阵.

(9)对合矩阵 满足 $A^2=E$ 的方阵 A 称为对合矩阵.

基本题型

题型 1:矩阵的基本运算

【1.1】 设 $A=\begin{bmatrix}1&2&1&2\\2&1&2&1\\1&2&3&4\end{bmatrix}$, $B=\begin{bmatrix}4&3&2&1\\-2&1&-2&1\\0&-1&0&-1\end{bmatrix}$,且 $(2A-X)+2(B-X)=0$,求 X.

解 由条件 $(2A-X)+2(B-X)=0$,可得 $2A+2B-3X=0$.

所以 $X=\dfrac{2}{3}(A+B)=\dfrac{2}{3}\begin{bmatrix}5&5&3&3\\0&2&0&2\\1&1&3&3\end{bmatrix}=\begin{bmatrix}\frac{10}{3}&\frac{10}{3}&2&2\\0&\frac{4}{3}&0&\frac{4}{3}\\\frac{2}{3}&\frac{2}{3}&2&2\end{bmatrix}$.

点评：利用矩阵加法的可交换性使等式简化.

【1.2】 设 $A=\begin{bmatrix}a_{11} & a_{12}\\ a_{21} & a_{22}\\ a_{31} & a_{32}\end{bmatrix}$，$B=\begin{bmatrix}b_1 & 0\\ 0 & b_2\end{bmatrix}$，$C=\begin{bmatrix}c_1 & 0 & 0\\ 0 & c_2 & 0\\ 0 & 0 & c_3\end{bmatrix}$.

求 AB 和 CA.

解 $$AB=\begin{bmatrix}a_{11} & a_{12}\\ a_{21} & a_{22}\\ a_{31} & a_{32}\end{bmatrix}\begin{bmatrix}b_1 & 0\\ 0 & b_2\end{bmatrix}=\begin{bmatrix}a_{11}b_1 & a_{12}b_2\\ a_{21}b_1 & a_{22}b_2\\ a_{31}b_1 & a_{32}b_2\end{bmatrix},$$

$$CA=\begin{bmatrix}c_1 & 0 & 0\\ 0 & c_2 & 0\\ 0 & 0 & c_3\end{bmatrix}\begin{bmatrix}a_{11} & a_{12}\\ a_{21} & a_{22}\\ a_{31} & a_{32}\end{bmatrix}=\begin{bmatrix}c_1a_{11} & c_1a_{12}\\ c_2a_{21} & c_2a_{22}\\ c_3a_{31} & c_3a_{32}\end{bmatrix}.$$

点评：从结果可以看出：对角矩阵右乘矩阵 A，其积相当于以对角阵主对角线上元素依次乘以 A 的各列；对角阵左乘矩阵 A，其积相当于以对角阵主对角线上元素依次乘以 A 的各行.

【1.3】 设 $A=\begin{bmatrix}1 & 0 & 3\\ 2 & -1 & 0\end{bmatrix}$，$B=\begin{bmatrix}1 & -1\\ 2 & 3\\ 4 & 0\end{bmatrix}$，求 AB，BA.

解 $$AB=\begin{bmatrix}1 & 0 & 3\\ 2 & -1 & 0\end{bmatrix}\begin{bmatrix}1 & -1\\ 2 & 3\\ 4 & 0\end{bmatrix}=\begin{bmatrix}13 & -1\\ 0 & -5\end{bmatrix}.$$

$$BA=\begin{bmatrix}1 & -1\\ 2 & 3\\ 4 & 0\end{bmatrix}\begin{bmatrix}1 & 0 & 3\\ 2 & -1 & 0\end{bmatrix}=\begin{bmatrix}-1 & 1 & 3\\ 8 & -3 & 6\\ 4 & 0 & 12\end{bmatrix}.$$

点评：用矩阵的乘法直接计算，本题说明 AB，BA 不但不相等，并且 AB 与 BA 可能不是同型矩阵.

【1.4】 设 A,B,C 均为 n 阶方阵，且 $AB=BC=CA=E$，则 $A^2+B^2+C^2=$______.

(A) $3E$　(B) $2E$　(C) E　(D) 0

解 因为 $A^2=A(BC)A=(AB)(CA)=EE=E$，

$B^2=B(CA)B=(BC)(AB)=EE=E$，

$C^2=C(AB)C=(CA)(BC)=EE=E$，

所以 $A^2+B^2+C^2=3E$.

故应选(A).

【1.5】 已知 A,B 均为 n 阶方阵，则必有______.

(A) $(A+B)^2=A^2+2AB+B^2$　(B) $(AB)^T=A^TB^T$

(C) $AB=0$ 时，$A=0$ 或 $B=0$　(D) $|A+AB|=0\Leftrightarrow|A|=0$ 或 $|E+B|=0$

解 本题可采用排除法，排除(A)(B)(C)三选项.

因为一般情况下 $AB\neq BA$，而 $(AB)^T=B^TA^T\neq A^TB^T$，故排除(A)(B).

设 $A=\begin{bmatrix}2 & 4\\ -3 & -6\end{bmatrix}$　$B=\begin{bmatrix}-2 & 4\\ 1 & -2\end{bmatrix}$，则 $AB=0$，但 $A\neq 0$，$B\neq 0$，

故(C)不成立.

故应选(D).

【1.6】 设 $\boldsymbol{A},\boldsymbol{B}$ 为 n 阶方阵,且满足 $\boldsymbol{A}^2=\boldsymbol{A}$, $\boldsymbol{B}^2=\boldsymbol{B}$ 及 $(\boldsymbol{A}-\boldsymbol{B})^2=\boldsymbol{A}+\boldsymbol{B}$, 证明: $\boldsymbol{AB}=\boldsymbol{BA}=\boldsymbol{0}$.

证 由 $(\boldsymbol{A}-\boldsymbol{B})^2=(\boldsymbol{A}-\boldsymbol{B})(\boldsymbol{A}-\boldsymbol{B})=\boldsymbol{A}^2-\boldsymbol{AB}-\boldsymbol{BA}+\boldsymbol{B}^2=\boldsymbol{A}+\boldsymbol{B}$,得

$$\boldsymbol{AB}=-\boldsymbol{BA}. \tag{①}$$

①式左乘 $\boldsymbol{A}$ 得: $\boldsymbol{A}^2\boldsymbol{B}=-\boldsymbol{ABA}$,即:

$$\boldsymbol{A}^2\boldsymbol{B}=\boldsymbol{AB}=-\boldsymbol{ABA}.$$

①式右乘 $\boldsymbol{A}$ 得: $\boldsymbol{ABA}=-\boldsymbol{BA}^2$,即:

$$\boldsymbol{ABA}=-\boldsymbol{BA}^2=-\boldsymbol{BA}.$$

于是有:

$$\boldsymbol{AB}=\boldsymbol{BA}. \tag{②}$$

结合①②式,可得 $\boldsymbol{AB}=\boldsymbol{BA}=\boldsymbol{0}$.

题型 2:矩阵的幂运算

【1.7】 计算 $\begin{bmatrix}\lambda_1 & & \\ & \lambda_2 & \\ & & \lambda_3\end{bmatrix}^n$.

解 数学归纳法.

$n=1$ 时, $\begin{bmatrix}\lambda_1 & & \\ & \lambda_2 & \\ & & \lambda_3\end{bmatrix}^1=\begin{bmatrix}\lambda_1 & & \\ & \lambda_2 & \\ & & \lambda_3\end{bmatrix}$,

$n=2$ 时, $\begin{bmatrix}\lambda_1 & & \\ & \lambda_2 & \\ & & \lambda_3\end{bmatrix}^2=\begin{bmatrix}\lambda_1 & & \\ & \lambda_2 & \\ & & \lambda_3\end{bmatrix}\begin{bmatrix}\lambda_1 & & \\ & \lambda_2 & \\ & & \lambda_3\end{bmatrix}=\begin{bmatrix}\lambda_1^2 & & \\ & \lambda_2^2 & \\ & & \lambda_3^2\end{bmatrix}$.

猜测 $\begin{bmatrix}\lambda_1 & & \\ & \lambda_2 & \\ & & \lambda_3\end{bmatrix}^n=\begin{bmatrix}\lambda_1^n & & \\ & \lambda_2^n & \\ & & \lambda_3^n\end{bmatrix}$.

假设 $n=k$ 时,结论成立,下面证明 $n=k+1$ 时,结论仍成立.

$$\begin{bmatrix}\lambda_1 & & \\ & \lambda_2 & \\ & & \lambda_3\end{bmatrix}^{k+1}=\begin{bmatrix}\lambda_1 & & \\ & \lambda_2 & \\ & & \lambda_3\end{bmatrix}^k\begin{bmatrix}\lambda_1 & & \\ & \lambda_2 & \\ & & \lambda_3\end{bmatrix}$$

$$=\begin{bmatrix}\lambda_1^k & & \\ & \lambda_2^k & \\ & & \lambda_3^k\end{bmatrix}\begin{bmatrix}\lambda_1 & & \\ & \lambda_2 & \\ & & \lambda_3\end{bmatrix}=\begin{bmatrix}\lambda_1^{k+1} & & \\ & \lambda_2^{k+1} & \\ & & \lambda_3^{k+1}\end{bmatrix},$$

所以 $\begin{bmatrix}\lambda_1 & & \\ & \lambda_2 & \\ & & \lambda_3\end{bmatrix}^n=\begin{bmatrix}\lambda_1^n & & \\ & \lambda_2^n & \\ & & \lambda_3^n\end{bmatrix}$.

【1.8】 设 $\boldsymbol{A}=\begin{bmatrix}1 & 3\\ 0 & 1\end{bmatrix}$,求 $\boldsymbol{A}^n$.

解法一 $A^1=\begin{bmatrix}1&3\\0&1\end{bmatrix}$,

$$A^2=\begin{bmatrix}1&3\\0&1\end{bmatrix}\begin{bmatrix}1&3\\0&1\end{bmatrix}=\begin{bmatrix}1&6\\0&1\end{bmatrix},$$

$$A^3=A^2A=\begin{bmatrix}1&6\\0&1\end{bmatrix}\begin{bmatrix}1&3\\0&1\end{bmatrix}=\begin{bmatrix}1&9\\0&1\end{bmatrix}.$$

猜测 $A^n=\begin{bmatrix}1&3n\\0&1\end{bmatrix}$. 假设 $n=k$ 时结论成立,当 $n=k+1$ 时,

$$A^{k+1}=A^kA=\begin{bmatrix}1&3k\\0&1\end{bmatrix}\begin{bmatrix}1&3\\0&1\end{bmatrix}=\begin{bmatrix}1&3(k+1)\\0&1\end{bmatrix},$$

所以 $A^n=\begin{bmatrix}1&3n\\0&1\end{bmatrix}$.

解法二 $A=\begin{bmatrix}1&0\\0&1\end{bmatrix}+\begin{bmatrix}0&3\\0&0\end{bmatrix}=E+B$,其中 $B=\begin{bmatrix}0&3\\0&0\end{bmatrix}$.

而 $$B^2=\begin{bmatrix}0&3\\0&0\end{bmatrix}\begin{bmatrix}0&3\\0&0\end{bmatrix}=\begin{bmatrix}0&0\\0&0\end{bmatrix},$$

所以 $k\geqslant 2$ 时,有 $B^k=\mathbf{0}$,而单位矩阵 E 与任意矩阵可换,由二项式定理,我们可得:

$$A^n=(E+B)^n=E^n+C_n^1E^{n-1}B+C_n^2E^{n-2}B^2+\cdots+B^n=E^n+C_n^1E^{n-1}B$$
$$=\begin{bmatrix}1&0\\0&1\end{bmatrix}+n\begin{bmatrix}1&0\\0&1\end{bmatrix}\begin{bmatrix}0&3\\0&0\end{bmatrix}=\begin{bmatrix}1&0\\0&1\end{bmatrix}+\begin{bmatrix}0&3n\\0&0\end{bmatrix}=\begin{bmatrix}1&3n\\0&1\end{bmatrix}.$$

点评:解法一利用数学归纳法,先求出次数较低的幂,观察其定律,再归纳证明;解法二将矩阵拆成单位矩阵与另一矩阵和的形式,再用二项式定理展开.

【1.9】 设 $A=\begin{bmatrix}0&0&0\\2&0&0\\1&3&0\end{bmatrix}$,则 $A^2=$______, $A^3=$______.

解 由矩阵乘法,有

$$A^2=\begin{bmatrix}0&0&0\\2&0&0\\1&3&0\end{bmatrix}\begin{bmatrix}0&0&0\\2&0&0\\1&3&0\end{bmatrix}=\begin{bmatrix}0&0&0\\0&0&0\\6&0&0\end{bmatrix},$$

$$A^3=\begin{bmatrix}0&0&0\\0&0&0\\6&0&0\end{bmatrix}\begin{bmatrix}0&0&0\\2&0&0\\1&3&0\end{bmatrix}=\begin{bmatrix}0&0&0\\0&0&0\\0&0&0\end{bmatrix}.$$

故应填 $\begin{bmatrix}0&0&0\\0&0&0\\6&0&0\end{bmatrix}$ 和 $\begin{bmatrix}0&0&0\\0&0&0\\0&0&0\end{bmatrix}$.

点评：设$\boldsymbol{A}=\begin{bmatrix}0 & a_{12} & \cdots & \cdots & a_{1n}\\ & 0 & a_{23} & \cdots & a_{2n}\\ & & \ddots & \ddots & \vdots\\ & & & 0 & a_{n-1,n}\\ & & & & 0\end{bmatrix}$为 n 阶方阵，则 $\boldsymbol{A}^n=\boldsymbol{0}$.

同理，设 n 阶方阵$\boldsymbol{B}=\begin{bmatrix}0 & & & & \\ a_{21} & 0 & & & \\ a_{31} & a_{32} & 0 & & \\ \vdots & \vdots & \ddots & \ddots & \\ a_{n1} & a_{n2} & \cdots & a_{n,n-1} & 0\end{bmatrix}$，则 $\boldsymbol{B}^n=\boldsymbol{0}$.

【1.10】 已知 $\boldsymbol{\alpha}=(1,2,3)$，$\boldsymbol{\beta}=(1,\frac{1}{2},\frac{1}{3})$，设 $\boldsymbol{A}=\boldsymbol{\alpha}^T\boldsymbol{\beta}$，其中 $\boldsymbol{\alpha}^T$ 是 $\boldsymbol{\alpha}$ 的转置，则 $\boldsymbol{A}^n=$ ______.

解 本题计算中需注意到 $\boldsymbol{\alpha}^T\boldsymbol{\beta}$ 为一个 3×3 矩阵，而 $\boldsymbol{A}=\boldsymbol{\beta}\boldsymbol{\alpha}^T$ 为一个数. 所以

$$\boldsymbol{A}^n=\underbrace{(\boldsymbol{\alpha}^T\boldsymbol{\beta})(\boldsymbol{\alpha}^T\boldsymbol{\beta})\cdots\cdots(\boldsymbol{\alpha}^T\boldsymbol{\beta})}_{n\text{个}}=\boldsymbol{\alpha}^T\underbrace{(\boldsymbol{\beta}\boldsymbol{\alpha}^T)(\boldsymbol{\beta}\boldsymbol{\alpha}^T)\cdots\cdots(\boldsymbol{\beta}\boldsymbol{\alpha}^T)}_{n-1\text{个}}\boldsymbol{\beta}$$

$$=\boldsymbol{\alpha}^T(\boldsymbol{\beta}\boldsymbol{\alpha}^T)^{n-1}\boldsymbol{\beta}=3^{n-1}\boldsymbol{\alpha}^T\boldsymbol{\beta}=3^{n-1}\begin{bmatrix}1 & \frac{1}{2} & \frac{1}{3}\\ 2 & 1 & \frac{2}{3}\\ 3 & \frac{3}{2} & 1\end{bmatrix}.$$

故应填 $3^{n-1}\begin{bmatrix}1 & \frac{1}{2} & \frac{1}{3}\\ 2 & 1 & \frac{2}{3}\\ 3 & \frac{3}{2} & 1\end{bmatrix}$.

【1.11】 设 $\boldsymbol{\alpha}=(1,0,-1)^T$，矩阵 $\boldsymbol{A}=\boldsymbol{\alpha}\boldsymbol{\alpha}^T$，$n$ 为正整数，则 $|a\boldsymbol{E}-\boldsymbol{A}^n|=$ ______.

解 $\boldsymbol{A}^n=\boldsymbol{\alpha}(\boldsymbol{\alpha}^T\boldsymbol{\alpha})(\boldsymbol{\alpha}^T\boldsymbol{\alpha})\boldsymbol{\alpha}^T\cdots\boldsymbol{\alpha}\boldsymbol{\alpha}^T=2^{n-1}\boldsymbol{\alpha}^T\boldsymbol{\alpha}=2^{n-1}\begin{bmatrix}1 & 0 & -1\\ 0 & 0 & 0\\ -1 & 0 & 1\end{bmatrix}$，

$$|a\boldsymbol{E}-\boldsymbol{A}^n|=\begin{vmatrix}a-2^{n-1} & 0 & 2^{n-1}\\ 0 & a & 0\\ 2^{n-1} & 0 & a-2^{n-1}\end{vmatrix}=a[(a-2^{n-1})^2-2^{2(n-1)}]=a^2(a-2^n).$$

故应填 $a^2(a-2^n)$.

点评：设$\boldsymbol{A}=\begin{bmatrix}a_1b_1 & a_1b_2 & \cdots & a_1b_n\\ a_2b_1 & a_2b_2 & \cdots & a_2b_n\\ \cdots & \cdots & \cdots & \cdots\\ a_nb_1 & a_nb_2 & \cdots & a_nb_n\end{bmatrix}$，$\boldsymbol{\alpha}=(a_1,a_2,\cdots,a_n)$，$\boldsymbol{\beta}=(b_1,b_2,\cdots,b_n)$，则 $\boldsymbol{A}=\boldsymbol{\alpha}^T\boldsymbol{\beta}$ 且

$$A^m=(\boldsymbol{\alpha}^T\boldsymbol{\beta})^m=(\boldsymbol{\beta}\boldsymbol{\alpha}^T)^{m-1}A=\left(\sum_{i=1}^{n}a_ib_i\right)^{m-1}A.$$

本题为 2000 年考研真题.

【1.12】 设 $A=\begin{bmatrix}1&0&1\\0&2&0\\1&0&1\end{bmatrix}$,而 $n\geqslant2$ 为正整数,则 $A^n-2A^{n-1}=$______.

解 $A^n-2A^{n-1}=A^{n-1}(A-2E)$,且 $A-2E=\begin{bmatrix}-1&0&1\\0&0&0\\1&0&-1\end{bmatrix}$.

当 $n=2$ 时, $A^2-2A=A(A-2E)=\begin{bmatrix}1&0&1\\0&2&0\\1&0&1\end{bmatrix}\begin{bmatrix}-1&0&1\\0&0&0\\1&0&-1\end{bmatrix}=\begin{bmatrix}0&0&0\\0&0&0\\0&0&0\end{bmatrix}=\mathbf{0}$.

当 $n>2$ 时, $A^n-2A^{n-1}=A^{n-2}[A(A-2E)]=\mathbf{0}$.

故应填$\mathbf{0}$.

点评:本题实际上只计算了 $A(A-2E)$,避开了 A^n 的计算.本题为 1999 年考研真题.

【1.13】 设 $A=\begin{bmatrix}0&-1&0\\1&0&0\\0&0&-1\end{bmatrix}$,$B=P^{-1}AP$,其中 P 为三阶可逆矩阵,则 $B^{2004}-2A^2=$______.

解 $A^2=\begin{bmatrix}-1&0&0\\0&-1&0\\0&0&1\end{bmatrix}$,故 $A^{2004}=(A^2)^{1002}=E$.

$$\begin{aligned}B^{2004}-2A^2&=P^{-1}A^{2004}P-2A^2=E-2A^2\\&=\begin{bmatrix}1&0&0\\0&1&0\\0&0&1\end{bmatrix}-2\begin{bmatrix}-1&0&0\\0&-1&0\\0&0&-1\end{bmatrix}=\begin{bmatrix}3&0&0\\0&3&0\\0&0&-1\end{bmatrix}\end{aligned}$$

故应填 $\begin{bmatrix}3&0&0\\0&3&0\\0&0&-1\end{bmatrix}$.

点评:解答本题的关键是将 B^m 转化为 A^m.事实上,若 $B=P^{-1}AP$,则

$$B^m=(P^{-1}AP)(P^{-1}AP)\cdots(P^{-1}AP)=P^{-1}A^mP.$$

本题为 2004 年考研真题.

题型 3:矩阵的乘法交换性

【1.14】 证明与任意 n 阶方阵乘法可交换的方阵 A 一定是数量矩阵.

证 用 E_{ij} 表示第 i 行第 j 列的元素为 1,其余元素全为零的 n 阶方阵, $i,j=1,2,\cdots,n$.

设 $A=(a_{ij})_n$,所以 A 与 $E_{ij}(i,j=1,2,\cdots,n)$乘法可交换.即

$$AE_{ij}=\begin{bmatrix}a_{11} & a_{12} & \cdots & a_{1n}\\ a_{21} & a_{22} & \cdots & a_{2n}\\ \cdots & \cdots & \cdots & \cdots\\ a_{n1} & a_{n2} & \cdots & a_{nn}\end{bmatrix}\begin{bmatrix}0 & 0 & \cdots & 0 & \cdots & 0\\ \cdots & \cdots & \cdots & \cdots & \cdots & \cdots\\ 0 & 0 & \cdots & 1 & \cdots & 0\\ \cdots & \cdots & \cdots & \cdots & \cdots & \cdots\\ 0 & 0 & \cdots & 0 & \cdots & 0\end{bmatrix}=\begin{bmatrix}0 & \cdots & a_{1i} & 0 & 0\\ 0 & \cdots & a_{2i} & 0 & 0\\ \cdots & \cdots & \cdots & \cdots & \cdots\\ 0 & \cdots & a_{ni} & 0 & 0\end{bmatrix},$$

$$E_{ij}A=\begin{bmatrix}0 & 0 & \cdots & 0 & \cdots & 0\\ \cdots & \cdots & \cdots & \cdots & \cdots & \cdots\\ 0 & 0 & \cdots & 1 & \cdots & 0\\ \cdots & \cdots & \cdots & \cdots & \cdots & \cdots\\ 0 & 0 & \cdots & 0 & \cdots & 0\end{bmatrix}\begin{bmatrix}a_{11} & a_{12} & \cdots & a_{1n}\\ a_{21} & a_{22} & \cdots & a_{2n}\\ \cdots & \cdots & \cdots & \cdots\\ a_{n1} & a_{n2} & \cdots & a_{nn}\end{bmatrix}=\begin{bmatrix}0 & 0 & \cdots & 0\\ \cdots & \cdots & \cdots & \cdots\\ a_{j1} & a_{j2} & \cdots & a_{jn}\\ \cdots & \cdots & \cdots & \cdots\\ 0 & 0 & \cdots & 0\end{bmatrix},$$

且 $AE_{ij}=E_{ij}A$，所以

$$a_{ii}=a_{jj},\ a_{jl}=0\quad (l\neq j,\ l=1,2,\cdots,n),$$

$$a_{li}=0\quad (l\neq i,\ l=1,2,\cdots,n),\ \text{并且}\ i,j=1,2,\cdots,n.$$

故 A 为数量矩阵.

【1.15】 设 $A=\begin{bmatrix}a_1 & & & \\ & a_2 & & \\ & & \ddots & \\ & & & a_n\end{bmatrix}$，其中 $a_i\neq a_j\ (i\neq j)$. 证明与 A 可交换的矩阵只能是对角矩阵.

证 任何对角矩阵显然与 A 可交换，反之，设

$$B=\begin{bmatrix}b_{11} & b_{12} & \cdots & b_{1n}\\ b_{21} & b_{22} & \cdots & b_{2n}\\ \cdots & \cdots & \cdots & \cdots\\ b_{n1} & b_{n2} & \cdots & b_{nn}\end{bmatrix}$$

与 A 可交换，则由 $AB=BA$ 可得

$$\begin{bmatrix}a_1b_{11} & a_1b_{12} & \cdots & a_1b_{1n}\\ a_2b_{21} & a_2b_{22} & \cdots & a_2b_{2n}\\ \cdots & \cdots & \cdots & \cdots\\ a_nb_{n1} & a_nb_{n2} & \cdots & a_nb_{nn}\end{bmatrix}=\begin{bmatrix}a_1b_{11} & a_2b_{12} & \cdots & a_nb_{1n}\\ a_1b_{21} & a_2b_{22} & \cdots & a_nb_{2n}\\ \cdots & \cdots & \cdots & \cdots\\ a_1b_{n1} & a_2b_{n2} & \cdots & a_nb_{nn}\end{bmatrix},$$

比较对应元素，得 $(a_i-a_j)b_{ij}=0,\ (i\neq j)$，但 $a_i\neq a_j,\ (i\neq j)$，所以，

$$b_{ij}=0,\quad (i\neq j,\ i,j=1,2,\cdots,n).$$

即 B 为对角矩阵.

【1.16】 求所有与 $A=\begin{bmatrix}1 & 1\\ 0 & 1\end{bmatrix}$ 乘法可交换的矩阵.

解 设与 A 可交换的方阵为 $\begin{bmatrix}a & b\\ c & d\end{bmatrix}$，则由

$$\begin{bmatrix}1 & 1\\ 0 & 1\end{bmatrix}\begin{bmatrix}a & b\\ c & d\end{bmatrix}=\begin{bmatrix}a & b\\ c & d\end{bmatrix}\begin{bmatrix}1 & 1\\ 0 & 1\end{bmatrix}$$

得
$$\begin{bmatrix} a+c & b+d \\ c & d \end{bmatrix} = \begin{bmatrix} a & a+b \\ c & c+d \end{bmatrix}.$$

比较对应元素，得　$c=0, d=a$.

即所有与 $\boldsymbol{A}$ 可交换的方阵都形如 $\begin{bmatrix} a & b \\ 0 & a \end{bmatrix}$，其中 a, b 为任意数.

题型 4：方阵的行列式

【1.17】 已知 $\boldsymbol{A}, \boldsymbol{B}$ 是 n 阶方阵，则下列结论中正确的是______.

(A) $\boldsymbol{AB} \neq \boldsymbol{0} \Leftrightarrow \boldsymbol{A} \neq \boldsymbol{0}$ 且 $\boldsymbol{B} \neq \boldsymbol{0}$　　(B) $|\boldsymbol{A}|=0 \Leftrightarrow \boldsymbol{A}=\boldsymbol{0}$

(C) $|\boldsymbol{AB}|=0 \Leftrightarrow |\boldsymbol{A}|=0$ 或 $|\boldsymbol{B}|=0$　　(D) $\boldsymbol{A}=\boldsymbol{E} \Leftrightarrow |\boldsymbol{A}|=1$

解　(A)是必要但非充分条件，例如 $\boldsymbol{A}=\begin{bmatrix} 1 & -2 \\ -3 & 6 \end{bmatrix} \neq \boldsymbol{0}$, $\boldsymbol{B}=\begin{bmatrix} 4 & 6 \\ 2 & 3 \end{bmatrix} \neq \boldsymbol{0}$，但 $\boldsymbol{AB}=\boldsymbol{0}$；

(B)是充分但非必要条件，例如 $\boldsymbol{A}=\begin{bmatrix} 1 & 1 \\ 2 & 2 \end{bmatrix}$，有 $|\boldsymbol{A}|=0$，但得不到 $\boldsymbol{A}=\boldsymbol{0}$ 的结论；

(D)是必要但非充分条件，例如 $\boldsymbol{A}=\begin{bmatrix} 1 & 1 \\ 1 & 2 \end{bmatrix}$，有 $|\boldsymbol{A}|=1$ 但 $\boldsymbol{A} \neq \boldsymbol{E}$.

由于 $|\boldsymbol{AB}|=|\boldsymbol{A}|\ |\boldsymbol{B}|=0 \Leftrightarrow |\boldsymbol{A}|=0$ 或 $|\boldsymbol{B}|=0$.

故应选(C).

【1.18】 设 $\boldsymbol{A}$ 是四阶方阵，$\boldsymbol{B}$ 是五阶方阵，且 $|\boldsymbol{A}|=2$, $|\boldsymbol{B}|=-2$，则 $|-|\boldsymbol{A}|\ \boldsymbol{B}|=$______，$|-|\boldsymbol{B}|\ \boldsymbol{A}|=$______.

解　$|-|\boldsymbol{A}|\ \boldsymbol{B}|=|-2\boldsymbol{B}|=(-2)^5|\boldsymbol{B}|=(-2)^6=64$.

$|-|\boldsymbol{B}|\ \boldsymbol{A}|=|2\boldsymbol{A}|=2^4|\boldsymbol{A}|=2^5=32$.

故应填 64 和 32.

【1.19】 设 $\boldsymbol{A}=\begin{bmatrix} 2 & 1 \\ -1 & 2 \end{bmatrix}$，矩阵 $\boldsymbol{B}$ 满足 $\boldsymbol{BA}=\boldsymbol{B}+2\boldsymbol{E}$，求 $|\boldsymbol{B}|$.

解　由 $\boldsymbol{BA}=\boldsymbol{B}+2\boldsymbol{E}$ 得
$$\boldsymbol{B}(\boldsymbol{A}-\boldsymbol{E})=2\boldsymbol{E}.$$
等式两边同时取行列式，得 $|\boldsymbol{B}|\ |\boldsymbol{A}-\boldsymbol{E}|=|2\boldsymbol{E}|$.

又因为 $|\boldsymbol{A}-\boldsymbol{E}|=\begin{vmatrix} 1 & 1 \\ -1 & 1 \end{vmatrix}=2$,　$|2\boldsymbol{E}|=2^2=4$.　所以 $|\boldsymbol{B}|=2$.

点评：本题为 2006 年考研真题.

【1.20】 设 $\boldsymbol{A}, \boldsymbol{B}$ 是三阶方阵，且满足 $\boldsymbol{A}^2\boldsymbol{B}-\boldsymbol{A}-\boldsymbol{B}=\boldsymbol{E}$，若 $\boldsymbol{A}=\begin{bmatrix} 1 & 0 & 1 \\ 0 & 2 & 0 \\ -2 & 0 & 1 \end{bmatrix}$，求 $|\boldsymbol{B}|$.

解　由 $\boldsymbol{A}^2\boldsymbol{B}-\boldsymbol{A}-\boldsymbol{B}=\boldsymbol{E}$ 得 $(\boldsymbol{A}^2-\boldsymbol{E})\ \boldsymbol{B}=\boldsymbol{A}+\boldsymbol{E}$，进而有
$$(\boldsymbol{A}+\boldsymbol{E})(\boldsymbol{A}-\boldsymbol{E})\boldsymbol{B}=\boldsymbol{A}+\boldsymbol{E}.$$
等式两端同时取行列式，得
$$|\boldsymbol{A}+\boldsymbol{E}|\ |\boldsymbol{A}-\boldsymbol{E}|\ |\boldsymbol{B}|=|\boldsymbol{A}+\boldsymbol{E}|.$$

又因为 $|A+E|=\begin{vmatrix}2&0&1\\0&3&0\\-2&0&2\end{vmatrix}=18,\quad |A-E|=\begin{vmatrix}0&0&1\\0&1&0\\-2&0&0\end{vmatrix}=2,$

所以$|B|=\dfrac{1}{2}$.

点评:本题为 2003 年考研真题.此类题目的一般求解方法是:首先对所给的等式进行变形,使得等式两边均为矩阵相乘的形式,然后,两边同时取行列式,利用公式$|AB|=|A|\ |B|$进行求解.

【1.21】 设 $\alpha_1,\alpha_2,\alpha_3$ 均为 3 维列向量,记矩阵

$$A=(\alpha_1,\alpha_2,\alpha_3),\quad B=(\alpha_1+\alpha_2+\alpha_3,\alpha_1+2\alpha_2+4\alpha_3,\alpha_1+3\alpha_2+9\alpha_3).$$

如果$|A|=1$,那么$|B|=$______.

解 由题意知

$$B=(\alpha_1,\alpha_2,\alpha_3)\begin{bmatrix}1&1&1\\1&2&3\\1&4&9\end{bmatrix}=AC,\quad 其中\ C=\begin{bmatrix}1&1&1\\1&2&3\\1&4&9\end{bmatrix}$$

等式两端同时取行列式得$|B|=|A|\cdot|C|$,而$|C|=2$,所以$|B|=2$.

故应填 2.

点评:本题中$|C|$实际为范德蒙行列式,可以使用范德蒙行列式的计算公式,也可使用三阶行列式的对角线规则计算,或者利用性质化为上三角形计算.本题为 2005 年考研真题.

【1.22】 设 A,B 为 n 阶矩阵,满足 $AA^T=E,BB^T=E$,且$|A|+|B|=0$,求$|A+B|$.

解 $A+B=AB^TB+AA^TB=A(B^T+A^T)B=A(A+B)^TB$,

则$|A+B|=|A|\ |(A+B)^T|\ |B|$,即$(1-|A|\ |B|)|A+B|=0$.

又因为$|A|=\pm1$, $|B|=\pm1$, 且$|A|=-|B|$.

所以$|A||B|=-1$,从而 $1-|A||B|=2\neq0$,

故由 $2|A+B|=0$,得$|A+B|=0$.

点评:由条件可知,A,B 均为正交矩阵,故 A,B 的行列式为 1 或-1.还应注意到:若 A 是幂零矩阵,则$|A|=0$.若 A 是幂等矩阵,则$|A|$为 0 或 1.若 A 是对合矩阵,则$|A|$为 1 或-1.

【1.23】 设四阶矩阵 $A=(\alpha,\gamma_2,\gamma_3,\gamma_4)$, $B=(\beta,\gamma_2,\gamma_3,\gamma_4)$,其中 $\alpha,\beta,\gamma_2,\gamma_3,\gamma_4$ 均为四维列向量.且已知$|A|=4$,$|B|=1$,则$|A+B|=$______.

解 $A+B=(\alpha,\gamma_2,\gamma_3,\gamma_4)+(\beta,\gamma_2,\gamma_3,\gamma_4)=(\alpha+\beta,2\gamma_2,2\gamma_3,2\gamma_4)$.

根据行列式的性质,得

$$|A+B|=|\alpha+\beta,2\gamma_2,2\gamma_3,2\gamma_4|=2\times2\times2|\alpha+\beta,\gamma_2,\gamma_3,\gamma_4|=8(|A|+|B|)=40.$$

故应填 40.

点评:注意矩阵的运算规律和行列式的性质之间的联系和区别.

【1.24】 设 A,B 为 3 阶矩阵,且$|A|=3$,$|B|=2$,且$|A^{-1}+B|=2$,则$|A+B^{-1}|=$______.

解 因 $A+B^{-1}=A(A^{-1}+B)B^{-1}$,

所以$|A+B^{-1}|=|A|\cdot|A^{-1}+B|\cdot|B^{-1}|=3\times2\times\dfrac{1}{2}=3$.

点评:本题为 2010 年考研真题,解决的关键必须要找出已知条件 $A^{-1}+B$ 和所求 $A+B^{-1}$ 之间的关系.

题型 5:关于特殊矩阵

【1.25】 设 A 与 B 是两个 n 阶对称方阵.证明:乘积 AB 也是对称的当且仅当 A 与 B 乘法可交换.

证 由于 A 与 B 是对称的,故

$$A^T=A,\qquad B^T=B.$$

如果 $AB=BA$,则可得

$$(AB)^T=B^TA^T=BA=AB,$$

即乘积 AB 是对称的.

反之,若 AB 是对称的,即 $(AB)^T=AB$,则

$$AB=(AB)^T=B^TA^T=BA,$$

即 A 与 B 乘法可交换.

【1.26】 设 A,B 都是对合矩阵.证明:积 AB 是对合矩阵的充分必要条件是 A 与 B 乘法可交换.

证 设 AB 是对合矩阵,即有

$$E=(AB)^2=(AB)(AB)=A(BA)B.$$

两端左乘以 A 右乘以 B,由于 $A^2=B^2=E$,故得

$$AB=A^2(BA)B^2=BA.$$

反之,设 $AB=BA$,此等式两端右乘以 AB 得

$$(AB)^2=BAAB=BEB=B^2=E,$$

故 AB 为对合矩阵.

【1.27】 证明:任意 n 阶方阵都可以表成一个对称方阵与一个反对称方阵的和.

证 设 A 为任意 n 阶方阵,令 $B=\frac{1}{2}(A+A^T)$,$C=\frac{1}{2}(A-A^T)$,则

$$B^T=\frac{1}{2}(A+A^T)^T=\frac{1}{2}(A+A^T)=B,\qquad C^T=\frac{1}{2}(A-A^T)^T=\frac{1}{2}(A^T-A)=-C.$$

即 B 为对称阵,而 C 为反对称阵,且显然有 $A=B+C$.

【1.28】 设 A 为 n 阶反对称矩阵,对于任意 n 维列向量 α,都有 $\alpha^TA\alpha=0$.

证 注意到 $\alpha^TA\alpha$ 是一个数,所以转置就是本身,即

$$(\alpha^TA\alpha)^T=\alpha^TA\alpha,\quad 又\quad (\alpha^TA\alpha)^T=\alpha^TA^T\alpha=-\alpha^TA\alpha,$$

所以,$\alpha^TA\alpha=-\alpha^TA\alpha$,从而 $\alpha^TA\alpha=0$.

【1.29】 设 A,B 为 n 阶正交矩阵,则 AB 也是正交矩阵.

证 由 A,B 是正交矩阵,得 $AA^T=E$,且 $BB^T=E$.所以,

$$(AB)(AB)^T=(AB)(B^TA^T)=ABB^TA^T=E,$$

即 AB 为正交矩阵.

【1.30】 设 n 阶实对称矩阵 A 满足关系 $A^2+6A+8E=0$,证明 $A+3E$ 是正交矩阵.

证 因为 $A^T=A$,所以

$$(\boldsymbol{A}+3\boldsymbol{E})(\boldsymbol{A}+3\boldsymbol{E})^T=(\boldsymbol{A}+3\boldsymbol{E})^2=\boldsymbol{A}^2+6\boldsymbol{A}+9\boldsymbol{E}.$$

又

$$\boldsymbol{A}^2+6\boldsymbol{A}+8\boldsymbol{E}=\boldsymbol{0},$$

所以 $(\boldsymbol{A}+3\boldsymbol{E})(\boldsymbol{A}+3\boldsymbol{E})^T=\boldsymbol{E}$,即 $\boldsymbol{A}+3\boldsymbol{E}$ 是正交矩阵.

【1.31】 设 $\boldsymbol{A},\boldsymbol{B}$ 均为 n 阶矩阵,且满足 $\boldsymbol{A}^2=\boldsymbol{A},\boldsymbol{B}^2=\boldsymbol{B}$ 和 $(\boldsymbol{A}+\boldsymbol{B})^2=\boldsymbol{A}+\boldsymbol{B}$,证明 $\boldsymbol{AB}$ 为零矩阵.

证 由题设 $\boldsymbol{A}^2=\boldsymbol{A},\boldsymbol{B}^2=\boldsymbol{B}$ 和 $(\boldsymbol{A}+\boldsymbol{B})^2=\boldsymbol{A}+\boldsymbol{B}$,有

$$(\boldsymbol{A}+\boldsymbol{B})^2=\boldsymbol{A}^2+\boldsymbol{AB}+\boldsymbol{B}^2=\boldsymbol{A}+\boldsymbol{AB}+\boldsymbol{BA}+\boldsymbol{B}=\boldsymbol{A}+\boldsymbol{B},$$

得 $\boldsymbol{AB}+\boldsymbol{BA}=\boldsymbol{0}$.

用 $\boldsymbol{A}$ 左乘、右乘上式两边,分别得到

$$\boldsymbol{A}(\boldsymbol{AB}+\boldsymbol{BA})=\boldsymbol{A}^2\boldsymbol{B}+\boldsymbol{ABA}=\boldsymbol{AB}+\boldsymbol{ABA}=\boldsymbol{0},$$

$$(\boldsymbol{AB}+\boldsymbol{BA})\boldsymbol{A}=\boldsymbol{ABA}+\boldsymbol{BA}^2=\boldsymbol{ABA}+\boldsymbol{BA}=\boldsymbol{0},$$

从而 $\boldsymbol{AB}=\boldsymbol{BA}$. 将它代入 $\boldsymbol{AB}+\boldsymbol{BA}=\boldsymbol{0}$,就得 $\boldsymbol{AB}=\boldsymbol{0}$.

§2. 逆矩阵

知识要点

1. 逆矩阵的定义 对于 n 阶方阵 $\boldsymbol{A}$,如果存在 n 阶方阵 $\boldsymbol{B}$ 使 $\boldsymbol{AB}=\boldsymbol{BA}=\boldsymbol{E}$,则称 $\boldsymbol{A}$ 是可逆的,并把 $\boldsymbol{B}$ 称为 $\boldsymbol{A}$ 的逆矩阵,记作 $\boldsymbol{A}^{-1}=\boldsymbol{B}$.

2. 关于逆矩阵的常用结论

(1)方阵 $\boldsymbol{A}$ 可逆的充要条件是 $|\boldsymbol{A}|\neq 0$; (2)若 $\boldsymbol{AB}=\boldsymbol{E}$ 或 $\boldsymbol{BA}=\boldsymbol{E}$,则 $\boldsymbol{B}=\boldsymbol{A}^{-1}$;

(3) $(\boldsymbol{A}^{-1})^{-1}=\boldsymbol{A}$; (4) $(k\boldsymbol{A})^{-1}=\frac{1}{k}\boldsymbol{A}^{-1}$ 其中 $k\neq 0$;

(5) $(\boldsymbol{A}^T)^{-1}=(\boldsymbol{A}^{-1})^T$; (6) $(\boldsymbol{AB})^{-1}=\boldsymbol{B}^{-1}\boldsymbol{A}^{-1}$;

(7) $|\boldsymbol{A}^{-1}|=|\boldsymbol{A}|^{-1}$; (8)一般情况下,$(\boldsymbol{A}+\boldsymbol{B})^{-1}\neq\boldsymbol{A}^{-1}+\boldsymbol{B}^{-1}$;

(9)可逆的上(下)三角矩阵的逆矩阵仍为上(下)三角矩阵.

3. 伴随矩阵的定义 设 $\boldsymbol{A}=(a_{ij})$ 是 n 阶方阵,行列式 $|\boldsymbol{A}|$ 的各个元素 a_{ij} 的代数余子式所构成的如下的矩阵

$$\boldsymbol{A}^*=\begin{bmatrix}A_{11} & A_{21} & \cdots & A_{n1}\\ A_{12} & A_{22} & \cdots & A_{n2}\\ \cdots & \cdots & \cdots & \cdots\\ A_{1n} & A_{2n} & \cdots & A_{nn}\end{bmatrix}$$

称为 $\boldsymbol{A}$ 的伴随矩阵.

4. 关于伴随矩阵的常用结论

(1) $\boldsymbol{AA}^*=\boldsymbol{A}^*\boldsymbol{A}=|\boldsymbol{A}|\boldsymbol{E}$;

(2)若 $\boldsymbol{A}$ 可逆,则 $\boldsymbol{A}^{-1}=\frac{1}{|\boldsymbol{A}|}\boldsymbol{A}^*$,$\boldsymbol{A}^*=|\boldsymbol{A}|\boldsymbol{A}^{-1}$,且 $\boldsymbol{A}^*$ 也可逆,$(\boldsymbol{A}^*)^{-1}=(\boldsymbol{A}^{-1})^*=\frac{1}{|\boldsymbol{A}|}\boldsymbol{A}$;

(3)$(\boldsymbol{AB})^*=\boldsymbol{B}^*\boldsymbol{A}^*$;　　(4)$(\boldsymbol{A}^*)^T=(\boldsymbol{A}^T)^*$;

(5)$(k\boldsymbol{A})^*=k^{n-1}\boldsymbol{A}^*(k\neq0)$;　　(6)$|\boldsymbol{A}^*|=|\boldsymbol{A}|^{n-1}(n\geqslant2)$;

(7)$(\boldsymbol{A}^*)^*=|\boldsymbol{A}|^{n-2}\boldsymbol{A}\ (n\geqslant2)$.

基本题型

题型1:逆矩阵的概念和运算

【2.1】 设 n 阶方阵 $\boldsymbol{A},\boldsymbol{B},\boldsymbol{C}$ 满足关系式 $\boldsymbol{ABC}=\boldsymbol{E}$,其中 $\boldsymbol{E}$ 是 n 阶单位阵,则必有______.

(A)$\boldsymbol{ACB}=\boldsymbol{E}$　(B)$\boldsymbol{CBA}=\boldsymbol{E}$　(C)$\boldsymbol{BAC}=\boldsymbol{E}$　(D)$\boldsymbol{BCA}=\boldsymbol{E}$

解　由 $\boldsymbol{ABC}=\boldsymbol{E}$ 知,$\boldsymbol{A},\boldsymbol{B},\boldsymbol{C}$ 均为可逆矩阵,且 $\boldsymbol{A}$ 与 $\boldsymbol{BC}$(或 $\boldsymbol{AB}$ 与 $\boldsymbol{C}$)互为逆矩阵,因而有 $\boldsymbol{BCA}=\boldsymbol{E}$ 或 $\boldsymbol{CAB}=\boldsymbol{E}$ 成立,对照四个选项可以看出(D)为正确的.

故应选(D).

【2.2】 设 $\boldsymbol{A},\boldsymbol{B}$ 均为 n 阶方阵,则必有______.

(A)$\boldsymbol{A}$ 或 $\boldsymbol{B}$ 可逆,必有 $\boldsymbol{AB}$ 可逆　(B)$\boldsymbol{A}$ 或 $\boldsymbol{B}$ 不可逆,必有 $\boldsymbol{AB}$ 不可逆

(C)$\boldsymbol{A}$ 且 $\boldsymbol{B}$ 可逆,必有 $\boldsymbol{A}+\boldsymbol{B}$ 可逆　(D)$\boldsymbol{A}$ 且 $\boldsymbol{B}$ 不可逆,必有 $\boldsymbol{A}+\boldsymbol{B}$ 不可逆

解　因为 $|\boldsymbol{AB}|=|\boldsymbol{A}|\,|\boldsymbol{B}|\neq0$,必有 $|\boldsymbol{A}|\neq0$,$|\boldsymbol{B}|\neq0$.

若 $\boldsymbol{AB}$ 可逆,必须要求 $\boldsymbol{A},\boldsymbol{B}$ 同时可逆;或者,若 $\boldsymbol{A},\boldsymbol{B}$ 中有一不可逆,则 $\boldsymbol{AB}$ 必定不可逆,故(B)正确.

故应选(B).

【2.3】 设 $\boldsymbol{A}=\begin{bmatrix}1&0&1\\0&2&0\\0&0&1\end{bmatrix}$,则 $(\boldsymbol{A}+3\boldsymbol{E})^{-1}(\boldsymbol{A}^2-9\boldsymbol{E})=$______.

解　$(\boldsymbol{A}+3\boldsymbol{E})^{-1}(\boldsymbol{A}^2-9\boldsymbol{E})=(\boldsymbol{A}+3\boldsymbol{E})^{-1}(\boldsymbol{A}+3\boldsymbol{E})(\boldsymbol{A}-3\boldsymbol{E})=\boldsymbol{A}-3\boldsymbol{E}=\begin{bmatrix}-2&0&1\\0&-1&0\\0&0&-2\end{bmatrix}$.

故应填 $\begin{bmatrix}-2&0&1\\0&-1&0\\0&0&-2\end{bmatrix}$.

点评:利用矩阵的运算规律先化简再求解.

【2.4】 设 $\boldsymbol{A},\boldsymbol{B},\boldsymbol{C}$ 均为 n 阶方阵,$\boldsymbol{E}$ 为 n 阶单位矩阵,若 $\boldsymbol{B}=\boldsymbol{E}+\boldsymbol{AB}$,$\boldsymbol{C}=\boldsymbol{A}+\boldsymbol{CA}$,则 $\boldsymbol{B}-\boldsymbol{C}$ 为______.

(A)$\boldsymbol{E}$　(B)$-\boldsymbol{E}$　(C)$\boldsymbol{A}$　(D)$-\boldsymbol{A}$

解　由 $\boldsymbol{B}=\boldsymbol{E}+\boldsymbol{AB}$ 得 $(\boldsymbol{E}-\boldsymbol{A})\boldsymbol{B}=\boldsymbol{E}$,从而 $\boldsymbol{B}=(\boldsymbol{E}-\boldsymbol{A})^{-1}$.

由 $\boldsymbol{C}=\boldsymbol{A}+\boldsymbol{CA}$ 得 $\boldsymbol{C}(\boldsymbol{E}-\boldsymbol{A})=\boldsymbol{A}$,从而 $\boldsymbol{C}=\boldsymbol{A}(\boldsymbol{E}-\boldsymbol{A})^{-1}$.

所以 $\boldsymbol{B}-\boldsymbol{C}=(\boldsymbol{E}-\boldsymbol{A})^{-1}-\boldsymbol{A}(\boldsymbol{E}-\boldsymbol{A})^{-1}=(\boldsymbol{E}-\boldsymbol{A})(\boldsymbol{E}-\boldsymbol{A})^{-1}=\boldsymbol{E}$.

故应选(A).

点评：本题为 2005 年考研真题.

【2.5】 设三阶方阵 $\boldsymbol{A},\boldsymbol{B}$，若 $|\boldsymbol{A}|=3$，且 $\boldsymbol{B}=2(\boldsymbol{A}^{-1})^2-(2\boldsymbol{A}^2)^{-1}$，则 $|\boldsymbol{B}|=$______.

解 $\boldsymbol{B}=2(\boldsymbol{A}^{-1})^2-(2\boldsymbol{A}^2)^{-1}=2(\boldsymbol{A}^{-1})^2-\frac{1}{2}(\boldsymbol{A}^2)^{-1}=\frac{3}{2}(\boldsymbol{A}^{-1})^2$，

所以 $|\boldsymbol{B}|=\left|\frac{3}{2}(\boldsymbol{A}^{-1})^2\right|=(\frac{3}{2})^3|\boldsymbol{A}^{-1}|^2=(\frac{3}{2})^3(\frac{1}{3})^2=\frac{3}{8}$.

故应填 $\frac{3}{8}$.

【2.6】 化简矩阵算式：$(\boldsymbol{BC}^T-\boldsymbol{E})^T(\boldsymbol{AB}^{-1})^T+[(\boldsymbol{BA}^{-1})^T]^{-1}$.

解 $(\boldsymbol{BC}^T-\boldsymbol{E})^T(\boldsymbol{AB}^{-1})^T+[(\boldsymbol{BA}^{-1})^T]^{-1}=[\boldsymbol{AB}^{-1}(\boldsymbol{BC}^T-\boldsymbol{E})]^T+[(\boldsymbol{BA}^{-1})^{-1}]^T$

$=(\boldsymbol{AC}^T-\boldsymbol{AB}^{-1})^T+(\boldsymbol{AB}^{-1})^T=(\boldsymbol{AC}^T)^T-(\boldsymbol{AB}^{-1})^T+(\boldsymbol{AB}^{-1})^T=\boldsymbol{CA}^T$.

【2.7】 设 $\boldsymbol{A},\boldsymbol{B}$ 均为 n 阶方阵，且 $\boldsymbol{E}+\boldsymbol{AB}$ 可逆，化简：$(\boldsymbol{E}+\boldsymbol{BA})[\boldsymbol{E}-\boldsymbol{B}(\boldsymbol{E}+\boldsymbol{AB})^{-1}\boldsymbol{A}]$.

解
$$\begin{aligned}&(\boldsymbol{E}+\boldsymbol{BA})[\boldsymbol{E}-\boldsymbol{B}(\boldsymbol{E}+\boldsymbol{AB})^{-1}\boldsymbol{A}]\\=&\boldsymbol{E}-\boldsymbol{B}(\boldsymbol{E}+\boldsymbol{AB})^{-1}\boldsymbol{A}+[\boldsymbol{BA}-\boldsymbol{BAB}(\boldsymbol{E}+\boldsymbol{AB})^{-1}\boldsymbol{A}]\\=&\boldsymbol{E}-\boldsymbol{B}(\boldsymbol{E}+\boldsymbol{AB})^{-1}\boldsymbol{A}+\boldsymbol{B}(\boldsymbol{E}+\boldsymbol{AB}-\boldsymbol{AB})(\boldsymbol{E}+\boldsymbol{AB})^{-1}\boldsymbol{A}\\=&\boldsymbol{E}-\boldsymbol{B}(\boldsymbol{E}+\boldsymbol{AB})^{-1}\boldsymbol{A}+\boldsymbol{B}(\boldsymbol{E}+\boldsymbol{AB})^{-1}\boldsymbol{A}=\boldsymbol{E}.\end{aligned}$$

题型 2：利用定义求逆矩阵

【2.8】 设矩阵 $\boldsymbol{A}$ 满足 $\boldsymbol{A}^2+\boldsymbol{A}-4\boldsymbol{E}=\boldsymbol{0}$，其中 $\boldsymbol{E}$ 为单位矩阵，则 $(\boldsymbol{A}-\boldsymbol{E})^{-1}=$______.

解 由 $\boldsymbol{A}^2+\boldsymbol{A}-4\boldsymbol{E}=\boldsymbol{0}$ 得 $(\boldsymbol{A}-\boldsymbol{E})(\boldsymbol{A}+2\boldsymbol{E})=2\boldsymbol{E}$，即

$$(\boldsymbol{A}-\boldsymbol{E})(\frac{1}{2}(\boldsymbol{A}+2\boldsymbol{E}))=\boldsymbol{E}.$$

由定义，$(\boldsymbol{A}-\boldsymbol{E})^{-1}=\frac{1}{2}(\boldsymbol{A}+2\boldsymbol{E})$.

故应填 $\frac{1}{2}(\boldsymbol{A}+2\boldsymbol{E})$.

点评：利用定义求矩阵 $\boldsymbol{A}$ 的逆，关键是凑出等式 $\boldsymbol{AB}=\boldsymbol{E}$ 或 $\boldsymbol{BA}=\boldsymbol{E}$，从而 $\boldsymbol{A}^{-1}=\boldsymbol{B}$. 本题为 2001 年考研真题.

【2.9】 设 $\boldsymbol{A}$ 是幂零矩阵，则 $\boldsymbol{E}-\boldsymbol{A}$ 可逆，并求 $(\boldsymbol{E}-\boldsymbol{A})^{-1}$.

解 因为 $\boldsymbol{A}$ 是幂零矩阵，所以存在正整数 k，使 $\boldsymbol{A}^k=\boldsymbol{0}$，则有

$$\begin{aligned}&(\boldsymbol{E}-\boldsymbol{A})(\boldsymbol{E}+\boldsymbol{A}+\boldsymbol{A}^2+\cdots+\boldsymbol{A}^{k-1})\\=&\boldsymbol{E}+\boldsymbol{A}+\cdots+\boldsymbol{A}^{k-1}-\boldsymbol{A}-\boldsymbol{A}^2-\cdots-\boldsymbol{A}^{k-1}-\boldsymbol{A}^k=\boldsymbol{E}-\boldsymbol{A}^k=\boldsymbol{E}.\end{aligned}$$

从而 $\boldsymbol{E}-\boldsymbol{A}$ 可逆，且 $(\boldsymbol{E}-\boldsymbol{A})^{-1}=\boldsymbol{E}+\boldsymbol{A}+\boldsymbol{A}^2+\cdots+\boldsymbol{A}^{k-1}$.

点评：本题中 $k=3$ 时，即为 2008 年考研真题.

【2.10】 设 $\boldsymbol{A}=\begin{bmatrix}0&1&0&0\\0&0&1&0\\0&0&0&1\\0&0&0&0\end{bmatrix}$，求 $\boldsymbol{B}=\boldsymbol{E}+\boldsymbol{A}$ 的逆矩阵.

解 由于 $\boldsymbol{A}=\begin{bmatrix}0&1&0&0\\0&0&1&0\\0&0&0&1\\0&0&0&0\end{bmatrix}$，$\boldsymbol{A}^2=\begin{bmatrix}0&0&1&0\\0&0&0&1\\0&0&0&0\\0&0&0&0\end{bmatrix}$，$\boldsymbol{A}^3=\begin{bmatrix}0&0&0&1\\0&0&0&0\\0&0&0&0\\0&0&0&0\end{bmatrix}$，$\boldsymbol{A}^4=\boldsymbol{0}$，

所以有　$\boldsymbol{E}-\boldsymbol{A}^4=\boldsymbol{E}$,

从而　$(\boldsymbol{E}+\boldsymbol{A})(\boldsymbol{E}-\boldsymbol{A}+\boldsymbol{A}^2-\boldsymbol{A}^3)=\boldsymbol{E}-\boldsymbol{A}+\boldsymbol{A}^2-\boldsymbol{A}^3+\boldsymbol{A}-\boldsymbol{A}^2+\boldsymbol{A}^3-\boldsymbol{A}^4=\boldsymbol{E}-\boldsymbol{A}^4=\boldsymbol{E}$,

所以　$(\boldsymbol{E}+\boldsymbol{A})^{-1}=\boldsymbol{E}-\boldsymbol{A}+\boldsymbol{A}^2-\boldsymbol{A}^3$

$$=\begin{bmatrix}1&0&0&0\\0&1&0&0\\0&0&1&0\\0&0&0&1\end{bmatrix}-\begin{bmatrix}0&1&0&0\\0&0&1&0\\0&0&0&1\\0&0&0&0\end{bmatrix}+\begin{bmatrix}0&0&1&0\\0&0&0&1\\0&0&0&0\\0&0&0&0\end{bmatrix}-\begin{bmatrix}0&0&0&1\\0&0&0&0\\0&0&0&0\\0&0&0&0\end{bmatrix}$$

$$=\begin{bmatrix}1&-1&1&-1\\0&1&-1&1\\0&0&1&-1\\0&0&0&1\end{bmatrix}.$$

【2.11】 设 $\boldsymbol{A}$ 满足 $ax^2+bx+c=0\ (c\neq0)$,证明:$\boldsymbol{A}$ 可逆,并求 $\boldsymbol{A}^{-1}$.

证　矩阵 $\boldsymbol{A}$ 满足 $ax^2+bx+c=0$,即

$$\boldsymbol{A}(a\boldsymbol{A}+b\boldsymbol{E})=-c\boldsymbol{E}.$$

因 $c\neq0$,等式两端同乘$(-\frac{1}{c})$,得

$$\boldsymbol{A}(-\frac{a}{c}\boldsymbol{A}-\frac{b}{c}\boldsymbol{E})=\boldsymbol{E},$$

从而 $\boldsymbol{A}$ 可逆,且 $\boldsymbol{A}^{-1}=-\frac{a}{c}\boldsymbol{A}-\frac{b}{c}\boldsymbol{E}$.

【2.12】 设 $\boldsymbol{A},\boldsymbol{B}$ 为 n 阶方阵,且 $\boldsymbol{AB}=\boldsymbol{A}+\boldsymbol{B}$.

(1)证明:$\boldsymbol{A}-\boldsymbol{E}$ 为可逆矩阵,其中 $\boldsymbol{E}$ 为 n 阶单位矩阵;

(2)证明:$\boldsymbol{AB}=\boldsymbol{BA}$.

证　(1)由 $\boldsymbol{AB}=\boldsymbol{A}+\boldsymbol{B}$ 得

$$\boldsymbol{AB}-\boldsymbol{A}-\boldsymbol{B}+\boldsymbol{E}=\boldsymbol{E},\quad 即\quad (\boldsymbol{A}-\boldsymbol{E})(\boldsymbol{B}-\boldsymbol{E})=\boldsymbol{E},$$

从而 $\boldsymbol{A}-\boldsymbol{E}$ 可逆,且$(\boldsymbol{A}-\boldsymbol{E})^{-1}=\boldsymbol{B}-\boldsymbol{E}$.

(2)由(1)知$(\boldsymbol{A}-\boldsymbol{E})(\boldsymbol{B}-\boldsymbol{E})=(\boldsymbol{B}-\boldsymbol{E})(\boldsymbol{A}-\boldsymbol{E})$,即

$$\boldsymbol{AB}-\boldsymbol{A}-\boldsymbol{B}+\boldsymbol{E}=\boldsymbol{BA}-\boldsymbol{A}-\boldsymbol{B}+\boldsymbol{E}.$$

所以 $\boldsymbol{AB}=\boldsymbol{BA}$.

题型4:关于伴随矩阵

【2.13】 求矩阵 $\boldsymbol{A}=\begin{bmatrix}3&2\\4&5\end{bmatrix}$的逆矩阵.

解　利用伴随矩阵求 $\boldsymbol{A}$ 的逆矩阵.

因为　$\boldsymbol{A}^*=\begin{bmatrix}A_{11}&A_{21}\\A_{12}&A_{22}\end{bmatrix}=\begin{bmatrix}5&-2\\-4&3\end{bmatrix}$,　　$|\boldsymbol{A}|=\begin{vmatrix}3&2\\4&5\end{vmatrix}=3\times5-2\times4=7\neq0$,

所以　$\boldsymbol{A}^{-1}=\frac{1}{|\boldsymbol{A}|}\boldsymbol{A}^*=\frac{1}{7}\begin{bmatrix}5&-2\\-4&3\end{bmatrix}=\begin{bmatrix}\frac{5}{7}&-\frac{2}{7}\\-\frac{4}{7}&\frac{3}{7}\end{bmatrix}$.

点评:设 $A=\begin{bmatrix}a & b\\ c & d\end{bmatrix}$,由行列式 $\begin{vmatrix}a & b\\ c & d\end{vmatrix}$ 得到代数余子式

$$A_{11}=d,\quad A_{12}=-c,\quad A_{21}=-b,\quad A_{22}=a,$$

所以 $A^*=\begin{bmatrix}A_{11} & A_{21}\\ A_{12} & A_{22}\end{bmatrix}=\begin{bmatrix}d & -b\\ -c & a\end{bmatrix}$,即主对角线对换,副对角线变号便可求出二阶矩阵的伴随矩阵.

【2.14】 设矩阵 $A=\begin{bmatrix}1 & -1\\ 2 & 3\end{bmatrix}$,$B=A^2-3A+2E$,则 $B^{-1}=$______.

解 $B=A^2-3A+2E=(A-2E)(A-E)=\begin{bmatrix}-1 & -1\\ 2 & 1\end{bmatrix}\begin{bmatrix}0 & -1\\ 2 & 2\end{bmatrix}=\begin{bmatrix}-2 & -1\\ 2 & 0\end{bmatrix}$,

则 $|B|=2$,而 $B^*=\begin{bmatrix}0 & 1\\ -2 & -2\end{bmatrix}$,所以

$$B^{-1}=\frac{1}{|B|}B^*=\frac{1}{2}\begin{bmatrix}0 & 1\\ -2 & -2\end{bmatrix}=\begin{bmatrix}0 & \frac{1}{2}\\ -1 & -1\end{bmatrix}.$$

故应填 $\begin{bmatrix}0 & \frac{1}{2}\\ -1 & -1\end{bmatrix}$.

点评:本题为2002年考研真题.

【2.15】 设 A 为三阶方阵,且 $|A|=2$,则 $|2A^{-1}|=$______,$|A^*|=$______,$|(A^*)^*|=$______,$|(A^*)^{-1}|=$______,$|3A^{-1}-2A^*|=$______,$|3A-(A^*)^*|=$______.

解 $|2A^{-1}|=2^3|A^{-1}|=2^3\times\frac{1}{2}=4$, $\qquad |A^*|=|A|^{3-1}=|A|^2=4$,

$|(A^*)^*|=|A|^{9-6+1}=|A|^4=16$, $\qquad |(A^*)^{-1}|=|A|^{1-3}=2^{-2}=\frac{1}{4}$,

$|3A^{-1}-2A^*|=|3A^{-1}-2|A|A^{-1}|=|3A^{-1}-4A^{-1}|=|-A^{-1}|=-\frac{1}{2}$,

$|3A-(A^*)^*|=|3A-|A|^{3-2}A|=|3A-2A|=|A|=2$.

故应填 4, 4, 16, $\frac{1}{4}$, $-\frac{1}{2}$, 2.

点评:熟练掌握并灵活运用伴随矩阵的常用公式.

【2.16】 设 A 为3阶矩阵,$|A|=3$,A^* 为 A 伴随矩阵,若交换 A 的第1行与第2行得矩阵 B,则 $|BA^*|=$______.

解 $|BA^*|=|B|\ |A^*|$,其中 $|B|=-|A|=-3$,$|A^*|=|A|^{3-1}=9$,

可知 $|BA^*|=-27$.

点评:本题为2012年考研真题.

【2.17】 设 $A=\begin{bmatrix}2 & 1 & 0\\ 1 & 2 & 0\\ 0 & 0 & 1\end{bmatrix}$,矩阵 B 满足:$ABA^*=2BA^*+E$,则 $|B|=$______.

解 由 $ABA^*=2BA^*+E$ 得

$$(\boldsymbol{A}-2\boldsymbol{E})\boldsymbol{B}\boldsymbol{A}^*=\boldsymbol{E}.$$

等式两边同时取行列式， $|\boldsymbol{A}-2\boldsymbol{E}|\ |\boldsymbol{B}|\ |\boldsymbol{A}^*|=1.$

因为 $|\boldsymbol{A}-2\boldsymbol{E}|=\begin{vmatrix}0&1&0\\1&0&0\\0&0&-1\end{vmatrix}=1$， $|\boldsymbol{A}|=\begin{vmatrix}2&1&0\\1&2&0\\0&0&1\end{vmatrix}=3$， $|\boldsymbol{A}^*|=|\boldsymbol{A}|^{3-1}=3^2=9$，

所以 $|\boldsymbol{B}|=\dfrac{1}{9}$.

故应填 $\dfrac{1}{9}$.

点评：本题为 2004 年考研真题.

【2.18】 已知实矩阵 $\boldsymbol{A}=(a_{ij})_{3\times3}$ 满足条件

(1) $a_{ij}=A_{ij}\ (i,j=1,2,3)$，其中 A_{ij} 是 a_{ij} 的代数余子式；

(2) $a_{11}\neq0$.

计算行列式 $|\boldsymbol{A}|$.

解 因为 $a_{ij}=A_{ij}$，所以 $\boldsymbol{A}^*=\boldsymbol{A}^T$，由

$$\boldsymbol{A}\boldsymbol{A}^T=\boldsymbol{A}\boldsymbol{A}^*=|\boldsymbol{A}|\boldsymbol{E},$$

两边取行列式，得 $|\boldsymbol{A}|^2=|\boldsymbol{A}|^3$，从而 $|\boldsymbol{A}|=1$ 或 $|\boldsymbol{A}|=0$.

由于 $a_{11}\neq0$，所以

$$|\boldsymbol{A}|=a_{11}A_{11}+a_{12}A_{12}+a_{13}A_{13}=a_{11}^2+a_{12}^2+a_{13}^2\neq0,$$

于是 $|\boldsymbol{A}|=1$.

【2.19】 已知非零实矩阵 $\boldsymbol{A}=(a_{ij})_{3\times3}$ 满足条件 $a_{ij}+A_{ij}=0\ (i,j=1,2,3)$，其中 A_{ij} 是 a_{ij} 的代数余子式，则 $|\boldsymbol{A}|=$______.

解 因为 $a_{ij}=-A_{ij}$，所以 $\boldsymbol{A}^*=-\boldsymbol{A}^T$. 由 $-\boldsymbol{A}\boldsymbol{A}^T=\boldsymbol{A}\boldsymbol{A}^*=|\boldsymbol{A}|\boldsymbol{E}$，

两边取行列式，得 $-|\boldsymbol{A}|^2=|\boldsymbol{A}|^3$，从而 $|\boldsymbol{A}|=-1$ 或 $|\boldsymbol{A}|=0$.

不妨设 $a_{11}\neq0$，从而 $|\boldsymbol{A}|=a_{11}A_{11}+a_{12}A_{12}+a_{13}A_{13}=a_{11}^2+a_{12}^2+a_{13}^2\neq0$.

于是 $|\boldsymbol{A}|=-1$.

点评：本题为 2013 年考研真题. 请注意：凡是题目中涉及到代数余子式 A_{ij} 的，一般要考虑两个知识点：一是行列式的按一行(列)展开，二是伴随矩阵 $\boldsymbol{A}^*$.

【2.20】 证明以下常用公式：

(1) $(\boldsymbol{A}^{-1})^*=(\boldsymbol{A}^*)^{-1}$　　(2) $|\boldsymbol{A}^*|=|\boldsymbol{A}|^{n-1}$.

证 (1)由 $\boldsymbol{A}\boldsymbol{A}^*=|\boldsymbol{A}|\boldsymbol{E}$ 得 $\boldsymbol{A}^*=|\boldsymbol{A}|\boldsymbol{A}^{-1}$，从而

$$(\boldsymbol{A}^{-1})^*=|\boldsymbol{A}^{-1}|(\boldsymbol{A}^{-1})^{-1}=|\boldsymbol{A}^{-1}|\boldsymbol{A}.$$

所以 $\boldsymbol{A}^*(\boldsymbol{A}^{-1})^*=|\boldsymbol{A}|\boldsymbol{A}^{-1}|\boldsymbol{A}^{-1}|\boldsymbol{A}=\boldsymbol{E}$，　即 $(\boldsymbol{A}^*)^{-1}=(\boldsymbol{A}^{-1})^*$.

(2)由 $\boldsymbol{A}\boldsymbol{A}^*=|\boldsymbol{A}|\boldsymbol{E}$，两边取行列式，得

$$|\boldsymbol{A}|\ |\boldsymbol{A}^*|=|\boldsymbol{A}|^n.$$

若 $|\boldsymbol{A}|\neq0$，则 $|\boldsymbol{A}^*|=|\boldsymbol{A}|^{n-1}$.

若 $|\boldsymbol{A}|=0$，则必有 $|\boldsymbol{A}^*|=0$. 否则，由 $|\boldsymbol{A}^*|\neq0$，即 $\boldsymbol{A}^*$ 可逆，所以

$$\boldsymbol{A}=\boldsymbol{A}\boldsymbol{A}^*(\boldsymbol{A}^*)^{-1}=|\boldsymbol{A}|\ \boldsymbol{E}(\boldsymbol{A}^*)^{-1}=\boldsymbol{0}.$$

这与$|A^*|\neq 0$矛盾.故当$|A|=0$时亦有$|A^*|=0$.

即此时也满足$|A^*|=|A|^{n-1}$.

题型3:利用行列式判定矩阵的可逆性

【2.21】 设$A=\begin{bmatrix}0&a&b\\a&0&c\\b&c&0\end{bmatrix}$,$B=\begin{bmatrix}0&0&0\\0&k&0\\0&0&l\end{bmatrix}$, $E=\begin{bmatrix}1&0&0\\0&1&0\\0&0&1\end{bmatrix}$,其中$k>0,l>0$,则当满足______时,$AB+E$为可逆矩阵.

解 $$AB+E=\begin{bmatrix}0&a&b\\a&0&c\\b&c&0\end{bmatrix}\begin{bmatrix}0&0&0\\0&k&0\\0&0&l\end{bmatrix}+\begin{bmatrix}1&0&0\\0&1&0\\0&0&1\end{bmatrix}=\begin{bmatrix}0&ka&lb\\0&0&lc\\0&kc&0\end{bmatrix}+\begin{bmatrix}1&0&0\\0&1&0\\0&0&1\end{bmatrix}$$

$$=\begin{bmatrix}1&ka&lb\\0&1&lc\\0&kc&1\end{bmatrix}.$$

要使 $|AB+E|=1-c^2kl\neq 0$, 则 $c^2kl\neq 1$.

故应填$c^2kl\neq 1$.

点评:利用矩阵A可逆的充要条件$|A|\neq 0$来判定矩阵的可逆性.

【2.22】 设A,B都是n阶矩阵,已知$|B|\neq 0$, $A-E$可逆,且有$(A-E)^{-1}=(B-E)^T$,求证A可逆.

证 因为$A-E$可逆,则$(A-E)(A-E)^{-1}=E$,即

$$(A-E)(A-E)^{-1}=(A-E)(B-E)^T=(A-E)(B^T-E)$$
$$=AB^T-A-B^T+E=E,$$

由此得 $A=(A-E)B^T$.

又因为$|A|=|A-E|\ |B^T|=|A-E|\ |B|\neq 0$,所以$A$可逆.

【2.23】 设A,B均为n阶方阵,B是可逆矩阵,且满足$A^2+AB+B^2=0$,证明:A和$A+B$均可逆,并求它们的逆矩阵.

解 已知B可逆,则$|B|\neq 0$,由$A^2+AB+B^2=0$,得

$$A(A+B)=-B^2, \quad ①$$

两边取行列式得

$$|A|\ |A+B|=(-1)^n(|B|)^2\neq 0,$$

所以$|A|\neq 0$, $|A+B|\neq 0$,即A和$A+B$均可逆,

①式两边右乘$-(B^2)^{-1}$, 得$A(A+B)(-B^2)^{-1}=E$, 所以

$$A^{-1}=-(A+B)(B^2)^{-1}=-A(B^{-1})^2-B^{-1},$$

①式两边左乘$-(B^2)^{-1}$, 得 $-(B^2)^{-1}A(A+B)=E$, 所以

$$(A+B)^{-1}=-(B^2)^{-1}A=-(B^{-1})^2A.$$

【2.24】 证明:(1)幂零矩阵一定不可逆;

(2)正交矩阵,对合矩阵一定可逆;

(3)奇数阶反对称阵一定不可逆.

证 (1)幂零矩阵的行列式为0,故不可逆.

(2)正交矩阵的行列式等于1或-1,所以一定可逆,同理,对合矩阵一定可逆.

(3)奇数阶反对称矩阵的行列式为0,所以不可逆.

§3. 初 等 变 换

知 识 要 点

1. 矩阵的初等变换

矩阵的初等行变换与初等列变换统称为初等变换.下列三种关于矩阵的变换称为矩阵的初等行(列)变换:

(1)互换矩阵中两行(列)的位置($r_i \leftrightarrow r_j, c_i \leftrightarrow c_j$);

(2)以一非零常数乘矩阵的某一行(列)(kr_i, kc_i);

(3)将矩阵的某一行(列)的k倍加到另一行(列)上去($r_i + kr_j, c_i + kc_j$).

2. 初等矩阵

(1)定义:由单位阵$\boldsymbol{E}$经过一次初等变换得到的矩阵称为初等矩阵.

(2)三种初等变换对应三种初等矩阵:

①互换两行或两列的位置

$$\boldsymbol{E}(i,j)=\begin{bmatrix}1 &&&&&&&& \\ & \ddots &&&&&&& \\ && 1 &&&&&& \\ &&& 0 & & \cdots & & 1 & \\ &&&& 1 &&&& \\ &&& \vdots && \ddots && \vdots & \\ &&&&&& 1 && \\ &&& 1 && \cdots && 0 & \\ &&&&&&&& 1 \\ &&&&&&&&& \ddots \\ &&&&&&&&&& 1\end{bmatrix}\begin{matrix} \\ \\ \\ \leftarrow 第\ i\ 行 \\ \\ \\ \\ \leftarrow 第\ j\ 行 \\ \\ \\ \\ \end{matrix}$$

②以数$k \neq 0$乘某行或某列

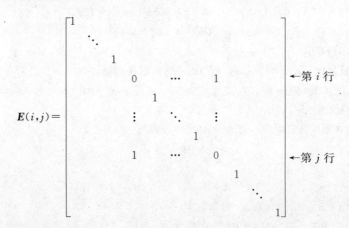

$$\boldsymbol{E}(i(k))=\begin{bmatrix}1&&&&&&\\&\ddots&&&&&\\&&1&&&&\\&&&k&&&\\&&&&1&&\\&&&&&\ddots&\\&&&&&&1\end{bmatrix}\leftarrow \text{第 } i \text{ 行}.$$

③以数 k 乘某行(列)加到另一行(列)上去

$$\boldsymbol{E}(i,j(k))=\begin{bmatrix}1&&&&&&&\\&\ddots&&&&&&\\&&1&\cdots&k&&&\\&&&\ddots&&&&\\&&&&1&\vdots&&\\&&&&&\ddots&&\\&&&&&&1&\\&&&&&&&\ddots\\&&&&&&&&1\end{bmatrix}\begin{matrix}\leftarrow \text{第 } i \text{ 行}\\ \\ \\ \leftarrow \text{第 } j \text{ 行}\end{matrix}$$

(3) $\boldsymbol{E}^T(i,j)=\boldsymbol{E}(i,j)$, $\boldsymbol{E}^T(i(k))=\boldsymbol{E}(i(k))$, $\boldsymbol{E}^T(i,j(k))=\boldsymbol{E}(j,i(k))$,

$\boldsymbol{E}^{-1}(i,j)=\boldsymbol{E}(i,j)$, $\boldsymbol{E}^{-1}(i(k))=\boldsymbol{E}(i(\frac{1}{k}))$, $\boldsymbol{E}^{-1}(i,j(k))=\boldsymbol{E}(i,j(-k))$,

$|\boldsymbol{E}(i,j)|=-1$, $|\boldsymbol{E}(i(k))|=k$, $|\boldsymbol{E}(i,j(k))|=1$.

3. 初等变换与初等矩阵的联系

设 $\boldsymbol{A}$ 是 $m\times n$ 矩阵,对 $\boldsymbol{A}$ 施行一次初等行变换,相当于在 $\boldsymbol{A}$ 的左边乘以相应的 m 阶初等矩阵;对 $\boldsymbol{A}$ 施行一次初等列变换,相当于在 $\boldsymbol{A}$ 的右边乘以相应的 n 阶初等矩阵.

4. 初等变换化简矩阵

(1)行阶梯形矩阵:可画出一条阶梯线,线的下方全为 0,每个台阶只有一行,台阶数即是非零行的行数,阶梯线的竖线后面的第一个元素为非零元,就是非零行的第一个非零元.

(2)行最简形矩阵:非零行的第一个非零元为 1,且这些非零元所在的列的其他元素都为 0.

(3)对于任何矩阵 $\boldsymbol{A}$,总可经过有限次初等行变换把它变为行阶梯形矩阵和行最简形矩阵.

(4)标准形:对于 $m\times n$ 矩阵 $\boldsymbol{A}$,总可经过初等变换,把它化为 $\boldsymbol{F}=\begin{bmatrix}\boldsymbol{E}_r&\boldsymbol{0}\\\boldsymbol{0}&\boldsymbol{0}\end{bmatrix}_{m\times n}$ 称为等价标准形.

5. 矩阵等价

(1)矩阵 $\boldsymbol{A}$ 经过一系列的初等变换得到矩阵 $\boldsymbol{B}$,则称 $\boldsymbol{A},\boldsymbol{B}$ 等价. 特别地,$\boldsymbol{A}$ 经过一系列初等行(列)变换得到 $\boldsymbol{B}$,称 $\boldsymbol{A},\boldsymbol{B}$ 行(列)等价.

(2)方阵 $\boldsymbol{A}$ 可逆的充要条件是存在有限个初等矩阵 $\boldsymbol{P}_1,\boldsymbol{P}_2,\cdots,\boldsymbol{P}_t$,使 $\boldsymbol{A}=\boldsymbol{P}_1\cdots\boldsymbol{P}_t$.

(3)方阵 $\boldsymbol{A}$ 可逆的充要条件是 $\boldsymbol{A}$ 与单位矩阵等价.

(4)$m\times n$ 矩阵 $\boldsymbol{A}$ 和 $\boldsymbol{B}$ 等价的充要条件是存在 m 阶可逆矩阵 $\boldsymbol{P}$ 和 n 阶可逆矩阵 $\boldsymbol{Q}$,使 $\boldsymbol{PAQ}=\boldsymbol{B}$.

(5)$m\times n$ 矩阵 $\boldsymbol{A}$ 和 $\boldsymbol{B}$ 等价的充要条件是 $\boldsymbol{A}$ 和 $\boldsymbol{B}$ 有相同的秩.

6. 初等变换求逆矩阵

主要有三种方法：

(1)$(\boldsymbol{A}\vdots\boldsymbol{E})\xrightarrow{\text{初等行变换}}(\boldsymbol{E}\vdots\boldsymbol{A}^{-1})$；　　(2)$\begin{bmatrix}\boldsymbol{A}\\ \cdots\\ \boldsymbol{E}\end{bmatrix}\xrightarrow{\text{初等列变换}}\begin{bmatrix}\boldsymbol{E}\\ \cdots\\ \boldsymbol{A}^{-1}\end{bmatrix}$；

(3)$\begin{bmatrix}\boldsymbol{A} & \boldsymbol{E}\\ \boldsymbol{E} & \boldsymbol{0}\end{bmatrix}\xrightarrow{\text{初等行,列变换}}\begin{bmatrix}\boldsymbol{E} & \boldsymbol{C}\\ \boldsymbol{B} & \boldsymbol{0}\end{bmatrix}$，则 $\boldsymbol{A}^{-1}=\boldsymbol{BC}$.

7. 初等矩阵的推广

(1)设 $\boldsymbol{A}_{m\times n}=(a_{ij})_{m\times n}$，

$$\boldsymbol{E}_{ij}=\begin{bmatrix}0 & & \vdots & & & \\ & \ddots & \vdots & & & \\ \cdots & \cdots & 1 & \cdots & \cdots & \cdots\\ & & \vdots & 0 & & \\ & & \vdots & & \ddots & \\ & & \vdots & & & 0\end{bmatrix}\begin{matrix}\\ \\ i\text{ 行}\\ \\ \\ \\ \end{matrix}$$

$$\begin{matrix}\hphantom{000000000000000}j\text{列}\end{matrix}$$

则

$$\boldsymbol{E}_{ij}\boldsymbol{A}=\begin{bmatrix}0 & & & & & & & \\ & 0 & & & & & & \\ & & \ddots & & & & & \\ & & & 1 & & & & \\ & & & & 0 & & & \\ & & & & & 0 & & \\ & & & & & & \ddots & \\ & & & & & & & 0\end{bmatrix}\boldsymbol{A}=\begin{bmatrix}0 & 0 & \cdots & 0\\ \vdots & \vdots & & \vdots\\ a_{j1} & a_{j2} & \cdots & a_{jn}\\ 0 & 0 & \cdots & 0\\ \vdots & \vdots & & \vdots\\ 0 & 0 & \cdots & 0\end{bmatrix}\begin{matrix}\\ \\ i\text{ 行},\\ \\ \\ \\ \end{matrix}$$

即 $\boldsymbol{A}$ 左乘 $\boldsymbol{E}_{ij}$ 相当于把 $\boldsymbol{A}$ 中第 i 行换成第 j 行元素，其他元素为 0. 类似地，

$$\boldsymbol{AE}_{ij}=\boldsymbol{A}\begin{bmatrix}0 & & & & & & \\ & 0 & & & & & \\ & & \ddots & & & & \\ & & & 1 & & & \\ & & & & 0 & & \\ & & & & & \ddots & \\ & & & & & & 0\end{bmatrix}=\begin{bmatrix}0 & \cdots & 0 & a_{1i} & 0 & \cdots & 0\\ 0 & \cdots & 0 & a_{2i} & 0 & \cdots & 0\\ \vdots & & \vdots & \vdots & \vdots & & \\ 0 & \cdots & 0 & a_{ni} & 0 & \cdots & 0\end{bmatrix},$$

$$\hphantom{000000000000000000000000}j\text{列}$$

即 $\boldsymbol{A}$ 右乘 $\boldsymbol{E}_{ij}$ 相当于把 $\boldsymbol{A}$ 中第 j 列换成第 i 列元素，其他元素都为 0.

(2)设 $\boldsymbol{A}=\begin{bmatrix}\boldsymbol{\alpha}_1\\ \vdots\\ \boldsymbol{\alpha}_n\end{bmatrix}$，其中 $\boldsymbol{\alpha}_i$ 为 $\boldsymbol{A}$ 的行向量，$i=1,\cdots,n$，则

$$\begin{bmatrix} & & & 1 \\ & & 1 & \\ & \iddots & & \\ 1 & & & \end{bmatrix}\boldsymbol{A}=\begin{bmatrix} & & & 1 \\ & & 1 & \\ & \iddots & & \\ 1 & & & \end{bmatrix}\begin{bmatrix}\boldsymbol{\alpha}_1 \\ \vdots \\ \boldsymbol{\alpha}_n\end{bmatrix}=\begin{bmatrix}\boldsymbol{\alpha}_n \\ \vdots \\ \boldsymbol{\alpha}_1\end{bmatrix},$$

即 $\boldsymbol{A}$ 左乘 $\begin{bmatrix} & & & 1 \\ & & 1 & \\ & \iddots & & \\ 1 & & & \end{bmatrix}$ 相当于把矩阵 $\boldsymbol{A}$ 的行向量颠倒了一下.

同理设 $\boldsymbol{A}=(\boldsymbol{\beta}_1,\cdots,\boldsymbol{\beta}_n)$,其中 $\boldsymbol{\beta}_j$ 为 $\boldsymbol{A}$ 的列向量,$j=1,\cdots,n$,则

$$\boldsymbol{A}\begin{bmatrix} & & & 1 \\ & & 1 & \\ & \iddots & & \\ 1 & & & \end{bmatrix}=(\boldsymbol{\beta}_1,\cdots,\boldsymbol{\beta}_n)\begin{bmatrix} & & & 1 \\ & & 1 & \\ & \iddots & & \\ 1 & & & \end{bmatrix}=(\boldsymbol{\beta}_n,\cdots,\boldsymbol{\beta}_1),$$

即 $\boldsymbol{A}$ 右乘 $\begin{bmatrix} & & & 1 \\ & & 1 & \\ & \iddots & & \\ 1 & & & \end{bmatrix}$ 相当于把矩阵 $\boldsymbol{A}$ 的列向量颠倒了一下.

(3)设 $\boldsymbol{A}=\begin{bmatrix}\boldsymbol{\alpha}_1 \\ \vdots \\ \boldsymbol{\alpha}_n\end{bmatrix}$,其中 $\boldsymbol{\alpha}_i$ 为 $\boldsymbol{A}$ 的行向量,$i=1,\cdots,n$,则

$$\begin{bmatrix}0 & 1 & & \\ & 0 & \ddots & \\ & & \ddots & 1 \\ & & & 0\end{bmatrix}\boldsymbol{A}=\begin{bmatrix}0 & 1 & & \\ & 0 & \ddots & \\ & & \ddots & 1 \\ & & & 0\end{bmatrix}\begin{bmatrix}\boldsymbol{\alpha}_1 \\ \vdots \\ \boldsymbol{\alpha}_n\end{bmatrix}=\begin{bmatrix}\boldsymbol{\alpha}_2 \\ \vdots \\ \boldsymbol{\alpha}_n \\ \boldsymbol{0}\end{bmatrix},$$

即矩阵 $\boldsymbol{A}$ 左乘 $\begin{bmatrix}0 & 1 & & \\ & \ddots & \ddots & \\ & & \ddots & 1 \\ & & & 0\end{bmatrix}$ 相当于把 $\boldsymbol{A}$ 的各行向上递推了一次.类似地,

$$\begin{bmatrix}0 & & & \\ 1 & \ddots & & \\ & \ddots & \ddots & \\ & & \ddots & 0 \\ & & & 1\end{bmatrix}\boldsymbol{A}=\begin{bmatrix}0 & & & \\ 1 & \ddots & & \\ & \ddots & \ddots & \\ & & \ddots & 0 \\ & & & 1\end{bmatrix}\begin{bmatrix}\boldsymbol{\alpha}_1 \\ \vdots \\ \boldsymbol{\alpha}_n\end{bmatrix}=\begin{bmatrix}\boldsymbol{0} \\ \boldsymbol{\alpha}_1 \\ \vdots \\ \boldsymbol{\alpha}_{n-1}\end{bmatrix},$$

即矩阵 $\boldsymbol{A}$ 左乘 $\begin{bmatrix}0 & & & \\ 1 & \ddots & & \\ & \ddots & \ddots & \\ & & \ddots & 0 \\ & & & 1\end{bmatrix}$ 相当于把 $\boldsymbol{A}$ 的各行向下递推了一次.

同理设 $\boldsymbol{A}=(\boldsymbol{\beta}_1,\cdots,\boldsymbol{\beta}_n)$，其中 $\boldsymbol{\beta}_j$ 为 $\boldsymbol{A}$ 的列向量，$j=1,2,\cdots,n$，则

$$\boldsymbol{A}\begin{bmatrix}0&1&&\\&\ddots&\ddots&\\&&\ddots&1\\&&&0\end{bmatrix}=(\boldsymbol{\beta}_1,\cdots,\boldsymbol{\beta}_n)\begin{bmatrix}0&1&&\\&\ddots&\ddots&\\&&\ddots&1\\&&&0\end{bmatrix}=(\boldsymbol{0},\boldsymbol{\beta}_1,\cdots,\boldsymbol{\beta}_{n-1}),$$

即矩阵 $\boldsymbol{A}$ 右乘 $\begin{bmatrix}0&1&&\\&\ddots&\ddots&\\&&\ddots&1\\&&&0\end{bmatrix}$ 相当于把 $\boldsymbol{A}$ 的列向量向右递推一次. 类似地，

$$\boldsymbol{A}\begin{bmatrix}0&&&\\1&\ddots&&\\&\ddots&\ddots&\\&&1&0\end{bmatrix}=(\boldsymbol{\beta}_1,\cdots,\boldsymbol{\beta}_n)\begin{bmatrix}0&&&\\1&\ddots&&\\&\ddots&\ddots&\\&&1&0\end{bmatrix}=(\boldsymbol{\beta}_2,\cdots,\boldsymbol{\beta}_n,\boldsymbol{0}),$$

即矩阵 $\boldsymbol{A}$ 右乘 $\begin{bmatrix}0&&&\\1&\ddots&&\\&\ddots&\ddots&\\&&1&0\end{bmatrix}$ 相当于把 $\boldsymbol{A}$ 的列向量向左递推一次.

基 本 题 型

题型 1：关于初等变换的计算

【3.1】 设 $\boldsymbol{A}=\begin{bmatrix}a_{11}&a_{12}&a_{13}\\a_{21}&a_{22}&a_{23}\\a_{31}&a_{32}&a_{33}\end{bmatrix}$，$\quad\boldsymbol{B}=\begin{bmatrix}a_{21}&a_{22}&a_{23}\\a_{11}&a_{12}&a_{13}\\a_{31}+a_{11}&a_{32}+a_{12}&a_{33}+a_{13}\end{bmatrix}$，

$$\boldsymbol{P}_1=\begin{bmatrix}0&1&0\\1&0&0\\0&0&1\end{bmatrix},\qquad \boldsymbol{P}_2=\begin{bmatrix}1&0&0\\0&1&0\\1&0&1\end{bmatrix},$$

则必有______.

(A) $\boldsymbol{AP}_1\boldsymbol{P}_2=\boldsymbol{B}$　　(B) $\boldsymbol{AP}_2\boldsymbol{P}_1=\boldsymbol{B}$　　(C) $\boldsymbol{P}_1\boldsymbol{P}_2\boldsymbol{A}=\boldsymbol{B}$　　(D) $\boldsymbol{P}_2\boldsymbol{P}_1\boldsymbol{A}=\boldsymbol{B}$

解　矩阵 $\boldsymbol{B}$ 是矩阵 $\boldsymbol{A}$ 经过初等行变换得到的. 首先把矩阵 $\boldsymbol{A}$ 的第一行乘以常数 1 加到第三行上去，即矩阵 $\boldsymbol{A}$ 左乘初等矩阵 $\boldsymbol{P}_2$，然后把矩阵 $\boldsymbol{P}_2\boldsymbol{A}$ 的第一行与第二行交换，也即 $\boldsymbol{P}_1\boldsymbol{P}_2\boldsymbol{A}$.

故应选(C).

【3.2】 设 $\boldsymbol{A}=\begin{bmatrix}1&2&3\\4&5&6\\7&8&9\end{bmatrix}$，$\boldsymbol{P}=\begin{bmatrix}0&0&1\\0&1&0\\1&0&0\end{bmatrix}$，$\boldsymbol{Q}=\begin{bmatrix}1&0&0\\0&0&1\\0&1&0\end{bmatrix}$，求 $\boldsymbol{P}^{20}\boldsymbol{A}\boldsymbol{Q}^{21}$.

解　易见 $\boldsymbol{P}=\boldsymbol{E}(1,3)$，$\boldsymbol{Q}=\boldsymbol{E}(2,3)$ 均为初等矩阵. $\boldsymbol{E}(1,3)$ 左乘 $\boldsymbol{A}$ 相当于把 $\boldsymbol{A}$ 的第一、三行交换，故 $\boldsymbol{E}(1,3)^{20}\boldsymbol{A}$ 是把 $\boldsymbol{A}$ 的第一、三行交换 20 次，结果仍为 $\boldsymbol{A}$. 同理可知 $\boldsymbol{AE}(2,3)^{21}$ 相当于把 $\boldsymbol{A}$ 的第二、三列交换 21 次，结果是把 $\boldsymbol{A}$ 的第二、三列交换了位置.

故 $P^{20}AQ^{21}=\begin{bmatrix}1&3&2\\4&6&5\\7&9&8\end{bmatrix}$.

【3.3】 设$A=\begin{bmatrix}a_{11}&a_{12}&a_{13}&a_{14}\\a_{21}&a_{22}&a_{23}&a_{24}\\a_{31}&a_{32}&a_{33}&a_{34}\\a_{41}&a_{42}&a_{43}&a_{44}\end{bmatrix}$, $B=\begin{bmatrix}a_{14}&a_{13}&a_{12}&a_{11}\\a_{24}&a_{23}&a_{22}&a_{21}\\a_{34}&a_{33}&a_{32}&a_{31}\\a_{44}&a_{43}&a_{42}&a_{41}\end{bmatrix}$,

$P_1=\begin{bmatrix}0&0&0&1\\0&1&0&0\\0&0&1&0\\1&0&0&0\end{bmatrix}$, $P_2=\begin{bmatrix}1&0&0&0\\0&0&1&0\\0&1&0&0\\0&0&0&1\end{bmatrix}$,

其中 A 可逆,则 B^{-1} 等于______.

(A)$A^{-1}P_1P_2$ (B)$P_1A^{-1}P_2$ (C)$P_1P_2A^{-1}$ (D)$P_2A^{-1}P_1$

解 由已知得 $B=AP_2P_1$ 或 $B=AP_1P_2$,则

$$B^{-1}=P_1^{-1}P_2^{-1}A^{-1}=P_1P_2A^{-1} \quad 或 \quad B^{-1}=P_2^{-1}P_1^{-1}A^{-1}=P_2P_1A^{-1}.$$

故应选(C).

点评:本题为 2001 年考研真题.

【3.4】 设 A 为三阶矩阵,将 A 的第二行加到第一行得 B,再将 B 的第一列的 -1 倍加到第二列得 C,记 $P=\begin{bmatrix}1&1&0\\0&1&0\\0&0&1\end{bmatrix}$,则______.

(A)$C=P^{-1}AP$ (B)$C=PAP^{-1}$ (C)$C=P^TAP$ (D)$C=PAP^T$

解 第二行加至第一行的初等矩阵为 P,第一列的 -1 倍加至第二列的初等矩阵为

$$Q=\begin{bmatrix}1&-1&0\\0&1&0\\0&0&1\end{bmatrix},$$

所以, $Q=P^{-1}$.

故应选(B).

点评:本题为 2006 年考研真题.

【3.5】 设 A 为 3 阶矩阵,将 A 的第二列加到第一列得矩阵 B,再交换 B 的第二行与第三行得单位矩阵,记 $P_1=\begin{bmatrix}1&0&0\\1&1&1\\0&0&0\end{bmatrix}$, $P_2=\begin{bmatrix}1&0&0\\0&0&1\\0&1&0\end{bmatrix}$,则 $A=$______.

(A)P_1P_2 (B)$P_1^{-1}P_2$ (C)P_2P_1 (D)$P_2P_1^{-1}$

解 由初等矩阵与初等交换的关系知 $AP_1=B, P_2B=E$,所以

$$A=BP_1^{-1}=P_2^{-1}P_1^{-1}=P_2P_1^{-1}.$$

故应选(D).

点评:本题为 2011 年考研真题.

【3.6】 用初等行变换把矩阵 $A=\begin{bmatrix}0&1&7&8\\1&3&3&8\\-2&-5&1&-8\end{bmatrix}$ 化成阶梯形矩阵 M,并求初等矩阵 P_1,P_2,P_3,使 A 可以写成 $A=P_1P_2P_3M$.

解 $A\xrightarrow{r_1\leftrightarrow r_2}\begin{bmatrix}1&3&3&8\\0&1&7&8\\-2&-5&1&-8\end{bmatrix}\xrightarrow{r_3+2r_1}\begin{bmatrix}1&3&3&8\\0&1&7&8\\0&1&7&8\end{bmatrix}$

$$\xrightarrow{r_3+(-1)r_2}\begin{bmatrix}1&3&3&8\\0&1&7&8\\0&0&0&0\end{bmatrix}=M.$$

由初等变换与初等矩阵的对应得到的三个初等矩阵

$$Q_1=\begin{bmatrix}0&1&0\\1&0&0\\0&0&1\end{bmatrix},\quad Q_2=\begin{bmatrix}1&0&0\\0&1&0\\2&0&1\end{bmatrix},\quad Q_3=\begin{bmatrix}1&0&0\\0&1&0\\0&-1&1\end{bmatrix}$$

满足 $Q_3Q_2Q_1A=M$,所以

$$A=(Q_3Q_2Q_1)^{-1}M=Q_1^{-1}Q_2^{-1}Q_3^{-1}M.$$

令 $P_1=Q_1^{-1},P_2=Q_2^{-1},P_3=Q_3^{-1}$,则 P_1,P_2,P_3 分别为

$$\begin{bmatrix}0&1&0\\1&0&0\\0&0&1\end{bmatrix},\quad\begin{bmatrix}1&0&0\\0&1&0\\-2&0&1\end{bmatrix},\quad\begin{bmatrix}1&0&0\\0&1&0\\0&1&1\end{bmatrix},$$

都为初等矩阵,且满足 $A=P_1P_2P_3M$.

【3.7】 设 $A=\begin{bmatrix}1&2&3\\2&1&2\\3&3&5\\1&-1&-1\\4&2&4\end{bmatrix}$,求可逆矩阵 P,Q,使 PAQ 为 A 的等价标准形.

解 $$\begin{bmatrix}A&\vdots&E_5\\\cdots&\cdots&\cdots\\E_3&\vdots&0\end{bmatrix}=\left[\begin{array}{ccc:ccccc}1&2&3&1&0&0&0&0\\2&1&2&0&1&0&0&0\\3&3&5&0&0&1&0&0\\1&-1&-1&0&0&0&1&0\\4&2&4&0&0&0&0&1\\\hdashline 1&0&0&&&&&\\0&1&0&&&O&&\\0&0&1&&&&&\end{array}\right]$$

$$\xrightarrow[r_5+r_2\times(-2)]{\substack{r_2+r_1\times(-2)\\ r_3+r_2\times(-1)+r_1\times(-1)\\ r_4+r_2\times(-1)+r_1\times 1}}\left[\begin{array}{ccc:ccccc}1&2&3&1&0&0&0&0\\0&-3&-4&-2&1&0&0&0\\0&0&0&-1&-1&1&0&0\\0&0&0&1&-1&0&1&0\\0&0&0&0&-2&0&0&1\\ \hdashline 1&0&0&&&&&\\0&1&0&&&O&&\\0&0&1&&&&&\end{array}\right]$$

$$\xrightarrow[c_2+c_1\times(-2)]{\substack{c_2\times(-\frac{1}{3})\\ c_3+c_2\times(-\frac{4}{3})\\ c_3+c_1\times(-3)}}\left[\begin{array}{ccc:ccccc}1&0&0&1&0&0&0&0\\0&1&0&-2&1&0&0&0\\0&0&0&-1&-1&1&0&0\\0&0&0&1&-1&0&1&0\\0&0&0&0&-2&0&0&1\\ \hdashline 1&\frac{2}{3}&-\frac{1}{3}&&&&&\\0&-\frac{1}{3}&-\frac{4}{3}&&&O&&\\0&0&1&&&&&\end{array}\right].$$

令 $P=\begin{bmatrix}1&0&0&0&0\\-2&1&0&0&0\\-1&-1&1&0&0\\1&-1&0&1&0\\0&-2&0&0&1\end{bmatrix}$，$Q=\begin{bmatrix}1&\frac{2}{3}&-\frac{1}{3}\\0&-\frac{1}{3}&-\frac{4}{3}\\0&0&1\end{bmatrix}$， 则 $PAQ=\begin{bmatrix}1&0&0\\0&1&0\\0&0&0\\0&0&0\\0&0&0\end{bmatrix}$.

点评:本题是采用行列同时变换的方法,同时得到 P、Q,此方法较为新颖、简单,请读者掌握.

【3.8】 设 n 阶矩阵 A 可逆,将 A 的第 i 行与第 j 行变换后得到矩阵 B.

(1)证明 B 可逆； (2)求 AB^{-1}.

证 (1)由题意知 $B=E(i,j)A$, 因为 A 可逆,$E(i,j)$可逆,所以 B 可逆.

(2)因为 $B=E(i,j)A$, 所以 $B^{-1}=(E(i,j)A)^{-1}=A^{-1}E(i,j)$,所以

$$AB^{-1}=AA^{-1}E(i,j)=E(i,j).$$

点评:初等矩阵的逆矩阵,转置矩阵要熟练掌握.本题为 1997 年考研真题.

题型 2:矩阵等价

【3.9】 与矩阵 $A=\begin{bmatrix}1&2&0\\2&4&0\\0&0&4\end{bmatrix}$ 等价的是______.

(A) $\begin{bmatrix}1&0&0\\0&0&0\\0&0&0\end{bmatrix}$ (B) $\begin{bmatrix}1&0&0\\0&2&0\\0&0&0\end{bmatrix}$ (C) $\begin{bmatrix}1&0&0\\0&2&0\\0&0&3\end{bmatrix}$ (D) $\begin{bmatrix}1&0&0\\0&2&0\\0&0&4\end{bmatrix}$

解 $A=\begin{bmatrix}1&2&0\\2&4&0\\0&0&4\end{bmatrix}\xrightarrow{r_2+(-2)r_1}\begin{bmatrix}1&2&0\\0&0&0\\0&0&4\end{bmatrix}\xrightarrow{r_2\leftrightarrow r_3}\begin{bmatrix}1&2&0\\0&0&4\\0&0&0\end{bmatrix}$

$$\xrightarrow{c_2+(-2)c_1}\begin{bmatrix}1&0&0\\0&0&4\\0&0&0\end{bmatrix}\xrightarrow{c_2\leftrightarrow c_3}\begin{bmatrix}1&0&0\\0&4&0\\0&0&0\end{bmatrix}\xrightarrow{\frac{1}{2}r_2}\begin{bmatrix}1&0&0\\0&2&0\\0&0&0\end{bmatrix},$$

所以，A 等价于 $\begin{bmatrix}1&0&0\\0&2&0\\0&0&0\end{bmatrix}$.

故应选(B).

点评：本题也可利用同型矩阵等价的充要条件：秩相同来求解.

【3.10】 证明：$A=\begin{bmatrix}a_{11}&a_{12}&a_{13}\\a_{21}&a_{22}&a_{23}\\a_{31}&a_{32}&a_{33}\end{bmatrix}$ 与 $B=\begin{bmatrix}4a_{11}&2a_{11}-3a_{12}&a_{13}\\4a_{21}&2a_{21}-3a_{22}&a_{23}\\4a_{31}&2a_{31}-3a_{32}&a_{33}\end{bmatrix}$ 等价，若 $|A|=1$，求 $|B|$.

证 $A=\begin{bmatrix}a_{11}&a_{12}&a_{13}\\a_{21}&a_{22}&a_{23}\\a_{31}&a_{32}&a_{33}\end{bmatrix}\xrightarrow{(-3)c_2}\begin{bmatrix}a_{11}&-3a_{12}&a_{13}\\a_{21}&-3a_{22}&a_{23}\\a_{31}&-3a_{32}&a_{33}\end{bmatrix}\xrightarrow{c_2+2c_1}\begin{bmatrix}a_{11}&2a_{11}-3a_{12}&a_{13}\\a_{21}&2a_{21}-3a_{22}&a_{23}\\a_{31}&2a_{31}-3a_{32}&a_{33}\end{bmatrix}$

$$\xrightarrow{4c_1}\begin{bmatrix}4a_{11}&2a_{11}-3a_{12}&a_{13}\\4a_{21}&2a_{21}-3a_{22}&a_{23}\\4a_{31}&2a_{31}-3a_{32}&a_{33}\end{bmatrix}=B.$$

所以，A 与 B 等价.

$$|B|=\begin{vmatrix}4a_{11}&2a_{11}-3a_{12}&a_{13}\\4a_{21}&2a_{21}-3a_{22}&a_{23}\\4a_{31}&2a_{31}-3a_{32}&a_{33}\end{vmatrix}=\begin{vmatrix}4a_{11}&2a_{11}&a_{13}\\4a_{21}&2a_{21}&a_{23}\\4a_{31}&2a_{31}&a_{33}\end{vmatrix}+\begin{vmatrix}4a_{11}&-3a_{12}&a_{13}\\4a_{21}&-3a_{22}&a_{23}\\4a_{31}&-3a_{32}&a_{33}\end{vmatrix}$$

$=0+4\times(-3)|A|=-12.$

【3.11】 设 n 阶矩阵 A 与 B 等价，则必有______.

(A)当 $|A|=a(a\neq0)$ 时，$|B|=a$　　(B)当 $|A|=a(a\neq0)$ 时，$|B|=-a$

(C)当 $|A|\neq0$ 时，$|B|=0$　　(D)当 $|A|=0$ 时，$|B|=0$

解 A 经过初等变换前后的行列式的值不一定相等，所以(A)、(B)可排除.

因为 A、B 等价，所以存在初等矩阵

$$P_1\cdots P_t,Q_1\cdots Q_m,\quad 使\quad A=P_1\cdots P_tBQ_1\cdots Q_m.$$

所以当 $|A|=0$ 时，有

$$|P_1|\cdots|P_t|\ |B|\ |Q_1|\cdots|Q_m|=0.$$

因为 P_i,Q_j 可逆，$i=1,\cdots,t,\quad j=1,\cdots,m$，所以 $|P_i|\neq0$，$|Q_j|\neq0$. 所以 $|B|=0$.

故应选(D).

点评：本题为 2004 年考研真题.

题型 3:初等变换求逆矩阵

【3.12】 求可逆矩阵 $A=\begin{bmatrix}1&2&-1\\3&1&0\\-1&0&-2\end{bmatrix}$ 的逆矩阵.

解法一 由题意可得 $|A|=9$,计算所有的代数余子式:

$$A_{11}=-2,\quad A_{12}=6,\quad A_{13}=1,$$
$$A_{21}=4,\quad A_{22}=-3,\quad A_{23}=-2,$$
$$A_{31}=1,\quad A_{32}=-3,\quad A_{33}=-5,$$

所以可得 $A^{-1}=\frac{1}{9}\begin{bmatrix}-2&4&1\\6&-3&-3\\1&-2&-5\end{bmatrix}=\begin{bmatrix}-\frac{2}{9}&\frac{4}{9}&\frac{1}{9}\\\frac{2}{3}&-\frac{1}{3}&-\frac{1}{3}\\\frac{1}{9}&-\frac{2}{9}&-\frac{5}{9}\end{bmatrix}$.

解法二 用初等行变换.

$$(A\vdots E)=\left[\begin{array}{ccc:ccc}1&2&-1&1&0&0\\3&1&0&0&1&0\\-1&0&-2&0&0&1\end{array}\right]\xrightarrow[r_3+r_1\times 1]{r_2+r_1\times(-3)}\left[\begin{array}{ccc:ccc}1&2&1&1&0&0\\0&-5&3&-3&1&0\\0&2&-3&1&0&1\end{array}\right]$$

$$\xrightarrow{r_2\times(-\frac{1}{5})}\left[\begin{array}{ccc:ccc}1&2&-1&1&0&0\\0&1&-\frac{3}{5}&\frac{3}{5}&-\frac{1}{5}&0\\0&2&-3&1&0&1\end{array}\right]\xrightarrow[r_3+r_2\times(-2)]{r_1+r_2\times(-2)}\left[\begin{array}{ccc:ccc}1&0&\frac{1}{5}&-\frac{1}{5}&\frac{2}{5}&0\\0&1&-\frac{3}{5}&\frac{3}{5}&-\frac{1}{5}&0\\0&0&-\frac{9}{5}&-\frac{1}{5}&\frac{2}{5}&1\end{array}\right]$$

$$\xrightarrow{r_3\times(-\frac{5}{9})}\left[\begin{array}{ccc:ccc}1&0&\frac{1}{5}&-\frac{1}{5}&\frac{2}{5}&0\\0&1&-\frac{3}{5}&\frac{3}{5}&-\frac{1}{5}&0\\0&0&1&\frac{1}{9}&-\frac{2}{9}&-\frac{5}{9}\end{array}\right]\xrightarrow[r_2+r_3\times\frac{3}{5}]{r_1+r_3\times(-\frac{1}{5})}\left[\begin{array}{ccc:ccc}1&0&0&-\frac{2}{9}&\frac{4}{9}&\frac{1}{9}\\0&1&0&\frac{2}{3}&-\frac{1}{3}&-\frac{1}{3}\\0&0&1&\frac{1}{9}&-\frac{2}{9}&-\frac{5}{9}\end{array}\right],$$

因此可得 $A^{-1}=\begin{bmatrix}-\frac{2}{9}&\frac{4}{9}&\frac{1}{9}\\\frac{2}{3}&-\frac{1}{3}&-\frac{1}{3}\\\frac{1}{9}&-\frac{2}{9}&-\frac{5}{9}\end{bmatrix}$.

解法三 用初等列变换.

$$\begin{bmatrix} A \\ \cdots \\ E \end{bmatrix} = \begin{bmatrix} 1 & 2 & -1 \\ 3 & 1 & 0 \\ -1 & 0 & -2 \\ \hdashline 1 & 0 & 0 \\ 0 & 1 & 0 \\ 0 & 0 & 1 \end{bmatrix} \xrightarrow[c_2+c_1\times(-2)]{c_3+c_1\times 1} \begin{bmatrix} 1 & 0 & 0 \\ 3 & -5 & 3 \\ -1 & 2 & -3 \\ \hdashline 1 & -2 & 1 \\ 0 & 1 & 0 \\ 0 & 0 & 1 \end{bmatrix}$$

$$\xrightarrow{c_2\times(-\frac{1}{5})} \begin{bmatrix} 1 & 0 & 0 \\ 3 & 1 & 3 \\ -1 & -\frac{2}{5} & -3 \\ \hdashline 1 & \frac{2}{5} & 1 \\ 0 & -\frac{1}{5} & 0 \\ 0 & 0 & 1 \end{bmatrix} \xrightarrow[c_1+c_2\times(-3)]{c_3+c_2\times(-3)} \begin{bmatrix} 1 & 0 & 0 \\ 0 & 1 & 0 \\ \frac{1}{5} & -\frac{2}{5} & -\frac{9}{5} \\ \hdashline -\frac{1}{5} & \frac{2}{5} & -\frac{1}{5} \\ \frac{3}{5} & -\frac{1}{5} & \frac{3}{5} \\ 0 & 0 & 1 \end{bmatrix}$$

$$\xrightarrow{c_3\times(-\frac{5}{9})} \begin{bmatrix} 1 & 0 & 0 \\ 0 & 1 & 0 \\ \frac{1}{5} & -\frac{2}{5} & 1 \\ \hdashline -\frac{1}{5} & \frac{2}{5} & \frac{1}{9} \\ \frac{3}{5} & -\frac{1}{5} & -\frac{1}{3} \\ 0 & 0 & -\frac{5}{9} \end{bmatrix} \xrightarrow[c_1+c_3\times(-\frac{1}{5})]{c_2+c_3\times\frac{2}{5}} \begin{bmatrix} 1 & 0 & 0 \\ 0 & 1 & 0 \\ 0 & 0 & 1 \\ \hdashline -\frac{2}{9} & \frac{4}{9} & \frac{1}{9} \\ \frac{2}{3} & -\frac{1}{3} & -\frac{1}{3} \\ \frac{1}{9} & -\frac{2}{9} & -\frac{5}{9} \end{bmatrix}.$$

因此得到 $A^{-1} = \begin{bmatrix} -\frac{2}{9} & \frac{4}{9} & \frac{1}{9} \\ \frac{2}{3} & -\frac{1}{3} & -\frac{1}{3} \\ \frac{1}{9} & -\frac{2}{9} & -\frac{5}{9} \end{bmatrix}$.

解法四 行列一块变换.

$$\left[\begin{array}{ccc:ccc} 1 & 2 & -1 & 1 & 0 & 0 \\ 3 & 1 & 0 & 0 & 1 & 0 \\ -1 & 0 & -2 & 0 & 0 & 1 \\ \hdashline 1 & 0 & 0 & & & \\ 0 & 1 & 0 & & O & \\ 0 & 0 & 1 & & & \end{array}\right] \xrightarrow[\substack{c_2+c_1\times(-2) \\ c_3+c_1\times 1}]{\substack{r_3+r_1\times 1 \\ r_2+r_1\times(-3)}} \left[\begin{array}{ccc:ccc} 1 & 0 & 0 & 1 & 0 & 0 \\ 0 & -5 & 3 & -3 & 1 & 0 \\ 0 & 2 & -3 & 1 & 0 & 1 \\ \hdashline 1 & -2 & 1 & & & \\ 0 & 1 & 0 & & O & \\ 0 & 0 & 1 & & & \end{array}\right]$$

$$\xrightarrow{r_2\times(-\frac{1}{5})}\left[\begin{array}{ccc|ccc}1&0&0&1&0&0\\0&1&-\frac{3}{5}&\frac{3}{5}&-\frac{1}{5}&0\\0&2&-3&1&0&1\\\hline 1&-2&1&&&\\0&1&0&&O&\\0&0&1&&&\end{array}\right]\xrightarrow[c_3+c_2\times\frac{3}{5}]{r_3+r_2\times(-2)}\left[\begin{array}{ccc|ccc}1&0&0&1&0&0\\0&1&0&\frac{3}{5}&-\frac{1}{5}&0\\0&0&-\frac{9}{5}&-\frac{1}{5}&\frac{2}{5}&1\\\hline 1&-2&-\frac{1}{5}&&&\\0&1&\frac{3}{5}&&O&\\0&0&1&&&\end{array}\right]$$

$$\xrightarrow{r_3\times(-\frac{5}{9})}\left[\begin{array}{ccc|ccc}1&0&0&1&0&0\\0&1&0&\frac{3}{5}&-\frac{1}{5}&0\\0&0&1&\frac{1}{9}&-\frac{2}{9}&-\frac{5}{9}\\\hline 1&-2&-\frac{1}{5}&&&\\0&1&\frac{3}{5}&&O&\\0&0&1&&&\end{array}\right].$$

因此得到

$$\boldsymbol{A}^{-1}=\begin{bmatrix}1&-2&-\frac{1}{5}\\0&1&\frac{3}{5}\\0&0&1\end{bmatrix}\begin{bmatrix}1&0&0\\\frac{3}{5}&-\frac{1}{5}&0\\\frac{1}{9}&-\frac{2}{9}&-\frac{5}{9}\end{bmatrix}=\begin{bmatrix}-\frac{2}{9}&\frac{4}{9}&\frac{1}{9}\\\frac{2}{3}&-\frac{1}{3}&-\frac{1}{3}\\\frac{1}{9}&-\frac{2}{9}&-\frac{5}{9}\end{bmatrix}.$$

点评:求已知矩阵的逆矩阵,一般就是这四种方法,其中解法二是最常用的方法.

【3.13】 用初等变换法求矩阵的逆矩阵.

$$\boldsymbol{A}=\begin{bmatrix}0&0&0&\cdots&0&a_1&0\\0&0&0&\cdots&a_2&0&0\\\cdots&\cdots&\cdots&\cdots&\cdots&\cdots&\cdots\\0&a_{n-2}&0&\cdots&0&0&0\\a_{n-1}&0&0&\cdots&0&0&0\\0&0&0&\cdots&0&0&a_n\end{bmatrix},$$

其中 $a_i\neq0$, $i=1,2,\cdots,n$.

$$\text{解}\quad (\boldsymbol{A} \vdots \boldsymbol{E})=\left[\begin{array}{ccccccc:cccccc}
0 & 0 & 0 & \cdots & 0 & a_1 & 0 & 1 & 0 & \cdots & 0 & 0 & 0 \\
0 & 0 & 0 & \cdots & a_2 & 0 & 0 & 0 & 1 & \cdots & 0 & 0 & 0 \\
\cdots & \cdots & \cdots & \cdots & \cdots & \cdots & \cdots & \cdots & \cdots & \cdots & \cdots & \cdots & \\
0 & a_{n-2} & 0 & \cdots & 0 & 0 & 0 & 0 & 0 & \cdots & 1 & 0 & 0 \\
a_{n-1} & 0 & 0 & \cdots & 0 & 0 & 0 & 0 & 0 & \cdots & 0 & 1 & 0 \\
0 & 0 & 0 & \cdots & 0 & 0 & a_n & 0 & 0 & \cdots & 0 & 0 & 1
\end{array}\right]$$

$$\xrightarrow[\substack{r_1 \leftrightarrow r_{n-1}}]{\substack{\vdots \\ r_2 \leftrightarrow r_{n-2}}}\left[\begin{array}{ccccccc:cccccc}
a_{n-1} & 0 & 0 & \cdots & 0 & 0 & 0 & 0 & 0 & \cdots & 0 & 1 & 0 \\
0 & a_{n-2} & 0 & \cdots & 0 & 0 & 0 & 0 & 0 & \cdots & 1 & 0 & 0 \\
\cdots & \cdots & \cdots & \cdots & \cdots & \cdots & \cdots & \cdots & \cdots & \cdots & \cdots & \cdots & \\
0 & 0 & 0 & \cdots & a_2 & 0 & 0 & 0 & 1 & \cdots & 0 & 0 & 0 \\
0 & 0 & 0 & \cdots & 0 & a_1 & 0 & 1 & 0 & \cdots & 0 & 0 & 0 \\
0 & 0 & 0 & \cdots & 0 & 0 & a_n & 0 & 0 & \cdots & 0 & 0 & 1
\end{array}\right]$$

$$\xrightarrow{\substack{r_n \times \frac{1}{a_n} \\ r_{n-1} \times \frac{1}{a_1} \\ \vdots \\ r_1 \times \frac{1}{a_{n-1}}}}\left[\begin{array}{ccccccc:cccccc}
1 & 0 & 0 & \cdots & 0 & 0 & 0 & 0 & 0 & \cdots & 0 & \frac{1}{a_{n-1}} & 0 \\
0 & 1 & 0 & \cdots & 0 & 0 & 0 & 0 & 0 & \cdots & \frac{1}{a_{n-2}} & 0 & 0 \\
\cdots & \cdots & \cdots & \cdots & \cdots & \cdots & \cdots & \cdots & \cdots & \cdots & \cdots & \cdots & \\
0 & 0 & 0 & \cdots & 1 & 0 & 0 & 0 & \frac{1}{a_2} & \cdots & 0 & 0 & 0 \\
0 & 0 & 0 & \cdots & 0 & 1 & 0 & \frac{1}{a_1} & 0 & \cdots & 0 & 0 & 0 \\
0 & 0 & 0 & \cdots & 0 & 0 & 1 & 0 & 0 & \cdots & 0 & 0 & \frac{1}{a_n}
\end{array}\right],$$

$$\text{所以 } \boldsymbol{A}^{-1}=\begin{bmatrix}
0 & 0 & \cdots & 0 & \frac{1}{a_{n-1}} & 0 \\
0 & 0 & \cdots & \frac{1}{a_{n-2}} & 0 & 0 \\
 & \cdots & \cdots & \cdots & \cdots & \cdots \\
0 & \frac{1}{a_2} & \cdots & 0 & 0 & 0 \\
\frac{1}{a_1} & 0 & \cdots & 0 & 0 & 0 \\
0 & 0 & \cdots & 0 & 0 & \frac{1}{a_n}
\end{bmatrix}.$$

点评：对于阶数大于 3 的逆矩阵，我们习惯采用初等行变换的方法，但请注意，运算时只能进行初等行变换，不能进行列变换.

【3.14】 求矩阵 $\boldsymbol{A}=\begin{bmatrix} 1 & 1 & \cdots & 1 \\ 0 & 1 & \cdots & 1 \\ \vdots & \vdots & & \vdots \\ 0 & 0 & \cdots & 1 \end{bmatrix}$ 的逆矩阵.

解 由

$$(\boldsymbol{A} \mid \boldsymbol{E})=\left[\begin{array}{cccc:cccc}1 & 1 & \cdots & 1 & 1 & 0 & \cdots & 0\\0 & 1 & \cdots & 1 & 0 & 1 & \cdots & 0\\\vdots & \vdots & & \vdots & \vdots & \vdots & & \vdots\\0 & 0 & \cdots & 1 & 0 & 0 & \cdots & 1\end{array}\right]$$

$$\xrightarrow[i=1,2,\cdots,n-1]{r_i+(-1)r_n}\left[\begin{array}{ccccc:ccccc}1 & 1 & \cdots & 1 & 0 & 1 & 0 & \cdots & 0 & -1\\0 & 1 & \cdots & 1 & 0 & 0 & 1 & \cdots & 0 & -1\\\vdots & \vdots & & \vdots & \vdots & \vdots & \vdots & & \vdots & \vdots\\0 & 0 & \cdots & 1 & 0 & 0 & 0 & \cdots & 1 & -1\\0 & 0 & \cdots & 0 & 1 & 0 & 0 & \cdots & 0 & 1\end{array}\right]$$

$$\xrightarrow[i=1,2,\cdots,n-2]{r_i+(-1)r_{n-1}}\cdots\cdots$$

$$\longrightarrow\left[\begin{array}{ccccc:cccccc}1 & 0 & \cdots & 0 & 0 & 1 & -1 & 0 & \cdots & 0 & 0\\0 & 1 & \cdots & 0 & 0 & 0 & 1 & -1 & \cdots & 0 & 0\\\vdots & \vdots & & \vdots & \vdots & \vdots & \vdots & \vdots & & \vdots & \vdots\\0 & 0 & \cdots & 1 & 0 & 0 & 0 & 0 & \cdots & 1 & -1\\0 & 0 & \cdots & 0 & 1 & 0 & 0 & 0 & \cdots & 0 & 1\end{array}\right],$$

可得

$$\boldsymbol{A}^{-1}=\begin{bmatrix}1 & -1 & & & \\ & 1 & -1 & & \\ & & \ddots & \ddots & \\ & & & \ddots & -1\\ & & & & 1\end{bmatrix}.$$

§4. 矩阵的秩

知识要点

1. k 阶子式 在 $m\times n$ 矩阵 $\boldsymbol{A}$ 中，任取 k 行 k 列，则其交叉处的 k^2 个元素按原顺序组成一个 k 阶矩阵，其行列式称为 $\boldsymbol{A}$ 的一个 k 阶子式.

2. 矩阵的秩 矩阵 $\boldsymbol{A}$ 的不为零的子式的最高阶数称为 $\boldsymbol{A}$ 的秩，记为 $r(\boldsymbol{A})$.

3. 常用公式和结论 设 $\boldsymbol{A}$ 为 $m\times n$ 矩阵，则

(1) $0\leqslant r(\boldsymbol{A})\leqslant\min\{m,n\}$；

(2) $r(\boldsymbol{A}^{\mathrm{T}})=r(\boldsymbol{A})$；

(3) 若 $\boldsymbol{A}\neq\boldsymbol{0}$，则 $r(\boldsymbol{A})\geqslant 1$；

(4) $r(\boldsymbol{A}\pm\boldsymbol{B})\leqslant r(\boldsymbol{A})+r(\boldsymbol{B})$；

(5) 若 $\boldsymbol{P}$ 可逆，则 $r(\boldsymbol{PA})=r(\boldsymbol{A})$；若 $\boldsymbol{Q}$ 可逆，则 $r(\boldsymbol{AQ})=r(\boldsymbol{A})$；

(6) $r(\boldsymbol{AB})\leqslant\min\{r(\boldsymbol{A}),r(\boldsymbol{B})\}$；

(7) $r(\boldsymbol{AB})\geqslant r(\boldsymbol{A})+r(\boldsymbol{B})-n$；

(8)若 $\boldsymbol{AB}=\boldsymbol{0}$，则 $r(\boldsymbol{A})+r(\boldsymbol{B})\leqslant n$；

(9) $\boldsymbol{A}$ 行满秩 $\Leftrightarrow r(\boldsymbol{A})=m\Leftrightarrow\boldsymbol{A}$ 的等价标准型为 $(\boldsymbol{E}_m\quad\boldsymbol{0})$；

(10) $\boldsymbol{A}$ 列满秩 $\Leftrightarrow r(\boldsymbol{A})=n\Leftrightarrow\boldsymbol{A}$ 的等价标准型为 $\begin{bmatrix}\boldsymbol{E}_n\\ \boldsymbol{0}\end{bmatrix}$；

(11)若 $\boldsymbol{A}$ 是 n 阶方阵，则 $r(\boldsymbol{A})=n\Leftrightarrow|\boldsymbol{A}|\neq0$，$r(\boldsymbol{A})<n\Leftrightarrow|\boldsymbol{A}|=0$；

(12)同型矩阵 $\boldsymbol{A}$、$\boldsymbol{B}$ 等价的充要条件是 $r(\boldsymbol{A})=r(\boldsymbol{B})$；

(13)设 $\boldsymbol{A}^*$ 是 n 阶方阵 $\boldsymbol{A}$ 的伴随矩阵，则

$$r(\boldsymbol{A}^*)=\begin{cases}n & 若\ r(\boldsymbol{A})=n,\\ 1 & 若\ r(\boldsymbol{A})=n-1,\\ 0 & 若\ r(\boldsymbol{A})<n-1.\end{cases}$$

基本题型

题型1：利用定义求矩阵的秩

【4.1】 设 $\boldsymbol{A}=\begin{bmatrix}a_1b_1 & a_1b_2 & \cdots & a_1b_n\\ a_2b_1 & a_2b_2 & \cdots & a_2b_n\\ \cdots & \cdots & \cdots & \cdots\\ a_nb_1 & a_nb_2 & \cdots & a_nb_n\end{bmatrix}$，其中 $a_i\neq0,b_i\neq0,i=1,2,\cdots,n$，则 $r(\boldsymbol{A})=$______.

解 因为 $a_i\neq0,b_i\neq0$，所以 $\boldsymbol{A}\neq\boldsymbol{0}$，从而 $r(\boldsymbol{A})\geqslant1$.

又 $\boldsymbol{A}$ 的任意两行、两列都成比例，所以 $\boldsymbol{A}$ 的所有二阶子式都为零.

故 $r(\boldsymbol{A})=1$.

故应填1.

【4.2】 设 $\boldsymbol{A}=\begin{bmatrix}1 & 1 & 1 & 1 & 1\\ a_1 & a_2 & a_3 & a_4 & a_5\\ a_1^2 & a_2^2 & a_3^2 & a_4^2 & a_5^2\\ a_1^3 & a_2^3 & a_3^3 & a_4^3 & a_5^3\\ (a_1+1)^2 & (a_2+1)^2 & (a_3+1)^2 & (a_4+1)^2 & (a_5+1)^2\end{bmatrix}$，其中 $a_i\neq a_j$，$i\neq j$，求 $\boldsymbol{A}$ 的秩.

解 $\boldsymbol{A}$ 为五阶方阵，记矩阵 $\boldsymbol{A}$ 的行向量为 $\boldsymbol{\alpha}_1,\boldsymbol{\alpha}_2,\boldsymbol{\alpha}_3,\boldsymbol{\alpha}_4,\boldsymbol{\alpha}_5$，则

$$\boldsymbol{A}=(\boldsymbol{\alpha}_1,\boldsymbol{\alpha}_2,\boldsymbol{\alpha}_3,\boldsymbol{\alpha}_4,\boldsymbol{\alpha}_5)^T.$$

易知 $\boldsymbol{\alpha}_5=\boldsymbol{\alpha}_1+2\boldsymbol{\alpha}_2+\boldsymbol{\alpha}_3$，即 $\boldsymbol{\alpha}_5$ 可以写为 $\boldsymbol{\alpha}_1$、$\boldsymbol{\alpha}_2$、$\boldsymbol{\alpha}_3$ 的线性组合，故 $|\boldsymbol{A}|=0$，$r(\boldsymbol{A})<5$.

但 $\boldsymbol{A}$ 中有一个四阶子式 $D_4=\begin{vmatrix}1 & 1 & 1 & 1\\ a_1 & a_2 & a_3 & a_4\\ a_1^2 & a_2^2 & a_3^2 & a_4^2\\ a_1^3 & a_2^3 & a_3^3 & a_4^3\end{vmatrix}$ 为范德蒙行列式，当 $a_i\neq a_j$，$i\neq j$ 时，$D_4\neq0$，

所以，$r(\boldsymbol{A})=4$.

【4.3】 求 $A=\begin{bmatrix}1&0&1&0&0\\1&1&0&0&0\\0&1&1&0&0\\0&0&1&1&0\\0&1&0&1&1\end{bmatrix}$ 的秩.

解 将第一行、第一列去掉所得到的四阶子式是一个下三角行列式，易见其值不为零，所以，$r(A)\geqslant 4$.

又由拉普拉斯定理，将$|A|$按前三行展开得

$$|A|=\begin{vmatrix}1&0&1\\1&1&0\\0&1&1\end{vmatrix}\begin{vmatrix}1&0\\1&1\end{vmatrix}=2\neq 0.$$

所以，$r(A)=5$.

点评：通过观察矩阵，找出其中容易计算的子式，从而简化计算.

【4.4】 设矩阵 $A=\begin{bmatrix}1&2&0&0&1\\0&6&2&4&10\\1&11&3&6&16\\1&-19&-7&-14&-34\end{bmatrix}$，求 $r(A)$.

解 容易看出A有一个二阶子式 $D=\begin{vmatrix}1&2\\0&6\end{vmatrix}=6\neq 0$. 下面计算所有包含$D$的三阶子式，共 $c_2^1\ c_3^1=6$ 个，即

$$D_1=\begin{vmatrix}1&2&0\\0&6&2\\1&11&3\end{vmatrix}=0,\qquad D_2=\begin{vmatrix}1&2&0\\0&6&4\\1&11&6\end{vmatrix}=0,$$

$$D_3=\begin{vmatrix}1&2&1\\0&6&10\\1&11&16\end{vmatrix}=0,\qquad D_4=\begin{vmatrix}1&2&0\\0&6&2\\1&-19&-7\end{vmatrix}=0,$$

$$D_5=\begin{vmatrix}1&2&0\\0&6&4\\1&-19&-14\end{vmatrix}=0,\qquad D_6=\begin{vmatrix}1&2&1\\0&6&10\\1&-19&-34\end{vmatrix}=0.$$

所以 $r(A)=2$.

点评：由秩的定义，可得到一条重要性质：若矩阵存在一个不为零的r阶子式，而包含这个r阶子式的所有$r+1$阶子式全为零，则矩阵的秩为r. 利用这一性质，在求解时可省略很多子式的计算.

【4.5】 设矩阵 $A=\begin{bmatrix}k&1&1&1\\1&k&1&1\\1&1&k&1\\1&1&1&k\end{bmatrix}$，且 $r(A)=3$，则 $k=$______.

解 $|\boldsymbol{A}|=\begin{vmatrix}k&1&1&1\\1&k&1&1\\1&1&k&1\\1&1&1&k\end{vmatrix}=\begin{vmatrix}k+3&k+3&k+3&k+3\\1&k&1&1\\1&1&k&1\\1&1&1&k\end{vmatrix}=(k+3)\begin{vmatrix}1&1&1&1\\1&k&1&1\\1&1&k&1\\1&1&1&k\end{vmatrix}$

$=(k+3)\begin{vmatrix}1&1&1&1\\0&k-1&0&0\\0&0&k-1&0\\0&0&0&k-1\end{vmatrix}=(k+3)(k-1)^3,$

由 $r(\boldsymbol{A})=3$ 可得 $|\boldsymbol{A}|=0$，即 $k=1$ 或 $k=-3$. 而 $k=1$ 时，显然 $r(\boldsymbol{A})=1$，故有 $k=-3$.

故应填 -3.

点评：利用 $r(\boldsymbol{A})<n$ 得到 $|\boldsymbol{A}|=0$ 解出 k，然后对 k 的各种不同情况讨论. 本题为 2001 年考研真题.

【4.6】 设 $n(n\geqslant 3)$ 阶矩阵 $\boldsymbol{A}=\begin{bmatrix}1&a&a&\cdots&a\\a&1&a&\cdots&a\\a&a&1&\cdots&a\\\cdots&\cdots&\cdots&\cdots&\cdots\\a&a&a&\cdots&1\end{bmatrix}$，若 $\boldsymbol{A}$ 的秩为 $n-1$，则 a 必为______.

(A)1　(B)$\dfrac{1}{1-n}$　(C)-1　(D)$\dfrac{1}{n-1}$

解 若 $r(\boldsymbol{A})=n-1$，则 $|\boldsymbol{A}|=0$.

$|\boldsymbol{A}|=[(n-1)a+1]\begin{vmatrix}1&a&a&\cdots&a\\1&1&a&\cdots&a\\1&a&1&\cdots&a\\\cdots&\cdots&\cdots&\cdots&\cdots\\1&a&a&\cdots&1\end{vmatrix}=[(n-1)a+1]\begin{vmatrix}1&a&a&\cdots&a\\0&1-a&0&\cdots&0\\0&0&1-a&\cdots&0\\\cdots&\cdots&\cdots&\cdots&\cdots\\0&0&0&\cdots&1-a\end{vmatrix}$

$=[(n-1)a+1](1-a)^{n-1}=0.$

从而 $a=\dfrac{1}{1-n}$ 或 $a=1$. 注意到若 $a=1$，则 $r(\boldsymbol{A})=1$，不满足已知条件，舍去.

故应选(B).

点评：本题为 1998 年考研真题.

【4.7】 设 $\boldsymbol{A}$ 为 $m\times n$ 矩阵，$r(\boldsymbol{A})=r<m<n$，则______成立.

(A)$\boldsymbol{A}$ 的所有 r 阶子式都不为 0　　(B)$\boldsymbol{A}$ 的所有 $r-1$ 阶子式都不为 0

(C)$\boldsymbol{A}$ 经初等行变换可以化为 $\begin{bmatrix}\boldsymbol{E}_r&\boldsymbol{0}\\\boldsymbol{0}&\boldsymbol{0}\end{bmatrix}$　　(D)$\boldsymbol{A}$ 不可能是满秩矩阵

解 根据矩阵的秩的定义，可得：若 $r(\boldsymbol{A})=r$，则 $\boldsymbol{A}$ 有一个 r 阶子式不为 0，而不必所有的 r 阶子式均不为 0，对 $r-1$ 阶子式也是如此，从

$$A=\begin{bmatrix}1&2&0&3&4\\0&0&2&1&-3\\0&0&0&0&1\\0&0&0&0&0\end{bmatrix}$$

可以看出，$r(\boldsymbol{A})=3$，但 $\boldsymbol{A}$ 有等于 0 的三阶子式，也有等于 0 的二阶子式，因此(A)、(B)都不成立. $\begin{bmatrix}\boldsymbol{E}_r&\boldsymbol{0}\\\boldsymbol{0}&\boldsymbol{0}\end{bmatrix}$是 $\boldsymbol{A}$ 的等价标准形，从所给具体矩阵可以看出，若对 $\boldsymbol{A}$ 仅作初等行变换，不可能把 $\boldsymbol{A}$ 化成等价标准形，(C)也不成立. 正确答案是(D). 事实上，由于 $r(\boldsymbol{A})=r<m<n$，$\boldsymbol{A}$ 自然不能是行满秩矩阵，也不可能是列满秩矩阵.

故应选(D).

题型 2：初等变换求矩阵的秩

【4.8】 求下列矩阵的秩.

(1)$A=\begin{bmatrix}2&-1&3\\1&-3&4\\-1&2&\lambda\end{bmatrix}$； (2)$A=\begin{bmatrix}x&1&1\\1&x&1\\1&1&x\end{bmatrix}$； (3)$A=\begin{bmatrix}1&0&1&1\\0&1&1&-1\\2&1&3&1\\a&b&a+b&a-b\\c&d&c+d&c-d\end{bmatrix}$.

解 (1)$A=\begin{bmatrix}2&-1&3\\1&-3&4\\-1&2&\lambda\end{bmatrix}\xrightarrow{r_1\leftrightarrow r_2}\begin{bmatrix}1&-3&4\\2&-1&3\\-1&2&\lambda\end{bmatrix}\xrightarrow[r_3+r_1\times 1]{r_2+r_1\times(-2)}\begin{bmatrix}1&-3&4\\0&5&-5\\0&-1&\lambda+4\end{bmatrix}$

$$\xrightarrow{r_2\times\frac{1}{5}}\begin{bmatrix}1&-3&4\\0&1&-1\\0&-1&\lambda+4\end{bmatrix}\xrightarrow{r_3+r_2}\begin{bmatrix}1&-3&4\\0&1&-1\\0&0&\lambda+3\end{bmatrix}.$$

当 $\lambda=-3$ 时，有二阶子式不为 0，所以 $r(\boldsymbol{A})=2$；当 $\lambda\neq-3$ 时，有三阶子式不为 0，故 $r(\boldsymbol{A})=3$.

(2)$A=\begin{bmatrix}x&1&1\\1&x&1\\1&1&x\end{bmatrix}\xrightarrow{r_1\leftrightarrow r_3}\begin{bmatrix}1&1&x\\1&x&1\\x&1&1\end{bmatrix}\xrightarrow[r_3+r_1\times(-x)]{r_2+r_1\times(-1)}\begin{bmatrix}1&1&x\\0&x-1&-x+1\\0&-x+1&1-x^2\end{bmatrix}$

$$\xrightarrow{r_3+r_2}\begin{bmatrix}1&1&x\\0&x-1&-x+1\\0&0&-(x-2)(x-1)\end{bmatrix}.$$

当 $x\neq1$ 且 $x\neq-2$ 时，$r(\boldsymbol{A})=3$； 当 $x=1$ 时，$r(\boldsymbol{A})=1$； 当 $x=-2$ 时，$r(\boldsymbol{A})=2$.

(3)$A\xrightarrow[c_4-c_1]{c_3-c_1}\begin{bmatrix}1&0&0&0\\0&1&1&-1\\2&1&1&-1\\a&b&b&-b\\c&d&d&-d\end{bmatrix}\xrightarrow[c_4+c_2]{c_3-c_2}\begin{bmatrix}1&0&0&0\\0&1&0&0\\2&1&0&0\\a&b&0&0\\c&d&0&0\end{bmatrix}.$

由此可见，任意三阶子式，必有一列元素为 0，故所有三阶子式为 0，又因为 $\begin{vmatrix} 1 & 0 \\ 0 & 1 \end{vmatrix}=1\neq 0$，所以 $r(\boldsymbol{A})=2$.

点评：用初等变换将矩阵 $\boldsymbol{A}$ 化为阶梯形矩阵 $\boldsymbol{B}$，则 $r(\boldsymbol{A})=r(\boldsymbol{B})$. 而 $\boldsymbol{B}$ 为阶梯形，故可利用定义求秩，从而得到 $\boldsymbol{A}$ 的秩.

题型 3：利用常用公式求矩阵的秩

【4.9】 设 $\boldsymbol{A}$ 是 4×3 矩阵，且 $\boldsymbol{A}$ 的秩 $r(\boldsymbol{A})=2$，而 $\boldsymbol{B}=\begin{bmatrix} 1 & 0 & 2 \\ 0 & 2 & 0 \\ -1 & 0 & 3 \end{bmatrix}$，则 $r(\boldsymbol{AB})=$______.

解 因为 $|\boldsymbol{B}|=\begin{vmatrix} 1 & 0 & 2 \\ 0 & 2 & 0 \\ -1 & 0 & 3 \end{vmatrix}=10\neq 0$，故矩阵 $\boldsymbol{B}$ 可逆. 所以 $r(\boldsymbol{AB})=r(\boldsymbol{A})=2$.

故应填 2.

点评：本题为 1996 年考研真题.

【4.10】 设 $\boldsymbol{A}$ 是 $m\times n$ 矩阵，$\boldsymbol{B}$ 是 $n\times m$ 矩阵，则______.

(A)当 $m>n$ 时，必有行列式 $|\boldsymbol{AB}|\neq 0$　　(B)当 $m>n$ 时，必有行列式 $|\boldsymbol{AB}|=0$

(C)当 $n>m$ 时，必有行列式 $|\boldsymbol{AB}|\neq 0$　　(D)当 $n>m$ 时，必有行列式 $|\boldsymbol{AB}|=0$

解 当 $m>n$ 时，由秩的定义知，$r(\boldsymbol{A})\leqslant n$，$r(\boldsymbol{B})\leqslant n$，而

$$r(\boldsymbol{AB})\leqslant \min\{r(\boldsymbol{A}),r(\boldsymbol{B})\}\leqslant n<m.$$

又知 $\boldsymbol{AB}$ 为 m 阶矩阵，当 $r(\boldsymbol{AB})<m$ 时，$|\boldsymbol{AB}|=0$.

故应选(B).

点评：本题为 1999 年考研真题.

【4.11】 设 $\boldsymbol{A}$ 是 $m\times n$ 矩阵，$m<n$，则______.

(A) $|\boldsymbol{A}^T\boldsymbol{A}|\neq 0$　　(B) $|\boldsymbol{A}^T\boldsymbol{A}|=0$　　(C) $|\boldsymbol{AA}^T|>0$　　(D) $|\boldsymbol{AA}^T|<0$

解 由 $m<n$ 知 $r(\boldsymbol{A})=r(\boldsymbol{A}^T)\leqslant m$，又矩阵 $\boldsymbol{A}^T\boldsymbol{A}$ 为 n 阶方阵，而，

$$r(\boldsymbol{A}^T\boldsymbol{A})\leqslant \min\{r(\boldsymbol{A}),r(\boldsymbol{A}^T)\}\leqslant m<n,\qquad \text{从而}|\boldsymbol{A}^T\boldsymbol{A}|=0.$$

故应选(B).

【4.12】 设 $\boldsymbol{A}$ 是 $m\times n$ 矩阵，$\boldsymbol{B}$ 是 $n\times m$ 矩阵，且 $\boldsymbol{AB}=\boldsymbol{E}$，其中 $\boldsymbol{E}$ 为 m 阶单位矩阵，则

(A)$r(\boldsymbol{A})=r(\boldsymbol{B})=m$　　(B)$r(\boldsymbol{A})=m$，$r(\boldsymbol{B})=n$

(C)$r(\boldsymbol{A})=n$，$r(\boldsymbol{B})=$　　(D)$r(\boldsymbol{A})=r(\boldsymbol{B})=n$

解 $r(\boldsymbol{AB})=r(\boldsymbol{E})=m$，因为 $r(\boldsymbol{AB})\leqslant r(\boldsymbol{A})$ 且 $r(\boldsymbol{AB})\leqslant r(\boldsymbol{B})$，所以 $r(\boldsymbol{A})\geqslant m$，$r(\boldsymbol{B})\geqslant m$. 又显然 $r(\boldsymbol{A})\leqslant m$，$r(\boldsymbol{B})\leqslant m$，故 $r(\boldsymbol{A})=r(\boldsymbol{B})=m$.

选(A)

点评：本题为 2010 年考研真题.

【4.13】 设 $\boldsymbol{A}=\begin{bmatrix} a & b & b \\ b & a & b \\ b & b & a \end{bmatrix}$，$\boldsymbol{A}$ 的伴随矩阵的秩为 1，则有______.

(A)$a=b$ 或 $a+2b=0$ (B)$a=b$ 或 $a+2b\neq 0$

(C)$a\neq b$ 且 $a+2b=0$ (D)$a\neq b$ 且 $a+2b\neq 0$

解 因为 $r(\boldsymbol{A}^*)=1$,所以 $r(\boldsymbol{A})=2<3$,从而$|\boldsymbol{A}|=0$.

又$|\boldsymbol{A}|=\begin{vmatrix} a & b & b \\ b & a & b \\ b & b & a \end{vmatrix}=(a+2b)(a-b)^2=0$ 得 $a+2b=0$ 或 $a=b$.

当 $a=b$ 时,$r(\boldsymbol{A})=1$,舍去,所以 $a+2b=0$ 且 $a\neq b$.

故应选(C).

点评:本题为 2003 年考研真题.

【4.14】 设 $\boldsymbol{A}$、$\boldsymbol{B}$ 为四阶方阵,$r(\boldsymbol{A})=3$,$r(\boldsymbol{B})=4$,它们的伴随矩阵分别为 $\boldsymbol{A}^*$,$\boldsymbol{B}^*$,则 $r(\boldsymbol{A}^*\boldsymbol{B}^*)=$______.

解 由 $r(\boldsymbol{B})=4$,得 $r(\boldsymbol{B}^*)=4$,从而 $\boldsymbol{B}^*$ 可逆.

由 $r(\boldsymbol{A})=3$,得 $r(\boldsymbol{A}^*)=1$,从而 $r(\boldsymbol{A}^*\boldsymbol{B}^*)=r(\boldsymbol{A}^*)=1$.

故应填 1.

题型 4:关于矩阵的秩的证明

【4.15】 设 $\boldsymbol{A}$ 是一个秩为 1 的 n 阶方阵,证明:

(1)$\boldsymbol{A}=\begin{bmatrix} a_1 \\ a_2 \\ \vdots \\ a_n \end{bmatrix}(b_1,b_2,\cdots,b_n)$, (2)$\boldsymbol{A}^2=k\boldsymbol{A}$.

证 (1)因为 $r(\boldsymbol{A})=1$,由矩阵的秩的定义,$\boldsymbol{A}$ 中一定有一个非零行向量,而其余行向量都是它的倍数.

因此不妨设 $\boldsymbol{A}=\begin{bmatrix} a_1b_1 & a_1b_2 & \cdots & a_1b_n \\ a_2b_1 & a_2b_2 & \cdots & a_2b_n \\ \cdots & \cdots & \cdots & \cdots \\ a_nb_1 & a_nb_2 & \cdots & a_nb_n \end{bmatrix}$, 从而 $\boldsymbol{A}=\begin{bmatrix} a_1 \\ a_2 \\ \vdots \\ a_n \end{bmatrix}(b_1,b_2,\cdots,b_n)$.

(2)由(1)直接可得

$$\boldsymbol{A}^2=\begin{bmatrix} a_1 \\ a_2 \\ \vdots \\ a_n \end{bmatrix}(b_1,b_2,\cdots,b_n)\begin{bmatrix} a_1 \\ a_2 \\ \vdots \\ a_n \end{bmatrix}(b_1,b_2,\cdots,b_n)=\left(\sum_{i=1}^{n}a_ib_i\right)\boldsymbol{A}.$$

令 $k=\sum\limits_{i=1}^{n}a_ib_i$,则可得 $\boldsymbol{A}^2=k\boldsymbol{A}$.

【4.16】 设 $\boldsymbol{A}$ 为 $m\times n$ 矩阵,$\boldsymbol{B}$ 为 $n\times m$ 矩阵,证明:当 $m>n$ 时,方阵 $\boldsymbol{C}=\boldsymbol{AB}$ 不可逆.

证 因为

$$r(\boldsymbol{C})=r(\boldsymbol{AB})\leqslant\min\{r(\boldsymbol{A}),r(\boldsymbol{B})\}\leqslant\min\{m,n\},$$

但是 $m>n$,故 $\min\{m,n\}=n$,从而对 m 阶方阵 $\boldsymbol{C}$ 来说,有

$$r(\boldsymbol{C})\leqslant\min\{m,n\}<m,$$

即 $\boldsymbol{C}=\boldsymbol{AB}$ 不可逆.

【4.17】 设 $\boldsymbol{A}$ 是二阶方阵,且 $\boldsymbol{A}^2=\boldsymbol{E}$,但 $\boldsymbol{A}\neq\pm\boldsymbol{E}$. 证明:$\boldsymbol{A}+\boldsymbol{E}$ 与 $\boldsymbol{A}-\boldsymbol{E}$ 的秩都是 1.

证 由 $\boldsymbol{A}^2=\boldsymbol{E}$ 可得 $(\boldsymbol{A}+\boldsymbol{E})(\boldsymbol{A}-\boldsymbol{E})=\boldsymbol{0}$,故二阶方阵 $\boldsymbol{A}+\boldsymbol{E}$ 和 $\boldsymbol{A}-\boldsymbol{E}$ 的秩只能是 0 或 1,但由于 $\boldsymbol{A}\neq\pm\boldsymbol{E}$,即 $\boldsymbol{A}+\boldsymbol{E}$ 及 $\boldsymbol{A}-\boldsymbol{E}$ 的秩都不是 0,从而它们的秩都只能是 1.

【4.18】 设 $\boldsymbol{A}$ 为 n 阶方阵,证明:若 $\boldsymbol{A}^2=\boldsymbol{E}$,则 $r(\boldsymbol{A}+\boldsymbol{E})+r(\boldsymbol{A}-\boldsymbol{E})=n$.

证 由 $\boldsymbol{A}^2=\boldsymbol{E}$ 可得

$$(\boldsymbol{A}+\boldsymbol{E})(\boldsymbol{A}-\boldsymbol{E})=\boldsymbol{0}.$$

从而,

$$r(\boldsymbol{A}+\boldsymbol{E})+r(\boldsymbol{A}-\boldsymbol{E})\leqslant n.$$

另一方面,有 $r(\boldsymbol{A}+\boldsymbol{E})+r(\boldsymbol{A}-\boldsymbol{E})\geqslant r[(\boldsymbol{A}+\boldsymbol{E})-(\boldsymbol{A}-\boldsymbol{E})]=r(2\boldsymbol{E})=n$,

故得 $r(\boldsymbol{A}+\boldsymbol{E})+r(\boldsymbol{A}-\boldsymbol{E})=n$.

点评:熟练掌握并灵活运用矩阵的秩的常用公式和结论.

【4.19】 设 $\boldsymbol{A},\boldsymbol{B}$ 是 $m\times n$ 矩阵,则 $\boldsymbol{A},\boldsymbol{B}$ 等价的充要条件是 $r(\boldsymbol{A})=r(\boldsymbol{B})$.

证 必要性. 设 $\boldsymbol{A},\boldsymbol{B}$ 等价,则存在可逆矩阵 $\boldsymbol{P},\boldsymbol{Q}$ 使 $\boldsymbol{PAQ}=\boldsymbol{B}$. 所以

$$r(\boldsymbol{A})=r(\boldsymbol{PAQ})=r(\boldsymbol{B}).$$

充分性. 设 $r(\boldsymbol{A})=r(\boldsymbol{B})=r$,则存在可逆矩阵 $\boldsymbol{P}_1,\boldsymbol{Q}_1$, $\boldsymbol{P}_2,\boldsymbol{Q}_2$ 使

$$\boldsymbol{P}_1\boldsymbol{AQ}_1=\begin{bmatrix}\boldsymbol{E}_r & \boldsymbol{0}\\ \boldsymbol{0} & \boldsymbol{0}\end{bmatrix} \quad 且 \quad \boldsymbol{P}_2\boldsymbol{BQ}_2=\begin{bmatrix}\boldsymbol{E}_r & \boldsymbol{0}\\ \boldsymbol{0} & \boldsymbol{0}\end{bmatrix},$$

从而由 $\boldsymbol{P}_1\boldsymbol{AQ}_1=\boldsymbol{P}_2\boldsymbol{BQ}_2$ 可得 $\boldsymbol{A},\boldsymbol{B}$ 等价.

【4.20】 设 n 阶方阵 $\boldsymbol{A},\boldsymbol{B}$ 满足 $\boldsymbol{A}^2=\boldsymbol{A},\boldsymbol{B}^2=\boldsymbol{B}$,且 $\boldsymbol{E}-\boldsymbol{A}-\boldsymbol{B}$ 可逆,证明:$r(\boldsymbol{A})=r(\boldsymbol{B})$.

证法一 由 $\boldsymbol{E}-\boldsymbol{A}-\boldsymbol{B}$ 可逆,有

$$n=r(\boldsymbol{E}-\boldsymbol{A}-\boldsymbol{B})\leqslant r(\boldsymbol{E}-\boldsymbol{A})+r(\boldsymbol{B}),$$

所以

$$r(\boldsymbol{B})\geqslant n-r(\boldsymbol{E}-\boldsymbol{A}).$$

又由 $\boldsymbol{A}^2=\boldsymbol{A}$ 可得 $\boldsymbol{A}(\boldsymbol{E}-\boldsymbol{A})=\boldsymbol{0}$,于是

$$r(\boldsymbol{A})+r(\boldsymbol{E}-\boldsymbol{A})\leqslant n, \quad 或 \quad r(\boldsymbol{A})\leqslant n-r(\boldsymbol{E}-\boldsymbol{A}),$$

从而

$$r(\boldsymbol{B})\geqslant n-r(\boldsymbol{E}-\boldsymbol{A})\geqslant r(\boldsymbol{A}).$$

同理可证

$$r(\boldsymbol{A})\geqslant r(\boldsymbol{B}).$$

所以

$$r(\boldsymbol{A})=r(\boldsymbol{B}).$$

证法二 因为

$$\boldsymbol{A}(\boldsymbol{E}-\boldsymbol{A}-\boldsymbol{B})=\boldsymbol{A}-\boldsymbol{A}^2-\boldsymbol{AB}=-\boldsymbol{AB},$$

而 $\boldsymbol{E}-\boldsymbol{A}-\boldsymbol{B}$ 可逆,所以

$$r(\boldsymbol{A})=r(\boldsymbol{AB}),$$

同理可证

$$r(\boldsymbol{B})=r(\boldsymbol{AB}),$$

所以

$$r(\boldsymbol{A})=r(\boldsymbol{B}).$$

§5. 分块矩阵

知识要点

1. 分块矩阵的定义

将矩阵 $\boldsymbol{A}$ 用若干条纵线和横线分成许多个小矩阵，每个小矩阵称为 $\boldsymbol{A}$ 的子块，以子块为元素的形式上的矩阵称为分块矩阵.

如： $$\boldsymbol{A}=\begin{bmatrix} a_{11} & a_{12} & a_{13} \\ \hdashline a_{21} & a_{22} & a_{23} \\ \hdashline a_{31} & a_{32} & a_{33} \end{bmatrix}=\begin{bmatrix} \boldsymbol{\alpha}_1 \\ \boldsymbol{\alpha}_2 \\ \boldsymbol{\alpha}_3 \end{bmatrix},$$

其中 $\boldsymbol{\alpha}_1=(a_{11},a_{12},a_{13})$是一个子块.

又如： $$\boldsymbol{B}=\begin{bmatrix} b_{11} & b_{12} & b_{13} & b_{14} \\ b_{21} & b_{22} & b_{23} & b_{24} \\ b_{31} & b_{32} & b_{33} & b_{34} \\ b_{41} & b_{42} & b_{43} & b_{44} \end{bmatrix}=\begin{bmatrix} \boldsymbol{B}_1 & \boldsymbol{B}_2 \\ \boldsymbol{B}_3 & \boldsymbol{B}_4 \end{bmatrix},$$

其中 $\boldsymbol{B}_1=\begin{bmatrix} b_{11} & b_{12} \\ b_{21} & b_{22} \end{bmatrix}$, $\boldsymbol{B}_2=\begin{bmatrix} b_{13} & b_{14} \\ b_{23} & b_{24} \end{bmatrix}$, $\boldsymbol{B}_3=\begin{bmatrix} b_{31} & b_{32} \\ b_{41} & b_{42} \end{bmatrix}$, $\boldsymbol{B}_4=\begin{bmatrix} b_{33} & b_{34} \\ b_{43} & b_{44} \end{bmatrix}$,

则 $\boldsymbol{B}_1,\boldsymbol{B}_2,\boldsymbol{B}_3,\boldsymbol{B}_4$ 是 $\boldsymbol{B}$ 的子块.

同一矩阵分成子块的分法有很多.

2. 分块矩阵的运算

(1)分块矩阵的加减法　若矩阵 $\boldsymbol{A}$ 与矩阵 $\boldsymbol{B}$ 有相同的行数和列数，且有

$$\boldsymbol{A}=\begin{bmatrix} \boldsymbol{A}_{11} & \cdots & \boldsymbol{A}_{1r} \\ \vdots & & \vdots \\ \boldsymbol{A}_{s1} & \cdots & \boldsymbol{A}_{sr} \end{bmatrix},\qquad \boldsymbol{B}=\begin{bmatrix} \boldsymbol{B}_{11} & \cdots & \boldsymbol{B}_{1r} \\ \vdots & & \vdots \\ \boldsymbol{B}_{s1} & \cdots & \boldsymbol{B}_{sr} \end{bmatrix}$$

其中 $\boldsymbol{A}_{ij}$ 与 $\boldsymbol{B}_{ij}$ 有相同的行数和列数，则

$$\boldsymbol{A}\pm\boldsymbol{B}=\begin{bmatrix} \boldsymbol{A}_{11}\pm\boldsymbol{B}_{11} & \cdots & \boldsymbol{A}_{1r}\pm\boldsymbol{B}_{1r} \\ \vdots & & \vdots \\ \boldsymbol{A}_{s1}\pm\boldsymbol{B}_{s1} & \cdots & \boldsymbol{A}_{sr}\pm\boldsymbol{B}_{sr} \end{bmatrix};$$

(2)分块矩阵的数乘　设矩阵 $\boldsymbol{A}=\begin{bmatrix} \boldsymbol{A}_{11} & \cdots & \boldsymbol{A}_{1r} \\ \vdots & & \vdots \\ \boldsymbol{A}_{s1} & \cdots & \boldsymbol{A}_{sr} \end{bmatrix}$，$\lambda$ 为数，则

$$\lambda\boldsymbol{A}=\begin{bmatrix} \lambda\boldsymbol{A}_{11} & \cdots & \lambda\boldsymbol{A}_{1r} \\ \vdots & & \vdots \\ \lambda\boldsymbol{A}_{s1} & \cdots & \lambda\boldsymbol{A}_{sr} \end{bmatrix};$$

(3)分块矩阵的乘法　若 $\boldsymbol{A}$ 为 $m\times l$ 矩阵，$\boldsymbol{B}$ 为 $l\times n$ 矩阵，且

$$\boldsymbol{A}=\begin{bmatrix}\boldsymbol{A}_{11} & \cdots & \boldsymbol{A}_{1t}\\ \vdots & & \vdots\\ \boldsymbol{A}_{s1} & \cdots & \boldsymbol{A}_{st}\end{bmatrix},\qquad \boldsymbol{B}=\begin{bmatrix}\boldsymbol{B}_{11} & \cdots & \boldsymbol{B}_{1r}\\ \vdots & & \vdots\\ \boldsymbol{B}_{t1} & \cdots & \boldsymbol{B}_{tr}\end{bmatrix}$$

其中 $\boldsymbol{A}_{i1},\boldsymbol{A}_{i2},\cdots,\boldsymbol{A}_{it}$ 的列数分别与 $\boldsymbol{B}_{1j},\boldsymbol{B}_{2j},\cdots,\boldsymbol{B}_{tj}$ 的行数相等，则

$$\boldsymbol{AB}=\begin{bmatrix}\boldsymbol{C}_{11} & \cdots & \boldsymbol{C}_{1r}\\ \vdots & & \vdots\\ \boldsymbol{C}_{s1} & \cdots & \boldsymbol{C}_{sr}\end{bmatrix}$$

其中 $\boldsymbol{C}_{ij}=\sum\limits_{k=1}^{t}\boldsymbol{A}_{ik}\boldsymbol{B}_{kj}\quad(i=1,\cdots,s;\ j=1,\cdots,r)$.

(4)分块矩阵的转置　设矩阵 $\boldsymbol{A}=\begin{bmatrix}\boldsymbol{A}_{11} & \cdots & \boldsymbol{A}_{1r}\\ \vdots & & \vdots\\ \boldsymbol{A}_{s1} & \cdots & \boldsymbol{A}_{sr}\end{bmatrix}$，则 $\boldsymbol{A}^T=\begin{bmatrix}\boldsymbol{A}_{11}^T & \cdots & \boldsymbol{A}_{s1}^T\\ \vdots & & \vdots\\ \boldsymbol{A}_{1r}^T & \cdots & \boldsymbol{A}_{sr}^T\end{bmatrix}$.

3. 分块矩阵常用结论

(1)设 $\boldsymbol{A}=\begin{bmatrix}\boldsymbol{A}_1 & & & \\ & \boldsymbol{A}_2 & & \\ & & \ddots & \\ & & & \boldsymbol{A}_m\end{bmatrix}$，其中 $\boldsymbol{A}_i(i=1,2,\cdots,m)$都是方阵，则

$$|\boldsymbol{A}|=|\boldsymbol{A}_1|\cdots|\boldsymbol{A}_m|,\qquad \boldsymbol{A}^n=\begin{bmatrix}\boldsymbol{A}_1^n & & & \\ & \boldsymbol{A}_2^n & & \\ & & \ddots & \\ & & & \boldsymbol{A}_m^n\end{bmatrix}.$$

(2)设 $\boldsymbol{A}=\begin{bmatrix}\boldsymbol{A}_1 & & & \\ & \boldsymbol{A}_2 & & \\ & & \ddots & \\ & & & \boldsymbol{A}_m\end{bmatrix}$，$\boldsymbol{A}_i(i=1,2,\cdots,m)$均为可逆矩阵，则

$$\boldsymbol{A}^{-1}=\begin{bmatrix}\boldsymbol{A}_1^{-1} & & & \\ & \boldsymbol{A}_2^{-1} & & \\ & & \ddots & \\ & & & \boldsymbol{A}_m^{-1}\end{bmatrix}.$$

(3)设 $\boldsymbol{A}=\begin{bmatrix} & & & \boldsymbol{A}_1\\ & & \boldsymbol{A}_2 & \\ & \iddots & & \\ \boldsymbol{A}_m & & & \end{bmatrix}$，$\boldsymbol{A}_i(i=1,\cdots,m)$均为可逆矩阵，则

$$\boldsymbol{A}^{-1}=\begin{bmatrix} & & & \boldsymbol{A}_m^{-1}\\ & & \iddots & \\ & \boldsymbol{A}_2^{-1} & & \\ \boldsymbol{A}_1^{-1} & & & \end{bmatrix}.$$

(4)设 $\boldsymbol{A},\boldsymbol{B}$ 为方阵,则 $\begin{vmatrix}\boldsymbol{A} & \boldsymbol{C}\\ \boldsymbol{0} & \boldsymbol{B}\end{vmatrix}=\begin{vmatrix}\boldsymbol{A} & \boldsymbol{0}\\ \boldsymbol{0} & \boldsymbol{B}\end{vmatrix}=\begin{vmatrix}\boldsymbol{A} & \boldsymbol{0}\\ \boldsymbol{D} & \boldsymbol{B}\end{vmatrix}=|\boldsymbol{A}|\ |\boldsymbol{B}|$.

基本题型

题型1:分块矩阵的运算

【5.1】 设矩阵 $\boldsymbol{A}=\begin{bmatrix}1&0&0&0&0\\0&1&0&0&0\\-1&2&1&0&0\\1&1&0&1&0\\0&1&0&0&1\end{bmatrix}$,矩阵 $\boldsymbol{B}=\begin{bmatrix}1&0&0&0\\-1&0&0&0\\0&1&3&-1\\0&2&1&4\\0&1&2&1\end{bmatrix}$,求 $\boldsymbol{AB}$.

解 先将 $\boldsymbol{A}$、$\boldsymbol{B}$ 分块为 $\boldsymbol{A}=\left[\begin{array}{cc|ccc}1&0&0&0&0\\0&1&0&0&0\\\hline -1&2&1&0&0\\1&1&0&1&0\\0&1&0&0&1\end{array}\right]=\begin{bmatrix}\boldsymbol{E}_2&\boldsymbol{0}\\\boldsymbol{A}_1&\boldsymbol{E}_3\end{bmatrix}$,

$$\boldsymbol{B}=\left[\begin{array}{c|ccc}1&0&0&0\\-1&0&0&0\\\hline 0&1&3&-1\\0&2&1&4\\0&1&2&1\end{array}\right]=\begin{bmatrix}\boldsymbol{B}_1&\boldsymbol{0}\\\boldsymbol{0}&\boldsymbol{B}_2\end{bmatrix},$$

所以 $\boldsymbol{AB}=\begin{bmatrix}\boldsymbol{E}_2&\boldsymbol{0}\\\boldsymbol{A}_1&\boldsymbol{E}_3\end{bmatrix}\begin{bmatrix}\boldsymbol{B}_1&\boldsymbol{0}\\\boldsymbol{0}&\boldsymbol{B}_2\end{bmatrix}=\begin{bmatrix}\boldsymbol{B}_1&\boldsymbol{0}\\\boldsymbol{A}_1\boldsymbol{B}_1&\boldsymbol{B}_2\end{bmatrix}$, 而 $\boldsymbol{A}_1\boldsymbol{B}_1=\begin{bmatrix}-1&2\\1&1\\0&1\end{bmatrix}\begin{bmatrix}1\\-1\end{bmatrix}=\begin{bmatrix}-3\\0\\-1\end{bmatrix}$,

所以

$$\boldsymbol{AB}=\begin{bmatrix}1&0&0&0\\-1&0&0&0\\-3&1&3&-1\\0&2&1&4\\-1&1&2&1\end{bmatrix}.$$

点评:本题目将矩阵 $\boldsymbol{A}$ 和矩阵 $\boldsymbol{B}$ 进行适当分块后再利用分块矩阵的乘法进行运算,将大矩阵的运算转化成多个小矩阵的运算,从而简化了运算.

【5.2】 设矩阵 $\boldsymbol{A}=\begin{bmatrix}1&0&2&3\\0&1&1&4\\0&0&1&0\\0&0&0&-1\end{bmatrix}$,$\boldsymbol{B}=\begin{bmatrix}1&0&0&0\\0&1&0&0\\6&3&1&2\\0&-2&2&0\end{bmatrix}$,求 $\boldsymbol{AB}$.

解 将 $\boldsymbol{A}$、$\boldsymbol{B}$ 分块 $\boldsymbol{A}=\left[\begin{array}{cc:cc}1&0&2&3\\0&1&1&4\\ \hdashline 0&0&1&0\\0&0&0&-1\end{array}\right]=\begin{bmatrix}\boldsymbol{E}_2&\boldsymbol{A}_1\\\boldsymbol{0}&\boldsymbol{A}_2\end{bmatrix}$， $\boldsymbol{B}=\left[\begin{array}{cc:cc}1&0&0&0\\0&1&0&0\\ \hdashline 6&3&1&2\\0&-2&2&0\end{array}\right]=\begin{bmatrix}\boldsymbol{E}_2&\boldsymbol{0}\\\boldsymbol{B}_1&\boldsymbol{B}_2\end{bmatrix}$，

由分块矩阵的运算可得

$$\boldsymbol{AB}=\begin{bmatrix}\boldsymbol{E}_2&\boldsymbol{A}_1\\\boldsymbol{0}&\boldsymbol{A}_2\end{bmatrix}\begin{bmatrix}\boldsymbol{E}_2&\boldsymbol{0}\\\boldsymbol{B}_1&\boldsymbol{B}_2\end{bmatrix}=\begin{bmatrix}\boldsymbol{E}_2+\boldsymbol{A}_1\boldsymbol{B}_1&\boldsymbol{A}_1\boldsymbol{B}_2\\\boldsymbol{A}_2\boldsymbol{B}_1&\boldsymbol{A}_2\boldsymbol{B}_2\end{bmatrix},$$

而 $\boldsymbol{E}_2+\boldsymbol{A}_1\boldsymbol{B}_1=\begin{bmatrix}1&0\\0&1\end{bmatrix}+\begin{bmatrix}2&3\\1&4\end{bmatrix}\begin{bmatrix}6&3\\0&-2\end{bmatrix}=\begin{bmatrix}1&0\\0&1\end{bmatrix}+\begin{bmatrix}12&0\\6&-5\end{bmatrix}=\begin{bmatrix}13&0\\6&-4\end{bmatrix}$，

$$\boldsymbol{A}_1\boldsymbol{B}_2=\begin{bmatrix}2&3\\1&4\end{bmatrix}\begin{bmatrix}1&2\\2&0\end{bmatrix}=\begin{bmatrix}8&4\\9&2\end{bmatrix},$$

$$\boldsymbol{A}_2\boldsymbol{B}_1=\begin{bmatrix}1&0\\0&-1\end{bmatrix}\begin{bmatrix}6&3\\0&-2\end{bmatrix}=\begin{bmatrix}6&3\\0&2\end{bmatrix},$$

$$\boldsymbol{A}_2\boldsymbol{B}_2=\begin{bmatrix}1&0\\0&-1\end{bmatrix}\begin{bmatrix}1&2\\2&0\end{bmatrix}=\begin{bmatrix}1&2\\-2&0\end{bmatrix},$$

所以 $\boldsymbol{AB}=\begin{bmatrix}13&0&8&4\\6&-4&9&2\\6&3&1&2\\0&2&-2&0\end{bmatrix}$.

点评：将矩阵 $\boldsymbol{A}$、$\boldsymbol{B}$ 分块后再作乘积运算，在分块时尽量使矩阵的子块是特殊矩阵，如单位矩阵，对角矩阵，零矩阵等.

【5.3】 设 $\boldsymbol{A}=\begin{bmatrix}3&1&0&0\\0&3&0&0\\0&0&3&9\\0&0&1&3\end{bmatrix}$，则 $\boldsymbol{A}^n=$______.

解 由分块矩阵公式 $\begin{bmatrix}\boldsymbol{B}&\boldsymbol{0}\\\boldsymbol{0}&\boldsymbol{C}\end{bmatrix}^n=\begin{bmatrix}\boldsymbol{B}^n&\boldsymbol{0}\\\boldsymbol{0}&\boldsymbol{C}^n\end{bmatrix}$，我们只需分别算出 $\begin{bmatrix}3&1\\0&3\end{bmatrix}$ 与 $\begin{bmatrix}3&9\\1&3\end{bmatrix}$ 的 n 次幂.

因为 $\begin{bmatrix}3&1\\0&3\end{bmatrix}=\begin{bmatrix}3&0\\0&3\end{bmatrix}+\begin{bmatrix}0&1\\0&0\end{bmatrix}=3\boldsymbol{E}+\boldsymbol{B}$ 且 $\boldsymbol{B}^2=\boldsymbol{0}$，故

$$\begin{bmatrix}3&1\\0&3\end{bmatrix}^n=(3\boldsymbol{E}+\boldsymbol{B})^n=(3\boldsymbol{E})^n+n(3\boldsymbol{E})^{n-1}\boldsymbol{B}$$

$$=\begin{bmatrix}3^n&0\\0&3^n\end{bmatrix}+n\,3^{n-1}\begin{bmatrix}0&1\\0&0\end{bmatrix}=\begin{bmatrix}3^n&n\,3^{n-1}\\0&3^n\end{bmatrix}.$$

而矩阵 $\begin{bmatrix}3&9\\1&3\end{bmatrix}$ 的秩为 1，有 $\begin{bmatrix}3&9\\1&3\end{bmatrix}^n=6^{n-1}\begin{bmatrix}3&9\\1&3\end{bmatrix}$，从而

$$A^n=\begin{bmatrix}3^n & n\,3^{n-1} & 0 & 0\\ 0 & 3^n & 0 & 0\\ 0 & 0 & 3\cdot 6^{n-1} & 9\cdot 6^{n-1}\\ 0 & 0 & 6^{n-1} & 3\cdot 6^{n-1}\end{bmatrix}.$$

【5.4】 设 $\boldsymbol{A}$、$\boldsymbol{B}$ 为 n 阶矩阵，$\boldsymbol{A}^*$、$\boldsymbol{B}^*$ 分别是 $\boldsymbol{A}$、$\boldsymbol{B}$ 对应的伴随矩阵，分块矩阵 $\boldsymbol{C}=\begin{bmatrix}\boldsymbol{A} & \boldsymbol{0}\\ \boldsymbol{0} & \boldsymbol{B}\end{bmatrix}$，则 $\boldsymbol{C}$ 的伴随矩阵 $\boldsymbol{C}^*=$______.

(A) $\begin{bmatrix}|\boldsymbol{A}|\boldsymbol{A}^* & \boldsymbol{0}\\ \boldsymbol{0} & |\boldsymbol{B}|\boldsymbol{B}^*\end{bmatrix}$ (B) $\begin{bmatrix}|\boldsymbol{B}|\boldsymbol{B}^* & \boldsymbol{0}\\ \boldsymbol{0} & |\boldsymbol{A}|\boldsymbol{A}^*\end{bmatrix}$

(C) $\begin{bmatrix}|\boldsymbol{A}|\boldsymbol{B}^* & \boldsymbol{0}\\ \boldsymbol{0} & |\boldsymbol{B}|\boldsymbol{A}^*\end{bmatrix}$ (D) $\begin{bmatrix}|\boldsymbol{B}|\boldsymbol{A}^* & \boldsymbol{0}\\ \boldsymbol{0} & |\boldsymbol{A}|\boldsymbol{B}^*\end{bmatrix}$

解 若 $\boldsymbol{A}$、$\boldsymbol{B}$ 均可逆，则 $\boldsymbol{A}^*=|\boldsymbol{A}|\boldsymbol{A}^{-1}$，$\boldsymbol{B}^*=|\boldsymbol{B}|\boldsymbol{B}^{-1}$，从而

$$\boldsymbol{C}^*=|\boldsymbol{C}|\boldsymbol{C}^{-1}=|\boldsymbol{A}||\boldsymbol{B}|\begin{bmatrix}\boldsymbol{A}^{-1} & \boldsymbol{0}\\ \boldsymbol{0} & \boldsymbol{B}^{-1}\end{bmatrix}=|\boldsymbol{A}||\boldsymbol{B}|\begin{bmatrix}|\boldsymbol{A}|^{-1}\boldsymbol{A}^* & \boldsymbol{0}\\ \boldsymbol{0} & |\boldsymbol{B}|^{-1}\boldsymbol{B}^*\end{bmatrix}$$

$$=\begin{bmatrix}|\boldsymbol{B}|\boldsymbol{A}^* & \boldsymbol{0}\\ \boldsymbol{0} & |\boldsymbol{A}|\boldsymbol{B}^*\end{bmatrix}.$$

当 $\boldsymbol{A}$ 或 $\boldsymbol{B}$ 不可逆时，利用定义可知(D)仍成立.

故应选(D).

点评：熟练掌握公式 $\boldsymbol{AA}^*=\boldsymbol{A}^*\boldsymbol{A}=|\boldsymbol{A}|\,\boldsymbol{E}$ 及其变形公式. 本题为 2002 年考研真题.

题型 2：分块矩阵求逆

【5.5】 设四阶方阵 $\boldsymbol{A}=\begin{bmatrix}5 & 2 & 0 & 0\\ 2 & 1 & 0 & 0\\ 0 & 0 & 1 & -2\\ 0 & 0 & 1 & 1\end{bmatrix}$，则 $\boldsymbol{A}^{-1}=$______.

解 令 $\boldsymbol{A}_1=\begin{bmatrix}5 & 2\\ 2 & 1\end{bmatrix}$，$\boldsymbol{A}_2=\begin{bmatrix}1 & -2\\ 1 & 1\end{bmatrix}$，矩阵 $\boldsymbol{A}$ 为分块矩阵 $\boldsymbol{A}=\begin{bmatrix}\boldsymbol{A}_1 & \boldsymbol{0}\\ \boldsymbol{0} & \boldsymbol{A}_2\end{bmatrix}$，则 $\boldsymbol{A}^{-1}=\begin{bmatrix}\boldsymbol{A}_1^{-1} & \boldsymbol{0}\\ \boldsymbol{0} & \boldsymbol{A}_2^{-1}\end{bmatrix}$. 对于矩阵 $\boldsymbol{A}_1$，$\boldsymbol{A}_2$，其逆矩阵可利用伴随矩阵求逆方法得到：

$$\boldsymbol{A}_1^{-1}=\begin{bmatrix}1 & -2\\ -2 & 5\end{bmatrix},\qquad \boldsymbol{A}_2^{-1}=\frac{1}{3}\begin{bmatrix}1 & 2\\ -1 & 1\end{bmatrix}.$$

故应填 $\begin{bmatrix}1 & -2 & 0 & 0\\ -2 & 5 & 0 & 0\\ 0 & 0 & \frac{1}{3} & \frac{2}{3}\\ 0 & 0 & -\frac{1}{3} & \frac{1}{3}\end{bmatrix}$.

【5.6】 设 n 阶方阵 $\boldsymbol{A}=\begin{bmatrix}0 & a_1 & 0 & \cdots & 0\\ 0 & 0 & a_2 & \cdots & 0\\ \cdots & \cdots & \cdots & \cdots & \cdots\\ 0 & 0 & 0 & \cdots & a_{n-1}\\ a_n & 0 & 0 & \cdots & 0\end{bmatrix}$,其中 $a_i\neq 0, i=1,2,\cdots,n$,求 $\boldsymbol{A}$ 的逆矩阵.

解 令

$$\boldsymbol{A}=\begin{bmatrix}0 & a_1 & 0 & \cdots & 0\\ 0 & 0 & a_2 & \cdots & 0\\ \cdots & \cdots & \cdots & \cdots & \cdots\\ 0 & 0 & 0 & \cdots & a_{n-1}\\ a_n & 0 & 0 & \cdots & 0\end{bmatrix}=\begin{bmatrix}\boldsymbol{0} & \boldsymbol{B}\\ \boldsymbol{C} & \boldsymbol{0}\end{bmatrix},$$

其中 $\boldsymbol{C}=[a_n]$, $\boldsymbol{B}=\begin{bmatrix}a_1 & 0 & \cdots & 0\\ 0 & a_2 & \cdots & 0\\ \cdots & \cdots & \cdots & \cdots\\ 0 & 0 & \cdots & a_{n-1}\end{bmatrix}$,

则 $\boldsymbol{C}^{-1}=[\frac{1}{a_n}]$, $\boldsymbol{B}^{-1}=\begin{bmatrix}\frac{1}{a_1} & 0 & \cdots & 0\\ 0 & \frac{1}{a_2} & \cdots & 0\\ \cdots & \cdots & \cdots & \cdots\\ 0 & 0 & \cdots & \frac{1}{a_{n-1}}\end{bmatrix}$, 又 $\begin{bmatrix}\boldsymbol{0} & \boldsymbol{B}\\ \boldsymbol{C} & \boldsymbol{0}\end{bmatrix}^{-1}=\begin{bmatrix}\boldsymbol{0} & \boldsymbol{C}^{-1}\\ \boldsymbol{B}^{-1} & \boldsymbol{0}\end{bmatrix}$,

所以

$$\boldsymbol{A}^{-1}=\begin{bmatrix}0 & 0 & 0 & \cdots & 0 & \frac{1}{a_n}\\ \frac{1}{a_1} & 0 & 0 & \cdots & 0 & 0\\ 0 & \frac{1}{a_2} & 0 & \cdots & 0 & 0\\ \cdots & \cdots & \cdots & \cdots & \cdots & \cdots\\ 0 & 0 & 0 & \cdots & \frac{1}{a_{n-1}} & 0\end{bmatrix}.$$

【5.7】 设矩阵 $\boldsymbol{A}=\begin{bmatrix}0 & 0 & 0 & \cdots & 0 & a_1 & 0\\ 0 & 0 & 0 & \cdots & a_2 & 0 & 0\\ \cdots & \cdots & \cdots & \cdots & \cdots & \cdots & \cdots\\ a_{n-1} & 0 & 0 & \cdots & 0 & 0 & 0\\ 0 & 0 & 0 & \cdots & 0 & 0 & a_n\end{bmatrix}$,其中 $a_i\neq 0$, $i=1,2,\cdots,n$,求 $\boldsymbol{A}$ 的逆矩阵.

解 令 $\boldsymbol{A}=\begin{bmatrix}\boldsymbol{B} & \boldsymbol{0}\\ \boldsymbol{0} & \boldsymbol{C}\end{bmatrix}$,其中

$$\boldsymbol{B}=\begin{bmatrix}0&0&\cdots&0&a_1\\0&0&\cdots&a_2&0\\\cdots&\cdots&\cdots&\cdots&\cdots\\a_{n-1}&0&\cdots&0&0\end{bmatrix},\qquad \boldsymbol{C}=[a_n].$$

所以，$\boldsymbol{A}^{-1}=\begin{bmatrix}\boldsymbol{B}^{-1}&\boldsymbol{0}\\\boldsymbol{0}&\boldsymbol{C}^{-1}\end{bmatrix}$，其中

$$\boldsymbol{B}^{-1}=\begin{bmatrix}&&&\frac{1}{a_{n-1}}\\&&\frac{1}{a_{n-2}}&\\&\iddots&&\\\frac{1}{a_1}&&&\end{bmatrix},\qquad \boldsymbol{C}^{-1}=\left[\frac{1}{a_n}\right].$$

从而

$$\boldsymbol{A}^{-1}=\begin{bmatrix}0&0&\cdots&0&\frac{1}{a_{n-1}}\\0&0&\cdots&\frac{1}{a_{n-2}}&0\\\cdots&\cdots&\cdots&\cdots&\cdots\\\frac{1}{a_1}&0&\cdots&0&0\\0&0&\cdots&0&\frac{1}{a_n}\end{bmatrix}.$$

§6. 矩阵方程

知识要点

1. 矩阵方程 $\boldsymbol{AX}=\boldsymbol{B}$ 有解$\Leftrightarrow r(\boldsymbol{A})=r(\boldsymbol{A},\boldsymbol{B})$.

证明：令 $\boldsymbol{X}=(\boldsymbol{x}_1,\boldsymbol{x}_2,\cdots,\boldsymbol{x}_n)$，$\boldsymbol{B}=(\boldsymbol{b}_1,\boldsymbol{b}_2,\cdots,\boldsymbol{b}_n)$，则

$$\begin{aligned}\boldsymbol{AX}=\boldsymbol{B}\text{ 有解}&\Leftrightarrow \boldsymbol{Ax}_i=\boldsymbol{b}_i\text{ 都有解 }(i=1,\cdots,n)\\&\Leftrightarrow r(\boldsymbol{A})=r(\boldsymbol{A},\boldsymbol{b}_i)\ (i=1,\cdots,n)\\&\Leftrightarrow r(\boldsymbol{A})=r(\boldsymbol{A},\boldsymbol{B}).\end{aligned}$$

2. 求解矩阵方程 $\boldsymbol{AX}=\boldsymbol{B}\Leftrightarrow$求解线性方程组 $\boldsymbol{Ax}_i=\boldsymbol{b}_i$ $(i=1,\cdots,n)$.

3. 求解矩阵方程 $\boldsymbol{XA}=\boldsymbol{B}\Leftrightarrow$求解矩阵方程 $\boldsymbol{A}^T\boldsymbol{X}^T=\boldsymbol{B}^T$.

4. 特别地，若 $\boldsymbol{A}$ 可逆，则 $\boldsymbol{AX}=\boldsymbol{B}$ 有唯一解 $\boldsymbol{X}=\boldsymbol{A}^{-1}\boldsymbol{B}$，$\boldsymbol{XA}=\boldsymbol{B}$ 有唯一解 $\boldsymbol{X}=\boldsymbol{BA}^{-1}$.

5. 对于其他形式的矩阵方程可考虑待定系数法！

基本题型

题型 1:求解矩阵方程

【6.1】 解矩阵方程$\begin{bmatrix}3&5\\1&2\end{bmatrix}X=\begin{bmatrix}4&-1&2\\3&0&-1\end{bmatrix}$.

解 令$A=\begin{bmatrix}3&5\\1&2\end{bmatrix}$, $B=\begin{bmatrix}4&-1&2\\3&0&-1\end{bmatrix}$.

解法一 先求A^{-1},再直接求乘积$A^{-1}B$.由于

$$A^{-1}=\begin{bmatrix}2&-5\\-1&3\end{bmatrix},$$

故原方程的唯一解为

$$X=A^{-1}B=\begin{bmatrix}2&-5\\-1&3\end{bmatrix}\begin{bmatrix}4&-1&2\\3&0&-1\end{bmatrix}=\begin{bmatrix}-7&-2&9\\5&1&-5\end{bmatrix}.$$

解法二 利用初等变换

$$(A\vdots B)=\left[\begin{array}{cc:ccc}3&5&4&-1&2\\1&2&3&0&-1\end{array}\right]\to\left[\begin{array}{cc:ccc}1&2&3&0&-1\\3&5&4&-1&2\end{array}\right]\to\left[\begin{array}{cc:ccc}1&2&3&0&-1\\0&-1&-5&-1&5\end{array}\right]$$

$$\to\left[\begin{array}{cc:ccc}1&0&-7&-2&9\\0&1&5&1&-5\end{array}\right].$$

故原方程的唯一解为

$$X=A^{-1}B=\begin{bmatrix}-7&-2&9\\5&1&-5\end{bmatrix}.$$

【6.2】 解矩阵方程$X\begin{bmatrix}1&0&5\\1&1&2\\1&2&5\end{bmatrix}=\begin{bmatrix}1&1&2\\0&0&-6\end{bmatrix}$.

解 令$A=\begin{bmatrix}1&0&5\\1&1&2\\1&2&5\end{bmatrix}$, $B=\begin{bmatrix}1&1&2\\0&0&-6\end{bmatrix}$.

解法一 先求A^{-1},再直接求乘积BA^{-1}. 由于易知

$$|A|=\begin{vmatrix}1&0&5\\1&1&2\\1&2&5\end{vmatrix}=6\neq0,\qquad A^*=\begin{bmatrix}1&10&-5\\-3&0&3\\1&-2&1\end{bmatrix},$$

故 $A^{-1}=\frac{1}{6}\begin{bmatrix}1&10&-5\\-3&0&3\\1&-2&1\end{bmatrix}$,从而原方程有唯一解为

$$X=BA^{-1}=\begin{bmatrix}0&1&0\\-1&2&-1\end{bmatrix}.$$

解法二 利用初等变换. 对以下分块矩阵施行初等列变换:

$$\begin{bmatrix} A \\ \cdots \\ B \end{bmatrix}=\begin{bmatrix} 1 & 0 & 5 \\ 1 & 1 & 2 \\ 1 & 2 & 5 \\ \hdashline 1 & 1 & 2 \\ 0 & 0 & -6 \end{bmatrix} \to \begin{bmatrix} 1 & 0 & 0 \\ 1 & 1 & -3 \\ 1 & 2 & 0 \\ \hdashline 1 & 1 & -3 \\ 0 & 0 & -6 \end{bmatrix} \to \begin{bmatrix} 1 & 0 & 0 \\ 1 & 1 & 1 \\ 1 & 2 & 0 \\ \hdashline 1 & 1 & 1 \\ 0 & 0 & 2 \end{bmatrix} \to \begin{bmatrix} 1 & 0 & 0 \\ 1 & 1 & 1 \\ 1 & 0 & 2 \\ \hdashline 1 & 1 & 1 \\ 0 & 2 & 0 \end{bmatrix}$$

$$\to \begin{bmatrix} 1 & 0 & 0 \\ 0 & 1 & 0 \\ 1 & 0 & 2 \\ \hdashline 0 & 1 & 0 \\ -2 & 2 & -2 \end{bmatrix} \to \begin{bmatrix} 1 & 0 & 0 \\ 0 & 1 & 0 \\ 0 & 0 & 1 \\ \hdashline 0 & 1 & 0 \\ -1 & 2 & -1 \end{bmatrix}.$$

故得原方程的唯一解为

$$X=\begin{bmatrix} 0 & 1 & 0 \\ -1 & 2 & -1 \end{bmatrix}.$$

【6.3】 解矩阵方程

$$\begin{bmatrix} 0 & 1 & 0 \\ 1 & 0 & 0 \\ 0 & 0 & 1 \end{bmatrix} X \begin{bmatrix} 1 & 0 & 0 \\ 0 & 0 & 1 \\ 0 & 1 & 0 \end{bmatrix}=\begin{bmatrix} 1 & -4 & 3 \\ 2 & 0 & -1 \\ 1 & -2 & 0 \end{bmatrix}$$

解 令 $P_1=\begin{bmatrix} 0 & 1 & 0 \\ 1 & 0 & 0 \\ 0 & 0 & 1 \end{bmatrix}$， $P_2=\begin{bmatrix} 1 & 0 & 0 \\ 0 & 0 & 1 \\ 0 & 1 & 0 \end{bmatrix}$， $B=\begin{bmatrix} 1 & -4 & 3 \\ 2 & 0 & -1 \\ 1 & -2 & 0 \end{bmatrix}$，

则 P_1, P_2 均为初等矩阵，且 $P_1^{-1}=P_1$，$P_2^{-1}=P_2$. 所以

$$X=P_1BP_2=\begin{bmatrix} 0 & 1 & 0 \\ 1 & 0 & 0 \\ 0 & 0 & 1 \end{bmatrix}\begin{bmatrix} 1 & -4 & 3 \\ 2 & 0 & -1 \\ 1 & -2 & 0 \end{bmatrix}\begin{bmatrix} 1 & 0 & 0 \\ 0 & 0 & 1 \\ 0 & 1 & 0 \end{bmatrix}=\begin{bmatrix} 2 & -1 & 0 \\ 1 & 3 & -4 \\ 1 & 0 & -2 \end{bmatrix}.$$

【6.4】 已知 $\boldsymbol{A}=\begin{bmatrix} 1 & 1 & -1 \\ 0 & 1 & 1 \\ 0 & 0 & -1 \end{bmatrix}$，且 $\boldsymbol{A}^2-\boldsymbol{AB}=\boldsymbol{E}$，其中 $\boldsymbol{E}$ 是三阶单位矩阵，求矩阵 $\boldsymbol{B}$.

解 由

$$\boldsymbol{A}^2-\boldsymbol{AB}=\boldsymbol{A}(\boldsymbol{A}-\boldsymbol{B})=\boldsymbol{E},$$

知 $\boldsymbol{A}-\boldsymbol{B}=\boldsymbol{A}^{-1}$，从而 $\boldsymbol{B}=\boldsymbol{A}-\boldsymbol{A}^{-1}$.

用初等变换可求出 $\boldsymbol{A}^{-1}$.

$$(\boldsymbol{A} \vdots \boldsymbol{E})=\left[\begin{array}{ccc:ccc} 1 & 1 & -1 & 1 & 0 & 0 \\ 0 & 1 & 1 & 0 & 1 & 0 \\ 0 & 0 & -1 & 0 & 0 & 1 \end{array}\right]$$

$$\to \left[\begin{array}{ccc:ccc} 1 & 1 & 0 & 1 & 0 & -1 \\ 0 & 1 & 0 & 0 & 1 & 1 \\ 0 & 0 & -1 & 0 & 0 & 1 \end{array}\right] \to \left[\begin{array}{ccc:ccc} 1 & 0 & 0 & 1 & -1 & -2 \\ 0 & 1 & 0 & 0 & 1 & 1 \\ 0 & 0 & 1 & 0 & 0 & -1 \end{array}\right]$$

$$=(\boldsymbol{E} \vdots \boldsymbol{A}^{-1}),$$

所以 $$A^{-1}=\begin{bmatrix}1&-1&-2\\0&1&1\\0&0&-1\end{bmatrix}.$$

从而 $$B=A-A^{-1}=\begin{bmatrix}0&2&1\\0&0&0\\0&0&0\end{bmatrix}.$$

点评:本题为 1997 年考研真题.

【6.5】 设矩阵 A,B 满足 $A^*BA=2BA-8E$,其中 $A=\begin{bmatrix}1&0&0\\0&-2&0\\0&0&1\end{bmatrix}$,$E$ 为单位矩阵,A^* 为 A 的伴随矩阵,求 B.

解 由原方程得 $(A^*-2E)BA=-8E$.

又 $$A^*-2E=|A|A^{-1}-2E$$

$$=\begin{bmatrix}-2&0&0\\0&1&0\\0&0&-2\end{bmatrix}-2\begin{bmatrix}1&0&0\\0&1&0\\0&0&1\end{bmatrix}=\begin{bmatrix}-4&0&0\\0&-1&0\\0&0&-4\end{bmatrix},$$

则由 A^*-2E 及 A 可逆得

$$B=-8(A^*-2E)^{-1}A^{-1}=\begin{bmatrix}2&0&0\\0&-4&0\\0&0&2\end{bmatrix}.$$

点评:本题为 1998 年考研真题.

【6.6】 设 n 阶矩阵 A 和 B 满足条件 $A+B=AB$,

(1)证明 $A-E$ 为可逆矩阵;

(2)已知 $B=\begin{bmatrix}1&-3&0\\2&1&0\\0&0&2\end{bmatrix}$,求矩阵 A.

解 (1)由 $A+B=AB$,有

$$A-E-(A-E)B=-E,$$

于是 $$-(A-E)(E-B)=E.$$

由逆矩阵的定义知,$A-E$ 可逆.

(2) **方法一** 由(1)有 $A-E=(B-E)^{-1}$,

所以 $$A=E+(B-E)^{-1}$$

$$=E+\begin{bmatrix}0&-3&0\\2&0&0\\0&0&1\end{bmatrix}^{-1}=\begin{bmatrix}1&0&0\\0&1&0\\0&0&1\end{bmatrix}+\begin{bmatrix}0&\frac{1}{2}&0\\-\frac{1}{3}&0&0\\0&0&1\end{bmatrix}=\begin{bmatrix}1&\frac{1}{2}&0\\-\frac{1}{3}&1&0\\0&0&2\end{bmatrix}.$$

方法二 由 $A+B=AB$,有

$$A(B-E)=B,$$

由(1)已证 $A-E$ 可逆,同理 $B-E$ 也可逆,所以

$$A=B(B-E)^{-1}=\begin{bmatrix}1&-3&0\\2&1&0\\0&0&2\end{bmatrix}\begin{bmatrix}0&-3&0\\2&0&0\\0&0&1\end{bmatrix}^{-1}=\begin{bmatrix}1&\frac{1}{2}&0\\-\frac{1}{3}&1&0\\0&0&2\end{bmatrix}.$$

点评:在求 $(B-E)^{-1}$ 时用了分块矩阵的逆的公式:

$$\begin{bmatrix}A_1&\\&A_2\end{bmatrix}^{-1}=\begin{bmatrix}A_1^{-1}&\\&A_2^{-1}\end{bmatrix}\ \text{及公式}\ \begin{bmatrix}&a_1\\a_2&\end{bmatrix}^{-1}=\begin{bmatrix}&a_2^{-1}\\a_1^{-1}&\end{bmatrix}.$$

§7. 综合提高题型

题型1:矩阵的运算

【7.1】 设 A 为 n 阶对称阵,且 A 可逆,并满足 $(A-B)^2=E$,化简:

$$(E+A^{-1}B^T)^T(E-BA^{-1})^{-1}.$$

解 由 A 为对称矩阵知:$A^T=A$ 并注意到 $(A-B)^{-1}=A-B$,则有

$$\begin{aligned}&(E+A^{-1}B^T)^T(E-BA^{-1})^{-1}=[E^T+(A^{-1}B^T)^T](AA^{-1}-BA^{-1})^{-1}\\&=[E+B(A^{-1})^T][(A-B)A^{-1}]^{-1}=[E+B(A^T)^{-1}][A(A-B)^{-1}]\\&=(AA^{-1}+BA^{-1})A(A-B)^{-1}\\&=(A+B)(A-B)^{-1}=(A+B)(A-B).\end{aligned}$$

【7.2】 设 A、B 为 n 阶方阵,且 $B=E+AB$. 证明:A、B 乘法可交换.

证 由 $B=E+AB$,得 $(E-A)B=E$.

所以 $E-A$ 与 B 互为逆矩阵,从而 $B(E-A)=E$,即 $B-BA=E$. 又 $B=E+AB$,所以 $AB=BA$.

【7.3】 设 n 维向量 $\boldsymbol{\alpha}=(a,0,\cdots,0,a)^T$,$a<0$,$A=E-\boldsymbol{\alpha}\boldsymbol{\alpha}^T$,$B=E+\frac{1}{a}\boldsymbol{\alpha}\boldsymbol{\alpha}^T$,其中 A、B 互为逆矩阵,则 $a=$______.

解
$$\begin{aligned}AB&=(E-\boldsymbol{\alpha}\boldsymbol{\alpha}^T)(E+\frac{1}{a}\boldsymbol{\alpha}\boldsymbol{\alpha}^T)=E-\boldsymbol{\alpha}\boldsymbol{\alpha}^T+\frac{1}{a}\boldsymbol{\alpha}\boldsymbol{\alpha}^T-\frac{1}{a}\boldsymbol{\alpha}\boldsymbol{\alpha}^T\boldsymbol{\alpha}\boldsymbol{\alpha}^T\\&=E-\boldsymbol{\alpha}\boldsymbol{\alpha}^T+\frac{1}{a}\boldsymbol{\alpha}\boldsymbol{\alpha}^T-\frac{1}{a}\boldsymbol{\alpha}(\boldsymbol{\alpha}^T\boldsymbol{\alpha})\boldsymbol{\alpha}^T=E-\boldsymbol{\alpha}\boldsymbol{\alpha}^T+\frac{1}{a}\boldsymbol{\alpha}\boldsymbol{\alpha}^T-2a\boldsymbol{\alpha}\boldsymbol{\alpha}^T\\&=E+(-1-2a+\frac{1}{a})\boldsymbol{\alpha}\boldsymbol{\alpha}^T=E.\end{aligned}$$

于是 $-1-2a+\frac{1}{a}=0$,即 $a=\frac{1}{2}$ 或 $a=-1$,由于 $a<0$,故 $a=-1$.

故应填 -1.

点评:本题为2003年考研真题.

【7.4】 已知 $\boldsymbol{\alpha}_1,\boldsymbol{\alpha}_2$ 为二维列向量，矩阵 $\boldsymbol{A}=(2\boldsymbol{\alpha}_1+\boldsymbol{\alpha}_2,\ \boldsymbol{\alpha}_1-\boldsymbol{\alpha}_2)$，$\boldsymbol{B}=(\boldsymbol{\alpha}_1,\boldsymbol{\alpha}_2)$，若行列式 $|\boldsymbol{A}|=6$，则 $|\boldsymbol{B}|=$______.

解 $\boldsymbol{A}=(2\boldsymbol{\alpha}_1+\boldsymbol{\alpha}_2,\ \boldsymbol{\alpha}_1-\boldsymbol{\alpha}_2)=(\boldsymbol{\alpha}_1,\boldsymbol{\alpha}_2)\begin{bmatrix}2&1\\1&-1\end{bmatrix}=\boldsymbol{B}\begin{bmatrix}2&1\\1&-1\end{bmatrix}$.

两边取行列式，$|\boldsymbol{A}|=|\boldsymbol{B}|\begin{vmatrix}2&1\\1&-1\end{vmatrix}$，即 $6=|\boldsymbol{B}|(-3)$，所以，$|\boldsymbol{B}|=-2$.

故应填 -2.

点评：本题为 2006 年考研真题.

【7.5】 已知 $\boldsymbol{A}=\begin{bmatrix}\lambda&0&0\\1&\lambda&0\\0&1&\lambda\end{bmatrix}$，试求 $\boldsymbol{A}^n$.

解 设 $\boldsymbol{B}=\begin{bmatrix}0&0&0\\1&0&0\\0&1&0\end{bmatrix}$，于是 $\boldsymbol{A}=\lambda\boldsymbol{E}+\boldsymbol{B}$. 因为 $(\lambda\boldsymbol{E})\boldsymbol{B}=\boldsymbol{B}(\lambda\boldsymbol{E})$，$\boldsymbol{B}^3=\boldsymbol{0}$，所以

$$\boldsymbol{A}^n=(\lambda\boldsymbol{E}+\boldsymbol{B})^n=\sum_{k=0}^{n}C_n^k(\lambda\boldsymbol{E})^{n-k}\boldsymbol{B}^k$$

$$=\lambda^n\boldsymbol{E}+n\lambda^{n-1}\boldsymbol{B}+\frac{n(n-1)}{2}\lambda^{n-2}\boldsymbol{B}^2=\begin{bmatrix}\lambda^n&0&0\\n\lambda^{n-1}&\lambda^n&0\\\frac{n(n-1)}{2}\lambda^{n-2}&n\lambda^{n-1}&\lambda^n\end{bmatrix}.$$

【7.6】 已知 $\boldsymbol{AP}=\boldsymbol{PB}$，其中

$$\boldsymbol{B}=\begin{bmatrix}1&0&0\\0&0&1\\0&1&0\end{bmatrix},\quad \boldsymbol{P}=\begin{bmatrix}1&0&0\\2&-1&0\\2&1&1\end{bmatrix},$$

求 $\boldsymbol{A}$ 及 $\boldsymbol{A}^n$，其中 n 是正整数.

解 因为 $|\boldsymbol{P}|=-1$，所以 $\boldsymbol{P}$ 是可逆矩阵. 由于 $\boldsymbol{AP}=\boldsymbol{PB}$，因此 $\boldsymbol{A}=\boldsymbol{PBP}^{-1}$.

用初等变换法求得

$$\boldsymbol{P}^{-1}=\begin{bmatrix}1&0&0\\2&-1&0\\-4&1&1\end{bmatrix}.$$

于是

$$\boldsymbol{A}=\begin{bmatrix}1&0&0\\2&-1&0\\2&1&1\end{bmatrix}\begin{bmatrix}1&0&0\\0&0&1\\0&1&0\end{bmatrix}\begin{bmatrix}1&0&0\\2&-1&0\\-4&1&1\end{bmatrix}=\begin{bmatrix}1&0&0\\6&-1&-1\\0&0&1\end{bmatrix}.$$

因为 $\boldsymbol{A}=\boldsymbol{PBP}^{-1}$，所以

$$\boldsymbol{A}^n=(\boldsymbol{PBP}^{-1})(\boldsymbol{PBP}^{-1})\cdots(\boldsymbol{PBP}^{-1})=\boldsymbol{PB}^n\boldsymbol{P}^{-1}.$$

又 $\boldsymbol{B}^2=\boldsymbol{E}$，故

$$\boldsymbol{A}^n=\begin{cases}\boldsymbol{E}，当\ n\ 为偶数时，\\\boldsymbol{A}，当\ n\ 为奇数时.\end{cases}$$

【7.7】 已知 $A=\begin{bmatrix}2&4&0&0\\1&2&0&0\\0&0&2&4\\0&0&0&2\end{bmatrix}$,求 A^n.

解 将 A 分块为 $A=\begin{bmatrix}B&0\\0&C\end{bmatrix}$,其中

$$B=\begin{bmatrix}2&4\\1&2\end{bmatrix}=\begin{bmatrix}2\\1\end{bmatrix}(1,2),\qquad C=\begin{bmatrix}2&4\\0&2\end{bmatrix}=2E+\begin{bmatrix}0&4\\0&0\end{bmatrix}.$$

易知

$$B^n=\begin{bmatrix}2\\1\end{bmatrix}(1,2)\begin{bmatrix}2\\1\end{bmatrix}(1,2)\cdots\begin{bmatrix}2\\1\end{bmatrix}(1,2)=4^{n-1}B.$$

由 $\begin{bmatrix}0&4\\0&0\end{bmatrix}^2=\begin{bmatrix}0&0\\0&0\end{bmatrix}$,得

$$C^n=\left(2E+\begin{bmatrix}0&4\\0&0\end{bmatrix}\right)^n=2^nE+n(2E)^{n-1}\begin{bmatrix}0&4\\0&0\end{bmatrix}=\begin{bmatrix}2^n&4n2^{n-1}\\0&2^n\end{bmatrix}.$$

所以

$$A^n=\begin{bmatrix}B^n&0\\0&C^n\end{bmatrix}$$

$$=\begin{bmatrix}2\cdot4^{n-1}&4^n&0&0\\4^{n-1}&2\cdot4^{n-1}&0&0\\0&0&2^n&n\,2^{n+1}\\0&0&0&2^n\end{bmatrix}=\begin{bmatrix}2^{2n-1}&2^{2n}&0&0\\2^{2n-2}&2^{2n-1}&0&0\\0&0&2^n&n\,2^{n+1}\\0&0&0&2^n\end{bmatrix}.$$

题型 2:关于特殊矩阵

【7.8】 设 A 是三阶方阵,将 A 的第一列与第二列交换得 B,再把 B 的第二列加到第三列得 C,则满足 $AQ=C$ 的可逆矩阵 Q 为______.

(A) $\begin{bmatrix}0&1&0\\1&0&0\\1&0&1\end{bmatrix}$　(B) $\begin{bmatrix}0&1&0\\1&0&1\\0&0&1\end{bmatrix}$　(C) $\begin{bmatrix}0&1&0\\1&0&0\\0&1&1\end{bmatrix}$　(D) $\begin{bmatrix}0&1&1\\1&0&0\\0&0&1\end{bmatrix}$

解 将 A 的第一列与第二列变换得 B,对应的初等变换矩阵为 $Q_1=\begin{bmatrix}0&1&0\\1&0&0\\0&0&1\end{bmatrix}$;

将 B 的第二列加到第三列得 C,对应的初等变换矩阵为 $Q_2=\begin{bmatrix}1&0&0\\0&1&1\\0&0&1\end{bmatrix}$.

所以 $$Q=Q_1Q_2=\begin{bmatrix}0&1&0\\1&0&0\\0&0&1\end{bmatrix}\begin{bmatrix}1&0&0\\0&1&1\\0&0&1\end{bmatrix}=\begin{bmatrix}0&1&1\\1&0&0\\0&0&1\end{bmatrix}.$$

故应选(D).

点评：本题为 2004 年考研真题.

【7.9】 设 $\boldsymbol{A}$ 为 $n(n\geqslant 2)$ 阶可逆矩阵，交换 $\boldsymbol{A}$ 的第一行与第二行得矩阵 $\boldsymbol{B}$，$\boldsymbol{A}^*$，$\boldsymbol{B}^*$ 分别为 $\boldsymbol{A}$，$\boldsymbol{B}$ 的伴随矩阵，则______.

(A)交换 $\boldsymbol{A}^*$ 的第一列与第二列得 $\boldsymbol{B}^*$　　(B)交换 $\boldsymbol{A}^*$ 的第一行与第二行得 $\boldsymbol{B}^*$

(C)交换 $\boldsymbol{A}^*$ 的第一列与第二列得 $-\boldsymbol{B}^*$　　(D)交换 $\boldsymbol{A}^*$ 的第一行与第二行得 $-\boldsymbol{B}^*$

解 设交换 $\boldsymbol{A}$ 的第一行与第二行的初等矩阵为 $\boldsymbol{P}$，则 $\boldsymbol{B}=\boldsymbol{PA}$.

$$\boldsymbol{B}^*=|\boldsymbol{B}|\boldsymbol{B}^{-1}=|\boldsymbol{PA}|(\boldsymbol{PA})^{-1}=-|\boldsymbol{A}|\boldsymbol{A}^{-1}\boldsymbol{P}^{-1}=-\boldsymbol{A}^*\boldsymbol{P},$$

从而 $\boldsymbol{A}^*\boldsymbol{P}=-\boldsymbol{B}^*$，即交换 $\boldsymbol{A}^*$ 的第一列与第二列得 $-\boldsymbol{B}^*$.

故应选(C).

点评：本题为 2005 年考研真题.

【7.10】 设 $\boldsymbol{A}$，$\boldsymbol{P}$ 均为三阶矩阵，$\boldsymbol{P}^T$ 为 $\boldsymbol{P}$ 的转置矩阵，且 $\boldsymbol{P}^T\boldsymbol{AP}=\begin{bmatrix}1&0&0\\0&1&0\\0&0&2\end{bmatrix}$.

若 $\boldsymbol{P}=(\boldsymbol{\alpha}_1,\boldsymbol{\alpha}_2,\boldsymbol{\alpha}_3)$，$\boldsymbol{Q}=(\boldsymbol{\alpha}_1+\boldsymbol{\alpha}_2,\boldsymbol{\alpha}_2,\boldsymbol{\alpha}_3)$，则 $\boldsymbol{Q}^T\boldsymbol{AQ}$ 为______.

(A) $\begin{bmatrix}2&1&0\\1&1&0\\0&0&2\end{bmatrix}$　(B) $\begin{bmatrix}1&1&0\\1&2&0\\0&0&2\end{bmatrix}$　(C) $\begin{bmatrix}2&0&0\\0&1&0\\0&0&2\end{bmatrix}$　(D) $\begin{bmatrix}1&0&0\\0&2&0\\0&0&2\end{bmatrix}$

解 $\boldsymbol{Q}=(\boldsymbol{\alpha}_1+\boldsymbol{\alpha}_2,\boldsymbol{\alpha}_2,\boldsymbol{\alpha}_3)=(\boldsymbol{\alpha}_1,\boldsymbol{\alpha}_2,\boldsymbol{\alpha}_3)\begin{bmatrix}1&0&0\\1&1&0\\0&0&1\end{bmatrix}$. 令 $\boldsymbol{B}=\begin{bmatrix}1&0&0\\1&1&0\\0&0&1\end{bmatrix}$，则有 $\boldsymbol{Q}=\boldsymbol{PB}$，从而 $\boldsymbol{Q}^T=\boldsymbol{B}^T\boldsymbol{P}^T$. 所以

$$\boldsymbol{Q}^T\boldsymbol{AQ}=\boldsymbol{B}^T\boldsymbol{P}^T\boldsymbol{APB}=\begin{bmatrix}1&1&0\\0&1&0\\0&0&0\end{bmatrix}\begin{bmatrix}1&0&0\\0&1&0\\0&0&2\end{bmatrix}\begin{bmatrix}1&0&0\\1&1&0\\0&0&1\end{bmatrix}=\begin{bmatrix}2&1&0\\1&1&0\\0&0&2\end{bmatrix}.$$

故应选(A).

点评：本题为 2009 年考研真题.

【7.11】 设 $\boldsymbol{A}$ 为 3 阶矩阵，$\boldsymbol{P}$ 为 3 阶可逆矩阵，且 $\boldsymbol{P}^{-1}\boldsymbol{AP}=\begin{bmatrix}1&&\\&1&\\&&2\end{bmatrix}$，$\boldsymbol{P}=(\boldsymbol{\alpha}_1,\boldsymbol{\alpha}_2,\boldsymbol{\alpha}_3)$，$\boldsymbol{Q}=(\boldsymbol{\alpha}_1+\boldsymbol{\alpha}_2,\boldsymbol{\alpha}_2,\boldsymbol{\alpha}_3)$，则 $\boldsymbol{Q}^{-1}\boldsymbol{AQ}=$______.

(A) $\begin{bmatrix}1&&\\&2&\\&&1\end{bmatrix}$　(B) $\begin{bmatrix}1&&\\&1&\\&&2\end{bmatrix}$　(C) $\begin{bmatrix}2&&\\&1&\\&&2\end{bmatrix}$　(D) $\begin{bmatrix}2&&\\&2&\\&&1\end{bmatrix}$

解 $\boldsymbol{Q}=\boldsymbol{P}\begin{bmatrix}1&0&0\\1&1&0\\0&0&1\end{bmatrix}$，则 $\boldsymbol{Q}^{-1}=\begin{bmatrix}1&0&0\\-1&1&0\\0&0&1\end{bmatrix}\boldsymbol{P}^{-1}$.

故 $$Q^{-1}AQ=\begin{bmatrix}1&0&0\\-1&1&0\\0&0&1\end{bmatrix}P^{-1}AP\begin{bmatrix}1&0&0\\1&1&0\\0&0&1\end{bmatrix}$$
$$=\begin{bmatrix}1&0&0\\-1&1&0\\0&0&1\end{bmatrix}\begin{bmatrix}1&0&0\\0&1&0\\0&0&2\end{bmatrix}\begin{bmatrix}1&0&0\\1&1&0\\0&0&1\end{bmatrix}$$
$$=\begin{bmatrix}1&0&0\\0&1&0\\0&0&2\end{bmatrix}.$$

故应选(B).

点评:本题为 2012 年考研真题.请同学们仔细观察本题与【7.10】,即 2009 年考研真题的区别和联系.

【7.12】 当初等矩阵 $A=$______,$B=$______时,有 $A\begin{bmatrix}2&1&0\\1&1&1\end{bmatrix}B=\begin{bmatrix}0&1&2\\1&2&3\end{bmatrix}$成立.

解 依题意矩阵$\begin{bmatrix}0&1&2\\1&2&3\end{bmatrix}$是由矩阵$\begin{bmatrix}2&1&0\\1&1&1\end{bmatrix}$做一次初等行变换和一次初等列变换得到的.经观察可知所做的初等行变换是第一行加到第二行,初等列变换是交换第一列与第三列.还要注意 A 是二阶矩阵,B 是三阶矩阵.

所以 $$A=\begin{bmatrix}1&0\\1&1\end{bmatrix},\qquad B=\begin{bmatrix}0&0&1\\0&1&0\\1&0&0\end{bmatrix}.$$

【7.13】 设 A,B 均为二阶矩阵,A^*,B^* 分别为 A,B 的伴随矩阵.若 $|A|=2,|B|=3$,则分块矩阵$\begin{bmatrix}O&A\\B&O\end{bmatrix}$的伴随矩阵为______.

(A)$\begin{bmatrix}O&3B^*\\2A^*&O\end{bmatrix}$ (B)$\begin{bmatrix}O&2B^*\\3A^*&O\end{bmatrix}$ (C)$\begin{bmatrix}O&3A^*\\2B^*&O\end{bmatrix}$ (D)$\begin{bmatrix}O&2A^*\\3B^*&O\end{bmatrix}$

解 由 $|A|=2,|B|=3$,得 A,B 可逆且
$$A^*=|A|A^{-1}=2A^{-1},\qquad B^*=|B|B^{-1}=3B^{-1}.$$

故
$$\begin{bmatrix}O&A\\B&O\end{bmatrix}^*=\begin{vmatrix}O&A\\B&O\end{vmatrix}\begin{bmatrix}O&A\\B&O\end{bmatrix}^{-1}$$
$$=(-1)^{2\times2}|A|\ |B|\begin{bmatrix}O&B^{-1}\\A^{-1}&O\end{bmatrix}=\begin{bmatrix}O&6B^{-1}\\6A^{-1}&O\end{bmatrix}=\begin{bmatrix}O&2B^*\\3A^*&O\end{bmatrix}.$$

故应选(B).

点评:本题为 2009 年考研真题.

【7.14】 设 $A=(a_{ij})_{3\times3}$ 满足 $A^*=A^T$,其中 A^* 为 A 的伴随矩阵,A^T 为 A 的转置矩阵.若 a_{11},a_{12},a_{13} 为三个相等的正数,则 a_{11} 为______.

(A)$\dfrac{\sqrt{3}}{3}$　　(B)3　　(C)$\dfrac{1}{3}$　　(D)$\sqrt{3}$

解　由 $\boldsymbol{A}^*=\boldsymbol{A}^T$ 得　$a_{ij}=A_{ij}$，其中 A_{ij} 为 a_{ij} 的代数余子式. 从而

$$|\boldsymbol{A}|=a_{11}A_{11}+a_{12}A_{12}+a_{13}A_{13}=a_{11}^2+a_{12}^2+a_{13}^2=3a_{11}^2.$$

另一方面，由 $\boldsymbol{AA}^*=|\boldsymbol{A}|\boldsymbol{E}$ 得

$$\boldsymbol{AA}^T=|\boldsymbol{A}|\boldsymbol{E},$$

等式两端同时取行列式可解得

$$|\boldsymbol{A}|=1 \text{ 或 } |\boldsymbol{A}|=0(\text{舍}).$$

综上有 $3a_{11}^2=1$，从而 $a_{11}=\dfrac{\sqrt{3}}{3}$.

点评：本题为 2005 年考研真题. 是一道综合性题目，涉及的知识包括伴随矩阵和行列式按行(列)展开等. 需要特别注意的是：

(1)如果题目中出现了伴随矩阵 $\boldsymbol{A}^*$ 的信息，首先要考虑公式：

$$\boldsymbol{AA}^*=\boldsymbol{A}^*\boldsymbol{A}=|\boldsymbol{A}|\boldsymbol{E};$$

(2)设 $\boldsymbol{A}$ 为 n 阶方阵，则 $\boldsymbol{A}^*=\boldsymbol{A}^T$ 的充要条件是 $a_{ij}=A_{ij}$，其中 A_{ij} 为 a_{ij} 的代数余子式.

【7.15】　设 $\boldsymbol{ABA}=\boldsymbol{C}$，其中 $\boldsymbol{A}=\begin{bmatrix}1&0&0\\1&1&3\\0&1&-1\end{bmatrix}$，$\boldsymbol{C}=\begin{bmatrix}1&0&1\\0&1&0\\0&0&1\end{bmatrix}$，求 $\boldsymbol{B}$ 的伴随矩阵 $\boldsymbol{B}^*$.

解　因为 $\boldsymbol{C}$ 是可逆矩阵，$\boldsymbol{ABA}=\boldsymbol{C}$，所以 $\boldsymbol{B}$ 也为可逆矩阵，且

$$\boldsymbol{B}^{-1}=\boldsymbol{AC}^{-1}\boldsymbol{A}=\begin{bmatrix}1&0&0\\1&1&3\\0&1&-1\end{bmatrix}\begin{bmatrix}1&0&-1\\0&1&0\\0&0&1\end{bmatrix}\begin{bmatrix}1&0&0\\1&1&3\\0&1&-1\end{bmatrix}=\begin{bmatrix}1&-1&1\\2&3&1\\1&0&4\end{bmatrix}.$$

又 $|\boldsymbol{B}|=\dfrac{|\boldsymbol{C}|}{|\boldsymbol{A}|^2}=\dfrac{1}{16}$，故

$$\boldsymbol{B}^*=|\boldsymbol{B}|\boldsymbol{B}^{-1}=\frac{1}{16}\begin{bmatrix}1&-1&1\\2&3&1\\1&0&4\end{bmatrix}.$$

【7.16】　设 $|\boldsymbol{A}|=\begin{vmatrix}0&1&0&0\\0&0&\frac{1}{2}&0\\0&0&0&\frac{1}{3}\\\frac{1}{4}&0&0&0\end{vmatrix}$，那么行列式 $|\boldsymbol{A}|$ 所有元素的代数余子式之和为______.

解　由于 $\boldsymbol{A}^*=(A_{ij})$，只要能求出 $\boldsymbol{A}$ 的伴随矩阵，就可求出 $\sum A_{ij}$.

因为 $\boldsymbol{A}^*=|\boldsymbol{A}|\boldsymbol{A}^{-1}$，而　$|\boldsymbol{A}|=\dfrac{1}{4}(-1)^{4+1}\dfrac{1}{3!}=-\dfrac{1}{4!}$.

又由分块矩阵求逆，有

$$A^{-1}=\begin{bmatrix}0&1&0&0\\0&0&\frac{1}{2}&0\\0&0&0&\frac{1}{3}\\\frac{1}{4}&0&0&0\end{bmatrix}^{-1}=\begin{bmatrix}0&0&0&4\\1&0&0&0\\0&2&0&0\\0&0&3&0\end{bmatrix}.$$

从而

$$A^{*}=-\frac{1}{4!}\begin{bmatrix}0&0&0&4\\1&0&0&0\\0&2&0&0\\0&0&3&0\end{bmatrix},$$

故 $\sum A_{ij}=-\frac{1}{4!}(1+2+3+4)=-\frac{5}{12}$.

故应填 $-\frac{5}{12}$.

点评:牢记伴随矩阵的定义及性质.

【7.17】 试求满足 $A^{*}=A$ 的一切 n 阶方阵 A.

解 若 $A=0$,则 $A^{*}=0$,当然有 $A^{*}=A$.

若 $0<r(A)<n-1$,则 $r(A^{*})=0$,即 $A^{*}=0$,此时 $A^{*}\neq A$.

若 $r(A)=n-1$,则 $r(A^{*})=1$. 当 $n>2$ 时,显然 $A^{*}\neq A$;当 $n=2$ 时,令

$$A=\begin{bmatrix}a&b\\c&d\end{bmatrix},\qquad A^{*}=\begin{bmatrix}d&-b\\-c&a\end{bmatrix}.$$

此时亦有 $A^{*}\neq A$;因若 $A^{*}=A$,则得

$$a=d,\qquad b=c=0,$$

于是 $A=\begin{bmatrix}a&0\\0&a\end{bmatrix}$ 这与 $r(A)=1$ 矛盾. 故 $A^{*}\neq A$.

若 $r(A)=n$,则 $r(A^{*})=n$. 于是

$$A^{*}=|A|A^{-1}=A\Leftrightarrow A^{2}=|A|E.$$

综上可得,满足 $A^{*}=A$ 的方阵是:零方阵及适合 $A^{2}=|A|E$ 的所有可逆方阵.

【7.18】 试求满足 $(A^{*})^{*}=A$ 的一切 n 阶方阵 A.

解 对任一 n 阶方阵 A 有

$$(A^{*})^{*}=|A|^{n-2}A.$$

因此 $(A^{*})^{*}=A$ 的充分必要条件是 $|A|^{n-2}A=A$,或即 $(|A|^{n-2}-1)A=0$,即 $A=0$ 或 $|A|^{n-2}=1$. 因为 $n=2$ 时总有 $|A|^{n-2}=1$,所以满足 $(A^{*})^{*}=A$ 的矩阵是零矩阵、一切二阶方阵及满足 $|A|^{n-2}=1$ 的 $n(n>2)$ 阶方阵.

【7.19】 设 A、B 均为幂等矩阵,则 $A+B$ 是幂等矩阵的充要条件是 $AB=BA=0$.

证 因为 $A^{2}=A$, $B^{2}=B$,所以有

$$(A+B)^{2}=A^{2}+AB+BA+B^{2}=A+AB+BA+B. \tag{1}$$

设 $AB=BA=0$,则显然 $(A+B)^{2}=A+B$,即 $A+B$ 是幂等矩阵.

反之,设$(A+B)^2=A+B$,则由(1)式有$AB+BA=0$,或即

$$AB=-BA. \tag{2}$$

由此又得

$$AB=A^2B=A(AB)=A(-BA)=-(AB)A=-(-BA)A=BA^2=BA.$$

与(2)式比较,得$-BA=BA$,因此$BA=AB=0$.

【7.20】 设A为n阶反对称阵,若n为奇数,则A^*是对称阵,若n为偶数,则A^*是反对称阵.

证 由题设$A^T=-A$,所以$(A^T)^*=(-A)^*$.

又因为$(A^T)^*=(A^*)^T$, $(-A)^*=(-1)^{n-1}A^*$. 所以$(A^*)^T=(-1)^{n-1}A^*$.从而当n为奇数时,$(A^*)^T=A^*$为对称阵, 当n为偶数时,$(A^*)^T=-A^*$为反对称阵.

【7.21】 设A,B都是n阶对称矩阵,且$A,E+AB$都是可逆的,证明$(E+AB)^{-1}A$为对称矩阵.

解 因为A,B都是对称矩阵,所以

$$\begin{aligned}[(E+AB)^{-1}A]^T&=A^T[(E+AB)^{-1}]^T=A(E+B^TA^T)^{-1}\\&=(A^{-1})^{-1}(E+BA)^{-1}=[(E+BA)A^{-1}]^{-1}=(A^{-1}+B)^{-1}\\&=[A^{-1}(E+AB)]^{-1}=(E+AB)^{-1}A,\end{aligned}$$

故$(E+AB)^{-1}A$是对称矩阵.

【7.22】 设P是$m\times n$矩阵,PP^T可逆,且

$$A=E-P^T(PP^T)^{-1}P,$$

其中E是n阶单位矩阵,证明A是对称矩阵,且$A^2=A$.

证 由A的表示式,得

$$\begin{aligned}A^T&=[E-P^T(PP^T)^{-1}P]^T=E-[P^T(PP^T)^{-1}P]^T=E-P^T[(PP^T)^{-1}]^TP\\&=E-P^T[(PP^T)^T]^{-1}P=E-P^T(PP^T)^{-1}P=A,\end{aligned}$$

故A是对称矩阵,且

$$\begin{aligned}A^2&=[E-P^T(PP^T)^{-1}P][E-P^T(PP^T)^{-1}P]\\&=E-2P^T(PP^T)^{-1}P+P^T(PP^T)^{-1}PP^T(PP^T)^{-1}P\\&=E-2P^T(PP^T)^{-1}P+P^T(PP^T)^{-1}P\\&=E-P^T(PP^T)^{-1}P=A.\end{aligned}$$

【7.23】 设A是n阶方阵,$E+A$可逆,其中E是n阶单位矩阵,证明

(1)$(E-A)(E+A)^{-1}=(E+A)^{-1}(E-A)$;

(2)若A是反对称矩阵,则$(E-A)(E+A)^{-1}$是正交矩阵;

(3)若A是正交矩阵,则$(E-A)(E+A)^{-1}$是反对称矩阵.

证 (1)因为

$$(E-A)(E+A)=E-A^2=(E+A)(E-A),$$

所以上式两边分别左、右乘$(E+A)^{-1}$,得

$$(E+A)^{-1}(E-A)=(E-A)(E+A)^{-1}.$$

(2)由$A^T=-A$,得

$$[(E-A)(E+A)^{-1}][(E-A)(E+A)^{-1}]^T$$

$$=(\boldsymbol{E}-\boldsymbol{A})(\boldsymbol{E}+\boldsymbol{A})^{-1}((\boldsymbol{E}+\boldsymbol{A})^{-1})^{T}(\boldsymbol{E}-\boldsymbol{A})^{T}.$$

由(1)知，

$$\begin{aligned}&(\boldsymbol{E}-\boldsymbol{A})(\boldsymbol{E}+\boldsymbol{A})^{-1}((\boldsymbol{E}+\boldsymbol{A})^{T})^{-1}(\boldsymbol{E}-\boldsymbol{A})^{T}\\=&(\boldsymbol{E}+\boldsymbol{A})^{-1}(\boldsymbol{E}-\boldsymbol{A})(\boldsymbol{E}-\boldsymbol{A})^{-1}(\boldsymbol{E}+\boldsymbol{A})=\boldsymbol{E}.\end{aligned}$$

故$(\boldsymbol{E}-\boldsymbol{A})(\boldsymbol{E}+\boldsymbol{A})^{-1}$是正交矩阵.

(3)由 $\boldsymbol{A}\boldsymbol{A}^{T}=\boldsymbol{A}^{T}\boldsymbol{A}=\boldsymbol{E}$,得

$$\begin{aligned}[(\boldsymbol{E}-\boldsymbol{A})(\boldsymbol{E}+\boldsymbol{A})^{-1}]^{T}&=((\boldsymbol{E}+\boldsymbol{A})^{-1})^{T}(\boldsymbol{E}-\boldsymbol{A})^{T}=((\boldsymbol{E}+\boldsymbol{A})^{T})^{-1}(\boldsymbol{E}-\boldsymbol{A}^{T})\\&=(\boldsymbol{E}+\boldsymbol{A}^{T})^{-1}(\boldsymbol{E}-\boldsymbol{A}^{T})=(\boldsymbol{E}+\boldsymbol{A}^{-1})^{-1}(\boldsymbol{E}-\boldsymbol{A}^{-1})\\&=[\boldsymbol{A}^{-1}(\boldsymbol{A}+\boldsymbol{E})]^{-1}(\boldsymbol{E}-\boldsymbol{A}^{-1})=(\boldsymbol{A}+\boldsymbol{E})^{-1}\boldsymbol{A}(\boldsymbol{E}-\boldsymbol{A}^{-1})\\&=(\boldsymbol{A}+\boldsymbol{E})^{-1}(\boldsymbol{A}-\boldsymbol{E})=-(\boldsymbol{A}+\boldsymbol{E})^{-1}(\boldsymbol{E}-\boldsymbol{A}),\end{aligned}$$

由(1)知，

$$-(\boldsymbol{A}+\boldsymbol{E})^{-1}(\boldsymbol{E}-\boldsymbol{A})=-(\boldsymbol{E}-\boldsymbol{A})(\boldsymbol{A}+\boldsymbol{E})^{-1},$$

故$(\boldsymbol{E}-\boldsymbol{A})(\boldsymbol{A}+\boldsymbol{E})^{-1}$是反对称矩阵.

题型3:关于矩阵的逆

【7.24】 设 $\boldsymbol{A},\boldsymbol{B}$ 均为三阶矩阵，$\boldsymbol{E}$ 是三阶单位矩阵.已知

$$\boldsymbol{AB}=2\boldsymbol{A}+\boldsymbol{B},\boldsymbol{B}=\begin{bmatrix}2&0&2\\0&4&0\\2&0&2\end{bmatrix},$$

则$(\boldsymbol{A}-\boldsymbol{E})^{-1}=$______.

解 由 $\boldsymbol{AB}=2\boldsymbol{A}+\boldsymbol{B}$,知 $\boldsymbol{AB}-\boldsymbol{B}=2\boldsymbol{A}-2\boldsymbol{E}+2\boldsymbol{E}$,即有

$$(\boldsymbol{A}-\boldsymbol{E})\boldsymbol{B}-2(\boldsymbol{A}-\boldsymbol{E})=2\boldsymbol{E},\quad 即\quad (\boldsymbol{A}-\boldsymbol{E})(\boldsymbol{B}-2\boldsymbol{E})=2\boldsymbol{E},$$

也即 $(\boldsymbol{A}-\boldsymbol{E})\dfrac{1}{2}(\boldsymbol{B}-2\boldsymbol{E})=\boldsymbol{E}$, 所以

$$(\boldsymbol{A}-\boldsymbol{E})^{-1}=\frac{1}{2}(\boldsymbol{B}-2\boldsymbol{E})=\begin{bmatrix}0&0&1\\0&1&0\\1&0&0\end{bmatrix}.$$

故应填$\begin{bmatrix}0&0&1\\0&1&0\\1&0&0\end{bmatrix}$.

点评:本题为2003年考研真题.

【7.25】 如果矩阵$\boldsymbol{A}=\begin{bmatrix}1&x&x&x\\x&4&0&0\\x&0&4&0\\x&0&0&4\end{bmatrix}$是不可逆的，则 $x=$______.

解 由于 $\boldsymbol{A}$ 是不可逆矩阵，所以$|\boldsymbol{A}|=4^{3}\left(1-\dfrac{3}{4}x^{2}\right)=0$,故 $x=\pm\dfrac{2\sqrt{3}}{3}$.

故应填$\pm\dfrac{2\sqrt{3}}{3}$.

【7.26】 已知 A,B 为三阶矩阵，且满足 $2A^{-1}B=B-4E$，其中 E 是三阶单位矩阵.

(1)证明矩阵 $A-2E$ 可逆；

(2)若 $B=\begin{bmatrix}1&-2&0\\1&2&0\\0&0&2\end{bmatrix}$，求矩阵 A.

解 (1)由 $2A^{-1}B=B-4E$ 知 $AB-2B-4A=0$，

从而

$$(A-2E)(B-4E)=8E,\quad 或\quad (A-2E)\frac{1}{8}(B-4E)=E.$$

故 $A-2E$ 可逆，且 $(A-2E)^{-1}=\frac{1}{8}(B-4E)$.

(2)由(1)知 $A=2E+8(B-4E)^{-1}$，而

$$(B-4E)^{-1}=\begin{bmatrix}-3&-2&0\\1&-2&0\\0&0&-2\end{bmatrix}^{-1}=\begin{bmatrix}-\frac{1}{4}&\frac{1}{4}&0\\-\frac{1}{8}&-\frac{3}{8}&0\\0&0&-\frac{1}{2}\end{bmatrix},$$

故 $A=\begin{bmatrix}0&2&0\\-1&-1&0\\0&0&-2\end{bmatrix}$.

点评：本题为 2002 年考研真题.

【7.27】 设 n 阶矩阵 $A,B,A+B$ 都是可逆矩阵，证明 $A^{-1}+B^{-1}$ 可逆，并给出其逆矩阵的表达式.

证 因为

$$\begin{aligned}A^{-1}+B^{-1}&=A^{-1}E+EB^{-1}=A^{-1}BB^{-1}+A^{-1}AB^{-1}\\&=A^{-1}(B+A)B^{-1}=A^{-1}(A+B)B^{-1},\end{aligned}$$

又 $A,B,A+B$ 都是可逆矩阵，所以 $A^{-1}(A+B)B^{-1}$ 是可逆矩阵. 即 $A^{-1}+B^{-1}$ 是可逆矩阵，且

$$\begin{aligned}(A^{-1}+B^{-1})^{-1}&=(A^{-1}(A+B)B^{-1})^{-1}=(B^{-1})^{-1}(A+B)^{-1}(A^{-1})^{-1}\\&=B(A+B)^{-1}A.\end{aligned}$$

【7.28】 设 A 为 n 阶方阵且满足条件 $A^2+A-6E=0$，求

(1)A^{-1}，$(A+E)^{-1}$，　(2)$(A+4E)^{-1}$.

解 (1)由于 $A^2+A-6E=0$，所以有 $A(A+E)=6E$，从而

$$A\frac{A+E}{6}=E\quad 或\quad \frac{A}{6}(A+E)=E.$$

所以 A 可逆，并且 $A^{-1}=\frac{1}{6}(A+E)$；同理可得，$(A+E)$ 可逆，并且 $(A+E)^{-1}=\frac{1}{6}A$.

(2)由 $A^2+A-6E=0$ 可得 $(A+4E)(A-3E)+6E=0$，所以 $(A+4E)(A-3E)=-6E$，即 $(A+4E)\frac{A-3E}{-6}=E$.

所以 $\boldsymbol{A}+4\boldsymbol{E}$ 可逆，并且 $(\boldsymbol{A}+4\boldsymbol{E})^{-1}=-\dfrac{1}{6}(\boldsymbol{A}-3\boldsymbol{E})$.

【7.29】 设 $\boldsymbol{A}$ 是 n 阶非奇异矩阵，$\boldsymbol{\alpha}$ 是 n 维列向量，b 是常数，记分块矩阵

$$\boldsymbol{P}=\begin{bmatrix}\boldsymbol{E} & \boldsymbol{0}\\ -\boldsymbol{\alpha}^T\boldsymbol{A}^* & |\boldsymbol{A}|\end{bmatrix},\quad \boldsymbol{Q}=\begin{bmatrix}\boldsymbol{A} & \boldsymbol{\alpha}\\ \boldsymbol{\alpha}^T & b\end{bmatrix},$$

其中 $\boldsymbol{A}^*$ 是矩阵 $\boldsymbol{A}$ 的伴随矩阵，$\boldsymbol{E}$ 为 n 阶单位矩阵.

(1)计算并化简 $\boldsymbol{PQ}$；

(2)证明矩阵 $\boldsymbol{Q}$ 可逆的充分必要条件是 $\boldsymbol{\alpha}^T\boldsymbol{A}^{-1}\boldsymbol{\alpha}\neq b$.

解：(1)因 $\boldsymbol{AA}^*=\boldsymbol{A}^*\boldsymbol{A}=|\boldsymbol{A}|\boldsymbol{E}$，故

$$\begin{aligned}\boldsymbol{PQ}&=\begin{bmatrix}\boldsymbol{E} & \boldsymbol{0}\\ -\boldsymbol{\alpha}^T\boldsymbol{A}^* & |\boldsymbol{A}|\end{bmatrix}\begin{bmatrix}\boldsymbol{A} & \boldsymbol{\alpha}\\ \boldsymbol{\alpha}^T & b\end{bmatrix}\\ &=\begin{bmatrix}\boldsymbol{A} & \boldsymbol{\alpha}\\ -\boldsymbol{\alpha}^T\boldsymbol{A}^*\boldsymbol{A}+|\boldsymbol{A}|\boldsymbol{\alpha}^T & -\boldsymbol{\alpha}^T\boldsymbol{A}^*\boldsymbol{\alpha}+b|\boldsymbol{A}|\end{bmatrix}\\ &=\begin{bmatrix}\boldsymbol{A} & \boldsymbol{\alpha}\\ \boldsymbol{0} & |\boldsymbol{A}|(b-\boldsymbol{\alpha}^T\boldsymbol{A}^{-1}\boldsymbol{\alpha})\end{bmatrix}.\end{aligned}$$

(2)由(1)可得

$$|\boldsymbol{PQ}|=|\boldsymbol{A}|^2(b-\boldsymbol{\alpha}^T\boldsymbol{A}^{-1}\boldsymbol{\alpha}),$$

而 $|\boldsymbol{PQ}|=|\boldsymbol{P}|\ |\boldsymbol{Q}|$，且 $|\boldsymbol{P}|=|\boldsymbol{A}|\neq 0$，故

$$|\boldsymbol{Q}|=|\boldsymbol{A}|(b-\boldsymbol{\alpha}^T\boldsymbol{A}^{-1}\boldsymbol{\alpha}).$$

由此可知，$|\boldsymbol{Q}|\neq 0$，即 $\boldsymbol{Q}$ 可逆的充分必要条件是 $\boldsymbol{\alpha}^T\boldsymbol{A}^{-1}\boldsymbol{\alpha}\neq b$.

点评：本题为 1997 年考研真题. 考查了分块矩阵的运算性质. (1)中分块矩阵的乘法运算与矩阵乘法运算类似. (2)的解题思路使用结论“$\boldsymbol{Q}$ 可逆的充要条件是 $|\boldsymbol{Q}|\neq 0$”，注意到(1)的最后结果矩阵 $\boldsymbol{PQ}$ 为分块上三角矩阵，已知条件中矩阵 $\boldsymbol{P}$ 为分块下三角矩阵，均可很快得到行列式值，所以用行列式讨论矩阵的可逆性.

【7.30】 设 $\boldsymbol{A}=\boldsymbol{E}-\boldsymbol{\xi\xi}^T$，其中 $\boldsymbol{E}$ 是 n 阶单位矩阵，$\boldsymbol{\xi}$ 是 n 维非零列向量，$\boldsymbol{\xi}^T$ 是 $\boldsymbol{\xi}$ 的转置，证明：

(1) $\boldsymbol{A}^2=\boldsymbol{A}\Leftrightarrow\boldsymbol{\xi}^T\boldsymbol{\xi}=1$；　　(2) 当 $\boldsymbol{\xi}^T\boldsymbol{\xi}=1$ 时，$\boldsymbol{A}$ 是不可逆矩阵.

证　(1)$\boldsymbol{A}^2=(\boldsymbol{E}-\boldsymbol{\xi\xi}^T)(\boldsymbol{E}-\boldsymbol{\xi\xi}^T)=\boldsymbol{E}-2\boldsymbol{\xi\xi}^T+\boldsymbol{\xi\xi}^T\boldsymbol{\xi\xi}^T=\boldsymbol{E}-(2-\boldsymbol{\xi}^T\boldsymbol{\xi})\boldsymbol{\xi\xi}^T$.

若 $\boldsymbol{A}^2=\boldsymbol{A}$，即 $\boldsymbol{E}-(2-\boldsymbol{\xi}^T\boldsymbol{\xi})\boldsymbol{\xi\xi}^T=\boldsymbol{E}-\boldsymbol{\xi\xi}^T$，亦即 $(\boldsymbol{\xi}^T\boldsymbol{\xi}-1)\boldsymbol{\xi\xi}^T=\boldsymbol{0}$. 因为 $\boldsymbol{\xi}$ 是非零列向量，故 $\boldsymbol{\xi\xi}^T\neq\boldsymbol{0}$. 所以 $\boldsymbol{\xi}^T\boldsymbol{\xi}=1$. 反之，若 $\boldsymbol{\xi}^T\boldsymbol{\xi}=1$，则显然 $\boldsymbol{A}^2=\boldsymbol{A}$.

(2)用反证法. 假设当 $\boldsymbol{\xi}^T\boldsymbol{\xi}=1$ 时，$\boldsymbol{A}$ 为可逆的. 由(1)知此时，

$$\boldsymbol{A}^2=\boldsymbol{A},$$

等式两端同时左乘 $\boldsymbol{A}^{-1}$，得

$$\boldsymbol{A}^{-1}\boldsymbol{A}^2=\boldsymbol{A}^{-1}\boldsymbol{A},$$

从而 $\boldsymbol{A}=\boldsymbol{E}$，这与 $\boldsymbol{A}=\boldsymbol{E}-\boldsymbol{\xi\xi}^T\neq\boldsymbol{E}$ 矛盾. 故 $\boldsymbol{A}$ 是不可逆矩阵.

点评：反证法是判定可逆性问题的常用方法. 本题为 1996 年考研真题.

题型 4:关于矩阵的秩

【7.31】 已知 $Q=\begin{bmatrix}1&2&3\\2&4&t\\3&6&9\end{bmatrix}$,$P$ 为三阶非零矩阵,且满足 $PQ=0$,则______.

(A)$t=6$ 时,P 的秩必为 1　　(B)$t=6$ 时,P 的秩必为 2

(C)$t\neq6$ 时,P 的秩必为 1　　(D)$t\neq6$ 时,P 的秩必为 2

解 由 $PQ=0$得

$$r(P)+r(Q)\leqslant3,\qquad r(P)\leqslant3-r(Q).$$

又 $P\neq0$,所以 $r(P)\geqslant1$.

当 $t=6$ 时,$r(Q)=1$,有 $1\leqslant r(P)\leqslant2$,当 $t\neq6$ 时,$r(Q)=2$,有 $1\leqslant r(P)\leqslant1$,所以 $r(P)=1$.

故应选(C).

【7.32】 已知 $A^2=E$,则必有______.

(A)$A+E$ 可逆　　(B)$A-E$ 可逆

(C)$A\neq E$ 时,$A+E$ 可逆　　(D)$A\neq E$ 时,$A+E$ 不可逆

解 由 $A^2=E$,有

$$(A+E)(A-E)=0,$$

于是

$$r(A+E)+r(A-E)\leqslant n.$$

若 $A\neq E$,则 $A-E\neq0$,$r(A-E)>0$,所以

$$r(A+E)\leqslant n-r(A-E)<n.$$

故 $A+E$ 不可逆.

故应选(D).

点评:(1)用排除法,可以通过举出反例的方式否定其他命题.

(A)若 $A=-E$,有 $A^2=E$,但 $A+E=0$,不可逆,故不选(A).

(B)若 $A=E$,有 $A^2=E$,但 $A-E=0$,不可逆,故不选(B).

(C)若 $A=-E$,有 $A^2=E$,且 $A\neq E$,此时 $A+E=0$,不可逆,故不选(C).

(A),(B),(C)全否定了,只有(D)可选.

(2)此题若用行列式来判断是无济于事的.例如由题设 $A^2=E$,有

$$(A+E)(A-E)=0,$$

等式两边取行列式得

$$|A+E|\,|A-E|=0,$$

则有 $|A+E|=0$ 或 $|A-E|=0$.从这里不能推出必须 $|A+E|=0$ 成立.这是因为由题设 $A\neq E$,可知 $A-E\neq0$,但并不能推出 $|A-E|\neq0$.例如取

$$A=\begin{bmatrix}1&0\\0&-1\end{bmatrix},$$

这时有 $A^2=E$,但

$$A-E=\begin{bmatrix}0&0\\0&-2\end{bmatrix},$$

从而 $|\boldsymbol{A}-\boldsymbol{E}|=0$.

【7.33】 若矩阵 $\boldsymbol{A}=\begin{bmatrix}1 & 3 & 2 & -1\\ -2 & -6 & -3 & 5\\ 3 & 9 & 3 & a\end{bmatrix}$ 与矩阵 $\boldsymbol{B}=\begin{bmatrix}1 & 3 & 3 & -5\\ 1 & 2 & 3 & -1\\ 1 & 0 & 3 & 7\end{bmatrix}$ 等价，则 $a=$ ______.

解 由

$$\boldsymbol{B}\xrightarrow[r_3-r_1]{r_2-r_1}\begin{bmatrix}1 & 3 & 3 & -5\\ 0 & -1 & 0 & 4\\ 0 & -3 & 0 & 12\end{bmatrix}\xrightarrow{r_3-3r_2}\begin{bmatrix}1 & 3 & 3 & -5\\ 0 & -1 & 0 & 4\\ 0 & 0 & 0 & 0\end{bmatrix},$$

可知 $r(\boldsymbol{B})=2$. 又

$$\boldsymbol{A}\xrightarrow[r_3-3r_1]{r_2+2r_1}\begin{bmatrix}1 & 3 & 2 & -1\\ 0 & 0 & 1 & 3\\ 0 & 0 & -3 & a+3\end{bmatrix}\xrightarrow{r_3+3r_2}\begin{bmatrix}1 & 3 & 2 & -1\\ 0 & 0 & 1 & 3\\ 0 & 0 & 0 & a+12\end{bmatrix},$$

因为 $r(\boldsymbol{A})=r(\boldsymbol{B})=2$，所以 $a=-12$.

故应填 -12.

【7.34】 若 n 阶矩阵 $\boldsymbol{A}$ 的伴随矩阵 $\boldsymbol{A}^*\neq\boldsymbol{0}$，又 $\boldsymbol{A}\boldsymbol{A}^*=\boldsymbol{0}$，则 $r(\boldsymbol{A}^*)=$ ______，$r(\boldsymbol{A})=$ ______.

解 因为 $\boldsymbol{A}^*\neq\boldsymbol{0}$，所以 $r(\boldsymbol{A}^*)\geqslant 1$. 另一方面，由 $\boldsymbol{A}\boldsymbol{A}^*=\boldsymbol{0}$ 知，齐次线性方程组 $\boldsymbol{A}\boldsymbol{x}=\boldsymbol{0}$ 有非零解，所以 $r(\boldsymbol{A})\leqslant n-1$，故 $r(\boldsymbol{A}^*)\leqslant 1$. 综上可知 $r(\boldsymbol{A}^*)=1$.

由于 $\boldsymbol{A}^*\neq\boldsymbol{0}$，又 $\boldsymbol{A}\boldsymbol{A}^*=\boldsymbol{0}$，所以 $r(\boldsymbol{A})\leqslant n-1$. 若 $r(\boldsymbol{A})<n-1$，则 $r(\boldsymbol{A}^*)=0$，即 $\boldsymbol{A}^*=\boldsymbol{0}$，矛盾. 故 $r(\boldsymbol{A})=n-1$.

故应填 1 和 $n-1$.

【7.35】 证明：$r(\boldsymbol{A}^*)=\begin{cases}n & 若\ r(\boldsymbol{A})=n,\\ 1 & 若\ r(\boldsymbol{A})=n-1,\\ 0 & 若\ r(\boldsymbol{A})<n-1.\end{cases}$

证 当 $r(\boldsymbol{A})=n$ 时，$|\boldsymbol{A}|\neq 0$，由 $|\boldsymbol{A}^*|=|\boldsymbol{A}|^{n-1}\neq 0$，所以 $r(\boldsymbol{A}^*)=n$.

当 $r(\boldsymbol{A})=n-1$ 时，$\boldsymbol{A}$ 中至少有一个 $n-1$ 阶子式不为零. 由 $\boldsymbol{A}^*$ 的定义知，$\boldsymbol{A}^*$ 中至少有一元素不为零，所以 $r(\boldsymbol{A}^*)\geqslant 1$. 另一方面，由 $\boldsymbol{A}\boldsymbol{A}^*=|\boldsymbol{A}|\boldsymbol{E}=\boldsymbol{0}$ 知，$r(\boldsymbol{A})+r(\boldsymbol{A}^*)\leqslant n$. 又 $r(\boldsymbol{A})=n-1$，所以 $r(\boldsymbol{A}^*)\leqslant 1$. 综上可得，在 $r(\boldsymbol{A})=n-1$ 时，$r(\boldsymbol{A}^*)=1$.

当 $r(\boldsymbol{A})<n-1$ 时，$\boldsymbol{A}$ 的所有 $n-1$ 阶子式均为零，于是 $A_{ij}=0\ (i,j=1,2,\cdots,n)$，故 $\boldsymbol{A}^*=\boldsymbol{0}$. 从而 $r(\boldsymbol{A}^*)=0$.

【7.36】 求下列矩阵的秩.

$$\boldsymbol{A}=\begin{bmatrix}x & y & y & y\\ y & x & y & y\\ y & y & x & y\\ y & y & y & x\end{bmatrix}.$$

解 先把矩阵 $\boldsymbol{A}$ 化为阶梯形.

$$A\xrightarrow[r_4-r_1]{\substack{r_2-r_1\\r_3-r_1}}\begin{bmatrix}x&y&y&y\\y-x&x-y&0&0\\y-x&0&x-y&0\\y-x&0&0&x-y\end{bmatrix}\xrightarrow{c_2+c_1}\begin{bmatrix}x+y&y&y&y\\0&x-y&0&0\\y-x&0&x-y&0\\y-x&0&0&x-y\end{bmatrix}$$

$$\xrightarrow{c_3+c_1}\begin{bmatrix}x+2y&y&y&y\\0&x-y&0&0\\0&0&x-y&0\\y-x&0&0&x-y\end{bmatrix}\xrightarrow{c_4+c_1}\begin{bmatrix}x+3y&y&y&y\\0&x-y&0&0\\0&0&x-y&\\0&0&0&x-y\end{bmatrix}.$$

对于 x、y 的不同取值进行分析.

(1)当 $x-y=0, x+3y=0$,即 $x=y=0$ 时,$\boldsymbol{A}=\boldsymbol{0}$,所以 $r(\boldsymbol{A})=0$.

(2)当 $x+3y\neq 0, x-y\neq 0$ 时,$r(\boldsymbol{A})=4$.

(3)当 $x+3y\neq 0, x-y=0$ 时,$r(\boldsymbol{A})=1$.

(4)当 $x+3y=0, x-y\neq 0$ 时,$r(\boldsymbol{A})=3$.

点评:注意对参数的讨论,不重复,不遗漏.

【7.37】 设 $\boldsymbol{A}$ 为 n 阶方阵,且 $\boldsymbol{A}^2=\boldsymbol{A}$. 证明:$r(\boldsymbol{A})+r(\boldsymbol{A}-\boldsymbol{E})=n$.

证 由 $\boldsymbol{A}^2=\boldsymbol{A}$ 可得 $\boldsymbol{A}(\boldsymbol{A}-\boldsymbol{E})=\boldsymbol{0}$,从而

$$r(\boldsymbol{A})+r(\boldsymbol{A}-\boldsymbol{E})\leqslant n.$$

另一方面,由于 $\boldsymbol{E}-\boldsymbol{A}$ 同 $\boldsymbol{A}-\boldsymbol{E}$ 有相同的秩,故又有

$$n=r(\boldsymbol{E})=r(\boldsymbol{A}+\boldsymbol{E}-\boldsymbol{A})\leqslant r(\boldsymbol{A})+r(\boldsymbol{E}-\boldsymbol{A})=r(\boldsymbol{A})+r(\boldsymbol{A}-\boldsymbol{E}).$$

所以

$$r(\boldsymbol{A})+r(\boldsymbol{A}-\boldsymbol{E})=n.$$

【7.38】 设 $\boldsymbol{A}$ 是秩为 r 的 $m\times n$ 矩阵,证明

(1)存在可逆矩阵 $\boldsymbol{P}$,使 $\boldsymbol{PA}$ 的后 $m-r$ 行全为零;

(2)存在可逆矩阵 $\boldsymbol{Q}$,使 $\boldsymbol{AQ}$ 的后 $n-r$ 列全为零.

证 (1)存在可逆矩阵 $\boldsymbol{P}$、$\boldsymbol{Q}$,使

$$\boldsymbol{PAQ}=\begin{bmatrix}\boldsymbol{E}_r&\boldsymbol{0}\\\boldsymbol{0}&\boldsymbol{0}\end{bmatrix},\qquad ①$$

①两端用 $\boldsymbol{Q}^{-1}$ 右乘,并将 $\boldsymbol{Q}^{-1}$ 分块为 $\boldsymbol{Q}^{-1}=\begin{bmatrix}\boldsymbol{Q}_1\\\boldsymbol{Q}_2\end{bmatrix}$,这里 $\boldsymbol{Q}_1$ 为 r 行的子块,于是

$$\boldsymbol{PA}=\begin{bmatrix}\boldsymbol{E}_r&\boldsymbol{0}\\\boldsymbol{0}&\boldsymbol{0}\end{bmatrix}\boldsymbol{Q}^{-1}=\begin{bmatrix}\boldsymbol{E}_r&\boldsymbol{0}\\\boldsymbol{0}&\boldsymbol{0}\end{bmatrix}\begin{bmatrix}\boldsymbol{Q}_1\\\boldsymbol{Q}_2\end{bmatrix}=\begin{bmatrix}\boldsymbol{Q}_1\\\boldsymbol{0}\end{bmatrix}.$$

(2)将①式两端用 $\boldsymbol{P}^{-1}$ 左乘,并将 $\boldsymbol{P}^{-1}$ 分块为 $\boldsymbol{P}=(\boldsymbol{P}_1,\boldsymbol{P}_2)$,这里 $\boldsymbol{P}_1$ 为 r 列的子块,于是

$$\boldsymbol{AQ}=\boldsymbol{P}^{-1}\begin{bmatrix}\boldsymbol{E}_r&\boldsymbol{0}\\\boldsymbol{0}&\boldsymbol{0}\end{bmatrix}=(\boldsymbol{P}_1,\boldsymbol{P}_2)\begin{bmatrix}\boldsymbol{E}_r&\boldsymbol{0}\\\boldsymbol{0}&\boldsymbol{0}\end{bmatrix}=(\boldsymbol{P}_1,\boldsymbol{0}).$$

题型 4:矩阵方程

【7.39】 设矩阵 A 的伴随矩阵 $A^*=\begin{bmatrix}1&0&0&0\\0&1&0&0\\1&0&1&0\\0&-3&0&8\end{bmatrix}$,且 $ABA^{-1}=BA^{-1}+3E$,其中 E 为四阶单位矩阵,求矩阵 B.

解法一 由 $|A^*|=|A|^{n-1}$,有 $|A|^3=8$,得 $|A|=2$.

又 $(A-E)BA^{-1}=3E$,有 $(A-E)B=3A$,从而 $A^{-1}(A-E)B=3E$,由此得

$$(E-A^{-1})B=3E,\quad 即\ (E-\frac{A^*}{|A|})B=3E,\quad 亦即\ (2E-A^*)B=6E.$$

又 $2E-A^*$ 为可逆矩阵,于是 $B=6(2E-A^*)^{-1}$.

由 $2E-A^*=\begin{bmatrix}1&0&0&0\\0&1&0&0\\-1&0&1&0\\0&3&0&-6\end{bmatrix}$,有 $(2E-A^*)^{-1}=\begin{bmatrix}1&0&0&0\\0&1&0&0\\1&0&1&0\\0&\frac{1}{2}&0&-\frac{1}{6}\end{bmatrix}$.

所以
$$B=\begin{bmatrix}6&0&0&0\\0&6&0&0\\6&0&6&0\\0&3&0&-1\end{bmatrix}.$$

解法二 由 $|A^*|=|A|^{n-1}$,有 $|A|^3=8$,得 $|A|=2$.

又 $AA^*=|A|E$,得

$$A=|A|(A^*)^{-1}=2(A^*)^{-1}=\begin{bmatrix}2&0&0&0\\0&2&0&0\\-2&0&2&0\\0&\frac{3}{4}&0&\frac{1}{4}\end{bmatrix},$$

可见 $A-E$ 为可逆矩阵,于是由 $(A-E)BA^{-1}=3E$,有 $B=3(A-E)^{-1}A$.

由 $A-E=\begin{bmatrix}1&0&0&0\\0&1&0&0\\-2&0&1&0\\0&\frac{3}{4}&0&-\frac{3}{4}\end{bmatrix}$,得 $(A-E)^{-1}=\begin{bmatrix}1&0&0&0\\0&1&0&0\\2&0&1&0\\0&1&0&-\frac{3}{4}\end{bmatrix}$.

所以
$$B=\begin{bmatrix}6&0&0&0\\0&6&0&0\\6&0&6&0\\0&3&0&-1\end{bmatrix}.$$

点评:本题为 2000 年考研真题.

【7.40】 设矩阵 $A=\begin{bmatrix}1&1&-1\\-1&1&1\\1&-1&1\end{bmatrix}$，矩阵 X 满足 $A^*X=A^{-1}+2X$，其中 A^* 是 A 的伴随矩阵，求矩阵 X.

解 由原等式得 $(A^*-2E)X=A^{-1}$，其中 E 是三阶单位矩阵.

用矩阵 A 左乘等式两端，得

$$(|A|E-2A)X=E,$$

可见 $(|A|E-2A)$ 可逆，从而

$$X=(|A|E-2A)^{-1}.$$

由于

$$|A|=\begin{vmatrix}1&1&-1\\-1&1&1\\1&-1&1\end{vmatrix}=4,$$

得

$$|A|E-2A=2\begin{bmatrix}1&-1&1\\1&1&-1\\-1&1&1\end{bmatrix},$$

所以

$$X=\frac{1}{2}\begin{bmatrix}1&-1&1\\1&1&-1\\-1&1&1\end{bmatrix}^{-1}=\frac{1}{4}\begin{bmatrix}1&1&0\\0&1&1\\1&0&1\end{bmatrix}.$$

点评：本题为1999年考研真题.

【7.41】 设矩阵 $A=\begin{bmatrix}1&2&0&0\\1&3&0&0\\0&0&0&2\\0&0&-1&0\end{bmatrix}$，矩阵 B 满足 $\left[\left(\frac{1}{2}A\right)^*\right]^{-1}BA^{-1}=2AB+12E$，求矩阵 B.

解 因为 $|A|=\begin{vmatrix}1&2\\1&3\end{vmatrix}\begin{vmatrix}0&2\\-1&0\end{vmatrix}=2$，所以 A 是可逆矩阵.

又

$$\left(\frac{1}{2}A\right)^*=\left(\frac{1}{2}\right)^{4-1}A^*=\frac{1}{8}A^*,$$

于是

$$\left[\left(\frac{1}{2}A\right)^*\right]^{-1}=\left(\frac{1}{8}A^*\right)^{-1}=8(A^*)^{-1}=8\,\frac{1}{|A|}A=4A.$$

故题设等式化简为

$$4ABA^{-1}=2AB+12E,$$

即

$$2ABA^{-1}=AB+6E.$$

分别以 A^{-1} 和 A 左、右乘上式两边得

$$2\boldsymbol{B}=\boldsymbol{B}\boldsymbol{A}+6\boldsymbol{E},\qquad (2\boldsymbol{E}-\boldsymbol{A})\boldsymbol{B}=6\boldsymbol{E}.$$

故

$$\boldsymbol{B}=6(2\boldsymbol{E}-\boldsymbol{A})^{-1}=6\begin{bmatrix}1&-2&0&0\\-1&-1&0&0\\0&0&2&-2\\0&0&1&2\end{bmatrix}^{-1}=\begin{bmatrix}2&-4&0&0\\-2&-2&0&0\\0&0&2&2\\0&0&-1&2\end{bmatrix}.$$

【7.42】 求解矩阵方程 $\boldsymbol{A}\boldsymbol{X}+\boldsymbol{E}=\boldsymbol{A}^2+\boldsymbol{X}$,其中

$$\boldsymbol{A}=\begin{bmatrix}1&0&0\\0&2&0\\1&6&1\end{bmatrix}.$$

解 由 $\boldsymbol{A}\boldsymbol{X}+\boldsymbol{E}=\boldsymbol{A}^2+\boldsymbol{X}$,有

$$(\boldsymbol{A}-\boldsymbol{E})\boldsymbol{X}=\boldsymbol{A}^2-\boldsymbol{E},$$

又

$$|\boldsymbol{A}-\boldsymbol{E}|=\begin{vmatrix}0&0&0\\0&1&0\\1&6&0\end{vmatrix}=0,$$

所以 $\boldsymbol{A}-\boldsymbol{E}$ 不可逆.用待定系数法求解,令

$$\boldsymbol{X}=\begin{bmatrix}x_{11}&x_{12}&x_{13}\\x_{21}&x_{22}&x_{23}\\x_{31}&x_{32}&x_{33}\end{bmatrix}.$$

有

$$\begin{bmatrix}0&0&0\\0&1&0\\1&6&0\end{bmatrix}\begin{bmatrix}x_{11}&x_{12}&x_{13}\\x_{21}&x_{22}&x_{23}\\x_{31}&x_{32}&x_{33}\end{bmatrix}=\begin{bmatrix}0&0&0\\0&3&0\\2&18&0\end{bmatrix},$$

从而得

$$\begin{bmatrix}0&0&0\\x_{21}&x_{22}&x_{23}\\x_{11}+6x_{21}&x_{12}+6x_{22}&x_{13}+6x_{23}\end{bmatrix}=\begin{bmatrix}0&0&0\\0&3&0\\2&18&0\end{bmatrix}.$$

故

$$\begin{cases}x_{21}=x_{23}=0,\\x_{22}=3,\\x_{11}+6x_{21}=2,\\x_{12}+6x_{22}=18,\\x_{13}+6x_{23}=0,\end{cases}\qquad \text{于是,}\quad \begin{cases}x_{11}=2,\\x_{12}=0,\\x_{13}=0,\\x_{21}=0,\\x_{22}=3,\\x_{23}=0.\end{cases}$$

所以

$$X=\begin{bmatrix}2&0&0\\0&3&0\\a&b&c\end{bmatrix},$$

其中 a,b,c 为任意常数.

点评:遇到 $AX=B$ 类型的题,必须检验 A 是否可逆,只有 A 可逆,才有 $X=A^{-1}B$.

对于原题如不加检验,就直接去化简得到

$$X=A+E=\begin{bmatrix}2&0&0\\0&3&0\\1&6&2\end{bmatrix}.$$

那就错了.

【7.43】 设 $A=\begin{bmatrix}1&a\\1&0\end{bmatrix}$,$B=\begin{bmatrix}0&1\\1&b\end{bmatrix}$,当 a,b 为何值时,存在矩阵 C 使得 $AC-CA=B$. 并求所有矩阵 C.

解 设 $C=\begin{bmatrix}x_1&x_2\\x_3&x_4\end{bmatrix}$,由于 $AC-CA=B$,故

$$\begin{bmatrix}1&a\\1&0\end{bmatrix}\begin{bmatrix}x_1&x_2\\x_3&x_4\end{bmatrix}-\begin{bmatrix}x_1&x_2\\x_3&x_4\end{bmatrix}\begin{bmatrix}1&a\\1&0\end{bmatrix}=\begin{bmatrix}0&1\\1&b\end{bmatrix},$$

即

$$\begin{bmatrix}x_1+ax_3&x_2+ax_4\\x_1&x_2\end{bmatrix}-\begin{bmatrix}x_1+x_2&ax_1\\x_3+x_4&ax_3\end{bmatrix}=\begin{bmatrix}0&1\\1&b\end{bmatrix}.$$

得方程组

$$\begin{cases}-x_2+ax_3=0\\-ax_1+x_2+ax_4=1\\x_1-x_3-x_4=1\\x_2-ax_3=b\end{cases}\qquad ①$$

由于矩阵 C 存在,故方程组①有解. 对①的增广矩阵进行初等行变换:

$$\left[\begin{array}{cccc:c}0&-1&a&0&0\\-a&1&0&a&1\\1&0&-1&-1&1\\0&1&-a&0&b\end{array}\right]\to\left[\begin{array}{cccc:c}1&0&-1&-1&1\\0&1&-a&0&0\\0&1&-a&0&a+1\\0&0&0&0&b\end{array}\right]\to\left[\begin{array}{cccc:c}1&0&-1&-1&1\\0&1&-a&0&0\\0&0&0&0&a+1\\0&0&0&0&b\end{array}\right],$$

方程组有解,故 $a+1=0,b=0$,即 $a=-1,b=0$,此时存在矩阵 C 使得 $AC-CA=B$.

当 $a=-1,b=0$ 时,增广矩阵变为 $\left[\begin{array}{cccc:c}1&0&-1&-1&1\\0&1&1&0&0\\0&0&0&0&0\\0&0&0&0&0\end{array}\right]$,$x_3,x_4$ 为自由变量,

令 $x_3=1,x_4=0$,代入相应齐次方程组,得 $x_1=1,x_2=-1$.

令 $x_3=0,x_4=1$,代入相应齐次方程组,得 $x_1=1,x_2=0$.

故 $\boldsymbol{\xi}_1=(1,-1,1,0)^T$,$\boldsymbol{\xi}_2=(1,0,0,1)^T$.

令 $x_3=0,x_4=0$,得特解 $\boldsymbol{\eta}=(1,0,0,0)^T$,方程组的通解为 $\boldsymbol{x}=k_1\boldsymbol{\xi}_1+k_2\boldsymbol{\xi}_2+\boldsymbol{\eta}=(k_1+k_2+1,-k_1,k_1,k_2)^T$,所以 $\boldsymbol{C}=\begin{bmatrix}k_1+k_2+1 & -k_1\\ k_1 & k_2\end{bmatrix}$.

点评:本题为 2013 年考研真题.关于矩阵方程,很多考生总是思维定势:比如 $\boldsymbol{AX}=\boldsymbol{B}$,且 $\boldsymbol{A}$ 可逆,所以 $\boldsymbol{X}=\boldsymbol{A}^{-1}\boldsymbol{B}$.实际上,矩阵方程是一个很系统的知识块,请考生熟练掌握以下内容.

1.矩阵方程 $\boldsymbol{AX}=\boldsymbol{B}$ 有解 $\Leftrightarrow r(\boldsymbol{A})=r(\boldsymbol{A},\boldsymbol{B})$.

证明:令 $\boldsymbol{X}=(\boldsymbol{x}_1,\boldsymbol{x}_2,\cdots,\boldsymbol{x}_n)$,$\boldsymbol{B}=(\boldsymbol{b}_1,\boldsymbol{b}_2,\cdots,\boldsymbol{b}_n)$,则

$$\begin{aligned}\boldsymbol{AX}=\boldsymbol{B}\text{ 有解}&\Leftrightarrow \boldsymbol{Ax}_i=\boldsymbol{b}_i\text{ 都有解 }(i=1,\cdots,n)\\&\Leftrightarrow r(\boldsymbol{A})=r(\boldsymbol{A},\boldsymbol{b}_i)\ (i=1,\cdots,n)\\&\Leftrightarrow r(\boldsymbol{A})=r(\boldsymbol{A},\boldsymbol{B}).\end{aligned}$$

2.求解矩阵方程 $\boldsymbol{AX}=\boldsymbol{B}\Leftrightarrow$ 求解线性方程组 $\boldsymbol{Ax}_i=\boldsymbol{b}_i\ (i=1,\cdots,n)$.

3.求解矩阵方程 $\boldsymbol{XA}=\boldsymbol{B}\Leftrightarrow$ 求解矩阵方程 $\boldsymbol{A}^T\boldsymbol{X}^T=\boldsymbol{B}^T$.

4.特别地,若 $\boldsymbol{A}$ 可逆,则 $\boldsymbol{AX}=\boldsymbol{B}$ 有唯一解 $\boldsymbol{X}=\boldsymbol{A}^{-1}\boldsymbol{B}$,$\boldsymbol{XA}=\boldsymbol{B}$ 有唯一解 $\boldsymbol{X}=\boldsymbol{BA}^{-1}$.

5.对于其他形式的矩阵方程可考虑待定系数法!

请同学们再思考以下题目.

设 $\boldsymbol{A}=\begin{bmatrix}1 & a\\ 1 & 0\end{bmatrix}$,$\boldsymbol{B}=\begin{bmatrix}0 & 1\\ 1 & b\end{bmatrix}$,当 a,b 为何值时,存在矩阵 $\boldsymbol{X}$ 使得 $\boldsymbol{AX}=\boldsymbol{B}$,并求所有的矩阵 $\boldsymbol{X}$.

解法一 $(\boldsymbol{A},\boldsymbol{B})=\begin{bmatrix}1 & a & 0 & 1\\ 1 & 0 & 1 & b\end{bmatrix}\to\begin{bmatrix}1 & a & 0 & 1\\ 0 & -a & 1 & b-1\end{bmatrix}$. 故当 $a\neq0$,而 b 取任意值时,$r(\boldsymbol{A},\boldsymbol{B})=r(\boldsymbol{A})$,有解.

此时,$|\boldsymbol{A}|=-a\neq0$,故 $\boldsymbol{A}$ 可逆.从而 $\boldsymbol{X}=\boldsymbol{A}^{-1}\boldsymbol{B}=\begin{bmatrix}0 & 1\\ \frac{1}{a} & -\frac{1}{a}\end{bmatrix}\begin{bmatrix}0 & 1\\ 1 & b\end{bmatrix}=\begin{bmatrix}1 & b\\ 1 & \frac{1-b}{a}\end{bmatrix}$.

解法二 由于 $|\boldsymbol{B}|=-1$,故当 $a\neq0$ 时,$\boldsymbol{A}$ 可逆,从而 $\boldsymbol{X}=\boldsymbol{A}^{-1}\boldsymbol{B}$.

第三章 向 量

§1. 向量的运算

知识要点

1. 向量的定义 由 n 个数 $a_1,a_2,\cdots,a_n$ 组成的有序数组称为 n 维向量，简称向量.

$$\boldsymbol{\alpha}=(a_1,a_2,\cdots,a_n)$$

称为 n 维行向量，a_i 称为 $\boldsymbol{\alpha}$ 的第 i 个分量；

$$\boldsymbol{\beta}=\begin{bmatrix}b_1\\b_2\\\vdots\\b_n\end{bmatrix}=(b_1,b_2,\cdots,b_n)^T$$

称为 n 维列向量.

由定义可看出，n 维行(列)向量就是 $1\times n(n\times 1)$矩阵. 本书约定，所讨论的向量未指明是行向量还是列向量时，都当作列向量.

分量全为 0 的向量称为零向量；设 $\boldsymbol{\alpha}=(a_1,a_2,\cdots,a_n)$，称 $-\boldsymbol{\alpha}=(-a_1,-a_2,\cdots,-a_n)$为 $\boldsymbol{\alpha}$ 的负向量.

2. 向量的运算

(1)向量的相等

设 $\boldsymbol{\alpha}=(a_1,a_2,\cdots,a_n)$，$\boldsymbol{\beta}=(b_1,b_2,\cdots,b_n)$，如果 $a_i=b_i(i=1,2,\cdots,n)$，则称向量 $\boldsymbol{\alpha}$ 与 $\boldsymbol{\beta}$ 相等.

(2)向量的加减

设 $\boldsymbol{\alpha}=(a_1,a_2,\cdots,a_n)$，$\boldsymbol{\beta}=(b_1,b_2,\cdots,b_n)$，则 $\boldsymbol{\alpha}\pm\boldsymbol{\beta}=(a_1\pm b_1,a_2\pm b_2,\cdots,a_n\pm b_n)$.

(3)向量的数乘

设 $\boldsymbol{\alpha}=(a_1,a_2,\cdots,a_n)$，$k$ 为常数，则 $k\boldsymbol{\alpha}=(ka_1,ka_2,\cdots,ka_n)$.

3. 向量的运算规律

设 $\boldsymbol{\alpha},\boldsymbol{\beta},\boldsymbol{\gamma}$ 均为 n 维向量，λ,μ 为实数，则

(1) $\boldsymbol{\alpha}+\boldsymbol{\beta}=\boldsymbol{\beta}+\boldsymbol{\alpha}$ (2) $(\boldsymbol{\alpha}+\boldsymbol{\beta})+\boldsymbol{\gamma}=\boldsymbol{\alpha}+(\boldsymbol{\beta}+\boldsymbol{\gamma})$

(3) $\boldsymbol{\alpha}+\boldsymbol{0}=\boldsymbol{\alpha}$ (4) $\boldsymbol{\alpha}+(-\boldsymbol{\alpha})=\boldsymbol{0}$

(5) $1\boldsymbol{\alpha}=\boldsymbol{\alpha}$ (6) $\lambda(\mu\boldsymbol{\alpha})=(\lambda\mu)\boldsymbol{\alpha}$

(7) $\lambda(\boldsymbol{\alpha}+\boldsymbol{\beta})=\lambda\boldsymbol{\alpha}+\lambda\boldsymbol{\beta}$ (8) $(\lambda+\mu)\boldsymbol{\alpha}=\lambda\boldsymbol{\alpha}+\mu\boldsymbol{\alpha}$

基本题型

题型 1:向量的运算

【1.1】 设 $\boldsymbol{\beta}_1=(1,a,0)$, $\boldsymbol{\beta}_2=(-1,2,b)$,求 a,b 为何值时 $\boldsymbol{\beta}_1+\boldsymbol{\beta}_2=\mathbf{0}$.

解 $\boldsymbol{\beta}_1+\boldsymbol{\beta}_2=(1,a,0)+(-1,2,b)=(0,a+2,b)=(0,0,0)$. 所以 $a=-2,b=0$.

【1.2】 设 $3(\boldsymbol{\alpha}_1-\boldsymbol{\alpha})+2(\boldsymbol{\alpha}_2+\boldsymbol{\alpha})=5(\boldsymbol{\alpha}_3+\boldsymbol{\alpha})$,求 $\boldsymbol{\alpha}$,其中

$$\boldsymbol{\alpha}_1=\begin{bmatrix}2\\5\\1\\3\end{bmatrix},\ \boldsymbol{\alpha}_2=\begin{bmatrix}10\\1\\5\\10\end{bmatrix},\ \boldsymbol{\alpha}_3=\begin{bmatrix}4\\1\\-1\\1\end{bmatrix}.$$

解 由 $3(\boldsymbol{\alpha}_1-\boldsymbol{\alpha})+2(\boldsymbol{\alpha}_2+\boldsymbol{\alpha})=5(\boldsymbol{\alpha}_3+\boldsymbol{\alpha})$ 可得 $\boldsymbol{\alpha}=\frac{1}{6}(3\boldsymbol{\alpha}_1+2\boldsymbol{\alpha}_2-5\boldsymbol{\alpha}_3)$. 所以

$$\begin{aligned}\boldsymbol{\alpha}&=\frac{1}{6}(3\boldsymbol{\alpha}_1+2\boldsymbol{\alpha}_2-5\boldsymbol{\alpha}_3)\\&=\frac{1}{6}\left(3\begin{bmatrix}2\\5\\1\\3\end{bmatrix}+2\begin{bmatrix}10\\1\\5\\10\end{bmatrix}-5\begin{bmatrix}4\\1\\-1\\1\end{bmatrix}\right)=\frac{1}{6}\left(\begin{bmatrix}6\\15\\3\\9\end{bmatrix}+\begin{bmatrix}20\\2\\10\\20\end{bmatrix}-\begin{bmatrix}20\\5\\-5\\5\end{bmatrix}\right)\\&=\frac{1}{6}\begin{bmatrix}6\\12\\18\\24\end{bmatrix}=\begin{bmatrix}1\\2\\3\\4\end{bmatrix}.\end{aligned}$$

【1.3】 设 n 维行向量 $\boldsymbol{\alpha}=\left(\frac{1}{2},0,\cdots,0,\frac{1}{2}\right)$,矩阵 $\boldsymbol{A}=\boldsymbol{E}-\boldsymbol{\alpha}^T\boldsymbol{\alpha}$,$\boldsymbol{B}=\boldsymbol{E}+2\boldsymbol{\alpha}^T\boldsymbol{\alpha}$,其中 $\boldsymbol{E}$ 为 n 阶单位矩阵,则 $\boldsymbol{AB}$ 等于______.

解
$$\begin{aligned}\boldsymbol{AB}&=(\boldsymbol{E}-\boldsymbol{\alpha}^T\boldsymbol{\alpha})(\boldsymbol{E}+2\boldsymbol{\alpha}^T\boldsymbol{\alpha})=\boldsymbol{E}+\boldsymbol{\alpha}^T\boldsymbol{\alpha}-2\boldsymbol{\alpha}^T\boldsymbol{\alpha}\boldsymbol{\alpha}^T\boldsymbol{\alpha}=\boldsymbol{E}+\boldsymbol{\alpha}^T\boldsymbol{\alpha}-2(\boldsymbol{\alpha}\boldsymbol{\alpha}^T)\boldsymbol{\alpha}^T\boldsymbol{\alpha}\\&=\boldsymbol{E}+(1-2\boldsymbol{\alpha}\boldsymbol{\alpha}^T)\boldsymbol{\alpha}^T\boldsymbol{\alpha}=\boldsymbol{E}+\left(1-2\times\frac{1}{2}\right)\boldsymbol{\alpha}^T\boldsymbol{\alpha}=\boldsymbol{E}.\end{aligned}$$

故应填 $\boldsymbol{E}$.

点评:设 $\boldsymbol{\alpha}=(a_1,a_2,\cdots,a_n)$, $\boldsymbol{\beta}=(b_1,b_2,\cdots,b_n)$,则

$$\boldsymbol{\alpha}^T\boldsymbol{\beta}=\begin{bmatrix}a_1\\a_2\\\vdots\\a_n\end{bmatrix}(b_1,b_2,\cdots,b_n)=\begin{bmatrix}a_1b_1&a_1b_2&\cdots&a_1b_n\\a_2b_1&a_2b_2&\cdots&a_2b_n\\\cdots&\cdots&\cdots&\cdots\\a_nb_1&a_nb_2&\cdots&a_nb_n\end{bmatrix}$$

且

$$\boldsymbol{\alpha}\boldsymbol{\beta}^T=(a_1,a_2,\cdots,a_n)\begin{bmatrix}b_1\\b_2\\\vdots\\b_n\end{bmatrix}=a_1b_1+a_2b_2+\cdots+a_nb_n.$$

注意到：$\boldsymbol{\alpha}^T\boldsymbol{\beta}$ 是 $n\times n$ 矩阵，而 $\boldsymbol{\alpha}\boldsymbol{\beta}^T$ 是一个数，且 $\boldsymbol{\alpha}\boldsymbol{\beta}^T$ 恰好是 $\boldsymbol{\alpha}^T\boldsymbol{\beta}$ 主对角线上元素的和.

【1.4】 设 $\boldsymbol{\alpha}$ 为三维列向量，若 $\boldsymbol{\alpha}\boldsymbol{\alpha}^T=\begin{bmatrix}1&-1&1\\-1&1&-1\\1&-1&1\end{bmatrix}$，则 $\boldsymbol{\alpha}^T\boldsymbol{\alpha}=$______.

解 因为 $\boldsymbol{\alpha}^T\boldsymbol{\alpha}$ 是 $\boldsymbol{\alpha}\boldsymbol{\alpha}^T$ 的主对角线元素之和，所以 $\boldsymbol{\alpha}^T\boldsymbol{\alpha}=1+1+1=3$.

故应填 3.

点评：本题为 2003 年考研真题.

§2. 向量间的线性关系

知 识 要 点

1. 基本概念

(1) 线性表示　对于向量 $\boldsymbol{\beta},\boldsymbol{\alpha}_1,\boldsymbol{\alpha}_2,\cdots,\boldsymbol{\alpha}_m$，如果存在一组数 $k_1,k_2,\cdots,k_m$，使得

$$\boldsymbol{\beta}=k_1\boldsymbol{\alpha}_1+k_2\boldsymbol{\alpha}_2+\cdots+k_m\boldsymbol{\alpha}_m$$

成立，则称 $\boldsymbol{\beta}$ 是 $\boldsymbol{\alpha}_1,\boldsymbol{\alpha}_2,\cdots,\boldsymbol{\alpha}_m$ 的线性组合，或称 $\boldsymbol{\beta}$ 可由 $\boldsymbol{\alpha}_1,\boldsymbol{\alpha}_2,\cdots,\boldsymbol{\alpha}_m$ 线性表示.

(2) 线性相关与线性无关　设 $\boldsymbol{\alpha}_1,\boldsymbol{\alpha}_2,\cdots,\boldsymbol{\alpha}_m$ 为一组向量，如果存在一组不全为零的数 k_1，$k_2,\cdots k_m$，使得

$$k_1\boldsymbol{\alpha}_1+k_2\boldsymbol{\alpha}_2+\cdots+k_m\boldsymbol{\alpha}_m=\mathbf{0}$$

成立，则称向量组 $\boldsymbol{\alpha}_1,\boldsymbol{\alpha}_2,\cdots,\boldsymbol{\alpha}_m$ 线性相关；当且仅当 $k_1=k_2=\cdots=k_m=0$ 时等式成立，则称向量组 $\boldsymbol{\alpha}_1,\boldsymbol{\alpha}_2,\cdots,\boldsymbol{\alpha}_m$ 线性无关.

2. 常用结论

设　$\boldsymbol{\alpha}_1=(a_{11},a_{12},\cdots,a_{1n})^T$，$\boldsymbol{\alpha}_2=(a_{21},a_{22},\cdots,a_{2n})^T$，$\cdots$，$\boldsymbol{\alpha}_m=(a_{m1},a_{m2},\cdots,a_{mn})^T$，

$\boldsymbol{\beta}=(b_1,b_2,\cdots,b_n)^T$，

这里 $m\leqslant n$.

(1) $\boldsymbol{\beta}$ 可由 $\boldsymbol{\alpha}_1,\boldsymbol{\alpha}_2,\cdots,\boldsymbol{\alpha}_m$ 线性表示的充分必要条件是线性方程组 $x_1\boldsymbol{\alpha}_1+x_2\boldsymbol{\alpha}_2+\cdots+x_m\boldsymbol{\alpha}_m=\boldsymbol{\beta}$ 有解，即下列线性方程组有解

$$\begin{cases}a_{11}x_1+a_{21}x_2+\cdots+a_{m1}x_m=b_1,\\a_{12}x_1+a_{22}x_2+\cdots+a_{m2}x_m=b_2,\\\cdots\cdots\cdots\cdots\cdots\cdots\\a_{1n}x_1+a_{2n}x_2+\cdots+a_{mn}x_m=b_n.\end{cases}$$

(2) ①令 $\boldsymbol{A}=(\boldsymbol{\alpha}_1,\boldsymbol{\alpha}_2,\cdots,\boldsymbol{\alpha}_m)$，$\boldsymbol{B}=(\boldsymbol{\alpha}_1,\boldsymbol{\alpha}_2,\cdots,\boldsymbol{\alpha}_m,\boldsymbol{\beta})$，则 $\boldsymbol{\beta}$ 可由 $\boldsymbol{\alpha}_1,\boldsymbol{\alpha}_2,\cdots,\boldsymbol{\alpha}_m$ 线性表示的充

分必要条件是以 $\boldsymbol{\alpha}_1,\boldsymbol{\alpha}_2,\cdots,\boldsymbol{\alpha}_m$ 为列向量的矩阵和以 $\boldsymbol{\alpha}_1,\boldsymbol{\alpha}_2,\cdots,\boldsymbol{\alpha}_m,\boldsymbol{\beta}$ 为列向量的矩阵有相同的秩，即 $r(\boldsymbol{A})=r(\boldsymbol{B})$.

②$\boldsymbol{\beta}$ 可由 $\boldsymbol{\alpha}_1,\boldsymbol{\alpha}_2,\cdots,\boldsymbol{\alpha}_m$ 唯一线性表示的充分必要条件是 $r(\boldsymbol{A})=r(\boldsymbol{B})=m$.

③$\boldsymbol{\beta}$ 不能由 $\boldsymbol{\alpha}_1,\boldsymbol{\alpha}_2,\cdots,\boldsymbol{\alpha}_m$ 线性表示的充分必要条件是 $r(\boldsymbol{A})<r(\boldsymbol{B})$.

(3) 向量组 $\boldsymbol{\alpha}_1,\boldsymbol{\alpha}_2,\cdots,\boldsymbol{\alpha}_m$ 线性相关的充分必要条件是齐次线性方程组

$$\begin{cases}a_{11}x_1+a_{21}x_2+\cdots+a_{m1}x_m=0,\\ a_{12}x_1+a_{22}x_2+\cdots+a_{m2}x_m=0,\\ \cdots\cdots\cdots\cdots\cdots\cdots\cdots\cdots\\ a_{1n}x_1+a_{2n}x_2+\cdots+a_{mn}x_m=0\end{cases}$$

有非零解，且当 $m=n$ 时，其线性相关的充要条件是

$$|\boldsymbol{A}|=\begin{vmatrix}a_{11}&a_{12}&\cdots&a_{1n}\\ a_{21}&a_{22}&\cdots&a_{2n}\\ \cdots&\cdots&\cdots&\cdots\\ a_{n1}&a_{n2}&\cdots&a_{nn}\end{vmatrix}=0.$$

(4) 向量组 $\boldsymbol{\alpha}_1,\boldsymbol{\alpha}_2,\cdots,\boldsymbol{\alpha}_m$ 线性无关的充分必要条件是齐次线性方程组

$$\begin{cases}a_{11}x_1+a_{21}x_2+\cdots+a_{m1}x_m=0,\\ a_{12}x_1+a_{22}x_2+\cdots+a_{m2}x_m=0,\\ \cdots\cdots\cdots\cdots\cdots\cdots\cdots\cdots\\ a_{1n}x_1+a_{2n}x_2+\cdots+a_{mn}x_m=0\end{cases}$$

只有零解，且当 $m=n$ 时，其线性无关的充要条件是

$$|\boldsymbol{A}|=\begin{vmatrix}a_{11}&a_{12}&\cdots&a_{1n}\\ a_{21}&a_{22}&\cdots&a_{2n}\\ \cdots&\cdots&\cdots&\cdots\\ a_{n1}&a_{n2}&\cdots&a_{nn}\end{vmatrix}\neq 0.$$

(5) 向量组 $\boldsymbol{\alpha}_1,\boldsymbol{\alpha}_2,\cdots,\boldsymbol{\alpha}_m$ 线性相关的充要条件是以 $\boldsymbol{\alpha}_1,\boldsymbol{\alpha}_2,\cdots,\boldsymbol{\alpha}_m$ 为列向量的矩阵的秩小于向量个数 m.

(6) 向量组 $\boldsymbol{\alpha}_1,\boldsymbol{\alpha}_2,\cdots,\boldsymbol{\alpha}_m$ 线性无关的充要条件是以 $\boldsymbol{\alpha}_1,\boldsymbol{\alpha}_2,\cdots,\boldsymbol{\alpha}_m$ 为列向量的矩阵的秩等于向量个数 m.

(7) 向量组 $\boldsymbol{\alpha}_1,\boldsymbol{\alpha}_2,\cdots,\boldsymbol{\alpha}_m(m\geqslant 2)$ 线性相关的充要条件是向量组至少有一个向量是其余向量的线性组合；向量组 $\boldsymbol{\alpha}_1,\boldsymbol{\alpha}_2,\cdots,\boldsymbol{\alpha}_m(m\geqslant 2)$ 线性无关的充要条件是向量组中每一个向量都不能由其余向量线性表示.

(8) 如果向量组 $\boldsymbol{\alpha}_1,\boldsymbol{\alpha}_2,\cdots,\boldsymbol{\alpha}_m$ 线性无关，而向量组 $\boldsymbol{\alpha}_1,\boldsymbol{\alpha}_2,\cdots,\boldsymbol{\alpha}_m,\boldsymbol{\beta}$ 线性相关，则 $\boldsymbol{\beta}$ 可以由 $\boldsymbol{\alpha}_1,\boldsymbol{\alpha}_2,\cdots,\boldsymbol{\alpha}_m$ 线性表示，且表达式唯一.

(9) 如果向量组 $\boldsymbol{\alpha}_1,\boldsymbol{\alpha}_2,\cdots,\boldsymbol{\alpha}_m$ 可以由向量组 $\boldsymbol{\beta}_1,\boldsymbol{\beta}_2,\cdots,\boldsymbol{\beta}_t$ 线性表示，并且 $m>t$，则向量组 $\boldsymbol{\alpha}_1,\boldsymbol{\alpha}_2,\cdots,\boldsymbol{\alpha}_m$ 线性相关；或者说，如果向量组 $\boldsymbol{\alpha}_1,\boldsymbol{\alpha}_2,\cdots,\boldsymbol{\alpha}_m$ 线性无关，并且可以由 $\boldsymbol{\beta}_1,\boldsymbol{\beta}_2,\cdots,\boldsymbol{\beta}_t$ 线性表示，则 $m\leqslant t$.

(10) 向量组 $\boldsymbol{\alpha}_1,\boldsymbol{\alpha}_2,\cdots,\boldsymbol{\alpha}_m$ 中，如果有一个部分组线性相关，则整个向量组线性相关；如果整

个向量组 $\boldsymbol{\alpha}_1,\boldsymbol{\alpha}_2,\cdots,\boldsymbol{\alpha}_m$ 线性无关，则其任一部分组也一定线性无关.

(11)设 r 维向量组 $\boldsymbol{\alpha}_i=(a_{i1},a_{i2},\cdots,a_{ir})$ $(i=1,2,\cdots,m)$线性无关，则在每个向量上再添加 $n-r$个分量所得到的 n 维向量组 $\boldsymbol{\alpha}_i'=(a_{i1},a_{i2},\cdots,a_{ir},a_{ir+1},\cdots,a_{in})$ $(i=1,2,\cdots,m)$也线性无关.

(12) $n+1$ 个 n 维向量必线性相关.

(13) 一个零向量线性相关；含有零向量的向量组必线性相关；一个非零向量线性无关；两个非零向量线性相关的充要条件是对应分量成比例.

(14) 设 $\boldsymbol{\varepsilon}_1=(1,0,\cdots,0)$，$\boldsymbol{\varepsilon}_2=(0,1,\cdots,0)$，$\cdots$，$\boldsymbol{\varepsilon}_n=(0,0,\cdots,1)$，称 $\boldsymbol{\varepsilon}_1,\boldsymbol{\varepsilon}_2,\cdots,\boldsymbol{\varepsilon}_n$ 为 n 维单位向量组，且

①$\boldsymbol{\varepsilon}_1,\boldsymbol{\varepsilon}_2,\cdots,\boldsymbol{\varepsilon}_n$ 线性无关；

②任意 n 维向量 $\boldsymbol{\alpha}=(a_1,a_2,\cdots,a_n)$都可由 $\boldsymbol{\varepsilon}_1,\boldsymbol{\varepsilon}_2,\cdots,\boldsymbol{\varepsilon}_n$ 线性表示，即 $\boldsymbol{\alpha}=a_1\boldsymbol{\varepsilon}_1+a_2\boldsymbol{\varepsilon}_2+\cdots+a_n\boldsymbol{\varepsilon}_n$.

(15)初等行变换不改变矩阵的列向量组之间的线性关系；初等列变换不改变矩阵的行向量组之间的线性关系.

基本题型

题型 1:关于线性表示

【2.1】 如果向量 $\boldsymbol{\beta}$ 可由向量组 $\boldsymbol{\alpha}_1,\boldsymbol{\alpha}_2,\cdots,\boldsymbol{\alpha}_m$ 线性表示，则______.

(A)存在一组不全为零的数 $k_1,k_2,\cdots k_m$，使等式 $\boldsymbol{\beta}=k_1\boldsymbol{\alpha}_1+k_2\boldsymbol{\alpha}_2+\cdots+k_m\boldsymbol{\alpha}_m$ 成立

(B)存在一组全为零的数 $k_1,k_2,\cdots k_m$，使等式 $\boldsymbol{\beta}=k_1\boldsymbol{\alpha}_1+k_2\boldsymbol{\alpha}_2+\cdots+k_m\boldsymbol{\alpha}_m$ 成立

(C)对 $\boldsymbol{\beta}$ 的线性表达式不唯一

(D)向量组 $\boldsymbol{\beta},\boldsymbol{\alpha}_1,\boldsymbol{\alpha}_2,\cdots,\boldsymbol{\alpha}_m$ 线性相关

解 由线性表示的概念，可直接排除(A)，(B)，(C).

故应选(D).

【2.2】 如果向量 $\boldsymbol{\beta}=(1,0,k,2)^T$ 能由向量组 $\boldsymbol{\alpha}_1=(1,3,0,5)^T$，$\boldsymbol{\alpha}_2=(1,2,1,4)^T$，$\boldsymbol{\alpha}_3=(1,1,2,3)^T$，$\boldsymbol{\alpha}_4=(1,-3,6,-1)^T$ 线性表示，则 $k=$______.

解 用向量 $\boldsymbol{\alpha}_1,\boldsymbol{\alpha}_2,\boldsymbol{\alpha}_3,\boldsymbol{\alpha}_4$ 及 $\boldsymbol{\beta}$ 构成矩阵 $\boldsymbol{A}=(\boldsymbol{\alpha}_1,\boldsymbol{\alpha}_2,\boldsymbol{\alpha}_3,\boldsymbol{\alpha}_4)$和矩阵 $\boldsymbol{B}=(\boldsymbol{A}\quad\boldsymbol{\beta})$. 对矩阵 $\boldsymbol{B}$ 施以初等行变换，得

$$\boldsymbol{B}=\begin{bmatrix}1&1&1&1&1\\3&2&1&-3&0\\0&1&2&6&k\\5&4&3&-1&2\end{bmatrix}\xrightarrow[r_4-5r_1]{r_2-3r_1}\begin{bmatrix}1&1&1&1&1\\0&-1&-2&-6&-3\\0&1&2&6&k\\0&-1&-2&-6&-3\end{bmatrix}$$

$$\xrightarrow[r_4-r_2]{r_3+r_2}\begin{bmatrix}1&1&1&1&1\\0&-1&-2&-6&-3\\0&0&0&0&k-3\\0&0&0&0&0\end{bmatrix}.$$

由此可知，$r(\boldsymbol{A})=2$. 因为 $\boldsymbol{\beta}$ 能由 $\boldsymbol{\alpha}_1,\boldsymbol{\alpha}_2,\boldsymbol{\alpha}_3,\boldsymbol{\alpha}_4$ 线性表示，所以，$r(\boldsymbol{A})=r(\boldsymbol{B})=2$，从而 $k=3$.

故应填 3.

点评：利用矩阵的秩，即利用常用结论(2)，是判别向量线性表示问题的常用方法.

【2.3】 判断向量 $\boldsymbol{\beta}_1=(4,3,-1,11)$ 与 $\boldsymbol{\beta}_2=(4,3,0,11)$ 是否各为向量组 $\boldsymbol{\alpha}_1=(1,2,-1,5)$，$\boldsymbol{\alpha}_2=(2,-1,1,1)$ 的线性组合. 若是，写出表达式.

解 设 $k_1\boldsymbol{\alpha}_1+k_2\boldsymbol{\alpha}_2=\boldsymbol{\beta}_1$，对矩阵 $(\boldsymbol{\alpha}_1^T,\boldsymbol{\alpha}_2^T,\boldsymbol{\beta}_1^T)$ 施以初等行变换，得

$$\begin{bmatrix}1&2&4\\2&-1&3\\-1&1&-1\\5&1&11\end{bmatrix}\longrightarrow\begin{bmatrix}1&2&4\\0&-5&-5\\0&3&3\\0&-9&-9\end{bmatrix}\longrightarrow\begin{bmatrix}1&2&4\\0&1&1\\0&0&0\\0&0&0\end{bmatrix}\longrightarrow\begin{bmatrix}1&0&2\\0&1&1\\0&0&0\\0&0&0\end{bmatrix},$$

从而
$$\text{秩}\begin{bmatrix}1&2&4\\2&-1&3\\-1&1&-1\\5&1&11\end{bmatrix}=\text{秩}\begin{bmatrix}1&2\\2&-1\\-1&1\\5&1\end{bmatrix}=2.$$

因此 $\boldsymbol{\beta}_1$ 可由 $\boldsymbol{\alpha}_1,\boldsymbol{\alpha}_2$ 线性表示，且由上面的初等变换可知 $k_1=2,k_2=1$ 使 $\boldsymbol{\beta}_1=2\boldsymbol{\alpha}_1+\boldsymbol{\alpha}_2$.

类似地，对矩阵 $(\boldsymbol{\alpha}_1^T,\boldsymbol{\alpha}_2^T,\boldsymbol{\beta}_2^T)$ 施以初等行变换，得

$$\begin{bmatrix}1&2&4\\2&-1&3\\-1&1&0\\5&1&11\end{bmatrix}\longrightarrow\begin{bmatrix}1&2&4\\0&-5&-5\\0&3&4\\0&-9&-9\end{bmatrix}\longrightarrow\begin{bmatrix}1&2&4\\0&1&1\\0&0&1\\0&0&0\end{bmatrix},$$

从而
$$\text{秩}\begin{bmatrix}1&2&4\\2&-1&3\\-1&1&0\\5&1&11\end{bmatrix}=3,\text{而秩}\begin{bmatrix}1&2\\2&-1\\-1&1\\5&1\end{bmatrix}=2,$$

因此，$\boldsymbol{\beta}_2$ 不能由 $\boldsymbol{\alpha}_1,\boldsymbol{\alpha}_2$ 线性表示.

【2.4】 设 $\boldsymbol{\alpha}_1,\boldsymbol{\alpha}_2,\cdots,\boldsymbol{\alpha}_r,\boldsymbol{\beta}$ 都是 n 维向量，$\boldsymbol{\beta}$ 可由 $\boldsymbol{\alpha}_1,\boldsymbol{\alpha}_2,\cdots,\boldsymbol{\alpha}_r$ 线性表示，但 $\boldsymbol{\beta}$ 不能由 $\boldsymbol{\alpha}_1,\boldsymbol{\alpha}_2,\cdots,\boldsymbol{\alpha}_{r-1}$ 线性表示，证明：$\boldsymbol{\alpha}_r$ 可由 $\boldsymbol{\alpha}_1,\boldsymbol{\alpha}_2,\cdots,\boldsymbol{\alpha}_{r-1},\boldsymbol{\beta}$ 线性表示.

证 因为 $\boldsymbol{\beta}$ 可由 $\boldsymbol{\alpha}_1,\boldsymbol{\alpha}_2,\cdots,\boldsymbol{\alpha}_r$ 线性表示，设 $\boldsymbol{\beta}=k_1\boldsymbol{\alpha}_1+k_2\boldsymbol{\alpha}_2+\cdots+k_{r-1}\boldsymbol{\alpha}_{r-1}+k_r\boldsymbol{\alpha}_r$，而 $\boldsymbol{\beta}$ 不能由 $\boldsymbol{\alpha}_1,\boldsymbol{\alpha}_2,\cdots,\boldsymbol{\alpha}_{r-1}$ 线性表示，所以 $k_r\neq0$，因而

$$\boldsymbol{\alpha}_r=\frac{1}{k_r}(\boldsymbol{\beta}-k_1\boldsymbol{\alpha}_1-\cdots-k_{r-1}\boldsymbol{\alpha}_{r-1}),$$

即 $\boldsymbol{\alpha}_r$ 可由 $\boldsymbol{\alpha}_1,\boldsymbol{\alpha}_2,\cdots,\boldsymbol{\alpha}_{r-1},\boldsymbol{\beta}$ 线性表示.

点评：判别抽象向量 $\boldsymbol{\beta}$ 是否可由抽象向量组 $\boldsymbol{\alpha}_1,\boldsymbol{\alpha}_2,\cdots,\boldsymbol{\alpha}_m$ 线性表示，首先找到一个包含 $\boldsymbol{\beta}$ 和 $\boldsymbol{\alpha}_1,\boldsymbol{\alpha}_2,\cdots,\boldsymbol{\alpha}_m$ 的等式，然后考察 $\boldsymbol{\beta}$ 的系数：若 $\boldsymbol{\beta}$ 的系数不为零，则 $\boldsymbol{\beta}$ 可由 $\boldsymbol{\alpha}_1,\boldsymbol{\alpha}_2,\cdots,\boldsymbol{\alpha}_m$ 线性表示，否则，$\boldsymbol{\beta}$ 不能由它们线性表示. 简单说，就是"找等式，看系数".

【2.5】 设向量 $\boldsymbol{\beta}$ 可由向量组 $\boldsymbol{\alpha}_1,\boldsymbol{\alpha}_2,\cdots,\boldsymbol{\alpha}_m$ 线性表示，但不能由向量组(Ⅰ)：$\boldsymbol{\alpha}_1,\boldsymbol{\alpha}_2,\cdots,\boldsymbol{\alpha}_{m-1}$ 线性表示，记向量组(Ⅱ)：$\boldsymbol{\alpha}_1,\boldsymbol{\alpha}_2,\cdots,\boldsymbol{\alpha}_{m-1},\boldsymbol{\beta}$，则______.

(A) $\boldsymbol{\alpha}_m$ 不能由(Ⅰ)线性表示，也不能由(Ⅱ)线性表示.

(B) $\boldsymbol{\alpha}_m$ 不能由(Ⅰ)线性表示，但可由(Ⅱ)线性表示.

(C) $\boldsymbol{\alpha}_m$ 可由(Ⅰ)线性表示，也可由(Ⅱ)线性表示.

(D) $\boldsymbol{\alpha}_m$ 可由(Ⅰ)线性表示,但不可由(Ⅱ)线性表示.

解 因为$\boldsymbol{\beta}$可由向量组$\boldsymbol{\alpha}_1,\boldsymbol{\alpha}_2,\cdots,\boldsymbol{\alpha}_m$线性表示,从而$\boldsymbol{\beta}=\sum_{i=1}^{m}k_i\boldsymbol{\alpha}_i$,$k_i$为常数,我们有$k_m\neq 0$,否则$\boldsymbol{\beta}=\sum_{i=1}^{m-1}k_i\boldsymbol{\alpha}_i$,从而可由$\boldsymbol{\alpha}_1,\cdots,\boldsymbol{\alpha}_{m-1}$线性表示,矛盾.由于$k_m\neq 0$,所以

$$\boldsymbol{\alpha}_m=\frac{1}{k_m}\left(\boldsymbol{\beta}-\sum_{i=1}^{m-1}k_i\boldsymbol{\alpha}_i\right)=\frac{1}{k_m}\boldsymbol{\beta}-\frac{k_1}{k_m}\boldsymbol{\alpha}_1-\cdots-\frac{k_{m-1}}{k_m}\boldsymbol{\alpha}_{m-1},$$

从而$\boldsymbol{\alpha}_m$可由$\boldsymbol{\alpha}_1,\boldsymbol{\alpha}_2,\cdots,\boldsymbol{\alpha}_{m-1},\boldsymbol{\beta}$线性表示,所以(A)、(D)不对.

下证$\boldsymbol{\alpha}_m$不能由(Ⅰ)线性表示,否则,若$\boldsymbol{\alpha}_m=\sum_{i=1}^{m-1}c_i\boldsymbol{\alpha}_i$,则

$$\boldsymbol{\beta}=\sum_{i=1}^{m}k_i\boldsymbol{\alpha}_i=\sum_{i=1}^{m-1}k_i\boldsymbol{\alpha}_i+k_m\left(\sum_{i=1}^{m-1}c_i\boldsymbol{\alpha}_i\right)=\sum_{i=1}^{m-1}(k_i+k_mc_i)\boldsymbol{\alpha}_i,$$

所以$\boldsymbol{\beta}$可由$\boldsymbol{\alpha}_1,\boldsymbol{\alpha}_2,\cdots,\boldsymbol{\alpha}_{m-1}$线性表示,矛盾,从而$\boldsymbol{\alpha}_m$不能由(Ⅰ)线性表示.

故应选(B).

点评:本题为1999年考研真题.

【2.6】 设$\boldsymbol{\alpha}_1,\boldsymbol{\alpha}_2,\cdots,\boldsymbol{\alpha}_{m-1}(m>3)$线性无关,而$\boldsymbol{\alpha}_2,\boldsymbol{\alpha}_3,\cdots,\boldsymbol{\alpha}_{m-1},\boldsymbol{\alpha}_m$线性相关,试证:

(1) $\boldsymbol{\alpha}_m$可由$\boldsymbol{\alpha}_1,\boldsymbol{\alpha}_2,\cdots,\boldsymbol{\alpha}_{m-1}$线性表示;

(2) $\boldsymbol{\alpha}_1$不能由$\boldsymbol{\alpha}_2,\boldsymbol{\alpha}_3,\cdots,\boldsymbol{\alpha}_m$线性表示.

证 (1) 因为$\boldsymbol{\alpha}_1,\boldsymbol{\alpha}_2,\cdots,\boldsymbol{\alpha}_{m-1}$线性无关,所以其部分组$\boldsymbol{\alpha}_2,\boldsymbol{\alpha}_3,\cdots,\boldsymbol{\alpha}_{m-1}$也线性无关,又因为$\boldsymbol{\alpha}_2,\boldsymbol{\alpha}_3,\cdots,\boldsymbol{\alpha}_m$线性相关,所以$\boldsymbol{\alpha}_m$可由$\boldsymbol{\alpha}_2,\boldsymbol{\alpha}_3,\cdots,\boldsymbol{\alpha}_{m-1}$线性表示,即

$$\boldsymbol{\alpha}_m=k_2\boldsymbol{\alpha}_2+k_3\boldsymbol{\alpha}_3+\cdots+k_{m-1}\boldsymbol{\alpha}_{m-1},$$

也即

$$\boldsymbol{\alpha}_m=0\,\boldsymbol{\alpha}_1+k_2\boldsymbol{\alpha}_2+\cdots+k_{m-1}\boldsymbol{\alpha}_{m-1},$$

因此$\boldsymbol{\alpha}_m$可由$\boldsymbol{\alpha}_1,\boldsymbol{\alpha}_2,\cdots,\boldsymbol{\alpha}_{m-1}$线性表示.

(2)用反证法.

假设$\boldsymbol{\alpha}_1$可由$\boldsymbol{\alpha}_2,\boldsymbol{\alpha}_3,\cdots,\boldsymbol{\alpha}_m$线性表示,则

$$\boldsymbol{\alpha}_1=\lambda_2\boldsymbol{\alpha}_2+\lambda_3\boldsymbol{\alpha}_3+\cdots+\lambda_{m-1}\boldsymbol{\alpha}_{m-1}+\lambda_m\boldsymbol{\alpha}_m.$$

由(1)的证明知,$\boldsymbol{\alpha}_m=k_2\boldsymbol{\alpha}_2+k_3\boldsymbol{\alpha}_3+\cdots+k_{m-1}\boldsymbol{\alpha}_{m-1}$带入上式得:

$$\boldsymbol{\alpha}_1=(\lambda_2+\lambda_mk_2)\boldsymbol{\alpha}_2+(\lambda_3+\lambda_mk_3)\boldsymbol{\alpha}_3+\cdots+(\lambda_{m-1}+\lambda_mk_{m-1})\boldsymbol{\alpha}_{m-1}.$$

此式说明$\boldsymbol{\alpha}_1$可由$\boldsymbol{\alpha}_2,\boldsymbol{\alpha}_3,\cdots,\boldsymbol{\alpha}_{m-1}$线性表示,从而可推出$\boldsymbol{\alpha}_1,\boldsymbol{\alpha}_2,\cdots,\boldsymbol{\alpha}_{m-1}$线性相关,与题设条件矛盾,故$\boldsymbol{\alpha}_1$不能由$\boldsymbol{\alpha}_2,\boldsymbol{\alpha}_3,\cdots,\boldsymbol{\alpha}_m$线性表示.

点评:线性表示与线性相关、线性无关相结合是常见的题型;反证法是判别向量线性关系常用的方法.

【2.7】 已知向量$\boldsymbol{\alpha}_1,\boldsymbol{\alpha}_2,\boldsymbol{\alpha}_3$分别可由$\boldsymbol{\beta}_1,\boldsymbol{\beta}_2,\boldsymbol{\beta}_3$线性表示,即

$$\begin{cases}\boldsymbol{\alpha}_1=\boldsymbol{\beta}_1-\boldsymbol{\beta}_2+\boldsymbol{\beta}_3,\\ \boldsymbol{\alpha}_2=\boldsymbol{\beta}_1+\boldsymbol{\beta}_2-\boldsymbol{\beta}_3,\\ \boldsymbol{\alpha}_3=-\boldsymbol{\beta}_1+\boldsymbol{\beta}_2+\boldsymbol{\beta}_3.\end{cases}$$

试将$\boldsymbol{\beta}_1,\boldsymbol{\beta}_2,\boldsymbol{\beta}_3$分别用$\boldsymbol{\alpha}_1,\boldsymbol{\alpha}_2,\boldsymbol{\alpha}_3$线性表示.

解 由已知,有$(\boldsymbol{\alpha}_1,\boldsymbol{\alpha}_2,\boldsymbol{\alpha}_3)=(\boldsymbol{\beta}_1,\boldsymbol{\beta}_2,\boldsymbol{\beta}_3)\begin{bmatrix}1&1&-1\\-1&1&1\\1&-1&1\end{bmatrix}$,又$\begin{vmatrix}1&1&-1\\-1&1&1\\1&-1&1\end{vmatrix}=4\neq0$,

所以有

$$(\boldsymbol{\beta}_1,\boldsymbol{\beta}_2,\boldsymbol{\beta}_3)=(\boldsymbol{\alpha}_1,\boldsymbol{\alpha}_2,\boldsymbol{\alpha}_3)\begin{bmatrix}1&1&-1\\-1&1&1\\1&-1&1\end{bmatrix}^{-1}=(\boldsymbol{\alpha}_1,\boldsymbol{\alpha}_2,\boldsymbol{\alpha}_3)\begin{bmatrix}\frac{1}{2}&0&\frac{1}{2}\\\frac{1}{2}&\frac{1}{2}&0\\0&\frac{1}{2}&\frac{1}{2}\end{bmatrix}.$$

故 $\boldsymbol{\beta}_1=\frac{1}{2}\boldsymbol{\alpha}_1+\frac{1}{2}\boldsymbol{\alpha}_2$, $\boldsymbol{\beta}_2=\frac{1}{2}\boldsymbol{\alpha}_2+\frac{1}{2}\boldsymbol{\alpha}_3$, $\boldsymbol{\beta}_3=\frac{1}{2}\boldsymbol{\alpha}_1+\frac{1}{2}\boldsymbol{\alpha}_3$.

点评:一组向量$\boldsymbol{\alpha}_1,\boldsymbol{\alpha}_2,\cdots,\boldsymbol{\alpha}_s$能由另一组向量$\boldsymbol{\beta}_1,\boldsymbol{\beta}_2,\cdots,\boldsymbol{\beta}_t$线性表示,即有矩阵$\boldsymbol{C}$,使得

$$(\boldsymbol{\alpha}_1,\boldsymbol{\alpha}_2,\cdots,\boldsymbol{\alpha}_s)=(\boldsymbol{\beta}_1,\boldsymbol{\beta}_2,\cdots,\boldsymbol{\beta}_t)\boldsymbol{C},$$

若令$\boldsymbol{A}=(\boldsymbol{\alpha}_1,\boldsymbol{\alpha}_2,\cdots,\boldsymbol{\alpha}_s)$,$\boldsymbol{B}=(\boldsymbol{\beta}_1,\boldsymbol{\beta}_2,\cdots,\boldsymbol{\beta}_t)$,即矩阵方程$\boldsymbol{A}=\boldsymbol{B}\boldsymbol{X}$有解.

【2.8】 已知向量组(Ⅰ):$\boldsymbol{\alpha}_1=\begin{bmatrix}0\\1\\2\\3\end{bmatrix}$, $\boldsymbol{\alpha}_2=\begin{bmatrix}3\\0\\1\\2\end{bmatrix}$, $\boldsymbol{\alpha}_3=\begin{bmatrix}2\\3\\0\\1\end{bmatrix}$

和(Ⅱ):$\boldsymbol{\beta}_1=\begin{bmatrix}2\\1\\1\\2\end{bmatrix}$, $\boldsymbol{\beta}_2=\begin{bmatrix}0\\-2\\1\\1\end{bmatrix}$, $\boldsymbol{\beta}_3=\begin{bmatrix}4\\4\\1\\3\end{bmatrix}$.

证明:(Ⅱ)可由(Ⅰ)线性表示,但(Ⅰ)不能由(Ⅱ)线性表示.

证 令$\boldsymbol{A}=(\boldsymbol{\alpha}_1,\boldsymbol{\alpha}_2,\boldsymbol{\alpha}_3)$, $\boldsymbol{B}=(\boldsymbol{\beta}_1,\boldsymbol{\beta}_2,\boldsymbol{\beta}_3)$,对矩阵$(\boldsymbol{A},\boldsymbol{B})$施以初等行变换,得

$$(\boldsymbol{A},\boldsymbol{B})=\begin{bmatrix}0&3&2&2&0&4\\1&0&3&1&-2&4\\2&1&0&1&1&1\\3&2&1&2&1&3\end{bmatrix}\to\begin{bmatrix}1&0&3&1&-2&4\\0&1&-6&-1&5&7\\0&0&4&1&-3&5\\0&0&0&0&0&0\end{bmatrix},$$

所以$r(\boldsymbol{A})=r(\boldsymbol{A},\boldsymbol{B})=3$,即(Ⅱ)可由(Ⅰ)线性表示.

同理 $$(\boldsymbol{B},\boldsymbol{A})=\begin{bmatrix}2&0&4&0&3&2\\1&-2&4&1&0&3\\1&1&1&2&1&0\\2&1&3&3&2&1\end{bmatrix}\to\begin{bmatrix}1&1&1&2&1&0\\0&-1&1&-1&0&1\\0&0&0&-2&1&0\\0&0&0&0&0&0\end{bmatrix},$$

所以$r(\boldsymbol{B})=2$,而$r(\boldsymbol{B},\boldsymbol{A})=3$.故(Ⅰ)不能由(Ⅱ)线性表示.

点评:由常用结论(2)知,一组向量$\boldsymbol{\beta}_1,\boldsymbol{\beta}_2,\cdots,\boldsymbol{\beta}_t$能由$\boldsymbol{\alpha}_1,\boldsymbol{\alpha}_2,\cdots,\boldsymbol{\alpha}_s$线性表示的充要条件是以$\boldsymbol{\alpha}_1,\boldsymbol{\alpha}_2,\cdots,\boldsymbol{\alpha}_s$为列向量的矩阵与以$\boldsymbol{\alpha}_1,\boldsymbol{\alpha}_2,\cdots,\boldsymbol{\alpha}_s,\boldsymbol{\beta}_1,\boldsymbol{\beta}_2,\cdots,\boldsymbol{\beta}_t$为列向量的矩阵有相同的秩.

【2.9】 设$\boldsymbol{\alpha}_1=(1,0,1)^T$,$\boldsymbol{\alpha}_2=(0,1,1)^T$,$\boldsymbol{\alpha}_3=(1,3,5)^T$不能由$\boldsymbol{\beta}_1=(1,1,1)^T$,$\boldsymbol{\beta}_2=(1,2,3)^T$,$\boldsymbol{\beta}_3=(3,4,a)^T$线性表出.

(1)求 a； (2)将 $\boldsymbol{\beta}_1,\boldsymbol{\beta}_2,\boldsymbol{\beta}_3$ 由 $\boldsymbol{\alpha}_1,\boldsymbol{\alpha}_2,\boldsymbol{\alpha}_3$ 线性表出.

解 (1)由于 $\boldsymbol{\alpha}_1,\boldsymbol{\alpha}_2,\boldsymbol{\alpha}_3$ 不能由 $\boldsymbol{\beta}_1,\boldsymbol{\beta}_2,\boldsymbol{\beta}_3$ 表示,可知

$$|\boldsymbol{\beta}_1,\boldsymbol{\beta}_2,\boldsymbol{\beta}_3|=\begin{vmatrix}1&1&3\\1&2&4\\1&3&a\end{vmatrix}=a-5=0,\text{解得 } a=5.$$

(2)本题等价于求三阶矩阵 $\boldsymbol{C}$ 使得$(\boldsymbol{\beta}_1,\boldsymbol{\beta}_2,\boldsymbol{\beta}_3)=(\boldsymbol{\alpha}_1,\boldsymbol{\alpha}_2,\boldsymbol{\alpha}_3)\boldsymbol{C}$,可知

$$\boldsymbol{C}=\begin{bmatrix}1&0&1\\0&1&3\\1&1&5\end{bmatrix}^{-1}\begin{bmatrix}1&1&3\\1&2&4\\1&3&5\end{bmatrix},\text{计算可得 }\boldsymbol{C}=\begin{bmatrix}2&1&5\\4&2&10\\-1&0&-2\end{bmatrix},$$

因此
$$(\boldsymbol{\beta}_1,\boldsymbol{\beta}_2,\boldsymbol{\beta}_3)=(\boldsymbol{\alpha}_1,\boldsymbol{\alpha}_2,\boldsymbol{\alpha}_3)\begin{bmatrix}2&1&5\\4&2&10\\-1&0&-2\end{bmatrix}.$$

点评:本题为 2011 年考研真题.要注意两个向量组之间的线性表示问题,即

向量组 $\boldsymbol{\beta}_1,\boldsymbol{\beta}_2,\cdots,\boldsymbol{\beta}_t$ 能(不能,无穷,唯一)由向量组 $\boldsymbol{\alpha}_1,\boldsymbol{\alpha}_2,\cdots,\boldsymbol{\alpha}_m$ 线性表示

$\Leftrightarrow$矩阵方程 $\boldsymbol{AX}=\boldsymbol{B}$ 有解(无解,无穷解,唯一解).

其中 $\boldsymbol{A}=(\boldsymbol{\alpha}_1,\boldsymbol{\alpha}_2,\cdots,\boldsymbol{\alpha}_m)$,$\boldsymbol{B}=(\boldsymbol{\beta}_1,\boldsymbol{\beta}_2,\cdots,\boldsymbol{\beta}_t)$

$\Leftrightarrow r(\boldsymbol{A},\boldsymbol{B})=r(\boldsymbol{A})$

$$\begin{bmatrix}r(\boldsymbol{A},\boldsymbol{B})\neq r(\boldsymbol{A}),\\ r(\boldsymbol{A},\boldsymbol{B})=r(\boldsymbol{A})<m,\\ r(\boldsymbol{A},\boldsymbol{B})=r(\boldsymbol{A})=m.\end{bmatrix}$$

因此,本题第(1)问也可如下求解:

由条件,$r(\boldsymbol{\beta}_1,\boldsymbol{\beta}_2,\boldsymbol{\beta}_3,\boldsymbol{\alpha}_1,\boldsymbol{\alpha}_2,\boldsymbol{\alpha}_3)\neq r(\boldsymbol{\beta}_1,\boldsymbol{\beta}_2,\boldsymbol{\beta}_3)$.

$$(\boldsymbol{\beta}_1,\boldsymbol{\beta}_2,\boldsymbol{\beta}_3,\boldsymbol{\alpha}_1,\boldsymbol{\alpha}_2,\boldsymbol{\alpha}_3)=\begin{bmatrix}1&1&3&1&0&1\\1&2&4&0&1&3\\1&3&a&1&1&5\end{bmatrix}$$
$$\rightarrow\begin{bmatrix}1&1&3&1&0&1\\0&1&1&-1&1&2\\0&2&a-3&1&1&4\end{bmatrix}$$
$$\rightarrow\begin{bmatrix}1&1&3&1&0&1\\0&1&1&-1&1&2\\0&0&a-5&2&-1&0\end{bmatrix}.$$

所以 $a=5$.

题型 2:利用定义判别向量的线性相关性

【2.10】 设 $\boldsymbol{\alpha}_1,\boldsymbol{\alpha}_2,\cdots,\boldsymbol{\alpha}_m$ 均为 n 维向量,那么,下列结论正确的是______.

(A) 若 $k_1\boldsymbol{\alpha}_1+k_2\boldsymbol{\alpha}_2+\cdots+k_m\boldsymbol{\alpha}_m=\boldsymbol{0}$,则 $\boldsymbol{\alpha}_1,\boldsymbol{\alpha}_2,\cdots,\boldsymbol{\alpha}_m$ 线性相关

(B) 若对任意一组不全为零的数 $k_1,k_2,\cdots,k_m$,都有 $k_1\boldsymbol{\alpha}_1+k_2\boldsymbol{\alpha}_2+\cdots+k_m\boldsymbol{\alpha}_m\neq\boldsymbol{0}$,则 $\boldsymbol{\alpha}_1,\boldsymbol{\alpha}_2,\cdots,\boldsymbol{\alpha}_m$ 线性无关

(C) 若 $\boldsymbol{\alpha}_1,\boldsymbol{\alpha}_2,\cdots,\boldsymbol{\alpha}_m$ 线性相关，则对任意一组不全为零的 $k_1,k_2,\cdots,k_m$，都有 $k_1\boldsymbol{\alpha}_1+k_2\boldsymbol{\alpha}_2+\cdots+k_m\boldsymbol{\alpha}_m=\mathbf{0}$

(D) 若 $0\boldsymbol{\alpha}_1+0\boldsymbol{\alpha}_2+\cdots+0\boldsymbol{\alpha}_m=\mathbf{0}$，则 $\boldsymbol{\alpha}_1,\boldsymbol{\alpha}_2,\cdots,\boldsymbol{\alpha}_m$ 线性无关

解 要正确解答本题必须非常清楚向量组线性相关和线性无关的概念. 所谓向量组 $\boldsymbol{\alpha}_1,\boldsymbol{\alpha}_2,\cdots,\boldsymbol{\alpha}_m$ 线性相关，即存在一组不全为零的数 $k_1,k_2,\cdots,k_m$，使

$$k_1\boldsymbol{\alpha}_1+k_2\boldsymbol{\alpha}_2+\cdots+k_m\boldsymbol{\alpha}_m=\mathbf{0}.$$

选项(A)对 $k_1,k_2,\cdots,k_m$ 是否不全为零未加说明，选项(C)要求对任意一组不全为零的数 $k_1,k_2,\cdots,k_m$ 使上式成立，均不是 $\boldsymbol{\alpha}_1,\boldsymbol{\alpha}_2,\cdots,\boldsymbol{\alpha}_m$ 线性相关的定义所要求的.

所谓 $\boldsymbol{\alpha}_1,\boldsymbol{\alpha}_2,\cdots,\boldsymbol{\alpha}_m$ 线性无关，当且仅当 $k_1=k_2=\cdots=k_m=0$ 时，

$$k_1\boldsymbol{\alpha}_1+k_2\boldsymbol{\alpha}_2+\cdots+k_m\boldsymbol{\alpha}_m=\mathbf{0}.$$

显然(D)不正确. 它没有强调只有当 $k_1=k_2=\cdots=k_m=0$ 时，上式成立.

故应选(B).

【2.11】 n 维向量组 $\boldsymbol{\alpha}_1,\boldsymbol{\alpha}_2,\cdots,\boldsymbol{\alpha}_s(3\leqslant s\leqslant n)$ 线性无关的充要条件是______.

(A) 存在一组不全为零的数 $k_1,k_2,\cdots,k_s$，使 $k_1\boldsymbol{\alpha}_1+k_2\boldsymbol{\alpha}_2+\cdots+k_s\boldsymbol{\alpha}_s\neq\mathbf{0}$

(B) $\boldsymbol{\alpha}_1,\boldsymbol{\alpha}_2,\cdots,\boldsymbol{\alpha}_s$ 中任意两个向量都线性无关

(C) $\boldsymbol{\alpha}_1,\boldsymbol{\alpha}_2,\cdots,\boldsymbol{\alpha}_s$ 中存在一个向量，它不能由其余向量线性表示

(D) $\boldsymbol{\alpha}_1,\boldsymbol{\alpha}_2,\cdots,\boldsymbol{\alpha}_s$ 中任意一个向量都不能由其余向量线性表示

解 向量组 $\boldsymbol{\alpha}_1,\boldsymbol{\alpha}_2,\cdots,\boldsymbol{\alpha}_s$ 线性无关的定义是等式 $k_1\boldsymbol{\alpha}_1+k_2\boldsymbol{\alpha}_2+\cdots+k_s\boldsymbol{\alpha}_s=\mathbf{0}$，只能在 $k_1,k_2,\cdots,k_s$ 全为零时才成立. 对照这一定义知，只有(D)正确. (A)、(B)、(C)是此向量线性无关的必要条件，但不是充分条件.

故应选(D).

【2.12】 已知向量组 $\boldsymbol{\alpha}_1,\boldsymbol{\alpha}_2,\boldsymbol{\alpha}_3,\boldsymbol{\alpha}_4$ 线性无关，则______.

(A) $\boldsymbol{\alpha}_1+\boldsymbol{\alpha}_2,\boldsymbol{\alpha}_2+\boldsymbol{\alpha}_3,\boldsymbol{\alpha}_3+\boldsymbol{\alpha}_4,\boldsymbol{\alpha}_4+\boldsymbol{\alpha}_1$ 线性无关

(B) $\boldsymbol{\alpha}_1-\boldsymbol{\alpha}_2,\boldsymbol{\alpha}_2-\boldsymbol{\alpha}_3,\boldsymbol{\alpha}_3-\boldsymbol{\alpha}_4,\boldsymbol{\alpha}_4-\boldsymbol{\alpha}_1$ 线性无关

(C) $\boldsymbol{\alpha}_1+\boldsymbol{\alpha}_2,\boldsymbol{\alpha}_2+\boldsymbol{\alpha}_3,\boldsymbol{\alpha}_3+\boldsymbol{\alpha}_4,\boldsymbol{\alpha}_4-\boldsymbol{\alpha}_1$ 线性无关

(D) $\boldsymbol{\alpha}_1+\boldsymbol{\alpha}_2,\boldsymbol{\alpha}_2+\boldsymbol{\alpha}_3,\boldsymbol{\alpha}_3-\boldsymbol{\alpha}_4,\boldsymbol{\alpha}_4-\boldsymbol{\alpha}_1$ 线性无关

解 利用定义，逐个验证. 设有一组数 k_1,k_2,k_3,k_4，使得

$$k_1(\boldsymbol{\alpha}_1+\boldsymbol{\alpha}_2)+k_2(\boldsymbol{\alpha}_2+\boldsymbol{\alpha}_3)+k_3(\boldsymbol{\alpha}_3+\boldsymbol{\alpha}_4)+k_4(\boldsymbol{\alpha}_4+\boldsymbol{\alpha}_1)=\mathbf{0},$$

即

$$(k_1+k_4)\boldsymbol{\alpha}_1+(k_1+k_2)\boldsymbol{\alpha}_2+(k_2+k_3)\boldsymbol{\alpha}_3+(k_3+k_4)\boldsymbol{\alpha}_4=\mathbf{0}.$$

因为 $\boldsymbol{\alpha}_1,\boldsymbol{\alpha}_2,\boldsymbol{\alpha}_3,\boldsymbol{\alpha}_4$ 线性无关，故

$$\begin{cases}k_1+k_4=0,\\k_1+k_2=0,\\k_2+k_3=0,\\k_3+k_4=0.\end{cases}$$

由于其系数行列式

$$\begin{vmatrix} 1 & 0 & 0 & 1 \\ 1 & 1 & 0 & 0 \\ 0 & 1 & 1 & 0 \\ 0 & 0 & 1 & 1 \end{vmatrix}=0,$$

故方程组有非零解 k_1,k_2,k_3,k_4，所以 $\boldsymbol{\alpha}_1+\boldsymbol{\alpha}_2$，$\boldsymbol{\alpha}_2+\boldsymbol{\alpha}_3$，$\boldsymbol{\alpha}_3+\boldsymbol{\alpha}_4$，$\boldsymbol{\alpha}_4+\boldsymbol{\alpha}_1$ 线性相关. 同理可验证其他三组向量的线性相关性. 通过计算可知(C)正确.

故应选(C).

点评：利用定义判别向量的线性相关性，即"设出等式，考察系数".

【2.13】 已知 $\boldsymbol{\alpha}_1,\boldsymbol{\alpha}_2,\boldsymbol{\alpha}_3$ 线性无关，证明 $\boldsymbol{\alpha}_1+\boldsymbol{\alpha}_2,3\boldsymbol{\alpha}_2+2\boldsymbol{\alpha}_3,\boldsymbol{\alpha}_1-2\boldsymbol{\alpha}_2+\boldsymbol{\alpha}_3$ 线性无关.

证 设有一组数 k_1,k_2,k_3，使得 $k_1(\boldsymbol{\alpha}_1+\boldsymbol{\alpha}_2)+k_2(3\boldsymbol{\alpha}_2+2\boldsymbol{\alpha}_3)+k_3(\boldsymbol{\alpha}_1-2\boldsymbol{\alpha}_2+\boldsymbol{\alpha}_3)=\mathbf{0}$，即：

$$(k_1+k_3)\boldsymbol{\alpha}_1+(k_1+3k_2-2k_3)\boldsymbol{\alpha}_2+(2k_2+k_3)\boldsymbol{\alpha}_3=\mathbf{0}.$$

由于 $\boldsymbol{\alpha}_1,\boldsymbol{\alpha}_2,\boldsymbol{\alpha}_3$ 线性无关，从而有线性方程组

$$\begin{cases} k_1+k_3=0, \\ k_1+3k_2-2k_3=0, \\ 2k_2+k_3=0. \end{cases}$$

其系数行列式为

$$\begin{vmatrix} 1 & 0 & 1 \\ 1 & 3 & -2 \\ 0 & 2 & 1 \end{vmatrix}=9\neq 0,$$

从而齐次线性方程组只有零解，即 $k_1=k_2=k_3=0$，所以 $\boldsymbol{\alpha}_1+\boldsymbol{\alpha}_2,3\boldsymbol{\alpha}_2+2\boldsymbol{\alpha}_3,\boldsymbol{\alpha}_1-2\boldsymbol{\alpha}_2+\boldsymbol{\alpha}_3$ 线性无关.

【2.14】 设 $\boldsymbol{A}$ 是 n 阶矩阵，若存在正整数 k，使线性方程组 $\boldsymbol{A}^k\boldsymbol{x}=\mathbf{0}$ 有解向量 $\boldsymbol{\alpha}$，且 $\boldsymbol{A}^{k-1}\boldsymbol{\alpha}\neq\mathbf{0}$，证明：向量组 $\boldsymbol{\alpha},\boldsymbol{A\alpha},\cdots,\boldsymbol{A}^{k-1}\boldsymbol{\alpha}$ 线性无关.

证 设有一组数 $l_0,l_1,\cdots,l_{k-1}$，使得 $l_0\boldsymbol{\alpha}+l_1\boldsymbol{A\alpha}+\cdots+l_{k-1}\boldsymbol{A}^{k-1}\boldsymbol{\alpha}=\mathbf{0}$，用 $\boldsymbol{A}^{k-1}$ 左乘上式两边，有

$$l_0\boldsymbol{A}^{k-1}\boldsymbol{\alpha}+l_1\boldsymbol{A}^k\boldsymbol{\alpha}+\cdots+l_{k-1}\boldsymbol{A}^{2k-2}\boldsymbol{\alpha}=\mathbf{0}.$$

由于 $\boldsymbol{A}^k\boldsymbol{\alpha}=\mathbf{0}$，所以当 $l\geqslant k$ 时，有 $\boldsymbol{A}^l\boldsymbol{\alpha}=\mathbf{0}$，从而 $l_0\boldsymbol{A}^{k-1}\boldsymbol{\alpha}=\mathbf{0}$.

而 $\boldsymbol{A}^{k-1}\boldsymbol{\alpha}\neq\mathbf{0}$，所以 $l_0=0$，依此类推，可得 $l_1=\cdots=l_{k-1}=0$. 所以 $\boldsymbol{\alpha},\boldsymbol{A\alpha},\cdots,\boldsymbol{A}^{k-1}\boldsymbol{\alpha}$ 线性无关.

点评：本题本题为 1998 年考研真题. 利用线性无关的定义来证明，并利用条件 $\boldsymbol{A}^k\boldsymbol{x}=\mathbf{0}$，则 $\boldsymbol{A}^l\boldsymbol{x}=\mathbf{0}\ (l\geqslant k)$.

【2.15】 如果向量组 $\boldsymbol{\alpha}_1,\boldsymbol{\alpha}_2,\cdots,\boldsymbol{\alpha}_s$ 线性无关，证明向量组 $\boldsymbol{\alpha}_1,\boldsymbol{\alpha}_1+\boldsymbol{\alpha}_2,\cdots,\boldsymbol{\alpha}_1+\boldsymbol{\alpha}_2+\cdots+\boldsymbol{\alpha}_s$ 也线性无关.

证 设有一组数 $k_1,k_2,\cdots,k_s$，使得

$$k_1\boldsymbol{\alpha}_1+k_2(\boldsymbol{\alpha}_1+\boldsymbol{\alpha}_2)+k_3(\boldsymbol{\alpha}_1+\boldsymbol{\alpha}_2+\boldsymbol{\alpha}_3)+\cdots+k_s(\boldsymbol{\alpha}_1+\boldsymbol{\alpha}_2+\cdots+\boldsymbol{\alpha}_s)=\mathbf{0},$$

整理可得：

$$(k_1+k_2+\cdots+k_s)\boldsymbol{\alpha}_1+(k_2+k_3+\cdots+k_s)\boldsymbol{\alpha}_2+\cdots+k_s\boldsymbol{\alpha}_s=\mathbf{0}.$$

因为 $\boldsymbol{\alpha}_1,\boldsymbol{\alpha}_2,\cdots,\boldsymbol{\alpha}_s$ 线性无关，所以有齐次线性方程组

$$\begin{cases}k_1+k_2+\cdots+k_s=0,\\ k_2+\cdots+k_s=0,\\ \cdots\cdots\cdots\cdots\cdots\\ k_s=0,\end{cases}$$

解得 $k_1=k_2=\cdots=k_s=0$,即向量组 $\boldsymbol{\alpha}_1,\boldsymbol{\alpha}_1+\boldsymbol{\alpha}_2,\cdots,\boldsymbol{\alpha}_1+\boldsymbol{\alpha}_2+\cdots+\boldsymbol{\alpha}_s$ 线性无关.

【2.16】 已知 $\boldsymbol{\beta}_1=\boldsymbol{\alpha}_1+\boldsymbol{\alpha}_2,\boldsymbol{\beta}_2=\boldsymbol{\alpha}_1-\boldsymbol{\alpha}_2,\boldsymbol{\beta}_3=3\boldsymbol{\alpha}_1-2\boldsymbol{\alpha}_2$,证明 $\boldsymbol{\beta}_1,\boldsymbol{\beta}_2,\boldsymbol{\beta}_3$ 是线性相关的.

证 设有一组数 k_1,k_2,k_3,使得 $k_1\boldsymbol{\beta}_1+k_2\boldsymbol{\beta}_2+k_3\boldsymbol{\beta}_3=\mathbf{0}$,将 $\boldsymbol{\beta}_1=\boldsymbol{\alpha}_1+\boldsymbol{\alpha}_2,\boldsymbol{\beta}_2=\boldsymbol{\alpha}_1-\boldsymbol{\alpha}_2,\boldsymbol{\beta}_3=3\boldsymbol{\alpha}_1-2\boldsymbol{\alpha}_2$,代入可得

$$k_1(\boldsymbol{\alpha}_1+\boldsymbol{\alpha}_2)+k_2(\boldsymbol{\alpha}_1-\boldsymbol{\alpha}_2)+k_3(3\boldsymbol{\alpha}_1-2\boldsymbol{\alpha}_2)=\mathbf{0}.$$

从而有

$$(k_1+k_2+3k_3)\boldsymbol{\alpha}_1+(k_1-k_2-2k_3)\boldsymbol{\alpha}_2=\mathbf{0}.$$

若 $\boldsymbol{\alpha}_1,\boldsymbol{\alpha}_2$ 的系数为零,则上式恒成立,

即

$$\begin{cases}k_1+k_2+3k_3=0,\\ k_1-k_2-2k_3=0,\end{cases}$$

解得:

$$\begin{bmatrix}k_1\\k_2\\k_3\end{bmatrix}=c\begin{bmatrix}-1\\-5\\2\end{bmatrix},$$

c 为任意常数.

从而有 $c(-\boldsymbol{\beta}_1-5\boldsymbol{\beta}_2+2\boldsymbol{\beta}_3)=\mathbf{0}$,所以 $\boldsymbol{\beta}_1,\boldsymbol{\beta}_2,\boldsymbol{\beta}_3$ 线性相关.

点评:本题利用线性相关的定义来证明,找出不全为零的一组数 k_1,k_2,k_3 使 $k_1\boldsymbol{\beta}_1+k_2\boldsymbol{\beta}_2+k_3\boldsymbol{\beta}_3=\mathbf{0}$ 成立.

题型3:利用行列式判别向量的线性相关性

【2.17】 设 $\boldsymbol{\alpha}_1=(\lambda-5,1,-3),\boldsymbol{\alpha}_2=(1,\lambda-5,3),\boldsymbol{\alpha}_3=(-3,3,\lambda-3)$,则 λ ______时,$\boldsymbol{\alpha}_1,\boldsymbol{\alpha}_2,\boldsymbol{\alpha}_3$ 线性相关;λ ______时,$\boldsymbol{\alpha}_1,\boldsymbol{\alpha}_2,\boldsymbol{\alpha}_3$ 线性无关.

解 向量 $\boldsymbol{\alpha}_1,\boldsymbol{\alpha}_2,\boldsymbol{\alpha}_3$ 列排组成矩阵 $\boldsymbol{A}=(\boldsymbol{\alpha}_1^T,\boldsymbol{\alpha}_2^T,\boldsymbol{\alpha}_3^T)$,则 $\boldsymbol{\alpha}_1,\boldsymbol{\alpha}_2,\boldsymbol{\alpha}_3$ 线性相关的充要条件是 $|\boldsymbol{A}|=0$;$\boldsymbol{\alpha}_1,\boldsymbol{\alpha}_2,\boldsymbol{\alpha}_3$ 线性无关的充要条件是 $|\boldsymbol{A}|\neq0$.

$$|\boldsymbol{A}|=\begin{vmatrix}\lambda-5&1&-3\\1&\lambda-5&3\\-3&3&\lambda-3\end{vmatrix}=\lambda(\lambda-4)(\lambda-9).$$

所以当 $\lambda=0$ 或 $\lambda=4$ 或 $\lambda=9$ 时,$\boldsymbol{\alpha}_1,\boldsymbol{\alpha}_2,\boldsymbol{\alpha}_3$ 线性相关;当 $\lambda\neq0$ 且 $\lambda\neq4$ 且 $\lambda\neq9$ 时,$\boldsymbol{\alpha}_1,\boldsymbol{\alpha}_2,\boldsymbol{\alpha}_3$ 线性无关.

点评:若向量组所含向量个数与向量的维数相同,可利用行列式来讨论向量组的线性相关性,即 n 维列向量组 $\boldsymbol{\alpha}_1,\boldsymbol{\alpha}_2,\cdots,\boldsymbol{\alpha}_n$ 线性相关的充分必要条件是 $|\boldsymbol{\alpha}_1,\boldsymbol{\alpha}_2,\cdots,\boldsymbol{\alpha}_n|=0$;线性无关的充分必要条件是 $|\boldsymbol{\alpha}_1,\boldsymbol{\alpha}_2,\cdots,\boldsymbol{\alpha}_n|\neq0$.

【2.18】 设 $\boldsymbol{\alpha}_1=(6,a+1,3)^T$，$\boldsymbol{\alpha}_2=(a,2,-2)^T$，$\boldsymbol{\alpha}_3=(a,1,0)^T$.

试问(1) a 为何值时，$\boldsymbol{\alpha}_1,\boldsymbol{\alpha}_2$ 线性相关？线性无关？

(2) a 为何值时，$\boldsymbol{\alpha}_1,\boldsymbol{\alpha}_2,\boldsymbol{\alpha}_3$ 线性相关？线性无关？

解 (1)因为 $\boldsymbol{\alpha}_1\neq\mathbf{0},\boldsymbol{\alpha}_2\neq\mathbf{0}$,所以,当 $\boldsymbol{\alpha}_1,\boldsymbol{\alpha}_2$ 对应分量成比例时,$\boldsymbol{\alpha}_1,\boldsymbol{\alpha}_2$ 线性相关,否则，线性无关.

所以当 $\frac{6}{a}=\frac{3}{-2}$,即 $a=-4$ 时,$\boldsymbol{\alpha}_1,\boldsymbol{\alpha}_2$ 线性相关；

当 $a\neq-4$ 时,$\boldsymbol{\alpha}_1,\boldsymbol{\alpha}_2$ 线性无关.

(2) $|\boldsymbol{\alpha}_1,\boldsymbol{\alpha}_2,\boldsymbol{\alpha}_3|=\begin{vmatrix}6 & a & a\\ a+1 & 2 & 1\\ 3 & -2 & 0\end{vmatrix}=-(a+4)(2a-3)$.

所以,当 $a=-4$ 或 $a=\frac{3}{2}$ 时,$\boldsymbol{\alpha}_1,\boldsymbol{\alpha}_2,\boldsymbol{\alpha}_3$ 线性相关；

当 $a\neq-4$ 且 $a\neq\frac{3}{2}$ 时,$\boldsymbol{\alpha}_1,\boldsymbol{\alpha}_2,\boldsymbol{\alpha}_3$ 线性无关.

【2.19】 设 $\boldsymbol{\alpha}_1=(1,1,1)^T$，$\boldsymbol{\alpha}_2=(1,2,3)^T$，$\boldsymbol{\alpha}_3=(1,3,t)^T$.

试求:(1) t 为何值时,向量组 $\boldsymbol{\alpha}_1,\boldsymbol{\alpha}_2,\boldsymbol{\alpha}_3$ 线性相关？

(2) t 为何值时,向量组 $\boldsymbol{\alpha}_1,\boldsymbol{\alpha}_2,\boldsymbol{\alpha}_3$ 线性无关？

(3) 当向量组 $\boldsymbol{\alpha}_1,\boldsymbol{\alpha}_2,\boldsymbol{\alpha}_3$ 线性相关时,将 $\boldsymbol{\alpha}_3$ 表示为 $\boldsymbol{\alpha}_1$ 和 $\boldsymbol{\alpha}_2$ 的线性组合.

解法一 $|\boldsymbol{\alpha}_1,\boldsymbol{\alpha}_2,\boldsymbol{\alpha}_3|=\begin{vmatrix}1 & 1 & 1\\ 1 & 2 & 3\\ 1 & 3 & t\end{vmatrix}=t-5$,

所以,(1)当 $t=5$ 时,$\boldsymbol{\alpha}_1,\boldsymbol{\alpha}_2,\boldsymbol{\alpha}_3$ 线性相关；

(2)当 $t\neq5$ 时,$\boldsymbol{\alpha}_1,\boldsymbol{\alpha}_2,\boldsymbol{\alpha}_3$ 线性无关；

(3)当 $t=5$ 时,设 $\boldsymbol{\alpha}_3=x_1\boldsymbol{\alpha}_1+x_2\boldsymbol{\alpha}_2$,即有 $\begin{cases}x_1+x_2=1,\\ x_1+2x_2=3,\\ x_1+3x_2=5,\end{cases}$ 解得 $x_1=-1$, $x_2=2$,

于是有 $\boldsymbol{\alpha}_3=-\boldsymbol{\alpha}_1+2\boldsymbol{\alpha}_2$.

解法二 设有一组数 k_1,k_2,k_3,使得 $k_1\boldsymbol{\alpha}_1+k_2\boldsymbol{\alpha}_2+k_3\boldsymbol{\alpha}_3=\mathbf{0}$,即有方程组

$$\begin{cases}k_1+k_2+k_3=0,\\ k_1+2k_2+3k_3=0,\\ k_1+3k_2+tk_3=0.\end{cases}$$

此齐次方程组的系数行列式：

$$\begin{vmatrix}1 & 1 & 1\\ 1 & 2 & 3\\ 1 & 3 & t\end{vmatrix}=t-5,$$

则(1)当 $t-5=0$,即 $t=5$ 时,方程组有非零解,因此 $\boldsymbol{\alpha}_1,\boldsymbol{\alpha}_2,\boldsymbol{\alpha}_3$ 线性相关.

(2)当 $t-5\neq0$,即 $t\neq5$ 时,方程组仅有零解,$k_1=k_2=k_3=0$,故 $\boldsymbol{\alpha}_1,\boldsymbol{\alpha}_2,\boldsymbol{\alpha}_3$ 线性无关.

(3)同解法一.

点评：解法二采用定义的方法.

【2.20】 设 $\boldsymbol{A}$ 是四阶矩阵，且 $|\boldsymbol{A}|=0$，则 $\boldsymbol{A}$ 中______.

(A) 必有一列元素全为 0

(B) 必有两列元素对应成比例

(C) 必有一列向量是其余列向量的线性组合

(D) 任意一列向量是其余列向量的线性组合

解 因为 $|\boldsymbol{A}|=0$，所以 $\boldsymbol{A}$ 的列向量组线性相关，从而(C)正确.

故应选(C).

点评：任意矩阵既可看成行向量组排成的，也可看成是列向量组排成的. 故矩阵的问题与向量的问题有时可以相互转化.

【2.21】 证明：n 维列向量 $\boldsymbol{\alpha}_1,\boldsymbol{\alpha}_2,\cdots,\boldsymbol{\alpha}_n$ 线性无关的充分必要条件是：

$$D=\begin{vmatrix}\boldsymbol{\alpha}_1^T\boldsymbol{\alpha}_1 & \boldsymbol{\alpha}_1^T\boldsymbol{\alpha}_2 & \cdots & \boldsymbol{\alpha}_1^T\boldsymbol{\alpha}_n\\ \boldsymbol{\alpha}_2^T\boldsymbol{\alpha}_1 & \boldsymbol{\alpha}_2^T\boldsymbol{\alpha}_2 & \cdots & \boldsymbol{\alpha}_2^T\boldsymbol{\alpha}_n\\ \cdots & \cdots & \cdots & \cdots\\ \boldsymbol{\alpha}_n^T\boldsymbol{\alpha}_1 & \boldsymbol{\alpha}_n^T\boldsymbol{\alpha}_2 & \cdots & \boldsymbol{\alpha}_n^T\boldsymbol{\alpha}_n\end{vmatrix}\neq 0.$$

证 令 $\boldsymbol{A}=(\boldsymbol{\alpha}_1,\boldsymbol{\alpha}_2,\cdots,\boldsymbol{\alpha}_n)$，则

$$\boldsymbol{A}^T\boldsymbol{A}=\begin{bmatrix}\boldsymbol{\alpha}_1^T\\ \boldsymbol{\alpha}_2^T\\ \cdots\\ \boldsymbol{\alpha}_n^T\end{bmatrix}(\boldsymbol{\alpha}_1,\boldsymbol{\alpha}_2,\cdots,\boldsymbol{\alpha}_n)=\begin{bmatrix}\boldsymbol{\alpha}_1^T\boldsymbol{\alpha}_1 & \boldsymbol{\alpha}_1^T\boldsymbol{\alpha}_2 & \cdots & \boldsymbol{\alpha}_1^T\boldsymbol{\alpha}_n\\ \boldsymbol{\alpha}_2^T\boldsymbol{\alpha}_1 & \boldsymbol{\alpha}_2^T\boldsymbol{\alpha}_2 & \cdots & \boldsymbol{\alpha}_2^T\boldsymbol{\alpha}_n\\ \cdots & \cdots & \cdots & \cdots\\ \boldsymbol{\alpha}_n^T\boldsymbol{\alpha}_1 & \boldsymbol{\alpha}_n^T\boldsymbol{\alpha}_2 & \cdots & \boldsymbol{\alpha}_n^T\boldsymbol{\alpha}_n\end{bmatrix},$$

于是，$D=|\boldsymbol{A}^T\boldsymbol{A}|=|\boldsymbol{A}|^2$. 又 $\boldsymbol{\alpha}_1,\boldsymbol{\alpha}_2,\cdots,\boldsymbol{\alpha}_n$ 线性无关的充要条件是 $|\boldsymbol{A}|\neq 0$，即 $D=|\boldsymbol{A}|^2\neq 0$，所以得证.

题型 4：利用矩阵的秩判别向量的线性相关性

【2.22】 研究下列向量组是线性相关还是线性无关

$$\boldsymbol{\alpha}_1=\begin{bmatrix}1\\-2\\3\end{bmatrix},\quad \boldsymbol{\alpha}_2=\begin{bmatrix}0\\2\\-5\end{bmatrix},\quad \boldsymbol{\alpha}_3=\begin{bmatrix}-1\\0\\2\end{bmatrix}.$$

解 由题意得矩阵

$$\boldsymbol{A}=(\boldsymbol{\alpha}_1,\boldsymbol{\alpha}_2,\boldsymbol{\alpha}_3)=\begin{bmatrix}1 & 0 & -1\\ -2 & 2 & 0\\ 3 & -5 & 2\end{bmatrix}\to\begin{bmatrix}1 & 0 & -1\\ 0 & 2 & -2\\ 0 & 0 & 0\end{bmatrix},\qquad r(\boldsymbol{A})=2<3,$$

故向量组 $\boldsymbol{\alpha}_1,\boldsymbol{\alpha}_2,\boldsymbol{\alpha}_3$ 线性相关.

点评：利用常用结论(5)和(6)，即设有 m 个 n 维向量 $\boldsymbol{\alpha}_1,\boldsymbol{\alpha}_2,\cdots,\boldsymbol{\alpha}_m$ $(m\leqslant n)$，排成矩阵 $\boldsymbol{A}=(\boldsymbol{\alpha}_1,\boldsymbol{\alpha}_2,\cdots,\boldsymbol{\alpha}_m)$，当 $r(\boldsymbol{A})=m$ 时，$\boldsymbol{\alpha}_1,\boldsymbol{\alpha}_2,\cdots,\boldsymbol{\alpha}_m$ 线性无关，当 $r(\boldsymbol{A})<m$ 时，$\boldsymbol{\alpha}_1,\boldsymbol{\alpha}_2,\cdots,\boldsymbol{\alpha}_m$ 线性相关.

【2.23】 设 $\boldsymbol{A},\boldsymbol{B}$ 为满足 $\boldsymbol{AB}=\boldsymbol{0}$ 的任意两个非零矩阵，则必有______.

(A) $\boldsymbol{A}$ 的列向量组线性相关，$\boldsymbol{B}$ 的行向量组线性相关

(B) $\boldsymbol{A}$ 的列向量组线性相关，$\boldsymbol{B}$ 的列向量组线性相关

(C) $\boldsymbol{A}$ 的行向量组线性相关，$\boldsymbol{B}$ 的行向量组线性相关

(D) $\boldsymbol{A}$ 的行向量组线性相关，$\boldsymbol{B}$ 的列向量组线性相关

解法一 设 $\boldsymbol{A}$ 为 $m\times n$ 矩阵，$\boldsymbol{B}$ 为 $n\times s$ 矩阵. 由 $\boldsymbol{AB}=\boldsymbol{0}$ 知 $r(\boldsymbol{A})+r(\boldsymbol{B})\leqslant n$.

另一方面，由 $\boldsymbol{A},\boldsymbol{B}$ 非零知 $r(\boldsymbol{A})\geqslant 1$，$r(\boldsymbol{B})\geqslant 1$，从而 $r(\boldsymbol{A})\leqslant n-1$，$r(\boldsymbol{B})\leqslant n-1$，即 $\boldsymbol{A}$ 的列向量组线性相关，$\boldsymbol{B}$ 的行向量组线性相关.

故应选(A).

解法二 由 $\boldsymbol{AB}=\boldsymbol{0}$ 知，矩阵 $\boldsymbol{B}$ 的每一列均为线性方程组 $\boldsymbol{Ax}=\boldsymbol{0}$ 的解，而 $\boldsymbol{B}\neq\boldsymbol{0}$，即 $\boldsymbol{Ax}=\boldsymbol{0}$ 有非零解. 令 $\boldsymbol{A}=(\boldsymbol{\alpha}_1,\boldsymbol{\alpha}_2,\cdots,\boldsymbol{\alpha}_n)$，按列分块，则 $x_1\boldsymbol{\alpha}_1+\cdots+x_n\boldsymbol{\alpha}_n=\boldsymbol{0}$ 有非零解，故 $\boldsymbol{A}$ 的列向量组线性相关.

同理，由 $\boldsymbol{AB}=\boldsymbol{0}$ 得 $\boldsymbol{B}^T\boldsymbol{A}^T=\boldsymbol{0}$，与上述讨论类似可得 $\boldsymbol{B}^T$ 的列向量组线性相关，从而 $\boldsymbol{B}$ 的行向量组线性相关.

点评：解法一利用了矩阵的秩，解法二利用的是线性相关、无关的定义和线性方程组的相关理论. 注意与 $\boldsymbol{AB}=\boldsymbol{0}$ 有关的两个结论：

(1) $\boldsymbol{AB}=\boldsymbol{0}\Rightarrow r(\boldsymbol{A})+r(\boldsymbol{B})\leqslant n$;

(2) $\boldsymbol{AB}=\boldsymbol{0}\Rightarrow\boldsymbol{B}$ 的每个列向量均为 $\boldsymbol{Ax}=\boldsymbol{0}$ 的解.

【2.24】 设 $\boldsymbol{A}$ 是 $m\times n$ 矩阵，$\boldsymbol{B}$ 是 $n\times m$ 矩阵，$\boldsymbol{E}$ 是 n 阶单位矩阵($m>n$). 已知 $\boldsymbol{BA}=\boldsymbol{E}$，试判断 $\boldsymbol{A}$ 的列向量组是否线性相关？

解法一 由 $m>n$ 知，$r(\boldsymbol{A})\leqslant n$. 又 $\boldsymbol{BA}=\boldsymbol{E}$，从而 $r(\boldsymbol{A})\geqslant r(\boldsymbol{E})=n$.

所以 $r(\boldsymbol{A})=n$，即 $\boldsymbol{A}$ 的列向量组线性无关.

解法二 设 $\boldsymbol{A}=(\boldsymbol{\alpha}_1,\boldsymbol{\alpha}_2,\cdots,\boldsymbol{\alpha}_n)$，其中 $\boldsymbol{\alpha}_1,\boldsymbol{\alpha}_2,\cdots,\boldsymbol{\alpha}_n$ 为 m 维列向量.

设存在数 $k_1,k_2,\cdots,k_n$，使得 $k_1\boldsymbol{\alpha}_1+k_2\boldsymbol{\alpha}_2+\cdots+k_n\boldsymbol{\alpha}_n=\boldsymbol{0}$，即

$$(\boldsymbol{\alpha}_1,\boldsymbol{\alpha}_2,\cdots,\boldsymbol{\alpha}_n)\begin{bmatrix}k_1\\k_2\\\vdots\\k_n\end{bmatrix}=\boldsymbol{0},\quad 或\ \boldsymbol{A}\begin{bmatrix}k_1\\k_2\\\vdots\\k_n\end{bmatrix}=\boldsymbol{0}.$$

由于 $\boldsymbol{BA}=\boldsymbol{E}$，故将上式左乘矩阵 $\boldsymbol{B}$ 后，可得

$$\begin{bmatrix}k_1\\k_2\\\vdots\\k_n\end{bmatrix}=\boldsymbol{0},$$

即 $k_1=k_2=\cdots=k_n=0$.

因此矩阵 $\boldsymbol{A}$ 的列向量组线性无关.

点评：利用矩阵的秩来判别向量的线性相关性，需要熟练掌握并灵活运用与矩阵的秩有关的各种结论.

【2.25】 设有两个向量组

$$(\mathrm{I})\begin{cases}\boldsymbol{\alpha}_1=(a_{11},a_{12},\cdots,a_{1r}),\\ \boldsymbol{\alpha}_2=(a_{21},a_{22},\cdots,a_{2r}),\\ \cdots\cdots\cdots\cdots\cdots\\ \boldsymbol{\alpha}_m=(a_{m1},a_{m2},\cdots,a_{mr}),\end{cases}$$

$$(\mathrm{II})\begin{cases}\boldsymbol{\beta}_1=(a_{11},a_{12},\cdots,a_{1r},\cdots,a_{1,r+1},\cdots,a_{1n}),\\ \boldsymbol{\beta}_2=(a_{21},a_{22},\cdots,a_{2r},\cdots,a_{2,r+1},\cdots,a_{2n}),\\ \cdots\cdots\cdots\cdots\cdots\\ \boldsymbol{\beta}_m=(a_{m1},a_{m2},\cdots,a_{mr},\cdots,a_{m,r+1},\cdots,a_{mn}).\end{cases}$$

(1)证明如果 $\boldsymbol{\alpha}_1,\boldsymbol{\alpha}_2,\cdots,\boldsymbol{\alpha}_m$ 线性无关,则 $\boldsymbol{\beta}_1,\boldsymbol{\beta}_2,\cdots,\boldsymbol{\beta}_m$ 也线性无关.

(2)它们的逆是否成立？试举例说明.

(1)**证法一** 设 $\boldsymbol{A}=\begin{bmatrix}\boldsymbol{\alpha}_1\\ \boldsymbol{\alpha}_2\\ \vdots\\ \boldsymbol{\alpha}_m\end{bmatrix}=\begin{bmatrix}a_{11}&a_{12}&\cdots&a_{1r}\\ a_{21}&a_{22}&\cdots&a_{2r}\\ \cdots&\cdots&\cdots&\cdots\\ a_{m1}&a_{m2}&\cdots&a_{mr}\end{bmatrix}$,

$$\boldsymbol{B}=\begin{bmatrix}\boldsymbol{\beta}_1\\ \boldsymbol{\beta}_2\\ \vdots\\ \boldsymbol{\beta}_m\end{bmatrix}=\begin{bmatrix}a_{11}&a_{12}&\cdots&a_{1r}&a_{1,r+1}&\cdots&a_{1n}\\ a_{21}&a_{22}&\cdots&a_{2r}&a_{2,r+1}&\cdots&a_{2n}\\ \cdots&\cdots&\cdots&\cdots&\cdots&\cdots&\cdots\\ a_{m1}&a_{m2}&\cdots&a_{mr}&a_{m,r+1}&\cdots&a_{mn}\end{bmatrix},$$

则 $r(\boldsymbol{A})\leqslant r(\boldsymbol{B})\leqslant m$. 由向量组 $\boldsymbol{\alpha}_1,\boldsymbol{\alpha}_2,\cdots,\boldsymbol{\alpha}_m$ 线性无关知 $r(\boldsymbol{A})=m$,故 $r(\boldsymbol{B})=m$. 从而向量组 $\boldsymbol{\beta}_1,\boldsymbol{\beta}_2,\cdots,\boldsymbol{\beta}_m$ 线性无关.

证法二 利用线性方程组理论和线性无关的定义. 因为 $\boldsymbol{\alpha}_1,\boldsymbol{\alpha}_2,\cdots,\boldsymbol{\alpha}_m$ 线性无关,所以等式

$$x_1\boldsymbol{\alpha}_1+x_2\boldsymbol{\alpha}_2+\cdots+x_m\boldsymbol{\alpha}_m=\boldsymbol{0}$$

当且仅当 $x_1=x_2=\cdots=x_m=0$ 时成立.

也就是其对应的齐次线性方程组

$$\begin{cases}a_{11}x_1+a_{21}x_2+\cdots+a_{m1}x_m=0,\\ a_{12}x_1+a_{22}x_2+\cdots+a_{m2}x_m=0,\\ \cdots\cdots\cdots\cdots\cdots\\ a_{1r}x_1+a_{2r}x_2+\cdots+a_{mr}x_m=0\end{cases}\qquad ①$$

只有零解. 考虑向量组 $\boldsymbol{\beta}_1,\boldsymbol{\beta}_2,\cdots,\boldsymbol{\beta}_m$ 对应的齐次线性方程组

$$\begin{cases}a_{11}x_1+a_{21}x_2+\cdots+a_{m1}x_m=0,\\ \cdots\cdots\cdots\cdots\cdots\cdots\cdots\\ a_{1r}x_1+a_{2r}x_2+\cdots+a_{mr}x_m=0,\\ a_{1,r+1}x_1+a_{2,r+1}x_2+\cdots+a_{m,r+1}x_m=0,\\ \cdots\cdots\cdots\cdots\cdots\cdots\cdots\\ a_{1n}x_1+a_{2n}x_2+\cdots+a_{mn}x_m=0,\end{cases}\qquad ②$$

显然方程组②的每一组解都是方程组①的解. 既然方程组①只有零解,所以方程组②也只有零解,从而向量组 $\boldsymbol{\beta}_1,\boldsymbol{\beta}_2,\cdots,\boldsymbol{\beta}_m$ 线性无关.

(2)若 $\boldsymbol{\beta}_1,\boldsymbol{\beta}_2,\cdots,\boldsymbol{\beta}_m$ 线性无关,不能保证 $\boldsymbol{\alpha}_1,\boldsymbol{\alpha}_2,\cdots,\boldsymbol{\alpha}_m$ 线性无关,例 $\boldsymbol{\beta}_1=(0,0,1,0)$,$\boldsymbol{\beta}_2=(0,0,0,1)$,如果取 $\boldsymbol{\alpha}_1=(0,0)$,$\boldsymbol{\alpha}_2=(0,0)$,则显然 $\boldsymbol{\alpha}_1,\boldsymbol{\alpha}_2$ 线性相关.

【2.26】 设 $\boldsymbol{\alpha}_1,\boldsymbol{\alpha}_2,\cdots,\boldsymbol{\alpha}_s$ 均为 n 维列向量,$\boldsymbol{A}$ 是 $m\times n$ 矩阵,下列选项正确的是______.

(A)若 $\boldsymbol{\alpha}_1,\boldsymbol{\alpha}_2,\cdots,\boldsymbol{\alpha}_s$ 线性相关,则 $\boldsymbol{A\alpha}_1,\boldsymbol{A\alpha}_2,\cdots,\boldsymbol{A\alpha}_s$ 线性相关

(B)若 $\boldsymbol{\alpha}_1,\boldsymbol{\alpha}_2,\cdots,\boldsymbol{\alpha}_s$ 线性相关,则 $\boldsymbol{A\alpha}_1,\boldsymbol{A\alpha}_2,\cdots,\boldsymbol{A\alpha}_s$ 线性无关

(C)若 $\boldsymbol{\alpha}_1,\boldsymbol{\alpha}_2,\cdots,\boldsymbol{\alpha}_s$ 线性无关,则 $\boldsymbol{A\alpha}_1,\boldsymbol{A\alpha}_2,\cdots,\boldsymbol{A\alpha}_s$ 线性相关

(D)若 $\boldsymbol{\alpha}_1,\boldsymbol{\alpha}_2,\cdots,\boldsymbol{\alpha}_s$ 线性无关,则 $\boldsymbol{A\alpha}_1,\boldsymbol{A\alpha}_2,\cdots,\boldsymbol{A\alpha}_s$ 线性无关

解 $\boldsymbol{B}=(\boldsymbol{A\alpha}_1,\boldsymbol{A\alpha}_2,\cdots,\boldsymbol{A\alpha}_s)=\boldsymbol{A}(\boldsymbol{\alpha}_1,\boldsymbol{\alpha}_2,\cdots,\boldsymbol{\alpha}_s)=\boldsymbol{AC}$,由 $\boldsymbol{B}=\boldsymbol{AC}$ 知,$r(\boldsymbol{B})\leqslant\min\{r(\boldsymbol{A}),r(\boldsymbol{C})\}$,也即 $r(\boldsymbol{B})\leqslant r(\boldsymbol{C})$.

若 $\boldsymbol{\alpha}_1,\boldsymbol{\alpha}_2,\cdots,\boldsymbol{\alpha}_s$ 线性相关,则 $r(\boldsymbol{C})<s$,从而 $r(\boldsymbol{B})\leqslant r(\boldsymbol{C})<s$,即向量组 $\boldsymbol{A\alpha}_1,\boldsymbol{A\alpha}_2,\cdots,\boldsymbol{A\alpha}_s$ 线性相关.

故应选(A).

点评:本题为 2006 年考研真题.

【2.27】 设 n 维向量组(Ⅰ)$\boldsymbol{\alpha}_1,\boldsymbol{\alpha}_2,\cdots,\boldsymbol{\alpha}_s$ 线性无关,且(Ⅱ)$\boldsymbol{\beta}_1,\boldsymbol{\beta}_2,\cdots,\boldsymbol{\beta}_t$ 可由(Ⅰ)线性表示,即有 $s\times t$ 矩阵 $\boldsymbol{C}$,使得

$$(\boldsymbol{\beta}_1,\boldsymbol{\beta}_2,\cdots,\boldsymbol{\beta}_t)=(\boldsymbol{\alpha}_1,\boldsymbol{\alpha}_2,\cdots,\boldsymbol{\alpha}_s)\ \boldsymbol{C}$$

则以 $\boldsymbol{\beta}_1,\boldsymbol{\beta}_2,\cdots,\boldsymbol{\beta}_t$ 为列向量排成的矩阵与矩阵 $\boldsymbol{C}$ 有相同的秩.我们称 $\boldsymbol{C}$ 为向量组 $\boldsymbol{\beta}_1,\boldsymbol{\beta}_2,\cdots,\boldsymbol{\beta}_t$ 对于 $\boldsymbol{\alpha}_1,\boldsymbol{\alpha}_2,\cdots,\boldsymbol{\alpha}_s$ 的表示矩阵.

证 令 $\boldsymbol{A}=(\boldsymbol{\alpha}_1,\boldsymbol{\alpha}_2,\cdots,\boldsymbol{\alpha}_s)$,$\boldsymbol{B}=(\boldsymbol{\beta}_1,\boldsymbol{\beta}_2,\cdots,\boldsymbol{\beta}_t)$,则有 $\boldsymbol{B}_{n\times t}=\boldsymbol{A}_{n\times s}\boldsymbol{C}_{s\times t}$.

于是:$r(\boldsymbol{B})\leqslant\min\{r(\boldsymbol{A}),r(\boldsymbol{C})\}\leqslant r(\boldsymbol{C})$.

另一方面,由 $\boldsymbol{\alpha}_1,\boldsymbol{\alpha}_2,\cdots,\boldsymbol{\alpha}_s$ 线性无关知,$r(\boldsymbol{A})=s$,从而存在可逆矩阵 $\boldsymbol{P},\boldsymbol{Q}$ 使得

$$\boldsymbol{A}=\boldsymbol{P}\begin{bmatrix}\boldsymbol{E}_s\\ \boldsymbol{0}\end{bmatrix}\boldsymbol{Q},$$

其中 $\boldsymbol{E}_s$ 为 s 阶单位阵.令 $\boldsymbol{D}=\boldsymbol{Q}^{-1}(\boldsymbol{E}_s,\boldsymbol{0})\boldsymbol{P}^{-1}$,则有

$$\boldsymbol{DB}=\boldsymbol{Q}^{-1}(\boldsymbol{E}_s,\boldsymbol{0})\boldsymbol{P}^{-1}\boldsymbol{P}\begin{bmatrix}\boldsymbol{E}_s\\ \boldsymbol{0}\end{bmatrix}\boldsymbol{Q}\,\boldsymbol{C}=\boldsymbol{E}_s\boldsymbol{C}=\boldsymbol{C}.$$

从而 $r(\boldsymbol{C})\leqslant\min\{r(\boldsymbol{D}),r(\boldsymbol{B})\}\leqslant r(\boldsymbol{B})$.所以,$r(\boldsymbol{B})=r(\boldsymbol{C})$.

点评:已知向量组(Ⅰ)线性无关且向量组(Ⅱ)可由(Ⅰ)线性表示,要判别(Ⅱ)的线性相关性,一种方法是我们最熟悉的定义法,另一种常用方法便是根据本题的结论,利用表示矩阵的秩来判别.

【2.28】 设 $\boldsymbol{\alpha}_1,\boldsymbol{\alpha}_2,\boldsymbol{\alpha}_3,\boldsymbol{\alpha}_4$ 线性无关,判断下列向量组的线性相关性:

(1)$\boldsymbol{\alpha}_1+\boldsymbol{\alpha}_2+\boldsymbol{\alpha}_3$, $\boldsymbol{\alpha}_2+\boldsymbol{\alpha}_3+\boldsymbol{\alpha}_4$, $\boldsymbol{\alpha}_3+\boldsymbol{\alpha}_4+\boldsymbol{\alpha}_1$, $\boldsymbol{\alpha}_4+\boldsymbol{\alpha}_1+\boldsymbol{\alpha}_2$;

(2)$\boldsymbol{\alpha}_1-\boldsymbol{\alpha}_2$, $\boldsymbol{\alpha}_2-\boldsymbol{\alpha}_3$, $\boldsymbol{\alpha}_3-\boldsymbol{\alpha}_1$;

(3)$\boldsymbol{\alpha}_1+\boldsymbol{\alpha}_2$, $\boldsymbol{\alpha}_1+\boldsymbol{\alpha}_3$, $\boldsymbol{\alpha}_1+\boldsymbol{\alpha}_4$, $\boldsymbol{\alpha}_2+\boldsymbol{\alpha}_3$, $\boldsymbol{\alpha}_2+\boldsymbol{\alpha}_4$.

解 (1)向量组 $\boldsymbol{\alpha}_1+\boldsymbol{\alpha}_2+\boldsymbol{\alpha}_3,\boldsymbol{\alpha}_2+\boldsymbol{\alpha}_3+\boldsymbol{\alpha}_4,\boldsymbol{\alpha}_3+\boldsymbol{\alpha}_4+\boldsymbol{\alpha}_1,\boldsymbol{\alpha}_4+\boldsymbol{\alpha}_1+\boldsymbol{\alpha}_2$ 对于 $\boldsymbol{\alpha}_1,\boldsymbol{\alpha}_2,\boldsymbol{\alpha}_3,\boldsymbol{\alpha}_4$ 的表示矩阵为

$$C=\begin{bmatrix}1&0&1&1\\1&1&0&1\\1&1&1&0\\0&1&1&1\end{bmatrix},$$

即$(\boldsymbol{\alpha}_1+\boldsymbol{\alpha}_2+\boldsymbol{\alpha}_3,\boldsymbol{\alpha}_2+\boldsymbol{\alpha}_3+\boldsymbol{\alpha}_4,\boldsymbol{\alpha}_3+\boldsymbol{\alpha}_4+\boldsymbol{\alpha}_1,\boldsymbol{\alpha}_4+\boldsymbol{\alpha}_1+\boldsymbol{\alpha}_2)=(\boldsymbol{\alpha}_1,\boldsymbol{\alpha}_2,\boldsymbol{\alpha}_3,\boldsymbol{\alpha}_4)\boldsymbol{C}$,

于是 $r(\boldsymbol{\alpha}_1+\boldsymbol{\alpha}_2+\boldsymbol{\alpha}_3,\boldsymbol{\alpha}_2+\boldsymbol{\alpha}_3+\boldsymbol{\alpha}_4,\boldsymbol{\alpha}_3+\boldsymbol{\alpha}_4+\boldsymbol{\alpha}_1,\boldsymbol{\alpha}_4+\boldsymbol{\alpha}_1+\boldsymbol{\alpha}_2)=r(\boldsymbol{C})$.

因为$|\boldsymbol{C}|\neq 0$,所以 $r(\boldsymbol{C})=4$. 所以(1)中向量组是线性无关的.

(2)用同法解,本题向量组对于 $\boldsymbol{\alpha}_1,\boldsymbol{\alpha}_2,\boldsymbol{\alpha}_3,\boldsymbol{\alpha}_4$ 的表示矩阵为

$$\begin{bmatrix}1&0&1\\-1&1&0\\0&-1&1\\0&0&0\end{bmatrix},$$

其秩为 2,于是此向量组线性相关.

(3)也可用同法做. 但本题向量组是 5 个向量,它们可用 $\boldsymbol{\alpha}_1,\boldsymbol{\alpha}_2,\boldsymbol{\alpha}_3,\boldsymbol{\alpha}_4$ 这 4 个向量线性表示,则一定线性相关.

【2.29】 已知向量组 $\boldsymbol{\alpha}_1,\boldsymbol{\alpha}_2,\cdots,\boldsymbol{\alpha}_s(s\geqslant 2)$线性无关,设

$$\boldsymbol{\beta}_1=\boldsymbol{\alpha}_1+\boldsymbol{\alpha}_2,\boldsymbol{\beta}_2=\boldsymbol{\alpha}_2+\boldsymbol{\alpha}_3,\cdots,\boldsymbol{\beta}_{s-1}=\boldsymbol{\alpha}_{s-1}+\boldsymbol{\alpha}_s,\boldsymbol{\beta}_s=\boldsymbol{\alpha}_s+\boldsymbol{\alpha}_1.$$

试讨论向量组 $\boldsymbol{\beta}_1,\boldsymbol{\beta}_2,\cdots,\boldsymbol{\beta}_s$ 的线性相关性.

解法一 设有一组数 $x_1,x_2,\cdots,x_s$,使得:$x_1\boldsymbol{\beta}_1+x_2\boldsymbol{\beta}_2+\cdots+x_s\boldsymbol{\beta}_s=\boldsymbol{0}$,则由已知条件有

$$(x_s+x_1)\boldsymbol{\alpha}_1+(x_1+x_2)\boldsymbol{\alpha}_2+\cdots+(x_{s-1}+x_s)\boldsymbol{\alpha}_s=\boldsymbol{0}.$$

由于 $\boldsymbol{\alpha}_1,\boldsymbol{\alpha}_2,\cdots,\boldsymbol{\alpha}_s$ 线性无关,故有齐次线性方程组

$$\begin{cases}x_1+x_s=0,\\x_1+x_2=0,\\\cdots\cdots\cdots\cdots\\x_{s-1}+x_s=0.\end{cases}$$

该方程组的系数行列式为

$$D=\begin{vmatrix}1&0&0&\cdots&0&1\\1&1&0&\cdots&0&0\\0&1&1&\cdots&0&0\\\cdots&\cdots&\cdots&\cdots&\cdots&\cdots\\0&0&0&\cdots&1&1\end{vmatrix}=1+(-1)^{s+1}=\begin{cases}2,\ s\text{ 为奇数};\\0,\ s\text{ 为偶数}.\end{cases}$$

因此,当 s 为奇数时,齐次线性方程组仅有零解 $x_1=x_2=\cdots=x_s=0$,向量组 $\boldsymbol{\beta}_1,\boldsymbol{\beta}_2,\cdots,\boldsymbol{\beta}_s$ 线性无关;当 s 为偶数时,齐次线性方程组有非零解,向量组 $\boldsymbol{\beta}_1,\boldsymbol{\beta}_2,\cdots,\boldsymbol{\beta}_s$ 线性相关.

解法二 设两个向量组均为行向量组,记

$$\boldsymbol{A}=(\boldsymbol{\alpha}_1^T,\boldsymbol{\alpha}_2^T,\cdots,\boldsymbol{\alpha}_s^T),\qquad \boldsymbol{B}=(\boldsymbol{\beta}_1^T,\boldsymbol{\beta}_2^T,\cdots,\boldsymbol{\beta}_s^T).$$

则有等式 $\boldsymbol{B}=\boldsymbol{AC}$,其中矩阵 $\boldsymbol{C}$ 为

$$C=\begin{bmatrix}1&0&0&\cdots&0&1\\1&1&0&\cdots&0&0\\0&1&1&\cdots&0&0\\\cdots&\cdots&\cdots&\cdots&\cdots&\cdots\\0&0&0&\cdots&1&1\end{bmatrix},\quad 且|C|=1+(-1)^{s+1}.$$

于是，当 s 为奇数时，$|C|=2\neq 0$，有 $r(B)=r(AC)=r(C)=s$，故 $\beta_1,\beta_2,\cdots,\beta_s$ 线性无关；

当 s 为偶数时，$|C|=0$，有 $r(B)=r(AC)=r(C)<s$，故 $\beta_1,\beta_2,\cdots,\beta_s$ 线性相关.

点评：解法一利用定义，解法二利用矩阵的秩.

【2.30】 已知 n 维列向量组 $\alpha_1,\alpha_2,\cdots,\alpha_s(2\leqslant s\leqslant n)$ 线性无关，$k_1,k_2,\cdots,k_{s-1}$ 是任意 $s-1$ 个数，证明向量组 $\alpha_1+k_1\alpha_2,\alpha_2+k_2\alpha_3,\cdots,\alpha_{s-1}+k_{s-1}\alpha_s,\alpha_s$ 也线性无关.

证 记矩阵 $A=(\alpha_1,\alpha_2,\cdots,\alpha_{s-1},\alpha_s)$，矩阵 $B=(\alpha_1+k_1\alpha_2,\alpha_2+k_2\alpha_3,\cdots,\alpha_{s-1}+k_{s-1}\alpha_s,\alpha_s)$，于是

$$B=A\begin{bmatrix}1&0&0&\cdots&0&0\\k_1&1&0&\cdots&0&0\\0&k_2&1&\cdots&0&0\\\vdots&\vdots&\vdots&\vdots&&\vdots\\0&0&0&\cdots&k_{s-1}&1\end{bmatrix}.$$

因为向量组 $\alpha_1,\alpha_2,\cdots,\alpha_s$ 线性无关，所以 $r(A)=s$. 又矩阵

$$\begin{bmatrix}1&0&0&\cdots&0&0\\k_1&1&0&\cdots&0&0\\0&k_2&1&\cdots&0&0\\\vdots&\vdots&\vdots&\vdots&&\vdots\\0&0&0&\cdots&k_{s-1}&1\end{bmatrix}$$

是可逆矩阵，因此 $r(B)=r(A)=s$.

故向量组 $\alpha_1+k_1\alpha_2,\alpha_2+k_2\alpha_3,\cdots,\alpha_{s-1}+k_{s-1}\alpha_s,\alpha_s$ 线性无关.

题型 5：反证法判别向量的线性关系

【2.31】 设 β 可由 $\alpha_1,\alpha_2,\cdots,\alpha_m$ 线性表示，试证表达式唯一的充要条件是 $\alpha_1,\alpha_2,\cdots,\alpha_m$ 线性无关.

证 必要性：设

$$\beta=k_1\alpha_1+k_2\alpha_2+\cdots+k_m\alpha_m. \tag{1}$$

若表达式唯一，假设 $\alpha_1,\alpha_2,\cdots,\alpha_m$ 线性相关，则由向量组线性相关定义知，存在一组不全为零的数 $\lambda_1,\lambda_2,\cdots,\lambda_m$，使得

$$\lambda_1\alpha_1+\lambda_2\alpha_2+\cdots+\lambda_m\alpha_m=\mathbf{0}. \tag{2}$$

由(1)、(2)式得：

$$\beta=(k_1-\lambda_1)\alpha_1+(k_2-\lambda_2)\alpha_2+\cdots+(k_m-\lambda_m)\alpha_m. \tag{3}$$

因为 $\lambda_1,\lambda_2,\cdots,\lambda_m$ 不全为零，所以(1)式与(3)式的系数不全对应相等，这说明 β 可由 $\alpha_1,\alpha_2,\cdots,\alpha_m$ 线性表示，但表达式不唯一；与已知表达式唯一矛盾，故 $\alpha_1,\alpha_2,\cdots,\alpha_m$ 线性无关.

充分性：设 $\boldsymbol{\alpha}_1,\boldsymbol{\alpha}_2,\cdots,\boldsymbol{\alpha}_m$ 线性无关.

假设 $\boldsymbol{\beta}$ 可由 $\boldsymbol{\alpha}_1,\boldsymbol{\alpha}_2,\cdots,\boldsymbol{\alpha}_m$ 线性表示，但表达式不唯一，即

$$\boldsymbol{\beta}=k_1\boldsymbol{\alpha}_1+k_2\boldsymbol{\alpha}_2+\cdots+k_m\boldsymbol{\alpha}_m,\quad \boldsymbol{\beta}=\lambda_1\boldsymbol{\alpha}_1+\lambda_2\boldsymbol{\alpha}_2+\cdots+\lambda_m\boldsymbol{\alpha}_m$$

为两种不同表达式，两式相减得：

$$(k_1-\lambda_1)\boldsymbol{\alpha}_1+(k_2-\lambda_2)\boldsymbol{\alpha}_2+\cdots+(k_i-\lambda_i)\boldsymbol{\alpha}_i+\cdots+(k_m-\lambda_m)\boldsymbol{\alpha}_m=\boldsymbol{0}.$$

所以 $(k_1-\lambda_1),(k_2-\lambda_2),\cdots,(k_m-\lambda_m)$ 不全为零，$\boldsymbol{\alpha}_1,\boldsymbol{\alpha}_2,\cdots,\boldsymbol{\alpha}_m$ 必线性相关，与已知条件矛盾.

故 $\boldsymbol{\beta}$ 可由 $\boldsymbol{\alpha}_1,\boldsymbol{\alpha}_2,\cdots,\boldsymbol{\alpha}_m$ 线性表示，且表达式是唯一的.

【2.32】 设向量 $\boldsymbol{\alpha}_1\neq\boldsymbol{0}$，证明：向量组 $\boldsymbol{\alpha}_1,\boldsymbol{\alpha}_2,\cdots,\boldsymbol{\alpha}_m(m\geqslant 2)$ 线性无关的充分必要条件是每个向量 $\boldsymbol{\alpha}_i$ 都不能由 $\boldsymbol{\alpha}_1,\boldsymbol{\alpha}_2,\cdots,\boldsymbol{\alpha}_{i-1}$ 线性表示 $(i=2,3,\cdots,m)$.

证 必要性：用反证法. 如果有某向量 $\boldsymbol{\alpha}_i$，可由 $\boldsymbol{\alpha}_1,\boldsymbol{\alpha}_2,\cdots,\boldsymbol{\alpha}_{i-1}$ 线性表示，则向量组 $\boldsymbol{\alpha}_1,\boldsymbol{\alpha}_2,\cdots,\boldsymbol{\alpha}_i$ 线性相关，从而整体组 $\boldsymbol{\alpha}_1,\boldsymbol{\alpha}_2,\cdots,\boldsymbol{\alpha}_m$ 线性相关，这与必要性的条件 $\boldsymbol{\alpha}_1,\boldsymbol{\alpha}_2,\cdots,\boldsymbol{\alpha}_m$ 线性无关矛盾，故 $\boldsymbol{\alpha}_i$ 不能由 $\boldsymbol{\alpha}_1,\boldsymbol{\alpha}_2,\cdots,\boldsymbol{\alpha}_{i-1}$ 线性表示.

充分性：设 $\boldsymbol{\alpha}_i$ 不能由 $\boldsymbol{\alpha}_1,\boldsymbol{\alpha}_2,\cdots,\boldsymbol{\alpha}_{i-1}$ 线性表示 $(i=2,3,\cdots,m)$，我们来证 $\boldsymbol{\alpha}_1,\boldsymbol{\alpha}_2,\cdots,\boldsymbol{\alpha}_m$ 线性无关.

设有一组数 $k_1,k_2,\cdots,k_m$，使得

$$k_1\boldsymbol{\alpha}_1+k_2\boldsymbol{\alpha}_2+\cdots+k_m\boldsymbol{\alpha}_m=\boldsymbol{0},$$

则必有 $k_m=0$，否则 $k_m\neq 0$，则由上式可得 $\boldsymbol{\alpha}_m$ 可由 $\boldsymbol{\alpha}_1,\boldsymbol{\alpha}_2,\cdots,\boldsymbol{\alpha}_{m-1}$ 线性表示：

$$\boldsymbol{\alpha}_m=-\frac{k_1}{k_m}\boldsymbol{\alpha}_1-\frac{k_2}{k_m}\boldsymbol{\alpha}_2-\cdots-\frac{k_{m-1}}{k_m}\boldsymbol{\alpha}_{m-1},$$

这与充分性的条件矛盾，因此必有 $k_m=0$. 于是有

$$k_1\boldsymbol{\alpha}_1+k_2\boldsymbol{\alpha}_2+\cdots+k_{m-1}\boldsymbol{\alpha}_{m-1}=\boldsymbol{0},$$

同理可证 $k_{m-1}=0,\cdots,k_2=0$，因此得 $k_1\boldsymbol{\alpha}_1=\boldsymbol{0}$.

又 $\boldsymbol{\alpha}_1\neq\boldsymbol{0}$，故得 $k_1=0$. 所以，向量组 $\boldsymbol{\alpha}_1,\boldsymbol{\alpha}_2,\cdots,\boldsymbol{\alpha}_m$ 线性无关.

【2.33】 已知 n 维向量组 $\boldsymbol{\alpha}_1,\boldsymbol{\alpha}_2,\cdots,\boldsymbol{\alpha}_s(s\leqslant n)$ 线性无关，$\boldsymbol{\beta}$ 是任意 n 维向量，证明向量组 $\boldsymbol{\beta},\boldsymbol{\alpha}_1,\cdots,\boldsymbol{\alpha}_s$ 中至多有一个向量能由其前面的向量线性表示.

证 假设向量组 $\boldsymbol{\beta},\boldsymbol{\alpha}_1,\cdots,\boldsymbol{\alpha}_s$ 中有两个向量 $\boldsymbol{\alpha}_i$ 和 $\boldsymbol{\alpha}_j(1\leqslant i<j\leqslant s)$ 可由其前面的向量线性表示：

$$\boldsymbol{\alpha}_i=k\boldsymbol{\beta}+k_1\boldsymbol{\alpha}_1+\cdots+k_{i-1}\boldsymbol{\alpha}_{i-1},\quad ①$$

$$\boldsymbol{\alpha}_j=l\boldsymbol{\beta}+l_1\boldsymbol{\alpha}_1+\cdots+l_{j-1}\boldsymbol{\alpha}_{j-1}.\quad ②$$

下证 $k\neq 0$. 若 $k=0$，则由①式可得 $\boldsymbol{\alpha}_i=k_1\boldsymbol{\alpha}_1+\cdots+k_{i-1}\boldsymbol{\alpha}_{i-1}$，从而 $\boldsymbol{\alpha}_1,\cdots,\boldsymbol{\alpha}_{i-1},\boldsymbol{\alpha}_i$ 线性相关，所以 $\boldsymbol{\alpha}_1,\cdots,\boldsymbol{\alpha}_i,\cdots,\boldsymbol{\alpha}_s$ 线性相关，矛盾，所以 $k\neq 0$.

因为 $k\neq 0$，所以由①式得

$$\boldsymbol{\beta}=\left(-\frac{k_1}{k}\boldsymbol{\alpha}_1\right)+\cdots+\left(-\frac{k_{i-1}}{k}\boldsymbol{\alpha}_{i-1}\right)+\frac{1}{k}\boldsymbol{\alpha}_i,$$

代入②式可知 $\boldsymbol{\alpha}_j$ 能由 $\boldsymbol{\alpha}_1,\cdots,\boldsymbol{\alpha}_{j-1}$ 线性表示，所以 $\boldsymbol{\alpha}_1,\cdots,\boldsymbol{\alpha}_{j-1},\boldsymbol{\alpha}_j$ 线性相关，从而 $\boldsymbol{\alpha}_1,\boldsymbol{\alpha}_2,\cdots,\boldsymbol{\alpha}_s$ 线性相关，矛盾，所以向量组 $\boldsymbol{\beta},\boldsymbol{\alpha}_1,\cdots,\boldsymbol{\alpha}_s$ 中至多有一个向量能由其前面的向量线性表示.

题型 6：利用向量的线性关系求参数

【2.34】 已知向量组 $\boldsymbol{\alpha}_1=(1,1,2)^T,\boldsymbol{\alpha}_2=(3,t,1)^T,\boldsymbol{\alpha}_3=(0,2,-t)^T$ 线性相关，求 t 的值.

解 由于 $\boldsymbol{\alpha}_1,\boldsymbol{\alpha}_2,\boldsymbol{\alpha}_3$ 线性相关，故行列式

$$|\boldsymbol{\alpha}_1,\boldsymbol{\alpha}_2,\boldsymbol{\alpha}_3|=\begin{vmatrix}1&3&0\\1&t&2\\2&1&-t\end{vmatrix}=-t^2+3t+10=0,$$

解得 $t=5$ 或 $t=-2$.

【2.35】 已知向量组 $\boldsymbol{\alpha}_1=(1,1,2,1)^T,\boldsymbol{\alpha}_2=(1,0,0,2)^T,\boldsymbol{\alpha}_3=(-1,-4,-8,k)^T$ 线性相关，求 k.

解 对矩阵 $\mathbf{A}=(\boldsymbol{\alpha}_1,\boldsymbol{\alpha}_2,\boldsymbol{\alpha}_3)$ 施以初等行变换：

$$\mathbf{A}=\begin{bmatrix}1&1&-1\\1&0&-4\\2&0&-8\\1&2&k\end{bmatrix}\to\begin{bmatrix}1&1&-1\\0&-1&-3\\0&-2&-6\\0&1&k+1\end{bmatrix}\to\begin{bmatrix}1&1&-1\\0&-1&-3\\0&0&k-2\\0&0&0\end{bmatrix},$$

因向量组 $\boldsymbol{\alpha}_1,\boldsymbol{\alpha}_2,\boldsymbol{\alpha}_3$ 线性相关，所以 $r(\mathbf{A})<3$，故 $k=2$.

【2.36】 已知 $\boldsymbol{\alpha}_1,\boldsymbol{\alpha}_2,\boldsymbol{\alpha}_3$ 线性无关，若 $\boldsymbol{\alpha}_1+2\boldsymbol{\alpha}_2,2\boldsymbol{\alpha}_2+a\boldsymbol{\alpha}_3,3\boldsymbol{\alpha}_3+2\boldsymbol{\alpha}_1$ 线性相关，求 a 的值.

解 由于 $\boldsymbol{\alpha}_1+2\boldsymbol{\alpha}_2,2\boldsymbol{\alpha}_2+a\boldsymbol{\alpha}_3,3\boldsymbol{\alpha}_3+2\boldsymbol{\alpha}_1$ 线性相关，所以有不全为零的 x_1,x_2,x_3 使

$$x_1(\boldsymbol{\alpha}_1+2\boldsymbol{\alpha}_2)+x_2(2\boldsymbol{\alpha}_2+a\boldsymbol{\alpha}_3)+x_3(3\boldsymbol{\alpha}_3+2\boldsymbol{\alpha}_1)=\mathbf{0}.$$

整理得：

$$(x_1+2x_3)\boldsymbol{\alpha}_1+(2x_1+2x_2)\boldsymbol{\alpha}_2+(ax_2+3x_3)\boldsymbol{\alpha}_3=\mathbf{0}.$$

因为 $\boldsymbol{\alpha}_1,\boldsymbol{\alpha}_2,\boldsymbol{\alpha}_3$ 线性无关，从而有齐次线性方程组

$$\begin{cases}x_1+2x_3=0,\\2x_1+2x_2=0,\\ax_2+3x_3=0.\end{cases}$$

由于 x_1,x_2,x_3 不全为零，从而齐次线性方程组有非零解，系数行列式必为零，即

$$\begin{vmatrix}1&0&2\\2&2&0\\0&a&3\end{vmatrix}=6+4a=0,$$

所以 $a=-\dfrac{3}{2}$.

【2.37】 若向量组 $\boldsymbol{\alpha}_1,\boldsymbol{\alpha}_2,\boldsymbol{\alpha}_3$ 线性无关，当常数 l,m 满足______时，向量组 $l\boldsymbol{\alpha}_2-\boldsymbol{\alpha}_1,m\boldsymbol{\alpha}_3-\boldsymbol{\alpha}_2,\boldsymbol{\alpha}_1-\boldsymbol{\alpha}_3$ 是线性无关的.

解 设有一组数 k_1,k_2,k_3，使得

$$k_1(l\boldsymbol{\alpha}_2-\boldsymbol{\alpha}_1)+k_2(m\boldsymbol{\alpha}_3-\boldsymbol{\alpha}_2)+k_3(\boldsymbol{\alpha}_1-\boldsymbol{\alpha}_3)=\mathbf{0},$$

即

$$(-k_1+k_3)\boldsymbol{\alpha}_1+(k_1l-k_2)\boldsymbol{\alpha}_2+(k_2m-k_3)\boldsymbol{\alpha}_3=\mathbf{0}.$$

因 $\boldsymbol{\alpha}_1,\boldsymbol{\alpha}_2,\boldsymbol{\alpha}_3$ 线性无关，故有

$$\begin{cases}-k_1+k_3=0,\\lk_1-k_2=0,\\mk_2-k_3=0.\end{cases}$$

所以，当

$$\begin{vmatrix} -1 & 0 & 1 \\ l & -1 & 0 \\ 0 & m & -1 \end{vmatrix} = lm-1 \neq 0,$$

即 $lm\neq 1$ 时，上述方程组只有零解 $k_1=k_2=k_3=0$，这时向量组 $l\boldsymbol{\alpha}_2-\boldsymbol{\alpha}_1, m\boldsymbol{\alpha}_3-\boldsymbol{\alpha}_2, \boldsymbol{\alpha}_1-\boldsymbol{\alpha}_3$ 线性无关.

故应填 $lm\neq 1$.

【2.38】 设 $\boldsymbol{A}=\begin{bmatrix} -2 & 1 & 3 \\ 1 & 1 & 0 \\ -4 & 1 & t \end{bmatrix}$，三维向量 $\boldsymbol{\alpha}_1, \boldsymbol{\alpha}_2$ 线性无关，$\boldsymbol{A\alpha}_1, \boldsymbol{A\alpha}_2$ 线性相关，则 $t=$______.

解 由线性相关的定义，存在不全为零的数 k_1, k_2，使

$$k_1(\boldsymbol{A\alpha}_1)+k_2(\boldsymbol{A\alpha}_2)=\boldsymbol{0},$$

即

$$\boldsymbol{A}(k_1\boldsymbol{\alpha}_1+k_2\boldsymbol{\alpha}_2)=\boldsymbol{0}.$$

由 $\boldsymbol{\alpha}_1, \boldsymbol{\alpha}_2$ 线性无关，k_1, k_2 不全为零知，$k_1\boldsymbol{\alpha}_1+k_2\boldsymbol{\alpha}_2\neq\boldsymbol{0}$. 于是 $\boldsymbol{A}$ 不可逆（否则，若 $\boldsymbol{A}$ 可逆，上式两端同乘 $\boldsymbol{A}^{-1}$ 得 $k_1\boldsymbol{\alpha}_1+k_2\boldsymbol{\alpha}_2=\boldsymbol{0}$）.

从而 $$|\boldsymbol{A}|=\begin{vmatrix} -2 & 1 & 3 \\ 1 & 1 & 0 \\ -4 & 1 & t \end{vmatrix}=-3(t-5)=0, \quad 得\ t=5.$$

故应填 5.

【2.39】 已知矩阵 $\boldsymbol{A}=\begin{bmatrix} 1 & 2 & -2 \\ 2 & 1 & 2 \\ 3 & 0 & 4 \end{bmatrix}$，向量 $\boldsymbol{\alpha}=\begin{bmatrix} a \\ 1 \\ 1 \end{bmatrix}$，若 $\boldsymbol{A\alpha}$ 与 $\boldsymbol{\alpha}$ 线性相关，则 $a=$______.

解 $\boldsymbol{A\alpha}=\begin{bmatrix} 1 & 2 & -2 \\ 2 & 1 & 2 \\ 3 & 0 & 4 \end{bmatrix}\begin{bmatrix} a \\ 1 \\ 1 \end{bmatrix}=\begin{bmatrix} a \\ 2a+3 \\ 3a+4 \end{bmatrix}$，又 $\boldsymbol{A\alpha}$ 与 $\boldsymbol{\alpha}$ 线性相关，即 $\boldsymbol{A\alpha}=k\boldsymbol{\alpha}$ 得，

$$\begin{cases} a=ka, \\ 2a+3=k, \\ 3a+4=k, \end{cases} \quad 解得 \quad \begin{cases} k=1, \\ a=-1. \end{cases}$$

故应填 -1.

点评：本题为 2002 年考研真题.

【2.40】 已知向量组 $\boldsymbol{\alpha}_1, \boldsymbol{\alpha}_2, \boldsymbol{\alpha}_3$ 线性无关. 若向量组 $\boldsymbol{\alpha}_1+\boldsymbol{\alpha}_2, \boldsymbol{\alpha}_2+\boldsymbol{\alpha}_3, k\boldsymbol{\alpha}_3+l\boldsymbol{\alpha}_1$ 线性相关，则数 k 和数 l 应满足条件______.

(A) $k=l=1$　　(B) $k-l=1$　　(C) $k+l=1$　　(D) $k+l=0$

解 设有一组数 x_1, x_2, x_3，使

$$x_1(\boldsymbol{\alpha}_1+\boldsymbol{\alpha}_2)+x_2(\boldsymbol{\alpha}_2+\boldsymbol{\alpha}_3)+x_3(k\boldsymbol{\alpha}_3+l\boldsymbol{\alpha}_1)=\boldsymbol{0}, \qquad ①$$

则有

$$(x_1+lx_3)\boldsymbol{\alpha}_1+(x_1+x_2)\boldsymbol{\alpha}_2+(x_2+kx_3)\boldsymbol{\alpha}_3=\boldsymbol{0}.$$

由题设向量组 $\boldsymbol{\alpha}_1,\boldsymbol{\alpha}_2,\boldsymbol{\alpha}_3$ 线性无关，可知

$$\begin{cases}x_1+lk_3=0,\\x_1+x_2=0,\\x_2+kx_3=0.\end{cases} \quad ②$$

因为向量组 $\boldsymbol{\alpha}_1+\boldsymbol{\alpha}_2,\boldsymbol{\alpha}_2+\boldsymbol{\alpha}_3,k\boldsymbol{\alpha}_3+l\boldsymbol{\alpha}_1$ 线性相关，所以存在不全为零的数 x_1,x_2,x_3，使①式成立.也就是说，齐次线性方程组②有非零解，从而其系数行列式等于 0，又

$$\begin{vmatrix}1&0&l\\1&1&0\\0&1&k\end{vmatrix}=k+l,$$

故 $k+l=0$.

故应选(D).

【2.41】 设行向量组(2,1,1,1),(2,1,a,a),(3,2,1,a),(4,3,2,1)线性相关，且 $a\neq1$，则 $a=$______.

解 由题设，有

$$\begin{vmatrix}2&1&1&1\\2&1&a&a\\3&2&1&a\\4&3&2&1\end{vmatrix}=(a-1)(2a-1)=0,$$

得 $a=1,a=\frac{1}{2}$.但题设 $a\neq1$，所以 $a=\frac{1}{2}$.

故应填$\frac{1}{2}$.

点评：本题为 2005 年考研真题.

§3. 向量组的极大线性无关组和秩

知识要点

1. 极大无关组 设向量组 $\boldsymbol{\alpha}_{i1},\boldsymbol{\alpha}_{i2},\cdots,\boldsymbol{\alpha}_{ir}$ 为向量组 $\boldsymbol{\alpha}_1,\boldsymbol{\alpha}_2,\cdots,\boldsymbol{\alpha}_m$ 的一个部分组，且满足

(1) $\boldsymbol{\alpha}_{i1},\boldsymbol{\alpha}_{i2},\cdots,\boldsymbol{\alpha}_{ir}$ 线性无关，

(2)向量组 $\boldsymbol{\alpha}_1,\boldsymbol{\alpha}_2,\cdots,\boldsymbol{\alpha}_m$ 中任一向量均可由 $\boldsymbol{\alpha}_{i1},\boldsymbol{\alpha}_{i2},\cdots,\boldsymbol{\alpha}_{ir}$ 线性表示，

则称向量组 $\boldsymbol{\alpha}_{i1},\boldsymbol{\alpha}_{i2},\cdots,\boldsymbol{\alpha}_{ir}$ 为向量组 $\boldsymbol{\alpha}_1,\boldsymbol{\alpha}_2,\cdots,\boldsymbol{\alpha}_m$ 的一个极大线性无关组，简称极大无关组.

2. 向量组的秩 向量组 $\boldsymbol{\alpha}_1,\boldsymbol{\alpha}_2,\cdots,\boldsymbol{\alpha}_m$ 的极大无关组中所含向量的个数为该向量组的秩，记为 $r(\boldsymbol{\alpha}_1,\boldsymbol{\alpha}_2,\cdots,\boldsymbol{\alpha}_m)$.

如果一个向量组仅含有零向量，则规定它的秩为零.

3. 向量组的秩的性质

(1)若 $r(\boldsymbol{\alpha}_1,\boldsymbol{\alpha}_2,\cdots,\boldsymbol{\alpha}_m)=r$，则

① $\boldsymbol{\alpha}_1,\boldsymbol{\alpha}_2,\cdots,\boldsymbol{\alpha}_m$ 的任何含有多于 r 个向量的部分组一定线性相关；

② $\boldsymbol{\alpha}_1,\boldsymbol{\alpha}_2,\cdots,\boldsymbol{\alpha}_m$ 的任何含 r 个向量的线性无关部分组一定是极大无关组.

(2) $r(\boldsymbol{\alpha}_1,\boldsymbol{\alpha}_2,\cdots,\boldsymbol{\alpha}_m)\leqslant m$，且 $r(\boldsymbol{\alpha}_1,\boldsymbol{\alpha}_2,\cdots,\boldsymbol{\alpha}_m)=m\Leftrightarrow\boldsymbol{\alpha}_1,\boldsymbol{\alpha}_2,\cdots,\boldsymbol{\alpha}_m$ 线性无关.

(3)向量 $\boldsymbol{\beta}$ 可用 $\boldsymbol{\alpha}_1,\boldsymbol{\alpha}_2,\cdots,\boldsymbol{\alpha}_m$ 线性表示$\Leftrightarrow r(\boldsymbol{\alpha}_1,\boldsymbol{\alpha}_2,\cdots,\boldsymbol{\alpha}_m,\boldsymbol{\beta})=r(\boldsymbol{\alpha}_1,\boldsymbol{\alpha}_2,\cdots,\boldsymbol{\alpha}_m)$.

(4)若 $\boldsymbol{\beta}_1,\boldsymbol{\beta}_2,\cdots,\boldsymbol{\beta}_t$ 可用 $\boldsymbol{\alpha}_1,\boldsymbol{\alpha}_2,\cdots,\boldsymbol{\alpha}_s$ 线性表示，则 $r(\boldsymbol{\beta}_1,\boldsymbol{\beta}_2,\cdots,\boldsymbol{\beta}_t)\leqslant r(\boldsymbol{\alpha}_1,\boldsymbol{\alpha}_2,\cdots,\boldsymbol{\alpha}_s)$.

(5)设 $\boldsymbol{A}$ 是一个 $m\times n$ 矩阵，记 $\boldsymbol{\alpha}_1,\boldsymbol{\alpha}_2,\cdots,\boldsymbol{\alpha}_n$ 是 $\boldsymbol{A}$ 的列向量组(m 维)，$\boldsymbol{\beta}_1,\boldsymbol{\beta}_2,\cdots,\boldsymbol{\beta}_m$ 是 $\boldsymbol{A}$ 的行向量组(n 维)，则 $r(\boldsymbol{A})=r(\boldsymbol{\alpha}_1,\boldsymbol{\alpha}_2,\cdots,\boldsymbol{\alpha}_n)=r(\boldsymbol{\beta}_1,\boldsymbol{\beta}_2,\cdots,\boldsymbol{\beta}_m)$.

4. 向量组的等价 两个向量组能够相互线性表示，则称这两个向量组等价.

向量组等价的结论：

(1)任一向量组和它的极大无关组等价.

(2)向量组的任意两个极大无关组等价.

(3)两个等价的线性无关的向量组所含向量的个数相同.

(4)两个向量组等价的充要条件是它们的极大无关组等价.

(5)等价的两个向量组有相同的秩.

基 本 题 型

题型 1:求向量组的极大无关组和秩

【3.1】 设 $\boldsymbol{\alpha}_1,\boldsymbol{\alpha}_2,\cdots,\boldsymbol{\alpha}_s$ 的秩为 $s-1$，则下列正确的是______.

(A)每个 $\boldsymbol{\alpha}_i$ 可用 $\boldsymbol{\alpha}_1,\cdots,\boldsymbol{\alpha}_{i-1},\boldsymbol{\alpha}_{i+1},\cdots,\boldsymbol{\alpha}_s$ 线性表示

(B)有两个向量 $\boldsymbol{\alpha}_i,\boldsymbol{\alpha}_j$ 的分量成比例

(C)对任何 $1<r<s$，$r(\boldsymbol{\alpha}_1,\boldsymbol{\alpha}_2,\cdots,\boldsymbol{\alpha}_r)\geqslant r-1$

(D)对任何 $1<r<s$，$r(\boldsymbol{\alpha}_1,\boldsymbol{\alpha}_2,\cdots,\boldsymbol{\alpha}_r)=r-1$

解 由 $r(\boldsymbol{\alpha}_1,\boldsymbol{\alpha}_2,\cdots,\boldsymbol{\alpha}_s)=s-1$ 知向量组 $\boldsymbol{\alpha}_1,\boldsymbol{\alpha}_2,\cdots,\boldsymbol{\alpha}_s$ 的极大无关组为去掉一个向量(不妨记为 $\boldsymbol{\alpha}_{i_0}$)后的部分组，从而当 $1<r<s$ 时，若向量组 $\boldsymbol{\alpha}_1,\boldsymbol{\alpha}_2,\cdots,\boldsymbol{\alpha}_r$ 中不含向量 $\boldsymbol{\alpha}_{i_0}$，则 $r(\boldsymbol{\alpha}_1,\boldsymbol{\alpha}_2,\cdots,\boldsymbol{\alpha}_r)=r$；若向量组 $\boldsymbol{\alpha}_1,\boldsymbol{\alpha}_2,\cdots,\boldsymbol{\alpha}_r$ 中含有向量 $\boldsymbol{\alpha}_{i_0}$，则 $r(\boldsymbol{\alpha}_1,\boldsymbol{\alpha}_2,\cdots,\boldsymbol{\alpha}_r)=r-1$ 或 r.

故应选(C).

【3.2】 若 $\boldsymbol{\alpha}_1,\boldsymbol{\alpha}_2,\cdots,\boldsymbol{\alpha}_r$ 是向量组 $\boldsymbol{\alpha}_1,\boldsymbol{\alpha}_2,\cdots,\boldsymbol{\alpha}_r,\cdots,\boldsymbol{\alpha}_n$ 的极大无关组，则下面说法中不正确的是______.

(A)$\boldsymbol{\alpha}_n$ 可由 $\boldsymbol{\alpha}_1,\boldsymbol{\alpha}_2,\cdots,\boldsymbol{\alpha}_r$ 线性表示　　(B)$\boldsymbol{\alpha}_1$ 可由 $\boldsymbol{\alpha}_{r+1},\boldsymbol{\alpha}_{r+2},\cdots,\boldsymbol{\alpha}_n$ 线性表示

(C)$\boldsymbol{\alpha}_1$ 可由 $\boldsymbol{\alpha}_1,\boldsymbol{\alpha}_2,\cdots,\boldsymbol{\alpha}_r$ 线性表示　　(D)$\boldsymbol{\alpha}_n$ 可由 $\boldsymbol{\alpha}_{r+1},\boldsymbol{\alpha}_{r+2},\cdots,\boldsymbol{\alpha}_n$ 线性表示

解 采取排除的方法.

(A)正确. 由向量组的极大无关组的定义知，向量组 $\boldsymbol{\alpha}_1,\boldsymbol{\alpha}_2,\cdots,\boldsymbol{\alpha}_n$ 中的任一向量均可由其极大无关组线性表示，所以 $\boldsymbol{\alpha}_n$ 可由 $\boldsymbol{\alpha}_1,\boldsymbol{\alpha}_2,\cdots,\boldsymbol{\alpha}_r$ 线性表示.

(C)正确. 因为 $\boldsymbol{\alpha}_1=1\cdot\boldsymbol{\alpha}_1+0\cdot\boldsymbol{\alpha}_2+\cdots+0\cdot\boldsymbol{\alpha}_r$，所以 $\boldsymbol{\alpha}_1$ 可由 $\boldsymbol{\alpha}_1,\boldsymbol{\alpha}_2,\cdots,\boldsymbol{\alpha}_r$ 线性表示.

(D)正确. 由 $\boldsymbol{\alpha}_n=0\cdot\boldsymbol{\alpha}_{r+1}+0\cdot\boldsymbol{\alpha}_{r+2}+\cdots+1\cdot\boldsymbol{\alpha}_n$ 可知：$\boldsymbol{\alpha}_n$ 可由 $\boldsymbol{\alpha}_{r+1},\boldsymbol{\alpha}_{r+2},\cdots,\boldsymbol{\alpha}_n$ 线性表示.

故应选(B).

点评：理解极大无关组的概念.

【3.3】 设 $\boldsymbol{\alpha}_1=\begin{bmatrix}1\\2\\-1\\0\end{bmatrix},\boldsymbol{\alpha}_2=\begin{bmatrix}1\\1\\0\\2\end{bmatrix},\boldsymbol{\alpha}_3=\begin{bmatrix}2\\1\\1\\a\end{bmatrix}$，若由 $\boldsymbol{\alpha}_1,\boldsymbol{\alpha}_2,\boldsymbol{\alpha}_3$ 形成的向量组的秩为 2，则 $a=$ ______.

解

$$(\boldsymbol{\alpha}_1,\boldsymbol{\alpha}_2,\boldsymbol{\alpha}_3)=\begin{bmatrix}1&1&2\\2&1&1\\-1&0&1\\0&2&a\end{bmatrix}\to\begin{bmatrix}1&1&2\\0&-1&-3\\0&1&3\\0&2&a\end{bmatrix}\to\begin{bmatrix}1&1&2\\0&1&3\\0&0&0\\0&0&a-6\end{bmatrix},$$

因为由 $\boldsymbol{\alpha}_1,\boldsymbol{\alpha}_2,\boldsymbol{\alpha}_3$ 组成的向量组的秩为 2，所以 $a=6$.

点评：首先请同学们熟练掌握结论："矩阵 $\boldsymbol{A}$ 的秩 $=\boldsymbol{A}$ 的列向量组的秩 $=\boldsymbol{A}$ 的行向量组的秩"；其次请注意：如果只是求 $\boldsymbol{A}$ 的列向量组的秩，则对 $\boldsymbol{A}$ 既可施行初等行变换，也可施行初等列变换. 但如果要求出列向量组的极大线性无关组，则只能对 $\boldsymbol{A}$ 施行初等行变换. 本题为 2010 年考研真题.

【3.4】 求向量组 $\boldsymbol{\alpha}_1=(1,-2,0,3)^T$，$\boldsymbol{\alpha}_2=(2,-5,-3,6)^T$，$\boldsymbol{\alpha}_3=(0,1,3,0)^T$，$\boldsymbol{\alpha}_4=(2,-1,4,-7)^T$，$\boldsymbol{\alpha}_5=(5,-8,1,2)^T$ 的秩和一个极大线性无关组，并将其余向量表示成该极大线性无关组的线性组合.

解 将 $\boldsymbol{\alpha}_1,\boldsymbol{\alpha}_2,\boldsymbol{\alpha}_3,\boldsymbol{\alpha}_4,\boldsymbol{\alpha}_5$ 列排成矩阵进行初等行变换：

$$(\boldsymbol{\alpha}_1,\boldsymbol{\alpha}_2,\boldsymbol{\alpha}_3,\boldsymbol{\alpha}_4,\boldsymbol{\alpha}_5)=\begin{bmatrix}1&2&0&2&5\\-2&-5&1&-1&-8\\0&-3&3&4&1\\3&6&0&-7&2\end{bmatrix}\to\begin{bmatrix}1&2&0&2&5\\0&-1&1&3&2\\0&-3&3&4&1\\0&0&0&-13&-13\end{bmatrix}$$

$$\to\begin{bmatrix}1&2&0&2&5\\0&-1&1&3&2\\0&0&0&-5&-5\\0&0&0&1&1\end{bmatrix}\to\begin{bmatrix}1&2&0&2&5\\0&-1&1&3&2\\0&0&0&1&1\\0&0&0&0&0\end{bmatrix}=\boldsymbol{B}.$$

因为 $\boldsymbol{B}$ 中有三个非零行，所以向量组的秩为 3. 又因非零行的第一个不等于零的数分别在 1,2,4 列，所以 $\boldsymbol{\alpha}_1,\boldsymbol{\alpha}_2,\boldsymbol{\alpha}_4$ 是极大线性无关组.

对矩阵 $\boldsymbol{B}$ 继续作行变换化为最简形式，即

$$\boldsymbol{B}\to\begin{bmatrix}1&0&2&8&9\\0&1&-1&-3&-2\\0&0&0&1&1\\0&0&0&0&0\end{bmatrix}\to\begin{bmatrix}1&0&2&0&1\\0&1&-1&0&1\\0&0&0&1&1\\0&0&0&0&0\end{bmatrix},$$

可得 $\boldsymbol{\alpha}_3=2\boldsymbol{\alpha}_1-\boldsymbol{\alpha}_2$，$\boldsymbol{\alpha}_5=\boldsymbol{\alpha}_1+\boldsymbol{\alpha}_2+\boldsymbol{\alpha}_4$.

点评：初等变换法求极大无关组和秩的步骤：

(1)将所给向量组中的向量作为列构成矩阵 $\boldsymbol{A}$，

(2)对 $\boldsymbol{A}$ 施以初等行变换使之成为行阶梯型矩阵，此行阶梯型矩阵的秩 r 就是原矩阵 $\boldsymbol{A}$ 的

秩,即向量组的秩 r,

(3)在行阶梯型矩阵的前 r 个非零行的各行中第一个非零元所在的列共 r 列,此 r 列所对应的矩阵 $\boldsymbol{A}$ 的 r 个列向量就是其极大线性无关组.

注意到:向量组的极大无关组是不唯一的.本题中,$\boldsymbol{\alpha}_1,\boldsymbol{\alpha}_2,\boldsymbol{\alpha}_5$ 和 $\boldsymbol{\alpha}_1,\boldsymbol{\alpha}_3,\boldsymbol{\alpha}_4$ 以及 $\boldsymbol{\alpha}_1,\boldsymbol{\alpha}_3,\boldsymbol{\alpha}_5$ 都是极大无关组.

【3.5】 求向量组 $\boldsymbol{\alpha}_1=\begin{bmatrix}1\\1\\1\\k\end{bmatrix}$, $\boldsymbol{\alpha}_2=\begin{bmatrix}1\\1\\k\\1\end{bmatrix}$, $\boldsymbol{\alpha}_3=\begin{bmatrix}1\\2\\1\\1\end{bmatrix}$ 的秩和一个极大线性无关组.

解 对以 $\boldsymbol{\alpha}_1,\boldsymbol{\alpha}_2,\boldsymbol{\alpha}_3$ 为列向量的矩阵作初等行变换:

$$(\boldsymbol{\alpha}_1,\boldsymbol{\alpha}_2,\boldsymbol{\alpha}_3)=\begin{bmatrix}1&1&1\\1&1&2\\1&k&1\\k&1&1\end{bmatrix}\to\begin{bmatrix}1&1&1\\0&0&1\\0&k-1&0\\1&1-k&1-k\end{bmatrix}\to\begin{bmatrix}1&1&1\\0&0&1\\0&k-1&0\\0&0&1-k\end{bmatrix},$$

则当 $k=1$ 时,$r(\boldsymbol{\alpha}_1,\boldsymbol{\alpha}_2,\boldsymbol{\alpha}_3)=2$,$\boldsymbol{\alpha}_1,\boldsymbol{\alpha}_3$ 为一个极大无关组;

当 $k\neq1$ 时,$r(\boldsymbol{\alpha}_1,\boldsymbol{\alpha}_2,\boldsymbol{\alpha}_3)=3$,$\boldsymbol{\alpha}_1,\boldsymbol{\alpha}_2,\boldsymbol{\alpha}_3$ 为极大无关组.

点评:(1)一个向量组的极大无关组是不唯一的,但它们所含向量的个数是相同的,即向量组的秩是唯一的,且不同的极大无关组是等价的.

(2)用矩阵的初等变换法求向量组的极大无关组时,对以列向量按列构成的矩阵只能进行初等行变换,这一点要特别注意.

【3.6】 已知向量组 $\boldsymbol{\alpha}_1=(1,-1,2,4)$, $\boldsymbol{\alpha}_2=(0,3,1,2)$, $\boldsymbol{\alpha}_3=(3,0,7,14)$, $\boldsymbol{\alpha}_4=(2,1,5,6)$, $\boldsymbol{\alpha}_5=(1,-1,2,0)$.

(1)说明 $\boldsymbol{\alpha}_1,\boldsymbol{\alpha}_5$ 线性无关;

(2)求包含 $\boldsymbol{\alpha}_1,\boldsymbol{\alpha}_5$ 的一个极大无关组;

(3)将其余向量用该极大无关组线性表示.

解 (1)由向量 $\boldsymbol{\alpha}_1,\boldsymbol{\alpha}_5$ 的对应分量不成比例知 $\boldsymbol{\alpha}_1$ 与 $\boldsymbol{\alpha}_5$ 线性无关.

(2)把向量组列排成矩阵,进行初等行变换:

$$(\boldsymbol{\alpha}_1,\boldsymbol{\alpha}_2,\boldsymbol{\alpha}_3,\boldsymbol{\alpha}_4,\boldsymbol{\alpha}_5)=\begin{bmatrix}1&0&3&2&1\\-1&3&0&1&-1\\2&1&7&5&2\\4&2&14&6&0\end{bmatrix}\to\begin{bmatrix}1&0&3&2&1\\0&3&3&3&0\\0&1&1&1&0\\0&2&2&-2&-4\end{bmatrix}$$

$$\to\begin{bmatrix}1&0&3&2&1\\0&1&1&1&0\\0&0&0&-4&-4\\0&0&0&0&0\end{bmatrix}=\boldsymbol{B},$$

通过观察可得包含 $\boldsymbol{\alpha}_1,\boldsymbol{\alpha}_5$ 的一个极大无关组为 $\boldsymbol{\alpha}_1,\boldsymbol{\alpha}_2,\boldsymbol{\alpha}_5$.

(3)把矩阵 $\boldsymbol{B}$ 继续作初等行变换

$$B \to \begin{bmatrix} 1 & 0 & 3 & 2 & 1 \\ 0 & 1 & 1 & 1 & 0 \\ 0 & 0 & 0 & 1 & 1 \\ 0 & 0 & 0 & 0 & 0 \end{bmatrix} \to \begin{bmatrix} 1 & 0 & 3 & 1 & 0 \\ 0 & 1 & 1 & 1 & 0 \\ 0 & 0 & 0 & 1 & 1 \\ 0 & 0 & 0 & 0 & 0 \end{bmatrix},$$

则 $\boldsymbol{\alpha}_3 = 3\boldsymbol{\alpha}_1 + \boldsymbol{\alpha}_2$， $\boldsymbol{\alpha}_4 = \boldsymbol{\alpha}_1 + \boldsymbol{\alpha}_2 + \boldsymbol{\alpha}_5$.

【3.7】 已知 $\boldsymbol{\alpha}_1 = (a,b,0)$，$\boldsymbol{\alpha}_2 = (a,2b,1)$，$\boldsymbol{\alpha}_3 = (1,2,3)$，$\boldsymbol{\alpha}_4 = (2,4,6)$. 若 $r(\boldsymbol{\alpha}_1,\boldsymbol{\alpha}_2,\boldsymbol{\alpha}_3,\boldsymbol{\alpha}_4) = 3$，则 a,b 应满足______.

解 由 $r(\boldsymbol{\alpha}_1,\boldsymbol{\alpha}_2,\boldsymbol{\alpha}_3,\boldsymbol{\alpha}_4)=3$ 知，$\boldsymbol{\alpha}_1^T,\boldsymbol{\alpha}_2^T,\boldsymbol{\alpha}_3^T,\boldsymbol{\alpha}_4^T$ 按列排成的矩阵的秩也为 3.

$$(\boldsymbol{\alpha}_1^T,\boldsymbol{\alpha}_2^T,\boldsymbol{\alpha}_3^T,\boldsymbol{\alpha}_4^T) = \begin{bmatrix} a & a & 1 & 2 \\ b & 2b & 2 & 4 \\ 0 & 1 & 3 & 6 \end{bmatrix} \xrightarrow{c_1 \leftrightarrow c_3} \begin{bmatrix} 1 & a & a & 2 \\ 2 & b & 2b & 4 \\ 3 & 0 & 1 & 6 \end{bmatrix}$$

$$\xrightarrow[c_2 - ac_1]{c_3 - c_2} \begin{bmatrix} 1 & 0 & 0 & 0 \\ 2 & b-2a & b & 0 \\ 3 & -3a & 1 & 0 \end{bmatrix} \xrightarrow[r_3 - 3r_1]{r_2 - 2r_1} \begin{bmatrix} 1 & 0 & 0 & 0 \\ 0 & b-2a & b & 0 \\ 0 & -3a & 1 & 0 \end{bmatrix}$$

$$\xrightarrow{r_2 - br_3} \begin{bmatrix} 1 & 0 & 0 & 0 \\ 0 & b-2a+3ab & 0 & 0 \\ 0 & -3a & 1 & 0 \end{bmatrix} \xrightarrow[r_2 \leftrightarrow r_3]{c_2 \leftrightarrow c_3} \begin{bmatrix} 1 & 0 & 0 & 0 \\ 0 & 1 & -3a & 0 \\ 0 & 0 & b-2a+3ab & 0 \end{bmatrix},$$

由秩为 3 得 $b-2a+3ab \neq 0$.

故应填 $b-2a+3ab \neq 0$.

点评：根据矩阵的秩和向量组的秩之间的密切联系，即：矩阵的秩等于它的行向量组的秩等于它的列向量组的秩，把矩阵秩的问题和向量组秩的问题进行相互转化，从而方便求解. 同时注意到：求矩阵的秩，既可用初等行变换，也可用初等列变换.

【3.8】 已知 $\boldsymbol{\alpha}_1,\boldsymbol{\alpha}_2,\cdots,\boldsymbol{\alpha}_5$ 均为 n 维列向量，$\boldsymbol{\beta}_1 = \boldsymbol{\alpha}_1 + 2\boldsymbol{\alpha}_2$，$\boldsymbol{\beta}_2 = -\boldsymbol{\alpha}_1 + \boldsymbol{\alpha}_2 + 2\boldsymbol{\alpha}_3$，$\boldsymbol{\beta}_3 = -\boldsymbol{\alpha}_2 + \boldsymbol{\alpha}_3 + 2\boldsymbol{\alpha}_4$，$\boldsymbol{\beta}_4 = -\boldsymbol{\alpha}_3 + \boldsymbol{\alpha}_4 + 2\boldsymbol{\alpha}_5$，$\boldsymbol{\beta}_5 = -\boldsymbol{\alpha}_4 + \boldsymbol{\alpha}_5$，则 $r(\boldsymbol{\alpha}_1,\boldsymbol{\alpha}_2,\cdots,\boldsymbol{\alpha}_5)$ 与 $r(\boldsymbol{\beta}_1,\boldsymbol{\beta}_2,\cdots,\boldsymbol{\beta}_5)$ 应满足关系______.

解 由题设，

$$(\boldsymbol{\beta}_1,\boldsymbol{\beta}_2,\boldsymbol{\beta}_3,\boldsymbol{\beta}_4,\boldsymbol{\beta}_5) = (\boldsymbol{\alpha}_1,\boldsymbol{\alpha}_2,\boldsymbol{\alpha}_3,\boldsymbol{\alpha}_4,\boldsymbol{\alpha}_5)\begin{bmatrix} 1 & -1 & 0 & 0 & 0 \\ 2 & 1 & -1 & 0 & 0 \\ 0 & 2 & 1 & -1 & 0 \\ 0 & 0 & 2 & 1 & -1 \\ 0 & 0 & 0 & 2 & 1 \end{bmatrix}.$$

记 $\boldsymbol{A} = (\boldsymbol{\beta}_1,\boldsymbol{\beta}_2,\boldsymbol{\beta}_3,\boldsymbol{\beta}_4,\boldsymbol{\beta}_5)$， $\boldsymbol{B} = (\boldsymbol{\alpha}_1,\boldsymbol{\alpha}_2,\boldsymbol{\alpha}_3,\boldsymbol{\alpha}_4,\boldsymbol{\alpha}_5)$， $\boldsymbol{C} = \begin{bmatrix} 1 & -1 & 0 & 0 & 0 \\ 2 & 1 & -1 & 0 & 0 \\ 0 & 2 & 1 & -1 & 0 \\ 0 & 0 & 2 & 1 & -1 \\ 0 & 0 & 0 & 2 & 1 \end{bmatrix}$，

即 $\boldsymbol{A} = \boldsymbol{BC}$. 又 $|\boldsymbol{C}| \neq 0$，从而 $\boldsymbol{C}$ 可逆，所以由矩阵秩的结论可得 $r(\boldsymbol{A}) = r(\boldsymbol{B})$.

即
$$r(\boldsymbol{\beta}_1,\boldsymbol{\beta}_2,\boldsymbol{\beta}_3,\boldsymbol{\beta}_4,\boldsymbol{\beta}_5) = r(\boldsymbol{\alpha}_1,\boldsymbol{\alpha}_2,\boldsymbol{\alpha}_3,\boldsymbol{\alpha}_4,\boldsymbol{\alpha}_5).$$

故应填相等.

【3.9】 设三维向量组 $\boldsymbol{\alpha}_1,\boldsymbol{\alpha}_2,\boldsymbol{\alpha}_3$ 线性无关，$\boldsymbol{\gamma}_1=\boldsymbol{\alpha}_1+\boldsymbol{\alpha}_2-\boldsymbol{\alpha}_3$，$\boldsymbol{\gamma}_2=3\boldsymbol{\alpha}_1-\boldsymbol{\alpha}_2$，$\boldsymbol{\gamma}_3=4\boldsymbol{\alpha}_1-\boldsymbol{\alpha}_3$，$\boldsymbol{\gamma}_4=2\boldsymbol{\alpha}_1-2\boldsymbol{\alpha}_2+\boldsymbol{\alpha}_3$. 求向量组 $\boldsymbol{\gamma}_1,\boldsymbol{\gamma}_2,\boldsymbol{\gamma}_3,\boldsymbol{\gamma}_4$ 的秩.

解 记 $\boldsymbol{A}=(\boldsymbol{\alpha}_1,\boldsymbol{\alpha}_2,\boldsymbol{\alpha}_3)$，则由 $\boldsymbol{\alpha}_1,\boldsymbol{\alpha}_2,\boldsymbol{\alpha}_3$ 线性无关知 $r(\boldsymbol{A})=3$. 又因 $\boldsymbol{A}$ 为三阶方阵，故 $\boldsymbol{A}$ 可逆.

记 $\boldsymbol{B}=(\boldsymbol{\gamma}_1,\boldsymbol{\gamma}_2,\boldsymbol{\gamma}_3,\boldsymbol{\gamma}_4)$，则 $\boldsymbol{B}=\boldsymbol{AC}$，其中

$$\boldsymbol{C}=\begin{bmatrix}1&3&4&2\\1&-1&0&-2\\-1&0&-1&1\end{bmatrix}.$$

根据 $\boldsymbol{A}$ 的可逆性及矩阵秩的结论可得 $r(\boldsymbol{B})=r(\boldsymbol{C})$.

对矩阵 $\boldsymbol{C}$ 作初等行变换

$$\boldsymbol{C}=\begin{bmatrix}1&3&4&2\\1&-1&0&-2\\-1&0&-1&1\end{bmatrix}\to\begin{bmatrix}1&-1&0&-2\\0&4&4&4\\0&3&3&3\end{bmatrix}\to\begin{bmatrix}1&-1&0&-2\\0&1&1&1\\0&0&0&0\end{bmatrix},$$

即 $r(\boldsymbol{C})=2$，故 $r(\boldsymbol{B})=2$，也即向量组 $\boldsymbol{\gamma}_1,\boldsymbol{\gamma}_2,\boldsymbol{\gamma}_3,\boldsymbol{\gamma}_4$ 的秩为 2.

题型 2:关于向量组的极大无关组和秩的证明题

【3.10】 已知向量组 $\boldsymbol{\alpha}_1,\boldsymbol{\alpha}_2,\cdots,\boldsymbol{\alpha}_s$ 的秩是 r，向量组 $\boldsymbol{\beta}_1,\boldsymbol{\beta}_2,\cdots,\boldsymbol{\beta}_s$ 的秩为 t，证明

$$r(\boldsymbol{\alpha}_1+\boldsymbol{\beta}_1,\boldsymbol{\alpha}_2+\boldsymbol{\beta}_2,\cdots,\boldsymbol{\alpha}_s+\boldsymbol{\beta}_s)\leqslant r+t.$$

证 设 $\boldsymbol{\alpha}_{i1},\boldsymbol{\alpha}_{i2},\cdots,\boldsymbol{\alpha}_{ir}$ 是向量组 $\boldsymbol{\alpha}_1,\boldsymbol{\alpha}_2,\cdots,\boldsymbol{\alpha}_s$ 的一个极大无关组，$\boldsymbol{\beta}_{j1},\boldsymbol{\beta}_{j2},\cdots,\boldsymbol{\beta}_{jt}$ 是 $\boldsymbol{\beta}_1,\boldsymbol{\beta}_2,\cdots,\boldsymbol{\beta}_s$ 的一个极大无关组，则任意 $1\leqslant k\leqslant s$，$\boldsymbol{\alpha}_k$ 可由 $\boldsymbol{\alpha}_{i1},\cdots,\boldsymbol{\alpha}_{ir}$ 线性表示，$\boldsymbol{\beta}_k$ 可由 $\boldsymbol{\beta}_{j1},\cdots,\boldsymbol{\beta}_{jt}$ 线性表示，从而 $\boldsymbol{\alpha}_k+\boldsymbol{\beta}_k$ 可由 $\boldsymbol{\alpha}_{i1},\cdots,\boldsymbol{\alpha}_{ir}$，$\boldsymbol{\beta}_{j1},\cdots,\boldsymbol{\beta}_{jt}$ 线性表示，所以

$$r(\boldsymbol{\alpha}_1+\boldsymbol{\beta}_1,\cdots,\boldsymbol{\alpha}_s+\boldsymbol{\beta}_s)\leqslant r(\boldsymbol{\alpha}_{i1},\cdots,\boldsymbol{\alpha}_{ir},\ \boldsymbol{\beta}_{j1},\cdots,\boldsymbol{\beta}_{jt})\leqslant r+t.$$

点评：本题利用了极大无关组的定义.

【3.11】 已知向量组(Ⅰ)：$\boldsymbol{\alpha}_1,\boldsymbol{\alpha}_2,\boldsymbol{\alpha}_3$；(Ⅱ)：$\boldsymbol{\alpha}_1,\boldsymbol{\alpha}_2,\boldsymbol{\alpha}_3,\boldsymbol{\alpha}_4$；(Ⅲ)：$\boldsymbol{\alpha}_1,\boldsymbol{\alpha}_2,\boldsymbol{\alpha}_3,\boldsymbol{\alpha}_5$.

如果各向量组的秩 r(Ⅰ)$=r$(Ⅱ)$=3$，r(Ⅲ)$=4$.

证明:向量组 $\boldsymbol{\alpha}_1,\boldsymbol{\alpha}_2,\boldsymbol{\alpha}_3,\boldsymbol{\alpha}_5-\boldsymbol{\alpha}_4$ 的秩为 4.

证 因 r(Ⅰ)$=r$(Ⅱ)$=3$，所以 $\boldsymbol{\alpha}_1,\boldsymbol{\alpha}_2,\boldsymbol{\alpha}_3$ 线性无关，而 $\boldsymbol{\alpha}_1,\boldsymbol{\alpha}_2,\boldsymbol{\alpha}_3,\boldsymbol{\alpha}_4$ 线性相关. 由此可知 $\boldsymbol{\alpha}_4$ 必可由 $\boldsymbol{\alpha}_1,\boldsymbol{\alpha}_2,\boldsymbol{\alpha}_3$ 线性表示，即存在 $\lambda_1,\lambda_2,\lambda_3$，使得

$$\boldsymbol{\alpha}_4=\lambda_1\boldsymbol{\alpha}_1+\lambda_2\boldsymbol{\alpha}_2+\lambda_3\boldsymbol{\alpha}_3. \qquad ①$$

设有数 k_1,k_2,k_3,k_4，使得

$$k_1\boldsymbol{\alpha}_1+k_2\boldsymbol{\alpha}_2+k_3\boldsymbol{\alpha}_3+k_4(\boldsymbol{\alpha}_5-\boldsymbol{\alpha}_4)=\boldsymbol{0}.$$

把①式代入上式，化简得

$$(k_1-\lambda_1k_4)\boldsymbol{\alpha}_1+(k_2-\lambda_2k_4)\boldsymbol{\alpha}_2+(k_3-\lambda_3k_4)\boldsymbol{\alpha}_3+k_4\boldsymbol{\alpha}_5=\boldsymbol{0}.$$

由 r(Ⅲ)$=4$ 知，$\boldsymbol{\alpha}_1,\boldsymbol{\alpha}_2,\boldsymbol{\alpha}_3,\boldsymbol{\alpha}_5$ 线性无关，

所以
$$\begin{cases}k_1-\lambda_1k_4=0,\\k_2-\lambda_2k_4=0,\\k_3-\lambda_3k_4=0,\\k_4=0,\end{cases}$$

解得 $k_1=k_2=k_3=k_4=0$，故 $\boldsymbol{\alpha}_1,\boldsymbol{\alpha}_2,\boldsymbol{\alpha}_3,\boldsymbol{\alpha}_5-\boldsymbol{\alpha}_4$ 线性无关，从而其秩为 4.

【3.12】 设向量组 $\boldsymbol{\alpha}_1,\boldsymbol{\alpha}_2,\cdots,\boldsymbol{\alpha}_m$ 中任一向量 $\boldsymbol{\alpha}_i$ 不是它前面 $i-1$ 个向量的线性组合，且 $\boldsymbol{\alpha}_1\neq\mathbf{0}$，试证：向量组 $\boldsymbol{\alpha}_1,\boldsymbol{\alpha}_2,\cdots,\boldsymbol{\alpha}_m$ 的秩为 m.

证 反证法.

假设 $\boldsymbol{\alpha}_1,\boldsymbol{\alpha}_2,\cdots,\boldsymbol{\alpha}_m$ 线性相关，则有不全为零的数 $k_1,k_2,\cdots,k_m$ 使得

$$k_1\boldsymbol{\alpha}_1+k_2\boldsymbol{\alpha}_2+\cdots+k_m\boldsymbol{\alpha}_m=\mathbf{0}.$$

我们断言 $k_m=0$，否则有

$$\boldsymbol{\alpha}_m=-\frac{k_1}{k_m}\boldsymbol{\alpha}_1-\frac{k_2}{k_m}\boldsymbol{\alpha}_2-\cdots-\frac{k_{m-1}}{k_m}\boldsymbol{\alpha}_{m-1},$$

即 $\boldsymbol{\alpha}_m$ 可由它前面的 $m-1$ 个向量线性表示，矛盾. 所以 $k_m=0$. 从而我们有

$$k_1\boldsymbol{\alpha}_1+k_2\boldsymbol{\alpha}_2+\cdots+k_{m-1}\boldsymbol{\alpha}_{m-1}=\mathbf{0}.$$

类似前面的证法我们可得 $k_{m-1}=0,\cdots,k_2=0$. 于是有式 $k_1\boldsymbol{\alpha}_1=\mathbf{0}$. 但 $\boldsymbol{\alpha}_1\neq\mathbf{0}$，所以 $k_1=0$. 而这与 $k_1,k_2,\cdots,k_m$ 不全为零矛盾，所以 $\boldsymbol{\alpha}_1,\boldsymbol{\alpha}_2,\cdots,\boldsymbol{\alpha}_m$ 线性无关，从而其秩为 m.

点评：*要证 $\boldsymbol{\alpha}_1,\boldsymbol{\alpha}_2,\cdots,\boldsymbol{\alpha}_m$ 的秩为 m，相当于证 $\boldsymbol{\alpha}_1,\boldsymbol{\alpha}_2,\cdots,\boldsymbol{\alpha}_m$ 线性无关，本题用反证法证明 $\boldsymbol{\alpha}_1,\boldsymbol{\alpha}_2,\cdots,\boldsymbol{\alpha}_m$ 线性无关.*

【3.13】 证明：向量组(1)$\boldsymbol{\alpha}_1,\boldsymbol{\alpha}_2,\cdots,\boldsymbol{\alpha}_r$ 与向量组(2)$\boldsymbol{\alpha}_1,\boldsymbol{\alpha}_2,\cdots,\boldsymbol{\alpha}_r,\boldsymbol{\alpha}_{r+1},\cdots,\boldsymbol{\alpha}_s$ 有相同的秩的充分必要条件是每个 $\boldsymbol{\alpha}_i(i=r+1,\cdots,s)$ 都可由向量组(1) 线性表示.

证 必要性：设向量组(1)与(2)有相同的秩，则当秩为零时，由于组(2)中都是零向量，结论当然成立.

当秩不等于零时，由于组(1)与(2)的秩相等且(1)包含在(2)中，故组(1)的极大无关组也是组(2)的极大无关组，因此每个 $\boldsymbol{\alpha}_i(i=r+1,\cdots,s)$ 都可由此极大无关组线性表示，从而可由向量组(1) 线性表示.

充分性：若 $\boldsymbol{\alpha}_i(i=r+1,\cdots,s)$ 可由向量组(1) 线性表示，则显然组(1)与(2)等价，因而它们的秩相同.

点评：*必要性的证明利用极大无关组的定义，充分性的证明利用向量组的等价.*

【3.14】 设 $\boldsymbol{\beta}_1=\boldsymbol{\alpha}_2+\boldsymbol{\alpha}_3+\cdots+\boldsymbol{\alpha}_m$，$\boldsymbol{\beta}_2=\boldsymbol{\alpha}_1+\boldsymbol{\alpha}_3+\cdots+\boldsymbol{\alpha}_m$，$\cdots$，$\boldsymbol{\beta}_m=\boldsymbol{\alpha}_1+\boldsymbol{\alpha}_2+\cdots+\boldsymbol{\alpha}_{m-1}$，其中 $m>1$. 证明：向量组 $\boldsymbol{\beta}_1,\boldsymbol{\beta}_2,\cdots,\boldsymbol{\beta}_m$ 与 $\boldsymbol{\alpha}_1,\boldsymbol{\alpha}_2,\cdots,\boldsymbol{\alpha}_m$ 有相同的秩.

证 由题设知向量组 $\boldsymbol{\beta}_1,\boldsymbol{\beta}_2,\cdots,\boldsymbol{\beta}_m$ 可由向量组 $\boldsymbol{\alpha}_1,\boldsymbol{\alpha}_2,\cdots,\boldsymbol{\alpha}_m$ 线性表示，且有

$$\boldsymbol{\beta}_1+\boldsymbol{\beta}_2+\cdots+\boldsymbol{\beta}_m=(m-1)\boldsymbol{\alpha}_1+(m-1)\boldsymbol{\alpha}_2+\cdots+(m-1)\boldsymbol{\alpha}_m,$$

于是 $\boldsymbol{\alpha}_1+\boldsymbol{\alpha}_2+\cdots+\boldsymbol{\alpha}_m=\dfrac{1}{m-1}(\boldsymbol{\beta}_1+\boldsymbol{\beta}_2+\cdots+\boldsymbol{\beta}_m)$，从而

$$\boldsymbol{\beta}_i+\boldsymbol{\alpha}_i=\frac{1}{m-1}(\boldsymbol{\beta}_1+\boldsymbol{\beta}_2+\cdots+\boldsymbol{\beta}_m),\quad i=1,2,\cdots,m$$

故 $\boldsymbol{\alpha}_i=\dfrac{1}{m-1}(\boldsymbol{\beta}_1+\boldsymbol{\beta}_2+\cdots+\boldsymbol{\beta}_m)-\boldsymbol{\beta}_i$，即 $\boldsymbol{\alpha}_1,\boldsymbol{\alpha}_2,\cdots,\boldsymbol{\alpha}_m$ 可由 $\boldsymbol{\beta}_1,\boldsymbol{\beta}_2,\cdots,\boldsymbol{\beta}_m$ 线性表示，从而两个向量组等价，所以秩相同.

题型 3：关于向量组的等价

【3.15】 设 n 维列向量组 $\boldsymbol{\alpha}_1,\boldsymbol{\alpha}_2,\cdots,\boldsymbol{\alpha}_m(m<n)$ 线性无关，则 n 维列向量组 $\boldsymbol{\beta}_1,\boldsymbol{\beta}_2,\cdots,\boldsymbol{\beta}_m$ 线性无关的充分必要条件为______.

(A)向量组 $\boldsymbol{\alpha}_1,\boldsymbol{\alpha}_2,\cdots,\boldsymbol{\alpha}_m$ 可由向量组 $\boldsymbol{\beta}_1,\boldsymbol{\beta}_2,\cdots,\boldsymbol{\beta}_m$ 线性表示

(B)向量组 $\boldsymbol{\beta}_1,\boldsymbol{\beta}_2,\cdots,\boldsymbol{\beta}_m$ 可由向量组 $\boldsymbol{\alpha}_1,\boldsymbol{\alpha}_2,\cdots,\boldsymbol{\alpha}_m$ 线性表示

(C)向量组 $\boldsymbol{\alpha}_1,\boldsymbol{\alpha}_2,\cdots,\boldsymbol{\alpha}_m$ 与向量组 $\boldsymbol{\beta}_1,\boldsymbol{\beta}_2,\cdots,\boldsymbol{\beta}_m$ 等价

(D)矩阵 $\boldsymbol{A}=(\boldsymbol{\alpha}_1,\boldsymbol{\alpha}_2,\cdots,\boldsymbol{\alpha}_m)$ 与矩阵 $\boldsymbol{B}=(\boldsymbol{\beta}_1,\boldsymbol{\beta}_2,\cdots,\boldsymbol{\beta}_m)$ 等价

解 (A)、(B)、(C)均不是 $\boldsymbol{\beta}_1,\boldsymbol{\beta}_2,\cdots,\boldsymbol{\beta}_m$ 线性无关的必要条件.

例如，$\boldsymbol{\alpha}_1=\begin{bmatrix}1\\0\end{bmatrix}$，$\boldsymbol{\beta}_1=\begin{bmatrix}0\\1\end{bmatrix}$，则 $\boldsymbol{\beta}_1\neq\boldsymbol{0}$ 线性无关. 但(A)、(B)、(C)均不成立，因此只有(D)为正确答案.

事实上，$\boldsymbol{\beta}_1,\boldsymbol{\beta}_2,\cdots,\boldsymbol{\beta}_m$ 线性无关，即

$$r(\boldsymbol{\beta}_1,\cdots,\boldsymbol{\beta}_m)=m\Leftrightarrow r(\boldsymbol{\beta}_1,\cdots,\boldsymbol{\beta}_m)=m=r(\boldsymbol{\alpha}_1,\cdots,\boldsymbol{\alpha}_m)\Leftrightarrow r(\boldsymbol{A})=r(\boldsymbol{B}),$$

即 $\boldsymbol{A}$、$\boldsymbol{B}$ 等价.

故应选(D).

点评：秩相同是同型矩阵等价的充要条件，但只是向量组等价的必要条件，而非充分条件. 本题为2000年考研真题.

【3.16】 设向量组 $\boldsymbol{\alpha},\boldsymbol{\beta},\boldsymbol{\gamma}$ 及数 k,l,m 满足：$k\boldsymbol{\alpha}+l\boldsymbol{\beta}+m\boldsymbol{\gamma}=\boldsymbol{0}$，且 $km\neq0$，则______.

(A)$\boldsymbol{\alpha},\boldsymbol{\beta}$ 与 $\boldsymbol{\alpha},\boldsymbol{\gamma}$ 等价　　(B)$\boldsymbol{\alpha},\boldsymbol{\beta}$ 与 $\boldsymbol{\beta},\boldsymbol{\gamma}$ 等价

(C)$\boldsymbol{\alpha},\boldsymbol{\gamma}$ 与 $\boldsymbol{\beta},\boldsymbol{\gamma}$ 等价　　(D)$\boldsymbol{\alpha}$ 与 $\boldsymbol{\gamma}$ 等价

解 l 不知是否为零，不能确定 $\boldsymbol{\beta}$ 可否由 $\boldsymbol{\alpha},\boldsymbol{\gamma}$ 线性表示，因此非(A)、(C)、(D).

由 $k\boldsymbol{\alpha}+l\boldsymbol{\beta}+m\boldsymbol{\gamma}=\boldsymbol{0}$，且 $km\neq0$ 知 $\boldsymbol{\alpha}$ 可由 $\boldsymbol{\beta},\boldsymbol{\gamma}$ 线性表示，而 $\boldsymbol{\beta}=\boldsymbol{\beta}+0\cdot\boldsymbol{\gamma}$，又 $\boldsymbol{\gamma}$ 可由 $\boldsymbol{\alpha},\boldsymbol{\beta}$ 线性表示，且 $\boldsymbol{\beta}=\boldsymbol{\beta}+0\cdot\boldsymbol{\alpha}$，所以，$\boldsymbol{\alpha},\boldsymbol{\beta}$ 和 $\boldsymbol{\beta},\boldsymbol{\gamma}$ 等价.

故应选(B).

【3.17】 设向量组 $\boldsymbol{\alpha}_1,\boldsymbol{\alpha}_2,\cdots,\boldsymbol{\alpha}_m$ 线性无关，且可由向量组 $\boldsymbol{\beta}_1,\boldsymbol{\beta}_2,\cdots,\boldsymbol{\beta}_m$ 线性表示. 证明：这两个向量组等价，从而 $\boldsymbol{\beta}_1,\boldsymbol{\beta}_2,\cdots,\boldsymbol{\beta}_m$ 也线性无关.

证 **证法一**：

因为 $\boldsymbol{\alpha}_1,\boldsymbol{\alpha}_2,\cdots,\boldsymbol{\alpha}_m$ 线性无关且可由 $\boldsymbol{\beta}_1,\boldsymbol{\beta}_2,\cdots,\boldsymbol{\beta}_m$ 线性表示，故

$$m=r(\boldsymbol{\alpha}_1,\boldsymbol{\alpha}_2.\cdots,\boldsymbol{\alpha}_m)\leqslant r(\boldsymbol{\beta}_1,\boldsymbol{\beta}_2,\cdots,\boldsymbol{\beta}_m).$$

从而必然 $r(\boldsymbol{\beta}_1,\boldsymbol{\beta}_2,\cdots,\boldsymbol{\beta}_m)=m$. 因此，$\boldsymbol{\beta}_1,\boldsymbol{\beta}_2,\cdots,\boldsymbol{\beta}_m$ 线性无关.

由此进一步可知，$\boldsymbol{\beta}_1,\boldsymbol{\beta}_2,\cdots,\boldsymbol{\beta}_m$ 是向量组

$$\boldsymbol{\alpha}_1,\boldsymbol{\alpha}_2,\cdots,\boldsymbol{\alpha}_m,\ \boldsymbol{\beta}_1,\boldsymbol{\beta}_2,\cdots,\boldsymbol{\beta}_m \tag{1}$$

的一个极大无关组.

因此，向量组(1)的秩为 m. 但由于 $\boldsymbol{\alpha}_1,\boldsymbol{\alpha}_2,\cdots,\boldsymbol{\alpha}_m$ 为(1)中的 m 个线性无关的向量，从而它也是(1)的一个极大无关组.

于是 $\boldsymbol{\beta}_1,\boldsymbol{\beta}_2,\cdots,\boldsymbol{\beta}_m$ 可由 $\boldsymbol{\alpha}_1,\boldsymbol{\alpha}_2,\cdots,\boldsymbol{\alpha}_m$ 线性表示，从而二者等价.

证法二：

由于 $\boldsymbol{\alpha}_1,\boldsymbol{\alpha}_2,\cdots,\boldsymbol{\alpha}_m$ 可由 $\boldsymbol{\beta}_1,\boldsymbol{\beta}_2,\cdots,\boldsymbol{\beta}_m$ 线性表示，故对任意 $\boldsymbol{\beta}_i$，向量组 $\boldsymbol{\beta}_i,\boldsymbol{\alpha}_1,\boldsymbol{\alpha}_2,\cdots,\boldsymbol{\alpha}_m$ 仍可由 $\boldsymbol{\beta}_1,\boldsymbol{\beta}_2,\cdots,\boldsymbol{\beta}_m$ 线性表示.

由于 $m+1>m$，故 $m+1$ 个向量 $\boldsymbol{\beta}_i,\boldsymbol{\alpha}_1,\boldsymbol{\alpha}_2,\cdots,\boldsymbol{\alpha}_m$ 必线性相关.

又因为 $\boldsymbol{\alpha}_1,\boldsymbol{\alpha}_2,\cdots,\boldsymbol{\alpha}_m$，线性无关，故 $\boldsymbol{\beta}_i$ 可由 $\boldsymbol{\alpha}_1,\boldsymbol{\alpha}_2,\cdots,\boldsymbol{\alpha}_m$ 线性表示.

从而向量组 $\boldsymbol{\alpha}_1,\boldsymbol{\alpha}_2,\cdots,\boldsymbol{\alpha}_m$ 与 $\boldsymbol{\beta}_1,\boldsymbol{\beta}_2,\cdots,\boldsymbol{\beta}_m$ 等价.

再由于等价向量组有相同的秩，而 $\boldsymbol{\alpha}_1,\boldsymbol{\alpha}_2,\cdots,\boldsymbol{\alpha}_m$ 线性无关，秩为 m，故 $\boldsymbol{\beta}_1,\boldsymbol{\beta}_2,\cdots,\boldsymbol{\beta}_m$ 秩为 m，从而也线性无关.

【3.18】 设 $\boldsymbol{A},\boldsymbol{B},\boldsymbol{C}$ 均为 n 阶矩阵，若 $\boldsymbol{AB}=\boldsymbol{C}$，且 $\boldsymbol{B}$ 可逆，则______.

(A)矩阵 $\boldsymbol{C}$ 的行向量组与矩阵 $\boldsymbol{A}$ 的行向量组等价

(B)矩阵 $\boldsymbol{C}$ 的列向量组与矩阵 $\boldsymbol{A}$ 的列向量组等价

(C)矩阵 $\boldsymbol{C}$ 的行向量组与矩阵 $\boldsymbol{B}$ 的行向量组等价

(D)矩阵 $\boldsymbol{C}$ 的列向量组与矩阵 $\boldsymbol{B}$ 的列向量组等价

解 将 $\boldsymbol{A},\boldsymbol{C}$ 按列分块，$\boldsymbol{A}=(\boldsymbol{\alpha}_1,\cdots,\boldsymbol{\alpha}_n)$，$\boldsymbol{C}=(\boldsymbol{\gamma}_1,\cdots,\boldsymbol{\gamma}_n)$.

由于 $\boldsymbol{AB}=\boldsymbol{C}$，故 $(\boldsymbol{\alpha}_1,\cdots,\boldsymbol{\alpha}_n)\begin{bmatrix} b_{11} & \cdots & b_{1n} \\ \cdot & \cdots & \cdot \\ b_{n1} & \cdots & b_{nn} \end{bmatrix}=(\boldsymbol{\gamma}_1,\cdots,\boldsymbol{\gamma}_n)$，

即 $\boldsymbol{\gamma}_1=b_{11}\boldsymbol{\alpha}_1+\cdots+b_{n1}\boldsymbol{\alpha}_n,\cdots,\boldsymbol{\gamma}_n=b_{1n}\boldsymbol{\alpha}_1+\cdots+b_{nn}\boldsymbol{\alpha}_n$，

即 $\boldsymbol{C}$ 的列向量组可由 $\boldsymbol{A}$ 的列向量组线性表示.

由于 $\boldsymbol{B}$ 可逆，故 $\boldsymbol{A}=\boldsymbol{CB}^{-1}$，$\boldsymbol{A}$ 的列向量组可由 $\boldsymbol{C}$ 的列向量组线性表示，选(B).

点评：本题为 2013 年考研真题.

§4. 向量的内积与向量空间

知识要点

1. 向量的内积 给定 $\boldsymbol{R}^n$ 中向量

$$\boldsymbol{\alpha}=(a_1,a_2,\cdots,a_n)^T,\qquad \boldsymbol{\beta}=(b_1,b_2,\cdots,b_n)^T,$$

则称 $\sum_{i=1}^{n} a_ib_i$ 为向量 $\boldsymbol{\alpha}$ 与 $\boldsymbol{\beta}$ 的内积，记为 $(\boldsymbol{\alpha},\boldsymbol{\beta})$，即 $(\boldsymbol{\alpha},\boldsymbol{\beta})=\boldsymbol{\alpha}^T\boldsymbol{\beta}=\sum_{i=1}^{n} a_ib_i$.

内积具有下列性质：

(1) $(\boldsymbol{\alpha},\boldsymbol{\beta})=(\boldsymbol{\beta},\boldsymbol{\alpha})$；

(2) $(k\boldsymbol{\alpha},\boldsymbol{\beta})=k(\boldsymbol{\alpha},\boldsymbol{\beta})$；

(3) $(\boldsymbol{\alpha}+\boldsymbol{\beta},\boldsymbol{\gamma})=(\boldsymbol{\alpha},\boldsymbol{\gamma})+(\boldsymbol{\beta},\boldsymbol{\gamma})$；

(4) $(\boldsymbol{\alpha},\boldsymbol{\alpha})\geqslant 0$，当且仅当 $\boldsymbol{\alpha}=\boldsymbol{0}$ 时，等号成立.

2. 向量的范数 设 $\boldsymbol{\alpha}$ 为 $\boldsymbol{R}^n$ 中任意向量，将非负实数 $\sqrt{(\boldsymbol{\alpha},\boldsymbol{\alpha})}$ 定义为 $\boldsymbol{\alpha}$ 的长度，记为 $\|\boldsymbol{\alpha}\|$，即若 $\boldsymbol{\alpha}=(a_1,a_2,\cdots,a_n)^T$，则有

$$\|\boldsymbol{\alpha}\|=\sqrt{(a_1^2+a_2^2+\cdots+a_n^2)}.$$

向量的长度也称为向量的范数或模.

向量范数具有下列性质：

(1) $\|\boldsymbol{\alpha}\|\geqslant 0$，当且仅当 $\boldsymbol{\alpha}=\boldsymbol{0}$ 时，等号成立；

(2)对于任意向量 $\boldsymbol{\alpha}$ 和任意实数 k,都有 $\|k\boldsymbol{\alpha}\|=|k|\ \|\boldsymbol{\alpha}\|$;

(3)对于任意 n 维向量 $\boldsymbol{\alpha}$ 和 $\boldsymbol{\beta}$,有 $|(\boldsymbol{\alpha},\boldsymbol{\beta})|=|\boldsymbol{\alpha}^T\boldsymbol{\beta}|\leqslant\|\boldsymbol{\alpha}\|\ \|\boldsymbol{\beta}\|$.

3. 向量的正交 如果向量 $\boldsymbol{\alpha}$ 和 $\boldsymbol{\beta}$ 的内积等于零,即 $(\boldsymbol{\alpha},\boldsymbol{\beta})=0$,则称 $\boldsymbol{\alpha}$ 和 $\boldsymbol{\beta}$ 相互正交.

如果非零向量组 $\boldsymbol{\alpha}_1,\boldsymbol{\alpha}_2,\cdots,\boldsymbol{\alpha}_s$ 中向量两两正交,即 $(\boldsymbol{\alpha}_i,\boldsymbol{\alpha}_j)=0\ (i\neq j,\ i,j=1,2,\cdots,s)$,则称该向量组为正交向量组.

正交向量具有下列性质:

(1)零向量与任何向量正交;

(2)与自己正交的向量只有零向量;

(3)正交向量组是线性无关的;

(4)对任意向量 $\boldsymbol{\alpha}$ 和 $\boldsymbol{\beta}$,有三角不等式

$$\|\boldsymbol{\alpha}+\boldsymbol{\beta}\|\leqslant\|\boldsymbol{\alpha}\|+\|\boldsymbol{\beta}\|,$$

当且仅当 $\boldsymbol{\alpha}$ 与 $\boldsymbol{\beta}$ 相互正交时,有 $\|\boldsymbol{\alpha}+\boldsymbol{\beta}\|^2=\|\boldsymbol{\alpha}\|^2+\|\boldsymbol{\beta}\|^2$.

4. 向量空间 设 $\boldsymbol{V}$ 是实数域 $\boldsymbol{R}$ 上的 n 维向量组成的集合,如果 $\boldsymbol{V}$ 关于向量的加法和数乘是封闭的,即

若 $\boldsymbol{\alpha}\in\boldsymbol{V},\boldsymbol{\beta}\in\boldsymbol{V}$,则 $\boldsymbol{\alpha}+\boldsymbol{\beta}\in\boldsymbol{V}$;若 $\boldsymbol{\alpha}\in\boldsymbol{V},k\in\boldsymbol{R}$,则 $k\boldsymbol{\alpha}\in\boldsymbol{V}$,则称 $\boldsymbol{V}$ 是实数域 $\boldsymbol{R}$ 上的向量空间.

显然,实数域 $\boldsymbol{R}$ 上的 n 维向量的全体构成一个向量空间,记为 $\boldsymbol{R}^n$.

5. 基与坐标 在向量空间 $\boldsymbol{R}^n$ 中,n 个线性无关的向量 $\boldsymbol{\xi}_1,\boldsymbol{\xi}_2,\cdots,\boldsymbol{\xi}_n$ 称为 $\boldsymbol{R}^n$ 的一组基. 若 $\boldsymbol{\alpha}\in\boldsymbol{R}^n$ 为任一向量,且

$$\boldsymbol{\alpha}=a_1\boldsymbol{\xi}_1+a_2\boldsymbol{\xi}_2+\cdots+a_n\boldsymbol{\xi}_n,$$

则称 $a_1,a_2,\cdots,a_n$ 为 $\boldsymbol{\alpha}$ 关于基 $\boldsymbol{\xi}_1,\boldsymbol{\xi}_2,\cdots,\boldsymbol{\xi}_n$ 的坐标,记作 $(a_1,a_2,\cdots,a_n)^T$.

6. 基变换与坐标变换 设 $\boldsymbol{\xi}_1,\boldsymbol{\xi}_2,\cdots,\boldsymbol{\xi}_n$ 和 $\boldsymbol{\eta}_1,\boldsymbol{\eta}_2,\cdots,\boldsymbol{\eta}_n$ 是 $\boldsymbol{R}^n$ 的两组基,且有

$$(\boldsymbol{\eta}_1,\boldsymbol{\eta}_2,\cdots,\boldsymbol{\eta}_n)=(\boldsymbol{\xi}_1,\boldsymbol{\xi}_2,\cdots,\boldsymbol{\xi}_n)\begin{bmatrix}a_{11}&a_{12}&\cdots&a_{1n}\\a_{21}&a_{22}&\cdots&a_{2n}\\\cdots&\cdots&\cdots&\cdots\\a_{n1}&a_{n2}&\cdots&a_{nn}\end{bmatrix}=(\boldsymbol{\xi}_1,\boldsymbol{\xi}_2,\cdots,\boldsymbol{\xi}_n)\boldsymbol{A},$$

称 $\boldsymbol{A}$ 为由基 $\boldsymbol{\xi}_1,\boldsymbol{\xi}_2,\cdots,\boldsymbol{\xi}_n$ 到基 $\boldsymbol{\eta}_1,\boldsymbol{\eta}_2,\cdots,\boldsymbol{\eta}_n$ 的过渡矩阵,两个基之间的过渡矩阵是可逆矩阵.

设 $\boldsymbol{\alpha}\in\boldsymbol{R}^n$ 在基 $\boldsymbol{\xi}_1,\boldsymbol{\xi}_2,\cdots,\boldsymbol{\xi}_n$ 和基 $\boldsymbol{\eta}_1,\boldsymbol{\eta}_2,\cdots,\boldsymbol{\eta}_n$ 下的坐标分别为

$$(x_1,x_2,\cdots,x_n)^T \text{ 与 } (y_1,y_2,\cdots,y_n)^T,$$

则有

$$\begin{bmatrix}x_1\\x_2\\\vdots\\x_n\end{bmatrix}=\boldsymbol{A}\begin{bmatrix}y_1\\y_2\\\vdots\\y_n\end{bmatrix} \quad\text{或}\quad \begin{bmatrix}y_1\\y_2\\\vdots\\y_n\end{bmatrix}=\boldsymbol{A}^{-1}\begin{bmatrix}x_1\\x_2\\\vdots\\x_n\end{bmatrix}$$

称其为坐标变换公式.

7. $\boldsymbol{R}^n$ 的标准正交基 向量空间 $\boldsymbol{R}^n$ 中 n 个向量 $\boldsymbol{\eta}_1,\boldsymbol{\eta}_2,\cdots,\boldsymbol{\eta}_n$ 满足

(1)两两正交,即 $\boldsymbol{\eta}_i^T\boldsymbol{\eta}_j=0,\ i\neq j,\ i,j=1,2,\cdots,n$;

(2)都是单位向量,即 $\|\boldsymbol{\eta}_i\|=1,\ i=1,2,\cdots,n$,

则称 $\boldsymbol{\eta}_1,\boldsymbol{\eta}_2,\cdots,\boldsymbol{\eta}_n$ 为 $\boldsymbol{R}^n$ 的一组标准正交基.

8. 标准正交基的求法

(1)施密特正交化方法　给定一线性无关向量组 $\boldsymbol{\alpha}_1,\boldsymbol{\alpha}_2,\cdots,\boldsymbol{\alpha}_s$，由其生成等价的 s 个向量的正交向量组 $\boldsymbol{\beta}_1,\boldsymbol{\beta}_2,\cdots,\boldsymbol{\beta}_s$ 的公式如下：

$\boldsymbol{\beta}_1=\boldsymbol{\alpha}_1$，

$\boldsymbol{\beta}_2=\boldsymbol{\alpha}_2-\dfrac{(\boldsymbol{\alpha}_2,\boldsymbol{\beta}_1)}{(\boldsymbol{\beta}_1,\boldsymbol{\beta}_1)}\boldsymbol{\beta}_1$，

$\boldsymbol{\beta}_3=\boldsymbol{\alpha}_3-\dfrac{(\boldsymbol{\alpha}_3,\boldsymbol{\beta}_1)}{(\boldsymbol{\beta}_1,\boldsymbol{\beta}_1)}\boldsymbol{\beta}_1-\dfrac{(\boldsymbol{\alpha}_3,\boldsymbol{\beta}_2)}{(\boldsymbol{\beta}_2,\boldsymbol{\beta}_2)}\boldsymbol{\beta}_2$，

……………………………………

$\boldsymbol{\beta}_s=\boldsymbol{\alpha}_s-\dfrac{(\boldsymbol{\alpha}_s,\boldsymbol{\beta}_1)}{(\boldsymbol{\beta}_1,\boldsymbol{\beta}_1)}\boldsymbol{\beta}_1-\dfrac{(\boldsymbol{\alpha}_s,\boldsymbol{\beta}_2)}{(\boldsymbol{\beta}_2,\boldsymbol{\beta}_2)}\boldsymbol{\beta}_2-\cdots-\dfrac{(\boldsymbol{\alpha}_s,\boldsymbol{\beta}_{s-1})}{(\boldsymbol{\beta}_{s-1},\boldsymbol{\beta}_{s-1})}\boldsymbol{\beta}_{s-1}$.

(2)给定 $\boldsymbol{R}^n$ 任意一组基，把它变为标准正交基的步骤如下：

①利用施密特正交化方法，由这组基生成有 n 个向量的正交向量组；

②把正交向量组中每个向量标准化，即单位化.

这样就得到 $\boldsymbol{R}^n$ 的一组标准正交基. 这一过程称为标准正交化.

9. 两组标准正交基之间的过渡矩阵　设 $\boldsymbol{R}^n$ 的两组标准正交基 $\boldsymbol{\xi}_1,\boldsymbol{\xi}_2,\cdots,\boldsymbol{\xi}_n$ 和 $\boldsymbol{\eta}_1,\boldsymbol{\eta}_2,\cdots,\boldsymbol{\eta}_n$ 间的过渡矩阵为 $\boldsymbol{Q}$，则存在下列关系

$$(\boldsymbol{\xi}_1,\boldsymbol{\xi}_2,\cdots,\boldsymbol{\xi}_n)=(\boldsymbol{\eta}_1,\boldsymbol{\eta}_2,\cdots,\boldsymbol{\eta}_n)\boldsymbol{Q}$$

且 $\boldsymbol{Q}$ 满足 $\boldsymbol{Q}^T\boldsymbol{Q}=\boldsymbol{E}$，即 $\boldsymbol{Q}$ 为正交矩阵.

基 本 题 型

题型 1：关于向量的内积

【4.1】　把向量组 $\boldsymbol{\alpha}_1=(1,1,1)^T$，$\boldsymbol{\alpha}_2=(0,1,1)^T$，$\boldsymbol{\alpha}_3=(0,0,1)^T$ 标准正交化.

解　先正交化，取

$$\boldsymbol{\beta}_1=\boldsymbol{\alpha}_1=(1,1,1)^T,$$

$$\boldsymbol{\beta}_2=\boldsymbol{\alpha}_2-\frac{(\boldsymbol{\alpha}_2,\boldsymbol{\beta}_1)}{(\boldsymbol{\beta}_1,\boldsymbol{\beta}_1)}\boldsymbol{\beta}_1=(0,1,1)^T-\frac{2}{3}(1,1,1)^T=\left(-\frac{2}{3},\frac{1}{3},\frac{1}{3}\right)^T,$$

$$\begin{aligned}\boldsymbol{\beta}_3&=\boldsymbol{\alpha}_3-\frac{(\boldsymbol{\alpha}_3,\boldsymbol{\beta}_1)}{(\boldsymbol{\beta}_1,\boldsymbol{\beta}_1)}\boldsymbol{\beta}_1-\frac{(\boldsymbol{\alpha}_3,\boldsymbol{\beta}_2)}{(\boldsymbol{\beta}_2,\boldsymbol{\beta}_2)}\boldsymbol{\beta}_2=(0,0,1)^T-\frac{1}{3}(1,1,1)^T-\frac{1}{2}\left(-\frac{2}{3},\frac{1}{3},\frac{1}{3}\right)^T\\&=\left(0,-\frac{1}{2},\frac{1}{2}\right)^T.\end{aligned}$$

再单位化，取

$$\boldsymbol{\varepsilon}_1=\frac{\boldsymbol{\beta}_1}{\|\boldsymbol{\beta}_1\|}=\frac{1}{\sqrt{3}}(1,1,1)^T,$$

$$\boldsymbol{\varepsilon}_2=\frac{\boldsymbol{\beta}_2}{\|\boldsymbol{\beta}_2\|}=\frac{1}{\sqrt{6}}(-2,1,1)^T,$$

$$\boldsymbol{\varepsilon}_3=\frac{\boldsymbol{\beta}_3}{\|\boldsymbol{\beta}_3\|}=\sqrt{2}\left(0,-\frac{1}{2},\frac{1}{2}\right)^T,$$

则 $\boldsymbol{\varepsilon}_1,\boldsymbol{\varepsilon}_2,\boldsymbol{\varepsilon}_3$ 就为所求.

【4.2】 已知 n 维向量组 $\boldsymbol{\alpha}_1,\boldsymbol{\alpha}_2,\cdots,\boldsymbol{\alpha}_n$ 线性无关,若向量 $\boldsymbol{\beta}$ 与 $\boldsymbol{\alpha}_1,\boldsymbol{\alpha}_2,\cdots,\boldsymbol{\alpha}_n$ 都正交,证明 $\boldsymbol{\beta}$ 为零向量.

证 因为 $\boldsymbol{\beta},\boldsymbol{\alpha}_1,\boldsymbol{\alpha}_2,\cdots,\boldsymbol{\alpha}_n$ 是 $n+1$ 个 n 维向量,所以向量组 $\boldsymbol{\beta},\boldsymbol{\alpha}_1,\boldsymbol{\alpha}_2,\cdots,\boldsymbol{\alpha}_n$ 线性相关.再由题设向量组 $\boldsymbol{\alpha}_1,\boldsymbol{\alpha}_2,\cdots,\boldsymbol{\alpha}_n$ 线性无关,因此 $\boldsymbol{\beta}$ 可由 $\boldsymbol{\alpha}_1,\boldsymbol{\alpha}_2,\cdots,\boldsymbol{\alpha}_n$ 线性表示,设

$$\boldsymbol{\beta}=k_1\boldsymbol{\alpha}_1+k_2\boldsymbol{\alpha}_2+\cdots+k_n\boldsymbol{\alpha}_n.$$

因为 $(\boldsymbol{\beta},\boldsymbol{\alpha}_i)=0\ (i=1,2,\cdots,n)$,所以

$$(\boldsymbol{\beta},\boldsymbol{\beta})=(\boldsymbol{\beta},k_1\boldsymbol{\alpha}_1+k_2\boldsymbol{\alpha}_2+\cdots+k_n\boldsymbol{\alpha}_n)=k_1(\boldsymbol{\beta},\boldsymbol{\alpha}_1)+k_2(\boldsymbol{\beta},\boldsymbol{\alpha}_2)+\cdots+k_n(\boldsymbol{\beta},\boldsymbol{\alpha}_n)=0.$$

故 $\boldsymbol{\beta}=\mathbf{0}$.

点评:对于向量 $\boldsymbol{\beta}$,$(\boldsymbol{\beta},\boldsymbol{\beta})=0$ 当且仅当 $\boldsymbol{\beta}=\mathbf{0}$.

【4.3】 已知列向量组 $\boldsymbol{\alpha}_1,\boldsymbol{\alpha}_2,\cdots,\boldsymbol{\alpha}_r$ 线性无关,且都与非零列向量 $\boldsymbol{\beta}$ 正交,证明向量组 $\boldsymbol{\alpha}_1,\boldsymbol{\alpha}_2,\cdots,\boldsymbol{\alpha}_r,\boldsymbol{\beta}$ 线性无关.

证 设有一组数 $k_1,k_2,\cdots,k_r,k$,使

$$k_1\boldsymbol{\alpha}_1+k_2\boldsymbol{\alpha}_2+\cdots+k_r\boldsymbol{\alpha}_r+k\boldsymbol{\beta}=\mathbf{0},\qquad ①$$

以 $\boldsymbol{\beta}^T$ 左乘上式两边,得

$$k_1\boldsymbol{\beta}^T\boldsymbol{\alpha}_1+k_2\boldsymbol{\beta}^T\boldsymbol{\alpha}_2+\cdots+k_r\boldsymbol{\beta}^T\boldsymbol{\alpha}_r+k\boldsymbol{\beta}^T\boldsymbol{\beta}=\mathbf{0}.$$

由于 $\boldsymbol{\beta}^T\boldsymbol{\alpha}_i=0$,$(i=1,2,\cdots,s)$,所以有 $k\boldsymbol{\beta}^T\boldsymbol{\beta}=0$.又因为 $\boldsymbol{\beta}\neq\mathbf{0}$,于是 $\boldsymbol{\beta}^T\boldsymbol{\beta}\neq0$,故 $k=0$.将 $k=0$ 代入①式,得

$$k_1\boldsymbol{\alpha}_1+k_2\boldsymbol{\alpha}_2+\cdots+k_r\boldsymbol{\alpha}_r=\mathbf{0}.$$

因为 $\boldsymbol{\alpha}_1,\boldsymbol{\alpha}_2,\cdots,\boldsymbol{\alpha}_r$ 线性无关,所以 $k_1=k_2=\cdots=k_r=0$.故 $\boldsymbol{\alpha}_1,\boldsymbol{\alpha}_2,\cdots,\boldsymbol{\alpha}_r,\boldsymbol{\beta}$ 线性无关.

题型2:关于向量空间

【4.4】 从 $\boldsymbol{R}^2$ 的基 $\boldsymbol{\alpha}_1=\begin{bmatrix}1\\0\end{bmatrix},\boldsymbol{\alpha}_2=\begin{bmatrix}1\\-1\end{bmatrix}$ 到基 $\boldsymbol{\beta}_1=\begin{bmatrix}1\\1\end{bmatrix},\boldsymbol{\beta}_2=\begin{bmatrix}1\\2\end{bmatrix}$ 的过渡矩阵为______.

解 根据定义,从 $\boldsymbol{R}^2$ 的基 $\boldsymbol{\alpha}_1=\begin{bmatrix}1\\0\end{bmatrix},\boldsymbol{\alpha}_2=\begin{bmatrix}1\\-1\end{bmatrix}$ 到基 $\boldsymbol{\beta}_1=\begin{bmatrix}1\\1\end{bmatrix},\boldsymbol{\beta}_2=\begin{bmatrix}1\\2\end{bmatrix}$ 的过渡矩阵为

$$\begin{aligned}\boldsymbol{P}&=[\boldsymbol{\alpha}_1,\boldsymbol{\alpha}_2]^{-1}[\boldsymbol{\beta}_1,\boldsymbol{\beta}_2]\\&=\begin{bmatrix}1&1\\0&-1\end{bmatrix}^{-1}\begin{bmatrix}1&1\\1&2\end{bmatrix}=\begin{bmatrix}1&1\\0&-1\end{bmatrix}\begin{bmatrix}1&1\\1&2\end{bmatrix}=\begin{bmatrix}2&3\\-1&-2\end{bmatrix}.\end{aligned}$$

故应填 $\begin{bmatrix}2&3\\-1&-2\end{bmatrix}$.

点评:从基 $\boldsymbol{\alpha}_1,\boldsymbol{\alpha}_2,\cdots,\boldsymbol{\alpha}_n$ 到基 $\boldsymbol{\beta}_1,\boldsymbol{\beta}_2,\cdots,\boldsymbol{\beta}_n$ 的过渡矩阵 $\boldsymbol{P}$ 满足

$$(\boldsymbol{\beta}_1,\boldsymbol{\beta}_2,\cdots,\boldsymbol{\beta}_n)=(\boldsymbol{\alpha}_1,\boldsymbol{\alpha}_2,\cdots,\boldsymbol{\alpha}_n)\boldsymbol{P};$$

从基 $\boldsymbol{\beta}_1,\boldsymbol{\beta}_2,\cdots,\boldsymbol{\beta}_n$ 到基 $\boldsymbol{\alpha}_1,\boldsymbol{\alpha}_2,\cdots,\boldsymbol{\alpha}_n$ 的过渡矩阵 $\boldsymbol{Q}$ 满足

$$(\boldsymbol{\alpha}_1,\boldsymbol{\alpha}_2,\cdots,\boldsymbol{\alpha}_n)=(\boldsymbol{\beta}_1,\boldsymbol{\beta}_2,\cdots,\boldsymbol{\beta}_n)\boldsymbol{Q}.$$

做题时注意两组基的顺序.本题为2003年考研真题.

【4.5】 设 $\boldsymbol{\alpha}_1=(1,1,0)^T,\boldsymbol{\alpha}_2=(0,1,1)^T,\boldsymbol{\alpha}_3=(0,0,1)^T$ 和 $\boldsymbol{\beta}_1=(1,-1,-1)^T,\boldsymbol{\beta}_2=(1,1,-1)^T,\boldsymbol{\beta}_3=(-1,1,0)^T$ 是向量空间 $\boldsymbol{R}^3$ 的两组基.

(1)求由基 $\boldsymbol{\alpha}_1,\boldsymbol{\alpha}_2,\boldsymbol{\alpha}_3$ 到基 $\boldsymbol{\beta}_1,\boldsymbol{\beta}_2,\boldsymbol{\beta}_3$ 的过渡矩阵；

(2)求由基 $\boldsymbol{\beta}_1,\boldsymbol{\beta}_2,\boldsymbol{\beta}_3$ 到基 $\boldsymbol{\alpha}_1,\boldsymbol{\alpha}_2,\boldsymbol{\alpha}_3$ 的过渡矩阵；

(3)求向量 $\boldsymbol{\alpha}=\boldsymbol{\alpha}_1+2\boldsymbol{\alpha}_2-3\boldsymbol{\alpha}_3$ 在基 $\boldsymbol{\beta}_1,\boldsymbol{\beta}_2,\boldsymbol{\beta}_3$ 下的坐标.

解 (1)设矩阵 $\boldsymbol{A}$ 是由基 $\boldsymbol{\alpha}_1,\boldsymbol{\alpha}_2,\boldsymbol{\alpha}_3$ 到基 $\boldsymbol{\beta}_1,\boldsymbol{\beta}_2,\boldsymbol{\beta}_3$ 的过渡矩阵，则

$$(\boldsymbol{\beta}_1,\boldsymbol{\beta}_2,\boldsymbol{\beta}_3)=(\boldsymbol{\alpha}_1,\boldsymbol{\alpha}_2,\boldsymbol{\alpha}_3)\boldsymbol{A},$$

即

$$\begin{bmatrix}1&1&-1\\-1&1&1\\-1&-1&0\end{bmatrix}=\begin{bmatrix}1&0&0\\1&1&0\\0&1&1\end{bmatrix}\boldsymbol{A}.$$

由于 $\boldsymbol{\alpha}_1,\boldsymbol{\alpha}_2,\boldsymbol{\alpha}_3$ 线性无关，故矩阵

$$\begin{bmatrix}1&0&0\\1&1&0\\0&1&1\end{bmatrix}$$

可逆，因此

$$\boldsymbol{A}=\begin{bmatrix}1&0&0\\1&1&0\\0&1&1\end{bmatrix}^{-1}\begin{bmatrix}1&1&-1\\-1&1&1\\-1&-1&0\end{bmatrix}=\begin{bmatrix}1&0&0\\-1&1&0\\1&-1&1\end{bmatrix}\begin{bmatrix}1&1&-1\\-1&1&1\\-1&-1&0\end{bmatrix}$$

$$=\begin{bmatrix}1&1&-1\\-2&0&2\\1&-1&-2\end{bmatrix}.$$

(2)由$(\boldsymbol{\beta}_1,\boldsymbol{\beta}_2,\boldsymbol{\beta}_3)=(\boldsymbol{\alpha}_1,\boldsymbol{\alpha}_2,\boldsymbol{\alpha}_3)\boldsymbol{A}$ 可推出$(\boldsymbol{\alpha}_1,\boldsymbol{\alpha}_2,\boldsymbol{\alpha}_3)=(\boldsymbol{\beta}_1,\boldsymbol{\beta}_2,\boldsymbol{\beta}_3)\boldsymbol{A}^{-1}$，即 $\boldsymbol{A}^{-1}$ 为由基 $\boldsymbol{\beta}_1,\boldsymbol{\beta}_2,\boldsymbol{\beta}_3$ 到基 $\boldsymbol{\alpha}_1,\boldsymbol{\alpha}_2,\boldsymbol{\alpha}_3$ 的过渡矩阵.

$$\boldsymbol{A}^{-1}=\begin{bmatrix}1&1&-1\\-2&0&2\\1&-1&-2\end{bmatrix}^{-1}=\begin{bmatrix}-1&-\frac{3}{2}&-1\\1&\frac{1}{2}&0\\-1&-1&-1\end{bmatrix}.$$

(3)已知 $\boldsymbol{\alpha}$ 在基 $\boldsymbol{\alpha}_1,\boldsymbol{\alpha}_2,\boldsymbol{\alpha}_3$ 下的坐标是$(1,2,-3)^T$. 设 $\boldsymbol{\alpha}$ 在基 $\boldsymbol{\beta}_1,\boldsymbol{\beta}_2,\boldsymbol{\beta}_3$ 下的坐标为$(y_1,y_2,y_3)^T$，则

$$\begin{bmatrix}y_1\\y_2\\y_3\end{bmatrix}=\boldsymbol{A}^{-1}\begin{bmatrix}1\\2\\-3\end{bmatrix}=\begin{bmatrix}-1&-\frac{3}{2}&-1\\1&\frac{1}{2}&0\\-1&-1&-1\end{bmatrix}\begin{bmatrix}1\\2\\-3\end{bmatrix}=\begin{bmatrix}-1\\2\\0\end{bmatrix}.$$

【4.6】 设 $\boldsymbol{\alpha}_1,\boldsymbol{\alpha}_2,\boldsymbol{\alpha}_3$ 和 $\boldsymbol{\beta}_1,\boldsymbol{\beta}_2,\boldsymbol{\beta}_3$ 是向量空间 $\boldsymbol{R}^3$ 的两组基，其中

$$\boldsymbol{\alpha}_1=(1,1,0)^T,\ \boldsymbol{\alpha}_2=(0,1,1)^T,\ \boldsymbol{\alpha}_3=(0,0,1)^T.$$

由基 $\boldsymbol{\alpha}_1,\boldsymbol{\alpha}_2,\boldsymbol{\alpha}_3$ 到基 $\boldsymbol{\beta}_1,\boldsymbol{\beta}_2,\boldsymbol{\beta}_3$ 的过渡矩阵为

$$\boldsymbol{A}=\begin{bmatrix}1&1&-2\\-2&0&3\\4&-1&-6\end{bmatrix},$$

求基向量 $\boldsymbol{\beta}_1,\boldsymbol{\beta}_2,\boldsymbol{\beta}_3$.

解 由题意知

$$(\boldsymbol{\beta}_1,\boldsymbol{\beta}_2,\boldsymbol{\beta}_3)=(\boldsymbol{\alpha}_1,\boldsymbol{\alpha}_2,\boldsymbol{\alpha}_3)\boldsymbol{A}=\begin{bmatrix}1&0&0\\1&1&0\\0&1&1\end{bmatrix}\begin{bmatrix}1&2&-2\\-2&0&3\\4&-1&-6\end{bmatrix}=\begin{bmatrix}1&1&-2\\-1&1&1\\2&-1&-3\end{bmatrix},$$

所以 $\boldsymbol{\beta}_1=(1,-1,2)^T$, $\boldsymbol{\beta}_2=(1,1,-1)^T$, $\boldsymbol{\beta}_3=(-2,1,-3)^T$.

【4.7】 设 $\boldsymbol{\alpha}_1,\boldsymbol{\alpha}_2,\cdots,\boldsymbol{\alpha}_n$ 是 n 维向量空间 $\boldsymbol{R}^n$ 中的 n 个向量，又 $\boldsymbol{R}^n$ 中任一向量都可由它们线性表示. 证明：$\boldsymbol{\alpha}_1,\boldsymbol{\alpha}_2,\cdots,\boldsymbol{\alpha}_n$ 是 $\boldsymbol{R}^n$ 的一组基.

证 由 $\boldsymbol{R}^n$ 中任一向量都可由 $\boldsymbol{\alpha}_1,\boldsymbol{\alpha}_2,\cdots,\boldsymbol{\alpha}_n$ 线性表示知，单位向量组 $\boldsymbol{e}_1,\boldsymbol{e}_2,\cdots,\boldsymbol{e}_n$ 也可由 $\boldsymbol{\alpha}_1,\boldsymbol{\alpha}_2,\cdots,\boldsymbol{\alpha}_n$ 线性表示；而显然向量组 $\boldsymbol{\alpha}_1,\boldsymbol{\alpha}_2,\cdots,\boldsymbol{\alpha}_n$ 中任一向量均可由 $\boldsymbol{e}_1,\boldsymbol{e}_2,\cdots,\boldsymbol{e}_n$ 线性表示，从而向量组 $\boldsymbol{\alpha}_1,\boldsymbol{\alpha}_2,\cdots,\boldsymbol{\alpha}_n$ 与 $\boldsymbol{e}_1,\boldsymbol{e}_2,\cdots,\boldsymbol{e}_n$ 等价. 根据等价的向量组有相同的秩得 $r(\boldsymbol{\alpha}_1,\boldsymbol{\alpha}_2,\cdots,\boldsymbol{\alpha}_n)=n$，所以 $\boldsymbol{\alpha}_1,\boldsymbol{\alpha}_2,\cdots,\boldsymbol{\alpha}_n$ 线性无关，故可成为 $\boldsymbol{R}^n$ 的一组基.

【4.8】 已知向量组 $\boldsymbol{\alpha}_1=(1,2,1,0)^T$, $\boldsymbol{\alpha}_2=(1,1,3,1)^T$, $\boldsymbol{\alpha}_3=(1,0,5,2)^T$, $\boldsymbol{\alpha}_4=(2,1,-2,3)^T$，求 $\boldsymbol{\alpha}_1,\boldsymbol{\alpha}_2,\boldsymbol{\alpha}_3,\boldsymbol{\alpha}_4$ 生成的向量空间 $\boldsymbol{V}$ 的一个标准正交基.

解 由向量组 $\boldsymbol{\alpha}_1,\boldsymbol{\alpha}_2,\boldsymbol{\alpha}_3,\boldsymbol{\alpha}_4$ 构成矩阵 $\boldsymbol{A}$，用初等行变换将 $\boldsymbol{A}$ 化为行阶梯型矩阵：

$$\boldsymbol{A}=\begin{bmatrix}1&1&1&2\\2&1&0&1\\1&3&5&-2\\0&1&2&3\end{bmatrix}\to\begin{bmatrix}1&1&1&2\\0&-1&-2&-3\\0&2&4&-4\\0&1&2&3\end{bmatrix}\to\begin{bmatrix}1&1&1&2\\0&1&2&3\\0&0&0&1\\0&0&0&0\end{bmatrix},$$

则 $\boldsymbol{\alpha}_1,\boldsymbol{\alpha}_2,\boldsymbol{\alpha}_4$ 是向量组 $\boldsymbol{\alpha}_1,\boldsymbol{\alpha}_2,\boldsymbol{\alpha}_3,\boldsymbol{\alpha}_4$ 的一个极大线性无关组，所以 $\boldsymbol{\alpha}_1,\boldsymbol{\alpha}_2,\boldsymbol{\alpha}_4$ 是 $\boldsymbol{V}$ 的一组基.

将 $\boldsymbol{\alpha}_1,\boldsymbol{\alpha}_2,\boldsymbol{\alpha}_4$ 标准正交化. 先正交化，取

$$\boldsymbol{\beta}_1=\boldsymbol{\alpha}_1=\begin{bmatrix}1\\2\\1\\0\end{bmatrix},$$

$$\boldsymbol{\beta}_2=\boldsymbol{\alpha}_2-\frac{(\boldsymbol{\alpha}_2,\boldsymbol{\beta}_1)}{(\boldsymbol{\beta}_1,\boldsymbol{\beta}_1)}\boldsymbol{\beta}_1=\begin{bmatrix}1\\1\\3\\1\end{bmatrix}-\frac{6}{6}\begin{bmatrix}1\\2\\1\\0\end{bmatrix}=\begin{bmatrix}0\\-1\\2\\1\end{bmatrix},$$

$$\boldsymbol{\beta}_3=\boldsymbol{\alpha}_4-\frac{(\boldsymbol{\alpha}_4,\boldsymbol{\beta}_1)}{(\boldsymbol{\beta}_1,\boldsymbol{\beta}_1)}\boldsymbol{\beta}_1-\frac{(\boldsymbol{\alpha}_4,\boldsymbol{\beta}_2)}{(\boldsymbol{\beta}_2,\boldsymbol{\beta}_2)}\boldsymbol{\beta}_2=\begin{bmatrix}2\\1\\-2\\3\end{bmatrix}-\frac{2}{6}\begin{bmatrix}1\\2\\1\\0\end{bmatrix}-\frac{-2}{6}\begin{bmatrix}0\\-1\\2\\1\end{bmatrix}=\frac{5}{3}\begin{bmatrix}1\\0\\-1\\2\end{bmatrix}.$$

再单位化，取

$$\boldsymbol{\varepsilon}_1=\frac{\boldsymbol{\beta}_1}{\|\boldsymbol{\beta}_1\|}=\frac{1}{\sqrt{6}}\begin{bmatrix}1\\2\\1\\0\end{bmatrix},\boldsymbol{\varepsilon}_2=\frac{\boldsymbol{\beta}_2}{\|\boldsymbol{\beta}_2\|}=\frac{1}{\sqrt{6}}\begin{bmatrix}0\\-1\\2\\1\end{bmatrix},\boldsymbol{\varepsilon}_3=\frac{\boldsymbol{\beta}_3}{\|\boldsymbol{\beta}_3\|}=\frac{1}{\sqrt{6}}\begin{bmatrix}1\\0\\-1\\2\end{bmatrix}.$$

于是 $\boldsymbol{\varepsilon}_1,\boldsymbol{\varepsilon}_2,\boldsymbol{\varepsilon}_3$ 是 $\boldsymbol{V}$ 的一个标准正交基.

点评:(1)由向量组 $\boldsymbol{\alpha}_1,\boldsymbol{\alpha}_2,\cdots,\boldsymbol{\alpha}_m$ 生成的向量空间

$$\boldsymbol{V}=\left\{\lambda_1\boldsymbol{\alpha}_1+\lambda_2\boldsymbol{\alpha}_2+\cdots+\lambda_m\boldsymbol{\alpha}_m \,\middle|\, \lambda_1,\lambda_2,\cdots,\lambda_m\in\boldsymbol{R}\right\}.$$

(2)若向量空间 $\boldsymbol{V}$ 的 r 个向量 $\boldsymbol{\alpha}_1,\boldsymbol{\alpha}_2,\cdots,\boldsymbol{\alpha}_r$ 满足:

①$\boldsymbol{\alpha}_1,\boldsymbol{\alpha}_2,\cdots,\boldsymbol{\alpha}_r$ 线性无关,

②$\boldsymbol{V}$ 中任意向量都可由 $\boldsymbol{\alpha}_1,\boldsymbol{\alpha}_2,\cdots,\boldsymbol{\alpha}_r$ 线性表示,

则称 $\boldsymbol{\alpha}_1,\boldsymbol{\alpha}_2,\cdots,\boldsymbol{\alpha}_r$ 是 $\boldsymbol{V}$ 的一个基,r 称 $\boldsymbol{V}$ 的维数,并称 $\boldsymbol{V}$ 为 r 维向量空间.

(3)若向量空间是由 $\boldsymbol{\alpha}_1,\boldsymbol{\alpha}_2,\cdots,\boldsymbol{\alpha}_m$ 生成的,则 $\boldsymbol{V}$ 的维数等于向量组 $\boldsymbol{\alpha}_1,\boldsymbol{\alpha}_2,\cdots,\boldsymbol{\alpha}_m$ 的秩,而 $\boldsymbol{\alpha}_1,\boldsymbol{\alpha}_2,\cdots,\boldsymbol{\alpha}_m$ 的一个极大无关组就是 $\boldsymbol{V}$ 的一个基.

【4.9】 由向量组 $\boldsymbol{\alpha}_1=(1,3,1,-1)^T$, $\boldsymbol{\alpha}_2=(2,-1,-1,4)^T$, $\boldsymbol{\alpha}_3=(5,1,-1,7)^T$, $\boldsymbol{\alpha}_4=(2,6,2,-3)^T$ 生成的向量空间的维数是______.

解 求向量组 $\boldsymbol{\alpha}_1,\boldsymbol{\alpha}_2,\boldsymbol{\alpha}_3,\boldsymbol{\alpha}_4$ 的秩,由于

$$(\boldsymbol{\alpha}_1,\boldsymbol{\alpha}_2,\boldsymbol{\alpha}_3,\boldsymbol{\alpha}_4)=\begin{bmatrix}1&2&5&2\\3&-1&1&6\\1&-1&-1&2\\-1&4&7&-3\end{bmatrix}\to\begin{bmatrix}1&2&5&2\\0&-7&-14&0\\0&-3&-6&0\\0&6&12&-1\end{bmatrix}\to\begin{bmatrix}1&2&5&2\\0&1&2&0\\0&0&0&1\\0&0&0&0\end{bmatrix},$$

可知 $r(\boldsymbol{\alpha}_1,\boldsymbol{\alpha}_2,\boldsymbol{\alpha}_3,\boldsymbol{\alpha}_4)=3$,所以由 $\boldsymbol{\alpha}_1,\boldsymbol{\alpha}_2,\boldsymbol{\alpha}_3,\boldsymbol{\alpha}_4$ 生成的向量空间的维数是 3.

故应填 3.

§5. 综合提高题型

题型 1:关于线性表示

【5.1】 若 $\boldsymbol{\beta}=(0,k,k^2)$ 能由 $\boldsymbol{\alpha}_1=(1+k,1,1)$, $\boldsymbol{\alpha}_2=(1,1+k,1)$, $\boldsymbol{\alpha}_3=(1,1,1+k)$ 唯一线性表示,则 k ______.

解 若 $\boldsymbol{\beta}$ 可由 $\boldsymbol{\alpha}_1,\boldsymbol{\alpha}_2,\boldsymbol{\alpha}_3$ 唯一线性表示,则 $x_1\boldsymbol{\alpha}_1+x_2\boldsymbol{\alpha}_2+x_3\boldsymbol{\alpha}_3=\boldsymbol{\beta}$ 有唯一解,故 $|\boldsymbol{\alpha}_1^T,\boldsymbol{\alpha}_2^T,\boldsymbol{\alpha}_3^T|\neq 0$,即

$$\begin{vmatrix}1+k&1&1\\1&1+k&1\\1&1&1+k\end{vmatrix}=k^2(3+k)\neq 0,$$

所以 $k\neq 0$, $k\neq -3$.

故应填 $\neq 0$, $\neq -3$.

点评:熟练掌握并灵活运用线性表示与线性方程组之间的关系.

【5.2】 若向量组 $\boldsymbol{\alpha},\boldsymbol{\beta},\boldsymbol{\gamma}$ 线性无关,$\boldsymbol{\alpha},\boldsymbol{\beta},\boldsymbol{\delta}$ 线性相关,则______.

(A)$\boldsymbol{\alpha}$ 必可由 $\boldsymbol{\beta},\boldsymbol{\gamma},\boldsymbol{\delta}$ 线性表示　　(B)$\boldsymbol{\beta}$ 必不可由 $\boldsymbol{\alpha},\boldsymbol{\gamma},\boldsymbol{\delta}$ 线性表示

(C)$\boldsymbol{\delta}$ 必可由 $\boldsymbol{\alpha},\boldsymbol{\beta},\boldsymbol{\gamma}$ 线性表示　　(D)$\boldsymbol{\delta}$ 必不可由 $\boldsymbol{\alpha},\boldsymbol{\beta},\boldsymbol{\gamma}$ 线性表示

解 若 $\boldsymbol{\alpha},\boldsymbol{\beta},\boldsymbol{\gamma}$ 线性无关,则其部分向量组 $\boldsymbol{\alpha},\boldsymbol{\beta}$ 线性无关,而由 $\boldsymbol{\alpha},\boldsymbol{\beta},\boldsymbol{\delta}$ 线性相关知存在 k_1,k_2,

k_3，使

$$k_1\boldsymbol{\alpha}+k_2\boldsymbol{\beta}+k_3\boldsymbol{\delta}=\mathbf{0},$$

且 $k_3\neq0$. 等式两端同除 k_3 并整理得

$$\boldsymbol{\delta}=-\frac{k_1}{k_3}\boldsymbol{\alpha}-\frac{k_2}{k_3}\boldsymbol{\beta},$$

则 $\boldsymbol{\delta}$ 可由 $\boldsymbol{\alpha},\boldsymbol{\beta}$ 线性表示. 把上式写为

$$\boldsymbol{\delta}=-\frac{k_1}{k_3}\boldsymbol{\alpha}-\frac{k_2}{k_3}\boldsymbol{\beta}+0\boldsymbol{\gamma},$$

则 $\boldsymbol{\delta}$ 可由 $\boldsymbol{\alpha},\boldsymbol{\beta},\boldsymbol{\gamma}$ 线性表示.

故应选(C).

点评：本题为 1998 年考研真题.

【5.3】 若三维向量 $\boldsymbol{\alpha}_4$ 不能由向量组 $\boldsymbol{\alpha}_1,\boldsymbol{\alpha}_2,\boldsymbol{\alpha}_3$ 线性表示，则必有______.

(A)向量组 $\boldsymbol{\alpha}_1,\boldsymbol{\alpha}_2,\boldsymbol{\alpha}_3$ 线性无关

(B)向量组 $\boldsymbol{\alpha}_1,\boldsymbol{\alpha}_2,\boldsymbol{\alpha}_3$ 线性相关

(C)向量组 $\boldsymbol{\alpha}_1+\boldsymbol{\alpha}_4,\boldsymbol{\alpha}_2+\boldsymbol{\alpha}_4,\boldsymbol{\alpha}_3+\boldsymbol{\alpha}_4$ 线性无关

(D)向量组 $\boldsymbol{\alpha}_1+\boldsymbol{\alpha}_4,\boldsymbol{\alpha}_2+\boldsymbol{\alpha}_4,\boldsymbol{\alpha}_3+\boldsymbol{\alpha}_4$ 线性相关

解 四个三维向量 $\boldsymbol{\alpha}_1,\boldsymbol{\alpha}_2,\boldsymbol{\alpha}_3,\boldsymbol{\alpha}_4$ 必线性相关. 若向量组 $\boldsymbol{\alpha}_1,\boldsymbol{\alpha}_2,\boldsymbol{\alpha}_3$ 线性无关，则 $\boldsymbol{\alpha}_4$ 可由 $\boldsymbol{\alpha}_1,\boldsymbol{\alpha}_2,\boldsymbol{\alpha}_3$ 线性表示. 所以(B)正确，(A)不正确.

对于(C)，取向量组 $\boldsymbol{\alpha}_1=\begin{bmatrix}1\\0\\0\end{bmatrix},\boldsymbol{\alpha}_2=\begin{bmatrix}2\\0\\0\end{bmatrix},\boldsymbol{\alpha}_3=\begin{bmatrix}3\\0\\0\end{bmatrix},\boldsymbol{\alpha}_4=\begin{bmatrix}0\\0\\1\end{bmatrix}$. 易知 $\boldsymbol{\alpha}_4$ 不能由向量组 $\boldsymbol{\alpha}_1,\boldsymbol{\alpha}_2,\boldsymbol{\alpha}_3$ 线性表示. 但 $\boldsymbol{\alpha}_1+\boldsymbol{\alpha}_4,\boldsymbol{\alpha}_2+\boldsymbol{\alpha}_4,\boldsymbol{\alpha}_3+\boldsymbol{\alpha}_4$ 线性相关. 可知(C)不正确.

对于(D)，取向量组 $\boldsymbol{\alpha}_1=\begin{bmatrix}1\\0\\0\end{bmatrix},\boldsymbol{\alpha}_2=\begin{bmatrix}0\\1\\0\end{bmatrix},\boldsymbol{\alpha}_3=\begin{bmatrix}0\\0\\0\end{bmatrix},\boldsymbol{\alpha}_4=\begin{bmatrix}0\\0\\1\end{bmatrix}$. 易知 $\boldsymbol{\alpha}_4$ 不能由向量组 $\boldsymbol{\alpha}_1,\boldsymbol{\alpha}_2,\boldsymbol{\alpha}_3$ 线性表示. 但 $\boldsymbol{\alpha}_1+\boldsymbol{\alpha}_4,\boldsymbol{\alpha}_2+\boldsymbol{\alpha}_4,\boldsymbol{\alpha}_3+\boldsymbol{\alpha}_4$ 线性无关. 可知(D)不正确.

故应选(B).

【5.4】 设 $\boldsymbol{\alpha}_1=(0,1,2,3),\boldsymbol{\beta}_1=(2,2,3,1),\boldsymbol{\beta}_2=(-1,2,1,2),\boldsymbol{\beta}_3=(2,1,-1,-2)$，问 $\boldsymbol{\alpha}_1$ 是否可表示成 $\boldsymbol{\beta}_1,\boldsymbol{\beta}_2,\boldsymbol{\beta}_3$ 的线性组合.

解 $$(\boldsymbol{\beta}_1^T,\boldsymbol{\beta}_2^T,\boldsymbol{\beta}_3^T,\boldsymbol{\alpha}_1^T)=\begin{bmatrix}2&-1&2&0\\2&2&1&1\\3&1&-1&2\\1&2&-2&3\end{bmatrix}\to\begin{bmatrix}1&2&-2&3\\0&-5&6&-6\\0&3&-1&1\\0&-5&5&-7\end{bmatrix}$$

$$\to\begin{bmatrix}1&2&-2&3\\0&1&-\frac{6}{5}&\frac{6}{5}\\0&3&-1&1\\0&0&-1&-1\end{bmatrix}\to\begin{bmatrix}1&2&-2&3\\0&1&-\frac{6}{5}&\frac{6}{5}\\0&0&\frac{13}{5}&-\frac{13}{5}\\0&0&-1&-1\end{bmatrix}\to\begin{bmatrix}1&2&-2&3\\0&1&-\frac{6}{5}&\frac{6}{5}\\0&0&1&1\\0&0&0&1\end{bmatrix}.$$

由 $r(\boldsymbol{\beta}_1,\boldsymbol{\beta}_2,\boldsymbol{\beta}_3)=3$，$r(\boldsymbol{\beta}_1,\boldsymbol{\beta}_2,\boldsymbol{\beta}_3,\boldsymbol{\alpha}_1)=4$ 知 $\boldsymbol{\alpha}_1$ 不能表示为 $\boldsymbol{\beta}_1,\boldsymbol{\beta}_2,\boldsymbol{\beta}_3$ 的线性组合.

【5.5】 设有三维列向量

$$\boldsymbol{\alpha}_1=\begin{bmatrix}1+\lambda\\1\\1\end{bmatrix},\quad \boldsymbol{\alpha}_2=\begin{bmatrix}1\\1+\lambda\\1\end{bmatrix},\quad \boldsymbol{\alpha}_3=\begin{bmatrix}1\\1\\1+\lambda\end{bmatrix},\quad \boldsymbol{\beta}=\begin{bmatrix}0\\\lambda\\\lambda^2\end{bmatrix},$$

问 λ 取何值时，有

(1)$\boldsymbol{\beta}$ 可由 $\boldsymbol{\alpha}_1,\boldsymbol{\alpha}_2,\boldsymbol{\alpha}_3$ 线性表示，且表达式唯一？

(2)$\boldsymbol{\beta}$ 可由 $\boldsymbol{\alpha}_1,\boldsymbol{\alpha}_2,\boldsymbol{\alpha}_3$ 线性表示，但表达式不唯一？

(3)$\boldsymbol{\beta}$ 不能由 $\boldsymbol{\alpha}_1,\boldsymbol{\alpha}_2,\boldsymbol{\alpha}_3$ 线性表示？

解 对 $\boldsymbol{\alpha}_1,\boldsymbol{\alpha}_2,\boldsymbol{\alpha}_3,\boldsymbol{\beta}$ 排成的矩阵施以初等行变换：

$$(\boldsymbol{\alpha}_1,\boldsymbol{\alpha}_2,\boldsymbol{\alpha}_3,\boldsymbol{\beta})=\begin{bmatrix}1+\lambda&1&1&0\\1&1+\lambda&1&\lambda\\1&1&1+\lambda&\lambda^2\end{bmatrix}\to\begin{bmatrix}1&1&1+\lambda&\lambda^2\\0&\lambda&-\lambda&\lambda-\lambda^2\\0&-\lambda&1-(1+\lambda)^2&-\lambda^2(1+\lambda)\end{bmatrix}$$

$$\to\begin{bmatrix}1&1&1+\lambda&\lambda^2\\0&\lambda&-\lambda&\lambda(1-\lambda)\\0&0&-3\lambda-\lambda^2&\lambda-2\lambda^2-\lambda^3\end{bmatrix}.$$

从而得：

当 $\lambda\neq0$ 且 $\lambda\neq-3$ 时，$r(\boldsymbol{\alpha}_1,\boldsymbol{\alpha}_2,\boldsymbol{\alpha}_3)=r(\boldsymbol{\alpha}_1,\boldsymbol{\alpha}_2,\boldsymbol{\alpha}_3,\boldsymbol{\beta})=3$，故有唯一表达式.

当 $\lambda=0$ 时，$r(\boldsymbol{\alpha}_1,\boldsymbol{\alpha}_2,\boldsymbol{\alpha}_3)=r(\boldsymbol{\alpha}_1,\boldsymbol{\alpha}_2,\boldsymbol{\alpha}_3,\boldsymbol{\beta})<3$，故 $\boldsymbol{\beta}$ 能由 $\boldsymbol{\alpha}_1,\boldsymbol{\alpha}_2,\boldsymbol{\alpha}_3$ 线性表示，但表达式不唯一.

当 $\lambda=-3$ 时，$r(\boldsymbol{\alpha}_1,\boldsymbol{\alpha}_2,\boldsymbol{\alpha}_3)=2$，$r(\boldsymbol{\alpha}_1,\boldsymbol{\alpha}_2,\boldsymbol{\alpha}_3,\boldsymbol{\beta})=3$，故 $\boldsymbol{\beta}$ 不能由 $\boldsymbol{\alpha}_1,\boldsymbol{\alpha}_2,\boldsymbol{\alpha}_3$ 线性表示.

【5.6】 确定常数 a，使向量组 $\boldsymbol{\alpha}_1=(1,1,a)^T$，$\boldsymbol{\alpha}_2=(1,a,1)^T$，$\boldsymbol{\alpha}_3=(a,1,1)^T$ 可由向量组 $\boldsymbol{\beta}_1=(1,1,a)^T$，$\boldsymbol{\beta}_2=(-2,a,4)^T$，$\boldsymbol{\beta}_3=(-2,a,a)^T$ 线性表示，但向量组 $\boldsymbol{\beta}_1,\boldsymbol{\beta}_2,\boldsymbol{\beta}_3$ 不能由向量组 $\boldsymbol{\alpha}_1,\boldsymbol{\alpha}_2,\boldsymbol{\alpha}_3$ 线性表示.

解 记 $\boldsymbol{A}=(\boldsymbol{\alpha}_1,\boldsymbol{\alpha}_2,\boldsymbol{\alpha}_3)$，$\boldsymbol{B}=(\boldsymbol{\beta}_1,\boldsymbol{\beta}_2,\boldsymbol{\beta}_3)$，对矩阵 $(\boldsymbol{A}\vdots\boldsymbol{B})$ 施行初等行变换：

$$(\boldsymbol{A}\vdots\boldsymbol{B})=\left[\begin{array}{ccc:ccc}1&1&a&1&-2&-2\\1&a&1&1&a&a\\a&1&1&a&4&a\end{array}\right]$$

$$\to\left[\begin{array}{ccc:ccc}1&1&a&1&-2&-2\\0&a-1&1-a&0&a+2&a+2\\0&1-a&1-a^2&0&4+2a&3a\end{array}\right]$$

$$\to\left[\begin{array}{ccc:ccc}1&1&a&1&-2&-2\\0&a-1&1-a&0&a+2&a+2\\0&0&-(a-1)(a+2)&0&3a+6&4a+2\end{array}\right],$$

由于 $\boldsymbol{\beta}_1,\boldsymbol{\beta}_2,\boldsymbol{\beta}_3$ 不能由 $\boldsymbol{\alpha}_1,\boldsymbol{\alpha}_2,\boldsymbol{\alpha}_3$ 线性表示，故 $r(\boldsymbol{A})<3$，因此 $a=1$ 或 $a=-2$.

当 $a=1$ 时，

$$(\boldsymbol{A}\vdots\boldsymbol{B})=\left[\begin{array}{ccc:ccc}1&1&1&1&-2&-2\\1&1&1&1&1&1\\1&1&1&1&4&1\end{array}\right]\to\left[\begin{array}{ccc:ccc}1&1&1&1&-2&-2\\0&0&0&0&3&3\\0&0&0&0&0&-3\end{array}\right],$$

由此可得，$r(\boldsymbol{A})=1$，而 $r(\boldsymbol{A}\ \boldsymbol{\beta}_2)=2$，即 $\boldsymbol{\beta}_2$ 不能由 $\boldsymbol{\alpha}_1,\boldsymbol{\alpha}_2,\boldsymbol{\alpha}_3$ 线性表示，从而 $\boldsymbol{\beta}_1,\boldsymbol{\beta}_2,\boldsymbol{\beta}_3$ 不能由 $\boldsymbol{\alpha}_1,\boldsymbol{\alpha}_2,\boldsymbol{\alpha}_3$ 线性表示.

又 $\boldsymbol{\alpha}_1=\boldsymbol{\alpha}_2=\boldsymbol{\alpha}_3=\boldsymbol{\beta}_1=(1,1,1)^T$，故 $\boldsymbol{\alpha}_1,\boldsymbol{\alpha}_2,\boldsymbol{\alpha}_3$ 能由 $\boldsymbol{\beta}_1,\boldsymbol{\beta}_2,\boldsymbol{\beta}_3$ 线性表示，所以 $a=1$ 符合题意.

当 $a=-2$ 时，

$$(\boldsymbol{B}\vdots\boldsymbol{A})=\begin{bmatrix}1&-2&-2&\vdots&1&1&-2\\1&-2&-2&\vdots&1&-2&1\\-2&4&-2&\vdots&-2&1&1\end{bmatrix}$$

$$\rightarrow\begin{bmatrix}1&-2&-2&\vdots&1&1&-2\\0&0&-6&\vdots&0&3&-3\\0&0&0&\vdots&0&-3&3\end{bmatrix},$$

因为秩 $r(\boldsymbol{B})=2$，秩 $r(\boldsymbol{B}\vdots\boldsymbol{\alpha}_2)=3$，故 $\boldsymbol{\alpha}_2$ 不能由 $\boldsymbol{\beta}_1,\boldsymbol{\beta}_2,\boldsymbol{\beta}_3$ 线性表示，与题设矛盾. 因此 $a=1$.

点评：本题为 2005 年考研真题.

【5.7】 证明：若向量组 $\boldsymbol{\alpha}_1,\boldsymbol{\alpha}_2,\cdots,\boldsymbol{\alpha}_s$ 线性无关，而向量组 $\boldsymbol{\alpha}_1,\boldsymbol{\alpha}_2,\cdots,\boldsymbol{\alpha}_s,\boldsymbol{\beta}$ 线性相关，则 $\boldsymbol{\beta}$ 可被向量组 $\boldsymbol{\alpha}_1,\boldsymbol{\alpha}_2,\cdots,\boldsymbol{\alpha}_s$ 线性表示，且表达式唯一.

证 因向量组 $\boldsymbol{\alpha}_1,\boldsymbol{\alpha}_2,\cdots,\boldsymbol{\alpha}_s,\boldsymbol{\beta}$ 线性相关，故一定存在一组不全为零的数 $k_1,k_2,\cdots,k_s,k$，使得

$$k_1\boldsymbol{\alpha}_1+k_2\boldsymbol{\alpha}_2+\cdots+k_s\boldsymbol{\alpha}_s+k\boldsymbol{\beta}=\boldsymbol{0},$$

这里必有 $k\neq0$，否则上式应成为

$$k_1\boldsymbol{\alpha}_1+k_2\boldsymbol{\alpha}_2+\cdots+k_s\boldsymbol{\alpha}_s=\boldsymbol{0}$$

且 $k_1,k_2,\cdots,k_s$ 不全为零，这与 $\boldsymbol{\alpha}_1,\boldsymbol{\alpha}_2,\cdots,\boldsymbol{\alpha}_s$ 线性无关矛盾，因此，$k\neq0$，故

$$\boldsymbol{\beta}=-\frac{k_1}{k}\boldsymbol{\alpha}_1-\frac{k_2}{k}\boldsymbol{\alpha}_2-\cdots-\frac{k_s}{k}\boldsymbol{\alpha}_s,$$

即 $\boldsymbol{\beta}$ 可由 $\boldsymbol{\alpha}_1,\boldsymbol{\alpha}_2,\cdots,\boldsymbol{\alpha}_s$ 线性表示.

再证表示法唯一. 如果

$$\boldsymbol{\beta}=l_1\boldsymbol{\alpha}_1+l_2\boldsymbol{\alpha}_2+\cdots+l_s\boldsymbol{\alpha}_s,\quad 且\quad \boldsymbol{\beta}=k_1\boldsymbol{\alpha}_1+k_2\boldsymbol{\alpha}_2+\cdots+k_s\boldsymbol{\alpha}_s,$$

两式相减，则有

$$(l_1-k_1)\boldsymbol{\alpha}_1+(l_2-k_2)\boldsymbol{\alpha}_2+\cdots+(l_s-k_s)\boldsymbol{\alpha}_s=\boldsymbol{0}.$$

由 $\boldsymbol{\alpha}_1,\boldsymbol{\alpha}_2,\cdots,\boldsymbol{\alpha}_s$ 线性无关可知，$l_i-k_i=0\ (i=1,2,\cdots,s)$，即 $l_i=k_i\,(i=1,2,\cdots,s)$.

从而表示法唯一.

【5.8】 证明线性方程组

$$\begin{cases}a_{11}x_1+a_{12}x_2+\cdots+a_{1n}x_n=0,\\a_{21}x_1+a_{22}x_2+\cdots+a_{2n}x_n=0,\\\cdots\cdots\cdots\cdots\cdots\cdots\\a_{m1}x_1+a_{m2}x_2+\cdots+a_{mn}x_n=0\end{cases}\qquad ①$$

的解是 $b_1x_1+b_2x_2+\cdots+b_nx_n=0$ 解的充要条件是 $\boldsymbol{\beta}$ 为 $\boldsymbol{\alpha}_1,\boldsymbol{\alpha}_2,\cdots,\boldsymbol{\alpha}_m$ 的线性组合，其中

$$\boldsymbol{\beta}=(b_1,b_2,\cdots,b_n),\ \boldsymbol{\alpha}_i=(a_{i1},a_{i2},\cdots,a_{in})\ (i=1,2,\cdots,m).$$

证 充分性：设存在一组数 $k_1,k_2,\cdots,k_m$，使得

$$\boldsymbol{\beta}=k_1\boldsymbol{\alpha}_1+k_2\boldsymbol{\alpha}_2+\cdots+k_m\boldsymbol{\alpha}_m.$$

令 $\boldsymbol{x}=(x_1,x_2,\cdots,x_n)^T$ 为 $\boldsymbol{Ax}=\boldsymbol{0}$ 的解，其中 $\boldsymbol{A}=\begin{bmatrix}\boldsymbol{\alpha}_1\\\boldsymbol{\alpha}_2\\\vdots\\\boldsymbol{\alpha}_m\end{bmatrix}$，即有 $\boldsymbol{\alpha}_i\boldsymbol{x}=0,\ i=1,2,\cdots,m$，

于是 $$b_1x_1+b_2x_2+\cdots+b_nx_n=\boldsymbol{\beta x}=k_1\boldsymbol{\alpha}_1\boldsymbol{x}+k_2\boldsymbol{\alpha}_2\boldsymbol{x}+\cdots+k_m\boldsymbol{\alpha}_m\boldsymbol{x}=0.$$

故证得充分性.

必要性：构造方程组

$$\begin{cases}a_{11}x_1+a_{12}x_2+\cdots+a_{1n}x_n=0,\\ \cdots\cdots\cdots\cdots\cdots\cdots\cdots\cdots\\ a_{m1}x_1+a_{m2}x_2+\cdots+a_{mn}x_n=0,\\ b_1x_1+b_2x_2+\cdots+b_nx_n=0,\end{cases}\qquad ②$$

由①,②的系数矩阵分别为

$$\boldsymbol{A}=\begin{bmatrix}\boldsymbol{\alpha}_1\\\boldsymbol{\alpha}_2\\\vdots\\\boldsymbol{\alpha}_m\end{bmatrix},\qquad \boldsymbol{B}=\begin{bmatrix}\boldsymbol{\alpha}_1\\\boldsymbol{\alpha}_2\\\vdots\\\boldsymbol{\alpha}_m\\\boldsymbol{\beta}\end{bmatrix}.$$

要证 $\boldsymbol{\beta}$ 为 $\boldsymbol{\alpha}_1,\boldsymbol{\alpha}_2,\cdots,\boldsymbol{\alpha}_m$ 的线性组合，故需证 $r(\boldsymbol{A})=r(\boldsymbol{B})$，继而转化为证明①和②同解，而①的解必满足方程式 $b_1x_1+\cdots+b_nx_n=0$，因此是②的解，反过来②的解显然是①的解，故①和②是同解，从而 $r(\boldsymbol{A})=r(\boldsymbol{B})$，故 $\boldsymbol{\beta}$ 可由 $\boldsymbol{\alpha}_1,\boldsymbol{\alpha}_2,\cdots,\boldsymbol{\alpha}_m$ 线性表示.

【5.9】 已知向量 $\boldsymbol{\alpha}_1,\boldsymbol{\alpha}_2,\cdots,\boldsymbol{\alpha}_s$ 都与非零向量 $\boldsymbol{\beta}$ 正交，证明 $\boldsymbol{\beta}$ 不能由向量组 $\boldsymbol{\alpha}_1,\boldsymbol{\alpha}_2,\cdots,\boldsymbol{\alpha}_s$ 线性表示.

证 反证法：假设 $\boldsymbol{\beta}$ 能由 $\boldsymbol{\alpha}_1,\boldsymbol{\alpha}_2,\cdots,\boldsymbol{\alpha}_s$ 线性表示，则有一组数 $k_1,k_2,\cdots,k_s$，使得

$$\boldsymbol{\beta}=k_1\boldsymbol{\alpha}_1+k_2\boldsymbol{\alpha}_2+\cdots+k_s\boldsymbol{\alpha}_s,$$

从而 $(\boldsymbol{\beta},\boldsymbol{\beta})=k_1(\boldsymbol{\beta},\boldsymbol{\alpha}_1)+k_2(\boldsymbol{\beta},\boldsymbol{\alpha}_2)+\cdots+k_s(\boldsymbol{\beta},\boldsymbol{\alpha}_s)$.

由于 $\boldsymbol{\beta}$ 与 $\boldsymbol{\alpha}_1,\boldsymbol{\alpha}_2,\cdots,\boldsymbol{\alpha}_s$ 都正交，所以 $(\boldsymbol{\beta},\boldsymbol{\alpha}_i)=0,\ 1\leqslant i\leqslant s$，于是 $(\boldsymbol{\beta},\boldsymbol{\beta})=0$，与 $\boldsymbol{\beta}\neq\boldsymbol{0}$ 矛盾.

故 $\boldsymbol{\beta}$ 不能由 $\boldsymbol{\alpha}_1,\boldsymbol{\alpha}_2,\cdots,\boldsymbol{\alpha}_s$ 线性表示.

题型 2：关于线性相关和线性无关

【5.10】 设 $\boldsymbol{\alpha}_1,\boldsymbol{\alpha}_2,\cdots,\boldsymbol{\alpha}_s$ 均为 n 维向量，下列结论不正确的是______.

(A) 若对于任意一组不全为零的数 $k_1,k_2,\cdots,k_s$，都有 $k_1\boldsymbol{\alpha}_1+k_2\boldsymbol{\alpha}_2+\cdots+k_s\boldsymbol{\alpha}_s\neq\boldsymbol{0}$，则 $\boldsymbol{\alpha}_1,\boldsymbol{\alpha}_2,\cdots,\boldsymbol{\alpha}_s$ 线性无关

(B) 若 $\boldsymbol{\alpha}_1,\boldsymbol{\alpha}_2,\cdots,\boldsymbol{\alpha}_s$ 线性相关，则对于任意一组不全为零的数 $k_1,k_2,\cdots,k_s$，有 $k_1\boldsymbol{\alpha}_1+k_2\boldsymbol{\alpha}_2+\cdots+k_s\boldsymbol{\alpha}_s=\boldsymbol{0}$

(C) $\boldsymbol{\alpha}_1,\boldsymbol{\alpha}_2,\cdots,\boldsymbol{\alpha}_s$ 线性无关的充分必要条件是此向量组的秩为 s

(D) $\boldsymbol{\alpha}_1,\boldsymbol{\alpha}_2,\cdots,\boldsymbol{\alpha}_s$ 线性无关的必要条件是其中任意两个向量线性无关

解 若 $\boldsymbol{\alpha}_1,\boldsymbol{\alpha}_2,\cdots,\boldsymbol{\alpha}_s$ 线性相关，则存在一组，而不是对任意一组不全为零的数 $k_1,k_2,\cdots,k_s$，都有 $k_1\boldsymbol{\alpha}_1+k_2\boldsymbol{\alpha}_2+\cdots+k_s\boldsymbol{\alpha}_s=\boldsymbol{0}$. 选项(B)不成立.

故应选(B).

点评:本题为 2003 年考研真题.

【5.11】 设有任意两个 n 维向量组 $\boldsymbol{\alpha}_1,\cdots,\boldsymbol{\alpha}_m$ 和 $\boldsymbol{\beta}_1,\cdots,\boldsymbol{\beta}_m$,若存在两组不全为零的数 $\lambda_1,\cdots,\lambda_m$ 和 $k_1,\cdots,k_m$,使

$$(\lambda_1+k_1)\boldsymbol{\alpha}_1+\cdots+(\lambda_m+k_m)\boldsymbol{\alpha}_m+(\lambda_1-k_1)\boldsymbol{\beta}_1+\cdots+(\lambda_m-k_m)\boldsymbol{\beta}_m=\boldsymbol{0},$$

则______.

(A) $\boldsymbol{\alpha}_1,\cdots,\boldsymbol{\alpha}_m$ 和 $\boldsymbol{\beta}_1,\cdots,\boldsymbol{\beta}_m$ 都线性相关

(B) $\boldsymbol{\alpha}_1,\cdots,\boldsymbol{\alpha}_m$ 和 $\boldsymbol{\beta}_1,\cdots,\boldsymbol{\beta}_m$ 都线性无关

(C) $\boldsymbol{\alpha}_1+\boldsymbol{\beta}_1,\cdots,\boldsymbol{\alpha}_m+\boldsymbol{\beta}_m,\boldsymbol{\alpha}_1-\boldsymbol{\beta}_1,\cdots,\boldsymbol{\alpha}_m-\boldsymbol{\beta}_m$ 线性无关

(D) $\boldsymbol{\alpha}_1+\boldsymbol{\beta}_1,\cdots,\boldsymbol{\alpha}_m+\boldsymbol{\beta}_m,\boldsymbol{\alpha}_1-\boldsymbol{\beta}_1,\cdots,\boldsymbol{\alpha}_m-\boldsymbol{\beta}_m$ 线性相关

解 由已知条件得

$$\lambda_1(\boldsymbol{\alpha}_1+\boldsymbol{\beta}_1)+\cdots+\lambda_m(\boldsymbol{\alpha}_m+\boldsymbol{\beta}_m)+k_1(\boldsymbol{\alpha}_1-\boldsymbol{\beta}_1)+\cdots+k_m(\boldsymbol{\alpha}_m-\boldsymbol{\beta}_m)=\boldsymbol{0}.$$

且已知 $\lambda_1,\cdots,\lambda_m,k_1,\cdots,k_m$ 不全为零,由向量组的线性相关定义知,$\boldsymbol{\alpha}_1+\boldsymbol{\beta}_1,\cdots,\boldsymbol{\alpha}_m+\boldsymbol{\beta}_m,\boldsymbol{\alpha}_1-\boldsymbol{\beta}_1,\cdots,\boldsymbol{\alpha}_m-\boldsymbol{\beta}_m$ 线性相关.

故应选(D).

点评:本题为 1996 年考研真题.

【5.12】 下列命题中正确的是______.

(A)若向量 $\boldsymbol{\alpha}_s$ 不能由向量组 $\boldsymbol{\alpha}_1,\boldsymbol{\alpha}_2,\cdots,\boldsymbol{\alpha}_{s-1}$ 线性表示,则向量组 $\boldsymbol{\alpha}_1,\cdots,\boldsymbol{\alpha}_{s-1},\boldsymbol{\alpha}_s$ 线性无关

(B)若向量组 $\boldsymbol{\alpha}_1,\boldsymbol{\alpha}_2,\cdots,\boldsymbol{\alpha}_s$ 的一个部分组 $\boldsymbol{\alpha}_1,\boldsymbol{\alpha}_2,\cdots,\boldsymbol{\alpha}_t\,(t<s)$ 线性无关,则向量组 $\boldsymbol{\alpha}_1,\boldsymbol{\alpha}_2,\cdots,\boldsymbol{\alpha}_s$ 线性无关

(C)若向量组 $\boldsymbol{\alpha}_1,\boldsymbol{\alpha}_2,\cdots,\boldsymbol{\alpha}_s$ 能由向量组 $\boldsymbol{\beta}_1,\boldsymbol{\beta}_2,\cdots,\boldsymbol{\beta}_{s-1}$ 线性表示,则向量组 $\boldsymbol{\alpha}_1,\boldsymbol{\alpha}_2,\cdots,\boldsymbol{\alpha}_s$ 线性相关

(D)若向量组 $\boldsymbol{\alpha}_1,\boldsymbol{\alpha}_2,\cdots,\boldsymbol{\alpha}_s$ 不能由向量组 $\boldsymbol{\beta}_1,\boldsymbol{\beta}_2,\cdots,\boldsymbol{\beta}_{s-1}$ 线性表示,则向量组 $\boldsymbol{\alpha}_1,\boldsymbol{\alpha}_2,\cdots,\boldsymbol{\alpha}_s$ 线性无关

解 若向量组 $\boldsymbol{\alpha}_1,\boldsymbol{\alpha}_2,\cdots,\boldsymbol{\alpha}_s$ 能由向量组 $\boldsymbol{\beta}_1,\boldsymbol{\beta}_2,\cdots,\boldsymbol{\beta}_{s-1}$ 线性表示,则

$$r(\boldsymbol{\alpha}_1,\boldsymbol{\alpha}_2,\cdots,\boldsymbol{\alpha}_s)\leqslant r(\boldsymbol{\beta}_1,\boldsymbol{\beta}_2,\cdots,\boldsymbol{\beta}_{s-1})\leqslant s-1<s,$$

所以 $\boldsymbol{\alpha}_1,\boldsymbol{\alpha}_2,\cdots,\boldsymbol{\alpha}_s$ 线性相关,故(C)正确.

对于(A),由于 $\boldsymbol{\alpha}_3=\begin{bmatrix}0\\1\end{bmatrix}$ 不能由向量 $\boldsymbol{\alpha}_1=\begin{bmatrix}1\\0\end{bmatrix},\boldsymbol{\alpha}_2=\begin{bmatrix}0\\0\end{bmatrix}$ 线性表示,但向量组 $\boldsymbol{\alpha}_1,\boldsymbol{\alpha}_2,\boldsymbol{\alpha}_3$ 线性相关.可知(A)不正确.

对于(B),取向量组 $\boldsymbol{\alpha}_1=\begin{bmatrix}1\\0\end{bmatrix},\boldsymbol{\alpha}_2=\begin{bmatrix}0\\1\end{bmatrix},\boldsymbol{\alpha}_3=\begin{bmatrix}1\\1\end{bmatrix}$,它的部分组 $\boldsymbol{\alpha}_1=\begin{bmatrix}1\\0\end{bmatrix},\boldsymbol{\alpha}_2=\begin{bmatrix}0\\1\end{bmatrix}$ 是线性无关的,但 $\boldsymbol{\alpha}_1,\boldsymbol{\alpha}_2,\boldsymbol{\alpha}_3$ 线性相关.可知(B)不正确.

对于(D),取向量组 $\boldsymbol{\alpha}_1=\begin{bmatrix}1\\0\\0\end{bmatrix},\boldsymbol{\alpha}_2=\begin{bmatrix}1\\1\\0\end{bmatrix},\boldsymbol{\alpha}_3=\begin{bmatrix}0\\1\\0\end{bmatrix}$ 和 $\boldsymbol{\beta}_1=\begin{bmatrix}0\\1\\0\end{bmatrix},\boldsymbol{\beta}_2=\begin{bmatrix}0\\0\\1\end{bmatrix}$,于是 $\boldsymbol{\alpha}_1,\boldsymbol{\alpha}_2,\boldsymbol{\alpha}_3$ 不能由 $\boldsymbol{\beta}_1,\boldsymbol{\beta}_2$ 线性表示,但向量组 $\boldsymbol{\alpha}_1,\boldsymbol{\alpha}_2,\boldsymbol{\alpha}_3$ 线性相关,可知(D)也不正确.

故应选(C).

【5.13】 设向量组(Ⅰ):$\boldsymbol{\alpha}_1,\boldsymbol{\alpha}_2,\cdots,\boldsymbol{\alpha}_r$ 可由向量组(Ⅱ):$\boldsymbol{\beta}_1,\boldsymbol{\beta}_2,\cdots,\boldsymbol{\beta}_s$ 线性表示,则______.

(A)当 $r<s$ 时,向量组(Ⅱ)必线性相关　　(B)当 $r>s$ 时,向量组(Ⅱ)必线性相关

(C)当 $r<s$ 时,向量组(Ⅰ)必线性相关　　(D)当 $r>s$ 时,向量组(Ⅰ)必线性相关

解　用排除法.

如 $\boldsymbol{\alpha}_1=\begin{bmatrix}0\\0\end{bmatrix},\boldsymbol{\beta}_1=\begin{bmatrix}1\\0\end{bmatrix},\boldsymbol{\beta}_2=\begin{bmatrix}0\\1\end{bmatrix}$,则 $\boldsymbol{\alpha}_1=0\cdot\boldsymbol{\beta}_1+0\cdot\boldsymbol{\beta}_2$,但 $\boldsymbol{\beta}_1,\boldsymbol{\beta}_2$ 线性无关,排除(A);

取 $\boldsymbol{\alpha}_1=\begin{bmatrix}0\\0\end{bmatrix},\boldsymbol{\alpha}_2=\begin{bmatrix}1\\0\end{bmatrix},\boldsymbol{\beta}_1=\begin{bmatrix}1\\0\end{bmatrix}$,则 $\boldsymbol{\alpha}_1,\boldsymbol{\alpha}_2$ 可由 $\boldsymbol{\beta}_1$ 线性表示,但 $\boldsymbol{\beta}_1$ 线性无关,排除(B);

取 $\boldsymbol{\alpha}_1=\begin{bmatrix}1\\0\end{bmatrix},\boldsymbol{\beta}_1=\begin{bmatrix}1\\0\end{bmatrix},\boldsymbol{\beta}_2=\begin{bmatrix}0\\1\end{bmatrix}$,则 $\boldsymbol{\alpha}_1$ 可由 $\boldsymbol{\beta}_1,\boldsymbol{\beta}_2$ 线性表示,但 $\boldsymbol{\alpha}_1$ 线性无关,排除(C).

故应选(D).

点评:本题为 2003 年考研真题.也可用下列常用结论直接讨论.

(1)若向量组(Ⅰ)$\boldsymbol{\alpha}_1,\boldsymbol{\alpha}_2,\cdots,\boldsymbol{\alpha}_s$ 由向量组(Ⅱ)$\boldsymbol{\beta}_1,\boldsymbol{\beta}_2,\cdots,\boldsymbol{\beta}_t$ 线性表示,则当 $s>t$ 时,向量组(Ⅰ)必线性相关.

(2)若向量组(Ⅰ)$\boldsymbol{\alpha}_1,\boldsymbol{\alpha}_2,\cdots,\boldsymbol{\alpha}_s$ 可由向量组(Ⅱ)$\boldsymbol{\beta}_1,\boldsymbol{\beta}_2,\cdots,\boldsymbol{\beta}_t$ 线性表示,且向量组(Ⅰ)线性无关,则必有 $s\leqslant t$.

【5.14】 设向量组Ⅰ:$\boldsymbol{\alpha}_1,\boldsymbol{\alpha}_2,\cdots,\boldsymbol{\alpha}_r$ 可由向量组Ⅱ:$\boldsymbol{\beta}_1,\boldsymbol{\beta}_2,\cdots,\boldsymbol{\beta}_s$ 线性表示,下列命题正确的是______.

(A)若向量组Ⅰ线性无关,则 $r\leqslant s$　　(B)若向量组Ⅰ线性相关,则 $r>s$

(C)若向量组Ⅱ线性无关,则 $r\leqslant s$　　(D)若向量组Ⅱ线性相关,则 $r>s$

解　本题是对线性相关性结论的考查.

因(Ⅰ)可由(Ⅱ)线性表示,所以有 $r(\text{Ⅰ})\leqslant r(\text{Ⅱ})\leqslant s$.

故(A)正确.

点评:本题为 2010 年考研真题.请同学们仔细观察,本题不正是【5.13】,即 2003 年考研真题的逆命题吗?所以 2003 年和 2010 年这两个题其实就是一个题!

【5.15】 设 n 维向量组(Ⅰ):$\boldsymbol{\alpha}_1,\boldsymbol{\alpha}_2,\cdots,\boldsymbol{\alpha}_s$ 与向量组(Ⅱ):$\boldsymbol{\beta}_1,\boldsymbol{\beta}_2,\cdots,\boldsymbol{\beta}_t$ 均线性无关,且(Ⅰ)中的每个向量都不能由(Ⅱ)线性表示,同时(Ⅱ)中的每个向量也都不能由(Ⅰ)线性表示,则向量组 $\boldsymbol{\alpha}_1,\boldsymbol{\alpha}_2,\cdots,\boldsymbol{\alpha}_s,\boldsymbol{\beta}_1,\boldsymbol{\beta}_2,\cdots,\boldsymbol{\beta}_t$ 的线性关系是______.

(A)线性相关　　(B)线性无关

(C)或者线性相关,或者线性无关　　(D)既不线性相关,也不线性无关

解　若取

$$(\text{Ⅰ}):\boldsymbol{e}_1=\begin{bmatrix}1\\0\\0\\0\end{bmatrix},\quad \boldsymbol{e}_2=\begin{bmatrix}0\\1\\0\\0\end{bmatrix};\qquad (\text{Ⅱ}):\boldsymbol{e}_3=\begin{bmatrix}0\\0\\1\\0\end{bmatrix},\quad \boldsymbol{e}_4=\begin{bmatrix}0\\0\\0\\1\end{bmatrix},$$

则 $\boldsymbol{e}_1,\boldsymbol{e}_2,\boldsymbol{e}_3,\boldsymbol{e}_4$ 线性无关.

若取

$$(\text{I}):\boldsymbol{e}_1=\begin{bmatrix}1\\0\\0\\0\end{bmatrix},\quad \boldsymbol{e}_2=\begin{bmatrix}0\\1\\0\\0\end{bmatrix};\qquad (\text{II}):\boldsymbol{e}_1+\boldsymbol{e}_3=\begin{bmatrix}1\\0\\1\\0\end{bmatrix},\quad \boldsymbol{e}_2+\boldsymbol{e}_3=\begin{bmatrix}0\\1\\1\\0\end{bmatrix},$$

则由$-\boldsymbol{e}_1+\boldsymbol{e}_2+(\boldsymbol{e}_1+\boldsymbol{e}_3)-(\boldsymbol{e}_2+\boldsymbol{e}_3)=\boldsymbol{0}$知，向量组$\boldsymbol{e}_1,\boldsymbol{e}_2,\boldsymbol{e}_1+\boldsymbol{e}_3,\boldsymbol{e}_2+\boldsymbol{e}_3$线性相关.

故应选(C).

【5.16】 下列叙述中可以确定列向量组$\boldsymbol{\alpha}_1,\boldsymbol{\alpha}_2,\cdots,\boldsymbol{\alpha}_s$必线性无关的是______.

(A)有向量组$\boldsymbol{\beta}_1,\boldsymbol{\beta}_2,\cdots,\boldsymbol{\beta}_s$可由$\boldsymbol{\alpha}_1,\boldsymbol{\alpha}_2,\cdots,\boldsymbol{\alpha}_s$线性表示

(B)有向量$\boldsymbol{\beta}$，使$r(\boldsymbol{\alpha}_1,\boldsymbol{\alpha}_2,\cdots,\boldsymbol{\alpha}_s)=r(\boldsymbol{\alpha}_1,\boldsymbol{\alpha}_2,\cdots,\boldsymbol{\alpha}_s,\boldsymbol{\beta})$

(C)有线性无关的向量组$\boldsymbol{\beta}_1,\boldsymbol{\beta}_2,\cdots,\boldsymbol{\beta}_s$可由$\boldsymbol{\alpha}_1,\boldsymbol{\alpha}_2,\cdots,\boldsymbol{\alpha}_s$线性表示

(D)有线性无关的向量组$\boldsymbol{\beta}_1,\boldsymbol{\beta}_2,\cdots,\boldsymbol{\beta}_s$使

$$\boldsymbol{\beta}_1=\begin{bmatrix}\boldsymbol{\alpha}_1\\1\end{bmatrix},\boldsymbol{\beta}_2=\begin{bmatrix}\boldsymbol{\alpha}_2\\2\end{bmatrix},\cdots,\boldsymbol{\beta}_s=\begin{bmatrix}\boldsymbol{\alpha}_s\\s\end{bmatrix}$$

解 若向量组$\boldsymbol{\beta}_1,\boldsymbol{\beta}_2,\cdots,\boldsymbol{\beta}_s$线性无关，则$r(\boldsymbol{\beta}_1,\boldsymbol{\beta}_2,\cdots,\boldsymbol{\beta}_s)=s$. 又若$\boldsymbol{\beta}_1,\boldsymbol{\beta}_2,\cdots,\boldsymbol{\beta}_s$可由$\boldsymbol{\alpha}_1,\boldsymbol{\alpha}_2,\cdots,\boldsymbol{\alpha}_s$线性表示，则

$$s=r(\boldsymbol{\beta}_1,\boldsymbol{\beta}_2,\cdots,\boldsymbol{\beta}_s)\leqslant r(\boldsymbol{\alpha}_1,\boldsymbol{\alpha}_2,\cdots,\boldsymbol{\alpha}_s)\leqslant s.$$

故$r(\boldsymbol{\alpha}_1,\boldsymbol{\alpha}_2,\cdots,\boldsymbol{\alpha}_s)=s$，即$\boldsymbol{\alpha}_1,\boldsymbol{\alpha}_2,\cdots,\boldsymbol{\alpha}_s$线性无关. 故(C)正确.

对于(A)，向量组$\boldsymbol{\beta}_1,\boldsymbol{\beta}_2,\cdots,\boldsymbol{\beta}_s$可由$\boldsymbol{\alpha}_1,\boldsymbol{\alpha}_2,\cdots,\boldsymbol{\alpha}_s$线性表示，但这两个向量组的线性相关性都不能确定.

对于(B)，由$r(\boldsymbol{\alpha}_1,\boldsymbol{\alpha}_2,\cdots,\boldsymbol{\alpha}_s)=r(\boldsymbol{\alpha}_1,\boldsymbol{\alpha}_2,\cdots,\boldsymbol{\alpha}_s,\boldsymbol{\beta})$，可知$\boldsymbol{\beta}$能由$\boldsymbol{\alpha}_1,\boldsymbol{\alpha}_2,\cdots,\boldsymbol{\alpha}_s$线性表示，但不能确定表示法是否唯一，因而$\boldsymbol{\alpha}_1,\boldsymbol{\alpha}_2,\cdots,\boldsymbol{\alpha}_s$的线性相关性也就不能确定.

对于(D)，线性无关向量组去掉一些分量"缩短"后的向量组的线性相关性是不确定的.

故应选(C).

【5.17】 设向量$\boldsymbol{\alpha}_1=(5,1,8,0,0)$，$\boldsymbol{\alpha}_2=(6,0,2,1,0)$，$\boldsymbol{\alpha}_3=(9,0,-1,0,1)$，则$\boldsymbol{\alpha}_1,\boldsymbol{\alpha}_2,\boldsymbol{\alpha}_3$线性______.

解 由$\boldsymbol{\alpha}_1,\boldsymbol{\alpha}_2,\boldsymbol{\alpha}_3$的第2、4、5个分量组成的向量组是3个三维单位向量，即

$$\boldsymbol{e}_1=(1,0,0),\quad \boldsymbol{e}_2=(0,1,0),\quad \boldsymbol{e}_3=(0,0,1).$$

由于$\boldsymbol{e}_1,\boldsymbol{e}_2,\boldsymbol{e}_3$线性无关，故$\boldsymbol{\alpha}_1,\boldsymbol{\alpha}_2,\boldsymbol{\alpha}_3$也线性无关.

点评：熟练掌握并灵活运用线性相关和线性无关的常用结论，从而快捷准确求解.

【5.18】 设$\alpha_1=\begin{bmatrix}1\\0\\0\\k_1\end{bmatrix},\boldsymbol{\alpha}_2=\begin{bmatrix}1\\2\\0\\k_2\end{bmatrix},\boldsymbol{\alpha}_3=\begin{bmatrix}1\\2\\3\\k_3\end{bmatrix},\boldsymbol{\alpha}_4=\begin{bmatrix}1\\1\\1\\k_4\end{bmatrix}$，其中$k_1,k_2,k_3,k_4$是任意实数，则______.

(A)$\boldsymbol{\alpha}_1,\boldsymbol{\alpha}_2,\boldsymbol{\alpha}_3$线性相关　　(B)$\boldsymbol{\alpha}_1,\boldsymbol{\alpha}_2,\boldsymbol{\alpha}_3$线性无关

(C)$\boldsymbol{\alpha}_1,\boldsymbol{\alpha}_2,\boldsymbol{\alpha}_3,\boldsymbol{\alpha}_4$线性相关　　(D)$\boldsymbol{\alpha}_1,\boldsymbol{\alpha}_2,\boldsymbol{\alpha}_3,\boldsymbol{\alpha}_4$线性无关

解 设

$$\boldsymbol{\alpha}_1'=\begin{bmatrix}1\\0\\0\end{bmatrix},\boldsymbol{\alpha}_2'=\begin{bmatrix}1\\2\\0\end{bmatrix},\boldsymbol{\alpha}_3'=\begin{bmatrix}1\\2\\3\end{bmatrix},$$

由于$|\boldsymbol{\alpha}_1',\boldsymbol{\alpha}_2',\boldsymbol{\alpha}_3'|=3\neq0$，所以 $\boldsymbol{\alpha}_1',\boldsymbol{\alpha}_2',\boldsymbol{\alpha}_3'$线性无关. 从而添加分量后得到的向量组必定线性无关，(B)为正确答案.

而 $\boldsymbol{\alpha}_1,\boldsymbol{\alpha}_2,\boldsymbol{\alpha}_3,\boldsymbol{\alpha}_4$ 是否线性相关，与 k_1,k_2,k_3,k_4 的选取有关.

例如取 $k_1=0,k_2=0,k_3=0,k_4=1$，则线性无关；若取 $k_1=k_2=k_3=k_4=0$，则线性相关，所以(C)，(D)不成立.

故应选(B).

【5.19】 设 $\boldsymbol{\alpha}_1,\boldsymbol{\alpha}_2,\boldsymbol{\alpha}_3$ 均为 3 维向量，则对任意常数 k,l，向量组 $\boldsymbol{\alpha}_1+k\boldsymbol{\alpha}_3,\boldsymbol{\alpha}_2+l\boldsymbol{\alpha}_3$ 线性无关是向量组 $\boldsymbol{\alpha}_1,\boldsymbol{\alpha}_2,\boldsymbol{\alpha}_3$ 线性无关的______.

(A)必要非充分条件　　(B)充分非必要条件

(C)充分必要条件　　(D)既非充分也非必要条件

解法一　设 $s_1(\boldsymbol{\alpha}_1+k\boldsymbol{\alpha}_3)+s_2(\boldsymbol{\alpha}_2+l\boldsymbol{\alpha}_3)=\mathbf{0}$. 整理得：$s_1\boldsymbol{\alpha}_1+s_2\boldsymbol{\alpha}_2+(s_1k+s_2l)\boldsymbol{\alpha}_3=\mathbf{0}$.

当 $\boldsymbol{\alpha}_1,\boldsymbol{\alpha}_2,\boldsymbol{\alpha}_3$ 线性无关时，有 $s_1=s_2=0$，故 $\boldsymbol{\alpha}_1+k\boldsymbol{\alpha}_3,\boldsymbol{\alpha}_2+l\boldsymbol{\alpha}_3$ 线性无关，k,l 为任意常数.

反之，若对任意 k,l，$\boldsymbol{\alpha}_1+k\boldsymbol{\alpha}_3,\boldsymbol{\alpha}_2+l\boldsymbol{\alpha}_3$ 线性无关，当 $\boldsymbol{\alpha}_3=\mathbf{0}$时，即 $\boldsymbol{\alpha}_1,\boldsymbol{\alpha}_2$ 线性无关，但此时不能得到 $\boldsymbol{\alpha}_1,\boldsymbol{\alpha}_2,\boldsymbol{\alpha}_3$ 线性无关.

故应选(A).

解法二　由条件

$$(\boldsymbol{\alpha}_1+k\boldsymbol{\alpha}_3,\boldsymbol{\alpha}_2+l\boldsymbol{\alpha}_3)=(\boldsymbol{\alpha}_1,\boldsymbol{\alpha}_2,\boldsymbol{\alpha}_3)\begin{bmatrix}1&0\\0&1\\k&l\end{bmatrix}.$$

若 $\boldsymbol{\alpha}_1,\boldsymbol{\alpha}_2,\boldsymbol{\alpha}_3$ 线性无关，则

$$r(\boldsymbol{\alpha}_1+k\boldsymbol{\alpha}_3,\boldsymbol{\alpha}_2+l\boldsymbol{\alpha}_3)=r\begin{bmatrix}1&0\\0&1\\k&l\end{bmatrix}=2,$$

即 $\boldsymbol{\alpha}_1+k\boldsymbol{\alpha}_3,\boldsymbol{\alpha}_2+l\boldsymbol{\alpha}_3$ 线性无关.

反之，同解法一.

点评：本题为 2014 年考研真题. 判别向量组的线性关系有多种方法，对于抽象向量组，可优先考虑定义法，即解法一. 如果题目给了两个抽象向量组，而且两个向量组之间存在线性表示的关系，则可以采用解法二中的求解方式.

本题最大的一个难点其实是在充分必要条件的逻辑推理上，这是很多考生最头疼的事.

【5.20】 设 $\boldsymbol{\alpha}_1=\begin{bmatrix}0\\0\\c_1\end{bmatrix},\boldsymbol{\alpha}_2=\begin{bmatrix}0\\1\\c_2\end{bmatrix},\boldsymbol{\alpha}_3=\begin{bmatrix}1\\-1\\c_3\end{bmatrix},\boldsymbol{\alpha}_4=\begin{bmatrix}-1\\1\\c_4\end{bmatrix}$，其中 c_1,c_2,c_3,c_4 为任意常数，则下列向量组一定线性相关的是______.

(A)$\boldsymbol{\alpha}_1,\boldsymbol{\alpha}_2,\boldsymbol{\alpha}_3$　　(B)$\boldsymbol{\alpha}_1,\boldsymbol{\alpha}_2,\boldsymbol{\alpha}_4$　　(C)$\boldsymbol{\alpha}_1,\boldsymbol{\alpha}_3,\boldsymbol{\alpha}_4$　　(D)$\boldsymbol{\alpha}_2,\boldsymbol{\alpha}_3,\boldsymbol{\alpha}_4$

解　由于

$$|\boldsymbol{\alpha}_1,\boldsymbol{\alpha}_3,\boldsymbol{\alpha}_4|=\begin{vmatrix}0&1&-1\\0&-1&1\\c_1&c_3&c_4\end{vmatrix}=c_1\begin{vmatrix}1&-1\\-1&1\end{vmatrix}=0,$$ 可知 $\boldsymbol{\alpha}_1,\boldsymbol{\alpha}_3,\boldsymbol{\alpha}_4$ 线性相关.

故选(C).

点评:本题为 2012 年考研真题,解决的关键是要如何排除参数的干扰.通过观察可知:$\boldsymbol{\alpha}_1,\boldsymbol{\alpha}_3,\boldsymbol{\alpha}_4$ 拼成的矩阵的前两行成比例,则可得正确答案.

【5.21】 设 $\boldsymbol{\alpha}_1,\boldsymbol{\alpha}_2,\cdots,\boldsymbol{\alpha}_s(s\leqslant n)$ 是一组 n 维列向量,$\boldsymbol{A}$ 是 n 阶矩阵.如果

$$\boldsymbol{A}\boldsymbol{\alpha}_1=\boldsymbol{\alpha}_2,\boldsymbol{A}\boldsymbol{\alpha}_2=\boldsymbol{\alpha}_3,\cdots,\boldsymbol{A}\boldsymbol{\alpha}_{s-1}=\boldsymbol{\alpha}_s\neq\mathbf{0},\boldsymbol{A}\boldsymbol{\alpha}_s=\mathbf{0},$$

证明向量组 $\boldsymbol{\alpha}_1,\boldsymbol{\alpha}_2,\cdots,\boldsymbol{\alpha}_s$ 线性无关.

证 设有一组数 $x_1,x_2,\cdots,x_s$,使

$$x_1\boldsymbol{\alpha}_1+x_2\boldsymbol{\alpha}_2+\cdots+x_s\boldsymbol{\alpha}_s=\mathbf{0}. \qquad (*)$$

由题设

$$\boldsymbol{A}\boldsymbol{\alpha}_1=\boldsymbol{\alpha}_2,\boldsymbol{A}\boldsymbol{\alpha}_2=\boldsymbol{\alpha}_3,\cdots,\boldsymbol{A}\boldsymbol{\alpha}_{s-1}=\boldsymbol{\alpha}_s,\boldsymbol{A}\boldsymbol{\alpha}_s=\mathbf{0},$$

可知

$$\boldsymbol{A}^{k-1}\boldsymbol{\alpha}_1=\boldsymbol{\alpha}_k,\boldsymbol{A}^{s-1}\boldsymbol{\alpha}_k=\boldsymbol{A}^{s-1}\boldsymbol{A}^{k-1}\boldsymbol{\alpha}_1=\boldsymbol{A}^{k-1}\boldsymbol{A}^{s-1}\boldsymbol{\alpha}_1=\boldsymbol{A}^{k-1}\boldsymbol{\alpha}_s=\mathbf{0}\ (k=2,\cdots,s).$$

以 $\boldsymbol{A}^{s-1}$ 左乘$(*)$式两边,得

$$x_1\boldsymbol{\alpha}_s=\mathbf{0}.$$

因为 $\boldsymbol{\alpha}_s\neq\mathbf{0}$,所以 $x_1=0$.依次类推,可知 $x_2=x_3=\cdots=x_s=0$.因此,$\boldsymbol{\alpha}_1,\boldsymbol{\alpha}_2,\cdots,\boldsymbol{\alpha}_s$ 线性无关.

【5.22】 设 $\boldsymbol{A}$ 是 n 阶可逆矩阵,$\boldsymbol{\alpha}_1,\boldsymbol{\alpha}_2,\cdots,\boldsymbol{\alpha}_s(s\leqslant n)$ 都是 n 维非零列向量,且 $\boldsymbol{\alpha}_i^T\boldsymbol{A}^T\boldsymbol{A}\boldsymbol{\alpha}_j=0$ $(i\neq j)$,证明向量组 $\boldsymbol{\alpha}_1,\boldsymbol{\alpha}_2,\cdots,\boldsymbol{\alpha}_s$ 线性无关.

证 设有一组数 $k_1,k_2,\cdots,k_s$,使

$$k_1\boldsymbol{\alpha}_1+k_2\boldsymbol{\alpha}_2+\cdots+k_s\boldsymbol{\alpha}_s=\mathbf{0}.$$

以 $\boldsymbol{\alpha}_i^T\boldsymbol{A}^T\boldsymbol{A}$ 左乘上式两边,再由 $\boldsymbol{\alpha}_i^T\boldsymbol{A}^T\boldsymbol{A}\boldsymbol{\alpha}_j=0\ (i\neq j)$,得

$$k_i\boldsymbol{\alpha}_i^T\boldsymbol{A}^T\boldsymbol{A}\boldsymbol{\alpha}_i=0\ (i=1,2,\cdots,s).$$

因为 $\boldsymbol{A}$ 是可逆矩阵,$\boldsymbol{\alpha}_i\neq\mathbf{0}$,所以 $\boldsymbol{A}\boldsymbol{\alpha}_i\neq\mathbf{0}$,$\boldsymbol{\alpha}_i^T\boldsymbol{A}^T\boldsymbol{A}\boldsymbol{\alpha}_i=(\boldsymbol{A}\boldsymbol{\alpha}_i)^T(\boldsymbol{A}\boldsymbol{\alpha}_i)>0$,故 $k_i=0\ (i=1,2,\cdots,s)$.因此 $\boldsymbol{\alpha}_1,\boldsymbol{\alpha}_2,\cdots,\boldsymbol{\alpha}_s$ 线性无关.

【5.23】 设 $\boldsymbol{\alpha}_1,\boldsymbol{\alpha}_2,\cdots,\boldsymbol{\alpha}_{n-1}$ 为 $n-1$ 个线性无关的 n 维列向量,$\boldsymbol{\xi}_1$ 和 $\boldsymbol{\xi}_2$ 是与 $\boldsymbol{\alpha}_1,\boldsymbol{\alpha}_2,\cdots,\boldsymbol{\alpha}_{n-1}$ 均正交的 n 维列向量,证明:$\boldsymbol{\xi}_1,\boldsymbol{\xi}_2$ 线性相关.

证 令 $\boldsymbol{A}=\begin{bmatrix}\boldsymbol{\alpha}_1^T\\\boldsymbol{\alpha}_2^T\\\vdots\\\boldsymbol{\alpha}_{n-1}^T\end{bmatrix}$,则 $\boldsymbol{A}$ 为$(n-1)\times n$ 矩阵,且 $r(\boldsymbol{A})=n-1$.由已知有

$$(\boldsymbol{\alpha}_i,\boldsymbol{\xi}_j)=\boldsymbol{\alpha}_i^T\boldsymbol{\xi}_j=0,\quad i=1,2,\cdots,n-1,j=1,2,$$

即 $\boldsymbol{A}\boldsymbol{\xi}_1=\mathbf{0},\boldsymbol{A}\boldsymbol{\xi}_2=\mathbf{0}$.这说明 $\boldsymbol{\xi}_1,\boldsymbol{\xi}_2$ 是齐次线性方程组 $\boldsymbol{A}\boldsymbol{x}=\mathbf{0}$的两个解向量,但由 $r(\boldsymbol{A})=n-1$ 可知,$\boldsymbol{A}\boldsymbol{x}=\mathbf{0}$的基础解系所含向量的个数为 1,故 $\boldsymbol{\xi}_1,\boldsymbol{\xi}_2$ 必定线性相关.

【5.24】 设$A=\begin{bmatrix}1 & 1 & \cdots & 1\\ a_1 & a_2 & \cdots & a_s\\ a_1^2 & a_2^2 & \cdots & a_s^2\\ \vdots & \vdots & & \vdots\\ a_1^{n-1} & a_2^{n-1} & \cdots & a_s^{n-1}\end{bmatrix}=(\boldsymbol{\alpha}_1,\boldsymbol{\alpha}_2,\cdots,\boldsymbol{\alpha}_s)$. 其中$a_i\neq a_j(i\neq j;\ i=1,2,\cdots,s,\ j=1,2,\cdots,s)$. 讨论向量组$\boldsymbol{\alpha}_1,\boldsymbol{\alpha}_2,\cdots,\boldsymbol{\alpha}_s$的线性相关性.

解 当$s>n$时,考虑方程组$\boldsymbol{A}_{n\times s}\boldsymbol{x}=\boldsymbol{0}$,由于未知量个数大于方程个数,从而方程组必有非零解,所以$\boldsymbol{\alpha}_1,\boldsymbol{\alpha}_2,\cdots,\boldsymbol{\alpha}_s$线性相关.

当$s=n$时,$|\boldsymbol{A}|$是范德蒙行列式,且$|\boldsymbol{A}|\neq 0$,从而方程组$\boldsymbol{A}\boldsymbol{x}=\boldsymbol{0}$有唯一零解,所以$\boldsymbol{\alpha}_1,\boldsymbol{\alpha}_2,\cdots,\boldsymbol{\alpha}_s$线性无关.

当$s<n$时,因为$s=n$时$\boldsymbol{\alpha}_1,\boldsymbol{\alpha}_2,\cdots,\boldsymbol{\alpha}_s$线性无关,减少向量个数后$\boldsymbol{\alpha}_1,\boldsymbol{\alpha}_2,\cdots,\boldsymbol{\alpha}_s$仍线性无关.

点评:本题将$\boldsymbol{\alpha}_1,\boldsymbol{\alpha}_2,\cdots,\boldsymbol{\alpha}_s$的线性相关性转化为方程组$\boldsymbol{A}\boldsymbol{x}=\boldsymbol{0}$是否有非零解,并利用范德蒙行列式.

【5.25】 设$\boldsymbol{\alpha}_i=(a_{i1},a_{i2},\cdots,a_{in})^T(i=1,2,\cdots,r;\ r<n)$是$n$维实向量,且$\boldsymbol{\alpha}_1,\boldsymbol{\alpha}_2,\cdots,\boldsymbol{\alpha}_r$线性无关.已知$\boldsymbol{\beta}=(b_1,b_2,\cdots,b_n)^T$是线性方程组

$$\begin{cases}a_{11}x_1+a_{12}x_2+\cdots+a_{1n}x_n=0,\\ a_{21}x_1+a_{22}x_2+\cdots+a_{2n}x_n=0,\\ \cdots\cdots\cdots\cdots\cdots\cdots\\ a_{r1}x_1+a_{r2}x_2+\cdots+a_{rn}x_n=0\end{cases}$$

的非零解向量,试判断向量组$\boldsymbol{\alpha}_1,\boldsymbol{\alpha}_2,\cdots,\boldsymbol{\alpha}_r,\boldsymbol{\beta}$的线性相关性.

解 设有一组数$k_1,k_2,\cdots,k_r,l$,使得$k_1\boldsymbol{\alpha}_1+k_2\boldsymbol{\alpha}_2+\cdots+k_r\boldsymbol{\alpha}_r+l\boldsymbol{\beta}=\boldsymbol{0}$. 由于$\boldsymbol{\beta}$为线性方程组的非零解,所以有

$$\begin{cases}a_{11}b_1+a_{12}b_2+\cdots+a_{1n}b_n=0,\\ a_{21}b_1+a_{22}b_2+\cdots+a_{2n}b_n=0,\\ \cdots\cdots\cdots\cdots\cdots\cdots\\ a_{r1}b_1+a_{r2}b_2+\cdots+a_{rn}b_n=0,\end{cases}$$

即$\boldsymbol{\beta}^T\boldsymbol{\alpha}_1=0,\cdots,\boldsymbol{\beta}^T\boldsymbol{\alpha}_r=0$,由式$k_1\boldsymbol{\alpha}_1+k_2\boldsymbol{\alpha}_2+\cdots+k_r\boldsymbol{\alpha}_r+l\boldsymbol{\beta}=\boldsymbol{0}$可得:

$$k_1\boldsymbol{\beta}^T\boldsymbol{\alpha}_1+k_2\boldsymbol{\beta}^T\boldsymbol{\alpha}_2+\cdots+k_r\boldsymbol{\beta}^T\boldsymbol{\alpha}_r+l\boldsymbol{\beta}^T\boldsymbol{\beta}=\boldsymbol{0},$$

所以$l\boldsymbol{\beta}^T\boldsymbol{\beta}=0$. 而$\boldsymbol{\beta}\neq\boldsymbol{0}$,所以$\boldsymbol{\beta}^T\boldsymbol{\beta}>0$,从而$l=0$,因此有$k_1\boldsymbol{\alpha}_1+k_2\boldsymbol{\alpha}_2+\cdots+k_r\boldsymbol{\alpha}_r=\boldsymbol{0}$. 而$\boldsymbol{\alpha}_1,\boldsymbol{\alpha}_2,\cdots,\boldsymbol{\alpha}_r$线性无关,从而有$k_1=k_2=\cdots=k_r=0$,即向量组$\boldsymbol{\alpha}_1,\boldsymbol{\alpha}_2,\cdots,\boldsymbol{\alpha}_r,\boldsymbol{\beta}$线性无关.

点评:利用线性无关的定义,并将$\boldsymbol{\beta}$是方程组的解这一条件转化为$\boldsymbol{\beta}$与$\boldsymbol{\alpha}_1,\boldsymbol{\alpha}_2,\cdots,\boldsymbol{\alpha}_r$都正交,从而求解.

【5.26】 设$\boldsymbol{A}$是n阶矩阵,$\boldsymbol{\alpha}_1,\boldsymbol{\alpha}_2,\boldsymbol{\alpha}_3(3\leqslant n)$是$n$维列向量,且$\boldsymbol{\alpha}_3\neq\boldsymbol{0}$. 如果$\boldsymbol{A}\boldsymbol{\alpha}_1=\boldsymbol{\alpha}_1+\boldsymbol{\alpha}_2$,$\boldsymbol{A}\boldsymbol{\alpha}_2=\boldsymbol{\alpha}_2+\boldsymbol{\alpha}_3$,$\boldsymbol{A}\boldsymbol{\alpha}_3=\boldsymbol{\alpha}_3$,证明向量组$\boldsymbol{\alpha}_1,\boldsymbol{\alpha}_2,\boldsymbol{\alpha}_3$线性无关.

证 设有一组数k_1,k_2,k_3,使得

$$k_1\boldsymbol{\alpha}_1+k_2\boldsymbol{\alpha}_2+k_3\boldsymbol{\alpha}_3=\boldsymbol{0}.\quad ①$$

由 $\boldsymbol{A}\boldsymbol{\alpha}_1=\boldsymbol{\alpha}_1+\boldsymbol{\alpha}_2$, $\boldsymbol{A}\boldsymbol{\alpha}_2=\boldsymbol{\alpha}_2+\boldsymbol{\alpha}_3$, $\boldsymbol{A}\boldsymbol{\alpha}_3=\boldsymbol{\alpha}_3$,可得

$$(\boldsymbol{A}-\boldsymbol{E})\boldsymbol{\alpha}_1=\boldsymbol{\alpha}_2,\quad (\boldsymbol{A}-\boldsymbol{E})\boldsymbol{\alpha}_2=\boldsymbol{\alpha}_3,\quad (\boldsymbol{A}-\boldsymbol{E})\boldsymbol{\alpha}_3=\boldsymbol{0}.$$

以$(\boldsymbol{A}-\boldsymbol{E})$左乘①式两边，得

$$k_1\boldsymbol{\alpha}_2+k_2\boldsymbol{\alpha}_3=\boldsymbol{0}. \qquad ②$$

再以$(\boldsymbol{A}-\boldsymbol{E})$左乘②式两边，得

$$k_1\boldsymbol{\alpha}_3=\boldsymbol{0}.$$

由于$\boldsymbol{\alpha}_3\neq\boldsymbol{0}$，故$k_1=0$. 将$k_1=0$代入②式，得$k_2=0$，再将$k_1=k_2=0$代入①式，得：

$$k_1=k_2=k_3=0.$$

所以$\boldsymbol{\alpha}_1,\boldsymbol{\alpha}_2,\boldsymbol{\alpha}_3$线性无关.

【5.27】 已知m个向量$\boldsymbol{\alpha}_1,\boldsymbol{\alpha}_2,\cdots,\boldsymbol{\alpha}_m$线性相关，但其中任意$m-1$个向量都线性无关，证明

(1)如果存在等式

$$k_1\boldsymbol{\alpha}_1+k_2\boldsymbol{\alpha}_2+\cdots+k_m\boldsymbol{\alpha}_m=\boldsymbol{0},$$

则这些系数$k_1,k_2,\cdots,k_m$或者全为零，或者全不为零；

(2)如果存在两个等式

$$k_1\boldsymbol{\alpha}_1+k_2\boldsymbol{\alpha}_2+\cdots+k_m\boldsymbol{\alpha}_m=\boldsymbol{0},$$
$$l_1\boldsymbol{\alpha}_1+l_2\boldsymbol{\alpha}_2+\cdots+l_m\boldsymbol{\alpha}_m=\boldsymbol{0},$$

其中$l_1\neq0$，则必有

$$\frac{k_1}{l_1}=\frac{k_2}{l_2}=\cdots=\frac{k_m}{l_m}.$$

证 (1)如果有某个$k_i=0$，则有

$$k_1\boldsymbol{\alpha}_1+k_2\boldsymbol{\alpha}_2+\cdots+k_{i-1}\boldsymbol{\alpha}_{i-1}+k_{i+1}\boldsymbol{\alpha}_{i+1}+\cdots+k_m\boldsymbol{\alpha}_m=\boldsymbol{0}.$$

由于$\boldsymbol{\alpha}_1,\boldsymbol{\alpha}_2,\cdots,\boldsymbol{\alpha}_{i-1},\boldsymbol{\alpha}_{i+1},\cdots,\boldsymbol{\alpha}_m$线性无关，所以$k_1=\cdots=k_{i-1}=k_{i+1}=\cdots=k_m=0$，于是，所有系数$k_1,k_2,\cdots,k_m$全为零.

若有某个$k_i\neq0$，则必有$k_1,\cdots,k_{i-1},k_{i+1},\cdots,k_m$全不为零. 否则，若它们中有一个$k_j=0$，则$\boldsymbol{\alpha}_1,\boldsymbol{\alpha}_2,\cdots,\boldsymbol{\alpha}_m$中有$m-1$个向量线性相关，与题设矛盾. 于是$k_1,k_2,\cdots,k_m$全不为零.

(2)因为$l_1\neq0$，所以由(1)知$l_1,l_2,\cdots,l_m$全不为零. 又因为

$$k_1\boldsymbol{\alpha}_1+k_2\boldsymbol{\alpha}_2+\cdots+k_m\boldsymbol{\alpha}_m=\boldsymbol{0},$$
$$l_1\boldsymbol{\alpha}_1+l_2\boldsymbol{\alpha}_2+\cdots+l_m\boldsymbol{\alpha}_m=\boldsymbol{0},$$

所以有

$$k_1l_1\boldsymbol{\alpha}_1+k_2l_1\boldsymbol{\alpha}_2+\cdots+k_ml_1\boldsymbol{\alpha}_m=\boldsymbol{0}, \qquad ①$$
$$k_1l_1\boldsymbol{\alpha}_1+k_1l_2\boldsymbol{\alpha}_2+\cdots+k_1l_m\boldsymbol{\alpha}_m=\boldsymbol{0}. \qquad ②$$

①－②得：

$$(k_2l_1-k_1l_2)\boldsymbol{\alpha}_2+\cdots+(k_ml_1-k_1l_m)\boldsymbol{\alpha}_m=\boldsymbol{0}.$$

由于$\boldsymbol{\alpha}_2,\cdots,\boldsymbol{\alpha}_m$线性无关，所以有

$$k_il_1-k_1l_i=0,\quad i=2,3,\cdots,m$$

即 $\dfrac{k_1}{l_1}=\dfrac{k_2}{l_2}=\cdots=\dfrac{k_m}{l_m}$.

【5.28】 设$\boldsymbol{A},\boldsymbol{B}$是$m\times n$阶矩阵，$\boldsymbol{P}$是$m$阶可逆矩阵，若$\boldsymbol{B}=\boldsymbol{PA}$，证明$\boldsymbol{B}$的任意$k$个列向量与$\boldsymbol{A}$中对应的$k$个列向量有相同的线性相关性.

证 将矩阵 $\boldsymbol{A}$ 和 $\boldsymbol{B}$ 按列分块为

$$\boldsymbol{A}=(\boldsymbol{\alpha}_1,\boldsymbol{\alpha}_2,\cdots,\boldsymbol{\alpha}_n),\qquad \boldsymbol{B}=(\boldsymbol{\beta}_1,\boldsymbol{\beta}_2,\cdots,\boldsymbol{\beta}_n).$$

因为 $\boldsymbol{B}=\boldsymbol{PA}$，所以 $\boldsymbol{\beta}_i=\boldsymbol{P}\boldsymbol{\alpha}_i\,(i=1,2,\cdots,n)$. 在矩阵 $\boldsymbol{B}$ 中任取 k 个向量 $\boldsymbol{\beta}_{i_1},\boldsymbol{\beta}_{i_2},\cdots,\boldsymbol{\beta}_{i_k}$，于是

$$\boldsymbol{\beta}_{i_1}=\boldsymbol{P}\boldsymbol{\alpha}_{i_1},\boldsymbol{\beta}_{i_2}=\boldsymbol{P}\boldsymbol{\alpha}_{i_2},\cdots,\boldsymbol{\beta}_{i_k}=\boldsymbol{P}\boldsymbol{\alpha}_{i_k},$$

可以记成

$$(\boldsymbol{\beta}_{i_1},\boldsymbol{\beta}_{i_2},\cdots,\boldsymbol{\beta}_{i_k})=\boldsymbol{P}(\boldsymbol{\alpha}_{i_1},\boldsymbol{\alpha}_{i_2},\cdots,\boldsymbol{\alpha}_{i_k}).$$

因为矩阵 $\boldsymbol{P}$ 可逆，所以 $r(\boldsymbol{\beta}_{i_1},\boldsymbol{\beta}_{i_2},\cdots,\boldsymbol{\beta}_{i_k})=r(\boldsymbol{\alpha}_{i_1},\boldsymbol{\alpha}_{i_2},\cdots,\boldsymbol{\alpha}_{i_k})$. 又 $\boldsymbol{\beta}_{i_1},\boldsymbol{\beta}_{i_2},\cdots,\boldsymbol{\beta}_{i_k}$ 线性无关当且仅当 $r(\boldsymbol{\beta}_{i_1},\boldsymbol{\beta}_{i_2},\cdots,\boldsymbol{\beta}_{i_k})=k$. 因此，$\boldsymbol{\beta}_{i_1},\boldsymbol{\beta}_{i_2},\cdots,\boldsymbol{\beta}_{i_k}$ 线性无关的充要条件是 $r(\boldsymbol{\alpha}_{i_1},\boldsymbol{\alpha}_{i_2},\cdots,\boldsymbol{\alpha}_{i_k})=k$，也就是 $\boldsymbol{\alpha}_{i_1},\boldsymbol{\alpha}_{i_2},\cdots,\boldsymbol{\alpha}_{i_k}$ 线性无关.

点评：由本题可知，若矩阵 $\boldsymbol{A}$ 经有限次初等行变换得矩阵 $\boldsymbol{B}$，则 $\boldsymbol{B}$ 的任意 k 个列向量与 $\boldsymbol{A}$ 中对应的 k 个列向量有相同的线性相关性. 类似地也有，若矩阵 $\boldsymbol{B}=\boldsymbol{AQ}$，$\boldsymbol{Q}$ 是可逆矩阵，则 $\boldsymbol{B}$ 的任意 k 个行向量与 $\boldsymbol{A}$ 中对应的 k 个行向量有相同的线性相关性. 也就是，若矩阵 $\boldsymbol{A}$ 经有限次初等列变换得矩阵 $\boldsymbol{B}$，则 $\boldsymbol{B}$ 的任意 k 个行向量与 $\boldsymbol{A}$ 中对应的 k 个行向量有相同的线性相关性.

【5.29】 设向量组 $\boldsymbol{\alpha}_1,\boldsymbol{\alpha}_2,\cdots,\boldsymbol{\alpha}_m\,(m>1)$ 线性无关，且 $\boldsymbol{\beta}=\boldsymbol{\alpha}_1+\boldsymbol{\alpha}_2+\cdots+\boldsymbol{\alpha}_m$，证明：向量 $\boldsymbol{\beta}-\boldsymbol{\alpha}_1,\boldsymbol{\beta}-\boldsymbol{\alpha}_2,\cdots,\boldsymbol{\beta}-\boldsymbol{\alpha}_m$ 线性无关.

证法一 设有一组数 $k_1,k_2,\cdots,k_m$，使得 $k_1(\boldsymbol{\beta}-\boldsymbol{\alpha}_1)+k_2(\boldsymbol{\beta}-\boldsymbol{\alpha}_2)+\cdots+k_m(\boldsymbol{\beta}-\boldsymbol{\alpha}_m)=\boldsymbol{0}$，则

$$(k_2+\cdots+k_m)\boldsymbol{\alpha}_1+(k_1+k_3+\cdots+k_m)\boldsymbol{\alpha}_2+\cdots+(k_1+\cdots+k_{m-1})\boldsymbol{\alpha}_m=\boldsymbol{0}.$$

由 $\boldsymbol{\alpha}_1,\boldsymbol{\alpha}_2,\cdots,\boldsymbol{\alpha}_m$ 线性无关，得线性方程组

$$\begin{cases} k_2+k_3+\cdots+k_m=0,\\ k_1+k_3+\cdots+k_m=0,\\ \cdots\cdots\cdots\cdots\cdots\cdots \\ k_1+k_2+\cdots+k_{m-1}=0,\end{cases}$$

系数行列式

$$D_m=\begin{vmatrix} 0 & 1 & 1 & \cdots & 1 & 1\\ 1 & 0 & 1 & \cdots & 1 & 1\\ \cdots & \cdots & \cdots & \cdots & \cdots & \cdots\\ 1 & 1 & 1 & \cdots & 1 & 0\end{vmatrix}=(-1)^{m-1}(m-1)\neq 0,$$

所以齐次线性方程组只有零解，即 $k_1=k_2=\cdots=k_m=0$.

故 $\boldsymbol{\beta}-\boldsymbol{\alpha}_1,\boldsymbol{\beta}-\boldsymbol{\alpha}_2,\cdots,\boldsymbol{\beta}-\boldsymbol{\alpha}_m$ 线性无关.

证法二

$$(\boldsymbol{\beta}-\boldsymbol{\alpha}_1,\boldsymbol{\beta}-\boldsymbol{\alpha}_2,\cdots,\boldsymbol{\beta}-\boldsymbol{\alpha}_m)=(\boldsymbol{\alpha}_1,\boldsymbol{\alpha}_2,\cdots,\boldsymbol{\alpha}_m)\begin{bmatrix} 0 & 1 & \cdots & 1\\ 1 & 0 & \cdots & 1\\ \cdots & \cdots & \cdots & \cdots\\ 1 & 1 & \cdots & 0\end{bmatrix}$$

$$=(\boldsymbol{\alpha}_1,\boldsymbol{\alpha}_2,\cdots,\boldsymbol{\alpha}_m)\boldsymbol{C},$$

而

$$|\boldsymbol{C}|=\begin{vmatrix}0&1&\cdots&1\\1&0&\cdots&1\\\cdots&\cdots&\cdots&\cdots\\1&1&\cdots&0\end{vmatrix}=(-1)^{m-1}(m-1)\neq0.$$

所以 $\boldsymbol{C}$ 为可逆矩阵，从而有 $(\boldsymbol{\alpha}_1,\boldsymbol{\alpha}_2,\cdots,\boldsymbol{\alpha}_m)=(\boldsymbol{\beta}-\boldsymbol{\alpha}_1,\boldsymbol{\beta}-\boldsymbol{\alpha}_2,\cdots,\boldsymbol{\beta}-\boldsymbol{\alpha}_m)\boldsymbol{C}^{-1}$ 即：$\boldsymbol{\alpha}_1,\boldsymbol{\alpha}_2,\cdots,\boldsymbol{\alpha}_m$ 与 $\boldsymbol{\beta}-\boldsymbol{\alpha}_1,\boldsymbol{\beta}-\boldsymbol{\alpha}_2,\cdots,\boldsymbol{\beta}-\boldsymbol{\alpha}_m$ 等价，而等价的向量组有相同的秩，所以 $\boldsymbol{\beta}-\boldsymbol{\alpha}_1,\boldsymbol{\beta}-\boldsymbol{\alpha}_2,\cdots,\boldsymbol{\beta}-\boldsymbol{\alpha}_m$ 线性无关的充要条件是 $\boldsymbol{\alpha}_1,\boldsymbol{\alpha}_2,\cdots,\boldsymbol{\alpha}_m$ 线性无关.

点评：证法一利用定义，证法二利用矩阵的秩.

【5.30】 若 $\boldsymbol{\alpha}_1,\boldsymbol{\alpha}_2,\cdots,\boldsymbol{\alpha}_n$ 是 n 个线性无关的 n 维向量，$\boldsymbol{\alpha}_{n+1}=k_1\boldsymbol{\alpha}_1+k_2\boldsymbol{\alpha}_2+\cdots+k_n\boldsymbol{\alpha}_n$，其中 $k_1,k_2,\cdots,k_n$ 全不为零. 证明：$\boldsymbol{\alpha}_1,\boldsymbol{\alpha}_2,\cdots,\boldsymbol{\alpha}_n,\boldsymbol{\alpha}_{n+1}$ 中任意 n 个向量都线性无关.

证法一 设 $\boldsymbol{\alpha}_1,\boldsymbol{\alpha}_2,\cdots,\boldsymbol{\alpha}_{i-1},\boldsymbol{\alpha}_{i+1},\cdots,\boldsymbol{\alpha}_n,\boldsymbol{\alpha}_{n+1}$ 为 $\boldsymbol{\alpha}_1,\boldsymbol{\alpha}_2,\cdots,\boldsymbol{\alpha}_n,\boldsymbol{\alpha}_{n+1}$ 中的任意 n 个向量，其中 $1\leqslant i\leqslant n$. 若有一组数 $l_1,l_2,\cdots,l_{i-1},l_{i+1},\cdots,l_n,l_{n+1}$，使得

$$l_1\boldsymbol{\alpha}_1+l_2\boldsymbol{\alpha}_2+\cdots+l_{i-1}\boldsymbol{\alpha}_{i-1}+l_{i+1}\boldsymbol{\alpha}_{i+1}+\cdots+l_n\boldsymbol{\alpha}_n+l_{n+1}\boldsymbol{\alpha}_{n+1}=\mathbf{0}.$$

将 $\boldsymbol{\alpha}_{n+1}=k_1\boldsymbol{\alpha}_1+k_2\boldsymbol{\alpha}_2+\cdots+k_n\boldsymbol{\alpha}_n$ 代入上式整理可得

$$(l_1+l_{n+1}k_1)\boldsymbol{\alpha}_1+(l_2+l_{n+1}k_2)\boldsymbol{\alpha}_2+\cdots+(l_{i-1}+l_{n+1}k_{i-1})\boldsymbol{\alpha}_{i-1}+l_{n+1}k_i\boldsymbol{\alpha}_i$$
$$+(l_{i+1}+l_{n+1}k_{i+1})\boldsymbol{\alpha}_{i+1}+\cdots+(l_n+l_{n+1}k_n)\boldsymbol{\alpha}_n=\mathbf{0}.$$

因为 $\boldsymbol{\alpha}_1,\boldsymbol{\alpha}_2,\cdots,\boldsymbol{\alpha}_n$ 线性无关，所以有齐次线性方程组

$$\begin{cases}l_1+l_{n+1}k_1=0,\\l_2+l_{n+1}k_2=0,\\\cdots\cdots\\l_{i-1}+l_{n+1}k_{i-1}=0,\\l_{n+1}k_i=0,\\l_{i+1}+l_{n+1}k_{i+1}=0,\\\cdots\cdots\\l_n+l_{n+1}k_n=0.\end{cases}$$

因为 $l_{n+1}k_i=0$，且 $k_i\neq0$，所以 $l_{n+1}=0$，从而

$$l_1=l_2=\cdots=l_{i-1}=l_{i+1}=\cdots=l_n=0,$$

所以 $\boldsymbol{\alpha}_1,\boldsymbol{\alpha}_2,\cdots,\boldsymbol{\alpha}_{i-1},\boldsymbol{\alpha}_{i+1},\cdots,\boldsymbol{\alpha}_n,\boldsymbol{\alpha}_{n+1}$ 线性无关. 若令 $i=n+1$，则 $\boldsymbol{\alpha}_1,\boldsymbol{\alpha}_2,\cdots,\boldsymbol{\alpha}_n$ 线性无关是已知条件，所以，$\boldsymbol{\alpha}_1,\boldsymbol{\alpha}_2,\cdots,\boldsymbol{\alpha}_n,\boldsymbol{\alpha}_{n+1}$ 中任意 n 个向量都线性无关.

证法二 设 $\boldsymbol{\alpha}_1,\boldsymbol{\alpha}_2,\cdots,\boldsymbol{\alpha}_{i-1},\boldsymbol{\alpha}_{i+1},\cdots,\boldsymbol{\alpha}_n,\boldsymbol{\alpha}_{n+1}$ 为 $\boldsymbol{\alpha}_1,\boldsymbol{\alpha}_2,\cdots,\boldsymbol{\alpha}_n,\boldsymbol{\alpha}_{n+1}$ 中任意 n 个向量，其中 $1\leqslant i\leqslant n$，则

$$(\boldsymbol{\alpha}_1,\boldsymbol{\alpha}_2,\cdots,\boldsymbol{\alpha}_{i-1},\boldsymbol{\alpha}_{i+1},\cdots,\boldsymbol{\alpha}_n,\boldsymbol{\alpha}_{n+1})=(\boldsymbol{\alpha}_1,\boldsymbol{\alpha}_2,\cdots,\boldsymbol{\alpha}_n)\begin{bmatrix}1&0&\cdots&0&0&\cdots&0&k_1\\0&1&\cdots&0&0&\cdots&0&k_2\\\vdots&\vdots&&\vdots&\vdots&&\vdots&\vdots\\0&0&\cdots&1&0&\cdots&0&k_{i-1}\\0&0&\cdots&0&0&\cdots&0&k_i\\0&0&\cdots&0&1&\cdots&0&k_{i+1}\\\vdots&\vdots&&\vdots&\vdots&&\vdots&\vdots\\0&0&\cdots&0&0&\cdots&1&k_n\end{bmatrix}$$

$$=(\boldsymbol{\alpha}_1,\boldsymbol{\alpha}_2,\cdots,\boldsymbol{\alpha}_n)\boldsymbol{B}.$$

因为 $\boldsymbol{\alpha}_1,\boldsymbol{\alpha}_2,\cdots,\boldsymbol{\alpha}_n$ 线性无关，所以 $r(\boldsymbol{\alpha}_1,\boldsymbol{\alpha}_2,\cdots,\boldsymbol{\alpha}_{i-1},\boldsymbol{\alpha}_{i+1},\cdots,\boldsymbol{\alpha}_n,\boldsymbol{\alpha}_{n+1})=r(\boldsymbol{B})$，而 $|\boldsymbol{B}|=k_i\neq 0$，故 $r(\boldsymbol{B})=n=r(\boldsymbol{\alpha}_1,\boldsymbol{\alpha}_2,\cdots,\boldsymbol{\alpha}_{i-1},\boldsymbol{\alpha}_{i+1},\cdots,\boldsymbol{\alpha}_n,\boldsymbol{\alpha}_{n+1})$.

所以 $\boldsymbol{\alpha}_1,\boldsymbol{\alpha}_2,\cdots,\boldsymbol{\alpha}_{i-1},\boldsymbol{\alpha}_{i+1},\cdots,\boldsymbol{\alpha}_n,\boldsymbol{\alpha}_{n+1}$ 线性无关.

证法三 设向量组(A)：$\boldsymbol{\alpha}_1,\boldsymbol{\alpha}_2,\cdots,\boldsymbol{\alpha}_{i-1},\boldsymbol{\alpha}_{i+1},\cdots,\boldsymbol{\alpha}_n,\boldsymbol{\alpha}_{n+1}$，向量组(B)：$\boldsymbol{\alpha}_1,\boldsymbol{\alpha}_2,\cdots,\boldsymbol{\alpha}_{i-1},\boldsymbol{\alpha}_i,\boldsymbol{\alpha}_{i+1},\cdots,\boldsymbol{\alpha}_n$，由已知条件可知(A)能被(B)线性表示.

反之，(B)中向量 $\boldsymbol{\alpha}_1,\boldsymbol{\alpha}_2,\cdots,\boldsymbol{\alpha}_{i-1},\boldsymbol{\alpha}_{i+1},\cdots,\boldsymbol{\alpha}_n$ 显然能由(A)线性表示. 下证 $\boldsymbol{\alpha}_i$ 能由(A)线性表示.

由 $\boldsymbol{\alpha}_{n+1}=k_1\boldsymbol{\alpha}_1+k_2\boldsymbol{\alpha}_2+\cdots+k_i\boldsymbol{\alpha}_i+\cdots+k_n\boldsymbol{\alpha}_n$，而且 k_i 全不为零，可得

$$\boldsymbol{\alpha}_i=-\frac{1}{k_i}(k_1\boldsymbol{\alpha}_1+k_2\boldsymbol{\alpha}_2+\cdots+k_{i-1}\boldsymbol{\alpha}_{i-1}+k_{i+1}\boldsymbol{\alpha}_{i+1}+\cdots+k_n\boldsymbol{\alpha}_n-\boldsymbol{\alpha}_{n+1}),$$

从而 $\boldsymbol{\alpha}_i$ 可由(A)线性表示，所以(B)能由(A)线性表示. 所以向量组(A)与向量组(B)等价，而等价的向量组有相同的秩，并且 $r(B)=n$，所以 $r(A)=n$，从而向量组(A)中的 n 个向量线性无关.

点评：证法一利用定义，证法二利用矩阵的秩，证法三利用向量组的等价.

题型3：向量组的等价

【5.31】 已知 n 维向量组(Ⅰ)$\boldsymbol{\alpha}_1,\boldsymbol{\alpha}_2,\cdots,\boldsymbol{\alpha}_s$ 和(Ⅱ)$\boldsymbol{\beta}_1,\boldsymbol{\beta}_2,\cdots,\boldsymbol{\beta}_t$ 的秩都等于 r，那么下述命题不正确的是______.

(A)若 $s=t$，则向量组(Ⅰ)与向量组(Ⅱ)等价.

(B)若向量组(Ⅰ)是向量组(Ⅱ)的部分组，则向量组(Ⅰ)与向量组(Ⅱ)等价.

(C)若向量组(Ⅰ)能由向量组(Ⅱ)线性表示，则向量组(Ⅰ)与向量组(Ⅱ)等价.

(D)若 $r(\boldsymbol{\alpha}_1,\cdots,\boldsymbol{\alpha}_s,\boldsymbol{\beta}_1,\cdots,\boldsymbol{\beta}_t)=r$，则向量组(Ⅰ)与向量组(Ⅱ)等价.

解 取向量组

$$(\text{Ⅰ})\boldsymbol{\alpha}_1=\begin{bmatrix}1\\0\\0\end{bmatrix},\quad \boldsymbol{\alpha}_2=\begin{bmatrix}0\\1\\0\end{bmatrix}\quad 和\quad (\text{Ⅱ})\boldsymbol{\beta}_1=\begin{bmatrix}0\\1\\0\end{bmatrix},\quad \boldsymbol{\beta}_2=\begin{bmatrix}0\\0\\1\end{bmatrix},$$

易知 $r(\text{Ⅰ})=r(\text{Ⅱ})$，且 $s=t$，但向量组(Ⅰ)与向量组(Ⅱ)不等价. 即命题(A)不正确.

命题(C)是正确的，证明见**【5.38】**.

若向量组(Ⅰ)是向量组(Ⅱ)的部分组，则向量组(Ⅰ)当然能由向量组(Ⅱ)线性表示. 由(C)是正确的可知(B)也是正确的.

命题(D)的证明如下：

不失一般性，设 $\boldsymbol{\alpha}_1,\boldsymbol{\alpha}_2,\cdots,\boldsymbol{\alpha}_r$ 是向量组(Ⅰ)的一个极大线性无关组. 因为 $r(\boldsymbol{\alpha}_1,\cdots,\boldsymbol{\alpha}_s,\boldsymbol{\beta}_1,\cdots,\boldsymbol{\beta}_t)=r$，所以 $\boldsymbol{\alpha}_1,\boldsymbol{\alpha}_2,\cdots,\boldsymbol{\alpha}_r$ 也是向量组 $\boldsymbol{\alpha}_1,\cdots,\boldsymbol{\alpha}_s,\boldsymbol{\beta}_1,\cdots,\boldsymbol{\beta}_t$ 的一个极大线性无关组，因此向量组(Ⅱ)可由向量组 $\boldsymbol{\alpha}_1,\boldsymbol{\alpha}_2,\cdots,\boldsymbol{\alpha}_r$ 线性表示，也就能由向量组(Ⅰ)线性表示. 同理，向量组(Ⅰ)也能由向量组(Ⅱ)线性表示. 故向量组(Ⅰ)与向量组(Ⅱ)等价.

综上可知，应选(A).

【5.32】 已知向量组 $\boldsymbol{\alpha}_1,\boldsymbol{\alpha}_2,\cdots,\boldsymbol{\alpha}_s$ 线性无关，而向量组 $\boldsymbol{\alpha}_1,\boldsymbol{\alpha}_2,\cdots,\alpha_s,\boldsymbol{\beta},\boldsymbol{\gamma}$ 线性相关，证明向量 $\boldsymbol{\beta},\boldsymbol{\gamma}$ 中有一个可由向量组 $\alpha_1,\alpha_2,\cdots,\boldsymbol{\alpha}_s$ 线性表示，或向量组 $\boldsymbol{\alpha}_1,\boldsymbol{\alpha}_2,\cdots,\alpha_s,\boldsymbol{\beta}$ 与向量组 $\boldsymbol{\alpha}_1,\boldsymbol{\alpha}_2,\cdots,\alpha_s,\boldsymbol{\gamma}$ 等价.

证 由题设向量组$\boldsymbol{\alpha}_1,\boldsymbol{\alpha}_2,\cdots,\boldsymbol{\alpha}_s,\boldsymbol{\beta},\boldsymbol{\gamma}$线性相关知,存在一组不全为零的数$k_1,k_2,\cdots,k_s,k,l$使

$$k_1\boldsymbol{\alpha}_1+k_2\boldsymbol{\alpha}_2+\cdots+k_s\boldsymbol{\alpha}_s+k\boldsymbol{\beta}+l\boldsymbol{\gamma}=\mathbf{0}.$$

下证k,l不能都等于零.

若$k=0,l=0$,则$k_1,k_2,\cdots,k_s$不全为零,且有

$$k_1\boldsymbol{\alpha}_1+k_2\boldsymbol{\alpha}_2+\cdots+k_s\boldsymbol{\alpha}_s=\mathbf{0}.$$

所以$\boldsymbol{\alpha}_1,\boldsymbol{\alpha}_2,\cdots,\boldsymbol{\alpha}_s$线性相关,这与题设$\boldsymbol{\alpha}_1,\boldsymbol{\alpha}_2,\cdots,\boldsymbol{\alpha}_s$线性无关矛盾.

由于k,l不能都等于零,于是有如下3种情形:

(1)当$k\neq0,l=0$时,可得

$$\boldsymbol{\beta}=\left(-\frac{k_1}{k}\right)\boldsymbol{\alpha}_1+\left(-\frac{k_2}{k}\right)\boldsymbol{\alpha}_2+\cdots+\left(-\frac{k_s}{k}\right)\boldsymbol{\alpha}_s,$$

即$\boldsymbol{\beta}$可由$\boldsymbol{\alpha}_1,\boldsymbol{\alpha}_2,\cdots,\boldsymbol{\alpha}_s$线性表示.

(2)当$k=0,l\neq0$时,可得

$$\boldsymbol{\gamma}=\left(-\frac{k_1}{l}\right)\boldsymbol{\alpha}_1+\left(-\frac{k_2}{l}\right)\boldsymbol{\alpha}_2+\cdots+\left(-\frac{k_s}{l}\right)\boldsymbol{\alpha}_s,$$

即$\boldsymbol{\gamma}$可由$\boldsymbol{\alpha}_1,\boldsymbol{\alpha}_2,\cdots,\boldsymbol{\alpha}_s$线性表示.

(3)当$k\neq0,l\neq0$时,可得

$$\boldsymbol{\beta}=\left(-\frac{k_1}{k}\right)\boldsymbol{\alpha}_1+\left(-\frac{k_2}{k}\right)\boldsymbol{\alpha}_2+\cdots+\left(-\frac{k_s}{k}\right)\boldsymbol{\alpha}_s+\left(-\frac{l}{k}\right)\boldsymbol{\gamma},$$

和

$$\boldsymbol{\gamma}=\left(-\frac{k_1}{l}\right)\boldsymbol{\alpha}_1+\left(-\frac{k_2}{l}\right)\boldsymbol{\alpha}_2+\cdots+\left(-\frac{k_s}{l}\right)\boldsymbol{\alpha}_s+\left(-\frac{k}{l}\right)\boldsymbol{\beta},$$

即$\boldsymbol{\beta}$可由$\boldsymbol{\alpha}_1,\boldsymbol{\alpha}_2,\cdots,\boldsymbol{\alpha}_s,\boldsymbol{\gamma}$线性表示,且$\boldsymbol{\gamma}$可由$\boldsymbol{\alpha}_1,\boldsymbol{\alpha}_2,\cdots,\boldsymbol{\alpha}_s,\boldsymbol{\beta}$线性表示.进而可知,向量组$\boldsymbol{\alpha}_1,\boldsymbol{\alpha}_2,\cdots,\boldsymbol{\alpha}_s,\boldsymbol{\beta}$与向量组$\boldsymbol{\alpha}_1,\boldsymbol{\alpha}_2,\cdots,\boldsymbol{\alpha}_s,\boldsymbol{\gamma}$等价.

【5.33】 设有向量组(Ⅰ):$\boldsymbol{\alpha}_1=(1,0,2)^T$, $\boldsymbol{\alpha}_2=(1,1,3)^T$, $\boldsymbol{\alpha}_3=(1,-1,a+2)^T$

和向量组(Ⅱ):$\boldsymbol{\beta}_1=(1,2,a+3)^T$, $\boldsymbol{\beta}_2=(2,1,a+6)^T$, $\boldsymbol{\beta}_3=(2,1,a+4)^T$.

试问:当a为何值时,向量组(Ⅰ)与(Ⅱ)等价?当a为何值时,向量组(Ⅰ)与(Ⅱ)不等价?

解法一 对以$\boldsymbol{\alpha}_1,\boldsymbol{\alpha}_2,\boldsymbol{\alpha}_3,\boldsymbol{\beta}_1,\boldsymbol{\beta}_2,\boldsymbol{\beta}_3$构成的矩阵施行初等行变换,得

$$(\boldsymbol{\alpha}_1,\boldsymbol{\alpha}_2,\boldsymbol{\alpha}_3\ \vdots\ \boldsymbol{\beta}_1,\boldsymbol{\beta}_2,\boldsymbol{\beta}_3)=\left[\begin{array}{ccc:ccc}1&1&1&1&2&2\\0&1&-1&2&1&1\\2&3&a+2&a+3&a+6&a+4\end{array}\right]$$
$$\rightarrow\left[\begin{array}{ccc:ccc}1&0&2&-1&1&1\\0&1&-1&2&1&1\\0&0&a+1&a-1&a+1&a-1\end{array}\right].$$

由此可知

(1)当$a\neq-1$时,$r(\boldsymbol{\alpha}_1,\boldsymbol{\alpha}_2,\boldsymbol{\alpha}_3)=r(\boldsymbol{\alpha}_1,\boldsymbol{\alpha}_2,\boldsymbol{\alpha}_3,\boldsymbol{\beta}_i)=3(i=1,2,3)$,所以向量组(Ⅱ)可由向量组(Ⅰ)线性表示.又行列式$|\boldsymbol{\beta}_1,\boldsymbol{\beta}_2,\boldsymbol{\beta}_3|=6\neq0$,于是向量组$\boldsymbol{\beta}_1,\boldsymbol{\beta}_2,\boldsymbol{\beta}_3$线性无关,故向量组(Ⅰ)可由向量组(Ⅱ)线性表示.因此,向量组(Ⅰ)与(Ⅱ)等价.

(2)当$a=-1$时,有

$$(\boldsymbol{\alpha}_1,\boldsymbol{\alpha}_2,\boldsymbol{\alpha}_3 \vdots \boldsymbol{\beta}_1)\to\left[\begin{array}{ccc:c}1&0&2&-1\\0&1&-1&2\\0&0&0&-2\end{array}\right].$$

由于 $r(\boldsymbol{\alpha}_1,\boldsymbol{\alpha}_2,\boldsymbol{\alpha}_3)\neq r(\boldsymbol{\alpha}_1,\boldsymbol{\alpha}_2,\boldsymbol{\alpha}_3,\boldsymbol{\beta}_1)$，所以向量 $\boldsymbol{\beta}_1$ 不能由 $\boldsymbol{\alpha}_1,\boldsymbol{\alpha}_2,\boldsymbol{\alpha}_3$ 线性表示. 因此，向量组(Ⅰ)与(Ⅱ)不等价.

解法二 由 $|\boldsymbol{\alpha}_1,\boldsymbol{\alpha}_2,\boldsymbol{\alpha}_3|=a+1$，$|\boldsymbol{\beta}_1,\boldsymbol{\beta}_2,\boldsymbol{\beta}_3|=6\neq 0$ 得

(1)当 $a\neq -1$ 时，$r(\boldsymbol{\alpha}_1,\boldsymbol{\alpha}_2,\boldsymbol{\alpha}_3)=r(\boldsymbol{\beta}_1,\boldsymbol{\beta}_2,\boldsymbol{\beta}_3)=3$，而向量均为三维向量.

所以向量组(Ⅰ)与初始单位向量组等价，向量组(Ⅱ)与初始单位向量组等价，根据传递性知向量组(Ⅰ)与(Ⅱ)等价.

(2)当 $a=-1$ 时，$r(\boldsymbol{\alpha}_1,\boldsymbol{\alpha}_2,\boldsymbol{\alpha}_3)=2$，$r(\boldsymbol{\beta}_1,\boldsymbol{\beta}_2,\boldsymbol{\beta}_3)=3$，因此向量组(Ⅰ)与(Ⅱ)不等价.

点评：本题为 2003 年考研真题.

解法一的思路是：向量组(Ⅰ)与(Ⅱ)等价⇔(Ⅰ)与(Ⅱ)相互线性表示.

解法二的思路是：向量组(Ⅰ)与(Ⅱ)等价⇔(Ⅰ)，(Ⅱ)与同一个向量组等价.

题型 4：极大无关组和向量组的秩

【5.34】 设向量组 $\boldsymbol{\alpha}_1=(1,1,1,3)^T$，$\boldsymbol{\alpha}_2=(-1,-3,5,1)^T$，$\boldsymbol{\alpha}_3=(3,2,-1,p+2)^T$，$\boldsymbol{\alpha}_4=(-2,-6,10,p)^T$.

(1) p 为何值时，该向量组线性无关？并在此时将向量 $\boldsymbol{\alpha}=(4,1,6,10)^T$ 用 $\boldsymbol{\alpha}_1,\boldsymbol{\alpha}_2,\boldsymbol{\alpha}_3,\boldsymbol{\alpha}_4$ 线性表示；

(2) p 为何值时，该向量组线性相关？并在此时求出它的秩和一个极大线性无关组.

解 对矩阵 $(\boldsymbol{\alpha}_1,\boldsymbol{\alpha}_2,\boldsymbol{\alpha}_3,\boldsymbol{\alpha}_4 \vdots \boldsymbol{\alpha})$ 作初等行变换：

$$\left[\begin{array}{cccc:c}1&-1&3&-2&4\\1&-3&2&-6&1\\1&5&-1&10&6\\3&1&p+2&p&10\end{array}\right]\to\left[\begin{array}{cccc:c}1&-1&3&-2&4\\0&-2&-1&-4&-3\\0&6&-4&12&2\\0&4&p-7&p+6&-2\end{array}\right]$$

$$\to\left[\begin{array}{cccc:c}1&-1&3&-2&4\\0&-2&-1&-4&-3\\0&0&-7&0&-7\\0&0&p-9&p-2&-8\end{array}\right]\to\left[\begin{array}{cccc:c}1&-1&3&-2&4\\0&-2&-1&-4&-3\\0&0&1&0&1\\0&0&0&p-2&1-p\end{array}\right].$$

(1)当 $p\neq 2$ 时，向量组 $\boldsymbol{\alpha}_1,\boldsymbol{\alpha}_2,\boldsymbol{\alpha}_3,\boldsymbol{\alpha}_4$ 线性无关. 此时设 $\boldsymbol{\alpha}=x_1\boldsymbol{\alpha}_1+x_2\boldsymbol{\alpha}_2+x_3\boldsymbol{\alpha}_3+x_4\boldsymbol{\alpha}_4$，解得

$$x_1=2,\quad x_2=\frac{3p-4}{p-2},\quad x_3=1,\quad x_4=\frac{1-p}{p-2}.$$

(2)当 $p=2$ 时，$\boldsymbol{\alpha}_1,\boldsymbol{\alpha}_2,\boldsymbol{\alpha}_3,\boldsymbol{\alpha}_4$ 线性相关，此时 $r(\boldsymbol{\alpha}_1,\boldsymbol{\alpha}_2,\boldsymbol{\alpha}_3,\boldsymbol{\alpha}_4)=3$，$\boldsymbol{\alpha}_1,\boldsymbol{\alpha}_2,\boldsymbol{\alpha}_3$ 是一个极大无关组.

点评：本题为 1999 年考研真题.

【5.35】 已知向量组 $\boldsymbol{\beta}_1=\begin{bmatrix}0\\1\\-1\end{bmatrix}$，$\boldsymbol{\beta}_2=\begin{bmatrix}a\\2\\1\end{bmatrix}$，$\boldsymbol{\beta}_3=\begin{bmatrix}b\\1\\0\end{bmatrix}$

与向量组 $\boldsymbol{\alpha}_1=\begin{bmatrix}1\\2\\-3\end{bmatrix}$， $\boldsymbol{\alpha}_2=\begin{bmatrix}3\\0\\1\end{bmatrix}$， $\boldsymbol{\alpha}_3=\begin{bmatrix}9\\6\\-7\end{bmatrix}$

具有相同的秩，且 $\boldsymbol{\beta}_3$ 可由 $\boldsymbol{\alpha}_1,\boldsymbol{\alpha}_2,\boldsymbol{\alpha}_3$ 线性表示，求 a,b 的值.

解 对矩阵$(\boldsymbol{\alpha}_1,\boldsymbol{\alpha}_2,\boldsymbol{\alpha}_3)$施以初等行变换：

$$(\boldsymbol{\alpha}_1,\boldsymbol{\alpha}_2,\boldsymbol{\alpha}_3)=\begin{bmatrix}1&3&9\\2&0&6\\-3&1&-7\end{bmatrix}\to\begin{bmatrix}1&3&9\\0&-6&-12\\0&10&20\end{bmatrix}\to\begin{bmatrix}1&3&9\\0&1&2\\0&0&0\end{bmatrix},$$

所以 $r(\boldsymbol{\alpha}_1,\boldsymbol{\alpha}_2,\boldsymbol{\alpha}_3)=2$，并且 $\boldsymbol{\alpha}_1,\boldsymbol{\alpha}_2$ 为 $\boldsymbol{\alpha}_1,\boldsymbol{\alpha}_2,\boldsymbol{\alpha}_3$ 的一个极大无关组. 又因为 $r(\boldsymbol{\beta}_1,\boldsymbol{\beta}_2,\boldsymbol{\beta}_3)=r(\boldsymbol{\alpha}_1,\boldsymbol{\alpha}_2,\boldsymbol{\alpha}_3)$，所以 $r(\boldsymbol{\beta}_1,\boldsymbol{\beta}_2,\boldsymbol{\beta}_3)=2$，所以

$$\begin{vmatrix}0&a&b\\1&2&1\\-1&1&0\end{vmatrix}=-a+3b=0.$$

从而 $a=3b$.

另一方面，由于 $\boldsymbol{\beta}_3$ 可由 $\boldsymbol{\alpha}_1,\boldsymbol{\alpha}_2,\boldsymbol{\alpha}_3$ 线性表示，而 $\boldsymbol{\alpha}_1,\boldsymbol{\alpha}_2$ 为 $\boldsymbol{\alpha}_1,\boldsymbol{\alpha}_2,\boldsymbol{\alpha}_3$ 的一个极大无关组，所以 $\boldsymbol{\beta}_3$ 可由 $\boldsymbol{\alpha}_1,\boldsymbol{\alpha}_2$ 线性表示，从而 $\boldsymbol{\alpha}_1,\boldsymbol{\alpha}_2,\boldsymbol{\beta}$ 线性相关，所以

$$\begin{vmatrix}1&3&b\\2&0&1\\-3&1&0\end{vmatrix}=2b-10=0,$$

解得：$b=5$，而 $a=3b=3\times5=15$.

点评：利用极大无关组的性质，将 $\boldsymbol{\beta}_3$ 可由 $\boldsymbol{\alpha}_1,\boldsymbol{\alpha}_2,\boldsymbol{\alpha}_3$ 线性表示这一条件，转化为 $\boldsymbol{\beta}_3$ 可由 $\boldsymbol{\alpha}_1,\boldsymbol{\alpha}_2$ 线性表示. 又给出的向量组所含向量个数等于向量的维数，故利用行列式求解. 本题为 2000 年考研真题.

【5.36】 已知

$$\boldsymbol{\alpha}_1=(1,0,1,2)^T,\quad \boldsymbol{\alpha}_2=(0,1,1,2)^T,\quad \boldsymbol{\alpha}_3=(-1,1,0,a-3)^T,$$
$$\boldsymbol{\alpha}_4=(1,2,a,6)^T,\quad \boldsymbol{\alpha}_5=(1,1,2,3)^T.$$

问 a 为何值时向量组 $\boldsymbol{\alpha}_1,\boldsymbol{\alpha}_2,\boldsymbol{\alpha}_3,\boldsymbol{\alpha}_4,\boldsymbol{\alpha}_5$ 的秩等于 3，并求出此时它的一个极大线性无关组.

解 对矩阵$(\boldsymbol{\alpha}_1,\boldsymbol{\alpha}_2,\boldsymbol{\alpha}_3,\boldsymbol{\alpha}_4,\boldsymbol{\alpha}_5)$施以初等行变换：

$$\begin{bmatrix}1&0&-1&1&1\\0&1&1&2&1\\1&1&0&a&2\\2&2&a-3&6&3\end{bmatrix}\to\begin{bmatrix}1&0&-1&1&1\\0&1&1&2&1\\0&1&1&a-1&1\\0&2&a-1&4&1\end{bmatrix}\to\begin{bmatrix}1&0&-1&1&1\\0&1&1&2&1\\0&0&a-3&0&-1\\0&0&0&a-3&0\end{bmatrix}.$$

当 $a=3$ 时向量组 $\boldsymbol{\alpha}_1,\boldsymbol{\alpha}_2,\boldsymbol{\alpha}_3,\boldsymbol{\alpha}_4,\boldsymbol{\alpha}_5$ 的秩等于 3. 此时它的一个极大线性无关组是 $\boldsymbol{\alpha}_1,\boldsymbol{\alpha}_2,\boldsymbol{\alpha}_5$.

【5.37】 设 $\boldsymbol{\alpha}_1,\boldsymbol{\alpha}_2,\cdots,\boldsymbol{\alpha}_s$ 的秩为 r，若该向量组的任一向量均可由其中的 $\boldsymbol{\alpha}_1,\boldsymbol{\alpha}_2,\cdots,\boldsymbol{\alpha}_r$ 线性表示. 证明 $\boldsymbol{\alpha}_1,\boldsymbol{\alpha}_2,\cdots,\boldsymbol{\alpha}_r$ 是该向量组的一个极大线性无关组.

证 由题设 $\boldsymbol{\alpha}_1,\boldsymbol{\alpha}_2,\cdots,\boldsymbol{\alpha}_s$ 的每一向量均可由 $\boldsymbol{\alpha}_1,\boldsymbol{\alpha}_2,\cdots,\boldsymbol{\alpha}_r$ 线性表示，显然 $\boldsymbol{\alpha}_1,\boldsymbol{\alpha}_2,\cdots,\boldsymbol{\alpha}_r$ 也可由 $\boldsymbol{\alpha}_1,\boldsymbol{\alpha}_2,\cdots,\boldsymbol{\alpha}_s$ 线性表示. 所以向量组 $\boldsymbol{\alpha}_1,\boldsymbol{\alpha}_2,\cdots,\boldsymbol{\alpha}_s$ 和向量组 $\boldsymbol{\alpha}_1,\boldsymbol{\alpha}_2,\cdots,\boldsymbol{\alpha}_r$ 等价. 又由于等价向量组有相同的秩，所以 $\boldsymbol{\alpha}_1,\boldsymbol{\alpha}_2,\cdots,\boldsymbol{\alpha}_r$ 的秩为 r，即 $\boldsymbol{\alpha}_1,\boldsymbol{\alpha}_2,\cdots,\boldsymbol{\alpha}_r$ 线性无关. 根据定义，$\boldsymbol{\alpha}_1,\boldsymbol{\alpha}_2,\cdots,\boldsymbol{\alpha}_r$

是 $\boldsymbol{\alpha}_1,\boldsymbol{\alpha}_2,\cdots,\boldsymbol{\alpha}_s$ 的一个极大线性无关组.

【5.38】 已知 n 维向量组(Ⅰ)可被向量组(Ⅱ)线性表示,且 $r(\text{Ⅰ})=r(\text{Ⅱ})$. 求证向量组(Ⅱ)也可被向量组(Ⅰ)线性表示,即(Ⅰ)和(Ⅱ)等价.

证 设 $r(\text{Ⅰ})=r(\text{Ⅱ})=r$,并设向量组(Ⅰ)的一个极大线性无关组是 $\boldsymbol{\alpha}_1,\boldsymbol{\alpha}_2,\cdots,\boldsymbol{\alpha}_r$,向量组(Ⅱ)的一个极大线性无关组是 $\boldsymbol{\beta}_1,\boldsymbol{\beta}_2,\cdots,\boldsymbol{\beta}_r$. 由向量组(Ⅰ)可被向量组(Ⅱ)线性表示,有 $\boldsymbol{\alpha}_1,\boldsymbol{\alpha}_2,\cdots,\boldsymbol{\alpha}_r$ 可被 $\boldsymbol{\beta}_1,\boldsymbol{\beta}_2,\cdots,\boldsymbol{\beta}_r$ 线性表示.

考虑向量组(Ⅲ):$\boldsymbol{\alpha}_1,\boldsymbol{\alpha}_2,\cdots,\boldsymbol{\alpha}_r,\boldsymbol{\beta}_1,\boldsymbol{\beta}_2,\cdots,\boldsymbol{\beta}_r$. 显然 $\boldsymbol{\beta}_1,\boldsymbol{\beta}_2,\cdots,\boldsymbol{\beta}_r$ 是向量组(Ⅲ)的一个极大线性无关组,且 $r(\text{Ⅲ})=r$.

又由于 $\boldsymbol{\alpha}_1,\boldsymbol{\alpha}_2,\cdots,\boldsymbol{\alpha}_r$ 的秩是 r,所以 $\boldsymbol{\alpha}_1,\boldsymbol{\alpha}_2,\cdots,\boldsymbol{\alpha}_r$ 也是(Ⅲ)的一个极大线性无关组. $\boldsymbol{\alpha}_1,\boldsymbol{\alpha}_2,\cdots,\boldsymbol{\alpha}_r$ 和 $\boldsymbol{\beta}_1,\boldsymbol{\beta}_2,\cdots,\boldsymbol{\beta}_r$ 等价.

所以 $\boldsymbol{\beta}_1,\boldsymbol{\beta}_2,\cdots,\boldsymbol{\beta}_r$ 可被 $\boldsymbol{\alpha}_1,\boldsymbol{\alpha}_2,\cdots,\boldsymbol{\alpha}_r$ 线性表示. 向量组(Ⅱ)可被向量组 $\boldsymbol{\alpha}_1,\boldsymbol{\alpha}_2,\cdots,\boldsymbol{\alpha}_r$ 线性表示,也就有向量组(Ⅱ)可被向量组(Ⅰ)线性表示.

【5.39】 设向量组(Ⅰ):$\boldsymbol{\alpha}_1,\boldsymbol{\alpha}_2,\cdots,\boldsymbol{\alpha}_m$;组(Ⅱ):$\boldsymbol{\beta}_1,\boldsymbol{\beta}_2,\cdots,\boldsymbol{\beta}_m$;组(Ⅲ):$\boldsymbol{r}_1,\boldsymbol{r}_2,\cdots,\boldsymbol{r}_m$ 的秩分别为 s_1,s_2,s_3. 如果 $\boldsymbol{r}_i=\boldsymbol{\alpha}_i-\boldsymbol{\beta}_i$,$(i=1,2,\cdots,m)$,则 $s_1\leqslant s_2+s_3$,$s_2\leqslant s_1+s_3$,$s_3\leqslant s_1+s_2$.

证 作向量组(Ⅳ):$\boldsymbol{r}_1+\boldsymbol{\beta}_1,\boldsymbol{r}_2+\boldsymbol{\beta}_2,\cdots,\boldsymbol{r}_m+\boldsymbol{\beta}_m$,而 $\boldsymbol{\alpha}_i=\boldsymbol{r}_i+\boldsymbol{\beta}_i\quad i=1,2.\cdots,m.$

所以向量组(Ⅰ)能由向量组(Ⅳ)线性表示.

设向量组(Ⅴ):$\boldsymbol{\beta}_1,\boldsymbol{\beta}_2,\cdots,\boldsymbol{\beta}_m,\boldsymbol{r}_1,\boldsymbol{r}_2,\cdots,\boldsymbol{r}_m$,则向量组(Ⅳ)能由向量组(Ⅴ)线性表示.

设向量组(Ⅰ)、(Ⅱ)、(Ⅲ)的极大无关组分别为(Ⅰ)$'$:$\boldsymbol{\alpha}_{i_1},\boldsymbol{\alpha}_{i_2},\cdots,\boldsymbol{\alpha}_{is_1}$,(Ⅱ)$'$:$\boldsymbol{\beta}_{j_1},\cdots,\boldsymbol{\beta}_{js_2}$,(Ⅲ)$'$:$\boldsymbol{r}_{k_1},\cdots,\boldsymbol{r}_{ks_3}$.

作向量组(Ⅴ)$'$:$\boldsymbol{\beta}_{j_1},\boldsymbol{\beta}_{j_2},\cdots,\boldsymbol{\beta}_{js_2}$, $\boldsymbol{r}_{k_1},\boldsymbol{r}_{k_2},\cdots,\boldsymbol{r}_{ks_3}$.

由于(Ⅰ)$'$是(Ⅰ)的极大无关组,则(Ⅰ)$'$可由(Ⅰ)线性表示,而(Ⅰ)能由(Ⅳ)线性表示,(Ⅳ)能由(Ⅴ)线性表示,而(Ⅴ)可由其极大无关组(Ⅴ)$'$表示,所以(Ⅰ)$'$可由(Ⅴ)$'$线性表示,于是 $s_1\leqslant s_2+s_3$.

同理可证 $s_2\leqslant s_1+s_3$, $s_3\leqslant s_1+s_2$.

【5.40】 设四维向量组

$\boldsymbol{\alpha}_1=(1+a,1,1,1)^T$, $\boldsymbol{\alpha}_2=(2,2+a,2,2)^T$, $\boldsymbol{\alpha}_3=(3,3,3+a,3)^T$, $\boldsymbol{\alpha}_4=(4,4,4,4+a)^T$,问 a 为何值时,$\boldsymbol{\alpha}_1,\boldsymbol{\alpha}_2,\boldsymbol{\alpha}_3,\boldsymbol{\alpha}_4$ 线性相关?当 $\boldsymbol{\alpha}_1,\boldsymbol{\alpha}_2,\boldsymbol{\alpha}_3,\boldsymbol{\alpha}_4$ 线性相关时,求其一个极大线性无关组,并将其余向量用该极大线性无关组线性表示.

解法一 记 $\boldsymbol{A}=(\boldsymbol{\alpha}_1,\boldsymbol{\alpha}_2,\boldsymbol{\alpha}_3,\boldsymbol{\alpha}_4)$,则

$$|\boldsymbol{A}|=\begin{vmatrix}1+a & 2 & 3 & 4\\ 1 & 2+a & 3 & 4\\ 1 & 2 & 3+a & 4\\ 1 & 2 & 3 & 4+a\end{vmatrix}=(a+10)a^3.$$

于是当 $a=0$ 或 $a=-10$ 时,$\boldsymbol{\alpha}_1,\boldsymbol{\alpha}_2,\boldsymbol{\alpha}_3,\boldsymbol{\alpha}_4$ 线性相关.

当 $a=0$ 时,$\boldsymbol{\alpha}_1$ 为 $\boldsymbol{\alpha}_1,\boldsymbol{\alpha}_2,\boldsymbol{\alpha}_3,\boldsymbol{\alpha}_4$ 的一个极大线性无关组,且 $\boldsymbol{\alpha}_2=2\boldsymbol{\alpha}_1$,$\boldsymbol{\alpha}_3=3\boldsymbol{\alpha}_1$,$\boldsymbol{\alpha}_4=4\boldsymbol{\alpha}_1$.

当 $a=-10$ 时,对 $\boldsymbol{A}$ 施以初等行变换,有

$$A=\begin{bmatrix}-9&2&3&4\\1&-8&3&4\\1&2&-7&4\\1&2&3&-6\end{bmatrix}\to\begin{bmatrix}-9&2&3&4\\10&-10&0&0\\10&0&-10&0\\10&0&0&-10\end{bmatrix}$$

$$\to\begin{bmatrix}-9&2&3&4\\1&-1&0&0\\1&0&-1&0\\1&0&0&-1\end{bmatrix}\to\begin{bmatrix}0&0&0&0\\1&-1&0&0\\1&0&-1&0\\1&0&0&1\end{bmatrix}=(\boldsymbol{\beta}_1,\boldsymbol{\beta}_2,\boldsymbol{\beta}_3,\boldsymbol{\beta}_4).$$

由于 $\boldsymbol{\beta}_2,\boldsymbol{\beta}_3,\boldsymbol{\beta}_4$ 为 $\boldsymbol{\beta}_1,\boldsymbol{\beta}_2,\boldsymbol{\beta}_3,\boldsymbol{\beta}_4$ 的一个极大线性无关组，且 $\boldsymbol{\beta}_1=-\boldsymbol{\beta}_2-\boldsymbol{\beta}_3-\boldsymbol{\beta}_4$，故 $\boldsymbol{\alpha}_2,\boldsymbol{\alpha}_3,\boldsymbol{\alpha}_4$ 为 $\boldsymbol{\alpha}_1,\boldsymbol{\alpha}_2,\boldsymbol{\alpha}_3,\boldsymbol{\alpha}_4$ 的一个极大线性无关组，且 $\boldsymbol{\alpha}_1=-\boldsymbol{\alpha}_2-\boldsymbol{\alpha}_3-\boldsymbol{\alpha}_4$.

解法二 记 $A=(\boldsymbol{\alpha}_1,\boldsymbol{\alpha}_2,\boldsymbol{\alpha}_3,\boldsymbol{\alpha}_4)$，对 A 施以初等行变换，有

$$A=\begin{bmatrix}1+a&2&3&4\\1&2+a&3&4\\1&2&3+a&4\\1&2&3&4+a\end{bmatrix}\to\begin{bmatrix}1+a&2&3&4\\-a&a&0&0\\-a&0&a&0\\-a&0&0&a\end{bmatrix}=B.$$

当 $a=0$ 时，A 的秩为 1，因而 $\boldsymbol{\alpha}_1,\boldsymbol{\alpha}_2,\boldsymbol{\alpha}_3,\boldsymbol{\alpha}_4$ 线性相关，此时 $\boldsymbol{\alpha}_1$ 为 $\boldsymbol{\alpha}_1,\boldsymbol{\alpha}_2,\boldsymbol{\alpha}_3,\boldsymbol{\alpha}_4$ 的一个极大线性无关组，且 $\boldsymbol{\alpha}_2=2\boldsymbol{\alpha}_1,\boldsymbol{\alpha}_3=3\boldsymbol{\alpha}_1,\boldsymbol{\alpha}_4=4\boldsymbol{\alpha}_1$.

当 $a\neq0$ 时，再对 B 施以初等行变换，有

$$B\to\begin{bmatrix}1+a&2&3&4\\-1&1&0&0\\-1&0&1&0\\-1&0&0&1\end{bmatrix}\to\begin{bmatrix}a+10&0&0&0\\-1&1&0&0\\-1&0&1&0\\-1&0&0&1\end{bmatrix}=C=(\boldsymbol{\gamma}_1,\boldsymbol{\gamma}_2,\boldsymbol{\gamma}_3,\boldsymbol{\gamma}_4).$$

如果 $a\neq-10$，C 的秩为 4，从而 A 的秩为 4，故 $\boldsymbol{\alpha}_1,\boldsymbol{\alpha}_2,\boldsymbol{\alpha}_3,\boldsymbol{\alpha}_4$ 线性无关.

如果 $a=-10$，C 的秩为 3，从而 A 的秩为 3，故 $\boldsymbol{\alpha}_1,\boldsymbol{\alpha}_2,\boldsymbol{\alpha}_3,\boldsymbol{\alpha}_4$ 线性相关.

由于 $\boldsymbol{\gamma}_2,\boldsymbol{\gamma}_3,\boldsymbol{\gamma}_4$ 为 $\boldsymbol{\gamma}_1,\boldsymbol{\gamma}_2,\boldsymbol{\gamma}_3,\boldsymbol{\gamma}_4$ 的一个极大线性无关组，且 $\boldsymbol{\gamma}_1=-\boldsymbol{\gamma}_2-\boldsymbol{\gamma}_3-\boldsymbol{\gamma}_4$，于是 $\boldsymbol{\alpha}_2,\boldsymbol{\alpha}_3,\boldsymbol{\alpha}_4$ 为 $\boldsymbol{\alpha}_1,\boldsymbol{\alpha}_2,\boldsymbol{\alpha}_3,\boldsymbol{\alpha}_4$ 的一个极大线性无关组，且 $\boldsymbol{\alpha}_1=-\boldsymbol{\alpha}_2-\boldsymbol{\alpha}_3-\boldsymbol{\alpha}_4$.

点评：本题为 2006 年考研真题.

【5.41】 利用向量组理论，证明下列关于矩阵的秩的结论：

(1)设 A,B 为 $m\times n$ 矩阵，证明：$r(A+B)\leqslant r(A)+r(B)$.

(2)设 A 是 $m\times n$ 矩阵，B 是 $n\times s$ 矩阵，证明：$r(AB)\leqslant\min\{r(A),r(B)\}$.

证 (1)设 $A=(\boldsymbol{\alpha}_1,\boldsymbol{\alpha}_2,\cdots,\boldsymbol{\alpha}_n)$，$B=(\boldsymbol{\beta}_1,\boldsymbol{\beta}_2,\cdots,\boldsymbol{\beta}_n)$，$A+B=(\boldsymbol{\alpha}_1+\boldsymbol{\beta}_1,\boldsymbol{\alpha}_2+\boldsymbol{\beta}_2,\cdots,\boldsymbol{\alpha}_n+\boldsymbol{\beta}_n)=(\boldsymbol{\gamma}_1,\boldsymbol{\gamma}_2,\cdots,\boldsymbol{\gamma}_n)$，其中 $\boldsymbol{\alpha}_1,\boldsymbol{\alpha}_2,\cdots,\boldsymbol{\alpha}_n$ 和 $\boldsymbol{\beta}_1,\boldsymbol{\beta}_2,\cdots,\boldsymbol{\beta}_n$ 及 $\boldsymbol{\gamma}_1,\boldsymbol{\gamma}_2,\cdots,\boldsymbol{\gamma}_n$ 分别为 A,B 及 $A+B$ 的列向量组.

不妨设 $\boldsymbol{\alpha}_1,\boldsymbol{\alpha}_2,\cdots,\boldsymbol{\alpha}_r(r\leqslant n)$ 为 A 的列向量组的极大线性无关组，$\boldsymbol{\beta}_1,\boldsymbol{\beta}_2,\cdots,\boldsymbol{\beta}_s(s\leqslant n)$ 为 B 的列向量组的极大线性无关组，显然 $\boldsymbol{\gamma}_1,\boldsymbol{\gamma}_2,\cdots,\boldsymbol{\gamma}_n$ 可由 $\boldsymbol{\alpha}_1,\boldsymbol{\alpha}_2,\cdots,\boldsymbol{\alpha}_n$，$\boldsymbol{\beta}_1,\boldsymbol{\beta}_2,\cdots,\boldsymbol{\beta}_n$ 线性表示，从而它也可由 $\boldsymbol{\alpha}_1,\boldsymbol{\alpha}_2,\cdots,\boldsymbol{\alpha}_r$，$\boldsymbol{\beta}_1,\boldsymbol{\beta}_2,\cdots,\boldsymbol{\beta}_s$ 线性表示，所以向量组 $\boldsymbol{\gamma}_1,\boldsymbol{\gamma}_2,\cdots,\boldsymbol{\gamma}_n$ 的秩不会超过向量组 $\boldsymbol{\alpha}_1,\boldsymbol{\alpha}_2,\cdots,\boldsymbol{\alpha}_r$，$\boldsymbol{\beta}_1,\boldsymbol{\beta}_2,\cdots,\boldsymbol{\beta}_s$ 的秩. 即有

$$r(A+B)\leqslant r+s=r(A)+r(B).$$

(2)设

$$A=\begin{bmatrix} a_{11} & a_{12} & \cdots & a_{1n} \\ a_{21} & a_{22} & \cdots & a_{2n} \\ \cdots & \cdots & \cdots & \cdots \\ a_{m1} & a_{m2} & \cdots & a_{mn} \end{bmatrix},\qquad B=\begin{bmatrix} b_{11} & b_{12} & \cdots & b_{1s} \\ b_{21} & b_{22} & \cdots & b_{2s} \\ \cdots & \cdots & \cdots & \cdots \\ b_{n1} & b_{n2} & \cdots & b_{ns} \end{bmatrix}=\begin{bmatrix} \boldsymbol{b}_1 \\ \boldsymbol{b}_2 \\ \vdots \\ \boldsymbol{b}_n \end{bmatrix},$$

$$AB=\begin{bmatrix} c_{11} & c_{12} & \cdots & c_{1s} \\ c_{21} & c_{22} & \cdots & c_{2s} \\ \cdots & \cdots & \cdots & \cdots \\ c_{m1} & c_{m2} & \cdots & c_{ms} \end{bmatrix}=\begin{bmatrix} \boldsymbol{c}_1 \\ \boldsymbol{c}_2 \\ \vdots \\ \boldsymbol{c}_m \end{bmatrix},$$

其中 $\boldsymbol{b}_1,\boldsymbol{b}_2,\cdots,\boldsymbol{b}_n$ 表示矩阵 $\boldsymbol{B}$ 的行向量，$\boldsymbol{c}_1,\boldsymbol{c}_2,\cdots,\boldsymbol{c}_m$ 表示矩阵 $\boldsymbol{AB}$ 的行向量，则

$$\boldsymbol{c}_i=a_{i1}\boldsymbol{b}_1+a_{i2}\boldsymbol{b}_2+\cdots+a_{in}\boldsymbol{b}_n\,(i=1,2,\cdots,m).$$

即矩阵 $\boldsymbol{AB}$ 的行向量可由矩阵 $\boldsymbol{B}$ 的行向量组线性表示，故 $r(\boldsymbol{AB})\leqslant r(\boldsymbol{B})$.

再证 $r(\boldsymbol{AB})\leqslant r(\boldsymbol{A})$. $r(\boldsymbol{AB})=r((\boldsymbol{AB})^T)=r(\boldsymbol{B}^T\boldsymbol{A}^T)$，而 $r(\boldsymbol{B}^T\boldsymbol{A}^T)\leqslant r(\boldsymbol{A}^T)\leqslant r(\boldsymbol{A})$，从而有

$$r(\boldsymbol{AB})=r(\boldsymbol{B}^T\boldsymbol{A}^T)\leqslant r(\boldsymbol{A}).$$

综上所述，有 $r(\boldsymbol{AB})\leqslant\min\{r(\boldsymbol{A}),r(\boldsymbol{B})\}$.

题型 5:向量空间

【5.42】 设 $\boldsymbol{\alpha}_1,\boldsymbol{\alpha}_2,\boldsymbol{\alpha}_3$ 是三维向量空间的一组基，则由基 $\boldsymbol{\alpha}_1,\frac{1}{2}\boldsymbol{\alpha}_2,\frac{1}{3}\boldsymbol{\alpha}_3$ 到基 $\boldsymbol{\alpha}_1+\boldsymbol{\alpha}_2,\boldsymbol{\alpha}_2+\boldsymbol{\alpha}_3,\boldsymbol{\alpha}_3+\boldsymbol{\alpha}_1$ 的过渡矩阵为______.

(A) $\begin{bmatrix} 1 & 0 & 1 \\ 2 & 2 & 0 \\ 0 & 3 & 3 \end{bmatrix}$　　(B) $\begin{bmatrix} 1 & 2 & 0 \\ 0 & 2 & 3 \\ 1 & 0 & 3 \end{bmatrix}$

(C) $\begin{bmatrix} \frac{1}{2} & \frac{1}{4} & -\frac{1}{6} \\ -\frac{1}{2} & \frac{1}{4} & \frac{1}{6} \\ \frac{1}{2} & -\frac{1}{4} & \frac{1}{6} \end{bmatrix}$　　(D) $\begin{bmatrix} \frac{1}{2} & -\frac{1}{2} & \frac{1}{2} \\ \frac{1}{4} & \frac{1}{4} & -\frac{1}{4} \\ -\frac{1}{6} & \frac{1}{6} & \frac{1}{6} \end{bmatrix}$

解　由

$$\left(\boldsymbol{\alpha}_1,\frac{1}{2}\boldsymbol{\alpha}_2,\frac{1}{3}\boldsymbol{\alpha}_3\right)=(\boldsymbol{\alpha}_1,\boldsymbol{\alpha}_2,\boldsymbol{\alpha}_3)\begin{bmatrix} 1 & 0 & 0 \\ 0 & \frac{1}{2} & 0 \\ 0 & 0 & \frac{1}{3} \end{bmatrix}$$

得

$$(\boldsymbol{\alpha}_1,\boldsymbol{\alpha}_2,\boldsymbol{\alpha}_3)=\left(\boldsymbol{\alpha}_1,\frac{1}{2}\boldsymbol{\alpha}_2,\frac{1}{3}\boldsymbol{\alpha}_3\right)\begin{bmatrix} 1 & 0 & 0 \\ 0 & 2 & 0 \\ 0 & 0 & 3 \end{bmatrix},$$

故

$$(\boldsymbol{\alpha}_1+\boldsymbol{\alpha}_2,\boldsymbol{\alpha}_2+\boldsymbol{\alpha}_3,\boldsymbol{\alpha}_3+\boldsymbol{\alpha}_1)=(\boldsymbol{\alpha}_1,\boldsymbol{\alpha}_2,\boldsymbol{\alpha}_3)\begin{bmatrix}1&0&1\\1&1&0\\0&1&1\end{bmatrix}$$

$$=(\boldsymbol{\alpha}_1,\frac{1}{2}\boldsymbol{\alpha}_2,\frac{1}{3}\boldsymbol{\alpha}_3)\begin{bmatrix}1&0&0\\0&2&0\\0&0&3\end{bmatrix}\begin{bmatrix}1&0&1\\1&1&0\\0&1&1\end{bmatrix}$$

$$=(\boldsymbol{\alpha}_1,\frac{1}{2}\boldsymbol{\alpha}_2,\frac{1}{3}\boldsymbol{\alpha}_3)\begin{bmatrix}1&0&1\\2&2&0\\0&3&3\end{bmatrix}.$$

故应选(A).

点评:本题为 2009 年考研真题.

【5.43】 设 $\boldsymbol{R}^3$ 的一组基为 $\boldsymbol{\varepsilon}_1=(1,2,0)^T$, $\boldsymbol{\varepsilon}_2=(1,-1,2)^T$, $\boldsymbol{\varepsilon}_3=(0,1,-1)^T$. 由基 $\boldsymbol{\eta}_1,\boldsymbol{\eta}_2,\boldsymbol{\eta}_3$ 到基 $\boldsymbol{\varepsilon}_1,\boldsymbol{\varepsilon}_2,\boldsymbol{\varepsilon}_3$ 的过渡矩阵为

$$\boldsymbol{P}=\begin{bmatrix}2&1&6\\0&1&1\\1&0&2\end{bmatrix},$$

求基 $\boldsymbol{\eta}_1,\boldsymbol{\eta}_2,\boldsymbol{\eta}_3$.

解 已知

$$(\boldsymbol{\varepsilon}_1,\boldsymbol{\varepsilon}_2,\boldsymbol{\varepsilon}_3)=(\boldsymbol{\eta}_1,\boldsymbol{\eta}_2,\boldsymbol{\eta}_3)\boldsymbol{P}.$$

由于过渡矩阵 $\boldsymbol{P}$ 可逆,所以

$$(\boldsymbol{\eta}_1,\boldsymbol{\eta}_2,\boldsymbol{\eta}_3)=(\boldsymbol{\varepsilon}_1,\boldsymbol{\varepsilon}_2,\boldsymbol{\varepsilon}_3)\boldsymbol{P}^{-1}$$

$$=\begin{bmatrix}1&1&0\\2&-1&1\\0&2&-1\end{bmatrix}\begin{bmatrix}2&1&6\\0&1&1\\1&0&2\end{bmatrix}^{-1}=\begin{bmatrix}-3&4&7\\-2&1&6\\-3&5&6\end{bmatrix}.$$

所以 $\boldsymbol{\eta}_1=(-3,-2,-3)^T$, $\boldsymbol{\eta}_2=(4,1,5)^T$, $\boldsymbol{\eta}_3=(7,6,6)^T$.

【5.44】 若向量组

$$\boldsymbol{\alpha}_1=(1,1,1,1)^T,\ \boldsymbol{\alpha}_2=(0,1,-1,2)^T,\ \boldsymbol{\alpha}_3=(2,3,2+t,4)^T,\ \boldsymbol{\alpha}_4=(3,1,5,9)^T$$

不是四维向量空间 $\boldsymbol{R}^4$ 的一个基,则 $t=$______.

解 以 $\boldsymbol{\alpha}_1,\boldsymbol{\alpha}_2,\boldsymbol{\alpha}_3,\boldsymbol{\alpha}_4$ 为列构成矩阵 $\boldsymbol{A}$,对 $\boldsymbol{A}$ 施行初等行变换:

$$\boldsymbol{A}=\begin{bmatrix}1&0&2&3\\1&1&3&1\\1&-1&2+t&5\\1&2&4&9\end{bmatrix}\rightarrow\begin{bmatrix}1&0&2&3\\0&1&1&-2\\0&-1&t&2\\0&2&2&6\end{bmatrix}\rightarrow\begin{bmatrix}1&0&2&3\\0&1&1&-2\\0&0&t+1&0\\0&0&0&10\end{bmatrix}.$$

易知,当 $t=-1$ 时,$r(\boldsymbol{A})=3<4$,向量组 $\boldsymbol{\alpha}_1,\boldsymbol{\alpha}_2,\boldsymbol{\alpha}_3,\boldsymbol{\alpha}_4$ 线性相关. 故当 $t=-1$ 时,$\boldsymbol{\alpha}_1,\boldsymbol{\alpha}_2,\boldsymbol{\alpha}_3,\boldsymbol{\alpha}_4$ 不是向量空间 $\boldsymbol{R}^4$ 的基.

故应填-1.

【5.45】 已知 $\boldsymbol{\alpha}_1,\boldsymbol{\alpha}_2,\boldsymbol{\alpha}_3$ 是三维向量空间 $\boldsymbol{V}$ 的一个基,又

$$\boldsymbol{\beta}_1=\boldsymbol{\alpha}_1+\boldsymbol{\alpha}_2-\boldsymbol{\alpha}_3,\ \boldsymbol{\beta}_2=-\boldsymbol{\alpha}_1-2\boldsymbol{\alpha}_2+2\boldsymbol{\alpha}_3,\ \boldsymbol{\beta}_3=3\boldsymbol{\alpha}_1+4\boldsymbol{\alpha}_2-3\boldsymbol{\alpha}_3.$$

(1)证明 $\boldsymbol{\beta}_1,\boldsymbol{\beta}_2,\boldsymbol{\beta}_3$ 也是 $\boldsymbol{V}$ 的一个基；

(2)求向量 $\boldsymbol{\xi}=\boldsymbol{\alpha}_1+\boldsymbol{\alpha}_2+\boldsymbol{\alpha}_3$ 在基 $\boldsymbol{\beta}_1,\boldsymbol{\beta}_2,\boldsymbol{\beta}_3$ 下的坐标.

证 (1)由题设有

$$(\boldsymbol{\beta}_1,\boldsymbol{\beta}_2,\boldsymbol{\beta}_3)=(\boldsymbol{\alpha}_1,\boldsymbol{\alpha}_2,\boldsymbol{\alpha}_3)\begin{bmatrix}1&-1&3\\1&-2&4\\-1&2&-3\end{bmatrix}.$$

因为
$$\begin{vmatrix}1&-1&3\\1&-2&4\\-1&2&-3\end{vmatrix}=-1,$$

所以 $\begin{bmatrix}1&-1&3\\1&-2&4\\-1&2&-3\end{bmatrix}$ 是可逆矩阵，因此向量组 $\boldsymbol{\beta}_1,\boldsymbol{\beta}_2,\boldsymbol{\beta}_3$ 线性无关，即知 $\boldsymbol{\beta}_1,\boldsymbol{\beta}_2,\boldsymbol{\beta}_3$ 也是 $\boldsymbol{V}$ 的一个基.

解 (2)据(1)可得，由基 $\boldsymbol{\alpha}_1,\boldsymbol{\alpha}_2,\boldsymbol{\alpha}_3$ 到基 $\boldsymbol{\beta}_1,\boldsymbol{\beta}_2,\boldsymbol{\beta}_3$ 的过渡矩阵为

$$\boldsymbol{C}=\begin{bmatrix}1&-1&3\\1&-2&4\\-1&2&-3\end{bmatrix}.$$

由题设知，向量 $\boldsymbol{\xi}$ 在基 $\boldsymbol{\alpha}_1,\boldsymbol{\alpha}_2,\boldsymbol{\alpha}_3$ 下的坐标为 $(1,1,1)^T$. 设向量 $\boldsymbol{\xi}$ 在基 $\boldsymbol{\beta}_1,\boldsymbol{\beta}_2,\boldsymbol{\beta}_3$ 下的坐标是 $(y_1,y_2,y_3)^T$，根据坐标变换公式有

$$\begin{bmatrix}y_1\\y_2\\y_3\end{bmatrix}=\boldsymbol{C}^{-1}\begin{bmatrix}1\\1\\1\end{bmatrix}=\begin{bmatrix}2&-3&-2\\1&0&1\\0&1&1\end{bmatrix}\begin{bmatrix}1\\1\\1\end{bmatrix}=\begin{bmatrix}-3\\2\\2\end{bmatrix}.$$

【5.46】 已知 $\boldsymbol{R}^3$ 的向量 $\boldsymbol{\gamma}=(1,0,-1)^T$ 及 $\boldsymbol{R}^3$ 的一组基 $\boldsymbol{\varepsilon}_1=(1,0,1)^T$，$\boldsymbol{\varepsilon}_2=(1,1,1)^T$，$\boldsymbol{\varepsilon}_3=(1,0,0)^T$. $\boldsymbol{A}$ 是一个三阶矩阵，已知

$$\boldsymbol{A}\boldsymbol{\varepsilon}_1=\boldsymbol{\varepsilon}_1+\boldsymbol{\varepsilon}_3,\ \boldsymbol{A}\boldsymbol{\varepsilon}_2=\boldsymbol{\varepsilon}_2-\boldsymbol{\varepsilon}_3,\ \boldsymbol{A}\boldsymbol{\varepsilon}_3=2\boldsymbol{\varepsilon}_1-\boldsymbol{\varepsilon}_2+\boldsymbol{\varepsilon}_3,$$

求 $\boldsymbol{A}\boldsymbol{\gamma}$ 在 $\boldsymbol{\varepsilon}_1,\boldsymbol{\varepsilon}_2,\boldsymbol{\varepsilon}_3$ 下的坐标.

解 由已知条件，有

$$\boldsymbol{A}(\boldsymbol{\varepsilon}_1,\boldsymbol{\varepsilon}_2,\boldsymbol{\varepsilon}_3)=(\boldsymbol{\varepsilon}_1,\boldsymbol{\varepsilon}_2,\boldsymbol{\varepsilon}_3)\begin{bmatrix}1&0&2\\0&1&-1\\1&-1&1\end{bmatrix},$$

由于 $\boldsymbol{\varepsilon}_1,\boldsymbol{\varepsilon}_2,\boldsymbol{\varepsilon}_3$ 是 $\boldsymbol{R}^3$ 的一组基，它们线性无关，所以 $\boldsymbol{\varepsilon}_1,\boldsymbol{\varepsilon}_2,\boldsymbol{\varepsilon}_3$ 可逆，有

$$\begin{aligned}\boldsymbol{A}&=(\boldsymbol{\varepsilon}_1,\boldsymbol{\varepsilon}_2,\boldsymbol{\varepsilon}_3)\begin{bmatrix}1&0&2\\0&1&-1\\1&-1&1\end{bmatrix}(\boldsymbol{\varepsilon}_1,\boldsymbol{\varepsilon}_2,\boldsymbol{\varepsilon}_3)^{-1}\\&=\begin{bmatrix}1&1&1\\0&1&0\\1&1&0\end{bmatrix}\begin{bmatrix}1&0&2\\0&1&-1\\1&-1&1\end{bmatrix}\begin{bmatrix}1&1&1\\0&1&0\\1&1&0\end{bmatrix}^{-1}.\end{aligned}$$

求得

$$\begin{bmatrix}1&1&1\\0&1&0\\1&1&0\end{bmatrix}^{-1}=\begin{bmatrix}0&-1&1\\0&1&0\\1&0&-1\end{bmatrix}.$$

所以

$$\boldsymbol{A}=\begin{bmatrix}2&-2&0\\-1&1&1\\1&0&0\end{bmatrix},$$

$$\boldsymbol{A\gamma}=\begin{bmatrix}2&-2&0\\-1&1&1\\1&0&0\end{bmatrix}\begin{bmatrix}1\\0\\-1\end{bmatrix}=\begin{bmatrix}2\\-2\\1\end{bmatrix}.$$

设 $\boldsymbol{A\gamma}$ 在基 $\boldsymbol{\varepsilon}_1,\boldsymbol{\varepsilon}_2,\boldsymbol{\varepsilon}_3$ 下的坐标是 $\boldsymbol{x}$,则

$$\boldsymbol{A\gamma}=(\boldsymbol{\varepsilon}_1,\boldsymbol{\varepsilon}_2,\boldsymbol{\varepsilon}_3)\boldsymbol{x},$$

$$\boldsymbol{x}=(\boldsymbol{\varepsilon}_1,\boldsymbol{\varepsilon}_2,\boldsymbol{\varepsilon}_3)^{-1}\boldsymbol{A\gamma}=\begin{bmatrix}0&-1&1\\0&1&0\\1&0&-1\end{bmatrix}\begin{bmatrix}2\\-2\\1\end{bmatrix}=\begin{bmatrix}3\\-2\\1\end{bmatrix},$$

即 $\boldsymbol{A\gamma}=3\boldsymbol{\varepsilon}_1-2\boldsymbol{\varepsilon}_2+\boldsymbol{\varepsilon}_3$.

所以 $\boldsymbol{A\gamma}$ 在基 $\boldsymbol{\varepsilon}_1,\boldsymbol{\varepsilon}_2,\boldsymbol{\varepsilon}_3$ 下的坐标为:$(3,-2,1)^T$.

第四章　线性方程组

§1. 齐次线性方程组

知识要点

1. 线性方程组的表示形式　含有 n 个未知数，m 个一次方程的线性方程组一般有如下几种表示形式：

(1)一般形式：

$$\begin{cases}a_{11}x_1+a_{12}x_2+\cdots+a_{1n}x_n=b_1,\\a_{21}x_1+a_{22}x_2+\cdots+a_{2n}x_n=b_2,\\\cdots\cdots\cdots\cdots\\a_{m1}x_1+a_{m2}x_2+\cdots+a_{mn}x_n=b_m.\end{cases}\qquad ①$$

如果 $b_1,b_2,\cdots,b_m$ 不全为零，则称为非齐次线性方程组. 矩阵

$$\boldsymbol{A}=\begin{bmatrix}a_{11}&a_{12}&\cdots&a_{1n}\\a_{21}&a_{22}&\cdots&a_{2n}\\\vdots&\vdots&&\vdots\\a_{m1}&a_{m2}&\cdots&a_{mn}\end{bmatrix}$$

和

$$\overline{\boldsymbol{A}}=\begin{bmatrix}a_{11}&a_{12}&\cdots&a_{1n}&b_1\\a_{21}&a_{22}&\cdots&a_{2n}&b_2\\\vdots&\vdots&&\vdots&\vdots\\a_{m1}&a_{m2}&\cdots&a_{mn}&b_m\end{bmatrix}$$

分别称为非齐次线性方程组①的系数矩阵和增广矩阵.

如果线性方程组中的 $b_1=b_2=\cdots=b_m=0$，即

$$\begin{cases}a_{11}x_1+a_{12}x_2+\cdots+a_{1n}x_n=0,\\a_{21}x_1+a_{22}x_2+\cdots+a_{2n}x_n=0,\\\cdots\cdots\cdots\cdots\\a_{m1}x_1+a_{m2}x_2+\cdots+a_{mn}x_n=0,\end{cases}\qquad ②$$

则称为齐次线性方程组，并称②为①的导出组.

(2)矩阵形式：非齐次线性方程组的矩阵形式：

$$\boldsymbol{Ax}=\boldsymbol{b},$$

其中

$$\boldsymbol{x}=(x_1,x_2,\cdots,x_n)^T,\quad \boldsymbol{b}=(b_1,b_2,\cdots,b_m)^T.$$

类似地,齐次线性方程组的矩阵形式:

$$\boldsymbol{Ax}=\boldsymbol{0}.$$

(3)向量组形式:若系数矩阵按列分块为 $\boldsymbol{A}=(\boldsymbol{\alpha}_1,\boldsymbol{\alpha}_2,\cdots,\boldsymbol{\alpha}_n)$,则非齐次线性方程组可写为:

$$x_1\boldsymbol{\alpha}_1+x_2\boldsymbol{\alpha}_2+\cdots+x_n\boldsymbol{\alpha}_n=\boldsymbol{b}.$$

类似地,齐次线性方程组可写为:

$$x_1\boldsymbol{\alpha}_1+x_2\boldsymbol{\alpha}_2+\cdots+x_n\boldsymbol{\alpha}_n=\boldsymbol{0}.$$

2. 齐次线性方程组解的性质和判定

(1)如果 $\boldsymbol{\xi}_1,\boldsymbol{\xi}_2$ 是齐次线性方程组 $\boldsymbol{Ax}=\boldsymbol{0}$ 的解,k 为任意数,那么 $\boldsymbol{\xi}_1+\boldsymbol{\xi}_2$, $k\boldsymbol{\xi}_1$ 都是该齐次线性方程组的解.因此 $\boldsymbol{Ax}=\boldsymbol{0}$ 的解向量的线性组合仍是它的解向量.

(2)设齐次线性方程组 $\boldsymbol{Ax}=\boldsymbol{0}$ 含有 n 个未知数和 m 个一次方程,即系数矩阵 $\boldsymbol{A}$ 为 $m\times n$ 阶矩阵,则 $\boldsymbol{Ax}=\boldsymbol{0}$有非零解的充分必要条件是:

①$r(\boldsymbol{A})<n$;

②$\boldsymbol{A}$ 的列向量组线性相关;

③$\boldsymbol{AB}=\boldsymbol{0}$,且 $\boldsymbol{B}\neq\boldsymbol{0}$;

④当 $m=n$ 时,$|\boldsymbol{A}|=0$;

亦即:$\boldsymbol{Ax}=\boldsymbol{0}$ 只有零解的充分必要条件是:

①$r(\boldsymbol{A})=n$;

②$\boldsymbol{A}$ 的列向量组线性无关;

③当 $m=n$ 时,$|\boldsymbol{A}|\neq 0$.

3. 齐次线性方程组的基础解系

(1)设 $\boldsymbol{\xi}_1,\boldsymbol{\xi}_2,\cdots,\boldsymbol{\xi}_s$ 是齐次线性方程组 $\boldsymbol{Ax}=\boldsymbol{0}$ 的解向量,如果

①$\boldsymbol{\xi}_1,\boldsymbol{\xi}_2,\cdots,\boldsymbol{\xi}_s$ 线性无关;

②方程组 $\boldsymbol{Ax}=\boldsymbol{0}$ 的任意一个解向量都可由 $\boldsymbol{\xi}_1,\boldsymbol{\xi}_2,\cdots,\boldsymbol{\xi}_s$ 线性表示,

则称 $\boldsymbol{\xi}_1,\boldsymbol{\xi}_2,\cdots,\boldsymbol{\xi}_s$ 是齐次线性方程组 $\boldsymbol{Ax}=\boldsymbol{0}$ 的一个基础解系.

(2)设 $\boldsymbol{Ax}=\boldsymbol{0}$ 含有 n 个未知数,则基础解系所含向量的个数为:$n-r(\boldsymbol{A})$,即自由未知量的个数.

(3)若 $\boldsymbol{\xi}_1,\boldsymbol{\xi}_2,\cdots,\boldsymbol{\xi}_s$ 为齐次线性方程组 $\boldsymbol{Ax}=\boldsymbol{0}$ 的一个基础解系,则 $\boldsymbol{Ax}=\boldsymbol{0}$的任意一个解向量都可由它们线性表示:

$$k_1\boldsymbol{\xi}_1+k_2\boldsymbol{\xi}_2+\cdots+k_s\boldsymbol{\xi}_s$$

称为齐次线性方程组 $\boldsymbol{Ax}=\boldsymbol{0}$ 的通解(一般解或全部解),其中 $k_1,k_2,\cdots,k_s$ 为任意常数.

4. 齐次线性方程组的解空间

齐次线性方程组 $\boldsymbol{Ax}=\boldsymbol{0}$ 的解向量的全体构成的向量空间,称为齐次线性方程组 $\boldsymbol{Ax}=\boldsymbol{0}$ 的解空间.设 $\boldsymbol{Ax}=\boldsymbol{0}$含有 n 个未知数,则解空间的维数为: $n-r(\boldsymbol{A})$.

注意:如无特别说明,我们总假设齐次线性方程组 $\boldsymbol{Ax}=\boldsymbol{0}$ 含有 n 个未知数和 m 个一次方程,即系数矩阵 $\boldsymbol{A}$ 为 $m\times n$ 阶矩阵.

基本题型

题型1:齐次线性方程组解的性质和判定

【1.1】 齐次线性方程组 $\boldsymbol{A}\boldsymbol{x}=\boldsymbol{0}$仅有零解的充要条件是______.

(A)系数矩阵 $\boldsymbol{A}$ 的行向量组线性无关

(B)系数矩阵 $\boldsymbol{A}$ 的列向量组线性无关

(C)系数矩阵 $\boldsymbol{A}$ 的行向量组线性相关

(D)系数矩阵 $\boldsymbol{A}$ 的列向量组线性相关

解 齐次线性方程组 $\boldsymbol{A}\boldsymbol{x}=\boldsymbol{0}$ 只有零解,相当于

$$x_1\boldsymbol{\alpha}_1+x_2\boldsymbol{\alpha}_2+x_3\boldsymbol{\alpha}_3+\cdots+x_n\boldsymbol{\alpha}_n=\boldsymbol{0}$$

当且仅当 $x_1=x_2=x_3=\cdots=x_n=0$ 时成立,其中 $\boldsymbol{\alpha}_1,\boldsymbol{\alpha}_2,\cdots,\boldsymbol{\alpha}_n$ 为 $\boldsymbol{A}$ 的列向量组,因此 $\boldsymbol{A}$ 的列向量组线性无关.

故应选(B).

【1.2】 齐次线性方程组 $\boldsymbol{A}\boldsymbol{x}=\boldsymbol{0}$有非零解的充要条件是______.

(A)系数矩阵 $\boldsymbol{A}$ 的任意两个列向量线性相关

(B)系数矩阵 $\boldsymbol{A}$ 的任意两个行向量线性相关

(C)系数矩阵 $\boldsymbol{A}$ 中至少有一个列向量是其余列向量的线性组合

(D)系数矩阵 $\boldsymbol{A}$ 中任一列向量是其余列向量的线性组合

解 齐次线性方程组 $\boldsymbol{A}\boldsymbol{x}=\boldsymbol{0}$ 有非零解的充要条件是 $r(\boldsymbol{A})<n$,而矩阵 $\boldsymbol{A}$ 有 n 列,所以 $\boldsymbol{A}$ 的列向量组线性相关,从而必至少有一个列向量是其余列向量的线性组合.

故应选(C).

【1.3】 设 $\boldsymbol{A}$ 为 $m\times n$ 矩阵,则齐次线性方程组 $\boldsymbol{A}\boldsymbol{x}=\boldsymbol{0}$有结论:______.

(A)当 $m\geqslant n$ 时,方程组仅有零解

(B)当 $m<n$ 时,方程组有非零解,且基础解系中含 $n-m$ 个线性无关的解向量

(C)若 $\boldsymbol{A}$ 有 n 阶子式不为零,则方程组只有零解

(D)若所有 $n-1$ 阶子式不为零,则方程组只有零解

解 选项(A)中, $m\geqslant n$,不能保证 $r(\boldsymbol{A})=n$,故非(A).

选项(B)中,虽然 $m<n$ 能保证 $r(\boldsymbol{A})<n$,即有非零解,但此条件不能保证 $r(\boldsymbol{A})=m$,故不能保证基础解系中含 $n-m$ 个向量,非(B).

显然(D)不正确.

选项(C)中,"$\boldsymbol{A}$ 有 n 阶子式不为零"有 $n\leqslant r(\boldsymbol{A})\leqslant\min\{m,n\}$,即 $r(\boldsymbol{A})=n$,从而 $\boldsymbol{A}\boldsymbol{x}=\boldsymbol{0}$ 只有零解.

故应选(C).

【1.4】 设 $\boldsymbol{A}$ 是 $m\times n$ 矩阵,$\boldsymbol{B}$ 是 $n\times m$ 矩阵,则齐次线性方程组$(\boldsymbol{A}\boldsymbol{B})\boldsymbol{x}=\boldsymbol{0}$______.

(A)当 $n>m$ 时仅有零解　　(B)当 $n>m$ 时必有非零解

(C)当 $m>n$ 时仅有零解　　(D)当 $m>n$ 时必有非零解

解 当 $m>n$ 时,$r(\boldsymbol{A})\leqslant n<m$, $r(\boldsymbol{B})\leqslant n<m$, $r(\boldsymbol{A}\boldsymbol{B})\leqslant\min\{r(\boldsymbol{A}),r(\boldsymbol{B})\}\leqslant n<m$,而$(\boldsymbol{A}\boldsymbol{B})\boldsymbol{x}=$

$\mathbf{0}$ 的未知量个数为 m 个，所以 $(\boldsymbol{AB})\boldsymbol{x}=\mathbf{0}$ 必有非零解.

故应选(D).

点评：本题为 2002 年考研真题.

【1.5】 齐次线性方程组 $\begin{cases}\lambda x_1+x_2+x_3=0,\\ x_1+\lambda x_2+x_3=0,\\ x_1+x_2+\lambda x_3=0\end{cases}$ 有非零解的充要条件是 $\lambda=$______.

解 齐次线性方程组 $\begin{cases}\lambda x_1+x_2+x_3=0,\\ x_1+\lambda x_2+x_3=0,\\ x_1+x_2+\lambda x_3=0\end{cases}$ 有非零解的充要条件是系数矩阵行列式为零，即

$$\begin{vmatrix}\lambda & 1 & 1\\ 1 & \lambda & 1\\ 1 & 1 & \lambda\end{vmatrix}=\lambda^3+1+1-\lambda-\lambda-\lambda=\lambda^3-3\lambda+2=(\lambda-1)^2(\lambda+2)=0,$$

即 $\lambda=1$ 或 $\lambda=-2$.

故应填 1 或 -2.

【1.6】 设齐次线性方程组 $\boldsymbol{Ax}=\mathbf{0}$ 有非零解，$\boldsymbol{A}=\begin{bmatrix}1 & 2 & 3\\ 2 & t & 1\\ -1 & 3 & 2\\ -2 & 1 & -1\end{bmatrix}$，则 $t=$______.

解 因为 $\boldsymbol{Ax}=\mathbf{0}$ 有非零解，应有 $r(\boldsymbol{A})<3$.

$$\boldsymbol{A}\to\begin{bmatrix}1 & 2 & 3\\ 0 & t-4 & -5\\ 0 & 5 & 5\\ 0 & 5 & 5\end{bmatrix}\to\begin{bmatrix}1 & 2 & 3\\ 0 & 1 & 1\\ 0 & 0 & -t-1\\ 0 & 0 & 0\end{bmatrix},$$

当 $t=-1$ 时，$r(\boldsymbol{A})=2<3$.

故应填 $t=-1$.

点评：熟练掌握并灵活运用齐次线性方程组有非零解的各种充分必要条件.

题型 2：关于基础解系

【1.7】 设 $\boldsymbol{A}$ 是 n 阶方阵，$r(\boldsymbol{A})=n-3$，且 $\boldsymbol{\alpha}_1,\boldsymbol{\alpha}_2,\boldsymbol{\alpha}_3$ 是 $\boldsymbol{Ax}=\mathbf{0}$ 的三个线性无关的解向量，则 $\boldsymbol{Ax}=\mathbf{0}$ 的基础解系为______.

(A) $\boldsymbol{\alpha}_1+\boldsymbol{\alpha}_2,\ \boldsymbol{\alpha}_2+\boldsymbol{\alpha}_3,\ \boldsymbol{\alpha}_3+\boldsymbol{\alpha}_1$　　(B) $\boldsymbol{\alpha}_2-\boldsymbol{\alpha}_1,\ \boldsymbol{\alpha}_3-\boldsymbol{\alpha}_2,\ \boldsymbol{\alpha}_1-\boldsymbol{\alpha}_3$

(C) $2\boldsymbol{\alpha}_2-\boldsymbol{\alpha}_1,\ \frac{1}{2}\boldsymbol{\alpha}_3-\boldsymbol{\alpha}_2,\ \boldsymbol{\alpha}_1-\boldsymbol{\alpha}_3$　　(D) $\boldsymbol{\alpha}_1+\boldsymbol{\alpha}_2+\boldsymbol{\alpha}_3,\ \boldsymbol{\alpha}_3-\boldsymbol{\alpha}_2,\ -\boldsymbol{\alpha}_1-2\boldsymbol{\alpha}_3$

解 因为 $r(\boldsymbol{A})=n-3$，可知方程组 $\boldsymbol{Ax}=\mathbf{0}$ 的基础解系所含向量的个数为 $n-(n-3)=3$，又 $\boldsymbol{\alpha}_1,\boldsymbol{\alpha}_2,\boldsymbol{\alpha}_3$ 是 $\boldsymbol{Ax}=\mathbf{0}$ 的三个线性无关解向量，所以 $\boldsymbol{\alpha}_1,\boldsymbol{\alpha}_2,\boldsymbol{\alpha}_3$ 为 $\boldsymbol{Ax}=\mathbf{0}$ 的基础解系. 又不难验证 $\boldsymbol{\alpha}_1+\boldsymbol{\alpha}_2,\boldsymbol{\alpha}_2+\boldsymbol{\alpha}_3,\boldsymbol{\alpha}_3+\boldsymbol{\alpha}_1$ 线性无关且都是方程组 $\boldsymbol{Ax}=\mathbf{0}$ 的解向量.

故应选(A).

【1.8】 已知 $\boldsymbol{\alpha}_1,\boldsymbol{\alpha}_2,\boldsymbol{\alpha}_3$ 是齐次线性方程组 $\boldsymbol{Ax}=\mathbf{0}$ 的一个基础解系，则 $\boldsymbol{Ax}=\mathbf{0}$ 的基础解系还

可以表示为______.

(A)一个与 $\boldsymbol{\alpha}_1,\boldsymbol{\alpha}_2,\boldsymbol{\alpha}_3$ 等价的向量组　　(B)一个与 $\boldsymbol{\alpha}_1,\boldsymbol{\alpha}_2,\boldsymbol{\alpha}_3$ 等秩的向量组

(C)$\boldsymbol{\alpha}_1,\boldsymbol{\alpha}_1+\boldsymbol{\alpha}_2,\boldsymbol{\alpha}_1+\boldsymbol{\alpha}_2+\boldsymbol{\alpha}_3$　　(D)$\boldsymbol{\alpha}_1-\boldsymbol{\alpha}_2,\boldsymbol{\alpha}_2-\boldsymbol{\alpha}_3,\boldsymbol{\alpha}_3-\boldsymbol{\alpha}_1$

解　对于选项(A)，一个与 $\boldsymbol{\alpha}_1,\boldsymbol{\alpha}_2,\boldsymbol{\alpha}_3$ 等价的向量组中向量个数若多于三个，则该向量组一定线性相关，不符合基础解系中的向量必线性无关的要求，所以选项(A)不对.

对于选项(B)，一个与 $\boldsymbol{\alpha}_1,\boldsymbol{\alpha}_2,\boldsymbol{\alpha}_3$ 等秩的向量组中的向量不能保证一定是 $\boldsymbol{Ax}=\boldsymbol{0}$ 的解向量，故不能构成基础解系.

选项(D)中，由 $\boldsymbol{\alpha}_2-\boldsymbol{\alpha}_3=-(\boldsymbol{\alpha}_1-\boldsymbol{\alpha}_2)-(\boldsymbol{\alpha}_3-\boldsymbol{\alpha}_1)$ 知三向量线性相关，不能构成基础解系.

事实上，选项(C)中的向量组构成 $\boldsymbol{AX}=\boldsymbol{0}$ 的一个基础解系，满足基础解系要求的条件：(1)向量组中有三个向量；(2)向量组线性无关；(3)每个向量均为解向量.

故应选(C).

【1.9】　设 $\boldsymbol{A}=(a_{ij})_{n\times n}$，且 $|\boldsymbol{A}|=0$，但 $\boldsymbol{A}$ 中某元素的代数余子式 $A_{kl}\neq 0$，则齐次线性方程组 $\boldsymbol{Ax}=\boldsymbol{0}$ 的每个基础解系中向量的个数都是______.

(A)1　　(B)k　　(C)l　　(D)n

解　因为 $|\boldsymbol{A}|=0$，而且 $\boldsymbol{A}$ 中某元素 a_{kl} 的代数余子式 $A_{kl}\neq 0$，所以 $|\boldsymbol{A}|$ 存在非零的 $n-1$ 阶子式，从而可知 $r(\boldsymbol{A})=n-1$，故 $\boldsymbol{Ax}=\boldsymbol{0}$ 基础解系中所含向量个数为 $n-(n-1)=1$.

故应选(A).

点评：关于基础解系中所含的向量要注意以下几点：

(1)都是解向量；

(2)线性无关；

(3)个数为：$n-r(\boldsymbol{A})$.

其中(1)容易忽略，要特别注意.(3)说明齐次线性方程组与矩阵的秩有着密切的联系，解题时要注意两者的相互渗透和相互转化.

【1.10】　设 $\boldsymbol{A}=\begin{bmatrix}1&0&3&1&2\\-1&3&0&-1&1\\2&1&7&2&t\end{bmatrix}$，若齐次线性方程组 $\boldsymbol{Ax}=\boldsymbol{0}$ 的基础解系含有 3 个解向量，则 $t=$______.

解　因为 $\boldsymbol{Ax}=\boldsymbol{0}$ 的基础解系含有 3 个解向量，所以 $r(\boldsymbol{A})=5-3=2$. 对矩阵 $\boldsymbol{A}$ 施行初等行变换，得

$$\boldsymbol{A}=\begin{bmatrix}1&0&3&1&2\\-1&3&0&-1&1\\2&1&7&2&t\end{bmatrix}\to\begin{bmatrix}1&0&3&1&2\\0&1&1&0&1\\0&0&0&0&t-5\end{bmatrix}.$$

由 $r(\boldsymbol{A})=2$，知 $t-5=0$，即 $t=5$.

故应填 5.

【1.11】　已知齐次线性方程组 $\boldsymbol{Ax}=\boldsymbol{0}$ 的一组基础解系为 $\boldsymbol{\alpha}_1,\boldsymbol{\alpha}_2,\boldsymbol{\alpha}_3$，则下列结论是否正确？

(1)$\boldsymbol{\alpha}_1+2\boldsymbol{\alpha}_2,3\boldsymbol{\alpha}_2+\boldsymbol{\alpha}_3,\boldsymbol{\alpha}_3-2\boldsymbol{\alpha}_1$ 也为 $\boldsymbol{Ax}=\boldsymbol{0}$ 的一组基础解系.

(2)向量组 ξ_1,ξ_2,ξ_3 能被向量组 $\boldsymbol{\alpha}_1,\boldsymbol{\alpha}_2,\boldsymbol{\alpha}_3$ 线性表示，则 ξ_1,ξ_2,ξ_3 也是 $\boldsymbol{Ax}=\boldsymbol{0}$ 的基础解系.

(3)向量组 ξ_1,ξ_2,ξ_3 与向量组 $\boldsymbol{\alpha}_1,\boldsymbol{\alpha}_2,\boldsymbol{\alpha}_3$ 可以互相线性表示，则 ξ_1,ξ_2,ξ_3 也是 $\boldsymbol{Ax}=\boldsymbol{0}$ 的基础

解系.

(4)向量组 $\boldsymbol{\eta}_1,\boldsymbol{\eta}_2,\boldsymbol{\eta}_3,\boldsymbol{\eta}_4$ 与向量组 $\boldsymbol{\alpha}_1,\boldsymbol{\alpha}_2,\boldsymbol{\alpha}_3$ 是等价的向量组,则 $\boldsymbol{\eta}_1,\boldsymbol{\eta}_2,\boldsymbol{\eta}_3,\boldsymbol{\eta}_4$ 也为 $\boldsymbol{Ax}=\boldsymbol{0}$ 的基础解系.

解 (1)正确.首先因 $\boldsymbol{\alpha}_1,\boldsymbol{\alpha}_2,\boldsymbol{\alpha}_3$ 为线性方程组 $\boldsymbol{Ax}=\boldsymbol{0}$ 的 3 个解向量,它们的线性组合 $\boldsymbol{\alpha}_1+2\boldsymbol{\alpha}_2,3\boldsymbol{\alpha}_2+\boldsymbol{\alpha}_3,\boldsymbol{\alpha}_3-2\boldsymbol{\alpha}_1$ 也是 $\boldsymbol{Ax}=\boldsymbol{0}$ 的解.再证它们是线性无关的.证明方法有很多,最简单的方法是:设 $\boldsymbol{B}=(\boldsymbol{\alpha}_1,\boldsymbol{\alpha}_2,\boldsymbol{\alpha}_3)$,矩阵 $\boldsymbol{B}$ 的列秩等于3,而通过列初等变换可把 $\boldsymbol{B}$ 化为$(\boldsymbol{\alpha}_1+2\boldsymbol{\alpha}_2\quad 3\boldsymbol{\alpha}_2+\boldsymbol{\alpha}_3\quad \boldsymbol{\alpha}_3-2\boldsymbol{\alpha}_1)=\boldsymbol{B}'$, $r(\boldsymbol{B})=r(\boldsymbol{B}')$(初等变换不改变矩阵的秩),所以 $\boldsymbol{B}'$ 的列秩也为 3.列向量组 $\boldsymbol{\alpha}_1+2\boldsymbol{\alpha}_2,3\boldsymbol{\alpha}_2+\boldsymbol{\alpha}_3,\boldsymbol{\alpha}_3-2\boldsymbol{\alpha}_1$ 为 $\boldsymbol{Ax}=\boldsymbol{0}$ 的 3 个线性无关的解向量,满足前面提出的基础解系满足的 3 条.所以它们构成 $\boldsymbol{Ax}=\boldsymbol{0}$ 的一组基础解系.

(2)不正确.因为 ξ_1,ξ_2,ξ_3 能被 $\boldsymbol{\alpha}_1,\boldsymbol{\alpha}_2,\boldsymbol{\alpha}_3$ 线性表示,所以,$r(\xi_1,\xi_2,\xi_3)\leqslant r(\boldsymbol{\alpha}_1,\boldsymbol{\alpha}_2,\boldsymbol{\alpha}_3)=3$,这不能保证 $r(\xi_1,\xi_2,\xi_3)=3$(例如 $\xi_1=\boldsymbol{\alpha}_1-\boldsymbol{\alpha}_2,\xi_2=\boldsymbol{\alpha}_2-\boldsymbol{\alpha}_3,\xi_3=\boldsymbol{\alpha}_3-\boldsymbol{\alpha}_2$,则 ξ_1,ξ_2,ξ_3 线性相关),即 ξ_1,ξ_2,ξ_3 有可能成为 $\boldsymbol{Ax}=\boldsymbol{0}$ 的一组线性相关解.故不能构成 $\boldsymbol{Ax}=\boldsymbol{0}$的一组基础解系.

(3)正确.两组向量可以相互线性表示,故 $r(\xi_1,\xi_2,\xi_3)=r(\boldsymbol{\alpha}_1,\boldsymbol{\alpha}_2,\boldsymbol{\alpha}_3)=3$,且 ξ_1,ξ_2,ξ_3 又满足 $\boldsymbol{Ax}=\boldsymbol{0}$,即它们为 $\boldsymbol{Ax}=\boldsymbol{0}$的 3 个线性无关解,故构成 $\boldsymbol{Ax}=\boldsymbol{0}$ 的一组基础解系.

(4)不正确.因为 $\boldsymbol{\eta}_1,\boldsymbol{\eta}_2,\boldsymbol{\eta}_3,\boldsymbol{\eta}_4$ 的个数为 4,故不能构成 $\boldsymbol{Ax}=\boldsymbol{0}$ 的基础解系.实际上,因为两组向量等价,故等秩,向量组 $\boldsymbol{\eta}_1,\boldsymbol{\eta}_2,\boldsymbol{\eta}_3,\boldsymbol{\eta}_4$ 是线性相关的.

【1.12】 设 $\boldsymbol{A}=(\boldsymbol{\alpha}_1,\boldsymbol{\alpha}_2,\boldsymbol{\alpha}_3,\boldsymbol{\alpha}_4)$是 4 阶矩阵,$\boldsymbol{A}^*$ 是 $\boldsymbol{A}$ 的伴随矩阵,若$(1,0,1,0)^T$ 是方程组 $\boldsymbol{Ax}=\boldsymbol{0}$ 的一个基础解系,则 $\boldsymbol{A}^*\boldsymbol{x}=\boldsymbol{0}$ 的基础解系可为______.

(A) $\boldsymbol{\alpha}_1,\boldsymbol{\alpha}_3$ (B) $\boldsymbol{\alpha}_1,\boldsymbol{\alpha}_2$ (C) $\boldsymbol{\alpha}_1,\boldsymbol{\alpha}_2,\boldsymbol{\alpha}_3$ (D) $\boldsymbol{\alpha}_2,\boldsymbol{\alpha}_3,\boldsymbol{\alpha}_4$

解 由 $\boldsymbol{Ax}=\boldsymbol{0}$ 的基础解系只有一个解向量,知 $r(\boldsymbol{A})=3$,所以 $r(\boldsymbol{A}^*)=1$,又由 $\boldsymbol{A}^*\boldsymbol{A}=|\boldsymbol{A}|\boldsymbol{E}=\boldsymbol{0}$ 知,$\boldsymbol{\alpha}_1,\boldsymbol{\alpha}_2,\boldsymbol{\alpha}_3,\boldsymbol{\alpha}_4$ 都是 $\boldsymbol{A}^*\boldsymbol{x}=\boldsymbol{0}$的解,且极大线性无关组就是其基础解系.

又 $\boldsymbol{A}\begin{bmatrix}1\\0\\1\\0\end{bmatrix}=(\boldsymbol{\alpha}_1,\boldsymbol{\alpha}_2,\boldsymbol{\alpha}_3,\boldsymbol{\alpha}_4)\begin{bmatrix}1\\0\\1\\0\end{bmatrix}=\boldsymbol{\xi}_1+\boldsymbol{\xi}_3=\boldsymbol{0}$,从而 $\boldsymbol{\alpha}_1,\boldsymbol{\alpha}_3$ 线性相关.故 $\boldsymbol{\alpha}_1,\boldsymbol{\alpha}_2,\boldsymbol{\alpha}_4$ 或 $\boldsymbol{\alpha}_2,\boldsymbol{\alpha}_3,\boldsymbol{\alpha}_4$ 为极大无关组.

故应选(D)

点评:请注意:凡是题目中出现 $\boldsymbol{A}^*$,十有八九要考虑重要公式:

$$\boldsymbol{AA}^*=\boldsymbol{A}^*\boldsymbol{A}=|\boldsymbol{A}|\boldsymbol{E},$$

本题亦是如此.本题为 2011 年考研真题.

【1.13】 求齐次线性方程组$\begin{cases}x_1+x_2+x_3+4x_4-3x_5=0,\\2x_1+x_2+3x_3+5x_4-5x_5=0,\\x_1-x_2+3x_3-2x_4-x_5=0,\\3x_1+x_2+5x_3+6x_4-7x_5=0\end{cases}$的基础解系.

解 对方程组的系数矩阵作初等行变换

$$\boldsymbol{A}=\begin{bmatrix}1&1&1&4&-3\\2&1&3&5&-5\\1&-1&3&-2&-1\\3&1&5&6&-7\end{bmatrix}\to\begin{bmatrix}1&1&1&4&-3\\0&-1&1&-3&1\\0&-2&2&-6&2\\0&-2&2&-6&2\end{bmatrix}\to\begin{bmatrix}1&1&1&4&-3\\0&-1&1&-3&1\\0&0&0&0&0\\0&0&0&0&0\end{bmatrix},$$

所以 $r(\boldsymbol{A})=2$，方程组的基础解系所含向量个数为 $5-2=3$ 个，且可得原方程组的同解方程组

$$\begin{cases}x_1+x_2+x_3+4x_4-3x_5=0,\\-x_2+x_3-3x_4+x_5=0,\end{cases}$$

取 x_3,x_4,x_5 为自由未知量，令 $\begin{bmatrix}x_3\\x_4\\x_5\end{bmatrix}$ 分别为 $\begin{bmatrix}1\\0\\0\end{bmatrix},\begin{bmatrix}0\\1\\0\end{bmatrix},\begin{bmatrix}0\\0\\1\end{bmatrix}$，代入同解方程组，解得

$$\boldsymbol{\xi}_1=\begin{bmatrix}-2\\1\\1\\0\\0\end{bmatrix},\quad \boldsymbol{\xi}_2=\begin{bmatrix}-1\\-3\\0\\1\\0\end{bmatrix},\quad \boldsymbol{\xi}_3=\begin{bmatrix}2\\1\\0\\0\\1\end{bmatrix},$$

则 $\boldsymbol{\xi}_1,\boldsymbol{\xi}_2,\boldsymbol{\xi}_3$ 为所求的基础解系.

点评：求齐次线性方程组 $\boldsymbol{Ax}=\boldsymbol{0}$ 的基础解系的步骤：

(1)对系数矩阵 $\boldsymbol{A}$ 进行初等行变换，从而求得 $\boldsymbol{A}$ 的秩 r 和基础解系所含向量个数 $n-r$；

(2)写出同解方程组；

(3)从 n 个未知数 $x_1,x_2,\cdots,x_n$ 中取 $n-r$ 个自由未知量，不妨取 $x_{r+1},x_{r+2},\cdots,x_n$ 并且令

$$\begin{bmatrix}x_{r+1}\\x_{r+2}\\\vdots\\x_n\end{bmatrix}\quad 分别取\begin{bmatrix}1\\0\\\vdots\\0\end{bmatrix},\begin{bmatrix}0\\1\\\vdots\\0\end{bmatrix},\cdots,\begin{bmatrix}0\\0\\\vdots\\1\end{bmatrix};$$

(4)将自由未知量的取值代入同解方程组，求得原方程组的 $n-r$ 个解向量 $\boldsymbol{\xi}_1,\cdots,\boldsymbol{\xi}_{n-r}$，即为基础解系.

【1.14】 已知 $\boldsymbol{\alpha}_1,\boldsymbol{\alpha}_2,\boldsymbol{\alpha}_3,\boldsymbol{\alpha}_4$ 是齐次线性方程组 $\boldsymbol{Ax}=\boldsymbol{0}$ 的一个基础解系，若 $\boldsymbol{\beta}_1=\boldsymbol{\alpha}_1+t\boldsymbol{\alpha}_2$，$\boldsymbol{\beta}_2=\boldsymbol{\alpha}_2+t\boldsymbol{\alpha}_3$，$\boldsymbol{\beta}_3=\boldsymbol{\alpha}_3+t\boldsymbol{\alpha}_4$，$\boldsymbol{\beta}_4=\boldsymbol{\alpha}_4+t\boldsymbol{\alpha}_1$，讨论实数 t 满足什么关系时 $\boldsymbol{\beta}_1,\boldsymbol{\beta}_2,\boldsymbol{\beta}_3,\boldsymbol{\beta}_4$ 也是 $\boldsymbol{Ax}=\boldsymbol{0}$ 的一个基础解系.

解 由于齐次线性方程组的线性组合仍是该方程组的解，故 $\boldsymbol{\beta}_1,\boldsymbol{\beta}_2,\boldsymbol{\beta}_3,\boldsymbol{\beta}_4$ 是 $\boldsymbol{Ax}=\boldsymbol{0}$ 的解. 因此，当且仅当 $\boldsymbol{\beta}_1,\boldsymbol{\beta}_2,\boldsymbol{\beta}_3,\boldsymbol{\beta}_4$ 线性无关时，$\boldsymbol{\beta}_1,\boldsymbol{\beta}_2,\boldsymbol{\beta}_3,\boldsymbol{\beta}_4$ 是基础解系. 又

$$(\boldsymbol{\beta}_1,\boldsymbol{\beta}_2,\boldsymbol{\beta}_3,\boldsymbol{\beta}_4)=(\boldsymbol{\alpha}_1,\boldsymbol{\alpha}_2,\boldsymbol{\alpha}_3,\boldsymbol{\alpha}_4)\begin{bmatrix}1&0&0&t\\t&1&0&0\\0&t&1&0\\0&0&t&1\end{bmatrix},$$

令

$$\begin{bmatrix}1&0&0&t\\t&1&0&0\\0&t&1&0\\0&0&t&1\end{bmatrix}=\boldsymbol{B},$$

故 $\boldsymbol{\beta}_1,\boldsymbol{\beta}_2,\boldsymbol{\beta}_3,\boldsymbol{\beta}_4$ 线性无关当且仅当 $r(\boldsymbol{B})=4$，即

$$|\boldsymbol{B}|=\begin{vmatrix}1&0&0&t\\t&1&0&0\\0&t&1&0\\0&0&t&1\end{vmatrix}\neq 0,$$

即 $t^4-1\neq 0$,亦即 $t\neq \pm 1$.

所以 $t\neq \pm 1$ 时,$\boldsymbol{\beta}_1,\boldsymbol{\beta}_2,\boldsymbol{\beta}_3,\boldsymbol{\beta}_4$ 是 $\boldsymbol{A}\boldsymbol{x}=\boldsymbol{0}$ 的基础解系.

点评:因为 $\boldsymbol{\beta}_1,\boldsymbol{\beta}_2,\boldsymbol{\beta}_3,\boldsymbol{\beta}_4$ 都是解,且正好是 4 个解,所以 $\boldsymbol{\beta}_1,\boldsymbol{\beta}_2,\boldsymbol{\beta}_3,\boldsymbol{\beta}_4$ 是基础解系的充要条件是 $\boldsymbol{\beta}_1,\boldsymbol{\beta}_2,\boldsymbol{\beta}_3,\boldsymbol{\beta}_4$ 线性无关,故本题转化为讨论 t 为何值时,$\boldsymbol{\beta}_1,\boldsymbol{\beta}_2,\boldsymbol{\beta}_3,\boldsymbol{\beta}_4$ 线性无关.本题利用矩阵的秩的方法来判断 $\boldsymbol{\beta}_1,\boldsymbol{\beta}_2,\boldsymbol{\beta}_3,\boldsymbol{\beta}_4$ 的线性相关性.本题为 2001 年考研真题.

【1.15】 设 $\boldsymbol{\alpha}_1,\boldsymbol{\alpha}_2,\cdots,\boldsymbol{\alpha}_s$ 为线性方程组 $\boldsymbol{A}\boldsymbol{x}=\boldsymbol{0}$ 的一个基础解系,$\boldsymbol{\beta}_1=t_1\boldsymbol{\alpha}_1+t_2\boldsymbol{\alpha}_2,\boldsymbol{\beta}_2=t_1\boldsymbol{\alpha}_2+t_2\boldsymbol{\alpha}_3,\cdots,\boldsymbol{\beta}_s=t_1\boldsymbol{\alpha}_s+t_2\boldsymbol{\alpha}_1$,其中 t_1,t_2 为实常数.试问:t_1,t_2 满足什么关系时,$\boldsymbol{\beta}_1,\boldsymbol{\beta}_2,\cdots,\boldsymbol{\beta}_s$ 也为 $\boldsymbol{A}\boldsymbol{x}=\boldsymbol{0}$ 的一个基础解系.

解 由于 $\boldsymbol{\beta}_i(i=1,2,\cdots,s)$ 为 $\boldsymbol{\alpha}_1,\boldsymbol{\alpha}_2,\cdots,\boldsymbol{\alpha}_s$ 的线性组合,所以 $\boldsymbol{\beta}_i(i=1,2,\cdots,s)$ 均为 $\boldsymbol{A}\boldsymbol{x}=\boldsymbol{0}$ 的解.

设
$$k_1\boldsymbol{\beta}_1+k_2\boldsymbol{\beta}_2+\cdots+k_s\boldsymbol{\beta}_s=\boldsymbol{0} \tag{①}$$
即
$$(t_1k_1+t_2k_s)\boldsymbol{\alpha}_1+(t_2k_1+t_1k_2)\boldsymbol{\alpha}_2+\cdots+(t_2k_{s-1}+t_1k_s)\boldsymbol{\alpha}_s=\boldsymbol{0}.$$

由于 $\boldsymbol{\alpha}_1,\boldsymbol{\alpha}_2,\cdots,\boldsymbol{\alpha}_s$ 线性无关,因此有
$$\begin{cases}t_1k_1+t_2k_s=0,\\t_2k_1+t_1k_2=0,\\\cdots\cdots\cdots\cdots\\t_2k_{s-1}+t_1k_s=0.\end{cases} \tag{②}$$

因为系数行列式
$$\begin{vmatrix}t_1&0&\cdots&0&t_2\\t_2&t_1&0&\cdots&0\\0&t_2&t_1&\cdots&0\\&\cdots&\cdots&\cdots&\\0&0&\cdots&t_2&t_1\end{vmatrix}_{s\times s}=t_1^s+(-1)^{s+1}t_2^s\neq 0,$$
所以当 s 为偶数,即 $t_1\neq \pm t_2$;或 s 为奇数,即 $t_1\neq t_2$ 时,方程组②只有零解 $k_1=k_2=\cdots=k_s=0$,从而 $\boldsymbol{\beta}_1,\boldsymbol{\beta}_2,\cdots,\boldsymbol{\beta}_s$ 线性无关,此时 $\boldsymbol{\beta}_1,\boldsymbol{\beta}_2,\cdots,\boldsymbol{\beta}_s$ 也为 $\boldsymbol{A}\boldsymbol{x}=\boldsymbol{0}$ 的一个基础解系.

点评:本题本题为 2001 年考研真题.与上例类似,但本题是利用定义的方法来判断向量组的线性相关性.

题型 3:求齐次线性方程组的通解

【1.16】 求齐次线性方程组
$$\begin{cases}x_1-x_2+5x_3-x_4+x_5=0,\\x_1+x_2-2x_3+3x_4-x_5=0,\\3x_1-x_2+8x_3+x_4+2x_5=0,\\x_1+3x_2-9x_3+7x_4-3x_5=0\end{cases}$$

的基础解系和通解.

解 对系数矩阵作初等行变换：

$$A=\begin{bmatrix}1&-1&5&-1&1\\1&1&-2&3&-1\\3&-1&8&1&2\\1&3&-9&7&-3\end{bmatrix}\to\begin{bmatrix}1&-1&5&-1&1\\0&2&-7&4&-2\\0&2&-7&4&-1\\0&4&-14&8&-4\end{bmatrix}$$

$$\to\begin{bmatrix}1&-1&5&-1&1\\0&2&-7&4&-2\\0&2&-7&4&-1\\0&0&0&0&0\end{bmatrix}\to\begin{bmatrix}1&-1&5&-1&1\\0&2&-7&4&-2\\0&0&0&0&1\\0&0&0&0&0\end{bmatrix}.$$

所以 $r(\boldsymbol{A})=3$，从而方程组的基础解系中含解向量的个数为 $5-3=2$ 个，且同解方程组为：

$$\begin{cases}x_1-x_2+5x_3-x_4+x_5=0,\\2x_2-7x_3+4x_4-2x_5=0,\\x_5=0.\end{cases}$$

取 x_3,x_4 为自由未知量，令 $\begin{bmatrix}x_3\\x_4\end{bmatrix}$ 分别取 $\begin{bmatrix}1\\0\end{bmatrix},\begin{bmatrix}0\\1\end{bmatrix}$，代入同解方程组，解得基础解系：

$$\boldsymbol{\xi}_1=\left(-\frac{3}{2},\frac{7}{2},1,0,0\right)^T,\qquad \boldsymbol{\xi}_2=(-1,-2,0,1,0)^T,$$

于是通解为 $k_1\boldsymbol{\xi}_1+k_2\boldsymbol{\xi}_2$，$k_1,k_2$ 为任意常数.

点评：因为通解是基础解系的线性组合，所以求通解的关键是正确求得基础解系.

【1.17】 已知齐次线性方程组

$$\begin{cases}x_1+x_2+x_3=0,\\ax_1+bx_2+cx_3=0,\\a^2x_1+b^2x_2+c^2x_3=0.\end{cases}$$

(1) a,b,c 满足何种关系时，方程组仅有零解？

(2) a,b,c 满足何种关系时，方程组有无穷多组解，并用基础解系表示全部解.

解 系数行列式

$$D=\begin{vmatrix}1&1&1\\a&b&c\\a^2&b^2&c^2\end{vmatrix}=(a-b)(b-c)(c-a).$$

(1) 当 $a\neq b,b\neq c,c\neq a$ 时，$D\neq0$，方程组仅有零解 $x_1=x_2=x_3=0$.

(2) 下面分四种情况：

1) 当 $a=b\neq c$ 时，同解方程组为

$$\begin{cases}x_1+x_2+x_3=0,\\x_3=0.\end{cases}$$

方程组有无穷多组解，全部解为 $k_1(1,-1,0)^T$，其中 k_1 为任意常数.

2) 当 $a=c\neq b$ 时，同解方程组为

$$\begin{cases} x_1+x_2+x_3=0, \\ x_2=0. \end{cases}$$

方程组有无穷多组解，全部解为 $k_2(1,0,-1)^T$，其中 k_2 为任意常数.

3）当 $b=c\neq a$ 时，同解方程组为

$$\begin{cases} x_1+x_2+x_3=0, \\ x_1=0. \end{cases}$$

方程组有无穷多组解，全部解为 $k_3(0,1,-1)^T$，其中 k_3 为任意常数.

4）当 $a=b=c$ 时，同解方程组为

$$x_1+x_2+x_3=0.$$

方程组有无穷多组解，全部解为 $k_4(-1,1,0)^T+k_5(-1,0,1)^T$，其中 k_4,k_5 为任意常数.

点评：本题为 1999 年考研真题.所给方程组的系数行列式是范德蒙行列式，讨论含参数的线性方程组解的问题，当方程个数与未知数个数相同时，通过系数行列式利用克莱姆法则进行讨论，比直接对系数矩阵作初等变换要简单.

【1.18】 设有齐次线性方程组

$$\begin{cases} (1+a)x_1+x_2+x_3+x_4=0, \\ 2x_1+(2+a)x_2+2x_3+2x_4=0, \\ 3x_1+3x_2+(3+a)x_3+3x_4=0, \\ 4x_1+4x_2+4x_3+(4+a)x_4=0. \end{cases}$$

试问 a 取何值时，该方程组有非零解，并求出其通解.

解法一 对方程组的系数矩阵 $\mathbf{A}$ 作初等行变换，有

$$\mathbf{A}=\begin{bmatrix} 1+a & 1 & 1 & 1 \\ 2 & 2+a & 2 & 2 \\ 3 & 3 & 3+a & 3 \\ 4 & 4 & 4 & 4+a \end{bmatrix} \to \begin{bmatrix} 1+a & 1 & 1 & 1 \\ -2a & a & 0 & 0 \\ -3a & 0 & a & 0 \\ -4a & 0 & 0 & a \end{bmatrix}=\mathbf{B}.$$

当 $a=0$ 时，$r(\mathbf{A})=1<4$，故方程组有非零解，其同解方程组为

$$x_1+x_2+x_3+x_4=0.$$

由此得基础解系为

$$\boldsymbol{\eta}_1=(-1,1,0,0)^T,\quad \boldsymbol{\eta}_2=(-1,0,1,0)^T,\quad \boldsymbol{\eta}_3=(-1,0,0,1)^T.$$

于是所求方程组的通解为

$$k_1\boldsymbol{\eta}_1+k_2\boldsymbol{\eta}_2+k_3\boldsymbol{\eta}_3,$$

其中 k_1,k_2,k_3 为任意实数.

当 $a\neq0$ 时，

$$\mathbf{B}\to\begin{bmatrix} 1+a & 1 & 1 & 1 \\ -2 & 1 & 0 & 0 \\ -3 & 0 & 1 & 0 \\ -4 & 0 & 0 & 1 \end{bmatrix}\to\begin{bmatrix} a+10 & 0 & 0 & 0 \\ -2 & 1 & 0 & 0 \\ -3 & 0 & 1 & 0 \\ -4 & 0 & 0 & 1 \end{bmatrix},$$

可知 $a=-10$ 时，$r(\mathbf{A})=3<4$，故方程组也有非零解，其同解方程组为

$$\begin{cases}-2x_1+x_2=0,\\-3x_1+x_3=0,\\-4x_1+x_4=0,\end{cases}$$

由此得基础解系为 $\boldsymbol{\eta}=(1,2,3,4)^T$，于是所求方程组的通解为 $k\boldsymbol{\eta}$，其中 k 为任意常数.

解法二 方程组的系数行列式

$$|\boldsymbol{A}|=\begin{vmatrix}1+a & 1 & 1 & 1\\2 & 2+a & 2 & 2\\3 & 3 & 3+a & 3\\4 & 4 & 4 & 4+a\end{vmatrix}=(a+10)a^3.$$

当 $|\boldsymbol{A}|=0$，即 $a=0$ 或 $a=-10$ 时，方程组有非零解.

当 $a=0$ 时，对系数矩阵 $\boldsymbol{A}$ 作初等行变换，有

$$\boldsymbol{A}=\begin{bmatrix}1 & 1 & 1 & 1\\2 & 2 & 2 & 2\\3 & 3 & 3 & 3\\4 & 4 & 4 & 4\end{bmatrix}\to\begin{bmatrix}1 & 1 & 1 & 1\\0 & 0 & 0 & 0\\0 & 0 & 0 & 0\\0 & 0 & 0 & 0\end{bmatrix},$$

故方程组的同解方程组为

$$x_1+x_2+x_3+x_4=0.$$

其基础解系为

$$\boldsymbol{\eta}_1=(-1,1,0,0)^T,\ \boldsymbol{\eta}_2=(-1,0,1,0)^T,\ \boldsymbol{\eta}_3=(-1,0,0,1)^T.$$

于是所求方程组的通解为

$$k_1\boldsymbol{\eta}_1+k_2\boldsymbol{\eta}_2+k_3\boldsymbol{\eta}_3,$$

其中 k_1,k_2,k_3 为任意常数.

当 $a=-10$ 时，对 $\boldsymbol{A}$ 作初等行变换，有

$$\boldsymbol{A}=\begin{bmatrix}-9 & 1 & 1 & 1\\2 & -8 & 2 & 2\\3 & 3 & -7 & 3\\4 & 4 & 4 & -6\end{bmatrix}\to\begin{bmatrix}-9 & 1 & 1 & 1\\20 & -10 & 0 & 0\\30 & 0 & -10 & 0\\40 & 0 & 0 & -10\end{bmatrix}$$

$$\to\begin{bmatrix}-9 & 1 & 1 & 1\\-2 & 1 & 0 & 0\\-3 & 0 & 1 & 0\\-4 & 0 & 0 & 1\end{bmatrix}\to\begin{bmatrix}0 & 0 & 0 & 0\\-2 & 1 & 0 & 0\\-3 & 0 & 1 & 0\\-4 & 0 & 0 & 1\end{bmatrix},$$

故方程组的同解方程组为

$$\begin{cases}x_2=2x_1,\\x_3=3x_1,\\x_4=4x_1,\end{cases}$$

其基础解系为 $\boldsymbol{\eta}=(1,2,3,4)^T$，于是所求方程组的通解为 $k\boldsymbol{\eta}$，其中 k 为任意常数.

点评：本题为 2004 年考研真题. 解法一是先对系数矩阵进行初等行变换，再讨论参数；解法二是先求系数矩阵的行列式，利用克莱姆法则讨论参数. 由于本题方程组中，未知量的个数和方

程的个数相同，且系数矩阵的元素排列有规律，故解法二更好些.

【1.19】 设齐次线性方程组

$$\begin{cases}ax_1+bx_2+bx_3+\cdots+bx_n=0,\\ bx_1+ax_2+bx_3+\cdots+bx_n=0,\\ \cdots\cdots\cdots\cdots\cdots\cdots\\ bx_1+bx_2+bx_3+\cdots+ax_n=0,\end{cases}$$

其中 $a\neq0,b\neq0,n\geqslant2$. 试讨论 a,b 为何值时，方程组仅有零解、有无穷多组解？在有无穷多组解时，求出全部解，并用基础解系表示全部解.

解 方程组的系数行列式

$$|\boldsymbol{A}|=\begin{vmatrix}a&b&b&\cdots&b\\ b&a&b&\cdots&b\\ b&b&a&\cdots&b\\ \cdots&\cdots&\cdots&\cdots&\cdots\\ b&b&b&\cdots&a\end{vmatrix}=[a+(n-1)b](a-b)^{n-1}.$$

(1)当 $a\neq b$ 且 $a\neq(1-n)b$ 时，方程组仅有零解.

(2)当 $a=b$ 时，对系数矩阵 $\boldsymbol{A}$ 作初等行变换，有

$$\boldsymbol{A}=\begin{bmatrix}a&a&a&\cdots&a\\ a&a&a&\cdots&a\\ \cdots&\cdots&\cdots&\cdots&\cdots\\ a&a&a&\cdots&a\end{bmatrix}\to\begin{bmatrix}1&1&1&\cdots&1\\ 0&0&0&\cdots&0\\ \cdots&\cdots&\cdots&\cdots&\cdots\\ 0&0&0&\cdots&0\end{bmatrix},$$

原方程组的同解方程组为

$$x_1+x_2+\cdots+x_n=0,$$

其基础解系为

$$\boldsymbol{\alpha}_1=(-1,1,0,\cdots,0)^T,$$
$$\boldsymbol{\alpha}_2=(-1,0,1,\cdots,0)^T,\cdots,$$
$$\boldsymbol{\alpha}_{n-1}=(-1,0,0,\cdots,1)^T.$$

方程组的通解是

$$c_1\boldsymbol{\alpha}_1+c_2\boldsymbol{\alpha}_2+\cdots+c_{n-1}\boldsymbol{\alpha}_{n-1},$$

其中 $c_1,c_2,\cdots,c_{n-1}$ 为任意常数.

(3)当 $a=(1-n)b$ 时，对系数矩阵 $\boldsymbol{A}$ 作初等行变换，有

$$\boldsymbol{A}=\begin{bmatrix}(1-n)b&b&b&\cdots&b&b\\ b&(1-n)b&b&\cdots&b&b\\ b&b&(1-n)b&\cdots&b&b\\ \cdots&\cdots&\cdots&\cdots&\cdots&\cdots\\ b&b&b&\cdots&b&(1-n)b\end{bmatrix}$$

$$\to\begin{bmatrix}1-n&1&1&\cdots&1&1\\1&1-n&1&\cdots&1&1\\1&1&1-n&\cdots&1&1\\\cdots&\cdots&\cdots&\cdots&\cdots&\cdots\\1&1&1&\cdots&1&1-n\end{bmatrix}\to\begin{bmatrix}1&0&0&\cdots&0&-1\\0&1&0&\cdots&0&-1\\0&0&1&\cdots&0&-1\\\cdots&\cdots&\cdots&\cdots&\cdots&\cdots\\0&0&0&\cdots&1&-1\\0&0&0&\cdots&0&0\end{bmatrix},$$

原方程组的同解方程组为：

$$\begin{cases}x_1=x_n,\\x_2=x_n,\\\cdots\cdots\\x_{n-1}=x_n.\end{cases}$$

从而其基础解系为：

$$\boldsymbol{\beta}=(1,1,\cdots,1)^T,$$

方程组的通解为：$c\boldsymbol{\beta}$，c 为任意常数.

点评：本题为 2002 年考研真题.

【1.20】 已知齐次线性方程组

$$\begin{cases}(a_1+b)x_1+a_2x_2+a_3x_3+\cdots+a_nx_n=0,\\a_1x_1+(a_2+b)x_2+a_3x_3+\cdots+a_nx_n=0,\\a_1x_1+a_2x_2+(a_3+b)x_3+\cdots+a_nx_n=0,\\\cdots\cdots\cdots\cdots\cdots\cdots\\a_1x_1+a_2x_2+a_3x_3+\cdots+(a_n+b)x_n=0,\end{cases}$$

其中 $\sum_{i=1}^{n}a_i\neq0$. 试讨论 $a_1,a_2,\cdots,a_n$ 和 b 满足何种关系时，

(1)方程组只有零解；

(2)方程组有非零解，在有非零解时，求通解.

解 系数行列式：

$$\begin{vmatrix}a_1+b&a_2&a_3&\cdots&a_n\\a_1&a_2+b&a_3&\cdots&a_n\\a_1&a_2&a_3+b&\cdots&a_n\\\cdots&\cdots&\cdots&\cdots&\cdots\\a_1&a_2&a_3&\cdots&a_n+b\end{vmatrix}=\left(\sum_{i=1}^{n}a_i+b\right)\begin{vmatrix}1&a_2&a_3&\cdots&a_n\\1&a_2+b&a_3&\cdots&a_n\\1&a_2&a_3+b&\cdots&a_n\\\cdots&\cdots&\cdots&\cdots&\cdots\\1&a_2&a_3&\cdots&a_n+b\end{vmatrix}$$

$$=\left(\sum_{i=1}^{n}a_i+b\right)\begin{vmatrix}1&a_2&a_3&\cdots&a_n\\0&b&0&\cdots&0\\0&0&b&\cdots&0\\\cdots&\cdots&\cdots&\cdots&\cdots\\0&0&0&\cdots&b\end{vmatrix}=\left(\sum_{i=1}^{n}a_i+b\right)b^{n-1}.$$

(1)当 $\sum_{i=1}^{n}a_i+b\neq0$ 且 $b\neq0$ 时，方程组只有零解.

(2)当 $\sum_{i=1}^{n} a_i+b=0$ 时，即 $b=-\sum_{i=1}^{n} a_i\neq 0$ 时，对系数矩阵作初等行变换，

$$\begin{bmatrix} a_1+b & a_2 & a_3 & \cdots & a_n \\ a_1 & a_2+b & a_3 & \cdots & a_n \\ a_1 & a_2 & a_3+b & \cdots & a_n \\ \vdots & \vdots & \vdots & \ddots & \vdots \\ a_1 & a_2 & a_3 & \cdots & a_n+b \end{bmatrix} \to \begin{bmatrix} a_1+b & a_2 & a_3 & \cdots & a_n \\ -b & b & 0 & \cdots & 0 \\ -b & 0 & b & \cdots & 0 \\ \vdots & \vdots & \vdots & \ddots & \vdots \\ -b & 0 & 0 & \cdots & b \end{bmatrix}$$

$$\to \begin{bmatrix} a_1+b & a_2 & a_3 & \cdots & a_n \\ -1 & 1 & 0 & \cdots & 0 \\ -1 & 0 & 1 & \cdots & 0 \\ \cdots & \cdots & \cdots & \cdots & \cdots \\ -1 & 0 & 0 & \cdots & 1 \end{bmatrix} \to \begin{bmatrix} \sum_{i=1}^{n} a_i+b & 0 & 0 & \cdots & 0 \\ -1 & 1 & 0 & \cdots & 0 \\ -1 & 0 & 1 & \cdots & 0 \\ \vdots & \vdots & \vdots & \ddots & \vdots \\ -1 & 0 & 0 & \cdots & 1 \end{bmatrix}$$

$$= \begin{bmatrix} 0 & 0 & 0 & \cdots & 0 \\ -1 & 1 & 0 & \cdots & 0 \\ -1 & 0 & 1 & \cdots & 0 \\ \cdots & \cdots & \cdots & \cdots & \cdots \\ -1 & 0 & 0 & \cdots & 1 \end{bmatrix},$$

同解方程组为：
$$\begin{cases} x_1=x_2, \\ x_1=x_3, \\ \cdots\cdots \\ x_1=x_n, \end{cases}$$

解得基础解系为 $\boldsymbol{\xi}=(1,1,\cdots,1)^T$，所以通解为：$k\boldsymbol{\xi}$，$k$ 为任意常数.

当 $b=0$ 时，对系数矩阵作初等行变换，

$$\begin{bmatrix} a_1+0 & a_2 & a_3 & \cdots & a_n \\ a_1 & a_2+0 & a_3 & \cdots & a_n \\ a_1 & a_2 & a_3+0 & \cdots & a_n \\ \cdots & \cdots & \cdots & \cdots & \cdots \\ a_1 & a_2 & a_3 & \cdots & a_n+0 \end{bmatrix} \to \begin{bmatrix} a_1 & a_2 & a_3 & \cdots & a_n \\ 0 & 0 & 0 & \cdots & 0 \\ 0 & 0 & 0 & \cdots & 0 \\ \cdots & \cdots & \cdots & \cdots & \cdots \\ 0 & 0 & 0 & \cdots & 0 \end{bmatrix},$$

同解方程组为：
$$a_1x_1+a_2x_2+\cdots+a_nx_n=0.$$

由于 $\sum_{i=1}^{n} a_i\neq 0$，$a_i(i=1,2,\cdots,n)$不全为零. 不妨设 $a_1\neq 0$，可得基础解系：

$$\boldsymbol{\eta}_1=\left(-\frac{a_2}{a_1},1,0,\cdots,0\right)^T,$$

$$\boldsymbol{\eta}_2=\left(-\frac{a_3}{a_1},0,1,\cdots,0\right)^T,$$

$$\cdots\cdots\cdots\cdots,$$

$$\boldsymbol{\eta}_{n-1}=\left(-\frac{a_n}{a_1},0,0,\cdots,1\right)^T,$$

所以通解为 $l_1\boldsymbol{\eta}_1+l_2\boldsymbol{\eta}_2+\cdots+l_{n-1}\boldsymbol{\eta}_{n-1}$，$l_1,l_2,\cdots,l_{n-1}$ 为任意常数.

【1.21】 设 $\boldsymbol{A}=\begin{bmatrix}1&2&1&2\\0&1&t&t\\1&t&0&1\end{bmatrix}$，且方程组 $\boldsymbol{Ax}=\boldsymbol{0}$ 的基础解系中含有两个解向量，求 $\boldsymbol{Ax}=\boldsymbol{0}$ 的通解.

解 因为基础解系中含有两个解向量，即 $4-r(\boldsymbol{A})=2$，所以 $r(\boldsymbol{A})=2$. 对 $\boldsymbol{A}$ 施行初等行变换

$$\boldsymbol{A}=\begin{bmatrix}1&2&1&2\\0&1&t&t\\1&t&0&1\end{bmatrix}\to\begin{bmatrix}1&2&1&2\\0&1&t&t\\0&t-2&-1&-1\end{bmatrix}\to\begin{bmatrix}1&2&1&2\\0&1&t&t\\0&0&-(1-t)^2&-(1-t)^2\end{bmatrix}$$

$$\to\begin{bmatrix}1&0&1-2t&2-2t\\0&1&t&t\\0&0&-(1-t)^2&-(1-t)^2\end{bmatrix},$$

要使 $r(\boldsymbol{A})=2$，则必有 $t=1$. 此时与 $\boldsymbol{Ax}=\boldsymbol{0}$ 同解的方程组为

$$\begin{cases}x_1=x_3,\\x_2=-x_3-x_4.\end{cases}$$

令 $\begin{bmatrix}x_3\\x_4\end{bmatrix}$ 分别取 $\begin{bmatrix}1\\0\end{bmatrix}$，$\begin{bmatrix}0\\1\end{bmatrix}$，得基础解系 $\boldsymbol{\xi}_1=\begin{bmatrix}1\\-1\\1\\0\end{bmatrix}$，$\boldsymbol{\xi}_2=\begin{bmatrix}0\\-1\\0\\1\end{bmatrix}$，

所以方程组的通解为

$$k_1\boldsymbol{\xi}_1+k_2\boldsymbol{\xi}_2=k_1\begin{bmatrix}1\\-1\\1\\0\end{bmatrix}+k_2\begin{bmatrix}0\\-1\\0\\1\end{bmatrix},$$

其中 k_1,k_2 为任意常数.

点评：根据结论"基础解系所含向量个数为 $n-r(\boldsymbol{A})$"，注意齐次线性方程组理论和矩阵的秩之间的联系和转化.

【1.22】 设 $\boldsymbol{A}$ 是 n 阶矩阵，秩 $r(\boldsymbol{A})=n-1$.

(1)若矩阵 $\boldsymbol{A}$ 各行元素之和均为 0，则方程组 $\boldsymbol{Ax}=\boldsymbol{0}$ 的通解是______.

(2)若行列式 $|\boldsymbol{A}|$ 的代数余子式 $A_{11}\neq0$，则方程组 $\boldsymbol{Ax}=\boldsymbol{0}$ 的通解是______.

解 由于 $n-r(\boldsymbol{A})=n-(n-1)=1$，故 $\boldsymbol{Ax}=\boldsymbol{0}$ 的通解形式为 $k\boldsymbol{\eta}$，只需寻找出 $\boldsymbol{Ax}=\boldsymbol{0}$ 的一个非零解就可以了.

(1)齐次线性方程组 $\boldsymbol{Ax}=\boldsymbol{0}$，即

$$\begin{cases}a_{11}x_1+a_{12}x_2+\cdots+a_{1n}x_n=0,\\a_{21}x_1+a_{22}x_2+\cdots+a_{2n}x_n=0,\\\cdots\cdots\cdots\cdots\\a_{n1}x_1+a_{n2}x_2+\cdots+a_{nn}x_n=0,\end{cases}$$

那么，各行元素之和均为 0，即

$$\begin{cases} a_{11}+a_{12}+\cdots+a_{1n}=0, \\ a_{21}+a_{22}+\cdots+a_{2n}=0, \\ \cdots\cdots\cdots\cdots \\ a_{n1}+a_{n2}+\cdots+a_{nn}=0, \end{cases}$$

所以,$x_1=1,x_2=1,\cdots x_n=1$ 是 $\boldsymbol{Ax}=\boldsymbol{0}$ 的一个解,因此,$\boldsymbol{Ax}=\boldsymbol{0}$的通解为 $k(1,1,\cdots,1)^T$,k 为任意常数.

(2)由秩 $r(\boldsymbol{A})=n-1$ 知行列式$|\boldsymbol{A}|=0$,那么

$$\boldsymbol{AA}^*=|\boldsymbol{A}|\boldsymbol{E}=\boldsymbol{0},$$

故伴随矩阵 $\boldsymbol{A}^*$ 的每一列都是齐次方程组 $\boldsymbol{Ax}=\boldsymbol{0}$ 的解,对于

$$\boldsymbol{A}^*=\begin{bmatrix} A_{11} & A_{21} & \cdots & A_{n1} \\ A_{12} & A_{22} & \cdots & A_{n2} \\ \vdots & \vdots & & \vdots \\ A_{1n} & A_{2n} & \cdots & A_{nn} \end{bmatrix},$$

由 $A_{11}\neq0$,故$(A_{11},A_{12},\cdots,A_{1n})^T$ 是 $\boldsymbol{Ax}=\boldsymbol{0}$的非零解,因此,$\boldsymbol{Ax}=\boldsymbol{0}$的通解是 $k(A_{11},A_{12},\cdots,A_{1n})^T$,$k$ 为任意常数.

题型 4:关于 $\boldsymbol{AB}=\boldsymbol{0}$

【1.23】 设 $\boldsymbol{A}=\begin{bmatrix} 1 & 2 & -2 \\ 4 & t & 3 \\ 3 & -1 & 1 \end{bmatrix}$,$\boldsymbol{B}$ 为三阶非零矩阵,且 $\boldsymbol{AB}=\boldsymbol{0}$,则 $t=$______.

解法一 由 $\boldsymbol{AB}=\boldsymbol{0}$ 知 $\boldsymbol{B}$ 矩阵的列向量为齐次线性方程组 $\boldsymbol{Ax}=\boldsymbol{0}$的解.而 $\boldsymbol{B}$ 为三阶非零矩阵,故 $\boldsymbol{B}$ 矩阵至少有一个列向量非零.这说明齐次线性方程组 $\boldsymbol{Ax}=\boldsymbol{0}$有非零解.对于 3×3 矩阵 $\boldsymbol{A}$,要使 $\boldsymbol{Ax}=\boldsymbol{0}$ 有非零解,其等价条件是$|\boldsymbol{A}|=0$,而

$$|\boldsymbol{A}|=\begin{vmatrix} 1 & 2 & -2 \\ 4 & t & 3 \\ 3 & -1 & 1 \end{vmatrix}=\begin{vmatrix} 1 & 0 & 0 \\ 4 & t+3 & 11 \\ 3 & 0 & 7 \end{vmatrix}=7(t+3).$$

所以必有 $t+3=0$,即 $t=-3$.

故应填-3.

解法二 由 $\boldsymbol{AB}=\boldsymbol{0}$ 可推知 $r(\boldsymbol{A})+r(\boldsymbol{B})\leqslant3$,而 $r(\boldsymbol{B})\geqslant1$,从而 $r(\boldsymbol{A})\leqslant2$,故有$|\boldsymbol{A}|=0$,也可解得 $t=-3$.

点评:设 $\boldsymbol{A}$ 为 $s\times n$ 阶矩阵,$\boldsymbol{B}$ 为 $n\times t$ 阶矩阵,则有关 $\boldsymbol{AB}=\boldsymbol{0}$ 的解题思路有两个:一是 $r(\boldsymbol{A})+r(\boldsymbol{B})\leqslant n$;二是矩阵 $\boldsymbol{B}$ 的列向量均为 $\boldsymbol{Ax}=\boldsymbol{0}$的解向量.本题为 1997 年考研真题.

【1.24】 齐次线性方程组 $\begin{cases} \lambda x_1+x_2+\lambda^2x_3=0, \\ x_1+\lambda x_2+x_3=0, \\ x_1+x_2+\lambda x_3=0 \end{cases}$ 的系数矩阵记为 $\boldsymbol{A}$,若存在三阶矩阵 $\boldsymbol{B}\neq\boldsymbol{0}$,使得 $\boldsymbol{AB}=\boldsymbol{0}$,则______.

(A)$\lambda=-2$ 且$|\boldsymbol{B}|=0$　　(B)$\lambda=-2$ 且$|\boldsymbol{B}|\neq0$

(C)$\lambda=1$ 且$|\boldsymbol{B}|=0$　　(D)$\lambda=1$ 且$|\boldsymbol{B}|\neq0$

解 由存在 $\boldsymbol{B}\neq\boldsymbol{0}$,使 $\boldsymbol{AB}=\boldsymbol{0}$知,矩阵 $\boldsymbol{B}$ 的三个列向量均为 $\boldsymbol{Ax}=\boldsymbol{0}$的解向量,且存在非零解向量.从而 $r(\boldsymbol{A})<3$.

$$\boldsymbol{A}=\begin{bmatrix}\lambda&1&\lambda^2\\1&\lambda&1\\1&1&\lambda\end{bmatrix}\to\begin{bmatrix}1&1&\lambda\\0&1-\lambda&0\\0&\lambda-1&1-\lambda\end{bmatrix}\to\begin{bmatrix}1&1&\lambda\\0&1-\lambda&0\\0&0&1-\lambda\end{bmatrix},$$

故当 $\lambda=1$ 时, $r(\boldsymbol{A})=1<3$. 此时,齐次线性方程组 $\boldsymbol{Ax}=\boldsymbol{0}$ 基础解系中解向量个数为 $n-r(\boldsymbol{A})=3-1=2$,所以矩阵 $\boldsymbol{B}$ 的三个列向量必线性相关,从而 $|\boldsymbol{B}|=0$.

故应选(C).

点评:本题为 1998 年考研真题.

【1.25】 已知三阶矩阵 $\boldsymbol{A}$ 的第一行是(a,b,c),a,b,c 不全为零,矩阵 $\boldsymbol{B}=\begin{bmatrix}1&2&3\\2&4&6\\3&6&k\end{bmatrix}$($k$ 为常数),且 $\boldsymbol{AB}=\boldsymbol{0}$. 求线性方程组 $\boldsymbol{Ax}=\boldsymbol{0}$的通解.

解 由于 $\boldsymbol{AB}=\boldsymbol{0}$,故 $r(\boldsymbol{A})+r(\boldsymbol{B})\leqslant 3$,又由 a,b,c 不全为零,可知 $r(\boldsymbol{A})\geqslant 1$.

当 $k\neq 9$ 时,$r(\boldsymbol{B})=2$,于是 $r(\boldsymbol{A})=1$;

当 $k=9$ 时, $r(\boldsymbol{B})=1$,于是 $r(\boldsymbol{A})=1$ 或 $r(\boldsymbol{A})=2$.

对于 $k\neq 9$,由 $\boldsymbol{AB}=\boldsymbol{0}$ 可得

$$\boldsymbol{A}\begin{bmatrix}1\\2\\3\end{bmatrix}=\boldsymbol{0}\quad 和\quad \boldsymbol{A}\begin{bmatrix}3\\6\\k\end{bmatrix}=\boldsymbol{0}.$$

由于 $\boldsymbol{\eta}_1=(1,2,3)^T$, $\boldsymbol{\eta}_2=(3,6,k)^T$ 线性无关,故 $\boldsymbol{\eta}_1,\boldsymbol{\eta}_2$ 为 $\boldsymbol{Ax}=\boldsymbol{0}$ 的一个基础解系,于是 $\boldsymbol{Ax}=\boldsymbol{0}$的通解为

$$c_1\boldsymbol{\eta}_1+c_2\boldsymbol{\eta}_2,$$

其中 c_1,c_2 为任意常数.

对于 $k=9$,分别就 $r(\boldsymbol{A})=2$ 和 $r(\boldsymbol{A})=1$ 进行讨论.

如果 $r(\boldsymbol{A})=2$,则 $\boldsymbol{Ax}=\boldsymbol{0}$的基础解系由一个向量构成. 又因为 $\boldsymbol{A}\begin{bmatrix}1\\2\\3\end{bmatrix}=\boldsymbol{0}$,所以 $\boldsymbol{Ax}=\boldsymbol{0}$的通解为 $c_1(1,2,3)^T$,其中 c_1 为任意常数.

如果 $r(\boldsymbol{A})=1$,则 $\boldsymbol{Ax}=\boldsymbol{0}$ 的基础解系由两个向量构成. 又因为 $\boldsymbol{A}$ 的第一行为(a,b,c),且 a,b,c 不全为零,所以 $\boldsymbol{Ax}=\boldsymbol{0}$等价于

$$ax_1+bx_2+cx_3=0.$$

不妨设 $a\neq 0$,则易求得

$$\boldsymbol{\eta}_1=(-b,a,0)^T,\ \boldsymbol{\eta}_2=(-c,0,a)^T$$

是 $\boldsymbol{Ax}=\boldsymbol{0}$ 的两个线性无关的解,故 $\boldsymbol{Ax}=\boldsymbol{0}$的通解为

$$c_1\boldsymbol{\eta}_1+c_2\boldsymbol{\eta}_2,$$

其中 c_1,c_2 为任意常数.

点评:本题为 2005 年考研真题.

【1.26】 已知齐次线性方程组

$$(\text{Ⅰ})\begin{cases}a_{11}x_1+a_{12}x_2+\cdots+a_{1,2n}x_{2n}=0,\\a_{21}x_1+a_{22}x_2+\cdots+a_{2,2n}x_{2n}=0,\\\quad\cdots\cdots\\a_{n1}x_1+a_{n2}x_2+\cdots+a_{n,2n}x_{2n}=0\end{cases}$$

的一个基础解系为$(b_{11},b_{12},\cdots,b_{1,2n})^T$，$(b_{21},b_{22},\cdots,b_{2,2n})^T$，……，$(b_{n1},b_{n2},\cdots,b_{n,2n})^T$. 试写出齐次线性方程组

$$(\text{Ⅱ})\begin{cases}b_{11}y_1+b_{12}y_2+\cdots+b_{1,2n}y_{2n}=0,\\b_{21}y_1+b_{22}y_2+\cdots+b_{2,2n}y_{2n}=0,\\\quad\cdots\cdots\\b_{n1}y_1+b_{n2}y_2+\cdots+b_{n,2n}y_{2n}=0\end{cases}$$

的通解,并说明理由.

解 （Ⅱ）的通解为

$$c_1(a_{11},a_{12},\cdots,a_{1,2n})^T+c_2(a_{21},a_{22},\cdots,a_{2,2n})^T+\cdots+c_n(a_{n1},a_{n2},\cdots,a_{n,2n})^T,$$

其中 $c_1,c_2,\cdots,c_n$ 为任意常数.

理由:方程组（Ⅰ）、（Ⅱ）的系数矩阵分别记为 $\boldsymbol{A},\boldsymbol{B}$,则由（Ⅰ）的已知基础解系可知 $\boldsymbol{AB}^T=\boldsymbol{0}$,于是 $\boldsymbol{BA}^T=(\boldsymbol{AB}^T)^T=\boldsymbol{0}$,因此可知 $\boldsymbol{A}$ 的 n 个行向量的转置向量为（Ⅱ）的 n 个解向量.

由于 $\boldsymbol{B}$ 的秩为 n,故（Ⅱ）的解空间维数为 $2n-n=n$. 又 $\boldsymbol{A}$ 的秩为 $2n$ 与（Ⅰ）的解空间维数之差,即为 n,故 $\boldsymbol{A}$ 的 n 个行向量线性无关,从而它们的转置向量构成（Ⅱ）的一个基础解系. 于是得到（Ⅱ）的上述通解.

点评:本题为 1998 年考研真题.

§2. 非齐次线性方程组

知识要点

1. 非齐次线性方程组解的性质和判定

设 $\boldsymbol{Ax}=\boldsymbol{b}$ 是含有 n 个未知数、m 个方程的非齐次线性方程组,

(1)设 $\boldsymbol{\eta}_1,\boldsymbol{\eta}_2$ 是 $\boldsymbol{Ax}=\boldsymbol{b}$ 的两个解,则 $\boldsymbol{\eta}_1-\boldsymbol{\eta}_2$ 是其导出组 $\boldsymbol{Ax}=\boldsymbol{0}$ 的解;

(2)设 $\boldsymbol{\eta}$ 是 $\boldsymbol{Ax}=\boldsymbol{b}$ 的解,$\boldsymbol{\xi}$ 是其导出组 $\boldsymbol{Ax}=\boldsymbol{0}$ 的解,则 $\boldsymbol{\eta}+\boldsymbol{\xi}$ 是 $\boldsymbol{Ax}=\boldsymbol{b}$ 的解;

(3)设 $\boldsymbol{A}=(\boldsymbol{\alpha}_1,\boldsymbol{\alpha}_2,\cdots,\boldsymbol{\alpha}_n)$，$\overline{\boldsymbol{A}}=(\boldsymbol{\alpha}_1,\boldsymbol{\alpha}_2,\cdots,\boldsymbol{\alpha}_n,\boldsymbol{b})$分别是 $\boldsymbol{Ax}=\boldsymbol{b}$ 的系数矩阵和增广矩阵,则 $\boldsymbol{Ax}=\boldsymbol{b}$ 有解的充要条件是:

①$r(\boldsymbol{A})=r(\overline{\boldsymbol{A}})$,即系数矩阵的秩与增广矩阵的秩相同;

②$\boldsymbol{b}$ 可由 $\boldsymbol{\alpha}_1,\boldsymbol{\alpha}_2,\cdots,\boldsymbol{\alpha}_n$ 线性表示;

③向量组 $\boldsymbol{\alpha}_1,\boldsymbol{\alpha}_2,\cdots,\boldsymbol{\alpha}_n$ 与 $\boldsymbol{\alpha}_1,\boldsymbol{\alpha}_2,\cdots,\boldsymbol{\alpha}_n,\boldsymbol{b}$ 等价;

④$r(\boldsymbol{\alpha}_1,\boldsymbol{\alpha}_2\cdots,\boldsymbol{\alpha}_n)=r(\boldsymbol{\alpha}_1,\boldsymbol{\alpha}_2,\cdots,\boldsymbol{\alpha}_n,\boldsymbol{b})$.

(4)$\boldsymbol{Ax}=\boldsymbol{b}$ 无解的充要条件是:

①$r(\boldsymbol{A})\neq r(\overline{\boldsymbol{A}})$，即 $r(\boldsymbol{A})+1=r(\overline{\boldsymbol{A}})$；

②$\boldsymbol{b}$ 不能由 $\boldsymbol{\alpha}_1,\boldsymbol{\alpha}_2,\cdots,\boldsymbol{\alpha}_n$ 线性表示.

(5)$\boldsymbol{Ax}=\boldsymbol{b}$ 由唯一解的充要条件是：

①$r(\boldsymbol{A})=r(\overline{\boldsymbol{A}})=n$；

②$\boldsymbol{b}$ 由 $\boldsymbol{\alpha}_1,\boldsymbol{\alpha}_2,\cdots,\boldsymbol{\alpha}_n$ 唯一线性表示；

③当 $m=n$ 时，$|\boldsymbol{A}|\neq 0$.

(6)$\boldsymbol{Ax}=\boldsymbol{b}$ 有无穷多解的充要条件是：

①$r(\boldsymbol{A})=r(\overline{\boldsymbol{A}})<n$；

②$\boldsymbol{b}$ 可由 $\boldsymbol{\alpha}_1,\boldsymbol{\alpha}_2,\cdots,\boldsymbol{\alpha}_n$ 线性表示，但表示法不唯一.

③当 $m=n$ 时，$|\boldsymbol{A}|=0$.

2. 非齐次线性方程组的通解

对非齐次线性方程组 $\boldsymbol{Ax}=\boldsymbol{b}$，若 $r(\boldsymbol{A})=r(\overline{\boldsymbol{A}})=r$，且 $\boldsymbol{\eta}$ 是 $\boldsymbol{Ax}=\boldsymbol{b}$ 的一个解，$\boldsymbol{\xi}_1,\boldsymbol{\xi}_2,\cdots,\boldsymbol{\xi}_{n-r}$ 是其导出组 $\boldsymbol{Ax}=\boldsymbol{0}$ 的一个基础解系，则 $\boldsymbol{Ax}=\boldsymbol{b}$ 的通解（全部解）为

$$\boldsymbol{\eta}+k_1\boldsymbol{\xi}_1+k_2\boldsymbol{\xi}_2+\cdots+k_{n-r}\boldsymbol{\xi}_{n-r}$$

其中 $k_1,k_2,\cdots,k_{n-r}$ 为任意常数.

基本题型

题型 1：非齐次线性方程组解的性质和判定

【2.1】 设 $\boldsymbol{A}$ 是 $m\times n$ 矩阵，非齐次线性方程组 $\boldsymbol{Ax}=\boldsymbol{b}$ 有解的充分条件是______.

(A)秩 $r(\boldsymbol{A})=m$　　　　(B)$\boldsymbol{A}$ 的行向量组线性相关

(C)秩 $r(\boldsymbol{A})=n$　　　　(D)$\boldsymbol{A}$ 的列向量组线性相关

解　非齐次线性方程组 $\boldsymbol{Ax}=\boldsymbol{b}$ 有解的充分必要条件是 $r(\boldsymbol{A})=r(\overline{\boldsymbol{A}})$. 由于 $\overline{\boldsymbol{A}}=(\boldsymbol{A},\boldsymbol{b})$ 是 $m\times(n+1)$ 矩阵，有

$$r(\boldsymbol{A})\leqslant r(\overline{\boldsymbol{A}})\leqslant m.$$

如果 $r(\boldsymbol{A})=m$，则必有 $r(\boldsymbol{A})=r(\overline{\boldsymbol{A}})=m$，所以方程组 $\boldsymbol{Ax}=\boldsymbol{b}$ 有解. 但当 $r(\boldsymbol{A})=r(\overline{\boldsymbol{A}})<m$ 时，方程组仍有解，故(A)是方程组有解的充分条件.

而(B)、(C)、(D)均不能保证 $r(\boldsymbol{A})=r(\overline{\boldsymbol{A}})$.

故应选(A).

【2.2】 非齐次线性方程组 $\boldsymbol{Ax}=\boldsymbol{b}$ 的系数矩阵是 4×5 矩阵，且 $\boldsymbol{A}$ 的行向量组线性无关，则错误命题是______.

(A)齐次线性方程组 $\boldsymbol{A}^T\boldsymbol{x}=\boldsymbol{0}$ 只有零解　　(B)齐次线性方程组 $\boldsymbol{A}^T\boldsymbol{Ax}=\boldsymbol{0}$ 必有非零解

(C)任意列向量 $\boldsymbol{b}$，方程组 $\boldsymbol{Ax}=\boldsymbol{b}$ 必有无穷多解

(D)任意列向量 $\boldsymbol{b}$，方程组 $\boldsymbol{A}^T\boldsymbol{x}=\boldsymbol{b}$ 必有唯一解

解　因为矩阵的秩 $r(\boldsymbol{A})=\boldsymbol{A}$ 的行秩 $=\boldsymbol{A}$ 的列秩，由于 $\boldsymbol{A}$ 的行向量组线性无关，得 $r(\boldsymbol{A})=4$.

因 $\boldsymbol{A}^T$ 是 5×4 矩阵，而 $r(\boldsymbol{A}^T)=r(\boldsymbol{A})=4$，所以齐次线性方程组只有零解. (A)正确.

因 $\boldsymbol{A}^T\boldsymbol{A}$ 是 5 阶矩阵，由于 $r(\boldsymbol{A}^T\boldsymbol{A})\leqslant r(\boldsymbol{A})=4<5$，所以齐次方程组 $\boldsymbol{A}^T\boldsymbol{Ax}=\boldsymbol{0}$ 必有非零解，(B)正确.

因 $\boldsymbol{A}$ 是 4×5 阶矩阵，$\boldsymbol{A}$ 的行向量组线性无关，那么添加分量后必线性无关，所以从行向量来看必有 $r(\boldsymbol{A})=r(\boldsymbol{A},\boldsymbol{b})=4<5$，即 $\boldsymbol{Ax}=\boldsymbol{b}$ 必有无穷多解，(C)正确.

由于 $\boldsymbol{A}^T$ 列向量只是 4 个线性无关的 5 维向量，它们不能表示任一个 5 维向量，故方程组 $\boldsymbol{A}^T\boldsymbol{x}=\boldsymbol{b}$ 有可能无解，即(D)不正确.

故应选(D).

【2.3】 设 $\boldsymbol{A}$ 是 $m\times n$ 矩阵，$\boldsymbol{Ax}=\boldsymbol{0}$是非齐次线性方程组 $\boldsymbol{Ax}=\boldsymbol{b}$ 所对应的齐次线性方程组，则下列结论正确的是______.

(A)若 $\boldsymbol{Ax}=\boldsymbol{0}$ 仅有零解，则 $\boldsymbol{Ax}=\boldsymbol{b}$ 有唯一解

(B)若 $\boldsymbol{Ax}=\boldsymbol{0}$ 有非零解，则 $\boldsymbol{Ax}=\boldsymbol{b}$ 有无穷多解

(C)若 $\boldsymbol{Ax}=\boldsymbol{b}$ 有无穷多解，则 $\boldsymbol{Ax}=\boldsymbol{0}$ 有非零解

(D)若 $\boldsymbol{Ax}=\boldsymbol{b}$ 有无穷多解，则 $\boldsymbol{Ax}=\boldsymbol{0}$ 只有零解

解 选项(A)和(B)并未指明 $r(\boldsymbol{A})$和 $r(\overline{\boldsymbol{A}})$是否相等，即不能确定 $\boldsymbol{Ax}=\boldsymbol{b}$ 是否有解，故不正确.

若 $\boldsymbol{Ax}=\boldsymbol{b}$ 有无穷多解，设 $\boldsymbol{\eta}_1,\boldsymbol{\eta}_2$ 是两个不同的解，则 $\boldsymbol{\eta}_1-\boldsymbol{\eta}_2$ 是 $\boldsymbol{Ax}=\boldsymbol{0}$ 的解，且 $\boldsymbol{\eta}_1-\boldsymbol{\eta}_2\neq\boldsymbol{0}$，所以 $\boldsymbol{Ax}=\boldsymbol{0}$有非零解，故(C)正确，(D)不正确.

故应选(C).

点评：$\boldsymbol{Ax}=\boldsymbol{b}$ 的解与 $\boldsymbol{Ax}=\boldsymbol{0}$ 的解之间的关系：

(1)若 $\boldsymbol{Ax}=\boldsymbol{b}$ 有唯一解，则 $\boldsymbol{Ax}=\boldsymbol{0}$只有零解；若 $\boldsymbol{Ax}=\boldsymbol{b}$ 有无穷多解，则 $\boldsymbol{Ax}=\boldsymbol{0}$有非零解.

(2)若 $\boldsymbol{Ax}=\boldsymbol{0}$有非零解，不能保证 $\boldsymbol{Ax}=\boldsymbol{b}$ 有无穷多解；若 $\boldsymbol{Ax}=\boldsymbol{0}$只有零解，同样不能保证 $\boldsymbol{Ax}=\boldsymbol{b}$ 有唯一解. 因为由 $r(\boldsymbol{A})<n$(或$=n$)，不一定能得出 $r(\boldsymbol{A})=(\overline{\boldsymbol{A}})$.

【2.4】 设线性方程组 $\boldsymbol{A}_{m\times n}\boldsymbol{x}=\boldsymbol{b}$，则正确的是______.

(A)若 $\boldsymbol{Ax}=\boldsymbol{0}$ 只有零解，则 $\boldsymbol{Ax}=\boldsymbol{b}$ 有唯一解

(B)若 $\boldsymbol{Ax}=\boldsymbol{0}$ 有非零解，则 $\boldsymbol{Ax}=\boldsymbol{b}$ 有无穷多解

(C)若 $\boldsymbol{Ax}=\boldsymbol{b}$ 有两个不同的解，则 $\boldsymbol{Ax}=\boldsymbol{0}$ 有无穷多解

(D)$\boldsymbol{Ax}=\boldsymbol{b}$ 有唯一解的充分必要条件是 $r(\boldsymbol{A})=n$

解 类似上题的讨论，可排除(A)、(B)、(D).

对于(C)，从 $\boldsymbol{Ax}=\boldsymbol{b}$ 有两个不同的解，可得 $\boldsymbol{Ax}=\boldsymbol{b}$ 有无穷多解，从而 $\boldsymbol{Ax}=\boldsymbol{0}$ 有非零解，所以 $\boldsymbol{Ax}=\boldsymbol{0}$有无穷多解.

故应选(C).

【2.5】 设 $\boldsymbol{A}$ 是 n 阶矩阵，$\boldsymbol{\alpha}$ 是 n 维列向量，若 $r\begin{bmatrix}\boldsymbol{A} & \boldsymbol{\alpha}\\ \boldsymbol{\alpha}^T & 0\end{bmatrix}=r(\boldsymbol{A})$，则线性方程组______.

(A)$\boldsymbol{Ax}=\boldsymbol{\alpha}$ 必有无穷多解

(B)$\boldsymbol{Ax}=\boldsymbol{\alpha}$ 必有唯一解

(C)$\begin{bmatrix}\boldsymbol{A} & \boldsymbol{\alpha}\\ \boldsymbol{\alpha}^T & 0\end{bmatrix}\begin{bmatrix}\boldsymbol{x}\\ y\end{bmatrix}=\boldsymbol{0}$ 仅有零解

(D)$\begin{bmatrix}\boldsymbol{A} & \boldsymbol{\alpha}\\ \boldsymbol{\alpha}^T & 0\end{bmatrix}\begin{bmatrix}\boldsymbol{x}\\ y\end{bmatrix}=\boldsymbol{0}$ 必有非零解

解 因为 $\boldsymbol{A}$ 为 n 阶矩阵，所以 $r(\boldsymbol{A})\leqslant n$. 故 $r\left(\begin{bmatrix}\boldsymbol{A} & \boldsymbol{\alpha}\\ \boldsymbol{\alpha}^T & 0\end{bmatrix}\right)=r(\boldsymbol{A})\leqslant n$，而$\begin{bmatrix}\boldsymbol{A} & \boldsymbol{\alpha}\\ \boldsymbol{\alpha}^T & 0\end{bmatrix}$为 $n+1$ 阶矩阵，方程组$\begin{bmatrix}\boldsymbol{A} & \boldsymbol{\alpha}\\ \boldsymbol{\alpha}^T & 0\end{bmatrix}\begin{bmatrix}\boldsymbol{x}\\ y\end{bmatrix}=\boldsymbol{0}$ 的未知量个数为 $n+1$.

当系数矩阵的秩 $n<$未知量个数$(n+1)$时，齐次线性方程组有非零解.

故应选(D).

点评:本题为2001年考研真题.

【2.6】 非齐次线性方程组 $\boldsymbol{Ax}=\boldsymbol{b}$ 中未知量个数为 n,方程个数为 m,系数矩阵 $\boldsymbol{A}$ 的秩 r,则______.

(A)$r=m$ 时,方程组 $\boldsymbol{Ax}=\boldsymbol{b}$ 有解

(B)$r=n$ 时,方程组 $\boldsymbol{Ax}=\boldsymbol{b}$ 有唯一解

(C)$m=n$ 时,方程组 $\boldsymbol{Ax}=\boldsymbol{b}$ 有唯一解

(D)$r<n$ 时,方程组 $\boldsymbol{Ax}=\boldsymbol{b}$ 有无穷多解

解 根据非齐次线性方程组 $\boldsymbol{Ax}=\boldsymbol{b}$ 有解的等价条件:若 $r(\boldsymbol{A})=r(\overline{\boldsymbol{A}})=n$,则 $\boldsymbol{Ax}=\boldsymbol{b}$ 有唯一解;若 $r(\boldsymbol{A})=r(\overline{\boldsymbol{A}})<n$,则 $\boldsymbol{Ax}=\boldsymbol{b}$ 无穷多解.

因 $\boldsymbol{A}$ 为 $m\times n$ 矩阵,若 $r(\boldsymbol{A})=m$,相当于 $\boldsymbol{A}$ 的 m 个行向量线性无关,因此添加一个分量后得 $\overline{\boldsymbol{A}}$ 的 m 个行向量仍线性无关,即有 $r(\boldsymbol{A})=r(\overline{\boldsymbol{A}})=n$,从而 $\boldsymbol{Ax}=\boldsymbol{b}$ 有解.

故应选(A).

点评:本题为1997年考研真题.用排除法也可很快得到本题答案.

选项(B)错误,当 $r=n$ 时,$r(\overline{\boldsymbol{A}})$ 可能大于 $r(\boldsymbol{A})$,此时无解;

选项(C)错误,$m=n$ 时,$\boldsymbol{Ax}=\boldsymbol{b}$ 可能无解、有解,有解时,可能有唯一解,也可能有无穷多解;

选项(D)错误,当 $r(\boldsymbol{A})<n$ 时,若 $m>n$,则 $r(\overline{\boldsymbol{A}})$ 有可能大于 $r(\boldsymbol{A})$,从而无解.

【2.7】 已知 $\boldsymbol{A}_{m\times n}\boldsymbol{x}=\boldsymbol{b}$ 有无穷多解,$r(\boldsymbol{A})=r<n$,则该方程组线性无关解向量的个数最多应有______.

(A)$n-r$ 个　　(B)r 个　　(C)$n-r+1$ 个　　(D)$r+1$ 个

解 由 $r(\boldsymbol{A})=r$ 知 $\boldsymbol{Ax}=\boldsymbol{0}$ 基础解系中应有 $n-r$ 个线性无关的解向量 $\boldsymbol{\alpha}_1,\boldsymbol{\alpha}_2,\cdots,\boldsymbol{\alpha}_{n-r}$.

设 $\boldsymbol{\beta}$ 为 $\boldsymbol{Ax}=\boldsymbol{b}$ 的解向量,则 $\boldsymbol{\beta},\boldsymbol{\alpha}_1,\boldsymbol{\alpha}_2,\cdots,\boldsymbol{\alpha}_{n-r}$ 线性无关.而 $\boldsymbol{Ax}=\boldsymbol{b}$ 的通解可表示为 $\boldsymbol{\beta}+k_1\boldsymbol{\alpha}_1,k_2\boldsymbol{\alpha}_2,\cdots,k_{n-r}\boldsymbol{\alpha}_{n-r}$,即 $\boldsymbol{Ax}=\boldsymbol{b}$ 的任一解均可由 $\boldsymbol{\beta},\boldsymbol{\alpha}_1,\boldsymbol{\alpha}_2,\cdots,\boldsymbol{\alpha}_{n-r}$ 线性表示,所以 $\boldsymbol{Ax}=\boldsymbol{b}$ 最多应有 $n-r+1$ 个线性无关的解向量.

故应选(C).

【2.8】 已知方程组 $\begin{bmatrix}1&2&1\\2&3&a+2\\1&a&-2\end{bmatrix}\begin{bmatrix}x_1\\x_2\\x_3\end{bmatrix}=\begin{bmatrix}1\\3\\0\end{bmatrix}$ 无解,则 $a=$______.

解 $$\overline{\boldsymbol{A}}=\left[\begin{array}{ccc:c}1&2&1&1\\2&3&a+2&3\\1&a&-2&0\end{array}\right]\to\left[\begin{array}{ccc:c}1&2&1&1\\0&-1&a&1\\0&a-2&-3&-1\end{array}\right]\to\left[\begin{array}{ccc:c}1&2&1&1\\0&1&-a&-1\\0&0&(a-3)(a+1)&a-3\end{array}\right].$$

所以 $a=-1$ 时,$r(\boldsymbol{A})=2\neq r(\overline{\boldsymbol{A}})=3$,此时方程组无解.

故应填 -1.

点评:本题为2000年考研真题.

【2.9】 设方程组 $\begin{bmatrix}a&1&1\\1&a&1\\1&1&a\end{bmatrix}\begin{bmatrix}x_1\\x_2\\x_3\end{bmatrix}=\begin{bmatrix}1\\1\\-2\end{bmatrix}$ 有无穷多个解,则 $a=$______.

解 由方程组有无穷多解知

$$r(\mathbf{A})=r(\overline{\mathbf{A}})<3,$$

从而$|\mathbf{A}|=(a+2)(a-1)^2=0$,解得$a=-2$或$a=1$.

但$a=1$时，
$$\overline{\mathbf{A}}=\left[\begin{array}{ccc:c}1&1&1&1\\1&1&1&1\\1&1&1&-2\end{array}\right]\to\left[\begin{array}{ccc:c}1&1&1&1\\0&0&0&1\\0&0&0&0\end{array}\right],$$

此时$r(\mathbf{A})=2\neq r(\overline{\mathbf{A}})$，方程组无解.

故应填-2.

点评:熟练掌握非齐次线性方程组解的判定的各种充要条件.本题为2001年考研真题.

题型2:求唯一解

【2.10】 设$\mathbf{A}=\begin{bmatrix}1&1&1&\cdots&1\\a_1&a_2&a_3&\cdots&a_n\\a_1^2&a_2^2&a_3^2&\cdots&a_n^2\\\cdots&\cdots&\cdots&\cdots&\cdots\\a_1^{n-1}&a_2^{n-1}&a_3^{n-1}&\cdots&a_n^{n-1}\end{bmatrix}$，$\boldsymbol{x}=\begin{bmatrix}x_1\\x_2\\x_3\\\vdots\\x_n\end{bmatrix}$，$\boldsymbol{b}=\begin{bmatrix}1\\1\\1\\\vdots\\1\end{bmatrix}$,其中$a_i\neq a_j$,$(i\neq j,i,j=1,2,\cdots,n)$,则线性方程组$\mathbf{A}^T\boldsymbol{x}=\boldsymbol{b}$的解是______.

解 因为

$$\mathbf{A}^T=\begin{bmatrix}1&a_1&a_1^2&\cdots&a_1^{n-1}\\1&a_2&a_2^2&\cdots&a_2^{n-1}\\1&a_3&a_3^2&\cdots&a_3^{n-1}\\\cdots&\cdots&\cdots&\cdots&\cdots\\1&a_n&a_n^2&\cdots&a_n^{n-1}\end{bmatrix},$$

当$a_i\neq a_j$,$(i\neq j,\ i,j=1,2,\cdots,n)$时,$|\mathbf{A}^T|\neq0$,故线性方程组$\mathbf{A}^T\boldsymbol{x}=\boldsymbol{b}$的解可由克莱姆法则求得,即

$$x_1=\frac{D_1}{|\mathbf{A}^T|}=\frac{|\mathbf{A}^T|}{|\mathbf{A}^T|}=1,\quad x_i=\frac{D_i}{|\mathbf{A}^T|}=\frac{0}{|\mathbf{A}^T|}=0,\quad(i=2,3,\cdots,n)$$

因此$\mathbf{A}^T\boldsymbol{x}=\boldsymbol{b}$的解为$(1,0,\cdots,0)^T$.

故应填$(1,0,\cdots,0)^T$.

点评:本题为1996年考研真题.矩阵$\mathbf{A}$具有范德蒙行列式的形式,因此首先联想到结论"n阶范德蒙行列式$|\mathbf{A}|\neq0$充要条件是$a_1,a_2,\cdots,a_n$互不相同".从而知$\mathbf{A}^T\boldsymbol{x}=\boldsymbol{b}$有唯一解,既然本题联系到范德蒙行列式,而求唯一解的方法中克莱姆法则与行列式有关,故使用克莱姆法则求解.

【2.11】 设$\mathbf{A}=(a_{ij})_{3\times3}$是实正交矩阵,且$a_{11}=1$,$\boldsymbol{b}=(1,0,0)^T$,则线性方程组$\mathbf{A}\boldsymbol{x}=\boldsymbol{b}$的解是______.

解 由$\mathbf{A}\mathbf{A}^T=\mathbf{E}$知$|\mathbf{A}|=\pm1\neq0$,从而$\mathbf{A}$可逆.

故方程组$\mathbf{A}\boldsymbol{x}=\boldsymbol{b}$的解为$\boldsymbol{x}=\mathbf{A}^{-1}\boldsymbol{b}=\mathbf{A}^T\boldsymbol{b}$.

设$\mathbf{A}=\begin{bmatrix}1&a_{12}&a_{13}\\a_{21}&a_{22}&a_{23}\\a_{31}&a_{32}&a_{33}\end{bmatrix}$,由$\mathbf{A}\mathbf{A}^T=\mathbf{E}$知$1^2+a_{12}^2+a_{13}^2=1$,从而$a_{12}=a_{13}=0$.

所以
$$x=A^Tb=\begin{bmatrix}1&a_{21}&a_{31}\\0&a_{22}&a_{32}\\0&a_{23}&a_{33}\end{bmatrix}\begin{bmatrix}1\\0\\0\end{bmatrix}=\begin{bmatrix}1\\0\\0\end{bmatrix}.$$

故应填$(1,0,0)^T$.

点评:本题为2004年考研真题.考查求非齐次线性方程组唯一解的方法——解矩阵方程求唯一解,求解过程中,根据$AA^T=E$,知$A^{-1}=A^T$.

题型3:求通解

【2.12】 已知$\boldsymbol{\beta}_1,\boldsymbol{\beta}_2$是非齐次线性方程组$Ax=b$的两个不同的解,$\boldsymbol{\alpha}_1,\boldsymbol{\alpha}_2$是对应齐次线性方程组$Ax=0$的基础解系,$k_1,k_2$为任意常数,则方程组$Ax=b$的通解是______.

(A)$k_1\boldsymbol{\alpha}_1+k_2(\boldsymbol{\alpha}_1+\boldsymbol{\alpha}_2)+\dfrac{\boldsymbol{\beta}_1-\boldsymbol{\beta}_2}{2}$　　(B)$k_1\boldsymbol{\alpha}_1+k_2(\boldsymbol{\alpha}_1-\boldsymbol{\alpha}_2)+\dfrac{\boldsymbol{\beta}_1+\boldsymbol{\beta}_2}{2}$

(C)$k_1\boldsymbol{\alpha}_1+k_2(\boldsymbol{\beta}_1+\boldsymbol{\beta}_2)+\dfrac{\boldsymbol{\beta}_1-\boldsymbol{\beta}_2}{2}$　　(D)$k_1\boldsymbol{\alpha}_1+k_2(\boldsymbol{\beta}_1-\boldsymbol{\beta}_2)+\dfrac{\boldsymbol{\beta}_1+\boldsymbol{\beta}_2}{2}$

解　由非齐次线性方程组解的结构知:若$\boldsymbol{\alpha}_1,\boldsymbol{\alpha}_2$是齐次线性方程组$Ax=0$的基础解系,$\boldsymbol{\beta}$是非齐次线性方程组$Ax=b$的一个特解,则$k_1\boldsymbol{\alpha}_1+k_2\boldsymbol{\alpha}_2+\boldsymbol{\beta}$为$Ax=b$的通解.

显然(B)满足上述条件,因$(k_1+k_2)\boldsymbol{\alpha}_1-k_2\boldsymbol{\alpha}_2$为$Ax=0$的通解($k_1,k_2$为任意常数),$\dfrac{\boldsymbol{\beta}_1+\boldsymbol{\beta}_2}{2}$为$Ax=b$的特解.

(A),(C),(D)均不满足上述条件.(A)中$\dfrac{\boldsymbol{\beta}_1-\boldsymbol{\beta}_2}{2}$不是$Ax=b$的特解;(C),(D)中不含有基础解向量$\boldsymbol{\alpha}_2$.

故应选(B).

点评:有关非齐次线性方程组解的结构的讨论:

(1)非齐次线性方程组通解结构包括其导出组的基础解系和自身的一个特解.这类题目的灵活性较强,一般情况下答案不唯一,其主要原因是当非齐次线性方程组有无穷多解时,其通解结构中的非齐次特解不唯一,对应的导出组基础解系不唯一.

(2)此类题目的解题过程应注重理论分析,尽量避免作大量的机械运算,要学会善于使用题目所给条件在少计算的前提下得结果.

【2.13】 设A为4×3矩阵,$\boldsymbol{\eta}_1,\boldsymbol{\eta}_2,\boldsymbol{\eta}_3$是非齐次线性方程组$Ax=\boldsymbol{\beta}$的3个线性无关的解,$k_1,k_2$为任意常数,则$Ax=\boldsymbol{\beta}$的通解为______.

(A)$\dfrac{\boldsymbol{\eta}_2+\boldsymbol{\eta}_3}{2}+k_1(\boldsymbol{\eta}_2-\boldsymbol{\eta}_1)$　　(B)$\dfrac{\boldsymbol{\eta}_2-\boldsymbol{\eta}_3}{2}+k_2(\boldsymbol{\eta}_2-\boldsymbol{\eta}_1)$

(C)$\dfrac{\boldsymbol{\eta}_2+\boldsymbol{\eta}_3}{2}+k_1(\boldsymbol{\eta}_3-\boldsymbol{\eta}_1)+k_2(\boldsymbol{\eta}_2-\boldsymbol{\eta}_1)$　　(D)$\dfrac{\boldsymbol{\eta}_2-\boldsymbol{\eta}_3}{2}+k_1(\boldsymbol{\eta}_2-\boldsymbol{\eta}_1)+k_2(\boldsymbol{\eta}_3-\boldsymbol{\eta}_1)$

解　利用解的结构求解.先求$Ax=0$的基础解系.

因$\boldsymbol{\eta}_1,\boldsymbol{\eta}_2,\boldsymbol{\eta}_3$线性无关,可以利用定义证明:$\boldsymbol{\eta}_3-\boldsymbol{\eta}_1,\boldsymbol{\eta}_2-\boldsymbol{\eta}_1$也线性无关,所以基础解系所含解向量个数至少为2个.

又$Ax=0$含3个未知量,故$3-r(A)\geqslant2$,即$r(A)\leqslant1$.

又$r(A)=r(A,\boldsymbol{\beta})\neq0$,所以$r(A)=1$,即$\boldsymbol{\eta}_3-\boldsymbol{\eta}_1,\boldsymbol{\eta}_2-\boldsymbol{\eta}_1$为$Ax=0$的基础解系.

再求 $\boldsymbol{Ax}=\boldsymbol{\beta}$ 的一个特解：

由于 $\boldsymbol{A\eta}_2=\boldsymbol{\beta},\boldsymbol{A\eta}_3=\boldsymbol{\beta}$，故 $\boldsymbol{A}\left(\frac{\boldsymbol{\eta}_2+\boldsymbol{\eta}_3}{2}\right)=\boldsymbol{\beta}$，即 $\frac{\boldsymbol{\eta}_2+\boldsymbol{\eta}_3}{2}$ 为所求.

所以(C)为正确答案

点评：本题为 2011 年考研真题.稍加留意不难发现本题与【2.12】是何其相似！

【2.14】 设 $\boldsymbol{\alpha}_1,\boldsymbol{\alpha}_2,\boldsymbol{\alpha}_3$ 是四元非齐次线性方程组 $\boldsymbol{Ax}=\boldsymbol{b}$ 的三个解向量，且 $\boldsymbol{A}$ 的秩 $r(\boldsymbol{A})=3$，$\boldsymbol{\alpha}_1=(1,2,3,4)^T$，$\boldsymbol{\alpha}_2+\boldsymbol{\alpha}_3=(0,1,2,3)^T$，$c$ 表示任意常数，则线性方程组 $\boldsymbol{Ax}=\boldsymbol{b}$ 的通解 $\boldsymbol{x}=$ ______.

(A) $\begin{bmatrix}1\\2\\3\\4\end{bmatrix}+c\begin{bmatrix}1\\1\\1\\1\end{bmatrix}$　(B) $\begin{bmatrix}1\\2\\3\\4\end{bmatrix}+c\begin{bmatrix}0\\1\\2\\3\end{bmatrix}$　(C) $\begin{bmatrix}1\\2\\3\\4\end{bmatrix}+c\begin{bmatrix}2\\3\\4\\5\end{bmatrix}$　(D) $\begin{bmatrix}1\\2\\3\\4\end{bmatrix}+c\begin{bmatrix}3\\4\\5\\6\end{bmatrix}$

解 根据线性方程组解的性质，可知

$$2\boldsymbol{\alpha}_1-(\boldsymbol{\alpha}_2+\boldsymbol{\alpha}_3)=(\boldsymbol{\alpha}_1-\boldsymbol{\alpha}_2)+(\boldsymbol{\alpha}_1-\boldsymbol{\alpha}_3)$$

是非齐次线性方程组 $\boldsymbol{Ax}=\boldsymbol{b}$ 导出组 $\boldsymbol{Ax}=\boldsymbol{0}$ 的一个解.因为 $r(\boldsymbol{A})=3$，所以 $\boldsymbol{Ax}=\boldsymbol{0}$ 的基础解系含 $4-3=1$ 个解向量，而 $2\boldsymbol{\alpha}_1-(\boldsymbol{\alpha}_2+\boldsymbol{\alpha}_3)=(2,3,4,5)^T\neq\boldsymbol{0}$，故是 $\boldsymbol{Ax}=\boldsymbol{0}$ 的一个基础解系.因此 $\boldsymbol{Ax}=\boldsymbol{b}$ 的通解为 $\boldsymbol{\alpha}_1+c(2\boldsymbol{\alpha}_1-\boldsymbol{\alpha}_2-\boldsymbol{\alpha}_3)=(1,2,3,4)^T+c(2,3,4,5)^T$，即(C)正确.

(A)中 $(1,1,1,1)^T=\boldsymbol{\alpha}_1-(\boldsymbol{\alpha}_2+\boldsymbol{\alpha}_3)$，(B)中 $(0,1,2,3)^T=\boldsymbol{\alpha}_2+\boldsymbol{\alpha}_3$，(D)中 $(3,4,5,6)^T=3\boldsymbol{\alpha}_1-2(\boldsymbol{\alpha}_2+\boldsymbol{\alpha}_3)$ 都不是 $\boldsymbol{Ax}=\boldsymbol{b}$ 的导出组的解.所以(A),(B),(D)均不正确.

故应选(C).

点评：本题为 2000 年考研真题.

【2.15】 设 $\boldsymbol{x}_1,\boldsymbol{x}_2,\boldsymbol{x}_3$ 是四元非齐次线性方程组 $\boldsymbol{Ax}=\boldsymbol{b}$ 的三个解向量，且 $r(\boldsymbol{A})=3$.

若 $\boldsymbol{x}_1=(1,1,1,1)^T$，$\boldsymbol{x}_2+\boldsymbol{x}_3=(2,3,4,5)^T$，则方程组通解为______.

解 与上题类似.

由于 $n-r(\boldsymbol{A})=4-3=1$，故方程组通解形式为 $\boldsymbol{\alpha}+k\boldsymbol{\eta}$.

因为 $\boldsymbol{x}_1$ 是方程组 $\boldsymbol{Ax}=\boldsymbol{b}$ 的解，故 $\boldsymbol{\alpha}$ 可取为 $\boldsymbol{x}_1$.

如果 $\boldsymbol{\alpha}_1,\boldsymbol{\alpha}_2$ 是 $\boldsymbol{Ax}=\boldsymbol{b}$ 的解，则由 $\boldsymbol{A\alpha}_1=\boldsymbol{b}$，$\boldsymbol{A\alpha}_2=\boldsymbol{b}$ 知 $\boldsymbol{A}(\boldsymbol{\alpha}_1-\boldsymbol{\alpha}_2)=\boldsymbol{0}$，即 $\boldsymbol{\alpha}_1-\boldsymbol{\alpha}_2$ 是 $\boldsymbol{Ax}=\boldsymbol{0}$ 的解，那么由

$$\boldsymbol{A}(\boldsymbol{x}_2+\boldsymbol{x}_3)=\boldsymbol{Ax}_2+\boldsymbol{Ax}_3=2\boldsymbol{b},\quad \boldsymbol{A}(2\boldsymbol{x}_1)=2\boldsymbol{b}$$

而知 $\boldsymbol{A}(\boldsymbol{x}_2+\boldsymbol{x}_3-2\boldsymbol{x}_1)=\boldsymbol{0}$，即 $(0,1,2,3)^T$ 是 $\boldsymbol{Ax}=\boldsymbol{0}$ 的解，所以，方程组的通解为：$(1,1,1,1)^T+k(0,1,2,3)^T$，k 为任意常数.

【2.16】 已知 $\boldsymbol{\xi}_1=(-9,1,2,11)^T$，$\boldsymbol{\xi}_2=(1,-5,13,0)^T$，$\boldsymbol{\xi}_3=(-7,-9,24,11)^T$ 是方程组

$$\begin{cases}a_1x_1+7x_2+a_3x_3+x_4=d_1,\\3x_1+b_2x_2+2x_3+2x_4=d_2,\\9x_1+4x_2+x_3+7x_4=2\end{cases}$$

的解，则方程组的通解是______.

解 只有知道秩 $r(\boldsymbol{A})$，算出 $n-r(\boldsymbol{A})$ 就知解的结构.因为矩阵

$$A=\begin{bmatrix} a_1 & 7 & a_3 & 1 \\ 3 & b_2 & 2 & 2 \\ 9 & 4 & 1 & 7 \end{bmatrix}$$

中有二阶子式不为零,故秩 $r(A)\geqslant 2$,又因

$$\xi_1-\xi_2=(-10,6-11,11)^T,\quad \xi_1-\xi_3=(-2,10,-22,0)^T$$

是齐次方程组 $Ax=0$ 的线性无关的解,而有

$$4-r(A)\geqslant 2,\qquad 即\ r(A)\leqslant 2.$$

从而得秩 $r(A)=2$. 所以方程组的通解为:$\begin{bmatrix} -9 \\ 1 \\ 2 \\ 11 \end{bmatrix}+k_1\begin{bmatrix} -10 \\ 6 \\ -11 \\ 11 \end{bmatrix}+k_2\begin{bmatrix} 1 \\ -5 \\ 11 \\ 0 \end{bmatrix}$, k_1,k_2 为任意常数.

点评:本题亦可利用解的概念先求出参数 a,b,c,d,然后再解方程组求解,但计算繁琐.

【2.17】 求下列线性方程组的通解

$$\begin{cases} x_1+5x_2-x_3-x_4=-1, \\ x_1-2x_2+x_3+3x_4=3, \\ 3x_1+8x_2-x_3+x_4=1, \\ x_1-9x_2+3x_3+7x_4=7. \end{cases}$$

解 对增广矩阵作初等行变换

$$\overline{A}=\left[\begin{array}{cccc:c} 1 & 5 & -1 & -1 & -1 \\ 1 & -2 & 1 & 3 & 3 \\ 3 & 8 & -1 & 1 & 1 \\ 1 & -9 & 3 & 7 & 7 \end{array}\right]\rightarrow\left[\begin{array}{cccc:c} 1 & 5 & -1 & -1 & -1 \\ 0 & -7 & 2 & 4 & 4 \\ 0 & 0 & 0 & 0 & 0 \\ 0 & 0 & 0 & 0 & 0 \end{array}\right],$$

原方程组的同解方程组为:

$$\begin{cases} x_1+5x_2-x_3-x_4=-1, \\ -7x_2+2x_3+4x_4=4. \end{cases}\qquad ①$$

原方程组导出组的同解方程组为:

$$\begin{cases} x_1+5x_2-x_3-x_4=0, \\ -7x_2+2x_3+4x_4=0. \end{cases}\qquad ②$$

取 x_3,x_4 为自由未知量,令 $\begin{bmatrix} x_3 \\ x_4 \end{bmatrix}$ 分别取 $\begin{bmatrix} 1 \\ 0 \end{bmatrix}$, $\begin{bmatrix} 0 \\ 1 \end{bmatrix}$,代入②,解得:

$$\xi_1=\left(-\frac{3}{7},\frac{2}{7},1,0\right)^T,\quad \xi_2=\left(-\frac{13}{7},\frac{4}{7},0,1\right)^T,$$

即为导出组的基础解系. 取 $\begin{bmatrix} x_3 \\ x_4 \end{bmatrix}=\begin{bmatrix} 0 \\ 0 \end{bmatrix}$,代入①,解得

$$\eta=\left(\frac{13}{7},-\frac{4}{7},0,0\right)^T,$$

即为原方程组的一个特解.

所以,通解为:$\eta+k_1\xi_1+k_2\xi_2$, k_1,k_2 为任意常数.

点评:求非齐次线性方程组 $\boldsymbol{Ax}=\boldsymbol{b}$ 通解的一般步骤:

(1)对增广矩阵 $\overline{\mathbf{A}}=(\boldsymbol{Ab})$ 进行初等行变换,求得原方程组的同解方程组①和导出组的同解方程组②;

(2)求方程组②的基础解系;

(3)令自由未知量全部取值为零,代入方程组①,求得①的一个特解;

(4)写出原方程组的通解.

要注意的是:求导出组的基础解系和求原方程组的一个特解时,自由未知量的取值代入的是不同的方程组.

【2.18】 对于线性方程组

$$\begin{cases}\lambda x_1+x_2+x_3=\lambda-3,\\ x_1+\lambda x_2+x_3=-2,\\ x_1+x_2+\lambda x_3=-2,\end{cases}$$

讨论 λ 取何值时,方程组无解,有唯一解和有无穷多解.在方程组有无穷多解时,试用其导出组的基础解系表示通解.

解 对方程组的增广矩阵施以初等行变换

$$\overline{\mathbf{A}}=\left[\begin{array}{ccc:c}\lambda & 1 & 1 & \lambda-3\\ 1 & \lambda & 1 & -2\\ 1 & 1 & \lambda & -2\end{array}\right]\rightarrow\left[\begin{array}{ccc:c}1 & 1 & \lambda & -2\\ 0 & \lambda-1 & 1-\lambda & 0\\ 0 & 1-\lambda & 1-\lambda^2 & 3(\lambda-1)\end{array}\right]$$

$$\rightarrow\left[\begin{array}{ccc:c}1 & 1 & \lambda & -2\\ 0 & \lambda-1 & 1-\lambda & 0\\ 0 & 0 & -(\lambda+2)(\lambda-1) & 3(\lambda-1)\end{array}\right].$$

(1)当 $\lambda\neq-2$ 且 $\lambda\neq1$ 时,$r(\mathbf{A})=r(\overline{\mathbf{A}})=3$,从而方程组有唯一解.

(2)当 $\lambda=-2$ 时,$r(\mathbf{A})=2$,$r(\overline{\mathbf{A}})=3$,由于 $r(\mathbf{A})\neq r(\overline{\mathbf{A}})$,方程组无解.

(3)当 $\lambda=1$ 时,有 $\mathbf{A}\rightarrow\left[\begin{array}{ccc:c}1 & 1 & 1 & -2\\ 0 & 0 & 0 & 0\\ 0 & 0 & 0 & 0\end{array}\right]$.

可见 $r(\mathbf{A})=r(\overline{\mathbf{A}})=1<3$,故方程组有无穷多组解.

又由此可得与原方程组同解的方程组为

$$x_1=-2-x_2-x_3.$$

令 $x_2=x_3=0$,得其特解 $\boldsymbol{\eta}=(-2,0,0)^T$.

与原方程组的导出组同解的方程组为

$$x_1=-x_2-x_3.$$

由此可得其基础解系为

$$\boldsymbol{\xi}_1=(-1,1,0)^T,\quad \boldsymbol{\xi}_2=(-1,0,1)^T.$$

于是,原方程组的通解为

$$\boldsymbol{\eta}+c_1\boldsymbol{\xi}_1+c_2\boldsymbol{\xi}_2=\begin{bmatrix}-2\\0\\0\end{bmatrix}+c_1\begin{bmatrix}-1\\1\\0\end{bmatrix}+c_2\begin{bmatrix}-1\\0\\1\end{bmatrix}$$

其中 c_1,c_2 是任意常数.

点评：对含参数的线性方程组的解进行讨论时，常出现的错误是矩阵的初等变换不熟练，从而导致错误. 另外，对含参数的方程组讨论其解时出现遗漏，从而答案不全面，这是解题时应多加注意的地方.

【2.19】 已知线性方程组

$$\begin{cases}x_1+x_2-2x_3+3x_4=0,\\2x_1+x_2-6x_3+4x_4=-1,\\3x_1+2x_2+px_3+7x_4=-1,\\x_1-x_2-6x_3-x_4=t,\end{cases}$$

讨论参数 p,t 取何值时，方程组有解、无解；当有解时，试用其导出组的基础解系表示通解.

解 对方程组的增广矩阵施以初等行变换

$$\overline{\mathbf{A}}=\left[\begin{array}{cccc:c}1&1&-2&3&0\\2&1&-6&4&-1\\3&2&p&7&-1\\1&-1&-6&-1&t\end{array}\right]\to\left[\begin{array}{cccc:c}1&0&-4&1&-1\\0&1&2&2&1\\0&0&p+8&0&0\\0&0&0&0&t+2\end{array}\right].$$

(1)当 $t\neq-2$ 时，$r(\mathbf{A})\neq r(\overline{\mathbf{A}})$，方程组无解；

(2)当 $t=-2$ 时，$r(\mathbf{A})=r(\overline{\mathbf{A}})$，方程组有解；

(a)若 $p=-8$ 得通解

$$\begin{bmatrix}-1\\1\\0\\0\end{bmatrix}+c_1\begin{bmatrix}4\\-2\\1\\0\end{bmatrix}+c_2\begin{bmatrix}-1\\-2\\0\\1\end{bmatrix}$$

其中 c_1,c_2 为任意常数；

(b)若 $p\neq-8$ 得通解

$$\begin{bmatrix}-1\\1\\0\\0\end{bmatrix}+c\begin{bmatrix}-1\\-2\\0\\1\end{bmatrix}$$

其中 c 为任意常数.

点评：本题为 1996 年考研真题.

【2.20】 λ 取何值时，方程组

$$\begin{cases}2x_1+\lambda x_2-x_3=1,\\\lambda x_1-x_2+x_3=2,\\4x_1+5x_2-5x_3=-1\end{cases}$$

无解，有唯一解或有无穷多解？并在有无穷多解时写出方程组的通解.

解法一 原方程组的系数行列式

$$\begin{vmatrix} 2 & \lambda & -1 \\ \lambda & -1 & 1 \\ 4 & 5 & -5 \end{vmatrix} = 5\lambda^2-\lambda-4=(\lambda-1)(5\lambda+4),$$

故当 $\lambda\neq 1$ 且 $\lambda\neq -\frac{4}{5}$ 时,方程组有唯一解.

当 $\lambda=1$ 时,原方程组为

$$\begin{cases} 2x_1+x_2-x_3=1, \\ x_1-x_2+x_3=2, \\ 4x_1+5x_2-5x_3=-1, \end{cases}$$

对其增广矩阵施行初等行变换

$$\left[\begin{array}{ccc:c} 2 & 1 & -1 & 1 \\ 1 & -1 & 1 & 2 \\ 4 & 5 & -5 & -1 \end{array}\right] \rightarrow \left[\begin{array}{ccc:c} 0 & 3 & -3 & -3 \\ 1 & -1 & 1 & 2 \\ 0 & 9 & -9 & -9 \end{array}\right] \rightarrow \left[\begin{array}{ccc:c} 1 & -1 & 1 & 2 \\ 0 & 1 & -1 & -1 \\ 0 & 0 & 0 & 0 \end{array}\right].$$

因此,当 $\lambda=1$ 时,原方程组有无穷多解,其通解为

$$\begin{cases} x_1=1, \\ x_2=-1+k, \\ x_3=k, \end{cases}$$

其中 k 为任意实数[或 $(x_1,x_2,x_3)^T=(1,-1,0)^T+k(0,1,1)^T$,其中 k 为任意实数.]

当 $\lambda=-\frac{4}{5}$ 时,原方程组的同解方程组为

$$\begin{cases} 10x_1-4x_2-5x_3=5, \\ 4x_1+5x_2-5x_3=-10, \\ 4x_1+5x_2-5x_3=-1, \end{cases}$$

对其增广矩阵施行初等行变换

$$\left[\begin{array}{ccc:c} 10 & -4 & -5 & 5 \\ 4 & 5 & -5 & -10 \\ 4 & 5 & -5 & -1 \end{array}\right] \rightarrow \left[\begin{array}{ccc:c} 10 & -4 & -5 & 5 \\ 4 & 5 & -5 & -10 \\ 0 & 0 & 0 & 9 \end{array}\right],$$

由此可知当 $\lambda=-\frac{4}{5}$ 时,原方程组无解.

解法二 对原方程组的增广矩阵施行初等行变换

$$\left[\begin{array}{ccc:c} 2 & \lambda & -1 & 1 \\ \lambda & -1 & 1 & 2 \\ 4 & 5 & -5 & -1 \end{array}\right] \rightarrow \left[\begin{array}{ccc:c} 2 & \lambda & -1 & 1 \\ \lambda+5 & \lambda-1 & 0 & 3 \\ -6 & -5\lambda+5 & 0 & -6 \end{array}\right] \rightarrow \left[\begin{array}{ccc:c} 2 & \lambda & -1 & 1 \\ \lambda+2 & \lambda-1 & 0 & 3 \\ 5\lambda+4 & 0 & 0 & 9 \end{array}\right],$$

于是,当 $\lambda=-\frac{4}{5}$ 时,原方程组无解;

当 $\lambda\neq 1$ 且 $\lambda\neq -\frac{4}{5}$ 时,原方程组有唯一解;

当 $\lambda=1$ 时,原方程组有无穷多解,其通解为

$$\begin{cases} x_1=1, \\ x_2=-1+k, \\ x_3=k, \end{cases}$$

其中 k 为任意实数[或 $(x_1,x_2,x_3)^T=(1,-1,0)^T+k(0,1,1)^T$，其中 k 为任意实数.]

点评：本题为 1997 年考研真题.

【2.21】 设线性方程组

$$\begin{cases} x_1+\lambda x_2+\mu x_3+x_4=0, \\ 2x_1+x_2+x_3+2x_4=0, \\ 3x_1+(2+\lambda)x_2+(4+\mu)x_3+4x_4=1, \end{cases}$$

已知 $(1,-1,1,-1)^T$ 是该方程组的一个解，试求

(1)方程组的全部解，并用对应的齐次线性方程组的基础解系表示全部解；

(2)该方程组满足 $x_2=x_3$ 的全部解.

解 将 $(1,-1,1,-1)^T$ 代入方程组，得 $\lambda=\mu$. 对方程组的增广矩阵施以初等行变换，得

$$\overline{\mathbf{A}}=\left[\begin{array}{cccc:c} 1 & \lambda & \lambda & 1 & 0 \\ 2 & 1 & 1 & 2 & 0 \\ 3 & 2+\lambda & 4+\lambda & 4 & 1 \end{array}\right]\rightarrow\left[\begin{array}{cccc:c} 1 & 0 & -2\lambda & 1-\lambda & -\lambda \\ 0 & 1 & 3 & 1 & 1 \\ 0 & 0 & 2(2\lambda-1) & 2\lambda-1 & 2\lambda-1 \end{array}\right].$$

(1)当 $\lambda\neq\frac{1}{2}$ 时，有

$$\overline{\mathbf{A}}\rightarrow\left[\begin{array}{cccc:c} 1 & 0 & 0 & 1 & 0 \\ 0 & 1 & 0 & -\frac{1}{2} & -\frac{1}{2} \\ 0 & 0 & 1 & \frac{1}{2} & \frac{1}{2} \end{array}\right].$$

因 $r(\overline{\mathbf{A}})=r(\mathbf{A})=3<4$，故方程组有无穷多解，全部解为

$$\left(0,-\frac{1}{2},\frac{1}{2},0\right)^T+k(-2,1,-1,2)^T,$$

其中 k 为任意常数.

当 $\lambda=\frac{1}{2}$ 时，有

$$\overline{\mathbf{A}}\rightarrow\left[\begin{array}{cccc:c} 1 & 0 & -1 & \frac{1}{2} & -\frac{1}{2} \\ 0 & 1 & 3 & 1 & 1 \\ 0 & 0 & 0 & 0 & 0 \end{array}\right].$$

因 $r(\overline{\mathbf{A}})=r(\mathbf{A})=2<4$，故方程组有无穷多解，全部解为

$$\left(-\frac{1}{2},1,0,0\right)^T+k_1(1,-3,1,0)^T+k_2(-1,-2,0,2)^T,$$

其中 k_1,k_2 为任意常数.

(2)当 $\lambda\neq\frac{1}{2}$ 时，由于 $x_2=x_3$，即

$$-\frac{1}{2}+k=\frac{1}{2}-k,$$

解得 $k=\frac{1}{2}$，方程组的解为

$$\left(0,-\frac{1}{2},\frac{1}{2},0\right)^T+\frac{1}{2}(-2,1,-1,2)^T=(-1,0,0,1)^T.$$

当 $\lambda=\frac{1}{2}$ 时，由于 $x_2=x_3$，即

$$1-3k_1-2k_2=k_1,$$

解得 $k_1=\frac{1}{4}-\frac{1}{2}k_2$，故全部解为

$$\left(-\frac{1}{4},\frac{1}{4},\frac{1}{4},0\right)^T+k_2\left(-\frac{3}{2},-\frac{1}{2},-\frac{1}{2},2\right)^T,\ k_2 \text{ 为任意常数.}$$

点评：本题为 2004 年考研真题.

【2.22】 已知非齐次线性方程组

$$\begin{cases}x_1+x_2+x_3+x_4=-1,\\4x_1+3x_2+5x_3-x_4=-1,\\ax_1+x_2+3x_3+bx_4=1\end{cases}$$

有 3 个线性无关的解.

(1)证明方程组系数矩阵 $\boldsymbol{A}$ 的秩 $r(\boldsymbol{A})=2$；

(2)求 a,b 的值及方程组的通解.

解 (1)设 $\boldsymbol{\xi}_1,\boldsymbol{\xi}_2,\boldsymbol{\xi}_3$ 是该线性方程组的 3 个线性无关的解，则 $\boldsymbol{\xi}_1-\boldsymbol{\xi}_2,\boldsymbol{\xi}_1-\boldsymbol{\xi}_3$ 是对应的齐次线性方程组 $\boldsymbol{Ax}=\boldsymbol{0}$ 的两个线性无关的解，因而 $4-r(\boldsymbol{A})\geqslant 2$，即 $r(\boldsymbol{A})\leqslant 2$.

又 $\boldsymbol{A}$ 有一个二阶子式 $\begin{vmatrix}1&1\\4&3\end{vmatrix}\neq 0$，于是 $r(\boldsymbol{A})\geqslant 2$. 因此 $r(\boldsymbol{A})=2$.

(2)对增广矩阵施以初等行变换，有

$$\overline{\boldsymbol{A}}=\left[\begin{array}{cccc:c}1&1&1&1&-1\\4&3&5&-1&-1\\a&1&3&b&1\end{array}\right]\to\left[\begin{array}{cccc:c}1&1&1&1&-1\\0&-1&1&-5&3\\0&1-a&3-a&b-a&1+a\end{array}\right]$$

$$\to\left[\begin{array}{cccc:c}1&0&2&-4&2\\0&1&-1&5&-3\\0&0&4-2a&4a+b-5&4-2a\end{array}\right]=\boldsymbol{B},$$

因 $r(\boldsymbol{A})=2$，故 $4-2a=0$，$4+b-5=0$，即 $a=2$，$b=-3$.

此时，
$$\boldsymbol{B}=\left[\begin{array}{cccc:c}1&0&2&-4&2\\0&1&-1&5&-3\\0&0&0&0&0\end{array}\right],$$

可得方程组通解为

$$\begin{bmatrix}2\\-3\\0\\0\end{bmatrix}+k_1\begin{bmatrix}-2\\1\\1\\0\end{bmatrix}+k_2\begin{bmatrix}4\\-5\\0\\1\end{bmatrix},$$

其中 k_1,k_2 为任意常数.

点评:本题为 2006 年考研真题.第(1)问难度较大,从思路上看,要分成两步:$r(\boldsymbol{A})\leqslant 2$ 和 $r(\boldsymbol{A})\geqslant 2$.从知识点上看,要证明 $r(\boldsymbol{A})\leqslant 2$,需要用到齐次线性方程组 $\boldsymbol{Ax}=\boldsymbol{0}$ 的基础解系与系数矩阵 $\boldsymbol{A}$ 的秩之间的关系;证明 $r(\boldsymbol{A})\geqslant 2$,要用到秩的定义.

【2.23】 设 $\boldsymbol{\alpha}=\begin{bmatrix}1\\2\\1\end{bmatrix}$,$\boldsymbol{\beta}=\begin{bmatrix}1\\\frac{1}{2}\\0\end{bmatrix}$,$\boldsymbol{\gamma}=\begin{bmatrix}0\\0\\8\end{bmatrix}$,$\boldsymbol{A}=\boldsymbol{\alpha\beta}^T$,$\boldsymbol{B}=\boldsymbol{\beta}^T\boldsymbol{\alpha}$,其中 $\boldsymbol{\beta}^T$ 是 $\boldsymbol{\beta}$ 的转置,求解方程 $2\boldsymbol{B}^2\boldsymbol{A}^2\boldsymbol{x}=\boldsymbol{A}^4\boldsymbol{x}+\boldsymbol{B}^4\boldsymbol{x}+\boldsymbol{\gamma}$.

解 由题设得

$$\boldsymbol{A}=\begin{bmatrix}1\\2\\1\end{bmatrix}(1,\frac{1}{2},0)=\begin{bmatrix}1&\frac{1}{2}&0\\2&1&0\\1&\frac{1}{2}&0\end{bmatrix},\quad \boldsymbol{B}=(1,\frac{1}{2},0)\begin{bmatrix}1\\2\\1\end{bmatrix}=2.$$

又 $\boldsymbol{A}^2=\boldsymbol{\alpha\beta}^T\boldsymbol{\alpha}\,\boldsymbol{\beta}^T=\boldsymbol{\alpha}(\boldsymbol{\beta}^T\boldsymbol{\alpha})\boldsymbol{\beta}^T=2\boldsymbol{A}$,$\boldsymbol{A}^4=8\boldsymbol{A}$,代入原方程,得

$$16\boldsymbol{Ax}=8\boldsymbol{Ax}+16\boldsymbol{x}+\boldsymbol{\gamma},\text{即 } 8(\boldsymbol{A}-2\boldsymbol{E})\boldsymbol{x}=\boldsymbol{\gamma},(\text{其中 }\boldsymbol{E}\text{ 是 3 阶单位矩阵})$$

令 $\boldsymbol{x}=(x_1,x_2,x_3)^T$,代入上式,得到非齐次线性方程组

$$\begin{cases}-x_1+\frac{1}{2}x_2=0\\2x_1-x_2=0\\x_1+\frac{1}{2}x_2-2x_3=1\end{cases}$$

解其对应的齐次方程组,得通解

$$\boldsymbol{\xi}=k\begin{bmatrix}1\\2\\1\end{bmatrix},\quad\text{其中 }k\text{ 为任意常数}.$$

显然,非齐次线性方程组的一个特解为 $\boldsymbol{\eta}^*=\begin{bmatrix}0\\0\\-\frac{1}{2}\end{bmatrix}$,于是所求方程的解为 $\boldsymbol{x}=\boldsymbol{\xi}+\boldsymbol{\eta}^*$,即

$$\boldsymbol{x}=k\begin{bmatrix}1\\2\\1\end{bmatrix}+\begin{bmatrix}0\\0\\-\frac{1}{2}\end{bmatrix},\quad\text{其中 }k\text{ 为任意常数}.$$

点评:本题为 2000 年考研真题.第一感觉:晕!需要求解的方程巨繁!到底是个什么东东?!别急!静下心来,简单整理!一个清晰的线性方程组呈现眼前!

【2.24】 设 $\boldsymbol{A}=\begin{bmatrix}1&a&0&0\\0&1&a&0\\0&0&1&a\\a&0&0&1\end{bmatrix}$,$b=\begin{bmatrix}1\\-1\\0\\0\end{bmatrix}$.

(1)求$|\boldsymbol{A}|$； (2)已知线性方程组$\boldsymbol{Ax}=\boldsymbol{b}$有无穷多解，求$a$，并求$\boldsymbol{Ax}=\boldsymbol{b}$的通解.

解 (1) $\begin{vmatrix}1&a&0&0\\0&1&a&0\\0&0&1&a\\a&0&0&1\end{vmatrix}=1\times\begin{vmatrix}1&a&0\\0&1&a\\0&0&1\end{vmatrix}+a\times(-1)^{4+1}\begin{vmatrix}a&0&0\\1&a&0\\0&1&a\end{vmatrix}=1-a^4.$

(2)因$\boldsymbol{Ax}=\boldsymbol{b}$有无穷多解，故$|\boldsymbol{A}|=0$，即$a=1$或$a=-1$.

当$a=1$时，有$(\boldsymbol{A},\boldsymbol{b})=\begin{bmatrix}1&1&0&0&1\\0&1&1&0&-1\\0&0&1&1&0\\1&0&0&1&0\end{bmatrix}\xrightarrow{行}\begin{bmatrix}1&1&0&0&1\\0&1&1&0&-1\\0&0&1&1&0\\0&0&0&0&-2\end{bmatrix}$，

所以此时$\boldsymbol{Ax}=\boldsymbol{b}$无解，不合题意，故$a=1$舍去.

当$a=-1$时，有

$$(\boldsymbol{A},\boldsymbol{b})=\begin{bmatrix}1&-1&0&0&1\\0&1&-1&0&-1\\0&0&1&-1&0\\-1&0&0&1&0\end{bmatrix}$$

$$\xrightarrow{行}\begin{bmatrix}1&-1&0&0&1\\0&1&-1&0&-1\\0&0&1&-1&0\\0&0&0&0&0\end{bmatrix}\xrightarrow{行}\begin{bmatrix}1&0&0&-1&0\\0&1&0&-1&-1\\0&0&1&-1&0\\0&0&0&0&0\end{bmatrix}.$$

进而解得通解为：$\begin{bmatrix}1\\0\\1\\1\end{bmatrix}+k\begin{bmatrix}1\\1\\1\\1\end{bmatrix}$，$k$为任意常数.

点评：本题为2012年考研真题. 第(2)问先利用克莱姆法则，确定a的取值，再对增广矩阵进行初等行变换求解方程组.

【2.25】 设$\boldsymbol{A}=\begin{bmatrix}\lambda&1&1\\0&\lambda-1&0\\1&1&\lambda\end{bmatrix}$，$\boldsymbol{b}=\begin{bmatrix}a\\1\\1\end{bmatrix}$，已知线性方程组$\boldsymbol{Ax}=\boldsymbol{b}$存在两个不同解，

(1)求λ,a； (2)求$\boldsymbol{Ax}=\boldsymbol{b}$的通解.

解 (1)因为线性方程组$\boldsymbol{Ax}=\boldsymbol{b}$存在两个不同解，所以$r(\boldsymbol{A})<3$，即$|\boldsymbol{A}|=0$，解得$\lambda=-1$或$\lambda=1$.

当$\lambda=-1$时，$\overline{\boldsymbol{A}}=\begin{bmatrix}-1&1&1&a\\0&-2&0&1\\1&1&-1&1\end{bmatrix}\rightarrow\begin{bmatrix}1&1&-1&1\\0&2&0&-1\\0&2&0&a+1\end{bmatrix}\rightarrow\begin{bmatrix}1&1&-1&1\\0&2&0&-1\\0&0&0&a+2\end{bmatrix}$，

因为$r(\boldsymbol{A})=r(\overline{\boldsymbol{A}})<3$，所以$a=-2$.

当$\lambda=1$时，$\overline{\boldsymbol{A}}=\begin{bmatrix}1&1&1&a\\0&0&0&1\\1&1&1&1\end{bmatrix}\rightarrow\begin{bmatrix}1&1&1&1\\0&0&0&1\\0&0&0&a-1\end{bmatrix}\rightarrow\begin{bmatrix}1&1&1&1\\0&0&0&1\\0&0&0&0\end{bmatrix}$，

显然 $r(\boldsymbol{A})\neq r(\overline{\boldsymbol{A}})$，所以 $\lambda\neq1$，故 $\lambda=-1,a=-2$.

(2)由 $\overline{\boldsymbol{A}}=\begin{bmatrix}1&1&-1&1\\0&2&0&-1\\0&0&0&0\end{bmatrix}\rightarrow\begin{bmatrix}1&0&-1&\frac{3}{2}\\0&1&0&-\frac{1}{2}\\0&0&0&0\end{bmatrix}$，

得方程组 $\boldsymbol{Ax}=\boldsymbol{b}$ 的通解为 $\boldsymbol{x}=k\begin{bmatrix}1\\1\\0\end{bmatrix}+\begin{bmatrix}\frac{3}{2}\\-\frac{1}{2}\\0\end{bmatrix}$，（其中 k 为任意常数.）

点评：本题中线性方程组 $\boldsymbol{Ax}=\boldsymbol{b}$ 的系数矩阵 $\boldsymbol{A}$ 为方阵，故先利用克莱姆法则确定 λ 的取值. 本题为 2010 年考研真题.

§3. 线性方程组同解、公共解问题

知识要点

1. 线性方程组的同解性 线性方程组有下列三种变换，称为线性方程组的初等变换.

(1)换法变换 交换某两个方程的位置；

(2)倍法变换 某个方程的两端同乘以一个非零常数；

(3)消法变换 把一个方程的若干倍加到另一个方程上去.

在线性方程组的三种初等变换之下，线性方程组的同解性不变.

2. 常见的同解方程组形式

(1)设 $\boldsymbol{A}$ 为 $m\times n$ 矩阵，$\boldsymbol{P}$ 为 m 阶可逆阵，则 $\boldsymbol{Ax}=\boldsymbol{0}$ 与 $\boldsymbol{PAx}=\boldsymbol{0}$ 为同解方程组，$\boldsymbol{Ax}=\boldsymbol{b}$ 与 $\boldsymbol{PAx}=\boldsymbol{Pb}$ 为同解方程组.

(2)设 $\boldsymbol{A}$ 为 n 阶实矩阵，$\boldsymbol{A}^T$ 为矩阵 $\boldsymbol{A}$ 的转置，则 $\boldsymbol{Ax}=\boldsymbol{0}$ 与 $\boldsymbol{A}^T\boldsymbol{Ax}=\boldsymbol{0}$为同解方程组.

(3)设 $\boldsymbol{A}$ 为 n 阶实对称矩阵，则 $\boldsymbol{Ax}=\boldsymbol{0}$ 与 $\boldsymbol{A}^2\boldsymbol{x}=\boldsymbol{0}$为同解方程组.

3. 有关两个方程组的公共解

(1)由通解表达式相等求公共解 此类题目一般所给条件为：方程组(Ⅰ)的基础解系及方程组(Ⅱ)的一般表示式. 这时一般只须把方程组(Ⅰ)的通解代入方程组(Ⅱ)即可求得两个方程组的公共解.

(2)由两个方程组合并为一个新的方程组求公共解 此类题目一般所给条件为方程组(Ⅰ)、(Ⅱ)的一般表示式. 这时只须把两个方程组合并为方程组(Ⅲ)，则方程组(Ⅲ)的通解即为方程组(Ⅰ)、(Ⅱ)的公共解.

基本题型

题型 1:同解问题

【3.1】 如果五元线性方程组 $\boldsymbol{Ax}=\boldsymbol{0}$ 的同解方程组是 $\begin{cases} x_1=-3x_2, \\ x_2=0, \end{cases}$ 则有 $r(\boldsymbol{A})=$______,自由未知量的个数为______个,$\boldsymbol{Ax}=\boldsymbol{0}$ 的基础解系有______个解向量.

解 方程组 $\begin{cases} x_1=-3x_2, \\ x_2=0 \end{cases}$ 的系数矩阵为:$\boldsymbol{B}=\begin{bmatrix} 1 & 3 \\ 0 & 1 \end{bmatrix}$.

因为 $\boldsymbol{Ax}=\boldsymbol{0}$ 与 $\begin{cases} x_1=-3x_2 \\ x_2=0 \end{cases}$ 同解,所以系数矩阵有相同的秩,即

$$r(\boldsymbol{A})=r(\boldsymbol{B})=2.$$

从而自由未知量个数 $=5-2=3$ 个,又基础解系所含向量个数等于自由未知量的个数,所以为 3 个.

故分别填 2,3,3.

【3.2】 设 $\boldsymbol{A}$ 为 $m\times n$ 矩阵,则与 $\boldsymbol{Ax}=\boldsymbol{b}$ 同解的方程组是______.

(A) $m=n$ 时,$\boldsymbol{A}^T\boldsymbol{x}=\boldsymbol{b}$

(B) $\boldsymbol{QAx}=\boldsymbol{Qb}$ 其中 $\boldsymbol{Q}$ 为可逆矩阵

(C) $r(\boldsymbol{A})=r(\overline{\boldsymbol{A}})$,由 $\boldsymbol{Ax}=\boldsymbol{b}$ 前 r 个方程组成的方程组

(D) $r(\boldsymbol{A})=r(\boldsymbol{C})$,$\boldsymbol{C}_{m\times n}\boldsymbol{x}=\boldsymbol{b}$

解 选项(B)中,$\boldsymbol{Q}$ 为可逆阵.$\boldsymbol{QAx}=\boldsymbol{Qb}$ 就意味着对方程组 $\boldsymbol{Ax}=\boldsymbol{b}$ 施行了有限次的初等变换,同解性不变.

故应选(B).

【3.3】 设 $\boldsymbol{A}$ 为 n 阶实矩阵,$\boldsymbol{A}^T$ 是 $\boldsymbol{A}$ 的转置矩阵,则对于线性方程组(Ⅰ):$\boldsymbol{Ax}=\boldsymbol{0}$ 和(Ⅱ):$\boldsymbol{A}^T\boldsymbol{Ax}=\boldsymbol{0}$,必有______.

(A)(Ⅱ)的解是(Ⅰ)的解,(Ⅰ)的解也是(Ⅱ)的解

(B)(Ⅱ)的解是(Ⅰ)的解,但(Ⅰ)的解不是(Ⅱ)的解

(C)(Ⅰ)的解不是(Ⅱ)的解,(Ⅱ)的解也不是(Ⅰ)的解

(D)(Ⅰ)的解是(Ⅱ)的解,但(Ⅱ)的解不是(Ⅰ)的解

解 事实上,(Ⅰ)与(Ⅱ)为同解方程组.

一方面,若 $\boldsymbol{\alpha}$ 为(Ⅰ)的解 $\boldsymbol{A\alpha}=\boldsymbol{0}$,即,则 $\boldsymbol{A}^T\boldsymbol{A\alpha}=\boldsymbol{A}^T\boldsymbol{0}=\boldsymbol{0}$,$\boldsymbol{\alpha}$ 必为(Ⅱ)的解;

另一方面,若 $\boldsymbol{\beta}$ 为(Ⅱ)的解,即 $\boldsymbol{A}^T\boldsymbol{A\beta}=\boldsymbol{0}$,两边同乘 $\boldsymbol{\beta}^T$,有 $\boldsymbol{\beta}^T\boldsymbol{A}^T\boldsymbol{A\beta}=\boldsymbol{0}$,即 $(\boldsymbol{A\beta})^T\boldsymbol{A\beta}=\boldsymbol{0}$,则有 $\boldsymbol{A\beta}=\boldsymbol{0}$,所以 $\boldsymbol{\beta}$ 必为(Ⅰ)的解.

故应选(A).

点评:本题为 2000 年考研真题.考查了“$\boldsymbol{Ax}=\boldsymbol{0}$ 和 $\boldsymbol{A}^T\boldsymbol{Ax}=\boldsymbol{0}$ 同解”这一知识点.在 2012 年的考研数学中再次出现,请同学们关注.

【3.4】 设有齐次线性方程组 $\boldsymbol{Ax}=\boldsymbol{0}$ 和 $\boldsymbol{Bx}=\boldsymbol{0}$，其中 $\boldsymbol{A},\boldsymbol{B}$ 均为 $m\times n$ 矩阵，现有 4 个命题：

①若 $\boldsymbol{Ax}=\boldsymbol{0}$ 的解均是 $\boldsymbol{Bx}=\boldsymbol{0}$ 的解，则秩($\boldsymbol{A}$)$\geqslant$秩($\boldsymbol{B}$)

②若秩($\boldsymbol{A}$)$\geqslant$秩($\boldsymbol{B}$)，则 $\boldsymbol{Ax}=\boldsymbol{0}$ 的解均是 $\boldsymbol{Bx}=\boldsymbol{0}$ 的解

③若 $\boldsymbol{Ax}=\boldsymbol{0}$ 与 $\boldsymbol{Bx}=\boldsymbol{0}$ 同解，则秩($\boldsymbol{A}$)=秩($\boldsymbol{B}$)

④若秩($\boldsymbol{A}$)=秩($\boldsymbol{B}$)，则 $\boldsymbol{Ax}=\boldsymbol{0}$ 与 $\boldsymbol{Bx}=\boldsymbol{0}$ 同解

以上命题中正确的是______.

(A)①②　　(B)①③　　(C)②④　　(D)③④

解 若 $\boldsymbol{Ax}=\boldsymbol{0}$ 与 $\boldsymbol{Bx}=\boldsymbol{0}$ 同解，则 $n-$秩($\boldsymbol{A}$)$=n-$秩($\boldsymbol{B}$)，即秩($\boldsymbol{A}$)=秩($\boldsymbol{B}$)，命题③成立，可排除(A)，(C)；

但反过来，若秩($\boldsymbol{A}$)=秩($\boldsymbol{B}$)，却不能推出 $\boldsymbol{Ax}=\boldsymbol{0}$ 与 $\boldsymbol{Bx}=\boldsymbol{0}$ 同解，如 $\boldsymbol{A}=\begin{bmatrix}1&0\\0&0\end{bmatrix}$，$\boldsymbol{B}=\begin{bmatrix}0&0\\0&1\end{bmatrix}$，则秩($\boldsymbol{A}$)=秩($\boldsymbol{B}$)=1，但 $\boldsymbol{Ax}=\boldsymbol{0}$ 与 $\boldsymbol{Bx}=\boldsymbol{0}$ 不同解，可见命题④不成立，排除(D).

故应选(B).

点评：$\boldsymbol{Ax}=\boldsymbol{0}$ 与 $\boldsymbol{Bx}=\boldsymbol{0}$ 同解的充要条件是矩阵 $\boldsymbol{A}$、$\boldsymbol{B}$ 的行向量组等价. 本题为 2003 年考研真题.

【3.5】 已知齐次线性方程组

$$(\text{Ⅰ})\begin{cases}x_1+2x_2+3x_3=0,\\2x_1+3x_2+5x_3=0,\\x_1+x_2+ax_3=0\end{cases}\quad\text{和}\quad(\text{Ⅱ})\begin{cases}x_1+bx_2+cx_3=0,\\2x_1+b^2x_2+(c+1)x_3=0\end{cases}$$

同解，求 a,b,c 的值.

解 方程组(Ⅱ)的未知量个数大于方程的个数，故方程组(Ⅱ)有无穷多个解. 因为方程组(Ⅰ)与(Ⅱ)同解，所以方程组(Ⅰ)的系数矩阵的秩小于 3.

对方程组(Ⅰ)的系数矩阵施以初等行变换

$$\begin{bmatrix}1&2&3\\2&3&5\\1&1&a\end{bmatrix}\to\begin{bmatrix}1&0&1\\0&1&1\\0&0&a-2\end{bmatrix},$$

从而 $a=2$.

此时，方程组(Ⅰ)的系数矩阵可化为

$$\begin{bmatrix}1&2&3\\2&3&5\\1&1&2\end{bmatrix}\to\begin{bmatrix}1&0&1\\0&1&1\\0&0&0\end{bmatrix},$$

故 $(-1,-1,1)^T$ 是方程组(Ⅰ)的一个基础解系.

将 $x_1=-1,x_2=-1,x_3=1$ 代入方程组(Ⅱ)可得 $b=1,c=2$ 或 $b=0,c=1$.

当 $b=1,c=2$ 时，对方程组(Ⅱ)的系数矩阵施以初等行变换，有

$$\begin{bmatrix}1&1&2\\2&1&3\end{bmatrix}\to\begin{bmatrix}1&0&1\\0&1&1\end{bmatrix},$$

故方程组(Ⅰ)与(Ⅱ)同解.

当 $b=0,c=1$ 时，方程组(Ⅱ)的系数矩阵可化为

$$\begin{bmatrix}1&0&1\\2&0&2\end{bmatrix}\to\begin{bmatrix}1&0&1\\0&0&0\end{bmatrix}$$

故方程组(Ⅰ)与(Ⅱ)的解不相同.

综上所述,当 $a=2$, $b=1$,$c=2$ 时,方程组(Ⅰ)与(Ⅱ)同解.

点评:本题为 2005 年考研真题.需要注意的是:将(Ⅰ)的解代入(Ⅱ)后得到 b 和 c 的两组取值,此时,要验证,以确保(Ⅰ)和(Ⅱ)是同解.

【3.6】 设方程组

$$(\text{Ⅰ})\begin{cases}x_1+2x_2-x_3+x_4=l,\\3x_1+mx_2+3x_3+2x_4=-11,\\2x_1++2x_2+nx_3+x_4=-4\end{cases}\quad\text{与方程组}\quad(\text{Ⅱ})\begin{cases}x_1+3x_3=-2,\\x_2-2x_3=5,\\x_4=-10\end{cases}$$

是同解方程组,试确定方程组(Ⅰ)中的参数 l,m,n 的值.

解 易找到方程组(Ⅱ)的一个特解 $\boldsymbol{\eta}=\begin{bmatrix}-5\\7\\1\\-10\end{bmatrix}$,

由于(Ⅰ)与(Ⅱ)同解,所以 $\boldsymbol{\eta}$ 也满足方程组(Ⅰ),将其代入得:

$$\begin{cases}-5+14-1-10=t,\\-15+7m+3-20=-11,\\-10+14+n-10=-4,\end{cases}\quad\text{解得}\begin{cases}l=-2,\\m=3,\\n=2.\end{cases}$$

经验证,当 $l=-2,m=3,n=2$ 时,(Ⅰ)与(Ⅱ)有相同的解:

$$\begin{bmatrix}-5\\7\\1\\-10\end{bmatrix}+k\begin{bmatrix}-3\\2\\1\\0\end{bmatrix},\ k\text{ 为任意常数.}$$

【3.7】 设 $\boldsymbol{Ax}=\boldsymbol{0}$与 $\boldsymbol{Bx}=\boldsymbol{0}$均为 n 元齐次线性方程组,$r(\boldsymbol{A})=r(\boldsymbol{B})$且 $\boldsymbol{Ax}=\boldsymbol{0}$的解均为方程组 $\boldsymbol{Bx}=\boldsymbol{0}$的解,证明:方程组 $\boldsymbol{Ax}=\boldsymbol{0}$与方程组 $\boldsymbol{Bx}=\boldsymbol{0}$同解.

证 因为 $r(\boldsymbol{A})=r(\boldsymbol{B})$,不妨设它们的秩都为 r,记 $\boldsymbol{Ax}=\boldsymbol{0}$ 与 $\boldsymbol{Bx}=\boldsymbol{0}$的基础解系分别为:

$$(\text{Ⅰ})\boldsymbol{\xi}_1,\boldsymbol{\xi}_2,\cdots,\boldsymbol{\xi}_{n-r};$$

$$(\text{Ⅱ})\boldsymbol{\eta}_1,\boldsymbol{\eta}_2,\cdots,\boldsymbol{\eta}_{n-r}.$$

又考察

$$(\text{Ⅲ})\boldsymbol{\xi}_1,\boldsymbol{\xi}_2,\cdots,\boldsymbol{\xi}_{n-r},\ \boldsymbol{\eta}_1,\boldsymbol{\eta}_2,\cdots,\boldsymbol{\eta}_{n-r}.$$

由已知(Ⅰ)可由(Ⅱ)线性表示,所以 $\boldsymbol{\eta}_1,\boldsymbol{\eta}_2,\cdots,\boldsymbol{\eta}_{n-r}$,是(Ⅲ)的一个极大线性无关组,但 $\boldsymbol{\xi}_1$,$\boldsymbol{\xi}_2$,…,$\boldsymbol{\xi}_{n-r}$也线性无关,所以 $\boldsymbol{\xi}_1,\boldsymbol{\xi}_2,\cdots,\boldsymbol{\xi}_{n-r}$也是(Ⅲ)的一个极大线性无关组,故 $\boldsymbol{\eta}_1,\boldsymbol{\eta}_2,\cdots,\boldsymbol{\eta}_{n-r}$ 可由 $\boldsymbol{\xi}_1,\boldsymbol{\xi}_2,\cdots,\boldsymbol{\xi}_{n-r}$线性表示,即(Ⅱ)可由(Ⅰ)线性表示,说明 $\boldsymbol{Bx}=\boldsymbol{0}$ 任一解也是 $\boldsymbol{Ax}=\boldsymbol{0}$的解,故方程组 $\boldsymbol{Ax}=\boldsymbol{0}$与 $\boldsymbol{Bx}=\boldsymbol{0}$是同解方程组.

【3.8】 设 $\boldsymbol{A}$ 为 n 阶方阵,则 $r(\boldsymbol{A}^n)=r(\boldsymbol{A}^{n+1})$.

证 只需证 $\boldsymbol{A}^n\boldsymbol{x}=\boldsymbol{0}$和 $\boldsymbol{A}^{n+1}\boldsymbol{x}=\boldsymbol{0}$同解即可.

设 $\boldsymbol{\alpha}$ 是 $\boldsymbol{A}^n\boldsymbol{x}=\boldsymbol{0}$的解,则 $\boldsymbol{A}^n\boldsymbol{\alpha}=\boldsymbol{0}$,显然 $\boldsymbol{A}^{n+1}\boldsymbol{\alpha}=\boldsymbol{0}$,即 $\boldsymbol{\alpha}$ 也是 $\boldsymbol{A}^{n+1}\boldsymbol{\alpha}=\boldsymbol{0}$的解.

反之，设 $\boldsymbol{\beta}$ 是 $\boldsymbol{A}^{n+1}\boldsymbol{x}=\boldsymbol{0}$ 的解，则 $\boldsymbol{A}^{n+1}\boldsymbol{\beta}=\boldsymbol{0}$. 假设 $\boldsymbol{A}^n\boldsymbol{\beta}\neq\boldsymbol{0}$，下面我们 $\boldsymbol{\beta},\boldsymbol{A\beta},\cdots,\boldsymbol{A}^n\boldsymbol{\beta}$ 线性无关.

设有常数 $k_0,k_1,\cdots,k_n$ 使得

$$k_0\boldsymbol{\beta}+k_1\boldsymbol{A\beta}+\cdots+k_n\boldsymbol{A}^n\boldsymbol{\beta}=\boldsymbol{0}.$$

等式两边左乘 $\boldsymbol{A}^n$，则有

$$k_0\boldsymbol{A}^n\boldsymbol{\beta}+k_1\boldsymbol{A}^{n+1}\boldsymbol{\beta}+\cdots+k_n\boldsymbol{A}^{2n}\boldsymbol{\beta}=\boldsymbol{0},\quad 即\quad k_0\boldsymbol{A}^n\boldsymbol{\beta}=\boldsymbol{0}.$$

又 $\boldsymbol{A}^n\boldsymbol{\beta}\neq\boldsymbol{0}$，所以 $k_0=0$，同理可得 $k_1=\cdots=k_n=0$，所以 $\boldsymbol{\beta},\boldsymbol{A\beta},\cdots,\boldsymbol{A}^n\boldsymbol{\beta}$ 线性无关. 但 $\boldsymbol{\beta},\boldsymbol{A\beta},\cdots,\boldsymbol{A}^n\boldsymbol{\beta}$ 是 $n+1$ 个 n 维向量，一定线性相关，矛盾. 所以 $\boldsymbol{A}^n\boldsymbol{\beta}=\boldsymbol{0}$，即 $\boldsymbol{\beta}$ 也是 $\boldsymbol{A}^n\boldsymbol{x}=\boldsymbol{0}$ 的解.

综上，$\boldsymbol{A}^n\boldsymbol{x}=\boldsymbol{0}$ 与 $\boldsymbol{A}^{n+1}\boldsymbol{x}=\boldsymbol{0}$ 同解，所以 $r(\boldsymbol{A}^n)=r(\boldsymbol{A}^{n+1})$.

题型 2：公共解问题

【3.9】 设 $\boldsymbol{A}$ 为 n 阶方阵，齐次线性方程组 $\boldsymbol{Ax}=\boldsymbol{0}$ 有两个线性无关的解，$\boldsymbol{A}^*$ 是 $\boldsymbol{A}$ 的伴随矩阵，则有______.

(A) $\boldsymbol{A}^*\boldsymbol{x}=\boldsymbol{0}$ 的解均为 $\boldsymbol{Ax}=\boldsymbol{0}$ 的解

(B) $\boldsymbol{Ax}=\boldsymbol{0}$ 的解均为 $\boldsymbol{A}^*\boldsymbol{x}=\boldsymbol{0}$ 的解

(C) $\boldsymbol{Ax}=\boldsymbol{0}$ 与 $\boldsymbol{A}^*\boldsymbol{x}=\boldsymbol{0}$ 无非零公共解

(D) $\boldsymbol{Ax}=\boldsymbol{0}$ 与 $\boldsymbol{A}^*\boldsymbol{x}=\boldsymbol{0}$ 恰好有一个非零公共解

解 由题意 $n-r(\boldsymbol{A})\geqslant 2$，从而 $r(\boldsymbol{A})\leqslant n-2$，由 $r(\boldsymbol{A})$ 与 $r(\boldsymbol{A}^*)$ 之间关系知 $r(\boldsymbol{A}^*)=0$，即 $\boldsymbol{A}^*=\boldsymbol{0}$. 所以任选一个 n 维向量均为 $\boldsymbol{A}^*\boldsymbol{x}=\boldsymbol{0}$ 的解.

故应选(B)

【3.10】 设有方程组

$$(\mathrm{I})\begin{cases}x_1+x_4=0,\\ x_2+x_3=0,\end{cases}\qquad (\mathrm{II})\begin{cases}x_1+2x_3=0,\\ 2x_2+x_4=0.\end{cases}$$

(1)求方程组(Ⅰ)与(Ⅱ)的基础解系与通解；

(2)求方程组(Ⅰ)与(Ⅱ)的公共解.

解 (1)将方程组(Ⅰ)改写为

$$\begin{cases}x_1=-2x_4,\\ x_2=-2x_3.\end{cases}$$

令 $\begin{bmatrix}x_3\\x_4\end{bmatrix}$ 取 $\begin{bmatrix}1\\0\end{bmatrix},\begin{bmatrix}0\\1\end{bmatrix}$，得(Ⅰ)的基础解系

$$\boldsymbol{\alpha}_1=(0,-1,1,0)^T,\qquad \boldsymbol{\alpha}_2=(-1,0,0,1)^T,$$

故(Ⅰ)的通解为

$$k_1(0,-1,1,0)^T+k_2(-1,0,0,1)^T,\ k_1,k_2 为任意常数.$$

又将方程组(Ⅱ)改写为

$$\begin{cases}x_1=-2x_3,\\ x_4=-2x_2.\end{cases}$$

令 $\begin{bmatrix}x_2\\x_3\end{bmatrix}$ 取 $\begin{bmatrix}1\\0\end{bmatrix},\begin{bmatrix}0\\1\end{bmatrix}$，得(Ⅱ)的基础解系

$$\boldsymbol{\beta}_1=(0,1,0,-2)^T,\qquad \boldsymbol{\beta}_2=(-2,0,1,0)^T,$$

故(Ⅱ)的通解为

$$k_1(0,1,0,-2)^T+k_2(-2,0,1,0)^T,\ k_1,k_2\text{ 为任意常数}.$$

(2)要使方程组(Ⅰ)与方程组(Ⅱ)有公共解,那么联立方程组$\begin{cases}(\text{Ⅰ})\\(\text{Ⅱ})\end{cases}$有解,则其解为(Ⅰ)与(Ⅱ)的公共解.

把方程组(Ⅰ)与方程组(Ⅱ)联立起来,求其通解

$$\begin{cases}x_1+x_4=0,\\x_2+x_3=0,\\x_1+2x_3=0,\\2x_2+x_4=0,\end{cases}$$

对其系数矩阵 $\boldsymbol{A}$ 施行初等行变换

$$\boldsymbol{A}=\begin{bmatrix}1&0&0&1\\0&1&1&0\\1&0&2&0\\0&2&0&1\end{bmatrix}\to\begin{bmatrix}1&0&0&1\\0&1&1&0\\0&0&2&-1\\0&0&-2&1\end{bmatrix}$$

$$\to\begin{bmatrix}1&0&0&1\\0&1&1&0\\0&0&1&-\frac{1}{2}\\0&0&0&0\end{bmatrix}\to\begin{bmatrix}1&0&0&1\\0&1&0&\frac{1}{2}\\0&0&1&-\frac{1}{2}\\0&0&0&0\end{bmatrix}$$

得

$$\begin{cases}x_1=-x_4,\\x_2=-\frac{1}{2}x_4,\\x_3=\frac{1}{2}x_4.\end{cases}$$

取 $x_4=2$,得基础解系 $\boldsymbol{\xi}=(-2,-1,1,2)^T$,通解为 $k(-2,-1,1,2)^T$,其中 k 为任意常数.故公共解为

$$k(-2,-1,1,2)^T.$$

【3.11】 设四元方程组(Ⅰ)为$\begin{cases}x_1+x_2=0,\\x_2-x_4=0,\end{cases}$又已知齐次线性方程组(Ⅱ)的通解为 $k_1(0,1,1,0)^T+k_2(-1,2,2,1)^T$, k_1,k_2 为任意常数.

(1)求方程组(Ⅰ)的基础解系;

(2)问线性方程组(Ⅰ)和(Ⅱ)是否有非零公共解?若有,则求出所有的非零公共解,若没有,说明理由.

(1)**解** 对方程组(Ⅰ)的系数矩阵进行初等行变换

$$\boldsymbol{A}=\begin{bmatrix}1&1&0&0\\0&1&0&-1\end{bmatrix}\to\begin{bmatrix}1&0&0&1\\0&1&0&-1\end{bmatrix},$$

故(Ⅰ)的基础解系为 $\boldsymbol{\eta}_1=(0,0,1,0)^T$, $\boldsymbol{\eta}_2=(-1,1,0,1)^T$.

(2)**解法一**　将(Ⅱ)的通解代入方程组(Ⅰ),得

$$\begin{cases}-k_2+k_1+2k_2=0,\\k_1+2k_2-k_2=0,\end{cases}$$

解得 $k_1=-k_2$,则向量 $-k_2(0,1,1,0)^T+k_2(-1,2,2,1)^T$,即 $k_2(-1,1,1,1)^T$,(其中 k_2 是任意常数)是方程组(Ⅰ)与(Ⅱ)的公共解.

故方程组(Ⅰ)与(Ⅱ)有非零公共解,所有非零公共解为 $k(-1,1,1,1)^T$,其中 k 为任意非零常数.

解法二　由(Ⅰ),(Ⅱ)的通解相等得

$$y_1\begin{bmatrix}0\\1\\1\\0\end{bmatrix}+y_2\begin{bmatrix}-1\\2\\2\\1\end{bmatrix}=y_3\begin{bmatrix}0\\0\\1\\0\end{bmatrix}+y_4\begin{bmatrix}-1\\1\\0\\1\end{bmatrix},$$

即

$$\begin{bmatrix}0&-1&0&1\\1&2&0&-1\\1&2&-1&0\\0&1&0&-1\end{bmatrix}\begin{bmatrix}y_1\\y_2\\y_3\\y_4\end{bmatrix}=0.$$

求通解为 $k(-1,1,1,1)^T$,(k 为任意常数),即方程组(Ⅰ),(Ⅱ)的公共解为 $k(-1,1,1,1)^T$(k 为任意常数).

因此方程组(Ⅰ)与(Ⅱ)有非零公共解,所有非零公共解为 $k(-1,1,1,1)^T$,其中 k 为任意非零常数.

【3.12】　设线性方程组

$$\begin{cases}x_1+x_2+x_3=0,\\x_1+2x_2+ax_3=0,\\x_1+4x_2+a^2x_3=0\end{cases}\qquad ①$$

与方程

$$x_1+2x_2+x_3=a-1\qquad ②$$

有公共解,求 a 的值及所有公共解.

解法一　因为方程组①与②的公共解,即为联立方程组

$$\begin{cases}x_1+x_2+x_3=0,\\x_1+2x_2+ax_3=0,\\x_1+4x_2+a^2x_3=0,\\x_1+2x_2+x_3=a-1\end{cases}\qquad ③$$

的解.

对方程组③的增广矩阵 $\overline{\boldsymbol{A}}$ 施以初等行变换,有

$$\overline{\boldsymbol{A}}=\left[\begin{array}{ccc:c}1&1&1&0\\1&2&a&0\\1&4&a^2&0\\1&2&1&a-1\end{array}\right]\to\left[\begin{array}{ccc:c}1&0&1&1-a\\0&1&0&a-1\\0&0&a-1&1-a\\0&0&0&(a-1)(a-2)\end{array}\right]=\boldsymbol{B}.$$

由于方程组③有解，故③的系数矩阵的秩等于增广矩阵 $\overline{\mathbf{A}}$ 的秩，于是 $(a-1)(a-2)=0$，即 $a=1$ 或 $a=2$.

当 $a=1$ 时，

$$\boldsymbol{B}=\left[\begin{array}{ccc:c}1&0&1&0\\0&1&0&0\\0&0&0&0\\0&0&0&0\end{array}\right],$$

因此①与②的公共解为

$$k\begin{bmatrix}-1\\0\\1\end{bmatrix},$$

其中 k 为任意常数.

当 $a=2$ 时，

$$\boldsymbol{B}=\left[\begin{array}{ccc:c}1&0&1&-1\\0&1&0&1\\0&0&1&-1\\0&0&0&0\end{array}\right]\rightarrow\left[\begin{array}{ccc:c}1&0&0&0\\0&1&0&1\\0&0&1&-1\\0&0&0&0\end{array}\right],$$

因此①与②的公共解为

$$\begin{bmatrix}0\\1\\-1\end{bmatrix}.$$

解法二 方程组①的系数行列式

$$\begin{vmatrix}1&1&1\\1&2&a\\1&4&a^2\end{vmatrix}=(a-1)(a-2).$$

当 $a\neq1$, $a\neq2$ 时，方程组①只有零解，但此时 $(0,0,0)^T$ 不是方程②的解.

当 $a=1$ 时，对方程组①的系数矩阵施以初等行变换，

$$\begin{bmatrix}1&1&1\\1&2&1\\1&4&1\end{bmatrix}\rightarrow\begin{bmatrix}1&0&1\\0&1&0\\0&0&0\end{bmatrix},$$

因此①的通解为

$$k\begin{bmatrix}-1\\0\\1\end{bmatrix},$$

其中 k 为任意常数. 此解也满足方程②，所以方程①与②的所有公共解为

$$k\begin{bmatrix}-1\\0\\1\end{bmatrix},$$

其中 k 为任意常数.

当 $a=2$ 时,对线性方程组①的系数矩阵施以初等行变换,

$$\begin{bmatrix}1&1&1\\1&2&2\\1&4&4\end{bmatrix}\to\begin{bmatrix}1&0&0\\0&1&1\\0&0&0\end{bmatrix},$$

因此①的通解为

$$k\begin{bmatrix}0\\-1\\1\end{bmatrix},$$

其中 k 为任意常数.将此解代入方程②,得 $k=-1$,所以方程①与②的所有公共解为

$$\begin{bmatrix}0\\1\\-1\end{bmatrix}.$$

点评:本题为 2007 年考研真题.

【3.13】 设 $\boldsymbol{A},\boldsymbol{B}$ 均为 n 阶方阵,且 $r(\boldsymbol{A})+r(\boldsymbol{B})<n$,证明:方程组 $\boldsymbol{Ax}=\boldsymbol{0}$ 与 $\boldsymbol{Bx}=\boldsymbol{0}$ 有非零公共解.

证 构造齐次线性方程组

$$\begin{cases}\boldsymbol{Ax}=\boldsymbol{0},\\ \boldsymbol{Bx}=\boldsymbol{0}.\end{cases} \qquad ①$$

设 $\boldsymbol{\alpha}_{i_1},\boldsymbol{\alpha}_{i_2},\cdots,\boldsymbol{\alpha}_{i_r}$ 与 $\boldsymbol{\beta}_{j_1},\boldsymbol{\beta}_{j_2},\cdots,\boldsymbol{\beta}_{j_t}$ 分别是 $\boldsymbol{A}$ 与 $\boldsymbol{B}$ 的行向量组的极大线性无关组,则矩阵 $\begin{bmatrix}\boldsymbol{A}\\\boldsymbol{B}\end{bmatrix}$ 的行向量组可由 $\boldsymbol{\alpha}_{i_1},\cdots,\boldsymbol{\alpha}_{i_r},\boldsymbol{\beta}_{j_1},\cdots,\boldsymbol{\beta}_{j_t}$ 线性表示.从而

$$r\begin{bmatrix}\boldsymbol{A}\\\boldsymbol{B}\end{bmatrix}\leqslant r(\boldsymbol{\alpha}_{i_1},\cdots,\boldsymbol{\alpha}_{i_r},\boldsymbol{\beta}_{j_1},\cdots,\boldsymbol{\beta}_{j_t})\leqslant r+t=r(\boldsymbol{A})+r(\boldsymbol{B})<n,$$

所以①有非零解,即 $\boldsymbol{Ax}=\boldsymbol{0}$ 与 $\boldsymbol{Bx}=\boldsymbol{0}$ 有非零公共解.

§4. 综合提高题型

题型 1:线性方程组解的性质、结构和判定

【4.1】 设 $\boldsymbol{\eta}_1,\boldsymbol{\eta}_2,\cdots,\boldsymbol{\eta}_s$ 是非齐次线性方程组 $\boldsymbol{Ax}=\boldsymbol{b}$ 的一组解向量,如果 $c_1\boldsymbol{\eta}_1+c_2\boldsymbol{\eta}_2+\cdots+c_s\boldsymbol{\eta}_s$ 也是该方程组的一个解,则 $c_1+c_2+\cdots+c_s=$______.

解 由题意知 $\boldsymbol{A\eta}_1=\boldsymbol{b},\boldsymbol{A\eta}_2=\boldsymbol{b},\cdots,\boldsymbol{A\eta}_s=\boldsymbol{b}$.

若 $c_1\boldsymbol{\eta}_1+c_2\boldsymbol{\eta}_2+\cdots+c_s\boldsymbol{\eta}_s$ 为 $\boldsymbol{Ax}=\boldsymbol{b}$ 的解,则应有

$$\boldsymbol{A}(c_1\boldsymbol{\eta}_1+c_2\boldsymbol{\eta}_2+\cdots+c_s\boldsymbol{\eta}_s)=\boldsymbol{b},\quad 即\quad (c_1+c_2+\cdots+c_s)\boldsymbol{b}=\boldsymbol{b},$$

从而

$$c_1+c_2+\cdots+c_s=1.$$

故应填 1.

【4.2】 证明:方程组

$$\begin{cases}x_1-x_2=a_1,\\x_2-x_3=a_2,\\x_3-x_4=a_3,\\x_4-x_5=a_4,\\x_5-x_1=a_5\end{cases} \qquad ①$$

有解的充分必要条件是 $\sum\limits_{i=1}^{5}a_i=0$. 在有解的情况下,求出它的通解.

证 方程组①的增广矩阵是

$$\overline{\mathbf{A}}=\left[\begin{array}{ccccc:c}1&-1&0&0&0&a_1\\0&1&-1&0&0&a_2\\0&0&1&-1&0&a_3\\0&0&0&1&-1&a_4\\-1&0&0&0&1&a_5\end{array}\right].$$

将第一、二、三、四行都加到末行,得

$$\left[\begin{array}{ccccc:c}1&-1&0&0&0&a_1\\0&1&-1&0&0&a_2\\0&0&1&-1&0&a_3\\0&0&0&1&-1&a_4\\0&0&0&0&0&\sum\limits_{i=1}^{5}a_i\end{array}\right].$$

由此可见,方程组①的系数矩阵的秩是 4. 而方程组①有解的充要条件是 $\overline{\mathbf{A}}$ 的秩也是 4,即 $\sum\limits_{i=1}^{5}a_i=0$.

于是当①有解时,只需解①中的前四个方程,而且有一个自由未知量:

$$\begin{cases}x_1-x_2=a_1,\\x_2-x_3=a_2,\\x_3-x_4=a_3,\\x_4-x_5=a_4.\end{cases}$$

由此即得通解为:

$$\begin{cases}x_1=a_1+a_2+a_3+a_4+x_5,\\x_2=a_2+a_3+a_4+x_5,\\x_3=a_3+a_4+x_5,\\x_4=a_4+x_5,\end{cases}$$

其中 x_5 为任意常数.

【4.3】 设 $\mathbf{A}$ 是 $m\times n$ 矩阵,$\boldsymbol{b}$ 是 m 维向量,求证:线性方程组 $\mathbf{A}^T\mathbf{A}\boldsymbol{x}=\mathbf{A}^T\boldsymbol{b}$ 必有解.

证 先证 $r(\boldsymbol{A}^T\boldsymbol{A})=r(\boldsymbol{A})$.

由3.3知，$\boldsymbol{A}^T\boldsymbol{A}\boldsymbol{x}=\boldsymbol{0}$和$\boldsymbol{A}\boldsymbol{x}=\boldsymbol{0}$同解，故 $r(\boldsymbol{A}^T\boldsymbol{A})=r(\boldsymbol{A})=r(\boldsymbol{A}^T)$.

再证 $r(\boldsymbol{A}^T\boldsymbol{A}\quad \boldsymbol{A}^T\boldsymbol{b})=r(\boldsymbol{A}^T\boldsymbol{A})$.

令方程组 $\boldsymbol{A}^T\boldsymbol{A}\boldsymbol{x}=\boldsymbol{A}^T\boldsymbol{b}$ 的常数列 $\boldsymbol{A}^T\boldsymbol{b}=\boldsymbol{\beta}$. 设

$$\boldsymbol{A}^T=(\boldsymbol{\alpha}_1,\boldsymbol{\alpha}_2,\cdots,\boldsymbol{\alpha}_m),\qquad \boldsymbol{b}=(b_1,b_2,\cdots,b_m)^T,$$

则

$$\boldsymbol{\beta}=\boldsymbol{A}^T\boldsymbol{b}=(\boldsymbol{\alpha}_1,\boldsymbol{\alpha}_2,\cdots,\boldsymbol{\alpha}_m)\begin{bmatrix}b_1\\b_2\\\vdots\\b_m\end{bmatrix}=b_1\boldsymbol{\alpha}_1+b_2\boldsymbol{\alpha}_2+\cdots+b_m\boldsymbol{\alpha}_m,$$

即 $\boldsymbol{\beta}$ 为 $\boldsymbol{A}^T$ 的各列(列向量组)的线性组合.

又设 $\boldsymbol{A}^T\boldsymbol{A}=(\boldsymbol{\beta}_1,\boldsymbol{\beta}_2,\cdots,\boldsymbol{\beta}_n)$，$\boldsymbol{A}=(a_{ij})_{m\times n}$，则

$$\boldsymbol{A}^T\boldsymbol{A}=(\boldsymbol{\beta}_1,\boldsymbol{\beta}_2,\cdots,\boldsymbol{\beta}_n)=(\boldsymbol{\alpha}_1,\boldsymbol{\alpha}_2,\cdots,\boldsymbol{\alpha}_m)\begin{bmatrix}a_{11}&a_{12}&\cdots&a_{1n}\\a_{21}&a_{22}&\cdots&a_{2n}\\\vdots&\vdots&&\vdots\\a_{m1}&a_{m2}&\cdots&a_{mn}\end{bmatrix},$$

故得 $\boldsymbol{\beta}_i=\sum\limits_{j=1}^{m}a_{ji}\boldsymbol{\alpha}_j\,(i=1,2,\cdots,n)$，即系数矩阵 $\boldsymbol{A}^T\boldsymbol{A}$ 的列向量组也为 $\boldsymbol{A}^T$ 的列向量组的线性组合.

这样，就得到线性方程组的增广矩阵$(\boldsymbol{A}^T\boldsymbol{A}\quad \boldsymbol{A}^T\boldsymbol{b})$的列向量组$(\boldsymbol{\beta}_1,\boldsymbol{\beta}_2,\cdots,\boldsymbol{\beta}_n,\boldsymbol{\beta})$均可被 $\boldsymbol{A}^T$ 的列向量组 $\boldsymbol{\alpha}_1,\boldsymbol{\alpha}_2,\cdots,\boldsymbol{\alpha}_m$ 线性表示.

另一方面由 $r(\boldsymbol{A}^T\boldsymbol{A})=r(\boldsymbol{A}^T)$ 和 $\boldsymbol{A}^T\boldsymbol{A}$ 的列向量组 $\boldsymbol{\beta}_1,\boldsymbol{\beta}_2,\cdots,\boldsymbol{\beta}_n$ 可被 $\boldsymbol{A}^T$ 的列向量组 $\boldsymbol{\alpha}_1,\boldsymbol{\alpha}_2,\cdots,\boldsymbol{\alpha}_m$ 线性表示. 我们得到 $\boldsymbol{\beta}_1,\boldsymbol{\beta}_2,\cdots,\boldsymbol{\beta}_n$ 与 $\boldsymbol{\alpha}_1,\boldsymbol{\alpha}_2,\cdots,\boldsymbol{\alpha}_m$ 可以相互线性表示，从而推出 $\boldsymbol{\beta}=\boldsymbol{A}^T\boldsymbol{b}$ 可被 $\boldsymbol{\beta}_1,\boldsymbol{\beta}_2,\cdots,\boldsymbol{\beta}_n$ 线性表示，即 $r(\boldsymbol{A}^T\boldsymbol{A}\quad \boldsymbol{A}^T\boldsymbol{b})=r(\boldsymbol{A}^T\boldsymbol{A})$. 所以 $\boldsymbol{A}^T\boldsymbol{A}\boldsymbol{x}=\boldsymbol{A}^T\boldsymbol{b}$ 必有解.

点评：本题欲证 $\boldsymbol{A}^T\boldsymbol{A}\boldsymbol{x}=\boldsymbol{A}^T\boldsymbol{b}$ 必有解，只需证明 $r(\boldsymbol{A}^T\boldsymbol{A})=r(\boldsymbol{A}^T\boldsymbol{A}\quad \boldsymbol{A}^T\boldsymbol{b})$，即线性方程组的系数矩阵的秩等于增广矩阵的秩. 考察线性方程组的常数列 $\boldsymbol{A}^T\boldsymbol{b}$，它为 $\boldsymbol{A}^T$ 的列向量组的线性组合，而系数矩阵 $\boldsymbol{A}^T\boldsymbol{A}$ 的各列也为 $\boldsymbol{A}^T$ 列向量组的线性组合. 这样，我们就得到方程组增广矩阵的列向量组为 $\boldsymbol{A}^T$ 列向量组的线性组合.

另一方面，从矩阵运算后秩的变化关系我们又可推得 $r(\boldsymbol{A}^T\boldsymbol{A})=r(\boldsymbol{A})=r(\boldsymbol{A}^T)$，这样，我们就得到 $\boldsymbol{A}^T\boldsymbol{A}$ 的列向量组与 $\boldsymbol{A}^T$ 的列向量组可以互相线性表示，从而得到 $\boldsymbol{A}^T\boldsymbol{b}$ 也可被 $\boldsymbol{A}^T\boldsymbol{A}$ 的列向量组线性表示，于是证明了 $r(\boldsymbol{A}^T\boldsymbol{A}\quad \boldsymbol{A}^T\boldsymbol{b})=r(\boldsymbol{A}^T\boldsymbol{A})$.

题型 2：齐次线性方程组的基础解系

【4.4】 设 $\boldsymbol{A}$ 为 n 阶方阵($n\geqslant 2$)，对任意 n 维向量 $\boldsymbol{\alpha}$，均有 $\boldsymbol{A}^*\boldsymbol{\alpha}=\boldsymbol{0}$，则齐次线性方程组 $\boldsymbol{A}\boldsymbol{x}=\boldsymbol{0}$的基础解系中所含向量个数 k 应满足______.

解 由已知条件"对任意 n 维向量 $\boldsymbol{\alpha}$，均有 $\boldsymbol{A}^*\boldsymbol{\alpha}=\boldsymbol{0}$"知齐次线性方程组 $\boldsymbol{A}^*\boldsymbol{\alpha}=\boldsymbol{0}$的基础解系中解向量个数应为 n 个，即

$$n-r(\boldsymbol{A}^*)=n,$$

从而

$$r(\boldsymbol{A}^*)=0,\qquad \text{也即 } \boldsymbol{A}^*=\boldsymbol{0}.$$

根据矩阵 $\boldsymbol{A}$ 与 $\boldsymbol{A}^*$ 之间关系知 $r(\boldsymbol{A})<n-1$，即 $n-k<n-1$.

故应填 $k>1$.

点评：注意齐次线性方程组的基础解系与矩阵的秩的联系.

【4.5】 齐次线性方程组

$$\begin{cases}a_1x_1+a_2x_2+\cdots+a_nx_n=0,\\ b_1x_1+b_2x_2+\cdots+b_nx_n=0\end{cases}$$

的基础解系中含有 $n-1$ 个解向量(其中 $a_i\neq0,b_i\neq0,\ i=1,2,\cdots,n$)的充要条件是______.

(A) $a_1=a_2=\cdots=a_n$ (B) $b_1=b_2=\cdots=b_n$

(C) $\begin{vmatrix}a_1 & a_2\\ b_1 & b_2\end{vmatrix}=0$ (D) $\dfrac{a_i}{b_i}=m\neq0,\quad i=1,2,\cdots,n$

解 令 $\boldsymbol{\alpha}=(a_1,a_2,\cdots,a_n)$，$\boldsymbol{\beta}=(b_1,b_2,\cdots,b_n)$，$\boldsymbol{A}=\begin{bmatrix}\boldsymbol{\alpha}\\ \boldsymbol{\beta}\end{bmatrix}$，由于 $\boldsymbol{Ax}=\boldsymbol{0}$ 基础解系中含有 $n-1$ 个解向量，所以 $r(\boldsymbol{A})=n-(n-1)=1$. 从而向量 $\boldsymbol{\alpha}$ 与 $\boldsymbol{\beta}$ 线性相关，又 $\boldsymbol{\alpha}\neq\boldsymbol{0}$，$\boldsymbol{\beta}\neq\boldsymbol{0}$，所以存在常数 $m\neq0$，使 $\boldsymbol{\alpha}=m\boldsymbol{\beta}$，即 $\dfrac{a_i}{b_i}=m$，$(i=1,2,\cdots,n)$.

故应选(D).

【4.6】 设 n 阶矩阵 $\boldsymbol{A}$ 的伴随矩阵 $\boldsymbol{A}^*\neq\boldsymbol{0}$，若 $\boldsymbol{\xi}_1,\boldsymbol{\xi}_2,\boldsymbol{\xi}_3,\boldsymbol{\xi}_4$ 是非齐次线性方程组 $\boldsymbol{Ax}=\boldsymbol{b}$ 的互不相等的解，则对应的齐次线性方程组 $\boldsymbol{Ax}=\boldsymbol{0}$ 的基础解系______.

(A)不存在 (B)仅含一个非零解向量

(C)含有两个线性无关的解向量 (D)含有三个线性无关的解向量

解 由 $\boldsymbol{A}^*\neq\boldsymbol{0}$ 知 $r(\boldsymbol{A}^*)\geqslant1$，从而 $r(\boldsymbol{A})=n$ 或 $n-1$，而 $\boldsymbol{\xi}_1,\boldsymbol{\xi}_2,\boldsymbol{\xi}_3,\boldsymbol{\xi}_4$ 是 $\boldsymbol{Ax}=\boldsymbol{b}$ 的互不相等的解说明 $\boldsymbol{Ax}=\boldsymbol{b}$ 有无穷多解，从而 $r(\boldsymbol{A})\leqslant n-1$，故 $r(\boldsymbol{A})=n-1$.

当 $r(\boldsymbol{A})=n-1$ 时，$\boldsymbol{Ax}=\boldsymbol{0}$ 的基础解系中解向量的个数为 $n-(n-1)=1$.

故应选(B).

点评：本题为2004年考研真题，为一道综合选择题，一方面考查了矩阵 $\boldsymbol{A}$ 的秩与 $\boldsymbol{A}^*$ 的秩之间的关系，另一方面考查线性方程组解的结构等知识点，我们应记住 $r(\boldsymbol{A})$ 与 $r(\boldsymbol{A}^*)$ 之间的关系：

$$r(\boldsymbol{A}^*)=\begin{cases}n, & \text{若 } r(\boldsymbol{A})=n\\ 1, & \text{若 } r(\boldsymbol{A})=n-1\\ 0, & \text{若 } r(\boldsymbol{A})<n-1.\end{cases}$$

【4.7】 已知向量组 $\boldsymbol{\alpha}_1=(1,2,0,-2)^T$，$\boldsymbol{\alpha}_2=(0,3,1,0)^T$，$\boldsymbol{\alpha}_3=(-1,4,2,a)^T$ 和向量组 $\boldsymbol{\beta}_1=(1,8,2,-2)^T$，$\boldsymbol{\beta}_2=(1,5,1,-a)^T$，$\boldsymbol{\beta}_3=(-5,2,b,10)^T$ 都是齐次线性方程组 $\boldsymbol{Ax}=\boldsymbol{0}$ 的基础解系，求 a,b 的值.

解 对以向量 $\boldsymbol{\alpha}_1,\boldsymbol{\alpha}_2,\boldsymbol{\alpha}_3,\boldsymbol{\beta}_1,\boldsymbol{\beta}_2,\boldsymbol{\beta}_3$ 为列构成的矩阵施行初等行变换，得

$$(\boldsymbol{\alpha}_1,\boldsymbol{\alpha}_2,\boldsymbol{\alpha}_3,\boldsymbol{\beta}_1,\boldsymbol{\beta}_2,\boldsymbol{\beta}_3)=\begin{bmatrix}1 & 0 & -1 & 1 & 1 & -5\\ 2 & 3 & 4 & 8 & 5 & 2\\ 0 & 1 & 2 & 2 & 1 & b\\ -2 & 0 & a & -2 & -a & 10\end{bmatrix}$$

$$\rightarrow\begin{bmatrix}1&0&-1&1&1&-5\\0&1&2&2&1&4\\0&0&a-2&0&2-a&0\\0&0&0&0&0&b-4\end{bmatrix}.$$

因为 $\boldsymbol{\alpha}_1,\boldsymbol{\alpha}_2,\boldsymbol{\alpha}_3$ 和 $\boldsymbol{\beta}_1,\boldsymbol{\beta}_2,\boldsymbol{\beta}_3$ 都是方程组 $\boldsymbol{Ax}=\boldsymbol{0}$的基础解系，所以向量组 $\boldsymbol{\alpha}_1,\boldsymbol{\alpha}_2,\boldsymbol{\alpha}_3$ 与 $\boldsymbol{\beta}_1,\boldsymbol{\beta}_2,\boldsymbol{\beta}_3$ 都是线性无关的，且等价，因此

$$r(\boldsymbol{\alpha}_1,\boldsymbol{\alpha}_2,\boldsymbol{\alpha}_3,\boldsymbol{\beta}_1,\boldsymbol{\beta}_2,\boldsymbol{\beta}_3)=r(\boldsymbol{\alpha}_1,\boldsymbol{\alpha}_2,\boldsymbol{\alpha}_3)=r(\boldsymbol{\beta}_1,\boldsymbol{\beta}_2,\boldsymbol{\beta}_3)=3,$$

故 $a\neq2$, $b=4$.

【4.8】 设 $\boldsymbol{A}$ 是 $m\times n$ 矩阵，它的 m 个行向量是某个 n 元齐次线性方程组的一组基础解系，$\boldsymbol{B}$ 是一个 m 阶可逆矩阵. 试证明：$\boldsymbol{BA}$ 的行向量组也构成该齐次线性方程组的一组基础解系.

证 **方法1**：因为 $\boldsymbol{A}$ 的 m 个行向量(n 维向量)为线性方程组的基础解系，所以 $\boldsymbol{A}$ 的行向量组线性无关，即 $r(\boldsymbol{A})=m$.

又设该线性方程组为 $\boldsymbol{Cx}=\boldsymbol{0}$，则 $r(\boldsymbol{C})=n-m$.

因为 $\boldsymbol{B}$ 可逆，所以 $r(\boldsymbol{BA})=m$. 又 $\boldsymbol{BA}$ 仍为 $m\times n$ 矩阵，所以 $\boldsymbol{BA}$ 的行向量组线性无关.

设
$$\boldsymbol{BA}=\begin{bmatrix}\boldsymbol{\beta}_1\\\boldsymbol{\beta}_2\\\vdots\\\boldsymbol{\beta}_m\end{bmatrix},\quad \boldsymbol{A}=\begin{bmatrix}\boldsymbol{\alpha}_1\\\boldsymbol{\alpha}_2\\\vdots\\\boldsymbol{\alpha}_m\end{bmatrix},\quad \boldsymbol{B}=\begin{bmatrix}b_{11}&b_{12}&\cdots&b_{1m}\\b_{21}&b_{22}&\cdots&b_{2m}\\\vdots&\vdots&&\vdots\\b_{m1}&b_{m2}&\cdots&b_{mn}\end{bmatrix},$$

则

$$\boldsymbol{\beta}_i=\sum_{k=1}^{m}b_{ik}\boldsymbol{\alpha}_k\quad(i=1,2,\cdots,m),$$

即 $\boldsymbol{BA}$ 的各行均为 $\boldsymbol{A}$ 的行向量组的线性组合，而 $\boldsymbol{A}$ 的行向量组为 $\boldsymbol{Cx}=\boldsymbol{0}$的基础解系. 所以 $\boldsymbol{BA}$ 的行向量组 $\boldsymbol{\beta}_1,\boldsymbol{\beta}_2,\cdots,\boldsymbol{\beta}_m$ 也满足 $\boldsymbol{Cx}=\boldsymbol{0}$. 又已证 $r(\boldsymbol{BA})=m=n-r(\boldsymbol{C})$，故 $\boldsymbol{\beta}_1,\boldsymbol{\beta}_2,\cdots,\boldsymbol{\beta}_m$ 构成 $\boldsymbol{Cx}=\boldsymbol{0}$ 的基础解系.

方法2：设

$$\boldsymbol{A}=\begin{bmatrix}\boldsymbol{\alpha}_1\\\boldsymbol{\alpha}_2\\\vdots\\\boldsymbol{\alpha}_m\end{bmatrix}.$$

因为 $\boldsymbol{A}$ 的行向量均为 $\boldsymbol{Cx}=\boldsymbol{0}$的解，且 $\boldsymbol{\alpha}_1,\boldsymbol{\alpha}_2,\cdots,\boldsymbol{\alpha}_m$ 构成 $\boldsymbol{Cx}=\boldsymbol{0}$的基础解系，所以 $\boldsymbol{C\alpha}_1^T=\boldsymbol{0},\boldsymbol{C\alpha}_2^T=\boldsymbol{0},\cdots,\boldsymbol{C\alpha}_m^T=\boldsymbol{0}$，即

$$\boldsymbol{C}(\boldsymbol{\alpha}_1^T\boldsymbol{\alpha}_2^T\cdots\boldsymbol{\alpha}_m^T)=\boldsymbol{0}\quad 或\quad \boldsymbol{CA}^T=\boldsymbol{0},$$

其中 $r(\boldsymbol{A})=m$. 所以 $r(\boldsymbol{C})=n-m$. 上式两边转置，得 $\boldsymbol{AC}^T=\boldsymbol{0}$. 两边同时左乘 $\boldsymbol{B}$，得 $\boldsymbol{BAC}^T=\boldsymbol{0}$. 再转置得 $\boldsymbol{C}(\boldsymbol{BA})^T=\boldsymbol{0}$，即 $\boldsymbol{BA}$ 的行向量组均为 $\boldsymbol{Cx}=\boldsymbol{0}$的解向量. 又 $r(\boldsymbol{BA})=m$，而 $n-r(\boldsymbol{C})=n-(n-m)=m$，所以 $\boldsymbol{BA}$ 的行向量组线性无关，且所含向量个数 $m=n-r(\boldsymbol{C})$. 故 $\boldsymbol{BA}$ 的行向量组构成 $\boldsymbol{Cx}=\boldsymbol{0}$的基础解系.

【4.9】 设 $\boldsymbol{\eta}^*$ 是非齐次线性方程组 $\boldsymbol{Ax}=\boldsymbol{b}$ 的一个解，$\boldsymbol{\xi}_1,\boldsymbol{\xi}_2,\cdots,\boldsymbol{\xi}_{n-r}$ 是其导出组 $\boldsymbol{Ax}=\boldsymbol{0}$的一个基础解系，证明

(1)$\boldsymbol{\eta}^*$, $\boldsymbol{\xi}_1,\boldsymbol{\xi}_2,\cdots,\boldsymbol{\xi}_{n-r}$线性无关；

(2)$\boldsymbol{\eta}^*,\boldsymbol{\eta}^*+\boldsymbol{\xi}_1,\boldsymbol{\eta}^*+\boldsymbol{\xi}_2,\cdots,\boldsymbol{\eta}^*+\boldsymbol{\xi}_{n-r}$线性无关.

证 (1)设有常数$k,k_1,k_2,\cdots,k_{n-r}$，使

$$k\boldsymbol{\eta}^*+k_1\boldsymbol{\xi}_1+k_2\boldsymbol{\xi}_2+\cdots+k_{n-r}\boldsymbol{\xi}_{n-r}=\mathbf{0}, \qquad ①$$

①式两边同时左乘矩阵$\mathbf{A}$，有

$$k\mathbf{A}\boldsymbol{\eta}^*+k_1\mathbf{A}\boldsymbol{\xi}_1+k_2\mathbf{A}\boldsymbol{\xi}_2+\cdots+k_{n-r}\mathbf{A}\boldsymbol{\xi}_{n-r}=\mathbf{0},$$

由已知条件知$\mathbf{A}\boldsymbol{\eta}^*=\boldsymbol{b}$，$\mathbf{A}\boldsymbol{\xi}_i=\mathbf{0}$，$i=1,2,\cdots,n-r$，代入上式得$k\boldsymbol{b}=\mathbf{0}$，故$k=0$.
把$k=0$代回①式得

$$k_1\boldsymbol{\xi}_1+k_2\boldsymbol{\xi}_2+\cdots+k_{n-r}\boldsymbol{\xi}_{n-r}=\mathbf{0},$$

由$\boldsymbol{\xi}_1,\boldsymbol{\xi}_2,\cdots,\boldsymbol{\xi}_{n-r}$为$\mathbf{A}\boldsymbol{x}=\mathbf{0}$的基础解系知

$$k_1=k_2=\cdots=k_{n-r}=0,$$

所以向量组$\boldsymbol{\eta}^*,\boldsymbol{\xi}_1,\boldsymbol{\xi}_2,\cdots,\boldsymbol{\xi}_{n-r}$线性无关.

(2)设有常数$l,l_1,l_2,\cdots,l_{n-r}$，使

$$l\boldsymbol{\eta}^*+l_1(\boldsymbol{\eta}^*+\boldsymbol{\xi}_1)+l_2(\boldsymbol{\eta}^*+\boldsymbol{\xi}_2)+\cdots+l_{n-r}(\boldsymbol{\eta}^*+\boldsymbol{\xi}_{n-r})=\mathbf{0},$$

整理得

$$(l+l_1+\cdots+l_{n-r})\boldsymbol{\eta}^*+l_1\boldsymbol{\xi}_1+l_2\boldsymbol{\xi}_2+\cdots+l_{n-r}\boldsymbol{\xi}_{n-r}=\mathbf{0}.$$

由(1)得

$$l+l_1+\cdots+l_{n-r}=0,l_1=0,l_2=0,\cdots,l_{n-r}=0,$$

故

$$l=l_1=l_2=\cdots=l_{n-r}=0,$$

所以向量组$\boldsymbol{\eta}^*,\boldsymbol{\eta}^*+\boldsymbol{\xi}_1,\boldsymbol{\eta}^*+\boldsymbol{\xi}_2,\cdots,\boldsymbol{\eta}^*+\boldsymbol{\xi}_{n-r}$线性无关.

题型3:求线性方程组的通解

【4.10】 设有齐次线性方程组

$$\begin{cases}(1+a)x_1+x_2+\cdots+x_n=0,\\ 2x_1+(2+a)x_2+\cdots+2x_n=0,\\ \cdots\cdots\cdots\cdots\cdots\cdots\cdots\cdots\\ nx_1+nx_2+\cdots+(n+a)x_n=0,\end{cases}\quad(n\geqslant 2)$$

试问a取何值时，该方程组有非零解，并求出其通解.

解法一 对方程组的系数矩阵$\mathbf{A}$作初等行变换，有

$$\mathbf{A}=\begin{bmatrix}1+a & 1 & 1 & \cdots & 1\\ 2 & 2+a & 2 & \cdots & 2\\ \cdots & \cdots & \cdots & \cdots & \cdots\\ n & n & n & \cdots & n+a\end{bmatrix}\to\begin{bmatrix}1+a & 1 & 1 & \cdots & 1\\ -2a & a & 0 & \cdots & 0\\ \cdots & \cdots & \cdots & \cdots & \cdots\\ -na & 0 & 0 & \cdots & a\end{bmatrix}=\boldsymbol{B}.$$

当$a=0$时，$r(\mathbf{A})=1<n$，故方程组有非零解，其同解方程组为

$$x_1+x_2+\cdots+x_n=0,$$

由此得基础解系为

$$\boldsymbol{\eta}_1=(-1,1,0,\cdots,0)^T,$$
$$\boldsymbol{\eta}_2=(-1,0,1,\cdots,0)^T,$$
$$\cdots\cdots\cdots\cdots\cdots\cdots,$$
$$\boldsymbol{\eta}_{n-1}=(-1,0,0,\cdots,1)^T,$$

于是方程组的通解为

$$k_1\boldsymbol{\eta}_1+\cdots+k_{n-1}\boldsymbol{\eta}_{n-1},$$

其中 $k_1,\cdots,k_{n-1}$ 为任意常数.

当 $a\neq 0$ 时,对矩阵 $\boldsymbol{B}$ 作初等行变换,有

$$\boldsymbol{B}\to\begin{bmatrix}1+a & 1 & 1 & \cdots & 1\\ -2 & 1 & 0 & \cdots & 0\\ \cdots & \cdots & \cdots & \cdots & \cdots\\ -n & 0 & 0 & \cdots & 1\end{bmatrix}\to\begin{bmatrix}a+\dfrac{n(n+1)}{2} & 0 & 0 & \cdots & 0\\ -2 & 1 & 0 & \cdots & 0\\ \cdots & \cdots & \cdots & \cdots & \cdots\\ -n & 0 & 0 & \cdots & 1\end{bmatrix},$$

可知 $a=-\dfrac{n(n+1)}{2}$ 时, $r(\mathbf{A})=n-1<n$,故方程组也有非零解,其同解方程组为

$$\begin{cases}-2x_1+x_2=0,\\ -3x_1+x_3=0,\\ \cdots\cdots\cdots\cdots\\ -nx_1+x_n=0,\end{cases}$$

由此得基础解系为 $\boldsymbol{\eta}=(1,2,\cdots,n)^T$,于是方程组的通解为 $k\boldsymbol{\eta}$,其中 k 为任意常数.

解法二 方程组的系数行列式为

$$|\mathbf{A}|=\begin{vmatrix}1+a & 1 & 1 & \cdots & 1\\ 2 & 2+a & 2 & \cdots & 2\\ \cdots & \cdots & \cdots & \cdots & \cdots\\ n & n & n & \cdots & n+a\end{vmatrix}=\left[a+\frac{n(n+1)}{2}\right]a^{n-1}.$$

当 $|\mathbf{A}|=0$,即 $a=0$ 或 $a=-\dfrac{n(n+1)}{2}$ 时,方程组有非零解.

当 $a=0$ 时,对系数矩阵 $\mathbf{A}$ 作初等行变换,有

$$\mathbf{A}=\begin{bmatrix}1 & 1 & 1 & \cdots & 1\\ 2 & 2 & 2 & \cdots & 2\\ \cdots & \cdots & \cdots & \cdots & \cdots\\ n & n & n & \cdots & n\end{bmatrix}\to\begin{bmatrix}1 & 1 & 1 & \cdots & 1\\ 0 & 0 & 0 & \cdots & 0\\ \cdots & \cdots & \cdots & \cdots & \cdots\\ 0 & 0 & 0 & \cdots & 0\end{bmatrix},$$

故方程组的同解方程组为 $x_1+x_2+\cdots+x_n=0$,由此得基础解系为

$$\boldsymbol{\eta}_1=(-1,1,0,\cdots,0)^T,$$
$$\boldsymbol{\eta}_2=(-1,0,1,\cdots,0)^T,$$
$$\cdots\cdots\cdots\cdots,$$
$$\boldsymbol{\eta}_{n-1}=(-1,0,0,\cdots,1)^T,$$

于是方程组的通解为

$$k_1\boldsymbol{\eta}_1+\cdots+k_{-1}\boldsymbol{\eta}_{n-1},$$

其中 $k_1,\cdots,k_{n-1}$ 为任意常数.

当 $a=-\frac{n(n+1)}{2}$ 时,对系数矩阵 **A** 作初等行变换,有

$$\boldsymbol{A}=\begin{bmatrix}1+a & 1 & 1 & \cdots & 1\\ 2 & 2+a & 2 & \cdots & 2\\ \cdots & \cdots & \cdots & \cdots & \cdots\\ n & n & n & \cdots & n+a\end{bmatrix}\to\begin{bmatrix}1+a & 1 & 1 & \cdots & 1\\ -2a & a & 0 & \cdots & 0\\ \cdots & \cdots & \cdots & \cdots & \cdots\\ -na & 0 & 0 & \cdots & a\end{bmatrix}$$

$$\to\begin{bmatrix}1+a & 1 & 1 & \cdots & 1\\ -2 & 1 & 0 & \cdots & 0\\ \cdots & \cdots & \cdots & \cdots & \cdots\\ -n & 0 & 0 & \cdots & 1\end{bmatrix}\to\begin{bmatrix}0 & 0 & 0 & \cdots & 0\\ -2 & 1 & 0 & \cdots & 0\\ \cdots & \cdots & \cdots & \cdots & \cdots\\ -n & 0 & 0 & \cdots & 1\end{bmatrix},$$

故方程组的同解方程组为

$$\begin{cases}-2x_1+x_2=0,\\ -3x_1+x_3=0,\\ \cdots\cdots\cdots\cdots\\ -nx_1+x_n=0,\end{cases}$$

由此得基础解系为 $\boldsymbol{\eta}=(1,2,\cdots,n)^T$,于是方程组的通解为 $k\boldsymbol{\eta}$,其中 k 为任意常数.

点评:本题为 2004 年考研真题.

【4.11】 设 $\boldsymbol{A}=\begin{bmatrix}1 & -1 & -1\\ -1 & 1 & 1\\ 0 & -4 & -2\end{bmatrix},\boldsymbol{\xi}_1=\begin{bmatrix}-1\\ 1\\ -2\end{bmatrix}$.

(1)求满足 $\boldsymbol{A}\boldsymbol{\xi}_2=\boldsymbol{\xi}_1,\boldsymbol{A}^2\boldsymbol{\xi}_3=\boldsymbol{\xi}_1$ 的所有向量 $\boldsymbol{\xi}_2,\boldsymbol{\xi}_3$;

(2)对(1)中的任意向量 $\boldsymbol{\xi}_2,\boldsymbol{\xi}_3$,证明 $\boldsymbol{\xi}_1,\boldsymbol{\xi}_2,\boldsymbol{\xi}_3$ 线性无关.

(1)**解** 对矩阵 $(\boldsymbol{A}\vdots\boldsymbol{\xi}_1)$ 施以初等行变换

$$(\boldsymbol{A}\vdots\boldsymbol{\xi}_1)=\left[\begin{array}{ccc:c}1 & -1 & -1 & -1\\ -1 & 1 & 1 & 1\\ 0 & -4 & -2 & -2\end{array}\right]\to\left[\begin{array}{ccc:c}1 & 0 & -\frac{1}{2} & -\frac{1}{2}\\ 0 & 1 & \frac{1}{2} & \frac{1}{2}\\ 0 & 0 & 0 & 0\end{array}\right].$$

可求得
$$\boldsymbol{\xi}_2=\begin{bmatrix}-\frac{1}{2}+\frac{k}{2}\\ \frac{1}{2}-\frac{k}{2}\\ k\end{bmatrix},\quad \text{其中 } k \text{ 为任意常数.}$$

又 $\boldsymbol{A}^2=\begin{bmatrix}2 & 2 & 0\\ -2 & -2 & 0\\ 4 & 4 & 0\end{bmatrix}$,对矩阵 $(\boldsymbol{A}^2\vdots\boldsymbol{\xi}_1)$ 施以初等行变换

$$(\boldsymbol{A}^2 \vdots \boldsymbol{\xi}_1)=\begin{bmatrix}2 & 2 & 0 & -1\\ -2 & -2 & 0 & 1\\ 4 & 4 & 0 & -2\end{bmatrix}\to\begin{bmatrix}1 & 1 & 0 & -\frac{1}{2}\\ 0 & 0 & 0 & 0\\ 0 & 0 & 0 & 0\end{bmatrix}.$$

可求得 $\boldsymbol{\xi}_3=\begin{bmatrix}-\frac{1}{2}-a\\ a\\ b\end{bmatrix}$， 其中 a,b 为任意常数.

(2)**证法一** 由(1)知

$$|\boldsymbol{\xi}_1,\boldsymbol{\xi}_2,\boldsymbol{\xi}_3|=\begin{vmatrix}-1 & -\frac{1}{2}+\frac{k}{2} & -\frac{1}{2}-a\\ 1 & \frac{1}{2}-\frac{k}{2} & a\\ -2 & k & b\end{vmatrix}=-\frac{1}{2}\neq 0,$$

所以 $\boldsymbol{\xi}_1,\boldsymbol{\xi}_2,\boldsymbol{\xi}_3$ 线性无关.

证法二 由题设可得 $\boldsymbol{A\xi}_1=\boldsymbol{0}$. 设存在数 k_1,k_2,k_3，使得

$$k_1\boldsymbol{\xi}_1+k_2\boldsymbol{\xi}_2+k_3\boldsymbol{\xi}_3=\boldsymbol{0}, \quad ①$$

等式两端左乘 $\boldsymbol{A}$，得

$$k_2\boldsymbol{A\xi}_2+k_3\boldsymbol{A\xi}_3=\boldsymbol{0},$$

即

$$k_2\boldsymbol{\xi}_1+k_3\boldsymbol{A\xi}_3=\boldsymbol{0}, \quad ②$$

等式两端再左乘 $\boldsymbol{A}$，得

$$k_3\boldsymbol{A}^2\boldsymbol{\xi}_3=\boldsymbol{0}，即 k_3\boldsymbol{\xi}_1=\boldsymbol{0}.$$

于是 $k_3=0$，代入②式，得 $k_2\boldsymbol{\xi}_1=\boldsymbol{0}$，故 $k_2=0$. 将 $k_2=k_3=0$ 代入①式，可得 $k_1=0$.

从而 $\boldsymbol{\xi}_1,\boldsymbol{\xi}_2,\boldsymbol{\xi}_3$ 线性无关.

点评：本题为 2009 年考研真题. 第(1)问实际上是求解两个线性方程组 $\boldsymbol{Ax}=\boldsymbol{\xi}_1$ 和 $\boldsymbol{A}^2\boldsymbol{x}=\boldsymbol{\xi}_1$. 有的考生没看懂题意，直接导致解题思路出错. 这种变相考查线性方程组的题型在近几年考研中经常出现. 第(2)问我们提供了两种证明方法. 第一种要计算含三个参数的行列式吓到许多同学；第二种利用定义最基础，但是必须要用到题目条件中隐含的一个关键信息：$\boldsymbol{A\xi}_1=\boldsymbol{0}$.

【4.12】 设矩阵 $\boldsymbol{A}=\begin{bmatrix}2a & 1 & & \\ a^2 & 2a & \ddots & \\ & \ddots & \ddots & 1\\ & & a^2 & 2a\end{bmatrix}_{n\times n}$，

现矩阵 $\boldsymbol{A}$ 满足方程 $\boldsymbol{Ax}=\boldsymbol{B}$，其中

$$\boldsymbol{x}=(x_1,\cdots,x_n)^T,\qquad \boldsymbol{B}=(1,0,\cdots,0)^T,$$

(1)求证 $|\boldsymbol{A}|=(n+1)a^n$；

(2)a 为何值，方程组有唯一解，求 x_1；

(3)a 为何值，方程组有无穷多解，求通解.

解 (1)
$$|\boldsymbol{A}|=\begin{vmatrix}2a&1&&&\\a^2&2a&1&&\\&a^2&2a&\ddots&\\&&\ddots&\ddots&\ddots&\\&&&\ddots&\ddots&1\\&&&&a^2&2a\end{vmatrix}=\begin{vmatrix}2a&1&&&\\0&\frac{3a}{2}&1&&\\&a^2&2a&\ddots&\\&&\ddots&\ddots&\ddots&\\&&&\ddots&\ddots&1\\&&&&a^2&2a\end{vmatrix}$$

$$=\begin{vmatrix}2a&1&&&\\0&\frac{3a}{2}&1&&\\&0&\frac{4a}{3}&\ddots&\\&&\ddots&\ddots&\ddots&\\&&&\ddots&\ddots&1\\&&&&0&\frac{(n+1)a}{n}\end{vmatrix}=2a\cdot\frac{3a}{2}\cdot\frac{4a}{3}\cdot\cdots\cdot\frac{(n+1)a}{n}=(n+1)a^n.$$

(2)方程组有唯一解.

由 $\boldsymbol{Ax}=\boldsymbol{B}$,知$|\boldsymbol{A}|\neq0$,又$|\boldsymbol{A}|=(n+1)a^n$,故 $a\neq0$.

由克莱姆法则知,$x_1=\dfrac{|\boldsymbol{A}_1|}{|\boldsymbol{A}|}$,而

$$|\boldsymbol{A}_1|=\begin{vmatrix}1&1&&&\\0&2a&1&&\\&a^2&2a&\ddots&\\&&\ddots&\ddots&\ddots&\\&&&\ddots&\ddots&1\\&&&&a^2&2a\end{vmatrix}=\begin{vmatrix}2a&1&&&\\a^2&2a&1&&\\&a^2&2a&\ddots&\\&&\ddots&\ddots&\ddots&\\&&&\ddots&\ddots&1\\&&&&a^2&2a\end{vmatrix}_{(n-1)\times(n-1)}=na^{n-1}.$$

所以 $x_1=\dfrac{|\boldsymbol{A}_1|}{|\boldsymbol{A}|}=\dfrac{na^{n-1}}{(n+1)a^n}=\dfrac{n}{(n+1)a}$.

(3)方程组有无穷多解.

由$|\boldsymbol{A}|=0$,有 $a=0$,则

$$(\boldsymbol{A}\vdots\boldsymbol{B})=\left[\begin{array}{ccccc:c}0&1&&&&1\\&0&1&&&0\\&&\ddots&\ddots&&\vdots\\&&&0&1&0\\&&&&0&0\end{array}\right],$$

故
$$r(\boldsymbol{A}\vdots\boldsymbol{B})=r(\boldsymbol{A})=n-1,$$

且 $\boldsymbol{Ax}=\boldsymbol{0}$的同解方程组为
$$\begin{cases}x_2=0,\\x_3=0,\\\cdots\cdots\\x_n=0,\end{cases}$$

则基础解系为 $(1,0,0,\cdots,0)^T$.

又 $\begin{bmatrix}0&1&&&\\&0&1&&\\&&\ddots&\ddots&\\&&&0&1\\&&&&0\end{bmatrix}\begin{bmatrix}0\\1\\0\\\vdots\\0\end{bmatrix}=\begin{bmatrix}1\\0\\0\\\vdots\\0\end{bmatrix}$,故可取特解为 $\boldsymbol{\eta}=\begin{bmatrix}0\\1\\0\\\vdots\\0\end{bmatrix}$. 所以 $\boldsymbol{Ax}=\boldsymbol{B}$ 的通解为

$$k\begin{bmatrix}1\\0\\0\\\vdots\\0\end{bmatrix}+\begin{bmatrix}0\\1\\0\\\vdots\\0\end{bmatrix},$$

k 为任意常数.

点评:本题为 2008 年考研真题. 第(1)问的行列式的计算是难点. 我们提供了利用性质化成上三角形的方法. 事实上,三对角行列式可以按第一行展开,利用得到的递推关系式求解.

【4.13】 已知非齐次线性方程组

$$\begin{cases}x_1-kx_2+k^2x_3=k^3,\\x_1+kx_2+k^2x_3=-k^3,\\2x_1+2k^2x_3=0,\\x_1+3kx_2+k^2x_3=-3k^3.\end{cases}\qquad(k\neq 0)$$

有两个解为 $\boldsymbol{\alpha}_1=\begin{bmatrix}-1\\1\\1\end{bmatrix}$, $\boldsymbol{\alpha}_2=\begin{bmatrix}1\\1\\-1\end{bmatrix}$,求方程组的通解.

解 方程组的增广矩阵为:

$$\overline{\mathbf{A}}=\begin{bmatrix}1&-k&k^2&k^3\\1&k&k^2&-k^3\\2&0&2k^2&0\\1&3k&k^2&-3k^3\end{bmatrix}\to\begin{bmatrix}1&-k&k^2&k^3\\0&2k&0&-2k^3\\0&2k&0&-2k^3\\0&4k&0&-4k^3\end{bmatrix}\to\begin{bmatrix}1&-k&k^2&k^3\\0&2k&0&-2k^3\\0&0&0&0\\0&0&0&0\end{bmatrix}.$$

因为 $k\neq 0$,所以 $r(\overline{\mathbf{A}})=r(\mathbf{A})=2<3$,所以方程组有无穷多解.

由非齐次线性方程组解的结构的性质知,其导出组的基础解系为:$\boldsymbol{\alpha}_1-\boldsymbol{\alpha}_2=\begin{bmatrix}-2\\0\\2\end{bmatrix}$,所以此方程组的解为

$$\boldsymbol{\alpha}_1+k(\boldsymbol{\alpha}_1-\boldsymbol{\alpha}_2)=\begin{bmatrix}-1\\1\\1\end{bmatrix}+k\begin{bmatrix}-2\\0\\2\end{bmatrix},\quad k\text{ 为任意常数}.$$

点评:利用解的结构来求通解有时比直接求解要简便得多.

【4.14】 设三元非齐次线性方程组 $\boldsymbol{Ax}=\boldsymbol{b}$ 有三个特解 $\boldsymbol{\alpha}_1,\boldsymbol{\alpha}_2,\boldsymbol{\alpha}_3$,且 $\boldsymbol{\alpha}_1+\boldsymbol{\alpha}_2+\boldsymbol{\alpha}_3=(1,1,1)^T$,$\boldsymbol{\alpha}_3-\boldsymbol{\alpha}_2=(1,0,0)^T$,而 $r(\mathbf{A})=2$,则 $\boldsymbol{Ax}=\boldsymbol{b}$ 的通解为______.

解 由 $r(\boldsymbol{A})=2, n=3$ 知导出组的基础解系只含一个解向量，而 $\boldsymbol{\alpha}_3-\boldsymbol{\alpha}_2$ 为导出组的一个非零解向量，故可作为基础解系.

因 $\boldsymbol{A}(\frac{\boldsymbol{\alpha}_1+\boldsymbol{\alpha}_2+\boldsymbol{\alpha}_3}{3})=\frac{1}{3}(\boldsymbol{A}\boldsymbol{\alpha}_1+\boldsymbol{A}\boldsymbol{\alpha}_2+\boldsymbol{A}\boldsymbol{\alpha}_3)=\boldsymbol{b}$，所以 $\boldsymbol{A}\boldsymbol{x}=\boldsymbol{b}$ 的一个特解可选为 $\frac{1}{3}(\boldsymbol{\alpha}_1+\boldsymbol{\alpha}_2+\boldsymbol{\alpha}_3)$，因此 $\boldsymbol{A}\boldsymbol{x}=\boldsymbol{b}$ 的通解可表示为

$$\frac{1}{3}(\boldsymbol{\alpha}_1+\boldsymbol{\alpha}_2+\boldsymbol{\alpha}_3)+k(\boldsymbol{\alpha}_3-\boldsymbol{\alpha}_2).$$

故应填 $\frac{1}{3}(1,1,1)^T+k(1,0,0)^T$，其中 k 为任意常数.

【4.15】 设 $\boldsymbol{A}$ 为 n 阶方阵，且 $r(\boldsymbol{A})=n-1$，$\boldsymbol{\alpha}_1,\boldsymbol{\alpha}_2$ 是 $\boldsymbol{A}\boldsymbol{x}=\boldsymbol{0}$ 的两个不同的解向量，则 $\boldsymbol{A}\boldsymbol{x}=\boldsymbol{0}$ 的通解为______.

(A) $k\boldsymbol{\alpha}_1$ (B) $k\boldsymbol{\alpha}_2$ (C) $k(\boldsymbol{\alpha}_1-\boldsymbol{\alpha}_2)$ (D) $k(\boldsymbol{\alpha}_1+\boldsymbol{\alpha}_2)$

解 因 $n-r(\boldsymbol{A})=n-(n-1)=1$，所以 $\boldsymbol{A}\boldsymbol{x}=\boldsymbol{0}$ 的基础解系只含一个解向量，且基础解系中的解向量应是线性无关的，当然是非零向量. 而 $\boldsymbol{\alpha}_1,\boldsymbol{\alpha}_2$ 是两个不同的解向量，所以 $\boldsymbol{\alpha}_1-\boldsymbol{\alpha}_2\neq\boldsymbol{0}$. 又 $\boldsymbol{\alpha}_1-\boldsymbol{\alpha}_2$ 也是 $\boldsymbol{A}\boldsymbol{x}=\boldsymbol{0}$ 的解向量，故 $\boldsymbol{\alpha}_1-\boldsymbol{\alpha}_2$ 是基础解系，$\boldsymbol{A}\boldsymbol{x}=\boldsymbol{0}$ 的通解应为 $k(\boldsymbol{\alpha}_1-\boldsymbol{\alpha}_2)$，其中 k 为任意常数.

因为 $\boldsymbol{\alpha}_1,\boldsymbol{\alpha}_2,\boldsymbol{\alpha}_1+\boldsymbol{\alpha}_2$ 可能是零解向量，不能成为基础解系，所以不能选(A)，(B)，(D).

故应选(C).

【4.16】 已知 $\boldsymbol{x}_1=(0,1,0)^T$，$\boldsymbol{x}_2=(-3,2,2)^T$ 是线性方程组

$$\begin{cases} x_1-x_2+2x_3=-1, \\ 3x_1+x_2+4x_3=1, \\ ax_1+bx_2+cx_3=d \end{cases}$$

的两个解，求此方程组的通解.

解 设线性方程组为 $\boldsymbol{A}\boldsymbol{x}=\boldsymbol{b}$，系数矩阵

$$\boldsymbol{A}=\begin{bmatrix} 1 & -1 & 2 \\ 3 & 1 & 4 \\ a & b & c \end{bmatrix}.$$

由已知，$\boldsymbol{A}\boldsymbol{x}=\boldsymbol{b}$ 有两个解 $\boldsymbol{x}_1\neq\boldsymbol{x}_2$，所以 $\boldsymbol{A}\boldsymbol{x}=\boldsymbol{b}$ 有解但不唯一，即有无穷解，从而 $r(\boldsymbol{A})=r(\overline{\boldsymbol{A}})<3$.

又 $\boldsymbol{A}$ 有二阶子式 $\begin{vmatrix} 1 & -1 \\ 3 & 1 \end{vmatrix}\neq 0$，所以 $r(\boldsymbol{A})\geqslant 2$，于是 $r(\boldsymbol{A})=2$. 故齐次线性方程组 $\boldsymbol{A}\boldsymbol{x}=\boldsymbol{0}$ 的基础解系含有一个非零向量. 而 $\boldsymbol{\xi}=\boldsymbol{x}_1-\boldsymbol{x}_2=(3,-1,-2)^T\neq\boldsymbol{0}$ 是 $\boldsymbol{A}\boldsymbol{x}=\boldsymbol{0}$ 的解向量，所以 $\boldsymbol{\xi}$ 为 $\boldsymbol{A}\boldsymbol{x}=\boldsymbol{0}$ 的基础解系，从而得 $\boldsymbol{A}\boldsymbol{x}=\boldsymbol{b}$ 的通解为

$$k\boldsymbol{\xi}+\boldsymbol{x}_1=k(3,-1,-2)^T+(0,1,0)^T,\quad k \text{ 为任意常数}.$$

【4.17】 设 $\boldsymbol{A}=\begin{bmatrix} 1 & -2 & 3 & -4 \\ 0 & 1 & -1 & 1 \\ 1 & 2 & 0 & -3 \end{bmatrix}$，$\boldsymbol{E}$ 为 3 阶单位矩阵.

(1)求方程组 $\boldsymbol{A}\boldsymbol{x}=\boldsymbol{0}$ 的一个基础解系；

(2)求满足 $\boldsymbol{A}\boldsymbol{B}=\boldsymbol{E}$ 的所有矩阵 $\boldsymbol{B}$.

解 (1)对矩阵 $\boldsymbol{A}$ 施以初等行变换

$$\boldsymbol{A}=\begin{bmatrix}1&-2&3&-4\\0&1&-1&1\\1&2&0&-3\end{bmatrix}\to\begin{bmatrix}1&0&0&1\\0&1&0&-2\\0&0&1&-3\end{bmatrix}.$$

则方程组 $\boldsymbol{Ax}=\boldsymbol{0}$的一个基础解系为

$$\boldsymbol{\alpha}=\begin{bmatrix}-1\\2\\3\\1\end{bmatrix}.$$

(2)对矩阵$(\boldsymbol{A}\vdots\boldsymbol{E})$施以初等行变换

$$(\boldsymbol{A}\vdots\boldsymbol{E})=\left[\begin{array}{cccc:ccc}1&-2&3&-4&1&0&0\\0&1&-1&1&0&1&0\\1&2&0&-3&0&0&1\end{array}\right]\to\left[\begin{array}{cccc:ccc}1&0&0&1&2&6&-1\\0&1&0&-2&-1&-3&1\\0&0&1&-3&-1&-4&1\end{array}\right].$$

记 $\boldsymbol{E}=(\boldsymbol{e}_1,\boldsymbol{e}_2,\boldsymbol{e}_3)$,则

$$\boldsymbol{Ax}=\boldsymbol{e}_1 \text{ 的通解为 } \boldsymbol{x}=\begin{bmatrix}2\\-1\\-1\\0\end{bmatrix}+k_1\boldsymbol{\alpha},\quad k_1 \text{ 为任意常数};$$

$$\boldsymbol{Ax}=\boldsymbol{e}_2 \text{ 的通解为 } \boldsymbol{x}=\begin{bmatrix}6\\-3\\-4\\0\end{bmatrix}+k_2\boldsymbol{\alpha},\quad k_2 \text{ 为任意常数};$$

$$\boldsymbol{Ax}=\boldsymbol{e}_3 \text{ 的通解为 } \boldsymbol{x}=\begin{bmatrix}-1\\1\\1\\0\end{bmatrix}+k_3\boldsymbol{\alpha},\quad k_3 \text{ 为任意常数}.$$

于是,所求矩阵为

$$\boldsymbol{B}=\begin{bmatrix}2&6&-1\\-1&-3&1\\-1&-4&1\\0&0&0\end{bmatrix}+(k_1\boldsymbol{\alpha},k_2\boldsymbol{\alpha},k_3\boldsymbol{\alpha}),\quad k_1,k_2,k_3 \text{ 为任意常数}.$$

点评:本题第(1)问是最基本、最简单的齐次线性方程组的求解,必须要拿满分的!而第(2)问几乎是第二章【7.43】题,即 2013 年考研真题的翻版,即利用解线性方程组求解矩阵方程.只是要注意的是,2013 年真题中的方程组只有 4 个未知量,但是本题第(2)问中要解的方程组却有 12 个未知量,故拆成 3 个含 4 个未知量的线性方程组求解,可以简化计算.本题为 2014 年考研真题.

题型 4:已知解向量,反求线性方程组或系数矩阵

【4.18】 要使 $\boldsymbol{\xi}_1=(1,0,2)^T$,$\boldsymbol{\xi}_2=(0,1,-1)^T$ 都是线性方程组 $\boldsymbol{Ax}=\boldsymbol{0}$的解,只要系数矩阵

$\boldsymbol{A}$ 为______.

(A) $\begin{bmatrix}-2 & 1 & 1\end{bmatrix}$ (B) $\begin{bmatrix}2 & 0 & -1\\0 & 1 & 1\end{bmatrix}$ (C) $\begin{bmatrix}-1 & 0 & 2\\0 & 1 & -1\end{bmatrix}$ (D) $\begin{bmatrix}0 & 1 & 1\\4 & -2 & -2\\0 & 1 & 1\end{bmatrix}$

解 由题意知未知量个数 $n=3$,基础解系中解向量个数 $k\geqslant 2$,从而 $r(\boldsymbol{A})=n-k\leqslant 1$,而另一方面,$r(\boldsymbol{A})\geqslant 1$,故 $r(\boldsymbol{A})=1$,选项(A)符合要求.

故应选(A).

【4.19】 齐次线性方程组 $\boldsymbol{Ax}=\boldsymbol{0}$ 以 $\boldsymbol{\eta}_1=(1,0,1)^T,\boldsymbol{\eta}_2=(0,1,-1)^T$ 为基础解系,则系数矩阵 $\boldsymbol{A}=$______.

解 因为基础解系所含向量个数为 $3-r(\boldsymbol{A})=2$,所以 $r(\boldsymbol{A})=1$. 从而可设方程组为 $ax_1+bx_2+cx_3=0$,将 $\boldsymbol{\eta}_1,\boldsymbol{\eta}_2$ 代入可得:$\begin{cases}a+c=0,\\b-c=0,\end{cases}$ 即 $\begin{cases}a=-c,\\b=c.\end{cases}$

所以方程组为:$-x_1+x_2+x_3=0$, 即 $\boldsymbol{A}=(-1,1,1)$.

故应填$(-1,1,1)$.

【4.20】 若 n 元齐次线性方程组 $\boldsymbol{Ax}=\boldsymbol{0}$ 有 n 个线性无关的解向量,则 $\boldsymbol{A}=$______.

解 由已知方程组 $\boldsymbol{Ax}=\boldsymbol{0}$ 有 n 个线性无关的解向量 $\boldsymbol{\eta}_1,\boldsymbol{\eta}_2,\cdots,\boldsymbol{\eta}_n$,故矩阵 $\boldsymbol{B}=(\boldsymbol{\eta}_1,\boldsymbol{\eta}_2,\cdots,\boldsymbol{\eta}_n)$可逆,且有

$$\boldsymbol{A}(\boldsymbol{\eta}_1,\boldsymbol{\eta}_2,\cdots,\boldsymbol{\eta}_n)=\boldsymbol{AB}=\boldsymbol{0},$$

从而 $\boldsymbol{A}=\boldsymbol{ABB}^{-1}=\boldsymbol{0}\cdot\boldsymbol{B}^{-1}=\boldsymbol{0}$.

故应填 $\boldsymbol{0}$.

【4.21】 求一个以 $k(2,1,-4,3)^T+(1,2,-3,4)^T$ 为通解的线性方程组.

解 由于方程组 $\boldsymbol{Ax}=\boldsymbol{b}$ 的通解形式为 $k(2,1,-4,3)^T+(1,2,-3,4)^T$,所以 $r(\boldsymbol{A})=4-1=3$. 于是可设方程组为

$$\begin{cases}a_1x_1+b_1x_2+c_1x_3+d_1x_4=e_1,\\a_2x_1+b_2x_2+c_2x_3+d_2x_4=e_2,\\a_3x_1+b_3x_2+c_3x_3+d_3x_4=e_3,\end{cases}$$

因为$(2,1,-4,3)$是其对应的齐次线性方程组 $\boldsymbol{Ax}=\boldsymbol{0}$ 的解,所以将$(2,1,-4,3)$代入上述方程组对应的齐次线性方程组,得

$$\begin{cases}2a_1+b_1-4c_1+3d_1=0,\\2a_2+b_2-4c_2+3d_2=0,\\2a_3+b_3-4c_3+3d_3=0,\end{cases}$$

从而,$\boldsymbol{A}$ 的行向量是方程 $2y_1+y_2-4y_3+3y_4=0$ 的解,而该方程的基础解系为

$$\boldsymbol{\alpha}_1=\begin{bmatrix}1\\-2\\0\\0\end{bmatrix},\quad \boldsymbol{\alpha}_2=\begin{bmatrix}0\\4\\1\\0\end{bmatrix},\quad \boldsymbol{\alpha}_3=\begin{bmatrix}0\\-3\\0\\1\end{bmatrix},$$

又由于 $r(\boldsymbol{A})=3$,从而 $\boldsymbol{\alpha}_1,\boldsymbol{\alpha}_2,\boldsymbol{\alpha}_3$ 可作为 $\boldsymbol{A}$ 的行向量,于是有方程组

$$\begin{cases} x_1 - 2x_2 = e_1, \\ 4x_2 + x_3 = e_2, \\ -3x_2 + x_4 = e_3, \end{cases}$$

又(1,2,−3,4)是方程组 $\boldsymbol{Ax}=\boldsymbol{b}$ 的解，则有 $e_1=-3, e_2=5, e_3=-2$，所以方程组

$$\begin{cases} x_1 - 2x_2 = -3, \\ 4x_2 + x_3 = 5, \\ -3x_2 + x_4 = -2 \end{cases}$$

为符合要求的一个方程组.

点评：本题在求矩阵 $\boldsymbol{A}$ 时其行向量取法不唯一，从而符合要求的方程组也不唯一.

【4.22】 设方程组

$$\begin{cases} a_{11}x_1 + a_{12}x_2 + a_{13}x_3 = 1, \\ a_{21}x_1 + a_{22}x_2 + a_{23}x_3 = 1, \\ a_{31}x_1 + a_{32}x_2 + a_{33}x_3 = 1 \end{cases}$$

有三个解 $\boldsymbol{\alpha}_1=(1,0,0)^T, \boldsymbol{\alpha}_2=(-1,2,0)^T, \boldsymbol{\alpha}_3=(-1,1,1)^T$. 记 $\boldsymbol{A}$ 为方程组的系数矩阵，求 $\boldsymbol{A}$.

解 由题意知

$$\boldsymbol{A\alpha}_1=\begin{bmatrix}1\\1\\1\end{bmatrix}, \quad \boldsymbol{A\alpha}_2=\begin{bmatrix}1\\1\\1\end{bmatrix}, \quad \boldsymbol{A\alpha}_3=\begin{bmatrix}1\\1\\1\end{bmatrix},$$

即

$$\boldsymbol{A}(\boldsymbol{\alpha}_1,\boldsymbol{\alpha}_2,\boldsymbol{\alpha}_3)=(\boldsymbol{A\alpha}_1,\boldsymbol{A\alpha}_2,\boldsymbol{A\alpha}_3)=\begin{bmatrix}1&1&1\\1&1&1\\1&1&1\end{bmatrix}.$$

记 $\boldsymbol{B}=(\boldsymbol{\alpha}_1,\boldsymbol{\alpha}_2,\boldsymbol{\alpha}_3)$, $\boldsymbol{C}=\begin{bmatrix}1&1&1\\1&1&1\\1&1&1\end{bmatrix}$，则有 $\boldsymbol{AB}=\boldsymbol{C}$，

因 $|\boldsymbol{B}|=\begin{vmatrix}1&-1&-1\\0&2&1\\0&0&1\end{vmatrix}=2\neq0$，对上式两边同时右乘 $\boldsymbol{B}^{-1}$，得

$$\boldsymbol{A}=\boldsymbol{CB}^{-1}=\begin{bmatrix}1&1&1\\1&1&1\\1&1&1\end{bmatrix}.$$

题型 5：方程组与向量组的线性关系

【4.23】 设 $\boldsymbol{A}$ 为 4×5 矩阵，且 $\boldsymbol{A}$ 的行向量组线性无关，则______.

(A) $\boldsymbol{A}$ 的列向量组线性无关

(B) 方程组 $\boldsymbol{Ax}=\boldsymbol{b}$ 的增广矩阵 $\overline{\boldsymbol{A}}$ 的行向量组线性无关

(C) 方程组 $\boldsymbol{Ax}=\boldsymbol{b}$ 的增广矩阵 $\overline{\boldsymbol{A}}$ 的任意四个列向量构成的向量组线性无关

(D) 方程组 $\boldsymbol{Ax}=\boldsymbol{b}$ 有唯一解

解 由题设知，$r(\boldsymbol{A})=r(\overline{\boldsymbol{A}})=4<5$，故 $\overline{\boldsymbol{A}}$ 的行向量组线性无关，且方程组有无穷多个解. 但 $\boldsymbol{A}$ 的列向量组不一定线性无关，$\overline{\boldsymbol{A}}$ 的任意四个列向量构成的向量组不一定都线性无关.

故应选(B).

【4.24】 设 $\boldsymbol{\alpha}_1,\boldsymbol{\alpha}_2,\boldsymbol{\alpha}_3$ 是 $\boldsymbol{Ax}=\boldsymbol{0}$的基础解系，证明：$\boldsymbol{\alpha}_1+\boldsymbol{\alpha}_2,\boldsymbol{\alpha}_2+\boldsymbol{\alpha}_3,\boldsymbol{\alpha}_3+\boldsymbol{\alpha}_1$ 也是 $\boldsymbol{Ax}=\boldsymbol{0}$的基础解系.

证 因为 $\boldsymbol{A\alpha}_i=\boldsymbol{0}$ $(i=1,2,3)$，则 $\boldsymbol{A}(\boldsymbol{\alpha}_1+\boldsymbol{\alpha}_2)=\boldsymbol{A\alpha}_1+\boldsymbol{A\alpha}_2=\boldsymbol{0}$，从而 $\boldsymbol{\alpha}_1+\boldsymbol{\alpha}_2$ 是 $\boldsymbol{Ax}=\boldsymbol{0}$的解.

同理可证 $\boldsymbol{\alpha}_2+\boldsymbol{\alpha}_3,\boldsymbol{\alpha}_3+\boldsymbol{\alpha}_1$ 也是 $\boldsymbol{Ax}=\boldsymbol{0}$的解.

由 $\boldsymbol{\alpha}_1,\boldsymbol{\alpha}_2,\boldsymbol{\alpha}_3$ 是方程组 $\boldsymbol{Ax}=\boldsymbol{0}$的基础解系可知，基础解系含 3 个向量，从而方程组 $\boldsymbol{Ax}=\boldsymbol{0}$的 3 个线性无关的解向量便是其基础解系，从而只需证 $\boldsymbol{\alpha}_1+\boldsymbol{\alpha}_2,\boldsymbol{\alpha}_2+\boldsymbol{\alpha}_3,\boldsymbol{\alpha}_3+\boldsymbol{\alpha}_1$ 线性无关即可.

若存在数 k_1,k_2,k_3，使 $k_1(\boldsymbol{\alpha}_1+\boldsymbol{\alpha}_2)+k_2(\boldsymbol{\alpha}_2+\boldsymbol{\alpha}_3)+k_3(\boldsymbol{\alpha}_3+\boldsymbol{\alpha}_1)=\boldsymbol{0}$，整理可得：

$$(k_1+k_3)\boldsymbol{\alpha}_1+(k_1+k_2)\boldsymbol{\alpha}_2+(k_2+k_3)\boldsymbol{\alpha}_3=\boldsymbol{0},$$

由于 $\boldsymbol{\alpha}_1,\boldsymbol{\alpha}_2,\boldsymbol{\alpha}_3$ 线性无关，所以有齐次线性方程组

$$\begin{cases}k_1+k_3=0,\\k_1+k_2=0,\\k_2+k_3=0.\end{cases} \qquad ①$$

设方程组的系数行列式为

$$\begin{vmatrix}1&0&1\\1&1&0\\0&1&1\end{vmatrix}=2\neq 0,$$

所以方程组①只有零解，即 $k_1=k_2=k_3=0$，从而 $\boldsymbol{\alpha}_1+\boldsymbol{\alpha}_2,\boldsymbol{\alpha}_2+\boldsymbol{\alpha}_3,\boldsymbol{\alpha}_3+\boldsymbol{\alpha}_1$ 线性无关，于是 $\boldsymbol{\alpha}_1+\boldsymbol{\alpha}_2$，$\boldsymbol{\alpha}_2+\boldsymbol{\alpha}_3,\boldsymbol{\alpha}_3+\boldsymbol{\alpha}_1$ 是 $\boldsymbol{Ax}=\boldsymbol{0}$的一个基础解系.

【4.25】 设向量组 $\boldsymbol{\alpha}_1,\boldsymbol{\alpha}_2,\cdots,\boldsymbol{\alpha}_r$ 是齐次线性方程组 $\boldsymbol{Ax}=\boldsymbol{0}$的一个基础解系，向量 $\boldsymbol{\beta}$ 不是方程组 $\boldsymbol{Ax}=\boldsymbol{0}$的解，即 $\boldsymbol{A\beta}\neq\boldsymbol{0}$. 证明：向量组 $\boldsymbol{\beta},\boldsymbol{\beta}+\boldsymbol{\alpha}_1,\boldsymbol{\beta}+\boldsymbol{\alpha}_2,\cdots,\boldsymbol{\beta}+\boldsymbol{\alpha}_r$ 线性无关.

证 设有一组数 $k,k_1,k_2,\cdots k_r$，使 $k\boldsymbol{\beta}+\sum\limits_{i=1}^{r}k_i(\boldsymbol{\beta}+\boldsymbol{\alpha}_i)=\boldsymbol{0}$，

则有

$$(k+\sum_{i=1}^{r}k_i)\boldsymbol{\beta}=-\sum_{i=1}^{r}k_i\boldsymbol{\alpha}_i\,. \qquad ①$$

上式两边同时左乘矩阵 $\boldsymbol{A}$ 有

$$(k+\sum_{i=1}^{r}k_i)\boldsymbol{A\beta}=-\sum_{i=1}^{r}k_i\boldsymbol{A\alpha}_i=\boldsymbol{0},$$

而 $\boldsymbol{A\beta}\neq\boldsymbol{0}$，所以必须

$$k+\sum_{i=1}^{r}k_i=0, \qquad ②$$

把②式代入①得

$$-\sum_{i=1}^{r}k_i\boldsymbol{\alpha}_i=\boldsymbol{0}.$$

由于 $\boldsymbol{\alpha}_1,\boldsymbol{\alpha}_2,\cdots,\boldsymbol{\alpha}_r$ 为 $\boldsymbol{Ax}=\boldsymbol{0}$的基础解系，$\boldsymbol{\alpha}_1,\boldsymbol{\alpha}_2,\cdots,\boldsymbol{\alpha}_r$ 必线性无关，所以 $k_1=k_2=\cdots=k_r=0$，把 $k_1=k_2=\cdots=k_r=0$ 代入②得：$k=0$.

故向量组 $\boldsymbol{\beta},\boldsymbol{\beta}+\boldsymbol{\alpha}_1,\cdots,\boldsymbol{\beta}+\boldsymbol{\alpha}_r$ 线性无关.

【4.26】 已知 $\boldsymbol{\alpha}_1=(1,4,0,2)^T,\boldsymbol{\alpha}_2=(2,7,1,3)^T,\boldsymbol{\alpha}_3=(0,1,-1,a)^T,\boldsymbol{\beta}=(3,10,b,4)^T$.

问:(1)a,b 取何值时,$\boldsymbol{\beta}$ 不能由 $\boldsymbol{\alpha}_1,\boldsymbol{\alpha}_2,\boldsymbol{\alpha}_3$ 线性表示?

(2)a,b 取何值时,$\boldsymbol{\beta}$ 可由 $\boldsymbol{\alpha}_1,\boldsymbol{\alpha}_2,\boldsymbol{\alpha}_3$ 线性表示?并写出此表达式.

解 设 $x_1\boldsymbol{\alpha}_1+x_2\boldsymbol{\alpha}_2+x_3\boldsymbol{\alpha}_3=\boldsymbol{\beta}$,则有方程组

$$\begin{cases}x_1+2x_2=3,\\4x_1+7x_2+x_3=10,\\x_2-x_3=b,\\2x_1+3x_2+ax_3=4,\end{cases}$$

对方程组的增广矩阵施以初等行变换,

$$\bar{\mathbf{A}}=\begin{bmatrix}1&2&0&3\\4&7&1&10\\0&1&-1&b\\2&3&a&4\end{bmatrix}\to\begin{bmatrix}1&2&0&3\\0&1&-1&2\\0&1&-1&b\\0&-1&a&-2\end{bmatrix}\to\begin{bmatrix}1&2&0&3\\0&1&-1&2\\0&0&a-1&0\\0&0&0&b-2\end{bmatrix}.$$

所以

(1)当 $b\neq2$ 时,$r(\mathbf{A})\neq r(\bar{\mathbf{A}})$,方程组无解,从而 $\boldsymbol{\beta}$ 不能由 $\boldsymbol{\alpha}_1,\boldsymbol{\alpha}_2,\boldsymbol{\alpha}_3$ 线性表示.

(2)当 $b=2$ 时,$r(\mathbf{A})=(\bar{\mathbf{A}})$,方程组有解,从而 $\boldsymbol{\beta}$ 可由 $\boldsymbol{\alpha}_1,\boldsymbol{\alpha}_2,\boldsymbol{\alpha}_3$ 线性表示.

(ⅰ)当 $a=1$ 时,

$$\bar{\mathbf{A}}\to\begin{bmatrix}1&2&0&3\\0&1&-1&2\\0&0&0&0\\0&0&0&0\end{bmatrix}\to\begin{bmatrix}1&0&2&-1\\0&1&-1&2\\0&0&0&0\\0&0&0&0\end{bmatrix},$$

原方程组可变为

$$\begin{cases}x_1=-2x_3-1,\\x_2=x_3+2.\end{cases}$$

所以方程组的通解为

$$k\begin{bmatrix}-2\\1\\1\end{bmatrix}+\begin{bmatrix}-1\\2\\0\end{bmatrix},$$

从而 $\boldsymbol{\beta}=(-2k-1)\boldsymbol{\alpha}_1+(k+2)\boldsymbol{\alpha}_2+k\boldsymbol{\alpha}_3$,$k$ 为任意常数.

(ⅱ)当 $a\neq1$ 时,

$$\bar{\mathbf{A}}\to\begin{bmatrix}1&2&0&3\\0&1&-1&2\\0&0&a-1&0\\0&0&0&0\end{bmatrix}\to\begin{bmatrix}1&2&0&3\\0&1&-1&2\\0&0&1&0\\0&0&0&0\end{bmatrix}\to\begin{bmatrix}1&0&0&-1\\0&1&0&2\\0&0&1&0\\0&0&0&0\end{bmatrix},$$

所以方程组的解为 $\begin{bmatrix}-1\\2\\0\end{bmatrix}$. 所以 $\boldsymbol{\beta}=-\boldsymbol{\alpha}_1+2\boldsymbol{\alpha}_2$.

点评:非齐次线性方程组 $\boldsymbol{A}\boldsymbol{x}=\boldsymbol{b}$ 的解与线性表示之间的关系：

(1)非齐次线性方程组 $\boldsymbol{A}\boldsymbol{x}=\boldsymbol{b}$ 无解的充分必要条件是常数列 $\boldsymbol{b}$ 不能由 $\boldsymbol{A}$ 的列向量组 $\boldsymbol{\alpha}_1,\boldsymbol{\alpha}_2,\cdots,\boldsymbol{\alpha}_n$ 线性表示；

(2)非齐次线性方程组 $\boldsymbol{A}\boldsymbol{x}=\boldsymbol{b}$ 有唯一解的充分必要条件是常数列 $\boldsymbol{b}$ 可由 $\boldsymbol{A}$ 的列向量组 $\boldsymbol{\alpha}_1,\boldsymbol{\alpha}_2,\cdots,\boldsymbol{\alpha}_n$ 唯一线性表示；

(3)非齐次线性方程组 $\boldsymbol{A}\boldsymbol{x}=\boldsymbol{b}$ 有无穷多解的充分必要条件是常数列 $\boldsymbol{b}$ 可由 $\boldsymbol{A}$ 的列向量组 $\boldsymbol{\alpha}_1,\boldsymbol{\alpha}_2,\cdots,\boldsymbol{\alpha}_n$ 线性表示,但表示式不唯一.

【4.27】 已知四阶方阵 $\boldsymbol{A}=(\boldsymbol{\alpha}_1,\boldsymbol{\alpha}_2,\boldsymbol{\alpha}_3,\boldsymbol{\alpha}_4)$,$\boldsymbol{\alpha}_1,\boldsymbol{\alpha}_2,\boldsymbol{\alpha}_3,\boldsymbol{\alpha}_4$ 均为四维列向量,其中 $\boldsymbol{\alpha}_2,\boldsymbol{\alpha}_3,\boldsymbol{\alpha}_4$ 线性无关,$\boldsymbol{\alpha}_1=2\boldsymbol{\alpha}_2-\boldsymbol{\alpha}_3$ 如果 $\boldsymbol{\beta}=\boldsymbol{\alpha}_1+\boldsymbol{\alpha}_2+\boldsymbol{\alpha}_3+\boldsymbol{\alpha}_4$,求线性方程组 $\boldsymbol{A}\boldsymbol{x}=\boldsymbol{\beta}$ 的通解.

解法一 令 $\boldsymbol{x}=\begin{bmatrix}x_1\\x_2\\x_3\\x_4\end{bmatrix}$,则由 $\boldsymbol{A}\boldsymbol{x}=(\boldsymbol{\alpha}_1,\boldsymbol{\alpha}_2,\boldsymbol{\alpha}_3,\boldsymbol{\alpha}_4)\begin{bmatrix}x_1\\x_2\\x_3\\x_4\end{bmatrix}=\boldsymbol{\beta}$ 得

$$x_1\boldsymbol{\alpha}_1+x_2\boldsymbol{\alpha}_2+x_3\boldsymbol{\alpha}_3+x_4\boldsymbol{\alpha}_4=\boldsymbol{\alpha}_1+\boldsymbol{\alpha}_2+\boldsymbol{\alpha}_3+\boldsymbol{\alpha}_4,$$

将 $\boldsymbol{\alpha}_1=2\boldsymbol{\alpha}_2-\boldsymbol{\alpha}_3$ 代入上式,整理后得

$$(2x_1+x_2-3)\boldsymbol{\alpha}_2+(-x_1+x_3)\boldsymbol{\alpha}_3+(x_4-1)\boldsymbol{\alpha}_4=\boldsymbol{0}.$$

由 $\boldsymbol{\alpha}_2,\boldsymbol{\alpha}_3,\boldsymbol{\alpha}_4$ 线性无关,知

$$\begin{cases}2x_1+x_2-3=0,\\-x_1+x_3=0,\\x_4-1=0.\end{cases}$$

解此方程组得

$$\begin{bmatrix}0\\3\\0\\1\end{bmatrix}+k\begin{bmatrix}1\\-2\\1\\0\end{bmatrix},\text{其中 } k \text{ 为任意常数.}$$

解法二 由 $\boldsymbol{\alpha}_2,\boldsymbol{\alpha}_3,\boldsymbol{\alpha}_4$ 线性无关和 $\boldsymbol{\alpha}_1=2\boldsymbol{\alpha}_2-\boldsymbol{\alpha}_3+0\boldsymbol{\alpha}_4$,知 $\boldsymbol{A}$ 的秩为 3,因此 $\boldsymbol{A}\boldsymbol{x}=\boldsymbol{0}$的基础解系中只包含一个向量.

由 $\boldsymbol{\alpha}_1-2\boldsymbol{\alpha}_2+\boldsymbol{\alpha}_3+0\boldsymbol{\alpha}_4=\boldsymbol{0}$知 $\begin{bmatrix}1\\-2\\1\\0\end{bmatrix}$ 为齐次线性方程组 $\boldsymbol{A}\boldsymbol{x}=\boldsymbol{0}$的一个解,所以其通解为

$$k\begin{bmatrix}1\\-2\\1\\0\end{bmatrix},\ k \text{ 为任意常数.}$$

再由 $\boldsymbol{\beta}=\boldsymbol{\alpha}_1+\boldsymbol{\alpha}_2+\boldsymbol{\alpha}_3+\boldsymbol{\alpha}_4=(\boldsymbol{\alpha}_1,\boldsymbol{\alpha}_2,\boldsymbol{\alpha}_3,\boldsymbol{\alpha}_4)\begin{bmatrix}1\\1\\1\\1\end{bmatrix}=\boldsymbol{A}\begin{bmatrix}1\\1\\1\\1\end{bmatrix}$ 知,$\begin{bmatrix}1\\1\\1\\1\end{bmatrix}$ 为非齐次线性方程组 $\boldsymbol{A}\boldsymbol{x}=\boldsymbol{\beta}$

的一个特解，于是 $\boldsymbol{Ax}=\boldsymbol{\beta}$ 的通解为

$$\begin{bmatrix}1\\1\\1\\1\end{bmatrix}+k\begin{bmatrix}1\\-2\\1\\0\end{bmatrix}\text{，其中 } k \text{ 为任意常数.}$$

点评：向量之间的线性关系与方程组的解是同一个问题的两个不同方面，本题计算中要注意把已知条件中有关向量之间的关系转化为所求非齐次线性方程组的条件用于求解. 本题为2002年考研真题.

【4.28】 已知非齐次线性方程组

$$\begin{cases}a_1x_1+a_2x_2+a_3x_3+a_4x_4=a_5,\\ b_1x_1+b_2x_2+b_3x_3+b_4x_4=b_5,\\ c_1x_1+c_2x_2+c_3x_3+c_4x_4=c_5,\\ d_1x_1+d_2x_2+d_3x_3+d_4x_4=d_5\end{cases}$$

有通解 $(2,1,0,1)^T+k(1,-1,2,0)^T$，记 $\boldsymbol{\alpha}_i=(a_i,b_i,c_i,d_i)^T$，$i=1,2,\cdots,5$. 问 $\boldsymbol{\alpha}_4$ 能否由 $\boldsymbol{\alpha}_1,\boldsymbol{\alpha}_2,\boldsymbol{\alpha}_3$ 线性表示？为什么？

解 一方面，由 $\boldsymbol{\alpha}=(1,-1,2,0)^T$ 为方程组导出组的基础解系知，基础解系所含向量个数为1，而 $n=4$，从而系数矩阵 $\mathbf{A}=(\boldsymbol{\alpha}_1,\boldsymbol{\alpha}_2,\boldsymbol{\alpha}_3,\boldsymbol{\alpha}_4)$ 的秩 $r(\mathbf{A})=4-1=3$，即

$$r(\boldsymbol{\alpha}_1,\boldsymbol{\alpha}_2,\boldsymbol{\alpha}_3,\boldsymbol{\alpha}_4)=3. \qquad ①$$

另一方面，$\boldsymbol{\alpha}=(1,-1,2,0)^T$ 必满足 $\mathbf{A}\boldsymbol{\alpha}=\mathbf{0}$. 也即

$$(\boldsymbol{\alpha}_1,\boldsymbol{\alpha}_2,\boldsymbol{\alpha}_3,\boldsymbol{\alpha}_4)\begin{bmatrix}1\\-1\\2\\0\end{bmatrix}=\mathbf{0},$$

得

$$\boldsymbol{\alpha}_1-\boldsymbol{\alpha}_2+2\boldsymbol{\alpha}_3+0\boldsymbol{\alpha}_4=\mathbf{0},$$

这说明 $\boldsymbol{\alpha}_1,\boldsymbol{\alpha}_2,\boldsymbol{\alpha}_3$ 线性相关，从而

$$r(\boldsymbol{\alpha}_1,\boldsymbol{\alpha}_2,\boldsymbol{\alpha}_3)<3. \qquad ②$$

结合①，②式可说明 $\boldsymbol{\alpha}_4$ 不能由 $\boldsymbol{\alpha}_1,\boldsymbol{\alpha}_2,\boldsymbol{\alpha}_3$ 线性表示.

题型6：方程组的同解、公共解

【4.29】 设四元齐次线性方程组（Ⅰ）为 $\begin{cases}2x_1+3x_2-x_3=0,\\ x_1+2x_2+x_3-x_4=0,\end{cases}$ 且已知另一四元齐次线性方程组（Ⅱ）的一个基础解系为 $\boldsymbol{\alpha}_1=(2,-1,a+2,1)^T$，$\boldsymbol{\alpha}_2=(-1,2,4,a+8)^T$.

(1)求方程组（Ⅰ）的一个基础解系；

(2)当 a 为何值时，方程组（Ⅰ）与（Ⅱ）有非零公共解？在有非零公共解时，求出全部非零公共解.

解法一 (1)对方程组（Ⅰ）的系数矩阵作初等行变换，有

$$\mathbf{A}=\begin{bmatrix}2&3&-1&0\\1&2&1&-1\end{bmatrix}\to\begin{bmatrix}1&0&-5&3\\0&1&3&-2\end{bmatrix},$$

得方程组(Ⅰ)的同解方程组

$$\begin{cases}x_1=5x_3-3x_4,\\x_2=-3x_3+2x_4.\end{cases}$$

由此可得方程组(Ⅰ)的一个基础解系为

$$\boldsymbol{\beta}_1=(5,-3,1,0)^T,\quad \boldsymbol{\beta}_2=(-3,2,0,1)^T.$$

(2)由题设条件,方程组(Ⅱ)的全部解为

$$k_1\boldsymbol{\alpha}_1+k_2\boldsymbol{\alpha}_2=\begin{bmatrix}2k_1-k_2\\-k_1+2k_2\\(a+2)k_1+4k_2\\k_1+(a+8)k_2\end{bmatrix},\ k_1,k_2\text{ 为任意常数.}\qquad ①$$

将①式代入方程组(Ⅰ),得

$$\begin{cases}(a+1)k_1=0,\\(a+1)k_1-(a+1)k_2=0.\end{cases}\qquad ②$$

要使方程组(Ⅰ)与(Ⅱ)有非零公共解,只需关于 k_1,k_2 的方程组②有非零解.因为

$$\begin{vmatrix}a+1&0\\a+1&-(a+1)\end{vmatrix}=-(a+1)^2,$$

所以,当 $a\neq-1$ 时,方程组(Ⅰ)与(Ⅱ)无非零公共解.

当 $a=-1$ 时,方程组②有非零解,且 k_1,k_2 为不全为零的任意常数.此时,由①可得方程组(Ⅰ)与(Ⅱ)的全部非零公共解为

$$k_1\begin{bmatrix}2\\-1\\1\\1\end{bmatrix}+k_2\begin{bmatrix}-1\\2\\4\\7\end{bmatrix},$$

其中 k_1,k_2 为不全为零的任意常数.

解法二 (1)对方程组(Ⅰ)的系数矩阵作初等行变换,有

$$\boldsymbol{A}=\begin{bmatrix}2&3&-1&0\\1&2&1&-1\end{bmatrix}\to\begin{bmatrix}-2&-3&1&0\\-3&-5&0&1\end{bmatrix}.$$

得方程组(Ⅰ)的同解方程组

$$\begin{cases}x_3=2x_1+3x_2,\\x_4=3x_1+5x_2.\end{cases}$$

由此可得方程组(Ⅰ)的一个基础解系为

$$\boldsymbol{\beta}_1=(1,0,2,3)^T,\qquad \boldsymbol{\beta}_2=(0,1,3,5)^T.$$

(2)设方程组(Ⅰ)与(Ⅱ)的公共解为 $\boldsymbol{\eta}$,则有数 k_1,k_2,k_3,k_4,使得

$$\boldsymbol{\eta}=k_1\boldsymbol{\beta}_1+k_2\boldsymbol{\beta}_2=k_3\boldsymbol{\alpha}_1+k_4\boldsymbol{\alpha}_2.$$

由此得线性方程组

$$(\text{Ⅲ})\begin{cases}-k_1+2k_3-k_4=0,\\-k_2-k_3+2k_4=0,\\-2k_1-3k_2+(a+2)k_3+4k_4=0,\\-3k_1-5k_2+k_3+(a+8)k_4=0,\end{cases}$$

对方程组(Ⅲ)的系数矩阵作初等行变换,有

$$\begin{bmatrix}-1&0&2&-1\\0&-1&-1&2\\-2&-3&a+2&4\\-3&-5&1&a+8\end{bmatrix}\to\begin{bmatrix}1&0&-2&1\\0&1&1&-2\\0&0&a+1&0\\0&0&0&a+1\end{bmatrix},$$

由此可知,当 $a\neq-1$ 时,方程组(Ⅲ)仅有零解,故方程组(Ⅰ)与(Ⅱ)无非零公共解.

当 $a=-1$ 时,方程组(Ⅲ)的同解方程组为

$$\begin{cases}k_1=2k_3-k_4,\\k_2=-k_3+2k_4,\end{cases}$$

令 $k_3=c_1,k_4=c_2$,得方程组(Ⅰ)与(Ⅱ)的非零公共解为

$$c_1\begin{bmatrix}2\\-1\\1\\1\end{bmatrix}+c_2\begin{bmatrix}-1\\2\\4\\7\end{bmatrix},$$

其中 c_1,c_2 为不全为零的任意常数.

点评:若已知条件为给定方程组(Ⅰ)的一般表示式及方程组(Ⅱ)的基础解系,要求方程组(Ⅰ)与(Ⅱ)的公共解,则只须把方程组(Ⅱ)的通解代入(Ⅰ)中去,讨论任意常数所满足的条件,从而得公共解.若求非零公共解,则需注意最后得到的公共解中要把零解去掉.本题为 2002 年考研真题.

【4.30】 已知下列非齐次线性方程组

$$(\text{Ⅰ})\begin{cases}x_1+x_2-2x_4=-6,\\4x_1-x_2-x_3-x_4=1,\\3x_1-x_2-x_3=3,\end{cases}\qquad(\text{Ⅱ})\begin{cases}x_1+mx_2-x_3-x_4=-5,\\nx_2-x_3-2x_4=-11,\\x_3-2x_4=-t+1,\end{cases}$$

(1)求解方程组(Ⅰ),用其导出组的基础解系表示通解;

(2)当方程组(Ⅱ)中的参数 m,n,t 为何值时,方程组(Ⅰ)与(Ⅱ)同解.

解 (1)设方程组(Ⅰ)的系数矩阵为 $\boldsymbol{A}_1$,增广矩阵为 $\overline{\boldsymbol{A}}_1$,对 $\overline{\boldsymbol{A}}_1$ 作初等行变换,得

$$\overline{\boldsymbol{A}}_1=\left[\begin{array}{cccc:c}1&1&0&-2&-6\\4&-1&-1&-1&1\\3&-1&-1&0&3\end{array}\right]\to\left[\begin{array}{cccc:c}1&0&0&-1&-2\\0&1&0&-1&-4\\0&0&1&-2&-5\end{array}\right],$$

由于 $r(\boldsymbol{A}_1)=r(\overline{\boldsymbol{A}}_1)=3<4$,所以方程组有无穷多解,且通解为

$$\begin{bmatrix}-2\\-4\\-5\\0\end{bmatrix}+k\begin{bmatrix}1\\1\\2\\1\end{bmatrix},\text{其中 }k\text{ 为任意常数.}$$

(2)记(Ⅰ)的特解

$$\boldsymbol{\eta}=\begin{bmatrix}-2\\-4\\-5\\0\end{bmatrix},$$

将(Ⅰ)的特解 $\boldsymbol{\eta}$ 代入(Ⅱ)的第一个方程,得 $-2-4m+5=-5$,解得 $m=2$,

将(Ⅰ)的特解 $\boldsymbol{\eta}$ 代入(Ⅱ)的第二个方程,得 $-4n+5=-11$,从而 $n=4$,

将(Ⅰ)的特解 $\boldsymbol{\eta}$ 代入(Ⅱ)的第三个方程,得 $-5=-t+1$,解得 $t=6$.

因此,方程组(Ⅱ)的参数 $m=2,n=4,t=6$,即当 $m=2,n=4,t=6$ 时,方程组(Ⅰ)的全部解都是方程组(Ⅱ)的解,这时,方程组(Ⅱ)化为

$$(\text{Ⅱ})\begin{cases}x_1+2x_2-x_3-x_4=-5,\\4x_2-x_3-2x_4=-11,\\x_3-2x_4=-5.\end{cases}$$

设方程组(Ⅱ)的系数矩阵为 $\boldsymbol{A}_2$,增广矩阵为 $\overline{\boldsymbol{A}}_2$,对 $\overline{\boldsymbol{A}}_2$ 施以初等行变换,得

$$\overline{\boldsymbol{A}}_2=\left[\begin{array}{cccc:c}1&2&-1&-1&-5\\0&4&-1&-2&-11\\0&0&1&-2&-5\end{array}\right]\rightarrow\left[\begin{array}{cccc:c}1&0&0&-1&-2\\0&1&0&-1&-4\\0&0&1&-2&-5\end{array}\right],$$

于是方程组(Ⅱ)的通解为

$$\begin{bmatrix}-2\\-4\\-5\\0\end{bmatrix}+k\begin{bmatrix}1\\1\\2\\1\end{bmatrix},\text{其中 } k \text{ 为任意常数.}$$

显然,方程组(Ⅰ)、(Ⅱ)的解完全相同,即方程组(Ⅰ)、(Ⅱ)同解.

点评:本题为 1998 年考研真题.

【4.31】 设 $\boldsymbol{A}$ 为 $m\times n$ 矩阵,$\boldsymbol{B}$ 是 $n\times s$ 矩阵,证明 $(\boldsymbol{AB})\boldsymbol{x}=\boldsymbol{0}$ 与 $\boldsymbol{Bx}=\boldsymbol{0}$ 同解的充分必要条件是 $r(\boldsymbol{AB})=r(\boldsymbol{B})$.

证 必要性:已知 $(\boldsymbol{AB})\boldsymbol{x}=\boldsymbol{0}$ 与 $\boldsymbol{Bx}=\boldsymbol{0}$ 同解,则两个线性方程组的基础解系也完全相同,当然基础解系所包括的线性无关解的个数完全相等,即 $s-r(\boldsymbol{AB})=s-r(\boldsymbol{B})$,所以 $r(\boldsymbol{AB})=r(\boldsymbol{B})$.

充分性:设 $\boldsymbol{\xi}$ 是 $\boldsymbol{Bx}=\boldsymbol{0}$ 的任一解向量,即 $\boldsymbol{B\xi}=\boldsymbol{0}$,两边左乘 $\boldsymbol{A}$,得 $\boldsymbol{AB\xi}=\boldsymbol{0}$,即 $\boldsymbol{\xi}$ 也是 $\boldsymbol{ABx}=\boldsymbol{0}$ 的解,所以 $\boldsymbol{Bx}=\boldsymbol{0}$ 的解集含于 $\boldsymbol{ABx}=\boldsymbol{0}$ 的解集中.已知 $r(\boldsymbol{B})=r(\boldsymbol{AB})=r$,若 $r<s$,设 $\boldsymbol{\xi}_1,\boldsymbol{\xi}_2,\cdots,\boldsymbol{\xi}_{s-r}$ 为 $\boldsymbol{Bx}=\boldsymbol{0}$ 的基础解系,则它们必含于 $\boldsymbol{ABx}=\boldsymbol{0}$ 的解集中,而 $\boldsymbol{ABx}=\boldsymbol{0}$ 的基础解系也应含有 $s-r$ 个线性无关解向量.故 $\boldsymbol{\xi}_1,\boldsymbol{\xi}_2,\cdots,\boldsymbol{\xi}_{s-r}$ 也构成了 $\boldsymbol{ABx}=\boldsymbol{0}$ 的一组基础解系.两个线性方程组基础解系完全相同,则解集必然相等.

又若 $r(\boldsymbol{B})=r(\boldsymbol{AB})=r=s$,则两个线性方程组均只有零解,自然解集也相等.

题型 7:综合例题

【4.32】 设有三张不同平面的方程 $a_{i1}x+a_{i2}y+a_{i3}z=b_i\,(i=1,2,3)$,它们所组成的线性方程组的系数矩阵与增广矩阵的秩都为 2,则这三张平面可能的位置关系为______.

解 对于非齐次线性方程组

$$\begin{cases}a_{11}x+a_{12}y+a_{13}z=b_1,\\a_{21}x+a_{22}y+a_{23}z=b_2,\\a_{31}x+a_{32}y+a_{33}z=b_3,\end{cases}$$

由 $r(\boldsymbol{A})=r(\overline{\boldsymbol{A}})=2<3=$ 未知量个数知方程组有无穷多解,即三平面共线.

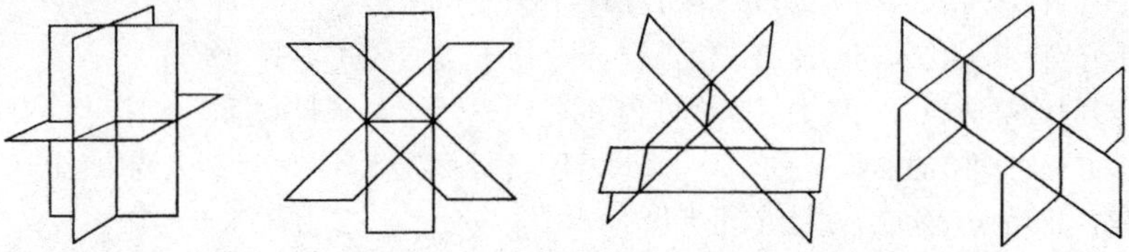

(A) (B) (C) (D)

故应选(B).

点评:本题为2002年考研真题.

【4.33】 设 $\boldsymbol{\alpha}_1=\begin{bmatrix}a_1\\a_2\\a_3\end{bmatrix}$, $\boldsymbol{\alpha}_2=\begin{bmatrix}b_1\\b_2\\b_3\end{bmatrix}$, $\boldsymbol{\alpha}_3=\begin{bmatrix}c_1\\c_2\\c_3\end{bmatrix}$,则三条直线

$$a_1x+b_1y+c_1=0,$$
$$a_2x+b_2y+c_2=0,$$
$$a_3x+b_3y+c_3=0$$

(其中 $a_i^2+b_i^2\neq0$, $i=1,2,3$) 交于一点的充要条件是______.

(A)$\boldsymbol{\alpha}_1,\boldsymbol{\alpha}_2,\boldsymbol{\alpha}_3$ 线性相关

(B)$\boldsymbol{\alpha}_1,\boldsymbol{\alpha}_2,\boldsymbol{\alpha}_3$ 线性无关

(C)秩 $r(\boldsymbol{\alpha}_1,\boldsymbol{\alpha}_2,\boldsymbol{\alpha}_3)=$秩 $r(\boldsymbol{\alpha}_1,\boldsymbol{\alpha}_2)$

(D)$\boldsymbol{\alpha}_1,\boldsymbol{\alpha}_2,\boldsymbol{\alpha}_3$ 线性相关,$\boldsymbol{\alpha}_1,\boldsymbol{\alpha}_2$ 线性无关

解 三条直线交于一点的等价条件是非齐次线性方程组

$$\begin{cases}a_1x+b_1y=-c_1,\\a_2x+b_2y=-c_2,\\a_3x+b_3y=-c_3\end{cases}$$

有唯一解,即 $r(\mathbf{A})=r(\overline{\mathbf{A}})=2$.

$$\mathbf{A}=\begin{bmatrix}a_1&b_1\\a_2&b_2\\a_3&b_3\end{bmatrix},\qquad \overline{\mathbf{A}}=\begin{bmatrix}a_1&b_1&-c_1\\a_2&b_2&-c_2\\a_3&b_3&-c_3\end{bmatrix},$$

故 $r(\mathbf{A})=2$ 说明 $\boldsymbol{\alpha}_1,\boldsymbol{\alpha}_2$ 线性无关. $r(\overline{\mathbf{A}})=2$ 说明 $\boldsymbol{\alpha}_1,\boldsymbol{\alpha}_2,-\boldsymbol{\alpha}_3$ 线性相关. 即存在 k_1,k_2,k_3,使 $k_1\boldsymbol{\alpha}_1+k_2\boldsymbol{\alpha}_2-k_3\boldsymbol{\alpha}_3=\mathbf{0}$成立,并且 $k_3\neq0$. 令 $l_1=k_1,l_2=k_2,l_3=-k_3$,则存在一组不全为零的数,使 $l_1\boldsymbol{\alpha}_1+l_2\boldsymbol{\alpha}_2+l_3\boldsymbol{\alpha}_3=\mathbf{0}$成立,从而说明 $\boldsymbol{\alpha}_1,\boldsymbol{\alpha}_2,\boldsymbol{\alpha}_3$ 线性相关.

故应选(D).

点评:三条直线有交点的充要条件是 $\boldsymbol{\alpha}_1,\boldsymbol{\alpha}_2,\boldsymbol{\alpha}_3$ 线性相关,若要保证三条直线只有一个交点,则应在它们有交点的情况下,两两不能重合,即 $\boldsymbol{\alpha}_1\neq k\boldsymbol{\alpha}_2$($k\neq0$ 为常数),从而 $r(\boldsymbol{\alpha}_1,\boldsymbol{\alpha}_2)=2$,即 $\boldsymbol{\alpha}_1,\boldsymbol{\alpha}_2$ 线性无关. 本题为1997年考研真题.

【4.34】 设矩阵 $\begin{bmatrix}a_1&b_1&c_1\\a_2&b_2&c_2\\a_3&b_3&c_3\end{bmatrix}$ 是满秩的,则直线 L_1: $\dfrac{x-a_3}{a_1-a_2}=\dfrac{y-b_3}{b_1-b_2}=\dfrac{z-c_3}{c_1-c_2}$ 与直线

$L_2: \dfrac{x-a_1}{a_2-a_3}=\dfrac{y-b_1}{b_2-b_3}=\dfrac{z-c_1}{c_2-c_3}$ ______.

(A)相交于一点 (B)重合 (C)平行但不重合 (D)异面

解 因为

$$\begin{bmatrix} a_1 & b_1 & c_1 \\ a_2 & b_2 & c_2 \\ a_3 & b_3 & c_3 \end{bmatrix} \xrightarrow{\text{初等行变换}} \begin{bmatrix} a_1-a_2 & b_1-b_2 & c_1-c_2 \\ a_2-a_3 & b_2-b_3 & c_2-c_3 \\ a_3 & b_3 & c_3 \end{bmatrix},$$

而初等变换不改变矩阵的秩，所以 $\boldsymbol{n}_1=(a_1-a_2,b_1-b_2,c_1-c_2)$，$\boldsymbol{n}_2=(a_2-a_3,b_2-b_3,c_2-c_3)$ 线性无关，从而两条直线不可能平行或重合，排除(B)、(C).

假设两直线相交，且此时 L_1 对应参数值为 m，L_2 对应参数值为 n，即有

$$\frac{x-a_3}{a_1-a_2}=\frac{y-b_3}{b_1-b_2}=\frac{z-c_3}{c_1-c_2}=m, \qquad \frac{x-a_1}{a_2-a_3}=\frac{y-b_1}{b_2-b_3}=\frac{z-c_1}{c_2-c_3}=n.$$

则

$$\begin{cases} a_3+(a_1-a_2)m=a_1+(a_2-a_3)n, \\ b_3+(b_1-b_2)m=b_1+(b_2-b_3)n, \\ c_3+(c_1-c_2)m=c_1+(c_2-c_3)n. \end{cases}$$

讨论线性方程组

$$\begin{cases} (a_1-a_2)m+(a_3-a_2)n=a_1-a_3, \\ (b_1-b_2)m+(b_3-b_2)n=b_1-b_3, \\ (c_1-c_2)m+(c_3-c_2)n=c_1-c_3. \end{cases}$$

$$\overline{\mathbf{A}}=\left[\begin{array}{cc:c} a_1-a_2 & a_3-a_2 & a_1-a_3 \\ b_1-b_2 & b_3-b_2 & b_1-b_3 \\ c_1-c_2 & c_3-c_2 & c_1-c_3 \end{array}\right] \xrightarrow{\text{初等列变换}} \left[\begin{array}{cc:c} a_1-a_2 & a_3-a_2 & 0 \\ b_1-b_2 & b_3-b_2 & 0 \\ c_1-c_2 & c_3-c_2 & 0 \end{array}\right],$$

则 $r(\mathbf{A})=r(\overline{\mathbf{A}})=2=$ 未知量个数，线性方程组只有唯一解，所以两直线相交于一点.

故应选(A).

点评：本题为 1998 年考研真题.

【4.35】 已知平面上三条不同直线的方程分别为

$$l_1: ax+2by+3c=0,$$
$$l_2: bx+2cy+3a=0,$$
$$l_3: cx+2ay+3b=0.$$

试证这三条直线交于一点的充分必要条件为 $a+b+c=0$.

证法一 必要性：设三直线 l_1,l_2,l_3 交于一点，则线性方程组

$$\begin{cases} ax+2by=-3c, \\ bx+2cy=-3a, \\ cx+2ay=-3b \end{cases} \qquad ①$$

有唯一解，故系数矩阵 $\mathbf{A}=\begin{bmatrix} a & 2b \\ b & 2c \\ c & 2a \end{bmatrix}$ 与增广矩阵 $\overline{\mathbf{A}}=\begin{bmatrix} a & 2b & -3c \\ b & 2c & -3a \\ c & 2a & -3b \end{bmatrix}$ 的秩均为 2，于是 $|\overline{\mathbf{A}}|=0$.

由于

$$|\overline{\mathbf{A}}|=\begin{vmatrix} a & 2b & -3c \\ b & 2c & -3a \\ c & 2a & -3b \end{vmatrix}=6(a+b+c)(a^2+b^2+c^2-ab-ac-bc)$$

$$=3(a+b+c)((a-b)^2+(b-c)^2+(c-a)^2),$$

但$(a-b)^2+(b-c)^2+(c-a)^2\neq 0$,故 $a+b+c=0$.

充分性:由 $a+b+c=0$,则从必要性的证明可知,$|\overline{\mathbf{A}}|=0$,故秩$(\overline{\mathbf{A}})<3$.

由于

$$\begin{vmatrix} a & 2b \\ b & 2c \end{vmatrix}=2(ac-b^2)=-2[a(a+b)+b^2]=-2[(a+\frac{1}{2}b)^2+\frac{3}{4}b^2]\neq 0,$$

故秩$(\mathbf{A})=2$. 于是,

$$秩(\mathbf{A})=秩(\overline{\mathbf{A}})=2.$$

因此方程组①有唯一解,即三直线 l_1,l_2,l_3 交于一点.

证法二 必要性:设三直线交于一点(x_0,y_0),则$\begin{bmatrix} x_0 \\ y_0 \\ 1 \end{bmatrix}$为 $\mathbf{A}\boldsymbol{x}=\mathbf{0}$ 的非零解,其中

$$\mathbf{A}=\begin{bmatrix} a & 2b & 3c \\ b & 2c & 3a \\ c & 2a & 3b \end{bmatrix}.$$

于是$|\mathbf{A}|=0$. 而

$$|\mathbf{A}|=\begin{vmatrix} a & 2b & 3c \\ b & 2c & 3a \\ c & 2a & 3b \end{vmatrix}=-6(a+b+c)(a^2+b^2+c^2-ab-bc-ac)$$

$$=-3(a+b+c)((a-b)^2+(b-c)^2+(c-a)^2),$$

但$(a-b)^2+(b-c)^2+(c-a)^2\neq 0$,故 $a+b+c=0$.

充分性:考虑线性方程组

$$\begin{cases} ax+2by=-3c, \\ bx+2cy=-3a, \\ cx+2ay=-3b. \end{cases} \quad ①$$

将方程组①的三个方程相加,并由 $a+b+c=0$ 可知,方程组①等价于方程组

$$\begin{cases} ax+2by=-3c, \\ bx+2cy=-3a. \end{cases} \quad ②$$

因为

$$\begin{vmatrix} a & 2b \\ b & 2c \end{vmatrix}=2(ac-b^2)=-2[a(a+b)+b^2]=-[a^2+b^2+(a+b)^2]\neq 0,$$

故方程组②有唯一解,所以方程组①有唯一解,即三直线 l_1,l_2,l_3 交于一点.

【4.36】 设 $\boldsymbol{A}^2=\boldsymbol{E}$,$\boldsymbol{E}$ 为单位矩阵,则下列正确的是______.

(A)$\boldsymbol{A}-\boldsymbol{E}$ 可逆 (B)$\boldsymbol{A}+\boldsymbol{E}$ 可逆

(C)$A\neq E$ 时,$A+E$ 可逆　　　　(D)$A\neq E$ 时,$A+E$ 不可逆

解　应用排除法(A),(B),(C)不正确.事实上当 $A=E$ 时,则 $A^2=E$,而 $A-E$ 不可逆;当 $A=-E$ 时,$A^2=E$,但 $A+E$ 亦不可逆.因而只有(D)正确.

也可直接判定(D)是正确的选项.由于 $A^2=E$,所以 $(A+E)(A-E)=0$,故 $A\neq E$ 时方程组 $(A+E)x=0$ 有非零解,因此 $|A+E|=0$,即 $A+E$ 不可逆.

故应选(D).

【4.37】　已知 n 元非齐次线性方程组 $Ax=b$ 有解,其中 A 为 $(n+1)\times n$ 矩阵,则行列式 $|A\vdots b|=$______.

解　因方程组 $Ax=b$ 有解,故 $r(A)=r(A\vdots b)$.

又 A 为 $(n+1)\times n$ 矩阵,$r(A)<n+1$,从而

$$r(A\vdots b)<n+1,\qquad 即\quad |A\vdots b|=0.$$

故应填 0.

【4.38】　若方程 $a_1x^{n-1}+a_2x^{n-2}+\cdots+a_{n-1}x+a_n=0$ 有 n 个不相等实根,则必有______.

(A) $a_1,a_2,\cdots,a_n$ 全为零　　　　(B) $a_1,a_2,\cdots,a_n$ 不全为零

(C) $a_1,a_2,\cdots,a_n$ 全不为零　　　　(D) $a_1,a_2,\cdots,a_n$ 为任意常数

解　设方程的 n 个不相等实根为 $x_1,x_2,\cdots,x_n$,则有

$$\begin{cases}a_n+a_{n-1}x_1+\cdots+a_2x_1^{n-2}+a_1x_1^{n-1}=0,\\ a_n+a_{n-1}x_2+\cdots+a_2x_2^{n-2}+a_1x_2^{n-1}=0,\\ \cdots\cdots\cdots\cdots\\ a_n+a_{n-1}x_n+\cdots+a_2x_n^{n-2}+a_1x_n^{n-1}=0.\end{cases}$$

若 $x_1,x_2,\cdots,x_n$ 已知,求 $a_1,a_2,\cdots,a_n$,这是一个齐次线性方程组,其系数矩阵的行列式是

$$\begin{vmatrix}1 & x_1 & x_1^2 & \cdots & x_1^{n-1}\\ 1 & x_2 & x_2^2 & \cdots & x_2^{n-1}\\ \cdots & \cdots & \cdots & \cdots & \cdots\\ 1 & x_n & x_n^2 & \cdots & x_n^{n-1}\end{vmatrix}=\prod_{1\leqslant i<j\leqslant n}(x_j-x_i)\neq 0,$$

所以齐次线性方程组只有零解,即

$$a_1=a_2=\cdots=a_n=0.$$

故应选(A).

【4.39】　已知三阶方阵 $B\neq 0$,且 B 的每一个列向量都是以下方程组的解

$$\begin{cases}x_1+2x_2-2x_3=0,\\ 2x_1-x_2+\lambda x_3=0,\\ 3x_1+x_2-x_3=0.\end{cases}$$

(1)求 λ 的值;

(2)证明 $|B|=0$.

(1)**解**　因为 $B\neq 0$,故 B 中至少有一列是非零向量,依题意,所给齐次线性方程组有非零解,故必有系数行列式

$$|\boldsymbol{A}|=\begin{vmatrix}1&2&-2\\2&-1&\lambda\\3&1&-1\end{vmatrix}=5(\lambda-1)=0,$$

由此可得 $\lambda=1$.

(2)**证法一** 当 $\lambda=1$ 时,矩阵

$$\boldsymbol{A}=\begin{bmatrix}1&2&-2\\2&-1&1\\3&1&-1\end{bmatrix}\neq\boldsymbol{0},$$

$r(\boldsymbol{A})\geqslant 1$,则方程组 $\boldsymbol{Ax}=\boldsymbol{0}$基础解系中含线性无关解的个数$\leqslant 3-1$,故 $\boldsymbol{B}$ 的列向量组的秩小于等于 2,因此$|\boldsymbol{B}|=0$.

证法二 设 $\boldsymbol{B}$ 的列向量为 $\boldsymbol{\beta}_1,\boldsymbol{\beta}_2,\boldsymbol{\beta}_3$,由题意 $\boldsymbol{A\beta}_1=\boldsymbol{0},\boldsymbol{A\beta}_2=\boldsymbol{0},\boldsymbol{A\beta}_3=\boldsymbol{0}$,则

$$\boldsymbol{AB}=\boldsymbol{A}(\boldsymbol{\beta}_1,\boldsymbol{\beta}_2,\boldsymbol{\beta}_3)=\boldsymbol{0}.$$

因为 $\boldsymbol{A}\neq\boldsymbol{0}$,故必有$|\boldsymbol{B}|=0$.

否则,若$|\boldsymbol{B}|\neq 0$,则 $\boldsymbol{B}$ 可逆,从而由 $\boldsymbol{AB}=\boldsymbol{0}$可得 $\boldsymbol{A}=\boldsymbol{0}$,与 $\boldsymbol{A}\neq\boldsymbol{0}$矛盾,故$|\boldsymbol{B}|=0$.

【4.40】 设 $\boldsymbol{A}$ 为 $m\times n$ 矩阵,秩为 m;$\boldsymbol{B}$ 为 $n\times(n-m)$矩阵,秩为 $n-m$;又知 $\boldsymbol{AB}=\boldsymbol{0}$,$\boldsymbol{\alpha}$ 是满足条件 $\boldsymbol{A\alpha}=\boldsymbol{0}$的一个 n 维列向量.证明:存在唯一的一个 $n-m$ 维列向量 $\boldsymbol{\beta}$,使得 $\boldsymbol{\alpha}=\boldsymbol{B\beta}$.

证 设 $\boldsymbol{\eta}_1,\boldsymbol{\eta}_2,\cdots,\boldsymbol{\eta}_{n-m}$是矩阵 $\boldsymbol{B}$ 的 $n-m$ 个列向量,由于 $r(\boldsymbol{B})=n-m$,所以 $\boldsymbol{\eta}_1,\boldsymbol{\eta}_2,\cdots,\boldsymbol{\eta}_{n-m}$ 线性无关.

又由 $\boldsymbol{AB}=\boldsymbol{0}$,可知 $\boldsymbol{A\eta}_i=\boldsymbol{0}$ $(i=1,2,\cdots,n-m)$,从而 $\boldsymbol{\eta}_1,\boldsymbol{\eta}_2,\cdots,\boldsymbol{\eta}_{n-m}$是线性方程组 $\boldsymbol{Ax}=\boldsymbol{0}$的 $n-m$ 个线性无关的解向量.

又因为 $r(\boldsymbol{A})=m$,所以方程组 $\boldsymbol{Ax}=\boldsymbol{0}$的基础解系含有 $n-m$ 个解向量.

综上可知矩阵 $\boldsymbol{B}$ 的 $n-m$ 个列向量 $\boldsymbol{\eta}_1,\boldsymbol{\eta}_2,\cdots,\boldsymbol{\eta}_{n-m}$是方程组 $\boldsymbol{Ax}=\boldsymbol{0}$的基础解系.

因为 $\boldsymbol{A\alpha}=\boldsymbol{0}$,所以 $\boldsymbol{\alpha}$ 是方程 $\boldsymbol{Ax}=\boldsymbol{0}$的一个解向量,从而存在一组数 $k_1,k_2,\cdots,k_{n-m}$,使

$$\begin{aligned}\boldsymbol{\alpha}&=k_1\boldsymbol{\eta}_1+k_2\boldsymbol{\eta}_2+k_3\boldsymbol{\eta}_3+\cdots+k_{n-m}\boldsymbol{\eta}_{n-m}\\&=(\boldsymbol{\eta}_1,\boldsymbol{\eta}_2,\cdots,\boldsymbol{\eta}_{n-m})(k_1,k_2,\cdots,k_{n-m})^T,\end{aligned}$$

取 $\boldsymbol{\beta}=(k_1,k_2,\cdots,k_{n-m})^T$,则 $\boldsymbol{\alpha}=\boldsymbol{B\beta}$.

最后证明唯一性.

假设 $\boldsymbol{\beta}_1,\boldsymbol{\beta}_2$ 是两个 $n-m$ 维列向量,满足 $\boldsymbol{\alpha}=\boldsymbol{B\beta}_1,\boldsymbol{\alpha}=\boldsymbol{B\beta}_2$,则 $\boldsymbol{B}(\boldsymbol{\beta}_1-\boldsymbol{\beta}_2)=\boldsymbol{0}$;又因为 $r(\boldsymbol{B})=n-m$,所以方程组 $\boldsymbol{Bx}=\boldsymbol{0}$只有零解,从而 $\boldsymbol{\beta}_1-\boldsymbol{\beta}_2=\boldsymbol{0}$,即 $\boldsymbol{\beta}_1=\boldsymbol{\beta}_2$.所以满足 $\boldsymbol{\alpha}=\boldsymbol{B\beta}$ 的 $n-m$ 维列向量 $\boldsymbol{\beta}$ 是唯一的.

【4.41】 设 $\boldsymbol{B}$ 是秩为 2 的 5×4 阵,$\boldsymbol{\alpha}_1=(1,1,2,3)^T$, $\boldsymbol{\alpha}_2=(-1,1,4,-1)^T$, $\boldsymbol{\alpha}_3=(5,-1,-8,9)^T$ 是齐次线性方程组 $\boldsymbol{Bx}=\boldsymbol{0}$的解向量,求 $\boldsymbol{Bx}=\boldsymbol{0}$的解空间的一个标准正交基.

解 因为矩阵 $\boldsymbol{B}$ 的秩为 2,所以齐次线性方程组 $\boldsymbol{Bx}=\boldsymbol{0}$的解空间的维数应为 $4-2=2$.而 $\boldsymbol{\alpha}_1,\boldsymbol{\alpha}_2$ 线性无关,故 $\boldsymbol{\alpha}_1,\boldsymbol{\alpha}_2$ 是解空间的基.

取 $\boldsymbol{\beta}_1=\boldsymbol{\alpha}_1=(1,1,2,3)^T$,则

$$\boldsymbol{\beta}_2=\boldsymbol{\alpha}_2-\frac{(\boldsymbol{\alpha}_2,\boldsymbol{\beta}_1)}{(\boldsymbol{\beta}_1,\boldsymbol{\beta}_1)}\boldsymbol{\beta}_1=(-1,1,4,-1)^T-\frac{1}{3}(1,1,2,3)^T=\left(-\frac{4}{3},\frac{2}{3},\frac{10}{3},-2\right)^T,$$

再单位化,

$$\boldsymbol{\varepsilon}_1=\frac{1}{\sqrt{15}}(1,1,2,3)^T,\ \boldsymbol{\varepsilon}_2=\frac{1}{\sqrt{39}}(-2,1,5,-3)^T.$$

则 $\boldsymbol{\varepsilon}_1,\boldsymbol{\varepsilon}_2$ 即为所求的 $\boldsymbol{B}\boldsymbol{x}=\boldsymbol{0}$解空间的一个标准正交基.

第五章　矩阵的特征值与特征向量

§1. 矩阵的特征值与特征向量

知 识 要 点

1. 基本概念

设 $\boldsymbol{A}$ 为 n 阶矩阵，λ 是一个数，若存在一个 n 维非零列向量 $\boldsymbol{x}$ 使 $\boldsymbol{Ax}=\lambda\boldsymbol{x}$ 成立，则称 λ 为 $\boldsymbol{A}$ 的一个特征值，相应的非零列向量 $\boldsymbol{x}$ 称为 $\boldsymbol{A}$ 的属于 λ 的特征向量.

$\lambda\boldsymbol{E}-\boldsymbol{A}$ 称为 $\boldsymbol{A}$ 的特征矩阵，$|\lambda\boldsymbol{E}-\boldsymbol{A}|$ 称为 $\boldsymbol{A}$ 的特征多项式，$|\lambda\boldsymbol{E}-\boldsymbol{A}|=0$ 称为 $\boldsymbol{A}$ 的特征方程.

2. 特征值的性质及运算

若 λ 是 $\boldsymbol{A}$ 的特征值，则

(1)$k\lambda$ 是 $k\boldsymbol{A}$ 的特征值.

(2)λ^m 是 $\boldsymbol{A}^m$ 的特征值.

(3)$f(\boldsymbol{A})=\sum\limits_{i=0}^{m}a_i\boldsymbol{A}^i$ 的特征值为 $f(\lambda)=\sum\limits_{i=0}^{m}a_i\lambda^i$.

(4)若 $\boldsymbol{A}$ 可逆，则 $\lambda\neq0$，且 $\dfrac{1}{\lambda}$ 是 $\boldsymbol{A}^{-1}$ 的特征值.

(5)若 $\lambda\neq0$，则 $\boldsymbol{A}^*$ 有特征值 $\dfrac{|\boldsymbol{A}|}{\lambda}$.

(6)$\boldsymbol{A}$ 与 $\boldsymbol{A}^T$ 有相同的特征值.

(7)$\boldsymbol{AB}$ 与 $\boldsymbol{BA}$ 有相同的特征值.

(8)0 是 $\boldsymbol{A}$ 的特征值的充分必要条件是 $|\boldsymbol{A}|=0$，亦即 $\boldsymbol{A}$ 可逆的充分必要条件是 $\boldsymbol{A}$ 的所有特征值全不为零.

(9)零矩阵有 n 重特征值 0.

(10)单位矩阵有 n 重特征值 1.

(11)数量矩阵 $k\boldsymbol{E}$ 有 n 重特征值 k.

(12)幂零矩阵($\boldsymbol{A}^m=\boldsymbol{0}$)有 n 重特征值 0.

(13)幂等矩阵($\boldsymbol{A}^2=\boldsymbol{A}$)的特征值只可能是 0 或 1.

(14)对合矩阵($\boldsymbol{A}^2=\boldsymbol{E}$)的特征值只可能是 1 或 -1.

(15)k－幂矩阵($\boldsymbol{A}^k=\boldsymbol{E}$)的特征值只可能是 1 的 k 次方根.

(16)设 $\boldsymbol{A}=(a_{ij})_{n\times n}$ 的 n 个特征值为 $\lambda_1,\lambda_2,\cdots,\lambda_n$，则

①$\lambda_1+\lambda_2+\cdots+\lambda_n=a_{11}+a_{22}+\cdots+a_{nn}$，即特征值之和等于矩阵的迹；

②$\lambda_1\lambda_2\cdots\lambda_n=|\boldsymbol{A}|$，即特征值之积等于矩阵的行列式.

3. 特征向量的性质

(1)若 $\boldsymbol{x}$ 是 $\boldsymbol{A}$ 的属于特征值 λ 的特征向量，则 $\boldsymbol{x}$ 一定是非零向量.

(2)若 $\boldsymbol{x}_1,\boldsymbol{x}_2,\cdots,\boldsymbol{x}_m$ 都是 $\boldsymbol{A}$ 的属于同一特征值 λ 的特征向量，且 $k_1\boldsymbol{x}_1+k_2\boldsymbol{x}_2+\cdots+k_m\boldsymbol{x}_m\neq\boldsymbol{0}$，则 $k_1\boldsymbol{x}_1+k_2\boldsymbol{x}_2+\cdots+k_m\boldsymbol{x}_m$ 也是 $\boldsymbol{A}$ 的属于特征值 λ 的特征向量.

(3)设 λ_1,λ_2 是 $\boldsymbol{A}$ 的两个不同特征值，$\boldsymbol{x}_1,\boldsymbol{x}_2$ 是 $\boldsymbol{A}$ 的分别属于 λ_1,λ_2 的特征向量，则 $\boldsymbol{x}_1+\boldsymbol{x}_2$ 不是 $\boldsymbol{A}$ 的特征向量.

(4)若 λ 是 $\boldsymbol{A}$ 的 r 重特征值，则属于 λ 的线性无关的特征向量最多有 r 个.

(5)$\boldsymbol{A}$ 的属于不同特征值的特征向量线性无关.

(6)设 λ 是 $\boldsymbol{A}$ 的特征值，$\boldsymbol{x}$ 是属于 λ 的特征向量，则

①$\boldsymbol{x}$ 是 $k\boldsymbol{A}$ 的属于特征值 $k\lambda$ 的，$\boldsymbol{A}^m$ 的属于特征值 λ^m 的和 $f(\boldsymbol{A})=\sum\limits_{i=0}^{m}a_i\boldsymbol{A}^i$ 的属于特征值 $f(\lambda)=\sum\limits_{i=0}^{m}a_i\lambda^i$ 的特征向量；

②若 $\lambda\neq0$，则 $\boldsymbol{x}$ 也是 $\boldsymbol{A}^{-1}$ 的属于特征值 $\dfrac{1}{\lambda}$ 和 $\boldsymbol{A}^*$ 的属于特征值 $\dfrac{|\boldsymbol{A}|}{\lambda}$ 的特征向量；

③若 $\boldsymbol{B}=\boldsymbol{P}^{-1}\boldsymbol{AP}$，$\boldsymbol{P}$ 为可逆阵，则 λ 是 $\boldsymbol{B}$ 的特征值，且 $\boldsymbol{P}^{-1}\boldsymbol{x}$ 是 $\boldsymbol{B}$ 的属于特征值 λ 的特征向量.

4. 矩阵的特征值和特征向量的求法

(1)对于数字型矩阵 $\boldsymbol{A}$，其特征值和特征向量的求法如下：

①计算特征多项式 $|\lambda\boldsymbol{E}-\boldsymbol{A}|$；

②求解特征方程 $|\lambda\boldsymbol{E}-\boldsymbol{A}|=0$，其所有根 $\lambda_1,\lambda_2,\cdots,\lambda_n$ 即为 $\boldsymbol{A}$ 的全部特征值；

③固定一个特征值 λ，求解齐次线性方程组 $(\lambda\boldsymbol{E}-\boldsymbol{A})\boldsymbol{x}=\boldsymbol{0}$，求得基础解系为 $\boldsymbol{\eta}_1,\boldsymbol{\eta}_2,\cdots,\boldsymbol{\eta}_s$，$s=n-r(\lambda\boldsymbol{E}-\boldsymbol{A})$，则 $\boldsymbol{A}$ 的属于 λ 的所有特征向量为：

$$k_1\boldsymbol{\eta}_1+k_2\boldsymbol{\eta}_2+\cdots+k_s\boldsymbol{\eta}_s,\quad \text{其中 } k_1,k_2,\cdots,k_s \text{ 不全为零.}$$

(2)对于抽象型矩阵 $\boldsymbol{A}$，其特征值和特征向量的求法通常有两种思路：

①利用特征值和特征向量的定义，若数 λ 和非零向量 $\boldsymbol{x}$ 满足 $\boldsymbol{Ax}=\lambda\boldsymbol{x}$，则 λ 为 $\boldsymbol{A}$ 的特征值，$\boldsymbol{x}$ 为 $\boldsymbol{A}$ 的属于 λ 的特征向量；

②利用特征值和特征向量的性质，例如已知 $\boldsymbol{A}$ 的特征值，便可求得 $k\boldsymbol{A},\boldsymbol{A}^m,\sum\limits_{i=0}^{m}a_i\boldsymbol{A}^i$ 等矩阵的特征值.

基本题型

题型1：数字型矩阵的特征值和特征向量

【1.1】 矩阵 $\boldsymbol{A}=\begin{bmatrix}1&1&1&1\\1&1&1&1\\1&1&1&1\\1&1&1&1\end{bmatrix}$ 的非零特征值是______.

解 由矩阵 $\boldsymbol{A}$ 的特征方程 $|\lambda\boldsymbol{E}-\boldsymbol{A}|=0$，确定矩阵 $\boldsymbol{A}$ 的特征值，选出其中的非零特征值.

$$|\lambda E-A|=\begin{vmatrix}\lambda-1&-1&-1&-1\\-1&\lambda-1&-1&-1\\-1&-1&\lambda-1&-1\\-1&-1&-1&\lambda-1\end{vmatrix}=\lambda^3(\lambda-4),$$

令 $|\lambda E-A|=0$，知 $\lambda_1=4$，$\lambda_2=0$(舍去).

故应填 4.

【1.2】 矩阵 $A=\begin{bmatrix}0&-2&-2\\2&2&-2\\-2&-2&2\end{bmatrix}$ 的非零特征值是______.

解 $|\lambda E-A|=\begin{vmatrix}\lambda&2&2\\-2&\lambda-2&2\\2&2&\lambda-2\end{vmatrix}=\lambda^2(\lambda-4)=0$,

解得 $\lambda_1=4$，$\lambda_2=\lambda_3=0$(舍去).

故应填 4.

点评：本题为 2002 年考研真题.

【1.3】 设 n 阶矩阵 A 的元素全为 1，则 A 的 n 个特征值是______.

解 由 $|\lambda E-A|=\begin{vmatrix}\lambda-1&-1&-1&\cdots&-1\\-1&\lambda-1&-1&\cdots&-1\\\cdots&\cdots&\cdots&\cdots&\cdots\\-1&-1&-1&\cdots&\lambda-1\end{vmatrix}$

$$=(\lambda-n)\begin{vmatrix}1&-1&-1&\cdots&-1\\1&\lambda-1&-1&\cdots&-1\\\cdots&\cdots&\cdots&\cdots&\cdots\\1&-1&-1&\cdots&\lambda-1\end{vmatrix}$$

$$=(\lambda-n)\begin{vmatrix}1&-1&-1&\cdots&-1\\0&\lambda&0&\cdots&0\\\cdots&\cdots&\cdots&\cdots&\cdots\\0&0&0&\cdots&\lambda\end{vmatrix}=(\lambda-n)\lambda^{n-1},$$

故 A 的 n 个特征值为 $n,\overbrace{0,\cdots,0}^{n-1个}$.

故应填 $n,\overbrace{0,\cdots,0}^{n-1个}$.

点评：本题为 1999 年考研真题.

【1.4】 已知 $\lambda_1=0$ 是三阶矩阵 $A=\begin{bmatrix}1&0&1\\0&2&0\\1&0&a\end{bmatrix}$ 的特征值，则 $a=$______，其他特征值 $\lambda_2=$______，$\lambda_3=$______.

解 由 $\lambda_1=0$ 为矩阵 A 的特征值知 $|-A|=0$，从而 $|A|=2(a-1)=0$，故 $a=1$.

把 $a=1$ 代入矩阵 A，通过计算得

$$|\lambda E-A|=\lambda(\lambda-2)^2=0,$$

所以 $\lambda_2=\lambda_3=2$.

故应填 1,2,2.

【1.5】 若 n 阶可逆矩阵 A 的每行元素之和均为 $a(a\neq 0)$,则数______一定是矩阵 $2A^{-1}+3E$ 的特征值,其中 E 为 n 阶单位矩阵.

解 由于 A 的各行元素之和为 a,所以

$$A\begin{bmatrix}1\\1\\\vdots\\1\end{bmatrix}=a\begin{bmatrix}1\\1\\\vdots\\1\end{bmatrix}.$$

从而 a 是 A 的一个特征值,于是 $\frac{1}{a}$ 是 A^{-1} 的特征值,故 $2A^{-1}+3E$ 有特征值 $\frac{2}{a}+3$.

故应填 $\frac{2}{a}+3$.

点评:A 的特征值也可直接计算:

$$|\lambda E-A|=\begin{vmatrix}\lambda-a_{11} & -a_{12} & \cdots & -a_{1n}\\ -a_{21} & \lambda-a_{22} & \cdots & -a_{2n}\\ \cdots & \cdots & \cdots & \cdots\\ -a_{n1} & -a_{n2} & \cdots & \lambda-a_{nn}\end{vmatrix}$$

$$\xlongequal{\text{各行元素之和为 }a}\begin{vmatrix}\lambda-a & -a_{12} & \cdots & -a_{1n}\\ \lambda-a & \lambda-a_{22} & \cdots & -a_{2n}\\ \cdots & \cdots & \cdots & \cdots\\ \lambda-a & -a_{n2} & \cdots & \lambda-a_{nn}\end{vmatrix}$$

$$=(\lambda-a)\begin{vmatrix}1 & -a_{12} & \cdots & -a_{1n}\\ 1 & \lambda-a_{22} & \cdots & -a_{2n}\\ \cdots & \cdots & \cdots & \cdots\\ 1 & -a_{n2} & \cdots & \lambda-a_{nn}\end{vmatrix},$$

故 A 有特征值 a.

【1.6】 求下列矩阵的特征值及对应的特征向量.

(1) $\begin{bmatrix}0 & -1 & -1\\ -1 & 0 & -1\\ -1 & -1 & 0\end{bmatrix}$; (2) $\begin{bmatrix}0 & 1 & 0\\ 0 & 0 & 1\\ 0 & 0 & 0\end{bmatrix}$; (3) $\begin{bmatrix}0 & \frac{1}{2} & \frac{1}{2}\\ 1 & -\frac{1}{2} & \frac{1}{2}\\ 1 & -\frac{1}{2} & \frac{1}{2}\end{bmatrix}$.

解 (1)由

$$|\lambda E-A|=\begin{vmatrix}\lambda & 1 & 1\\ 1 & \lambda & 1\\ 1 & 1 & \lambda\end{vmatrix}=(\lambda+2)\begin{vmatrix}1 & 1 & 1\\ 1 & \lambda & 1\\ 1 & 1 & \lambda\end{vmatrix}=(\lambda+2)\begin{vmatrix}1 & 1 & 1\\ 0 & \lambda-1 & 0\\ 0 & 0 & \lambda-1\end{vmatrix}$$

$$=(\lambda+2)(\lambda-1)^2=0,$$

可求得特征值为-2和1.

对于$\lambda=-2$,将之代入$(\lambda\boldsymbol{E}-\boldsymbol{A})\boldsymbol{x}=\boldsymbol{0}$,得

$$\begin{bmatrix}-2&1&1\\1&-2&1\\1&1&-2\end{bmatrix}\begin{bmatrix}x_1\\x_2\\x_3\end{bmatrix}=\boldsymbol{0}.$$

解上述方程组,可求得方程组的一个基础解系为$(1,1,1)^T$,所以属于特征值-2的全部特征向量为$k(1,1,1)^T$,k为非零常数.

对于$\lambda=1$,将之代入$(\lambda\boldsymbol{E}-\boldsymbol{A})\boldsymbol{x}=\boldsymbol{0}$,得

$$\begin{bmatrix}1&1&1\\1&1&1\\1&1&1\end{bmatrix}\begin{bmatrix}x_1\\x_2\\x_3\end{bmatrix}=\boldsymbol{0}.$$

解上述方程组,可求得方程组的一个基础解系为$(-1,1,0)^T$,$(-1,0,1)^T$,所以属于特征值1的全部特征向量为$k_1(-1,1,0)^T+k_2(-1,0,1)^T$,其中$k_1,k_2$为不全为零的任意常数.

(2)由

$$|\lambda\boldsymbol{E}-\boldsymbol{A}|=\begin{vmatrix}\lambda&-1&0\\0&\lambda&-1\\0&0&\lambda\end{vmatrix}=\lambda^3=0,$$

可求得特征值为0.

对于$\lambda=0$,将之代入$(\lambda\boldsymbol{E}-\boldsymbol{A})\boldsymbol{x}=\boldsymbol{0}$,得

$$\begin{bmatrix}0&-1&0\\0&0&-1\\0&0&0\end{bmatrix}\begin{bmatrix}x_1\\x_2\\x_3\end{bmatrix}=\boldsymbol{0}.$$

解上述方程组,可求得方程组的一个基础解系$(1,0,0)^T$,所以矩阵$\boldsymbol{A}$的属于特征值0的全部特征向量为$k(1,0,0)^T$,其中k为非零常数.

(3)由

$$|\lambda\boldsymbol{E}-\boldsymbol{A}|=\begin{vmatrix}\lambda&-\frac{1}{2}&-\frac{1}{2}\\-1&\lambda+\frac{1}{2}&-\frac{1}{2}\\-1&\frac{1}{2}&\lambda-\frac{1}{2}\end{vmatrix}=\begin{vmatrix}\lambda-1&-\frac{1}{2}&-\frac{1}{2}\\\lambda-1&\lambda+\frac{1}{2}&-\frac{1}{2}\\\lambda-1&\frac{1}{2}&\lambda-\frac{1}{2}\end{vmatrix}$$

$$=(\lambda-1)\begin{vmatrix}1&-\frac{1}{2}&-\frac{1}{2}\\1&\lambda+\frac{1}{2}&-\frac{1}{2}\\1&\frac{1}{2}&\lambda-\frac{1}{2}\end{vmatrix}=(\lambda-1)\begin{vmatrix}1&-\frac{1}{2}&-\frac{1}{2}\\0&\lambda+1&0\\0&1&\lambda\end{vmatrix}$$

$$=\lambda(\lambda-1)(\lambda+1)=0,$$

可求得特征值为 $0,-1,1$.

对于 $\lambda=0$,将之代入 $(\lambda\boldsymbol{E}-\boldsymbol{A})\boldsymbol{x}=\boldsymbol{0}$,得

$$\begin{bmatrix} 0 & -\frac{1}{2} & -\frac{1}{2} \\ -1 & \frac{1}{2} & -\frac{1}{2} \\ -1 & \frac{1}{2} & -\frac{1}{2} \end{bmatrix}\begin{bmatrix} x_1 \\ x_2 \\ x_3 \end{bmatrix}=\boldsymbol{0}.$$

解上述方程组,可求得方程组的一个基础解系为 $(-1,-1,1)^T$,所以矩阵 $\boldsymbol{A}$ 的属于特征值 0 的全部特征向量为 $k(-1,-1,1)^T$,k 为非零常数.

对于 $\lambda=-1$,将之代入 $(\lambda\boldsymbol{E}-\boldsymbol{A})\boldsymbol{x}=\boldsymbol{0}$,得

$$\begin{bmatrix} -1 & -\frac{1}{2} & -\frac{1}{2} \\ -1 & -\frac{1}{2} & -\frac{1}{2} \\ -1 & \frac{1}{2} & -\frac{3}{2} \end{bmatrix}\begin{bmatrix} x_1 \\ x_2 \\ x_3 \end{bmatrix}=\boldsymbol{0}.$$

解上述方程组,可求得方程组的一个基础解系为 $(-2,2,2)^T$,所以 $\boldsymbol{A}$ 的属于特征值 -1 的全部特征向量为 $k(-2,2,2)^T$,k 为非零常数.

对于 $\lambda=1$,将之代入 $(\lambda\boldsymbol{E}-\boldsymbol{A})\boldsymbol{x}=\boldsymbol{0}$,得

$$\begin{bmatrix} 1 & -\frac{1}{2} & -\frac{1}{2} \\ -1 & \frac{3}{2} & -\frac{1}{2} \\ -1 & \frac{1}{2} & \frac{1}{2} \end{bmatrix}\begin{bmatrix} x_1 \\ x_2 \\ x_3 \end{bmatrix}=\boldsymbol{0}.$$

解上述方程组,可求得方程组的一个基础解系为 $(1,1,1)^T$,所以 $\boldsymbol{A}$ 的属于特征值 1 的全部特征向量为 $k(1,1,1)^T$,k 为非零常数.

【1.7】 已知 $\boldsymbol{A}=\begin{bmatrix} 0 & 1 \\ -1 & 0 \end{bmatrix}$,求 $\boldsymbol{A}$ 的特征值和特征向量.

解 由

$$|\lambda\boldsymbol{E}-\boldsymbol{A}|=\begin{vmatrix} \lambda & -1 \\ 1 & \lambda \end{vmatrix}=\lambda^2+1=(\lambda+i)(\lambda-i)=0,$$

解得 $\lambda_1=-i,\lambda_2=i$.

对于 $\lambda_1=-i$,解 $(-i\boldsymbol{E}-\boldsymbol{A})\boldsymbol{x}=\boldsymbol{0}$,得基础解系为 $\begin{bmatrix} i \\ 1 \end{bmatrix}$,于是 $k_1\begin{bmatrix} i \\ 1 \end{bmatrix}$ 为属于特征值 $-i$ 的全部特征向量(其中 k_1 为任意非零常数).

对于 $\lambda_2=i$,解 $(i\boldsymbol{E}-\boldsymbol{A})\boldsymbol{x}=\boldsymbol{0}$,得基础解系为 $\begin{bmatrix} -i \\ 1 \end{bmatrix}$,于是 $k_2\begin{bmatrix} -i \\ 1 \end{bmatrix}$ 为属于特征值 i 的全部特征向量(其中 k_2 为任意非零常数).

点评：若本题限制在实数范围内求 $\boldsymbol{A}$ 的特征值和特征向量，则 $\boldsymbol{A}$ 就没有特征值和特征向量，因为此时特征方程 $\lambda^2+1=0$ 无实数根.

题型 2：抽象型矩阵的特征值和特征向量

【1.8】 已知三阶矩阵 $\boldsymbol{A}$ 的特征值为 $1,-1,2$，则矩阵 $\boldsymbol{B}=2\boldsymbol{A}+\boldsymbol{E}$（$\boldsymbol{E}$ 为三阶单位阵）的特征值为______.

解 若 λ 是 $\boldsymbol{A}$ 的特征值，则 $2\lambda+1$ 是 $\boldsymbol{B}$ 的特征值，于是 $\boldsymbol{B}$ 的特征值为 $3,-1$ 和 5.

故应填 $3,-1,5$.

【1.9】 已知三阶方阵 $\boldsymbol{A}$ 的三个特征值为 $1,-2,3$，则 $|\boldsymbol{A}|=$______；$\boldsymbol{A}^{-1}$ 的特征值是______；$\boldsymbol{A}$ 的伴随矩阵 $\boldsymbol{A}^*$ 的特征值是______；$\boldsymbol{A}^2+2\boldsymbol{A}+\boldsymbol{E}$ 的特征值是______.

解 对于 n 阶方阵 $\boldsymbol{A}$，若其特征值为 $\lambda_1,\lambda_2,\cdots,\lambda_n$（可以有重根），则有

$$|\lambda\boldsymbol{E}-\boldsymbol{A}|=(\lambda-\lambda_1)(\lambda-\lambda_2)\cdots(\lambda-\lambda_n),$$

将 $\lambda=0$ 代入上式，可得 $|\boldsymbol{A}|=\lambda_1\lambda_2\cdots\lambda_n$，即方阵 $\boldsymbol{A}$ 的行列式等于其 n 个特征值（重根按重数计算）的乘积，由此，本题中 $|\boldsymbol{A}|=1\times(-2)\times3=-6$.

若设 $\boldsymbol{x}$ 为 $\boldsymbol{A}$ 的属于 $\lambda(\lambda\neq0)$ 的特征向量，则有 $\boldsymbol{A}\boldsymbol{x}=\lambda\boldsymbol{x}$，从而 $\boldsymbol{A}^{-1}\boldsymbol{x}=\dfrac{1}{\lambda}\boldsymbol{x}$，即 $\boldsymbol{A}^{-1}$ 的特征值为 $\dfrac{1}{\lambda}$. 由此，本题 $\boldsymbol{A}^{-1}$ 的特征值为 $1,-\dfrac{1}{2},\dfrac{1}{3}$.

因为 $\boldsymbol{A}^*\boldsymbol{A}=|\boldsymbol{A}|\boldsymbol{E}$，设 $\boldsymbol{x}$ 为 $\boldsymbol{A}$ 的属于 $\lambda(\lambda\neq0)$ 的特征向量，则 $\boldsymbol{A}^*\boldsymbol{A}\boldsymbol{x}=|\boldsymbol{A}|\boldsymbol{x}$，即 $\boldsymbol{A}^*\boldsymbol{x}=\dfrac{|\boldsymbol{A}|}{\lambda}\boldsymbol{x}$. 由此，本题 $\boldsymbol{A}^*$ 的特征值为 $-6,3,-2$.

若 λ 是 $\boldsymbol{A}$ 的特征值，$f(\boldsymbol{A})$ 为 $\boldsymbol{A}$ 的矩阵多项式，则 $f(\lambda)$ 为 $f(\boldsymbol{A})$ 的特征值. 由此，$\boldsymbol{A}^2+2\boldsymbol{A}+\boldsymbol{E}$ 的特征值为 $4,1,16$.

故应填 -6；$-\dfrac{1}{2},\dfrac{1}{3}$；$-6,3,-2$；$4,1,16$.

【1.10】 若 $\boldsymbol{A}^2=\boldsymbol{E}$，则 $\boldsymbol{A}$ 的特征值为______.

解 若 λ 是 $\boldsymbol{A}$ 的特征值，则 λ^2-1 是 $\boldsymbol{A}^2-\boldsymbol{E}$ 的特征值，由 $\boldsymbol{A}^2=\boldsymbol{E}$，$\boldsymbol{A}^2-\boldsymbol{E}$ 为零矩阵，其特征值全为 0，故有 $\lambda^2-1=0$，解得 $\lambda=-1$ 或 1.

故应填 -1 或 1.

【1.11】 已知四阶方阵 $\boldsymbol{A}$，$|\boldsymbol{A}|=2$，又知 $2\boldsymbol{A}+\boldsymbol{E}$ 不可逆，则 $\boldsymbol{A}^*-\boldsymbol{E}$ 的一个特征值 $\lambda=$______.

解 因为 $2\boldsymbol{A}+\boldsymbol{E}$ 不可逆，所以 $|2\boldsymbol{A}+\boldsymbol{E}|=0$，即

$$\left|-2\left(-\frac{1}{2}\boldsymbol{E}-\boldsymbol{A}\right)\right|=(-2)^4\left|-\frac{1}{2}\boldsymbol{E}-\boldsymbol{A}\right|=0,$$

可见 $-\dfrac{1}{2}$ 是 $\boldsymbol{A}$ 的特征值. 由于 $|\boldsymbol{A}|=2\neq0$，$\boldsymbol{A}$ 可逆，所以 $\boldsymbol{A}^*-\boldsymbol{E}$ 的一个特征值为 $\lambda=-4-1=-5$.

故应填 -5.

【1.12】 设 $\boldsymbol{A}$ 是四阶矩阵，伴随矩阵 $\boldsymbol{A}^*$ 的特征值是 $1,-2,-4,8$，则 $\boldsymbol{A}$ 的特征值是______.

解 因为 $|\boldsymbol{A}^*|=(-2)(-4)8=|\boldsymbol{A}|^{4-1}=|\boldsymbol{A}|^3$，所以 $|\boldsymbol{A}|=4\neq0$，即 $\boldsymbol{A}$ 可逆.

若 λ 是 $\boldsymbol{A}$ 的特征值，则 $\boldsymbol{A}^*$ 有特征值$\frac{|\boldsymbol{A}|}{\lambda}$，于是

$$\frac{4}{\lambda}=1,\quad \frac{4}{\lambda}=-2,\quad \frac{4}{\lambda}=-4,\quad \frac{4}{\lambda}=8,$$

所以 $\boldsymbol{A}$ 的特征值为：$4,-2,-1,\frac{1}{2}$.

故应填 $4,-2,-1,\frac{1}{2}$.

【1.13】 设 $\boldsymbol{A}$ 为 n 阶方阵，以下结论中，不成立的是______.

(A)若 $\boldsymbol{A}$ 可逆，则矩阵 $\boldsymbol{A}$ 的属于特征值 λ 的特征向量也是矩阵 $\boldsymbol{A}^{-1}$ 的属于特征值$\frac{1}{\lambda}$的特征向量

(B)$\boldsymbol{A}$ 的特征向量即为方程$(\lambda\boldsymbol{E}-\boldsymbol{A})\boldsymbol{x}=\boldsymbol{0}$的全部解

(C)若 $\boldsymbol{A}$ 存在属于特征值 λ 的 n 个线性无关的特征向量，则 $\boldsymbol{A}=\lambda\boldsymbol{E}$

(D)$\boldsymbol{A}$ 与 $\boldsymbol{A}^T$ 有相同的特征值

解 设 λ 是 $\boldsymbol{A}$ 的特征值($\lambda\neq0$)，对应的特征向量为 $\boldsymbol{x}$，则 $\boldsymbol{A}\boldsymbol{x}=\lambda\boldsymbol{x}$，于是 $\boldsymbol{A}^{-1}\boldsymbol{x}=\frac{1}{\lambda}\boldsymbol{x}$，说明属于 $\boldsymbol{A}$ 的特征值 λ 的特征向量，也是矩阵 $\boldsymbol{A}^{-1}$ 的属于特征值$\frac{1}{\lambda}$的特征向量；若 $\boldsymbol{A}$ 有 n 个线性无关的特征向量属于 λ，设为 $\boldsymbol{\alpha}_1,\boldsymbol{\alpha}_2,\cdots,\boldsymbol{\alpha}_n$，则 $\boldsymbol{A}(\boldsymbol{\alpha}_1,\boldsymbol{\alpha}_2,\cdots,\boldsymbol{\alpha}_n)=\lambda(\boldsymbol{\alpha}_1,\boldsymbol{\alpha}_2,\cdots,\boldsymbol{\alpha}_n)$，故 $\boldsymbol{A}=\lambda\boldsymbol{E}$；又由 $|\lambda\boldsymbol{E}-\boldsymbol{A}|=|(\lambda\boldsymbol{E}-\boldsymbol{A})^T|=|\lambda\boldsymbol{E}-\boldsymbol{A}^T|$ 知 $\boldsymbol{A}$ 与 $\boldsymbol{A}^T$ 有相同的特征多项式，从而有相同的特征值，(A)，(C)，(D)都正确，故选(B)，事实上$(\lambda\boldsymbol{E}-\boldsymbol{A})\boldsymbol{x}=\boldsymbol{0}$的零解不是 $\boldsymbol{A}$ 的特征向量.

故应选(B).

【1.14】 设 $\boldsymbol{A}$ 是 n 阶方阵，λ_1,λ_2 是 $\boldsymbol{A}$ 的特征值，$\boldsymbol{\xi}_1,\boldsymbol{\xi}_2$ 是 $\boldsymbol{A}$ 的分别属于 λ_1,λ_2 的特征向量，下列结论中正确的是______.

(A)若 $\lambda_1=\lambda_2$，则 $\boldsymbol{\xi}_1$ 与 $\boldsymbol{\xi}_2$ 对应分量成比例

(B)$\lambda_1\neq\lambda_2$，且 $\lambda_3=\lambda_1+\lambda_2$ 也是 $\boldsymbol{A}$ 的特征值，则对应的特征向量是 $\boldsymbol{\xi}_1+\boldsymbol{\xi}_2$

(C)若 $\lambda_1\neq\lambda_2$，则 $\boldsymbol{\xi}_1+\boldsymbol{\xi}_2$ 不可能是 $\boldsymbol{A}$ 的特征向量

(D)若 $\lambda_1=0$，则 $\boldsymbol{\xi}_1=\boldsymbol{0}$

解 在(A)中，若 $\lambda_1=\lambda_2$ 为重根，则 $\boldsymbol{\xi}_1$ 与 $\boldsymbol{\xi}_2$ 可能线性无关，此时，$\boldsymbol{\xi}_1$ 与 $\boldsymbol{\xi}_2$ 的对应分量不成比例，故非(A).

在(B)中假设 $\boldsymbol{\xi}_1+\boldsymbol{\xi}_2$ 是 $\lambda_3=\lambda_1+\lambda_2$ 的特征向量，则有

$$\boldsymbol{A}(\boldsymbol{\xi}_1+\boldsymbol{\xi}_2)=\lambda_3(\boldsymbol{\xi}_1+\boldsymbol{\xi}_2)=\lambda_1\boldsymbol{\xi}_1+\lambda_2\boldsymbol{\xi}_2$$

即

$$(\lambda_3-\lambda_1)\boldsymbol{\xi}_1+(\lambda_3-\lambda_2)\boldsymbol{\xi}_2=\boldsymbol{0}.$$

因为 $\lambda_1\neq\lambda_2$，故 $\boldsymbol{\xi}_1,\boldsymbol{\xi}_2$ 线性无关，得到 $\lambda_1=\lambda_2$，与题设 $\lambda_1\neq\lambda_2$ 相矛盾，故非(B).

(D)中 $\boldsymbol{\xi}_1=\boldsymbol{0}$，显然不成立.

故应选(C).

【1.15】 下列结论正确的是______.

(A)若 $\boldsymbol{\alpha}_1,\boldsymbol{\alpha}_2$ 是$(\lambda_0\boldsymbol{E}-\boldsymbol{A})\boldsymbol{x}=\boldsymbol{0}$的一个基础解系，则 $k_1\boldsymbol{\alpha}_1+k_2\boldsymbol{\alpha}_2$ 是 $\boldsymbol{A}$ 属于 λ_0 的全部特征向

量，其中 k_1,k_2 全不为零

(B)若 $\boldsymbol{x}$ 是 $\boldsymbol{A}$ 的属于特征值 λ 的特征向量，则对任意可逆阵 $\boldsymbol{P}$，$\boldsymbol{x}$ 也是 $\boldsymbol{B}=\boldsymbol{P}^{-1}\boldsymbol{AP}$ 的属于特征值 λ 的特征向量

(C)若 $|\boldsymbol{A}|=0$，则至少有一个特征值为 0

(D)若 λ 同为 $\boldsymbol{A},\boldsymbol{B}$ 的特征值，则 λ 也是 $\boldsymbol{A}+\boldsymbol{B}$ 的特征值

解 在(A)中，"k_1,k_2 全不为零"改为"k_1,k_2 不全为零"，才是 λ_0 的全部特征向量. 非(A).

由 $\boldsymbol{Ax}=\lambda\boldsymbol{x}$，则 $\boldsymbol{APP}^{-1}\boldsymbol{x}=\lambda\boldsymbol{x}$，所以

$$\boldsymbol{P}^{-1}\boldsymbol{APP}^{-1}\boldsymbol{x}=\lambda\boldsymbol{P}^{-1}\boldsymbol{x},$$

即 $\boldsymbol{B}(\boldsymbol{P}^{-1}\boldsymbol{x})=\lambda(\boldsymbol{P}^{-1}\boldsymbol{x})$. 故非(B).

因为 $|\boldsymbol{A}|=0$，所以 $|0\cdot\boldsymbol{E}-\boldsymbol{A}|=0$，即 0 为 $\boldsymbol{A}$ 的特征值. (C)正确.

(D)不正确. 例如 $\boldsymbol{A}=\begin{bmatrix}1&0\\0&2\end{bmatrix}$，$\boldsymbol{B}=\begin{bmatrix}2&0\\0&4\end{bmatrix}$，显然 $\lambda=2$ 是 $\boldsymbol{A},\boldsymbol{B}$ 的特征值，而 $\boldsymbol{A}+\boldsymbol{B}=\begin{bmatrix}3&0\\0&6\end{bmatrix}$ 的特征值为 3,6.

故应选(C).

【1.16】 设 λ_1 与 λ_2 是矩阵 $\boldsymbol{A}$ 的两个不同的特征值，$\boldsymbol{\xi},\boldsymbol{\eta}$ 是 $\boldsymbol{A}$ 的分别属于 λ_1,λ_2 的特征向量，则下列结论成立的是______

(A)对任意 $k_1\neq0,k_2\neq0$，$k_1\boldsymbol{\xi}+k_2\boldsymbol{\eta}$ 都是 $\boldsymbol{A}$ 的特征向量

(B)存在常数 $k_1\neq0,k_2\neq0$，$k_1\boldsymbol{\xi}+k_2\boldsymbol{\eta}$ 是 $\boldsymbol{A}$ 的特征向量

(C)当 $k_1\neq0,k_2\neq0$，$k_1\boldsymbol{\xi}+k_2\boldsymbol{\eta}$ 不可能是 $\boldsymbol{A}$ 的特征向量

(D)存在唯一的一组常数 $k_1\neq0,k_2\neq0$，使 $k_1\boldsymbol{\xi}+k_2\boldsymbol{\eta}$ 是 $\boldsymbol{A}$ 的特征向量

解 由于 $\lambda_1\neq\lambda_2$，故 $\boldsymbol{\xi}$ 与 $\boldsymbol{\eta}$ 线性无关. 假设 $k_1\neq0,k_2\neq0$，而 $k_1\boldsymbol{\xi}+k_2\boldsymbol{\eta}$ 是 $\boldsymbol{A}$ 的属于特征值 λ 的特征向量，则

$$\boldsymbol{A}(k_1\boldsymbol{\xi}+k_2\boldsymbol{\eta})=\lambda k_1\boldsymbol{\xi}+\lambda k_2\boldsymbol{\eta},$$

从而有

$$k_1(\lambda-\lambda_1)\boldsymbol{\xi}+k_2(\lambda-\lambda_2)\boldsymbol{\eta}=\boldsymbol{0},$$

所以 $\lambda=\lambda_1$ 且 $\lambda=\lambda_2$，矛盾. 即任意 $k_1\neq0,k_2\neq0$，向量 $k_1\boldsymbol{\xi}+k_2\boldsymbol{\eta}$ 不是 $\boldsymbol{A}$ 的特征向量.

故应选(C).

【1.17】 设 λ_0 是 n 阶矩阵 $\boldsymbol{A}$ 的特征值，且齐次线性方程组 $(\lambda_0\boldsymbol{E}-\boldsymbol{A})\boldsymbol{x}=\boldsymbol{0}$ 的基础解系为 $\boldsymbol{\alpha}_1,\boldsymbol{\alpha}_2$，则 $\boldsymbol{A}$ 的属于 λ_0 的全部特征向量为______.

(A)$\boldsymbol{\alpha}_1$ 和 $\boldsymbol{\alpha}_2$

(B)$\boldsymbol{\alpha}_1$ 或 $\boldsymbol{\alpha}_2$

(C)$c_1\boldsymbol{\alpha}_1+c_2\boldsymbol{\alpha}_2$($c_1,c_2$ 不全为零)

(D)$c_1\boldsymbol{\alpha}_1+c_2\boldsymbol{\alpha}_2$($c_1,c_2$ 全不为零)

解 显然非(A)，非(B).

在(D)中，由于 c_1,c_2 全不为零，所以不含特征向量 $c_1\boldsymbol{\alpha}_1(c_1\neq0)$，$c_2\boldsymbol{\alpha}_2(c_2\neq0)$，所以非(D).

故应选(C).

【1.18】 设 $\boldsymbol{A}$ 是 n 阶实对称矩阵，$\boldsymbol{P}$ 是 n 阶可逆矩阵. 已知 n 维列向量 $\boldsymbol{\alpha}$ 是 $\boldsymbol{A}$ 的属于特征值

λ 的特征向量，则矩阵$(\boldsymbol{P}^{-1}\boldsymbol{AP})^T$ 属于特征值 λ 的特征向量是______.

(A)$\boldsymbol{P}^{-1}\boldsymbol{\alpha}$　　(B)$\boldsymbol{P}^T\boldsymbol{\alpha}$　　(C)$\boldsymbol{P\alpha}$　　(D)$(\boldsymbol{P}^{-1})^T\boldsymbol{\alpha}$

解　由已知得 $\boldsymbol{A\alpha}=\lambda\boldsymbol{\alpha}$，从而 $\boldsymbol{P}^T\boldsymbol{A\alpha}=\lambda\boldsymbol{P}^T\boldsymbol{\alpha}$ 也即

$$\boldsymbol{P}^T\boldsymbol{A}(\boldsymbol{P}^T)^{-1}\boldsymbol{P}^T\boldsymbol{\alpha}=\lambda\boldsymbol{P}^T\boldsymbol{\alpha},$$

即

$$(\boldsymbol{P}^{-1}\boldsymbol{A}^T\boldsymbol{P})^T(\boldsymbol{P}^T\boldsymbol{\alpha})=\lambda(\boldsymbol{P}^T\boldsymbol{\alpha}).$$

再由 $\boldsymbol{A}^T=\boldsymbol{A}$ 得

$$(\boldsymbol{P}^{-1}\boldsymbol{AP})^T(\boldsymbol{P}^T\boldsymbol{\alpha})=\lambda(\boldsymbol{P}^T\boldsymbol{\alpha}).$$

故应选(B).

点评：本题为 2002 年考研真题.是典型的利用定义求特征值和特征向量的例子.

【1.19】　设 $\boldsymbol{A}$ 的特征值为 λ，$\boldsymbol{A}$ 的属于 λ 的特征向量为 $\boldsymbol{x}$，求 $5\boldsymbol{A}$，$\boldsymbol{A}^2$，$\boldsymbol{A}^2+5\boldsymbol{A}+\boldsymbol{E}$ 的特征值和特征向量，并求 $\boldsymbol{A}^T$ 的特征值.

解　由已知

$$\boldsymbol{Ax}=\lambda\boldsymbol{x}\quad(\boldsymbol{x}\neq\boldsymbol{0}).\tag{①}$$

两边乘 5，得 $5\boldsymbol{Ax}=(5\lambda)\boldsymbol{x}$，故得 5λ 是 $5\boldsymbol{A}$ 的特征值，特征向量不变，仍为 $\boldsymbol{x}$.

对①式两边左乘 $\boldsymbol{A}$，得 $\boldsymbol{A}^2\boldsymbol{x}=\boldsymbol{A}\lambda\boldsymbol{x}=\lambda\boldsymbol{Ax}=\lambda^2\boldsymbol{x}$，故得 λ^2 是 $\boldsymbol{A}^2$ 的特征值，特征向量不变.

由 $5\boldsymbol{Ax}=5\lambda\boldsymbol{x}$，$\boldsymbol{A}^2\boldsymbol{x}=\lambda^2\boldsymbol{x}$，$\boldsymbol{Ex}=\boldsymbol{x}$ 三式相加，得$(\boldsymbol{A}^2+5\boldsymbol{A}+\boldsymbol{E})\boldsymbol{x}=(\lambda^2+5\lambda+1)\boldsymbol{x}$，故得 $\lambda^2+5\lambda+1$ 是 $\boldsymbol{A}^2+5\boldsymbol{A}+\boldsymbol{E}$ 的特征值，特征向量不变.

又 $|\lambda\boldsymbol{E}-\boldsymbol{A}|=|(\lambda\boldsymbol{E}-\boldsymbol{A})^T|=|(\lambda\boldsymbol{E})^T-\boldsymbol{A}^T|=|\lambda\boldsymbol{E}-\boldsymbol{A}^T|=0$. 故 $\boldsymbol{A}^T$ 的特征值即为 $\boldsymbol{A}$ 的特征值.

点评：据上面同样的推导可得：若已知 $\boldsymbol{Ax}=\lambda\boldsymbol{x}(\boldsymbol{x}\neq\boldsymbol{0})$，则

$$\begin{aligned}
a_0\boldsymbol{Ex}&=a_0\boldsymbol{x},\\
a_1\boldsymbol{Ax}&=(a_1\lambda)\boldsymbol{x},\\
a_2\boldsymbol{A}^2\boldsymbol{x}&=(a_2\lambda^2)\boldsymbol{x},\\
&\vdots\\
a_n\boldsymbol{A}^n\boldsymbol{x}&=(a_n\lambda^n)\boldsymbol{x}.
\end{aligned}$$

将以上各式相加得

$$(a_n\boldsymbol{A}^n+a_{n-1}\boldsymbol{A}^{n-1}+\cdots+a_1\boldsymbol{A}+a_0\boldsymbol{E})\boldsymbol{x}=(a_n\lambda^n+a_{n-1}\lambda^{n-1}+\cdots+a_1\lambda+a_0)\boldsymbol{x}.$$

又设 $f(x)=a_nx^n+a_{n-1}x^{n-1}+\cdots+a_1x+a_0$，可得，若 λ 是 $\boldsymbol{A}$ 的特征值，$\boldsymbol{x}$ 是 $\boldsymbol{A}$ 的属于 λ 的特征向量，则 $f(\boldsymbol{A})=a_n\boldsymbol{A}^n+a_{n-1}\boldsymbol{A}^{n-1}+\cdots+a_1\boldsymbol{A}+a_0\boldsymbol{E}$ 的特征值是

$$f(\lambda)=a_n\lambda^n+a_{n-1}\lambda^{n-1}+\cdots+a_1\lambda+a_0$$

且特征向量 $\boldsymbol{x}$ 不变.这个结论在求矩阵多项式的特征值时很有用.

【1.20】　设有四阶方阵 $\boldsymbol{A}$ 满足条件 $|\sqrt{2}\boldsymbol{E}+\boldsymbol{A}|=0$，$\boldsymbol{AA}^T=2\boldsymbol{E}$，$|\boldsymbol{A}|<0$，其中 $\boldsymbol{E}$ 是四阶单位阵.求方阵 $\boldsymbol{A}$ 的伴随矩阵 $\boldsymbol{A}^*$ 的一个特征值.

解　由 $|\sqrt{2}\boldsymbol{E}+\boldsymbol{A}|=|\boldsymbol{A}-(-\sqrt{2})\boldsymbol{E}|=0$，得 $\boldsymbol{A}$ 的一个特征值为 $-\sqrt{2}$.

由 $\boldsymbol{AA}^T=2\boldsymbol{E}$ 得 $|\boldsymbol{AA}^T|=|2\boldsymbol{E}|=2^4|\boldsymbol{E}|=16$，即

$$|\boldsymbol{AA}^T|=|\boldsymbol{A}|^2=16,$$

于是$|\boldsymbol{A}|=\pm 4$，由$|\boldsymbol{A}|<0$知$|\boldsymbol{A}|=-4$.

所以$\boldsymbol{A}^*$的一个特征值为：$\dfrac{-4}{-\sqrt{2}}=2\sqrt{2}$.

点评：本题为1996年考研真题.

【1.21】 设向量$\boldsymbol{\alpha}=(a_1,a_2,\cdots,a_n)^T$，$\boldsymbol{\beta}=(b_1,b_2,\cdots,b_n)^T$都是非零向量，且满足条件$\boldsymbol{\alpha}^T\boldsymbol{\beta}=0$. 记$n$阶矩阵$\boldsymbol{A}=\boldsymbol{\alpha}\boldsymbol{\beta}^T$，求

(1)$\boldsymbol{A}^2$；　　　　(2)矩阵$\boldsymbol{A}$的特征值和特征向量.

解 (1)由$\boldsymbol{A}=\boldsymbol{\alpha}\boldsymbol{\beta}^T$和$\boldsymbol{\alpha}^T\boldsymbol{\beta}=0$，有

$$\boldsymbol{A}^2=\boldsymbol{A}\boldsymbol{A}=(\boldsymbol{\alpha}\boldsymbol{\beta}^T)(\boldsymbol{\alpha}\boldsymbol{\beta}^T)=\boldsymbol{\alpha}(\boldsymbol{\beta}^T\boldsymbol{\alpha})\boldsymbol{\beta}^T=(\boldsymbol{\beta}^T\boldsymbol{\alpha})\boldsymbol{\alpha}\boldsymbol{\beta}^T=(\boldsymbol{\alpha}^T\boldsymbol{\beta})\boldsymbol{\alpha}\boldsymbol{\beta}^T=\boldsymbol{0}.$$

(2)设λ为$\boldsymbol{A}$的任一特征值，$\boldsymbol{A}$的属于特征值λ的特征向量为$\boldsymbol{x}(\boldsymbol{x}\neq\boldsymbol{0})$，则

$$\boldsymbol{A}\boldsymbol{x}=\lambda\boldsymbol{x}.$$

于是
$$\boldsymbol{A}^2\boldsymbol{x}=\lambda\boldsymbol{A}\boldsymbol{x}=\lambda^2\boldsymbol{x}.$$

因为$\boldsymbol{A}^2=\boldsymbol{0}$，所以$\lambda^2\boldsymbol{x}=\boldsymbol{0}$，又因$\boldsymbol{x}\neq\boldsymbol{0}$，故$\lambda=0$，即矩阵$\boldsymbol{A}$的特征值全为零.

不妨设向量$\boldsymbol{\alpha},\boldsymbol{\beta}$中分量$a_1\neq 0,b_1\neq 0$，对齐次线性方程组$(0\boldsymbol{E}-\boldsymbol{A})\boldsymbol{x}=\boldsymbol{0}$的系数矩阵施以初等行变换

$$-\boldsymbol{A}=\begin{bmatrix}-a_1b_1 & -a_1b_2 & \cdots & -a_1b_n\\ -a_2b_1 & -a_2b_2 & \cdots & -a_2b_n\\ \cdots & \cdots & \cdots & \cdots\\ -a_nb_1 & -a_nb_2 & \cdots & -a_nb_n\end{bmatrix}\to\begin{bmatrix}b_1 & b_2 & \cdots & b_n\\ 0 & 0 & \cdots & 0\\ \cdots & \cdots & \cdots & \cdots\\ 0 & 0 & \cdots & 0\end{bmatrix},$$

由此可得该方程组的基础解系为：

$$\boldsymbol{\alpha}_1=\left(-\frac{b_2}{b_1},1,0,\cdots,0\right)^T,$$

$$\boldsymbol{\alpha}_2=\left(-\frac{b_3}{b_1},0,1,\cdots,0\right)^T,$$

$$\cdots\cdots,$$

$$\boldsymbol{\alpha}_{n-1}=\left(-\frac{b_n}{b_1},0,0,\cdots,1\right)^T.$$

于是$\boldsymbol{A}$的属于特征值$\lambda=0$的全部特征向量为

$$c_1\boldsymbol{\alpha}_1+c_2\boldsymbol{\alpha}_2+\cdots+c_{n-1}\boldsymbol{\alpha}_{n-1}\quad(c_1,c_2,\cdots,c_{n-1}\text{是不全为零的任意常数}).$$

点评：求$\boldsymbol{A}$的特征值时，利用结论：零矩阵的特征值为零. 所以由$\boldsymbol{A}^2=\boldsymbol{0}$，可得$\boldsymbol{A}$的特征值全为零. 求$\boldsymbol{A}$的特征向量，即解对应的齐次线性方程组$(\lambda\boldsymbol{E}-\boldsymbol{A})\boldsymbol{x}=\boldsymbol{0}$.

本题计算过程中用到了$\boldsymbol{A}=\boldsymbol{\alpha}\boldsymbol{\beta}^T$的性质，如下

设$\boldsymbol{A}=\boldsymbol{\alpha}\boldsymbol{\beta}^T$，其中$\boldsymbol{\alpha}=(a_1,a_2,\cdots,a_n)^T$，$\boldsymbol{\beta}=(b_1,b_2,\cdots,b_n)^T$为非零向量，则

(1)$\boldsymbol{A}^m=l^{m-1}\boldsymbol{A}$，其中$l=a_1b_1+a_2b_2+\cdots+a_nb_n$；

(2)$r(\boldsymbol{A})=1$；

(3)$\boldsymbol{A}$的特征值满足方程$\lambda^2=l\lambda$.

本题为1998年考研真题.

题型 3:已知特征值和特征向量,反求矩阵

【1.22】 若 n 阶矩阵 $\boldsymbol{A}$ 有 n 个属于特征值 λ_0 的线性无关的特征向量,则 $\boldsymbol{A}=$______.

解 设 $\boldsymbol{\alpha}_1,\boldsymbol{\alpha}_2,\cdots,\boldsymbol{\alpha}_n$ 是 $\boldsymbol{A}$ 的属于 λ_0 的 n 个线性无关的特征向量,则

$$\boldsymbol{A}(\boldsymbol{\alpha}_1,\boldsymbol{\alpha}_2,\cdots,\boldsymbol{\alpha}_n)=\lambda_0(\boldsymbol{\alpha}_1,\boldsymbol{\alpha}_2,\cdots,\boldsymbol{\alpha}_n).$$

又因为 $\boldsymbol{\alpha}_1,\boldsymbol{\alpha}_2,\cdots,\boldsymbol{\alpha}_n$ 线性无关,从而矩阵$(\boldsymbol{\alpha}_1,\boldsymbol{\alpha}_2,\cdots,\boldsymbol{\alpha}_n)$可逆,所以 $\boldsymbol{A}=\lambda_0\boldsymbol{E}$.

故应填 $\lambda_0\boldsymbol{E}$.

【1.23】 已知三阶对称矩阵 $\boldsymbol{A}$ 的一个特征值 $\lambda=2$,对应的特征向量 $\boldsymbol{\alpha}=(1,2,-1)^T$,且 $\boldsymbol{A}$ 的主对角线上元素全为零,则 $\boldsymbol{A}=$______.

解 设 $\boldsymbol{A}=\begin{bmatrix}0&x&y\\x&0&z\\y&z&0\end{bmatrix}$,则由 $\boldsymbol{A\alpha}=2\boldsymbol{\alpha}$ 有

$$\begin{bmatrix}0&x&y\\x&0&z\\y&z&0\end{bmatrix}\begin{bmatrix}1\\2\\-1\end{bmatrix}=\begin{bmatrix}2\\4\\-2\end{bmatrix},$$

即

$$\begin{cases}2x-y=2,\\x-z=4,\\y+2z=-2,\end{cases}\qquad 解得\begin{cases}x=2,\\y=2,\\z=-2.\end{cases}$$

故应填 $\begin{bmatrix}0&2&2\\2&0&-2\\2&-2&0\end{bmatrix}$.

【1.24】 设三阶矩阵 $\boldsymbol{A}$ 满足 $\boldsymbol{A\alpha}_i=i\boldsymbol{\alpha}_i(i=1,2,3)$,其中列向量 $\boldsymbol{\alpha}_1=(1,2,2)^T,\boldsymbol{\alpha}_2=(2,-2,1)^T,\boldsymbol{\alpha}_3=(-2,-1,2)^T$,试求矩阵 $\boldsymbol{A}$.

解 由 $\boldsymbol{A\alpha}_i=i\boldsymbol{\alpha}_i(i=1,2,3)$可得

$$\boldsymbol{A}(\boldsymbol{\alpha}_1,\boldsymbol{\alpha}_2,\boldsymbol{\alpha}_3)=(\boldsymbol{\alpha}_1,2\boldsymbol{\alpha}_2,3\boldsymbol{\alpha}_3).$$

记

$$\boldsymbol{P}=(\boldsymbol{\alpha}_1,\boldsymbol{\alpha}_2,\boldsymbol{\alpha}_3),\qquad \boldsymbol{B}=(\boldsymbol{\alpha}_1,2\boldsymbol{\alpha}_2,3\boldsymbol{\alpha}_3),$$

上式可写为 $\boldsymbol{AP}=\boldsymbol{B}$.

因

$$|\boldsymbol{P}|=|\boldsymbol{\alpha}_1,\boldsymbol{\alpha}_2,\boldsymbol{\alpha}_3|=\begin{vmatrix}1&2&-2\\2&-2&-1\\2&1&2\end{vmatrix}=-27\neq 0,$$

所以矩阵 $\boldsymbol{P}$ 可逆.由此可得 $\boldsymbol{A}=\boldsymbol{BP}^{-1}$,而

$$\boldsymbol{P}^{-1}=\frac{1}{9}\begin{bmatrix}1&2&2\\2&-2&1\\-2&-1&2\end{bmatrix},$$

所以

$$A=\frac{1}{9}\begin{bmatrix}1&4&-6\\2&-4&-3\\2&2&6\end{bmatrix}\begin{bmatrix}1&2&2\\2&-2&1\\-2&-1&2\end{bmatrix}=\begin{bmatrix}\frac{7}{3}&0&-\frac{2}{3}\\0&\frac{5}{3}&-\frac{2}{3}\\-\frac{2}{3}&-\frac{2}{3}&2\end{bmatrix}.$$

点评：由特征值和特征向量的定义：$A\alpha_i=i\alpha_i$，可得到一个矩阵关系式：

$$A(\alpha_1,\alpha_2,\alpha_3)=(\alpha_1,2\alpha_2,3\alpha_2)\quad 或者\quad A(\alpha_1,\alpha_2,\alpha_3)=(\alpha_1,\alpha_2,\alpha_3)\begin{bmatrix}1&0&0\\0&2&0\\0&0&3\end{bmatrix}.$$

这是解决这类问题的常用技巧.

【1.25】 设三阶矩阵的 A 的特征值为 1,2,3,对应的特征向量分别为：$\alpha_1=(1,1,1)^T$，$\alpha_2=(1,2,4)^T$，$\alpha_3=(1,3,9)^T$，令 $\beta=(1,1,3)^T$，求 $A^n\beta$.

解　由题设，$A\alpha_i=i\alpha_i(i=1,2,3)$可得

$$A(\alpha_1,\alpha_2,\alpha_3)=(\alpha_1,\alpha_2,\alpha_3)\begin{bmatrix}1&&\\&2&\\&&3\end{bmatrix}.$$

令 $P=(\alpha_1,\alpha_2,\alpha_3)$，$B=\begin{bmatrix}1&&\\&2&\\&&3\end{bmatrix}$，则有 P 可逆，且 $A=PBP^{-1}$.

所以

$$A^n\beta=PB^nP^{-1}\beta=\begin{bmatrix}1&1&1\\1&2&3\\1&4&9\end{bmatrix}\begin{bmatrix}1^n&&\\&2^n&\\&&3^n\end{bmatrix}\begin{bmatrix}1&1&1\\1&2&3\\1&4&9\end{bmatrix}^{-1}\begin{bmatrix}1\\1\\3\end{bmatrix}$$

$$=\begin{bmatrix}1&1&1\\1&2&3\\1&4&9\end{bmatrix}\begin{bmatrix}1^n&&\\&2^n&\\&&3^n\end{bmatrix}\frac{1}{2}\begin{bmatrix}6&-5&1\\-6&8&-2\\2&-3&1\end{bmatrix}\begin{bmatrix}1\\1\\3\end{bmatrix}$$

$$=\begin{bmatrix}2-2^{n+1}+3^n\\2-2^{n+2}+3^{n+1}\\2-2^{n+3}+3^{n+2}\end{bmatrix}.$$

题型 4:已知特征值或特征向量，求参数

【1.26】 已知三阶矩阵 $A=\begin{bmatrix}7&4&-1\\4&7&-1\\-4&-4&x\end{bmatrix}$ 有特征值 $\lambda_1=\lambda_2=3$，$\lambda_3=12$，则 $x=$______.

解法一　由 $\lambda_1+\lambda_2+\lambda_3=a_{11}+a_{22}+a_{33}$，即 $3+3+12=7+7+x$，知 $x=4$.

解法二　因为 $\lambda_3=12$ 为矩阵 A 的特征值，即

$$|12E-A|=\begin{vmatrix}5&-4&1\\-4&5&1\\4&4&12-x\end{vmatrix}=9(4-x)=0,$$

所以 $x=4$.

故应填 4.

【1.27】 设矩阵 $\boldsymbol{A}=\begin{bmatrix}1&-3&3\\3&a&3\\6&-6&b\end{bmatrix}$ 的特征值 $\lambda_1=-2$, $\lambda_2=4$,求参数 a 与 b.

解 因为 $\boldsymbol{A}$ 有特征值 $\lambda_1=-2$, $\lambda_2=4$,所以

$$|\lambda_1\boldsymbol{E}-\boldsymbol{A}|=\begin{vmatrix}-3&3&-3\\-3&-2-a&-3\\-6&6&-2-b\end{vmatrix}=3(5+a)(4-b)=0,$$

$$|\lambda_2\boldsymbol{E}-\boldsymbol{A}|=\begin{vmatrix}3&3&-3\\-3&4-a&-3\\-6&6&4-b\end{vmatrix}=3[-(7-a)(2+b)+72]=0.$$

解得 $a=-5$, $b=4$.

【1.28】 设矩阵 $\boldsymbol{A}=\begin{bmatrix}a&-1&c\\5&b&3\\1-c&0&-a\end{bmatrix}$,其行列式 $|\boldsymbol{A}|=-1$,又 $\boldsymbol{A}$ 的伴随矩阵 $\boldsymbol{A}^*$ 有一个特征值 λ_0,属于 λ_0 的一个特征向量为 $\boldsymbol{\alpha}=(-1,-1,1)^T$,求 a,b,c 和 λ_0 的值.

解 根据题设可得

$$\boldsymbol{AA}^*=|\boldsymbol{A}|\boldsymbol{E}=-\boldsymbol{E} \qquad 和 \qquad \boldsymbol{A}^*\boldsymbol{\alpha}=\lambda_0\boldsymbol{\alpha}.$$

于是 $\boldsymbol{AA}^*\boldsymbol{\alpha}=\boldsymbol{A}(\lambda_0\boldsymbol{\alpha})=\lambda_0\boldsymbol{A\alpha}$,又 $\boldsymbol{AA}^*\boldsymbol{\alpha}=-\boldsymbol{E\alpha}=-\boldsymbol{\alpha}$. 所以 $\lambda_0\boldsymbol{A\alpha}=-\boldsymbol{\alpha}$,即

$$\lambda_0\begin{bmatrix}a&-1&c\\5&b&3\\1-c&0&-a\end{bmatrix}\begin{bmatrix}-1\\-1\\1\end{bmatrix}=-\begin{bmatrix}-1\\-1\\1\end{bmatrix}.$$

由此可得

$$\begin{cases}\lambda_0(-a+1+c)=1, & ①\\ \lambda_0(-5-b+3)=1, & ②\\ \lambda_0(-1+c-a)=-1, & ③\end{cases}$$

由①和③,解得 $\lambda_0=1$.

将 $\lambda_0=1$ 代入②和①,得 $b=-3$, $a=c$.

由 $|\boldsymbol{A}|=-1$ 和 $a=c$,有

$$\begin{vmatrix}a&-1&a\\5&-3&3\\1-a&0&-a\end{vmatrix}=a-3=-1.$$

故 $a=c=2$. 因此 $a=2$, $b=-3$, $c=2$, $\lambda_0=1$.

点评:本题为 1999 年考研真题.

题型 5:证明题

【1.29】 设 $\boldsymbol{A}$ 为 $m\times n$ 矩阵,$\boldsymbol{B}$ 为 $n\times m$ 矩阵,证明:$\boldsymbol{AB}$ 与 $\boldsymbol{BA}$ 有相同的非零特征值.

证 设 λ 是 $\boldsymbol{AB}$ 的一个非零特征值，$\boldsymbol{\eta}$ 是 $\boldsymbol{AB}$ 的属于特征值 λ 的特征向量，则

$$\boldsymbol{AB\eta}=\lambda\boldsymbol{\eta}. \qquad ①$$

由于 $\lambda\neq 0$，从而 $\boldsymbol{B\eta}\neq\boldsymbol{0}$. 事实上，若 $\boldsymbol{B\eta}=\boldsymbol{0}$，则 $\boldsymbol{AB\eta}=\boldsymbol{0}$，即 $\lambda\boldsymbol{\eta}=\boldsymbol{0}$，故 $\lambda=0$，矛盾.

①式两端左乘矩阵 $\boldsymbol{B}$，得

$$\boldsymbol{BAB\eta}=\boldsymbol{B}\lambda\boldsymbol{\eta}=\lambda\boldsymbol{B\eta},\quad 即\quad \boldsymbol{BA}(\boldsymbol{B\eta})=\lambda(\boldsymbol{B\eta}),$$

所以 λ 是 $\boldsymbol{BA}$ 的特征值.

同理可证 $\boldsymbol{BA}$ 的非零特征值亦是 $\boldsymbol{AB}$ 的特征值. 所以 $\boldsymbol{AB}$ 与 $\boldsymbol{BA}$ 有相同的非零特征值.

【1.30】 设 $\lambda_1,\lambda_2,\lambda_3$ 是 $\boldsymbol{A}$ 的特征值，$\boldsymbol{\alpha}_1,\boldsymbol{\alpha}_2,\boldsymbol{\alpha}_3$ 是对应的特征向量，若 $\boldsymbol{\alpha}_1+\boldsymbol{\alpha}_2+\boldsymbol{\alpha}_3$ 仍是 $\boldsymbol{A}$ 的特征向量，则 $\lambda_1=\lambda_2=\lambda_3$.

证 假设 $\lambda_1\neq\lambda_2$，则 $\boldsymbol{\alpha}_1+\boldsymbol{\alpha}_2$ 不是 $\boldsymbol{A}$ 的特征向量. 可见，要使 $\boldsymbol{\alpha}_1+\boldsymbol{\alpha}_2$ 是 $\boldsymbol{A}$ 的特征向量，必有 $\lambda_1=\lambda_2$，且 $\boldsymbol{\alpha}_1+\boldsymbol{\alpha}_2$ 也是特征值 λ_1 所对应的特征向量.

令 $\boldsymbol{\beta}=\boldsymbol{\alpha}_1+\boldsymbol{\alpha}_2$.

同理，要使 $\boldsymbol{\beta}+\boldsymbol{\alpha}_3$ 为 $\boldsymbol{A}$ 的特征向量，必有 $\lambda_1=\lambda_3$.

于是，要使 $\boldsymbol{\alpha}_1+\boldsymbol{\alpha}_2+\boldsymbol{\alpha}_3$ 是 $\boldsymbol{A}$ 的特征向量，必有 $\lambda_1=\lambda_2=\lambda_3$.

【1.31】 设 $\boldsymbol{A}$ 为 n 阶方阵，任一非零的 n 维向量都是 $\boldsymbol{A}$ 的特征向量. 试证明：

$$\boldsymbol{A}=\lambda\boldsymbol{E}$$

即 $\boldsymbol{A}$ 为数量矩阵.

证 设 $a_{ij}\,(i,j=1,\cdots,n)$ 是 $\boldsymbol{A}$ 的第 i 行、第 j 列的元素，因 n 维单位向量组 $\boldsymbol{\varepsilon}_1,\boldsymbol{\varepsilon}_2,\cdots,\boldsymbol{\varepsilon}_n$ 也是 $\boldsymbol{A}$ 的特征向量，设 $\lambda_1,\lambda_2,\cdots,\lambda_n$ 是对应的特征值，则有

$$\boldsymbol{A\varepsilon}_i=\lambda_i\boldsymbol{\varepsilon}_i\quad(i=1,\cdots,n),$$

即

$$\boldsymbol{A\varepsilon}_i=\begin{bmatrix}a_{1i}\\ \vdots\\ a_{ii}\\ \vdots\\ a_{ni}\end{bmatrix}=\begin{bmatrix}0\\ \vdots\\ \lambda_i\\ \vdots\\ 0\end{bmatrix},\quad(i=1,\cdots,n).$$

故 $a_{ii}=\lambda_i$，$a_{ji}=0\ (j\neq i)$. 于是

$$\boldsymbol{A}=\begin{bmatrix}\lambda_1 & & & 0\\ & \lambda_2 & & \\ & & \ddots & \\ 0 & & & \lambda_n\end{bmatrix}.$$

因为 $\boldsymbol{\varepsilon}_i+\boldsymbol{\varepsilon}_j\neq\boldsymbol{0}\ (i\neq j)$ 也是 $\boldsymbol{A}$ 的特征向量，所以 $\lambda_i=\lambda_j$. 故有 $\lambda_1=\lambda_2=\cdots=\lambda_n=\lambda$，于是可得

$$\boldsymbol{A}=\lambda\boldsymbol{E}.$$

【1.32】 设 n 阶矩阵 $\boldsymbol{A}=(a_{ij})$ 的 n 个特征值为 $\lambda_1,\lambda_2,\cdots,\lambda_n$，证明：

(1) $\lambda_1+\lambda_2+\cdots+\lambda_n=a_{11}+a_{22}+\cdots+a_{nn}$；

(2) $|\boldsymbol{A}|=\lambda_1\lambda_2\cdots\lambda_n$；

(3) $\boldsymbol{A}$ 可逆的充要条件为 $\lambda_i\neq 0,\ i=1,2,\cdots,n$；

(4)若 $\boldsymbol{A}$ 可逆，则伴随矩阵 $\boldsymbol{A}^*$ 的特征值为$\dfrac{|\boldsymbol{A}|}{\lambda_i}$，$i=1,2,\cdots,n$；

(5)若 $\boldsymbol{A}$ 不可逆，当秩 $r(\boldsymbol{A})<n-1$ 时，$\boldsymbol{A}^*$ 的特征值为 0；若秩 $r(\boldsymbol{A})=n-1$ 时，则 $\boldsymbol{A}^*$ 有一个 $n-1$ 重特征值零及一个单特征值 $A_{11}+A_{22}+\cdots+A_{nn}$（$A_{ii}$ 是 a_{ii} 的代数余子式）.

证 (1)因矩阵 $\boldsymbol{A}$ 的 n 个特征值分别为 $\lambda_1,\lambda_2,\cdots,\lambda_n$，从而有

$$|\lambda\boldsymbol{E}-\boldsymbol{A}|=\begin{vmatrix}\lambda-a_{11} & -a_{12} & \cdots & -a_{1n}\\ -a_{21} & \lambda-a_{22} & \cdots & -a_{2n}\\ \cdots & \cdots & \cdots & \cdots\\ -a_{n1} & -a_{n2} & \cdots & \lambda-a_{nn}\end{vmatrix}=(\lambda-\lambda_1)(\lambda-\lambda_2)\cdots(\lambda-\lambda_n). \qquad ①$$

考察等式①两端展开式中 λ^{n-1} 的系数，根据行列式的定义，

$$\begin{vmatrix}\lambda-a_{11} & -a_{12} & \cdots & -a_{1n}\\ -a_{21} & \lambda-a_{22} & \cdots & -a_{2n}\\ \cdots & \cdots & \cdots & \cdots\\ -a_{n1} & -a_{n2} & \cdots & \lambda-a_{nn}\end{vmatrix}$$

中含 λ^{n-1} 的项必由乘积 $(\lambda-a_{11})(\lambda-a_{22})\cdots(\lambda-a_{nn})$ 中产生，从而其系数为 $-(a_{11}+a_{22}+\cdots+a_{nn})$，而 $(\lambda-\lambda_1)(\lambda-\lambda_2)\cdots(\lambda-\lambda_n)$ 中含 λ^{n-1} 项的系数为 $-(\lambda_1+\lambda_2+\cdots+\lambda_n)$，比较系数有

$$\lambda_1+\lambda_2+\cdots+\lambda_n=a_{11}+a_{22}+\cdots+a_{nn}.$$

(2)如果等式①两端用 $\lambda=0$ 代入，即有

$$(-1)^n|\boldsymbol{A}|=(-1)^n\lambda_1\lambda_2\cdots\lambda_n,$$

即 $|\boldsymbol{A}|=\lambda_1\lambda_2\cdots\lambda_n$.

(3)由(2)直接可得证.

(4)若 $\boldsymbol{A}$ 可逆，由(3)知，$\lambda_i\neq0$，$i=1,2,\cdots,n$. 设 $\boldsymbol{x}$ 是 $\boldsymbol{A}$ 的属于 λ_i 的特征向量，即有 $\boldsymbol{A}\boldsymbol{x}=\lambda_i\boldsymbol{x}$，又 $\boldsymbol{A}^*\boldsymbol{A}=|\boldsymbol{A}|\boldsymbol{E}$，从而有

$$\boldsymbol{A}^*\boldsymbol{A}\boldsymbol{x}=\lambda_i\boldsymbol{A}^*\boldsymbol{x}=|\boldsymbol{A}|\boldsymbol{x},$$

所以 $\boldsymbol{A}^*\boldsymbol{x}=\dfrac{|\boldsymbol{A}|}{\lambda_i}\boldsymbol{x}$，即 $\boldsymbol{A}^*$ 的特征值为$\dfrac{|\boldsymbol{A}|}{\lambda_i}$，$i=1,2,\cdots,n$.

(5)若 $\boldsymbol{A}$ 不可逆，当 $r(\boldsymbol{A})<n-1$ 时，由 $\boldsymbol{A}^*$ 的定义，$\boldsymbol{A}^*=\boldsymbol{0}$，所以 $\boldsymbol{A}^*$ 的特征值全为零.

当 $r(\boldsymbol{A})=n-1$ 时，$r(\boldsymbol{A}^*)=1$，于是 $\boldsymbol{A}^*$ 的行向量对应分量成比例.

不妨设 $\boldsymbol{A}^*=\begin{bmatrix}A_{11} & A_{21} & \cdots & A_{n1}\\ a_2A_{11} & a_2A_{21} & \cdots & a_2A_{n1}\\ \cdots & \cdots & \cdots & \cdots\\ a_nA_{11} & a_nA_{21} & \cdots & a_nA_{n1}\end{bmatrix}$，则

$$|\lambda\boldsymbol{E}-\boldsymbol{A}^*|=\begin{vmatrix}\lambda-A_{11} & -A_{21} & \cdots & -A_{n1}\\ -a_2A_{11} & \lambda-a_2A_{21} & \cdots & -a_2A_{n1}\\ \cdots & \cdots & \cdots & \cdots\\ -a_nA_{11} & -a_nA_{21} & \cdots & \lambda-a_nA_{n1}\end{vmatrix}$$

$$\xlongequal[r_n+r_1\times(-a_n)]{\substack{r_2+r_1\times(-a_2)\\ r_3+r_1\times(-a_3)\\ \cdots}} \begin{vmatrix} \lambda-A_{11} & -A_{21} & \cdots & -A_{n1} \\ -a_2\lambda & \lambda & \cdots & 0 \\ \cdots & \cdots & \cdots & \cdots \\ -a_n\lambda & 0 & \cdots & \lambda \end{vmatrix}$$

$$\xlongequal[c_1+c_n\times(a_n)]{\substack{c_1+c_2\times(a_2)\\ c_1+c_3\times(a_3)\\ \cdots}} \begin{vmatrix} \lambda-A_{11}-a_2A_{21}-\cdots-a_nA_{n1} & -A_{21} & \cdots & -A_{n1} \\ 0 & \lambda & \cdots & 0 \\ \cdots & \cdots & \cdots & \cdots \\ 0 & 0 & \cdots & \lambda \end{vmatrix}$$

$$=(\lambda-A_{11}-a_2A_{21}\cdots-a_nA_{n1})\lambda^{n-1}.$$

又因为 $a_2A_{21}=A_{22},\cdots,a_nA_{n1}=A_{nn}$，所以

$$|\lambda \boldsymbol{E}-\boldsymbol{A}^*|=(\lambda-A_{11}-\cdots-A_{nn})\lambda^{n-1}.$$

所以 $\boldsymbol{A}^*$ 的特征值为：$A_{11}+A_{22}+\cdots+A_{nn},\overbrace{0,\cdots,0}^{n-1\text{重}}$.

【1.33】 设 n 阶可逆矩阵 $\boldsymbol{A}$ 的各行元素之和为 a，证明：

(1)$a\neq0$；

(2)$\boldsymbol{A}^{-1}$ 的各行元素之和为 $\frac{1}{a}$；

(3)求 $4\boldsymbol{A}^{-1}-7\boldsymbol{A}$ 的各行元素之和.

证 (1)因为 $\boldsymbol{A}$ 的各行元素之和为 a，从而

$$\boldsymbol{A}\begin{bmatrix}1\\1\\ \vdots\\1\end{bmatrix}=a\begin{bmatrix}1\\1\\ \vdots\\1\end{bmatrix},$$

即 a 是 $\boldsymbol{A}$ 的特征值.

又 $\boldsymbol{A}$ 可逆，所以 $a\neq0$.

(2)由 $\boldsymbol{A}\begin{bmatrix}1\\1\\ \vdots\\1\end{bmatrix}=a\begin{bmatrix}1\\1\\ \vdots\\1\end{bmatrix}$ 可得：

$$\boldsymbol{A}^{-1}\boldsymbol{A}\begin{bmatrix}1\\1\\ \vdots\\1\end{bmatrix}=a\boldsymbol{A}^{-1}\begin{bmatrix}1\\1\\ \vdots\\1\end{bmatrix} \quad 即 \quad \boldsymbol{A}^{-1}\begin{bmatrix}1\\1\\ \vdots\\1\end{bmatrix}=\frac{1}{a}\begin{bmatrix}1\\1\\ \vdots\\1\end{bmatrix},$$

因此我们得到 $\boldsymbol{A}^{-1}$ 的各行元素之和为 $\frac{1}{a}$.

(3)因为

$$4A^{-1}\begin{bmatrix}1\\1\\\vdots\\1\end{bmatrix}-7A\begin{bmatrix}1\\1\\\vdots\\1\end{bmatrix}=\frac{4}{a}\begin{bmatrix}1\\1\\\vdots\\1\end{bmatrix}-7a\begin{bmatrix}1\\1\\\vdots\\1\end{bmatrix},$$

即

$$(4A^{-1}-7A)\begin{bmatrix}1\\1\\\vdots\\1\end{bmatrix}=\left(\frac{4}{a}-7a\right)\begin{bmatrix}1\\1\\\vdots\\1\end{bmatrix},$$

因此矩阵 $4A^{-1}-7A$ 的各行元素之和为$\frac{4}{a}-7a$.

题型 6:综合例题

【1.34】 设 A 是三阶方阵,且$|A-E|=|A+2E|=|2A+3E|=0$,则$|2A^*-3E|=$______.

解 由$|A-E|=|A+2E|=|2A+3E|=0$,可得

$$|E-A|=|-2E-A|=\left|-\frac{3}{2}E-A\right|=0,$$

所以 A 的特征值分别为 $1,-2,-\frac{3}{2}$,且

$$|A|=1\times(-2)\times(-\frac{3}{2})=3,$$

于是 $2A^*-3E$ 的特征值分别为 $3,-6,-7$,故

$$|2A^*-3E|=3\times(-6)\times(-7)=126.$$

故应填 126.

点评:求一个矩阵多项式的行列式,我们通常是先求出其所有的特征值,则其行列式就等于所有特征值的乘积.

【1.35】 已知三阶矩阵 A 的特征值分别为 $1,-1,2$,设矩阵 $B=A^5-3A^3$,求

(1)$|B|$;　　　　(2)$|A-2E|$.

解 (1)由特征值的性质可知 B 的特征值为

$$\lambda_1=1^5-3\times1^3=-2,\quad \lambda_2=(-1)^5-3(-1)^3=2,\quad \lambda_3=2^5-3\times2^3=8.$$

因此$|B|=(-2)\times2\times8=-32$.

(2)由特征值的性质,可得 $A-2E$ 的特征值为 $-1,-3,0$.

因此$|A-2E|=-1\times(-3)\times0=0$.

【1.36】 设矩阵 A 满足 $A^2=E$,证明 $5E-A$ 可逆.

解 由本题设可知 A 的特征值只能是 1 或 -1,从而 $5E-A$ 的特征值只能是 4 或 6,即 0 不是 $5E-A$ 的特征值.因此 $5E-A$ 可逆.

点评:n 阶矩阵 A 可逆的充分必要条件是 A 的特征值全不为零,换句话说,A 可逆的充分必要条件是零不是 A 的特征值.这是对 n 阶矩阵的可逆性的又一种认识.

【1.37】 如果 n 阶方阵 A 满足条件

$$A^2+A+E=0,$$

则对任意实数 a，$\boldsymbol{A}-a\boldsymbol{E}$ 总是可逆矩阵.

证 令 $\boldsymbol{B}=\boldsymbol{A}-a\boldsymbol{E}$. 设 $\boldsymbol{A}$ 的特征值为 λ，易见 $\lambda-a$ 是 $\boldsymbol{B}$ 的特征值，由 $\boldsymbol{A}^2+\boldsymbol{A}+\boldsymbol{E}=\boldsymbol{0}$ 知 $\lambda^2+\lambda+1=0$，可见 λ 不是实数. 故 $\lambda-a$ 不是实数，因而 $\lambda-a\neq0$（a 为实数）.

因为 $|\boldsymbol{A}-a\boldsymbol{E}|\neq0$ 的充分必要条件是 $\boldsymbol{A}-a\boldsymbol{E}$ 的特征值全不为零，故 $\boldsymbol{A}-a\boldsymbol{E}$ 是可逆矩阵.

【1.38】 设 λ_1,λ_2 是矩阵 $\boldsymbol{A}$ 的两个不同的特征值，对应的特征向量分别为 $\boldsymbol{\alpha}_1,\boldsymbol{\alpha}_2$，则 $\boldsymbol{\alpha}_1$，$\boldsymbol{A}(\boldsymbol{\alpha}_1+\boldsymbol{\alpha}_2)$ 线性无关的充分必要条件是______.

(A) $\lambda_1\neq0$　　(B) $\lambda_2\neq0$　　(C) $\lambda_1=0$　　(D) $\lambda_2=0$

解法一 令 $k_1\boldsymbol{\alpha}_1+k_2\boldsymbol{A}(\boldsymbol{\alpha}_1+\boldsymbol{\alpha}_2)=\boldsymbol{0}$，则

$$k_1\boldsymbol{\alpha}_1+k_2\lambda_1\boldsymbol{\alpha}_1+k_2\lambda_2\boldsymbol{\alpha}_2=\boldsymbol{0},\quad 即\quad (k_1+k_2\lambda_1)\boldsymbol{\alpha}_1+k_2\lambda_2\boldsymbol{\alpha}_2=\boldsymbol{0}.$$

由于 $\boldsymbol{\alpha}_1,\boldsymbol{\alpha}_2$ 线性无关，于是有

$$\begin{cases}k_1+k_2\lambda_1=0,\\ k_2\lambda_2=0.\end{cases}$$

当 $\lambda_2\neq0$ 时，显然有 $k_1=0,k_2=0$，此时 $\boldsymbol{\alpha}_1,\boldsymbol{A}(\boldsymbol{\alpha}_1+\boldsymbol{\alpha}_2)$ 线性无关；反过来，若 $\boldsymbol{\alpha}_1,\boldsymbol{A}(\boldsymbol{\alpha}_1+\boldsymbol{\alpha}_2)$ 线性无关，则必然有 $\lambda_2\neq0$. 否则，$\boldsymbol{\alpha}_1$ 与 $\boldsymbol{A}(\boldsymbol{\alpha}_1+\boldsymbol{\alpha}_2)=\lambda_1\boldsymbol{\alpha}_1$ 线性相关.

故应选(B).

解法二 由于

$$(\boldsymbol{\alpha}_1,\boldsymbol{A}(\boldsymbol{\alpha}_1+\boldsymbol{\alpha}_2))=(\boldsymbol{\alpha}_1,\lambda_1\boldsymbol{\alpha}_1+\lambda_2\boldsymbol{\alpha}_2)=(\boldsymbol{\alpha}_1,\boldsymbol{\alpha}_2)\begin{bmatrix}1&\lambda_1\\0&\lambda_2\end{bmatrix},$$

可见 $\boldsymbol{\alpha}_1,\boldsymbol{A}(\boldsymbol{\alpha}_1+\boldsymbol{\alpha}_2)$ 线性无关的充要条件是

$$\begin{vmatrix}1&\lambda_1\\0&\lambda_2\end{vmatrix}=\lambda_2\neq0.$$

故应选(B).

点评：本题综合考查了特征值、特征向量及向量组线性相关、线性无关的相关性质.

【1.39】 设 $\boldsymbol{\alpha}$ 为3维单位向量，则矩阵 $\boldsymbol{E}-\boldsymbol{\alpha}\boldsymbol{\alpha}^T$ 的秩为______.

解 因为 $\boldsymbol{\alpha}$ 为3维单位向量，故 $\boldsymbol{\alpha}^T\boldsymbol{\alpha}=1=\mathrm{tr}(\boldsymbol{\alpha}\boldsymbol{\alpha}^T)$. 所以，$\boldsymbol{\alpha}\boldsymbol{\alpha}^T$ 的特征值为 1,0,0. 从而 $3-r(\boldsymbol{E}-\boldsymbol{\alpha}\boldsymbol{\alpha}^T)=$ 特征值1对应的线性无关的特征向量的个数 $=1$，即 $r(\boldsymbol{E}-\boldsymbol{\alpha}\boldsymbol{\alpha}^T)=2$.

点评：本题为2012年考研真题. 主要考查了矩阵 $\boldsymbol{A}=\boldsymbol{\alpha}^T\boldsymbol{\beta}$，其中 $\boldsymbol{\alpha},\boldsymbol{\beta}$ 为 n 维行向量. 这个知识点已经在考研数学中多次考查过.

令 $\boldsymbol{\alpha}=(a_1,\cdots,a_n)$，$\boldsymbol{\beta}=(b_1,\cdots,b_n)$.

若 $\boldsymbol{A}=\boldsymbol{\alpha}^T\boldsymbol{\beta}=\begin{bmatrix}a_1\\ \vdots\\ a_n\end{bmatrix}(b_1,\cdots,b_n)=\begin{bmatrix}a_1b_1&a_1b_2&\cdots&a_1b_n\\a_2b_1&a_2b_2&\cdots&a_2b_n\\ \cdots&\cdots&\cdots&\cdots\\a_nb_1&a_nb_2&\cdots&a_nb_n\end{bmatrix}$，$t=\boldsymbol{\beta}\boldsymbol{\alpha}^T=\sum\limits_{i=1}^{n}a_ib_i$，

则(1) $\boldsymbol{A}^n=t^{n-1}\boldsymbol{A}$；(2) $r(\boldsymbol{A})=1$；(3) $t=\mathrm{tr}(\boldsymbol{A})$；(4)特征值为 $\lambda_1=t,\lambda_2=\cdots=\lambda_n=0$；

解：由 $\boldsymbol{A}^2=t\boldsymbol{A}$ 可得 $\lambda^2=t\lambda$，所以 $\boldsymbol{A}$ 的特征值为 t 或 0.

又 $\mathrm{tr}(\boldsymbol{A})=t=$ 特征值之和，所以，$\lambda_1=t,\lambda_2=\cdots=\lambda_n=0$.

(5) $\boldsymbol{A}$ 可以相似对角化的充要条件是 $\mathrm{tr}(\boldsymbol{A})\neq0$.

§2. 矩阵的相似对角化

知识要点

1. 矩阵相似的概念

设 $\boldsymbol{A},\boldsymbol{B}$ 是 n 阶矩阵，若存在可逆阵 $\boldsymbol{P}$ 使 $\boldsymbol{P}^{-1}\boldsymbol{AP}=\boldsymbol{B}$，则称 $\boldsymbol{B}$ 是 $\boldsymbol{A}$ 的相似矩阵，或称 $\boldsymbol{A}$ 与 $\boldsymbol{B}$ 相似，记为 $\boldsymbol{A}\sim\boldsymbol{B}$.

2. 矩阵相似的性质

(1)若 $\boldsymbol{A}\sim\boldsymbol{B},\boldsymbol{B}\sim\boldsymbol{C}$，则 $\boldsymbol{A}\sim\boldsymbol{C}$；

(2)若 $\boldsymbol{A}\sim\boldsymbol{B}$，则 $k\boldsymbol{A}\sim k\boldsymbol{B},\boldsymbol{A}^m\sim\boldsymbol{B}^m$，进而

$$f(\boldsymbol{A})=\sum_{i=0}^{m}a_i\boldsymbol{A}^i\sim f(\boldsymbol{B})=\sum_{i=0}^{m}a_i\boldsymbol{B}^i;$$

(3)若 $\boldsymbol{A}\sim\boldsymbol{B}$，则 $\boldsymbol{A}^T\sim\boldsymbol{B}^T,\boldsymbol{A}^{-1}\sim\boldsymbol{B}^{-1},\boldsymbol{A}^*\sim\boldsymbol{B}^*$；

(4)若 $\boldsymbol{A}\sim\boldsymbol{B}$，则 $|\boldsymbol{A}|=|\boldsymbol{B}|,r(\boldsymbol{A})=r(\boldsymbol{B})$；

(5)设 $\boldsymbol{A}=(a_{ij}),\boldsymbol{B}=(b_{ij})$，若 $\boldsymbol{A}\sim\boldsymbol{B}$，则 $\sum\limits_{i=1}^{n}a_{ii}=\sum\limits_{i=1}^{n}b_{ii}$，即 $\boldsymbol{A},\boldsymbol{B}$ 有相同的迹；

(6)若 $\boldsymbol{A}\sim\boldsymbol{B}$，则 $|\lambda\boldsymbol{E}-\boldsymbol{A}|=|\lambda\boldsymbol{E}-\boldsymbol{B}|$，即 $\boldsymbol{A},\boldsymbol{B}$ 有相同的特征值；

(7)零矩阵，单位矩阵，数量矩阵只与自己相似.

注意：(2)～(6)只是矩阵相似的必要条件.

3. 矩阵的相似对角化

设 $\boldsymbol{A}$ 是 n 阶矩阵，若存在可逆矩阵 $\boldsymbol{P}$，使 $\boldsymbol{P}^{-1}\boldsymbol{AP}$ 为对角阵，则称 $\boldsymbol{A}$ 可相似对角化.

4. 矩阵相似对角化的判定

(1)矩阵 $\boldsymbol{A}$ 可相似对角化的充分必要条件是 $\boldsymbol{A}$ 有 n 个线性无关的特征向量；

(2)矩阵 $\boldsymbol{A}$ 可相似对角化的充分必要条件是对 $\boldsymbol{A}$ 的任意特征值 λ，属于 λ 的线性无关的特征向量的个数等于 λ 的重数，亦即 $n-r(\lambda\boldsymbol{E}-\boldsymbol{A})$ 等于 λ 的重数；

(3)矩阵 $\boldsymbol{A}$ 可相似对角化的充分条件是 $\boldsymbol{A}$ 有 n 个互不相同的特征值.

5. 矩阵相似对角化的步骤

(1)解特征方程 $|\lambda\boldsymbol{E}-\boldsymbol{A}|=0$，求出所有特征值；

(2)对于不同的特征值 λ_i，解方程组 $(\lambda_i\boldsymbol{E}-\boldsymbol{A})\boldsymbol{x}=\boldsymbol{0}$，求出基础解系，如果每一个 λ_i 的重数等于基础解系中向量的个数，则 $\boldsymbol{A}$ 可对角化，否则，$\boldsymbol{A}$ 不可对角化；

(3)若 $\boldsymbol{A}$ 可对角化，设所有线性无关的特征向量为 $\boldsymbol{\xi}_1,\boldsymbol{\xi}_2,\cdots,\boldsymbol{\xi}_n$，则所求的可逆阵 $\boldsymbol{P}=(\boldsymbol{\xi}_1,\boldsymbol{\xi}_2,\cdots,\boldsymbol{\xi}_n)$，并且有 $\boldsymbol{P}^{-1}\boldsymbol{AP}=\boldsymbol{\Lambda}$，其中

$$\boldsymbol{\Lambda}=\begin{bmatrix}\lambda_1 & & & \\ & \lambda_2 & & \\ & & \ddots & \\ & & & \lambda_n\end{bmatrix}.$$

注意:$\boldsymbol{\Lambda}$ 的主对角线元素为全部的特征值,其排列顺序与 $\boldsymbol{P}$ 中列向量的排列顺序对应.

基本题型

题型1:矩阵相似的概念和性质

【2.1】 矩阵 $\boldsymbol{A}$ 与 $\boldsymbol{B}$ 相似的充分条件是______.

(A)$\boldsymbol{A}$ 与 $\boldsymbol{B}$ 有相同的特征值　　(B)$\boldsymbol{A}$ 与 $\boldsymbol{B}$ 与同一个矩阵 $\boldsymbol{C}$ 相似

(C)$\boldsymbol{A}$ 与 $\boldsymbol{B}$ 有相同的特征向量　　(D)$\boldsymbol{A}^k$ 与 $\boldsymbol{B}^k$ 相似

解 由相似矩阵的传递性知选项(B)正确.

设

$$\boldsymbol{A}=\begin{bmatrix}0 & 0\\0 & 0\end{bmatrix},\quad \boldsymbol{B}=\begin{bmatrix}1 & -1\\1 & -1\end{bmatrix}.$$

显然,$\boldsymbol{A}$ 与 $\boldsymbol{B}$ 的特征值都是0,但对任何一个可逆阵 $\boldsymbol{P}$,

$$\boldsymbol{P}^{-1}\boldsymbol{0P}\neq\begin{bmatrix}1 & -1\\1 & -1\end{bmatrix},$$

故非(A).

由 $\boldsymbol{A}^2=\boldsymbol{0},\boldsymbol{B}^2=\boldsymbol{0}$. 显然,$\boldsymbol{A}^2\sim\boldsymbol{B}^2$,但 $\boldsymbol{A}$ 与 $\boldsymbol{B}$ 不相似,所以非(D).

再设 $\boldsymbol{A}$ 为 n 阶零矩阵,$\boldsymbol{B}$ 为 n 阶单位矩阵,则 $\boldsymbol{A}$ 的特征值为0(n 重),$\boldsymbol{B}$ 的特征值为1(n 重). 由 $\boldsymbol{Ax}=0\cdot\boldsymbol{x}$ 和 $\boldsymbol{Bx}=1\cdot\boldsymbol{x}$ 知,任意非零 n 维列向量都是 $\boldsymbol{A}$ 和 $\boldsymbol{B}$ 的特征向量,但 $\boldsymbol{A}$ 与 $\boldsymbol{B}$ 显然不相似,故非(C).

故应选(B).

【2.2】 若 $\boldsymbol{A}$ 与 $\boldsymbol{B}$ 相似,则______.

(A)$\lambda\boldsymbol{E}-\boldsymbol{A}=\lambda\boldsymbol{E}-\boldsymbol{B}$

(B)$|\boldsymbol{A}|=|\boldsymbol{B}|$

(C)对于相同的特征值 λ,$\boldsymbol{A}$、$\boldsymbol{B}$ 有相同的特征向量

(D)$\boldsymbol{A}$、$\boldsymbol{B}$ 均与同一个对角阵相似

解 例如

$$\boldsymbol{A}=\begin{bmatrix}2 & 0 & 0\\0 & 0 & 1\\0 & 1 & 0\end{bmatrix},\qquad \boldsymbol{B}=\begin{bmatrix}2 & 0 & 0\\0 & 1 & 0\\0 & 0 & -1\end{bmatrix},$$

则 $\boldsymbol{P}^{-1}\boldsymbol{AP}=\boldsymbol{B}$,其中

$$\boldsymbol{P}=\begin{bmatrix}1 & 0 & 0\\0 & 1 & 1\\0 & 1 & -1\end{bmatrix},$$

即 $\boldsymbol{A}\sim\boldsymbol{B}$,显然特征值为 $\lambda_1=1,\ \lambda_2=-1,\ \lambda_3=2$. 而 $\boldsymbol{E}-\boldsymbol{A}\neq\boldsymbol{E}-\boldsymbol{B}$,故非(A).

计算得当 $\lambda=1$ 时,$\boldsymbol{A}$ 对应于 $\lambda=1$ 的特征向量为 $\boldsymbol{\alpha}=(0,1,1)^T$,而 $\boldsymbol{B}$ 对应于 $\lambda=1$ 的特征向量为 $\boldsymbol{\beta}=(0,1,0)^T$,显然 $\boldsymbol{\alpha}$ 与 $\boldsymbol{\beta}$ 线性无关,故非(C).

$\boldsymbol{A},\boldsymbol{B}$ 未必能相似对角化,故非(D).

故应选(B).

【2.3】 若$\begin{bmatrix}22 & 31\\ y & x\end{bmatrix}$与$\begin{bmatrix}1 & 2\\ 3 & 4\end{bmatrix}$相似,则 $x=$______,$y=$______.

解 利用两相似矩阵迹相等和行列式相等,得方程组

$$\begin{cases}22+x=1+4\\ 22x-31y=-2\end{cases},\quad 解得\begin{cases}x=-17\\ y=-12\end{cases}.$$

故应填$-17,-12$.

【2.4】 已知

$$\boldsymbol{A}\sim\boldsymbol{B}=\begin{bmatrix}1 & 0 & 0 & 0\\ 0 & 1 & 0 & 0\\ 0 & 0 & -1 & 2\\ 0 & 0 & 2 & 2\end{bmatrix},$$

则 $r(\boldsymbol{A}-\boldsymbol{E})+r(\boldsymbol{A}-3\boldsymbol{E})=$______.

解 由 $\boldsymbol{A}\sim\boldsymbol{B}$,存在可逆阵 $\boldsymbol{P}$,使得 $\boldsymbol{P}^{-1}\boldsymbol{B}\boldsymbol{P}=\boldsymbol{A}$,故

$$\begin{aligned}&r(\boldsymbol{A}-\boldsymbol{E})+r(\boldsymbol{A}-3\boldsymbol{E})=r(\boldsymbol{P}^{-1}\boldsymbol{B}\boldsymbol{P}-\boldsymbol{E})+r(\boldsymbol{P}^{-1}\boldsymbol{B}\boldsymbol{P}-3\boldsymbol{E})\\ &=r(\boldsymbol{P}^{-1}(\boldsymbol{B}-\boldsymbol{E})\boldsymbol{P})+r(\boldsymbol{P}^{-1}(\boldsymbol{B}-3\boldsymbol{E})\boldsymbol{P})=r(\boldsymbol{B}-\boldsymbol{E})+r(\boldsymbol{B}-3\boldsymbol{E})\\ &=r\left(\begin{bmatrix}0 & 0 & 0 & 0\\ 0 & 0 & 0 & 0\\ 0 & 0 & -2 & 2\\ 0 & 0 & 2 & 1\end{bmatrix}\right)+r\left(\begin{bmatrix}-2 & 0 & 0 & 0\\ 0 & -2 & 0 & 0\\ 0 & 0 & -4 & 2\\ 0 & 0 & 2 & -1\end{bmatrix}\right)\\ &=2+3=5.\end{aligned}$$

故应填 5.

【2.5】 若四阶矩阵 $\boldsymbol{A}$ 与 $\boldsymbol{B}$ 相似,矩阵 $\boldsymbol{A}$ 的特征值为$\frac{1}{2},\frac{1}{3},\frac{1}{4},\frac{1}{5}$,则行列式$|\boldsymbol{B}^{-1}-\boldsymbol{E}|=$______.

解 因 $\boldsymbol{A}$ 与 $\boldsymbol{B}$ 相似,故 $\boldsymbol{A}$ 与 $\boldsymbol{B}$ 有相同的特征值,即 $\boldsymbol{B}$ 的特征值为$\frac{1}{2},\frac{1}{3},\frac{1}{4},\frac{1}{5}$,从而 $\boldsymbol{B}^{-1}$ 的特征值为 2,3,4,5, $\boldsymbol{B}^{-1}-\boldsymbol{E}$ 的特征值为 1,2,3,4. 所以$|\boldsymbol{B}^{-1}-\boldsymbol{E}|=1\times2\times3\times4=24$.

故应填 24.

点评:本题为 2000 年考研真题.

【2.6】 若矩阵 $\boldsymbol{A}$ 与 $\boldsymbol{B}$ 相似,且 2 是矩阵 $\boldsymbol{B}$ 的一个特征值,则矩阵 $3\boldsymbol{A}^2-4\boldsymbol{A}+\boldsymbol{E}$ 必有一个特征值为______.

解 因为 $\boldsymbol{A}$ 与 $\boldsymbol{B}$ 相似,所以 $\boldsymbol{A}$ 与 $\boldsymbol{B}$ 有相同的特征值,又 2 是 $\boldsymbol{B}$ 的特征值,故 $\boldsymbol{A}$ 有特征值 2. 因此,矩阵 $3\boldsymbol{A}^2-4\boldsymbol{A}+\boldsymbol{E}$ 必有特征值 $3\times2^2-4\times2+1=5$.

故应填 5.

【2.7】 已知 $\boldsymbol{\alpha}=(1,2,-1)$,$\boldsymbol{A}=\boldsymbol{\alpha}^T\boldsymbol{\alpha}$,若矩阵 $\boldsymbol{A}$ 与 $\boldsymbol{B}$ 相似,则$(\boldsymbol{B}+\boldsymbol{E})^*$的特征值为______.

解 由题设知

$$A=\begin{bmatrix}1\\2\\-1\end{bmatrix}(1,2,-1)=\begin{bmatrix}1&2&-1\\2&4&-2\\-1&-2&1\end{bmatrix},$$

计算得 A 的特征值为 6,0,0. 由于 A 与 B 相似,故 B 的特征值也为 6,0,0,从而 $B+E$ 的特征值为 7,1,1,且 $|B+E|=7$. 因此,$(B+E)^*$ 的特征值为 1,7,7.

故应填 1,7,7.

【2.8】 已知矩阵 $A=\begin{bmatrix}2&0&0\\0&0&1\\0&1&a\end{bmatrix}$ 和矩阵 $B=\begin{bmatrix}2&0&0\\0&3&4\\0&-2&b\end{bmatrix}$ 相似,试确定参数 a,b.

解法一 因为 $A\sim B$,所以 $|\lambda E-A|=|\lambda E-B|$,即

$$\begin{vmatrix}\lambda-2&0&0\\0&\lambda&-1\\0&-1&\lambda-a\end{vmatrix}=\begin{vmatrix}\lambda-2&0&0\\0&\lambda-3&-4\\0&2&\lambda-b\end{vmatrix},$$

解得

$$(\lambda^2-a\lambda-1)(\lambda-2)=(\lambda^2-(3+b)\lambda+3\lambda+8)(\lambda-2),$$

两边比较 λ 系数可得 $\begin{cases}a=3+b,\\-1=3b+8,\end{cases}$ 解得 $a=0,b=-3$.

解法二 因 $A\sim B$,则 $|A|=|B|$,因为 $|A|=-2$, $|B|=2(8+2b)$,
因此,解得 $b=-3$,代入 $|\lambda E-B|=0$ 得到 B 的全部特征值 $\lambda_1=2$, $\lambda_2=1$, $\lambda_3=-1$,
则 1 也是 A 的特征值,因此 $|E-A|=-a=0$,解得 $a=0,b=-3$.

【2.9】 两个矩阵如果等价,它们是否相似?反之,如果相似,是否等价?哪些矩阵与单位矩阵等价?哪些矩阵与单位矩阵相似?

解 由定义,等价未必相似,但相似一定等价;
可逆矩阵都与单位矩阵等价;但只有单位矩阵与单位矩阵相似.

题型 2:矩阵可相似对角化的判定

【2.10】 设 n 阶方阵 A 相似于某对角矩阵 Λ,则______.

(A) $r(A)=n$ (B) A 有不同的特征值
(C) A 是实对称矩阵 (D) A 有 n 个线性无关的特征向量

解 例如 $A=\begin{bmatrix}1&1\\0&0\end{bmatrix}$, $r(A)=1\neq2$;矩阵 A 的特征值为 $\lambda_1=1,\lambda_2=0$. A 非实对称矩阵,虽然 A 可对角化,但非(A),非(B),非(C).

选项(D)是 A 可对角化的充分必要条件.

故应选(D).

【2.11】 设 A 为三阶矩阵,且 $A-E,A+2E,5A-3E$ 不可逆,试证 A 可相似于对角阵.

证 因为 $A-E$ 不可逆,即 $|E-A|=0$, 所以 1 是 A 的特征值.

同理由 $A+2E,5A-3E$ 不可逆分别得出 -2 和 $\frac{3}{5}$ 也是 A 的特征值. 因此 A 有三个不同的特

征值 $1,-2,\frac{3}{5}$，因此 $\boldsymbol{A}$ 相似于对角阵 $\begin{bmatrix}1 & & \\ & -2 & \\ & & \frac{3}{5}\end{bmatrix}$.

点评：本题关键是由矩阵不可逆得到 $\boldsymbol{A}$ 的三个不同的特征值.

【2.12】 已知 $\boldsymbol{\xi}=\begin{bmatrix}1\\1\\-1\end{bmatrix}$ 是矩阵 $\boldsymbol{A}=\begin{bmatrix}2 & -1 & 2\\5 & a & 3\\-1 & b & -2\end{bmatrix}$ 的一个特征向量.

(1)试确定参数 a,b 及特征向量 $\boldsymbol{\xi}$ 所对应的特征值；

(2)问 $\boldsymbol{A}$ 能否相似于对角阵？说明理由.

解 (1)由 $(\lambda\boldsymbol{E}-\boldsymbol{A})\boldsymbol{\xi}=\begin{bmatrix}\lambda-2 & 1 & -2\\-5 & \lambda-a & -3\\1 & -b & \lambda+2\end{bmatrix}\begin{bmatrix}1\\1\\-1\end{bmatrix}=\boldsymbol{0}$，

即

$$\begin{cases}\lambda-2+1+2=0,\\-5+\lambda-a+3=0,\\1-b-\lambda-2=0,\end{cases}$$

解得 $a=-3,\ b=0,\ \lambda=-1$.

(2)由 $\boldsymbol{A}=\begin{bmatrix}2 & -1 & 2\\5 & -3 & 3\\-1 & 0 & -2\end{bmatrix}$，

$$|\lambda\boldsymbol{E}-\boldsymbol{A}|=\begin{vmatrix}\lambda-2 & 1 & -2\\-5 & \lambda+3 & -3\\1 & 0 & \lambda+2\end{vmatrix}=(\lambda+1)^3,$$

知 $\lambda=-1$ 是 $\boldsymbol{A}$ 的三重特征值.

但秩 $r(-\boldsymbol{E}-\boldsymbol{A})=r\begin{bmatrix}-3 & 1 & -2\\-5 & 2 & -3\\1 & 0 & 1\end{bmatrix}=2$，

从而 $\lambda=-1$ 对应的线性无关特征向量只有一个，故 $\boldsymbol{A}$ 不能相似于对角阵.

点评：本题(2)中也可不求 $r(-\boldsymbol{E}-\boldsymbol{A})$，事实上，由于 $-\boldsymbol{E}-\boldsymbol{A}\neq\boldsymbol{0}$，则 $(-\boldsymbol{E}-\boldsymbol{A})\boldsymbol{x}=\boldsymbol{0}$ 的基础解系中解向量个数 $k=3-r(-\boldsymbol{E}-\boldsymbol{A})\leqslant2<3$，即三重特征值最多对应两个线性无关特征向量，从而 $\boldsymbol{A}$ 不能相似于对角阵. 本题为1997年考研真题.

【2.13】 设 $\boldsymbol{A}$ 为 n 阶可逆方阵，若 $\boldsymbol{A}$ 相似于对角阵，则 $\boldsymbol{A}^{-1}$ 也相似于对角阵.

证 设有可逆矩阵 $\boldsymbol{P}$ 使得 $\boldsymbol{P}^{-1}\boldsymbol{A}\boldsymbol{P}=\boldsymbol{\Lambda}$（对角阵），则有 $\boldsymbol{\Lambda}$ 可逆，且

$$\boldsymbol{P}^{-1}\boldsymbol{A}^{-1}(\boldsymbol{P}^{-1})^{-1}=\boldsymbol{\Lambda}^{-1},\quad \text{即}\quad \boldsymbol{P}^{-1}\boldsymbol{A}^{-1}\boldsymbol{P}=\boldsymbol{\Lambda}^{-1}\text{（对角阵）},$$

所以 $\boldsymbol{A}^{-1}$ 也相似于对角阵.

点评：本题利用定义判定 $\boldsymbol{A}^{-1}$ 是否可相似对角化，并且用到结论：可逆对角阵的逆矩阵也是对角阵.

【2.14】 已知 $A=\begin{bmatrix}2&a&2\\5&b&3\\-1&1&-1\end{bmatrix}$ 有特征值±1. 问 A 能否对角化？并说明理由.

解 因 $\lambda=\pm1$ 是 A 的特征值，代入 A 的特征方程 $|\lambda E-A|=0$.

当 $\lambda=1$ 时， $|E-A|=\begin{vmatrix}-1&-a&-2\\-5&1-b&-3\\1&-1&2\end{vmatrix}=-7(a+1)=0$,

得 $a=-1$.

当 $\lambda=-1$ 时， $|-E-A|=\begin{vmatrix}-3&-a&-2\\-5&-1-b&-3\\1&-1&0\end{vmatrix}=b+3=0$,

得 $b=-3$.

因此 $A=\begin{bmatrix}2&-1&2\\5&-3&3\\-1&1&-1\end{bmatrix}$.

又特征值之和等于矩阵的迹，即 $1+(-1)+\lambda_3=2+(-3)+(-1)$，因此 $\lambda_3=-2$. 这样三阶矩阵 A 有三个不同的特征值，故可以相似对角化.

点评：本题利用结论：矩阵的迹等于特征值之和来求第 3 个特征值，比直接求要简便得多.

【2.15】 设二阶矩阵 A 的行列式为负值，证明：A 必与一个对角矩阵相似.

证 设 λ_1,λ_2 是 A 的两个特征值，则有 $|A|=\lambda_1\lambda_2<0$，即 $\lambda_1\neq\lambda_2$，于是 A 必有两个线性无关的特征向量，从而 A 与一个对角矩阵相似.

【2.16】 设方阵 A,B 分别与对角矩阵 Λ_1，Λ_2 相似，证明：分块矩阵 $\begin{bmatrix}A&0\\0&B\end{bmatrix}$ 必与一个对角矩阵相似.

证 因 $A\sim\Lambda_1,B\sim\Lambda_2$ 则分别存在可逆矩阵 P_1,P_2，使得 $A=P_1^{-1}\Lambda_1P_1,B=P_2^{-1}\Lambda_2P_2$.

取 $P=\begin{bmatrix}P_1&0\\0&P_2\end{bmatrix}$，则 $|P|=|P_1||P_2|\neq0$，从而 P 可逆，且 $P^{-1}=\begin{bmatrix}P_1^{-1}&0\\0&P_2^{-1}\end{bmatrix}$，于是有

$$\begin{bmatrix}A&0\\0&B\end{bmatrix}=\begin{bmatrix}P_1^{-1}&0\\0&P_2^{-1}\end{bmatrix}\begin{bmatrix}\Lambda_1&0\\0&\Lambda_2\end{bmatrix}\begin{bmatrix}P_1&0\\0&P_2\end{bmatrix},$$

即 $\begin{bmatrix}A&0\\0&B\end{bmatrix}$ 与对角阵 $\begin{bmatrix}\Lambda_1&0\\0&\Lambda_2\end{bmatrix}$ 相似.

【2.17】 设 A 为非零的 n 阶方阵，如果存在正整数 k，使得 $A^k=0$（即 A 为幂零阵），证明：A 不能与对角阵相似.

证 假设 A 与对角阵相似，即有可逆矩阵 P 使得

$$P^{-1}AP=\begin{bmatrix}\lambda_1&&&\\&\lambda_2&&\\&&\ddots&\\&&&\lambda_n\end{bmatrix},$$

所以

$$\mathbf{0}=\boldsymbol{P}^{-1}\boldsymbol{A}^k\boldsymbol{P}=(\boldsymbol{P}^{-1}\boldsymbol{A}\boldsymbol{P})^k=\begin{bmatrix}\lambda_1^k & & & \\ & \lambda_2^k & & \\ & & \ddots & \\ & & & \lambda_n^k\end{bmatrix},$$

从而 $\lambda_i=0\ (i=1,2,\cdots,n)$，由此可得 $\mathbf{A}=\mathbf{0}$，这与 $\mathbf{A}$ 为非零的 n 阶方阵矛盾，所以 $\mathbf{A}$ 不能与对角阵相似.

【2.18】 设矩阵 $\mathbf{A}=\begin{bmatrix}1 & 2 & -3\\ -1 & 4 & -3\\ 1 & a & 5\end{bmatrix}$ 的特征方程有一个二重根，求 a 的值，并讨论 $\mathbf{A}$ 是否可相似对角化.

解 $\mathbf{A}$ 的特征多项式为

$$|\lambda\boldsymbol{E}-\mathbf{A}|=\begin{vmatrix}\lambda-1 & -2 & 3\\ 1 & \lambda-4 & 3\\ -1 & -a & \lambda-5\end{vmatrix}=\begin{vmatrix}\lambda-2 & 2-\lambda & 0\\ 1 & \lambda-4 & 3\\ -1 & -a & \lambda-5\end{vmatrix}$$

$$=(\lambda-2)\begin{vmatrix}1 & -1 & 0\\ 1 & \lambda-4 & 3\\ -1 & -a & \lambda-5\end{vmatrix}=(\lambda-2)\begin{vmatrix}1 & 0 & 0\\ 1 & \lambda-3 & 3\\ -1 & -a-1 & \lambda-5\end{vmatrix}$$

$$=(\lambda-2)(\lambda^2-8\lambda+18+3a).$$

若 $\lambda=2$ 是特征方程的二重根，则有 $2^2-16+18+3a=0$，解得 $a=-2$.

当 $a=-2$ 时，$\mathbf{A}$ 的特征值为 2，2，6，矩阵 $2\boldsymbol{E}-\mathbf{A}=\begin{bmatrix}1 & -2 & 3\\ 1 & -2 & 3\\ -1 & 2 & -3\end{bmatrix}$ 的秩为 1，故 $\lambda=2$ 对应的线性无关的特征向量有两个，从而 $\mathbf{A}$ 可相似对角化.

若 $\lambda=2$ 不是特征方程的二重根，则 $\lambda^2-8\lambda+18+3a$ 为完全平方，从而 $18+3a=16$. 解得 $a=-\frac{2}{3}$.

当 $a=-\frac{2}{3}$ 时，$\mathbf{A}$ 的特征值为 2，4，4，矩阵 $4\boldsymbol{E}-\mathbf{A}=\begin{bmatrix}3 & -2 & 3\\ 1 & 0 & 3\\ -1 & \frac{2}{3} & -3\end{bmatrix}$ 的秩为 2，故 $\lambda=4$ 对应的线性无关的特征向量只有一个，从而 $\mathbf{A}$ 不可相似对角化.

点评：矩阵 $\mathbf{A}$ 能否与对角阵相似，关键看二重特征值是否有两个线性无关的特征向量.

题型 3：求可逆矩阵 P，使 $P^{-1}AP$ 为对角阵

【2.19】 设矩阵 $\mathbf{A}=\begin{bmatrix}4 & 6 & 0\\ -3 & -5 & 0\\ -3 & -6 & 1\end{bmatrix}$，求可逆矩阵 $\boldsymbol{P}$，使 $\boldsymbol{P}^{-1}\mathbf{A}\boldsymbol{P}$ 为对角阵.

解 $|\lambda E-A|=\begin{vmatrix}\lambda-4 & -6 & 0\\ 3 & \lambda+5 & 0\\ 3 & 6 & \lambda-1\end{vmatrix}=(\lambda-1)^2(\lambda+2)$,

因此 A 的特征值为 $\lambda_1=-2$, $\lambda_2=\lambda_3=1$.

当 $\lambda_1=-2$ 时,解 $(-2E-A)x=0$ 得基础解系 $\eta_1=(-1,1,1)^T$,即为属于 $\lambda_1=-2$ 的线性无关的特征向量.

当 $\lambda_2=\lambda_3=1$ 时,解 $(E-A)x=0$ 得基础解系:

$$\eta_2=(0,0,1)^T,\qquad \eta_3=(-2,1,0)^T,$$

即为属于 $\lambda_2=\lambda_3=1$ 的线性无关的特征向量.

因此 A 可对角化.

令 $P=(\eta_1,\eta_2,\eta_3)=\begin{bmatrix}-1 & 0 & -2\\ 1 & 0 & 1\\ 1 & 1 & 0\end{bmatrix}$,则 $P^{-1}AP=\begin{bmatrix}-2 & & \\ & 1 & \\ & & 1\end{bmatrix}$.

点评:注意到若存在可逆矩阵 P 使 $P^{-1}AP$ 为对角阵,则 P 的列向量为 A 的 n 个线性无关的特征向量;而对角阵主对角线上的元素为 A 的特征值.事实上,设

$$P^{-1}AP=\begin{bmatrix}\lambda_1 & & & \\ & \lambda_2 & & \\ & & \ddots & \\ & & & \lambda_n\end{bmatrix},$$

令 $P=(\alpha_1,\alpha_2,\cdots,\alpha_n)$,则

$$A(\alpha_1,\alpha_2,\cdots,\alpha_n)=(\alpha_1,\alpha_2,\cdots,\alpha_n)\begin{bmatrix}\lambda_1 & & & \\ & \lambda_2 & & \\ & & \ddots & \\ & & & \lambda_n\end{bmatrix},$$

即有

$$A\alpha_i=\lambda_i\alpha_i,\quad i=1,2,\cdots,n.$$

所以 λ_i 为 A 的特征值,而 α_i 为 A 的属于 λ_i 的特征向量.

【2.20】 设矩阵 A 与 B 相似,且

$$A=\begin{bmatrix}1 & -1 & 1\\ 2 & 4 & -2\\ -3 & -3 & a\end{bmatrix},\qquad B=\begin{bmatrix}2 & 0 & 0\\ 0 & 2 & 0\\ 0 & 0 & b\end{bmatrix}.$$

(1)求 a,b 的值;

(2)求可逆矩阵 P,使 $P^{-1}AP=B$.

解 (1)A 的特征多项式为

$$|\lambda E-A|=\begin{vmatrix}\lambda-1 & 1 & -1\\ -2 & \lambda-4 & 2\\ 3 & 3 & \lambda-a\end{vmatrix}=(\lambda-2)[\lambda^2-(a+3)\lambda+3(a-1)].$$

由 $A\sim B$ 可知,A 与 B 有相同的特征值 $\lambda_1=\lambda_2=2$, $\lambda_3=b$.

由于 2 是 $\boldsymbol{A}$ 的二重特征值，因此 2 是方程 $\lambda^2-(a+3)\lambda+3(a-1)=0$ 的根. 把 $\lambda_1=2$ 代入，得 $a=5$.

因此，有

$$|\lambda\boldsymbol{E}-\boldsymbol{A}|=(\lambda-2)(\lambda^2-8\lambda+12)=(\lambda-2)^2(\lambda-6).$$

于是，$b=\lambda_3=6$.

(2)当 $\lambda=2$ 时，求解 $(2\boldsymbol{E}-\boldsymbol{A})\boldsymbol{x}=\boldsymbol{0}$，其基础解系为 $\boldsymbol{\alpha}_1=(1,-1,0)^T$，$\boldsymbol{\alpha}_2=(1,0,1)^T$.

当 $\lambda=6$ 时，求解 $(6\boldsymbol{E}-\boldsymbol{A})\boldsymbol{x}=\boldsymbol{0}$，其基础解系为 $\boldsymbol{\alpha}_3=(1,-2,3)^T$.

令 $\boldsymbol{P}=(\boldsymbol{\alpha}_1,\boldsymbol{\alpha}_2,\boldsymbol{\alpha}_3)=\begin{bmatrix}1&1&1\\-1&0&-2\\0&1&3\end{bmatrix}$，则有 $\boldsymbol{P}^{-1}\boldsymbol{AP}=\boldsymbol{B}$.

点评：本题为 1997 年考研真题.

【2.21】 已知 $\boldsymbol{A}=\begin{bmatrix}2&0&0\\0&0&1\\0&1&x\end{bmatrix}$ 与 $\boldsymbol{B}=\begin{bmatrix}2&0&0\\0&y&0\\0&0&-1\end{bmatrix}$ 相似. 求：

(1) x 和 y；

(2)一个满足 $\boldsymbol{P}^{-1}\boldsymbol{AP}=\boldsymbol{B}$ 的可逆矩阵 $\boldsymbol{P}$.

解 因为 $\boldsymbol{B}$ 是对角阵，所以易得 $\boldsymbol{B}$ 的特征值为 $2,y,-1$. 又 $\boldsymbol{A}$ 与 $\boldsymbol{B}$ 相似，所以 $\boldsymbol{A}$ 的特征值也为 $2,y,-1$.

从而 $2+0+x=2+y-1$，　$|\boldsymbol{A}|=-2=2y(-1)$，所以 $x=0,y=1$.

故 $\boldsymbol{A}=\begin{bmatrix}2&0&0\\0&0&1\\0&1&0\end{bmatrix}$，$\boldsymbol{A}$ 的特征值为 $\lambda_1=2$，$\lambda_2=1$，$\lambda_3=-1$.

(2)由(1)知 $\boldsymbol{A}$ 的特征值为 $2,1,-1$.

当 $\lambda_1=2$ 时，解 $(2\boldsymbol{E}-\boldsymbol{A})\boldsymbol{x}=\boldsymbol{0}$，得基础解系 $\boldsymbol{x}_1=(1,0,0)^T$.

当 $\lambda_2=1$ 时，解 $(\boldsymbol{E}-\boldsymbol{A})\boldsymbol{x}=\boldsymbol{0}$，得基础解系 $\boldsymbol{x}_2=(0,1,1)^T$.

当 $\lambda_3=-1$ 时，解 $(-\boldsymbol{E}-\boldsymbol{A})\boldsymbol{x}=\boldsymbol{0}$，得基础解系 $\boldsymbol{x}_3=(0,1,-1)^T$.

令 $\boldsymbol{P}=(\boldsymbol{x}_1,\boldsymbol{x}_2,\boldsymbol{x}_3)=\begin{bmatrix}1&0&0\\0&1&1\\0&1&-1\end{bmatrix}$，即为所求可逆矩阵，使得

$$\boldsymbol{P}^{-1}\boldsymbol{AP}=\begin{bmatrix}2&0&0\\0&1&0\\0&0&-1\end{bmatrix}.$$

【2.22】 设矩阵 $\boldsymbol{A}=\begin{bmatrix}3&2&-2\\-k&-1&k\\4&2&-3\end{bmatrix}$，当 k 为何值时，存在可逆矩阵 $\boldsymbol{P}$，使得 $\boldsymbol{P}^{-1}\boldsymbol{AP}$ 为对角矩阵？并求出 $\boldsymbol{P}$ 和相应的对角矩阵.

解 由 $|\lambda\boldsymbol{E}-\boldsymbol{A}|=\begin{vmatrix}\lambda-3&-2&2\\k&\lambda+1&-k\\-4&-2&\lambda+3\end{vmatrix}=\begin{vmatrix}\lambda-1&-2&2\\0&\lambda+1&-k\\0&0&\lambda+1\end{vmatrix}=(\lambda+1)^2(\lambda-1)$，

可得 $\boldsymbol{A}$ 的特征值 $\lambda_1=\lambda_2=-1,\ \lambda_3=1$.

对于 $\lambda_1=-1$,有

$$-\boldsymbol{E}-\boldsymbol{A}=\begin{bmatrix}-4&-2&2\\k&0&-k\\-4&-2&2\end{bmatrix}\to\begin{bmatrix}-4&-2&2\\k&0&-k\\0&0&0\end{bmatrix}.$$

当 $k=0$ 时,有

$$-\boldsymbol{E}-\boldsymbol{A}\to\begin{bmatrix}-4&-2&2\\0&0&0\\0&0&0\end{bmatrix}\to\begin{bmatrix}1&\frac{1}{2}&-\frac{1}{2}\\0&0&0\\0&0&0\end{bmatrix},$$

对应的线性无关的特征向量为

$$\boldsymbol{\alpha}_1=(-1,2,0)^T,\qquad \boldsymbol{\alpha}_2=(1,0,2)^T.$$

对于 $\lambda_3=1$,有

$$\boldsymbol{E}-\boldsymbol{A}=\begin{bmatrix}-2&-2&2\\k&2&-k\\-4&-2&4\end{bmatrix}\to\begin{bmatrix}1&0&-1\\0&1&0\\0&0&0\end{bmatrix},$$

对应的特征向量为 $\boldsymbol{\alpha}_3=(1,0,1)^T$,因此,当 $k=0$ 时,令

$$\boldsymbol{P}=\begin{bmatrix}-1&1&1\\2&0&0\\0&2&1\end{bmatrix},\quad 则\quad \boldsymbol{P}^{-1}\boldsymbol{AP}=\begin{bmatrix}-1&0&0\\0&-1&0\\0&0&1\end{bmatrix}.$$

点评:本题为 1999 年考研真题.题中有二重特征值 $\lambda_1=\lambda_2=-1$,$\boldsymbol{A}$ 与对角阵能否相似关键在于二重特征值有没有两个线性无关特征向量,也即 $r(-\boldsymbol{E}-\boldsymbol{A})$ 是 1 还是 2.

【2.23】 设矩阵 $\boldsymbol{A}=\begin{bmatrix}1&-1&1\\x&4&y\\-3&-3&5\end{bmatrix}$.已知 $\boldsymbol{A}$ 有三个线性无关的特征向量,$\lambda=2$ 是 $\boldsymbol{A}$ 的二重特征值.试求可逆矩阵 $\boldsymbol{P}$,使得 $\boldsymbol{P}^{-1}\boldsymbol{AP}$ 为对角矩阵.

解 因为 $\boldsymbol{A}$ 有三个线性无关的特征向量,$\lambda=2$ 是 $\boldsymbol{A}$ 的二重特征值,所以 $\boldsymbol{A}$ 的属于 $\lambda=2$ 的线性无关的特征向量有两个,故 $r(2\boldsymbol{E}-\boldsymbol{A})=1$.

经过初等行变换

$$2\boldsymbol{E}-\boldsymbol{A}=\begin{bmatrix}1&1&-1\\-x&-2&-y\\3&3&-3\end{bmatrix}\to\begin{bmatrix}1&1&-1\\0&x-2&-x-y\\0&0&0\end{bmatrix},$$

解得 $x=2,\ y=-2$.

于是矩阵 $\boldsymbol{A}=\begin{bmatrix}1&-1&1\\2&4&-2\\-3&-3&5\end{bmatrix}$,其特征多项式

$$|\lambda\boldsymbol{E}-\boldsymbol{A}|=\begin{vmatrix}\lambda-1&1&-1\\-2&\lambda-4&2\\3&3&\lambda-5\end{vmatrix}=(\lambda-2)^2(\lambda-6),$$

解得特征值 $\lambda_1=\lambda_2=2$，$\lambda_3=6$.

对于 $\lambda_1=\lambda_2=2$，解 $(2\boldsymbol{E}-\boldsymbol{A})\boldsymbol{x}=\boldsymbol{0}$，有

$$2\boldsymbol{E}-\boldsymbol{A}=\begin{bmatrix}1&1&-1\\-2&-2&2\\3&3&-3\end{bmatrix}\to\begin{bmatrix}1&1&-1\\0&0&0\\0&0&0\end{bmatrix},$$

对应的线性无关的特征向量为

$$\boldsymbol{\alpha}_1=(1,-1,0)^T,\qquad \boldsymbol{\alpha}_2=(1,0,1)^T.$$

对于 $\lambda_3=6$，解 $(6\boldsymbol{E}-\boldsymbol{A})\boldsymbol{x}=\boldsymbol{0}$，有

$$6\boldsymbol{E}-\boldsymbol{A}=\begin{bmatrix}5&1&-1\\-2&2&2\\3&3&1\end{bmatrix}\to\begin{bmatrix}1&0&-\frac{1}{3}\\0&1&\frac{2}{3}\\0&0&0\end{bmatrix},$$

对应的线性无关的特征向量为 $\boldsymbol{\alpha}_3=(1,-2,3)^T$.

令 $\boldsymbol{P}=\begin{bmatrix}1&1&1\\-1&0&-2\\0&1&3\end{bmatrix}$，则 $\boldsymbol{P}^{-1}\boldsymbol{A}\boldsymbol{P}=\begin{bmatrix}2&0&0\\0&2&0\\0&0&6\end{bmatrix}$.

点评：本题为 2000 年考研真题.

【2.24】 若矩阵 $\boldsymbol{A}=\begin{bmatrix}2&2&0\\8&2&a\\0&0&6\end{bmatrix}$ 相似于对角矩阵 $\boldsymbol{\Lambda}$，试确定常数 a 的值；并求可逆矩阵 $\boldsymbol{P}$ 使 $\boldsymbol{P}^{-1}\boldsymbol{A}\boldsymbol{P}=\boldsymbol{\Lambda}$.

解 矩阵 $\boldsymbol{A}$ 的特征多项式为

$$|\lambda\boldsymbol{E}-\boldsymbol{A}|=\begin{vmatrix}\lambda-2&-2&0\\-8&\lambda-2&-a\\0&0&\lambda-6\end{vmatrix}=(\lambda-6)[(\lambda-2)^2-16]=(\lambda-6)^2(\lambda+2),$$

故 $\boldsymbol{A}$ 的特征值为 $\lambda_1=\lambda_2=6$，$\lambda_3=-2$.

由于 $\boldsymbol{A}$ 相似于对角矩阵 $\boldsymbol{\Lambda}$，故对应于 $\lambda_1=\lambda_2=6$ 应有两个线性无关的特征向量，因此矩阵 $6\boldsymbol{E}-\boldsymbol{A}$ 的秩应为 1. 从而由

$$6\boldsymbol{E}-\boldsymbol{A}=\begin{bmatrix}4&-2&0\\-8&4&-a\\0&0&0\end{bmatrix}\to\begin{bmatrix}2&-1&0\\0&0&a\\0&0&0\end{bmatrix},$$

解得 $a=0$.

进而求得对应于 $\lambda_1=\lambda_2=6$ 的两个线性无关的特征向量为

$$\boldsymbol{\xi}_1=(0,0,1)^T,\qquad \boldsymbol{\xi}_2=(1,2,0)^T.$$

当 $\lambda_3=-2$ 时，

$$-2\boldsymbol{E}-\boldsymbol{A}=\begin{bmatrix}-4&-2&0\\-8&-4&0\\0&0&-8\end{bmatrix}\to\begin{bmatrix}2&1&0\\0&0&1\\0&0&0\end{bmatrix}.$$

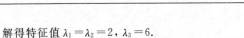

解得对应于 $\lambda_3=-2$ 的特征向量 $\boldsymbol{\xi}_3=(1,-2,0)^T$.

令 $\boldsymbol{P}=\begin{bmatrix}0&1&1\\0&2&-2\\1&0&0\end{bmatrix}$，则 $\boldsymbol{P}$ 可逆，并有 $\boldsymbol{P}^{-1}\boldsymbol{AP}=\boldsymbol{\Lambda}$.

【2.25】 设 n 阶矩阵 $\boldsymbol{A}=\begin{bmatrix}1&b&\cdots&b\\b&1&\cdots&b\\\cdots&\cdots&\cdots&\cdots\\b&b&\cdots&1\end{bmatrix}$.

(1)求 $\boldsymbol{A}$ 的特征值和特征向量；

(2)求可逆矩阵 $\boldsymbol{P}$，使得 $\boldsymbol{P}^{-1}\boldsymbol{AP}$ 为对角矩阵.

解 (1)1°当 $b\neq0$ 时，

$$|\lambda\boldsymbol{E}-\boldsymbol{A}|=\begin{vmatrix}\lambda-1&-b&\cdots&-b\\-b&\lambda-1&\cdots&-b\\\cdots&\cdots&\cdots&\cdots\\-b&-b&\cdots&\lambda-1\end{vmatrix}=[\lambda-1-(n-1)b][\lambda-(1-b)]^{n-1},$$

故 $\boldsymbol{A}$ 的特征值为

$$\lambda_1=1+(n-1)b,\qquad \lambda_2=\cdots=\lambda_n=1-b.$$

对于 $\lambda_1=1+(n-1)b$，解 $([1+(n-1)b]\boldsymbol{E}-\boldsymbol{A})\boldsymbol{x}=\boldsymbol{0}$，解得基础解系 $\boldsymbol{\xi}_1=(1,1,\cdots,1)^T$，故属于 $1+(n-1)b$ 的全部特征向量为 $k\boldsymbol{\xi}_1=k(1,1,\cdots,1)^T$，其中 k 为任意非零常数.

对于 $\lambda_2=\cdots=\lambda_n=1-b$，解 $((1-b)\boldsymbol{E}-\boldsymbol{A})\boldsymbol{x}=\boldsymbol{0}$，解得基础解系

$$\boldsymbol{\xi}_2=(1,-1,0,\cdots,0)^T,$$
$$\boldsymbol{\xi}_3=(1,0,-1,\cdots,0)^T,$$
$$\cdots\cdots$$
$$\boldsymbol{\xi}_n=(1,0,0,\cdots,-1)^T.$$

故属于 $1-b$ 的全部特征向量为 $k_2\boldsymbol{\xi}_2+k_3\boldsymbol{\xi}_3+\cdots+k_n\boldsymbol{\xi}_n$，其中 $k_2,\cdots,k_n$ 是不全为零的常数.

2°当 $b=0$ 时，特征值 $\lambda_1=\cdots=\lambda_n=1$，，任意非零列向量均为特征向量.

(2)1°当 $b\neq0$ 时，$\boldsymbol{A}$ 有 n 个线性无关的特征向量，令 $\boldsymbol{P}=(\boldsymbol{\xi}_1,\boldsymbol{\xi}_2,\cdots,\boldsymbol{\xi}_n)$，则

$$\boldsymbol{P}^{-1}\boldsymbol{AP}=\begin{bmatrix}1+(n-1)b&&&\\&1-b&&\\&&\ddots&\\&&&1-b\end{bmatrix}.$$

2°当 $b=0$ 时，$\boldsymbol{A}=\boldsymbol{E}$，对任意可逆矩阵 $\boldsymbol{P}$，均有 $\boldsymbol{P}^{-1}\boldsymbol{AP}=\boldsymbol{E}$.

点评：本题为 2004 年考研真题.

【2.26】 已知三阶方阵 $\boldsymbol{A}$ 的三个特征值为 1,1,2，对应的特征向量为 $(1,2,1)^T,(1,1,0)^T,(2,0,-1)^T$，问 $\boldsymbol{A}$ 是否与对角矩阵 $\boldsymbol{B}$ 相似. 如果相似，求 $\boldsymbol{A},\boldsymbol{B}$ 及可逆矩阵 $\boldsymbol{P}$，使 $\boldsymbol{A}=\boldsymbol{PBP}^{-1}$.

解 由 $\begin{vmatrix}1&1&2\\2&1&0\\1&0&-1\end{vmatrix}=\begin{vmatrix}3&1&2\\2&1&0\\0&0&-1\end{vmatrix}=-1\begin{vmatrix}3&1\\2&1\end{vmatrix}=-1\neq0$,

矩阵 $\boldsymbol{A}$ 有三个线性无关的特征向量，从而 $\boldsymbol{A}$ 与一个对角阵相似.

又因为 $\boldsymbol{A}\begin{bmatrix}1\\2\\1\end{bmatrix}=\begin{bmatrix}1\\2\\1\end{bmatrix}$，$\boldsymbol{A}\begin{bmatrix}1\\1\\0\end{bmatrix}=\begin{bmatrix}1\\1\\0\end{bmatrix}$，$\boldsymbol{A}\begin{bmatrix}2\\0\\-1\end{bmatrix}=2\begin{bmatrix}2\\0\\-1\end{bmatrix}$，

所以

$$\boldsymbol{A}\begin{bmatrix}1&1&2\\2&1&0\\1&0&-1\end{bmatrix}=\begin{bmatrix}1&1&2\\2&1&0\\1&0&-1\end{bmatrix}\begin{bmatrix}1&0&0\\0&1&0\\0&0&2\end{bmatrix},$$

从而 $$\boldsymbol{B}=\begin{bmatrix}1&0&0\\0&1&0\\0&0&2\end{bmatrix},\qquad \boldsymbol{P}=\begin{bmatrix}1&1&2\\2&1&0\\1&0&-1\end{bmatrix},$$

$$\begin{aligned}\boldsymbol{A}&=\begin{bmatrix}1&1&2\\2&1&0\\1&0&-1\end{bmatrix}\begin{bmatrix}1&0&0\\0&1&0\\0&0&2\end{bmatrix}\begin{bmatrix}1&1&2\\2&1&0\\1&0&-1\end{bmatrix}^{-1}\\&=\begin{bmatrix}1&1&2\\2&1&0\\1&0&-1\end{bmatrix}\begin{bmatrix}1&0&0\\0&1&0\\0&0&2\end{bmatrix}\begin{bmatrix}1&-1&2\\-2&3&-4\\1&-1&1\end{bmatrix}\\&=\begin{bmatrix}3&-2&10\\0&1&8\\-1&1&0\end{bmatrix}.\end{aligned}$$

点评：根据 n 阶矩阵可对角化的充要条件是该矩阵有 n 个线性无关的特征向量，判定 $\boldsymbol{A}$ 是否与对角阵相似，只需判定所给的三个特征向量是否线性无关. 求 $\boldsymbol{A},\boldsymbol{B},\boldsymbol{P}$ 只须利用特征值，特征向量的定义便可求解.

题型 4：矩阵相似的判定

【2.27】 设矩阵 $\boldsymbol{A}$ 与 $\boldsymbol{B}$ 相似，试证明：

(1) $\boldsymbol{A}^T$ 与 $\boldsymbol{B}^T$ 相似；

(2) 当 $\boldsymbol{A}$ 可逆时，$\boldsymbol{A}^{-1}$ 与 $\boldsymbol{B}^{-1}$ 相似；

(3) $\boldsymbol{A}^*$ 与 $\boldsymbol{B}^*$ 相似；

(4) 对任意自然数 k 和任意数 c，有 $\boldsymbol{A}^k$ 与 $\boldsymbol{B}^k$ 相似，$c\boldsymbol{A}$ 与 $c\boldsymbol{B}$ 相似；

(5) 对任意多项式 $f(x)$，$f(\boldsymbol{A})$ 与 $f(\boldsymbol{B})$ 相似.

证 (1) 因 $\boldsymbol{A}$ 与 $\boldsymbol{B}$ 相似，故存在可逆矩阵 $\boldsymbol{P}$，使得 $\boldsymbol{B}=\boldsymbol{P}^{-1}\boldsymbol{A}\boldsymbol{P}$. 这时，

$$\boldsymbol{B}^T=\boldsymbol{P}^T\boldsymbol{A}^T(\boldsymbol{P}^{-1})^T=\boldsymbol{P}^T\boldsymbol{A}^T(\boldsymbol{P}^T)^{-1},$$

故 $\boldsymbol{A}^T$ 与 $\boldsymbol{B}^T$ 相似.

(2) 因 $\boldsymbol{A}$ 与 $\boldsymbol{B}$ 相似，$\boldsymbol{A}$ 可逆，故 $\boldsymbol{B}$ 也可逆（原因是相似矩阵的行列式相等，$|\boldsymbol{B}|=|\boldsymbol{A}|\neq 0$）. 由 $\boldsymbol{B}=\boldsymbol{P}^{-1}\boldsymbol{A}\boldsymbol{P}$ 得 $\boldsymbol{B}^{-1}=\boldsymbol{P}^{-1}\boldsymbol{A}^{-1}(\boldsymbol{P}^{-1})^{-1}=\boldsymbol{P}^{-1}\boldsymbol{A}^{-1}\boldsymbol{P}$，故 $\boldsymbol{A}^{-1}$ 与 $\boldsymbol{B}^{-1}$ 相似.

(3) 因为 $\boldsymbol{A}$ 与 $\boldsymbol{B}$ 相似，故存在可逆矩阵 $\boldsymbol{P}$，使 $\boldsymbol{B}=\boldsymbol{P}^{-1}\boldsymbol{A}\boldsymbol{P}$. 从而，

$$\boldsymbol{B}^*=(\boldsymbol{P}^{-1}\boldsymbol{A}\boldsymbol{P})^*=\boldsymbol{P}^*\boldsymbol{A}^*(\boldsymbol{P}^{-1})^*=\boldsymbol{P}^*\boldsymbol{A}^*(\boldsymbol{P}^*)^{-1},$$

所以 A^* 与 B^* 相似.

(4)因 A 与 B 相似,故存在可逆方阵 P,使得 $B=P^{-1}AP$.

当 $k=0$ 时,由于 $A^k=B^k=E$,从而 A^k 与 B^k 相似;

当 k 为正整数时,$(P^{-1}AP)^k=B^k$,即 $P^{-1}A^kP=B^k$. 从而 A^k 与 B^k 相似.

又 $P^{-1}(cA)P=cB$,从而 cA 与 cB 相似.

(5)因 A 与 B 相似,故存在可逆矩阵 P,使 $B=P^{-1}AP$.

设 $f(x)=c_0x^m+c_1x^{m-1}+\cdots+c_{m-1}x+c_m$,则

$$\begin{aligned} f(B)&=c_0(P^{-1}AP)^m+c_1(P^{-1}AP)^{m-1}+\cdots+c_{m-1}P^{-1}AP+c_mE \\ &=c_0P^{-1}A^mP+c_1P^{-1}A^{m-1}P+\cdots+c_{m-1}P^{-1}AP+c_mP^{-1}EP \\ &=P^{-1}(c_0A^m+c_1A^{m-1}+\cdots+c_{m-1}A+c_mE)P \\ &=P^{-1}f(A)P, \end{aligned}$$

所以 $f(A)$与 $f(B)$相似.

点评:(1)应注意,若 $A_1\sim B_1$,$A_2\sim B_2$,则一般并不一定有

$$A_1+A_2\sim B_1+B_2.$$

例如,取

$$A_1=\begin{bmatrix}1&0\\0&0\end{bmatrix},\qquad B_1=\begin{bmatrix}1&1\\0&0\end{bmatrix},\qquad A_2=B_2=\begin{bmatrix}-1&0\\0&0\end{bmatrix},$$

则 $P^{-1}A_1P=B_1$,其中 $P=\begin{bmatrix}1&1\\0&1\end{bmatrix}$,即 $A_1\sim B_1$, $A_2\sim B_2$. 但是

$$A_1+A_2=\begin{bmatrix}0&0\\0&0\end{bmatrix},\qquad B_1+B_2=\begin{bmatrix}0&1\\0&0\end{bmatrix},$$

而 A_1+A_2 与 B_1+B_2 显然不相似.

另外,一般也不一定有 $A_1A_2\sim B_1B_2$. 例如,取 A_1,B_1 仍如上,但取

$$A_2=B_2=\begin{bmatrix}0&0\\1&1\end{bmatrix}.$$

则 $A_1\sim B_1$, $A_2\sim B_2$. 但是由于

$$A_1A_2=\begin{bmatrix}0&0\\0&0\end{bmatrix},\qquad B_1B_2=\begin{bmatrix}1&1\\0&0\end{bmatrix},$$

显然 A_1A_2 与 B_1B_2 不相似.

(2)判断两个矩阵 A 和 B 是否相似,通常有三种方法:

方法 1:利用定义,即若存在可逆矩阵 P,使 $P^{-1}AP=B$,则 A 与 B 相似;

方法 2:利用相似的必要条件,即若 A,B 不满足相似的必要条件,则 A 与 B 不相似;

方法 3:利用相似的传递性,即若存在矩阵 C,使 A 与 C 相似,C 与 B 相似,则 A 与 B 相似.

【2.28】 已知矩阵 A 与 C 相似,矩阵 B 与 D 相似,证明分块矩阵 $\begin{bmatrix}A&0\\0&B\end{bmatrix}$与$\begin{bmatrix}C&0\\0&D\end{bmatrix}$相似.

证 由题设知,存在可逆矩阵 P,Q,使得 $C=P^{-1}AP$, $D=Q^{-1}BQ$,取 $X=\begin{bmatrix}P&0\\0&Q\end{bmatrix}$,则 X 可

逆，且 $X^{-1}=\begin{bmatrix}P^{-1} & 0\\ 0 & Q^{-1}\end{bmatrix}$. 这时，

$$X^{-1}\begin{bmatrix}A & 0\\ 0 & Q\end{bmatrix}X=\begin{bmatrix}P^{-1} & 0\\ 0 & Q^{-1}\end{bmatrix}\begin{bmatrix}A & 0\\ 0 & B\end{bmatrix}\begin{bmatrix}P & 0\\ 0 & Q\end{bmatrix}$$

$$=\begin{bmatrix}P^{-1}AP & 0\\ 0 & Q^{-1}BQ\end{bmatrix}=\begin{bmatrix}C & 0\\ 0 & D\end{bmatrix},$$

即 $\begin{bmatrix}A & 0\\ 0 & B\end{bmatrix}$ 与 $\begin{bmatrix}C & 0\\ 0 & D\end{bmatrix}$ 相似.

点评：本题利用方法 1.

【2.29】 设 A,B 都是 n 阶方阵，且 $|A|\neq 0$，证明：AB 与 BA 相似.

证 $|A|\neq 0$ 从而 A 可逆，则

$$A^{-1}(AB)A=(A^{-1}A)BA=BA,$$

即 AB 与 BA 相似.

点评：本题利用方法 1.

【2.30】 矩阵 $\begin{bmatrix}1 & 1\\ 0 & 2\end{bmatrix}$ 与______相似.

(A) $\begin{bmatrix}-1 & 0\\ 0 & -2\end{bmatrix}$ (B) $\begin{bmatrix}1 & 1\\ 2 & 2\end{bmatrix}$ (C) $\begin{bmatrix}1 & 1\\ 2 & 0\end{bmatrix}$ (D) $\begin{bmatrix}1 & 0\\ 1 & 2\end{bmatrix}$

解 经计算 $\begin{bmatrix}1 & 1\\ 0 & 2\end{bmatrix}$ 的特征值为 1 和 2，$\begin{bmatrix}-1 & 0\\ 0 & -2\end{bmatrix}$ 的特征值为 −1 和 −2，故不与(A)相似；

$\begin{vmatrix}1 & 1\\ 0 & 2\end{vmatrix}=1$，而 $\begin{vmatrix}1 & 1\\ 2 & 2\end{vmatrix}=0$，$\begin{vmatrix}1 & 1\\ 2 & 0\end{vmatrix}=-2$，故不与(B)、(C)相似.

所以，与(D)相似.

事实上，$\begin{bmatrix}1 & 1\\ 0 & 2\end{bmatrix}$ 与 $\begin{bmatrix}1 & 0\\ 0 & 2\end{bmatrix}$ 相似，而 $\begin{bmatrix}1 & 0\\ 1 & 2\end{bmatrix}$ 的特征值为 1 和 2，所以也与 $\begin{bmatrix}1 & 0\\ 0 & 2\end{bmatrix}$ 相似. 于是所给矩阵与(D)相似.

故应选(D).

点评：本题利用方法 2，即通过判断矩阵不满足相似的必要条件来判定不相似.

【2.31】 下列各组矩阵相似的是______.

(A) $\begin{bmatrix}1 & 1 & 1\\ 2 & 2 & 2\\ 3 & 3 & 3\end{bmatrix}$ 与 $\begin{bmatrix}1 & 0 & 0\\ 0 & 2 & 0\\ 0 & 0 & 0\end{bmatrix}$ (B) $\begin{bmatrix}1 & 0 & 0\\ 1 & 2 & 0\\ 1 & 1 & 3\end{bmatrix}$ 与 $\begin{bmatrix}1 & 1 & 1\\ 0 & 2 & 1\\ 0 & 0 & 3\end{bmatrix}$

(C) $\begin{bmatrix}2 & 1 & 1\\ 1 & 2 & 1\\ 1 & 1 & 2\end{bmatrix}$ 与 $\begin{bmatrix}2 & 0 & 0\\ 0 & 2 & 0\\ 0 & 0 & 2\end{bmatrix}$ (D) $\begin{bmatrix}2 & 1 & 1\\ 1 & 2 & 1\\ 1 & 1 & 2\end{bmatrix}$ 与 $\begin{bmatrix}1 & 0 & 0\\ 0 & 1 & 0\\ 0 & 0 & 2\end{bmatrix}$

解 因为相似矩阵的秩相等，由 $\begin{bmatrix}1 & 1 & 1\\ 2 & 2 & 2\\ 3 & 3 & 3\end{bmatrix}$ 的秩为 1，而 $\begin{bmatrix}1 & 0 & 0\\ 0 & 2 & 0\\ 0 & 0 & 0\end{bmatrix}$ 的秩为 2，故(A)中的矩

阵不能相似.

因为相似矩阵的行列式相等,由于$\begin{vmatrix}2&1&1\\1&2&1\\1&1&2\end{vmatrix}=4$,而$\begin{vmatrix}2&0&0\\0&2&0\\0&0&2\end{vmatrix}=8$,故(C)中的矩阵不相似.

因为相似矩阵的特征值相同,所以它们的迹相等.由于$\begin{bmatrix}2&1&1\\1&2&1\\1&1&2\end{bmatrix}$的对角线元素之和为 6,而$\begin{bmatrix}1&0&0\\0&1&0\\0&0&2\end{bmatrix}$的对角线元素之和为 4.故(D)中的矩阵不相似.因此只能选(B).

事实上,$\begin{bmatrix}1&0&0\\1&2&0\\1&2&3\end{bmatrix}$和$\begin{bmatrix}1&1&1\\0&2&1\\0&0&3\end{bmatrix}$都与对角矩阵$\begin{bmatrix}1&0&0\\0&2&0\\0&0&3\end{bmatrix}$相似,因而$\begin{bmatrix}1&0&0\\1&2&0\\1&1&3\end{bmatrix}$与$\begin{bmatrix}1&1&1\\0&2&1\\0&0&3\end{bmatrix}$相似.

故应选(B).

点评:本题利用方法 2 来排除(A),(C),(D),利用方法 3 来证明(B)是正确的.

【2.32】 设 n 阶方阵 $\boldsymbol{A}$ 有 n 个互异的特征值,而矩阵 $\boldsymbol{B}$ 与 $\boldsymbol{A}$ 有相同的特征值,证明:$\boldsymbol{A}$ 与 $\boldsymbol{B}$ 相似.

证 因 $\boldsymbol{A}$ 有 n 个互异的特征值,不妨设为 $\lambda_1,\lambda_2,\cdots,\lambda_n$,则存在可逆矩阵 $\boldsymbol{P}$ 使得

$$\boldsymbol{P}^{-1}\boldsymbol{AP}=\begin{bmatrix}\lambda_1&&&\\&\lambda_2&&\\&&\ddots&\\&&&\lambda_n\end{bmatrix}.$$

又 $\lambda_1,\lambda_2,\cdots,\lambda_n$ 也是 $\boldsymbol{B}$ 的特征值,从而存在可逆矩阵 $\boldsymbol{Q}$,使得

$$\boldsymbol{Q}^{-1}\boldsymbol{BQ}=\begin{bmatrix}\lambda_1&&&\\&\lambda_2&&\\&&\ddots&\\&&&\lambda_n\end{bmatrix}.$$

于是 $\boldsymbol{P}^{-1}\boldsymbol{AP}=\boldsymbol{Q}^{-1}\boldsymbol{BQ}$,即 $\boldsymbol{QP}^{-1}\boldsymbol{A}(\boldsymbol{QP}^{-1})^{-1}=\boldsymbol{B}$,所以 $\boldsymbol{A}$ 与 $\boldsymbol{B}$ 相似.

点评:本题是方法 3 的一个特殊情形,也是这类问题的常见题型,即若 $\boldsymbol{A}$ 与 $\boldsymbol{B}$ 相似于同一个对角阵,则 $\boldsymbol{A}$ 与 $\boldsymbol{B}$ 相似.

【2.33】 证明:$\boldsymbol{A}=\begin{bmatrix}1&1&\cdots&1\\1&1&\cdots&1\\\vdots&\vdots&&\vdots\\1&1&\cdots&1\end{bmatrix}$和$\boldsymbol{B}=\begin{bmatrix}0&\cdots&0&1\\0&\cdots&0&2\\\vdots&&\vdots&\vdots\\0&\cdots&0&n\end{bmatrix}$相似.

证 因为

$$|\lambda\boldsymbol{E}-\boldsymbol{A}|=\begin{vmatrix}\lambda-1 & -1 & \cdots & -1\\ -1 & \lambda-1 & \cdots & -1\\ \vdots & \vdots & & \vdots\\ -1 & -1 & \cdots & \lambda-1\end{vmatrix}=(\lambda-n)\lambda^{n-1},$$

$$|\lambda\boldsymbol{E}-\boldsymbol{B}|=\begin{vmatrix}\lambda & 0 & \cdots & -1\\ 0 & \lambda & \cdots & -2\\ \vdots & \vdots & & \vdots\\ 0 & 0 & \cdots & \lambda-n\end{vmatrix}=(\lambda-n)\lambda^{n-1},$$

所以 $\boldsymbol{A}$ 与 $\boldsymbol{B}$ 有相同的特征值 $\lambda_1=n,\lambda_2=0$($n-1$ 重).

由于 $\boldsymbol{A}$ 为实对称矩阵,所以 $\boldsymbol{A}$ 相似于对角矩阵 $\boldsymbol{\Lambda}=\begin{bmatrix}n & & & \\ & 0 & & \\ & & \ddots & \\ & & & 0\end{bmatrix}$.

因为 $r(\lambda_2\boldsymbol{E}-\boldsymbol{B})=r(\boldsymbol{B})=1$,所以对应于特征值0有 $n-1$ 个线性无关的特征向量,于是 $\boldsymbol{B}$ 也相似于 $\boldsymbol{\Lambda}$.

故 $\boldsymbol{A}$ 与 $\boldsymbol{B}$ 相似.

点评:本题为 2014 年考研真题,利用的是方法 3.

【2.34】 设矩阵 $\boldsymbol{A}=\begin{bmatrix}2 & 0 & 0\\ 0 & 0 & 1\\ 0 & 1 & 0\end{bmatrix}$, $\boldsymbol{B}=\begin{bmatrix}1 & 0 & 0\\ 0 & -1 & 0\\ 0 & -6 & 2\end{bmatrix}$.

试判断 $\boldsymbol{A}$、$\boldsymbol{B}$ 是否相似,若相似,求出可逆矩阵 $\boldsymbol{X}$,使 $\boldsymbol{B}=\boldsymbol{X}^{-1}\boldsymbol{A}\boldsymbol{X}$.

解 由 $|\lambda\boldsymbol{E}-\boldsymbol{A}|=\begin{vmatrix}\lambda-2 & 0 & 0\\ 0 & \lambda & -1\\ 0 & -1 & \lambda\end{vmatrix}=(\lambda-2)(\lambda^2-1)$,

解得 $\boldsymbol{A}$ 的特征值为 $2,1,-1$.

因此 $\boldsymbol{A}$ 相似于 $\begin{bmatrix}2 & & \\ & 1 & \\ & & -1\end{bmatrix}$,进而求得 $\boldsymbol{A}$ 的属于特征值 $2,1,-1$ 的特征向量为

$$\boldsymbol{\eta}_1=\begin{bmatrix}1\\0\\0\end{bmatrix},\quad \boldsymbol{\eta}_2=\begin{bmatrix}0\\1\\1\end{bmatrix},\quad \boldsymbol{\eta}_3=\begin{bmatrix}0\\1\\-1\end{bmatrix}.$$

令 $\boldsymbol{P}=(\boldsymbol{\eta}_1,\boldsymbol{\eta}_2,\boldsymbol{\eta}_3)=\begin{bmatrix}1 & 0 & 0\\ 0 & 1 & 1\\ 0 & 1 & -1\end{bmatrix}$,则有 $\boldsymbol{P}^{-1}\boldsymbol{A}\boldsymbol{P}=\begin{bmatrix}2 & & \\ & 1 & \\ & & -1\end{bmatrix}$.

又

$$由|\lambda\boldsymbol{E}-\boldsymbol{B}|=\begin{vmatrix}\lambda-1 & 0 & 0\\ 0 & \lambda+1 & 0\\ 0 & 6 & \lambda-2\end{vmatrix}=(\lambda-1)(\lambda+1)(\lambda-2),$$

解得 $\boldsymbol{B}$ 的三个不同特征值为 2,1,−1,因此 $\boldsymbol{B}$ 也相似于 $\begin{bmatrix}2&&\\&1&\\&&-1\end{bmatrix}$.

进而求得对应于特征值 2,1,−1 的特征向量为

$$\boldsymbol{\alpha}_1=\begin{bmatrix}0\\2\\1\end{bmatrix},\quad \boldsymbol{\alpha}_2=\begin{bmatrix}1\\0\\0\end{bmatrix},\quad \boldsymbol{\alpha}_3=\begin{bmatrix}0\\-1\\0\end{bmatrix}.$$

令 $\boldsymbol{Q}=(\boldsymbol{\alpha}_1,\boldsymbol{\alpha}_2,\boldsymbol{\alpha}_3)=\begin{bmatrix}0&1&0\\2&0&-1\\1&0&0\end{bmatrix}$,则有 $\boldsymbol{Q}^{-1}\boldsymbol{B}\boldsymbol{Q}=\begin{bmatrix}2&&\\&1&\\&&-1\end{bmatrix}$.

因此 $\boldsymbol{P}^{-1}\boldsymbol{A}\boldsymbol{P}=\boldsymbol{Q}^{-1}\boldsymbol{B}\boldsymbol{Q}$,所以 $\boldsymbol{B}=\boldsymbol{Q}\boldsymbol{P}^{-1}\boldsymbol{A}\boldsymbol{P}\boldsymbol{Q}^{-1}=(\boldsymbol{P}\boldsymbol{Q}^{-1})^{-1}\boldsymbol{A}(\boldsymbol{P}\boldsymbol{Q}^{-1})$.

令 $\boldsymbol{X}=\boldsymbol{P}\boldsymbol{Q}^{-1}=\begin{bmatrix}1&0&0\\0&1&1\\0&1&-1\end{bmatrix}\begin{bmatrix}0&1&0\\2&0&-1\\1&0&0\end{bmatrix}^{-1}=\begin{bmatrix}0&0&1\\1&-1&2\\1&1&-2\end{bmatrix}$ 即为所求.

题型 5:矩阵相似对角化的应用

【2.35】 设 $\boldsymbol{A}=\begin{bmatrix}1&4&-2\\0&-1&0\\1&2&-2\end{bmatrix}$,求 $\boldsymbol{A}^{2014}$.

解 先把 $\boldsymbol{A}$ 相似对角化,因

$$|\lambda\boldsymbol{E}-\boldsymbol{A}|=\begin{vmatrix}\lambda-1&-4&2\\0&\lambda+1&0\\-1&-2&\lambda+2\end{vmatrix}=(\lambda+1)^2\lambda,$$

从而 $\boldsymbol{A}$ 的特征值为:$\lambda_1=-1$(二重),$\lambda_2=0$.

当 $\lambda_1=-1$ 时,求解 $(-\boldsymbol{E}-\boldsymbol{A})\boldsymbol{x}=\boldsymbol{0}$,得基础解系为:

$$\boldsymbol{\xi}_1=(-2,1,0)^T,\qquad \boldsymbol{\xi}_2=(1,0,1)^T.$$

当 $\lambda_2=0$ 时,求解 $-\boldsymbol{A}\boldsymbol{x}=\boldsymbol{0}$,得基础解系为:

$$\boldsymbol{\xi}_3=(2,0,1)^T.$$

令 $\boldsymbol{P}=(\boldsymbol{\xi}_1,\boldsymbol{\xi}_2,\boldsymbol{\xi}_3)$,则 $\boldsymbol{P}^{-1}\boldsymbol{A}\boldsymbol{P}=\begin{bmatrix}-1&&\\&-1&\\&&0\end{bmatrix}$.

于是 $\boldsymbol{A}=\boldsymbol{P}\begin{bmatrix}-1&&\\&-1&\\&&0\end{bmatrix}\boldsymbol{P}^{-1}$,所以

$$\boldsymbol{A}^{2014}=\boldsymbol{P}\begin{bmatrix}(-1)^{2014}&&\\&(-1)^{2014}&\\&&0^{2014}\end{bmatrix}\boldsymbol{P}^{-1}=\boldsymbol{P}\begin{bmatrix}1&&\\&1&\\&&0\end{bmatrix}\boldsymbol{P}^{-1}=\boldsymbol{A}.$$

点评:若矩阵 $\boldsymbol{A}$ 可相似对角化,即存在可逆矩阵 $\boldsymbol{P}$,使得 $\boldsymbol{P}^{-1}\boldsymbol{AP}=\boldsymbol{\Lambda}$ 为对角阵,则 $\boldsymbol{A}=\boldsymbol{P\Lambda P}^{-1}$,从而 $\boldsymbol{A}^n=\boldsymbol{P\Lambda}^n\boldsymbol{P}^{-1}$.

【2.36】 设

$$\boldsymbol{A}=\begin{bmatrix}3&4\\-1&-1\end{bmatrix},\ \boldsymbol{P}=\begin{bmatrix}2&3\\-1&-1\end{bmatrix},\ \boldsymbol{B}=\boldsymbol{P}^{-1}\boldsymbol{AP},$$

求 $\boldsymbol{A}^{100}$.

解

$$\begin{aligned}\boldsymbol{B}=\boldsymbol{P}^{-1}\boldsymbol{AP}&=\begin{bmatrix}2&3\\-1&-1\end{bmatrix}^{-1}\begin{bmatrix}3&4\\-1&-1\end{bmatrix}\begin{bmatrix}2&3\\-1&-1\end{bmatrix}\\&=\begin{bmatrix}-1&-3\\1&2\end{bmatrix}\begin{bmatrix}3&4\\-1&-1\end{bmatrix}\begin{bmatrix}2&3\\-1&-1\end{bmatrix}\\&=\begin{bmatrix}1&1\\0&1\end{bmatrix},\end{aligned}$$

从而

$$\boldsymbol{B}=\begin{bmatrix}1&0\\0&1\end{bmatrix}+\begin{bmatrix}0&1\\0&0\end{bmatrix}=\boldsymbol{E}+\boldsymbol{C},$$

所以

$$\boldsymbol{B}^{100}=(\boldsymbol{E}+\boldsymbol{C})^{100}=\boldsymbol{E}^{100}+100\boldsymbol{C}=\begin{bmatrix}1&100\\0&1\end{bmatrix}.$$

又 $\boldsymbol{B}=\boldsymbol{P}^{-1}\boldsymbol{AP}$,从而 $\boldsymbol{A}=\boldsymbol{PBP}^{-1}$,所以

$$\begin{aligned}\boldsymbol{A}^{100}=\boldsymbol{PB}^{100}\boldsymbol{P}^{-1}&=\begin{bmatrix}2&3\\-1&-1\end{bmatrix}\begin{bmatrix}1&100\\0&1\end{bmatrix}\begin{bmatrix}-1&-3\\1&2\end{bmatrix}\\&=\begin{bmatrix}201&400\\-100&-199\end{bmatrix}.\end{aligned}$$

点评:若 $\boldsymbol{A}$ 与 $\boldsymbol{B}$ 相似,即 $\boldsymbol{B}=\boldsymbol{P}^{-1}\boldsymbol{AP}$,而且 $\boldsymbol{B}^n$ 容易求得,则先求 $\boldsymbol{B}^n$,再利用 $\boldsymbol{A}^n=\boldsymbol{PB}^n\boldsymbol{P}^{-1}$ 间接求得 $\boldsymbol{A}^n$.

【2.37】 已知三阶矩阵 $\boldsymbol{A}$ 的三个特征值分别为 $1,4,-2$,相应的特征向量为 $(-2,-1,2)^T$,$(2,-2,1)^T$ 和 $(1,2,2)^T$. 求 $\boldsymbol{A}$ 及 $\boldsymbol{A}^k$(k 为正整数).

解 因为 $\boldsymbol{A}$ 的三个不同特征值对应的三个特征向量是线性无关的,令

$$\boldsymbol{P}=\begin{bmatrix}-2&2&1\\-1&-2&2\\2&1&2\end{bmatrix},$$

则 $\boldsymbol{P}$ 为可逆矩阵,且

$$\boldsymbol{P}^{-1}\boldsymbol{AP}=\boldsymbol{\Lambda}=\begin{bmatrix}1&0&0\\0&4&0\\0&0&-2\end{bmatrix}.$$

于是

$$A=P\Lambda P^{-1}=\begin{bmatrix}-2&2&1\\-1&-2&2\\2&1&2\end{bmatrix}\begin{bmatrix}1&0&0\\0&4&0\\0&0&-2\end{bmatrix}\times\frac{1}{9}\begin{bmatrix}-2&-1&2\\2&-2&1\\1&2&2\end{bmatrix}$$

$$=\frac{1}{9}\begin{bmatrix}-2&8&-2\\-1&-8&-4\\2&4&-4\end{bmatrix}\begin{bmatrix}-2&-1&2\\2&-2&1\\1&2&2\end{bmatrix}$$

$$=\begin{bmatrix}2&-2&0\\-2&1&-2\\0&-2&0\end{bmatrix},$$

所以 $$A^k=P\Lambda^kP^{-1}=\begin{bmatrix}-2&2&1\\-1&-2&2\\2&1&2\end{bmatrix}\begin{bmatrix}1&0&0\\0&4^k&0\\0&0&(-2)^k\end{bmatrix}\times\frac{1}{9}\begin{bmatrix}-2&-1&2\\2&-2&1\\1&2&2\end{bmatrix}$$

$$=\frac{1}{9}\begin{bmatrix}2+4^{k+1}+(-2)^k&2-4^{k+1}+2(-2)^k&-4+2\times4^k+2(-2)^k\\2-4^{k+1}+2(-2)^k&1+4^{k+1}+4(-2)^k&-2-2\times4^k+4(-2)^k\\-4+2\times4^k+2(-2)^k&-2+4^k+4(-2)^k&4+4^k+4(-2)^k\end{bmatrix}.$$

【2.38】 $\lim\limits_{n\to\infty}\begin{bmatrix}\frac{1}{2}&-1&2\\0&\frac{1}{3}&1\\0&0&\frac{1}{4}\end{bmatrix}^n=$______.

解 显然矩阵 $A=\begin{bmatrix}\frac{1}{2}&-1&2\\0&\frac{1}{3}&1\\0&0&\frac{1}{4}\end{bmatrix}$ 有三个不同的特征值为 $\frac{1}{2},\frac{1}{3},\frac{1}{4}$，故 A 与对角矩阵

$$B=\begin{bmatrix}\frac{1}{2}&0&0\\0&\frac{1}{3}&0\\0&0&\frac{1}{4}\end{bmatrix}$$

相似，即存在可逆矩阵 P，使 $A=PBP^{-1}$，从而有

$$A^n=PB^nP^{-1}=P\begin{bmatrix}\left(\frac{1}{2}\right)^n&0&0\\0&\left(\frac{1}{3}\right)^n&0\\0&0&\left(\frac{1}{4}\right)^n\end{bmatrix}P^{-1}.$$

由此可知$\lim\limits_{n\to\infty}\boldsymbol{A}^n=\begin{bmatrix}0&0&0\\0&0&0\\0&0&0\end{bmatrix}$.

故应填$\begin{bmatrix}0&0&0\\0&0&0\\0&0&0\end{bmatrix}$.

点评：利用矩阵的相似对角化，可计算$\lim\limits_{n\to\infty}\boldsymbol{A}^n$.

设$\boldsymbol{A}$为n阶方阵，且$\boldsymbol{A}$可相似对角化，则存在可逆矩阵$\boldsymbol{P}$，使$\boldsymbol{P}^{-1}\boldsymbol{A}\boldsymbol{P}=\boldsymbol{\Lambda}$，从而$\boldsymbol{A}=\boldsymbol{P}\boldsymbol{\Lambda}\boldsymbol{P}^{-1}$.

$$\begin{aligned}\lim_{n\to\infty}\boldsymbol{A}^n&=\lim_{n\to\infty}\boldsymbol{P}\boldsymbol{\Lambda}^n\boldsymbol{P}^{-1}=\boldsymbol{P}(\lim_{n\to\infty}\boldsymbol{\Lambda}^n)\boldsymbol{P}^{-1}\\&=\boldsymbol{P}\left(\lim_{n\to\infty}\begin{bmatrix}\lambda_1^n&&&\\&\lambda_2^n&&\\&&\ddots&\\&&&\lambda_n^n\end{bmatrix}\right)\boldsymbol{P}^{-1}=\boldsymbol{P}\begin{bmatrix}\lim\limits_{n\to\infty}\lambda_1^n&&&\\&\lim\limits_{n\to\infty}\lambda_2^n&&\\&&\ddots&\\&&&\lim\limits_{n\to\infty}\lambda_n^n\end{bmatrix}\boldsymbol{P}^{-1}.\end{aligned}$$

§3. 实对称矩阵的正交相似对角化

知识要点

1. 实对称矩阵的特征值和特征向量的性质

设$\boldsymbol{A}$是实对称矩阵，则

(1)$\boldsymbol{A}$的特征值为实数，$\boldsymbol{A}$的特征向量为实向量；

(2)$\boldsymbol{A}$的不同特征值所对应的特征向量正交；

(3)$\boldsymbol{A}$的k重特征值所对应的线性无关的特征向量恰有k个；

(4)$\boldsymbol{A}$相似于对角阵，且存在正交矩阵$\boldsymbol{P}$，使

$$\boldsymbol{P}^{-1}\boldsymbol{A}\boldsymbol{P}=\boldsymbol{P}^T\boldsymbol{A}\boldsymbol{P}=\begin{bmatrix}\lambda_1&&&\\&\lambda_2&&\\&&\ddots&\\&&&\lambda_n\end{bmatrix},$$

其中$\lambda_1,\lambda_2,\cdots,\lambda_n$为$\boldsymbol{A}$的特征值.

(5)实对称矩阵$\boldsymbol{A}$与$\boldsymbol{B}$相似的充分必要条件是$\boldsymbol{A}$与$\boldsymbol{B}$有相同的特征值.

2. 实对称矩阵的正交相似对角化的步骤

(1)求出矩阵$\boldsymbol{A}$的全部特征值$\lambda_1,\lambda_2,\cdots,\lambda_s$，其中$\lambda_1,\lambda_2,\cdots,\lambda_s$的重数分别为$k_1,k_2,\cdots,k_s$；

(2)对每个k_i重特征值λ_i，求方程组$(\lambda_i\boldsymbol{E}-\boldsymbol{A})\boldsymbol{x}=\boldsymbol{0}$的基础解系，得$k_i$个线性无关的特征向量. 再把它们正交化、单位化，得k_i个两两正交的单位特征向量. 因$k_1+\cdots+k_i=n$，故总共可得n

个两两正交的单位特征向量.

(3)把这 n 个两两正交的单位特征向量构成正交阵 $\boldsymbol{P}$,便有 $\boldsymbol{P}^{-1}\boldsymbol{AP}=\boldsymbol{P}^T\boldsymbol{AP}=\boldsymbol{\Lambda}$. 注意 $\boldsymbol{\Lambda}$ 中对角元的排列次序应与 $\boldsymbol{P}$ 中列向量的排列次序相对应.

基 本 题 型

题型 1:实对称矩阵特征值和特征向量的性质

【3.1】 设实对称矩阵 $\boldsymbol{A}$ 满足 $\boldsymbol{A}^3+\boldsymbol{A}^2+\boldsymbol{A}=3\boldsymbol{E}$,则 $\boldsymbol{A}=$______.

解 设 $\boldsymbol{A}$ 的特征值为 λ,则由 $\boldsymbol{A}^3+\boldsymbol{A}^2+\boldsymbol{A}=3\boldsymbol{E}$ 得 $\lambda^3+\lambda^2+\lambda=3$,即

$$\lambda^3+\lambda^2+\lambda-3=0.$$

因式分解得

$$(\lambda-1)(\lambda^2+2\lambda+3)=0,$$

因为 λ 为实数,故 $\lambda^2+2\lambda+3=(\lambda+1)^2+2>0$,由此 $\boldsymbol{A}$ 只有一个特征值是 1. 因为实对称矩阵都可对角化,所以存在可逆阵 $\boldsymbol{P}$,使 $\boldsymbol{P}^{-1}\boldsymbol{AP}=\boldsymbol{E}$,于是 $\boldsymbol{A}=\boldsymbol{E}$.

故应填 $\boldsymbol{E}$.

【3.2】 设 $\boldsymbol{A}$ 是三阶实对称矩阵,秩 $r(\boldsymbol{A})=2$,若 $\boldsymbol{A}^2=\boldsymbol{A}$,则 $\boldsymbol{A}$ 的特征值是______.

解 设 λ 是 $\boldsymbol{A}$ 的任一特征值,$\boldsymbol{\alpha}$ 是属于 λ 的特征向量,即 $\boldsymbol{A\alpha}=\lambda\boldsymbol{\alpha}$,从而

$$\boldsymbol{A}^2\boldsymbol{\alpha}=\lambda^2\boldsymbol{\alpha},$$

又 $\boldsymbol{A}^2=\boldsymbol{A}$,所以 $\lambda^2\boldsymbol{\alpha}=\lambda\boldsymbol{\alpha}$,于是 $\lambda^2=\lambda$,故 $\boldsymbol{A}$ 的特征值是 1 或 0.

因 $\boldsymbol{A}$ 是实对称矩阵,则 $\boldsymbol{A}$ 与对角阵 $\boldsymbol{\Lambda}$ 相似,且 $\boldsymbol{\Lambda}$ 的主对角线元素为 $\boldsymbol{A}$ 的特征值,又 $r(\boldsymbol{A})=r(\boldsymbol{\Lambda})=2$,所以

$$\boldsymbol{\Lambda}=\begin{bmatrix}1&&\\&1&\\&&0\end{bmatrix}.$$

所以 $\boldsymbol{A}$ 的特征值为:1,1,0.

故应填 1,1,0.

【3.3】 设 $\boldsymbol{A}$ 是实对称矩阵,λ_1 和 λ_2 是 $\boldsymbol{A}$ 的不同的特征值,$\boldsymbol{\alpha}_1,\boldsymbol{\alpha}_2$ 分别是属于 λ_1 与 λ_2 的特征向量,证明 $\boldsymbol{\alpha}_1$ 与 $\boldsymbol{\alpha}_2$ 正交.

证 因为 $\boldsymbol{A}^T=\boldsymbol{A}$, $\boldsymbol{A\alpha}_1=\lambda_1\boldsymbol{\alpha}_1$, $\boldsymbol{A\alpha}_2=\lambda_2\boldsymbol{\alpha}_2$, $\lambda_1\neq\lambda_2$,所以

$$\lambda_1\boldsymbol{\alpha}_1^T\boldsymbol{\alpha}_2=(\lambda_1\boldsymbol{\alpha}_1)^T\boldsymbol{\alpha}_2=(\boldsymbol{A\alpha}_1)^T\boldsymbol{\alpha}_2=\boldsymbol{\alpha}_1^T\boldsymbol{A}^T\boldsymbol{\alpha}_2=\boldsymbol{\alpha}_1^T\boldsymbol{A\alpha}_2=\lambda_2\boldsymbol{\alpha}_1^T\boldsymbol{\alpha}_2,$$

从而 $(\lambda_1-\lambda_2)\boldsymbol{\alpha}_1^T\boldsymbol{\alpha}_2=0$. 又 $\lambda_1\neq\lambda_2$,所以 $\boldsymbol{\alpha}_1^T\boldsymbol{\alpha}_2=0$,即 $\boldsymbol{\alpha}_1$ 与 $\boldsymbol{\alpha}_2$ 正交.

点评:本题是实对称矩阵的一个重要性质,要掌握且要灵活运用.

【3.4】 已知二阶实对称矩阵 $\boldsymbol{A}$ 的一个特征向量为 $(-3,1)^T$,且 $|\boldsymbol{A}|<0$,则必为 $\boldsymbol{A}$ 的特征向量的是______.

(A) $c\begin{bmatrix}-3\\1\end{bmatrix}(c\neq0)$

(B) $c\begin{bmatrix}1\\3\end{bmatrix}(c\neq0)$

(C) $c_1\begin{bmatrix}-3\\1\end{bmatrix}+c_2\begin{bmatrix}1\\3\end{bmatrix}$ $c_1\neq0$, $c_2\neq0$

(D) $c_1\begin{bmatrix}-3\\1\end{bmatrix}+c_2\begin{bmatrix}1\\3\end{bmatrix}$ c_1,c_2 有一为零,但不同时为零

解 设 $\boldsymbol{A}$ 的特征值为 λ_1,λ_2,因为 $|\boldsymbol{A}|<0$,所以 $\lambda_1\lambda_2<0$,即 $\boldsymbol{A}$ 有两个不同的特征值.

又因为 $\begin{bmatrix}1\\3\end{bmatrix}^T\begin{bmatrix}-3\\1\end{bmatrix}=0$,所以不妨设 $\begin{bmatrix}1\\3\end{bmatrix}$ 是属于 λ_1 的特征向量,$\begin{bmatrix}-3\\1\end{bmatrix}$ 是属于 λ_2 的特征向量.

由于 $c\begin{bmatrix}-3\\1\end{bmatrix}(c\neq0)$ 不是属于 λ_1 的特征向量,故非(A).

由于 $c\begin{bmatrix}1\\3\end{bmatrix}(c\neq0)$ 不是属于 λ_2 的特征向量,故非(B).

而(C)中向量显然不是 $\boldsymbol{A}$ 的特征向量,故非(C).

故应选(D).

【3.5】 设 $\boldsymbol{A}$ 是 n 阶实矩阵,证明 $\boldsymbol{A}$ 是对称矩阵的充分必要条件是 $\boldsymbol{A}$ 有 n 个相互正交的特征向量.

证 设 $\boldsymbol{A}$ 是实对称矩阵,则 $\boldsymbol{A}$ 可正交相似对角化,所以 $\boldsymbol{A}$ 有 n 个相互正交的特征向量.

反之,设 $\boldsymbol{\alpha}_1,\boldsymbol{\alpha}_2,\cdots,\boldsymbol{\alpha}_n$ 是 $\boldsymbol{A}$ 的 n 个相互正交的特征向量,对应的特征值分别为 $\lambda_1,\lambda_2,\cdots,\lambda_n$. 把 $\boldsymbol{\alpha}_1,\boldsymbol{\alpha}_2,\cdots,\boldsymbol{\alpha}_n$ 正交化单位化后得到的向量组记为 $\boldsymbol{\beta}_1,\boldsymbol{\beta}_2,\cdots,\boldsymbol{\beta}_n$.

令 $\boldsymbol{P}=(\boldsymbol{\beta}_1,\boldsymbol{\beta}_2,\cdots,\boldsymbol{\beta}_n)$,则 $\boldsymbol{P}$ 为正交矩阵,即 $\boldsymbol{P}^{-1}=\boldsymbol{P}^T$,且

$$\boldsymbol{P}^{-1}\boldsymbol{A}\boldsymbol{P}=\begin{bmatrix}\lambda_1&&&\\&\lambda_2&&\\&&\ddots&\\&&&\lambda_n\end{bmatrix},$$

亦即

$$\boldsymbol{A}=\boldsymbol{P}\begin{bmatrix}\lambda_1&&&\\&\lambda_2&&\\&&\ddots&\\&&&\lambda_n\end{bmatrix}\boldsymbol{P}^{-1}=\boldsymbol{P}\begin{bmatrix}\lambda_1&&&\\&\lambda_2&&\\&&\ddots&\\&&&\lambda_n\end{bmatrix}\boldsymbol{P}^T.$$

所以 $\boldsymbol{A}^T=\boldsymbol{A}$,即 $\boldsymbol{A}$ 是对称矩阵.

【3.6】 设实对称矩阵 $\boldsymbol{A}$ 与 $\boldsymbol{B}$ 相似,证明存在正交矩阵 $\boldsymbol{P}$,使 $\boldsymbol{P}^{-1}\boldsymbol{A}\boldsymbol{P}=\boldsymbol{P}^T\boldsymbol{A}\boldsymbol{P}=\boldsymbol{B}$.

证 因 $\boldsymbol{A}$ 与 $\boldsymbol{B}$ 相似,因此,$\boldsymbol{A}$、$\boldsymbol{B}$ 特征值相同,设为 $\lambda_1,\lambda_2,\cdots,\lambda_n$.

又因 $\boldsymbol{A}$ 与 $\boldsymbol{B}$ 为实对称矩阵,故存在正交阵 $\boldsymbol{P}_1,\boldsymbol{P}_2$ 满足

$$\boldsymbol{P}_1^{-1}\boldsymbol{A}\boldsymbol{P}_1=\begin{bmatrix}\lambda_1&&\\&\ddots&\\&&\lambda_n\end{bmatrix},\qquad \boldsymbol{P}_2^{-1}\boldsymbol{B}\boldsymbol{P}_2=\begin{bmatrix}\lambda_1&&\\&\ddots&\\&&\lambda_n\end{bmatrix}$$

因此 $\boldsymbol{P}_1^{-1}\boldsymbol{A}\boldsymbol{P}_1=\boldsymbol{P}_2^{-1}\boldsymbol{B}\boldsymbol{P}_2$,即 $\boldsymbol{P}_2\boldsymbol{P}_1^{-1}\boldsymbol{A}\boldsymbol{P}_1\boldsymbol{P}_2^{-1}=\boldsymbol{B}$,亦即 $(\boldsymbol{P}_1\boldsymbol{P}_2^{-1})^{-1}\boldsymbol{A}(\boldsymbol{P}_1\boldsymbol{P}_2^{-1})=\boldsymbol{B}$.

令 $P=P_1P_2^{-1}$. 因为

$$(P_1P_2^{-1})^T(P_1P_2^{-1})=(P_2^{-1})^TP_1^TP_1P_2^{-1}=P_2P_1^TP_1P_2^{-1}=P_2P_2^{-1}=E,$$

所以 P 为正交矩阵，因此 $P^{-1}AP=P^TAP=B$.

点评：本题关键在 A 与 B 相似，则 A 与 B 有相同的特征值，即相似于同一对角阵.

【3.7】 实对称矩阵 A 与 B 相似的充分必要条件是 A 与 B 有相同的特征值.

证 若 A 与 B 相似，则 A 与 B 有相同的特征值.

反之，设 A、B 的特征值都为 $\lambda_1,\lambda_2,\cdots,\lambda_n$，由于 A 和 B 都是实对称矩阵，故存在可逆矩阵 P 和 Q，使 A、B 相似于同一对角阵：

$$P^{-1}AP=Q^{-1}BQ=\begin{bmatrix}\lambda_1 & & \\ & \ddots & \\ & & \lambda_n\end{bmatrix}.$$

由 $P^{-1}AP=Q^{-1}BQ$，得 $QP^{-1}APQ^{-1}=B$. 取 $R=PQ^{-1}$，则 R 为可逆矩阵，且 $R^{-1}AR=B$，即 A 与 B 相似.

题型 2：实对称矩阵的正交相似对角化

【3.8】 矩阵 $\begin{bmatrix}1 & a & 1\\ a & b & a\\ 1 & a & 1\end{bmatrix}$ 与 $\begin{bmatrix}2 & 0 & 0\\ 0 & b & 0\\ 0 & 0 & 0\end{bmatrix}$ 相似的充要条件为______.

(A) $a=0,b=2$　　　　(B) $a=0$，b 为任意常数

(C) $a=0,b=0$　　　　(D) $a=2$，b 为任意常数

解 令 $A=\begin{bmatrix}1 & a & 1\\ a & b & a\\ 1 & a & 1\end{bmatrix}$，$B=\begin{bmatrix}2 & 0 & 0\\ 0 & b & 0\\ 0 & 0 & 0\end{bmatrix}$，因为 A 为实对称矩阵，B 为对角阵，则 A 与 B 相似的充要条件是 A 的特征值分别为 $2,b,0$.

A 的特征方程 $|\lambda E-A|=\begin{vmatrix}\lambda-1 & -a & -1\\ a & \lambda-b & -a\\ -1 & -a & \lambda-1\end{vmatrix}=\begin{vmatrix}\lambda & -a & -1\\ 0 & \lambda-b & -a\\ -\lambda & -a & \lambda-1\end{vmatrix}$

$$=\begin{vmatrix}\lambda & -a & -1\\ 0 & \lambda-b & -a\\ 0 & -a & \lambda-1\end{vmatrix}=\lambda[(\lambda-2)(\lambda-b)-2a^2],$$

因为 $\lambda=2$ 是 A 的特征值，所以 $|2E-A|=0$. 所以 $-2a^2=0$，即 $a=0$.

当 $a=0$ 时，$|\lambda E-A|=\lambda(\lambda-2)(\lambda-b)$. A 的特征值分别为 $2,b,0$，所以 b 为任意常数即可. 故选(B).

点评：本题为 2013 年考研真题.

【3.9】 设 A 是 4 阶实对称矩阵，且 $A^2+A=0$，若 $r(A)=3$，则 A 相似于______.

(A) $\begin{bmatrix}1 & & & \\ & 1 & & \\ & & 1 & \\ & & & 0\end{bmatrix}$　　　　(B) $\begin{bmatrix}1 & & & \\ & 1 & & \\ & & -1 & \\ & & & 0\end{bmatrix}$

(C) $\begin{bmatrix}1&&&\\&-1&&\\&&-1&\\&&&0\end{bmatrix}$ (D) $\begin{bmatrix}-1&&&\\&-1&&\\&&-1&\\&&&0\end{bmatrix}$

解 令 $\boldsymbol{A}\boldsymbol{x}=\lambda\boldsymbol{x}$，则 $\boldsymbol{A}^2\boldsymbol{x}=\lambda^2\boldsymbol{x}$，因为 $\boldsymbol{A}^2+\boldsymbol{A}=\boldsymbol{0}$，即 $\boldsymbol{A}^2=-\boldsymbol{A}$，所以 $\boldsymbol{A}^2\boldsymbol{x}=-\boldsymbol{A}\boldsymbol{x}=-\lambda\boldsymbol{x}$，从而 $(\lambda^2+\lambda)\boldsymbol{x}=\boldsymbol{0}$.

注意到 $\boldsymbol{x}$ 是非零向量，所以 $\boldsymbol{A}$ 的特征值为 0 或 -1. 又因为 $\boldsymbol{A}$ 为实对称，故 $\boldsymbol{A}$ 可对角化，所以 $\boldsymbol{A}$ 的秩与 $\boldsymbol{A}$ 的非零特征值个数一致，所以 $\boldsymbol{A}$ 的特征值为 $-1,-1,-1,0$，于是

$$\boldsymbol{A}\text{ 相似于}\begin{bmatrix}-1&&&\\&-1&&\\&&-1&\\&&&0\end{bmatrix}.$$

故应选(D)

点评：由 $f(\boldsymbol{A})=\boldsymbol{0}$ 进而 $f(\lambda)=0$，得到的只是 $\boldsymbol{A}$ 的特征值 λ 的取值范围，并不能具体确定 λ 的重数. 因此本题的解决要再借助另一个重要但总是被忽视的知识点："实对称矩阵一定可以相似对角化". 本题为 2010 年考研真题.

【3.10】 将矩阵 $\boldsymbol{A}=\begin{bmatrix}1&-2&2\\-2&-2&4\\2&4&-2\end{bmatrix}$ 正交相似对角化，并求出正交矩阵 $\boldsymbol{Q}$，使 $\boldsymbol{Q}^{-1}\boldsymbol{A}\boldsymbol{Q}=\boldsymbol{\Lambda}$ 为对角阵.

解 因

$$|\lambda\boldsymbol{E}-\boldsymbol{A}|=\begin{vmatrix}\lambda-1&2&-2\\2&\lambda+2&-4\\-2&-4&\lambda+2\end{vmatrix}=\begin{vmatrix}\lambda-1&2&-2\\0&\lambda-2&\lambda-2\\-2&-4&\lambda+2\end{vmatrix}=\begin{vmatrix}\lambda-1&4&-2\\0&0&\lambda-2\\-2&-\lambda-6&\lambda+2\end{vmatrix}$$
$$=(2-\lambda)\begin{vmatrix}\lambda-1&4\\-2&-\lambda-6\end{vmatrix}=(\lambda-2)^2(\lambda+7),$$

令 $|\lambda\boldsymbol{E}-\boldsymbol{A}|=0$，得 $\boldsymbol{A}$ 的特征值为 $\lambda_1=2$(二重)，$\lambda_2=-7$.

当 $\lambda_1=2$ 时，解 $(2\boldsymbol{E}-\boldsymbol{A})\boldsymbol{x}=\boldsymbol{0}$，求得其一个基础解系为 $\boldsymbol{\eta}_1=(-2,1,0)^T$，$\boldsymbol{\eta}_2=(2,0,1)^T$，从而 $\boldsymbol{\eta}_1,\boldsymbol{\eta}_2$ 是 $\boldsymbol{A}$ 的属于特征值 2 的两个线性无关的特征向量.

当 $\lambda_2=-7$ 时，解 $(-7\boldsymbol{E}-\boldsymbol{A})\boldsymbol{x}=\boldsymbol{0}$，求得其一个基础解系为 $\boldsymbol{\eta}_3=(-1,-2,2)^T$，所以 $\boldsymbol{\eta}_3$ 是 $\boldsymbol{A}$ 的属于特征值 -7 的一个特征向量.

利用施密特正交化方法，把 $\boldsymbol{\eta}_1,\boldsymbol{\eta}_2$，正交化($\boldsymbol{\eta}_1,\boldsymbol{\eta}_2$ 与 $\boldsymbol{\eta}_3$ 已正交)

$$\boldsymbol{\beta}_1=\boldsymbol{\eta}_1,$$
$$\boldsymbol{\beta}_2=\boldsymbol{\eta}_2-\frac{(\boldsymbol{\eta}_2,\boldsymbol{\beta}_1)}{(\boldsymbol{\beta}_1,\boldsymbol{\beta}_1)}\boldsymbol{\beta}_1=\left(\frac{2}{5},\frac{4}{5},1\right)^T.$$

再把 $\boldsymbol{\beta}_1,\boldsymbol{\beta}_2,\boldsymbol{\eta}_3$ 单位化

$$\boldsymbol{\alpha}_1=\frac{\boldsymbol{\beta}_1}{\|\boldsymbol{\beta}_1\|}=\left(\frac{-2}{\sqrt{5}},\frac{1}{\sqrt{5}},0\right)^T,$$

$$\boldsymbol{\alpha}_2=\frac{\boldsymbol{\beta}_2}{\|\boldsymbol{\beta}_2\|}=\left(\frac{2}{3\sqrt{5}},\frac{4}{3\sqrt{5}},\frac{5}{3\sqrt{5}}\right)^T,$$

$$\boldsymbol{\alpha}_3=\frac{\boldsymbol{\eta}_3}{\|\boldsymbol{\eta}_3\|}=\left(-\frac{1}{3},-\frac{2}{3},\frac{2}{3}\right)^T.$$

令

$$\boldsymbol{Q}=(\boldsymbol{\alpha}_1,\boldsymbol{\alpha}_2,\boldsymbol{\alpha}_3)=\begin{bmatrix}\frac{-2}{\sqrt{5}} & \frac{2}{3\sqrt{5}} & -\frac{1}{3}\\ \frac{1}{\sqrt{5}} & \frac{4}{3\sqrt{5}} & -\frac{2}{3}\\ 0 & \frac{5}{3\sqrt{5}} & \frac{2}{3}\end{bmatrix},$$

则 $\boldsymbol{Q}$ 是正交矩阵，且

$$\boldsymbol{Q}^{-1}\boldsymbol{A}\boldsymbol{Q}=\begin{bmatrix}2&0&0\\0&2&0\\0&0&-7\end{bmatrix}.$$

【3.11】 设 $\boldsymbol{A}=\begin{bmatrix}1&2&2\\2&1&2\\2&2&1\end{bmatrix}$，求 $\boldsymbol{A}$ 的特征值及对应的特征向量，矩阵 $\boldsymbol{A}$ 是否与对角矩阵相似，若相似，写出对角阵 $\boldsymbol{\Lambda}$，并计算 $\boldsymbol{A}^{10}\begin{bmatrix}2\\3\\1\end{bmatrix}$.

解 由 $|\lambda\boldsymbol{E}-\boldsymbol{A}|=\begin{vmatrix}\lambda-1&-2&-2\\-2&\lambda-1&-2\\-2&-2&\lambda-1\end{vmatrix}=(\lambda-5)(\lambda+1)^2$，

解得矩阵 $\boldsymbol{A}$ 的特征值为 $\lambda_1=5$，$\lambda_2=\lambda_3=-1$.

当 $\lambda_1=5$ 时，解 $(5\boldsymbol{E}-\boldsymbol{A})\boldsymbol{x}=\boldsymbol{0}$，解得属于 5 的全部特征向量为 $k\begin{bmatrix}1\\1\\1\end{bmatrix}$，其中 k 为非零常数.

当 $\lambda_2=\lambda_3=-1$ 时，解 $(-\boldsymbol{E}-\boldsymbol{A})\boldsymbol{x}=\boldsymbol{0}$，解得属于 -1 的全部特征向量为 $k_1\begin{bmatrix}-1\\1\\0\end{bmatrix}+k_2\begin{bmatrix}-1\\0\\1\end{bmatrix}$，其中 k_1,k_2 为不全为零的常数.

由于矩阵 $\boldsymbol{A}$ 有三个线性无关的特征向量，故 $\boldsymbol{A}$ 与对角阵 $\boldsymbol{\Lambda}$ 相似，即存在可逆矩阵 $\boldsymbol{P}$，使 $\boldsymbol{P}^{-1}\boldsymbol{A}\boldsymbol{P}=\boldsymbol{\Lambda}$，其中

$$\boldsymbol{\Lambda}=\begin{bmatrix}5&&\\&-1&\\&&-1\end{bmatrix},\quad \boldsymbol{P}=\begin{bmatrix}1&-1&-1\\1&1&0\\1&0&1\end{bmatrix}.$$

由 $P^{-1}AP=\Lambda$ 得 $A=P\Lambda P^{-1}$，所以

$$A^{10}\begin{bmatrix}2\\3\\1\end{bmatrix}=P\Lambda^{10}P^{-1}\begin{bmatrix}2\\3\\1\end{bmatrix}=\begin{bmatrix}2\times5^{10}\\1+2\times5^{10}\\-1+2\times5^{10}\end{bmatrix}.$$

【3.12】 设 A 是 n 阶对称阵，B 是反对称阵，则下列矩阵中不能正交相似对角化的是______.

(A) $AB-BA$　　(B) $A^T(B+B^T)A$　　(C) BAB　　(D) ABA

解 实矩阵 A 可正交相似对角化的充要条件是 A 有 n 个相互正交的特征向量，充要条件是 A 是实对称矩阵. 选项(A)、(B)、(C)均为对称阵.

选项(D)中，$(ABA)^T=A^TB^TA^T=-ABA$，从而矩阵 ABA 是反对称矩阵.

故应选(D).

【3.13】 设矩阵 $A=\begin{bmatrix}1&1&a\\1&a&1\\a&1&1\end{bmatrix}$，$\beta=\begin{bmatrix}1\\1\\-2\end{bmatrix}$. 已知线性方程组 $Ax=\beta$ 有解但不唯一，试求

(1) a 的值；

(2) 正交矩阵 Q，使 Q^TAQ 为对角矩阵.

解法一 (1) 对线性方程组 $Ax=\beta$ 的增广矩阵作初等行变换，有

$$(A\ \vdots\ \beta)=\left[\begin{array}{ccc|c}1&1&a&1\\1&a&1&1\\a&1&1&-2\end{array}\right]\to\left[\begin{array}{ccc|c}1&1&a&1\\0&a-1&1-a&0\\0&0&(a-1)(a+2)&a+2\end{array}\right]$$

因为方程组 $Ax=\beta$ 有解但不唯一，所以 $r(A)=r(A\ \vdots\ \beta)<3$，故 $a=-2$.

(2) 由(1)有 $A=\begin{bmatrix}1&1&-2\\1&-2&1\\-2&1&1\end{bmatrix}$，$A$ 的特征多项式 $|\lambda E-A|=\lambda(\lambda-3)(\lambda+3)$，故 A 的特征值为 $\lambda_1=3$，$\lambda_2=-3$，$\lambda_3=0$，对应的特征向量依次是

$$\alpha_1=(1,0,-1)^T,\qquad \alpha_2=(1,-2,1)^T,\qquad \alpha_3=(1,1,1)^T.$$

将 $\alpha_1,\alpha_2,\alpha_3$ 单位化，得

$$\beta_1=\left(\frac{1}{\sqrt2},0,-\frac{1}{\sqrt2}\right)^T,\qquad \beta_2=\left(\frac{1}{\sqrt6},-\frac{2}{\sqrt6},\frac{1}{\sqrt6}\right)^T,\qquad \beta_3=\left(\frac{1}{\sqrt3},\frac{1}{\sqrt3},\frac{1}{\sqrt3}\right)^T.$$

令 $$Q=\begin{bmatrix}\frac{1}{\sqrt2}&\frac{1}{\sqrt6}&\frac{1}{\sqrt3}\\0&-\frac{2}{\sqrt6}&\frac{1}{\sqrt3}\\-\frac{1}{\sqrt2}&\frac{1}{\sqrt6}&\frac{1}{\sqrt3}\end{bmatrix},\qquad \text{则有 } Q^TAQ=\begin{bmatrix}3&0&0\\0&-3&0\\0&0&0\end{bmatrix}.$$

解法二 (1) 因为线性方程组 $Ax=\beta$ 有解但不唯一，所以

$$|A|=\begin{vmatrix}1&1&a\\1&a&1\\a&1&1\end{vmatrix}=-(a-1)^2(a+2)=0.$$

当 $a=1$ 时，$r(\boldsymbol{A})\neq r(\boldsymbol{A}\vdots\boldsymbol{\beta})$，此时方程组无解；

当 $a=-2$ 时，$r(\boldsymbol{A})=r(\boldsymbol{A}\vdots\boldsymbol{\beta})$，此时方程组的解存在但不唯一，于是 $a=-2$.

(2)同解法一.

点评：本题为 2001 年考研真题. 关于三阶实对称矩阵 $\boldsymbol{A}$ 的正交相似对角化的计算，有以下两种情况.

情形一：矩阵 $\boldsymbol{A}$ 有三个不相同的特征值，此时三个特征值所对应的特征向量均正交，不需要正交化，直接把三个特征向量单位化即可.

情形二：矩阵 $\boldsymbol{A}$ 的三个特征值有两个特征值相同，即 $\lambda_1=\lambda_2\neq\lambda_3$. 此时应把 $\lambda_1=\lambda_2$ 所对应的两个线性无关特征向量正交化，然后三个特征向量再单位化得结果.

【3.14】 设三阶实对称矩阵 $\boldsymbol{A}$ 的各行元素之和均为 3，向量 $\boldsymbol{\alpha}_1=(-1,2,-1)^T$，$\boldsymbol{\alpha}_2=(0,-1,1)^T$ 是线性方程组 $\boldsymbol{Ax}=\boldsymbol{0}$ 的两个解.

(Ⅰ)求 $\boldsymbol{A}$ 的特征值与特征向量；

(Ⅱ)求正交矩阵 $\boldsymbol{Q}$ 和对角矩阵 $\boldsymbol{\Lambda}$，使得 $\boldsymbol{Q}^T\boldsymbol{AQ}=\boldsymbol{\Lambda}$；

(Ⅲ)求 $\boldsymbol{A}$ 及 $\left(\boldsymbol{A}-\frac{3}{2}\boldsymbol{E}\right)^6$，其中 $\boldsymbol{E}$ 为三阶单位矩阵.

解 (Ⅰ)由于矩阵 $\boldsymbol{A}$ 的各行元素之和均为 3，所以

$$\boldsymbol{A}\begin{bmatrix}1\\1\\1\end{bmatrix}=\begin{bmatrix}3\\3\\3\end{bmatrix}=3\begin{bmatrix}1\\1\\1\end{bmatrix}.$$

因为 $\boldsymbol{A\alpha}_1=\boldsymbol{0}$，$\boldsymbol{A\alpha}_2=\boldsymbol{0}$， 所以 $\boldsymbol{A\alpha}_1=0\boldsymbol{\alpha}_1$，$\boldsymbol{A\alpha}_2=0\boldsymbol{\alpha}_2$.

故 $\lambda_1=\lambda_2=0$ 是 $\boldsymbol{A}$ 的二重特征值，$\boldsymbol{\alpha}_1,\boldsymbol{\alpha}_2$ 为 $\boldsymbol{A}$ 的属于特征值 0 的两个线性无关特征向量；$\lambda_3=3$ 是 $\boldsymbol{A}$ 的一个特征值，$\boldsymbol{\alpha}_3=(1,1,1)^T$ 为 $\boldsymbol{A}$ 的属于特征值 3 的特征向量.

总之，$\boldsymbol{A}$ 的特征值为 0,0,3. 属于特征值 0 的全部特征向量为 $k_1\boldsymbol{\alpha}_1+k_2\boldsymbol{\alpha}_2$（$k_1,k_2$ 不全为零），属于特征值 3 的全部特征向量为 $k_3\boldsymbol{\alpha}_3$（$k_3\neq0$）.

(Ⅱ)对 $\boldsymbol{\alpha}_1,\boldsymbol{\alpha}_2$ 正交化.

令 $$\boldsymbol{\xi}_1=\boldsymbol{\alpha}_1=(-1,2,-1)^T,\qquad \boldsymbol{\xi}_2=\boldsymbol{\alpha}_2-\frac{(\boldsymbol{\alpha}_2,\boldsymbol{\xi}_1)}{(\boldsymbol{\xi}_1,\boldsymbol{\xi}_1)}\boldsymbol{\xi}_1=\frac{1}{2}(-1,0,1)^T.$$

再分别将 $\boldsymbol{\xi}_1,\boldsymbol{\xi}_2,\boldsymbol{\alpha}_3$ 单位化，得

$$\boldsymbol{\beta}_1=\frac{\boldsymbol{\xi}_1}{\|\boldsymbol{\xi}_1\|}=\frac{1}{\sqrt{6}}(-1,2,-1)^T,$$

$$\boldsymbol{\beta}_2=\frac{\boldsymbol{\xi}_2}{\|\boldsymbol{\xi}_2\|}=\frac{1}{\sqrt{2}}(-1,0,1)^T,$$

$$\boldsymbol{\beta}_3=\frac{\boldsymbol{\alpha}_3}{\|\boldsymbol{\alpha}_3\|}=\frac{1}{\sqrt{3}}(1,1,1)^T.$$

令

$$\boldsymbol{Q}=(\boldsymbol{\beta}_1,\boldsymbol{\beta}_2,\boldsymbol{\beta}_3)=\begin{bmatrix}-\frac{1}{\sqrt{6}} & -\frac{1}{\sqrt{2}} & \frac{1}{\sqrt{3}}\\ \frac{2}{\sqrt{6}} & 0 & \frac{1}{\sqrt{3}}\\ -\frac{1}{\sqrt{6}} & \frac{1}{\sqrt{2}} & \frac{1}{\sqrt{3}}\end{bmatrix},\qquad \boldsymbol{\Lambda}=\begin{bmatrix}0 & & \\ & 0 & \\ & & 3\end{bmatrix},$$

则 Q 为正交矩阵，且 $Q^TAQ=\Lambda$.

（Ⅲ）因 $Q^TAQ=\Lambda$，且 Q 为正交矩阵，故 $A=Q\Lambda Q^T$，

$$A=\begin{bmatrix}-\frac{1}{\sqrt{6}} & -\frac{1}{\sqrt{2}} & \frac{1}{\sqrt{3}}\\ \frac{2}{\sqrt{6}} & 0 & \frac{1}{\sqrt{3}}\\ -\frac{1}{\sqrt{6}} & \frac{1}{\sqrt{2}} & \frac{1}{\sqrt{3}}\end{bmatrix}\begin{bmatrix}0 & & \\ & 0 & \\ & & 3\end{bmatrix}\begin{bmatrix}-\frac{1}{\sqrt{6}} & \frac{2}{\sqrt{6}} & -\frac{1}{\sqrt{6}}\\ -\frac{1}{\sqrt{2}} & 0 & \frac{1}{\sqrt{2}}\\ \frac{1}{\sqrt{3}} & \frac{1}{\sqrt{3}} & \frac{1}{\sqrt{3}}\end{bmatrix}=\begin{bmatrix}1 & 1 & 1\\ 1 & 1 & 1\\ 1 & 1 & 1\end{bmatrix}.$$

由 $A=Q\Lambda Q^T$，得 $A-\frac{3}{2}E=Q\left(\Lambda-\frac{3}{2}E\right)Q^T$，所以

$$\left(A-\frac{3}{2}E\right)^6=Q\left(\Lambda-\frac{3}{2}E\right)^6Q^T=\left(\frac{3}{2}\right)^6E.$$

点评：本题为 2006 年考研真题.

【3.15】 设实对称矩阵

$$A=\begin{bmatrix}a & 1 & 1\\ 1 & a & -1\\ 1 & -1 & a\end{bmatrix}.$$

求可逆矩阵 P，使 $P^{-1}AP$ 为对角矩阵，并计算行列式 $|A-E|$ 的值.

解 矩阵 A 的特征多项式

$$|\lambda E-A|=\begin{vmatrix}\lambda-a & -1 & -1\\ -1 & \lambda-a & 1\\ -1 & 1 & \lambda-a\end{vmatrix}=(\lambda-a-1)^2(\lambda-a+2).$$

由此得矩阵的特征值

$$\lambda_1=\lambda_2=a+1,\qquad \lambda_3=a-2.$$

对于特征值 $\lambda_1=\lambda_2=a+1$，可得对应的两个线性无关的特征向量

$$\alpha_1=\begin{bmatrix}1\\1\\0\end{bmatrix},\qquad \alpha_2=\begin{bmatrix}1\\0\\1\end{bmatrix}.$$

对于特征值 $\lambda_3=a-2$，可得对应的特征向量

$$\alpha_3=\begin{bmatrix}-1\\1\\1\end{bmatrix}.$$

令矩阵

$$P=(\alpha_1,\alpha_2,\alpha_3)=\begin{bmatrix}1 & 1 & -1\\ 1 & 0 & 1\\ 0 & 1 & 1\end{bmatrix},\qquad \Lambda=\begin{bmatrix}a+1 & 0 & 0\\ 0 & a+1 & 0\\ 0 & 0 & a-2\end{bmatrix},$$

则

$$P^{-1}AP=\Lambda=\begin{bmatrix}a+1 & 0 & 0\\ 0 & a+1 & 0\\ 0 & 0 & a-2\end{bmatrix}.$$

$$|A-E|=|P\Lambda P^{-1}-PP^{-1}|=|P|\ |\Lambda-E|\ |P^{-1}|=\begin{vmatrix} a & 0 & 0 \\ 0 & a & 0 \\ 0 & 0 & a-3 \end{vmatrix}=a^2(a-3).$$

点评:本题为 2002 年考研真题.

【3.16】 设矩阵 $A=\begin{bmatrix} 0 & 1 & 0 & 0 \\ 1 & 0 & 0 & 0 \\ 0 & 0 & y & 1 \\ 0 & 0 & 1 & 2 \end{bmatrix}$,

(1)已知 A 的一个特征值为 3,试求 y;

(2)求矩阵 P,使$(AP)^T(AP)$为对角矩阵.

解 (1)因为

$$|\lambda E-A|=\begin{vmatrix} \lambda & -1 & 0 & 0 \\ -1 & \lambda & 0 & 0 \\ 0 & 0 & \lambda-y & -1 \\ 0 & 0 & -1 & \lambda-2 \end{vmatrix}=(\lambda^2-1)[\lambda^2-(y+2)\lambda+2y-1].$$

将 $\lambda=3$ 代入$|\lambda E-A|=0$,解得 $y=2$,于是

$$A=\begin{bmatrix} 0 & 1 & 0 & 0 \\ 1 & 0 & 0 & 0 \\ 0 & 0 & 2 & 1 \\ 0 & 0 & 1 & 2 \end{bmatrix}.$$

(2)由 $A^T=A$,得$(AP)^T(AP)=P^TA^2P$,而矩阵

$$A^2=\begin{bmatrix} 1 & 0 & 0 & 0 \\ 0 & 1 & 0 & 0 \\ 0 & 0 & 5 & 4 \\ 0 & 0 & 4 & 5 \end{bmatrix}$$

的特征值求得为:$\lambda_1=1$(三重),$\lambda_2=9$.

对应于 $\lambda_1=1$ 的线性无关的特征向量为

$$\alpha_1=(1,0,0,0)^T,\qquad \alpha_2=(0,1,0,0)^T,\qquad \alpha_3=(0,0,-1,1)^T.$$

正交化单位化后,得

$$\beta_1=(1,0,0,0)^T,\qquad \beta_2=(0,1,0,0)^T,\qquad \beta_3=(0,0,-\frac{1}{\sqrt{2}},\frac{1}{\sqrt{2}})^T.$$

对应于 $\lambda_2=9$ 的特征向量为 $\alpha_4=(0,0,1,1)^T$,经单位化后,得

$$\beta_4=(0,0,\frac{1}{\sqrt{2}},\frac{1}{\sqrt{2}})^T.$$

令

$$P=(\boldsymbol{\beta}_1,\boldsymbol{\beta}_2,\boldsymbol{\beta}_3,\boldsymbol{\beta}_4)=\begin{bmatrix}1&0&0&0\\0&1&0&0\\0&0&-\frac{1}{\sqrt{2}}&\frac{1}{\sqrt{2}}\\0&0&\frac{1}{\sqrt{2}}&\frac{1}{\sqrt{2}}\end{bmatrix},$$

则

$$P^TA^2P=(AP)^T(AP)=\begin{bmatrix}1&0&0&0\\0&1&0&0\\0&0&1&0\\0&0&0&9\end{bmatrix}.$$

点评:本题为 1996 年考研真题.

【3.17】 设 A 为实对称矩阵,且 $A^2=A$. 证明:存在正交矩阵 Q,使

$$Q^{-1}AQ=\begin{bmatrix}1&&&&&\\&\ddots&&&&\\&&1&&&\\&&&0&&\\&&&&\ddots&\\&&&&&0\end{bmatrix}.$$

证 设 λ 为 A 的任一特征值,且

$$A\alpha=\lambda\alpha,\qquad \alpha\neq 0.$$

由于 $A^2=A$,故

$$\lambda\alpha=A\alpha=A^2\alpha=A(A\alpha)=A(\lambda\alpha)=\lambda^2\alpha.$$

从而 $\lambda^2=\lambda$,故 $\lambda=1$ 或 0. 即 A 的特征值只能是 1 或 0.

又由于 A 是实对称的,故存在正交方阵 Q,使

$$Q^{-1}AQ=\begin{bmatrix}1&&&&&\\&\ddots&&&&\\&&1&&&\\&&&0&&\\&&&&\ddots&\\&&&&&0\end{bmatrix}.$$

题型 3:反求矩阵

【3.18】 设三阶实对称矩阵 A 的秩为 2,$\lambda_1=\lambda_2=6$ 是 A 的二重特征值. 若 $\alpha_1=(1,1,0)^T$,$\alpha_2=(2,1,1)^T$,$\alpha_3=(-1,2,-3)^T$ 都是 A 的属于特征值 6 的特征向量.

(1)求 A 的另一特征值和对应的特征向量;

(2)求矩阵 A.

解 (1) 因为 $\lambda_1=\lambda_2=6$ 是 A 的二重特征值,故 A 的属于特征值 6 的线性无关的特征向量有 2 个. 由题设可得 $\alpha_1,\alpha_2,\alpha_3$ 的一个极大无关组为 α_1,α_2,故 α_1,α_2 为 A 的属于特征值 6 的线性

无关的特征向量.

由 $r(\boldsymbol{A})=2$ 可知 $|\boldsymbol{A}|=0$,所以 $\boldsymbol{A}$ 的另一特征值 $\lambda_3=0$.

设 $\lambda_3=0$ 所对应的线性无关的特征向量为 $\boldsymbol{\alpha}=(x_1,x_2,x_3)^T$,则有 $\boldsymbol{\alpha}_1^T\boldsymbol{\alpha}=0,\boldsymbol{\alpha}_2^T\boldsymbol{\alpha}=0$,即

$$\begin{cases}x_1+x_2=0,\\2x_1+x_2+x_3=0.\end{cases}$$

解得此方程组的基础解系为 $\boldsymbol{\alpha}=(-1,1,1)^T$,即 $\boldsymbol{A}$ 的属于特征值 $\lambda_3=0$ 的特征向量为

$$c\,\boldsymbol{\alpha}=c(-1,1,1)^T,\ c \text{ 为不为零的任意常数}.$$

(2)令 $\boldsymbol{P}=(\boldsymbol{\alpha}_1,\boldsymbol{\alpha}_2,\boldsymbol{\alpha})$,则 $\boldsymbol{P}^{-1}\boldsymbol{A}\boldsymbol{P}=\begin{bmatrix}6&0&0\\0&6&0\\0&0&0\end{bmatrix}$, 所以 $\boldsymbol{A}=\boldsymbol{P}\begin{bmatrix}6&0&0\\0&6&0\\0&0&0\end{bmatrix}\boldsymbol{P}^{-1}$.

又 $\boldsymbol{P}^{-1}=\begin{bmatrix}0&1&-1\\\frac{1}{3}&-\frac{1}{3}&\frac{2}{3}\\-\frac{1}{3}&\frac{1}{3}&\frac{1}{3}\end{bmatrix}$, 故 $\boldsymbol{A}=\begin{bmatrix}4&2&2\\2&4&-2\\2&-2&4\end{bmatrix}$.

点评:本题为 2004 年考研真题.

【3.19】 设三阶实对称矩阵 $\boldsymbol{A}$ 的特征值 $\lambda_1=1,\lambda_2=2,\lambda_3=-2$,且 $\boldsymbol{\alpha}_1=(1,-1,1)^T$ 是 $\boldsymbol{A}$ 的属于 λ_1 的一个特征向量.记 $\boldsymbol{B}=\boldsymbol{A}^5-4\boldsymbol{A}^3+\boldsymbol{E}$,其中 $\boldsymbol{E}$ 为三阶单位矩阵.

(1)验证 $\boldsymbol{\alpha}_1$ 是矩阵 $\boldsymbol{B}$ 的特征向量,并求 $\boldsymbol{B}$ 的全部特征值与特征向量;

(2)求矩阵 $\boldsymbol{B}$.

解:由 $\boldsymbol{A}\boldsymbol{\alpha}_1=\lambda_1\boldsymbol{\alpha}_1$,知

$$\boldsymbol{B}\boldsymbol{\alpha}_1=(\boldsymbol{A}^5-4\boldsymbol{A}^3+\boldsymbol{E})\boldsymbol{\alpha}_1=(\lambda_1^5-4\lambda_1^3+1)\boldsymbol{\alpha}_1=-2\boldsymbol{\alpha}_1,$$

故 $\boldsymbol{\alpha}_1$ 是 $\boldsymbol{B}$ 的属于特征值 -2 的一个特征向量.

因为 $\boldsymbol{A}$ 的全部特征值为 $\lambda_1,\lambda_2,\lambda_3$,所以 $\boldsymbol{B}$ 的全部特征值为 $\lambda_i^5-4\lambda_i^3+1\ (i=1,2,3)$,即 $\boldsymbol{B}$ 的全部特征值为 $-2,1,1$.

由 $\boldsymbol{B}\boldsymbol{\alpha}_1=-2\boldsymbol{\alpha}_1$,知 $\boldsymbol{B}$ 的属于特征值 -2 的全部特征向量为 $k_1\boldsymbol{\alpha}_1$,其中 k_1 是不为零的任意常数.

因为 $\boldsymbol{A}$ 是实对称矩阵,所以 $\boldsymbol{B}$ 也是实对称矩阵.设 $(x_1,x_2,x_3)^T$ 为 $\boldsymbol{B}$ 的属于特征值 1 的任一特征向量.因为实对称矩阵属于不同特征值的特征向量正交,所以 $(x_1,x_2,x_3)\boldsymbol{\alpha}_1=0$,即

$$x_1-x_2+x_3=0.$$

解得该方程组的基础解系为

$$\boldsymbol{\alpha}_2=(1,1,0)^T,\boldsymbol{\alpha}_3=(-1,0,1)^T,$$

故 $\boldsymbol{B}$ 的属于特征值 1 的全部特征向量为 $k_2\boldsymbol{\alpha}_2+k_3\boldsymbol{\alpha}_3$,其中 k_2,k_3 为不全为零的任意常数.

(2)令

$$\boldsymbol{P}=(\boldsymbol{\alpha}_1,\boldsymbol{\alpha}_2,\boldsymbol{\alpha}_3)=\begin{bmatrix}1&1&-1\\-1&1&0\\1&0&1\end{bmatrix},$$

则

$$P^{-1}=\begin{bmatrix}\frac{1}{3} & -\frac{1}{3} & \frac{1}{3}\\ \frac{1}{3} & \frac{2}{3} & \frac{1}{3}\\ -\frac{1}{3} & \frac{1}{3} & \frac{2}{3}\end{bmatrix}.$$

因为 $$P^{-1}BP=\begin{bmatrix}-2 & 0 & 0\\ 0 & 1 & 0\\ 0 & 0 & 1\end{bmatrix},$$

所以 $$B=P\begin{bmatrix}-2 & 0 & 0\\ 0 & 1 & 0\\ 0 & 0 & 1\end{bmatrix}P^{-1}=\begin{bmatrix}0 & 1 & -1\\ 1 & 0 & 1\\ -1 & 1 & 0\end{bmatrix}.$$

点评:本题为2007年考研真题.

【3.20】 设三阶实对称矩阵 $\boldsymbol{A}$ 的特征值是1,2,3;矩阵 $\boldsymbol{A}$ 的属于特征值1,2的特征向量分别是 $\boldsymbol{\alpha}_1=(-1,-1,1)^T$, $\boldsymbol{\alpha}_2=(1,-2,-1)^T$.

(1)求 $\boldsymbol{A}$ 的属于特征值3的特征向量;

(2)求矩阵 $\boldsymbol{A}$.

解:(1)设 $\boldsymbol{A}$ 的属于特征值3的特征向量为

$$\boldsymbol{\alpha}_3=(x_1,x_2,x_3)^T.$$

因为实对称矩阵属于不同特征值的特征向量相互正交,所以有

$$\boldsymbol{\alpha}_1^T\boldsymbol{\alpha}_3=0 \quad 和 \quad \boldsymbol{\alpha}_2^T\boldsymbol{\alpha}_3=0.$$

即 x_1,x_2,x_3 是齐次线性方程组

$$\begin{cases}-x_1-x_2+x_3=0,\\ x_1-2x_2-x_3=0\end{cases}$$

的非零解.解上述方程组,得其基础解系为 $(1,0,1)^T$.因此 $\boldsymbol{A}$ 的属于特征值3的特征向量为

$$k(1,0,1)^T,\quad k 为任意非零常数.$$

(2)令 $P=\begin{bmatrix}-1 & 1 & 1\\ -1 & -2 & 0\\ 1 & -1 & 1\end{bmatrix}$,则有

$$P^{-1}AP=\begin{bmatrix}1 & 0 & 0\\ 0 & 2 & 0\\ 0 & 0 & 3\end{bmatrix},\quad 即\quad A=P\begin{bmatrix}1 & 0 & 0\\ 0 & 2 & 0\\ 0 & 0 & 3\end{bmatrix}P^{-1}.$$

由于 $$P^{-1}=\begin{bmatrix}-\frac{1}{3} & -\frac{1}{3} & \frac{1}{3}\\ \frac{1}{6} & -\frac{1}{3} & -\frac{1}{6}\\ \frac{1}{2} & 0 & \frac{1}{2}\end{bmatrix},$$

所以 $$A=P\begin{bmatrix}1 & 0 & 0\\ 0 & 2 & 0\\ 0 & 0 & 3\end{bmatrix}P^{-1}=\frac{1}{6}\begin{bmatrix}13 & -2 & 5\\ -2 & 10 & 2\\ 5 & 2 & 13\end{bmatrix}.$$

点评："实对称矩阵属于不同特征值的特征向量相互正交"这一性质非常重要，在实对称矩阵求特征向量时要经常用到此性质，一定牢牢记住.本题为1997年考研真题.

【3.21】 试构造一个三阶实对称矩阵 $\boldsymbol{A}$，使其特征值为 $\lambda_1=\lambda_2=1,\lambda_3=-1$，且有特征向量 $\boldsymbol{\xi}_1=(1,1,1)^T$，$\boldsymbol{\xi}_2=(2,2,1)^T$.

解 因为向量 $\boldsymbol{\xi}_1,\boldsymbol{\xi}_2$ 线性无关，且 $\boldsymbol{\xi}_1$ 与 $\boldsymbol{\xi}_2$ 不正交，所以 $\boldsymbol{\xi}_1,\boldsymbol{\xi}_2$ 为特征值 $\lambda_1=\lambda_2=1$ 所对应的线性无关的特征向量.

设 $\boldsymbol{\xi}=(x_1,x_2,x_3)^T$ 为属于特征值 $\lambda_3=-1$ 的特征向量，则 $\boldsymbol{\xi}_1,\boldsymbol{\xi}_2$ 都与 $\boldsymbol{\xi}$ 正交，即

$$\begin{cases}x_1+x_2+x_3=0,\\2x_1+2x_2+x_3=0.\end{cases}$$

求解得基础解系

$$\boldsymbol{\xi}_3=(-1,1,0)^T.$$

令 $\boldsymbol{P}=(\boldsymbol{\xi}_1,\boldsymbol{\xi}_2,\boldsymbol{\xi}_3)$，有 $\boldsymbol{P}^{-1}\boldsymbol{A}\boldsymbol{P}=\begin{bmatrix}1&&\\&1&\\&&-1\end{bmatrix}$. 因此

$$\boldsymbol{A}=\boldsymbol{P}\begin{bmatrix}1&&\\&1&\\&&-1\end{bmatrix}\boldsymbol{P}^{-1}=\begin{bmatrix}1&2&-1\\1&2&1\\1&1&0\end{bmatrix}\begin{bmatrix}1&&\\&1&\\&&-1\end{bmatrix}\begin{bmatrix}1&2&-1\\1&2&1\\1&1&0\end{bmatrix}^{-1}$$

$$=\begin{bmatrix}1&2&-1\\1&2&1\\1&1&0\end{bmatrix}\begin{bmatrix}1&&\\&1&\\&&-1\end{bmatrix}\begin{bmatrix}-\frac{1}{2}&-\frac{1}{2}&2\\\frac{1}{2}&\frac{1}{2}&-1\\-\frac{1}{2}&\frac{1}{2}&0\end{bmatrix}=\begin{bmatrix}0&1&0\\1&0&0\\0&0&1\end{bmatrix}.$$

题型4：关于正交矩阵

【3.22】 证明下列命题成立

(1)若 $\boldsymbol{A}$ 是正交阵，则 $\boldsymbol{A}^T,\boldsymbol{A}^{-1},\boldsymbol{A}^*$ 均是正交阵；

(2)矩阵 $\boldsymbol{A}$ 是正交阵的充要条件是 $|\boldsymbol{A}|=\pm1$，且 $|\boldsymbol{A}|=1$ 时，$a_{ij}=A_{ij}$；$|\boldsymbol{A}|=-1$ 时，$a_{ij}=-A_{ij}$.

证 (1)因为 $\boldsymbol{A}$ 正交，所以 $\boldsymbol{A}^T=\boldsymbol{A}^{-1}$，且 $\boldsymbol{A}^T(\boldsymbol{A}^T)^T=(\boldsymbol{A}\boldsymbol{A}^T)^T=\boldsymbol{E}$，显然 $\boldsymbol{A}^T,\boldsymbol{A}^{-1}$ 都是正交阵.

因为 $\boldsymbol{A}$ 是正交阵，

所以 $|\boldsymbol{A}|=\pm1$，$\boldsymbol{A}^*=\dfrac{1}{|\boldsymbol{A}|}\boldsymbol{A}^{-1}$，$(\boldsymbol{A}^*)^T=\dfrac{1}{|\boldsymbol{A}|}(\boldsymbol{A}^{-1})^T$，

所以 $\boldsymbol{A}^*(\boldsymbol{A}^*)^T=\left(\dfrac{1}{|\boldsymbol{A}|}\right)^2\boldsymbol{A}^{-1}(\boldsymbol{A}^{-1})^T=\boldsymbol{E}$.

所以 $\boldsymbol{A}^*$ 是正交矩阵.

(2)必要性：若 $\boldsymbol{A}$ 正交，$\boldsymbol{A}\boldsymbol{A}^T=\boldsymbol{E}$，因此 $|\boldsymbol{A}|^2=1$，即 $|\boldsymbol{A}|=\pm1$.

当 $|\boldsymbol{A}|=1$ 时，$\boldsymbol{A}\boldsymbol{A}^*=\boldsymbol{E}$，即 $\boldsymbol{A}^*=\boldsymbol{A}^{-1}=\boldsymbol{A}^T$，所以有 $A_{ij}=a_{ij}$.

当 $|\boldsymbol{A}|=-1$ 时，$\boldsymbol{A}\boldsymbol{A}^*=-\boldsymbol{E}$，即 $\boldsymbol{A}^*=-\boldsymbol{A}^{-1}=-\boldsymbol{A}^T$，所以 $A_{ij}=-a_{ij}$.

充分性：$|\boldsymbol{A}|=\pm1$，$\boldsymbol{A}\boldsymbol{A}^*=|\boldsymbol{A}|\boldsymbol{E}$，

当$|\boldsymbol{A}|=1$时，$a_{ij}=A_{ij}$，有$\boldsymbol{A}^*=\boldsymbol{A}^T$，$\boldsymbol{A}^T\boldsymbol{A}=\boldsymbol{E}$.

当$|\boldsymbol{A}|=-1$时，$a_{ij}=-A_{ij}$，有$\boldsymbol{A}^*=-\boldsymbol{A}^T$，$\boldsymbol{A}\boldsymbol{A}^*=-\boldsymbol{E}$，$-\boldsymbol{A}\boldsymbol{A}^T=-\boldsymbol{E}$.

故$\boldsymbol{A}\boldsymbol{A}^T=\boldsymbol{E}$，因此$\boldsymbol{A}$是正交阵.

【3.23】 若$\boldsymbol{A}$是n阶正交矩阵，λ是$\boldsymbol{A}$的实特征值，$\boldsymbol{x}$是$\boldsymbol{A}$的属于λ的特征向量. 求证λ只能是±1，并且$\boldsymbol{x}$也是$\boldsymbol{A}^T$的特征向量.

证 因λ是$\boldsymbol{A}$的特征值，从而λ也是$\boldsymbol{A}^T$的特征值，又$\boldsymbol{A}\boldsymbol{A}^T=\boldsymbol{E}$，所以$\lambda^2=1$，即$\lambda=\pm1$.

若$\lambda=1$，代入$\boldsymbol{Ax}=\lambda\boldsymbol{x}$，得$\boldsymbol{Ax}=\boldsymbol{x}$. 两边左乘$\boldsymbol{A}^T$得$\boldsymbol{A}^T\boldsymbol{Ax}=\boldsymbol{A}^T\boldsymbol{x}$，即$\boldsymbol{A}^T\boldsymbol{x}=\boldsymbol{Ex}=\boldsymbol{x}$，所以$\boldsymbol{x}$也是$\boldsymbol{A}^T$的属于$\lambda=1$的特征向量. 同理可证，当$\lambda=-1$时，由$\boldsymbol{Ay}=-\boldsymbol{y}$，可得$\boldsymbol{A}^T\boldsymbol{y}=-\boldsymbol{y}$.

故$\boldsymbol{A}$与$\boldsymbol{A}^T$的属于$\lambda=\pm1$的特征向量相同.

点评：(1)正交矩阵不一定有实特征值. 例如，易知$\boldsymbol{A}=\frac{1}{\sqrt{2}}\begin{bmatrix}1 & -1\\1 & 1\end{bmatrix}$是正交矩阵，且其特征值为$\frac{1}{\sqrt{2}}(1\pm i)$，即$\boldsymbol{A}$无实特征值.

(2)对一般的n阶矩阵$\boldsymbol{A}$，它的转置矩阵$\boldsymbol{A}^T$与$\boldsymbol{A}$有相同的特征值，但$\boldsymbol{A}$与$\boldsymbol{A}^T$的属于同一特征值的特征向量是没有必然的联系的. 这与$\boldsymbol{A}$是正交矩阵时的上面所证过的结论是不同的.

【3.24】 设$\boldsymbol{A}$为实对称矩阵，$\boldsymbol{B}$为实反对称矩阵，且$\boldsymbol{AB}=\boldsymbol{BA}$，$\boldsymbol{A}-\boldsymbol{B}$是可逆矩阵. 证明：$(\boldsymbol{A}+\boldsymbol{B})(\boldsymbol{A}-\boldsymbol{B})^{-1}$是正交矩阵.

证 因为$\boldsymbol{A}^T=\boldsymbol{A}$，$\boldsymbol{B}^T=-\boldsymbol{B}$，而$\boldsymbol{AB}=\boldsymbol{BA}$，于是得

$$(\boldsymbol{A}-\boldsymbol{B})(\boldsymbol{A}+\boldsymbol{B})=(\boldsymbol{A}+\boldsymbol{B})(\boldsymbol{A}-\boldsymbol{B}).$$

从而

$$\begin{aligned}&[(\boldsymbol{A}+\boldsymbol{B})(\boldsymbol{A}-\boldsymbol{B})^{-1}]^T(\boldsymbol{A}+\boldsymbol{B})(\boldsymbol{A}-\boldsymbol{B})^{-1}=[(\boldsymbol{A}-\boldsymbol{B})^{-1}]^T(\boldsymbol{A}+\boldsymbol{B})^T(\boldsymbol{A}+\boldsymbol{B})(\boldsymbol{A}-\boldsymbol{B})^{-1}\\&=(\boldsymbol{A}^T-\boldsymbol{B}^T)^{-1}(\boldsymbol{A}^T+\boldsymbol{B}^T)(\boldsymbol{A}+\boldsymbol{B})(\boldsymbol{A}-\boldsymbol{B})^{-1}=(\boldsymbol{A}+\boldsymbol{B})^{-1}(\boldsymbol{A}-\boldsymbol{B})(\boldsymbol{A}+\boldsymbol{B})(\boldsymbol{A}-\boldsymbol{B})^{-1}\\&=(\boldsymbol{A}+\boldsymbol{B})^{-1}(\boldsymbol{A}+\boldsymbol{B})(\boldsymbol{A}-\boldsymbol{B})(\boldsymbol{A}-\boldsymbol{B})^{-1}=\boldsymbol{E}.\end{aligned}$$

故$(\boldsymbol{A}+\boldsymbol{B})(\boldsymbol{A}-\boldsymbol{B})^{-1}$为正交矩阵.

【3.25】 设分块矩阵$\boldsymbol{X}=\begin{bmatrix}\boldsymbol{A} & \boldsymbol{B}\\\boldsymbol{0} & \boldsymbol{C}\end{bmatrix}$是正交矩阵，其中$\boldsymbol{A}_{m\times m}$，$\boldsymbol{C}_{n\times n}$. 求证$\boldsymbol{A}$、$\boldsymbol{C}$均为正交矩阵，且$\boldsymbol{B}=\boldsymbol{0}$.

证 由题意知：

$$\begin{bmatrix}\boldsymbol{A} & \boldsymbol{B}\\\boldsymbol{0} & \boldsymbol{C}\end{bmatrix}\begin{bmatrix}\boldsymbol{A} & \boldsymbol{B}\\\boldsymbol{0} & \boldsymbol{C}\end{bmatrix}^T=\begin{bmatrix}\boldsymbol{E}_m & \boldsymbol{0}\\\boldsymbol{0} & \boldsymbol{E}_n\end{bmatrix},$$

即

$$\begin{bmatrix}\boldsymbol{A} & \boldsymbol{B}\\\boldsymbol{0} & \boldsymbol{C}\end{bmatrix}\begin{bmatrix}\boldsymbol{A}^T & \boldsymbol{0}^T\\\boldsymbol{B}^T & \boldsymbol{C}^T\end{bmatrix}=\begin{bmatrix}\boldsymbol{AA}^T+\boldsymbol{BB}^T & \boldsymbol{BC}^T\\\boldsymbol{CB}^T & \boldsymbol{CC}^T\end{bmatrix}=\begin{bmatrix}\boldsymbol{E}_m & \boldsymbol{0}\\\boldsymbol{0} & \boldsymbol{E}_n\end{bmatrix},$$

因此

$$\boldsymbol{AA}^T+\boldsymbol{BB}^T=\boldsymbol{E}_m(*),\qquad \boldsymbol{BC}^T=\boldsymbol{0},\qquad \boldsymbol{CB}^T=\boldsymbol{0},\qquad \boldsymbol{CC}^T=\boldsymbol{E}_n,$$

所以$\boldsymbol{C}$为正交矩阵，从而$\boldsymbol{C}$可逆.

由$\boldsymbol{BC}^T=\boldsymbol{0}$，可得$\boldsymbol{B}=\boldsymbol{0}$，代入$(*)$得$\boldsymbol{AA}^T=\boldsymbol{E}$. 因此$\boldsymbol{A}$也是正交矩阵.

点评：本题熟练运用了正交矩阵和分块矩阵的乘法运算.

【3.26】 已知 $A=\begin{bmatrix} a & -\frac{3}{7} & \frac{2}{7} \\ b & \frac{6}{7} & c \\ -\frac{3}{7} & \frac{2}{7} & d \end{bmatrix}$ 为正交矩阵，求 a,b,c,d 的值.

解 由于 A 是正交矩阵，则有 $\left(a,-\frac{3}{7},\frac{2}{7}\right)$，$\left(-\frac{3}{7},\frac{2}{7},d\right)$ 都是单位向量，则

$$a^2+\left(-\frac{3}{7}\right)^2+\left(\frac{2}{7}\right)^2=1,\qquad \left(-\frac{3}{7}\right)^2+\left(\frac{2}{7}\right)^2+d^2=1,$$

解得 $a=\pm\frac{6}{7}$，$d=\pm\frac{6}{7}$. 又这两个向量正交，故有

$$-\frac{3}{7}a-\frac{6}{49}+\frac{2}{7}d=0,$$

所以，只有 $a=-\frac{6}{7}$，$d=-\frac{6}{7}$. 再由列向量的正交性，可得

$$\left(-\frac{6}{7}\right)\times\left(-\frac{3}{7}\right)+\frac{6}{7}b+\left(-\frac{3}{7}\right)\times\frac{2}{7}=0,$$

$$\left(-\frac{3}{7}\right)\times\frac{2}{7}+\frac{6}{7}c+\frac{2}{7}\times\left(-\frac{6}{7}\right)=0,$$

解出 $b=-\frac{2}{7}$，$c=\frac{3}{7}$.

点评：由正交矩阵的定义，A 是正交阵的充分必要条件是 A 的行向量组是单位正交向量组，充分必要条件是 A 的列向量组是单位正交向量组.

【3.27】 设 A 为 n 阶对称矩阵，且满足 $A^2-4A+3E=0$，证明：$A-2E$ 为正交矩阵.

证 由定义，只须验证 $(A-2E)(A-2E)^T=E$ 即可. 因为 $A^T=A$，则

$$\begin{aligned}(A-2E)(A-2E)^T&=(A-2E)(A^T-2E^T)=(A-2E)(A-2E)\\&=A^2-4A+4E=A^2-4A+3E+E=0+E=E.\end{aligned}$$

故 $A-2E$ 为正交矩阵.

§4. 综合提高题型

题型 1：关于矩阵的特征值

【4.1】 设三维向量 $\boldsymbol{\alpha},\boldsymbol{\beta}$ 满足 $\boldsymbol{\alpha}^T\boldsymbol{\beta}=2$，其中 $\boldsymbol{\alpha}^T$ 是 $\boldsymbol{\alpha}$ 的转置，则矩阵 $\boldsymbol{\beta}\boldsymbol{\alpha}^T$ 的非零特征值为______.

解 因 $\boldsymbol{\alpha}^T\boldsymbol{\beta}=2$，故 $\boldsymbol{\beta}\boldsymbol{\alpha}^T$ 的迹为 $\mathrm{tr}(\boldsymbol{\beta}\boldsymbol{\alpha}^T)=2$. 而 $\boldsymbol{\beta}\boldsymbol{\alpha}^T$ 的特征值为：$\mathrm{tr}(\boldsymbol{\beta}\boldsymbol{\alpha}^T)$，$\underbrace{0,0}_{2个}$.

故应填 2.

点评：本题是 2009 年考研真题，主要考查一类特殊的矩阵的性质，这是考研中的高频考点，请同学们一定掌握好.

设 $\boldsymbol{\alpha}=(a_1,a_2,\cdots,a_n)\neq\mathbf{0},\boldsymbol{\beta}=(b_1,b_2,\cdots,b_n)\neq\mathbf{0}$,令 $\boldsymbol{A}=\boldsymbol{\alpha}^T\boldsymbol{\beta}$,则

(1)$r(\boldsymbol{A})=1$;　　(2)$\boldsymbol{A}$ 的行与行成比例,列与列成比例;

(3)$\boldsymbol{A}^m=k^{m-1}\boldsymbol{A}$,其中 $k=\sum\limits_{i=1}^{n}a_ib_i$;　　(4)$\operatorname{tr}(\boldsymbol{A})=\boldsymbol{\beta}\boldsymbol{\alpha}^T=\sum\limits_{i=1}^{n}a_ib_i$;

(5)$\boldsymbol{A}$ 的特征值为 $\operatorname{tr}(\boldsymbol{A}),\underbrace{0,\cdots,0}_{n-1个}$.

【4.2】 设四阶方阵 $\boldsymbol{A}$ 满足条件 $|3\boldsymbol{E}+\boldsymbol{A}|=0$, $\boldsymbol{A}\boldsymbol{A}^T=2\boldsymbol{E}$, $|\boldsymbol{A}|<0$. 其中 $\boldsymbol{E}$ 是四阶单位阵. 求方阵 $\boldsymbol{A}$ 的伴随矩阵 $\boldsymbol{A}^*$ 的一个特征值.

解 由 $|3\boldsymbol{E}+\boldsymbol{A}|=0$,知 $|-3\boldsymbol{E}-\boldsymbol{A}|=0$,所以 $\lambda=-3$ 是 $\boldsymbol{A}$ 的一个特征值.

由条件,有 $|\boldsymbol{A}\boldsymbol{A}^T|=|2\boldsymbol{E}|=2^4|\boldsymbol{E}|=16$,所以 $|\boldsymbol{A}|=\pm4$,由于 $|\boldsymbol{A}|<0$,故 $|\boldsymbol{A}|=-4$.

所以 $\boldsymbol{A}^*$ 的一个特征值为 $\dfrac{-4}{-3}=\dfrac{4}{3}$.

【4.3】 若四阶矩阵 $\boldsymbol{A}$ 的特征值为 $-1,1,2,3$,则 $\boldsymbol{A}^*$ 的伴随矩阵 $(\boldsymbol{A}^*)^*$ 的特征值为______.

解 由 $|\boldsymbol{A}|=(-1)\times1\times2\times3=-6$, 于是 $(\boldsymbol{A}^*)^*=|\boldsymbol{A}|^{4-2}\boldsymbol{A}=36\boldsymbol{A}$. 所以 $(\boldsymbol{A}^*)^*$ 的特征值为:

$$36\times(-1),\quad 36\times1,\quad 36\times2,\quad 36\times3,$$

故应填 $-36,\ 36,\ 72,\ 108$.

点评:熟练掌握有关伴随矩阵的相关结论和公式.

【4.4】 设三阶矩阵 $\boldsymbol{A}$ 的特征值为 $0,1,2$,求 $\boldsymbol{A}^*$ 和 $(\boldsymbol{A}^*)^*$ 的特征值.

解 因 $\boldsymbol{A}$ 的特征值为 $0,1,2$,从而 $\boldsymbol{A}$ 相似于对角阵 $\begin{bmatrix}0&&\\&1&\\&&2\end{bmatrix}$.

令 $\boldsymbol{B}=\begin{bmatrix}0&&\\&1&\\&&2\end{bmatrix}$,则 $\boldsymbol{A}^*$ 相似于 $\boldsymbol{B}^*=\begin{bmatrix}2&&\\&0&\\&&0\end{bmatrix}$. 所以 $\boldsymbol{A}^*$ 的特征值为 $2,0,0$.

进而 $(\boldsymbol{A}^*)^*$ 相似于 $(\boldsymbol{B}^*)^*=\mathbf{0}$,所以 $(\boldsymbol{A}^*)^*$ 的特征值为 0(三重).

点评:利用结论"相似矩阵特征值相同"求解.

题型 2:关于矩阵的特征向量

【4.5】 设 $\boldsymbol{\alpha}$ 是 $\boldsymbol{A}$ 的属于特征值 λ 的特征向量,则 $\boldsymbol{\alpha}$ 不是______的特征向量.

(A)$(\boldsymbol{A}+\boldsymbol{E})^2$　　(B)$-2\boldsymbol{A}$　　(C)$\boldsymbol{A}^T$　　(D)$\boldsymbol{A}^*$

解 因为 $\boldsymbol{A}\boldsymbol{\alpha}=\lambda\boldsymbol{\alpha}$,所以

$$(\boldsymbol{A}+\boldsymbol{E})^2\boldsymbol{\alpha}=(\lambda+1)^2\boldsymbol{\alpha},\qquad -2\boldsymbol{A}\boldsymbol{\alpha}=-2\lambda\boldsymbol{\alpha},\qquad \boldsymbol{A}^*\boldsymbol{\alpha}=\frac{|\boldsymbol{A}|}{\lambda}\boldsymbol{\alpha}.$$

显然 $\boldsymbol{\alpha}$ 是 $(\boldsymbol{A}+\boldsymbol{E})^2,-2\boldsymbol{A},\boldsymbol{A}^*$ 的特征向量. (C)一般不成立.

例如 $\boldsymbol{A}=\begin{bmatrix}2&0&0\\1&2&-1\\1&0&1\end{bmatrix}$,特征值 $\lambda=1$ 的对应特征向量为 $\boldsymbol{\alpha}=(0,1,1)^T$,但

$$(\boldsymbol{E}-\boldsymbol{A})^T\begin{bmatrix}0\\1\\1\end{bmatrix}=\begin{bmatrix}1&-1&-1\\0&-1&0\\0&1&0\end{bmatrix}\begin{bmatrix}0\\1\\1\end{bmatrix}=\begin{bmatrix}-2\\-1\\1\end{bmatrix}\neq\mathbf{0},$$

即 $\boldsymbol{\alpha}$ 不是 $\boldsymbol{A}^T$ 的特征向量.

故应选(C).

【4.6】 设 $\boldsymbol{A}=\begin{bmatrix}0&0&1\\x&1&y\\1&0&0\end{bmatrix}$ 有三个线性无关的特征向量，则 x 和 y 应满足条件为______.

解 先求出 $\boldsymbol{A}$ 的特征值

$$|\lambda\boldsymbol{E}-\boldsymbol{A}|=\begin{vmatrix}\lambda&0&-1\\-x&\lambda-1&-y\\-1&0&\lambda\end{vmatrix}=-(\lambda-1)(\lambda^2-1),$$

令 $|\lambda\boldsymbol{E}-\boldsymbol{A}|=0$，可解得 $\lambda_1=-1,\ \lambda_2=\lambda_3=1$.

显然要使 $\boldsymbol{A}$ 有三个线性无关的特征向量，必须是 $\lambda=1$ 时有两个线性无关的特征向量，即

$$r(\boldsymbol{E}-\boldsymbol{A})=1.$$

对矩阵 $\boldsymbol{E}-\boldsymbol{A}$ 进行初等行变换

$$\boldsymbol{E}-\boldsymbol{A}=\begin{bmatrix}1&0&-1\\-x&0&-y\\-1&0&1\end{bmatrix}\to\begin{bmatrix}1&0&-1\\0&0&-y-x\\0&0&0\end{bmatrix}.$$

由 $r(\boldsymbol{E}-\boldsymbol{A})=1$，须有 $x+y=0$.

故应填 $x+y=0$.

【4.7】 已知矩阵 $\boldsymbol{A}=\begin{bmatrix}0&1&0&0\\0&0&1&0\\0&0&0&1\\-a_0&-a_1&-a_2&-a_3\end{bmatrix}$.

(1)求 $\boldsymbol{A}$ 的特征多项式；

(2)如果 λ_0 是 $\boldsymbol{A}$ 的特征值，证明 $(1,\ \lambda_0,\ \lambda_0^2,\ \lambda_0^3)^T$ 是 λ_0 所对应的特征向量.

解 (1)由 $|\lambda\boldsymbol{E}-\boldsymbol{A}|=\begin{vmatrix}\lambda&-1&0&0\\0&\lambda&-1&0\\0&0&\lambda&-1\\a_0&a_1&a_2&\lambda+a_3\end{vmatrix}$，将其按第四行展开得

$$|\lambda\boldsymbol{E}-\boldsymbol{A}|=a_0+a_1\lambda+a_2\lambda^2+a_3\lambda^3+\lambda^4.$$

(2)因为 λ_0 是 $\boldsymbol{A}$ 的特征值，所以 $|\lambda_0\boldsymbol{E}-\boldsymbol{A}|=0$，即

$$a_0+a_1\lambda_0+a_2\lambda_0^2+a_3\lambda_0^3+\lambda_0^4=0,$$

故

$$-a_0-a_1\lambda_0-a_2\lambda^2-a_3\lambda_0^3=\lambda_0^4.$$

于是

$$\boldsymbol{A}\begin{bmatrix}1\\\lambda_0\\\lambda_0^2\\\lambda_0^3\end{bmatrix}=\begin{bmatrix}0&1&0&0\\0&0&1&0\\0&0&0&1\\-a_0&-a_1&-a_2&-a_3\end{bmatrix}\begin{bmatrix}1\\\lambda_0\\\lambda_0^2\\\lambda_0^3\end{bmatrix}$$

$$=\begin{bmatrix}\lambda_0\\ \lambda_0^2\\ \lambda_0^3\\ -a_0-a_1\lambda_0-a_2\lambda_0^2-a_3\lambda_0^3\end{bmatrix}=\begin{bmatrix}\lambda_0\\ \lambda_0^2\\ \lambda_0^3\\ \lambda_0^4\end{bmatrix}=\lambda_0\begin{bmatrix}1\\ \lambda_0\\ \lambda_0^2\\ \lambda_0^3\end{bmatrix},$$

因此,向量$(1,\ \lambda_0,\ \lambda_0^2,\ \lambda_0^3)^T$是$\boldsymbol{A}$的属于特征值$\lambda_0$的特征向量.

点评:对于矩阵$\boldsymbol{A}$,要说明λ是$\boldsymbol{A}$的特征值,即证$|\lambda\boldsymbol{E}-\boldsymbol{A}|=0$;要说明$\boldsymbol{\alpha}$是$\boldsymbol{A}$的属于$\lambda$的特征向量,即证

$$\boldsymbol{A\alpha}=\lambda\boldsymbol{\alpha}\qquad 或\qquad (\lambda\boldsymbol{E}-\boldsymbol{A})\boldsymbol{\alpha}=\boldsymbol{0}.$$

题型3:关于矩阵特征值和特征向量的综合题

【4.8】 设$\boldsymbol{A}$是三阶矩阵,$\boldsymbol{A}=\boldsymbol{E}+\boldsymbol{\alpha\beta}^T$,$\boldsymbol{\alpha}$与$\boldsymbol{\beta}$是三维列向量,且$\boldsymbol{\alpha}^T\boldsymbol{\beta}=a\neq0$,求$\boldsymbol{A}$的特征值与特征向量.

解 令$\boldsymbol{B}=\boldsymbol{\alpha\beta}^T$,则$\boldsymbol{A}=\boldsymbol{E}+\boldsymbol{B}$,如$\lambda$是$\boldsymbol{B}$的特征值,$\boldsymbol{\xi}$是对应的特征向量,则

$$\boldsymbol{A\xi}=(\boldsymbol{B}+\boldsymbol{E})\boldsymbol{\xi}=(\lambda+1)\boldsymbol{\xi},$$

可见$\lambda+1$是$\boldsymbol{A}$的特征值,$\boldsymbol{\xi}$是$\boldsymbol{A}$的属于$\lambda+1$的特征向量.

为此,将求$\boldsymbol{A}$的特征值、特征向量问题,转化为求$\boldsymbol{B}$的特征值、特征向量.

令
$$\boldsymbol{B}=\boldsymbol{\alpha\beta}^T=\begin{bmatrix}a_1\\ a_2\\ a^3\end{bmatrix}(b_1,b_2,b_3)=\begin{bmatrix}a_1b_1&a_1b_2&a_1b_3\\ a_2b_1&a_2b_2&a_2b_3\\ a_3b_1&a_3b_2&a_3b_3\end{bmatrix},$$

则

$$\boldsymbol{B}^2=(\boldsymbol{\alpha\beta}^T)(\boldsymbol{\alpha\beta}^T)=\boldsymbol{\alpha}(\boldsymbol{\beta}^T\boldsymbol{\alpha})\boldsymbol{\beta}^T=a\boldsymbol{B},$$

从而$\boldsymbol{B}$的特征值只能是0和a.对应于特征值0,易知$r(\boldsymbol{B})=1$,故齐次线性方程组$(0\cdot\boldsymbol{E}-\boldsymbol{B})\boldsymbol{x}=\boldsymbol{0}$的基础解系含$3-1=2$个向量.不妨令$a_1b_1\neq0$,

$$\boldsymbol{B}=\begin{bmatrix}a_1b_1&a_1b_2&a_1b_3\\ a_2b_1&a_2b_2&a_2b_3\\ a_3b_1&a_3b_2&a_3b_3\end{bmatrix}\to\begin{bmatrix}b_1&b_2&b_3\\ 0&0&0\\ 0&0&0\end{bmatrix}\to\begin{bmatrix}1&\frac{b_2}{b_1}&\frac{b_3}{b_1}\\ 0&0&0\\ 0&0&0\end{bmatrix},$$

有$x_1=-\frac{b_2}{b_1}x_2-\frac{b_3}{b_1}x_3$,则$\boldsymbol{Bx}=\boldsymbol{0}$的基础解系为

$$\boldsymbol{\xi}_1=\begin{bmatrix}-b_2\\ b_1\\ 0\end{bmatrix},\qquad \boldsymbol{\xi}_2=\begin{bmatrix}-b_3\\ 0\\ b_1\end{bmatrix},$$

即为$\boldsymbol{B}$的属于特征值0的2个线性无关的特征向量.

由于$\boldsymbol{B}^2=a\boldsymbol{B}$,记$\boldsymbol{B}$的3个列向量为$\boldsymbol{\beta}_1,\boldsymbol{\beta}_2,\boldsymbol{\beta}_3$,即$\boldsymbol{B}=(\boldsymbol{\beta}_1,\boldsymbol{\beta}_2,\boldsymbol{\beta}_3)$,则有

$$\boldsymbol{B}(\boldsymbol{\beta}_1,\boldsymbol{\beta}_2,\boldsymbol{\beta}_3)=a(\boldsymbol{\beta}_1,\boldsymbol{\beta}_2,\boldsymbol{\beta}_3),$$

即$\boldsymbol{B\beta}_j=a\boldsymbol{\beta}_j\,(j=1,2,3)$.

由于$a_1b_1\neq0$,所以$(a_1,a_2,a_3)^T$是$\boldsymbol{B}$的属于$\lambda=a$的特征向量.

所以,$\boldsymbol{A}$的特征值为1(二重)和$a+1$,其对应的特征向量分别为

$$k_1\begin{bmatrix}-b_2\\b_1\\0\end{bmatrix}+k_2\begin{bmatrix}-b_3\\0\\b_1\end{bmatrix}\ (k_1,k_2\text{ 不全为零}),\quad k_3\begin{bmatrix}a_1\\a_2\\a_3\end{bmatrix}\quad (k_3\neq 0).$$

点评:(1)求 $\boldsymbol{B}$ 的特征向量时,对应于特征值 0,用的是解方程组的方法,对应于特征值 a,用的是定义的方法.

(2)通过先求已知矩阵的特征值和特征向量,从而求得未知矩阵的特征值和特征向量,是此类问题的常用方法和技巧.

【4.9】 设矩阵 $\boldsymbol{A}=\begin{bmatrix}3&2&2\\2&3&2\\2&2&3\end{bmatrix}$,$\boldsymbol{P}=\begin{bmatrix}0&1&0\\1&0&1\\0&0&1\end{bmatrix}$,$\boldsymbol{B}=\boldsymbol{P}^{-1}\boldsymbol{A}^*\boldsymbol{P}$,求 $\boldsymbol{B}+2\boldsymbol{E}$ 的特征值与特征向量,其中 $\boldsymbol{A}^*$ 为 $\boldsymbol{A}$ 的伴随矩阵,$\boldsymbol{E}$ 为三阶单位矩阵.

解法一 经计算可得

$$\boldsymbol{A}^*=\begin{bmatrix}5&-2&-2\\-2&5&-2\\-2&-2&5\end{bmatrix},$$

$$\boldsymbol{P}^{-1}=\begin{bmatrix}0&1&-1\\1&0&0\\0&0&1\end{bmatrix},$$

$$\boldsymbol{B}=\boldsymbol{P}^{-1}\boldsymbol{A}^*\boldsymbol{P}=\begin{bmatrix}7&0&0\\-2&5&-4\\-2&-2&3\end{bmatrix}.$$

从而

$$\boldsymbol{B}+2\boldsymbol{E}=\begin{bmatrix}9&0&0\\-2&7&-4\\-2&-2&5\end{bmatrix},$$

$$|\lambda\boldsymbol{E}-(\boldsymbol{B}+2\boldsymbol{E})|=\begin{vmatrix}\lambda-9&0&0\\2&\lambda-7&4\\2&2&\lambda-5\end{vmatrix}=(\lambda-9)^2(\lambda-3),$$

故 $\boldsymbol{B}+2\boldsymbol{E}$ 的特征值为 9,9,3.

当 $\lambda_1=\lambda_2=9$ 时,求解 $(9\boldsymbol{E}-(\boldsymbol{B}+2\boldsymbol{E}))\boldsymbol{x}=\boldsymbol{0}$,对应的线性无关特征向量为

$$\boldsymbol{\eta}_1=\begin{bmatrix}-1\\1\\0\end{bmatrix},\qquad \boldsymbol{\eta}_2=\begin{bmatrix}-2\\0\\1\end{bmatrix},$$

所以对应于特征值 9 的全部特征向量为

$$k_1\boldsymbol{\eta}_1+k_2\boldsymbol{\eta}_2=k_1\begin{bmatrix}-1\\1\\0\end{bmatrix}+k_2\begin{bmatrix}-2\\0\\1\end{bmatrix},$$

其中 k_1,k_2 是不全为零的任意常数.

当 $\lambda_3=3$ 时，求解 $(3\boldsymbol{E}-(\boldsymbol{B}+2\boldsymbol{E}))\boldsymbol{x}=\boldsymbol{0}$，对应的一个特征向量为

$$\boldsymbol{\eta}_3=\begin{bmatrix}0\\1\\1\end{bmatrix},$$

所以对应于特征值 3 的全部特征向量为

$$k_3\boldsymbol{\eta}_3=k_3\begin{bmatrix}0\\1\\1\end{bmatrix},$$

其中 k_3 是不为零的任意常数.

解法二 设 $\boldsymbol{A}$ 的特征值为 λ，对应的特征向量为 $\boldsymbol{\eta}$，即 $\boldsymbol{A\eta}=\lambda\boldsymbol{\eta}$. 由于 $|\boldsymbol{A}|=7\neq0$，所以 $\lambda\neq0$.

又因 $\boldsymbol{A}^*\boldsymbol{A}=|\boldsymbol{A}|\boldsymbol{E}$，故有 $\boldsymbol{A}^*\boldsymbol{\eta}=\dfrac{|\boldsymbol{A}|}{\lambda}\boldsymbol{\eta}$. 于是有

$$\boldsymbol{B}(\boldsymbol{P}^{-1}\boldsymbol{\eta})=\boldsymbol{P}^{-1}\boldsymbol{A}^*\boldsymbol{P}(\boldsymbol{P}^{-1}\boldsymbol{\eta})=\frac{|\boldsymbol{A}|}{\lambda}(\boldsymbol{P}^{-1}\boldsymbol{\eta}),$$

从而

$$(\boldsymbol{B}+2\boldsymbol{E})\boldsymbol{P}^{-1}\boldsymbol{\eta}=\left(\frac{|\boldsymbol{A}|}{\lambda}+2\right)\boldsymbol{P}^{-1}\boldsymbol{\eta}.$$

因此，$\dfrac{|\boldsymbol{A}|}{\lambda}+2$ 为 $\boldsymbol{B}+2\boldsymbol{E}$ 的特征值，对应的特征向量为 $\boldsymbol{P}^{-1}\boldsymbol{\eta}$. 由于

$$|\lambda\boldsymbol{E}-\boldsymbol{A}|=\begin{vmatrix}\lambda-3&-2&-2\\-2&\lambda-3&-2\\-2&-2&\lambda-3\end{vmatrix}=(\lambda-1)^2(\lambda-7),$$

故 $\boldsymbol{A}$ 的特征值为 $\lambda_1=\lambda_2=1$，$\lambda_3=7$.

当 $\lambda_1=\lambda_2=1$ 时，求解 $(\boldsymbol{E}-\boldsymbol{A})\boldsymbol{x}=\boldsymbol{0}$，对应的线性无关特征向量为 $\boldsymbol{\eta}_1=\begin{bmatrix}-1\\1\\0\end{bmatrix}$，$\boldsymbol{\eta}_2=\begin{bmatrix}-1\\0\\1\end{bmatrix}$.

当 $\lambda_3=7$ 时，求解 $(7\boldsymbol{E}-\boldsymbol{A})\boldsymbol{x}=\boldsymbol{0}$，对应的一个特征向量为 $\boldsymbol{\eta}_3=\begin{bmatrix}1\\1\\1\end{bmatrix}$.

由

$$\boldsymbol{P}^{-1}=\begin{bmatrix}0&1&-1\\1&0&0\\0&0&1\end{bmatrix},$$

得

$$\boldsymbol{P}^{-1}\boldsymbol{\eta}_1=\begin{bmatrix}1\\-1\\0\end{bmatrix},\quad\boldsymbol{P}^{-1}\boldsymbol{\eta}_2=\begin{bmatrix}-1\\-1\\1\end{bmatrix},\quad\boldsymbol{P}^{-1}\boldsymbol{\eta}_3=\begin{bmatrix}0\\1\\1\end{bmatrix}.$$

因此，$\boldsymbol{B}+2\boldsymbol{E}$ 的三个特征值分别为 9，9，3. 对应于特征值 9 的全部特征向量为

$$k_1\boldsymbol{P}^{-1}\boldsymbol{\eta}_1+k_2\boldsymbol{P}^{-1}\boldsymbol{\eta}_2=k_1\begin{bmatrix}1\\-1\\0\end{bmatrix}+k_2\begin{bmatrix}-1\\-1\\1\end{bmatrix},$$

其中 k_1,k_2 是不全为零的任意常数.

对应于特征值 3 的全部特征向量为

$$k_3\boldsymbol{P}^{-1}\boldsymbol{\eta}_3=k_3\begin{bmatrix}0\\1\\1\end{bmatrix},$$

其中 k_3 是不为零的任意常数.

点评：本题为 2003 年考研真题. 解法一使用具体矩阵求特征值、特征向量的计算方法，而解法二则使用抽象矩阵有关特征值、特征向量的结论求解. 比较可知，解法二较易，这也是此类问题的常用解题思路.

【4.10】 已知 $\boldsymbol{\alpha}=(1,k,1)^T$ 是矩阵 $\boldsymbol{A}=\begin{bmatrix}2&1&1\\1&2&1\\1&1&2\end{bmatrix}$ 的逆矩阵 $\boldsymbol{A}^{-1}$ 的特征向量. 求 k 值和 $\boldsymbol{A}^{-1}$ 的特征值，并问 $\boldsymbol{\alpha}$ 是属于 $\boldsymbol{A}^{-1}$ 的哪个特征值的特征向量.

解 设 $\boldsymbol{A}^{-1}\boldsymbol{\alpha}=\lambda\boldsymbol{\alpha}$，则 $\lambda\boldsymbol{A}\boldsymbol{\alpha}=\boldsymbol{\alpha}$，把 $\boldsymbol{\alpha},\boldsymbol{A}$ 代入得：

$$\lambda\begin{bmatrix}2&1&1\\1&2&1\\1&1&2\end{bmatrix}\begin{bmatrix}1\\k\\1\end{bmatrix}=\begin{bmatrix}1\\k\\1\end{bmatrix},$$

展开得

$$\begin{cases}\lambda(k+3)=1,\\\lambda(2k+2)=k.\end{cases}\qquad(*)$$

消去 λ 得 $k^2+k-2=0$，从而得 $k_1=1$，$k_2=-2$，代入$(*)$式，得 $\lambda_1=\dfrac{1}{4}$，$\lambda_2=1$.

又 $\boldsymbol{A}$ 的特征值和 $\boldsymbol{A}^{-1}$ 的特征值互为倒数. 故 $\boldsymbol{A}$ 的特征值 $\mu_1=\dfrac{1}{\lambda_1}=4$，$\mu_2=\dfrac{1}{\lambda_2}=1$.

由 $2+2+2=6=\mu_1+\mu_2+\mu_3=5+\mu_3$，故 $\mu_3=1$，即 $\boldsymbol{A}^{-1}$ 的另一个特征值 $\lambda_3=\dfrac{1}{\mu_3}=1$. 所以 $\boldsymbol{A}^{-1}$ 的特征值为 $1,1,\dfrac{1}{4}$.

对于 $k_1=1$，有 $\lambda_1=\dfrac{1}{4}$，所以 $\boldsymbol{\alpha}_1=(1,1,1)^T$ 是 $\boldsymbol{A}^{-1}$ 的属于特征值 $\dfrac{1}{4}$ 的特征向量.

对于 $k_2=-2$，有 $\lambda_2=1$，所以 $\boldsymbol{\alpha}_2=(1,-2,1)^T$ 是 $\boldsymbol{A}^{-1}$ 的属于特征值 1 的特征向量.

【4.11】 设矩阵 $\boldsymbol{A}=\begin{bmatrix}2&1&1\\1&2&1\\1&1&a\end{bmatrix}$ 可逆，向量 $\boldsymbol{\alpha}=\begin{bmatrix}1\\b\\1\end{bmatrix}$ 是矩阵 $\boldsymbol{A}^*$ 的一个特征向量，λ 是 $\boldsymbol{\alpha}$ 对应的特征值，其中 $\boldsymbol{A}^*$ 是矩阵 $\boldsymbol{A}$ 的伴随矩阵. 试求 a,b 和 λ 的值.

解 矩阵 $\boldsymbol{A}^*$ 的属于特征值 λ 的特征向量为 $\boldsymbol{\alpha}$，由于矩阵 $\boldsymbol{A}$ 可逆，故 $\boldsymbol{A}^*$ 可逆. 于是 $\lambda\neq0$，$|\boldsymbol{A}|\neq0$，且

$$\boldsymbol{A}^*\boldsymbol{\alpha}=\lambda\boldsymbol{\alpha}.$$

两边同时左乘矩阵 $\boldsymbol{A}$，得 $\boldsymbol{A}\boldsymbol{A}^*\boldsymbol{\alpha}=\lambda\boldsymbol{A}\boldsymbol{\alpha}$，$\quad\boldsymbol{A}\boldsymbol{\alpha}=\dfrac{|\boldsymbol{A}|}{\lambda}\boldsymbol{\alpha}$，即

$$\begin{bmatrix}2&1&1\\1&2&1\\1&1&a\end{bmatrix}\begin{bmatrix}1\\b\\1\end{bmatrix}=\frac{|\mathbf{A}|}{\lambda}\begin{bmatrix}1\\b\\1\end{bmatrix},$$

由此，得方程组

$$\begin{cases}3+b=\dfrac{|\mathbf{A}|}{\lambda}, & ①\\ 2+2b=\dfrac{|\mathbf{A}|}{\lambda}b, & ②\\ a+b+1=\dfrac{|\mathbf{A}|}{\lambda}. & ③\end{cases}$$

由式①，②解得 $b=1$ 或 $b=-2$；

由式①，③解得 $a=2$.

由于 $|\mathbf{A}|=\begin{vmatrix}2&1&1\\1&2&1\\1&1&a\end{vmatrix}=3a-2=4$，根据①式知，特征向量 $\boldsymbol{\alpha}$ 所对应的特征值

$$\lambda=\frac{|\mathbf{A}|}{3+b}=\frac{4}{3+b}.$$

所以，当 $b=1$ 时，$\lambda=1$；当 $b=-2$ 时，$\lambda=4$.

点评：本题为 2003 年考研真题. 由解题过程可得结论：若 λ 是 $\mathbf{A}^*$ 的非零特征值，则 $\frac{|\mathbf{A}|}{\lambda}$ 是 $\mathbf{A}$ 的特征值.

【4.12】 设三阶行列式 $D=\begin{vmatrix}a&-5&8\\0&a+1&8\\0&3a+3&25\end{vmatrix}=0$，而三阶矩阵 $\mathbf{A}$ 有 3 个特征值 $1,-1,0$，对应特征向量分别为 $\boldsymbol{\beta}_1=\begin{bmatrix}1\\2a\\-1\end{bmatrix}$，$\boldsymbol{\beta}_2=\begin{bmatrix}a\\a+3\\a+2\end{bmatrix}$，$\boldsymbol{\beta}_3=\begin{bmatrix}a-2\\-1\\a+1\end{bmatrix}$，试确定参数 a，并求 $\mathbf{A}$.

解 因为

$$\begin{vmatrix}a&-5&8\\0&a+1&8\\0&3a+3&25\end{vmatrix}=\begin{vmatrix}a&-5&8\\0&a+1&8\\0&0&1\end{vmatrix}=a(a+1)=0,$$

所以 $a=0$ 或 $a=-1$.

当 $a=-1$ 时，

$$\boldsymbol{\beta}_1=\begin{bmatrix}1\\-2\\-1\end{bmatrix},\qquad \boldsymbol{\beta}_2=\begin{bmatrix}-1\\2\\1\end{bmatrix},\qquad \boldsymbol{\beta}_3=\begin{bmatrix}-3\\-1\\0\end{bmatrix}.$$

由于 $\mathbf{A}$ 有 3 个不同的特征值，故 $\boldsymbol{\beta}_1,\boldsymbol{\beta}_2,\boldsymbol{\beta}_3$ 应线性无关. 而 $a=-1$ 时，得到的 $\boldsymbol{\beta}_1,\boldsymbol{\beta}_2,\boldsymbol{\beta}_3$ 线性相关. 故 $a\neq-1$.

当 $a=0$ 时，

$$\boldsymbol{\beta}_1=\begin{bmatrix}1\\0\\-1\end{bmatrix}\qquad \boldsymbol{\beta}_2=\begin{bmatrix}0\\3\\2\end{bmatrix}\qquad \boldsymbol{\beta}_3=\begin{bmatrix}-2\\-1\\1\end{bmatrix},$$

可以验证此时 $\boldsymbol{\beta}_1,\boldsymbol{\beta}_2,\boldsymbol{\beta}_3$ 线性无关. 故 $a=0$.

因为 $$\boldsymbol{A\beta}_1=\boldsymbol{\beta}_1,\qquad \boldsymbol{A\beta}_2=-\boldsymbol{\beta}_2,\qquad \boldsymbol{A\beta}_3=0\cdot\boldsymbol{\beta}_3,$$

即 $$(\boldsymbol{A\beta}_1,\boldsymbol{A\beta}_2,\boldsymbol{A\beta}_3)=\boldsymbol{A}(\boldsymbol{\beta}_1,\boldsymbol{\beta}_2,\boldsymbol{\beta}_3)=(\boldsymbol{\beta}_1,-\boldsymbol{\beta}_2,\boldsymbol{0}),$$

于是

$$\boldsymbol{A}=(\boldsymbol{\beta}_1,-\boldsymbol{\beta}_2,\boldsymbol{0})(\boldsymbol{\beta}_1,\boldsymbol{\beta}_2,\boldsymbol{\beta}_3)^{-1}=\begin{bmatrix}1&0&0\\0&-3&0\\-1&-2&0\end{bmatrix}\begin{bmatrix}1&0&-2\\0&3&-1\\-1&2&1\end{bmatrix}^{-1}$$

$$=\begin{bmatrix}1&0&0\\0&-3&0\\-1&-2&0\end{bmatrix}\begin{bmatrix}-5&4&-6\\-1&1&-1\\-3&2&-3\end{bmatrix}=\begin{bmatrix}-5&4&-6\\3&-3&3\\7&-6&8\end{bmatrix}.$$

【4.13】 已知 $\boldsymbol{\alpha}=(1,1,-1)^T$,矩阵 $\boldsymbol{A}=\boldsymbol{\alpha\alpha}^T$,$m$ 为正整数,求 $|5\boldsymbol{E}-\boldsymbol{A}^m|$.

解 欲求 $|5\boldsymbol{E}-\boldsymbol{A}^m|$,只要求得矩阵 $5\boldsymbol{E}-\boldsymbol{A}^m$ 的特征值即可,先求 $\boldsymbol{A}$ 的特征值.

因为 $\boldsymbol{A}=\boldsymbol{\alpha\alpha}^T$,所以

$$\boldsymbol{A}^2=(\boldsymbol{\alpha\alpha}^T)(\boldsymbol{\alpha\alpha}^T)=\boldsymbol{\alpha}(\boldsymbol{\alpha}^T\boldsymbol{\alpha})\boldsymbol{\alpha}^T=(\boldsymbol{\alpha}^T\boldsymbol{\alpha})(\boldsymbol{\alpha\alpha}^T)=(\boldsymbol{\alpha}^T\boldsymbol{\alpha})\boldsymbol{A}.$$

而 $\boldsymbol{\alpha}^T\boldsymbol{\alpha}=3$,所以 $\boldsymbol{A}^2=3\boldsymbol{A}$,即 $\boldsymbol{A}^2-3\boldsymbol{A}=\boldsymbol{0}$.

设 $\boldsymbol{A}$ 的特征值为 λ,所以 $\lambda^2-3\lambda=0$,即 $\lambda=0,3$. 又 $\boldsymbol{A}$ 为实对称矩阵且 $r(\boldsymbol{A})=1$,所以 $\boldsymbol{A}$ 的特征值为 $0,0,3$.

设 $\boldsymbol{A}$ 的特征值为 λ,则 $5\boldsymbol{E}-\boldsymbol{A}^m$ 特征值为 $5-\lambda^m$. 把 $\lambda=0,0,3$ 代入得 $5\boldsymbol{E}-\boldsymbol{A}^m$ 的特征值为 $\lambda_1=\lambda_2=5$, $\lambda_3=5-3^m$. 所以 $|5\boldsymbol{E}-\boldsymbol{A}^m|=\lambda_1\lambda_2\lambda_3=5^2(5-3^m)$.

点评:通过求解特征值,既可以计算行列式,又可以判断矩阵的可逆性.

题型4:矩阵相似的性质和判定

【4.14】 若 $\boldsymbol{A}\sim\boldsymbol{B}$,$\boldsymbol{A}$ 可逆,则在以下结论中,错误的是______.

(A)$\boldsymbol{A}^T\sim\boldsymbol{B}^T$　　(B)$\boldsymbol{A}^{-1}\sim\boldsymbol{B}^{-1}$　　(C)$\boldsymbol{A}^k\sim\boldsymbol{B}^k$　　(D)$\boldsymbol{AB}\sim\boldsymbol{BA}$

解 因 $\boldsymbol{A}\sim\boldsymbol{B}$,故存在可逆矩阵 $\boldsymbol{P}$,使 $\boldsymbol{A}=\boldsymbol{P}^{-1}\boldsymbol{BP}$,从而有

$$\boldsymbol{A}^T=(\boldsymbol{P}^{-1}\boldsymbol{BP})^T=\boldsymbol{P}^T\boldsymbol{B}^T(\boldsymbol{P}^T)^{-1},$$
$$\boldsymbol{A}^{-1}=(\boldsymbol{P}^{-1}\boldsymbol{BP})^{-1}=\boldsymbol{P}^{-1}\boldsymbol{B}^{-1}\boldsymbol{P},$$
$$\boldsymbol{A}^k=(\boldsymbol{P}^{-1}\boldsymbol{BP})^k=\boldsymbol{P}^{-1}\boldsymbol{B}^k\boldsymbol{P},$$

由此可知(A)、(B)、(C)正确,而(D)一般不成立.

故应选(D).

【4.15】 已知三阶矩阵 $\boldsymbol{A}$ 的特征值为 $0,1,2$,则下列结论不正确的是______.

(A)$\boldsymbol{A}$ 与 $\begin{bmatrix}1&0&0\\0&1&0\\0&0&0\end{bmatrix}$ 等价　　(B)$\boldsymbol{A}$ 与 $\begin{bmatrix}0&0&0\\0&1&0\\0&0&2\end{bmatrix}$ 正交相似

(C)$\boldsymbol{A}$ 是不可逆矩阵　　(D)以 $0,1,2$ 为特征值的三阶矩阵都与 $\boldsymbol{A}$ 相似

解 由三阶矩阵 A 的特征值为 0,1,2,,可知 A 与 $\begin{bmatrix}0&0&0\\0&1&0\\0&0&2\end{bmatrix}$ 相似,所以 $r(A)=2$,从而 A 与 $\begin{bmatrix}1&0&0\\0&1&0\\0&0&0\end{bmatrix}$ 等价,且 A 是不可逆的,所以(A)和(C)的结论是正确的.

以 0,1,2 为特征值的三阶矩阵必与对角矩阵 $\begin{bmatrix}0&0&0\\0&1&0\\0&0&2\end{bmatrix}$ 相似,又 $\begin{bmatrix}0&0&0\\0&1&0\\0&0&2\end{bmatrix}$ 与 A 相似,所以(D)的结论是正确的.因而只能选(B).

事实上,$A=\begin{bmatrix}0&0&1\\0&1&0\\0&0&2\end{bmatrix}$ 与 $\begin{bmatrix}0&0&0\\0&1&0\\0&0&2\end{bmatrix}$ 不能正交相似,故应选(B).

【4.16】 若 n 阶矩阵 A 与 B 相似,且 $A^2=A$,则 $B^2=$______.

解 由 A 与 B 相似知存在可逆矩阵 P,使 $P^{-1}AP=B$.

$$B^2=BB=P^{-1}AP\,P^{-1}AP=P^{-1}A^2P=P^{-1}AP=B.$$

故应填 B.

【4.17】 设 A 是三阶矩阵,相似于对角阵 $\Lambda=\begin{bmatrix}\lambda_1&&\\&\lambda_2&\\&&\lambda_3\end{bmatrix}$,设

$$B=(A-\lambda_1E)(A-\lambda_2E)(A-\lambda_3E),$$

则 $B=$______.

解 因为 A 与 Λ 相似,故存在可逆矩阵 P,使 $P^{-1}AP=\Lambda$. 所以

$$\begin{aligned}B&=(A-\lambda_1E)(A-\lambda_2E)(A-\lambda_3E)=(P\Lambda P^{-1}-\lambda_1E)(P\Lambda P^{-1}-\lambda_2E)(P\Lambda P^{-1}-\lambda_3E)\\&=P(\Lambda-\lambda_1E)P^{-1}P(\Lambda-\lambda_2E)P^{-1}P(\Lambda-\lambda_3E)P^{-1}\\&=P\begin{bmatrix}0&&\\&\lambda_2-\lambda_1&\\&&\lambda_3-\lambda_1\end{bmatrix}\begin{bmatrix}\lambda_1-\lambda_2&&\\&0&\\&&\lambda_3-\lambda_2\end{bmatrix}\begin{bmatrix}\lambda_1-\lambda_3&&\\&\lambda_2-\lambda_3&\\&&0\end{bmatrix}P^{-1}\\&=0.\end{aligned}$$

故应填 0.

【4.18】 设 A 与 B 正交相似,B 与 C 正交相似,试证 A 与 C 也正交相似.

证 设 A 与 B 正交相似,即存在可逆阵 P,使 $B=P^{-1}AP$ 且 $P^{-1}=P^T$.

又 B 与 C 正交相似,即存在可逆阵 Q,使 $C=Q^{-1}BQ$ 且 $Q^{-1}=Q^T$.

因此 $C=Q^{-1}(P^{-1}AP)Q=Q^{-1}P^{-1}APQ=(PQ)^{-1}A(PQ)$.

因为 P 与 Q 均为正交阵,所以 $(PQ)^{-1}=Q^TP^T=(PQ)^T$,即 PQ 也是正交阵,即 $C=(PQ)^TA(PQ)$. 由此证明 A 与 C 正交相似.

点评:利用定义判定相似.

【4.19】 判断矩阵 A 与 B 是否相似,其中

$$A=\begin{bmatrix}1&1&1\\1&1&1\\1&1&1\end{bmatrix},\qquad B=\begin{bmatrix}1&2&2\\0&0&0\\1&2&2\end{bmatrix}.$$

解 考察矩阵 B：

$$|\lambda E-B|=\begin{vmatrix}\lambda-1&-2&-2\\0&\lambda&0\\-1&-2&\lambda-2\end{vmatrix}=\lambda^2(\lambda-3),$$

所以 B 的特征值为 0 和 3.

对于特征值 0，解方程组 $Bx=\mathbf{0}$，即

$$\begin{bmatrix}1&2&2\\0&0&0\\1&2&2\end{bmatrix}\begin{bmatrix}x_1\\x_2\\x_3\end{bmatrix}=\mathbf{0},$$

可得两个线性无关的特征向量 $(-2,1,0)^T$，$(-2,0,1)^T$；

对于特征值 3，显然有一个线性无关的特征向量，由此可见 B 与对角阵 $\begin{bmatrix}0&&\\&0&\\&&3\end{bmatrix}$ 相似.

因 A 是对称矩阵，且由于

$$|\lambda E-A|=\begin{vmatrix}1-\lambda&1&1\\1&1-\lambda&1\\1&1&1-\lambda\end{vmatrix}=\lambda^2(\lambda-3),$$

故 A 也与对角阵 $\begin{bmatrix}0&&\\&0&\\&&3\end{bmatrix}$ 相似，所以 A 与 B 相似.

点评：利用相似的传递性来判定相似.

【4.20】 设 $A=\begin{bmatrix}1&2&0\\0&0&3\\0&0&0\end{bmatrix}$，$\quad B=\begin{bmatrix}1&2&3\\0&0&0\\0&0&0\end{bmatrix}$，$\quad C=\begin{bmatrix}1&2&0\\0&0&0\\0&0&0\end{bmatrix}$.

问 A,B,C 中哪些矩阵相似？为什么？

解 因为相似矩阵有相同的秩，而 $r(A)=2$，$r(B)=r(C)=1$，所以 A 不与 B 相似且 A 不与 C 相似.

对于矩阵 B，$|\lambda E-B|=\lambda^2(\lambda-1)$，求得 B 的特征值为 0,0,1.

对于二重特征值 0，求解 $(0\cdot E-B)x=\mathbf{0}$.

因为 $r(B)=1$，所以可求得两个线性无关的特征向量. 从而 B 与对角阵 $\begin{bmatrix}0&&\\&0&\\&&1\end{bmatrix}$ 相似.

对于矩阵 C，$|\lambda E-C|=\lambda^2(\lambda-1)$，求得 C 的特征值为 0,0,1.

对于二重特征值 0，求解 $(0\cdot E-C)x=\mathbf{0}$.

因为 $r(C)=1$，所以可求得两个线性无关的特征向量. 从而 $\boldsymbol{C}$ 也与对角阵 $\begin{bmatrix}0&&\\&0&\\&&1\end{bmatrix}$ 相似.

所以 $\boldsymbol{B}$ 与 $\boldsymbol{C}$ 相似.

点评：通过判断矩阵不满足相似的必要条件来判定矩阵不相似，通过相似的传递性来证明相似.

【4.21】 证明：交换方阵 $\boldsymbol{A}$ 的第 i,j 两行，同时交换第 i,j 两列所得到的矩阵 $\boldsymbol{B}$ 与 $\boldsymbol{A}$ 相似.

证 由于交换 $\boldsymbol{A}$ 的第 i,j 两行，相当于对 $\boldsymbol{A}$ 从左边乘以第一种初等方阵

$$\boldsymbol{P}(i,j)=\begin{bmatrix}1&&&&&&&&\\&\ddots&&&&&&&\\&&1&&&&&&\\&&&0&\cdots&1&&&\\&&&&1&&&&\\&&&\vdots&\ddots&\vdots&&&\\&&&&&1&&&\\&&&1&\cdots&0&&&\\&&&&&&1&&\\&&&&&&&\ddots&\\&&&&&&&&1\end{bmatrix}\begin{matrix}\\\\\\\cdots(i)\\\\\\\\\cdots(j)\\\\\\\\\end{matrix}$$

即得 $\boldsymbol{P}(i,j)\boldsymbol{A}$；

若再交换第 i,j 两列，则相当于从右边再乘上 $\boldsymbol{P}(i,j)$，即得

$$\boldsymbol{B}=\boldsymbol{P}(i,j)\boldsymbol{A}\boldsymbol{P}(i,j).$$

但由于 $\boldsymbol{P}(i,j)$ 是可逆的，且 $(\boldsymbol{P}(i,j))^2=\boldsymbol{E}$，即

$$\boldsymbol{P}(i,j)^{-1}=\boldsymbol{P}(i,j),$$

故 $\boldsymbol{B}=\boldsymbol{P}(i,j)\boldsymbol{A}\boldsymbol{P}(i,j)^{-1}$. 亦即 $\boldsymbol{B}$ 与 $\boldsymbol{A}$ 相似.

点评：利用定义判定相似.

【4.22】 已知三阶矩阵 $\boldsymbol{A}$ 与三维向量 $\boldsymbol{x}$，使得向量组 $\boldsymbol{x},\boldsymbol{A}\boldsymbol{x},\boldsymbol{A}^2\boldsymbol{x}$ 线性无关，且满足 $\boldsymbol{A}^3\boldsymbol{x}=3\boldsymbol{A}\boldsymbol{x}-2\boldsymbol{A}^2\boldsymbol{x}$.

(1) 记 $\boldsymbol{P}=(\boldsymbol{x},\boldsymbol{A}\boldsymbol{x},\boldsymbol{A}^2\boldsymbol{x})$，求三阶矩阵 $\boldsymbol{B}$，使 $\boldsymbol{A}=\boldsymbol{P}\boldsymbol{B}\boldsymbol{P}^{-1}$；

(2) 计算行列式 $|\boldsymbol{A}+\boldsymbol{E}|$.

解 (1) 设 $\boldsymbol{B}=\begin{bmatrix}a_1&a_2&a_3\\b_1&b_2&b_3\\c_1&c_2&c_3\end{bmatrix}$，则由 $\boldsymbol{AP}=\boldsymbol{PB}$ 得

$$(\boldsymbol{A}\boldsymbol{x},\boldsymbol{A}^2\boldsymbol{x},\boldsymbol{A}^3\boldsymbol{x})=(\boldsymbol{x},\boldsymbol{A}\boldsymbol{x},\boldsymbol{A}^2\boldsymbol{x})\begin{bmatrix}a_1&a_2&a_3\\b_1&b_2&b_3\\c_1&c_2&c_3\end{bmatrix}.$$

上式可写为

$$\boldsymbol{A}\boldsymbol{x}=a_1\boldsymbol{x}+b_1\boldsymbol{A}\boldsymbol{x}+c_1\boldsymbol{A}^2\boldsymbol{x}, \quad ①$$

$$\boldsymbol{A}^2\boldsymbol{x}=a_2\boldsymbol{x}+b_2\boldsymbol{A}\boldsymbol{x}+c_2\boldsymbol{A}^2\boldsymbol{x}, \quad ②$$

$$\boldsymbol{A}^3\boldsymbol{x}=a_3\boldsymbol{x}+b_3\boldsymbol{A}\boldsymbol{x}+c_3\boldsymbol{A}^2\boldsymbol{x}. \quad ③$$

将 $\boldsymbol{A}^3\boldsymbol{x}=3\boldsymbol{A}\boldsymbol{x}-2\boldsymbol{A}^2\boldsymbol{x}$ 代入③式得

$$3\boldsymbol{A}\boldsymbol{x}-2\boldsymbol{A}^2\boldsymbol{x}=a_3\boldsymbol{x}+b_3\boldsymbol{A}\boldsymbol{x}+c_3\boldsymbol{A}^2\boldsymbol{x}. \quad ④$$

由于 $\boldsymbol{x},\boldsymbol{A}\boldsymbol{x},\boldsymbol{A}^2\boldsymbol{x}$ 线性无关，故

由①式可得　$a_1=c_1=0$，　$b_1=1$；

由②式可得　$a_2=b_2=0$，　$c_2=1$；

由④式可得　$a_3=0$，　$b_3=3$，　$c_3=-2$，

从而
$$\boldsymbol{B}=\begin{bmatrix}0&0&0\\1&0&3\\0&1&-2\end{bmatrix}.$$

(2)由(1)知 $\boldsymbol{A}$ 与 $\boldsymbol{B}$ 相似，故 $\boldsymbol{A}+\boldsymbol{E}$ 与 $\boldsymbol{B}+\boldsymbol{E}$ 相似，从而

$$|\boldsymbol{A}+\boldsymbol{E}|=|\boldsymbol{B}+\boldsymbol{E}|=\begin{vmatrix}1&0&0\\1&1&3\\0&1&-1\end{vmatrix}=-4.$$

点评：(1)本题为2001年考研真题.实际上是求 $\boldsymbol{A}$ 的相似矩阵.但应注意到 $\boldsymbol{x},\boldsymbol{A}\boldsymbol{x},\boldsymbol{A}^2\boldsymbol{x}$ 不一定是特征向量，所以本题并非通常所说的相似对角化问题，但仍可由 $\boldsymbol{A}=\boldsymbol{P}\boldsymbol{B}\boldsymbol{P}^{-1}$ 得 $\boldsymbol{A}\boldsymbol{P}=\boldsymbol{P}\boldsymbol{B}$，从而确定 $\boldsymbol{B}$.

(2)的另一种解法为：由 $\boldsymbol{A}^2\boldsymbol{x}+2\boldsymbol{A}^2\boldsymbol{x}-3\boldsymbol{A}\boldsymbol{x}=\boldsymbol{0}$ 得 $(\boldsymbol{A}^2+2\boldsymbol{A}^2-3\boldsymbol{A})\boldsymbol{x}=\boldsymbol{0}$，即

$$\boldsymbol{A}[(\boldsymbol{A}-\boldsymbol{E})(\boldsymbol{A}+3\boldsymbol{E})\boldsymbol{x}]=\boldsymbol{0},$$

由于 $\boldsymbol{x},\boldsymbol{A}\boldsymbol{x},\boldsymbol{A}^2\boldsymbol{x}$ 线性无关，所以 $(\boldsymbol{A}-\boldsymbol{E})(\boldsymbol{A}+3\boldsymbol{E})\boldsymbol{x}\neq\boldsymbol{0}$，因此 $\boldsymbol{A}$ 有一个特征值为0.

同理 $\boldsymbol{A}$ 有特征值 -3 和 1，从而 $|\boldsymbol{A}+\boldsymbol{E}|=-4$.

题型5：矩阵的相似对角化

【4.23】 设 $\boldsymbol{A}=\begin{bmatrix}3&1\\5&-1\end{bmatrix}$，

(1)求 $\boldsymbol{A}$ 的全部特征值，特征向量；

(2)$\boldsymbol{A}$ 是否与对角矩阵相似，若相似，将 $\boldsymbol{A}$ 对角化；

(3)求 $\boldsymbol{A}^{50}\begin{bmatrix}1\\-5\end{bmatrix}$，$\boldsymbol{A}^{100}\begin{bmatrix}10\\-2\end{bmatrix}$，$\boldsymbol{A}^k$.

解　(1)因
$$|\lambda\boldsymbol{E}-\boldsymbol{A}|=\begin{vmatrix}\lambda-3&-1\\-5&\lambda+1\end{vmatrix}=(\lambda+2)(\lambda-4),$$

令 $|\lambda\boldsymbol{E}-\boldsymbol{A}|=0$，可求得 $\boldsymbol{A}$ 的特征值为 $-2,4$.

当 $\lambda=-2$ 时，求解 $(-2\boldsymbol{E}-\boldsymbol{A})\boldsymbol{x}=\boldsymbol{0}$，即

$$\begin{bmatrix}-5&-1\\-5&-1\end{bmatrix}\begin{bmatrix}x_1\\x_2\end{bmatrix}=\boldsymbol{0},$$

求得基础解系为 $(1,-5)^T$，所以 $\boldsymbol{A}$ 的属于特征值 -2 的全部特征向量为 $k(1,-5)^T$，k 为任意非

零常数.

当 $\lambda=4$ 时,求解 $(4\boldsymbol{E}-\boldsymbol{A})\boldsymbol{x}=\boldsymbol{0}$,即

$$\begin{bmatrix}1 & -1\\ -5 & 5\end{bmatrix}\begin{bmatrix}x_1\\ x_2\end{bmatrix}=\boldsymbol{0},$$

求得基础解系为 $(1,1)^T$,所以 $\boldsymbol{A}$ 的属于特征值 4 的全部特征向量为 $k(1,1)^T$,其中 k 为任意非零常数.

(2)由(1)知,$\boldsymbol{A}$ 有两个线性无关的特征向量,故 $\boldsymbol{A}$ 与对角矩阵相似.

因 $$\boldsymbol{A}\begin{bmatrix}1\\1\end{bmatrix}=4\begin{bmatrix}1\\1\end{bmatrix},\boldsymbol{A}\begin{bmatrix}1\\-5\end{bmatrix}=-2\begin{bmatrix}1\\-5\end{bmatrix},$$

所以 $$\boldsymbol{A}\begin{bmatrix}1 & 1\\1 & -5\end{bmatrix}=\begin{bmatrix}1 & 1\\1 & -5\end{bmatrix}\begin{bmatrix}4 & 0\\0 & -2\end{bmatrix},$$

从而 $$\begin{bmatrix}1 & 1\\1 & -5\end{bmatrix}^{-1}\boldsymbol{A}\begin{bmatrix}1 & 1\\1 & -5\end{bmatrix}=\begin{bmatrix}4 & 0\\0 & -2\end{bmatrix},$$

即 $$\begin{bmatrix}\frac{5}{6} & \frac{1}{6}\\ \frac{1}{6} & -\frac{1}{6}\end{bmatrix}\boldsymbol{A}\begin{bmatrix}1 & 1\\1 & -5\end{bmatrix}=\begin{bmatrix}4 & 0\\0 & -2\end{bmatrix}.$$

(3)因 $$\boldsymbol{A}=\begin{bmatrix}1 & 1\\1 & -5\end{bmatrix}\begin{bmatrix}4 & 0\\0 & -2\end{bmatrix}\begin{bmatrix}1 & 1\\1 & -5\end{bmatrix}^{-1},$$

所以 $$\boldsymbol{A}^{50}=\begin{bmatrix}1 & 1\\1 & -5\end{bmatrix}\begin{bmatrix}4^{50} & 0\\0 & 2^{50}\end{bmatrix}\begin{bmatrix}1 & 1\\1 & -5\end{bmatrix}^{-1},$$

$$\boldsymbol{A}^{100}=\begin{bmatrix}1 & 1\\1 & -5\end{bmatrix}\begin{bmatrix}4^{100} & 0\\0 & 2^{100}\end{bmatrix}\begin{bmatrix}1 & 1\\1 & -5\end{bmatrix}^{-1},$$

故 $$\boldsymbol{A}^{50}\begin{bmatrix}1\\-5\end{bmatrix}=\begin{bmatrix}1 & 1\\1 & -5\end{bmatrix}\begin{bmatrix}4^{50} & 0\\0 & 2^{50}\end{bmatrix}\begin{bmatrix}\frac{5}{6} & \frac{1}{6}\\ \frac{1}{6} & -\frac{1}{6}\end{bmatrix}\begin{bmatrix}1\\-5\end{bmatrix}=2^{50}\begin{bmatrix}1\\-5\end{bmatrix},$$

$$\boldsymbol{A}^{100}\begin{bmatrix}10\\-2\end{bmatrix}=\begin{bmatrix}1 & 1\\1 & -5\end{bmatrix}\begin{bmatrix}4^{100} & 0\\0 & 2^{100}\end{bmatrix}\begin{bmatrix}\frac{5}{6} & \frac{1}{6}\\ \frac{1}{6} & -\frac{1}{6}\end{bmatrix}\begin{bmatrix}10\\-2\end{bmatrix}=\begin{bmatrix}8\cdot 4^{100}+2\cdot 2^{100}\\ 8\cdot 4^{100}-10\cdot 2^{100}\end{bmatrix},$$

$$\boldsymbol{A}^{k}=\begin{bmatrix}1 & 1\\1 & -5\end{bmatrix}\begin{bmatrix}4^{k} & 0\\0 & (-2)^{k}\end{bmatrix}\begin{bmatrix}\frac{5}{6} & \frac{1}{6}\\ \frac{1}{6} & -\frac{1}{6}\end{bmatrix}$$

$$=\begin{bmatrix}\frac{5}{6}4^{k}+\frac{1}{6}(-2)^{k} & \frac{1}{6}4^{k}-\frac{1}{6}(-2)^{k}\\ \frac{5}{6}4^{k}-\frac{5}{6}(-2)^{k} & \frac{1}{6}4^{k}+\frac{5}{6}(-2)^{k}\end{bmatrix}.$$

【4.24】 设 $\boldsymbol{A}$ 为三阶矩阵,$\boldsymbol{\alpha}_1,\boldsymbol{\alpha}_2,\boldsymbol{\alpha}_3$ 是线性无关的三维列向量,且满足

$$\boldsymbol{A}\boldsymbol{\alpha}_1=\boldsymbol{\alpha}_1+\boldsymbol{\alpha}_2+\boldsymbol{\alpha}_3,\boldsymbol{A}\boldsymbol{\alpha}_2=2\boldsymbol{\alpha}_2+\boldsymbol{\alpha}_3,\boldsymbol{A}\boldsymbol{\alpha}_3=2\boldsymbol{\alpha}_2+3\boldsymbol{\alpha}_3.$$

(1)求矩阵 $\boldsymbol{B}$,使得 $\boldsymbol{A}(\boldsymbol{\alpha}_1,\boldsymbol{\alpha}_2,\boldsymbol{\alpha}_3)=(\boldsymbol{\alpha}_1,\boldsymbol{\alpha}_2,\boldsymbol{\alpha}_3)\boldsymbol{B}$;

(2)求矩阵 $\boldsymbol{A}$ 的特征值;

(3)求可逆矩阵 $\boldsymbol{P}$,使得 $\boldsymbol{P}^{-1}\boldsymbol{AP}$ 为对角矩阵.

解　(1)由题设,有

$$\boldsymbol{A}(\boldsymbol{\alpha}_1,\boldsymbol{\alpha}_2,\boldsymbol{\alpha}_3)=(\boldsymbol{\alpha}_1,\boldsymbol{\alpha}_2,\boldsymbol{\alpha}_3)\begin{bmatrix}1&0&0\\1&2&2\\1&1&3\end{bmatrix},$$

所以

$$\boldsymbol{B}=\begin{bmatrix}1&0&0\\1&2&2\\1&1&3\end{bmatrix}.$$

(2)因为 $\boldsymbol{\alpha}_1,\boldsymbol{\alpha}_2,\boldsymbol{\alpha}_3$ 是线性无关的三维列向量,可知矩阵 $\boldsymbol{C}=(\boldsymbol{\alpha}_1,\boldsymbol{\alpha}_2,\boldsymbol{\alpha}_3)$ 可逆,所以 $\boldsymbol{C}^{-1}\boldsymbol{AC}=\boldsymbol{B}$,即矩阵 $\boldsymbol{A}$ 与 $\boldsymbol{B}$ 相似.由此可得矩阵 $\boldsymbol{A}$ 与 $\boldsymbol{B}$ 有相同的特征值.

由

$$|\lambda\boldsymbol{E}-\boldsymbol{B}|=\begin{vmatrix}\lambda-1&0&0\\-1&\lambda-2&-2\\-1&-1&\lambda-3\end{vmatrix}=(\lambda-1)^2(\lambda-4)=0,$$

得矩阵 $\boldsymbol{B}$ 的特征值,也即矩阵 $\boldsymbol{A}$ 的特征值 $\lambda_1=\lambda_2=1,\lambda_3=4$.

(3)对应于 $\lambda_1=\lambda_2=1$,解齐次线性方程组 $(\boldsymbol{E}-\boldsymbol{B})\boldsymbol{x}=\boldsymbol{0}$,得基础解系

$$\boldsymbol{\xi}_1=(-1,1,0)^T,\qquad \boldsymbol{\xi}_2=(-2,0,1)^T;$$

对应于 $\lambda_3=4$,解齐次线性方程组 $(4\boldsymbol{E}-\boldsymbol{B})\boldsymbol{x}=\boldsymbol{0}$,得基础解系

$$\boldsymbol{\xi}_3=(0,1,1)^T.$$

令矩阵

$$\boldsymbol{Q}=(\boldsymbol{\xi}_1,\boldsymbol{\xi}_2,\boldsymbol{\xi}_3)=\begin{bmatrix}-1&-2&0\\1&0&1\\0&1&1\end{bmatrix},\quad 则\quad \boldsymbol{Q}^{-1}\boldsymbol{BQ}=\begin{bmatrix}1&0&0\\0&1&0\\0&1&1\end{bmatrix}.$$

因 $\boldsymbol{Q}^{-1}\boldsymbol{BQ}=\boldsymbol{Q}^{-1}\boldsymbol{C}^{-1}\boldsymbol{ACQ}=(\boldsymbol{CQ})^{-1}\boldsymbol{A}(\boldsymbol{CQ})$,记矩阵

$$\boldsymbol{P}=\boldsymbol{CQ}=(\boldsymbol{\alpha}_1,\boldsymbol{\alpha}_2,\boldsymbol{\alpha}_3)\begin{bmatrix}-1&-2&0\\1&0&1\\0&1&1\end{bmatrix}=(-\boldsymbol{\alpha}_1+\boldsymbol{\alpha}_2,-2\boldsymbol{\alpha}_1+\boldsymbol{\alpha}_3,\boldsymbol{\alpha}_2+\boldsymbol{\alpha}_3),$$

故 $\boldsymbol{P}$ 即为所求的可逆矩阵.

点评:本题为 2005 年考研真题.采用间接的方式将 $\boldsymbol{A}$ 相似对角化,即先寻找矩阵 $\boldsymbol{B}$,满足 $\boldsymbol{A}$ 和 $\boldsymbol{B}$ 相似,然后将 $\boldsymbol{B}$ 相似对角化,再将 $\boldsymbol{A}$ 对角化.这种思路在解决抽象矩阵的相似对角化问题时特别有效,请同学们仔细体会.

【4.25】 设 $\boldsymbol{B}=\boldsymbol{\alpha\alpha}^T$,其中 $\boldsymbol{\alpha}=(a_1,a_2,\cdots,a_n)^T,\boldsymbol{\alpha}\neq\boldsymbol{0}$.

(1)证明 $\boldsymbol{B}^k=t\boldsymbol{B}$.其中 k 为正整数,t 为常数,并求 t;

(2)求可逆阵 $\boldsymbol{P}$,使 $\boldsymbol{P}^{-1}\boldsymbol{BP}$ 为对角阵,并写出此对角阵.

解　(1)因为 $\boldsymbol{B}=\boldsymbol{\alpha\alpha}^T$,故 $\boldsymbol{B}^2=(\boldsymbol{\alpha\alpha}^T)(\boldsymbol{\alpha\alpha}^T)=\boldsymbol{\alpha}(\boldsymbol{\alpha}^T\boldsymbol{\alpha})\boldsymbol{\alpha}^T=(\boldsymbol{\alpha}^T\boldsymbol{\alpha})(\boldsymbol{\alpha\alpha}^T)=(\boldsymbol{\alpha}^T\boldsymbol{\alpha})\boldsymbol{B}$.而 $\boldsymbol{\alpha}^T\boldsymbol{\alpha}$

$= \sum_{i=1}^{n} a_i^2$，所以 $\boldsymbol{B}^2 = (\sum_{i=1}^{n} a_i^2)\boldsymbol{B}$.

同理可推得 $\boldsymbol{B}^k = (\sum_{i=1}^{n} a_i^2)^{k-1}\boldsymbol{B} = t\boldsymbol{B}$，其中 $t = (\sum_{i=1}^{n} a_i^2)^{k-1}$.

(2)先求 $\boldsymbol{B}$ 的特征值.

方法 1 设 $\boldsymbol{Bx} = \lambda\boldsymbol{x}(\boldsymbol{x} \neq \boldsymbol{0})$，因为 $\boldsymbol{B}^k - t\boldsymbol{B} = \boldsymbol{0}$，则 $(\boldsymbol{B}^k - t\boldsymbol{B})\boldsymbol{x} = (\lambda^k - t\lambda)\boldsymbol{x} = \boldsymbol{0}$. 由 $\boldsymbol{x} \neq \boldsymbol{0}$ 得 $\lambda^k - t\lambda = 0$，即 $(\lambda^{k-1} - t)\lambda = 0$. 从而得 $\lambda = 0$ 或 $\lambda = \sum_{i=1}^{n} a_i^2$. 又 $r(\boldsymbol{B}) = 1$，且 $\sum_{i=1}^{n} a_i^2 = \sum_{i=1}^{n} \lambda_i$，故 $\lambda = 0$ 为 $n-1$ 重特征值，$\lambda = \sum_{i=1}^{n} a_i^2$ 为 $\boldsymbol{B}$ 的一重特征值.

方法 2 在行列式的运算中，我们有如下结论：设 $\boldsymbol{A}$ 是 $m \times n$ 矩阵，$\boldsymbol{B}$ 是 $n \times m$ 矩阵，当 $n \geqslant m$，$\lambda \neq 0$ 时，有

$$|\lambda\boldsymbol{E}_n - \boldsymbol{BA}| = \lambda^{n-m}|\lambda\boldsymbol{E}_m - \boldsymbol{AB}|.$$

应用这个结论，有

$$|\lambda\boldsymbol{E} - \boldsymbol{B}| = |\lambda\boldsymbol{E} - \boldsymbol{\alpha\alpha}^T| = \lambda^{n-1}|\lambda\boldsymbol{E} - \boldsymbol{\alpha}^T\boldsymbol{\alpha}| = \lambda^{n-1}(\lambda - \sum_{i=1}^{n} a_i^2) = 0.$$

所以 $\lambda_1 = \sum_{i=1}^{n} a_i^2$，$\lambda_2 = \lambda_3 = \cdots = \lambda_n = 0$.

方法 3 利用定义求 $\boldsymbol{B}$ 的特征值.

$$|\lambda\boldsymbol{E} - \boldsymbol{B}| = \begin{vmatrix} \lambda - a_1^2 & -a_1a_2 & \cdots & -a_1a_n \\ -a_2a_1 & \lambda - a_2^2 & \cdots & -a_2a_n \\ \vdots & \vdots & \ddots & \vdots \\ -a_na_1 & -a_na_2 & \cdots & \lambda - a_n^2 \end{vmatrix} = \begin{vmatrix} \lambda - a_1^2 & -a_1a_2 & \cdots & -a_1a_n \\ -\dfrac{a_2}{a_1}\lambda & \lambda & \cdots & 0 \\ \vdots & \vdots & \ddots & \vdots \\ -\dfrac{a_n}{a_1}\lambda & 0 & \cdots & \lambda \end{vmatrix}$$

$$= \begin{vmatrix} \lambda - \sum_{i=1}^{n} a_i^2 & -a_1a_2 & \cdots & -a_1a_n \\ 0 & \lambda & \cdots & 0 \\ \vdots & \vdots & \ddots & \vdots \\ 0 & 0 & \cdots & \lambda \end{vmatrix} = \lambda^{n-1}(\lambda - \sum_{i=1}^{n} a_i^2) = 0.$$

所以 $\lambda_1 = \lambda_2 = \cdots = \lambda_{n-1} = 0$，$\lambda_n = \sum_{i=1}^{n} a_i^2$.

再求 $\boldsymbol{B}$ 的特征向量，从而求出可逆矩阵 $\boldsymbol{P}$.

当 $\lambda = 0$ 时，$(0 \cdot \boldsymbol{E} - \boldsymbol{B})\boldsymbol{x} = \boldsymbol{0}$ 即 $\boldsymbol{Bx} = \boldsymbol{0}$. 而

$$\boldsymbol{B} = \begin{bmatrix} a_1^2 & a_1a_2 & \cdots & a_1a_n \\ a_2a_1 & a_2^2 & \cdots & a_2a_n \\ \vdots & \vdots & & \vdots \\ a_na_1 & a_na_2 & \cdots & a_n^2 \end{bmatrix} \to \begin{bmatrix} a_1 & a_2 & \cdots & a_n \\ 0 & 0 & \cdots & 0 \\ \vdots & \vdots & & \vdots \\ 0 & 0 & \cdots & 0 \end{bmatrix},$$

从而得 $a_1x_1 + a_2x_2 + \cdots + a_nx_n = 0$. 所以解得基础解系：

$\boldsymbol{x}_1=(-a_2,a_1,0,\cdots,0)^T,\boldsymbol{x}_2=(-a_3,0,a_1,\cdots,0)^T,\cdots,\boldsymbol{x}_{n-1}=(-a_n,0,\cdots,a_1)^T.$

当$\lambda=\sum\limits_{i=1}^{n}a_i^2$时，$\left(\left(\sum\limits_{i=1}^{n}a_i^2\right)\boldsymbol{E}-\boldsymbol{B}\right)\boldsymbol{x}=\boldsymbol{0}$，即$\boldsymbol{\alpha}^T\boldsymbol{\alpha}\boldsymbol{x}-\boldsymbol{\alpha}\boldsymbol{\alpha}^T\boldsymbol{x}=\boldsymbol{0}$. 显然$\boldsymbol{x}_n=\boldsymbol{\alpha}=(a_1,a_2,\cdots,a_n)^T$满足上式.

令
$$\boldsymbol{P}=(\boldsymbol{x}_1,\boldsymbol{x}_2,\cdots,\boldsymbol{x}_n)=\begin{bmatrix}-a_2 & -a_3 & \cdots & -a_n & a_1\\ a_1 & 0 & \cdots & 0 & a_2\\ 0 & a_1 & \cdots & 0 & a_3\\ \cdots & \cdots & \cdots & \cdots & \cdots\\ 0 & 0 & \cdots & a_1 & a_n\end{bmatrix},$$

则
$$\boldsymbol{P}^{-1}\boldsymbol{B}\boldsymbol{P}=\begin{bmatrix}0 & & & \\ & 0 & & \\ & & \ddots & \\ & & & \sum\limits_{i=1}^{n}a_i^2\end{bmatrix}.$$

【4.26】 设$\boldsymbol{A}$是一个n阶方阵，满足$\boldsymbol{A}^2=\boldsymbol{A}$，$r(\boldsymbol{A})=r$且$\boldsymbol{A}$有两个不同的特征值.

(1)试证$\boldsymbol{A}$可对角化，并求对角阵$\boldsymbol{\Lambda}$；

(2)计算行列式$|\boldsymbol{A}-2\boldsymbol{E}|$.

证 (1)设λ是$\boldsymbol{A}$的特征值，由于$\boldsymbol{A}^2=\boldsymbol{A}$，所以$\lambda^2=\lambda$，又$\boldsymbol{A}$有两个不同的特征值，从而$\boldsymbol{A}$的特征值为0和1.

又因为$\boldsymbol{A}^2=\boldsymbol{A}$，即$\boldsymbol{A}(\boldsymbol{A}-\boldsymbol{E})=\boldsymbol{0}$，故$r(\boldsymbol{A})+r(\boldsymbol{A}-\boldsymbol{E})=n$. 事实上，因$\boldsymbol{A}(\boldsymbol{A}-\boldsymbol{E})=\boldsymbol{0}$，所以
$$r(\boldsymbol{A})+r(\boldsymbol{A}-\boldsymbol{E})\leqslant n.$$

另一方面，由于$\boldsymbol{E}-\boldsymbol{A}$同$\boldsymbol{A}-\boldsymbol{E}$的秩相同，故又有
$$n=r(\boldsymbol{E})=r((\boldsymbol{E}-\boldsymbol{A})+\boldsymbol{A})\leqslant r(\boldsymbol{A})+r(\boldsymbol{E}-\boldsymbol{A})=r(\boldsymbol{A})+r(\boldsymbol{A}-\boldsymbol{E}),$$
从而
$$r(\boldsymbol{A})+r(\boldsymbol{A}-\boldsymbol{E})=n.$$

当$\lambda=1$时，因为$r(\boldsymbol{A}-\boldsymbol{E})=n-r(\boldsymbol{A})=n-r$，从而齐次线性方程组$(\boldsymbol{E}-\boldsymbol{A})\boldsymbol{x}=\boldsymbol{0}$的基础解系含有$r$个解向量. 因此$\boldsymbol{A}$的属于特征值1有$r$个线性无关特征向量，记为$\boldsymbol{\eta}_1,\boldsymbol{\eta}_2,\cdots,\boldsymbol{\eta}_r$.

当$\lambda=0$时，因为$r(\boldsymbol{A})=r$，从而齐次线性方程组$(0\cdot\boldsymbol{E}-\boldsymbol{A})\boldsymbol{x}=\boldsymbol{0}$的基础解系含$n-r$个解向量. 因此$\boldsymbol{A}$的属于特征值0有$n-r$个线性无关的特征向量，记为$\boldsymbol{\eta}_{r+1},\boldsymbol{\eta}_{r+2},\cdots,\boldsymbol{\eta}_n$.

于是$\boldsymbol{\eta}_1,\boldsymbol{\eta}_2,\cdots,\boldsymbol{\eta}_n$是$\boldsymbol{A}$的$n$个线性无关的特征向量. 所以$\boldsymbol{A}$可对角化，并且对角阵为
$$\boldsymbol{\Lambda}=\begin{bmatrix}\boldsymbol{E}_r & \\ & \boldsymbol{0}\end{bmatrix}.$$

解 (2)令$\boldsymbol{P}=(\boldsymbol{\eta}_1,\boldsymbol{\eta}_2,\boldsymbol{\eta}_3,\cdots,\boldsymbol{\eta}_n)$，则$\boldsymbol{A}=\boldsymbol{P}\boldsymbol{\Lambda}\boldsymbol{P}^{-1}$，所以
$$|\boldsymbol{A}-2\boldsymbol{E}|=|\boldsymbol{P}\boldsymbol{\Lambda}\boldsymbol{P}^{-1}-2\boldsymbol{E}|=|\boldsymbol{\Lambda}-2\boldsymbol{E}|=\begin{vmatrix}-\boldsymbol{E}_r & \\ & -2\boldsymbol{E}_{n-r}\end{vmatrix}=|-\boldsymbol{E}_r|\,|-2\boldsymbol{E}_{n-r}|$$
$$=(-1)^r(-2)^{n-r}=(-1)^n\,2^{n-r}.$$

【4.27】 如果n阶矩阵满足
$$(\boldsymbol{A}-a\boldsymbol{E})(\boldsymbol{A}-b\boldsymbol{E})=\boldsymbol{0},$$

其中 $a\neq b$,则 $\boldsymbol{A}$ 可对角化.

证 由 $(\boldsymbol{A}-a\boldsymbol{E})(\boldsymbol{A}-b\boldsymbol{E})=\boldsymbol{0}$,有

$$|\boldsymbol{A}-a\boldsymbol{E}|=0 \quad 或 \quad |\boldsymbol{A}-b\boldsymbol{E}|=0,$$

故 $\boldsymbol{A}$ 的特征值为 a 或 b.

若 a 是 $\boldsymbol{A}$ 的特征值,b 不是 $\boldsymbol{A}$ 的特征值,则 $|\boldsymbol{A}-b\boldsymbol{E}|\neq 0$,即 $\boldsymbol{A}-b\boldsymbol{E}$ 是可逆阵,于是有

$$\boldsymbol{A}-a\boldsymbol{E}=\boldsymbol{0}, \quad 即\ \boldsymbol{A}=a\boldsymbol{E},$$

可见 $\boldsymbol{A}$ 可对角化.

若 b 是 $\boldsymbol{A}$ 的特征值,a 不是 $\boldsymbol{A}$ 的特征值,同理可证 $\boldsymbol{A}=b\boldsymbol{E}$,故此时 $\boldsymbol{A}$ 可对角化.

若 a,b 都是 $\boldsymbol{A}$ 的特征值,只需证

$$[n-r(a\boldsymbol{E}-\boldsymbol{A})]+[n-r(b\boldsymbol{E}-\boldsymbol{A})]=n \quad 或 \quad r(a\boldsymbol{E}-\boldsymbol{A})+r(b\boldsymbol{E}-\boldsymbol{A})=n,$$

即可得 $\boldsymbol{A}$ 可对角化.

因为 $(\boldsymbol{A}-a\boldsymbol{E})(\boldsymbol{A}-b\boldsymbol{E})=(a\boldsymbol{E}-\boldsymbol{A})(b\boldsymbol{E}-\boldsymbol{A})=\boldsymbol{0}$,所以 $r(a\boldsymbol{E}-\boldsymbol{A})+r(b\boldsymbol{E}-\boldsymbol{A})\leqslant n$.

又因为

$$\begin{aligned}r(a\boldsymbol{E}-\boldsymbol{A})+r(b\boldsymbol{E}-\boldsymbol{A})&=r(a\boldsymbol{E}-\boldsymbol{A})+r(\boldsymbol{A}-b\boldsymbol{E})\\&\geqslant r(a\boldsymbol{E}-\boldsymbol{A}+\boldsymbol{A}-b\boldsymbol{E})=r((a-b)\boldsymbol{E})=n \quad (a\neq b),\end{aligned}$$

所以

$$r(a\boldsymbol{E}-\boldsymbol{A})+r(b\boldsymbol{E}-\boldsymbol{A})=n.$$

综上所述,$\boldsymbol{A}$ 可对角化.

题型 6:关于实对称矩阵

【4.28】 设 $\boldsymbol{A}$ 为实对称矩阵,试证:对任意正奇数 k,必有实对称矩阵 $\boldsymbol{B}$,使 $\boldsymbol{B}^k=\boldsymbol{A}$.

证 因 $\boldsymbol{A}$ 为实对称,则存在正交阵 $\boldsymbol{P}$,使

$$\boldsymbol{P}^{-1}\boldsymbol{A}\boldsymbol{P}=\begin{bmatrix}\lambda_1 & & & \\ & \lambda_2 & & \\ & & \ddots & \\ & & & \lambda_n\end{bmatrix},$$ 其中 λ_i 为 $\boldsymbol{A}$ 的全部特征值,且 λ_i 为实数.

所以 $\boldsymbol{A}=\boldsymbol{P}\begin{bmatrix}\lambda_1 & & & \\ & \lambda_2 & & \\ & & \ddots & \\ & & & \lambda_n\end{bmatrix}\boldsymbol{P}^{-1}$,又因为 k 为奇数,因此

令 $\boldsymbol{B}=\boldsymbol{P}\begin{bmatrix}\sqrt[k]{\lambda_1} & & & \\ & \sqrt[k]{\lambda_2} & & \\ & & \ddots & \\ & & & \sqrt[k]{\lambda_n}\end{bmatrix}\boldsymbol{P}^{-1}$,(因任意实数都可开奇次方),则

$$\boldsymbol{B}^k=\boldsymbol{P}\begin{bmatrix}(\sqrt[k]{\lambda_1})^k & & & \\ & (\sqrt[k]{\lambda_2})^k & & \\ & & \ddots & \\ & & & (\sqrt[k]{\lambda_n})^k\end{bmatrix}\boldsymbol{P}^{-1}=\boldsymbol{P}\begin{bmatrix}\lambda_1 & & & \\ & \lambda_2 & & \\ & & \ddots & \\ & & & \lambda_n\end{bmatrix}\boldsymbol{P}^{-1}=\boldsymbol{A}.$$

再验证 $\boldsymbol{B}$ 为对称阵.

$$\boldsymbol{B}^T=(\boldsymbol{P}^{-1})^T\begin{bmatrix}\sqrt[k]{\lambda_1}&&&\\&\sqrt[k]{\lambda_2}&&\\&&\ddots&\\&&&\sqrt[k]{\lambda_n}\end{bmatrix}\boldsymbol{P}^T=\boldsymbol{P}\begin{bmatrix}\sqrt[k]{\lambda_1}&&&\\&\sqrt[k]{\lambda_2}&&\\&&\ddots&\\&&&\sqrt[k]{\lambda_n}\end{bmatrix}\boldsymbol{P}^{-1}=\boldsymbol{B}.$$

因此 $\boldsymbol{B}$ 为实对称矩阵.

点评：本题关键是把 $\boldsymbol{A}$ 写成形式 $\boldsymbol{P\Lambda P}^{-1}$，且 λ_i 都为实数，可以开任意奇数次方.

【4.29】 已知 $\boldsymbol{A}$ 是三阶实对称矩阵，$\boldsymbol{\xi}_1=(-1,1,0)^T$，$\boldsymbol{\xi}_2=(-1,0,1)^T$ 是齐次线性方程组 $\boldsymbol{Ax}=\boldsymbol{0}$ 的两个解向量，又有非零向量 $\boldsymbol{\xi}_3$，使 $\boldsymbol{A\xi}_3=3\boldsymbol{\xi}_3$，求矩阵 $\boldsymbol{A}$.

解 由题设，知 $\boldsymbol{\xi}_1,\boldsymbol{\xi}_2$ 是 $\boldsymbol{A}$ 的特征值 0 对应的线性无关的特征向量，$\boldsymbol{\xi}_3$ 是 $\boldsymbol{A}$ 的特征值 3 对应的特征向量. 由于 $\boldsymbol{A}$ 是实对称矩阵，故 $\boldsymbol{\xi}_3=(x_1,x_2,x_3)^T$ 应与 $\boldsymbol{\xi}_1,\boldsymbol{\xi}_2$ 都正交，即

$$\begin{cases}-x_1+x_2=0,\\-x_1+x_3=0.\end{cases}$$

解得 $\boldsymbol{\xi}_3=(1,1,1)^T$. 于是，取 $\boldsymbol{P}=\begin{bmatrix}-1&-1&1\\1&0&1\\0&1&1\end{bmatrix}$，则 $\boldsymbol{P}$ 是可逆矩阵，且 $\boldsymbol{P}^{-1}\boldsymbol{AP}=\begin{bmatrix}0&0&0\\0&0&0\\0&0&3\end{bmatrix}$.

因此

$$\boldsymbol{A}=\boldsymbol{P}\begin{bmatrix}0&0&0\\0&0&0\\0&0&3\end{bmatrix}\boldsymbol{P}^{-1}=\begin{bmatrix}-1&-1&1\\1&0&1\\0&1&1\end{bmatrix}\begin{bmatrix}0&0&0\\0&0&0\\0&0&3\end{bmatrix}\begin{bmatrix}-\frac{1}{3}&\frac{2}{3}&-\frac{1}{3}\\-\frac{1}{3}&-\frac{1}{3}&\frac{2}{3}\\\frac{1}{3}&\frac{1}{3}&\frac{1}{3}\end{bmatrix}$$

$$=\begin{bmatrix}1&1&1\\1&1&1\\1&1&1\end{bmatrix}.$$

【4.30】 设 $\boldsymbol{A}$ 为三阶实对称矩阵，且满足条件 $\boldsymbol{A}^2-2\boldsymbol{A}=\boldsymbol{0}$. 已知 $\boldsymbol{A}$ 的秩 $r(\boldsymbol{A})=2$，$\boldsymbol{\xi}=\begin{bmatrix}1\\0\\1\end{bmatrix}$ 是齐次线性方程组 $\boldsymbol{Ax}=\boldsymbol{0}$ 的一个解向量，求 $\boldsymbol{A}$.

解 设 λ 是 $\boldsymbol{A}$ 的任一特征值，其对应的特征向量为 $\boldsymbol{\eta}$，即 $\boldsymbol{A\eta}=\lambda\boldsymbol{\eta}$，于是

$$(\boldsymbol{A}^2-2\boldsymbol{A})\boldsymbol{\eta}=(\lambda^2-2\lambda)\boldsymbol{\eta}.$$

由题设 $\boldsymbol{A}^2-2\boldsymbol{A}=\boldsymbol{0}$，可知

$$(\lambda^2-2\lambda)\boldsymbol{\eta}=\boldsymbol{0},$$

由于 $\boldsymbol{\eta}\neq\boldsymbol{0}$，故 $\lambda^2-2\lambda=0$，解得 $\lambda=2$ 或 $\lambda=0$.

因为实对称矩阵 $\boldsymbol{A}$ 能与对角矩阵相似，又 $r(\boldsymbol{A})=2$，所以 $\boldsymbol{A}$ 的全部特征值为 $\lambda_1=\lambda_2=2$，$\lambda_3=0$.

由条件 $\boldsymbol{A\xi}=\boldsymbol{0}$，可知 $\boldsymbol{\xi}$ 是特征值 $\lambda_3=0$ 对应的特征向量. 属于 $\lambda_1=\lambda_2=2$ 的特征向量 $(x_1,x_2,x_3)^T$ 应与 $\boldsymbol{\xi}$ 正交，解线性方程组

$$x_1+x_3=0,$$

得其基础解系 $\boldsymbol{\xi}_1=(0,1,0)^T,\boldsymbol{\xi}_2=(-1,0,1)^T$. 于是取

$$\boldsymbol{P}=(\boldsymbol{\xi}_1,\boldsymbol{\xi}_2,\boldsymbol{\xi}),$$

则

$$\boldsymbol{P}^{-1}\boldsymbol{AP}=\begin{bmatrix}2&0&0\\0&2&0\\0&0&0\end{bmatrix}.$$

因此

$$\boldsymbol{A}=\boldsymbol{P}\begin{bmatrix}2&0&0\\0&2&0\\0&0&0\end{bmatrix}\boldsymbol{P}^{-1}=\begin{bmatrix}0&-1&1\\1&0&0\\0&1&1\end{bmatrix}\begin{bmatrix}2&0&0\\0&2&0\\0&0&0\end{bmatrix}\begin{bmatrix}0&1&0\\-\frac{1}{2}&0&\frac{1}{2}\\\frac{1}{2}&0&\frac{1}{2}\end{bmatrix}$$

$$=\begin{bmatrix}1&0&-1\\0&2&0\\-1&0&1\end{bmatrix}.$$

【4.31】 设 $\boldsymbol{A}$ 为三阶实对称矩阵,$r(\boldsymbol{A})=2$,且 $\boldsymbol{A}\begin{bmatrix}1&1\\0&0\\-1&1\end{bmatrix}=\begin{bmatrix}-1&1\\0&0\\1&1\end{bmatrix}$.

(1)求 $\boldsymbol{A}$ 的特征值与特征向量; (2)求 $\boldsymbol{A}$.

解 (1)由 $\boldsymbol{A}\begin{bmatrix}1\\0\\-1\end{bmatrix}=-\begin{bmatrix}1\\0\\-1\end{bmatrix}$,$\boldsymbol{A}\begin{bmatrix}1\\0\\1\end{bmatrix}=\begin{bmatrix}1\\0\\1\end{bmatrix}$,可知:1,$-1$ 均为 $\boldsymbol{A}$ 的特征值,$\boldsymbol{\xi}_1=\begin{bmatrix}1\\0\\1\end{bmatrix}$ 与 $\boldsymbol{\xi}_2=\begin{bmatrix}1\\0\\-1\end{bmatrix}$ 分别为属于 1 和 -1 的线性无关的特征向量. 又 $r(\boldsymbol{A})=2$,可知 0 也是 $\boldsymbol{A}$ 的特征值. 而由于 $\boldsymbol{A}$ 是实对称矩阵,故 0 的特征向量与 $\boldsymbol{\xi}_1,\boldsymbol{\xi}_2$ 正交.

设 $\boldsymbol{x}=\begin{bmatrix}x_1\\x_2\\x_3\end{bmatrix}$ 为属于 0 的特征向量,则有

$$\begin{cases}(\boldsymbol{x},\boldsymbol{\xi}_1)=0\\(\boldsymbol{x},\boldsymbol{\xi}_2)=0\end{cases},\quad 即\quad \begin{cases}x_1+x_3=0\\x_1-x_3=0\end{cases},$$

解得属于 0 特征值的线性无关的特征向量:$\boldsymbol{\xi}_3=\begin{bmatrix}0\\1\\0\end{bmatrix}$. 所以 $\boldsymbol{A}$ 的特征值为 $1,-1,0$;对应的特征向量分别为 $k_1\boldsymbol{\xi}_1,k_2\boldsymbol{\xi}_2,k_3\boldsymbol{\xi}_3$,其中 $k_1\neq0,k_2\neq0,k_3\neq0$.

(2)$\boldsymbol{A}=\boldsymbol{P\Lambda P}^{-1}$,其中 $\boldsymbol{\Lambda}=\begin{bmatrix}1&&\\&-1&\\&&0\end{bmatrix}$,$\boldsymbol{P}=\begin{bmatrix}1&1&0\\0&0&1\\1&-1&0\end{bmatrix}$,

故 $$A=\begin{bmatrix}1&1&0\\0&0&1\\1&-1&0\end{bmatrix}\begin{bmatrix}1&&\\&-1&\\&&0\end{bmatrix}\begin{bmatrix}1&1&0\\0&0&1\\1&-1&0\end{bmatrix}^{-1}$$

$$=\begin{bmatrix}1&1&0\\0&0&1\\1&-1&0\end{bmatrix}\begin{bmatrix}1&&\\&-1&\\&&0\end{bmatrix}\begin{bmatrix}\frac{1}{2}&0&\frac{1}{2}\\\frac{1}{2}&0&-\frac{1}{2}\\0&1&0\end{bmatrix}=\begin{bmatrix}0&0&1\\0&0&0\\1&0&0\end{bmatrix}.$$

点评：本题为2011年考研真题.需要注意的是，1和−1两个特征值的求得是利用特征值的定义，最基础的方法，但是容易被忽略.

【4.32】 已知矩阵$A=\begin{bmatrix}2&1&0\\1&2&0\\0&0&1\end{bmatrix}$与$B=\begin{bmatrix}x&y&z\\0&1&0\\-1&-2&4\end{bmatrix}$相似，

(1)求x,y,z的值；

(2)求可逆矩阵P，使$P^{-1}AP=B$.

解 (1)实对称矩阵A的特征多项式为

$$|\lambda E-A|=(\lambda-1)^2(\lambda-3),$$

故A的特征值为$\lambda_1=\lambda_2=1,\lambda_3=3$.于是，$A$与对角矩阵$\begin{bmatrix}1&0&0\\0&1&0\\0&0&3\end{bmatrix}$相似，又$A$与$B$相似，故$B$也与对角矩阵$\begin{bmatrix}1&0&0\\0&1&0\\0&0&3\end{bmatrix}$相似，因此，$B$的特征值为$\lambda_1=\lambda_2=1,\lambda_3=3$，且$r(E-B)=1$.

由$x+5=\lambda_1+\lambda_2+\lambda_3=5$，得$x=0$.

由

$$E-B=\begin{bmatrix}1&-y&-z\\0&0&0\\1&2&-3\end{bmatrix}\to\begin{bmatrix}1&2&-3\\0&2+y&z-3\\0&0&0\end{bmatrix},$$

得$y=-2,z=3$.

(2)经计算可知，将实对称矩阵A化为对角矩阵的相似变换矩阵可取为$P_1=\begin{bmatrix}-1&0&1\\1&0&1\\0&1&0\end{bmatrix}$，

即 $$P_1^{-1}AP_1=\begin{bmatrix}1&0&0\\0&1&0\\0&0&3\end{bmatrix};$$

把矩阵B化为对角矩阵的相似变换矩阵可取为$P_2=\begin{bmatrix}-2&3&1\\1&0&0\\0&1&1\end{bmatrix}$，即

$$P_2^{-1}BP_2=\begin{bmatrix}1&0&0\\0&1&0\\0&0&3\end{bmatrix}.$$

取

$$P=P_1P_2^{-1}=\begin{bmatrix}-1&0&1\\1&0&1\\0&1&0\end{bmatrix}\begin{bmatrix}0&1&0\\\frac{1}{2}&1&-\frac{1}{2}\\-\frac{1}{2}&-1&\frac{3}{2}\end{bmatrix}=\frac{1}{2}\begin{bmatrix}-1&-4&3\\-1&0&3\\1&2&-1\end{bmatrix},$$

有
$$P^{-1}AP=P_2P_1^{-1}AP_1P_2^{-1}=P_2\begin{bmatrix}1&0&0\\0&1&0\\0&0&3\end{bmatrix}P_2^{-1}=B.$$

题型7:综合应用题

【4.33】 设 A 为 n 阶方阵,$Ax=0$有一非零解,则 A 有一特征值为______.

解 由 $Ax=0$有非零解知$|A|=0$,即$|0\cdot E-A|=0$,从而矩阵 A 有零作为特征值.

故应填0.

【4.34】 A 是 n 阶非零矩阵,$A^k=0$,下列命题不正确的是______.

(A)A 的特征值只有一个零　　(B)A 必不能相似对角化

(C)$E+A+A^2+\cdots+A^{k-1}$必可逆　　(D)A 只有一个线性无关的特征向量

解 由 $A^k=0$,所以 A 的任意特征值λ 满足$\lambda^k=0$,即$\lambda=0$.故(A)正确.

若 A 可以对角化,则存在可逆阵 P,使 $P^{-1}AP=0$,从而 $A=0$与 $A\neq 0$矛盾,故 A 不能相似对角化,(B)正确.

由 $A^k=0$,$(E-A)(E+A+\cdots+A^{k+1})=E-A^k=E$,所以(C)正确.

A 的属于0的线性无关的特征向量有 $n-r(A)$个,故(D)不正确.

故应选(D).

【4.35】 设 A 为三阶矩阵,α_1,α_2 为 A 的分别属于特征值$-1,1$的特征向量,向量 α_3 满足 $A\alpha_3=\alpha_2+\alpha_3$.

(1)证明 $\alpha_1,\alpha_2,\alpha_3$ 线性无关;

(2)令 $P=(\alpha_1,\alpha_2,\alpha_3)$,求 $P^{-1}AP$.

解 (1)假设 $\alpha_1,\alpha_2,\alpha_3$ 线性相关,则 α_3 可由 α_1,α_2 线性表示,不妨设 $\alpha_3=l_1\alpha_1+l_2\alpha_2$,其中 l_1,l_2 不全为零(若 l_1,l_2 同时为0,则 $\alpha_3=0$,由 $A\alpha_3=\alpha_2+\alpha_3$ 可知 $\alpha_2=0$),

而 $A\alpha_1=-\alpha_1,A\alpha_2=\alpha_2$,所以 $A\alpha_3=\alpha_2+\alpha_3=\alpha_2+l_1\alpha_1+l_2\alpha_2$,

又 $A\alpha_3=A(l_1\alpha_1+l_2\alpha_2)=-l_1\alpha_1+l_2\alpha_2$,所以 $-l_1\alpha_1+l_2\alpha_2=\alpha_2+l_1\alpha_1+l_2\alpha_2$,

整理得:$2l_1\alpha_1+\alpha_2=0$,则 α_1,α_2 线性相关,矛盾(因为 α_1,α_2 分别属于不同特征值的特征向量,所以 α_1,α_2 线性无关).

故 $\alpha_1,\alpha_2,\alpha_3$ 线性无关.

(2)记 $P=(\alpha_1,\alpha_2,\alpha_3)$,则 P 可逆,且

$$A(\boldsymbol{\alpha}_1,\boldsymbol{\alpha}_2,\boldsymbol{\alpha}_3)=(A\boldsymbol{\alpha}_1,A\boldsymbol{\alpha}_2,A\boldsymbol{\alpha}_3)=(-\boldsymbol{\alpha}_1,\boldsymbol{\alpha}_2,\boldsymbol{\alpha}_2+\boldsymbol{\alpha}_3)=(\boldsymbol{\alpha}_1,\boldsymbol{\alpha}_2,\boldsymbol{\alpha}_3)\begin{bmatrix}-1&0&0\\0&1&1\\0&0&1\end{bmatrix},$$

即 $AP=P\begin{bmatrix}-1&0&0\\0&1&1\\0&0&1\end{bmatrix}$， 所以 $P^{-1}AP=\begin{bmatrix}-1&0&0\\0&1&1\\0&0&1\end{bmatrix}$.

点评：本题为 2008 年考研真题.需要注意的是，第(2)问千万不要思维定式，想当然的认为 $P^{-1}AP$ 为对角阵.实际上，$P^{-1}AP=B$，这里 B 的求法与【4.26】题中 B 的求法是完全一样的.

【4.36】 设 A 是 $n\ (n>1)$ 阶矩阵，$\xi_1,\xi_2,\cdots,\xi_n$ 是 n 维列向量.若 $\xi_n\neq\mathbf{0}$，且 $A\xi_1=\xi_2,A\xi_2=\xi_3,\cdots A\xi_{n-1}=\xi_n,A\xi_n=\mathbf{0}$，证明：

(1)$\xi_1,\xi_2,\cdots,\xi_n$ 线性无关；

(2)A 不能相似于对角阵.

证 (1)由题设，知 $A\xi_k=A^k\xi_1=\xi_{k+1}(k=1,2,\cdots,n-1)$，$A^n\xi_1=A^{n-1}\xi_2=\cdots=A\xi_n=\mathbf{0}$.设有一组数 $x_1,x_2,\cdots,x_n$，使

$$x_1\xi_1+x_2\xi_2+\cdots+x_n\xi_n=\mathbf{0},$$

以 A^{n-1} 左乘上式两边，得 $x_1\xi_n=\mathbf{0}$.由于 $\xi_n\neq\mathbf{0}$，故 $x_1=0$.类似地，可得 $x_2=x_3=\cdots=x_n=0$，因此，$\xi_1,\xi_2,\cdots,\xi_n$ 线性无关.

(2)将题设的 $A\xi_1=\xi_2,A\xi_2=\xi_3,\cdots A\xi_{n-1}=\xi_n,A\xi_n=\mathbf{0}$ 用矩阵表示，得

$$A(\xi_1,\xi_2,\cdots,\xi_n)=(\xi_2,\xi_3,\cdots,\xi_{n-1},\mathbf{0})=(\xi_1,\xi_2,\cdots,\xi_n)\begin{bmatrix}0&0&\cdots&0&0\\1&0&\cdots&0&0\\\vdots&\vdots&&\vdots&\vdots\\0&0&\cdots&0&0\\0&0&\cdots&1&0\end{bmatrix},$$

因为向量组 $\xi_1,\xi_2,\cdots,\xi_n$ 线性无关，所以矩阵 $P=(\xi_1,\xi_2,\cdots,\xi_n)$ 可逆，从而 A 与矩阵

$$B=\begin{bmatrix}0&0&\cdots&0&0\\1&0&\cdots&0&0\\\vdots&\vdots&&\vdots&\vdots\\0&0&\cdots&0&0\\0&0&\cdots&1&0\end{bmatrix}$$

相似.于是，$r(A)=r(B)=n-1$，且 A 的特征值全为 0，故 A 的线性无关的特征向量仅有 $n-r(A)=1$ 个，因此 A 不能相似于对角矩阵.

第六章　二　次　型

§1. 二次型的标准形和规范形

知 识 要 点

1. 二次型的基本概念

(1)含有 n 个变量 $x_1,x_2,\cdots,x_n$ 的二次齐次函数

$$\begin{aligned}f(x_1,x_2,\cdots,x_n)=&a_{11}x_1^2+a_{22}x_2^2+\cdots+a_{nn}x_n^2+2a_{12}x_1x_2+2a_{13}x_1x_3\\&+\cdots+2a_{1n}x_1x_n+2a_{23}x_2x_3+\cdots+2a_{2n}x_2x_n\\&+\cdots+2a_{n-1,n}x_{n-1}x_n\end{aligned}$$

称为 n 元二次型.

(2)二次型有矩阵表示

$$f(x_1,x_2,\cdots,x_n)=\boldsymbol{x}^T\boldsymbol{A}\boldsymbol{x}$$

其中 $\boldsymbol{x}=(x_1,x_2,\cdots,x_n)^T$,$\boldsymbol{A}=(a_{ij})$,且 $\boldsymbol{A}^T=\boldsymbol{A}$ 是对称矩阵,称 $\boldsymbol{A}$ 为二次型的矩阵.秩 $r(\boldsymbol{A})$称为二次型的秩,记为 $r(f)$.

(3)如果二次型中只含有变量的平方项,所有混合项 $x_ix_j(i\neq j)$的系数全是零,即

$$\boldsymbol{x}^T\boldsymbol{A}\boldsymbol{x}=d_1x_1^2+d_2x_2^2+\cdots+d_nx_n^2,$$

这样的二次型称为标准形.

在标准形中,如平方项的系数 d_j 为 $1,-1$ 或 0,

$$\boldsymbol{x}^T\boldsymbol{A}\boldsymbol{x}=x_1^2+x_2^2+\cdots+x_p^2-x_{p+1}^2-\cdots-x_{p+q}^2,$$

则称其为二次型的规范形.

(4)在二次型 $\boldsymbol{x}^T\boldsymbol{A}\boldsymbol{x}$ 的标准形中,正平方项的个数 p 称为二次型的正惯性指数,负平方项的个数 q 称为二次型的负惯性指数;正负惯性指数之差即 $p-q$ 称为二次型的符号差.

(5)如果

$$\begin{cases}x_1=c_{11}y_1+c_{12}y_2+\cdots+c_{1n}y_n,\\x_2=c_{21}y_1+c_{22}y_2+\cdots+c_{2n}y_n,\\\cdots\cdots\cdots\cdots\cdots\cdots\\x_n=c_{n1}y_1+c_{n2}y_2+\cdots+c_{nn}y_n,\end{cases}\tag{*}$$

满足

$$|\boldsymbol{C}|=\begin{vmatrix}c_{11}&c_{12}&\cdots&c_{1n}\\c_{21}&c_{22}&\cdots&c_{2n}\\\cdots&\cdots&\cdots&\cdots\\c_{n1}&c_{n2}&\cdots&c_{nn}\end{vmatrix}\neq0,$$

称(*)为由 $\boldsymbol{x}=(x_1,x_2,\cdots,x_n)^T$ 到 $\boldsymbol{y}=(y_1,y_2,\cdots,y_n)^T$ 的非退化线性替换，且(*)可用矩阵描述，即

$$\begin{bmatrix}x_1\\x_2\\\vdots\\x_n\end{bmatrix}=\begin{bmatrix}c_{11}&c_{12}&\cdots&c_{1n}\\c_{21}&c_{22}&\cdots&c_{2n}\\\cdots&\cdots&\cdots&\cdots\\c_{n1}&c_{n2}&\cdots&c_{nn}\end{bmatrix}\begin{bmatrix}y_1\\y_2\\\vdots\\y_n\end{bmatrix}$$

或 $\boldsymbol{x}=\boldsymbol{C}\boldsymbol{y}$，其中 $\boldsymbol{C}$ 是可逆矩阵.

注意：如果没有特别说明，本章所涉及的二次型均为实二次型，即二次型中变量的系数均为实数，所涉及的矩阵和向量都是实的.

2. 二次型的常用结论

(1) 二次型与对称矩阵一一对应.

(2)变量 $\boldsymbol{x}=(x_1,x_2,\cdots,x_n)^T$ 的 n 元二次型 $\boldsymbol{x}^T\boldsymbol{A}\boldsymbol{x}$ 经过非退化线性替换 $\boldsymbol{x}=\boldsymbol{C}\boldsymbol{y}$ 后，成为变量 $\boldsymbol{y}=(y_1,y_2,\cdots,y_n)^T$ 的 n 元二次型 $\boldsymbol{y}^T\boldsymbol{B}\boldsymbol{y}$，其中 $\boldsymbol{B}=\boldsymbol{C}^T\boldsymbol{A}\boldsymbol{C}$.

(3)任意的 n 元二次型 $\boldsymbol{x}^T\boldsymbol{A}\boldsymbol{x}$ 都可以通过非退化线性替换化成标准形 $d_1y_1^2+d_2y_2^2+\cdots+d_ny_n^2$，其中 $d_i(i=1,2,\cdots,n)$是实数.

(4)(惯性定理). 任意 n 元二次型 $\boldsymbol{x}^T\boldsymbol{A}\boldsymbol{x}$ 都可通过非退化线性替换化为规范形

$$z_1^2+z_2^2+\cdots+z_p^2-z_{p+1}^2-\cdots-z_{p+q}^2,$$

其中 p 为正惯性指数，q 为负惯性指数，$p+q$ 为二次型的秩，且 p,q 由二次型唯一确定，即规范形是唯一的.

(5)任意 n 元二次型 $\boldsymbol{x}^T\boldsymbol{A}\boldsymbol{x}$，由于 $\boldsymbol{A}$ 是实对称矩阵，故必存在正交变换 $\boldsymbol{x}=\boldsymbol{C}\boldsymbol{y}$($\boldsymbol{C}$ 为正交矩阵)，使得二次型化为标准形 $\lambda_1y_1^2+\lambda_2y_2^2+\cdots+\lambda_ny_n^2$，且 $\lambda_1,\lambda_2,\cdots,\lambda_n$ 是 $\boldsymbol{A}$ 的 n 个特征值.

(6)非退化线性替换保持二次型的正负惯性指数，秩，正定性等.

基本题型

题型 1:二次型的基本概念

【1.1】 设 $f(x_1,x_2,x_3,x_4)=x_1^2+3x_2^2-x_3^2+x_1x_2-2x_1x_3+3x_2x_3$，则二次型的矩阵是______，二次型的秩为______.

解 由题设二次型的矩阵为

$$\boldsymbol{A}=\begin{bmatrix}1&\frac{1}{2}&-1&0\\\frac{1}{2}&3&\frac{3}{2}&0\\-1&\frac{3}{2}&-1&0\\0&0&0&0\end{bmatrix},$$

将上述矩阵进行初等行变换化为阶梯形：

$$A\to\begin{bmatrix}1&\frac{1}{2}&-1&0\\0&\frac{11}{4}&2&0\\0&2&-2&0\\0&0&0&0\end{bmatrix}\to\begin{bmatrix}1&\frac{1}{2}&-1&0\\0&1&-1&0\\0&0&\frac{19}{4}&0\\0&0&0&0\end{bmatrix},$$

可知二次型的秩为 3.

故应填 $\begin{bmatrix}1&\frac{1}{2}&-1&0\\\frac{1}{2}&3&\frac{3}{2}&0\\-1&\frac{3}{2}&-1&0\\0&0&0&0\end{bmatrix}$,3.

【1.2】 二次型 $f(x_1,x_2,x_3)=x_1^2-x_2^2+3x_3^2$ 的秩为______,正惯性指数为______,负惯性指数为______.

解 二次型 $f(x_1,x_2,x_3)=x_1^2-x_2^2+3x_3^2$ 为标准形,
所以 f 的秩为 3,正惯性指数为 2,负惯性指数为 1.

故应填 3,2,1.

【1.3】 二次型 $f(x_1,x_2,x_3)=x_1^2+3x_2^2+x_3^2+2x_1x_2+2x_1x_3+2x_2x_3$,则 f 的正惯性指数为______.

解 $A=\begin{bmatrix}1&1&1\\1&3&1\\1&1&1\end{bmatrix}$.又 $|\lambda E-A|=\begin{vmatrix}\lambda-1&-1&-1\\-1&\lambda-3&-1\\-1&-1&\lambda-1\end{vmatrix}=\lambda(\lambda-1)(\lambda-4)$,

故 A 的特征值为:0,1,4.所以正惯性指数为 2.

点评:本题为 2011 年考研真题.

【1.4】 设二次型 $f(x_1,x_2,\cdots,x_n)=(nx_1)^2+(nx_2)^2+\cdots+(nx_n)^2-(x_1+x_2+\cdots+x_n)^2$ $(n>1)$,则 f 的秩是______.

解 因为二次型 f 的矩阵

$$A=\begin{bmatrix}n^2-1&-1&-1&\cdots&-1\\-1&n^2-1&-1&\cdots&-1\\\vdots&\vdots&\vdots&&\vdots\\1&-1&-1&\cdots&n^2-1\end{bmatrix}\to\begin{bmatrix}n^2-n&n^2-n&n^2-n&\cdots&n^2-n\\-1&n^2-1&-1&\cdots&-1\\\vdots&\vdots&\vdots&&\vdots\\-1&-1&-1&\cdots&n^2-1\end{bmatrix}$$

$$\xrightarrow[(n>1)]{}\begin{bmatrix}1&1&1&\cdots&1\\-1&n^2-1&-1&\cdots&-1\\\vdots&\vdots&\vdots&&\vdots\\-1&-1&-1&\cdots&n^2-1\end{bmatrix}\to\begin{bmatrix}1&1&1&\cdots&1\\0&n^2&0&\cdots&0\\\vdots&\vdots&\vdots&&\vdots\\0&0&0&\cdots&n^2\end{bmatrix}.$$

可见 f 的秩为 n.

故应填 n.

【1.5】 二次型 $\boldsymbol{x}^T\begin{bmatrix}2&1\\3&1\end{bmatrix}\boldsymbol{x}$ 的矩阵是______，$\boldsymbol{x}^T\begin{bmatrix}1&2&3\\4&5&6\\7&8&9\end{bmatrix}\boldsymbol{x}$ 的矩阵是______.

解 $\boldsymbol{x}^T\begin{bmatrix}2&1\\3&1\end{bmatrix}\boldsymbol{x}=(x_1,x_2)\begin{bmatrix}2&1\\3&1\end{bmatrix}\begin{bmatrix}x_1\\x_2\end{bmatrix}=2x_1^2+4x_1x_2+x_2^2$,

故二次型的矩阵为 $\begin{bmatrix}2&2\\2&1\end{bmatrix}$.

$$\boldsymbol{x}^T\begin{bmatrix}1&2&3\\4&5&6\\7&8&9\end{bmatrix}\boldsymbol{x}=(x_1,x_2,x_3)\begin{bmatrix}1&2&3\\4&5&6\\7&8&9\end{bmatrix}\begin{bmatrix}x_1\\x_2\\x_3\end{bmatrix}$$
$$=x_1^2+5x_2^2+9x_3^2+6x_1x_2+10x_1x_3+14x_2x_3,$$

故二次型的矩阵为 $\begin{bmatrix}1&3&5\\3&5&7\\5&7&9\end{bmatrix}$.

故应填 $\begin{bmatrix}2&2\\2&1\end{bmatrix}$, $\begin{bmatrix}1&3&5\\3&5&7\\5&7&9\end{bmatrix}$.

点评:(1)二次型的矩阵一定是对称矩阵,且二次型与对称矩阵一一对应.

(2)二次型 $\boldsymbol{x}^T\boldsymbol{A}\boldsymbol{x}$ 的矩阵 $\boldsymbol{A}=(a_{ij})$ 按下列规则确定:a_{ii} 取 x_i^2 的系数,$a_{ij}=a_{ji}$ 取 x_ix_j 系数的一半,其余取0.

【1.6】 三元二次型 $f(x_1,x_2,x_3)=\boldsymbol{x}^T\begin{bmatrix}1&1&2\\1&1&1\\0&1&1\end{bmatrix}\boldsymbol{x}$ 的秩为______.

解 二次型 $f(x_1,x_2,x_3)$ 的矩阵为

$$\boldsymbol{A}=\begin{bmatrix}1&1&1\\1&1&1\\1&1&1\end{bmatrix}.$$

由于 $r(\boldsymbol{A})=1$,所以二次型 f 的秩为1.

故应填1.

【1.7】 二次型 $f(x_1,x_2,x_3)=x_1^2+6x_1x_2+4x_1x_3+x_2^2+2x_2x_3+tx_3^2$,若其秩为2,则 t 值应为______.

(A)0　　(B)2　　(C)$\frac{7}{8}$　　(D)1

解 二次型矩阵为

$$\begin{bmatrix}1&3&2\\3&1&1\\2&1&t\end{bmatrix}\to\begin{bmatrix}1&3&2\\0&1&\frac{5}{8}\\0&0&t-\frac{7}{8}\end{bmatrix},$$

故当 $t=\frac{7}{8}$ 时，其秩为 2.

故应选(C).

【1.8】 设矩阵 $\boldsymbol{A}=\begin{bmatrix}1&3&5\\3&-2&-4\\5&-4&-1\end{bmatrix}$，求 $\boldsymbol{A}$ 相应的二次型的表达式.

解 设二次型的变量为 $\boldsymbol{x}=(x_1,x_2,x_3)^T$，则

$$f=\boldsymbol{x}^T\boldsymbol{A}\boldsymbol{x}=(x_1,x_2,x_3)\begin{bmatrix}1&3&5\\3&-2&-4\\5&-4&-1\end{bmatrix}\begin{bmatrix}x_1\\x_2\\x_3\end{bmatrix}$$

$$=x_1^2-2x_2^2-x_3^2+6x_1x_2+10x_1x_3-8x_2x_3.$$

【1.9】 设 $\boldsymbol{A},\boldsymbol{B}$ 为 n 阶方阵，对任意的 n 维列向量 $\boldsymbol{x}$，都有 $\boldsymbol{x}^T\boldsymbol{A}\boldsymbol{x}=\boldsymbol{x}^T\boldsymbol{B}\boldsymbol{x}$，则______.

(A)$\boldsymbol{A}=\boldsymbol{B}$　　　　(B)$\boldsymbol{A}$ 与 $\boldsymbol{B}$ 等价

(C)当 $\boldsymbol{A}$ 与 $\boldsymbol{B}$ 为对称矩阵时，$\boldsymbol{A}=\boldsymbol{B}$

(D)当 $\boldsymbol{A}$ 与 $\boldsymbol{B}$ 为对称矩阵时，也可能有 $\boldsymbol{A}\neq\boldsymbol{B}$

解 设 $\boldsymbol{A}=(a_{ij})$，$\boldsymbol{B}=(b_{ij})$，

由 $\boldsymbol{x}^T\boldsymbol{A}\boldsymbol{x}=\boldsymbol{x}^T\boldsymbol{B}\boldsymbol{x}$，则对任意 $1\leqslant i\leqslant j\leqslant n$，等式两端 x_{ij} 的系数相等，即

$$a_{ij}+a_{ji}=b_{ij}+b_{ji}.$$

当 $\boldsymbol{A}$ 与 $\boldsymbol{B}$ 为对称矩阵时，有 $2a_{ij}=2b_{ij}$，所以 $\boldsymbol{A}=\boldsymbol{B}$.

故应选(C).

题型 2：二次型的标准形

化二次型为标准形通常有三种方法.

方法 1：配方法

将变量 $x_1,x_2,\cdots,x_n$ 逐个配成完全平方形式.

(1)若二次型含有 x_i 的平方项，则先把 x_i 乘积项集中，然后配方，再对其余的变量进行类似处理，直到都配成平方项为止. 经过非退化线性替换，即得标准形.

(2)若二次型不含平方项，但 $a_{ij}\neq0\ (i\neq j)$，则先作非退化线性替换 $x_i=y_i+y_j$，$x_j=y_i-y_j$，$x_k=y_k$，$(k=1,2,\cdots,n$，且 $k\neq i,j)$，化二次型为含平方项的二次型，再按(1)方法配方.

【1.10】 用配方法化二次型

$$f(x_1,x_2,x_3)=x_1^2+5x_2^2+5x_3^2+2x_1x_2-4x_1x_3$$

为标准形，并写出所用非退化线性替换.

解 $f(x_1,x_2,x_3)=x_1^2+5x_2^2+5x_3^2+2x_1x_2-4x_1x_3$

$$=x_1^2+2x_1(x_2-2x_3)+(x_2-2x_3)^2+5x_2^2+5x_3^2-(x_2-2x_3)^2$$

$$=(x_1+x_2-2x_3)^2+4x_2^2+4x_2x_3+x_3^2$$
$$=(x_1+x_2-2x_3)^2+(2x_2+x_3)^2.$$

令

$$\begin{cases} y_1=x_1+x_2-2x_3, \\ y_2=2x_2+x_3, \\ y_3=x_3, \end{cases}$$

亦即

$$\begin{cases} x_1=y_1-\frac{1}{2}y_2+\frac{5}{2}y_3, \\ x_2=\frac{1}{2}y_2+\frac{1}{2}y_3, \\ x_3=y_3, \end{cases}$$

则有 $f=y_1^2+y_2^2$.

【1.11】 用配方法化二次型

$$f(x_1,x_2,x_3)=2x_1x_2+4x_1x_3$$

为标准形,并写出所用非退化线性替换.

解 在 f 中不含平方项,由于含有 x_1x_2,故可先令

$$\begin{cases} x_1=y_1+y_2, \\ x_2=y_1-y_2, \\ x_3=y_3, \end{cases}$$

则

$$f=2x_1x_2+4x_1x_3=2(y_1+y_2)(y_1-y_2)+4(y_1+y_2)y_3$$
$$=2y_1^2-2y_2^2+4y_1y_3+4y_2y_3=2y_1^2+4y_1y_3+2y_3^2-2y_2^2+4y_2y_3-2y_3^2$$
$$=2(y_1+y_3)^2-2(y_2-y_3)^2,$$

再令

$$\begin{cases} z_1=y_1+y_3, \\ z_2=y_2-y_3, \\ z_3=y_3, \end{cases} \quad 即 \quad \begin{cases} y_1=z_1+z_3, \\ y_2=z_2+z_3, \\ y_3=z_3, \end{cases}$$

即经非退化线性替换

$$\begin{cases} x_1=z_1+z_2, \\ x_2=z_1-z_2-2z_3, \\ x_3=z_3, \end{cases}$$

二次型化为标准形 $f=2z_1^2-2z_2^2$.

【1.12】 用配方法把二次型

$$f(x_1,x_2,x_3)=x_1x_2+x_1x_3+2x_2x_3$$

化为标准形,并写出所用非退化线性替换矩阵.

解 令

$$\begin{cases} x_1 = y_1 + y_2, \\ x_2 = y_1 - y_2, \\ x_3 = \qquad\quad y_3, \end{cases}$$

代入，再配方可得

$$f = y_1^2 - y_2^2 + y_1y_3 + y_2y_3 + 2y_1y_3 - 2y_2y_3 = (y_1^2 + 3y_1y_3) - y_2^2 - y_2y_3$$
$$= \left(y_1 + \frac{3}{2}y_3\right)^2 - \left(y_2 + \frac{1}{2}y_3\right)^2 - 2y_3^2.$$

令

$$\begin{cases} z_1 = y_1 \qquad + \frac{3}{2}y_3, \\ z_2 = \qquad y_2 + \frac{1}{2}y_3, \\ z_3 = \qquad\qquad y_3, \end{cases} \quad \text{即} \quad \begin{cases} y_1 = z_1 \qquad - \frac{3}{2}z_3, \\ y_2 = \qquad z_2 - \frac{1}{2}z_3, \\ y_3 = \qquad\qquad z_3, \end{cases}$$

得 $f = z_1^2 - z_2^2 - 2z_3^2$. 所用的非退化线性替换矩阵为

$$C = \begin{bmatrix} 1 & 1 & 0 \\ 1 & -1 & 0 \\ 0 & 0 & 1 \end{bmatrix} \begin{bmatrix} 1 & 0 & -\frac{3}{2} \\ 0 & 1 & -\frac{1}{2} \\ 0 & 0 & 1 \end{bmatrix} = \begin{bmatrix} 1 & 1 & -2 \\ 1 & -1 & -1 \\ 0 & 0 & 1 \end{bmatrix}.$$

方法 2:正交变换法

设二次型 $\boldsymbol{x}^T\boldsymbol{A}\boldsymbol{x}$ 经过非退化线性替换 $\boldsymbol{x} = \boldsymbol{C}\boldsymbol{y}$ 化为标准形 $\boldsymbol{y}^T\boldsymbol{B}\boldsymbol{y}$，其中 $\boldsymbol{B} = \boldsymbol{C}^T\boldsymbol{A}\boldsymbol{C}$ 为对角形矩阵，亦即将 $\boldsymbol{x}^T\boldsymbol{A}\boldsymbol{x}$ 化为标准形的过程可以看成将实对称矩阵 $\boldsymbol{A}$ 正交相似对角化的过程. 所以可以按下列步骤化二次型为标准形：

(1)先求出二次型矩阵 $\boldsymbol{A}$ 的全部特征值，设 $\lambda_1, \lambda_2, \cdots, \lambda_r$ 是 $\boldsymbol{A}$ 的全部不同的特征值，

(2)对于每一个 λ_i，由齐次线性方程组 $(\lambda_i\boldsymbol{E} - \boldsymbol{A})\boldsymbol{x} = \boldsymbol{0}$ 求得一个基础解系 $\boldsymbol{\alpha}_{i1}, \boldsymbol{\alpha}_{i2}, \cdots, \boldsymbol{\alpha}_{im_i}$（$m_i$ 为 λ_i 的重数），

(3)由公式 $\boldsymbol{\beta}_{i1} = \boldsymbol{\alpha}_{i1}$，$\boldsymbol{\beta}_{i2} = \boldsymbol{\alpha}_{i2} - \frac{(\boldsymbol{\alpha}_{i2}, \boldsymbol{\beta}_{i1})}{(\boldsymbol{\beta}_{i1}, \boldsymbol{\beta}_{i1})}\boldsymbol{\beta}_{i1}, \cdots,$

$$\boldsymbol{\beta}_{im_i} = \boldsymbol{\alpha}_{im_i} - \frac{(\boldsymbol{\alpha}_{im_i}, \boldsymbol{\beta}_{im_{i-1}})}{(\boldsymbol{\beta}_{im_{i-1}}, \boldsymbol{\beta}_{im_{i-1}})}\boldsymbol{\beta}_{im_{i-1}} - \cdots - \frac{(\boldsymbol{\alpha}_{im_i}, \boldsymbol{\beta}_{i1})}{(\boldsymbol{\beta}_{i1}, \boldsymbol{\beta}_{i1})}\boldsymbol{\beta}_{i1},$$

将 $\boldsymbol{\alpha}_{i1}, \boldsymbol{\alpha}_{i2}, \cdots, \boldsymbol{\alpha}_{im_i}$ 正交化，其中 $(\boldsymbol{\alpha}, \boldsymbol{\beta})$ 表示向量 $\boldsymbol{\alpha}$ 与 $\boldsymbol{\beta}$ 的内积，即两向量对应分量乘积的和，

(4)进一步将 $\boldsymbol{\beta}_{ij}$ $(j = 1, 2, \cdots, m_i)$ 单位化，即令 $\boldsymbol{\eta}_{ij} = \frac{1}{\|\boldsymbol{\beta}_{ij}\|}\boldsymbol{\beta}_{ij}$，$\|\boldsymbol{\beta}_{ij}\| = \sqrt{(\boldsymbol{\beta}_{ij}, \boldsymbol{\beta}_{ij})}$，

(5)最后将得到的全部正交单位向量组成正交矩阵 $\boldsymbol{C}$，则标准形为 $\boldsymbol{y}^T\boldsymbol{C}^T\boldsymbol{A}\boldsymbol{C}\boldsymbol{y}$，且平方项前的系数恰好为 $\boldsymbol{A}$ 的特征值.

【1.13】 求一个正交变换化二次型 $f = x_1^2 + 4x_2^2 + 4x_3^2 - 4x_1x_2 + 4x_1x_3 - 8x_2x_3$ 成标准形.

解 二次型 f 的矩阵为

$$\boldsymbol{A} = \begin{bmatrix} 1 & -2 & 2 \\ -2 & 4 & -4 \\ 2 & -4 & 4 \end{bmatrix},$$

A 的特征多项式为

$$|\lambda \boldsymbol{E}-\boldsymbol{A}|=\begin{vmatrix}\lambda-1 & 2 & -2\\ 2 & \lambda-4 & 4\\ -2 & 4 & \lambda-4\end{vmatrix}=\lambda^2(\lambda-9),$$

得 **A** 的特征值 $\lambda_1=\lambda_2=0,\lambda_3=9$.

对于特征值 $\lambda_1=\lambda_2=0$,可得对应的线性无关的特征向量

$$\boldsymbol{\xi}_1=(2,1,0)^T,\quad \boldsymbol{\xi}_2=(-2,0,1)^T.$$

将 $\boldsymbol{\xi}_1,\boldsymbol{\xi}_2$ 正交单位化,得

$$\boldsymbol{\eta}_1=\left(\frac{2}{\sqrt{5}},\frac{1}{\sqrt{5}},0\right)^T,\quad \boldsymbol{\eta}_2=\left(-\frac{2}{3\sqrt{5}},\frac{4}{3\sqrt{5}},\frac{5}{3\sqrt{5}}\right)^T.$$

对于特征值 $\lambda_3=9$,可得对应的特征向量

$$\boldsymbol{\xi}_3=(1,-2,2)^T.$$

将 $\boldsymbol{\xi}_3$ 单位化,得

$$\boldsymbol{\eta}_3=\left(\frac{1}{3},-\frac{2}{3},\frac{2}{3}\right)^T.$$

取

$$\boldsymbol{Q}=\begin{bmatrix}\frac{2}{\sqrt{5}} & -\frac{2}{3\sqrt{5}} & \frac{1}{3}\\ \frac{1}{\sqrt{5}} & \frac{4}{3\sqrt{5}} & -\frac{2}{3}\\ 0 & \frac{5}{3\sqrt{5}} & \frac{2}{3}\end{bmatrix},$$

则 **Q** 是正交矩阵,且二次型 f 经正交变换

$$\begin{bmatrix}x_1\\x_2\\x_3\end{bmatrix}=\boldsymbol{Q}\begin{bmatrix}y_1\\y_2\\y_3\end{bmatrix}$$

化为标准形 $f=9y_3^2$.

【1.14】 已知二次型 $f(x_1,x_2,x_3)=4x_2^2-3x_3^2+4x_1x_2-4x_1x_3+8x_2x_3$.

(1)写出二次型 f 的矩阵表达式;

(2)用正交变换把二次型 f 化为标准形,并写出相应的正交矩阵.

解 (1)二次型 f 的矩阵表达式为

$$f(x_1,x_2,x_3)=(x_1,x_2,x_3)\begin{bmatrix}0 & 2 & -2\\ 2 & 4 & 4\\ -2 & 4 & -3\end{bmatrix}\begin{bmatrix}x_1\\x_2\\x_3\end{bmatrix}.$$

(2)二次型 f 的矩阵 **A** 的特征多项式为

$$|\lambda \boldsymbol{E}-\boldsymbol{A}|=\begin{vmatrix}\lambda & -2 & 2\\ -2 & \lambda-4 & -4\\ 2 & -4 & \lambda+3\end{vmatrix}=(\lambda-1)(\lambda-6)(\lambda+6),$$

知 $\boldsymbol{A}$ 的特征值 $\lambda_1=1,\lambda_2=6,\lambda_3=-6$.

对于特征值 $\lambda_1=1$,可得对应的特征向量 $\boldsymbol{\xi}_1=(-2,0,1)^T$.

对于特征值 $\lambda_2=6$,可得对应的特征向量 $\boldsymbol{\xi}_2=(1,5,2)^T$.

对于特征值 $\lambda_3=-6$,可得对应的特征向量 $\boldsymbol{\xi}_3=(1,-1,2)^T$.

将 $\boldsymbol{\xi}_1,\boldsymbol{\xi}_2,\boldsymbol{\xi}_3$ 单位化,得

$$\boldsymbol{\eta}_1=\left(-\frac{2}{\sqrt{5}},0,\frac{1}{\sqrt{5}}\right)^T,\quad \boldsymbol{\eta}_2=\left(\frac{1}{\sqrt{30}},\frac{5}{\sqrt{30}},\frac{2}{\sqrt{30}}\right)^T,\quad \boldsymbol{\eta}_3=\left(\frac{1}{\sqrt{6}},-\frac{1}{\sqrt{6}},\frac{2}{\sqrt{6}}\right)^T.$$

取

$$\boldsymbol{Q}=\begin{bmatrix}-\frac{2}{\sqrt{5}} & \frac{1}{\sqrt{30}} & \frac{1}{\sqrt{6}}\\ 0 & \frac{5}{\sqrt{30}} & -\frac{1}{3\sqrt{6}}\\ \frac{1}{\sqrt{5}} & \frac{2}{\sqrt{30}} & \frac{2}{\sqrt{6}}\end{bmatrix},$$

则 $\boldsymbol{Q}$ 是正交矩阵.于是,二次型 f 可通过正交变换

$$\begin{bmatrix}x_1\\x_2\\x_3\end{bmatrix}=\boldsymbol{Q}\begin{bmatrix}y_1\\y_2\\y_3\end{bmatrix}$$

化为标准形 $y_1^2+6y_2^2-6y_3^2$.

【1.15】 求下列二次型的标准形:

(1) $f(x_1,x_2,x_3)=(x_1,x_2,x_3)\begin{bmatrix}2 & 3 & -2\\1 & 5 & -3\\-2 & -5 & 5\end{bmatrix}\begin{bmatrix}x_1\\x_2\\x_3\end{bmatrix}$;

(2) $f(x_1,x_2,x_3)=(x_1,x_2,x_3)\begin{bmatrix}0 & -5 & 1\\1 & 0 & 3\\1 & -1 & 0\end{bmatrix}\begin{bmatrix}x_1\\x_2\\x_3\end{bmatrix}$.

解 (1)由题设,

$$f(x_1,x_2,x_3)=2x_1^2+4x_1x_2-4x_1x_3+5x_2^2-8x_2x_3+5x_3^2.$$

解法一
$$\begin{aligned}f(x_1,x_2,x_3)&=2[x_1^2+2x_1(x_2-x_3)+(x_2-x_3)^2]\\&\quad+3[x_2^2-2\times\frac{2}{3}x_2x_3+(\frac{2}{3}x_3)^2]+\frac{5}{3}x_3^2\\&=2(x_1+x_2-x_3)^2+3(x_2-\frac{2}{3}x_3)^2+\frac{5}{3}x_3^2.\end{aligned}$$

令 $\begin{cases}y_1=x_1+x_2-x_3,\\ y_2=x_2-\frac{2}{3}x_3,\\ y_3=x_3,\end{cases}$ 则有 $f(x_1,x_2,x_3)=2y_1^2+3y_2^2+\frac{5}{3}y_3^2$.

由 $\begin{cases}y_1=x_1+x_2-x_3,\\ y_2=x_2-\frac{2}{3}x_3,\\ y_3=x_3,\end{cases}$ 可得

$$\begin{bmatrix}x_1\\x_2\\x_3\end{bmatrix}=\begin{bmatrix}1&-1&\frac{1}{3}\\0&1&\frac{2}{3}\\0&0&1\end{bmatrix}\begin{bmatrix}y_1\\y_2\\y_3\end{bmatrix}$$

为所用的非退化线性替换.

解法二 二次型的矩阵为:

$$\boldsymbol{A}=\begin{bmatrix}2&2&-2\\2&5&-4\\-2&-4&5\end{bmatrix}.$$

由

$$|\lambda\boldsymbol{E}-\boldsymbol{A}|=\begin{vmatrix}\lambda-2&-2&2\\-2&\lambda-5&4\\2&4&\lambda-5\end{vmatrix}=(\lambda-1)^2(\lambda-10),$$

得 $\boldsymbol{A}$ 的特征值为 1(二重)与 10.

对于 $\lambda=1$,求解齐次线性方程组 $(\boldsymbol{E}-\boldsymbol{A})\boldsymbol{x}=\boldsymbol{0}$,可得该方程组的一个基础解系为

$$\boldsymbol{\alpha}_1=\begin{bmatrix}-2\\1\\0\end{bmatrix},\quad \boldsymbol{\alpha}_2=\begin{bmatrix}2\\0\\1\end{bmatrix},$$

所以 $\boldsymbol{\alpha}_1,\boldsymbol{\alpha}_2$ 是 $\boldsymbol{A}$ 的属于特征值 1 的两个线性无关的特征向量.

先正交化

$$\boldsymbol{\beta}_1=\boldsymbol{\alpha}_1=\begin{bmatrix}-2\\1\\0\end{bmatrix},\quad \boldsymbol{\beta}_2=\boldsymbol{\alpha}_2-\frac{(\boldsymbol{\alpha}_2,\boldsymbol{\beta}_1)}{(\boldsymbol{\beta}_1,\boldsymbol{\beta}_1)}\boldsymbol{\beta}_1=\begin{bmatrix}2\\0\\1\end{bmatrix}-\left(-\frac{4}{5}\right)\begin{bmatrix}-2\\1\\0\end{bmatrix}=\begin{bmatrix}\frac{2}{5}\\\frac{4}{5}\\1\end{bmatrix}.$$

再单位化 $\boldsymbol{\eta}_1=\dfrac{\boldsymbol{\beta}_1}{\|\boldsymbol{\beta}_1\|}=\begin{bmatrix}\frac{-2}{\sqrt{5}}\\\frac{1}{\sqrt{5}}\\0\end{bmatrix}$, $\boldsymbol{\eta}_2=\dfrac{\boldsymbol{\beta}_2}{\|\boldsymbol{\beta}_2\|}=\begin{bmatrix}\frac{2}{3\sqrt{5}}\\\frac{4}{3\sqrt{5}}\\\frac{5}{3\sqrt{5}}\end{bmatrix}$.

对于 $\lambda=10$,求解齐次线性方程组 $(10\boldsymbol{E}-\boldsymbol{A})\boldsymbol{x}=\boldsymbol{0}$,可求得其基础解系为

$$\boldsymbol{\alpha}_3=\begin{bmatrix}1\\2\\-2\end{bmatrix},\quad \text{从而}\quad \boldsymbol{\eta}_3=\frac{\boldsymbol{\alpha}_3}{\|\boldsymbol{\alpha}_3\|}=\begin{bmatrix}\frac{1}{3}\\\frac{2}{3}\\-\frac{2}{3}\end{bmatrix}.$$

令 $Q=(\boldsymbol{\eta}_1,\boldsymbol{\eta}_2,\boldsymbol{\eta}_3)=\begin{bmatrix}\frac{-2}{\sqrt{5}} & \frac{2}{3\sqrt{5}} & \frac{1}{3}\\ \frac{1}{\sqrt{5}} & \frac{4}{3\sqrt{5}} & \frac{2}{3}\\ 0 & \frac{5}{3\sqrt{5}} & -\frac{2}{3}\end{bmatrix}$， 则有 $Q^TAQ=\begin{bmatrix}1&0&0\\0&1&0\\0&0&10\end{bmatrix}$，

即经正交变换 $x=Qy$ 得 $f(x_1,x_2,x_3)=y_1^2+y_2^2+10y_3^2$.

(2)由题设，$f(x_1,x_2,x_3)=-4x_1x_2+2x_1x_3+2x_2x_3$.

解法一 $f(x_1,x_2,x_3)$无平方项，先设

$$\begin{cases}x_1=y_1+y_2,\\ x_2=y_1-y_2,\\ x_3=y_3,\end{cases}\quad 令\ C_1=\begin{bmatrix}1&1&0\\1&-1&0\\0&0&1\end{bmatrix},$$

得 $f(x_1,x_2,x_3)=-4y_1^2+4y_1y_3+4y_2^2=-4(y_1-\frac{1}{2}y_3)^2+4y_2^2+y_3^2$.

再设 $\begin{cases}z_1=y_1-\frac{1}{2}y_3,\\ z_2=y_2,\\ z_3=y_3,\end{cases}$ 即 $\begin{cases}y_1=z_1+\frac{1}{2}z_3,\\ y_2=z_2,\\ y_3=z_3,\end{cases}$

令 $C_2=\begin{bmatrix}1&0&\frac{1}{2}\\0&1&0\\0&0&1\end{bmatrix}$，得 $f(x_1,x_2,x_3)=-4z_1^2+4z_2^2+z_3^2$，

令 $C=C_1C_2$ 且 $|C|=|C_1|\ |C_2|=-2\neq 0$，所以在非退化线性变化 $x=Cz$ 下，二次型化为

$$f(x_1,x_2,x_3)=-4z_1^2+4z_2^2+z_3^2.$$

解法二 二次型的矩阵为：$A=\begin{bmatrix}0&-2&1\\-2&0&1\\1&1&0\end{bmatrix}$.

由
$$|\lambda E-A|=\begin{vmatrix}\lambda&2&-1\\2&\lambda&-1\\-1&-1&\lambda\end{vmatrix}$$
$$=(\lambda-2)(\lambda^2+2\lambda-2)=(\lambda-2)(\lambda+1+\sqrt{3})(\lambda+1-\sqrt{3}),$$

可求得 A 的特征值为 $2,-1+\sqrt{3},-1-\sqrt{3}$.

当 $\lambda=2$ 时，解齐次线性方程组 $(2E-A)x=\mathbf{0}$，可求得其一个基础解系为 $\boldsymbol{\alpha}_1=\begin{bmatrix}-1\\1\\0\end{bmatrix}$，从而

$\boldsymbol{\alpha}_1$ 是 A 的属于特征值 2 的一个线性无关的特征向量. 将其单位化得 $\boldsymbol{\eta}_1=\frac{\boldsymbol{\alpha}_1}{\|\boldsymbol{\alpha}_1\|}=\begin{bmatrix}\frac{-1}{\sqrt{2}}\\ \frac{1}{\sqrt{2}}\\ 0\end{bmatrix}$；

当 $\lambda=-1+\sqrt{3}$ 时，解齐次线性方程组 $[(-1+\sqrt{3})\boldsymbol{E}-\boldsymbol{A}]\boldsymbol{x}=\boldsymbol{0}$，可求得其一个基础解系为 $\boldsymbol{\alpha}_2=\begin{bmatrix}1\\1\\\sqrt{3}+1\end{bmatrix}$，从而 $\boldsymbol{\alpha}_2$ 是 $\boldsymbol{A}$ 的属于特征值 $-1+\sqrt{3}$ 的一个特征向量，将其单位化得

$$\boldsymbol{\eta}_2=\frac{1}{\|\boldsymbol{\alpha}_2\|}\boldsymbol{\alpha}_2=\begin{bmatrix}\frac{1}{\sqrt{6+2\sqrt{3}}}\\\frac{1}{\sqrt{6+2\sqrt{3}}}\\\frac{\sqrt{3}+1}{\sqrt{6+2\sqrt{3}}}\end{bmatrix};$$

当 $\lambda=-1-\sqrt{3}$ 时，解齐次线性方程组 $[(-1-\sqrt{3})\boldsymbol{E}-\boldsymbol{A}]\boldsymbol{x}=\boldsymbol{0}$，可求得其一个基础解系为 $\boldsymbol{\alpha}_3=\begin{bmatrix}-1\\-1\\\sqrt{3}-1\end{bmatrix}$，从而 $\boldsymbol{\alpha}_3$ 是 $\boldsymbol{A}$ 的属于特征值 $-1-\sqrt{3}$ 的一个特征向量，将其单位化得

$$\boldsymbol{\eta}_3=\frac{1}{\|\boldsymbol{\alpha}_3\|}\boldsymbol{\alpha}_3=\begin{bmatrix}\frac{-1}{\sqrt{6-2\sqrt{3}}}\\\frac{-1}{\sqrt{6-2\sqrt{3}}}\\\frac{\sqrt{3}-1}{\sqrt{6-2\sqrt{3}}}\end{bmatrix}.$$

令 $\boldsymbol{Q}=(\boldsymbol{\eta}_1,\boldsymbol{\eta}_2,\boldsymbol{\eta}_3)=\begin{bmatrix}\frac{-1}{\sqrt{2}} & \frac{1}{\sqrt{6+2\sqrt{3}}} & \frac{-1}{\sqrt{6-2\sqrt{3}}}\\\frac{1}{\sqrt{2}} & \frac{1}{\sqrt{6+2\sqrt{3}}} & \frac{-1}{\sqrt{6-2\sqrt{3}}}\\0 & \frac{\sqrt{3}+1}{\sqrt{6+2\sqrt{3}}} & \frac{\sqrt{3}-1}{\sqrt{6-2\sqrt{3}}}\end{bmatrix}$，

则有 $\boldsymbol{Q}^T\boldsymbol{A}\boldsymbol{Q}=\begin{bmatrix}2 & 0 & 0\\0 & -1+\sqrt{3} & 0\\0 & 0 & -1-\sqrt{3}\end{bmatrix}$，即经正交变换 $\boldsymbol{x}=\boldsymbol{Q}\boldsymbol{y}$ 得

$$f(x_1,x_2,x_3)=2y_1^2+(-1+\sqrt{3})y_2^2+(-1-\sqrt{3})y_3^2.$$

点评：(1)利用正交变换法求标准形，首要的是要正确写出二次型的矩阵.

(2)由本题可以看出，二次型的标准形是不唯一的.

【1.16】 二次型 $f=x_1x_2+x_1x_3+x_2x_3$ 的标准形是______.

(A) $-y_1^2-\frac{1}{2}y_2^2-\frac{1}{2}y_3^2$　　(B) $y_1^2-\frac{1}{2}y_2^2-\frac{1}{2}y_3^2$

(C) $y_1^2+\frac{1}{2}y_2^2-\frac{1}{2}y_3^2$　　(D) $y_1^2+\frac{1}{2}y_2^2+\frac{1}{2}y_3^2$

解法一 令 $\begin{cases} x_1 = y_1 - y_2, \\ x_2 = y_1 + y_2, \\ x_3 = \quad\quad\ \ y_3, \end{cases}$ 代入，再配方得

$$f = y_1^2 - y_2^2 + 2y_1y_3 = (y_1 + y_3)^2 - y_2^2 - y_3^2,$$

可知二次型 f 的正惯性指数为 1，负惯性指数为 2，故应选(B).

解法二 二次型 f 的矩阵为

$$\boldsymbol{A} = \begin{bmatrix} 0 & \frac{1}{2} & \frac{1}{2} \\ \frac{1}{2} & 0 & \frac{1}{2} \\ \frac{1}{2} & \frac{1}{2} & 0 \end{bmatrix}.$$

由于 $|\lambda \boldsymbol{E} - \boldsymbol{A}| = (\lambda - 1)\left(\lambda + \frac{1}{2}\right)^2$，可得 $\boldsymbol{A}$ 的特征值为 $\lambda_1 = 1, \lambda_2 = \lambda_3 = -\frac{1}{2}$，故应选(B).

点评：若题目只需求标准形，而不需求所用的非退化线性替换，则只需求得正负惯性指数或矩阵的特征值即可.

【1.17】 设二次型 $f(x_1, x_2, x_3) = x_1^2 + 2x_2^2 + 3x_3^2 + 4x_1x_2 - 4x_2x_3$，则 f 的正惯性指数为______.

解法一 用配方法化二次型 f 为标准形：

$$f = x_1^2 + 2x_2^2 + 3x_3^2 + 4x_1x_2 - 4x_2x_3 = (x_1 + 2x_2)^2 - 2(x_2 + x_3)^2 + 5x_3^2,$$

可知 f 的正惯性指数为 2.

解法二 二次型 f 的矩阵为

$$\boldsymbol{A} = \begin{bmatrix} 1 & 2 & 0 \\ 2 & 2 & -2 \\ 0 & -2 & 3 \end{bmatrix}.$$

由 $\boldsymbol{A}$ 的特征多项式 $|\lambda \boldsymbol{E} - \boldsymbol{A}| = (\lambda + 1)(\lambda - 2)(\lambda - 5)$，得 $\boldsymbol{A}$ 的特征值 $\lambda_1 = -1, \lambda_2 = 2, \lambda_3 = 5$. 因为 $\boldsymbol{A}$ 的特征值中有两个为正，所以 f 的正惯性指数为 2.

故应填 2.

【1.18】 设二次型 $f(x_1, x_2, x_3) = ax_1^2 + 2x_2^2 - 2x_3^2 + 2bx_1x_3\ (b > 0)$，其中二次型的矩阵 $\boldsymbol{A}$ 的特征值之和为 1，特征值之积为 -12.

(1)求 a, b 的值；

(2)利用正交变换将二次型 f 化为标准形，并写出所用的正交变换和对应的正交矩阵.

解法一 (1)二次型 f 的矩阵为

$$\boldsymbol{A} = \begin{bmatrix} a & 0 & b \\ 0 & 2 & 0 \\ b & 0 & -2 \end{bmatrix}.$$

设 $\boldsymbol{A}$ 的特征值为 $\lambda_i\ (i = 1, 2, 3)$. 由题设，有

$$\lambda_1 + \lambda_2 + \lambda_3 = a + 2 + (-2) = 1,$$

$$\lambda_1\lambda_2\lambda_3=\begin{vmatrix} a & 0 & b \\ 0 & 2 & 0 \\ b & 0 & -2 \end{vmatrix}=-4a-2b^2=-12.$$

解得 $a=1,b=2$.

(2)由矩阵 $\boldsymbol{A}$ 的特征多项式 $|\lambda\boldsymbol{E}-\boldsymbol{A}|=\begin{vmatrix} \lambda-1 & 0 & -2 \\ 0 & \lambda-2 & 0 \\ -2 & 0 & \lambda+2 \end{vmatrix}=(\lambda-2)^2(\lambda+3)$,

得 $\boldsymbol{A}$ 的特征值 $\lambda_1=\lambda_2=2,\lambda_3=-3$.

对于 $\lambda_1=\lambda_2=2$,解齐次线性方程组 $(2\boldsymbol{E}-\boldsymbol{A})\boldsymbol{x}=\boldsymbol{0}$,得基础解系 $\boldsymbol{\xi}_1=(2,0,1)^T$, $\boldsymbol{\xi}_2=(0,1,0)^T$.

对于 $\lambda_3=-3$,解齐次线性方程组 $(-3\boldsymbol{E}-\boldsymbol{A})\boldsymbol{x}=\boldsymbol{0}$,得基础解系 $\boldsymbol{\xi}_3=(1,0,-2)^T$.

由于 $\boldsymbol{\xi}_1,\boldsymbol{\xi}_2,\boldsymbol{\xi}_3$ 已是正交向量组,为得到单位正交向量组,只需将 $\boldsymbol{\xi}_1,\boldsymbol{\xi}_2,\boldsymbol{\xi}_3$ 单位化,由此得

$$\boldsymbol{\eta}_1=\left(\frac{2}{\sqrt{5}},0,\frac{1}{\sqrt{5}}\right)^T,\qquad \boldsymbol{\eta}_2=(0,1,0)^T,\qquad \boldsymbol{\eta}_3=\left(\frac{1}{\sqrt{5}},0,-\frac{2}{\sqrt{5}}\right)^T.$$

令矩阵

$$\boldsymbol{Q}=(\boldsymbol{\eta}_1,\boldsymbol{\eta}_2,\boldsymbol{\eta}_3)=\begin{bmatrix} \frac{2}{\sqrt{5}} & 0 & \frac{1}{\sqrt{5}} \\ 0 & 1 & 0 \\ \frac{1}{\sqrt{5}} & 0 & -\frac{2}{\sqrt{5}} \end{bmatrix},$$

则 $\boldsymbol{Q}$ 为正交矩阵,在正交变换 $\boldsymbol{x}=\boldsymbol{Q}\boldsymbol{y}$ 下,有

$$\boldsymbol{Q}^T\boldsymbol{A}\boldsymbol{Q}=\begin{bmatrix} 2 & 0 & 0 \\ 0 & 2 & 0 \\ 0 & 0 & -3 \end{bmatrix},$$

且二次型的标准形为 $f=2y_1^2+2y_2^2-3y_3^2$.

解法二 (1)二次型 f 的矩阵为

$$\boldsymbol{A}=\begin{bmatrix} a & 0 & b \\ 0 & 2 & 0 \\ b & 0 & -2 \end{bmatrix},$$

$\boldsymbol{A}$ 的特征多项式为

$$|\lambda\boldsymbol{E}-\boldsymbol{A}|=\begin{vmatrix} \lambda-a & 0 & -b \\ 0 & \lambda-2 & 0 \\ -b & 0 & \lambda+2 \end{vmatrix}=(\lambda-2)[\lambda^2-(a-2)\lambda-(2a+b^2)].$$

设 $\boldsymbol{A}$ 的特征值为 $\lambda_1,\lambda_2,\lambda_3$,则 $\lambda_1=2,\lambda_2+\lambda_3=a-2,\lambda_2\lambda_3=-(2a+b^2)$. 由题设得

$$\lambda_1+\lambda_2+\lambda_3=2+(a-2)=1,\qquad \lambda_1\lambda_2\lambda_3=-2(2a+b^2)=-12.$$

解得 $a=1,b=2$.

(2)由(1),可得 $\boldsymbol{A}$ 的特征值为 $\lambda_1=\lambda_2=2,\lambda_3=-3$.

以下参见解法一.

点评:本题解答用到以下结论:

(1)n 阶矩阵 $\boldsymbol{A}$ 所有特征值的乘积等于 $\boldsymbol{A}$ 的行列式的值,即

$$|\boldsymbol{A}| = \lambda_1 \lambda_2 \cdots \lambda_n = \prod_{i=1}^{n} \lambda_i;$$

(2)n 阶矩阵 $\boldsymbol{A}$ 的特征值之和等于 $\boldsymbol{A}$ 的主对角线元素之和,即

$$\mathrm{tr}(\boldsymbol{A}) = \sum_{i=1}^{n} \lambda_i = \sum_{i=1}^{n} a_{ii},$$

其中 $\mathrm{tr}(\boldsymbol{A})$ 表示矩阵 $\boldsymbol{A}$ 的迹.

点评:本题为 2003 年考研真题.

【1.19】 已知 $\boldsymbol{A}=\begin{bmatrix}1&0&1\\0&1&1\\-1&0&a\\0&a&-1\end{bmatrix}$,二次型 $f(\boldsymbol{x}_1,\boldsymbol{x}_2,\boldsymbol{x}_3)=\boldsymbol{x}^T(\boldsymbol{A}^T\boldsymbol{A})\boldsymbol{x}$ 的秩为 2.

(1)求 a. (2)求二次型对应的矩阵,并将二次型化为标准形,写出正交变换过程.

解 (1)由 $r(\boldsymbol{A}^T\boldsymbol{A})=r(\boldsymbol{A})=2$ 可得,$\begin{vmatrix}1&0&1\\0&1&1\\-1&0&a\end{vmatrix}=a+1=0\Rightarrow a=-1$.

(2)$f=\boldsymbol{x}^T\boldsymbol{A}^T\boldsymbol{A}\boldsymbol{x}=(x_1,x_2,x_3)\begin{bmatrix}2&0&2\\0&2&2\\2&2&4\end{bmatrix}\begin{bmatrix}x_1\\x_2\\x_3\end{bmatrix}=2x_1^2+2x_2^2+4x_3^2+4x_1x_3+4x_2x_3$,

则矩阵 $\boldsymbol{B}=\begin{bmatrix}2&0&2\\0&2&2\\2&2&4\end{bmatrix}$,$|\lambda\boldsymbol{E}-\boldsymbol{B}|=\begin{vmatrix}\lambda-2&0&-2\\0&\lambda-2&-2\\-2&-2&\lambda-4\end{vmatrix}=\lambda(\lambda-2)(\lambda-6)=0$,

解得矩阵 $\boldsymbol{B}$ 的特征值为:$\lambda_1=0$;$\lambda_2=2$;$\lambda_3=6$.

对于 $\lambda_1=0$,解 $(\lambda_1\boldsymbol{E}-\boldsymbol{B})\boldsymbol{x}=\boldsymbol{0}$ 得对应的线性无关的特征向量为:$\boldsymbol{\eta}_1=\begin{bmatrix}1\\1\\-1\end{bmatrix}$.

对于 $\lambda_2=2$,解 $(\lambda_2\boldsymbol{E}-\boldsymbol{B})\boldsymbol{x}=\boldsymbol{0}$ 得对应的线性无关的特征向量为:$\boldsymbol{\eta}_2=\begin{bmatrix}1\\-1\\0\end{bmatrix}$.

对于 $\lambda_3=6$,解 $(\lambda_3\boldsymbol{E}-\boldsymbol{B})\boldsymbol{x}=\boldsymbol{0}$ 得对应的线性无关的特征向量为:$\boldsymbol{\eta}_3=\begin{bmatrix}1\\1\\2\end{bmatrix}$.

将 $\boldsymbol{\eta}_1,\boldsymbol{\eta}_2,\boldsymbol{\eta}_3$ 单位化可得:

$$\boldsymbol{\alpha}_1=\frac{1}{\sqrt{3}}\begin{bmatrix}1\\1\\-1\end{bmatrix},\quad \boldsymbol{\alpha}_2=\frac{1}{\sqrt{2}}\begin{bmatrix}1\\-1\\0\end{bmatrix},\quad \boldsymbol{\alpha}_3=\frac{1}{\sqrt{6}}\begin{bmatrix}1\\1\\2\end{bmatrix}.$$

令 $\boldsymbol{Q}=(\boldsymbol{\alpha}_1,\boldsymbol{\alpha}_2,\boldsymbol{\alpha}_3)$,$\boldsymbol{x}=\boldsymbol{Q}\boldsymbol{y}$,则 f 的标准形为:$2y_2^2+6y_3^2$.

点评：本题 a 的解决关键是利用公式：$r(\boldsymbol{A}^T\boldsymbol{A})=r(\boldsymbol{A})$，否则若先求 $\boldsymbol{A}^T\boldsymbol{A}$，再求 a，会导致计算量过大. 而公式 $r(\boldsymbol{A}^T\boldsymbol{A})=r(\boldsymbol{A})$ 来自于方程组 $\boldsymbol{A}^T\boldsymbol{A}\boldsymbol{x}=\boldsymbol{0}$ 和 $\boldsymbol{A}\boldsymbol{x}=\boldsymbol{0}$ 同解，故请考生务必掌握以下结论：

1. 齐次线性方程组 $\boldsymbol{A}\boldsymbol{x}=\boldsymbol{0}$ 和 $\boldsymbol{B}\boldsymbol{x}=\boldsymbol{0}$ 同解 $\Leftrightarrow r(\boldsymbol{A})=r\begin{bmatrix}\boldsymbol{A}\\\boldsymbol{B}\end{bmatrix}=r(\boldsymbol{B})$.

2. 设非齐次线性方程组 $\boldsymbol{A}\boldsymbol{x}=\boldsymbol{b}_1$ 和 $\boldsymbol{B}\boldsymbol{x}=\boldsymbol{b}_2$ 有解，则同解 $\Leftrightarrow r(\boldsymbol{A})=r\begin{bmatrix}\boldsymbol{A} & \boldsymbol{b}_1\\\boldsymbol{B} & \boldsymbol{b}_2\end{bmatrix}=r(\boldsymbol{B})$.

3. 常见同解方程组：

(1) 设 $\boldsymbol{A}$ 为 $m\times n$ 矩阵，$\boldsymbol{Q}$ 可逆，则 $\boldsymbol{A}\boldsymbol{x}=\boldsymbol{b}$ 与 $\boldsymbol{Q}\boldsymbol{A}\boldsymbol{x}=\boldsymbol{Q}\boldsymbol{b}$ 同解，从而 $r(\boldsymbol{A},\boldsymbol{b})=r(\boldsymbol{Q}\boldsymbol{A},\boldsymbol{Q}\boldsymbol{b})$.

(2) 设 $\boldsymbol{A}$ 为 $m\times n$ 阶实矩阵，则 $\boldsymbol{A}\boldsymbol{x}=\boldsymbol{0}$ 与 $\boldsymbol{A}^T\boldsymbol{A}\boldsymbol{x}=\boldsymbol{0}$ 同解，从而 $r(\boldsymbol{A})=r(\boldsymbol{A}^T\boldsymbol{A})$.

(3) 设 $\boldsymbol{A}$ 为 n 阶实对称矩阵，则 $\boldsymbol{A}\boldsymbol{x}=\boldsymbol{0}$ 与 $\boldsymbol{A}^2\boldsymbol{x}=\boldsymbol{0}$ 同解，从而 $r(\boldsymbol{A})=r(\boldsymbol{A}^2)$.

(4) 设 $\boldsymbol{A}$ 为 n 阶矩阵，则 $\boldsymbol{A}^n\boldsymbol{x}=\boldsymbol{0}$ 与 $\boldsymbol{A}^{n+1}\boldsymbol{x}=\boldsymbol{0}$ 同解，从而 $r(\boldsymbol{A}^n)=r(\boldsymbol{A}^{n+1})$.

本题为 2012 年考研真题.

方法 3：初等变换法

设二次型 $\boldsymbol{x}^T\boldsymbol{A}\boldsymbol{x}$ 经过非退化线性替换 $\boldsymbol{x}=\boldsymbol{C}\boldsymbol{y}$ 化为标准形 $\boldsymbol{y}^T\boldsymbol{B}\boldsymbol{y}$，其中 $\boldsymbol{B}=\boldsymbol{C}^T\boldsymbol{A}\boldsymbol{C}$ 为对角形矩阵. 因为 $\boldsymbol{C}$ 可逆，设 $\boldsymbol{C}=\boldsymbol{P}_1\boldsymbol{P}_2\cdots\boldsymbol{P}_s$，其中 $\boldsymbol{P}_i(i=1,2,\cdots,s)$ 是初等矩阵，即

$$\boldsymbol{C}=\boldsymbol{E}\boldsymbol{P}_1\boldsymbol{P}_2\cdots\boldsymbol{P}_s,\qquad \boldsymbol{C}^T\boldsymbol{A}\boldsymbol{C}=\boldsymbol{P}_s^T\cdots\boldsymbol{P}_2^T\,\boldsymbol{P}_1^T\,\boldsymbol{A}\boldsymbol{P}_1\boldsymbol{P}_2\cdots\boldsymbol{P}_s$$

是对角矩阵.

可见，对 $2n\times n$ 矩阵 $\begin{bmatrix}\boldsymbol{A}\\\boldsymbol{E}\end{bmatrix}$ 施以相应于右乘 $\boldsymbol{P}_1\boldsymbol{P}_2\cdots\boldsymbol{P}_s$ 的初等列变换，再对 $\boldsymbol{A}$ 施以相应于左乘 $\boldsymbol{P}_1^T,\boldsymbol{P}_2^T,\cdots\boldsymbol{P}_s^T$ 的初等行变换，矩阵 $\boldsymbol{A}$ 变为对角矩阵，单位矩阵 $\boldsymbol{E}$ 就变为所要求的可逆矩阵 $\boldsymbol{C}$.

【1.20】 求可逆矩阵 $\boldsymbol{C}$，使 $\boldsymbol{C}^T\boldsymbol{A}\boldsymbol{C}$ 为对角矩阵， $\boldsymbol{A}=\begin{bmatrix}1&1&1\\1&2&2\\1&2&1\end{bmatrix}$.

解

$$\begin{bmatrix}\boldsymbol{A}\\\boldsymbol{E}\end{bmatrix}=\begin{bmatrix}1&1&1\\1&2&2\\1&2&1\\\hdashline 1&0&0\\0&1&0\\0&0&1\end{bmatrix}\xrightarrow[c_3+(-1)c_1]{c_2+(-1)c_1}\begin{bmatrix}1&0&0\\1&1&1\\1&1&0\\\hdashline 1&-1&-1\\0&1&0\\0&0&1\end{bmatrix}\xrightarrow[r_3+(-1)r_1]{r_2+(-1)r_1}\begin{bmatrix}1&0&0\\0&1&1\\0&1&0\\\hdashline 1&-1&-1\\0&1&0\\0&0&1\end{bmatrix}$$

$$\xrightarrow{c_3+(-1)c_2}\begin{bmatrix}1&0&0\\0&1&0\\0&1&-1\\\hdashline 1&-1&0\\0&1&-1\\0&0&1\end{bmatrix}\xrightarrow{r_3+(-1)r_2}\begin{bmatrix}1&0&0\\0&1&0\\0&0&-1\\\hdashline 1&-1&0\\0&1&-1\\0&0&1\end{bmatrix}.$$

因此

$$C=\begin{bmatrix}1&-1&0\\0&1&-1\\0&0&1\end{bmatrix},\quad C^TAC=\begin{bmatrix}1&0&0\\0&1&0\\0&0&-1\end{bmatrix}.$$

【1.21】 求一非退化线性替换化二次型 $2x_1x_2+2x_1x_3-4x_2x_3$ 为标准形.

解 此二次型对应的矩阵为

$$A=\begin{bmatrix}0&1&1\\1&0&-2\\1&-2&0\end{bmatrix}$$

$$\begin{bmatrix}A\\E\end{bmatrix}=\begin{bmatrix}0&1&1\\1&0&-2\\1&-2&0\\\hdashline 1&0&0\\0&1&0\\0&0&1\end{bmatrix}\xrightarrow{c_1+c_2}\begin{bmatrix}1&1&1\\1&0&-2\\-1&-2&0\\\hdashline 1&0&0\\1&1&0\\0&0&1\end{bmatrix}\xrightarrow{r_1+r_2}\begin{bmatrix}2&1&-1\\1&0&-2\\-1&-2&0\\\hdashline 1&0&0\\1&1&0\\0&0&1\end{bmatrix}$$

$$\xrightarrow[c_3+(\frac{1}{2})c_1]{c_2+(-\frac{1}{2})c_1}\begin{bmatrix}2&0&0\\1&-\frac{1}{2}&-\frac{3}{2}\\-1&-\frac{3}{2}&-\frac{1}{2}\\\hdashline 1&-\frac{1}{2}&\frac{1}{2}\\1&\frac{1}{2}&\frac{1}{2}\\0&0&1\end{bmatrix}\xrightarrow[r_3+(\frac{1}{2})r_1]{r_2+(-\frac{1}{2})r_1}\begin{bmatrix}2&0&0\\0&-\frac{1}{2}&-\frac{3}{2}\\0&-\frac{3}{2}&-\frac{1}{2}\\\hdashline 1&-\frac{1}{2}&\frac{1}{2}\\1&\frac{1}{2}&\frac{1}{2}\\0&0&1\end{bmatrix}$$

$$\xrightarrow{c_3+(-3)c_2}\begin{bmatrix}2&0&0\\0&-\frac{1}{2}&0\\-1&-\frac{3}{2}&4\\\hdashline 1&-\frac{1}{2}&2\\1&\frac{1}{2}&-1\\0&0&1\end{bmatrix}\xrightarrow{r_2+(-3)r_2}\begin{bmatrix}2&0&0\\0&-\frac{1}{2}&0\\0&0&4\\\hdashline 1&-\frac{1}{2}&2\\1&\frac{1}{2}&-1\\0&0&1\end{bmatrix},$$

所以，$C=\begin{bmatrix}1&-\frac{1}{2}&2\\1&\frac{1}{2}&-1\\0&0&1\end{bmatrix}$为可逆矩阵.

令 $\begin{cases} x_1 = z_1 - \frac{1}{2}z_2 + 2z_3, \\ x_2 = z_1 + \frac{1}{2}z_2 - z_3, \\ x_3 = z_3, \end{cases}$ 则二次型的标准形为： $2z_1^2 - \frac{1}{2}z_2^2 + 4z_3^2$.

题型 3:二次型的规范形

【1.22】 求下列二次型的规范形.

(1) $f(x_1, x_2, x_3) = (x_1, x_2, x_3)\begin{bmatrix} 2 & 3 & -2 \\ 1 & 5 & -3 \\ -2 & -5 & 5 \end{bmatrix}\begin{bmatrix} x_1 \\ x_2 \\ x_3 \end{bmatrix}$;

(2) $f(x_1, x_2, x_3) = x_1x_2 + x_1x_3 + x_2x_3$.

解 (1)由 1.14 知，$f(x_1, x_2, x_3)$的标准形为 $y_1^2 + y_2^2 + 10y_3^2$.

令 $\begin{cases} z_1 = y_1, \\ z_2 = y_2, \\ z_3 = \sqrt{10}\,y_3, \end{cases}$ 则规范形为：$z_1^2 + z_2^2 + z_3^2$.

(2)由 1.15 知，$f(x_1, x_2, x_3)$的正惯性指数为 1，负惯性指数为 2，所以规范形为：$z_1^2 - z_2^2 - z_3^2$.

点评：(1)求二次型的规范形可以用配方法先求标准形，再求规范形，也可以求矩阵的特征值，从而求得正负惯性指数，求得规范形.

(2)若二次型的标准形为

$$d_1y_1^2 + \cdots + d_py_p^2 - d_{p+1}y_{p+1}^2 - \cdots - d_ry_r^2,$$

其中 $d_i > 0$ ，$i = 1, 2, \cdots, r$，则令

$$\begin{cases} z_1 = \sqrt{d_1}\,y_1, \\ z_2 = \sqrt{d_2}\,y_2, \\ \cdots\cdots\cdots\cdots \\ z_r = \sqrt{d_r}\,y_r, \end{cases}$$

可得规范形： $z_1^2 + \cdots + z_p^2 - z_{p+1}^2 - \cdots - z_r^2$.

【1.23】 二次型 $f = 2x_1^2 + ax_2^2 + ax_3^2 + 6x_2x_3\,(a > 3)$ 的规范形为______.

(A) $y_1^2 + y_2^2 + y_3^2$　　(B) $y_1^2 - y_2^2 - y_3^2$　　(C) $y_1^2 + y_2^2 - y_3^2$　　(D) $y_1^2 + y_2^2$

解法一 用配方法把二次型化为

$$f = 2x_1^2 + a\left(x_2 + \frac{3}{a}x_3\right)^2 + \left(a - \frac{9}{a}\right)x_3^2,$$

由 $a > 3$，知 $a - \frac{9}{a} > 0$. 于是，令

$$\begin{cases} y_1 = \sqrt{2}\,x_1, \\ y_2 = \sqrt{a}\left(x_2 + \frac{3}{a}x_3\right), \\ y_3 = \sqrt{a - \frac{9}{a}}\,x_3, \end{cases}$$

得 $f=y_1^2+y_2^2+y_3^2$，且所用的线性替换是非退化的，因此选(A).

解法二 二次型 f 的矩阵为

$$A=\begin{bmatrix}2&0&0\\0&a&3\\0&3&a\end{bmatrix}.$$

由 A 的特征多项式 $|\lambda E-A|=(\lambda-2)(\lambda-a-3)(\lambda-a+3)$，可知 A 的特征值为 $\lambda_1=2,\lambda_2=a+3$，$\lambda_3=a-3$，又 $a>3$，故 f 的秩为 3，正惯性指数也为 3，所以 f 的规范形应为 $y_1^2+y_2^2+y_3^2$.

故应选(A).

点评：本题只要求规范形，而不需求所用的非退化线性替换，故解法二较易，因为特征值可以确定正负惯性指数，从而确定规范形. 若题目要求求出所用的非退化线性替换，则我们可以用配方法，或正交变换法或初等变换法先求出标准形，再求出规范形.

【1.24】 已知二次型 $f=x_1^2-2x_2^2+ax_3^2+2x_1x_2-4x_1x_3+2x_2x_3$ 的秩为 2，则 f 的规范形为______.

解 二次型 f 的矩阵为

$$A=\begin{bmatrix}1&1&-2\\1&-2&1\\-2&1&a\end{bmatrix},$$

由 $r(A)=2$，知 $|A|=0$，即 $3(1-a)=0$. 解之得 $a=1$. 由矩阵 A 的特征多项式

$$|\lambda E-A|=\begin{vmatrix}\lambda-1&-1&2\\-1&\lambda+2&-1\\2&-1&\lambda-1\end{vmatrix}=\lambda(\lambda-3)(\lambda+3),$$

得 A 的特征值 $\lambda_1=0,\lambda_2=3,\lambda_3=-3$. 由于 A 的正、负特征值各有一个，因此 f 的规范形为 $y_1^2-y_2^2$.

题型 4：求参数

【1.25】 已知二次型 $f(x_1,x_2,x_3)=a(x_1^2+x_2^2+x_3^2)+4x_1x_2+4x_1x_3+4x_2x_3$ 经正交变换 $x=Py$ 可化成标准形 $f=6y_1^2$，则 $a=$______.

解 令 $A=\begin{bmatrix}a&2&2\\2&a&2\\2&2&a\end{bmatrix}$，令 $\Lambda=\begin{bmatrix}6&&\\&0&\\&&0\end{bmatrix}$，由题设，$P^TAP=\Lambda$.

又 P 是正交矩阵，故 $P^{-1}AP=\Lambda$，即 A 与 Λ 相似，有相同的特征值，所以解得 $a=2$.

故应填 2.

点评：本题为 2002 年考研真题.

【1.26】 已知二次型 $f(x_1,x_2,x_3)=2x_1^2+3x_2^2+3x_3^2+2ax_2x_3\ (a>0)$ 通过正交变换化成标准形 $f=y_1^2+2y_2^2+5y_3^2$，求参数 a 及所用的正交变换矩阵.

解 二次型 f 的矩阵

$$A=\begin{bmatrix}2&0&0\\0&3&a\\0&a&3\end{bmatrix},$$

而 f 的标准形 $y_1^2+2y_2^2+5y_3^2$ 的矩阵

$$\boldsymbol{B}=\begin{bmatrix}1&0&0\\0&2&0\\0&0&5\end{bmatrix}.$$

由题意，矩阵 $\boldsymbol{A}$ 与 $\boldsymbol{B}$ 相似，从而 $|\lambda\boldsymbol{E}-\boldsymbol{A}|=|\lambda\boldsymbol{E}-\boldsymbol{B}|$，即

$$\begin{vmatrix}\lambda-2&0&0\\0&\lambda-3&-a\\0&-a&\lambda-3\end{vmatrix}=\begin{vmatrix}\lambda-1&0&0\\0&\lambda-2&0\\0&0&\lambda-5\end{vmatrix},$$

从而

$$(\lambda-2)(\lambda^2-6\lambda+9-a^2)=(\lambda-2)(\lambda-1)(\lambda-5).$$

用待定系数法可求知 $a=\pm2$，根据题意 $a>0$，所以 $a=2$. 这时，$\boldsymbol{A}=\begin{bmatrix}2&0&0\\0&3&2\\0&2&3\end{bmatrix}$，且 $\boldsymbol{A}$ 的特征值为 1,2,5.

对于 $\lambda=1$，求解齐次线性方程组 $(\boldsymbol{E}-\boldsymbol{A})\boldsymbol{x}=\boldsymbol{0}$，可求得其基础解系为 $\boldsymbol{\alpha}_1=(0,-1,1)^T$，从而 $\boldsymbol{\alpha}_1$ 是 $\boldsymbol{A}$ 的属于特征值 1 的一个线性无关的特征向量，将其单位化得

$$\boldsymbol{\eta}_1=\frac{1}{\|\boldsymbol{\alpha}_1\|}\boldsymbol{\alpha}_1=\left(0,\frac{-1}{\sqrt{2}},\frac{1}{\sqrt{2}}\right)^T;$$

对于 $\lambda=2$，求解齐次线性方程组 $(2\boldsymbol{E}-\boldsymbol{A})\boldsymbol{x}=\boldsymbol{0}$，可求得其基础解系为 $\boldsymbol{\alpha}_2=(1,0,0)^T$，从而 $\boldsymbol{\alpha}_2$ 是 $\boldsymbol{A}$ 的属于特征值 2 的一个线性无关的特征向量，将其单位化得

$$\boldsymbol{\eta}_2=\frac{1}{\|\boldsymbol{\alpha}_2\|}\boldsymbol{\alpha}_2=(1,0,0)^T;$$

对于 $\lambda=5$，求解齐次线性方程组 $(5\boldsymbol{E}-\boldsymbol{A})\boldsymbol{x}=\boldsymbol{0}$，可求得其基础解系为 $\boldsymbol{\alpha}_3=(0,1,1)^T$，从而 $\boldsymbol{\alpha}_3$ 是 $\boldsymbol{A}$ 的属于特征值 5 的一个线性无关的特征向量，将其单位化得

$$\boldsymbol{\eta}_3=\frac{1}{\|\boldsymbol{\alpha}_3\|}\boldsymbol{\alpha}_3=\left(0,\frac{1}{\sqrt{2}},\frac{1}{\sqrt{2}}\right)^T.$$

故所用的正交变换矩阵为

$$\boldsymbol{Q}=(\boldsymbol{\eta}_1,\boldsymbol{\eta}_2,\boldsymbol{\eta}_3)=\begin{bmatrix}0&1&0\\-\frac{1}{\sqrt{2}}&0&\frac{1}{\sqrt{2}}\\\frac{1}{\sqrt{2}}&0&\frac{1}{\sqrt{2}}\end{bmatrix}.$$

【1.27】 设二次型

$$f=x_1^2+x_2^2+x_3^2+2\alpha x_1x_2+2\beta x_2x_3+2x_1x_3$$

经正交变换 $\boldsymbol{x}=\boldsymbol{P}\boldsymbol{y}$ 化成 $f=y_2^2+2y_3^2$，其中 $\boldsymbol{x}=(x_1,x_2,x_3)^T$ 和 $\boldsymbol{y}=(y_1,y_2,y_3)^T$ 是三维列向量，$\boldsymbol{P}$ 是三阶正交矩阵. 试求常数 α,β.

解 变换前后二次型矩阵分别为

$$\boldsymbol{A}=\begin{bmatrix}1&\alpha&1\\\alpha&1&\beta\\1&\beta&1\end{bmatrix},\qquad \boldsymbol{B}=\begin{bmatrix}0&0&0\\0&1&0\\0&0&2\end{bmatrix},$$

二次型可以写成

$$f=\boldsymbol{x}^T\boldsymbol{A}\boldsymbol{x} \quad 和 \quad f=\boldsymbol{y}^T\boldsymbol{B}\boldsymbol{y}.$$

由于 $\boldsymbol{P}^T\boldsymbol{A}\boldsymbol{P}=\boldsymbol{B}$,$\boldsymbol{P}$ 为正交矩阵,故

$$\boldsymbol{P}^{-1}\boldsymbol{A}\boldsymbol{P}=\boldsymbol{B},$$

因此

$$|\lambda\boldsymbol{E}-\boldsymbol{A}|=|\lambda\boldsymbol{E}-\boldsymbol{B}|,$$

即

$$\begin{vmatrix}\lambda-1 & -\alpha & -1\\ -\alpha & \lambda-1 & -\beta\\ -1 & -\beta & \lambda-1\end{vmatrix}=\begin{vmatrix}\lambda & 0 & 0\\ 0 & \lambda-1 & 0\\ 0 & 0 & \lambda-2\end{vmatrix},$$

$$\lambda^3-3\lambda^2+(2-\alpha^2-\beta^2)\lambda+(\alpha-\beta)^2=\lambda^3-3\lambda^2+2\lambda.$$

令 $\lambda=0$ 知 $\alpha=\beta$,令 $\lambda=1$ 知 $\alpha^2+\beta^2=0$.其解 $\alpha=\beta=0$ 为所求常数.

点评:对二次型 $\boldsymbol{x}^T\boldsymbol{A}\boldsymbol{x}$ 作正交变换 $\boldsymbol{x}=\boldsymbol{C}\boldsymbol{y}$,$\boldsymbol{C}$ 为正交矩阵,得到 $\boldsymbol{y}^T\boldsymbol{B}\boldsymbol{y}$,则 $\boldsymbol{B}=\boldsymbol{C}^T\boldsymbol{A}\boldsymbol{C}=\boldsymbol{C}^{-1}\boldsymbol{A}\boldsymbol{C}$,即 $\boldsymbol{A}$ 与 $\boldsymbol{B}$ 相似.所以解决此类题目,要灵活运用矩阵相似的必要条件及相关结论.

【1.28】 已知二次曲面方程

$$x^2+ay^2+z^2+2bxy+2xz+2yz=4$$

可以经过正交变换 $\begin{bmatrix}x\\y\\z\end{bmatrix}=\boldsymbol{P}\begin{bmatrix}\xi\\ \eta\\ \zeta\end{bmatrix}$ 化为椭圆柱面方程 $\eta^2+4\zeta^2=4$,求 a,b 的值和正交矩阵 $\boldsymbol{P}$.

解 由 $\begin{bmatrix}1 & b & 1\\ b & a & 1\\ 1 & 1 & 1\end{bmatrix}$ 与 $\begin{bmatrix}0 & & \\ & 1 & \\ & & 4\end{bmatrix}$ 相似解得

$$\begin{vmatrix}\lambda-1 & -b & -1\\ -b & \lambda-a & -1\\ -1 & -1 & \lambda-1\end{vmatrix}=\begin{vmatrix}\lambda & & \\ & \lambda-1 & \\ & & \lambda-4\end{vmatrix},$$

解之得到 $a=3$,$b=1$.

对应于特征值 $\lambda_1=0$ 的单位特征向量为 $\boldsymbol{x}_1=\left(\frac{1}{\sqrt{2}},0,-\frac{1}{\sqrt{2}}\right)^T$;

对应于特征值 $\lambda_2=1$ 的单位特征向量为 $\boldsymbol{x}_2=\left(\frac{1}{\sqrt{3}},-\frac{1}{\sqrt{3}},\frac{1}{\sqrt{3}}\right)^T$;

对应于特征值 $\lambda_3=4$ 的单位特征向量为 $\boldsymbol{x}_3=\left(\frac{1}{\sqrt{6}},\frac{2}{\sqrt{6}},\frac{1}{\sqrt{6}}\right)^T$.

因此

$$\boldsymbol{P}=\begin{bmatrix}\frac{1}{\sqrt{2}} & \frac{1}{\sqrt{3}} & \frac{1}{\sqrt{6}}\\ 0 & -\frac{1}{\sqrt{3}} & \frac{2}{\sqrt{6}}\\ -\frac{1}{\sqrt{2}} & \frac{1}{\sqrt{3}} & \frac{1}{\sqrt{6}}\end{bmatrix}.$$

点评:本题为 1998 年考研真题.

【1.29】 若二次曲面的方程为 $x^2+3y^2+z^2+2axy+2xz+2yz=4$,经正交变换化为 $y_1^2+4z_1^2=4$,则 $a=$______.

解 本题等价于将二次型 $f(x,y,z)=x^2+3y^2+z^2+2axy+2xz+2yz$ 经正交变换后化为了标准形 $f=y_1^2+4z_1^2$.由正交变换的特点可知,该二次型对应矩阵的特征值为 1,4,0.

该二次型的矩阵为 $\boldsymbol{A}=\begin{bmatrix}1&a&1\\a&3&1\\1&1&1\end{bmatrix}$,可知 $|\boldsymbol{A}|=-a^2-2a-1=0$,因此 $a=-1$.

点评:本题为 2011 年考研真题.请同学们仔细观察,本题实际上就是【1.28】题,即 1998 年考研真题的简化版.事实上,考研数学中一直有这样一个规律:考研真题的再加工甚至是重复考查.请同学们牢牢把握这一规律.

【1.30】 设二次型

$$f(x_1,x_2,x_3)=ax_1^2+ax_2^2+(a-1)x_3^2+2x_1x_3-2x_2x_3.$$

(1)求二次型 f 的矩阵的所有特征值;

(2)若二次型 f 的规范形为 $y_1^2+y_2^2$,求 a 的值.

解 (1)二次型 f 的矩阵

$$\boldsymbol{A}=\begin{bmatrix}a&0&1\\0&a&-1\\1&-1&a-1\end{bmatrix}.$$

由于

$$|\lambda\boldsymbol{E}-\boldsymbol{A}|=\begin{vmatrix}\lambda-a&0&-1\\0&\lambda-a&1\\-1&1&\lambda-a+1\end{vmatrix}$$
$$=(\lambda-a)(\lambda-(a+1))(\lambda-(a-2)),$$

所以 $\boldsymbol{A}$ 的特征值为 $\lambda_1=a,\lambda_2=a+1,\lambda_3=a-2$.

(2)**解法一** 由于 f 的规范形为 $y_1^2+y_2^2$,所以 $\boldsymbol{A}$ 合同于 $\begin{bmatrix}1&0&0\\0&1&0\\0&0&0\end{bmatrix}$,其秩为 2,故 $|\boldsymbol{A}|=\lambda_1\lambda_2\lambda_3=0$,于是 $a=0$ 或 $a=-1$ 或 $a=2$.

当 $a=0$ 时,$\lambda_1=0,\lambda_2=1,\lambda_3=-2$,此时 f 的规范形为 $y_1^2-y_2^2$,不合题意.

当 $a=-1$ 时,$\lambda_1=-1,\lambda_2=0,\lambda_3=-3$,此时 f 的规范形为 $-y_1^2-y_2^2$,不合题意.

当 $a=2$ 时,$\lambda_1=2,\lambda_2=3,\lambda_3=0$,此时 f 的规范形为 $y_1^2+y_2^2$.

综上可知,$a=2$.

解法二 由于 f 的规范形为 $y_1^2+y_2^2$,所以 $\boldsymbol{A}$ 的特征值有 2 个为正数,1 个为零.

又 $a-2<a<a+1$,所以 $a=2$.

点评:本题为 2009 年考研真题.

§2. 二次型的正定性

知识要点

1. 基本概念

如果实二次型 $f(x_1,x_2,\cdots,x_n)$ 对任意一组不全为零的实数 $x_1,x_2,\cdots,x_n$，都有 $f(x_1,x_2,\cdots,x_n)>0$，则称该二次型为正定二次型，正定二次型的矩阵称为正定矩阵. 正定二次型与正定矩阵一一对应.

2. 实对称阵正定性的判定

设 $\boldsymbol{A}$ 为 n 阶实对称矩阵，则下列命题等价.

(1) $\boldsymbol{A}$ 是正定矩阵.

(2) $\boldsymbol{x}^T\boldsymbol{A}\boldsymbol{x}$ 的正惯性指数 $p=n$.

(3) $\boldsymbol{A}$ 的顺序主子式大于 0.

(4) $\boldsymbol{A}$ 的所有主子式大于 0.

(5) $\boldsymbol{A}$ 合同于单位矩阵 $\boldsymbol{E}$.

(6) $\boldsymbol{A}$ 的特征值全大于 0.

(7) 存在可逆阵 $\boldsymbol{P}$，使 $\boldsymbol{A}=\boldsymbol{P}^T\boldsymbol{P}$.

(8) 存在非退化的上(下)三角阵 $\boldsymbol{Q}$，使 $\boldsymbol{A}=\boldsymbol{Q}^T\boldsymbol{Q}$.

3. 正定矩阵的性质

(1) 若 $\boldsymbol{A}$ 为正定矩阵，则 $|\boldsymbol{A}|>0$，$\boldsymbol{A}$ 为可逆对称矩阵；

(2) 若 $\boldsymbol{A}$ 为正定矩阵，则 $\boldsymbol{A}$ 的主对角线元素 $a_{ii}>0\ (i=1,2,\cdots,n)$；

(3) 若 $\boldsymbol{A}$ 为正定矩阵，则 $\boldsymbol{A}^{-1}$，$k\boldsymbol{A}(k>0$ 为实数) 均为正定矩阵；

(4) 若 $\boldsymbol{A}$ 为正定矩阵，则 $\boldsymbol{A}^*$，$\boldsymbol{A}^m$ 均为正定矩阵，其中 m 为正整数；

(5) 若 $\boldsymbol{A},\boldsymbol{B}$ 为 n 阶正定矩阵，则 $\boldsymbol{A}+\boldsymbol{B}$ 是正定矩阵.

基本题型

题型 1：二次型正定性的判定

判断二次型或者实对称矩阵的正定性通常有以下几种方法.

方法 1：定义法

【2.1】 若 $\boldsymbol{A},\boldsymbol{B}$ 都是 n 阶正定矩阵，则 $\boldsymbol{A}+\boldsymbol{B}$ 也是正定矩阵.

证 由于 $\boldsymbol{A},\boldsymbol{B}$ 是正定矩阵，故 $\boldsymbol{A},\boldsymbol{B}$ 为实对称矩阵，从而 $\boldsymbol{A}+\boldsymbol{B}$ 为实对称矩阵. 而且

$$f=\boldsymbol{x}^T\boldsymbol{A}\boldsymbol{x},\ g=\boldsymbol{x}^T\boldsymbol{B}\boldsymbol{x}$$

为正定二次型，于是对不全为零实数 $x_1,x_2,\cdots,x_n$ 有

$$\boldsymbol{x}^T\boldsymbol{A}\boldsymbol{x}>0,\ \boldsymbol{x}^T\boldsymbol{B}\boldsymbol{x}>0,$$

故

$$h=x^T(A+B)x=x^TAx+x^TBx>0,$$

即二次型 $h=x^T(A+B)x$ 为正定的，故 $A+B$ 为正定矩阵.

【2.2】 设 A 是 n 阶实可逆阵，则 A^TA 是正定矩阵.

证 由 $(A^TA)^T=A^TA$，A^TA 是对称矩阵.

因为 A 可逆，从而齐次线性方程组 $Ax=0$ 只有零解，即对任意非零 n 维列向量 x，有 $Ax\neq 0$，所以，$x^TA^TAx=(Ax)^TAx>0$，即 A^TA 为正定矩阵.

【2.3】 A 是正定矩阵的充要条件是对任意实 n 阶可逆方阵 C，C^TAC 都是正定的.

证 设 A 是正定矩阵，所以 A 对称，从而

$$(C^TAC)^T=C^TA^TC=C^TAC,$$

即 C^TAC 为对称矩阵.

因为 C 可逆，所以齐次线性方程组 $Cx=0$ 只有零解，即对任意非零列向量 x，有 $Cx\neq 0$.

由 A 是正定的，所以 $x^TC^TACx=(Cx)^TA(Cx)>0$，即 C^TAC 是正定矩阵.

反之，若对任意 n 阶可逆方阵 C，C^TAC 都是正定的，则取 $C=E$，$C^TAC=E^TAE=A$ 也是正定的.

【2.4】 设 A 是实反对称矩阵，证明 $E-A^2$ 是正定矩阵.

证 因为

$$(E-A^2)^T=E-(A^T)^2=E-(-A)^2=E-A^2,$$

所以 $E-A^2$ 是实对称矩阵. 对任意的 n 维实向量 x，由 A 为反对称矩阵，有

$$x^T(E-A^2)x=x^Tx-x^TAAx=x^Tx+x^TA^TAx=x^Tx+(Ax)^T(Ax).$$

当 $x\neq 0$ 时，由 $x^Tx>0$ 及 $(Ax)^T(Ax)\geqslant 0$ 有 $x^T(E-A^2)x>0$，$E-A^2$ 是正定矩阵.

【2.5】 设 A 为 $m\times n$ 实矩阵，$B=\lambda E+A^TA$，试证当 $\lambda>0$ 时，矩阵 B 为正定矩阵.

证 因为

$$B^T=(\lambda E+A^TA)^T=\lambda E+A^TA=B.$$

所以 B 为 n 阶对称矩阵. 对于任意的实 n 维向量 x，有

$$x^TBx=x^T(\lambda E+A^TA)x=\lambda x^Tx+x^TA^TAx=\lambda x^Tx+(Ax)^T(Ax).$$

当 $x\neq 0$ 时，有 $x^Tx>0$，$(Ax)^T(Ax)\geqslant 0$. 因此，当 $\lambda>0$ 时，对任意的 $x\neq 0$，有

$$x^TBx=\lambda x^Tx+(Ax)^TAx>0.$$

故 B 为正定矩阵.

点评：本题为 1999 年考研真题.

【2.6】 设 A 为 m 阶正定矩阵，B 为 $m\times n$ 实矩阵，试证 B^TAB 为正定矩阵的充分必要条件是 B 的秩 $r(B)=n$.

证 必要性. 设 B^TAB 为正定矩阵，则对任意的实 n 维列向量 $x\neq 0$，有

$$x^T(B^TAB)x>0, \quad 即 \quad (Bx)^TA(Bx)>0,$$

于是，$Bx\neq 0$. 因此，$Bx=0$ 只有零解，从而 $r(B)=n$.

充分性. 因 $(B^TAB)^T=B^TA^TB=B^TAB$，故 B^TAB 为实对称矩阵.

若 $r(B)=n$，则线性方程组 $Bx=0$ 只有零解. 从而对任意实 n 维列向量 $x\neq 0$，有 $Bx\neq 0$. 又 A 为正定矩阵，所以对于 $Bx\neq 0$ 有 $(Bx)^TA(Bx)>0$.

于是当 $x\neq 0$ 时，$x^T(B^TAB)x>0$，故 B^TAB 为正定矩阵.

点评：必要性的证明也可使用有关矩阵的结论.

一方面，由 $\boldsymbol{B}$ 为 $m\times n$ 矩阵知 $r(\boldsymbol{B})\leqslant\min\{m,n\}\leqslant n$.

另一方面，由 $r(\boldsymbol{B}^T\boldsymbol{A}\boldsymbol{B})=n$，而 $r(\boldsymbol{B})\geqslant r(\boldsymbol{B}^T\boldsymbol{A}\boldsymbol{B})=n$，所以 $r(\boldsymbol{B})=n$.

本题为 1999 年考研真题.

【2.7】 设 $\boldsymbol{A}$ 为 n 阶正定矩阵，$\boldsymbol{B}$ 为 $n\times m$ 实矩阵. 证明：如果 $r(\boldsymbol{B})=m$，则 m 阶实方阵 $\boldsymbol{B}^T\boldsymbol{A}\boldsymbol{B}$ 必为正定的.

证 首先，由于 $\boldsymbol{A}$ 是正定的，因此 $\boldsymbol{B}^T\boldsymbol{A}\boldsymbol{B}$ 是 m 阶实对称矩阵.

因 $r(\boldsymbol{B})=m$，所以齐次线性方程组 $\boldsymbol{Bx}=\boldsymbol{0}$ 只有零解，即任意非零列向量 $\boldsymbol{x}$，$\boldsymbol{Bx}\neq\boldsymbol{0}$. 但由于 $\boldsymbol{A}$ 是正定的，故 $(\boldsymbol{Bx})^T\boldsymbol{A}(\boldsymbol{Bx})>0$，即 $\boldsymbol{x}^T(\boldsymbol{B}^T\boldsymbol{A}\boldsymbol{B})\boldsymbol{x}>0$.

因此，$\boldsymbol{B}^T\boldsymbol{A}\boldsymbol{B}$ 是正定矩阵.

【2.8】 设

$$\boldsymbol{A}=\begin{bmatrix}1&1&\cdots&1\\x_1&x_2&\cdots&x_s\\x_1^2&x_2^2&\cdots&x_s^2\\x_1^{n-1}&x_2^{n-1}&\cdots&x_s^{n-1}\end{bmatrix},\ i\neq j\ \text{时},\ x_i\neq x_j,$$

讨论矩阵 $\boldsymbol{A}^T\boldsymbol{A}$ 的正定性.

解 $(\boldsymbol{A}^T\boldsymbol{A})^T=\boldsymbol{A}^T\boldsymbol{A}$，故 $\boldsymbol{A}^T\boldsymbol{A}$ 是对称阵.

当 $s=n$ 时，$\boldsymbol{A}$ 是方阵，其行列式是范德蒙行列式，$|\boldsymbol{A}|\neq0$，故 $\boldsymbol{A}$ 是可逆方阵，由正定矩阵的充要条件知 $\boldsymbol{A}^T\boldsymbol{A}$ 是正定阵.

当 $s>n$ 时，$\boldsymbol{A}$ 的 s 个 n 维列向量线性相关，存在非零的 $\boldsymbol{x}=(x_1,x_2,\cdots,x_n)^T$，使得 $\boldsymbol{Ax}=\boldsymbol{0}$. 故存在 $\boldsymbol{x}\neq\boldsymbol{0}$，有 $\boldsymbol{x}^T\boldsymbol{A}^T\boldsymbol{Ax}=\boldsymbol{0}$，$\boldsymbol{A}^T\boldsymbol{A}$ 不是正定阵.

当 $s<n$ 时，$\boldsymbol{A}$ 的 s 个 n 维列向量线性无关，($s=n$ 时，线性无关，减少向量个数 $s<n$ 时，仍线性无关)，对任意的 $\boldsymbol{x}=(x_1,x_2,\cdots,x_n)^T\neq\boldsymbol{0}$，有 $\boldsymbol{Ax}\neq\boldsymbol{0}$，从而有 $(\boldsymbol{Ax})^T\boldsymbol{Ax}=\boldsymbol{x}^T\boldsymbol{A}^T\boldsymbol{Ax}>0$，故 $\boldsymbol{A}^T\boldsymbol{A}$ 是正定阵.

点评：正定矩阵首先是对称矩阵，对称性的验证是容易忽略的步骤，要注意.

方法 2：特征值法

设二次型 $\boldsymbol{x}^T\boldsymbol{Ax}$ 经过正交变换 $\boldsymbol{x}=\boldsymbol{Cy}$ 化为标准形 $\boldsymbol{y}^T\boldsymbol{By}$，其中

$$\boldsymbol{B}=\boldsymbol{C}^T\boldsymbol{AC}=\begin{bmatrix}\lambda_1&&&\\&\lambda_2&&\\&&\ddots&\\&&&\lambda_n\end{bmatrix},\ \lambda_1,\lambda_2,\cdots,\lambda_n\ \text{是}\ \boldsymbol{A}\ \text{的}\ n\ \text{个特征值}.$$

因为非退化线性替换不改变二次型的正定性，所以 $\boldsymbol{x}^T\boldsymbol{Ax}$ 正定的充要条件是 $\boldsymbol{y}^T\boldsymbol{By}$ 正定，而 $\boldsymbol{y}^T\boldsymbol{By}=\lambda_1y_1^2+\lambda_2y_2^2+\cdots+\lambda_ny_n^2$ 正定的充要条件是 $\lambda_1,\lambda_2,\cdots,\lambda_n$ 全大于零.

所以对称矩阵 $\boldsymbol{A}$ 正定的充要条件是 $\boldsymbol{A}$ 的所有特征值全大于零.

【2.9】 设 $\boldsymbol{A}$ 是 n 阶正定矩阵，则 $\boldsymbol{A}$ 可逆，且 $\boldsymbol{A}^{-1}$ 也正定.

证 由 $(\boldsymbol{A}^{-1})^T=(\boldsymbol{A}^T)^{-1}=\boldsymbol{A}^{-1}$，故 $\boldsymbol{A}^{-1}$ 是对称矩阵.

因 $\boldsymbol{A}$ 正定，所以 $\boldsymbol{A}$ 的特征值全大于零，从而 $\boldsymbol{A}$ 可逆.

设 $\lambda_1,\lambda_2,\cdots,\lambda_n$ 是 $\boldsymbol{A}$ 的 n 个特征值，则 $\frac{1}{\lambda_1},\frac{1}{\lambda_2},\cdots,\frac{1}{\lambda_n}$ 是 $\boldsymbol{A}^{-1}$ 的 n 个特征值，均大于零.

所以 $\boldsymbol{A}^{-1}$ 正定.

【2.10】 若 $\boldsymbol{A}$ 是 n 阶正定矩阵，则 $\boldsymbol{A}^*$ 也是正定矩阵.

证 $(\boldsymbol{A}^*)^T=(\boldsymbol{A}^T)^*=\boldsymbol{A}^*$，故 $\boldsymbol{A}^*$ 是对称矩阵.

证法一 定义法.

由 $\boldsymbol{A}\boldsymbol{A}^*=\boldsymbol{A}^*\boldsymbol{A}=|\boldsymbol{A}|\boldsymbol{E}$ 知，$\boldsymbol{A}^*=|\boldsymbol{A}|\boldsymbol{A}^{-1}$. 已知 $\boldsymbol{A}$ 正定，故有 $|\boldsymbol{A}|>0$，且对任何 $\boldsymbol{y}\neq\boldsymbol{0}$，恒有 $\boldsymbol{y}^T\boldsymbol{A}\boldsymbol{y}>0$，于是

$$\begin{aligned}\boldsymbol{x}^T\boldsymbol{A}^*\boldsymbol{x}&=\boldsymbol{x}^T|\boldsymbol{A}|\boldsymbol{A}^{-1}\boldsymbol{x}=|\boldsymbol{A}|\boldsymbol{x}^T\boldsymbol{A}^{-1}\boldsymbol{x}\\&=|\boldsymbol{A}|\boldsymbol{x}^T\boldsymbol{A}^{-1}\boldsymbol{A}\boldsymbol{A}^{-1}\boldsymbol{x}=|\boldsymbol{A}|(\boldsymbol{A}^{-1}\boldsymbol{x})^T\boldsymbol{A}(\boldsymbol{A}^{-1}\boldsymbol{x}).\end{aligned}$$

因为 $\boldsymbol{A}$ 可逆，当 $\boldsymbol{x}\neq\boldsymbol{0}$ 时，$\boldsymbol{y}=\boldsymbol{A}^{-1}\boldsymbol{x}\neq\boldsymbol{0}$，从而对任何 $\boldsymbol{x}\neq\boldsymbol{0}$，

$$\boldsymbol{x}^T\boldsymbol{A}^*\boldsymbol{x}=|\boldsymbol{A}|(\boldsymbol{A}^{-1}\boldsymbol{x})^T\boldsymbol{A}(\boldsymbol{A}^{-1}\boldsymbol{x})=|\boldsymbol{A}|\boldsymbol{y}^T\boldsymbol{A}\boldsymbol{y}>0,$$

根据定义知，$\boldsymbol{A}^*$ 是正定矩阵.

证法二 特征值法.

设 $\boldsymbol{A}$ 的特征值为 $\lambda_1,\lambda_2,\cdots,\lambda_n$，由 $\boldsymbol{A}$ 正定知 $\lambda_i>0\ (i=1,2,\cdots,n)$ 且 $|\boldsymbol{A}|>0$. 又 $\boldsymbol{A}^*$ 的特征值为：$\frac{|\boldsymbol{A}|}{\lambda_1},\frac{|\boldsymbol{A}|}{\lambda_2},\cdots,\frac{|\boldsymbol{A}|}{\lambda_n}$，于是 $\frac{|\boldsymbol{A}|}{\lambda_i}>0(i=1,2,\cdots,n)$，即 $\boldsymbol{A}^*$ 的全部特征值大于零，故 $\boldsymbol{A}^*$ 是正定矩阵.

【2.11】 设 $\boldsymbol{A}$ 是 n 阶正定阵，$\boldsymbol{E}$ 是 n 阶单位阵，则 $|\boldsymbol{A}+\boldsymbol{E}|>1$.

证 因为 $\boldsymbol{A}$ 正定，所以 $\boldsymbol{A}$ 的 n 个特征值 $\lambda_1,\lambda_2,\cdots,\lambda_n$ 均大于零，从而 $\boldsymbol{A}+\boldsymbol{E}$ 的 n 个特征值 $1+\lambda_1,1+\lambda_2,\cdots,1+\lambda_n$ 均大于 1，

所以 $|\boldsymbol{A}+\boldsymbol{E}|=(1+\lambda_1)(1+\lambda_2)\cdots(1+\lambda_n)>1$.

【2.12】 设 $\boldsymbol{A}$ 是 n 阶实对称的幂等阵($\boldsymbol{A}^2=\boldsymbol{A},\boldsymbol{A}^T=\boldsymbol{A}$)，$r(\boldsymbol{A})=r\ (0<r<n)$. 证明：$\boldsymbol{A}+\boldsymbol{E}$ 是正定阵，且计算 $|\boldsymbol{E}+\boldsymbol{A}+\boldsymbol{A}^2+\cdots+\boldsymbol{A}^k|$.

证 由 $\boldsymbol{A}^2=\boldsymbol{A}$，所以 $\boldsymbol{A}$ 的特征值为 0 或 1.

从而知 $\boldsymbol{A}+\boldsymbol{E}$ 的特征值的取值范围是 1 和 2，故知 $\boldsymbol{A}+\boldsymbol{E}$ 的全部特征值大于零，又 $(\boldsymbol{A}+\boldsymbol{E})^T=\boldsymbol{A}^T+\boldsymbol{E}=\boldsymbol{A}+\boldsymbol{E}$，所以 $\boldsymbol{A}+\boldsymbol{E}$ 正定.

因 $r(\boldsymbol{A})=r$，故 1 是 $\boldsymbol{A}$ 的 r 重特征值，0 是 $\boldsymbol{A}$ 的 $n-r$ 重特征值.

因 $\boldsymbol{A}^2=\boldsymbol{A}$，故 $\boldsymbol{A}^k=\boldsymbol{A}^{k-1}=\cdots=\boldsymbol{A}^2=\boldsymbol{A}$，则

$$|\boldsymbol{E}+\boldsymbol{A}+\boldsymbol{A}^2+\cdots+\boldsymbol{A}^k|=|\boldsymbol{E}+k\boldsymbol{A}|.$$

又 $\boldsymbol{E}+k\boldsymbol{A}$ 的特征值的取值范围是 $1+k$ 或 1，且 $1+k$ 是 $\boldsymbol{E}+k\boldsymbol{A}$ 的 r 重特征值而 1 是 $\boldsymbol{E}+k\boldsymbol{A}$ 的 $n-r$ 重特征值.

所以 $$|\boldsymbol{E}+k\boldsymbol{A}|=(1+k)^r.$$

【2.13】 已知 $\boldsymbol{A}$ 与 $\boldsymbol{A}-\boldsymbol{E}$ 均是 n 阶正定矩阵，证明 $\boldsymbol{E}-\boldsymbol{A}^{-1}$ 是正定矩阵.

证 由于

$$(\boldsymbol{E}-\boldsymbol{A}^{-1})^T=\boldsymbol{E}^T-(\boldsymbol{A}^{-1})^T=\boldsymbol{E}-(\boldsymbol{A}^T)^{-1}=\boldsymbol{E}-\boldsymbol{A}^{-1},$$

故 $\boldsymbol{E}-\boldsymbol{A}^{-1}$ 是对称矩阵.

设 λ 是矩阵 $\boldsymbol{A}$ 的特征值，那么 $\boldsymbol{A}-\boldsymbol{E}$ 的特征值是 $\lambda-1$，$\boldsymbol{E}-\boldsymbol{A}^{-1}$ 的特征值是 $1-\frac{1}{\lambda}$.

由 $\boldsymbol{A},\boldsymbol{A}-\boldsymbol{E}$ 正定，知 $\lambda>0,\lambda-1>0$. 故 $\boldsymbol{E}-\boldsymbol{A}^{-1}$ 的特征值 $\frac{\lambda-1}{\lambda}>0$.

所以矩阵 $\boldsymbol{E}-\boldsymbol{A}^{-1}$ 正定.

【2.14】 n 阶实对称矩阵 $\boldsymbol{A}$ 为正定矩阵的充分必要条件是______.

(A)所有 k 阶子式为正 $(k=1,2,\cdots,n)$　　(B)$\boldsymbol{A}$ 的所有特征值非负

(C)$\boldsymbol{A}^{-1}$ 为正定矩阵　　(D)$r(\boldsymbol{A})=n$

解　(A)是充分但非必要条件，(B)、(D)是必要但非充分，只有(C)为正确选项.

事实上，设 $\boldsymbol{A}$ 的特征值为 $\lambda_1,\lambda_2,\cdots,\lambda_n$，则 $\boldsymbol{A}^{-1}$ 的特征值为 $\frac{1}{\lambda_1},\frac{1}{\lambda_2},\cdots,\frac{1}{\lambda_n}$，因为 $\boldsymbol{A}^{-1}$ 正定，$\frac{1}{\lambda_i}>0$，从而 $\lambda_i>0\ (i=1,2,\cdots,n)$，即 $\boldsymbol{A}$ 是正定矩阵.

故应选(C).

【2.15】 n 阶实对称矩阵 $\boldsymbol{A}$ 为正定矩阵的充分必要条件是______.

(A)$r(\boldsymbol{A})=n$　　(B)$\boldsymbol{A}$ 的所有特征值非负

(C)$\boldsymbol{A}^*$ 为正定的　　(D)$\boldsymbol{A}$ 的主对角线上元素都大于零

解　对于选项(C)，设 $\boldsymbol{A}$ 是正定的，则其特征值 $\lambda_i>0$，$(i=1,2,\cdots,n)$，$\boldsymbol{A}^*$ 的特征值为 $\frac{|\boldsymbol{A}|}{\lambda_i}>0\ (i=1,2,\cdots,n)$，即 $\boldsymbol{A}^*$ 是正定的，反之亦成立.

选项(B)显然不成立.

对于选项(A)，(D)举反例，例 $\boldsymbol{A}=\begin{bmatrix}1&5\\5&2\end{bmatrix}$，$r(\boldsymbol{A})=2$，但 $\boldsymbol{A}$ 不是正定的；$a_{11}>0,a_{22}>0$，得不出 $\boldsymbol{A}$ 正定，即选项(A)，(D)不成立.

故应选(C).

【2.16】 设 $\boldsymbol{A}$ 是三阶实对称矩阵，且满足 $\boldsymbol{A}^2+2\boldsymbol{A}=\boldsymbol{0}$，若 $k\boldsymbol{A}+\boldsymbol{E}$ 是正定矩阵，则 k ______.

解　由 $\boldsymbol{A}^2+2\boldsymbol{A}=\boldsymbol{0}$ 知矩阵 $\boldsymbol{A}$ 的特征值是 0 或 -2，那么 $k\boldsymbol{A}$ 的特征值是 0 或 $-2k$，$k\boldsymbol{A}+\boldsymbol{E}$ 的特征值是 1 或 $1-2k$.

又因正定的充分必要条件是特征值全大于 0，故 $k<\frac{1}{2}$.

【2.17】 设 $\boldsymbol{A}$ 是 n 阶实对称矩阵，且满足

$$\boldsymbol{A}^3+\boldsymbol{A}^2=\boldsymbol{A}=3\boldsymbol{E},$$

证明：$\boldsymbol{A}$ 是正定矩阵.

解　由题意知，若矩阵 $\boldsymbol{A}$ 的特征值为 λ，则 λ 必满足

$$\lambda^3+\lambda^2+\lambda-3=0,\quad 即\quad (\lambda-1)(\lambda^2+2\lambda+3)=0.$$

因为 $\boldsymbol{A}$ 为实对称矩阵，从而其特征值全为实数，所以 $\boldsymbol{A}$ 的特征值均为 1，故 $\boldsymbol{A}$ 为正定阵.

【2.18】 设矩阵 $\boldsymbol{A}=\begin{bmatrix}1&0&1\\0&2&0\\1&0&1\end{bmatrix}$，矩阵 $\boldsymbol{B}=(k\boldsymbol{E}+\boldsymbol{A})^2$，其中 k 为实数，求对角矩阵 $\boldsymbol{\Lambda}$，使 $\boldsymbol{B}$ 与 $\boldsymbol{\Lambda}$ 相似，并求 k 为何值时，$\boldsymbol{B}$ 为正定矩阵.

解　因为 $\boldsymbol{A}$ 是对称阵，所以

$$\boldsymbol{B}^T=[(k\boldsymbol{E}+\boldsymbol{A})^2]^T=[(k\boldsymbol{E}+\boldsymbol{A})^T]^2=(k\boldsymbol{E}+\boldsymbol{A}^T)^2=(k\boldsymbol{E}+\boldsymbol{A})^2=\boldsymbol{B}.$$

由

$$|\lambda\boldsymbol{E}-\boldsymbol{A}|=\begin{vmatrix}\lambda-1 & 0 & -1\\ 0 & \lambda-2 & 0\\ -1 & 0 & \lambda-1\end{vmatrix}=\lambda(\lambda-2)^2,$$

可得 $\boldsymbol{A}$ 的特征值为 2,2,0. 从而 $\boldsymbol{B}$ 的特征值为 $(k+2)^2,(k+2)^2,k^2$.

令 $\boldsymbol{\Lambda}=\begin{bmatrix}(k+2)^2 & & \\ & (k+2)^2 & \\ & & k^2\end{bmatrix}$,则 $\boldsymbol{B}$ 与 $\boldsymbol{\Lambda}$ 相似.

当 $k\neq-2$,且 $k\neq0$ 时,$\boldsymbol{B}$ 的全部特征值均为正数,这时 $\boldsymbol{B}$ 为正定矩阵.

点评:利用特征值判定正定性,要熟练掌握并灵活运用特征值的相关性质和结论. 本题为1998年考研真题.

方法 3:矩阵分解法

【2.19】 n 阶矩阵 $\boldsymbol{A}$ 正定的充要条件是存在可逆矩阵 $\boldsymbol{P}$,使 $\boldsymbol{A}=\boldsymbol{P}^T\boldsymbol{P}$.

证 充分性见 2.2.

必要性:设 $\lambda_1,\lambda_2,\cdots,\lambda_n$ 是 $\boldsymbol{A}$ 的特征值,由于 $\boldsymbol{A}$ 正定,从而 $\boldsymbol{A}$ 的特征值全大于零且 $\boldsymbol{A}$ 是实对称矩阵,从而存在正交矩阵 $\boldsymbol{Q}$ 使

$$\boldsymbol{A}=\boldsymbol{Q}^T\begin{bmatrix}\lambda_1 & & \\ & \ddots & \\ & & \lambda_n\end{bmatrix}\boldsymbol{Q},\quad \text{又令 } \boldsymbol{T}=\begin{bmatrix}\sqrt{\lambda_1} & & & \\ & \ddots & & \\ & & \ddots & \\ & & & \sqrt{\lambda_n}\end{bmatrix},$$

则 $\boldsymbol{T}=\boldsymbol{T}^T$,且

$$\boldsymbol{T}^T\boldsymbol{T}=\begin{bmatrix}\lambda_1 & & & \\ & \ddots & & \\ & & \ddots & \\ & & & \lambda_n\end{bmatrix}.$$

所以

$$\boldsymbol{A}=\boldsymbol{Q}^T\boldsymbol{T}^T\boldsymbol{T}\boldsymbol{Q}=(\boldsymbol{T}\boldsymbol{Q})^T(\boldsymbol{T}\boldsymbol{Q}).$$

令 $\boldsymbol{P}=\boldsymbol{T}\boldsymbol{Q}$,则 $\boldsymbol{P}$ 是可逆矩阵,且 $\boldsymbol{A}=\boldsymbol{P}^T\boldsymbol{P}$.

【2.20】 设 $\boldsymbol{A}=(a_{ij})$ 是 n 阶正定矩阵,则 $a_{ii}>0\ (1\leqslant i\leqslant n)$.

证 由 $\boldsymbol{A}$ 正定,存在可逆矩阵 $\boldsymbol{P}$,使 $\boldsymbol{A}=\boldsymbol{P}^T\boldsymbol{P}$.

令 $\boldsymbol{P}=(b_{ij})$,则

$$a_{ii}=b_{i1}^2+b_{i2}^2+\cdots+b_{in}^2.$$

又 $\boldsymbol{P}$ 可逆,故 $b_{i1},b_{i2},\cdots,b_{in}$ 不全为零,所以 $a_{ii}>0\ (1\leqslant i\leqslant n)$.

【2.21】 设 $\boldsymbol{A}$ 为正定矩阵. 证明:对任意整数 m,$\boldsymbol{A}^m$ 都是正定矩阵.

证 因 $\boldsymbol{A}$ 正定,故 $\boldsymbol{A}$ 对称,从而 $(\boldsymbol{A}^m)^T=(\boldsymbol{A}^T)^m=\boldsymbol{A}^m$,$\boldsymbol{A}^m$ 也对称.

当 $m=0$ 时,$\boldsymbol{A}^m=\boldsymbol{E}$ 当然是正定矩阵.

当 $m<0$ 时,由于 $m=-|m|$,而 $\boldsymbol{A}^m=(\boldsymbol{A}^{-1})^{|m|}$ 且由 2.9 知 $\boldsymbol{A}^{-1}$ 是正定的,故下面只需假定 m 为正整数即可.

当 m 为偶数时，由于 $\boldsymbol{A}^T=\boldsymbol{A}$ 且

$$\boldsymbol{A}^m=(\boldsymbol{A}^{\frac{m}{2}})^T\boldsymbol{A}^{\frac{m}{2}},$$

故 $\boldsymbol{A}^m$ 是正定的；

当 m 为奇数时，则由于 $\boldsymbol{A}$ 是正定的，故存在实可逆矩阵 $\boldsymbol{P}$ 使 $\boldsymbol{A}=\boldsymbol{P}^T\boldsymbol{P}$. 由此可得

$$\boldsymbol{A}^m=\boldsymbol{A}^{\frac{m-1}{2}}\boldsymbol{A}\boldsymbol{A}^{\frac{m-1}{2}}=\boldsymbol{A}^{\frac{m-1}{2}}\boldsymbol{P}^T\boldsymbol{P}\boldsymbol{A}^{\frac{m-1}{2}}=(\boldsymbol{P}\boldsymbol{A}^{\frac{m-1}{2}})^T(\boldsymbol{P}\boldsymbol{A}^{\frac{m-1}{2}}),$$

从而 $\boldsymbol{A}^m$ 是正定的.

【2.22】 若 $\boldsymbol{A},\boldsymbol{B}$ 是 n 阶正定矩阵，则 $\boldsymbol{AB}$ 正定的充要条件是 $\boldsymbol{AB}=\boldsymbol{BA}$.

证 由于 $\boldsymbol{A},\boldsymbol{B}$ 都是正定矩阵，从而 $\boldsymbol{A},\boldsymbol{B}$ 是实对称矩阵.

若 $\boldsymbol{AB}$ 正定，则 $\boldsymbol{AB}$ 亦是实对称矩阵，从而

$$(\boldsymbol{AB})^T=\boldsymbol{AB} \quad 即 \quad \boldsymbol{AB}=\boldsymbol{BA}.$$

若 $\boldsymbol{AB}=\boldsymbol{BA}$，则 $\boldsymbol{AB}$ 是实对称矩阵.

由题设知，存在可逆矩阵 $\boldsymbol{P}$ 及 $\boldsymbol{Q}$，使 $\boldsymbol{A}=\boldsymbol{P}^T\boldsymbol{P}$，$\boldsymbol{B}=\boldsymbol{Q}^T\boldsymbol{Q}$，于是

$$\boldsymbol{AB}=\boldsymbol{P}^T\boldsymbol{P}\boldsymbol{Q}^T\boldsymbol{Q},(\boldsymbol{P}^T)^{-1}\boldsymbol{AB}\boldsymbol{P}^T=\boldsymbol{P}\boldsymbol{Q}^T\boldsymbol{Q}\boldsymbol{P}^T=(\boldsymbol{Q}\boldsymbol{P}^T)^T(\boldsymbol{Q}\boldsymbol{P}^T),$$

且 $\boldsymbol{Q}\boldsymbol{P}^T$ 可逆，故 $(\boldsymbol{P}^T)^{-1}\boldsymbol{AB}\boldsymbol{P}^T$ 正定.

而 $\boldsymbol{AB}$ 与 $(\boldsymbol{P}^T)^{-1}\boldsymbol{AB}\boldsymbol{P}^T$ 相似，从而 $\boldsymbol{AB}$ 的特征值全为正数，所以 $\boldsymbol{AB}$ 也是正定的.

方法 4:顺序主子式法

设 n 阶矩阵

$$\boldsymbol{A}=\begin{bmatrix} a_{11} & a_{12} & \cdots & a_{1n} \\ a_{21} & a_{22} & \cdots & a_{2n} \\ \cdots & \cdots & \cdots & \cdots \\ a_{n1} & a_{n2} & \cdots & a_{nn} \end{bmatrix},$$

$\boldsymbol{A}$ 的一个行标和列标相同的子式

$$\begin{vmatrix} a_{i_1i_1} & a_{i_1i_2} & \cdots & a_{i_1i_k} \\ a_{i_2i_1} & a_{i_2i_2} & \cdots & a_{i_2i_k} \\ \cdots & \cdots & \cdots & \cdots \\ a_{i_ki_1} & a_{i_ki_2} & \cdots & a_{i_ki_k} \end{vmatrix} \quad (1\leqslant i_1<i_2<\cdots<i_k\leqslant n)$$

称为 $\boldsymbol{A}$ 的 k 阶主子式. 而子式

$$|\boldsymbol{A}_k|=\begin{vmatrix} a_{11} & a_{12} & \cdots & a_{1k} \\ a_{21} & a_{22} & \cdots & a_{2k} \\ \cdots & \cdots & \cdots & \cdots \\ a_{k1} & a_{k2} & \cdots & a_{kk} \end{vmatrix} \quad (k=1,2,\cdots,n)$$

称为 $\boldsymbol{A}$ 的 k 阶顺序主子式，即

$$|\boldsymbol{A}_1|=a_{11}, \quad |\boldsymbol{A}_2|=\begin{vmatrix} a_{11} & a_{12} \\ a_{21} & a_{22} \end{vmatrix} \quad |\boldsymbol{A}_3|=\begin{vmatrix} a_{11} & a_{12} & a_{13} \\ a_{21} & a_{22} & a_{23} \\ a_{31} & a_{32} & a_{33} \end{vmatrix}, \quad \cdots, \quad |\boldsymbol{A}_n|=|\boldsymbol{A}|.$$

对称矩阵 $\boldsymbol{A}=(a_{ij})_{n\times n}$ 为正定矩阵的充分必要条件是：$|\boldsymbol{A}_k|>0$ $(k=1,2,\cdots,n)$.

【2.23】 若二次型 $f(x_1,x_2,x_3)=2x_1^2+x_2^2+x_3^2+2x_1x_2+tx_2x_3$ 是正定的，则 t 的取值范围是______.

解 二次型 f 的矩阵为

$$A=\begin{bmatrix}2 & 1 & 0\\ 1 & 1 & \frac{t}{2}\\ 0 & \frac{t}{2} & 1\end{bmatrix}.$$

由于 A 为正定矩阵，故 A 的各阶顺序主子式应满足

$$|A_1|=2>0,\quad |A_2|=\begin{vmatrix}2 & 1\\ 1 & 1\end{vmatrix}=1>0,\quad |A_3|=|A|=\begin{vmatrix}2 & 1 & 0\\ 1 & 1 & \frac{t}{2}\\ 0 & \frac{t}{2} & 1\end{vmatrix}=1-\frac{t^2}{2}>0,$$

解得 $-\sqrt{2}<t<\sqrt{2}$.

故应填 $-\sqrt{2}<t<\sqrt{2}$.

点评：本题为1997年考研真题.

【2.24】 下列矩阵中，正定矩阵是______.

(A) $\begin{bmatrix}1 & 2 & 1\\ 2 & 5 & 0\\ 1 & 0 & -3\end{bmatrix}$ (B) $\begin{bmatrix}1 & 3 & 4\\ 3 & 9 & 2\\ 4 & 2 & 6\end{bmatrix}$ (C) $\begin{bmatrix}1 & 2 & 3\\ 2 & 5 & 7\\ 3 & 7 & 10\end{bmatrix}$ (D) $\begin{bmatrix}2 & -2 & 0\\ -2 & 5 & -1\\ 0 & -1 & 2\end{bmatrix}$

解 (A)中 $a_{33}=-3<0$，(B)中二阶主子式 $\begin{vmatrix}1 & 3\\ 3 & 9\end{vmatrix}=0$，(C)中行列式 $|A|=0$，它们均不是正定矩阵，所以应选(D).

或直接地，(D)中三个顺序主子式 $|A_1|=2$，$|A_2|=6$，$|A_3|=5$ 全大于零，而知(D)正定.

故应选(D).

【2.25】 判定下列二次型的正定性.

(1) $f=99x_1^2-12x_1x_2+48x_1x_3+130x_2^2-60x_2x_3+71x_3^2$；

(2) $f=10x_1^2+8x_1x_2+24x_1x_3+2x_2^2-28x_2x_3+x_3^2$；

(3) $f=\sum\limits_{i=1}^{n}x_i^2+\sum\limits_{1\leqslant i<j\leqslant n}x_ix_j$.

解 (1) f 的矩阵为

$$A=\begin{bmatrix}99 & -6 & 24\\ -6 & 130 & -30\\ 24 & -30 & 71\end{bmatrix}.$$

由于

$$|A_1|=99>0,\quad |A_2|=\begin{vmatrix}99 & -6\\ -6 & 130\end{vmatrix}>0,\quad |A|=755874>0,$$

即 A 的所有顺序主子式都大于零，故 f 是正定二次型.

(2) f 的矩阵为

$$A=\begin{bmatrix}10 & 4 & 12\\ 4 & 2 & -14\\ 12 & -14 & 1\end{bmatrix}.$$

由于

$$|A|=\begin{vmatrix}10 & 4 & 12\\ 4 & 2 & -14\\ 12 & -14 & 1\end{vmatrix}=-3588<0,$$

故 f 不是正定二次型.

(3) f 的矩阵为

$$A=\begin{bmatrix}1 & \frac{1}{2} & \frac{1}{2} & \cdots & \frac{1}{2}\\ \frac{1}{2} & 1 & \frac{1}{2} & \cdots & \frac{1}{2}\\ \cdots & \cdots & \cdots & \cdots & \cdots\\ \frac{1}{2} & \frac{1}{2} & \frac{1}{2} & \cdots & 1\end{bmatrix}.$$

由于

$$|A_k|=\begin{vmatrix}1 & \frac{1}{2} & \frac{1}{2} & \cdots & \frac{1}{2}\\ \frac{1}{2} & 1 & \frac{1}{2} & \cdots & \frac{1}{2}\\ \cdots & \cdots & \cdots & \cdots & \cdots\\ \frac{1}{2} & \frac{1}{2} & \frac{1}{2} & \cdots & 1\end{vmatrix}=\left(\frac{1}{2}\right)^k\begin{vmatrix}2 & 1 & 1 & \cdots & 1\\ 1 & 2 & 1 & \cdots & 1\\ \cdots & \cdots & \cdots & \cdots & \cdots\\ 1 & 1 & 1 & \cdots & 2\end{vmatrix}$$

$$=\left(\frac{1}{2}\right)^k\begin{vmatrix}2 & 1 & 1 & \cdots & 1\\ -1 & 1 & 0 & \cdots & 0\\ \cdots & \cdots & \cdots & \cdots & \cdots\\ -1 & 0 & 0 & \cdots & 1\end{vmatrix}=\left(\frac{1}{2}\right)^k\begin{vmatrix}2+(k-1) & 0 & 0 & \cdots & 0\\ -1 & 1 & 0 & \cdots & 0\\ \cdots & \cdots & \cdots & \cdots & \cdots\\ -1 & 0 & 0 & \cdots & 1\end{vmatrix}$$

$$=\left(\frac{1}{2}\right)^k(k+1)>0,\ k=1,2,\cdots,n.$$

故 f 为正定二次型.

【2.26】 t 取何值时,下列二次型为正定的?

(1) $f(x_1,x_2,x_3)=x_1^2+x_2^2+x_3^2+2x_1x_2+2tx_2x_3$;

(2) $f(x_1,\cdots,x_4)=t(x_1^2+x_2^2+x_3^2)+2x_1x_2-2x_2x_3+2x_1x_3+x_4^2$.

解 (1) f 的矩阵为

$$A=\begin{bmatrix}1 & 1 & 0\\ 1 & 1 & t\\ 0 & t & 1\end{bmatrix}.$$

由于 $\boldsymbol{A}$ 的二阶顺序主子式 $\begin{vmatrix}1 & 1\\1 & 1\end{vmatrix}=0$，故不论 t 为何值，f 都不能是正定的.

(2) f 的矩阵为

$$\boldsymbol{A}=\begin{bmatrix}t & 1 & 1 & 0\\1 & t & -1 & 0\\1 & -1 & t & 0\\0 & 0 & 0 & 1\end{bmatrix}.$$

由

$$t>0,\quad \begin{vmatrix}t & 1\\1 & t\end{vmatrix}=t^2-1>0,$$

$$\begin{vmatrix}t & 1 & 1\\1 & t & -1\\1 & -1 & t\end{vmatrix}=|\boldsymbol{A}|=(t+1)^2(t-2)>0.$$

解得 $t>2$，即当 $t>2$ 时，f 为正定的.

【2.27】 证明：实对称矩阵 $\boldsymbol{A}$ 是正定矩阵的充要条件是 $\boldsymbol{A}$ 的主子式全大于零.

证 充分性是明显的，因为主子式全大于零，那么顺序主子式必全大于零，从而 $\boldsymbol{A}$ 是正定的.

下证必要性. 设 n 阶实对称矩阵 $\boldsymbol{A}=(a_{ij})$ 是正定的，而

$$\boldsymbol{A}_k=\begin{bmatrix}a_{i_1i_1} & a_{i_1i_2} & \cdots & a_{i_1i_k}\\a_{i_2i_1} & a_{i_2i_2} & \cdots & a_{i_2i_k}\\\cdots & \cdots & \cdots & \cdots\\a_{i_ki_1} & a_{i_ki_2} & \cdots & a_{i_ki_k}\end{bmatrix},\quad 1\leqslant i_1<i_2<\cdots<i_k\leqslant n,$$

为 $\boldsymbol{A}$ 的任一个 k 阶主子式 $|\boldsymbol{A}_k|$ 所对应的 k 阶实对称矩阵.

由于 $\boldsymbol{A}$ 是正定的，故二次型 $f(x_1,\cdots,x_n)=\boldsymbol{x}^T\boldsymbol{A}\boldsymbol{x}$，对任意不全为零的实数 $c_1,\cdots,c_n$ 都有

$$f(c_1,c_2,\cdots,c_n)>0.$$

从而对不全为零的实数 $c_{i_1},c_{i_2},\cdots,c_{i_k}$，有

$$f(0,\cdots,c_{i_1},\cdots,c_{i_2},\cdots,c_{i_k},\cdots,0)>0.$$

(即在 $f(x_1,\cdots,x_n)$ 中除 $x_{i_1},\cdots,x_{i_k}$ 外其余变量全取 0). 但是，对变量为 $x_{i_1},\cdots,x_{i_k}$ 而矩阵为 $\boldsymbol{A}_k$ 的二次型 $g(x_{i_1},\cdots,x_{i_k})$ 来说，有

$$g(c_{i_1},\cdots,c_{i_k})=f(0,\cdots,c_{i_1},\cdots,c_{i_2},\cdots,c_{i_k},\cdots,0)>0.$$

故 g 是正定二次型，从而 $\boldsymbol{A}_k$ 是正定的. 故 $|\boldsymbol{A}_k|>0$.

题型 2：关于正定性的证明题

【2.28】 设 $\boldsymbol{A}$ 是 n 阶正定矩阵，$\boldsymbol{B}$ 是 n 阶反对称矩阵，证明矩阵 $\boldsymbol{A}-\boldsymbol{B}^2$ 可逆.

证 因为 $\boldsymbol{A}$ 是正定矩阵，知 $\boldsymbol{A}^T=\boldsymbol{A}$，$\boldsymbol{B}$ 是反对称矩阵 $\boldsymbol{B}^T=-\boldsymbol{B}$. 于是

$$(\boldsymbol{A}-\boldsymbol{B}^2)^T=(\boldsymbol{A}+\boldsymbol{B}^T\boldsymbol{B})^T=\boldsymbol{A}^T+(\boldsymbol{B}^T\boldsymbol{B})^T=\boldsymbol{A}+\boldsymbol{B}^T\boldsymbol{B}=\boldsymbol{A}-\boldsymbol{B}^2,$$

即 $\boldsymbol{A}-\boldsymbol{B}^2$ 是对称矩阵.

构造二次型 $\boldsymbol{x}^T(\boldsymbol{A}-\boldsymbol{B}^2)\boldsymbol{x}$，有

$$\boldsymbol{x}^T(\boldsymbol{A}-\boldsymbol{B}^2)\boldsymbol{x}=\boldsymbol{x}^T(\boldsymbol{A}+\boldsymbol{B}^T\boldsymbol{B})\boldsymbol{x}=\boldsymbol{x}^T\boldsymbol{A}\boldsymbol{x}+(\boldsymbol{B}\boldsymbol{x})^T(\boldsymbol{B}\boldsymbol{x}).$$

因任意 $\boldsymbol{x}\neq\boldsymbol{0}$，恒有 $\boldsymbol{x}^T\boldsymbol{A}\boldsymbol{x}>0$，$(\boldsymbol{B}\boldsymbol{x})^T(\boldsymbol{B}\boldsymbol{x})\geqslant 0$，即任意 $\boldsymbol{x}\neq\boldsymbol{0}$，恒有 $\boldsymbol{x}^T(\boldsymbol{A}-\boldsymbol{B}^2)\boldsymbol{x}>0$，所以 $\boldsymbol{x}^T(\boldsymbol{A}-\boldsymbol{B}^2)\boldsymbol{x}$ 是正定二次型，那么 $|\boldsymbol{A}-\boldsymbol{B}^2|>0$，即矩阵 $\boldsymbol{A}-\boldsymbol{B}^2$ 可逆.

【2.29】 已知 $\boldsymbol{A}$ 是 n 阶实对称矩阵，且 $\boldsymbol{A}\boldsymbol{B}+\boldsymbol{B}^T\boldsymbol{A}$ 是正定矩阵，证明 $\boldsymbol{A}$ 是可逆矩阵.

证 对于任意 $\boldsymbol{x}\neq\boldsymbol{0}$，由于 $\boldsymbol{A}\boldsymbol{B}+\boldsymbol{B}^T\boldsymbol{A}$ 是正定矩阵，$\boldsymbol{A}$ 是实对称矩阵，总有

$$\boldsymbol{x}^T(\boldsymbol{A}\boldsymbol{B}+\boldsymbol{B}^T\boldsymbol{A})\boldsymbol{x}=(\boldsymbol{A}\boldsymbol{x})^T(\boldsymbol{B}\boldsymbol{x})+(\boldsymbol{B}\boldsymbol{x})^T(\boldsymbol{A}\boldsymbol{x})>0.$$

由此，对于任意 $\boldsymbol{x}\neq\boldsymbol{0}$，恒有 $\boldsymbol{A}\boldsymbol{x}\neq\boldsymbol{0}$，即 $\boldsymbol{A}\boldsymbol{x}=\boldsymbol{0}$ 只有零解，从而 $\boldsymbol{A}$ 可逆.

【2.30】 已知 $\boldsymbol{A}$ 是 n 阶正定矩阵，证明存在 n 阶正定矩阵 $\boldsymbol{B}$，使 $\boldsymbol{A}=\boldsymbol{B}^2$.

证 因为 $\boldsymbol{A}$ 是正定矩阵，所以 $\boldsymbol{A}$ 是实对称矩阵. 故存在正交矩阵 $\boldsymbol{P}$ 使

$$\boldsymbol{P}^T\boldsymbol{A}\boldsymbol{P}=\boldsymbol{\Lambda}=\begin{bmatrix}\lambda_1 & & & \\ & \lambda_2 & & \\ & & \ddots & \\ & & & \lambda_n\end{bmatrix},$$

且 $\lambda_i>0\ (i=1,2,\cdots,n)$. 那么

$$\boldsymbol{A}=\boldsymbol{P}\boldsymbol{\Lambda}\boldsymbol{P}^{-1}=\boldsymbol{P}\begin{bmatrix}\sqrt{\lambda_1} & & & \\ & \sqrt{\lambda_2} & & \\ & & \ddots & \\ & & & \sqrt{\lambda_n}\end{bmatrix}\begin{bmatrix}\sqrt{\lambda_1} & & & \\ & \sqrt{\lambda_2} & & \\ & & \ddots & \\ & & & \sqrt{\lambda_n}\end{bmatrix}\boldsymbol{P}^{-1}$$

$$=\boldsymbol{P}\begin{bmatrix}\sqrt{\lambda_1} & & & \\ & \sqrt{\lambda_2} & & \\ & & \ddots & \\ & & & \sqrt{\lambda_n}\end{bmatrix}\boldsymbol{P}^{-1}\boldsymbol{P}\begin{bmatrix}\sqrt{\lambda_1} & & & \\ & \sqrt{\lambda_2} & & \\ & & \ddots & \\ & & & \sqrt{\lambda_n}\end{bmatrix}\boldsymbol{P}^{-1}=\boldsymbol{B}^2.$$

其中

$$\boldsymbol{B}=\boldsymbol{P}\begin{bmatrix}\sqrt{\lambda_1} & & & \\ & \sqrt{\lambda_2} & & \\ & & \ddots & \\ & & & \sqrt{\lambda_n}\end{bmatrix}\boldsymbol{P}^{-1}.$$

从而

$$\boldsymbol{B}\text{ 与 }\begin{bmatrix}\sqrt{\lambda_1} & & & \\ & \sqrt{\lambda_2} & & \\ & & \ddots & \\ & & & \sqrt{\lambda_n}\end{bmatrix}\text{相似，}$$

则矩阵 $\boldsymbol{B}$ 的特征值是 $\sqrt{\lambda_1},\sqrt{\lambda_2},\cdots,\sqrt{\lambda_n}$，均大于零. 另一方面，由 $\boldsymbol{P}$ 是正交矩阵 $\boldsymbol{P}^{-1}=\boldsymbol{P}^T$，知 $\boldsymbol{B}$ 是对称矩阵.

从而 $\boldsymbol{B}$ 是正定矩阵，且满足 $\boldsymbol{A}=\boldsymbol{B}^2$.

【2.31】 证明：在 n 阶实对称矩阵中，正定矩阵只能与正定矩阵相似.

证 设 $\boldsymbol{A},\boldsymbol{B}$ 是两个 n 阶实对称矩阵，且两者相似. 当 $\boldsymbol{A}$ 为正定矩阵时，$\boldsymbol{A}$ 的特征根全是正实数. 但相似方阵有相同的特征根，故 $\boldsymbol{B}$ 的特征根也全是正实数. 从而 $\boldsymbol{B}$ 为正定矩阵.

【2.32】 设 $\boldsymbol{A}$ 是 n 阶正定矩阵，$\boldsymbol{B}$ 是 n 阶实对称阵，证明存在可逆阵 $\boldsymbol{P}$，使得

$$\boldsymbol{P}^T\boldsymbol{AP}=\boldsymbol{E},\qquad \boldsymbol{P}^T\boldsymbol{BP}=\begin{bmatrix}\mu_1 & 0 & \cdots & 0\\ 0 & \mu_2 & \cdots & 0\\ \cdots & \cdots & \cdots & \cdots\\ 0 & 0 & \cdots & \mu_n\end{bmatrix},$$

其中 $\mu_1,\mu_2,\cdots,\mu_n$ 是 $|\mu\boldsymbol{A}-\boldsymbol{B}|=0$ 的根.

证 因 $\boldsymbol{A}$ 是正定矩阵，存在可逆阵 $\boldsymbol{Q}$，使得 $\boldsymbol{Q}^T\boldsymbol{AQ}=\boldsymbol{E}$. 而 $\boldsymbol{B}$ 是实对称阵，$(\boldsymbol{Q}^T\boldsymbol{BQ})^T=\boldsymbol{Q}^T\boldsymbol{B}^T\boldsymbol{Q}=\boldsymbol{Q}^T\boldsymbol{BQ}$ 仍是实对称阵，从而存在正交阵 $\boldsymbol{T}$，使得

$$\boldsymbol{T}^T(\boldsymbol{Q}^T\boldsymbol{BQ})\boldsymbol{T}=(\boldsymbol{QT})^T\boldsymbol{B}(\boldsymbol{QT})=\begin{bmatrix}\mu_1 & 0 & \cdots & 0\\ 0 & \mu_2 & \cdots & 0\\ \cdots & \cdots & \cdots & \cdots\\ 0 & 0 & \cdots & \mu_n\end{bmatrix},$$

其中 $\mu_1,\mu_2,\cdots,\mu_n$ 是 $\boldsymbol{Q}^T\boldsymbol{BQ}$ 的特征值.

又由
$$\boldsymbol{T}^T\boldsymbol{Q}^T\boldsymbol{AQT}=\boldsymbol{T}^T\boldsymbol{ET}=\boldsymbol{E},$$
取 $(\boldsymbol{QT})=\boldsymbol{P}$，则得证

$$\boldsymbol{P}^T\boldsymbol{AP}=\boldsymbol{E},\qquad \boldsymbol{P}^T\boldsymbol{BP}=\begin{bmatrix}\mu_1 & 0 & \cdots & 0\\ 0 & \mu_2 & \cdots & 0\\ \cdots & \cdots & \cdots & \cdots\\ 0 & 0 & \cdots & \mu_n\end{bmatrix}.$$

又因 $\mu_1,\mu_2,\cdots,\mu_n$ 是 $\boldsymbol{Q}^T\boldsymbol{BQ}$ 的特征值，故 μ 满足 $|\mu\boldsymbol{E}-\boldsymbol{Q}^T\boldsymbol{BQ}|=0$，将 $\boldsymbol{Q}^T\boldsymbol{AQ}=\boldsymbol{E}$ 代入，得

$$|\mu\boldsymbol{E}-\boldsymbol{Q}^T\boldsymbol{BQ}|=|\mu\boldsymbol{Q}^T\boldsymbol{AQ}-\boldsymbol{Q}^T\boldsymbol{BQ}|=|\boldsymbol{Q}^T(\mu\boldsymbol{A}-\boldsymbol{B})\boldsymbol{Q}|=|\boldsymbol{Q}^2|\ |\mu\boldsymbol{A}-\boldsymbol{B}|=0,$$

$\boldsymbol{Q}$ 可逆，$|\boldsymbol{Q}^2|\neq 0$. 故 μ_i 满足 $|\mu\boldsymbol{A}-\boldsymbol{B}|=0$.

【2.33】 已知 $\boldsymbol{A}$ 是 n 阶正定矩阵，n 维非零列向量 $\boldsymbol{\alpha}_1,\boldsymbol{\alpha}_2,\cdots,\boldsymbol{\alpha}_s$ 满足

$$\boldsymbol{\alpha}_i^T\boldsymbol{A}\boldsymbol{\alpha}_j=0\quad(i\neq j,i,j=1,2,\cdots,s),$$

证明 $\boldsymbol{\alpha}_1,\boldsymbol{\alpha}_2,\cdots,\boldsymbol{\alpha}_s$ 线性无关.

证 设
$$k_1\boldsymbol{\alpha}_1+k_2\boldsymbol{\alpha}_2+\cdots+k_s\boldsymbol{\alpha}_s=\boldsymbol{0},\qquad ①$$

用 $\boldsymbol{\alpha}_1^T\boldsymbol{A}$ 左乘①式，有

$$k_1\boldsymbol{\alpha}_1^T\boldsymbol{A}\boldsymbol{\alpha}_1+k_2\boldsymbol{\alpha}_1^T\boldsymbol{A}\boldsymbol{\alpha}_2+\cdots+k_s\boldsymbol{\alpha}_1^T\boldsymbol{A}\boldsymbol{\alpha}_s=0.\qquad ②$$

因为 $\boldsymbol{\alpha}_i^T\boldsymbol{A}\boldsymbol{\alpha}_j=0(i\neq j$ 时)，②式为

$$k_1\boldsymbol{\alpha}_1^T\boldsymbol{A}\boldsymbol{\alpha}_1=0.$$

因为 $\boldsymbol{A}$ 正定，$\boldsymbol{\alpha}_1\neq\boldsymbol{0}$，有 $\boldsymbol{\alpha}_1^T\boldsymbol{A}\boldsymbol{\alpha}_1>0$，故必有 $k_1=0$. 同理可证 $k_2=0,\cdots,k_s=0$. 因此向量组 $\boldsymbol{\alpha}_1,\boldsymbol{\alpha}_2,\cdots,\boldsymbol{\alpha}_s$ 线性无关.

§3. 矩阵的合同

知识要点

1. 矩阵合同的定义

设 $\boldsymbol{A},\boldsymbol{B}$ 为两个方阵，若存在可逆矩阵 $\boldsymbol{Q}$，使 $\boldsymbol{B}=\boldsymbol{Q}^T\boldsymbol{A}\boldsymbol{Q}$ 成立，则称 $\boldsymbol{A}$ 与 $\boldsymbol{B}$ 合同.

2. 矩阵合同的性质

(1)矩阵 $\boldsymbol{A}$ 与 $\boldsymbol{B}$ 合同的充要条件是对 $\boldsymbol{A}$ 的行和列施以相同的初等变换变成 $\boldsymbol{B}$.

(2)矩阵 $\boldsymbol{A}$ 与 $\boldsymbol{B}$ 合同的必要条件是 $\boldsymbol{A}$ 与 $\boldsymbol{B}$ 的秩相同.

现设 $\boldsymbol{A}$ 与 $\boldsymbol{B}$ 是实对称矩阵，

(3) $\boldsymbol{A}$ 与 $\boldsymbol{B}$ 合同的充要条件是二次型 $\boldsymbol{x}^T\boldsymbol{A}\boldsymbol{x}$ 与 $\boldsymbol{x}^T\boldsymbol{B}\boldsymbol{x}$ 有相同的正负惯性指数.

(4) $\boldsymbol{A}$ 与 $\boldsymbol{B}$ 合同的充分条件是 $\boldsymbol{A}$ 与 $\boldsymbol{B}$ 相似.

基本题型

题型 1:矩阵的合同

【3.1】 证明:矩阵 $\boldsymbol{A}$ 与 $\boldsymbol{B}$ 合同的充要条件是对 $\boldsymbol{A}$ 的行和列施以相同的初等变换变成 $\boldsymbol{B}$.

证 若 $\boldsymbol{A}$ 与 $\boldsymbol{B}$ 合同，则存在可逆矩阵 $\boldsymbol{Q}$，使 $\boldsymbol{B}=\boldsymbol{Q}^T\boldsymbol{A}\boldsymbol{Q}$.

令 $\boldsymbol{Q}=\boldsymbol{P}_1\boldsymbol{P}_2\cdots\boldsymbol{P}_s$，$\boldsymbol{P}_i$ 为初等矩阵，则 $\boldsymbol{B}=\boldsymbol{P}_s^T\cdots\boldsymbol{P}_2^T\boldsymbol{P}_1^T\boldsymbol{A}\boldsymbol{P}_1\boldsymbol{P}_2\cdots\boldsymbol{P}_s$，即对 $\boldsymbol{A}$ 的行和列施以相同的初等变换变成 $\boldsymbol{B}$.

反之显然成立.

【3.2】 证明:对称矩阵只能与对称矩阵合同.

证 设对称矩阵 $\boldsymbol{A}$ 与 $\boldsymbol{B}$ 合同，即存在可逆矩阵 $\boldsymbol{Q}$，使 $\boldsymbol{B}=\boldsymbol{Q}^T\boldsymbol{A}\boldsymbol{Q}$.

因 $\boldsymbol{A}^T=\boldsymbol{A}$，所以

$$\boldsymbol{B}^T=(\boldsymbol{Q}^T\boldsymbol{A}\boldsymbol{Q})^T=\boldsymbol{Q}^T\boldsymbol{A}^T\boldsymbol{Q}=\boldsymbol{Q}^T\boldsymbol{A}\boldsymbol{Q}=\boldsymbol{B},$$

即 $\boldsymbol{B}$ 也对称.

【3.3】 设 $\boldsymbol{A}=\begin{bmatrix}1&2\\2&1\end{bmatrix}$，则在实数域上与 $\boldsymbol{A}$ 合同的矩阵为______.

(A) $\begin{bmatrix}-2&1\\1&-2\end{bmatrix}$ (B) $\begin{bmatrix}2&-1\\-1&2\end{bmatrix}$ (C) $\begin{bmatrix}2&1\\1&2\end{bmatrix}$ (D) $\begin{bmatrix}1&-2\\-2&1\end{bmatrix}$

解 $|\lambda\boldsymbol{E}-\boldsymbol{A}|=\begin{vmatrix}\lambda-1&-2\\-2&\lambda-1\end{vmatrix}=(\lambda-1)^2-4=\lambda^2-2\lambda-3=(\lambda+1)(\lambda-3)=0$，

则 $\lambda_1=-1,\lambda_2=3$.

记 $\boldsymbol{D}=\begin{bmatrix}1&-2\\-2&1\end{bmatrix}$，则

$$|\lambda\boldsymbol{E}-\boldsymbol{D}|=\begin{vmatrix}\lambda-1&2\\2&\lambda-1\end{vmatrix}=(\lambda-1)^2-4=\lambda^2-2\lambda-3=(\lambda+1)(\lambda-3)=0,$$

则 $\lambda_1=-1,\lambda_2=3$.

故应选(D).

点评:实对称矩阵 $\boldsymbol{A}$ 与 $\boldsymbol{B}$ 合同的充分条件是 $\boldsymbol{A}$ 与 $\boldsymbol{B}$ 有相同的特征值.本题为2008年考研真题.

【3.4】 设 n 阶矩阵 $\boldsymbol{A}$ 合同于对角阵

$$\boldsymbol{\Lambda}=\begin{bmatrix}\lambda_1 & & & \\ & \lambda_2 & & \\ & & \ddots & \\ & & & \lambda_n\end{bmatrix},$$

则必有______.

(A)$\lambda_1,\lambda_2,\cdots,\lambda_n$ 是 $\boldsymbol{A}$ 的特征值　　(B)$\lambda_1\lambda_2\cdots\lambda_n=|\boldsymbol{A}|$

(C)$\boldsymbol{A}$ 为正定矩阵　　(D)$\boldsymbol{A}$ 为对称矩阵

解 由于 $\boldsymbol{A}$ 与 $\boldsymbol{\Lambda}$ 合同,即存在可逆矩阵 $\boldsymbol{C}$,使 $\boldsymbol{C}^T\boldsymbol{\Lambda}\boldsymbol{C}=\boldsymbol{A}$.于是 $\boldsymbol{A}^T=\boldsymbol{C}^T\boldsymbol{\Lambda}^T(\boldsymbol{C}^T)^T=\boldsymbol{C}^T\boldsymbol{\Lambda}\boldsymbol{C}=\boldsymbol{A}$,因此 $\boldsymbol{A}$ 为对称矩阵.

因为 $\boldsymbol{A}$ 与 $\boldsymbol{\Lambda}$ 未必相似,所以选项(A),(B)都不正确.没有表明 $\lambda_i(i=1,2,\cdots,n)$ 全为正,所以选项(C)也不正确.

故应选(D).

【3.5】 设 $\boldsymbol{A}=\begin{bmatrix}\boldsymbol{A}_1 & \boldsymbol{0}\\ \boldsymbol{0} & \boldsymbol{A}_2\end{bmatrix},\boldsymbol{B}=\begin{bmatrix}\boldsymbol{B}_1 & \boldsymbol{0}\\ \boldsymbol{0} & \boldsymbol{B}_2\end{bmatrix}$.

证明:如果 $\boldsymbol{A}_1$ 与 $\boldsymbol{B}_1$ 合同,$\boldsymbol{A}_2$ 与 $\boldsymbol{B}_2$ 合同,则 $\boldsymbol{A}$ 与 $\boldsymbol{B}$ 合同.

证 由于 $\boldsymbol{A}_1$ 与 $\boldsymbol{B}_1$ 合同,$\boldsymbol{A}_2$ 与 $\boldsymbol{B}_2$ 合同,故存在可逆矩阵 $\boldsymbol{C}_1$ 及 $\boldsymbol{C}_2$,使

$$\boldsymbol{B}_1=\boldsymbol{C}_1^T\boldsymbol{A}_1\boldsymbol{C}_1,\qquad \boldsymbol{B}_2=\boldsymbol{C}_2^T\boldsymbol{A}_2\boldsymbol{C}_2.$$

于是令 $\boldsymbol{C}=\begin{bmatrix}\boldsymbol{C}_1 & \boldsymbol{0}\\ \boldsymbol{0} & \boldsymbol{C}_2\end{bmatrix}$, 则有 $\boldsymbol{B}=\boldsymbol{C}^T\boldsymbol{A}\boldsymbol{C}$,即 $\boldsymbol{A}$ 与 $\boldsymbol{B}$ 合同.

【3.6】 若把实 n 阶对称方阵按合同分类,即两个实 n 阶对称方阵属于同一类当且仅当它们在实数域上合同,问:共有几类?

解 两个 n 阶实对称方阵合同的充要条件是,它们所对应的二次型有相同的秩,而且有相同的正惯性指数.由此可见,

秩为零时为1类(即零方阵单独成一类);

秩为1时有2类(正惯性指数为1与0,即它们的规范形为 y_1^2 及 $-y_1^2$);

秩为2时有3类(正惯性指数为2,1,0,即它们的规范形为 $y_1^2+y_2^2,y_1^2-y_2^2,-y_1^2-y_2^2$);

$\cdots$,

秩为 n 时有 $n+1$ 类(正惯性指数为 $n,n-1,\cdots,1,0$,即规范形为 $y_1^2+y_2^2+\cdots+y_n^2,y_1^2+\cdots+y_{n-1}^2-y_n^2,\cdots,-y_1^2-y_2^2-\cdots-y_n^2$).

从而共有 $1+2+3+\cdots+n+(n+1)=\dfrac{1}{2}(n+1)(n+2)$ 类.

【3.7】 设 $\boldsymbol{A}$ 为 n 阶实对称方阵.证明:$\boldsymbol{A}$ 是正定矩阵的充要条件是 $\boldsymbol{A}$ 与单位矩阵合同.

证 若 $\boldsymbol{A}$ 是正定的,即二次型

$$f(x_1,\cdots,x_n)=\boldsymbol{x}^T\boldsymbol{A}\boldsymbol{x}$$

是正定的，从而可通过非退化线性替换 $\boldsymbol{x}=\boldsymbol{C}\boldsymbol{y}$ 化为

$$g(y_1,\cdots,y_n)=\boldsymbol{y}^T(\boldsymbol{C}^T\boldsymbol{A}\boldsymbol{C})\boldsymbol{y}=y_1^2+\cdots+y_n^2=\boldsymbol{y}^T\boldsymbol{E}\boldsymbol{y}.$$

于是 $\boldsymbol{C}^T\boldsymbol{A}\boldsymbol{C}=\boldsymbol{E}$，即 $\boldsymbol{A}$ 与 $\boldsymbol{E}$ 合同.

反之，若 $\boldsymbol{A}$ 与 $\boldsymbol{E}$ 合同，则由 f 可通过非退化线性替换化为 g. 因 g 是正定的，故 f 也是正定的，即 $\boldsymbol{A}$ 为正定矩阵.

点评：本题是判定矩阵正定性的一种方法.

【3.8】 证明：任两个 n 阶正定矩阵都合同，而且正定矩阵只能与正定矩阵合同.

证 设 $\boldsymbol{A},\boldsymbol{B}$ 为任意 n 阶正定矩阵，则 $\boldsymbol{A}$ 与 $\boldsymbol{B}$ 都与 n 阶单位矩阵合同，从而 $\boldsymbol{A}$ 与 $\boldsymbol{B}$ 合同.

另外，设 $\boldsymbol{A}$ 为正定矩阵，则 $\boldsymbol{A}$ 与 $\boldsymbol{E}$ 合同. 若 $\boldsymbol{A}$ 与 $\boldsymbol{B}$ 合同，则 $\boldsymbol{B}$ 也与 $\boldsymbol{E}$ 合同，故 $\boldsymbol{B}$ 也是正定矩阵.

题型 2：矩阵的等价、相似、合同

【3.9】 设

$$\boldsymbol{A}=\begin{bmatrix}1&1&1&1\\1&1&1&1\\1&1&1&1\\1&1&1&1\end{bmatrix},\quad \boldsymbol{B}=\begin{bmatrix}4&0&0&0\\0&0&0&0\\0&0&0&0\\0&0&0&0\end{bmatrix},$$

则 $\boldsymbol{A}$ 与 $\boldsymbol{B}$ ______.

(A)合同且相似　　(B)合同但不相似

(C)不合同但相似　　(D)不合同且不相似

解 矩阵 $\boldsymbol{A}$ 为实对称矩阵，可求得其特征值为 4,0,0,0.

故 $\boldsymbol{A}$ 与 $\boldsymbol{B}$ 相似，且 $\boldsymbol{A}$ 与 $\boldsymbol{B}$ 能正交相似，即 $\boldsymbol{A}$ 与 $\boldsymbol{B}$ 也合同.

故应选(A).

点评：实对称矩阵相似必合同，反之未必成立. 本题为 2001 年考研真题.

【3.10】 设矩阵

$$\boldsymbol{A}=\begin{bmatrix}2&-1&-1\\-1&2&-1\\-1&-1&2\end{bmatrix},\quad \boldsymbol{B}=\begin{bmatrix}1&0&0\\0&1&0\\0&0&0\end{bmatrix},$$

则 $\boldsymbol{A}$ 与 $\boldsymbol{B}$ ______.

(A)合同，且相似　　(B)合同，但不相似

(C)不合同，但相似　　(D)既不合同，也不相似

解 根据相似的必要条件：$\sum a_{ii}=\sum b_{ii}$，易见 $\boldsymbol{A}$ 和 $\boldsymbol{B}$ 肯定不相似. 由此可排除(A)与(C).

由

$$|\lambda\boldsymbol{E}-\boldsymbol{A}|=\begin{vmatrix}\lambda-2&1&1\\1&\lambda-2&1\\1&1&\lambda-2\end{vmatrix}=\begin{vmatrix}\lambda&\lambda&\lambda\\1&\lambda-2&1\\1&1&\lambda-2\end{vmatrix}=\lambda(\lambda-3)^2,$$

知矩阵 $\boldsymbol{A}$ 的特征值为 3,3,0. 故二次型 $\boldsymbol{x}^T\boldsymbol{A}\boldsymbol{x}$ 的正惯性指数 $p=2$，负惯性指数 $q=0$. 而二次型 $\boldsymbol{x}^T\boldsymbol{B}\boldsymbol{x}$ 的正惯性指数亦为 $p=2$，负惯性指数 $q=0$，所以 $\boldsymbol{A}$ 与 $\boldsymbol{B}$ 合同.

故应选(B).

点评：本题为 2007 年考研真题.

【3.11】 设 $\boldsymbol{A}$ 是 $n\times n$ 矩阵，交换 $\boldsymbol{A}$ 的第 i 列和第 j 列后再交换第 i 行和第 j 行后得到矩阵 $\boldsymbol{B}$，则 $\boldsymbol{A},\boldsymbol{B}$ 是______.

(A)等价矩阵但不相似　　(B)相似矩阵但不合同

(C)相似、合同矩阵，但不等价　　(D)等价、相似、合同矩阵

解　$\boldsymbol{A}$ 的 i 列 j 列互换，i 行 j 行互换，相当于右乘、左乘互换初等阵，即 $\boldsymbol{B}=\boldsymbol{E}_{ij}\boldsymbol{A}\boldsymbol{E}_{ij}$，其中

$$\boldsymbol{E}_{ij}=\begin{bmatrix}1&&&&&&&&&\\&\ddots&&&&&&&&\\&&1&&&&&&&\\&&&0&\cdots&\cdots&\cdots&1&&\\&&&\vdots&1&&&\vdots&&\\&&&\vdots&&\ddots&&\vdots&&\\&&&\vdots&&&1&\vdots&&\\&&&1&\cdots&\cdots&\cdots&0&&\\&&&&&&&&1&\\&&&&&&&&&\ddots\\&&&&&&&&&&1\end{bmatrix}\begin{matrix}\\\\\\\leftarrow\text{第 } i \text{ 行}\\\\\\\\\leftarrow\text{第 } j \text{ 行}\\\\\\\\\end{matrix}$$

因为 $|\boldsymbol{E}_{ij}|=-1\neq0$，$\boldsymbol{E}_{ij}$ 是可逆阵，且 $\boldsymbol{E}_{ij}^{-1}=\boldsymbol{E}_{ij}$，$\boldsymbol{E}_{ij}^{T}=\boldsymbol{E}_{ij}$，即

$$\boldsymbol{B}=\boldsymbol{E}_{ij}\boldsymbol{A}\boldsymbol{E}_{ij}=\boldsymbol{E}_{ij}^{-1}\boldsymbol{A}\boldsymbol{E}_{ij}=\boldsymbol{E}_{ij}^{T}\boldsymbol{A}\boldsymbol{E}_{ij},$$

所以 $\boldsymbol{A},\boldsymbol{B}$ 是等价，相似，合同矩阵.

故应选(D).

【3.12】 证明：矩阵 $\boldsymbol{A}=\begin{bmatrix}1&0\\0&2\end{bmatrix}$，$\boldsymbol{B}=\begin{bmatrix}1&0\\0&4\end{bmatrix}$等价、合同但不相似.

证　因为秩 $r(\boldsymbol{A})=r(\boldsymbol{B})$，所以 $\boldsymbol{A}$ 与 $\boldsymbol{B}$ 等价.

因为 $\boldsymbol{A}$ 与 $\boldsymbol{B}$ 特征值不相同，所以 $\boldsymbol{A},\boldsymbol{B}$ 不相似.

因为 $\boldsymbol{x}^T\boldsymbol{A}\boldsymbol{x}=x_1^2+2x_2^2$ 与 $\boldsymbol{x}^T\boldsymbol{B}\boldsymbol{x}=x_1^2+4x_2^2$ 有相同的正、负惯性指数，所以 $\boldsymbol{A}$ 与 $\boldsymbol{B}$ 合同.

§4. 综合提高题型

题型 1：二次型的基本概念

【4.1】 设二次型

$$f(x_1,x_2,x_3)=x_1^2+ax_2^2+x_3^2+2x_1x_2-2x_2x_3-2ax_1x_3$$

的正、负惯性指数都是 1，则 $a=$______.

解 由题意 f 的秩 2，对 f 的矩阵作初等变换

$$\boldsymbol{A}=\begin{bmatrix}1&1&-a\\1&a&-1\\-a&-1&1\end{bmatrix}\rightarrow\begin{bmatrix}1&1&-a\\0&a-1&a-1\\0&a-1&1-a^2\end{bmatrix}\rightarrow\begin{bmatrix}1&1&-a\\0&a-1&a-1\\0&0&2-a-a^2\end{bmatrix}.$$

可见，当 $a=1$ 时，$r(\boldsymbol{A})=1$，于是 $a\neq1$. 要使 $r(\boldsymbol{A})=2$，则必须 $2-a-a^2=0$ 即 $a=1$ 或 $a=-2$，舍去 $a=1$，得 $a=-2$ 满足题意.

故应填 -2.

点评：正负惯性指数之和等于二次型的秩.

【4.2】 二次型

$$f(x_1,x_2,x_3)=(x_1+x_2)^2+(x_2-x_3)^2+(x_3+x_1)^2$$

的秩为______.

解 二次型对应的实对称矩阵

$$\boldsymbol{A}=\begin{bmatrix}2&1&1\\1&2&-1\\1&-1&2\end{bmatrix}.$$

对矩阵 $\boldsymbol{A}$ 进行初等行变换得

$$\boldsymbol{A}\rightarrow\begin{bmatrix}1&-1&2\\0&3&-3\\0&3&-3\end{bmatrix}\rightarrow\begin{bmatrix}1&-1&2\\0&1&-1\\0&0&0\end{bmatrix},$$

即 $r(\boldsymbol{A})=2$.

故应填 2.

点评：本题为 2004 年考研真题. 下列解法是错误的：

作线性替换：

$$\begin{cases}y_1=x_1+x_2,\\y_2=x_2-x_3,\\y_3=x_3+x_1,\end{cases}$$

即

$$\begin{bmatrix}y_1\\y_2\\y_3\end{bmatrix}=\begin{bmatrix}1&0&1\\1&1&0\\0&-1&1\end{bmatrix}\begin{bmatrix}x_1\\x_2\\x_3\end{bmatrix}=\boldsymbol{C}\begin{bmatrix}x_1\\x_2\\x_3\end{bmatrix},$$

从而得到 f 的标准形：$y_1^2+y_2^2+y_3^2$.

错的原因是：$\boldsymbol{C}$ 不可逆，即所作的线性替换不是非退化的.

【4.3】 设 $\boldsymbol{A}$ 是 n 阶实对称矩阵，且满足关系式 $\boldsymbol{A}^3+3\boldsymbol{A}^2+3\boldsymbol{A}+2\boldsymbol{E}=\boldsymbol{0}$，则二次型 $f=\boldsymbol{x}^T\boldsymbol{A}\boldsymbol{x}$ 的负惯性指数为______.

解 设 λ 是 $\boldsymbol{A}$ 的任一特征值，则由 $\boldsymbol{A}^3+3\boldsymbol{A}^2+3\boldsymbol{A}+2\boldsymbol{E}=\boldsymbol{0}$知，$\lambda$ 必满足方程

$$\lambda^3+3\lambda^2+3\lambda+2=(\lambda+2)(\lambda^2+\lambda+1)=0.$$

由于实对称矩阵的特征值必为实数，故 $\boldsymbol{A}$ 的特征值只能为 -2. 因此 $\boldsymbol{A}$ 的负惯性指数为 n.

点评：正(负)惯性指数等于矩阵的正(负)特征值的个数.

【4.4】 设 $\boldsymbol{A}$ 为三阶实对称矩阵，如果二次曲面方程 $(x,y,z)\boldsymbol{A}\begin{bmatrix}x\\y\\z\end{bmatrix}=1$ 在正交变换下的标准方程的图形如右图所示，则 $\boldsymbol{A}$ 的正特征值个数为______.

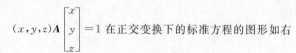

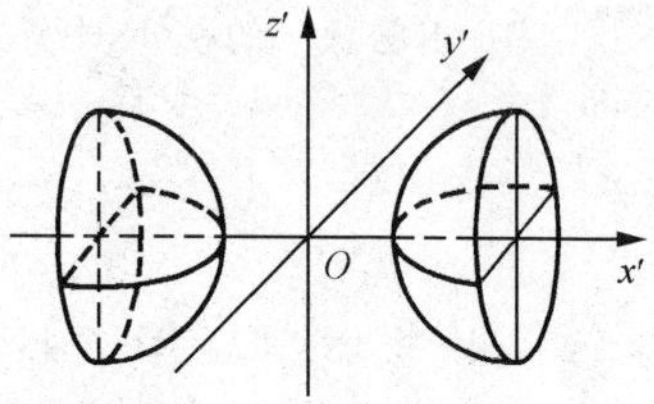

(A)0　　(B)1　　(C)2　　(D)3

解 此二次曲面为旋转双叶双曲面，此曲面的标准方程为 $\frac{x^2}{a^2}-\frac{y^2+z^2}{c^2}=1$，所以 $\boldsymbol{A}$ 的正特征值个数为 1.

故应选(B).

【4.5】 设 $\boldsymbol{A}$ 是 n 阶实对称阵，秩为 r，符号差为 s，则必有______.

(A)r 是奇数，s 是偶数　　(B)r 是偶数，s 是奇数

(C)r,s 均为偶数，不能是奇数　　(D)r,s 或均是偶数或均是奇数

解 $r=p+q, s=p-q$，故 $r+s=2p$，从而 r,s 或同时为奇数，或同时为偶数.

故应选(D).

点评：本题为 2008 年考研真题.

【4.6】 已知三元二次型 $\boldsymbol{x}^T\boldsymbol{A}\boldsymbol{x}$ 经正交变换化为 $-y_1^2-2y_2^2-y_3^2$，其中 $\boldsymbol{A}^T=\boldsymbol{A}$，则二次型 $\boldsymbol{x}^T\boldsymbol{A}^*\boldsymbol{x}$ 的正惯性指数为______.

(A)0　　(B)1　　(C)2　　(D)3

解 由题设知，二次型的矩阵 $\boldsymbol{A}$ 与对角矩阵 $\begin{bmatrix}-1&&\\&-2&\\&&-1\end{bmatrix}$ 正交相似，即有正交矩阵 $\boldsymbol{Q}$，使

$$\boldsymbol{Q}^T\boldsymbol{A}\boldsymbol{Q}=\boldsymbol{Q}^{-1}\boldsymbol{A}\boldsymbol{Q}=\begin{bmatrix}-1&&\\&-2&\\&&-1\end{bmatrix}.$$

于是，$|\boldsymbol{A}|=-2$，且

$$\boldsymbol{Q}^{-1}\boldsymbol{A}^{-1}\boldsymbol{Q}=\boldsymbol{Q}^{-1}\left(\frac{1}{|\boldsymbol{A}|}\boldsymbol{A}^*\right)\boldsymbol{Q}=\begin{bmatrix}-1&&\\&-\frac{1}{2}&\\&&-1\end{bmatrix},$$

故

$$\boldsymbol{Q}^{-1}\boldsymbol{A}^*\boldsymbol{Q}=|\boldsymbol{A}|\begin{bmatrix}-1&&\\&-\frac{1}{2}&\\&&-1\end{bmatrix}=\begin{bmatrix}2&&\\&1&\\&&2\end{bmatrix}.$$

即 $\boldsymbol{A}^*$ 的特征值为 2,1,2，因此 $\boldsymbol{x}^T\boldsymbol{A}^*\boldsymbol{x}$ 的正惯性指数为 3.

故应选(D).

【4.7】 设二次型 $f(x_1,x_2,x_3)=x_1^2-x_2^2+2ax_1x_3+4x_2x_3$ 的负惯性指数为 1，则 a 的取值范围是______.

解 二次型的矩阵 $\boldsymbol{A}=\begin{bmatrix}1&0&a\\0&-1&2\\a&2&0\end{bmatrix}$.

因为 $\lambda_1+\lambda_2+\lambda_3=0,\lambda_1\lambda_2\lambda_3=|\boldsymbol{A}|$,负惯性指数为 1,所以设 $\lambda_1<0$,从而 $\lambda_2\lambda_3\geqslant 0$,即 $|\boldsymbol{A}|\leqslant 0$.

①若 $|\boldsymbol{A}|<0$,则 $\lambda_1<0,\lambda_2>0,\lambda_3>0$,此时符合题意而 $|\boldsymbol{A}|=a^2-4$. 所以,$a^2-4<0$,即 $-2<a<2$.

②若 $|\boldsymbol{A}|=0$,则 $\lambda_1<0,\lambda_2>0,\lambda_3=0$,此时 $a=\pm 2$.

当 $a=2$ 时,$\boldsymbol{A}=\begin{bmatrix}1&0&2\\0&-1&2\\2&2&0\end{bmatrix}$,

$$|\lambda\boldsymbol{E}-\boldsymbol{A}|=\begin{vmatrix}\lambda-1&0&2\\0&\lambda+1&-2\\-2&-2&\lambda\end{vmatrix}=\lambda(\lambda+3)(\lambda-3),$$

$\lambda_1=-3,\lambda_2=3,\lambda_3=0$. 故 $a=2$ 符合题意.

当 $a=-2$ 时,$\boldsymbol{A}=\begin{bmatrix}1&0&-2\\0&-1&2\\-2&2&0\end{bmatrix}$,

$$|\lambda\boldsymbol{E}-\boldsymbol{A}|=\begin{vmatrix}\lambda-1&0&2\\0&\lambda+1&-2\\2&-2&\lambda\end{vmatrix}=\lambda(\lambda+3)(\lambda-3),$$

$\lambda_1=-3,\lambda_2=3,\lambda_3=0$. 符合题意.

综上,a 的取值范围是 $-2\leqslant a\leqslant 2$.

故应填 $-2\leqslant a\leqslant 2$.

点评:本题由于是填空题,所以很多考生直接由 $|\boldsymbol{A}|\leqslant 0$ 得到 $-2\leqslant a\leqslant 2$. 答案虽然对了,但过程不完整. 因为 $|\boldsymbol{A}|=0$ 时,有可能是负惯性指数为 2,所以,要验证. 本题为 2014 年考研真题.

【4.8】 求二次型

$$f(x_1,\cdots,x_n)=\sum_{i=1}^{m}(a_{i1}x_1+a_{i2}x_2+\cdots+a_{in}x_n)^2$$

的方阵.

解 设 $\boldsymbol{A}_i=(a_{i1},a_{i2},\cdots,a_{in})\ (i=1,\cdots,m)$,且

$$\boldsymbol{A}=\begin{bmatrix}a_{11}&a_{12}&\cdots&a_{1n}\\a_{21}&a_{22}&\cdots&a_{2n}\\ \cdots&\cdots&\cdots&\cdots\\a_{m1}&a_{m2}&\cdots&a_{mn}\end{bmatrix}=\begin{bmatrix}\boldsymbol{A}_1\\\boldsymbol{A}_2\\\vdots\\\boldsymbol{A}_m\end{bmatrix},$$

则

$$\boldsymbol{A}^T\boldsymbol{A}=(\boldsymbol{A}_1^T,\boldsymbol{A}_2^T,\cdots,\boldsymbol{A}_m^T)\begin{bmatrix}\boldsymbol{A}_1\\\boldsymbol{A}_2\\\vdots\\\boldsymbol{A}_m\end{bmatrix}=\sum_{i=1}^{m}\boldsymbol{A}_i^T\boldsymbol{A}_i.$$

于是

$$f=\sum_{i=1}^{m}(a_{i1}x_1+\cdots+a_{in}x_n)^2=\sum_{i=1}^{m}\left((x_1,\cdots,x_n)\begin{bmatrix}a_{i1}\\ \vdots\\ a_{in}\end{bmatrix}\right)^2$$

$$=\sum_{i=1}^{m}\left((x_1,\cdots,x_n)\begin{bmatrix}a_{i1}\\ \vdots\\ a_{in}\end{bmatrix}(a_{i1},\cdots,a_{in})\begin{bmatrix}x_1\\ \vdots\\ x_n\end{bmatrix}\right)$$

$$=(x_1,\cdots,x_n)\left(\sum_{i=1}^{m}\boldsymbol{A}_i^T\boldsymbol{A}_i\right)\begin{bmatrix}x_1\\ \vdots\\ x_n\end{bmatrix}=\boldsymbol{x}^T(\boldsymbol{A}^T\boldsymbol{A})\boldsymbol{x}.$$

由于$(\boldsymbol{A}^T\boldsymbol{A})^T=\boldsymbol{A}^T(\boldsymbol{A}^T)^T=\boldsymbol{A}^T\boldsymbol{A}$，即$\boldsymbol{A}^T\boldsymbol{A}$为$n$阶对称方阵，故$\boldsymbol{A}^T\boldsymbol{A}$就是所求的二次型$f$的方阵.

题型2:二次型的标准形和规范形

【4.9】 设$\boldsymbol{A}$是可逆实对称矩阵，则将$f=\boldsymbol{x}^T\boldsymbol{A}\boldsymbol{x}$化为$f=\boldsymbol{y}^T\boldsymbol{A}^{-1}\boldsymbol{y}$的线性替换为______.

解 因$\boldsymbol{A}$对称，从而$(\boldsymbol{A}^{-1})^T=(\boldsymbol{A}^T)^{-1}=\boldsymbol{A}^{-1}$，故$\boldsymbol{x}=\boldsymbol{A}^{-1}\boldsymbol{y}$是非退化线性替换. 在此变换下，

$$f=(\boldsymbol{A}^{-1}\boldsymbol{y})^T\boldsymbol{A}(\boldsymbol{A}^{-1}\boldsymbol{y})=\boldsymbol{y}^T\boldsymbol{A}^{-1}\boldsymbol{y}.$$

故应填$\boldsymbol{A}^{-1}\boldsymbol{y}$.

点评：非退化线性替换可保持二次型的正负惯性指数，秩，规范形，正定性，所以解题过程中所作的都要求是非退化线性替换.

【4.10】 二次型

$$f(x_1,x_2,x_3)=-x_1^2-x_2^2-x_3^2+4x_1x_2+4x_1x_3-4x_2x_3$$

的正惯性指数为______.

解 二次型的矩阵为：

$$\boldsymbol{A}=\begin{bmatrix}-1&2&2\\2&-1&-2\\2&-2&-1\end{bmatrix},\quad 由\quad |\lambda\boldsymbol{E}-\boldsymbol{A}|=0,$$

得$\boldsymbol{A}$的特征值$\lambda_1=\lambda_2=1,\lambda_3=-5$，可知$\boldsymbol{A}$有两个正特征值，因此$f$的正惯性指数为2.

故应填2.

【4.11】 设$\boldsymbol{A}$是三阶实对称矩阵，且满足$\boldsymbol{A}^2-3\boldsymbol{A}+2\boldsymbol{E}=\boldsymbol{0}$，又$|\boldsymbol{A}|=2$，则二次型$f=\boldsymbol{x}^T\boldsymbol{A}\boldsymbol{x}$经正交变换化为标准形$f=$______.

解 设λ是$\boldsymbol{A}$的任一特征值，由题设$\boldsymbol{A}^2-3\boldsymbol{A}+2\boldsymbol{E}=\boldsymbol{0}$知，$\lambda$必满足方程

$$\lambda^2-3\lambda+2=0.$$

故$\lambda=1$或$\lambda=2$. 因此$\boldsymbol{A}$的特征值必为正. 又$|\boldsymbol{A}|=2$，可知$\boldsymbol{A}$的三个特征值之积为2，所以$\boldsymbol{A}$的特征值应为$\lambda_1=\lambda_2=1,\lambda_3=2$. 故二次型$f=\boldsymbol{x}^T\boldsymbol{A}\boldsymbol{x}$经正交变换化为标准形$y_1^2+y_2^2+2y_3^2$.

故应填$y_1^2+y_2^2+2y_3^2$.

【4.12】 设二次型$f(x_1,x_2,x_3)=\boldsymbol{x}^T\boldsymbol{A}\boldsymbol{x}$的秩为1，$\boldsymbol{A}$中行元素之和为3，则$f$在正交变换下$\boldsymbol{x}=\boldsymbol{Q}\boldsymbol{y}$的标准形为______.

解 因为 $\boldsymbol{A}$ 中行元素之和为 3，即 $\boldsymbol{A}\begin{bmatrix}1\\1\\1\end{bmatrix}=3\begin{bmatrix}1\\1\\1\end{bmatrix}$，故 $\boldsymbol{A}$ 有特征值 3.

又 $r(\boldsymbol{A})=1$，所以 $\boldsymbol{A}$ 的另外两个特征值为 0. 故标准形为：$3y_1^2$.

点评：本题为 2011 年考研真题. 二次型的矩阵 $\boldsymbol{A}$ 是实对称的，故可以相似对角化，即有可逆矩阵 $\boldsymbol{P}$，使

$$\boldsymbol{P}^{-1}\boldsymbol{A}\boldsymbol{P}=\begin{bmatrix}\lambda_1 & & & \\ & \lambda_2 & & \\ & & \ddots & \\ & & & \lambda_n\end{bmatrix},$$

其中 $\lambda_1,\lambda_2,\cdots,\lambda_n$ 是 $\boldsymbol{A}$ 的特征值.

本题中，由于 $r(\boldsymbol{A})=1$，所以特征值必有两个为 0.

【4.13】 求二次型

$$f(x_1,\cdots,x_n)=(n-1)\sum_{i=1}^{n}x_i^2-2\sum_{1\leqslant j<k\leqslant n}x_jx_k$$

的符号差.

解 设此二次型的矩阵为 $\boldsymbol{A}$，则

$$\boldsymbol{A}=\begin{bmatrix}n-1 & -1 & -1 & \cdots & -1\\ -1 & n-1 & -1 & \cdots & -1\\ \cdots & \cdots & \cdots & \cdots & \cdots\\ -1 & -1 & -1 & \cdots & n-1\end{bmatrix}，且$$

$$|\lambda\boldsymbol{E}-\boldsymbol{A}|=[\lambda-(n-1)-1]^{n-1}[\lambda-(n-1)+(n-1)]=(\lambda-n)^{n-1}\lambda.$$

所以 $\boldsymbol{A}$ 的 n 个特征值为 $\lambda_1=\cdots=\lambda_{n-1}=n,\lambda_n=0$.

故 符号差=(正惯性指数)−(负惯性指数)=(正特征值个数)−(负特征值个数)

$=(n-1)-0=n-1$.

【4.14】 求二次型

$$f(x_1,\cdots,x_n)=\sum_{i=1}^{n}x_i^2+4\sum_{1\leqslant i<j\leqslant n}x_ix_j$$

的秩与符号差.

解 设 f 对应的矩阵为 $\boldsymbol{A}$，则

$$\boldsymbol{A}=\begin{bmatrix}1 & 2 & 2 & \cdots & 2\\ 2 & 1 & 2 & \cdots & 2\\ \cdots & \cdots & \cdots & \cdots & \cdots\\ 2 & 2 & 2 & \cdots & 1\end{bmatrix}，且$$

$$\begin{aligned}|\lambda\boldsymbol{E}-\boldsymbol{A}|&=[(\lambda-1)+2]^{n-1}[(\lambda-1)+(n-1)(-2)]\\&=(\lambda+1)^{n-1}[\lambda-(2n-1)].\end{aligned}$$

所以 $\lambda_1=\cdots=\lambda_{n-1}=-1,\lambda_n=2n-1$.

故 f 的秩为 n，f 的符号差为 $1-(n-1)=2-n$.

【4.15】 已知二次型

$$f(x_1,x_2,x_3)=(1-a)x_1^2+(1-a)x_2^2+2x_3^2+2(1+a)x_1x_2$$

的秩为 2.

(1) 求 a 的值;

(2) 求正交变换 $\boldsymbol{x}=\boldsymbol{Q}\boldsymbol{y}$,把 $f(x_1,x_2,x_3)$化成标准形;

(3) 求方程 $f(x_1,x_2,x_3)=0$ 的解.

解:(1) 由于二次型 f 的秩为 2,对应的矩阵 $\boldsymbol{A}=\begin{bmatrix}1-a & 1+a & 0\\ 1+a & 1-a & 0\\ 0 & 0 & 2\end{bmatrix}$的秩为 2,所以有

$$\begin{vmatrix}1-a & 1+a\\ 1+a & 1-a\end{vmatrix}=-4a=0,\quad 得\ a=0.$$

(2)当 $a=0$ 时,

$$\boldsymbol{A}=\begin{bmatrix}1 & 1 & 0\\ 1 & 1 & 0\\ 0 & 0 & 2\end{bmatrix},\qquad |\lambda\boldsymbol{E}-\boldsymbol{A}|=\begin{vmatrix}\lambda-1 & -1 & 0\\ -1 & \lambda-1 & 0\\ 0 & 0 & \lambda-2\end{vmatrix}=(\lambda-2)^2\lambda,$$

可知 $\boldsymbol{A}$ 的特征值为 $\lambda_1=\lambda_2=2,\lambda_3=0$.

$\boldsymbol{A}$ 的属于 $\lambda_1=2$ 的线性无关的特征向量为 $\boldsymbol{\eta}_1=(1,1,0)^T$, $\boldsymbol{\eta}_2=(0,0,1)^T$;

$\boldsymbol{A}$ 的属于 $\lambda_3=0$ 的线性无关的特征向量为 $\boldsymbol{\eta}_3=(-1,1,0)^T$.

易见 $\boldsymbol{\eta}_1,\boldsymbol{\eta}_2,\boldsymbol{\eta}_3$ 两两正交.

将 $\boldsymbol{\eta}_1,\boldsymbol{\eta}_2,\boldsymbol{\eta}_3$ 单位化得

$$\boldsymbol{\xi}_1=\frac{1}{\sqrt{2}}(1,1,0)^T,\quad \boldsymbol{\xi}_2=(0,0,1)^T,\quad \boldsymbol{\xi}_3=\frac{1}{\sqrt{2}}(-1,1,0)^T,$$

取 $\boldsymbol{Q}=(\boldsymbol{\xi}_1,\boldsymbol{\xi}_2,\boldsymbol{\xi}_3)$,则 $\boldsymbol{Q}$ 为正交矩阵. 令 $\boldsymbol{x}=\boldsymbol{Q}\boldsymbol{y}$,得

$$f(x_1,x_2,x_3)=\lambda_1y_1^2+\lambda_2y_2^2+\lambda_3y_3^2=2y_1^2+2y_2^2.$$

(3)**解法一**:在正交变换 $\boldsymbol{x}=\boldsymbol{Q}\boldsymbol{y}$ 下,$f(x_1,x_2,x_3)=0$ 化成 $2y_1^2+2y_2^2=0$,解之得 $y_1=y_2=0$,从而

$$\boldsymbol{x}=\boldsymbol{Q}\begin{bmatrix}0\\ 0\\ y_3\end{bmatrix}=(\boldsymbol{\xi}_1,\boldsymbol{\xi}_2,\boldsymbol{\xi}_3)\begin{bmatrix}0\\ 0\\ y_3\end{bmatrix}=y_3\boldsymbol{\xi}_3=k(-1,1,0)^T,$$

其中 k 为任意常数.

解法二:由于

$$f(x_1,x_2,x_3)=x_1^2+x_2^2+2x_3^2+2x_1x_2=(x_1+x_2)^2+2x_3^2=0,$$

所以

$$\begin{cases}x_1+x_2=0,\\ x_3=0,\end{cases}$$

其通解为 $k(-1,1,0)^T$,其中 k 为任意常数.

点评:(1)直接求解,较为简单.

(2)只要将参数 a 的值代入,求特征值,特征向量即可.

(3)把二次型配方后令为零,可得对应的齐次线性方程组,求方程组的通解即可.

本题为 2005 年考研真题.

【4.16】 将

$$f(x_1,x_2,x_3)=ax_1^2+bx_2^2+ax_3^2+2cx_1x_3$$

化为标准形,求出变换矩阵,并指出 a,b,c 满足什么条件时,f 为正定.

解 (1)当 $a=0$ 时,

$$f(x_1,x_2,x_3)=bx_2^2+2cx_1x_3,$$

作非退化线性替换

$$\begin{bmatrix}x_1\\x_2\\x_3\end{bmatrix}=\begin{bmatrix}1&0&1\\0&1&0\\1&0&-1\end{bmatrix}\begin{bmatrix}y_1\\y_2\\y_3\end{bmatrix},$$

即将 f 化为标准形

$$f(x_1,x_2,x_3)=2cy_1^2+by_2^2-2cy_3^2.$$

但这时无论 b,c 为何值 f 都不能为正定二次型.

(2)当 $a\neq0$ 时

$$f(x_1,x_2,x_3)=a[x_1^2+2\frac{c}{a}x_1x_3+(\frac{c}{a}x_3)^2]+bx_2^2+(a-\frac{c^2}{a})x_3^2.$$

令

$$\begin{bmatrix}y_1\\y_2\\y_3\end{bmatrix}=\begin{bmatrix}1&0&\frac{c}{a}\\0&1&0\\0&0&1\end{bmatrix}\begin{bmatrix}x_1\\x_2\\x_3\end{bmatrix},$$

即作非退化线性替换

$$\begin{bmatrix}x_1\\x_2\\x_3\end{bmatrix}=\begin{bmatrix}1&0&-\frac{c}{a}\\0&1&0\\0&0&1\end{bmatrix}\begin{bmatrix}y_1\\y_2\\y_3\end{bmatrix},$$

可将 f 化为标准形

$$f(x_1,x_2,x_3)=ay_1^2+by_2^2+(a-\frac{c^2}{a})y_3^2.$$

所以当 $a>0,b>0,a^2-c^2>0$ 时,f 为正定二次型.

【4.17】 已知二次型

$$f(x_1,x_2,x_3)=5x_1{}^2+5x_2{}^2+cx_3{}^2-2x_1x_2+6x_1x_3-6x_2x_3$$

的秩为 2.

(1)求参数 c 及此二次型对应矩阵的特征值.

(2)指出方程 $f(x_1,x_2,x_3)=1$ 表示何种二次曲面.

解:(1)此二次型对应矩阵为

$$\mathbf{A}=\begin{bmatrix}5&-1&3\\-1&5&-3\\3&-3&c\end{bmatrix}.$$

因 $r(\boldsymbol{A})=2$，故

$$|\boldsymbol{A}|=\begin{vmatrix}5 & -1 & 3\\ -1 & 5 & -3\\ 3 & -3 & c\end{vmatrix}=0.$$

解得 $c=3$. 容易验证，此时 $\boldsymbol{A}$ 的秩的确是 2.

由

$$|\lambda\boldsymbol{E}-\boldsymbol{A}|=\begin{vmatrix}\lambda-5 & 1 & -3\\ 1 & \lambda-5 & 3\\ -3 & 3 & \lambda-3\end{vmatrix}=\lambda(\lambda-4)(\lambda-9),$$

求得特征值为 4,9,0.

(2)由(1)求得的特征值可知：二次型的标准形为 $4y_1^2+9y_2^2$，故 $f(x_1,x_2,x_3)=1$ 表示椭圆柱面.

点评：本题为 1996 年考研真题.

【4.18】 设二次型 $f(x_1,x_2,x_3)=(a_1x_1+a_2x_2+a_3x_3)^2+(b_1x_1+b_2x_2+b_3x_3)^2$，记

$$\boldsymbol{\alpha}=\begin{bmatrix}a_1\\ a_2\\ a_3\end{bmatrix},\quad \boldsymbol{\beta}=\begin{bmatrix}b_1\\ b_2\\ b_3\end{bmatrix}.$$

(1)证明二次型 f 对应的矩阵为 $2\boldsymbol{\alpha}\boldsymbol{\alpha}^T+\boldsymbol{\beta}\boldsymbol{\beta}^T$；

(2)若 $\boldsymbol{\alpha},\boldsymbol{\beta}$ 正交且为单位向量，证明 f 在正交变换下的标准形为 $2y_1^2+y_2^2$.

解 证明：(1)

$$\begin{aligned}f(x_1,x_2,x_3)&=2(a_1x_1+a_2x_2+a_3x_3)^2+(b_1x_1+b_2x_2+b_3x_3)^2\\ &=2(x_1,x_2,x_3)\begin{bmatrix}a_1\\ a_2\\ a_3\end{bmatrix}(a_1,a_2,a_3)\begin{bmatrix}x_1\\ x_2\\ x_3\end{bmatrix}+(x_1,x_2,x_3)\begin{bmatrix}b_1\\ b_2\\ b_3\end{bmatrix}(b_1,b_2,b_3)\begin{bmatrix}x_1\\ x_2\\ x_3\end{bmatrix}\\ &=(x_1,x_2,x_3)(2\boldsymbol{\alpha}\boldsymbol{\alpha}^T+\boldsymbol{\beta}\boldsymbol{\beta}^T)\begin{bmatrix}x_1\\ x_2\\ x_3\end{bmatrix}=\boldsymbol{x}^T\boldsymbol{A}\boldsymbol{x},\end{aligned}$$

其中 $\boldsymbol{A}=2\boldsymbol{\alpha}\boldsymbol{\alpha}^T+\boldsymbol{\beta}\boldsymbol{\beta}^T$，其中 $\boldsymbol{x}=(x_1,x_2,x_3)^T$. 所以二次型 f 对应的矩阵为 $2\boldsymbol{\alpha}\boldsymbol{\alpha}^T+\boldsymbol{\beta}\boldsymbol{\beta}^T$.

(2)由于 $\boldsymbol{A}=2\boldsymbol{\alpha}\boldsymbol{\alpha}^T+\boldsymbol{\beta}\boldsymbol{\beta}^T$，$\boldsymbol{\alpha}$ 与 $\boldsymbol{\beta}$ 正交，故 $\boldsymbol{\alpha}^T\boldsymbol{\beta}=0$，$\boldsymbol{\alpha},\boldsymbol{\beta}$ 为单位向量，故 $\|\boldsymbol{\alpha}\|=\sqrt{\boldsymbol{\alpha}^T\boldsymbol{\alpha}}=1$，故 $\boldsymbol{\alpha}^T\boldsymbol{\alpha}=1$，同样 $\boldsymbol{\beta}^T\boldsymbol{\beta}=1$.

$\boldsymbol{A}\boldsymbol{\alpha}=(2\boldsymbol{\alpha}\boldsymbol{\alpha}^T+\boldsymbol{\beta}\boldsymbol{\beta}^T)\boldsymbol{\alpha}=2\boldsymbol{\alpha}\boldsymbol{\alpha}^T+\boldsymbol{\beta}\boldsymbol{\beta}^T\boldsymbol{\alpha}=2\boldsymbol{\alpha}$，由于 $\boldsymbol{\alpha}\neq\boldsymbol{0}$，故 $\boldsymbol{A}$ 有特征值 $\lambda_1=2$.

$\boldsymbol{A}\boldsymbol{\beta}=(2\boldsymbol{\alpha}\boldsymbol{\alpha}^T+\boldsymbol{\beta}\boldsymbol{\beta}^T)\boldsymbol{\beta}=\boldsymbol{\beta}$，由于 $\boldsymbol{\beta}\neq\boldsymbol{0}$，故 $\boldsymbol{A}$ 有特征值 $\lambda_2=1$.

$r(\boldsymbol{A})=r(2\boldsymbol{\alpha}\boldsymbol{\alpha}^T+\boldsymbol{\beta}\boldsymbol{\beta}^T)\leqslant r(2\boldsymbol{\alpha}\boldsymbol{\alpha}^T)+r(\boldsymbol{\beta}\boldsymbol{\beta}^T)=r(\boldsymbol{\alpha}\boldsymbol{\alpha}^T)+r(\boldsymbol{\beta}\boldsymbol{\beta}^T)=1+1=2<3$.

所以 $|\boldsymbol{A}|=0$，故 $\lambda_3=0$.

因此，f 在正交变换下的标准形为 $2y_1^2+y_2^2$.

点评：本题为 2013 年考研真题. 请注意：二次型在正交变换下，标准形中，平方项的系数为对应矩阵的特征值，而规范形中，+1(−1)的个数为正(负)特征值的个数. 所以，本题第(2)问实

质上就是要证明对应矩阵的特征值为 2,1,0.

【4.19】 设二次型 $f(x_1,x_2,x_3)=\boldsymbol{x}^T\boldsymbol{A}\boldsymbol{x}$ 在正交变换 $\boldsymbol{x}=\boldsymbol{Q}\boldsymbol{y}$ 下的标准形为 $y_1^2+y_2^2$，且 $\boldsymbol{Q}$ 的第 3 列为 $\left(\frac{\sqrt{2}}{2},0,\frac{\sqrt{2}}{2}\right)^T$.

(1)求 $\boldsymbol{A}$； (2)证明$\boldsymbol{A}+\boldsymbol{E}$为正定矩阵.

解 (1)因为二次型 $f(x_1,x_2,x_3)=\boldsymbol{x}^T\boldsymbol{A}\boldsymbol{x}$ 在正交变换 $\boldsymbol{x}=\boldsymbol{Q}\boldsymbol{y}$ 下的标准形为 $y_1^2+y_2^2$，所以 $\boldsymbol{A}$ 的特征值为

$$\lambda_1=\lambda_2=1,\lambda_3=0.$$

又 $\boldsymbol{Q}$ 的第 3 列为 $\left(\frac{\sqrt{2}}{2},0,\frac{\sqrt{2}}{2}\right)^T$，所以 $\lambda_3=0$ 对应的线性无关的特征向量为 $\boldsymbol{\xi}_3=\begin{bmatrix}1\\0\\1\end{bmatrix}$.

因为 $\boldsymbol{A}$ 为实对称矩阵，所以$\boldsymbol{A}$的不同特征值对应的特征向量正交，令 $\lambda_1=\lambda_2=1$ 对应的特征向量为 $\boldsymbol{\xi}=\begin{bmatrix}x_1\\x_2\\x_3\end{bmatrix}$，由 $x_1+x_3=0$ 得 $\lambda_1=\lambda_2=1$ 对应的线性无关的特征向量为

$$\boldsymbol{\xi}_1=\begin{bmatrix}0\\1\\0\end{bmatrix},\quad \boldsymbol{\xi}_2=\begin{bmatrix}-1\\0\\1\end{bmatrix}.$$

令 $\boldsymbol{\gamma}_1=\begin{bmatrix}0\\1\\0\end{bmatrix}$，$\boldsymbol{\gamma}_2=\frac{1}{\sqrt{2}}\begin{bmatrix}-1\\0\\1\end{bmatrix}$，$\boldsymbol{\gamma}_3=\frac{1}{\sqrt{2}}\begin{bmatrix}1\\0\\1\end{bmatrix}$，$\boldsymbol{Q}=(\boldsymbol{\gamma}_1,\boldsymbol{\gamma}_2,\boldsymbol{\gamma}_3)$，由 $\boldsymbol{Q}^T\boldsymbol{A}\boldsymbol{Q}=\begin{bmatrix}1&&\\&1&\\&&0\end{bmatrix}$，得

$$\boldsymbol{A}=\begin{bmatrix}\frac{1}{2}&0&-\frac{1}{2}\\0&1&0\\-\frac{1}{2}&0&\frac{1}{2}\end{bmatrix}.$$

(2)因为 $\boldsymbol{A}+\boldsymbol{E}=\begin{bmatrix}\frac{3}{2}&0&-\frac{1}{2}\\0&2&0\\-\frac{1}{2}&0&\frac{3}{2}\end{bmatrix}$是实对称矩阵，且 $\boldsymbol{A}$ 的特征值为 $\lambda_1=\lambda_2=1,\lambda_3=0$，所以 $\boldsymbol{A}+\boldsymbol{E}$ 的特征值为 $\lambda_1=\lambda_2=2,\lambda_3=1$，因为其特征值都大于零，所以 $\boldsymbol{A}+\boldsymbol{E}$ 为正定矩阵.

点评：如果 n 阶方阵 $\boldsymbol{A}$ 可以相似对角化，即存在可逆阵 $\boldsymbol{P}=(\boldsymbol{\alpha}_1,\boldsymbol{\alpha}_2,\cdots,\boldsymbol{\alpha}_n)$，满足

$$\boldsymbol{P}^{-1}\boldsymbol{A}\boldsymbol{P}=\begin{bmatrix}\lambda_1&&&\\&\lambda_2&&\\&&\ddots&\\&&&\lambda_n\end{bmatrix},$$

则 $\lambda_1,\lambda_2,\cdots,\lambda_n$ 为 $\boldsymbol{A}$ 的特征值，而 $\boldsymbol{\alpha}_1,\boldsymbol{\alpha}_2,\cdots,\boldsymbol{\alpha}_n$ 为分别对应于 $\lambda_1,\lambda_2,\cdots,\lambda_n$ 的线性无关的特征

向量.

同学们要特别注意的是：$\lambda_1, \lambda_2, \cdots, \lambda_n$ 的排列顺序一定要与 $\boldsymbol{\alpha}_1, \boldsymbol{\alpha}_2, \cdots, \boldsymbol{\alpha}_n$ 的顺序一致. 本题中"0"是第 3 个特征值，故 $\boldsymbol{Q}$ 的第 3 列为对应于"0"的特征向量，这是解决本题的关键.

本题为 2010 年考研真题.

【4.20】 设 $\boldsymbol{A}$ 为 n 阶实对称矩阵，秩$(\boldsymbol{A})=n$，A_{ij} 是 $\boldsymbol{A}=(a_{ij})_{n\times n}$ 中元素 a_{ij} 的代数余子式$(i,j=1,2,\cdots,n)$，二次型 $f(x_1,x_2,\cdots,x_n)=\sum\limits_{i=1}^{n}\sum\limits_{j=1}^{n}\frac{A_{ij}}{|\boldsymbol{A}|}x_ix_j$.

(1)记 $\boldsymbol{x}=(x_1,x_2,\cdots,x_n)^T$，把 $f(x_1,x_2,\cdots,x_n)$写成矩阵形式，并证明二次型 $f(\boldsymbol{x})$的矩阵为 $\boldsymbol{A}^{-1}$；

(2)二次型 $g(\boldsymbol{x})=\boldsymbol{x}^T\boldsymbol{A}\boldsymbol{x}$ 与 $f(\boldsymbol{x})$的规范形是否相同？说明理由.

解法一 (1) 二次型 $f(x_1,x_2,\cdots,x_n)$的矩阵形式为

$$f(\boldsymbol{x})=(x_1,x_2,\cdots,x_n)\frac{1}{|\boldsymbol{A}|}\begin{bmatrix}A_{11} & A_{21} & \cdots & A_{n1}\\ A_{12} & A_{22} & \cdots & A_{n2}\\ \cdots & \cdots & \cdots & \cdots\\ A_{1n} & A_{2n} & \cdots & A_{nn}\end{bmatrix}\begin{bmatrix}x_1\\x_2\\ \vdots\\x_n\end{bmatrix},$$

因秩$(\boldsymbol{A})=n$，故 $\boldsymbol{A}$ 可逆，且 $\boldsymbol{A}^{-1}=\frac{1}{|\boldsymbol{A}|}\boldsymbol{A}^*$，从而 $(\boldsymbol{A}^{-1})^T=(\boldsymbol{A}^T)^{-1}=\boldsymbol{A}^{-1}$，故 $\boldsymbol{A}^{-1}$也是实对称矩阵，因此二次型$f(\boldsymbol{x})$的矩阵为 $\boldsymbol{A}^{-1}$.

(2)因为 $(\boldsymbol{A}^{-1})^T\boldsymbol{A}\boldsymbol{A}^{-1}=(\boldsymbol{A}^T)^{-1}\boldsymbol{E}=\boldsymbol{A}^{-1}$，

所以 $\boldsymbol{A}$ 与 $\boldsymbol{A}^{-1}$合同，于是 $g(\boldsymbol{x})=\boldsymbol{x}^T\boldsymbol{A}\boldsymbol{x}$ 与 $f(\boldsymbol{x})$有相同的规范形.

解法二 (1)同解法一.

(2)对二次型 $g(\boldsymbol{x})=\boldsymbol{x}^T\boldsymbol{A}\boldsymbol{x}$ 作非退化线性替换 $\boldsymbol{x}=\boldsymbol{A}^{-1}\boldsymbol{y}$，其中 $\boldsymbol{y}=(y_1,y_2,\cdots,y_n)^T$，

$$\begin{aligned}g(\boldsymbol{x})&=\boldsymbol{x}^T\boldsymbol{A}\boldsymbol{x}=(\boldsymbol{A}^{-1}\boldsymbol{y})^T\boldsymbol{A}(\boldsymbol{A}^{-1}\boldsymbol{y})=\boldsymbol{y}^T(\boldsymbol{A}^{-1})^T\boldsymbol{A}\boldsymbol{A}^{-1}\boldsymbol{y}\\&=\boldsymbol{y}^T(\boldsymbol{A}^T)^{-1}\boldsymbol{A}\boldsymbol{A}^{-1}\boldsymbol{y}=\boldsymbol{y}^T\boldsymbol{A}^{-1}\boldsymbol{y},\end{aligned}$$

由此得知 $\boldsymbol{A}$ 与 $\boldsymbol{A}^{-1}$合同. 于是 $f(\boldsymbol{x})$与$g(\boldsymbol{x})$必有相同的规范形.

点评：若要证明二次型 $f(\boldsymbol{x})$的矩阵为 $\boldsymbol{A}^{-1}$，即证明 $f(\boldsymbol{x})=\boldsymbol{x}^T\boldsymbol{A}^{-1}\boldsymbol{x}$，要把 $\boldsymbol{A}^{-1}$ 与题设中的代数余子式 A_{ij} 联系起来，自然想到公式 $\boldsymbol{A}^{-1}=\frac{1}{|\boldsymbol{A}|}\boldsymbol{A}^*$.

要说明两个二次型的规范型相同，可以从两个方面考虑：一是对应矩阵是否合同，二是同号特征值的个数是否相同. 本题使用了前者. 本题为 2001 年考研真题.

题型 3：正定性的判定

【4.21】 设 $\boldsymbol{A}=(a_{ij})$为 n 阶实对称矩阵，二次型

$$f(x_1,x_2,\cdots,x_n)=\sum_{i=1}^{n}\Big(\sum_{j=1}^{n}a_{ij}x_j\Big)^2$$

为正定二次型的充分必要条件是______.

(A) $|\boldsymbol{A}|=0$　　(B) $|\boldsymbol{A}|\neq 0$

(C) $|\boldsymbol{A}|>0$　　(D) $|\boldsymbol{A}_k|>0\ (k=1,2,\cdots,n)$

解 注意到 $\boldsymbol{A}$ 并不是二次型 f 的对应矩阵，而是化标准形(或规范形)时作线性变换的对应

矩阵，即令

$$y_i = \sum_{j=1}^{n} a_{ij}x_j = a_{i1}x_1 + a_{i2}x_2 + \cdots + a_{in}x_n, \ (i=1,2,\cdots,n),$$

则 $f = \sum_{i=1}^{n} y_i^2 = y_1^2 + y_2^2 + \cdots + y_n^2.$

当所作变换 $\boldsymbol{y}=\boldsymbol{Ax}$ 是非退化线性替换时，即 $|\boldsymbol{A}|\neq 0$ 时，f 是正定二次型.

故应选(B).

【4.22】 设 $\boldsymbol{A},\boldsymbol{B}$ 都是 $m\times n$ 实矩阵，且 $\boldsymbol{B}^T\boldsymbol{A}$ 为可逆矩阵，证明 $\boldsymbol{A}^T\boldsymbol{A}+\boldsymbol{B}^T\boldsymbol{B}$ 是正定矩阵.

证 因为

$$(\boldsymbol{A}^T\boldsymbol{A}+\boldsymbol{B}^T\boldsymbol{B})^T=(\boldsymbol{A}^T\boldsymbol{A})^T+(\boldsymbol{B}^T\boldsymbol{B})^T=\boldsymbol{A}^T(\boldsymbol{A}^T)^T+\boldsymbol{B}^T(\boldsymbol{B}^T)^T=\boldsymbol{A}^T\boldsymbol{A}+\boldsymbol{B}^T\boldsymbol{B},$$

所以 $\boldsymbol{A}^T\boldsymbol{A}+\boldsymbol{B}^T\boldsymbol{B}$ 是实对称矩阵.

由于 $\boldsymbol{B}^T\boldsymbol{A}$ 是可逆矩阵，又 $n=r(\boldsymbol{B}^T\boldsymbol{A})\leqslant r(\boldsymbol{A})\leqslant n$，故 $r(\boldsymbol{A})=n$，所以齐次线性方程组 $\boldsymbol{Ax}=\boldsymbol{0}$ 只有零解. 于是对任意实向量 $\boldsymbol{x}\neq\boldsymbol{0}$，有 $\boldsymbol{Ax}\neq\boldsymbol{0}$，故

$$\boldsymbol{x}^T\boldsymbol{A}^T\boldsymbol{Ax}=(\boldsymbol{Ax})^T(\boldsymbol{Ax})>0, \quad 而 \quad \boldsymbol{x}^T\boldsymbol{B}^T\boldsymbol{Bx}=(\boldsymbol{Bx})^T(\boldsymbol{Bx})\geqslant 0.$$

因此，对任意实向量 $\boldsymbol{x}\neq\boldsymbol{0}$，都有

$$\boldsymbol{x}^T(\boldsymbol{A}^T\boldsymbol{A}+\boldsymbol{B}^T\boldsymbol{B})\boldsymbol{x}=\boldsymbol{x}^T\boldsymbol{A}^T\boldsymbol{Ax}+\boldsymbol{x}^T\boldsymbol{B}^T\boldsymbol{Bx}>0.$$

根据定义知，$\boldsymbol{A}^T\boldsymbol{A}+\boldsymbol{B}^T\boldsymbol{B}$ 为正定矩阵.

【4.23】 设有 n 元实二次型

$$f(x_1,x_2,\cdots,x_n)=(x_1+a_1x_2)^2+(x_2+a_2x_3)^2+\cdots+(x_{n-1}+a_{n-1}x_n)^2+(x_n+a_nx_1)^2,$$

其中 $a_i(i=1,2,\cdots,n)$ 为实数. 试问：当 $a_1,a_2,\cdots,a_n$ 满足何种条件时，二次型 $f(x_1,x_2,\cdots,x_n)$ 为正定二次型.

解：由题设条件知，对于任意的 $x_1,x_2,\cdots,x_n$ 有

$$f(x_1,x_2,\cdots,x_n)\geqslant 0,$$

其中等号成立当且仅当

$$\begin{cases} x_1+a_1x_2=0, \\ x_2+a_2x_3=0, \\ \cdots\cdots\cdots\cdots \\ x_{n-1}+a_{n-1}x_n=0, \\ x_n+a_nx_1=0. \end{cases} \qquad ①$$

方程组①仅有零解的充分必要条件是其系数行列式

$$\begin{vmatrix} 1 & a_1 & 0 & \cdots & 0 & 0 \\ 0 & 1 & a_2 & \cdots & 0 & 0 \\ \cdots & \cdots & \cdots & \cdots & \cdots & \cdots \\ 0 & 0 & 0 & \cdots & 1 & a_{n-1} \\ a_n & 0 & 0 & \cdots & 0 & 1 \end{vmatrix}=1+(-1)^{n+1}a_1a_2\cdots a_n\neq 0,$$

所以，当 $1+(-1)^{n+1}a_1a_2\cdots a_n\neq 0$ 时，对于任意的不全为零的 $x_1,x_2,\cdots,x_n$，有

$$f(x_1,x_2,\cdots,x_n)>0,$$

即当 $a_1a_2\cdots a_n\neq(-1)^n$ 时，二次型 $f(x_1,x_2,\cdots,x_n)$ 为正定二次型.

点评：本题为 2000 年考研真题.

【4.24】 设 $\boldsymbol{A}$ 是一个 n 阶实对称矩阵，且 $|\boldsymbol{A}|<0$. 证明：存在 n 维向量 $\boldsymbol{x}$，使 $\boldsymbol{x}^T\boldsymbol{A}\boldsymbol{x}<0$.

证 因为 $\boldsymbol{A}$ 是 n 阶实对称矩阵，且 $|\boldsymbol{A}|<0$，故二次型 $f(x_1,\cdots,x_n)=\boldsymbol{x}^T\boldsymbol{A}\boldsymbol{x}$ 的秩为 n，且不是正定的，故负惯性指数至少是 1. 从而 f 可经过实满秩线性代换 $\boldsymbol{x}=\boldsymbol{C}\boldsymbol{y}$，化成

$$f=\boldsymbol{x}^T\boldsymbol{A}\boldsymbol{x}=\boldsymbol{y}^T\boldsymbol{C}^T\boldsymbol{A}\boldsymbol{C}\boldsymbol{y}=y_1^2+\cdots+y_s^2-y_{s+1}^2-\cdots-y_n^2, \qquad ①$$

其中 $1\leqslant s\leqslant n$.

当 $y_n=1$，且其余 $y_i=0$ 时，上式右端小于零. 但由 $\boldsymbol{x}=\boldsymbol{C}\boldsymbol{y}$ 所确定的向量 $\boldsymbol{x}\neq\boldsymbol{0}$，使①式左右两端相等，即有实 n 维向量 $\boldsymbol{x}$，使 $\boldsymbol{x}^T\boldsymbol{A}\boldsymbol{x}<0$.

【4.25】 判断二次型 $$f=\sum_{i=1}^{n}x_i^2+\sum_{i=1}^{n-1}x_i\,x_{i+1}$$

的正定性.

解 f 的矩阵为：

$$\boldsymbol{A}=\begin{bmatrix} 1 & \frac{1}{2} & 0 & \cdots & 0 & 0 \\ \frac{1}{2} & 1 & \frac{1}{2} & \cdots & 0 & 0 \\ 0 & \frac{1}{2} & 1 & \cdots & 0 & 0 \\ \cdots & \cdots & \cdots & \cdots & \cdots & \cdots \\ 0 & 0 & 0 & \cdots & 1 & \frac{1}{2} \\ 0 & 0 & 0 & \cdots & \frac{1}{2} & 1 \end{bmatrix},$$

任取 $\boldsymbol{A}$ 的一个 k 阶顺序主子式，

$$|\boldsymbol{A}_k|=\begin{vmatrix} 1 & \frac{1}{2} & 0 & \cdots & 0 & 0 \\ \frac{1}{2} & 1 & \frac{1}{2} & \cdots & 0 & 0 \\ 0 & \frac{1}{2} & 1 & \cdots & 0 & 0 \\ \cdots & \cdots & \cdots & \cdots & \cdots & \cdots \\ 0 & 0 & 0 & \cdots & 1 & \frac{1}{2} \\ 0 & 0 & 0 & \cdots & \frac{1}{2} & 1 \end{vmatrix}=\left(\frac{1}{2}\right)^k\begin{vmatrix} 2 & 1 & 0 & \cdots & 0 & 0 \\ 1 & 2 & 1 & \cdots & 0 & 0 \\ 0 & 1 & 2 & \cdots & 0 & 0 \\ \cdots & \cdots & \cdots & \cdots & \cdots & \cdots \\ 0 & 0 & 0 & \cdots & 2 & 1 \\ 0 & 0 & 0 & \cdots & 1 & 2 \end{vmatrix}$$

$$=\left(\frac{1}{2}\right)^k\begin{vmatrix}2&1&0&\cdots&0&0\\0&\frac{3}{2}&1&\cdots&0&0\\0&0&\frac{4}{3}&\cdots&0&0\\ \cdots&\cdots&\cdots&\cdots&\cdots&\cdots\\0&0&0&\cdots&\frac{k}{k-1}&1\\0&0&0&\cdots&0&\frac{k+1}{k}\end{vmatrix}=\left(\frac{1}{2}\right)^k(k+1)>0,\ k=1,2,\cdots,n,$$

所以 $\boldsymbol{A}$ 正定,从而二次型正定.

【4.26】 设 $\boldsymbol{A}=(a_{ij})$ 是 n 阶正定矩阵,$b_1,b_2,\cdots,b_n$ 是任意 n 个非零实数,证明 n 阶矩阵 $\boldsymbol{B}=(a_{ij}b_ib_j)$ 是正定矩阵.

证法一 因为 $a_{ij}=a_{ji}$,所以 $a_{ij}b_ib_j=a_{ji}b_jb_i(i,j=1,2,\cdots,n)$,即 $\boldsymbol{B}$ 为实对称矩阵. 矩阵 $\boldsymbol{B}$ 的 $k(k=1,2,\cdots,n)$ 阶顺序主子式

$$|\boldsymbol{B}_k|=\begin{vmatrix}a_{11}b_1^2&a_{12}b_1b_2&\cdots&a_{1k}b_1b_k\\a_{21}b_2b_1&a_{22}b_2^2&\cdots&a_{2k}b_2b_k\\ \vdots&\vdots&&\vdots\\a_{k1}b_kb_1&a_{k2}b_kb_2&\cdots&a_{kk}b_k^2\end{vmatrix}=b_1^2\ b_2^2\cdots\ b_k^2\,|\boldsymbol{A}_k|,$$

其中

$$|\boldsymbol{A}_k|=\begin{vmatrix}a_{11}&a_{12}&\cdots&a_{1k}\\a_{21}&a_{22}&\cdots&a_{2k}\\ \vdots&\vdots&&\vdots\\a_{k1}&a_{k2}&\cdots&a_{kk}\end{vmatrix}$$

是矩阵 $\boldsymbol{A}$ 的 k 阶顺序主子式. 由 $\boldsymbol{A}$ 是正定矩阵,知 $|\boldsymbol{A}_k|>0$,又 $b_1,b_2,\cdots,b_n$ 是非零实数,故 $|\boldsymbol{B}_k|>0$,即 $\boldsymbol{B}$ 的各阶顺序主子式全大于零,因此 $\boldsymbol{B}$ 为正定矩阵.

证法二 记 $\boldsymbol{C}=\begin{bmatrix}b_1&&&\\&b_2&&\\&&\ddots&\\&&&b_n\end{bmatrix}$, 则 $\boldsymbol{C}$ 是可逆矩阵. 由题设,得

$$\boldsymbol{C}^T\boldsymbol{A}\boldsymbol{C}=\boldsymbol{C}\boldsymbol{A}\boldsymbol{C}=\boldsymbol{B}.$$

因为 $\boldsymbol{A}$ 是正定矩阵,所以存在可逆矩阵 $\boldsymbol{P}$,使 $\boldsymbol{A}=\boldsymbol{P}^T\boldsymbol{P}$. 于是,存在可逆矩阵 $\boldsymbol{PC}$,使

$$\boldsymbol{B}=\boldsymbol{C}^T\boldsymbol{P}^T\boldsymbol{P}\boldsymbol{C}=(\boldsymbol{PC})^T(\boldsymbol{PC}).$$

因此 $\boldsymbol{B}$ 是正定矩阵.

【4.27】 设 $\boldsymbol{A}$ 是 n 阶实对称矩阵,若 $\boldsymbol{A}-\boldsymbol{E}$ 是正定矩阵,证明

(1)$\boldsymbol{A}$ 是正定矩阵;

(2)$\boldsymbol{E}-\boldsymbol{A}^{-1}$ 是正定矩阵.

证法一 (1)设 $\lambda_1,\lambda_2,\cdots,\lambda_n$ 是 $\boldsymbol{A}$ 的特征值,则 $\boldsymbol{A}-\boldsymbol{E}$ 的特征值为 $\lambda_1-1,\lambda_2-1,\cdots,\lambda_n-1$. 由于 $\boldsymbol{A}-\boldsymbol{E}$ 是正定矩阵,故 $\lambda_i-1>0$,即 $\lambda_i>1\ (i=1,2,\cdots,n)$. 因此 $\boldsymbol{A}$ 是正定矩阵.

(2)因为

$$(\boldsymbol{E}-\boldsymbol{A}^{-1})^T=\boldsymbol{E}-(\boldsymbol{A}^{-1})^T=\boldsymbol{E}-\boldsymbol{A}^{-1},$$

所以 $\boldsymbol{E}-\boldsymbol{A}^{-1}$ 是实对称矩阵. 又 $\boldsymbol{E}-\boldsymbol{A}^{-1}$ 的特征值为

$$1-\frac{1}{\lambda_1},1-\frac{1}{\lambda_2},\cdots,1-\frac{1}{\lambda_n},$$

且 $\lambda_i>1\ (i=1,2,\cdots,n)$,故 $\boldsymbol{E}-\boldsymbol{A}^{-1}$ 的特征值全大于零,因此 $\boldsymbol{E}-\boldsymbol{A}^{-1}$ 是正定矩阵.

证法二 (1)因为 $\boldsymbol{A}-\boldsymbol{E},\boldsymbol{E}$ 都是正定矩阵,所以对于任意 n 维非零实向量 $\boldsymbol{x}$ 都有

$$\boldsymbol{x}^T(\boldsymbol{A}-\boldsymbol{E})\boldsymbol{x}>0,\qquad \boldsymbol{x}^T\boldsymbol{E}\boldsymbol{x}=\boldsymbol{x}^T\boldsymbol{x}>0.$$

于是

$$\boldsymbol{x}^T\boldsymbol{A}\boldsymbol{x}=\boldsymbol{x}^T(\boldsymbol{A}-\boldsymbol{E})\boldsymbol{x}+\boldsymbol{x}^T\boldsymbol{E}\boldsymbol{x}>0,$$

因此 $\boldsymbol{A}$ 是正定矩阵.

(2)因为 $(\boldsymbol{E}-\boldsymbol{A}^{-1})^T=\boldsymbol{E}-\boldsymbol{A}^{-1}$,所以 $\boldsymbol{E}-\boldsymbol{A}^{-1}$ 是实对称矩阵. 设 λ 是 $\boldsymbol{E}-\boldsymbol{A}^{-1}$ 的任一特征值,$\boldsymbol{\xi}$ 为对应于 λ 的特征向量. 因为 $\boldsymbol{A}$ 和 $\boldsymbol{A}-\boldsymbol{E}$ 都为正定矩阵,又 $\boldsymbol{\xi}\neq\boldsymbol{0}$,所以

$$\boldsymbol{\xi}^T\boldsymbol{A}\boldsymbol{\xi}>0,\qquad \boldsymbol{\xi}^T(\boldsymbol{A}-\boldsymbol{E})\boldsymbol{\xi}>0.$$

由于

$$0<\boldsymbol{\xi}^T(\boldsymbol{A}-\boldsymbol{E})\boldsymbol{\xi}=\boldsymbol{\xi}^T\boldsymbol{A}(\boldsymbol{E}-\boldsymbol{A}^{-1})\boldsymbol{\xi}=\lambda\boldsymbol{\xi}^T\boldsymbol{A}\boldsymbol{\xi},$$

故 $\lambda>0$,即 $\boldsymbol{E}-\boldsymbol{A}^{-1}$ 的特征值均大于零,因此 $\boldsymbol{E}-\boldsymbol{A}^{-1}$ 是正定矩阵.

【4.28】 设 $\boldsymbol{A},\boldsymbol{B}$ 分别为 m,n 阶正定矩阵,试判定分块矩阵 $\boldsymbol{C}=\begin{bmatrix}\boldsymbol{A} & \boldsymbol{0}\\ \boldsymbol{0} & \boldsymbol{B}\end{bmatrix}$ 是否为正定矩阵.

解法一 设 $\boldsymbol{x},\boldsymbol{y}$ 分别为 m 维和 n 维列向量,$\boldsymbol{z}=\begin{bmatrix}\boldsymbol{x}\\ \boldsymbol{y}\end{bmatrix}$,于是 $\boldsymbol{z}$ 是 $m+n$ 维列向量. 任取 $\boldsymbol{z}\neq\boldsymbol{0}$,则 $\boldsymbol{x}$ 与 $\boldsymbol{y}$ 不能同时为零向量,不妨设 $\boldsymbol{x}\neq\boldsymbol{0}$,由于 $\boldsymbol{A},\boldsymbol{B}$ 都是正定矩阵,有

$$\boldsymbol{x}^T\boldsymbol{A}\boldsymbol{x}>0,\qquad \boldsymbol{y}^T\boldsymbol{B}\boldsymbol{y}\geqslant 0.$$

于是

$$\boldsymbol{z}^T\boldsymbol{C}\boldsymbol{z}=(\boldsymbol{x}^T\ \boldsymbol{y}^T)\begin{bmatrix}\boldsymbol{A} & \boldsymbol{0}\\ \boldsymbol{0} & \boldsymbol{B}\end{bmatrix}\begin{bmatrix}\boldsymbol{x}\\ \boldsymbol{y}\end{bmatrix}=\boldsymbol{x}^T\boldsymbol{A}\boldsymbol{x}+\boldsymbol{y}^T\boldsymbol{B}\boldsymbol{y}>0.$$

又 $\boldsymbol{C}^T=\boldsymbol{C}$,因此 $\boldsymbol{C}$ 是正定矩阵.

解法二 由于 $\boldsymbol{A},\boldsymbol{B}$ 分别为 m,n 阶正定矩阵,故有 m 阶正交矩阵 $\boldsymbol{P}$ 和 n 阶正交矩阵 $\boldsymbol{Q}$,使

$$\boldsymbol{P}^T\boldsymbol{A}\boldsymbol{P}=\begin{bmatrix}\lambda_1 & & & \\ & \lambda_2 & & \\ & & \ddots & \\ & & & \lambda_m\end{bmatrix},\qquad \boldsymbol{Q}^T\boldsymbol{A}\boldsymbol{Q}=\begin{bmatrix}\mu_1 & & & \\ & \mu_2 & & \\ & & \ddots & \\ & & & \mu_n\end{bmatrix},$$

其中 $\lambda_1,\lambda_2,\cdots,\lambda_m$ 和 $\mu_1,\mu_2,\cdots,\mu_n$ 分别为 $\boldsymbol{A}$ 和 $\boldsymbol{B}$ 的特征值,因此都为正数. 于是

$$\begin{bmatrix}\boldsymbol{P} & \boldsymbol{0}\\ \boldsymbol{0} & \boldsymbol{Q}\end{bmatrix}^T\begin{bmatrix}\boldsymbol{A} & \boldsymbol{0}\\ \boldsymbol{0} & \boldsymbol{B}\end{bmatrix}\begin{bmatrix}\boldsymbol{P} & \boldsymbol{0}\\ \boldsymbol{0} & \boldsymbol{Q}\end{bmatrix}=\begin{bmatrix}\boldsymbol{P}^T\boldsymbol{A}\boldsymbol{P} & \boldsymbol{0}\\ \boldsymbol{0} & \boldsymbol{Q}^T\boldsymbol{B}\boldsymbol{Q}\end{bmatrix}=\begin{bmatrix}\lambda_1 & & & & & \\ & \ddots & & & & \\ & & \lambda_m & & & \\ & & & \mu_1 & & \\ & & & & \ddots & \\ & & & & & \mu_n\end{bmatrix},$$

其中$\begin{bmatrix} P & 0 \\ 0 & Q \end{bmatrix}$为正交矩阵，从而$\begin{bmatrix} A & 0 \\ 0 & B \end{bmatrix}$的特征值为$\lambda_1,\cdots,\lambda_m,\mu_1,\cdots,\mu_n$全大于零，所以$\begin{bmatrix} A & 0 \\ 0 & B \end{bmatrix}$正定.

【4.29】 设A为三阶实对称矩阵，且满足条件$A^2+2A=0$，已知A的秩$r(A)=2$.

(1)求A的全部特征值；

(2)当k为何值时，矩阵$A+kE$为正定矩阵，其中E为三阶单位矩阵.

解法一 (1) 设λ为A的一个特征值，对应的特征向量为α，则

$$A\alpha=\lambda\alpha,(\alpha\neq 0),\ A^2\alpha=\lambda^2\alpha,$$

于是$(A^2+2A)\alpha=(\lambda^2+2\lambda)\alpha$. 由条件$A^2+2A=0$推知$(\lambda^2+2\lambda)\alpha=0$.

又由于$\alpha\neq 0$，故有$\lambda^2+2\lambda=0$，解得$\lambda=-2$或$\lambda=0$.

因为实对称矩阵A必可对角化，且$r(A)=2$，所以

$$A\text{相似于}\begin{bmatrix} -2 & & \\ & -2 & \\ & & 0 \end{bmatrix}.$$

因此，矩阵A的全部特征值为 $\lambda_1=\lambda_2=-2,\ \lambda_3=0$.

(2)矩阵$A+kE$为实对称矩阵. 由(1)知，$A+kE$的全部特征值为$-2+k,-2+k,k$. 于是，当$k>2$时，矩阵$A+kE$的全部特征值大于零. 因此，矩阵$A+kE$为正定矩阵.

解法二(1)同解法一.

(2)实对称矩阵必可对角化，故存在可逆矩阵P，使得

$$P^{-1}AP=\Lambda,\quad \text{即}\quad A=P\Lambda P^{-1},$$

于是

$$A+kE=P\Lambda P^{-1}+kPP^{-1}=P(\Lambda+kE)P^{-1},$$

所以 $A+kE$相似于$\Lambda+kE$.

而$\Lambda+kE=\begin{bmatrix} k-2 & & \\ & k-2 & \\ & & k \end{bmatrix}$，要使$\Lambda+kE$为正定矩阵，只需其顺序主子式均大于零，即$k$需满足

$$k-2>0,\quad (k-2)^2>0,\quad (k-2)^2k>0.$$

因此，当$k>2$时，矩阵$A+kE$为正定矩阵.

点评：本题为2002年考研真题. 在求A的特征值时使用了结论“若矩阵满足矩阵方程，则特征值满足对应方程”，从而求得可能特征值为$\lambda=-2$及$\lambda=0$. 要进一步确定三个特征值，使用条件$r(A)=2$知非零特征值应是两个，即$\lambda_1=\lambda_2=-2$，零特征值为一个，即$\lambda_3=0$.

【4.30】 设$D=\begin{bmatrix} A & C \\ C^T & B \end{bmatrix}$为正定矩阵，其中$A,B$分别为$m$阶，$n$阶对称矩阵，$C$为$m\times n$矩阵.

(1)计算P^TDP，其中$P=\begin{bmatrix} E_m & -A^{-1}C \\ 0 & E_n \end{bmatrix}$；

(2)利用(1)的结果判断矩阵 $\boldsymbol{B}-\boldsymbol{C}^T\boldsymbol{A}^{-1}\boldsymbol{C}$ 是否为正定矩阵,并证明你的结论.

解:(1)因 $\boldsymbol{P}^T=\begin{bmatrix}\boldsymbol{E}_m & \boldsymbol{0}\\ -\boldsymbol{C}^T\boldsymbol{A}^{-1} & \boldsymbol{E}_n\end{bmatrix}$, 有

$$\boldsymbol{P}^T\boldsymbol{D}\boldsymbol{P}=\begin{bmatrix}\boldsymbol{E} & \boldsymbol{0}\\ -\boldsymbol{C}^T\boldsymbol{A}^{-1} & \boldsymbol{E}_n\end{bmatrix}\begin{bmatrix}\boldsymbol{A} & \boldsymbol{C}\\ \boldsymbol{C}^T & \boldsymbol{B}\end{bmatrix}\begin{bmatrix}\boldsymbol{E}_m & -\boldsymbol{A}^{-1}\boldsymbol{C}\\ \boldsymbol{0} & \boldsymbol{E}_n\end{bmatrix}$$

$$=\begin{bmatrix}\boldsymbol{A} & \boldsymbol{C}\\ \boldsymbol{0} & \boldsymbol{B}-\boldsymbol{C}^T\boldsymbol{A}^{-1}\boldsymbol{C}\end{bmatrix}\begin{bmatrix}\boldsymbol{E}_m & -\boldsymbol{A}^{-1}\boldsymbol{C}\\ \boldsymbol{0} & \boldsymbol{E}_n\end{bmatrix}=\begin{bmatrix}\boldsymbol{A} & \boldsymbol{0}\\ \boldsymbol{0} & \boldsymbol{B}-\boldsymbol{C}^T\boldsymbol{A}^{-1}\boldsymbol{C}\end{bmatrix}.$$

(2) 矩阵 $\boldsymbol{B}-\boldsymbol{C}^T\boldsymbol{A}^{-1}\boldsymbol{C}$ 是正定矩阵.

由(1)的结果可知,矩阵 $\boldsymbol{D}$ 合同于矩阵

$$\boldsymbol{M}=\begin{bmatrix}\boldsymbol{A} & \boldsymbol{0}\\ \boldsymbol{0} & \boldsymbol{B}-\boldsymbol{C}^T\boldsymbol{A}^{-1}\boldsymbol{C}\end{bmatrix},$$

又 $\boldsymbol{D}$ 为正定矩阵,可知矩阵 $\boldsymbol{M}$ 为正定矩阵.

因矩阵 $\boldsymbol{M}$ 为对称矩阵,故 $\boldsymbol{B}-\boldsymbol{C}^T\boldsymbol{A}^{-1}\boldsymbol{C}$ 为对称矩阵. 对 $\boldsymbol{x}=(\underbrace{0,0,\cdots,0}_{m个})^T$ 及任意的 $\boldsymbol{y}=(y_1,y_2,\cdots,y_n)^T\neq\boldsymbol{0}$,有

$$(\boldsymbol{x}^T,\boldsymbol{y}^T)\begin{bmatrix}\boldsymbol{A} & \boldsymbol{0}\\ \boldsymbol{0} & \boldsymbol{B}-\boldsymbol{C}^T\boldsymbol{A}^{-1}\boldsymbol{C}\end{bmatrix}\begin{bmatrix}\boldsymbol{x}\\ \boldsymbol{y}\end{bmatrix}>0,$$

即 $\boldsymbol{y}^T(\boldsymbol{B}-\boldsymbol{C}^T\boldsymbol{A}^{-1}\boldsymbol{C})\boldsymbol{y}>0$.

故 $\boldsymbol{B}-\boldsymbol{C}^T\boldsymbol{A}^{-1}\boldsymbol{C}$ 为正定矩阵.

点评:本题为 2005 年考研真题.

题型 4:矩阵的合同

【4.31】 已知实对称矩阵 $\boldsymbol{A}$ 与 $\boldsymbol{B}=\begin{bmatrix}0 & 1 & 0\\ 1 & 0 & 0\\ 0 & 0 & 3\end{bmatrix}$ 合同,则二次型 $f=\boldsymbol{x}^T\boldsymbol{A}\boldsymbol{x}$ 的规范形 $f=$ ______.

解 矩阵 $\boldsymbol{B}$ 的特征多项式 $|\lambda\boldsymbol{E}-\boldsymbol{B}|=(\lambda-3)(\lambda-1)(\lambda+1)$,可知 $\boldsymbol{B}$ 的特征值 $\lambda_1=3,\lambda_2=1,\lambda_3=-1$,所以二次型 $g=\boldsymbol{x}^T\boldsymbol{B}\boldsymbol{x}$ 的规范形为

$$y_1^2+y_2^2-y_3^2.$$

因为 $\boldsymbol{A}$ 与 $\boldsymbol{B}$ 合同,故二次型 $f=\boldsymbol{x}^T\boldsymbol{A}\boldsymbol{x}$ 的规范形也为 $y_1^2+y_2^2-y_3^2$.

故应填 $y_1^2+y_2^2-y_3^2$.

【4.32】 实二次型 $f(x_1,x_2,\cdots,x_n)$ 的秩为 r,符号差为 s,且 f 和 $-f$ 合同,则必有______.

(A) r 是偶数,$s=1$　　(B) r 是奇数,$s=1$

(C) r 是偶数,$s=0$　　(D) r 是奇数,$s=0$

解 设 f 的正惯性指数为 p,负惯性指数为 q,$-f$ 的正惯性指数为 p_1,负惯性指数为 q_1,则有 $p=q_1,q=p_1$,又 f 和 $-f$ 合同,故有 $p=p_1,q=q_1$,从而有

$$r=p+q=p+p_1=2p,\qquad s=p-q=p-p_1=0.$$

故应选(C).

【4.33】 设 $\boldsymbol{A}$ 为实 n 阶可逆矩阵. 证明:如果 $\boldsymbol{A}$ 与 $-\boldsymbol{A}$ 在实数域上合同,则 n 必为偶数.

证 因为 $\boldsymbol{A}$ 与 $-\boldsymbol{A}$ 在实数域上合同，故存在实可逆矩阵 $\boldsymbol{C}$，使 $-\boldsymbol{A}=\boldsymbol{C}^T\boldsymbol{A}\boldsymbol{C}$. 两边取行列式，得

$$(-1)^n|\boldsymbol{A}|=|-\boldsymbol{A}|=|\boldsymbol{C}^T\boldsymbol{A}\boldsymbol{C}|=|\boldsymbol{A}||\boldsymbol{C}|^2.$$

由于 $\boldsymbol{A}$、$\boldsymbol{C}$ 都是可逆的，故可得

$$|\boldsymbol{C}|^2=(-1)^n>0,$$

从而 n 必为偶数.

题型 5:综合例题

【4.34】 设 $\boldsymbol{A}=\boldsymbol{E}-2\boldsymbol{x}\boldsymbol{x}^T$，其中 $\boldsymbol{x}=(x_1,x_2,\cdots,x_n)^T$，且 $\boldsymbol{x}^T\boldsymbol{x}=1$，则 $\boldsymbol{A}$ 不是______.

(A)对称阵　(B)可逆阵　(C)正交阵　(D)正定阵

解 $\boldsymbol{A}^T=(\boldsymbol{E}-2\boldsymbol{x}\boldsymbol{x}^T)^T=\boldsymbol{E}-2\boldsymbol{x}\boldsymbol{x}^T=\boldsymbol{A}$，故 $\boldsymbol{A}$ 是对称阵；

$\boldsymbol{A}^2=(\boldsymbol{E}-2\boldsymbol{x}\boldsymbol{x}^T)^2=\boldsymbol{E}-4\boldsymbol{x}\boldsymbol{x}^T+4\boldsymbol{x}\boldsymbol{x}^T\boldsymbol{x}\boldsymbol{x}^T=\boldsymbol{E}$，故 $\boldsymbol{A}$ 是可逆阵；

$\boldsymbol{A}$ 可逆，$\boldsymbol{A}$ 对称，且 $\boldsymbol{A}^2=\boldsymbol{A}\boldsymbol{A}^T=\boldsymbol{E}$，故 $\boldsymbol{A}$ 是正交阵；

$\boldsymbol{A}\boldsymbol{x}=(\boldsymbol{E}-2\boldsymbol{x}\boldsymbol{x}^T)\boldsymbol{x}=-\boldsymbol{x}$，$\boldsymbol{x}\neq\boldsymbol{0}$，$\lambda=-1$ 是 $\boldsymbol{A}$ 的特征值，所以 $\boldsymbol{A}$ 不是正定阵.

故应选(D).

【4.35】 设 $\boldsymbol{A}$ 是一个 n 阶方阵. 证明：

(1)$\boldsymbol{A}$ 是反对称的当且仅当对任意 n 维向量 $\boldsymbol{x}$ 都有 $\boldsymbol{x}^T\boldsymbol{A}\boldsymbol{x}=0$；

(2)若 $\boldsymbol{A}$ 为对称方阵，且对任意 n 维向量 $\boldsymbol{x}$ 都有 $\boldsymbol{x}^T\boldsymbol{A}\boldsymbol{x}=0$，则 $\boldsymbol{A}=\boldsymbol{0}$；

(3)若 $\boldsymbol{A}$、$\boldsymbol{B}$ 都是对称矩阵，且对任意 n 维向量 $\boldsymbol{x}$ 都有 $\boldsymbol{x}^T\boldsymbol{A}\boldsymbol{x}=\boldsymbol{x}^T\boldsymbol{B}\boldsymbol{x}$，则 $\boldsymbol{A}=\boldsymbol{B}$.

证 (1)设 $\boldsymbol{A}$ 为反对称矩阵，即 $\boldsymbol{A}=-\boldsymbol{A}^T$，则由于 $(\boldsymbol{x}^T\boldsymbol{A}\boldsymbol{x})^T=\boldsymbol{x}^T\boldsymbol{A}\boldsymbol{x}$，故

$$\boldsymbol{x}^T\boldsymbol{A}\boldsymbol{x}=\boldsymbol{x}^T(-\boldsymbol{A}^T)\boldsymbol{x}=-(\boldsymbol{x}^T\boldsymbol{A}\boldsymbol{x})^T=-\boldsymbol{x}^T\boldsymbol{A}\boldsymbol{x},$$

从而 $\boldsymbol{x}^T\boldsymbol{A}\boldsymbol{x}=0$.

反之，若对任意 $\boldsymbol{x}$ 都有 $\boldsymbol{x}^T\boldsymbol{A}\boldsymbol{x}=0$，令 $\boldsymbol{A}=(a_{ij})$，并取

$$\boldsymbol{x}^T=\boldsymbol{\varepsilon}_i^T=(0,\cdots,\underset{(i)}{1},\cdots,0),$$

则由题设知

$$\boldsymbol{\varepsilon}_i^T\boldsymbol{A}\boldsymbol{\varepsilon}_i=a_{ii}=0. \qquad ①$$

若取 $\boldsymbol{x}^T=\boldsymbol{\varepsilon}_i^T+\boldsymbol{\varepsilon}_j^T$，则

$$\boldsymbol{x}^T\boldsymbol{A}\boldsymbol{x}=a_{ii}+a_{ij}+a_{ji}+a_{jj}=0,$$

从而 $a_{ij}+a_{ji}=0$. 于是

$$a_{ij}=-a_{ji}. \qquad ②$$

因此由①,②知，$\boldsymbol{A}$ 为反对称矩阵.

(2)因对任意 n 维向量 $\boldsymbol{x}$ 都有 $\boldsymbol{x}^T\boldsymbol{A}\boldsymbol{x}=0$，故由(1)知，$\boldsymbol{A}$ 是反对称矩阵，即 $\boldsymbol{A}=-\boldsymbol{A}^T$. 又因题设 $\boldsymbol{A}$ 是对称矩阵，即 $\boldsymbol{A}^T=\boldsymbol{A}$，于是 $\boldsymbol{A}=-\boldsymbol{A}$，故必 $\boldsymbol{A}=\boldsymbol{0}$.

(3)因对任意 n 维向量 $\boldsymbol{x}$ 都有 $\boldsymbol{x}^T\boldsymbol{A}\boldsymbol{x}=\boldsymbol{x}^T\boldsymbol{B}\boldsymbol{x}$，即 $\boldsymbol{x}^T(\boldsymbol{A}-\boldsymbol{B})\boldsymbol{x}=0$，显然 $\boldsymbol{A}-\boldsymbol{B}$ 是对称矩阵，故由(2)知 $\boldsymbol{A}-\boldsymbol{B}=\boldsymbol{0}$，即 $\boldsymbol{A}=\boldsymbol{B}$.

【4.36】 证明：

$$f(x_1,\cdots,x_n)=\begin{vmatrix} 0 & x_1 & x_2 & \cdots & x_n \\ -x_1 & a_{11} & a_{12} & \cdots & a_{1n} \\ -x_2 & a_{21} & a_{22} & \cdots & a_{2n} \\ \cdots & \cdots & \cdots & \cdots & \cdots \\ -x_n & a_{n1} & a_{n2} & \cdots & a_{nn} \end{vmatrix}$$

是一个二次型,并求其方阵.

证 对所给行列式按第一列展开,得

$$x_1\begin{vmatrix} x_1 & \cdots & x_n \\ a_{21} & \cdots & a_{2n} \\ \cdots & \cdots & \cdots \\ a_{n1} & \cdots & a_{nn}\end{vmatrix}-x_2\begin{vmatrix} x_1 & \cdots & x_n \\ a_{11} & \cdots & a_{1n} \\ a_{31} & \cdots & a_{3n} \\ \cdots & \cdots & \cdots \\ a_{n1} & \cdots & a_{nn}\end{vmatrix}+\cdots+(-1)^{n+1}x_n\begin{vmatrix} x_1 & \cdots & x_n \\ a_{11} & \cdots & a_{1n} \\ \cdots & \cdots & \cdots \\ a_{n-1,1} & \cdots & a_{n-1,n}\end{vmatrix}$$

$$=x_1\begin{vmatrix} x_1 & \cdots & x_n \\ a_{21} & \cdots & a_{2n} \\ \cdots & \cdots & \cdots \\ a_{n1} & \cdots & a_{nn}\end{vmatrix}+x_2\begin{vmatrix} a_{11} & \cdots & a_{1n} \\ x_1 & \cdots & x_n \\ a_{31} & \cdots & a_{3n} \\ \cdots & \cdots & \cdots \\ a_{n1} & \cdots & a_{nn}\end{vmatrix}+\cdots+x_n\begin{vmatrix} a_{11} & \cdots & a_{1n} \\ \cdots & \cdots & \cdots \\ a_{n-1,1} & \cdots & a_{n-1,n} \\ x_1 & \cdots & x_n\end{vmatrix}.$$

对这 n 个 n 阶行列式都按 $x_1,\cdots,x_n$ 所在的行展开,得

$$f=x_1(x_1A_{11}+\cdots+x_nA_{1n})+x_2(x_1A_{21}+\cdots+x_nA_{2n})+\cdots+x_n(x_1A_{n1}+\cdots+x_nA_{nn})$$

$$=\sum_{i=1}^{n}\sum_{j=1}^{n}A_{ij}x_ix_j,$$

其中 A_{ij} 为 n 阶行列式 $|a_{ij}|$ 中 a_{ij} 的代数余子式. 故 f 为关于 $x_1,x_2,\cdots,x_n$ 的一个二次型,且其矩阵为第 i 行第 j 列元素为 $\frac{1}{2}(A_{ij}+A_{ji})$ 的 n 阶矩阵.

【4.37】 已知三阶矩阵

$$\boldsymbol{A}=\begin{bmatrix} 1 & -2 & -4 \\ -2 & 4 & -2 \\ -4 & -2 & 1\end{bmatrix}$$

与正交矩阵

$$\boldsymbol{T}=\begin{bmatrix} \frac{\sqrt{5}}{5} & \frac{4}{15}\sqrt{5} & \frac{2}{3} \\ \frac{-2\sqrt{5}}{5} & \frac{2}{15}\sqrt{5} & \frac{1}{3} \\ 0 & \frac{1}{3}\sqrt{5} & \frac{2}{3}\end{bmatrix}$$

满足关系式

$$\boldsymbol{T}^{-1}\boldsymbol{A}\boldsymbol{T}=\begin{bmatrix} 5 & & \\ & 5 & \\ & & -4\end{bmatrix}$$

试求一个三维向量 $\boldsymbol{\alpha}=(a_1,a_2,a_3)^T$,使 $\boldsymbol{\alpha}^T\boldsymbol{A}\boldsymbol{\alpha}=0$.

解 因为 $\boldsymbol{A}$ 为实对称矩阵,考虑二次型 $f=\boldsymbol{x}^T\boldsymbol{A}\boldsymbol{x}$,其中 $\boldsymbol{x}=(x_1,x_2,x_3)^T$,由题设 f 经 $\boldsymbol{x}=\boldsymbol{T}\boldsymbol{y}$ 后化为 $f=5y_1^2+5y_2^2-4y_3^2$,可见,当 $y_1=\frac{1}{\sqrt{5}},y_2=0,y_3=\frac{1}{2}$ 时,有 $f=0$.

所以取

$$\boldsymbol{\alpha}=\boldsymbol{T}\begin{bmatrix}\frac{1}{\sqrt{5}}\\0\\\frac{1}{2}\end{bmatrix}=\begin{bmatrix}\frac{\sqrt{5}}{5}&\frac{4}{15}\sqrt{5}&\frac{2}{3}\\\frac{-2\sqrt{5}}{5}&\frac{2}{15}\sqrt{5}&\frac{1}{3}\\0&\frac{1}{3}\sqrt{5}&\frac{2}{3}\end{bmatrix}\begin{bmatrix}\frac{1}{\sqrt{5}}\\0\\\frac{1}{2}\end{bmatrix}=\begin{bmatrix}\frac{8}{15}\\-\frac{7}{30}\\\frac{1}{3}\end{bmatrix}$$

时，就有 $f(a_1,a_2,a_3)=0$，亦即有 $\boldsymbol{\alpha}^T\boldsymbol{A}\boldsymbol{\alpha}=0$.